国家出版基金资助项目
Projects Supported by the National Publishing Fund

钢铁工业协同创新关键共性技术丛书
主编　王国栋

非硫化矿浮选药剂作用原理

Interaction Theory of Flotation Reagents for Non-sulphide Ores

朱一民　刘杰　李艳军　著

北　京
冶金工业出版社
2021

内 容 提 要

本书共分两部分：第 1~5 章为基础部分，重点阐述了非硫化矿浮选药剂在矿物表面作用原理中的共性与基础问题；第 6 章为应用部分，从实际应用案例出发，分别介绍了 10 种具有代表性的非硫化矿石，如铁矿石、锡石、铝土矿、白钨矿和黑钨矿、磷灰石、菱镁矿、萤石、重晶石、锂辉石、氟碳铈矿等具有工业应用价值的非硫化矿浮选药剂种类、浮选效果及其作用原理。本书系统地介绍了非硫化矿浮选过程中涉及的矿物晶体化学及浮选表（界）面化学等在非硫化矿与浮选药剂机理研究中的应用，在此基础上介绍了非硫化矿浮选药剂的基本组成、制备方法、应用情况及其最新研究进展。

本书可供从事浮选药剂研发的科研人员阅读，也可作为矿物加工及其相关专业的大专院校本科生、研究生在浮选药剂方面课程参考书。

图书在版编目(CIP)数据

非硫化矿浮选药剂作用原理/朱一民，刘杰，李艳军著．—北京：冶金工业出版社，2021.5

（钢铁工业协同创新关键共性技术丛书）

ISBN 978-7-5024-8860-4

Ⅰ.①非…　Ⅱ.①朱…　②刘…　③李…　Ⅲ.①矿物—浮选药剂—研究　Ⅳ.①TD923

中国版本图书馆 CIP 数据核字（2021）第 137012 号

出 版 人　苏长永

地　　址　北京市东城区嵩祝院北巷 39 号　邮编　100009　电话　（010）64027926

网　　址　www.cnmip.com.cn　电子信箱　yjcbs@cnmip.com.cn

责任编辑　李培禄　卢　敏　美术编辑　彭子赫　版式设计　孙跃红　郑小利

责任校对　李　娜　责任印制　禹　蕊

ISBN 978-7-5024-8860-4

冶金工业出版社出版发行；各地新华书店经销；北京捷迅佳彩印刷有限公司印刷

2021 年 5 月第 1 版，2021 年 5 月第 1 次印刷

710mm×1000mm　1/16；32.75 印张；637 千字；507 页

156.00 元

冶金工业出版社　投稿电话　（010）64027932　投稿信箱　tougao@cnmip.com.cn

冶金工业出版社营销中心　电话　（010）64044283　传真　（010）64027893

冶金工业出版社天猫旗舰店　yjgycbs.tmall.com

（本书如有印装质量问题，本社营销中心负责退换）

《钢铁工业协同创新关键共性技术丛书》
编辑委员会

《钢铁工业协同创新关键共性技术丛书》
总　　序

钢铁工业作为重要的原材料工业，担任着“供给侧”的重要任务。钢铁工业努力以最低的资源、能源消耗，以最低的环境、生态负荷，以最高的效率和劳动生产率向社会提供足够数量且质量优良的高性能钢铁产品，满足社会发展、国家安全、人民生活的需求。

改革开放初期，我国钢铁工业处于跟跑阶段，主要依赖于从国外引进产线和技术。经过40多年的改革、创新与发展，我国已经具有10多亿吨的产钢能力，产量超过世界钢产量的一半，钢铁工业发展迅速。我国钢铁工业技术水平不断提高，在激烈的国际竞争中，目前处于“跟跑、并跑、领跑”三跑并行的局面。但是，我国钢铁工业技术发展当前仍然面临以下四大问题。一是钢铁生产资源、能源消耗巨大，污染物排放严重，环境不堪重负，迫切需要实现工艺绿色化。二是生产装备的稳定性、均匀性、一致性差，生产效率低。实现装备智能化，达到信息深度感知、协调精准控制、智能优化决策、自主学习提升，是钢铁行业迫在眉睫的任务。三是产品质量不够高，产品结构失衡，高性能产品、自主创新产品供给能力不足，产品优质化需求强烈。四是我国钢铁行业供给侧发展质量不够高，服务不到位。必须以提高发展质量和效益为中心，以支撑供给侧结构性改革为主线，把提高供给体系质量作为主攻方向，建设服务型钢铁行业，实现供给服务化。

我国钢铁工业在经历了快速发展后，近年来，进入了调整结构、转型发展的阶段。钢铁企业必须转变发展方式、优化经济结构、转换增长动力，坚持质量第一、效益优先，以供给侧结构性改革为主线，推动经济发展质量变革、效率变革、动力变革，提高全要素生产率，使中国钢铁工业成为“工艺绿色化、装备智能化、产品高质化、供给服务化”的全球领跑者，将中国钢铁建设成世界领先的钢铁工业集群。

2014 年 10 月，以东北大学和北京科技大学两所冶金特色高校为核心，联合企业、研究院所、其他高等院校共同组建的钢铁共性技术协同创新中心通过教育部、财政部认定，正式开始运行。

自 2014 年 10 月通过国家认定至 2018 年年底，钢铁共性技术协同创新中心运行 4 年。工艺与装备研发平台围绕钢铁行业关键共性工艺与装备技术，根据平台顶层设计总体发展思路，以及各研究方向拟定的任务和指标，通过产学研深度融合和协同创新，在采矿与选矿、冶炼、热轧、短流程、冷轧、信息化智能化等六个研究方向上，开发出了新一代钢包底喷粉精炼工艺与装备技术、高品质连铸坯生产工艺与装备技术、炼铸轧一体化组织性能控制、极限规格热轧板带钢产品热处理工艺与装备、薄板坯无头/半无头轧制+无酸洗涂镀工艺技术、薄带连铸制备高性能硅钢的成套工艺技术与装备、高精度板形平直度与边部减薄控制技术与装备、先进退火和涂镀技术与装备、复杂难选铁矿预富集-悬浮焙烧-磁选（PSRM）新技术、超级铁精矿与洁净钢基料短流程绿色制备、长型材智能制造、扁平材智能制造等钢铁行业急需的关键共性技术。这些关键共性技术中的绝大部分属于我国科技工作者的原创技术，有落实的企业和产线，并已经在我国的钢铁企业得到了成功的推广和应用，促进了我国钢铁行业的绿色转型发展，多数技术整体达到了国际领先水平，为我国钢铁行业从“跟跑”到“领跑”的角色转换，实现“工艺绿色化、装备智能化、产品高质化、供给服务化”的奋斗目标，做出了重要贡献。

习近平总书记在 2014 年两院院士大会上的讲话中指出，“要加强统筹协调，大力开展协同创新，集中力量办大事，形成推进自主创新的强大合力”。回顾 2 年多的凝炼、申报和 4 年多艰苦奋战的研究、开发历程，我们正是在这一思想的指导下开展的工作。钢铁企业领导、工人对我国原创技术的期盼，冲击着我们的心灵，激励我们把协同创新的成果整理出来，推广出去，让它们成为广大钢铁企业技术人员手中攻坚克难、夺取新胜利的锐利武器。于是，我们萌生了撰写一部系列丛书的愿望。这套系列丛书将基于钢铁共性技术协同创新中心系列创新成果，以全流程、绿色化工艺、装备与工程化、产业化为主线，结合钢铁工业生产线上实际运行的工程项目和生产的优质钢材实例，系统汇集产学研协同创新基础与应用基础研究进展和关键共性技术、前沿引领技术、现代工程技术创新，为企业技术改造、转型升级、高质量发展、规划未来发展蓝图提供参考。这一想法得到了企业广大同仁的积极响应，全力支持及密切配合。冶金工业出版社的领导和编辑同志特地来到学校，热心指导，提出建议，商量出版等具体事宜。

国家的需求和钢铁工业的期望牵动我们的心，鼓舞我们努力前行；行业同仁、出版社领导和编辑的支持与指导给了我们强大的信心。协同创新中心的各位首席和学术骨干及我们在企业和科研单位里的亲密战友立即行动起来，挥毫泼墨，大展宏图。我们相信，通过产学研各方和出版社同志的共同努力，我们会向钢铁界的同仁们、正在成长的学生们奉献出一套有表、有里、有分量、有影响的系列丛书，作为我们向广大企业同仁鼎力支持的回报。同时，在新中国成立 70 周年之际，向我们伟大祖国 70 岁生日献上用辛勤、汗水、创新、赤子之心铸就的一份礼物。

中国工程院院士 王国栋

2019 年 7 月

前　言

本书作者在进行浮选药剂研发与应用过程中经常思考这样的问题：在浮选给矿的矿浆中混杂着各种各样的目的矿物颗粒和脉石矿物颗粒，为什么捕收剂能成功地将目的矿物甄别出来，并且选择性地吸附在矿物表面，从而改变了目的矿物的表面性质，使得目的矿物进入泡沫层得以分离呢？作者经过大量的试验研究和理论分析认为：浮选过程发生的前提条件是捕收剂分子的极性基（亲固基）在矿物颗粒表面的选择性吸附；浮选药剂极性基与矿物表面化学活性位点粒子间作用的化学原理是浮选药剂分子结构设计者必须首先考虑的关键因素与基本化学理论。

纵观氧化矿（赤铁矿、磁铁矿、石英、锡石等）、碳酸盐矿（方解石、菱镁矿、菱铁矿、菱锌矿等）、磷酸盐矿（磷灰石等）、硫酸盐矿（重晶石等）、萤石、白钨矿和黑钨矿、锂辉石、氟碳铈矿等所用的捕收剂分子结构，可以看出这些非硫化矿的浮选捕收剂分子具有结构上的共性或相似性，这些矿物浮选捕收剂的非极性基，可以是饱和碳链、不饱和碳链或者芳香基等，而其极性基团结构（粗略看）是各不相同的，有脂肪酸及其改性系列、脂肪胺及其改性系列，同时含—OH、—NH—、—NH_2 基团的系列，还有多极性基团类系列。但是，从化学分子结构角度仔细分析可以看出，所有捕收剂极性基团的骨架原子尽管各有不同（RCOOH、氧肟酸、羟肟酸、8-羟基喹啉等极性基中骨架原子为 C，$ROSO_3H$ 极性基中骨架原子为 S，$ROAsO_3H$ 极性基中骨架原子为 As，$ROPO_3H_2$ 极性基中骨架原子为 P），但它们在结构上的共同点是极性基中活性原子均为 N 和 O；它们才是与矿物作用的基本粒子，而结构原子如 C、P、As、S 等以共价键与 O 结合，被包裹在稳定的多面体中心，只能间接地影响—OH、—NH—、—NH_2 基团的物理化学性质，骨架原子不能直接与矿物发生任何相互作用。

本书的主要目的就是揭示在赤铁矿、磁铁矿、石英、锡石、方解石、菱镁矿、菱铁矿、磷灰石、铝土矿、重晶石、萤石、白钨矿和黑钨矿、锂辉石以及氟碳铈矿等矿物表面，这些捕收剂为什么能够在特定 pH 值条件下发生选择性吸附，进而使得浮选得以发生（有较高的浮选回收率）；只有揭开这个“谜底”，才能有利于进行下一步的浮选药剂分子结构设计。我们转而关注这些矿物表面的晶体化学特性，发现这些矿物晶格表面在化学组成上具有共性或相似性；例如这些矿物晶格（与硫化矿不同），阴离子（团）是氧阴离子—O^-，或者是由氧阴离子包裹的多面体 XO_m^{n-} 以及 F^-；如赤铁矿表面的氧阴离子—O^-、石英表面的氧原子 O、锡石表面的氧阴离子—O^-、菱铁矿中的碳氧多面体 CO_3^{2-}、磷灰石中的磷氧多面体 PO_4^{3-}、重晶石中的硫氧多面体 SO_4^{2-}、萤石中阴离子的氟阴离子 F^-等，含氧多面体 XO_m^{n-} 内部原子间以共价键结合，X—O 键断裂概率很低，因此裸露在矿物表面的活性位点原子是氧负离子—O^-、而不是氧多面体 XO_m^{n-} 的中心原子 X，如 C、P、Si、Al、S 等。这就是为什么把矿物研究范围定为“非硫化矿”，就是因为它们在矿物晶体表面化学方面、在浮选化学药剂分子结构方面的共性。

本书分为两部分：基础部分和应用部分。第 1～5 章为基础部分，由朱一民教授撰写和统稿。第 6 章为应用部分，由李艳军教授和刘杰副教授、李文博博士撰写和统稿，东北大学矿物加工工程专业的博士研究生骆斌斌、宫贵臣、赵晨、乘舟越洋、南楠、谢瑞琦，硕士研究生夏夕雯、刘宗丰、赵宁宁、仝丽娟、任佳、贾静雯、杨艳萍、李伟、王鹏、孙海涛、苗美云、陈金鑫、闫啸、陈佳丽、陈星、黄玉梅、代雷孟、陈通、李小雪、毛毛、高子蕙、张婧、赵文坡等在浮选药剂与矿物作用机理研究中参与了部分试验与研究工作。

本书作者在开始从事浮选药剂研究工作过程中得到了中国工程院院士孙传尧的鼎力支持，得到了东北大学资源与土木工程学院院长韩跃新教授的全力帮助，得到了东北大学魏克武教授、刘惠纳教授的无私帮助，在此一并表示感谢。

本书主要内容是我们十多年研究工作成果的累积。本书研究工作先后得到多项国家自然科学基金的资助（No. 51274056 铁矿石浮选过程中氢键的形成及其作用机理研究、No. 51474055 铁矿石低温螯合型捕收剂分子结构设计及捕收机理研究、No. 51774069 氢键在非硫化矿浮选药剂的起泡与消泡机理研究中的作用、No. 51204035 细微粒锡石的表面性质及其对可浮性影响机理研究、No. 51674066 新型锡石螯合捕收剂及伴生矿物抑制剂分子结构设计及作用机理研究、No. 51974067 新型超分子化合物自组装设计及其与铁矿石中被抑制矿物的作用机理研究），在此感谢国家自然科学基金委对本书中研究工作的资助。

作　者

2021 年 2 月

目　　录

1 概　　述

1.1 非硫化矿的定义

矿物的分类方法有很多种，矿物分类的目的也各不相同；大多数矿物分类方法是以矿物的化学组成为基础的。本书的矿物分类方法是基于浮选药剂的分子结构设计原理，将具有工业用途的矿物分为硫化矿和非硫化矿两大类。

硫化矿主要包括黄铜矿、方铅矿、闪锌矿、黄铁矿，及含砷、锑、铋、碲、硒的硫化物矿物；它们的矿物晶格中都含有 S^{2-}，由于 S^{2-} 具有较强的还原性，容易与体系中存在的任何氧化剂发生氧化还原反应，因此研究硫化矿浮选药剂作用的化学原理时，必须考虑有电子得失的电化学反应。此外硫化矿的浮选捕收剂也具有结构共性，如黄原酸盐类（黄药）、黄原酸酯类、双黄药类、硫代磷酸盐（黑药）、黑药酯类、双黑药、硫脲类捕收剂（白药）等都含有 S 原子；此外，硫化矿的捕收剂碳链长度都很短，需要单独加起泡剂配合捕收剂进行浮选等。

非硫化矿主要包括氧化物矿物、含氧酸盐矿物以及卤化物矿物。例如常见氧化物矿物有：石英 SiO_2、锡石 SnO_2、赤铁矿 Fe_2O_3、磁铁矿 Fe_3O_4、氧化铅锌矿等；含氧酸盐矿物有：磷灰石 $Ca_3(PO_4)_3$、重晶石 $BaSO_4$、菱镁矿 $MgCO_3$、菱铁矿 $FeCO_3$、方解石 $MgCO_3$、白云石（Ca、Mg）CO_3、白钨矿 $CaWO_4$、黑钨矿（Fe、Mn）WO_4、氟碳铈矿、锂辉石等；卤化物矿物，如萤石等。氧化矿和含氧酸盐矿物晶格中都含有—O^-，卤化物矿物晶格中含有—X，由于晶胞中各原子（离子）不具有较强的还原性，因此研究非硫化矿浮选机理时，很少采用电化学手段。此外非硫化矿的浮选捕收剂也具有结构共性，如含有 C ═ O 和 C—OH 的脂肪酸及其改性类捕收剂有油酸、塔尔油、氧化石蜡皂、氯代脂肪酸、溴代脂肪酸、羟基代脂肪酸等；含有多个 C ═ O 和 C—OH 的磺酸酯、硫酸酯、磷酸酯、砷酸酯等。含有 N—H、—NH_2 的胺类捕收剂有伯胺（十二胺）、仲胺、叔胺、醚胺等；既含有 C ═ O、C—OH 又含有 N—H、—NH_2 极性基团的捕收剂有羟肟酸（氧肟酸）、氨代脂肪酸及 N、N-二乙酸基十二胺等都是非硫化矿的浮选捕收剂。因此非硫化矿不仅在矿物晶格结构上具有共性，而且其浮选药剂分子也具有结构共性。

本书重点研究非硫化矿浮选药剂的分子结构设计原理及浮选药剂与矿物作用

的化学原理，旨在探讨非硫化矿浮选药剂极性基与矿物表面作用的化学本质，为非硫化矿浮选药剂分子结构设计与研发奠定理论基础。

1.2　研究非硫化矿浮选药剂作用化学原理的意义

首先，根据矿物与浮选药剂的锁钥关系和一矿一药原则（见本章附注），要想研究非硫化矿浮选药剂作用的化学原理，首先就应该了解非硫化矿物晶格元素组成、相对位置、半径大小、荷电情况、价键类型、价键强弱、矿物破碎断裂键概率大小、矿物破碎后悬键情况、表面荷电、活性位点原子（原子团、离子、分子）的化学活性等属于矿物晶体化学和表面化学领域的矿物基本微观或宏观特性。矿物破碎的本质就是价键的断裂；键能最低的价键，其断裂概率最高。断裂键两端粒子的物理化学性质赋予了矿物表面的物理化学性质，例如石英矿物中硅原子与氧原子间以 $\sigma_{p\text{-}sp3}$ 型共价键结合成四面体结构，键能较大，因此石英沸点高、凝固点高、硬度大、无解理面。破碎后石英表面的硅原子虽然属于缺电子活性位点，可以接受电子与多电子原子结合，但是还是惰性较强，无氧化还原反应发生、无配位反应发生。破碎后石英表面的氧原子属于多电子活性位点，都可以与缺电子离子如氢离子、钙离子、镁离子等结合形成—O—H、—O—Ca^+或者—O—Mg^+。

在浮选溶液体系中，每加入一种浮选药剂，如 pH 值调整剂、活化剂、抑制剂、捕收剂，都要探明浮选药剂分子（离子）在矿物表面发生了什么相互作用。这种矿物颗粒与浮选药剂分子（离子）之间的本质作用，从空间上可以分为：（1）远程（μm 微米数量级）的静电引力；（2）中程（nm 纳米数量级）的分子间作用力，如取向力、色散力、诱导力、氢键等，也有人称之为伦敦力、德拜力、葛生力，统称为范德华力；（3）近程的（pm 皮米数量级）键合力，如离子键、共价键或配位共价键，在矿物表面生成弱电介质物质（可能性的趋势与程度看 $K_a^{\ominus}$、$K_b^{\ominus}$、$K_h^{\ominus}$大小）、沉淀（可能性的趋势与程度看 $K_{sp}^{\ominus}$）或者配合物（可能性的趋势与程度看 $K_{稳}^{\ominus}$），若 $K_x^{\ominus}>1$ 能生成键合吸附，若 $K_x^{\ominus}=1$ 处于键合吸附与解吸平衡状态，若 $K_x^{\ominus}<1$ 则不能生成键合吸附。如果矿物颗粒与浮选药剂分子（离子）之间存在这三种本质作用力（静电作用力、范德华作用力、键合作用力）中的一种、两种或者三种，那么浮选药剂就会吸附在矿物表面，进而产生活化、抑制或者捕收行为，只有这个吸附环节发生了，后续的与气泡结合上浮至泡沫相与槽内水相分离的浮选过程才有可能发生。

探明矿物颗粒与浮选药剂分子（离子）之间相互作用的化学原理就要了解矿物表面的双电层结构及其荷电机理，掌握固有偶极、诱导偶极、瞬时偶极之间的作用规律，了解矿物破碎后表面原子（离子）成键趋势的离子半径比定则、离子球体最紧密堆积原理、价键理论、价层电子对互斥理论、杂化轨道理论、描述配位键形成的晶体场理论等，这些都为研究浮选药剂与非硫化矿作用奠定了理论基础。因此研究非硫化矿浮选药剂作用的化学原理可以清楚地了解浮选溶液体系中发生的所有化学现象的本质，阐明选择性吸附及选择性浮选的原因。

其次，非硫化矿不仅涵盖铁矿石中常见矿物如赤铁矿、磁铁矿、菱铁矿、石英，而且还包括磷灰石、重晶石、铝土矿、萤石、菱镁矿等大宗、具有重要工业价值的目的矿物；特别是具有战略资源的锂辉石、白钨矿、黑钨矿、氟碳铈矿等稀有元素矿物也属于非硫化矿。与这些目的矿物共生的脉石矿物也属于非硫化矿，如白云石、方解石、长石、云母等，因此非硫化矿浮选体系中各类矿物的浮游差不大，浮选难度增大；所以详细地了解矿物颗粒与浮选药剂分子（离子）之间相互作用的化学原理显得尤为重要。只有清楚地了解非硫化矿浮选药剂作用的化学原理，可以指导我们进行非硫化矿浮选药剂的分子结构设计，有目的地扩大目的矿物与脉石矿物之间的浮游差，研制新型高效浮选药剂，其对以上这些具有重要工业用途的矿石高效分选具有重要的指导意义。

最后，研究非硫化矿浮选药剂作用化学原理，可为非硫化矿的基因矿物加工奠定坚实的理论基础，更有利于非硫化矿石的精细化分选。基因矿物加工工程由北京矿冶研究总院孙传尧院士首次提出，并得到行业内广泛认可。基因矿物加工工程的主要研究内涵是以矿床成因、矿石性质、矿物物性等矿物加工的“基因”特性研究与测试为基础，建立“基因”数据库和矿物加工工程数据库，将现代信息技术与矿物加工技术深度融合，通过大数据分析，经过智能推荐、模拟仿真和有限的选矿验证试验，快捷、高效、精准地确定选矿工艺流程、技术和装备。通过基因矿物加工工程的实施，可将由经验积累、试验探索为主的传统模式转变为矿石性质数字化、技术方案决策智能化的现代模式，有望创新矿物加工工程的研究方法，大幅缩短研究周期、减少试验工作量，使矿物加工工艺开发过程更加客观。因此，非硫化矿浮选药剂作用化学原理的研究内容将会充实非硫化矿“基因”数据库和矿物加工工程数据库，为非硫化矿石的浮选奠定理论基础。

附注：

(1) 锁钥关系：在浮选矿浆体系中，捕收剂分子能选择性地吸附在目的矿物表面，从而改变了目的矿物的表面性质，扩大了目的矿物与脉石矿物的浮游差，使得目的矿物进入泡沫层，而脉石矿物还留在了矿浆里，实现了目的矿物与脉石矿物的分离。对浮选药剂分子结构设计的研究者来说，这种捕收剂分子结构与矿物表面活性位点原子或者离子之间的对应关系，就像锁和钥匙的关系一样。矿物表面活性位点原子或离子的核外电子云密度多少，就像一把锁的锁芯结构高低不同；而浮选捕收剂分子的极性基原子或者离子的电子云密度多或者少，就像一把钥匙的高低不平的齿一样。俗话说，一把钥匙开一把锁，这对于浮选药剂分子结构设计者来说也是一样，应该仔细研究矿物表面活性位点原子与离子的电子云密度及其浮选药剂分子极性基原子或者离子的电子云密度的匹配关系，这是药剂分子结构设计的物理化学本质所在。这种把矿物比作“锁”、把浮选药剂比作“钥匙”，矿物与药剂的分子结构活性位点原子和离子之间的匹配关系称作锁钥关系。

（2）一矿一药原则：对于不同矿脉的同种矿石，矿石的性质千差万别。同样是铁矿石，来自不同矿脉的铁矿石，其矿物组成不同。例如，有磁铁矿为主的磁铁矿石，以赤铁矿为主的赤铁矿石，以菱铁矿为主的菱铁矿石，有 Mg^{2+} 替代 Fe^{2+} 进入磁铁矿晶格的镁铁尖晶石，还有鲕状赤铁矿为主的鲕状赤铁矿石。此外矿石中的脉石矿物也会对目的矿物浮选有干扰，如泥化脉石矿物的罩盖现象、难免离子干扰等。因此一定要针对具体矿石的具体性质，进行充分的工艺矿物学研究和矿物晶体表面化学研究，进行系统的浮选药剂极性基与非极性基的分子结构设计及矿石的浮选验证试验，才能确定浮选药剂制度。这种把针对某个矿脉的矿石必须进行浮选药剂分子结构设计并进行矿石的浮选药剂验证试验一体化研究的原则称为一矿一药原则。

2　非硫化矿物捕收剂分子结构设计原理

常见的非硫化矿矿物捕收剂的分子为典型的表面活性剂分子，其结构组成一般都由极性基与非极性基组成，例如十二胺和十二烷基磷酸酯的极性基与非极性基如图 2-1 所示。

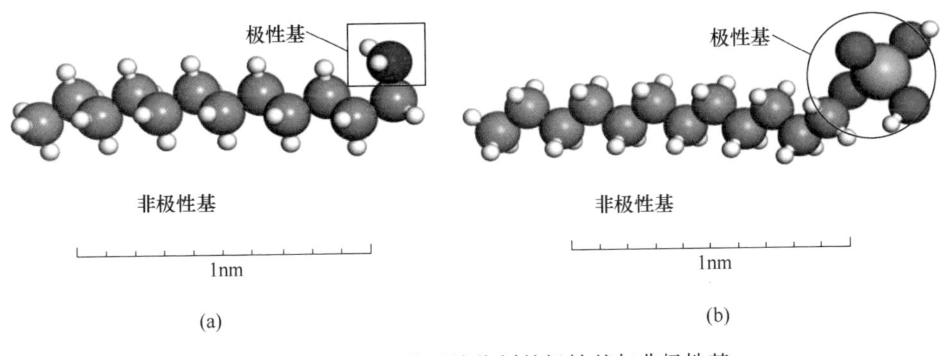

图 2-1　常见非硫化矿捕收剂的极性基与非极性基
（a）十二胺；（b）十二烷基磷酸酯

进行非硫化矿物捕收剂的分子结构设计时，要根据不同的目的与不同的设计原则，进行极性基与非极性基的结构设计。下面分别介绍非硫化矿物捕收剂极性基与非极性基的结构与设计原则。

2.1　非硫化矿物捕收剂极性基的结构设计

浮选过程是一个复杂的过程，影响因素非常多，主要是：（1）浮选捕收剂分子在搅拌的作用下弥散在矿浆中；（2）捕收剂的极性基原子（离子）选择性地吸附在目的矿物表面（极性基原子或者离子像“爪子”一样与矿物表面活性位点原子“抓牢”），从而捕收剂的非极性基便赋予了矿物表面更强的疏水性；（3）吸附了捕收剂的矿物颗粒在搅拌的作用下撞击泡沫，进一步与起泡剂分子发生吸附作用（所谓的合并作用），进入了泡沫层；（4）吸附了捕收剂的矿物颗粒在泡沫产生的浮力协同作用下，上升至矿浆的表面，从而与槽内亲水矿物得到分离。捕收剂对目的矿物进行捕收的浮选过程如图 2-2 和图 2-3 所示。

图 2-3 中蓝色区域为电子云密度分布图。

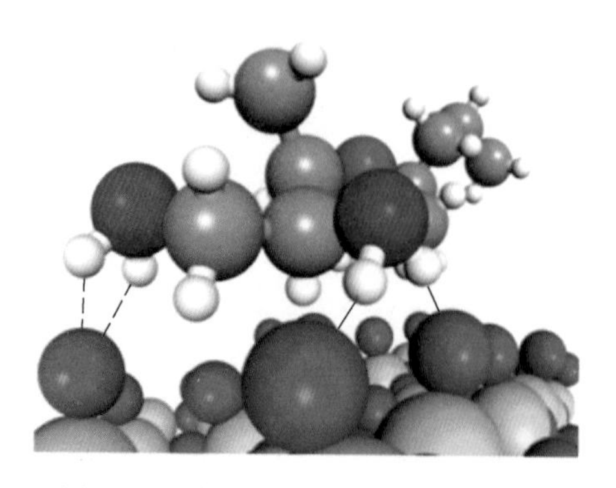

图 2-2 矿物表面原子与捕收剂极性基原子发生吸附作用示意图

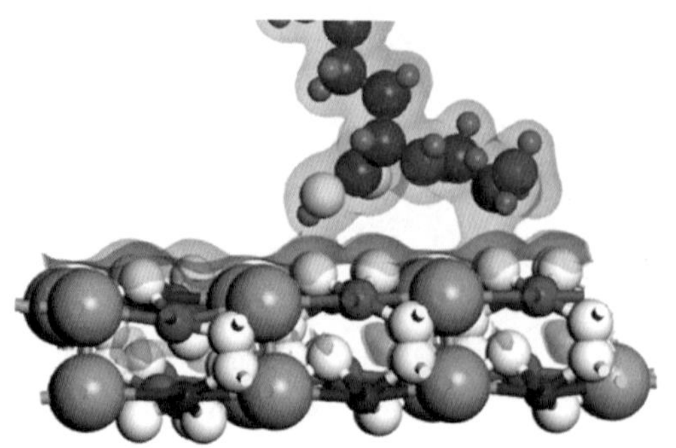

图 2-3 矿物表面原子与捕收剂极性基的电子云密度分布示意图

对于浮选捕收剂极性基的结构设计者来说，这个复杂过程的关键环节，就是捕收剂极性基与矿物表面活性原子之间的吸附。如果捕收剂极性基与矿物表面活性原子之间的吸附不发生，后续的所有的过程都不会发生。因此本节以浮选捕收剂分子极性基结构设计为目的，以浮选捕收剂极性基与矿物表面活性位点之间发生的吸附机理为研究基础，阐述非硫化矿物捕收剂极性基的结构与设计原则。

2.1.1 非硫化矿物捕收剂极性基的结构设计第一原则

根据“锁钥关系”和“一矿一药原则”，要进行非硫化矿浮选药剂的分子结构设计，首先需要明确非硫化矿的矿物表面活性位点原子（离子）是什么？A_mB_n型非硫化矿的矿物在破碎后，除了石英晶体为原子晶体外，其他矿物都是离子晶体，晶格断面活性位点是由金属阳离子和阴离子组成，如图 2-4 所示。含氧酸盐型非硫化矿的阴离子为氧阴离子团，如图 2-5 所示。

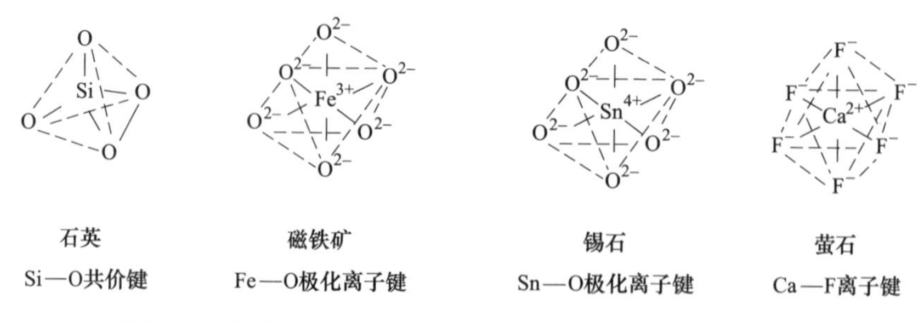

图 2-4 几种 A_mB_n型非硫化矿物的 M—O(F) 多面体结构示意图

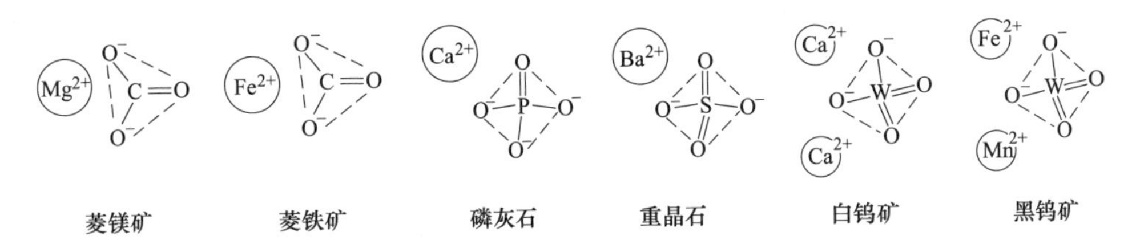

图 2-5 几种含氧酸盐型非硫化矿的阴离子团 M—O 多面体结构示意图

从图 2-4 和图 2-5 中可以看出，这些非硫化矿的矿物与硫化矿不同，阴离子（团）是 O^{2-}、—O^-、F^-或者是由—O^-包裹的氧多面体；如赤铁矿中氧阴离子 O^{2-}，石英中的—O^-，锡石中的 O^{2-}，菱铁矿中的碳氧多面体 CO_3^{2-}，磷灰石中的磷氧多面体 PO_4^{3-}，硅酸盐矿中的硅氧多面体 SiO_4^{4-}、$Si_2O_7^{6-}$、$Si_nO_{3n}^{2n-}$、$(Si_2O_5)_n^{2n-}$等，重晶石中的硫氧多面体 SO_4^{2-} 等。氧多面体内部原子间以共价键结合，其键断裂概率很低。按照晶体场理论的观点就是，这些阴离子（团）形成阴离子场，阳离子散落在其中以离子键进行球体或者类球体的最紧密堆积（最紧密堆积原理）。对含氧酸盐类矿物，在破碎和磨矿过程中矿物晶格键断裂的概率是离子键大于共价键，因此裸露在矿物表面的活性位点原子是氧负离子和金属阳离子，而不是氧多面体的中心原子 C、P、Al、Si、S 等。这就是为什么把含氧酸盐类型的矿物研究范围定为“非硫化矿”，因为含氧酸盐型矿物与氧化物矿物，在浮选化学药剂分子结构设计理论方面有共性。因此非硫化矿的矿物表面活性位点原子（离子）主要是：（1）多电子的氧负离子—O^-或者 O^{2-}。不同非硫化矿的矿物，其氧负离子都是矿物表面的多电子位点，但是多电子程度各不相同。如石英中的氧负离子与锡石中的氧负离子的电子密度不同，因而赋予了矿物表面电性不同，且赋予其化学反应活性也不同。再比如，磷灰石的阴离子为 PO_4^{3-}、重晶石的阴离子为 SO_4^{2-}，这两种矿物表面的多电子位点也是 PO_4^{3-} 中的一个 P ═ O、三个 P—O^-，SO_4^{2-} 中的两个 S ═ O、两个 S—O^-，其中═ O 有两对孤电子对，而 X—O^-（X=P 或者 S）中—O^-不仅具备两对孤电子对，而且还有一个负电荷，它们和氧化物矿物中的氧阴离子 O^{2-}一样，都是非硫化矿的矿物表面多电子活性位点，容易与浮选捕收剂极性基的缺电子位点原子（离子）发生反应。（2）缺电子的阳离子 M^{n+}。如石英表面的≡Si^+、锡石表面的 Sn^{4+}、磷灰石表面的 Ca^{2+}、重晶石表面的 Ba^{2+}等，由于不同原子或离子的核电荷数不同及价态不同，它们的缺电子程度也各不相同。矿物表面的缺电子位点易与浮选药剂极性基的多电子位点发生反应。表 2-1 为几种非硫化矿的矿物表面活性位点原子或者离子。

表 2-1　几种非硫化矿的矿物表面活性位点原子或者离子

非硫化矿	化学简式	晶格类型	矿物表面的化学活性位点	
			缺电子位点	多电子位点
石英	SiO_2	原子晶体	$\equiv Si^{+*}$	$—O^-$
锡石	SnO_2	离子晶体（有极化现象）	Sn^{4+}	O^{2-}
赤铁矿	Fe_2O_3	离子晶体	Fe^{3+}	O^{2-}
磁铁矿	Fe_3O_4	离子晶体	Fe^{3+}、Fe^{2+}	O^{2-}
金红石	TiO_2	离子晶体（有极化现象）	Ti^{4+}	O^{2-}
磷灰石	$Ca_3(PO_4)_2$	离子晶体	Ca^{2+}	$=O$、$—O^-$
重晶石	$BaSO_4$	离子晶体	Ba^{2+}	$=O$、$—O^-$
白钨矿	$CaWO_4$	离子晶体	Ca^{2+}	$=O$、$—O^-$
黑钨矿	$(Fe、Mn)WO_4$	离子晶体	Fe^{2+}、Mn^{2+}	$=O$、$—O^-$
菱镁矿	$MgCO_3$	离子晶体	Ca^{2+}	$=O$、$—O^-$
氟碳铈矿	$Ce(CO_3、F)$	离子晶体（有极化现象）	Ce^{4+}	$=O$、$—O^-$、F^-
萤石	CaF_2	离子晶体	Ca^{2+}	F^-

*　石英表面为什么写作$\equiv Si^+$而非 Si^{4+}，是因为石英矿物为原子晶体，矿物破碎后，表面 Si—O 键为σ_{sp3-p}共价键，断裂后为$\equiv Si^+$并非为离子状态 Si^{4+}。

从表 2-1 可以看出，非硫化矿的矿物表面破碎后，裸露在表面的具有化学活性的多电子位点为$=O:$、O^{2-}、$—O^-$或者 F^-，而裸露在表面的具有化学活性的缺电子位点为阳离子—Si^+、Sn^{4+}、Fe^{3+}、Fe^{2+}、Ti^{4+}、Ca^{2+}、Ba^{2+}、Mn^{2+}、Ce^{4+} 等。不同的非硫化矿其矿物破碎后表面缺电子和多电子活性位点的差分电荷密度，如图 2-6 和图 2-7 所示。

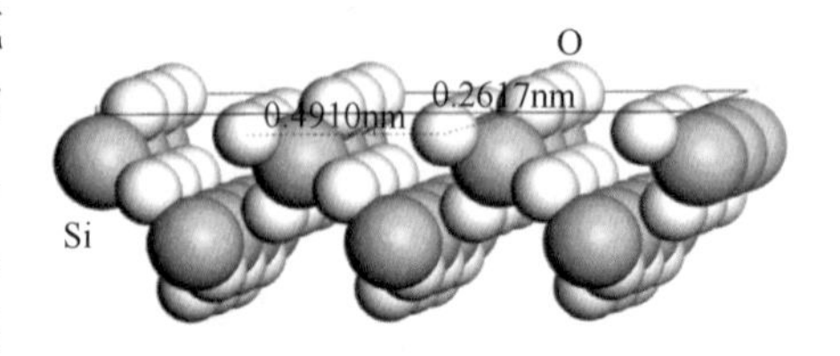

图 2-6　石英矿物表面原子分布图

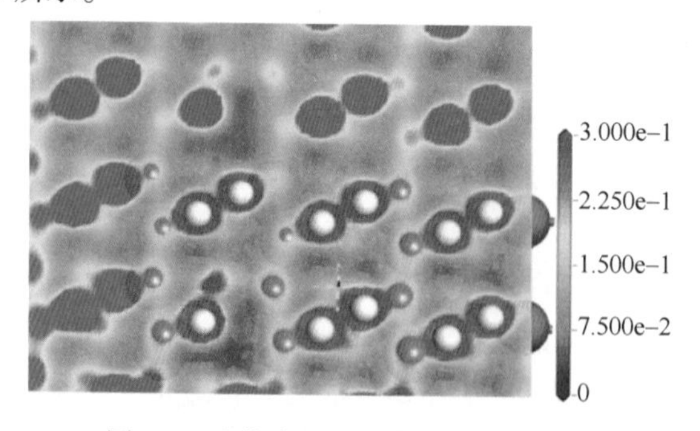

图 2-7　矿物表面差分电荷密度示意图

图2-7中蓝色区域为失去电子的区域，红色为得到电子的区域，色调的深浅度代表了得失电子的程度，如右侧的标尺所示。从图2-7中可以看出，该矿物表面缺电子位点和多电子位点交替出现，但程度各不相同，因此化学活性也不相同。实际上矿物表面原子（离子）的核外价电子密度可以用不同能量态下（也代表此核外电子与核间的距离）态密度图（Density of State，简称DOS图）来表示，纵坐标为DOS，单位为电子数/eV。石英晶胞中单个硅原子或者氧原子的总（分）DOS图如图2-8和图2-9所示。

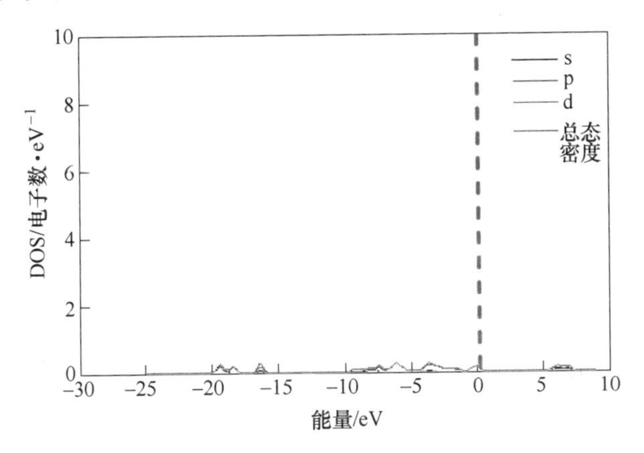

图2-8 石英晶胞中硅原子的态密度图

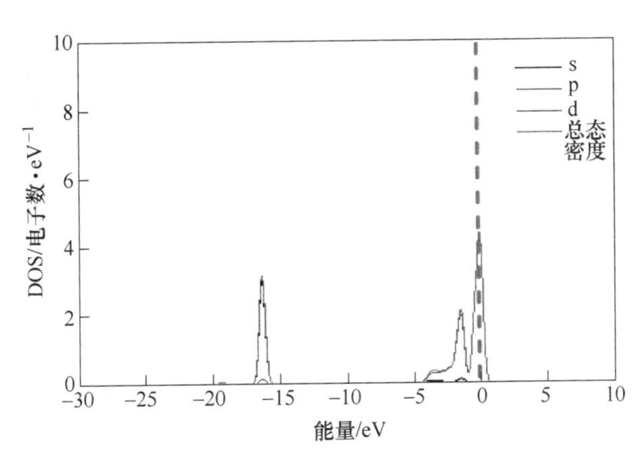

图2-9 石英晶胞中氧原子的态密度图

图2-8和图2-9中蓝色虚线对应的横坐标为费米能级，在化学上的含义就是最活泼的价层电子的能级，以及最高占据态的轨道能量（Highest Occupied Molecular Orbit，简称HOMO）。从图2-8和图2-9中可以看出，硅原子在费米能级附近DOS很低，为缺电子位点；而氧原子在费米能级附近DOS很高，为多电子位点；纵坐标的数值，定量地描述了它们多（缺）电子程度的概率，也决定了它们的

化学活性高低的概率。此外，正是这些微观电子密度的高与低、多与少，赋予了矿物表面的宏观净剩电荷的多与少。

因此，非硫化矿物捕收剂极性基的结构与设计第一原则，就是了解矿物表面活性位点原子（离子）的电子云密度，针对其表现出的物理化学活性才能进行浮选药剂极性基的结构设计。

2.1.2 根据矿物表面活性位点确定能发生吸附作用的极性基结构

浮选过程虽然复杂，但对于浮选捕收剂极性基的结构设计者来说，最关键环节就是捕收剂极性基与矿物表面活性原子之间的吸附作用。

浮选药剂分子被投入到矿浆中，首先变成水合离子弥散开来，然后浮选捕收剂或者其水合离子被搅拌成无序状态的分子或者分子聚集体，与矿浆中的矿物颗粒相遇。按照空间距离分类：（1）最先发生的是微米级的远程作用力、静电作用力，即带不同电荷颗粒的静电吸附作用，或者带有相同电荷的静电排斥作用。因此药剂分子结构极性基设计第二个原则，就是尽量使得矿物颗粒的宏观荷电情况与此时的捕收剂分子的荷电情况相匹配，即荷相反的电荷。（2）其次发生的是纳米级的中程作用力，即分子间作用力（或者氢键），所以浮选捕收剂分子结构极性基设计第三个原则，就是促进捕收剂极性基与矿物之间有分子间作用力或者氢键生成。（3）最后捕收剂分子达到矿物表面的埃（Å）或者皮米（pm）（10^{-10}~10^{-12}m）距离，生成的近程作用力——键合吸引力（即价键力），其可以是离子键、共价键或者过渡型的混合键（有共价成分的离子键或者有离子键成分的共价键，配位键只是共价键的一种特殊类型），因此浮选捕收剂分子结构极性基设计的第四个原则，就是选择那些极性基能够促进其与矿物表面活性位点原子（离子）生成各类型价键。下面分别详细论述浮选捕收剂分子极性基结构设计的这几个基本原则。

2.1.2.1 浮选捕收剂分子极性基结构设计第二原则

浮选捕收剂分子结构极性基设计第二原则，就是尽量使得矿物颗粒的宏观荷电情况与此时的捕收剂分子极性基的荷电情况相匹配，即荷相反的电荷，从而浮选捕收剂与矿物颗粒产生静电吸附。例如石英矿物，其零电点为 pH = 2.14。当矿浆 pH 值大于 2.14 时，石英矿物颗粒荷负电，在选择石英矿物的捕收剂时，遵循浮选捕收剂分子结构极性基设计第二原则，就可以选择极性基为阳离子的捕收剂如—NH_3^+，这样荷正电荷的阳离子—NH_3^+ 可以与带负电荷的矿物颗粒以静电吸附的作用形式实现矿物的浮选。

需要明确的是，在水溶液中，大多数捕收剂都是弱电解质，都存在一个电离平衡。因此，捕收剂可能的存在形式是不一样的，有分子、阳离子、阴离子等形式，有的还有分子缔合形式；而且捕收剂的存在形式与溶液的 pH 值有关。例如，α-溴代十二酸在水中的电离和水解平衡式如式（2-1）所示：

$$CH_3(CH_2)_9CH(Br)COOH \rightleftharpoons CH_3(CH_2)_9CH(Br)COO^- + H^+ \quad (2\text{-}1)$$

已知 α-溴代十二酸电离平衡常数为 $pK_a^{\ominus}=2.90$，设 $CH_3(CH_2)_9CH(Br)COO=A$，则式（2-1）写为：

$$HA \rightleftharpoons H^+ + A^- \quad (2\text{-}2)$$

因此有：

$$K_a^{\ominus} = \frac{[H^+][A^-]}{[HA]} \quad (2\text{-}3)$$

已知：

$$C_A = [HA] + [A^-] \quad (2\text{-}4)$$

将式（2-4）代入式（2-3）可得：

$$[A^-] = \frac{K_a^{\ominus} C_{A^-}}{K_a^{\ominus} + [H^+]} \quad (2\text{-}5)$$

$$[HA] = \frac{C_{A^-}[H^+]}{K_a^{\ominus} + [H^+]} \quad (2\text{-}6)$$

将式（2-5）和式（2-6）两边分别取对数得到式（2-7）和式（2-8）：

$$\lg[A^-] = \lg K_a^{\ominus} + \lg C_{A^-} - \lg(K_a^{\ominus} + [H^+]) \quad (2\text{-}7)$$

$$\lg[HA] = \lg C_{A^-} - pH - \lg(K_a^{\ominus} + [H^+]) \quad (2\text{-}8)$$

将 $C_{A^-}=3.80\times10^{-4}$ mol/L、$pK_a^{\ominus}=2.90$ 代入式（2-7）和式（2-8）得到如图 2-10所示的 α-溴代十二酸溶液各组分分布图，即 lg*C*-pH 曲线。

图 2-10 是 α-溴代十二酸溶液组分随 pH 值变化的分布规律。如图所示，在 pH<2.90 时 α-溴代十二酸主要以中性的弱电解质分子形式存在，不带电荷；当 pH=2.90 时，溶液中有两种形式 $CH_3(CH_2)_9CH(Br)COOH$ 和 $CH_3(CH_2)_9CH(Br)COO^-$ 并存；当 pH>2.90 时，α-溴代十二酸以 $CH_3(CH_2)_9CH(Br)COO^-$ 形式存在，为带一个负电荷的阴离子；因此 pH 值不同，同一种捕收剂存在形式都不同。

同样矿物颗粒的带电情况也与矿浆的 pH 值有关。如图 2-11 所示，一水硬铝石颗粒（−10μm）的零电点为 pH=5.94，当 pH<5.94 时，一水硬铝石颗粒带正电荷；当 pH=5.94 时，一水硬铝石颗粒不带电荷；当 pH>5.94 时，一水硬铝石颗粒带负电荷。因此根据浮选捕收剂分子结构极性基设计的第二原则，在 2.90<pH<5.94 范围内，$CH_3(CH_2)_9CH(Br)COO^-$ 可以与一水硬铝石发生静电吸附，在此 pH 值范围内，一水硬铝石颗粒带正电荷，阴离子的极性基—COO^- 对其具有捕收性能。

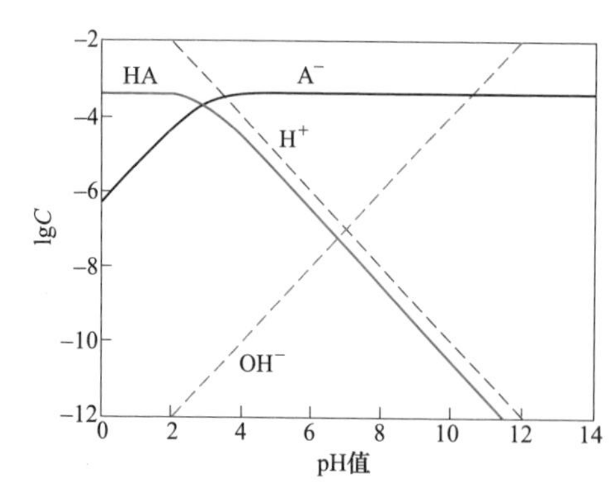

图 2-10　α-溴代十二酸溶液各组分分布图

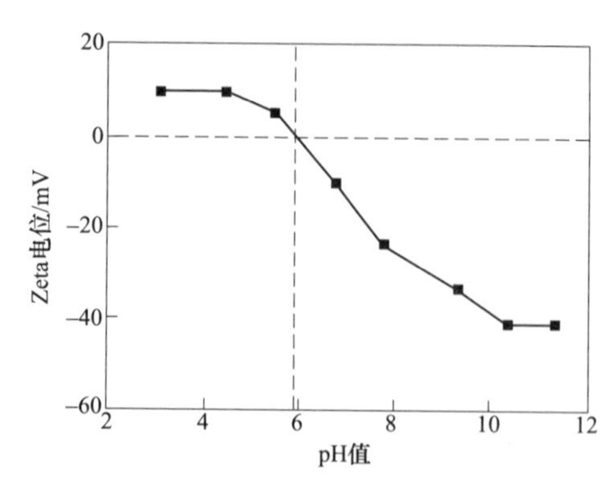

图 2-11　一水硬铝石的 Zeta 电位-pH 曲线

2.1.2.2　浮选捕收剂分子极性基结构设计第三原则

浮选捕收剂分子结构极性基设计第三原则，就是选择的极性基一定是有利于促进捕收剂极性基与矿物之间有分子间作用力或者氢键生成。

当捕收剂分子投入到矿浆中以后，在搅拌过程中，它与矿浆中任何分子如 H_2O、H^+（酸性矿浆中）、OH^-（碱性矿浆中）、矿浆中难免离子、目的矿物颗粒表面原子（离子）、脉石矿物颗粒表面原子（离子）都发生色散力、取向力、诱导力。但是，这种作用力的强度远不如价键力那么强，大约为 1/10，且存在一个动态平衡，就像“握手”一样，还可以“松手”，且遵循“谁强就跟谁握手”的原则。一般说来，任何分子之间的色散力≫取向力>诱导力。因此我们忽略取向力和诱导力，只考虑分子间的色散力。若分子的极化率越大、分子量越大，则色散力越大。虽然这种分子间的相互作用能仅为每摩尔几千焦或者几十千焦，但是它对分子的缔合、黏度、溶解度等性质的影响非常之大，这些因素在浮选过程中至关重要。但其他因素都接近时，分子之间色散力的不同，有可能就成为浮选好坏的控制因素。

此外，当矿物表面存在—O^-、—O—H、F^-时，一定选择捕收剂的极性基存在 O—H、═O、N—H、═N 等基团，以便促进矿物与捕收剂极性基之间氢键的生成。氢键的键能一般为几十千焦，它有选择性、方向性。它也通过改变分子的缔合度、黏度、溶解度，从而影响到浮选程度的好坏。在非硫化矿的水溶液矿浆中，氢键无处不在，水分子与水分子之间、水分子与羟基之间、水分子与捕收剂之间、游离羟基与捕收剂之间、捕收剂与捕收剂之间、捕收剂与矿物之间都存在氢键，氢键也和色散力一样，相对于共价键来说较弱一些，且存在一个动态平衡，“握手”和“松手”随时都在发生，在搅拌的混沌体系中，无规则热运动的分子，与谁结合更强，就与谁“握手”。所以，在比较氢键强弱时，一般除了计算氢键的键能外，还统计单位表面积下形成的氢键数目[1]。图 2-12 为拍到的世界上第一张氢键照片，即8-羟基喹啉分子之间的氢键[2,3]。图2-13为由我国科学家改装并拍到世界上第一张氢键照片的非接触式原子力显微镜。

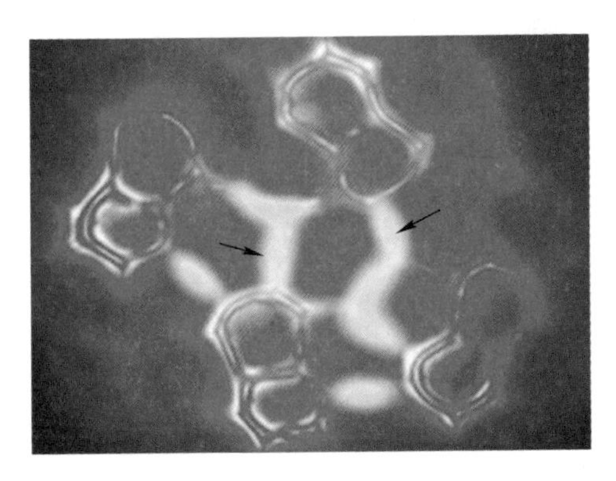

图2-12 世界上第一张氢键照片
8-羟基喹啉分子之间的氢键

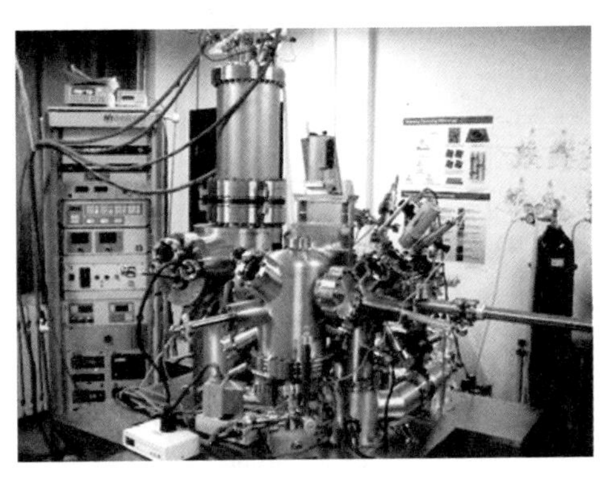

图2-13 由我国科学家改装并拍到世界上第一张氢键照片的非接触式原子力显微镜

例如当我们对脂肪酸RCOOH型药剂进行改性时，在α位引入能产生氢键的基团—NH或者—NH_2，得到新型药剂$RCH(NH_2)COOH$时，与脂肪酸RCOOH比较对石英颗粒的捕收能力更强，就是因为—NH_2的协同氢键吸附作用。图2-14~图2-17为$RCH(NH_2)COOH$对石英捕收试验结果。

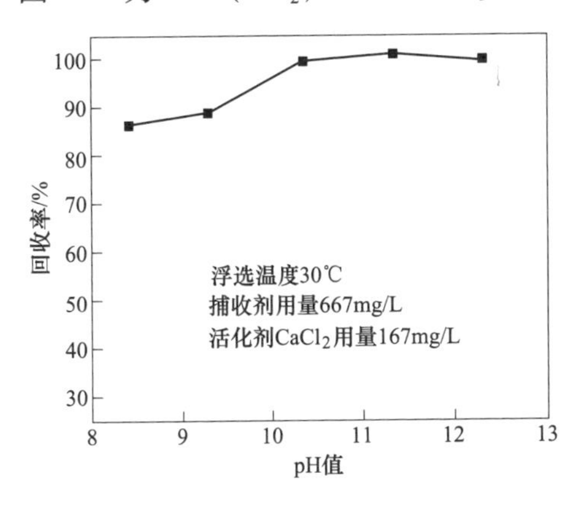

图2-14 $RCH(NH_2)COOH$对石英的捕收效果与pH值的关系曲线

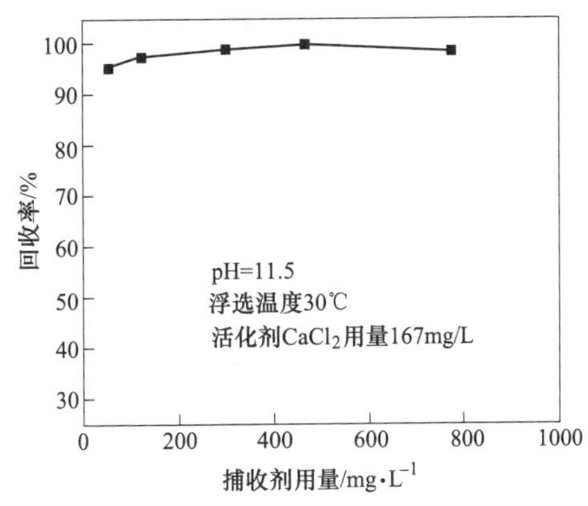

图2-15 $RCH(NH_2)COOH$对石英的捕收效果与药剂用量的关系曲线

2.1.2.3 浮选捕收剂分子极性基结构设计第四原则

浮选捕收剂分子极性基结构设计第四原则，就是指选择那些极性基能够促进其与矿物表面活性位点原子（离子）生成各类型价键，如离子键、共价键或者过渡型的混合键（有共价成分的离子键或者有离子键成分的共价键、配位键只是共价键的一种特殊类型）等。

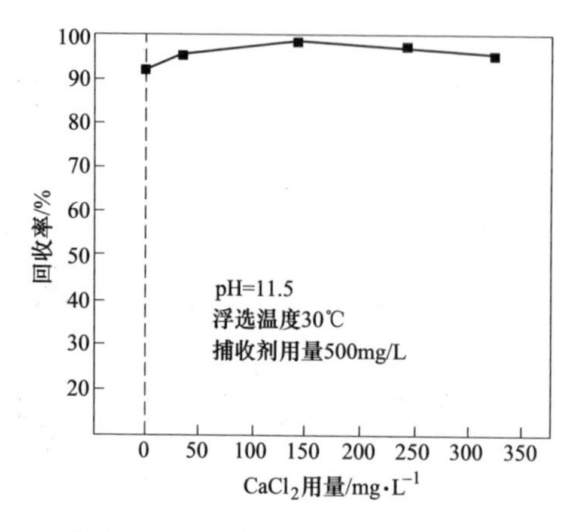

图 2-16　$RCH(NH_2)COOH$ 对石英的捕收效果与 $CaCl_2$ 用量的关系曲线

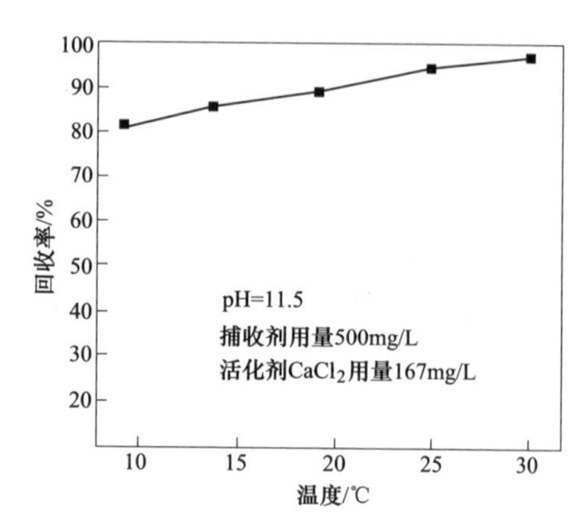

图 2-17　$RCH(NH_2)COOH$ 对石英的捕收效果与矿浆温度的关系曲线

浮选捕收剂极性基活性位点原子 A 与矿物表面活性原子 B 之间成键的可能性遵循化学成键规律；在进行捕收剂极性基设计时，优先选择那些易于与矿物成键的极性基原子（离子）。例如萤石矿物表面活性位点为 Ca^{2+}，在碱性条件下 $RCOO^-$ 容易与 $Ca(OH)^+$ 生成 Ca—O 离子键，从而 $RCOO^-$ 键合吸附在矿物表面，改变了矿物表面疏水性上浮至泡沫层从而实现与其他矿物的分离，因此萤石浮选最佳捕收剂就是含有极性基 COO^- 的脂肪酸类捕收剂。

不同性质的化学键，其化学成键规律不同，下面分别论述。

A　容易与矿物表面原子形成离子键的极性基团原子（离子）

当成键双方（一方来自捕收剂的极性基活性位点元素 A，另一方来自矿物表面活性位点元素 B）元素的电负性差值 $\Delta X = X_A - X_B$ 远大于 1.7 时，认为 A 与 B 容易形成离子键；当 ΔX 远小于 1.7 时，成共价键；如果两元素电负性差值在 1.7 附近，则它们的成键具有离子键和共价键的双重特性。表 2-2 为非硫化矿的矿物表面原子及常见浮选捕收剂极性基原子的元素电负性[4,5]。

表 2-2　非硫化矿的矿物表面原子及常见浮选捕收剂极性基原子的元素电负性

元素	O	F	P	S	C	Mg	Ba	Ca	W	Fe	Mn	Sn	Al	Si
电负性	3.5	4.0	2.1	2.5	2.5	1.2	0.9	1.0	1.7	1.8	1.5	1.8	1.5	1.8

因此从表 2-2 可以看出，能生成离子键的有 Ca—O、Mg—O、Fe—O、Ca—F 等。离子键的本质是异性离子的静电吸引，其特征是既无方向性又无饱和性，只要空间条件许可（俗话说“挤得下”），矿物表面的多电子离子就会吸引浮选药

剂分子中的缺电子离子；反过来亦然，矿物表面的缺电子离子就会吸引浮选药剂分子中的多电子离子，例如油酸钠药剂分子的极性基 COO^- 中的多电子位点离子—O^- 就会吸引萤石矿物表面的缺电子离子 Ca^{2+}，形成离子键 Ca—O，吸引的个数没有饱和性，只要空间分布许可，矿物表面“挤得下”就可以多吸附几个药剂 $RCOO^-$。因此，离子半径比定则是研究离子键饱和性的主要化学原理。

离子半径比定则是指阴阳离子的配位数比与离子键成键双方（一方来自捕收剂的极性基活性位点离子 A，另一方来自矿物表面活性位点离子 B）元素的离子半径有关；最常见的阴阳离子配位数为 1∶6 或者 6∶1。非硫化矿的矿物组成离子的半径数值、离子半径比与阴阳离子配位数之间的关系如表 2-3 和表 2-4 所示[4]。由于离子键成键双方来自矿物表面离子以及浮选捕收剂极性基离子而非游离的单个离子，因此离子半径比定则仅供参考，应该实际考察矿物表面与浮选药剂整个分子的空间位阻情况。正因为如此，非极性基的几何尺寸也是浮选药剂分子结构设计必须要考虑的因素，我们将在下一节中论述。

表 2-3 离子半径比与阴阳离子配位数之间的关系

$a=r^+/r^-$	$a=1.000$	$0.732\leqslant a<1.0$	$0.414\leqslant a<0.732$	$0.225\leqslant a<0.414$
配位数	12	8	6	4

表 2-4 非硫化矿的矿物表面常见离子的半径数值

离子种类	O^{2-}	F^-	Mg^{2+}	Ca^{2+}	Ba^{2+}	Fe^{2+}	Fe^{3+}	Li^+	Mn^{2+}
离子半径/pm	140	136	65	99	135	75	60	60	80

B 容易与矿物表面原子形成共价键的浮选药剂极性基原子

当成键双方（一方来自捕收剂的极性基活性位点元素 A，另一方来自矿物表面活性位点元素 B）元素的电负性差值 $\Delta X=X_A-X_B$远小于 1.7 时，则 A 和 B 之间容易形成共价键。共价键的成键遵循价键理论、价层电子对互斥理论以及杂化轨道理论。

1930 年 L. Pauling 等人将量子力学对氢分子成键研究结果拓展到多电子原子，并建立了现代的价键理论、改进的价层电子对互斥理论以及杂化轨道理论[5]。

价键理论的基本观点如下：当一方来自捕收剂的极性基活性位点元素 A，另一方来自矿物表面活性位点元素 B，A 和 B 的电负性差值 $\Delta X=|X_A-X_B|\leqslant 1.7$，且 A 和 B 都拥有自旋方向相反的未成对电子，由于分子无规则热运动而相互靠近时，成单电子（未成对电子）有可能相互配对而形成稳定的化学键。

如果一个原子有 n 个未成对的电子，便可与其他原子拥有 n 个自旋方向相反的未成对电子进行配对形成 n 个共价键。

例如石英中硅原子价层 4 个电子 $3s^2 3p^2$ 发生杂化后，形成的 4 个未成对电子，分占 4 个 sp^3 杂化轨道，Si 原子则会与其他原子形成 4 个共价键；氧原子价层 $2s^2 2p^4$ 在 2p 轨道上有两个未成对电子，则氧原子一般会形成两个共价键。

形成共价键时，成键电子的轨道必须在对称性一致的前提下发生重叠，且原子轨道的重叠程度越大，两个原子核之间电子的概率密度就越大，对两个核的吸引就越牢固，形成的共价键就越稳定，因此共价键是有方向性的，那就是最大重叠原理，即沿着电子云密度越大的方向进行重叠，体系能量最低，形成的共价键最牢固、物质最稳定。如 s-p、p-p 轨道的头碰头方向。

原子的电子轨道，除 s 轨道外，p、d 和 f 轨道在空间上都有一定的伸展方向，成键时只有沿着一定的方向取向，才能满足最大重叠原则。

例如，在形成氯化氢分子时，氢原子的 1s 轨道与氯原子的 $3p_x$ 轨道只有沿着 x 轴方向发生最大限度的重叠，才能形成稳定的共价键，如图 2-18（a）所示。如果 1s 轨道与 $3p_x$ 轨道沿 z 轴方向重叠，如图 2-18（b）所示，两轨道没有满足最大程度的有效重叠，就不能沿该方向形成共价键。

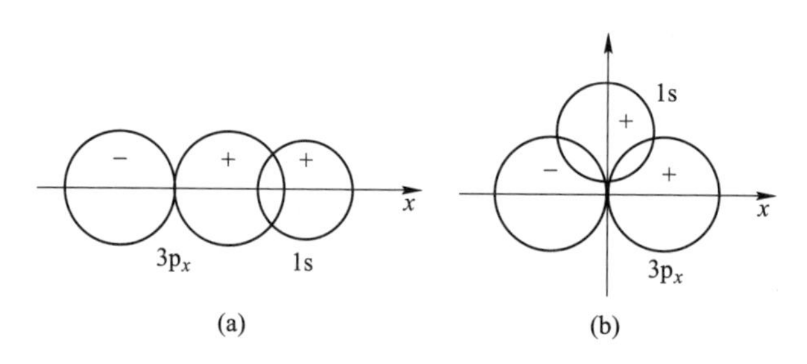

图 2-18　s 轨道与 p 轨道的最大重叠方向（a）和不可能的重叠方向（b）

在以共价键结合的物质中，如每个原子成键的总数与其原子所具有的未成对电子数相等，当未成对电子都配对成键后，就不会再形成任何其他共价键，因而以共价键相连的原子数目是一定的，这就是共价键的饱和性。例如，石英矿物中硅原子与 4 个氧原子组成 4 个共价键后，就不会再吸引其他氧原子；尽管空间位置有空隙，也不会再吸引其他氧原子了。这与离子键的球体最紧密堆积原理截然不同。

按照形成共价键的两个原子的电负性差值 ΔX 来划分：当 $\Delta X=0$ 时，为非极性共价键；当 $\Delta X\neq 0$ 时，为极性共价键。按照共价键原子轨道重叠方式不同，可分为 σ 键和 π 键。

σ 键是价层电子云以头碰头方式进行最大重叠，重叠部分发生在两核的连线上。任何形成共价键的原子的第一根共价键，都是 σ 类型的共价键，简称 σ 键。如 s-s［见图 2-19（a）］、s-p［见图 2-19（b）］、s-d、s-sp、s-sp^2、s-sp^3、p-p［见图 2-19（c）］等都是 σ 类型的共价键。任何形成共价键的原子的第一根共价键，都是 σ 类型的共价键，简称 σ 键。

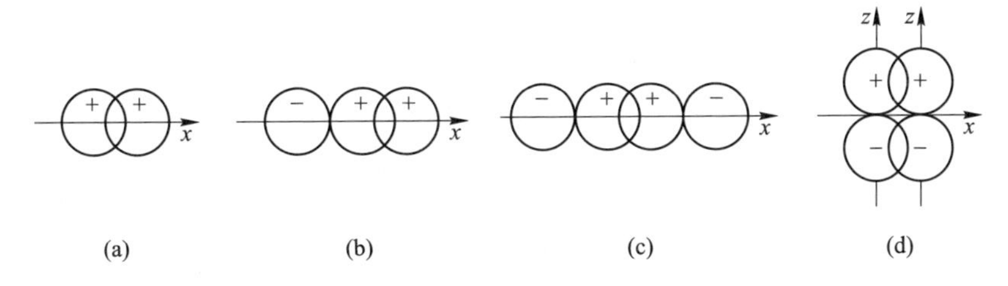

图 2-19 σ 键和 π 键示意图

(a) $\sigma_{s\text{-}s}$键；(b) $\sigma_{p\text{-}s}$键；(c) $\sigma_{p\text{-}p}$键；(d) $\pi_{p\text{-}p}$键

π 键是价层电子云以肩并肩方式进行重叠，如图 2-19（d）所示。任何形成共价键原子的第二根、第三根共价键，都是 π 类型的共价键，简称 π 键。

在分子中一般共价单键都是 σ 键，共价双键一般是 σ+π 键，而共价三键则总是 σ+2π 键，所以在分子中，σ 键是基础，而且任何两原子之间只可能形成一个 σ 键。一般来说，π 键没有 σ 键牢固，比较容易断裂。因为 π 键不像 σ 键那样集中在两核的连线上，原子核对电子的束缚力较小，电子能量较高，活动性较大，所以容易断裂。因此，一般含有共价双键和三键的化合物化学活性更大，更容易发生化学反应。

配位键是共价键的一种特殊类型。共价键中共用的两个未成对电子通常由两个原子分别提供，但也可以由一个原子单独提供一对电子，被两个原子共用。凡共用的一对电子由一个原子单独提供的共价键叫做配位键。配位键可用箭头“→”而不用短线表示，以示区别。箭头方向是从提供电子对的原子指向接受电子对的原子。如在 CO 分子中，碳原子的两个未成对的 2p 电子可与 O 原子的两个未成对的 2p 电子形成两个共价键，除此之外，O 原子的一对已成对的 2p 电子还可与 C 原子的一个 2p 空轨道形成一个配位键，其结构式可写为：$:C \overset{\leftarrow}{=} O:$。

由此可见，形成配位键的条件有两个：一是提供共用电子对的原子有孤对电子；二是接受共用电子对的原子有空轨道。很多无机化合物的分子或离子都有配位键，如 NH_4^+、HBF_4、$[Cu(NH_3)_4]^{2+}$等。

捕收剂与矿物相互作用过程中共价键的本质，就是来自捕收剂的极性基活性位点原子 A，另一方来自矿物表面活性位点原子 B，由于双方的原子核外最外层（价层）有成单电子，成单电子配对后，双方原子核吸引核外的共用电子对，形成最稳定的、使得体系能量最低的两个原子核间的吸引作用。例如，p 区元素之间由于电负性差值远小于 1.7，p 区元素之间如 O 与 O、N 与 N、O 与 H、N 与 H 之间容易形成共价键，只要矿物表面或者浮选捕收剂极性基存在具有成单电子的（由于矿物破碎后得到具有化学活性的位点原子）这些元素，就具有成键倾向。

C　容易与矿物表面活性位点原子形成配位键的捕收剂极性基团

如果非硫化矿的矿物晶体结构中金属阳离子为 d 区和 p 区元素，如 Ti^{4+}、Fe^{2+}、Fe^{3+}、Mn^{2+}、Sn^{4+} 等，且在矿浆中如果有—OH、—COOH、—NH_2、—Cl、—Br 等具有孤电子对的基团，就会产生强烈的配位共价键吸引作用。这种由矿物表面金属阳离子与矿浆中药剂极性基原子或者离子之间产生的配位键作用是属于键合作用（键合吸附）的一种特殊类型。在晶体场理论中，我们把非硫化矿的矿物晶体结构中金属阳离子称为中心离子，把浮选药剂中含有孤对电子的极性基称作配位体，简称配体。根据配体作用于中心离子而产生的分裂能大小，得到一个表征配体强弱的光谱序列，如式（2-9）所示：

$$CO: \approx —CN: > NO_2^-: > en > —:NH_2 > H_2O: > :OH^- > :F^- > :Cl^- > :Br^- \quad (2\text{-}9)$$

式（2-9）中的分子或原子、离子、离子团，都带有孤电子对，属于 d 区和 p 区金属元素的中心离子 M^{n+} 的价层上都有空轨道，在配体的包围与电场作用下，中心离子 M^{n+} 价层 $(n-1)$d 轨道中的 5 个简并轨道（能量相等的 d 轨道）发生分裂，然后接受配体的孤电子对，使得体系能量更低，获得了额外的晶体场稳定化能 CFSE（crystal field stabilization energy）。

配位化学中，把与一个中心离子结合的配体个数称为配位数；把配体中的孤电子对称作“齿”，具有一对孤电子对的配体称作单齿配体，具有多个孤电子对的配体称作多齿配体。当中心原子与单齿配体结合生成了配位键时，我们称之为配合物；当中心原子与多齿配体结合生成了配位键时，我们称之为螯合物。例如赤铁矿的矿物晶格破碎后表面存在的缺电子位点 Fe^{3+} 与碱性矿浆中的难免离子 OH^- 就会发生配合作用；如果矿浆 pH=9.0，则 $[OH^-]=10^{-5}$mol/L，矿浆中的浮选药剂分子与 OH^- 就是竞争关系，看谁与矿物表面的金属离子作用力更强，谁就会与矿物表面离子发生键合作用。对于 α 溴代十二酸捕收剂，—Br、═O、—OH 有三个具有孤电子对的元素，其与赤铁矿表面的 Fe^{3+} 发生的就是螯合作用。

几个名词“键合作用”“配合作用”“螯合作用”“络合作用”之间的区别是：（1）键合作用是指非硫化矿的矿物晶体表面离子 A 与浮选药剂极性基原子或者离子 B 之间能够形成化学键，如离子键、共价键或者配位共价键，那么我们就称之为 A 与 B 之间有键合作用。（2）配合作用是指非硫化矿的矿物晶体表面离子 A 属于 d 区或者 p 区金属离子，由于 A 价层上具有空轨道，且浮选药剂极性基 B 为具有孤电子对的配位体，那么 A 与 B 之间一定会产生配位键，A 与 B 的作用称之为配合作用。（3）螯合作用是指非硫化矿的矿物晶体表面离子 A 属于 d 区或者 p 区金属离子，由于 A 价层上具有空轨道，且浮选药剂极性基 B 为具有多对（大于或等于 2）孤电子对的配位体，那么 A 与 B 之间一定会产生多个配位键，A 与 B 的作用称之为螯合作用。（4）络合作用是早在 1923～1935 年之间配位化学发展初期将 coordination 中文翻译为络合作用或者配合作用，将 complex

翻译成络合物或者配合物，二者无区别，目前配位化学教材中都统一为配合作用、配合物。配合作用、配合物是不管配体是单齿的还是多齿的都可以称之为配合作用、配合物。螯合物为配合物中的一种特殊类型，专指多齿配体与中心离子之间发生的多配位键的配合物。因此，键合作用内涵最大，其包括了离子键作用、共价键作用、配位键作用；配位作用的内涵等于络合作用，螯合作用的内涵最小，只属于多齿配体与中心体作用的一小部分类型。

需要指出的是，矿物表面金属离子与 OH^- 是生成离子键还是配位共价键，取决于二者竞争的结果，本质上取决于金属氢氧化物的 $K^{\ominus}_{sp\,M(OH)_n}$ 与金属多羟基配合物的 $K^{\ominus}_{稳\,M(OH)_m}$ 的比较值，数值更大者更容易发生，在不同体系下具体问题具体分析。

2.1.2.4 浮选捕收剂分子极性基结构设计第五原则

浮选捕收剂分子极性基结构设计的第五原则是指尽可能组装或者选择那些含有多活性位点的极性基（俗称含有“多爪”的极性基），使得每一个活性位点都促进矿物表面与捕收剂极性基之间静电吸附的形成、分子间作用力（氢键）的形成，以及促进键合力的形成，这三重作用力复合叠加、多活性位点耦合协同作用，使得捕收剂极性基成功地作用（吸附）在矿物表面上。

一般说来，浮选捕收剂极性基中结构原子，如脂肪酸盐 $RCOO^-$ 的极性基—COO^- 中的 C 原子、α-溴代脂肪酸极性基中的 C 原子、烷基磺酸盐 RSO_3^- 的极性基—SO_3^- 中的 S 原子、烷基硫酸 $ROSO_3^-$ 的极性基—OSO_3^- 中的 S 原子、烷基磷酸单酯的极性基—OPO_3^{2-} 中 P 原子，C、S、P 都是结构原子，它们将几个活性位点原子═O、—O^- 或者—Br 组装起来，形成多“爪”极性基，然后与矿物表面活性位点原子（离子）发生相互作用。这些捕收剂的极性基中最强的那个多电子活性位点—O^- 首先与矿物表面缺电子活性位点 M^{n+} 发生离子键合作用，极性基中其余活性位点原子也与矿物表面其他活性位点发生耦合协同作用，因此这些捕收剂都是非硫化矿的矿物常见的优良捕收剂。这些极性基的多活性位点原子（离子）“多爪”耦合协同作用如图 2-20 和图 2-21 所示。

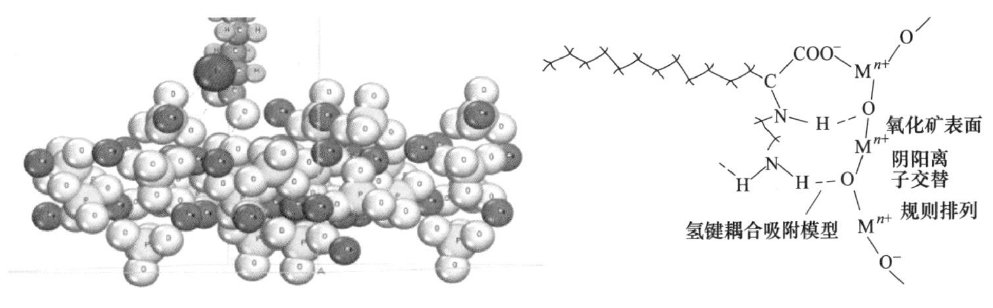

图 2-20 α-溴代脂肪酸极性基中多活性位点的耦合协同作用示意图
—H；—C；—Br；—O；—P；—Ca

图 2-21 α-乙二胺基脂肪酸极性基中多活性位点的耦合协同作用示意图

从图 2-20 中可以看出，α-溴代脂肪酸的极性基活性位点原子（离子）有三个，分别为—O^-、═O 以及 α 位的—Br，其中—O^-为活性最强的多电子阴离子，这个氧阴离子首先与矿物表面的 Ca^{2+} 发生离子键合吸附，由于分子为一个整体，C═O、α 位的 C—Br 虽然有伸缩振动、扭曲振动，但是═O 和 α 位的—Br 原子还是被 C═O 和 C—Br 键固定在一定范围内，因此要考察矿物表面 Ca^{2+} 和磷氧四面体中的氧阴离子的间距大小，是否使得═O 和 α 位的—Br 原子正好落在了缺电子位点 Ca^{2+} 的周围。因此空间效应也是浮选药剂极性基分子结构设计需要考虑的问题。浮选试验结果表明，α-溴代脂肪酸是捕收磷灰石的高效捕收剂，说明 α 位 Br 原子的引入，起到了多活性位点的协同耦合作用，增强了脂肪酸的捕收能力。

图 2-21 为捕收剂 α-乙二胺基脂肪酸的极性基中多活性位点的协同耦合作用示意图。α-乙二胺基脂肪酸中极性基活性位点原子（离子）有—O^-、═O、NH、NH_2，其中—O^-化学活性最强；因此—O^-首先与矿物表面的缺电子位点 M^{n+} 发生离子键的键合吸附，然后 NH、NH_2 基团的 H 与矿物表面 O 发生氢键耦合多基团协同作用。这种在 α 位引入的多种活性位点原子（离子）与矿物表面原子（离子）发生的多重吸附的作用称为多极性基的耦合协同作用。图 2-22 为捕收剂 α-溴代月桂酸对磷灰石的浮选试验结果。图 2-23 为 α-乙二胺基月桂酸对石英的浮选试验结果。

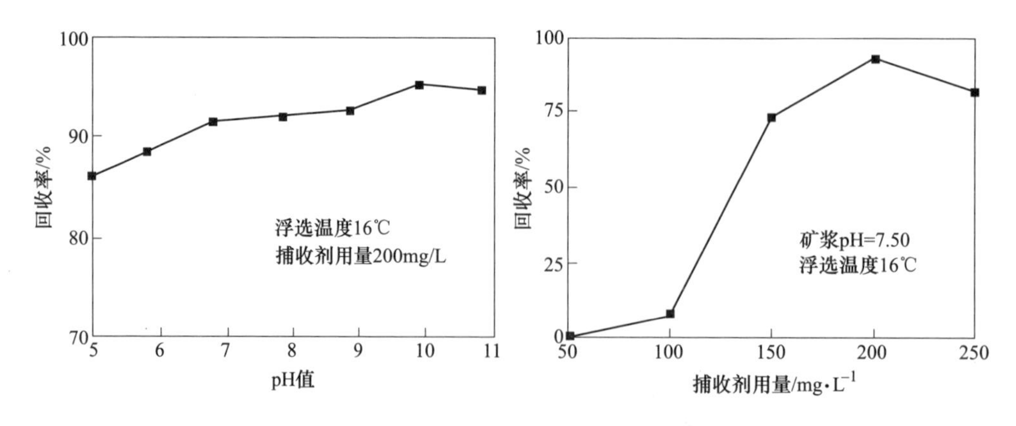

图 2-22　α-溴代月桂酸对磷灰石的浮选试验

从图 2-22 和图 2-23 所示浮选结果可以看出，在月桂酸捕收剂极性基的 α 位引入多电子基团 Br 和 NH、NH_2 基团，得到的新型螯合捕收剂对磷灰石或者石英浮选试验结果非常好。

综上所述，捕收剂分子中极性基结构设计基本观点是捕收剂分子结构中的极性基团（亲矿基团）是由结构原子+活性位点原子组成的。活性位点原子的费米面附近（即价层电子、或者 HOMO 或者 LUMO 轨道上的电子）在不同状态下的

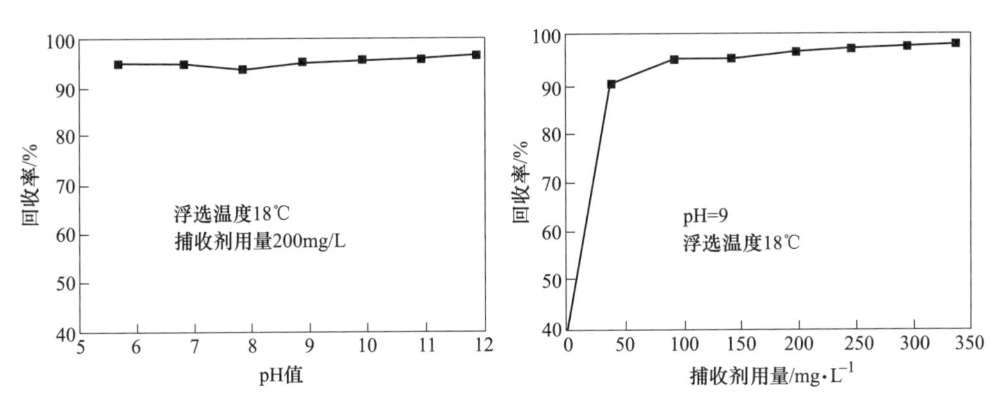

图 2-23 α-乙二胺基月桂酸对石英的浮选试验

电子态密度是决定浮选药剂极性基团活性的本质“基因组”，因此量化地（定量）表征各种浮选药剂极性基团活性位点原子的价电子态密度在与矿物表面活性位点原子相互作用前后的变化值（从 DOS 曲线中分析）是浮选药剂作用化学原理的主要本质工作。浮选药剂极性基团中活性位点原子的价电子态密度与矿物表面活性位点原子的价电子态密度的匹配关系符合“锁钥”匹配关系是药剂分子极性基结构设计主要原则。“氢键耦合多基团协同”理论的核心内容强调的是“主要极性原子化学键合为主，其他含 O、N 基团的氢键或者静电作用为辅的多重耦合作用叠加”的设计理念。

2.2 非硫化矿浮选捕收剂非极性基的结构与设计

非硫化矿浮选捕收剂非极性基的结构是多种多样的，有直链饱和烃基、直链不饱和烃基、含支链饱和烃基、含支链不饱和烃基、芳香烃基、脂-芳香烃基、环烷基、烷氧基等。

在进行捕收剂的非极性基结构的设计之前，首先了解捕收剂的非极性基对捕收剂性能以及对浮选过程的影响。捕收剂的非极性基对捕收剂性能的影响有以下几个方面：（1）影响捕收剂的溶解度；（2）影响捕收剂的凝固点；（3）影响捕收剂的疏水性。捕收剂的非极性基对浮选过程的影响有以下几个方面：（1）影响捕收剂在矿浆中的分散性；（2）影响捕收剂在矿物颗粒表面的吸附量；（3）影响捕收剂对目的矿物的浮选温度和捕收能力。下面分别详细论述。

2.2.1 捕收剂非极性基对物质性能的影响规律

2.2.1.1 非极性基结构对捕收剂溶解度的影响规律

捕收剂的溶解性是捕收剂在形成溶液时的一种物理性质。它是指捕收剂在水溶液里溶解能力大小的一种属性。

捕收剂的溶解度是指达到（化学）平衡的溶液便不能容纳更多的溶质，是指捕收剂在水溶剂里溶解的最大限度。在特殊条件下，水溶液中溶解的捕收剂会比正常情况多，这时它便成为过饱和溶液。溶解度的定义：每份（通常是每份质量或者体积）溶剂（水）（有时可能是溶液）所能溶解的溶质（捕收剂）的最大值就是“捕收剂在水溶剂里的溶解度”。

如果捕收剂具有相同的极性基，不同的非极性基，则非极性基的结构会影响捕收剂溶解性。表 2-5 为一些不同非极性基结构脂肪酸和脂肪胺的溶解度数值[7]。

表 2-5　不同非极性基结构脂肪酸和脂肪胺的溶解度数值（25℃）

捕收剂	分子结构	水中的溶解度/mol · L^{-1}
己酸	$CH_3—(CH_2)_3—CH_2—COOH$	8.3×10^{-2}
辛酸	$CH_3—(CH_2)_5—CH_2—COOH$	4.7×10^{-3}
癸酸	$CH_3—(CH_2)_7—CH_2—COOH$	8.7×10^{-4}
月桂酸	$CH_3—(CH_2)_9—CH_2—COOH$	2.7×10^{-4}
豆蔻酸	$CH_3—(CH_2)_{11}—CH_2—COOH$	8.8×10^{-5}
软脂酸	$CH_3—(CH_2)_{13}—CH_2—COOH$	2.8×10^{-5}
硬脂酸	$CH_3—(CH_2)_{15}—CH_2—COOH$	1.0×10^{-5}
癸胺	$CH_3—(CH_2)_8—CH_2—NH_2$	5.0×10^{-4}
十二烷基胺	$CH_3—(CH_2)_{10}—CH_2—NH_2$	2.0×10^{-5}
十四烷基胺	$CH_3—(CH_2)_{12}—CH_2—NH_2$	1.0×10^{-6}
水杨醛肟	OH N OH	2.0×10^{-1}
邻-羟基乙酰苯酮肟	OH　CH_3 N OH	4.5×10^{-3}
邻-羟基丁苯酮肟	CH_3 OH N OH	5.0×10^{-4}

续表 2-5

捕收剂	分子结构	水中的溶解度/mol·L^{-1}
邻-羟基二苯酮肟	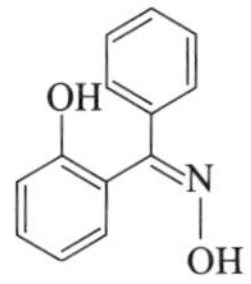 OH N OH	1.5×10^{-4}
2-羟基-5-甲基乙苯酮肟	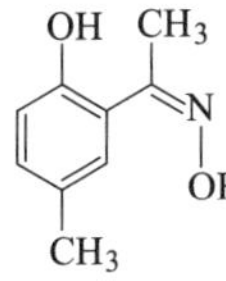 OH CH_3 N OH CH_3	3.0×10^{-4}
2-羟基-5-甲基苯甲醛肟	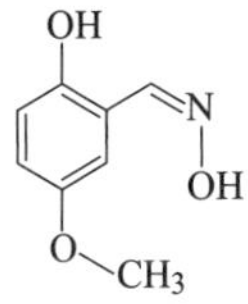 OH N OH O CH_3	5.0×10^{-8}
2-羟基-1-萘甲醛肟	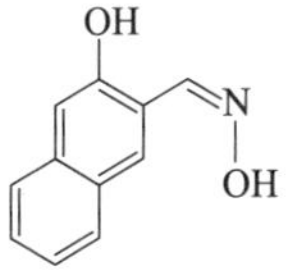 OH N OH	1.0×10^{-4}
邻-羟基环己酮肟	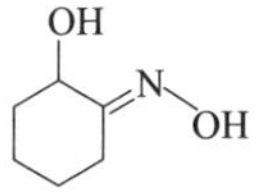 OH N OH	1.0

从表 2-5 中各捕收剂的溶解度数据可以看出，无论是脂肪酸、脂肪胺还是肟酸类，低碳链的捕收剂溶解度较大，随着碳链长度的增加，捕收剂的溶解度越变越小，直至不溶解于水。因此能作为捕收剂的脂肪酸或者脂肪胺碳原子数一般在 $C_8\sim C_{20}$之间。为了增加脂肪酸的溶解性，通常将脂肪酸与等摩尔的氢氧化钠或者氢氧化钾反应制成脂肪酸钠盐或者钾盐，将脂肪胺与等摩尔的盐酸或者醋酸反应，再加水配制成一定溶度的乳状液。

2.2.1.2 非极性基结构对捕收剂凝固点的影响规律

捕收剂的凝固点是捕收剂凝固时的温度，不同捕收剂分子结构不同则具有不同的凝固点。如果捕收剂极性基相同，碳链越长，凝固点越高。此外捕收剂的凝固点还与药剂的纯度有关，如果捕收剂中含有少量其他物质或称为杂质，即使数量很少，捕收剂的凝固点也会降低。表 2-6 为一些不同非极性基结构脂肪酸和脂肪胺的凝固点[7]。

表 2-6　不同非极性基结构脂肪酸和脂肪胺的凝固点

捕收剂	分子结构	凝固点/℃
己酸	$CH_3—(CH_2)_3—CH_2—COOH$	-3.2
辛酸	$CH_3—(CH_2)_5—CH_2—COOH$	16.3
癸酸	$CH_3—(CH_2)_7—CH_2—COOH$	31.2
月桂酸	$CH_3—(CH_2)_9—CH_2—COOH$	43.9
豆蔻酸	$CH_3—(CH_2)_{11}—CH_2—COOH$	54.1
软脂酸	$CH_3—(CH_2)_{13}—CH_2—COOH$	62.8
硬脂酸	$CH_3—(CH_2)_{15}—CH_2—COOH$	69.3
癸胺	$CH_3—(CH_2)_{15}—CH_2—COOH$	16.11
十二烷基胺	$CH_3—(CH_2)_{10}—CH_2—NH_2$	28.32
十四烷基胺	$CH_3—(CH_2)_{12}—CH_2—NH_2$	38.19
十六烷基胺	$CH_3—(CH_2)_{14}—CH_2—NH_2$	46.77

从表 2-6 中各捕收剂的凝固点数据可以看出，无论是脂肪酸还是脂肪胺，低碳链的捕收剂凝固点较低，随着碳链长度的增加，捕收剂的凝固点越变越高。捕收剂凝固点的高低，对浮选温度影响很大，特别是脂肪酸浮选体系，在北方的冬天一般浮选指标都受温度的影响而下降，就是因为脂肪酸阴离子捕收剂的凝固点较高的原因造成的。

2.2.1.3　非极性基结构对捕收剂疏水性的影响规律

疏水性是指一个分子（疏水物）与水互相排斥的物理化学性质。例如烷烃、油、脂肪和多数含有油脂的物质都为疏水性分子。通常疏水性物质不仅不能与水互溶，而且有强烈的与水分相的趋势。疏水性物质分子一般都具有对称结构，分子的正负电荷中心重合或者分子偶极矩很小，疏水性物质分子间作用力远远小于水分子之间的氢键作用，因此疏水性物质分子不能分散到水分子中去。

测量物质疏水性的强弱，可以用接触角大小来测量。如一滴水，滴在物体的表面上，在固液界面上一个水分子受周围分子之间的相互作用力与接触角的关系如图 2-24 所示。

从图 2-24 可以看出，三个具有不同疏水性强弱的表面 1、表面 2、表面 3，分别有一滴水滴在了它们的表面，得到三种不同的结果：同样的一滴水，在表面 1 上不铺展，接触角 θ_1 最大；水在表面 2 上略有铺展，接触角 θ_2 次之；水在表面 3 上铺展开来，接触角 θ_3 最小。这是宏观表象，下面让我们来分析一下，微观固液界面上的一个水分子受的分子间作用力本质情况：对于表面 1 界面上一个水分子 A_1 受到左边相邻水分子与它的分子间作用力合力（包括氢键）记为

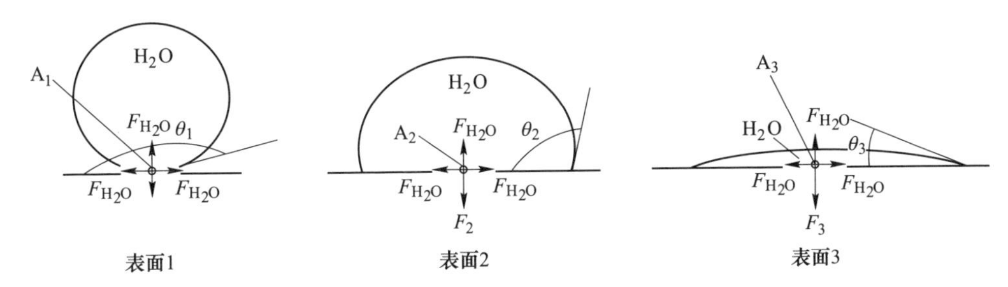

图 2-24　分子间作用力与接触角的关系示意图

F_{H_2O}，也受到右边相邻水分子与它的分子间作用力合力（包括氢键），二者相等，A_1 处于左右受力平衡状态；同时 A_1 还受到上边水滴内相邻水分子与它的分子间作用力合力（包括氢键），同样是 F_{H_2O}，但是，A_1 属于水滴表面分子，它受到的下面表面 1 分子对它的分子间作用力 F_1 很小，$F_1<F_{H_2O}$，因此水滴中的每一水分子在与表面 1 的接触过程中（水滴滚动）都是受到一个指向水滴内部的作用力，其大小为 $F=F_{H_2O}-F_1$，方向向上指向水滴内部。同理分析，对于表面 3 上的 A_3 分子在与表面 3 的接触过程中受到一个作用力，其大小为 $F=F_3-F_{H_2O}$，由于 $F_3>F_{H_2O}$，水滴中的分子尽可能多地被铺展到表面 3 的固液界面上。若接触角 $\theta_1>\theta_2>\theta_3$，则必有 $F_1<F_2<F_3$；水与物质表面的接触角大小的本质是反映了不同物质与水分子间作用力的大小。换句话说，物质疏水性的大小，其本质也是该种物质与水分子之间的分子间作用合力大小的宏观反映。

因此捕收剂的非极性基碳链，由于具有 C—H 键对称结构，分子偶极矩很小，赋予了捕收剂分子的疏水性能，且碳链越长，疏水性能越强。疏水性极性基在水里通常会受到水的排斥而自行聚集，形成胶束结构。捕收剂非极性基的胶束结构如图 2-25 所示。

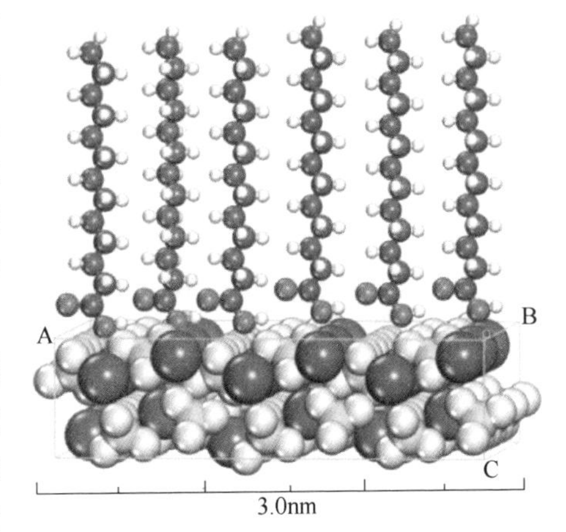

图 2-25　捕收剂非极性基的胶束结构

这种捕收剂浓度在由稀变浓过程中，当达到某一定浓度时，溶液中捕收剂由单一的分子或者离子开始聚集成非极性基并排胶束排列方式的分子团，这个浓度被称为临界胶束浓度（CMC）。正是这种疏水基定向排列组成的疏水膜改变了矿物表面的疏水性质，赋予了不同矿物在不同捕收剂体系下的不同浮游特性。表 2-7 为各种脂肪酸捕收剂的临界胶束浓度数值[8]。

表 2-7　各种脂肪酸捕收剂的临界胶束浓度

各种脂肪酸类捕收剂	分子结构式	CMC/mol · L^{-1}
辛酸	CH_3—$(CH_2)_5$—CH_2—COOH	1.4×10^{-1}(27℃)
癸酸	CH_3—$(CH_2)_7$—CH_2—COOH	2.4×10^{-2}(27℃)
月桂酸	CH_3—$(CH_2)_9$—CH_2—COOH	5.7×10^{-2}(27℃)
十四酸	CH_3—$(CH_2)_{11}$—CH_2—COOH	1.3×10^{-2}(27℃)
十六酸	CH_3—$(CH_2)_{13}$—CH_2—COOH	2.8×10^{-3}(27℃)
十八酸	CH_3—$(CH_2)_{15}$—CH_2—COOH	4.5×10^{-4}(27℃)
己酸钠	CH_3—$(CH_2)_3$—CH_2—COONa	7.3×10^{-1}(20℃)
辛酸钠	CH_3—$(CH_2)_5$—CH_2—COONa	3.5×10^{-1}(25℃)
癸酸钠	CH_3—$(CH_2)_7$—CH_2—COONa	9.4×10^{-2}(25℃)
月桂酸钠	CH_3—$(CH_2)_9$—CH_2—COONa	2.6×10^{-2}(25℃)
十四酸钠	CH_3—$(CH_2)_{11}$—CH_2—COONa	6.9×10^{-3}(25℃)
十六酸钠	CH_3—$(CH_2)_{13}$—CH_2—COONa	2.1×10^{-3}(50℃)
硬脂酸钠	CH_3—$(CH_2)_{15}$—CH_2—COONa	1.8×10^{-3}(50℃)
硬脂酸钾	CH_3—$(CH_2)_{15}$—CH_2—COOK	4.5×10^{-4}(55℃)
油酸钠	CH_3—$(CH_2)_{15}$—CH═CH—(CH_2)—COONa	2.1×10^{-3}(25℃)
油酸钾	CH_3—$(CH_2)_{15}$—CH═CH—(CH_2)—COOK	8.0×10^{-4}(25℃)

2.2.2　捕收剂的非极性基对浮选过程的影响

2.2.2.1　非极性基结构对捕收剂在矿浆中分散性的影响规律

分散性是指捕收剂液滴在其他液体介质（水溶液）中能分散为细小粒子悬浮于分散介质中而不团聚或沉淀的性能。分散性与物质的比表面积有关，比表面积大则分散性好。常用分散度表示物质的分散性。例如 1 滴直径为 0.5μm 油珠，其表面积为 0.785μm^2。若将该滴油珠分散成 1000 滴小油珠，其表面积增加了 10 倍，为 7.85μm^2。捕收剂在矿浆中的分散性主要与捕收剂的溶解度和凝固点有关。捕收剂的溶解度越大，当浮选温度高于其凝固点时，则捕收剂在矿浆中的分散性越好；捕收剂的溶解度越低，当浮选温度低于其凝固点时，则捕收剂在矿浆中的分散性越差。分散性差的捕收剂，在矿浆中容易团聚结块，而不能有效地作用在矿物表面，从而影响浮选效果。

例如脂肪酸分子中非极性基的碳原子数目高于 20 时，尽管在药剂配置时加温加碱将其溶解，可是在其被投入浮选矿浆中后，由于冬天矿浆温度低，接近凝固点附近的温度时，捕收剂溶解度降低而分散性差，不得不增大捕收剂用量才能维持浮选指标。

2.2.2.2 非极性基结构对捕收剂浮选温度和捕收能力的影响规律

如 2.2.1 节所述，非极性基结构不同，将会影响捕收剂的溶解度、凝固点、疏水性，进而综合影响该捕收剂在矿浆中的分散性，最终影响到该捕收剂的浮选温度和捕收能力。

捕收剂中非极性基的碳链长短对捕收剂的捕收能力有很大的影响。表 2-8 为 α-醚胺基脂肪酸羧基的烃链长度对其浮选性能的影响试验结果。在浮选温度为 15.0℃、矿浆 pH 值为 8.0、捕收剂用量为 20.0mg/L 情况下，采用不同碳链长度的 α-醚胺基脂肪酸进行石英、赤铁矿及磁铁矿单矿物浮选试验，浮选回收率如表 2-8 所示[9]。

表 2-8 一定条件下石英、赤铁矿及磁铁矿单矿物浮选回收率 (%)

药剂类别	石英	磁铁矿	赤铁矿
α-己烷醚胺基-己酸	64.14	3.45	38.69
α-辛烷醚胺基-己酸	89.85	9.42	75.63
α-癸烷醚胺基-己酸	80.31	3.47	43.15
α-十二醚胺基-己酸	93.96	9.36	46.70
α-己烷醚胺基-十二酸	90.16	5.58	82.74
α-辛烷醚胺基-十二酸	96.95	9.80	89.85
α-癸烷醚胺基-十二酸	93.40	46.53	98.47
α-十二醚胺基-十二酸	68.25	5.03	90.67

由表 2-8 可知，在浮选温度为 15℃下，α-醚胺基脂肪酸分子结构中羧基碳链长度对药剂捕收性能有一定的影响。当羧基碳链长度较短时，药剂在水中的溶解浓度满足其捕收需要，此时药剂分子疏水力起到决定作用，随着羧基碳链的增加其捕收性能增强；当羧基碳链长度较长时，药剂分子在水中溶解度起关键作用，随着羧基碳链长度的增加其溶解及分散性能下降，对矿物的捕收性能减弱。

如脂肪酸分子的非极性基碳链太短时，在水中完全溶解，如甲酸、乙酸就属于这种情况，不但没有捕收性能，而且起泡性能也极其微弱；当碳链增长到一定程度时，碳链的疏水性增强，整个脂肪酸分子不能与水互溶，脂肪酸分子在水的表面形成定向排列，故分子量较大的脂肪酸有起泡性能。一般 $C_7 \sim C_9$ 碳原子的脂肪酸起泡性能良好，且已具有一定的捕收能力。若碳原子数继续增多，捕收能力也随之增强，但脂肪酸分子中碳原子数不能太多，一般在 $C_{12} \sim C_{20}$ 最为适宜，

C_{20}以上则溶解度太小，凝固点太高，在矿浆中分散性差，捕收能力逐步减弱。图 2-26 是在 pH = 9.7 时，用 $C_8 \sim C_{12}$的饱和脂肪酸对方解石纯矿物的浮选试验结果[7]。

非极性基中不饱和度对捕收性能也有影响。如在相同 pH 值、相同温度、相同药剂浓度下，用钙离子作活化剂，用硬脂酸（双键个数=0）、油酸（双键个数=1，十八烯酸）、亚油酸（双键个数=2，十八二烯酸）、亚麻酸（双键个数=3，十八三烯酸）分别作为捕收剂浮选石英的结果表明，其浮选速度和浮选效果以亚麻酸为最好，如图 2-27 所示。同碳原子数的脂肪酸的浮选效果是：不饱和脂肪酸比饱和脂肪酸的效果好，不饱和程度高的比不饱和程度低的效果好。

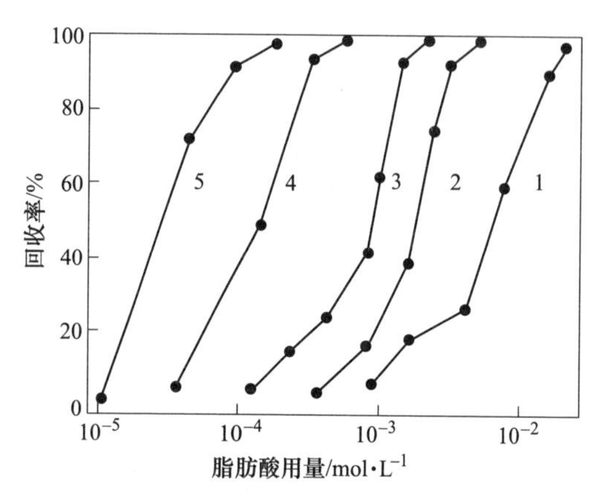

图 2-26　不同碳链长度的饱和脂肪酸对方解石纯矿物的浮选试验结果

1—辛酸；2—壬酸；3—癸酸；4—十一酸；5—十二酸

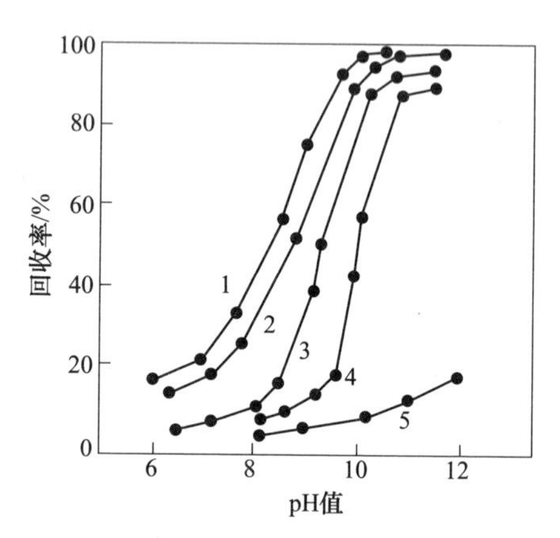

图 2-27　不同脂肪酸浮选石英 pH 值曲线

1—亚麻酸；2—亚油酸；3—油酸；4—反油酸；5—硬脂酸

此外，非极性基的不饱和度对浮选的影响还与捕收剂本身的结构、水解作用，临界胶团浓度、表面活性、分子截面面积及被吸附的捕收剂离子的定向作用等因素有关系。非极性基碳链在水界面上的单分子的截面面积随不饱和度的增加而增加，表 2-9 为几种不同极性基脂肪酸分子的截面面积[7]。但是单用分子截面面积的增大，还不能作为捕收能力增加的唯一原因。脂肪酸型捕收剂在矿物表面的吸附排列，在低浓度时例如亚油酸及亚麻酸羧基的离子排列定向很可能是与矿物表面呈平行状态，在较高浓度时，定向发生变化，一直到这些离子几乎与矿物表面成垂直状态为止，碳链排列成几乎与矿物表面平行的趋势可能是随不饱和程度增加而增加；这种效应在硬脂酸的情况下则不同，因为硬脂酸能够形成一种致密的单分子层，其截面面积的限度只有 0.244nm^2。

表 2-9 不同非极性基脂肪酸分子的截面面积

名称	表面积/nm^2	名称	截面面积/nm^2
硬脂酸	0.244	亚麻酸	0.682
油酸	0.566	异亚麻酸	0.600
异油酸	0.485	蓖麻油酸	1.094
亚油酸	0.595	异蓖麻油酸	0.797

捕收剂非极性基结构不同，对捕收剂的临界胶团浓度有影响，从而影响着浮选过程。被吸附在矿物表面上的捕收剂离子，它的碳链部分是向溶液表面而定向排列的。当矿物表面上的离子吸附达到一定浓度，即达到溶液的临界胶团浓度以后，它们可形成半胶团状态。在较高浓度下（高于形成半胶团时所需的浓度），在矿物表面形成了完整的胶团，其结果反而促使为捕收剂所覆盖的矿物表面变为亲水性。随着捕收剂浓度增加，回收率突然下降，正是由于在矿物表面上形成了完整的胶团所致，如表 2-10 所示[7]。

表 2-10 非极性基碳链饱和度对捕收剂 CMC 的影响

名　称	CMC/g·L^{-1}
亚油酸钠皂	0.15
亚麻酸钠皂	0.20
油酸钠皂	0.25
蓖麻油酸钠皂	0.45
塔尔油钠皂	0.50

脂肪酸的捕收性能也受碳链长短（碳原子多少）、熔点高低的影响。一般来说，碳链短、熔点低，在水中容易溶解和弥散，故捕收作用强。对于同等碳原子或者符合捕收剂条件的脂肪酸而言，熔点越低，越容易分散，捕收作用越强。硬脂酸在室温下还是固态，虽然也具有 18 个碳原子，但在水中不容易溶解和分散，故捕收能力弱。如升高温度进行浮选，脂肪酸在水中较容易溶解和分散，故浮选效果较好。

表 2-11 中所列亚油酸和亚麻酸均为非共轭体系，而桐酸的三个双键成共轭体系，其熔点并不因为双键的增加而降低，相反，其熔点反而较油酸为高。由此得出结论，用脂肪酸作捕收剂时，其分子中非共轭体系的双键越多，则其熔点越低，浮选效果越好；而共轭体系的双键存在于脂肪酸分子中反而使熔点升高，浮选性能变差[7]。

表 2-11 非极性基碳链的不饱和度对捕收剂熔点的影响

化合物	结构式	熔点/℃
硬脂酸	$CH_3(CH_2)_{16}COOH$	65
十八烯酸(油酸)	$CH_3(CH_2)_7CH=CH(CH_2)_7COOH$	16.5
十八二烯酸(亚油酸)	$CH_3(CH_2)_4CH=CHCH_2CH=CH(CH_2)_7COOH$	-6.5
十八三烯酸(亚麻酸)	$CH_3CH_2CH=CHCH_2CH=CHCH_2CH=CH(CH_2)_7COOH$	-12.8
十八三烯酸(桐酸)	$CH_3(CH_2)_3CH=CHCH=CHCH=CH(CH_2)_7COOH$	48 ~ 49

2.2.3 捕收剂分子中非极性基的结构设计原则

简而言之，捕收剂分子中非极性基对药剂的溶解度、凝固点、CMC 浓度值、疏水性能、分散性能、捕收性能有重要影响，非极性基还能通过诱导效应、共轭效应以及空间效应等方式对极性基的吸附能力产生间接的影响。因此捕收剂分子中非极性基的结构设计对研制高效捕收剂意义重大。通过对非极性基对浮选过程的影响分析可知，在进行捕收剂分子中非极性基的结构设计时应遵循以下原则。

2.2.3.1 在保证溶解度、分散性的前提下提高疏水性原则

捕收剂分子或离子定向吸附于矿物表面时，药剂的非极性基朝外，形成疏水膜，提高了矿物的可浮性，因此非极性组成和结构直接影响了药剂是否具有足够的疏水能力而使矿物颗粒上浮。此外，非极性基相互间的缔合作用（包括范德华力、静电力、氢键力等，统称为非极性基解吸力）能影响药剂在矿物表面的吸附牢固程度。非极性基还通过诱导效应、共轭效应以及空间效应等方式对极性基的吸附能力产生影响；非极性基决定了浮选药剂在矿浆中的溶解能力和分散能力。

对于非极性基而言，各类非极性基的基本特性归类如下：（1）烃基引入的影响。引入烃基可增大脂溶性、疏水性，且因位阻效应可增加药剂稳定性。对于浮选捕收剂，在含有相同碳原子时，捕收剂中非极性基疏水能力大小顺序为脂肪族烷基≥环烷基脂环基>芳香基>含弱亲水基烷基。（2）醚氧基的影响。由于醚中氧的孤电子对能吸引质子，有亲水性，引入后可使烃基有亲水性，增加了药剂在水中的溶解度和分散性；含醚基类化合物能定向排列于脂水两相之间，易于形成胶束；氧和亚甲基为电子等排体，互相替换对药剂分子活性影响不大。但氧的负电性影响了分子近旁的正电性，则会对活性有一定影响。（3）卤素及羟基的作用。卤素原子的引入可增大脂肪族化合物的水溶性，拓宽药剂浮选的范围。引入羟基可增强与矿物的结合力，可形成氧键，使水溶性增加，分子活性也随之改变。取代在脂肪链上的羟基，常使活性和稳定性下降。

2.2.3.2 低温捕收剂的非极性基结构设计原则

在低温浮选分子非极性基的设计中，应该选择疏水能力最强的脂肪族烷基作

为捕收剂分子的非极性基，以保证药剂分子能够具有足够的疏水能力。

为增强浮选药剂分子对低温水环境的适应性，在浮选药剂分子非极性基设计时，可从以下几点出发：

（1）引入适宜的支链烷基。支链的存在妨碍了烃链间的紧密靠拢，使得烃链间的范德华力减弱，和直链烷基浮选药剂相比，在溶液中具有更好的溶解及分散性能。同时，支链又可增加药剂分子的极性效应。特别是 α 位置上的支链烷基的推电子诱导效应，往往能增强浮选药剂的反应活性。我们所设计新型低温浮选捕收剂非极性基—CH(NH—R)COOH，也正是需要在脂肪酸 α 位置引入支链的方法来实现的。

（2）不宜选择碳氢烃链过长的非极性基。脂肪族烷基烃链的长短决定了浮选药剂的溶解度和表面活性，与药剂在矿物表面的吸附作用能力也有密切关系。在低温浮选药剂极性基设计时，已充分考虑其在矿物表面吸附能力。所以，在分子非极性基设计时，为了增加药剂分子在水中的溶解能力，不宜选择碳氢烃链过长的非极性基。同时，由于碳氢烃链长度的增加会导致药剂的生物降解性降低，基于药剂环保性角度考虑，也不宜选择过长的烃链分子结构。我们设计的含有支链的低温浮选捕收剂，主链及支链碳原子个数选择不超过 15 的碳链作为非极性基。

（3）烃链中醚基的引入。由于醚基中氧原子具有的孤电子对可吸引质子，产生亲水性，可增加药剂分子在矿浆中的溶解及分散能力，所以在药剂分子非极性基结构中可引入醚基官能团，以实现药剂分子在低温条件下的捕收性能。同时，由于醚氧键易发生断裂，所以在烃链中引入醚基可增加药剂分子的生物降解性能。

基于以上对新型低温浮选捕收剂中极性基和非极性基的选择，我们设计了含有羧基、胺基及醚氧基的新型 α-醚胺基脂肪酸低温浮选捕收剂。同时，为研究其分子结构中羧基烃链 $CH_3—(CH_2)_n—CH—$ 及醚胺基烃链 $—NH(CH_2)_3O(CH_2)_mCH_3$ 长度对药剂在低温条件下浮选性能的影响，选择直链羧基烃链分别为 $C_4H_9CH—COOH$ 和 $C_{10}H_{21}CH—COOH$，直链醚胺基烃链分别为 $C_6H_{13}O(CH_2)_3NH—$、$C_8H_{17}O—(CH_2)_3NH—$、$C_{10}H_{21}O(CH_2)_3NH—$ 及 $C_{12}H_{25}O(CH_2)_3NH—$，合成了一系列 α-醚胺基脂肪酸低温浮选捕收剂，其分子式结构如式（2-10）所示。

O OH
R_1 N O R_2 （2-10）
H

式中，R_1 为 $—CH_3$ 和 $—C_7H_{15}$；R_2 为 $—C_3H_7$、$—C_5H_{11}$、$—C_7H_{15}$ 和 $—C_9H_{19}$。

2.3 非硫化矿浮选捕收剂的结构共性

通过 2.1 节和 2.2 节的非硫化矿浮选捕收剂极性基与非极性基结构设计原则

及多年浮选实践经验可以得出，非硫化矿浮选捕收剂分子中极性基的活性位点基团主要为═O：、—O⁻、O—H、═N、—NH—、—NH_2，其次有 Cl、Br 辅助协同作用；常见结构原子为 C、S、P 等。按照极性基结构种类不同，非硫化矿浮选捕收剂可分为四大类，如图 2-28～图 2-31 所示。

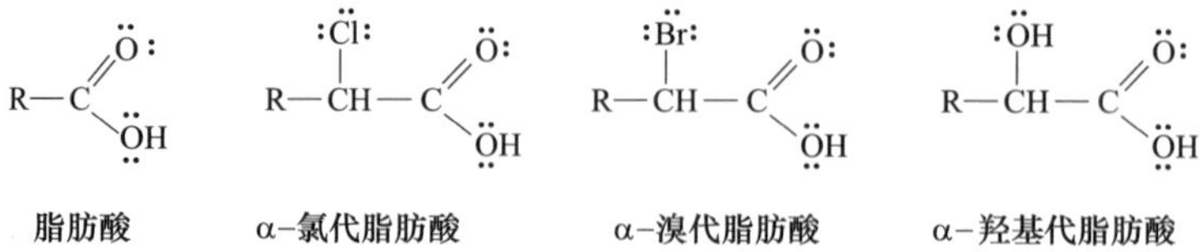

脂肪酸　α-氯代脂肪酸　α-溴代脂肪酸　α-羟基代脂肪酸

图 2-28　脂肪酸及其改性类捕收剂

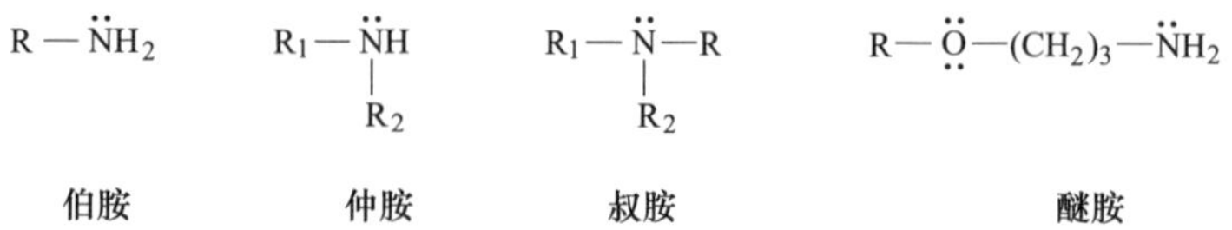

伯胺　仲胺　叔胺　醚胺

图 2-29　脂肪胺及醚胺类捕收剂

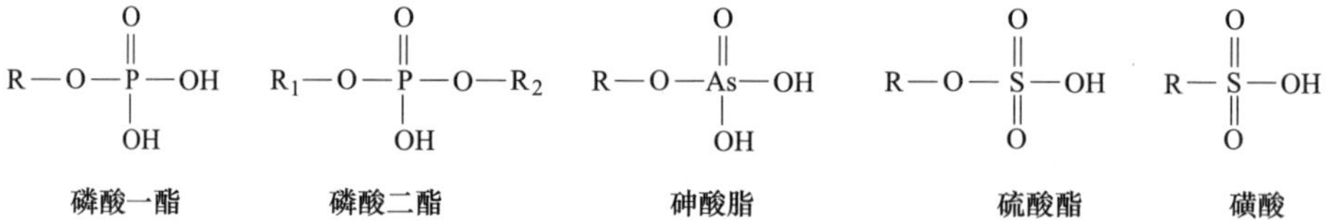

磷酸一酯　磷酸二酯　砷酸脂　硫酸酯　磺酸

图 2-30　多═O 和—OH 基团的含氧酸盐酯类捕收剂

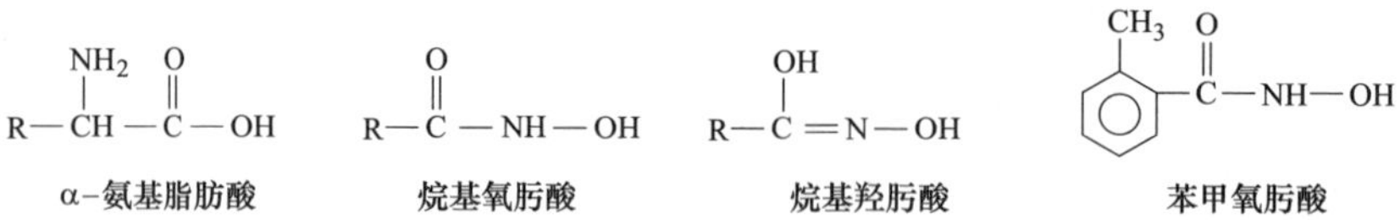

α-氨基脂肪酸　烷基氧肟酸　烷基羟肟酸　苯甲氧肟酸

图 2-31　氨基酸或含肟基类的捕收剂

从图 2-28～图 2-31 中可以看出，这些矿物的浮选捕收剂的非极性基，可以是饱和碳链、不饱和碳链、芳香基等，而其极性基团结构（粗略看）是各不相同，有脂肪酸及其改性系列、胺类系列、同时含—OH、—NH 系列、多基团类系列。但是，仔细从化学角度分析可以看出，四大系列捕收剂极性基团的骨架原子尽管各不相同（RCOOH、氧肟酸、羟肟酸、8-羟基喹啉等极性基中骨架原子为 C，$ROSO_3H$极性基中骨架原子为 S，$ROAsO_3H$ 极性基中骨架原子为 As，$ROPO_3H$ 极性基中骨架原子为 P），它们在结构上的共同点是极性基中活性原子均为 N 和 O 原子。如图 2-28～图 2-31 中的红色 O 和 N 原子才是与矿物作用的原子，而结构原子如 C、P、As、S 等以共价键与 O 或 N 结合，被包裹在稳定的多面体中心，只能间接地影响—OH 和—NH 的物理化学性质，不能直接与矿物发生任何相互作用。

非硫化矿的浮选捕收剂，其非极性基结构也是多种多样的。表 2-12 为常见的非硫化矿浮选捕收剂的非极性基结构[7]。

表 2-12　常见的非硫化矿浮选捕收剂的非极性基结构

非极性基种类	非极性基结构	应用实例
直链饱和烃	正烷基，$CH_3CH_2\cdots CH_2$— 如十二烷基、十八烷基	月桂酸钠、十二烷基磺酸钠、硬脂酸钠
支链饱和烃	异构烷基，$CH_3CH_2\cdots CHCH_2$— | CH_2	异构十三烷基丙胺基醚（DCZ）
直链不饱和烃	一烯烃基、二烯烃基、三烯烃基	油酸、亚油酸、亚麻酸、桐酸
芳香烃	单苯环  多苯环(萘基) 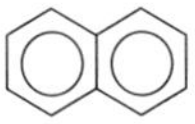 吡啶 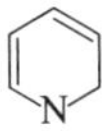　N 酚基　OH 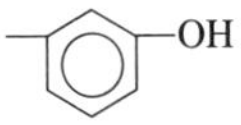	苯甲羟肟酸、 八羟基喹啉、 α-萘胺 水杨醛 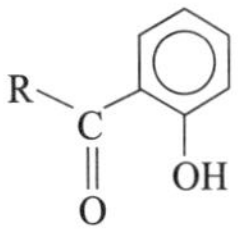 R　C　O　OH
脂芳香烃	烷基单苯环 　R 烷基对苯环 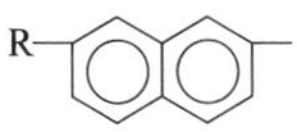　R	对甲基苯砷酸、甲基萘磺酸盐
环烷基	五元环、六元环，单环、多环	石油环烷酸
烷氧基	$CH_3CH_2\cdots CH_2$—O—	醚酸、醚胺

捕收剂分子（或离子）的非极性基定向排列，形成疏水性膜，提高矿物的可浮性，因此非极性基的结构特点直接影响这种疏水性的大小。从表 2-12 可以

看出，直（支）链的饱和烃或者不饱和烃、芳香烃、脂芳香烃、环烷基、烷氧基等都可以做非硫化矿捕收剂的非极性基。

当捕收剂极性基在矿物表面吸附时，非极性基间也发生相互作用，这种作用包括由范德华力引起的互相吸引缔合，称为烃链间的缔合力，也包括由双键或非极性基中所带其他基团间的缔合力、静电力、氢键力等。当药剂自矿物表面解吸时，不但要克服极性基对矿物的亲固力，而且要克服阻止非极性基之间分开的上述各种力，可统称为非极性基解吸力。此种非极性基解吸力的强弱与非极性基的结构直接有关，非极性基的结构也影响着药剂对矿物的亲固能力。

参考文献

[1] 王庆文．有机化学中的氢键问题［M］．天津：天津大学出版社，1993.

[2] 袭晓辉，程志海，季威．基于原子力显微技术的分子间相互作用的实空间观测研究［J］．中国科学基金，2013（6）：370~371.

[3] Jun Zhang，Pengcheng Chen，Bingkai Yuan，et al. Real-space identification of intermolecular bonding with atomic force microscopy［J］．Science，2013，342（11）：611~613.

[4] 大连理工大学无机化学教研室．无机化学［M］.5 版．北京：高等教育出版社，2005.

[5] 邵美成．鲍林规则与价键理论［M］．北京：高等教育出版社，1993.

[6] 鲍林 L. 化学键的本质［M］.2 版．卢嘉锡，等译．上海：上海科学技术出版社，1981：442~486.

[7] 张泾生，阙煊兰．矿用药剂［M］．北京：冶金工业出版社，2008.

[8] 朱玉霜，朱建光．浮选药剂的化学原理［M］．长沙：中南大学出版社，1996.

[9] 骆斌斌．α-醚胺基脂肪酸分子结构设计及其捕收机理研究［D］．沈阳：东北大学，2016.

3 非硫化矿浮选捕收剂的种类与性能

非硫化矿浮选捕收剂按极性基具有的化学活性位点可划分为：（1）含有 C ═ O和 C—OH 基团的羧酸及其改性类捕收剂；（2）含有—NH—或—NH_2 基团的胺类及其醚胺类捕收剂；（3）含有多个═ O 和—OH 基团的含氧酸酯类捕收剂；（4）含有 C ═ O 和 C—N 或者 C ═ N 和 C—O^- 等肟酸类、或者兼有—NH_2 和—OH 基团的氨基羧酸类捕收剂。下面分别介绍非硫化矿浮选药剂的结构和捕收性能。

3.1 含有 C ═ O 和 C—O 的脂肪酸及其改性类捕收剂

3.1.1 含有 C ═ O 和 C—OH 基团的捕收剂概述

非硫化矿捕收剂最重要的种类就是分子中带有 C ═ O 和 C—OH 基团的有机羧酸。根据疏水基的不同，有机羧酸还可分为具有烃链的烃基羧酸和具有苯环结构的芳香基羧酸两大类。具有烃链的有机羧酸称作脂肪羧酸，简称脂肪酸，在分子中羧基直接与脂肪族烃基相连接。芳香族有机酸简称为芳香酸，其特点为羧基直接与苯环或芳香环相连接。一般说来，芳香羧酸由于起泡性能较差、在矿物表面吸附量较少，因而捕收性能较差，很少用作主要的浮选捕收剂。

脂肪酸及其盐类最重要的用途是作为非硫化矿物的捕收剂。由于脂肪酸具有很活泼的 C ═ O 和 C—OH 基团，对所有的非硫化物矿物，如赤铁矿等氧化矿、硫酸盐矿（重晶石）、碳酸盐矿（菱镁矿）、磷酸盐矿（磷灰石）、钨酸盐矿（白钨矿）以及萤石等，都具有很好的可浮性；但对石英、长石、石榴石、高岭土、云母等硅酸盐类矿物，需要加活化剂才能捕收[1~5]。

为了适应工业发展，人们不断寻找低成本浮选药剂。脂肪酸类药剂来源不再局限于动物和植物油脂，它还来自于石油化工的加工产品以及农林牧渔和油脂加工的副产品或下脚料，例如塔尔油、氧化石蜡、氧化煤油、环烷酸、松脂酸以及棉籽油、米糠油、癸二酸、尼龙-11 等的下脚料都是以含脂肪酸为主的脂肪酸类选矿药剂。

脂肪酸类捕收剂的特点是捕收性能好、选择性能差、用量大、使用温度高。为了提高脂肪酸的选择性，扩大目的矿物与脉石矿物的浮游差，一般采取以下两个方面的措施：（1）组合用药：加强具有不同分子结构或官能团的药剂组合使用的研究，发挥药剂的协同效应；（2）对药剂极性基进行改性：研制脂肪酸类衍生物，如卤素脂肪酸、羟基代脂肪酸的制备，以提高药剂浮选活性、分散性、选择性以及耐低温性等浮选性能。下面分别介绍几种脂肪酸及其改性药剂。

3.1.2　油酸捕收剂及其性能

3.1.2.1　油酸的分子结构与理化性能

油酸学名十八烯（9）酸，其分子简式为：$CH_3(CH_2)_7CH=CH(CH_2)_7COOH$，油酸（顺式）的分子结构如图 3-1 所示。

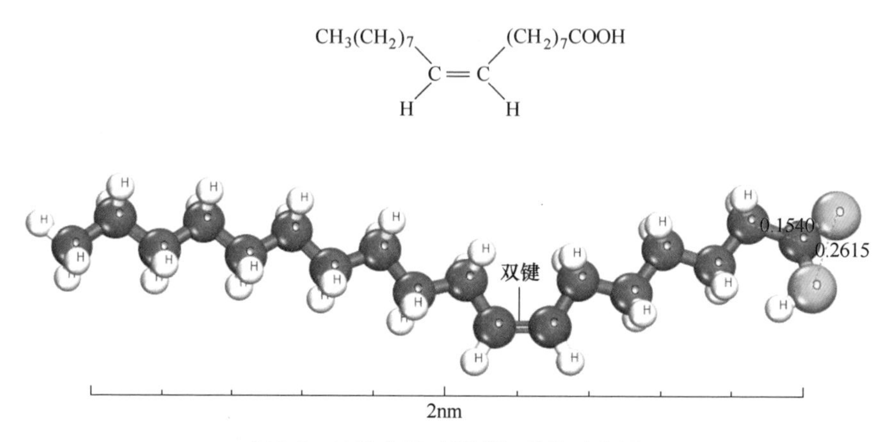

图 3-1　油酸分子（顺式）结构示意图

油酸分子长约 2.32nm，宽约 0.42nm。纯油酸为无色、无毒、油状液体，有动物油或植物油气味，久置空气中颜色逐渐变深，工业品由于含有杂质为黄色到红色油状液体。纯油酸凝固点为 13.4℃，沸点为 350～360℃，相对密度为 0.8935（4～20℃），蒸汽压约为 6.93kPa（37℃），闪点为 189℃。油酸易燃，与强氧化剂、铝等发生反应。油酸不溶于水，但溶于乙醇、乙醚、氯仿等有机溶剂中。油酸与碱发生皂化反应，凝固后生成白色柔软固体。在高热下油酸极易氧化、聚合或分解。天然油酸都是顺式结构，在动植物油脂中广泛存在，含量丰富。表 3-1 为动植物油脂中油酸的含量[1]。

表 3-1　油酸在天然动植物油脂中的含量（质量分数）

动植物油脂	橄榄油	杏仁油	棕榈油	菜籽油	棉籽油	大豆油	葵花子油
油酸含量/%	70～80	>75	41	40	35	33	33

从各种植物油中提取的脂肪酸都是混合脂肪酸，其中除油酸之外，还含有硬脂酸、软脂酸、亚油酸、亚麻酸等。要从混合脂肪酸中分离出油酸纯品是极困难的，故油脂化工厂出产的都是混合物。浮选工业常用的所谓油酸，实际上也是油脂化工厂出产的、从植物油中提取的混合脂肪酸，只不过含油酸量较高，一般在70%左右。从棉籽油、菜籽油、米糠油等植物油中提取的油酸为淡黄色油状液体，相对密度0.895左右，凝固点约14℃。放置时间过久会吸收空气中的氧形成过氧化物，然后分解成低级的羧酸或醛，颜色变深且具有酸败气味[1]。油酸与硝酸作用，则异构化为反式油酸，反式油酸的凝固点更高为44~45℃。

使用油酸时，为了使其分散，可用NaOH水溶液将其配成油酸钠水溶液，即可分散在矿浆中。油酸对温度敏感，当矿浆温度在30℃以上时，用油酸作捕收剂浮选氧化矿的效果较好；温度过低时，浮选回收率急剧下降，所以在寒冷季节将明显影响浮选指标。因此，不得不将矿浆加温（通蒸汽），以便油酸捕收剂在冬天获得较好的浮选效果。油酸的捕收能力强，但选择性较差，为了改善油酸的选择性，常与适当的抑制剂配合使用。例如与碳酸钠、水玻璃、有机抑制剂配合使用，使脉石受到抑制，以加强油酸的选择性。油酸具有起泡性能，因为油酸是表面活性物质，在液-气界面吸附，具有较强的起泡性能，通常在浮选中不再添加起泡剂。但当泡沫量不足或为了减少油酸用量时，添加少量起泡剂还是有益的。油酸的用量较大，用油酸浮选氧化矿，一般用量在0.1~1.0kg/t，因油酸选择性差，又兼有起泡性能，故消耗量较大。为了减少消耗，可与少量煤油、柴油或乳化剂等混合使用，则可使油酸在矿浆中分散得更好。

工业用混合脂肪酸主要来自大自然中的各种油脂。从油脂的分子结构来看，它是由相同或不同种类的脂肪酸与甘油缩合而成的有机酯类化合物，常温下呈固体状态的油脂一般称为脂肪，而液态的油脂称为油。天然油脂经过化学水解后生成甘油和脂肪酸钠盐，其反应方程式如式（3-1）所示[1]。

$$\begin{array}{l} H_2C—OOC—R_1 \\ \quad | \\ HC—OOC—R_2 \\ \quad | \\ H_2C—OOC—R_3 \end{array} + 3NaOH \xrightarrow{\text{水解}} \begin{array}{l} H_2C—OH \\ \quad | \\ HC—OH \\ \quad | \\ H_2C—OH \end{array} + \left\{ \begin{array}{l} R_1—COONa \\ R_2—COONa \\ R_3—COONa \end{array} \right. \tag{3-1}$$

油脂　　　　甘油　　　　混合脂肪酸钠

式（3-1）中，R_1、R_2、R_3为不同碳链的脂肪烃基。因此油脂皂化后所得的一般都是混合脂肪酸钠盐，其中脂肪酸的成分依油脂来源而变化，成分主要是硬脂酸、软脂酸、油酸、月桂酸等。表3-2为某6种含油酸为主的工业混合脂肪酸的组成[5]。

表 3-2　某 6 种工业含油酸为主的混合脂肪酸的组成（质量分数）　（%）

样品编号	1	2	3	4	5	6
十二碳酸（月桂酸）	0.1	0.4	0.2	0	0.2	0
十四碳酸（豆蔻酸）	2.8	3.0	4.0	1.0	3.1	0.6
十四碳烯酸（含一个双键）	2.7	3.0	3.0	0.8	2.8	0.1
十六碳酸（软脂酸）	4.8	4.8	2.8	3.3	4.0	4.5
十六碳烯酸（含一个双键）	12.5	12.9	12.6	6.8	12.3	5.9
十七碳烯酸（含一个双键）	1.7	1.9	1.4	1.4	1.8	0.2
十八碳酸（硬脂酸）	0.4	0.4	0.8	1.0	0	0.3
油酸（含一个双键）	70.5	71.0	73.2	73.8	68.6	75.8
十八碳双烯酸（亚油酸）	2.2	2.6	1.9	8.2	4.6	12.6
十八碳三烯酸（亚麻酸）	1.2	0	0	3.4	1.8	0

与脂肪酸组成有关的性能如不饱和度、被氧化程度以及某些杂质如固醇、高分子醇、碳氢化合物、色素和脂溶性维生素等可用过氧化值、碘值及不皂化物等指标来定量度量。

（1）过氧化值是指 1kg 样品中的活性氧含量，以过氧化物的毫摩尔数表示，用来度量油脂和脂肪酸等被氧化程度的一种指标。过氧化值用于说明样品是否因已被氧化而变质；过氧化值越高，说明该混合脂肪酸被氧化程度越高。

（2）碘值是指 100g 物质中所能吸收（加成）碘的克数，是用来表示混合脂肪酸中不饱和程度的一种指标。脂肪酸的碘值越高，不饱和程度越大。

（3）不皂化物是指油脂皂化时，与碱不起作用的、不溶于水但溶于醚的物质，如固醇、高分子醇、碳氢化合物、色素和脂溶性维生素等。油脂中的不皂化物含量应限制在一定范围内。不皂化物含量越高，油脂品质越差。表 3-3 为某 6 种工业含油酸为主的混合脂肪酸的过氧化值、碘值和不皂化物含量[5]。

表 3-3　某 6 种工业含油酸为主的混合脂肪酸的性能

样品编号	1	2	3	4	5	6
过氧化物值/$mmol \cdot kg^{-1}$	2	0	8	11	4	6
碘值（韦氏法）/$g \cdot 100g^{-1}$	91.3	87.6	87.6	92.2	94.0	91.6
不皂化物含量（质量分数）/%	0.44	0.22	0.29	0.33	0.30	0.35

工业油酸或油酸钠是多种混合脂肪酸的复合物，在用作浮选捕收剂时，如果过氧化值和不皂化物符合要求，不进行提纯而直接使用。

3.1.2.2　油酸的捕收性能

油酸或者油酸钠是浮选非硫化矿如萤石、白钨矿、磷灰石、菱镁矿、重晶石等的高效捕收剂。图 3-2~图 3-5 为纯油酸对几种矿物的捕收能力对比。

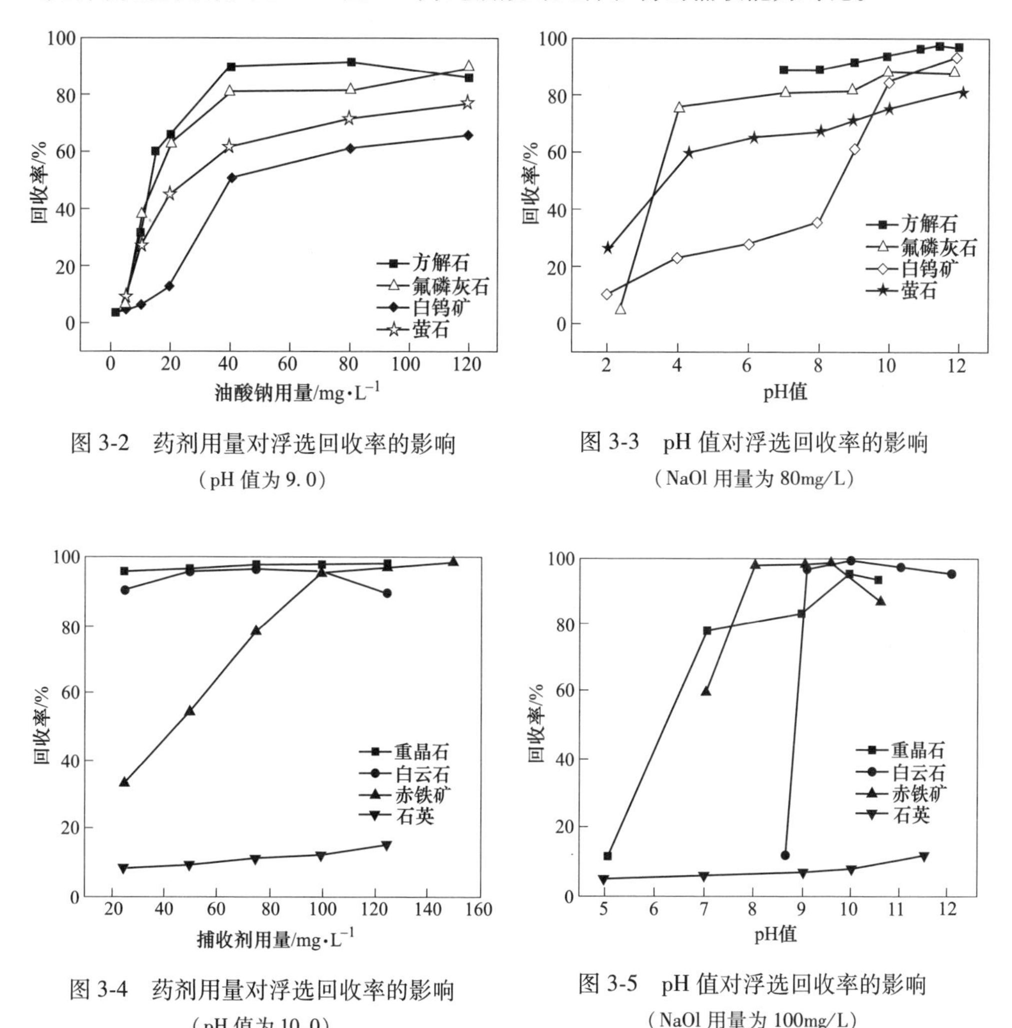

图 3-2　药剂用量对浮选回收率的影响
(pH 值为 9.0)

图 3-3　pH 值对浮选回收率的影响
(NaOl 用量为 80mg/L)

图 3-4　药剂用量对浮选回收率的影响
(pH 值为 10.0)

图 3-5　pH 值对浮选回收率的影响
(NaOl 用量为 100mg/L)

从图 3-2~图 3-5 所示试验结果可以看出，在一定的试验条件下，油酸对方解石、氟磷灰石、萤石、重晶石、白云石、白钨矿等，都具有很好的可浮性；但对石英需要加活化剂才能捕收。

此外，采用工业油酸浮选东鞍山贫赤铁矿，以碳酸钠作为石英抑制剂，在 pH 值为 8~9 时，可从给矿品位 35%左右，获得铁品位 62%以上的铁精矿，铁回收率 80%以上。工业油酸浮选白钨矿，则在碳酸钠作 pH 值调整剂、水玻璃作为石英及硅酸盐抑制剂的条件下进行，或在碳酸钠作 pH 值调整剂、单宁或烤胶作方解石抑制剂的条件下进行，可从品位（以 WO_3 计）为 12%的原矿，获得 WO_3 品位 35%左右的钨精矿。

3.1.3　α-卤代脂肪酸

α-卤代脂肪酸就是在饱和脂肪酸的 α 位置上引入氯、溴等卤素，生成 α-氯代或者溴代脂肪酸；或者是在不饱和脂肪酸的不饱和键中通过加成反应引入卤素。α-卤代脂肪酸还可进一步与含—NH_2、—OH、SO_3H 等基团物质发生反应，生成脂肪酸的其他衍生物[6~9]。

3.1.3.1　α-氯代脂肪酸

α-氯代脂肪酸的分子结构简式为：$CH_3(CH_2)_nCH(Cl)COOH$，α-氯代脂肪酸的结构如图 3-6 所示。

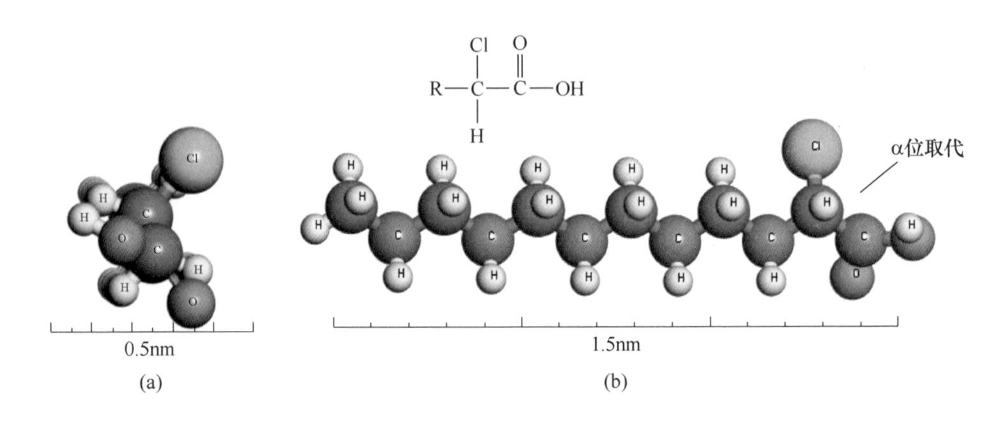

图 3-6　不同角度的 α-氯代脂肪酸的结构示意图
（a）断面图；（b）侧视图

α-氯代脂肪酸可以作为捕收剂的碳链长度通常为 $C_{12}\sim C_{20}$之间；东北大学选矿药剂研发实验室制备出了 α-氯代月桂酸[7]。α-氯代月桂酸常温下为黑色膏状黏稠液体，略有刺激性气味。α-氯代月桂酸相对密度为 1.068，黏度为 15.84，凝固点为 20.5℃，比月桂酸的凝固点（41~45℃）更低。α-氯代月桂酸不溶于水，但溶于乙醇、乙醚、氯仿等有机溶剂中，与氢氧化钠反应生成易溶于水的 α-氯代脂肪酸钠盐。在高热下极易氧化，α-氯代月桂酸易与氧化剂发生反应而分解。α-氯代脂肪酸的酸性更强、活性更大，其浮选过程中比月桂酸更耐低温。

α-氯代脂肪酸的制备采用烯酮式反应机理，以氯磺酸为催化剂，脂肪酸与氯气反应合成 α-氯代脂肪酸。烯酮式反应机理如式（3-2）所示。

$$RCH_2\overset{\overset{O}{\|}}{C}—OH \overset{H^+}{\rightleftharpoons} RCH_2\begin{matrix} ∕OH \\ \diagdown OH \end{matrix} \xrightleftharpoons{-H_2O、-H^+} RCH=C=O \overset{Cl_2}{\rightleftharpoons} RCHCl—\overset{\overset{O}{\|}}{C}—Cl$$

$$\xrightleftharpoons{RCH_2COOH} RCH_2COCl+RCHClCOOH \tag{3-2}$$

合成 α-氯代脂肪酸捕收剂总反应方程式如式（3-3）所示。

$$RCH_2\overset{\overset{O}{\|}}{C}—OH+Cl_2 \underset{O_2}{\overset{ClSO_3H}{\rightleftharpoons}} RCHCl—\overset{\overset{O}{\|}}{C}—OH+HCl \tag{3-3}$$

现以 α-氯代月桂酸为例介绍实验室合成 α-氯代脂肪酸的步骤：（1）定量称取月桂酸（熔点 41~45℃）于定容四颈瓶中，加热至 50℃使之熔化，采用磁力搅拌器搅拌均匀。（2）缓慢滴加定量的催化剂于液态月桂酸中，继续搅拌使之与月桂酸混合均匀。（3）升温至 120℃，先通入氧气后通入氯气，氯气流量为 40L/h，且 $V_{Cl_2}:V_{O_2}=2:1$ 。恒温搅拌 3h，反应一定时间后，结束反应，降温到 40℃，在液态下将产物取出，尾气由碱液吸收。制备 α-氯代月桂酸的转化率一般为 80%左右，产物中还有少量残余的月桂酸和酰氯化合物，作为捕收剂使用一般不用提纯。

采用 α-氯代月桂酸对石英纯矿物进行浮选试验，结果表明 α-氯代月桂酸适宜在偏酸性条件下浮选赤铁矿，在偏碱性条件下浮选被活化的石英。当浮选温度为 14℃、pH 值为 11. 50、活化剂 $CaCl_2$ 溶液用量为 35mg/L、α-氯代月桂酸用量为 250mg/L 时石英浮选回收率可达 98. 5%。将月桂酸的 α 位引入氯原子充分改善了月桂酸的浮选性能，使 α-氯代月桂酸在较低温度下具有良好的捕收效果。针对齐大山铁矿浮选车间的混合磁选精矿进行一次粗选加一次扫选工艺，即可得到精矿铁品位为 65. 38%、铁回收率为 89. 56%的浮选指标。

为了改善油酸对锡石浮选的选择性，利用鱼油脂肪酸（含 65%油酸、25%其他不饱和脂肪酸）及二氯代硬脂酸代替油酸分别浮选锡石。试验结果表明，鱼油脂肪酸更耐低温，而二氯代硬脂酸有更好的捕收性和选择性。在白钨矿浮选中，采用 α-二氯代羧酸为捕收剂（用量 150g/t），水玻璃抑制剂 150g/t，碳酸钠调整剂 1000g/t，从含 WO_3 0. 5%的白钨矿中分选黄玉；浮选结果与一氯代羧酸捕收剂的浮选结果相比较，WO_3 品位提高了 0. 2~3 个百分点，回收率提高了 3~12 个百分点[5]。

长沙矿冶研究院采用以塔尔油为主要原料，经氯化后的产物代号 RA-315 药剂作为捕收剂选别齐大山赤（褐）铁矿，RA 系列阴离子反浮选捕收剂是以脂肪酸及石油化工副产品等为原料经改性制成的，现已有 RA-315、RA-515、RA-715、RA-915 等多个品种供应。RA-315 的物化常数与塔尔油相比，皂化值增加 30~

35mg/g，酸值增加35~45mg/g，碘值下降31~39g/100g，不皂化物下降5%左右。在调军台选矿厂，以淀粉为抑制剂、RA-315为捕收剂、CaO为活化剂，采用弱磁—强磁—阴离子反浮选流程，取得了铁精矿品位66.5%、铁回收率84%的生产指标，较原来指标（精矿铁品位63%、铁回收率73%）有了较大提高。

3.1.3.2 α-溴代脂肪酸

α-溴代脂肪酸的分子结构简式为：$CH_3(CH_2)_nCH(Br)COOH$。α-溴代脂肪酸的分子结构如图3-7所示。

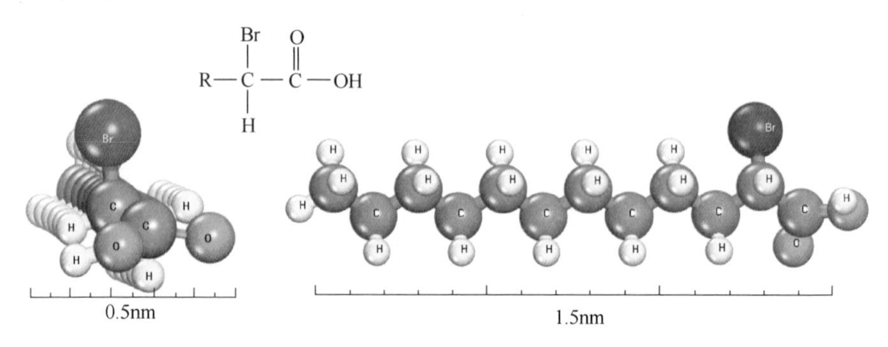

图3-7 不同角度的α-溴代脂肪酸的分子结构示意图

α-溴代脂肪酸的性质随着捕收剂的碳链长度不同而变化非常之大。东北大学选矿药剂研发实验室制备出了α-溴代月桂酸[8]。α-溴代月桂酸常温下为乳白色膏状液体，无气味，凝固点为14.5℃，比月桂酸的和α-氯代月桂酸的凝固点更低。α-溴代脂肪酸不溶于水，但溶于乙醇、乙醚、氯仿等有机溶剂中，与氢氧化钠反应生成易溶于水的α-溴代月桂酸钠盐。在高热下α-溴代脂肪酸极易氧化，易与氧化剂发生反应而分解。α-溴代月桂酸的酸性比月桂酸的酸性增强，活性更大，在浮选过程中比月桂酸和α-氯代月桂酸更耐低温，对钙、镁离子不敏感。

制备α-溴代脂肪酸主要方法有两种：溶剂法（强酸催化α-取代反应）和无溶剂法（Hell-Volhard-Zelinsky反应，以下简称HVZ反应）。

A 溶剂法（强酸催化α-取代反应）

强酸催化α-取代法是在1，2-二氯乙烷作溶剂条件下，用强酸（如氯磺酸）催化的α-溴代反应，反应式可以简写如式（3-4）所示。

$$2CH_3(CH_2)_nCOOH + 2ClSO_3H + Br_2 \xrightarrow{\triangle}$$
$$2CH_3(CH_2)_{n-1}CH(Br)COOH + 2HCl + H_2SO_4 + SO_2 \tag{3-4}$$

氯磺酸催化α-取代反应中，氯磺酸既是强酸又是强氧化剂，因而可将反应中生成的 HBr 氧化成 Br_2，进一步参与反应。而溴素和脂肪酸均溶解于1，2-二氯乙烷溶剂中，使溴素不易挥发。该反应具有速度快、时间短、溴素耗量少（脂肪酸与 Br_2 摩尔比为1∶0.5）、没有多余的 Br_2 和 HBr 污染、反应易于控制的特点。但该法所得的产物色泽较深，且不易脱除。同时，所用溶剂比例太大，回收困难。

B 无溶剂法（Hell-Volhard-Zelinsky，简称 HVZ 法）

HVZ 法以三氯化磷为催化剂，在适宜温度下进行 α-溴取代反应，反应式如式（3-5）所示。

$$CH_3(CH_2)_nCOOH + Br_2 \xrightarrow[\triangle]{PCl_3} CH_3(CH_2)_{n-1}CH(Br)COOH + HBr \quad (3\text{-}5)$$

HVZ 法是一种合成 α-溴代羧酸的非常成功的方法，可以用来进行各种结构的羧酸的 α-单溴代反应。所得粗产物易于分离处理，产物色泽浅。但该法所需反应时间长，溴素耗量大。尽管优化到脂肪酸与 Br_2 摩尔比为1.0∶1.1，仍有过量10%的 Br_2 需回收处理，同时反应过程中产生等摩尔的 HBr 也需要在反应同时回收。

例如 α-溴代月桂酸的合成步骤为：（1）在装有温度计和机械搅拌的三口烧瓶中加入定量的脂肪酸，置于60℃恒温水浴锅中加热熔化。待熔化后升温至75℃，打开磁力搅拌，加入4%~6%（质量分数）催化剂 PCl_3，在70~80℃下恒温搅拌反应1h。（2）将水浴温度升高至80~85℃后，向体系中缓慢滴加等摩尔的液溴，注意冷凝管处是否有红棕色气体，控制滴加速度在5~7h内滴完后，继续搅拌反应6h，使液溴充分反应。（3）停止加热，向三口烧瓶中慢慢滴加5% $NaSO_3$ 溶液，直至未反应的液溴被除尽，倒入烧杯用去离子水清洗反应液至中性，产物由棕红色转为淡黄色液体或乳白色液体。（4）将反应液移至分液漏斗中分去下层水层。加入等体积乙醚溶解粗产物，再加等体积的水洗涤乙醚液三次。分出上层有机液，弃去水层。将乙醚回收，得淡黄色液体或乳白色液体，采用旋转蒸发仪减压蒸馏除去多余的水分，置于真空干燥箱中干燥得到最终产物 α-溴代月桂酸。制备 α-溴代月桂酸的反应机理为：在 HVZ 反应中，催化剂三氯化磷首先与月桂酸反应形成酰卤，如式（3-6）所示。

$$CH_3(CH_2)_9COOH + PCl_3 \xrightleftharpoons{快} CH_3(CH_2)_9COCl + Cl_2POH \quad (3\text{-}6)$$

由于受到邻基（—COCl）的致活效应影响，酰卤的 α-H 比羧酸的 α-H 活泼，同时，邻基的吸电子效应使酰卤比羧酸更易烯醇化，如式（3-7）所示。

$$\underset{\displaystyle Cl}{CH_3(CH_2)_9—\overset{}{C}=O} \rightleftharpoons \underset{\displaystyle Cl}{CH_3(CH_2)_9CH=C—OH} \quad (3\text{-}7)$$

该烯醇物与液溴反应生成 α-溴代酰卤，如式（3-8）所示。

$$CH_3(CH_2)_9CH{=}\underset{\displaystyle Cl}{\underset{|}{C}}{-}OH + Br{-}Br \xrightarrow{慢} CH_3(CH_2)_9\underset{\displaystyle Br}{\underset{|}{CH}}{-}\underset{\displaystyle Cl}{\underset{|}{C}}{=}O + HBr \tag{3-8}$$

生成的卤代酰卤又能与未反应脂肪酸进行卤素交换，生成目的产物 α-溴代脂肪酸，并生成次级酰卤，如式（3-9）所示。

$$\begin{aligned} &CH_3(CH_2)_9\underset{\displaystyle Br}{\underset{|}{CH}}{-}\underset{\displaystyle Cl}{\underset{|}{C}}{=}O + CH_3(CH_2)_nCOOH \longrightarrow \\ &CH_3(CH_2)_9\underset{\displaystyle Br}{\underset{|}{CH}}{-}\underset{\displaystyle OH}{\underset{|}{C}}{=}O + CH_3(CH_2)_n{-}\underset{\displaystyle Cl}{\underset{|}{C}}{=}O \end{aligned} \tag{3-9}$$

正是次级酰卤的形成使得只要反应体系中有催化剂 PCl_3 的存在，就能使月桂酸与溴素继续反应下去。

对 α-Br 代月桂酸捕收剂进行元素分析、有机质谱分析及红外光谱分析，以验证和了解产品的组成及分子结构。α-Br 代月桂酸的分析检测结果如下：

（1）元素分析：将所合成的产物进行元素分析，其结果分别为 C 54.27%、H 9.13%、O 12.27%、Br 24.33%。理论值为 C 53.80%、H 8.27%、O 11.51%、Br 26.42%。据此结果分析可知，α-Br 代反应转化率高，但产物中仍有未反应的月桂酸成分的存在。

（2）有机质谱分析：由图 3-8 可知，横坐标质荷比 m/z 为 199.14 和 399.30，对应于月桂酸的单体和二聚体。对比图 3-8（a）和（b）可知，在 m/z 为 199.14 和 399.30 附近处含量下降，而在 m/z 为 78.72 和 276.76 处有新峰生成，对应产物中的 α-Br 和 α-溴代月桂酸。

（3）红外光谱分析：由图 3-9 可知，在月桂酸和 α-Br 代月桂酸红外光谱图中，均包含 $2956cm^{-1}$、$2919/2851cm^{-1}$ 和 $1466cm^{-1}$ 吸收峰，其对应于分子中甲基（$—CH_3$）不对称伸缩振动吸收峰，亚甲基（$—CH_2—$）不对称/对称伸缩振动吸收峰和弯曲振动吸收峰。而当溴原子在月桂酸 α 位发生取代作用后，脂肪酸分子结构中的羟基（—OH）伸缩振动吸收峰向高频移动了 $11cm^{-1}$ 至 $2773cm^{-1}$，同时羧基（—COOH）中的羰基（C ═ O）由 $1701cm^{-1}$ 向高频移动了 $14cm^{-1}$ 至 $1715cm^{-1}$。结合药剂分子元素分析、质谱分析及红外光谱测试结果可知，该 HVZ 法是合成 α-Br 代月桂酸的可行性方法。

采用 α-溴代月桂酸对石英纯矿物进行浮选试验，在 $CaCl_2$ 用量为 $1.0\times10^{-4}mol/L$、浮选温度为 15°C 条件下，试验结果如图 3-10 和图 3-11 所示。

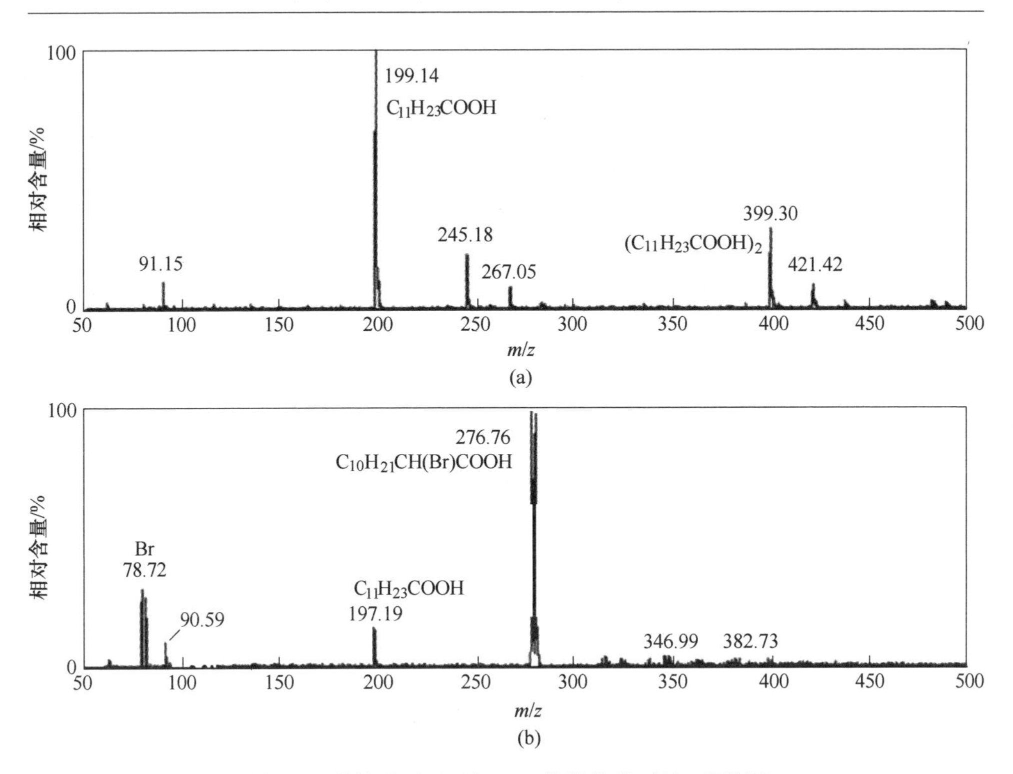

图3-8 月桂酸（a）及α-Br代月桂酸（b）质谱图

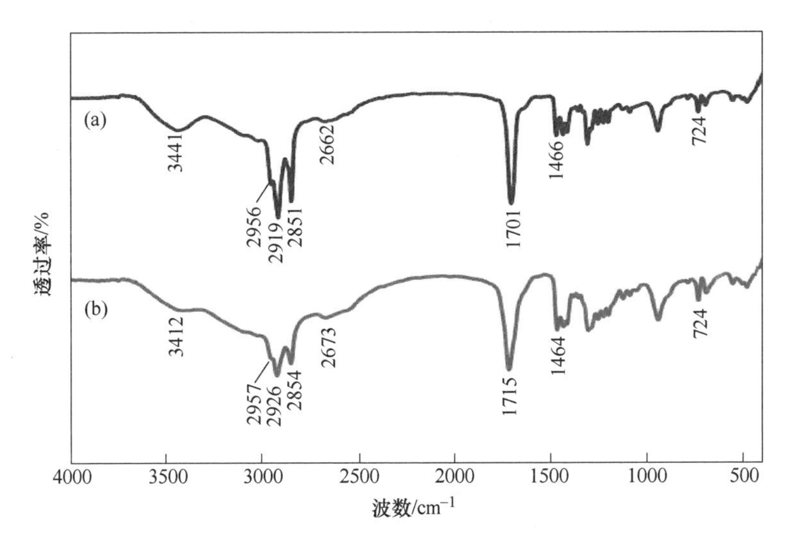

图3-9 月桂酸（a）及α-溴代月桂酸（b）红外光谱图

从图3-10和图3-11结果可以看出，在15℃温度下，α-溴代月桂酸捕收石英比月桂酸有更好的捕收效果。

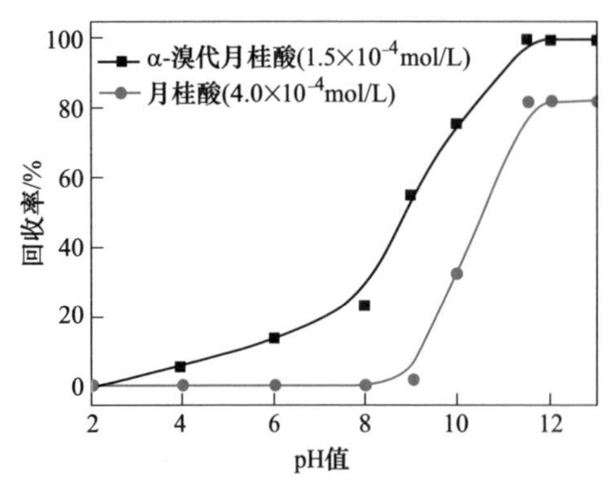

图 3-10　pH 值对捕收性能的影响

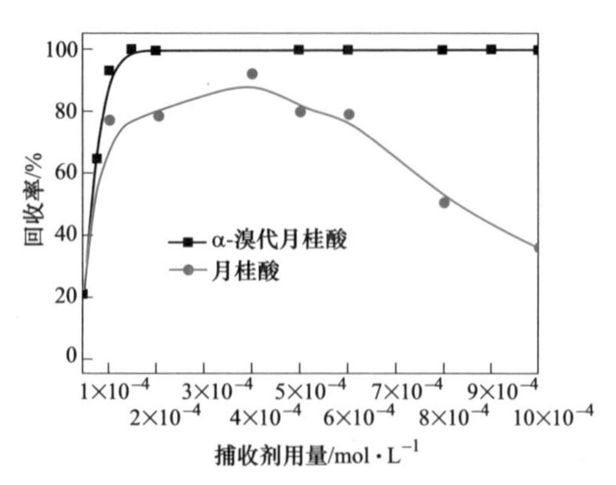

图 3-11　捕收剂用量对捕收性能的影响（pH＝11.5）

α-溴代月桂酸还可以捕收黑钨矿、白钨矿、萤石、方解石等纯矿物，图 3-12 和图 3-13 为浮选温度为 18℃时的浮选试验结果。

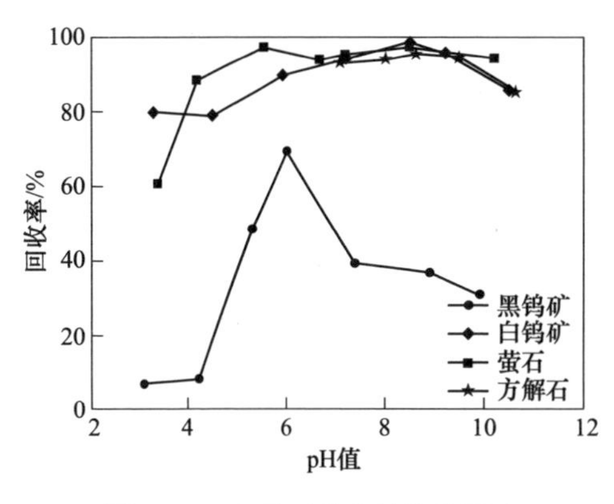

图 3-12　pH 值对捕收性能的影响（捕收剂 50mg/L）

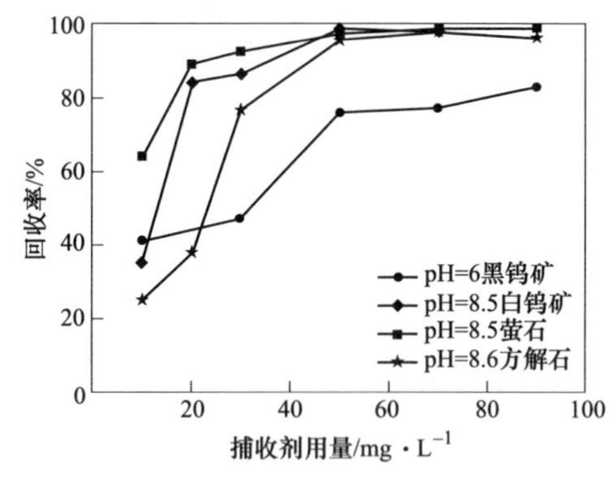

图 3-13　捕收剂用量对捕收性能的影响

从图 3-12 和图 3-13 所示试验结果可以看出，在 18℃温度下，α-溴代月桂酸捕收白钨矿、萤石、方解石回收率均能达到 97%以上；α-溴代月桂酸捕收黑钨矿最高回收率在 81.6%。

α-溴代月桂酸捕收重晶石、赤铁矿、白云石、石英等纯矿物，图 3-14 和图 3-15为室温（28℃）时的浮选试验结果。

从图 3-14 和图 3-15 所示试验结果可以看出，在室温 28℃下，α-溴代月桂酸捕收重晶石、赤铁矿、白云石回收率均能达到 90%以上；没有活化剂的情况下，α-溴代月桂酸几乎不捕收石英。

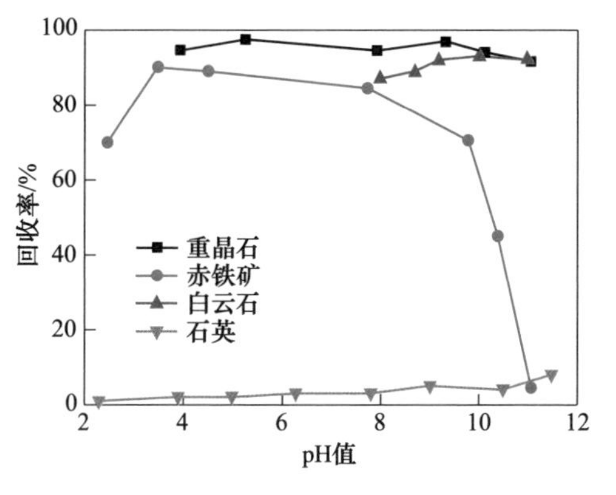

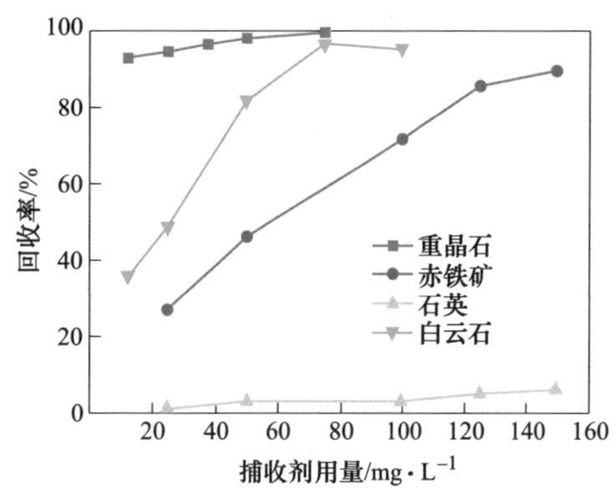

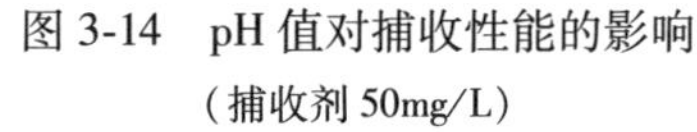

图 3-14 pH 值对捕收性能的影响
（捕收剂 50mg/L）

图 3-15 捕收剂用量对捕收性能的影响
（pH = 8.5）

3.1.4 羟基脂肪酸

将羟基引入饱和脂肪酸或者不饱和脂肪酸，得到羟基脂肪酸，简称羟基酸。羟基在不饱和脂肪酸的烯键（不饱和键）上进行加成反应；饱和脂肪酸的羟基化则发生在 α-位上发生取代反应，形成 α-羟基羧酸。例如油酸羟基化的同分异构体分子结构如图 3-16 所示。α-羟基脂肪酸分子结构如图 3-17 所示。

$CH_3(CH_2)_7$—CH(H)—CH(OH)—$(CH_2)_7COOH$

(a)

$CH_3(CH_2)_7$—C(H)═C(OH)—$(CH_2)_7COOH$

(b)

图 3-16 油酸羟基化的同分异构体分子结构简式
（a）9-羟基十八碳羧酸；（b）10-羟基十八碳羧酸

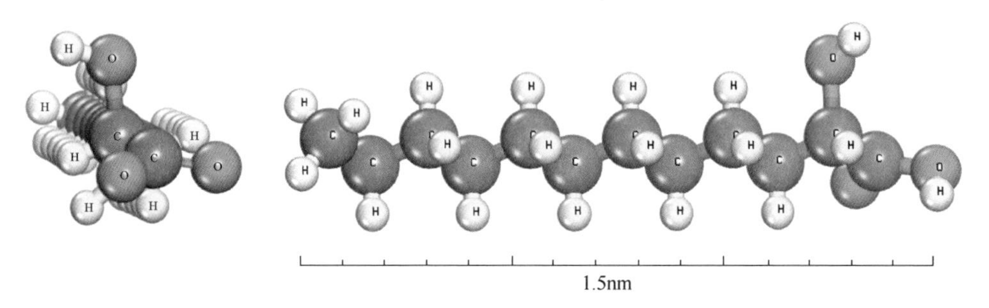

图 3-17 不同角度下的 α-羟基脂肪酸结构示意图

羟基油酸的制备方法是：油酸先用硫酸进行硫酸化，即按油酸与浓硫酸质量比为 1∶0.2 的比例、搅拌冷却控制温度 30～40℃的条件下，将浓硫酸滴入油酸中，滴加完毕后继续反应 0.5h，然后用浓氢氧化钠溶液中和，并在水浴上煮沸 3h。最终得到的产物是羟基油酸，生成 9-羟基十八碳羧酸的反应式如下所示。

$$CH_3(CH_2)_7CH{=}CH(CH_2)_7COOH + H_2SO_4 \xrightarrow{30\sim40℃} CH_3(CH_2)_7CH_2{-}\underset{\displaystyle SO_4H}{\underset{|}{CH}}(CH_2){-}COOH \tag{3-10}$$

$$CH_3(CH_2)_7CH_2{-}\underset{\displaystyle SO_4H}{\underset{|}{CH}}(CH_2)_7COOH + NaOH \longrightarrow CH_3(CH_2)_7CH_2{-}\underset{\displaystyle OH}{\underset{|}{CH}}(CH_2)_7COOH \tag{3-11}$$

生成同分异构体 10-羟基十八碳羧酸如式（3-12）和式（3-13）所示。

$$CH_3(CH_2)_7CH{=}CH(CH_2)_7COOH + H_2SO_4 \xrightarrow{30\sim40℃} CH_3(CH_2)_7\underset{\displaystyle SO_4H}{\underset{|}{CH}}{-}CH_2(CH_2)_7COOH \tag{3-12}$$

$$CH_3(CH_2)_7\underset{\displaystyle SO_4H}{\underset{|}{CH}}{-}CH_2(CH_2)_7COOH + NaOH \longrightarrow CH_3(CH_2)_7\underset{\displaystyle OH}{\underset{|}{CH}}{-}CH_2(CH_2)_7COOH \tag{3-13}$$

采用羟基羧酸作为捕收剂浮选贫赤铁矿，可以提高浮选效果。例如以含蓖麻油酸 92%的混合脂肪酸为原料，羟基化反应后的产物作为捕收剂浮选赤铁矿，结果表明羟基油酸能改善浮选指标。由于引入羟基，改善了捕收剂的溶解性与分散性，增加了捕收剂的起泡性能，增加了捕收矿物的活性位点个数，有利于提高捕收性能。

α-羟基脂肪酸的制备方法为：以氯代脂肪酸为原料，将其水解，使氯原子被羟基取代，其反应方程式如式（3-14）所示。

$$R{-}\overset{\displaystyle Cl}{\overset{|}{\underset{\displaystyle H}{\underset{|}{C}}}}{-}\overset{\displaystyle O}{\overset{\|}{C}}{-}OH + H_2O \xrightarrow{\triangle} R{-}\overset{\displaystyle OH}{\overset{|}{\underset{\displaystyle H}{\underset{|}{C}}}}{-}\overset{\displaystyle O}{\overset{\|}{C}}{-}OH + HCl \tag{3-14}$$

α-羟基脂肪酸的捕收能力比脂肪酸的捕收能力更强，但选择性会下降。将氯代 $C_{10}\sim C_{16}$氧化石蜡以及氯化棕榈酸和 $C_{17}\sim C_{20}$脂肪酸等用碱的乙醇溶液脱除 HCl，提高碘值制得不饱和脂肪酸，其反应式如式（3-15）所示。

$$RCH_2{-}\overset{\displaystyle Cl}{\overset{|}{\underset{\displaystyle H}{\underset{|}{C}}}}{-}\overset{\displaystyle O}{\overset{\|}{C}}{-}OH + NaOH \xrightarrow[\triangle]{乙醇} RCH{=}CH{-}\overset{\displaystyle O}{\overset{\|}{C}}{-}OH + NaCl + H_2O \tag{3-15}$$

由于以上反应转化率一般为70%~80%，因此该产物是一种混合物，由不饱和脂肪酸、羟基酸、内酯及聚合产物、氯代脂肪酸等组成。将该产物用于浮选磷灰石得到满意的结果，捕收剂用量比原脂肪酸用量减少了50%。非硫化矿浮选捕收剂蓖麻酸，就是天然的羟基脂肪酸，即十八碳烯羟基脂肪酸；蓖麻酸在碱性裂解过程中有部分的羟基癸酸钠（$HOCH_2(CH_2)_8COONa$）生成。羟基引入脂肪酸中使药剂增强了亲水官能团，也增强了药剂的起泡性和借助羟基生成的氢键分子引力，有利有弊，利大于弊。单独用脂肪酸和脂肪酸与羟基脂肪酸混合使用进行浮选铁矿物的比较试验，试验结果列于表3-4。从表3-4中可以看出，羟基脂肪酸作为捕收剂对提高浮选指标是有效的[5]。

表3-4 用羧酸和羟基羧酸混合药剂浮选铁矿的结果

捕收剂比例（质量比）	捕收剂用量 /g·t^{-1}	Na_2CO_3 用量 /g·t^{-1}	产品名称	产率/%	品位/%	回收率/%
羧酸：羟基羧酸 =100：0	400	1300	粗精1	26.17	58.65	44.36
			粗精2	17.65	53.75	26.47
			尾矿	56.78	17.75	29.17
			原矿	34.59	34.59	100.00
羧酸：羟基羧酸 =20：80	400	1300	粗精1	70.57	46.60	95.03
			粗精2	9.33	10.90	2.93
			尾矿	20.10	3.50	2.03
			原矿	100.00	34.60	100.00

3.1.5 α-磺化脂肪酸

α-磺化脂肪酸分子结构简式为 $CH_3(CH_2)_nCH(SO_3H)COOH$，其分子结构如图3-18所示。

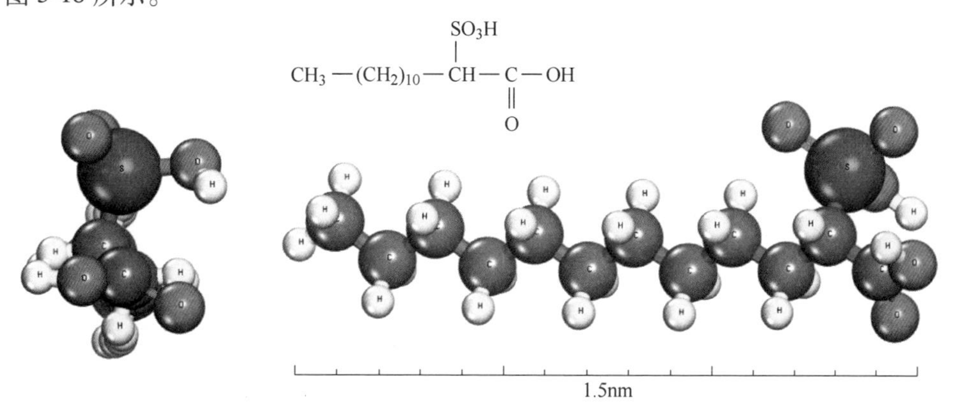

图3-18 不同角度下的α-磺基脂肪酸结构图

高级饱和脂肪酸与三氧化硫或发烟硫酸或氯磺酸作用，磺酸基取代α-位上的氢原子，磺酸基的硫原子直接与碳原子相连接，如此所得的产物才是真正的磺化脂肪酸。磺酸基的引入，改变其表面活性使其比一般硫酸化脂肪酸具有更多的特点，如耐低温耐硬水增强酸性，还能和羧基配合与金属离子形成六元环螯合物，从而改善药剂的捕收性能。若把α位上氢换成较小的烷基，则选择性更好。

为了使反应可以控制，一般多使用溶剂，如四氯化碳、液体二氧化硫等。为了防止氧化，反应多在较低温度下进行。

$$CH_3(CH_2)_nCH_2COOH \xrightarrow[\text{低温、溶剂}]{SO_3} CH_3(CH_2)_n\underset{\underset{SO_3H}{|}}{CH}—COOH \tag{3-16}$$

用软脂酸与硬脂酸的混合物（碘值在3以下）为原料，将混合酸溶解于4~5倍的四氯化碳，首先在25~30℃时与磺化剂三氧化硫发生反应，然后再将反应温度升高至60℃，反应一定时间使磺化反应完全。纯α-磺化脂肪酸为强吸湿性白色粉末，可溶于一般极性溶剂中，与足量碱作用可生成α-磺化脂肪酸二钠盐。

壬酸、硬脂酸及具有取代基的硬脂酸的α-磺化反应，也包括9，10-二氯硬脂酸的α-磺化反应，所得的α-磺化脂肪酸的物理化学性质如表3-5所示[5]。

表3-5　α-磺化脂肪酸钠盐的表面活性性质

名　称	克拉夫特温度/℃	表面张力(0.2%)/Pa	泡沫高度（60℃，0.25%)/mm	耐硬水性 $\omega_{(CaCO_3)}$/%	临界胶团浓度/%
α-磺化壬酸一钠盐	0	3.40	$5\times3\times10^{-4}$	$>18\times10^{-4}$	100
α-磺化壬酸辛酯钠盐	16	2.53	$185\times3\times10^{-4}$	42×10^{-3}	0.08
α-磺化苯基硬脂酸一钠盐	0	3.67	$160\times3\times10^{-4}$	45.5×10^{-3}	0.005
α-磺化苯基硬脂酸二钠盐	35	3.98	$210\times3\times10^{-4}$	35×10^{-3}	0.056
9，10-二氯代α-磺化硬脂酸	29	3.47	$230\times3\times10^{-4}$	34×10^{-3}	0.15

注：克拉夫特温度为1%浓度的悬浮液慢慢加热变为澄清液时的温度。

采用α-磺化软脂酸作为捕收剂用于浮选赤铁矿，试验结果如表3-6所示[5]。

表3-6　α-磺化软脂酸作为捕收剂用于浮选赤铁矿的试验结果

捕收剂	用量/$g \cdot t^{-1}$	品位/%	回收率/%	pH值
α-磺化软脂酸	1000	46	95.5	9~10
氧化石蜡皂	1500	44	92.0	11.0

直链的C_{15}脂肪酸，在其α位上引入—SO_3Na或引入—OH基、溴基以后，浮选重晶石或刚玉时，浮选效果都比原来的C_{15}脂肪酸效果好，浮选时有效pH值也比较宽，并且适用于在酸性pH值下浮选。用这种磺化脂肪酸浮选重晶石，选择性好。

α-磺化软脂酸与α-磺化硬脂酸比原来的软脂酸或硬脂酸浮选活性都强，对金属离子可能具有产生螯合物的性能。工业的含有α-磺化软脂酸的产品用于浮选磷灰石的时候，选择性也比较强，但是药剂用量比较高。用α-磺化软脂酸钠与软脂酸钠的混合物浮选磷灰石时，磷灰石的回收率达97%左右。

采用 C_{10}~C_{13}饱和磺化脂肪酸作为捕收剂对东鞍山赤（褐）铁矿进行了浮选试验，试验结果表明磺化脂肪酸具有较强的捕收能力，对温度适应性好。中度磺化比未磺化、轻度磺化和深度磺化的效果都好。以常压三线碱渣（主要成分为环烷酸和中性油）石油工业副产品为原料，经发烟硫酸磺化后制得磺化碱渣，当产品的磺化度为22.4%~42.5%时，选别齐大山铁矿可获得精矿铁含量66.57%、铁回收率76.4%的浮选指标。以石油化工副产品环烷酸为原料，经分馏截取有效馏分进行磺化缩合反应产物的代号为SR浮选药剂，及以混合脂肪酸和萘为原料，经磺化反应制取的代号为EM-2浮选药剂，均在包头白云鄂博铁矿浮选中进行了工业浮选试验，都获得了较好的选别指标，SR和EM-2均具有捕收能力强、分散性好的特点[5]。

3.2 含有 N—H、—NH_2 的脂肪胺及其醚胺类捕收剂

含有 N—H、—NH_2 的脂肪胺及其醚胺类捕收剂的结构共性是都含有N原子。氮原子的价层上的三个未成对的活跃电子、价层上的一对孤电子对、N—H 氢键、在溶液中—NH_3^+的阳离子特性等，都赋予了胺类捕收剂极性基的物理化学活性，非极性基则赋予了捕收剂的表面疏水特性，从而实现了对非硫化矿物的捕收[10~13]。

3.2.1 胺类捕收剂

3.2.1.1 胺类捕收剂的结构式

胺类捕收剂在结构上可分为以下四种：伯胺、仲胺、叔胺和季胺，其分子结构简式如图3-19所示。

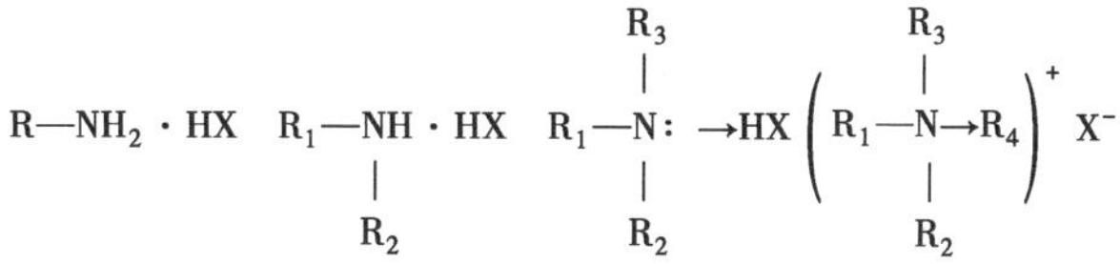

$$\mathrm{R{-}NH_2\cdot HX}\qquad \begin{matrix} \\ \mathrm{R_1{-}NH\cdot HX} \\ | \\ \mathrm{R_2}\end{matrix}\qquad \begin{matrix}\mathrm{R_3}\\ | \\ \mathrm{R_1{-}N:} \\ | \\ \mathrm{R_2}\end{matrix}\ \xrightarrow{}\mathrm{HX}\left(\begin{matrix}\mathrm{R_3}\\ | \\ \mathrm{R_1{-}N{\rightarrow}R_4} \\ | \\ \mathrm{R_2}\end{matrix}\right)^{+}\mathrm{X^-}$$

伯胺盐　　仲胺盐　　叔胺盐　　季胺盐

图3-19 几种胺类捕收剂的分子结构简式

图3-19中 R_1、R_2、R_3、R_4 为非极性基，可以是脂肪烃基或者芳香烃基，可以是饱和的也可以是不饱和烃链，其碳原子数通常在 C_8~C_{20}之间；HX 代表卤化

氢或其他酸，如盐酸 HCl、醋酸 HAc 等。

3.2.1.2 胺类捕收剂在水中的存在形式

胺分子在水中易水解，存在一个水解平衡，且由于氢键的存在，氨分子还存在分子缔合现象，此外胺盐在水中易电离，存在一个电离平衡，如式（3-17）~式（3-19）所示。

$$R—NH_2 + H_2O \xrightleftharpoons{\text{水解}} R—NH_3^+ + OH^- \tag{3-17}$$

$$R—NH_2 \cdot HX \xrightleftharpoons{\text{电离}} R—NH_3^+ + X^- \tag{3-18}$$

$$R—NH_2 + R—NH_2 \xrightleftharpoons{\text{缔合}} (R—NH_2)_2 \xrightleftharpoons[+2H_2O]{\text{电离}} (R—NH_3)_2^{2+} + 2OH^- \tag{3-19}$$

因此胺盐在水溶液中的存在形式可能为：RNH_3^+、RNH_2、$(RNH_2)_2$、$(RNH_3)_2^{2+}$，随着溶液 pH 值的变化，水解常数 $K_h^\ominus$ 及初始浓度的不同，这几种分子或离子含量也会发生变化。常见胺的水解（hydrolyzation）常数计算式如式(3-20)所示。

$$K_h^\ominus = \frac{[RNH_3^+][OH^-]}{[RNH_2]} \tag{3-20}$$

式中，$K_h^\ominus$ 为胺的标准水解常数，无量纲。十二胺在 25℃时，$K_h^\ominus = 4.3 \times 10^{-4}$。几种脂肪伯胺的 $K_h^\ominus$ 值如表 3-7 所列。由表 3-7 可见，大多数伯胺的标准水解常数 $K_h^\ominus$ 值都接近于 4×10^{-4}。

表 3-7 几种脂肪胺的 $K_h^\ominus$ 值（25℃）

脂肪胺	$K_h^\ominus$ 值	脂肪胺	$K_h^\ominus$ 值
壬胺	4.4×10^{-4}	十五胺	4.1×10^{-4}
癸胺	4.4×10^{-4}	十六胺	4.0×10^{-4}，4.5×10^{-4}
十一胺	4.4×10^{-4}	溴化十六烷基吡啶	3.0×10^{-4}
十二胺	4.3×10^{-4}	十八胺	4.0×10^{-4}
十三胺	4.3×10^{-4}	甲基十二胺	10.2×10^{-4}
十四胺	4.2×10^{-4}	二甲基-十二胺	0.55×10^{-4}

难溶解的长链脂肪胺，在水溶液中首先溶解，然后发生水解反应，其溶解-水解过程可表示为：$RNH_2(solid) = RNH_2(liquid)$。溶解过程的溶解度常数用 $K_{s\text{-}l}^\ominus$ 表示，如十二胺的 $K_{s\text{-}l}^\ominus = [RNH_2] = 2 \times 10^{-5}$。

$RNH_2(s)$ 的水解反应为：

$$RNH_2(s) + H_2O = RNH_3^+ + OH^- \tag{3-21}$$

所以 $RNH_2(s)$ 如十二胺的水解常数 $K_h^{\ominus\prime}$ 为：

$$K_h^{\ominus}{}' = [RNH_3^+][OH^-] = K_{s-1}^{\ominus} K_h^{\ominus} = 2\times10^{-5}\times4.3\times10^{-4} = 8.6\times10^{-9}$$

由于胺在水中的溶解度较小，特别是 C_{12}~C_{18}伯胺都难溶于水，在浮选实践中通常是先将胺溶于盐酸或醋酸中制成胺盐。例如，常用盐和胺按物质的量比 1∶1 配成盐酸盐，加热溶解，再稀释成水溶液使用。

胺盐制取及其解离平衡，反应式如式（3-22）和式（3-23）所示。

$$RNH_2+HCl = RNH_2 \cdot HCl = RNH_3{}^+ + Cl^- \tag{3-22}$$

$$RNH_3{}^+ = RNH_2+H^+ \tag{3-23}$$

可见，RNH_3^+ 的电离常数为：

$$K_a^{\ominus} = \frac{[RNH][H^+]}{[RNH_3^+]} \tag{3-24}$$

式中，$K_a^{\ominus}$为酸（acid）的电离常数。

根据胺的水解和电离性质，在水溶液中同时存在有胺分子（RNH_2）及胺阳离子（RNH_3^+），但两者的相对浓度并不相等，它们随着溶液 pH 值的变化而呈现很大的差别。

溶液中存在水的电离平衡：$H_2O = H^+ + OH^-$，且 $K_w^{\ominus} = [H^+][OH^-] = 10^{-14}$，所以，$RNH_3^+$电离常数可改写为：

$$K_a^{\ominus} = \frac{10^{-14}}{4.3\times10^{-4}} = 2.5\times10^{-11}$$

由 $K_h^{\ominus}$和 $K_w^{\ominus}$即可求出 $K_a^{\ominus}$值。例如，对液态十二胺而言，其 $K_a^{\ominus}$值为：

$$K_a^{\ominus} = \frac{[RNH_2][H^+]}{[RNH_3^+]} = \frac{[RNH_2][H^+][OH^-]}{[RNH_3^+][OH^-]} = \frac{K_w^{\ominus}}{K_h^{\ominus}} \tag{3-25}$$

比较 $K_a^{\ominus}$和 $K_h^{\ominus}$值可以看出，$K_h^{\ominus}$值为 10^{-4}，而 $K_a^{\ominus}$值则为 10^{-11}，即 $K_h^{\ominus} \gg K_a^{\ominus}$。说明 RNH_2 水解成 RNH_3^+ 趋势远远大于 RNH_3^+ 电离成 RNH_2 的趋势。

$$K_a^{\ominus} = \frac{[RNH_2][H^+]}{[RNH_3^+]} = 2.5\times10^{-11}$$

即

$$\frac{[RNH_2]}{[RNH_3^+]} = \frac{2.5\times10^{-11}}{[H^+]} \tag{3-26}$$

此式即可表明在十二胺溶液中 RNH_2 分子与 RNH_3^+ 离子的相对浓度和溶液 pH 值之间的定量关系。由上式可以得出：

当$[RNH_2] = [RNH_3^+]$时，$[H^+] = 2.5\times10^{-11}$ moL/L，即 pH = 10.6。说明当 pH = 10.6 时，在十二胺溶液中有一半是以离子状态存在，而另一半则仍以未解离的胺分子状态存在。在强碱性介质条件下（如当 pH 值大于 10.6 时），$[RNH_2] > [RNH_3^+]$，说明这时溶液中胺呈分子状态占优势。在 pH 值小于 10.6

的广阔区间内，[RNH_2]<[RNH_3^+]，即在此区间溶液中胺以离子状态占优势[15]。

图3-20所表示的即是物质的量浓度为1×10^{-4}mol/L的十二胺，在不同pH值条件下，溶液中RNH_2分子和RNH_3^+离子相对浓度大小的一组曲线。由图3-20还可看出，在强碱性介质条件下，溶液中除胺分子占优势外还出现了$RNH_2(s)$沉淀，并因而降低了溶液中有效成分的浓度。了解胺类捕收剂的这些解离性质及其在不同pH值条件下各组分的相对浓度，对理解胺类捕收剂与矿物作用的有效成分及其作用机理极为重要。

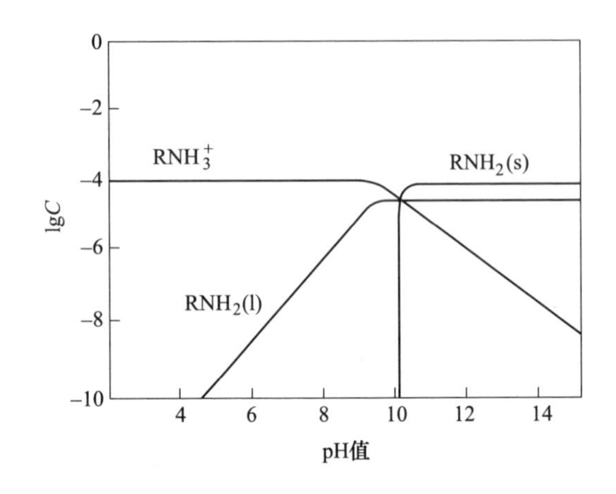

图3-20　1×10^{-4}mol/L的十二胺lg$C$-pH曲线

3.2.1.3　胺类捕收剂的捕收特性

胺类捕收剂主要用于浮选硅酸盐和铝硅酸盐（如石英、长石、绿柱石、锂辉石、锂云母等）以及菱锌矿、可溶性钾盐等。近代一些理论研究表明，用胺类捕收剂浮选石英，将介质pH值调至10左右可获得较高的回收率。这时胺主要以离子-分子二聚体即$RNH_3^+ \cdot RNH_2$的形式起作用；浮选菱锌矿（$ZnCO_3$）时，最适宜pH值在10.5~11.5范围内，这时溶液中胺主要以RNH_2分子状态存在。显然，在这两种不同情况下，胺类捕收剂与矿物的相互作用机理是截然不同的。

胺类捕收剂与矿物表面的相互作用，在大多数情况下，主要是由胺的阳离子RNH_3^+或二聚体$RNH_3^+ \cdot RNH_2$在矿物表面双电层依靠静电引力吸附在荷负电的矿物表面，因此浮选适宜的矿浆pH值应高于矿物的零电点。

胺类捕收剂依靠静电引力在矿物表面的吸附是不牢固的，它们可用水洗掉或易从矿物表面脱落。当药剂浓度较低时，胺主要呈单个阳离子RNH_3^+依靠静电引力作为配衡离子吸附在荷负电的矿物表面上；当药剂浓度增高时，则逐步形成半胶束吸附，这时除了静电引力吸附外，烃链间的范德华力亦起重要作用。

形成半胶束所需的药剂浓度，如前所述与非极性基的长度有关，一般的规律是：烃链越长，形成半胶束所需的浓度越小，但药剂的溶解度也相应下降。一些阳离子捕收剂的临界胶束浓度（CMC）见表 3-8[5]。

表 3-8 一些胺类捕收剂的临界胶束浓度（CMC）

药剂名称	分子式	CMC/mol · L^{-1}
癸胺	$C_{10}H_{21}NH_2$	3×10^{-2}
十二胺	$C_{12}H_{25}NH_2$	1.3×10^{-2}
十四胺	$C_{14}H_{29}NH_2$	1.0×10^{6}
十六胺	$C_{16}H_{33}NH_2$	8.3×10^{-4}
十八胺	$C_{18}H_{37}NH_2$	4.0×10^{-4}
正十二胺盐酸盐	$C_{12}H_{25}NH_3Cl$	0.014（30℃）
三甲基十二胺盐酸盐	$C_{12}H_{25}(CH_3)_3NCl$	0.016（30℃）
十八胺盐酸盐	$C_{18}H_{37}NH_3Cl$	1.7×10^{-3}
甲基十八胺盐酸盐	$C_{18}H_{37}(CH_3)NH_2Cl$	1.7×10^{-3}
二甲基十八胺盐酸盐	$C_{18}H_{37}(CH_3)_2NHCl$	3×10^{-3}
三甲基十八胺盐酸盐	$[C_{18}H_{37}(CH_3)_3N]Cl$	3.7×10^{-2}
十八烷基溴化吡啶	$[C_{18}H_{37}$—N⬡]Br	9×10^{-4}

在胺类捕收剂浮选石英的体系中，当胺类捕收剂浓度达到其临界胶束浓度（CMC）的 1/100～1/10 时，在矿物表面可能形成半胶束吸附。在胺离子（RNH_3^+）与胺分子（RNH_2）之间，其非极性基更有利于发生相互缔合作用，并因而使它们易在矿物表面产生共吸附，或形成胺的分子及其离子二聚体 [$RNH_3^+ \cdot RNH_2$] 的半胶束吸附。此外由于胺分子的吸附既不中和矿物表面的负电位，也不受矿物表面的负电位大小的影响，所以，在浮选中常会出现当介质 pH 值较低（即矿物表面负电位低），甚至低于零电位时（矿物表面带正电），仍可进行浮选的现象。

无机离子对胺类捕收剂在双电层吸附有很大的影响。矿浆中的高价金属阳离子与胺类阳离子在矿物表面可发生竞争吸附，所以高价金属阳离子例如 Al^{3+}、Fe^{3+}、Ba^{2+}等在矿物表面的吸附，往往会阻碍胺类阳离子的吸附，或从矿物表面排挤掉胺类阳离子捕收剂，因而高价金属阳离子对胺类捕收剂的浮选往往具有抑制效应。相反，某些无机阴离子，例如 SO_4^{2-} 在氧化铝、SiF_6^{2-} 在长石或绿柱石等矿物表面吸附后，则可促进胺类阳离子捕收剂在这些矿物表面上的吸附，所以某些多价无机阴离子，在使用胺类捕收剂浮选时往往具有活化效应。

胺类捕收剂在矿物表面有时也存在化学吸附。例如，用胺类捕收剂浮选有色金属氧化矿物如菱锌矿时，在矿物表面所发生的作用即属于一种化学吸附。用胺类捕收剂浮选有色金属氧化矿多在强碱性介质条件下进行，此时溶液中将有足够的 RNH_2 分子生成。由于 RNH_2 分子中氮原子上有一对未共用的电子对称“孤对电子”，所以 RNH_2 分子可以作为配位体，提供其孤对电子与有色金属氧化物表面的 Cu^{2+}、Zn^{2+}、Cd^{2+}、Co^{2+} 等一些金属阳离子共享，以配位共价键结合形成比较稳定的配合物，也就是说，胺分子在这些氧化矿表面可产生配合物吸附（药剂的键合原子为氮），从而使矿物表面疏水易浮。胺类不仅可以作为阳离子捕收剂在矿物表面双电层吸附，而且有时还可作为配合捕收剂与矿物表面的某些金属阳离子结合产生化学吸附。

常见的胺类捕收剂有：十二胺、十八胺、二甲基十六烷基胺、十二烷基二甲基溴化胺等。其中十二胺为应用范围比较广的一种常见捕收剂。

十二胺分子结构简式为：$CH_3(CH_2)_{11}NH_2$，其分子结构如图 3-21 所示。十二胺常温下为白色蜡状固体，溶于乙醇、乙醚、苯、氯仿和四氯化碳，难溶于水，凝固点为 28.20℃，沸点为 259℃，相对密度为 0.8015（4～20℃），有腐蚀性，受热分解放出有毒的氧化氮烟气，与盐酸生成盐酸十二胺盐。

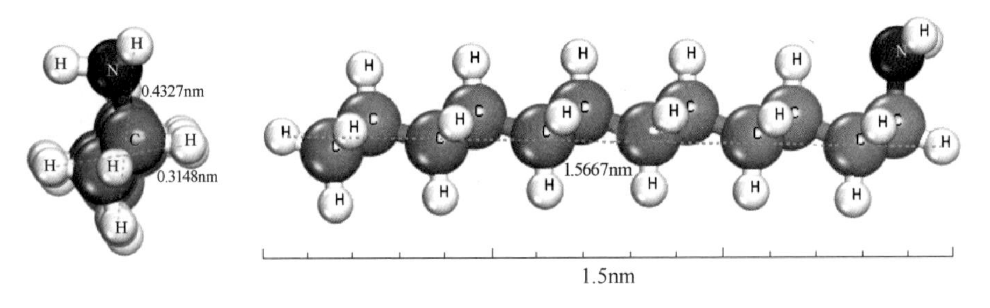

图 3-21　不同角度下的十二胺分子结构图

十二胺作为捕收剂主要用于捕收石英、铝硅酸盐（如锂辉石、长石、云母等）、磷酸盐、碳酸盐、钨酸盐矿等。

Hicyilmaz 等[14]研究了用胺浮选分离白钨矿的可能性，发现十二胺醋酸盐作捕收剂时的浮选效果最好。并用红外分光光度法和吸附与解吸试验研究了其作用机理。

李仕亮[15]对伯胺类和季胺类浮选白钨矿、方解石和萤石的研究中发现阳离子捕收剂极性基和非极性基结构对捕收和选择性能都有显著影响，具有非极性基结构的两类捕收剂都可能实现白钨矿和脉石矿物的分离，且后者选择性优于前者。

胡岳华、王淀佐[16]研究了胺类捕收剂对无机离子成盐能力的影响，研究结果表明胺类捕收剂对无机离子成盐能力影响的强弱顺序为：钨酸根>硫酸根=磷酸根>氟离子≈碳酸根；烷基胺对含碱土金属矿物的捕收能力强弱顺序为：白钨矿>重晶石≈磷灰石>萤石≈方解石。

Usui 等[11]研究了颗粒尺寸对十二胺反浮选的影响。结果表明：（1）粗颗粒系统（-0.210mm+0.149mm）石英和赤铁矿难以分离；（2）中等颗粒系统（-0.053mm+0.044mm）其浮选结果也一般；（3）细颗粒系统（-0.010mm）则因为赤铁矿也被浮选而使结果不满意；（4）细粒石英和粗粒赤铁矿系统，石英浮选效果则非常好，这说明十二胺反浮选工艺对矿物颗粒尺寸有一定的要求，对细粒级石英有一定的捕收效果。

东北大学选矿研发团队以十二胺捕收剂对石英纯矿物进行了浮选试验研究，试验结果如图 3-22 和图 3-23 所示。

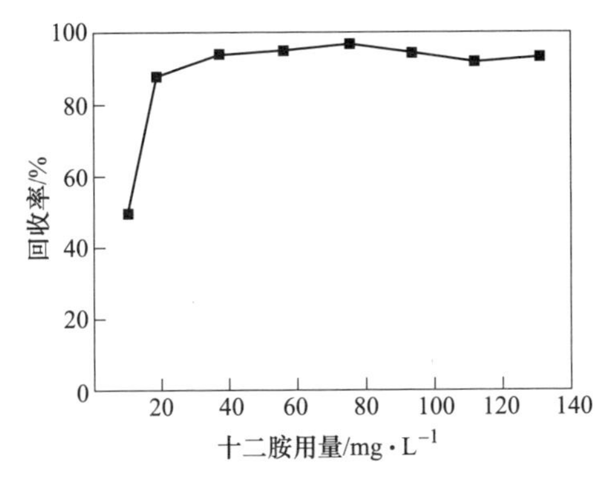

图 3-22 捕收剂用量对浮选回收率的影响（pH=7.5）

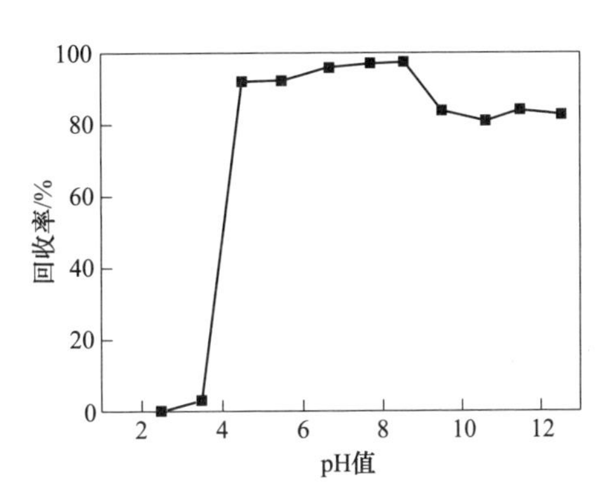

图 3-23 pH 值对浮选回收率的影响（十二胺用量 75mg/L）

东北大学赵晨[17]以十二胺为捕收剂分别进行了方解石、氟磷灰石、白钨矿、萤石浮选试验，试验结果如图 3-24 和图 3-25 所示。

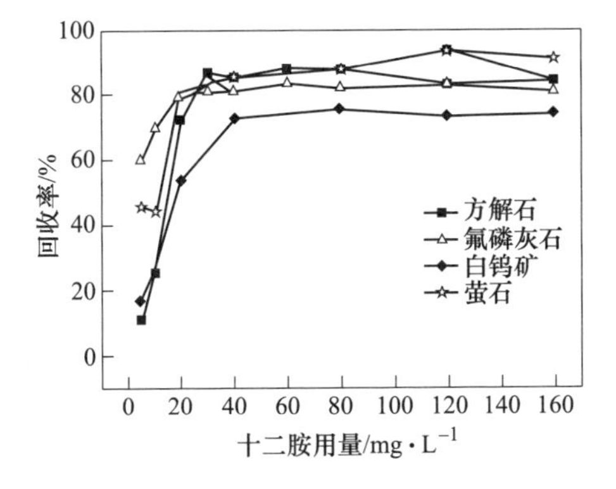

图 3-24 捕收剂用量对浮选回收率的影响（pH=9）

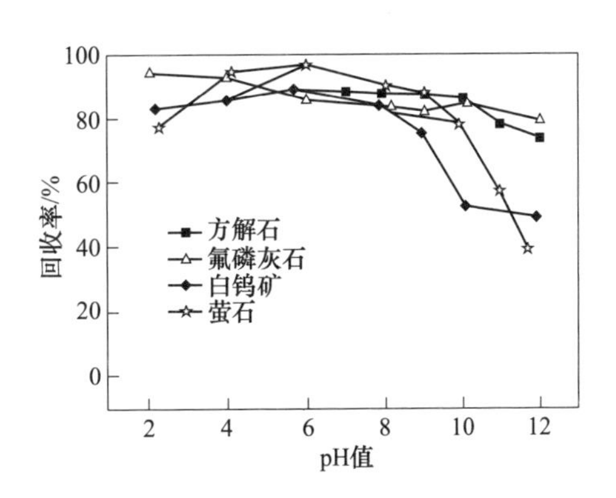

图 3-25 pH 值对浮选回收率的影响（十二胺用量 80mg/L）

Swagat S. Rath 等[18]对胺类在石英（101）表面的吸附进行了密度泛函计算，研究了胺分子与石英表面间的相互作用，并探讨了脂肪族伯胺及其醚类衍生物和酯类衍生物与石英间相互作用的机理，通过使用密度泛函理论计算氢键作用和吸附能，得出和醚胺及脂肪族伯胺相比，酯胺是更强的表面活性剂。对具有 10~18 个 C 原子的不同碳链长度的不同类型的胺的研究表明，增加烷基烃链长度能够加强相互作用，但这一规律在伯胺 C 原子个数为 14 以上时及其酯类衍生物和醚类衍生物 C 原子个数在 16 以上时并不适用，烷基烃链中醚类及酯类基团的存在促进了它与石英间的相互作用。

H. Sahoo 等[19]研制了一种阳离子捕收剂 Aliquat-336，用于从条带状赤铁矿中浮选石英。在捕收剂用量为 280g/t 时，弱碱性 pH 值下（pH 值约为 8），石英的回收率能达到 97%，而赤铁矿的回收率仅为 8%。将石英和赤铁矿以 1∶1 比例配制成人工混合矿进行浮选，用 Aliquat-336 作为浮选捕收剂，玉米淀粉作为赤铁矿的抑制剂，所得到精矿铁品位为 63%~65%，精矿铁回收率为 85%~88%；用 Aliquat-336作为低品位条带状赤铁矿的浮选捕收剂，在原矿品位为 38%的条件下，获得铁精矿品位约为 65%，铁回收率为 60%。还利用表面动电位检测及红外光谱分析分析了捕收剂在石英表面的吸附机理。

刘文刚等[20]用正溴十二烷与乙二胺作用合成 N-十二烷基乙二胺，它是一种螯合表面活性剂，对石英和赤铁矿有很好的捕收作用。用单矿物进行浮选时，石英和赤铁矿的回收率随十二烷基乙二胺的浓度增大而上升，当用量达到 100. 0g/t 时，石英和赤铁矿回收率分别达到 95. 30%和 87. 89%，同时研究了矿浆 pH 值对赤铁矿和石英浮选的影响；试验结果表明，这种捕收剂对石英捕收能力比对赤铁矿好，在碱性介质中回收率达到 97. 87%。红外光谱测定结果表明，十二烷基乙二胺在赤铁矿表面发生化学吸附，在石英与十二烷基乙二胺之间发生氢键吸附和电性吸附。

曹学锋等[21]以十二胺和丙烯腈为原料，在常压条件下合成了新型阳离子捕收剂 N-十二烷基-1，3-丙二胺（DN_{12}），并考察了其对高岭石、叶蜡石、伊利石三种矿物的浮选行为。浮选试验表明，DN_{12}捕收性能优于十二胺；当DN_{12}的浓度为 3×10^{-4}mol/L 时，对 3 种铝硅酸盐矿物的浮选回收率均超过 80%。动电位和红外光谱检测结果显示，DN_{12}与铝硅酸盐类矿物之间存在氢键吸附和静电吸附，且吸附作用较强。

钟宏[22]用甲基苯胺树脂（PCA）对细粒石英-赤铁泥混合矿进行了研究。结果表明，PCA 的浮选效果显著好于十二胺，在中性条件下进行闭路试验，获得了铁精矿品位为 61. 82%、回收率为 73. 76%的结果，这也说明 PCA 是细粒铁矿泥反浮选的有效捕收剂。

3.2.2　醚胺类捕收剂

3.2.2.1　醚胺分子结构

醚胺学名为烷基-丙氨基醚，其的分子结构简式为 $CH_3—(CH_2)_n—O—(CH_2)_3—NH_2$。十二烷基丙氨基醚的分子结构如图 3-26 所示。

$$R—O—CH_2CH_2CH_2—N\begin{matrix}H\\H\end{matrix}$$

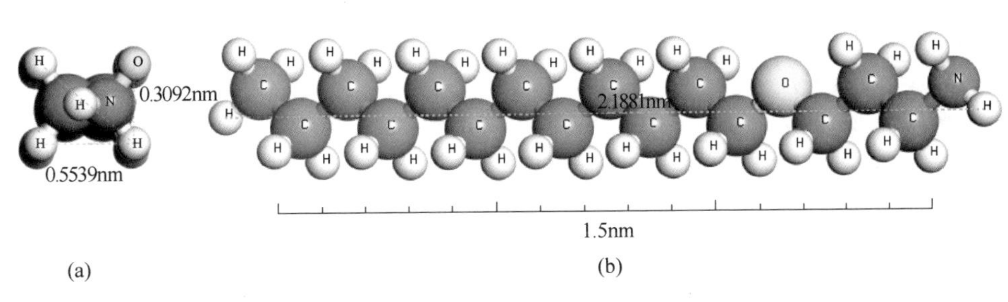

图 3-26　十二烷基丙氨基醚的分子结构示意图

（a）端面图；（b）侧视图

根据醚胺分子中氨基数目的不同，醚胺还可分为醚单胺和醚多胺等，它们的结构简式分别如图 3-27（a）（b）所示。图 3-27 中 R 为 C_8~C_{10}的烃基。

$R—O—(CH_2)_3—NH_2$　　　$R—O—(CH_2)_3—NH—(CH_2)_3—NH_2$

(a)　　　　　　　　(b)

图 3-27　醚单胺与醚多胺分子结构简式

（a）醚单胺；（b）醚多胺

脂肪醚胺在常温下略有刺激性气味，是一种低毒性捕收剂。其中最常用的十二烷基丙氨基醚的凝固点为-5℃，沸点为 194.8℃，常温下相对密度为 0.85，呈淡黄色油状液体状态。醚胺一般微溶于水，易溶于有机溶剂，与盐酸和醋酸等反应生成可溶性醚胺醋酸盐。

3.2.2.2　醚胺捕收剂的制备

醚胺的制备目前普遍采用丙烯腈与具有活泼氢的脂肪醇加成反应生成氰乙基烷基胺（腈乙基化反应），然后再经催化氢化还原得到醚胺（氢化反应），化学反应方程式如式（3-27）和式（3-28）所示[23]。

$$CH_3(CH_2)_nOH + H_2O═CHCN \xrightarrow{35 \sim 75℃} CH_3(CH_2)_nO(CH_2)_2CN \tag{3-27}$$

$$CH_3(CH_2)_nO(CH_2)_2CN + H_2 \xrightarrow{\text{Raney Ni}} CH_3(CH_2)_nO(CH_2)_3NH_2 \quad (3\text{-}28)$$

A 脂肪醇的氰乙基化反应

脂肪醇在丙烯腈上碳碳双键上的加成，生成3-烷氧基-正丙基醚腈，称为醇的氰乙基化反应，主要影响因素如下：

(1) 催化剂选择及用量。常用的催化剂有：碱金属、碱金属的氧化物或氢氧化物、氢化物或胺基化合物、强碱性树脂等。本试验采用氢氧化钾作为氰乙基化反应的催化剂，在反应中氢氧化钾与十二醇生成醇钾，该十二醇钾在反应中起到了催化作用；当KOH用量为脂肪醇用量的0.04%时，产物的收率最高。增加催化剂用量，产品的收率没有明显的增加，说明单靠增加催化剂用量提高产品的收率是不可行的；而当催化剂用量较低时，反应进行得不够彻底。确定催化剂KOH用量最佳为相应脂肪醇重量的0.04%。

(2) 反应温度。如果反应温度低，则反应缓慢；如果反应温度过高时，由于合成反应本身放热激烈，不易控制。当反应体系温度高于70.0℃时，丙烯腈会发生自身的聚合反应，这种自聚反应，在较高温度或碱存在下更容易发生。所以，反应应在低碱条件下，在适宜温度（50.0℃±2.0℃）下进行。

(3) 反应时间。在合成反应中，理论上只要时间足够长，反应就可以进行到底，但实际上反应一旦达到平衡，若要再提高产品收率很难。试验中，采用高效气相色谱法（GC）测定产物的组成随反应时间的变化情况，并由此确定最佳反应时间和分析产物的组成。

(4) 反应物料比。如果增加丙烯腈的用量，平衡则向右移动，可以提高反应产物的收率；但是丙烯腈浓度过高，易发生自聚会反应，使得产物的收率有所降低。适宜的丙烯腈与脂肪醇摩尔比为1.10∶1。

(5) 溶剂用量。通常不加入溶剂，而是以原料丙烯腈作为溶剂，但是催化剂KOH不能很好的溶解，使得氰乙基化反应过于缓慢；而丙烯腈分子间接触机会加大，增加了丙烯腈分子自聚的可能性。如果用水做溶剂，可减少丙烯腈的自聚，此外水的热熔大，还可以吸收热量，在反应较剧烈时可以使温度不至于上升过快而难以控制，其次以水作溶剂可以大大降低成本，操作简单可行。

B 醚腈催化加氢反应

醚腈催化加氢是制备醚胺的关键步骤，它是一个气、液、固相间的多相反应，其反应过程复杂，除生成目标产物外，还有其他副产物。另外还有一个关键的因素——催化剂，即如何选择催化剂、防止催化剂中毒及实现催化剂的回收。温度、氢气压力、反应时间、反应介质和催化活性等都影响反应的转化率和选择性。因此，在该工艺开发研究中必须注意如下诸多因素的影响：

(1) 加氢催化剂。雷尼镍（Raney Ni）作为醚腈还原成醚伯胺最常用的催化剂，又称骨架镍。其表面上有细小的灰色粉末，但从微观角度上看，粉末中的每个微小颗粒都是一个立体多孔结构，这种多孔结构使得它的表面积大大增加，极大的表面积带来的是很高的催化活性，这也是雷尼镍作为一种异相催化剂被广泛用于有机合成和工业生产的氢化反应中的原因。相对于 Pt、Pd 等贵金属催化剂，Raney Ni 具有活性高、适用范围广泛的特点。Raney Ni 作为加氢反应的催化剂，可重复使用。使用过量的或高活性的镍，还可以使反应在低压下进行。在碱性溶液中以镍作催化剂，加氢还原的选择性更好。

（2）反应釜内温度。催化剂的活性与反应温度密切相关，温度升高可加快反应速率，为尽量提高反应速率，控制温度十分重要。但如果温度过高，会增加氢化反应中的副反应，且最终目标产物颜色加深，影响产物质量。一般反应温度主要集中在 60~140℃，在综合考虑高压反应釜仪器加温条件、催化剂活性及反应速率的基础上，选择反应温度范围为 120~140℃。

（3）氢气压力。氢气压力对反应的影响也很大，压力过高，反应速率加快；压力过低，则反应减慢。在选择氢压时因考虑反应底物的不同而对釜内压力进行适当的调整，同时应考虑设备的载压能力问题，选择压力为 2.0MPa。

（4）反应时间。反应时间与主反应产率有直接关系，所以反应时间长短对有机合成是非常重要的。若反应时间太短，加氢反应不完全，导致副产物增加，主产物转化率低；如果反应时间太长，成本费用增加。加氢反应时间以确定产物转化率为准，当釜内压力不再发生变化时，说明产物的转化率不再发生变化，则停止反应的进行。

（5）溶剂。作为最常用的极性质子溶剂，水的极性强，介电常数大，具有能电离的质子，其可以同负离子或强电负性元素形成氢键，从而对负离子产生很强的溶剂化作用；同时，水还可以和溶质分子以氢键缔合，在介质中增加离子的溶剂化效应。以水为催化反应时的溶剂，适宜的加入量为相应脂肪醚腈的 10%。

（6）助催化剂。在选择催化剂的同时，通常加入助催化剂，一般为水溶性好的金属碱性氢氧化物，如 NaOH、KOH 等，以调节反应体系的 pH 值，这样可确保伯胺产品的产率，抑制副反应物仲胺、叔胺的生成。如果不加入碱性助催化剂，则需要的催化剂量要增大，同时也增加了从高沸点产物中分离催化剂 Raney Ni 的难度。有文献称，氢化还原反应过程中，反应温度过高或反应时间过长，会发生副反应，生成仲胺、叔胺等。从化学反应平衡原理出发，在加氢时通氨增加反应釜内氨分压，对防止副反应是有效的。生产实践证明，在加氢催化还原反应过程中，加少量碱可取得和通氨相同的效果。选用 NaOH 为助催化剂，加入量为醚腈量的 0.1%。

C　醚胺制备的应用案例

以己醇、辛醇、癸醇及月桂醇和丙烯腈为原料，合成相应的 4 种不同碳链长度的 3-烷氧基-正丙胺，下面以己醇为例介绍合成的操作过程。

（1）在连接有电磁搅拌、冷凝管、恒压滴液漏斗和温度计的 250mL 三口瓶中，加入 102.0g（1.0mol）的己醇、0.048g 氢氧化钾（w_{KOH}：$w_{己醇}$ = 0.4%）以及 10.0mL 水，搅拌，使氢氧化钾完全溶解。

（2）将体系加热至 140℃进行脱水操作 1h。脱水反应完成后，将反应体系冷却至 35℃后，缓慢滴加 58.3g（1.1mol）丙烯腈，滴加速度控制在每秒钟 1～2 滴。控制滴加速度，防止加入过多的丙烯腈而使反应瞬间大量放热，造成丙烯腈的自聚。反应过程用水浴控制温度在 50.0℃±2.0℃。

（3）为使反应完全，在滴加完丙烯腈后，继续反应一段时间。采用高效气相色谱法对整个反应进行跟踪监测，每隔 0.5h 取一次样进行分析，确保氰乙基化反应的进行。

（4）Raney Ni 催化剂的制备。将 300mL 水加入连接有温度计和冷凝管的 500mL 三口烧瓶中，再加入 76.8g NaOH。待溶解后，在温度为 50℃±2℃下，加入 30g 且粒级为-0.038mm 占 100%的镍铝合金粉，控制加入量每次 2～4g，这是因为加入过多合金粉将会产生大量氢气，将会危及操作者的安全。待铝镍合金全部加完后升温至 90℃回流 1h。用水洗至中性，再用醇洗三次后，密封保存。

（5）清洗高压反应釜，如果高压釜不干净，试验过程中，有些杂质如卤素特别是碘，含 P、As、S、Bi 等化合物，以及 Si、Pb、Ge 等有机金属，可能导致催化剂中毒，造成试验失败。

（6）将原料投入高压反应釜。投料完毕后，将高压釜密封，并检查气密性；先打开氮气钢瓶的旋钮通入氮气，待高压表显示至一定数值，打开减压阀旋钮即顺时针旋转，待低压表达到所需的压力，观察高压反应釜上压力表，对全系统进行气密试验，用肥皂水、听、摸等方法寻找漏点，并进行加压旋紧，但压力不得大于 0.1MPa。一切处理完毕以后，再将压力加至反应所需压力，通过压力表静观 1h，压力变化不大于 0.05MPa 为合格。

（7）通氮气置换釜内空气 3～4 次，打开进气口，通过控制进气阀缓慢升压到 0.5MPa 后，关闭进气阀。打开高压釜排气阀，排气至压力下降到 0.1MPa 左右，关闭排气阀，再升压到 0.5MPa 左右，同法排气，如此反复 3 次。再用氢气以同样方法置换 3 次以上。再通入氢气至反应釜中，加到一定压力，开始搅拌，搅拌速度为 800r/min，控制升温速度，缓慢加热到 120.0℃，应注意反应本身放热带来的问题。

（8）反应过程中应随时补充氢气，保证保持氢气压力稳定在一定范围之内，当氢压不再下降、保持平衡时，为反应终点，继续保温一段时间。

（9）反应结束后，关闭搅拌及控温仪，通冷水或自然冷却至 40.0℃左右，排净反应釜内的氢气，出料产品经减压蒸馏的方法除去多余的脂肪醇，并得到最终的醚胺产品。

注意：（1）雷尼镍活性极高，暴露在空气中非常容易自燃。由于催化加氢反应后的雷尼镍孔隙中仍然含有大量氢气，使其更加容易自燃，不能随意丢弃，必须进行销毁处理。（2）通常情况下，醚腈的精制采取减压蒸馏的方法。由于醚腈的沸点较高，随着分子量的增加，对减压蒸馏条件要求也越来越高。而醚腈不经精制提纯也可直接用于醚胺的制备[23]。

D 制备醚胺的反应机理

制备醚胺的反应机理包括脂肪醇氰乙基化反应机理和醚腈加氢还原反应机理两个部分，现分别详述如下。

（1）脂肪醇氰乙基化反应机理：丙烯腈具有很高的活性，易被亲核试剂进攻，发生烯烃碳上的加成反应。脂肪醇是弱的亲核试剂，需要在碱的催化下与丙烯腈发生亲核加成反应，反应原理如式（3-29）~式（3-31）所示。

$$CH_3(CH_2)_nOH + OH^- \longrightarrow CH_3(CH_2)_nO^- + H_2O \tag{3-29}$$

$$CH_3(CH_2)_nO^- + H_2C{=}CHCN \longrightarrow CH_3(CH_2)_nOCH_2\overset{}{\underset{|}{C}}HCN \tag{3-30}$$

$$CH_3(CH_2)_nOCH_2\underset{|}{C}HCN + \begin{matrix}H\\ \diagdown \\ O{-}H\end{matrix} \longrightarrow CH_3(CH_2)_nO(CH_2)_2CN + H_2O \tag{3-31}$$

在碱性催化剂作用下，利用醇对缺电子烯烃加成是合成带有醚基官能团醚腈化合物的有效方法。

（2）醚腈加氢还原反应机理：醚腈催化加氢还原反应是一个较为复杂的化学反应过程。原料醚腈是液态，通入的氢气是气态，催化剂 Raney Ni 为固态粉末，这个反应是气-液-固三相反应，对于该反应的机理可做如下表述。

醚腈分子和氢气分子扩散到固体催化剂表面，并在催化剂表面发生化学吸附；吸附后，醚腈分子和氢气分子发生化学反应，而后反应产物又从催化剂表面解吸；反应产物通过扩散离开催化剂表面。

3.2.2.3 醚胺捕收剂的捕收特性

用作捕收剂的醚胺类药剂，具体品种不少，都可以看做是胺的衍生物，其结构式为 R—O—$(CH_2)_3$—NH_2。醚胺中的烃基是直链或支链的，含有 8~14 个碳原子。工业上所使用的醚胺，分子量随烃基 R 的大小而变化。

醚胺具有与脂肪烷胺类同等的浮选分选性能和捕收性能，可反浮选赤铁矿和磷灰石中的石英，浮选氧化锌等。烃链较长的脂肪胺在常温下都是固体，在水中难溶，造成其在浮选过程中不能充分分散以发挥最大的捕收性能。在胺的烷基上引入一个醚基可以显著降低熔点提高溶解度，固体胺变为液体的醚胺，醚胺在矿浆中易于分散，浮选效果好[20]，具有浮选速度快、选择性好、泡沫量适中、泡沫脆性好、易于消泡、有利于泡沫再选，以及泡沫产品的输送、脱水等较易处理等优点。

醚胺作为阳离子捕收剂，很早就有人研究过，而应用于浮选生产则是在20世纪60年代末，美国阿切尔·丹尼尔·米德兰德公司，即现在的阿什兰德化学公司利用醚胺对赤铁矿反浮选取得重大突破后，在国外选矿厂获得较广泛应用。国内在2003年以后，亦将醚胺广泛应用于铁矿反浮选除硅、长石浮选、胶磷矿反浮选等[20]。

东北大学研制了三种烷基丙氨基醚捕收剂对石英、赤铁矿进行了浮选试验，试验结果如图3-28~图3-31所示[23]。

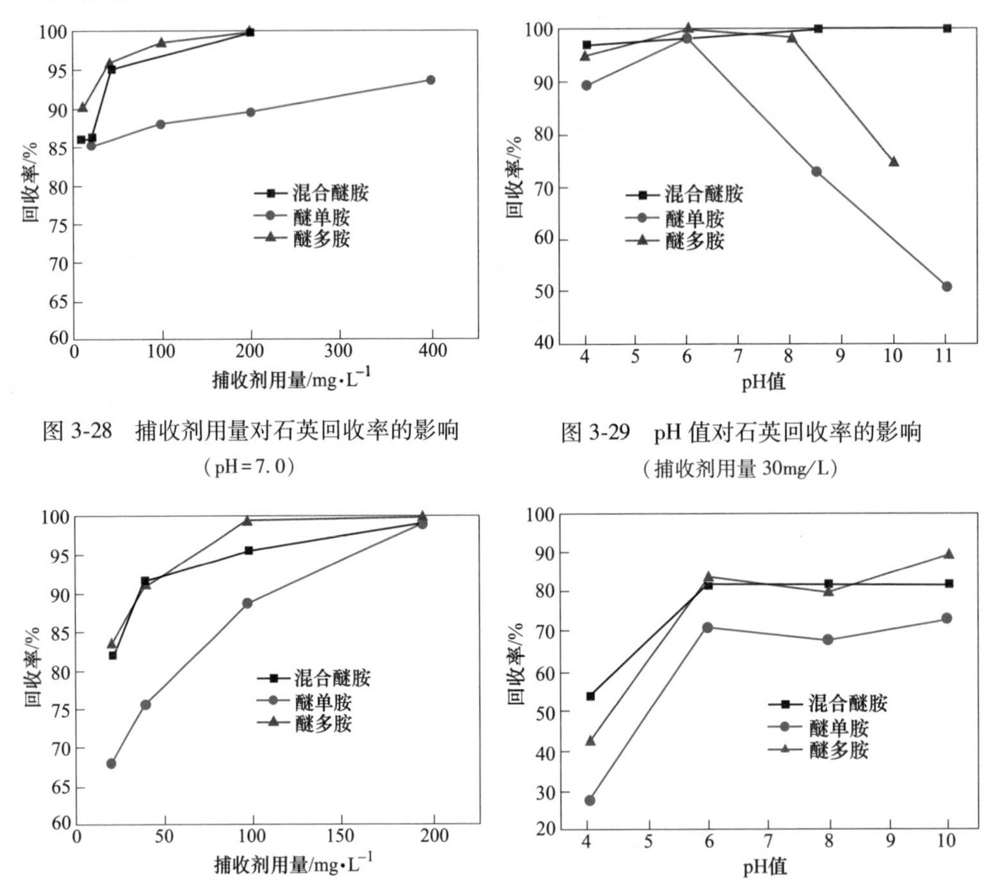

图3-28　捕收剂用量对石英回收率的影响
(pH=7.0)

图3-29　pH值对石英回收率的影响
(捕收剂用量30mg/L)

图3-30　捕收剂用量对赤铁矿回收率的影响
(pH=8.0)

图3-31　pH值对赤铁矿回收率的影响
(捕收剂用量50mg/L)

以单醚胺为捕收剂对鞍千混合磁选精矿进行了实际矿石的浮选试验，在矿浆温度为28℃、捕收剂用量100g/t、抑制剂用量60g/t、pH值为8.5、矿石粒度为-45μm占90%的条件下，采用“一粗一精一扫”闭路试验获得精矿铁品位

69.2%、铁回收率为84.5%的试验结果[23]。

Peres等[24]采用阳离子反浮选工艺，用各种淀粉作抑制剂来研究醚胺醋酸盐阳离子体系下不同种淀粉的抑制效果。通过试验对比可知，含高蛋白的玉米淀粉和支链淀粉对该铁矿有相同的抑制效果，而高油含量的淀粉的抑制效果比较差。

郭兵[25]用油酸钠和醚胺等捕收剂对赤铁矿和钠辉石纯矿物进行了研究，结果表明，醚胺可使两者的可浮性之差达到80%，而油酸钠难以达到有效分离的目的，说明醚胺捕收剂在一定程度上比油酸钠具有更好的选择性。

GE系列捕收剂是由武汉理工大学研制生产的新型捕收剂，现生产有GE-601和GE-609两类[26]。阳离子捕收剂GE-601与十二胺相比，反浮选铁矿石时泡沫量大大减少，且泡沫性脆、易消泡，泡沫产品很好处理。由于不使用淀粉作抑制剂，又可以解决阴离子反浮选因淀粉作用引起的铁精矿过滤难、水分高的问题，从而提高过滤效率，降低过滤费用。GE-609在秉承GE-601优点的同时，具有很好的耐低温性能，在25.0℃和8.0℃时分选效果基本一致，用于浮选太钢尖山铁矿石，经过“一粗、一精、两扫”工艺，在25.0℃时，铁精矿品位高达69.22%，回收率97.78%，其浮选效果良好[27]。

3.2.3 芳香胺与松香胺类捕收剂

3.2.3.1 芳香胺类捕收剂

芳香胺是指烃链中含有苯环的一类化合物，其常见的有苯胺、甲苯胺、α-萘胺、1-甲基-萘胺等在选矿工业中应用越来越多。它们的分子结构简式如图3-32所示。

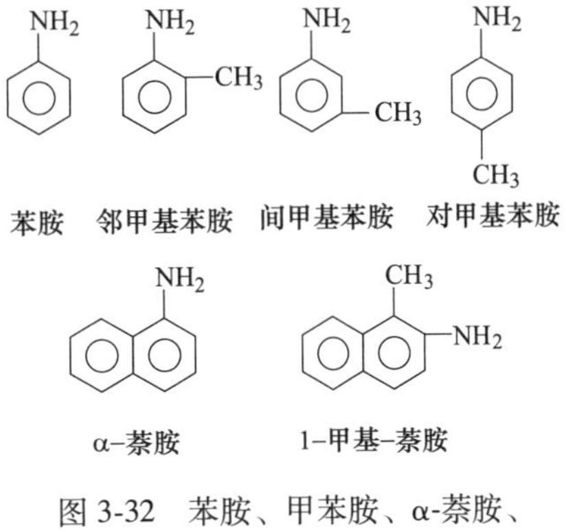

图3-32 苯胺、甲苯胺、α-萘胺、1-甲基-萘胺的分子结构式

芳香胺在非硫化矿选矿工业中的应用没有脂肪胺的应用实例多。有资料报道利用甲萘胺作捕收剂浮选铝硅酸盐的研究。试验结果表明，甲萘胺对叶蜡石捕收能力强，其回收率超过98%，而对伊利石和高岭石的捕收能力相对较弱。矿浆的pH值对叶蜡石和高岭石的回收率影响比较小，而在酸性和碱性矿浆条件下，伊利石的回收率均下降。在酸性矿浆中甲萘胺捕收剂是通过静电引力吸附在矿物表面上；在碱性矿浆中捕收剂主要通过氢键作用吸附于矿粒的表面上。甲萘胺对叶蜡石、伊利石和高岭石三者之间的捕收能力由强到弱的顺序依次为叶蜡石>高岭石>伊利石[5]。

3.2.3.2　松香胺类捕收剂

松香胺是来源于松脂内的环状萜烯、蒎烯等一种特殊环烷烃结构的胺类化合物。通常松香胺结构上分为两类：一类是氢化松香胺，另一类是改性松香胺。它们的分子结构简式如图 3-33 所示。

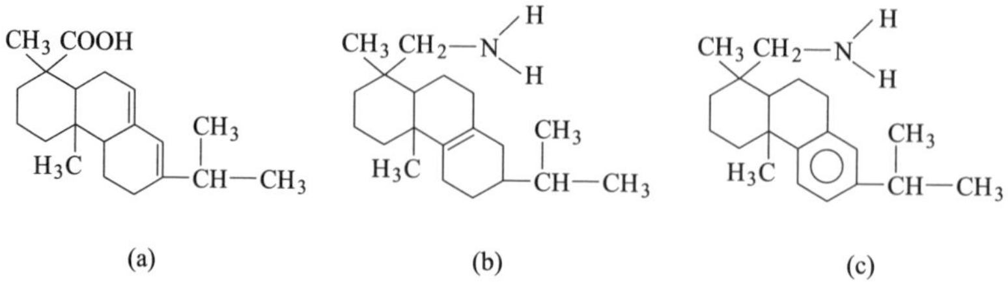

(a)　(b)　(c)

图 3-33　松香（a）、氢化松香（b）、改性松香（c）的分子结构简式

松香酸本身容易氧化且不很稳定，在制造松香胺之前，首先要通过加氢使双键饱和变为氢化松香酸，或者用少量碘或硫催化处理使之芳环化，变为变性松香酸。氢化松香酸或变性松香酸再经过氰化及加氢胺化，最后制成氢化松香胺或变性松香胺。松香胺本身不溶于水，它的盐酸盐也不溶于水，只有它的醋酸盐能溶于水。变性松香胺的醋酸盐简称 RADA（rosin amine denatured acetate）。

在浮选过程中变性松香胺的醋酸盐可以单独使用，作为硅酸盐矿物及某些硫化矿物的阳离子捕收剂，变性松香胺还可以作为捕收剂，制备低硅高品位赤铁矿精矿，原料为含 SiO_2 约 5%的赤铁矿，矿浆浓度为 30%，先加 453g/t 的糊精调整 5min，再添加 90g/t 的变性松香胺醋酸盐（质量分数为 1%溶液），所用的起泡剂水溶液含 50%松油及 2.5%双-2-乙基已基磺化琥珀酸钠，经过多次浮选后，可除去大部分 SiO_2，残留的铁精矿中 SiO_2 品位可以降至 0.1%。所得的铁精矿再经过湿式磁选，磁场强度约 0.5T（5000Gs）、电流 10A、矿浆浓度约 20%，最终低硅铁精矿含氧化铁不低于 99%，SiO_2 品位不高于 0.03%[5]。

以松香胺作捕收剂还可以分选钾长石和钠长石。用浮选方法分离单宁酸锗及镓配合物，也可以使用松香胺醋酸盐作为捕收剂，回收率接近 100%。

为了探讨松香胺类化合物在矿物表面的吸附状态，曾有人对脱氢松香胺醋酸盐在氧化矿物上的吸附进行过测定，包括石英、赤铁矿、金红石及锆英石。条件为 pH=2.5～10.5，脱氢松香胺醋酸盐量浓度为 0.3～5600μmol/L，为了达到较好的选择性，还需使用淀粉等药剂作为抑制剂。脱氢松香胺醋酸盐在上述氧化矿物表面上的吸附与胺浓度的平方根成正比，与氢离子浓度成反比。

脱氢松香胺的醋酸盐作为捕收剂，可用作 VO_3^-、MoO_4^{2-} 和 WO_4^{2-} 等离子的浮选。此外，由异戊二烯合成柠檬醛时，产生一种副产物如式（3-32）所示。

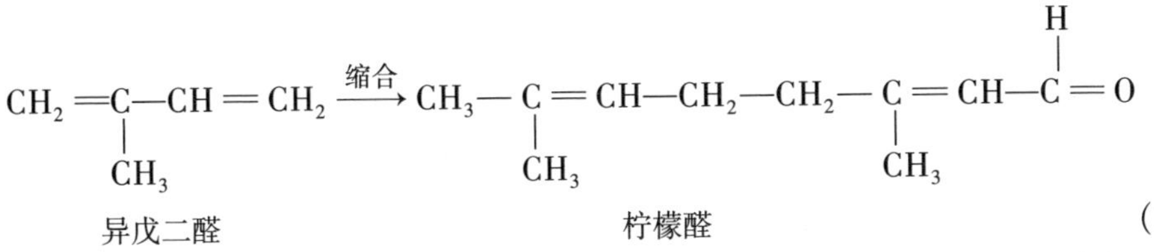

$$CH_2=\underset{\underset{CH_3}{|}}{C}-CH=CH_2 \xrightarrow{\text{缩合}} CH_3-\underset{\underset{CH_3}{|}}{C}=CH-CH_2-CH_2-\underset{\underset{CH_3}{|}}{C}=CH-\overset{\overset{H}{|}}{C}=O \tag{3-32}$$

异戊二醛　　　　柠檬醛

式（3-32）所示的副产物含有萜烯仲胺及萜烯叔胺，其分子结构式如图3-34所示。萜烯仲胺及萜烯叔胺也可以作为阳离子型絮凝剂从磷矿中浮选分离石英及硅酸盐，提高分选效果。

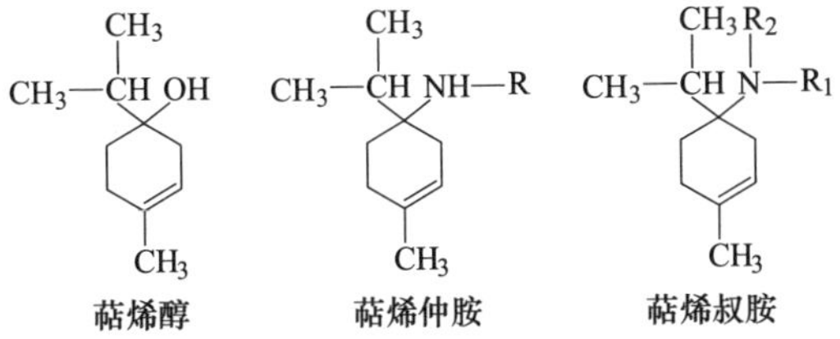

萜烯醇　　萜烯仲胺　　萜烯叔胺

图3-34　萜烯醇、萜烯仲胺、萜烯叔胺的分子结构简式

松香胺也是塔尔油胺的一个主要成分。塔尔油胺中松香胺质量分数约占60%、脂肪胺约占40%，塔尔油胺的特点是成本低廉，目前已大量用于磷矿石的浮选工业[5]。

3.3 含有多个═O、—OH的含氧酸酯类捕收剂

非硫化矿浮选药剂中有一类含氧酸酯类捕收剂，如磺酸酯、硫酸脂、磷酸酯、砷酸酯，它们在结构上具有相似的结构，都含有多个═O、—OH基团。含氧酸酯类捕收剂分子结构简式如图3-35所示。

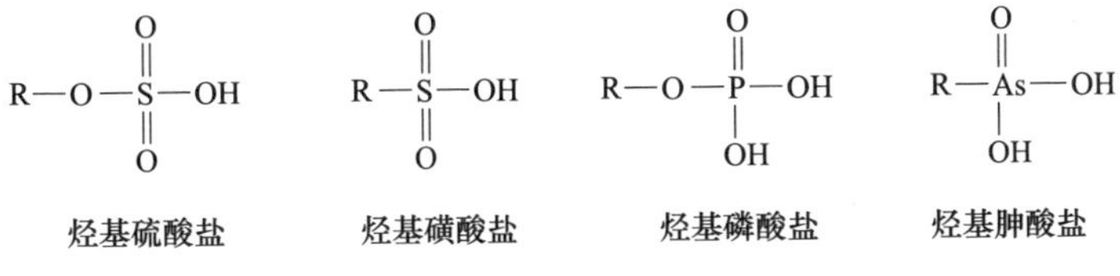

烃基硫酸盐　　烃基磺酸盐　　烃基磷酸盐　　烃基胂酸盐

图3-35　含氧酸酯类捕收剂分子结构简式

从图3-35可以看出含氧酸酯类捕收剂中极性基为含氧酸根，其中多氧四面体中心原子为S、P、As，我们称之为结构原子X；结构原子X与═O、—OH以σ共价键相连，且存在X—O的$\pi_{p\text{-}d}$键，使得—OH中的H离子很容易电离出去，得到R—O—XO_n^{m-}负离子。图3-35所示的结构式中疏水链R可以是支链烃基、支链烃基、环烃基、芳香烃基，一般碳原子个数都在$C_8 \sim C_{20}$。

含氧酸酯类捕收剂被广泛应用在非硫化矿浮选过程中，如磺化环烷酸钠盐用

于捕收菱铁矿（Machouic Vladimir 等捷克专利 106789），苄基磺酸盐、十六烷基和油酰基硫酸钠用于浮选分离磷灰石、霞石、榍石、钛磁铁矿和霓石（Heil Vaclav 捷克专利 94326），十二烷基苯磺酸钠与非极性油混合用于捕收磷灰石（美阿穆尔公司 Seymour Tamese 美国专利 3292787），十六烷基硫酸钠用于捕收赤铁矿（见百熙，1987），磺化氧化石蜡皂用于包钢选矿厂弱磁选铁精矿反浮选脱除氧化矿杂质取得较好的试验结果（徐金球等，2001）。下面分别详述几种含氧酸酯类捕收剂的捕收特性[28]。

3.3.1　磺酸酯类捕收剂

3.3.1.1　磺酸酯的分子结构

磺酸酯即为烃基磺酸，其是一类用途广泛的选矿药剂，既可作为非硫化矿捕收剂也可用作起泡剂、乳化剂和润湿剂。烃基磺酸分子式为 R—SO_3H，其中 S 与烃链直接相连，即含有 C—S 键（烃基硫酸酯中就不含有 C—S 键），R 可以为烷烃也可以为芳香烃。如常见的烷基磺酸有十二烷基磺酸、十二烷基苯磺酸等都被广泛应用。十二烷基磺酸的分子结构简式为 $C_{12}H_{23}$—SO_3H，十二烷基苯磺酸分子结构简式为 $C_{12}H_{23}$—C_6H_4—SO_3H（间-十二烷基-磺酸基-苯）；十二烷基磺酸盐、十二烷基苯磺酸盐分子结构如图 3-36 和图 3-37 所示。

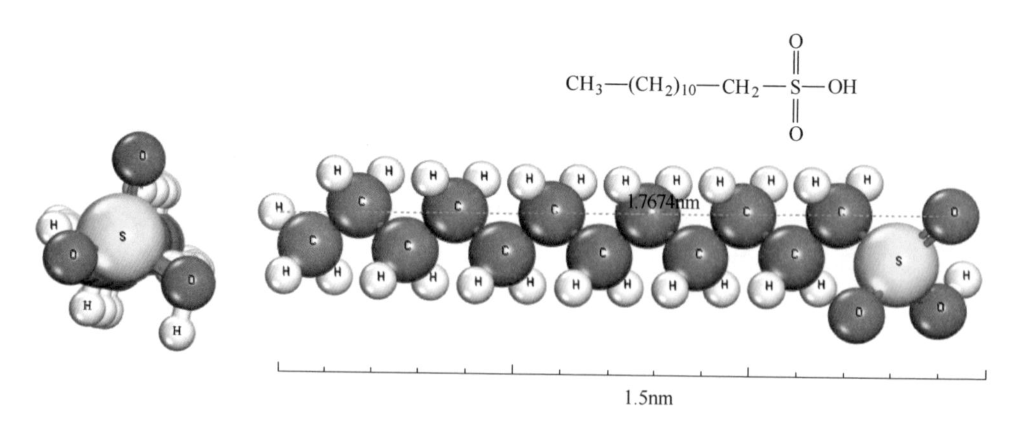

图 3-36　不同角度下的十二烷基磺酸盐的分子结构示意图

十二烷基磺酸钠常温下为白色或浅黄色结晶或粉末，低毒、有特殊气味，在湿热空气中分解，凝固点为 206℃，易溶于水，溶于热醇，不溶于冷水和石油醚。十二烷基苯磺酸钠为白色或淡黄色粉状或片状固体，难挥发，易溶于水，溶于水而成半透明溶液。对碱、稀酸、硬水化学性质稳定，配置很久也不会变质。一些烷基磺酸钠的溶解度和 CMC 值如表 3-9 所示[5]。

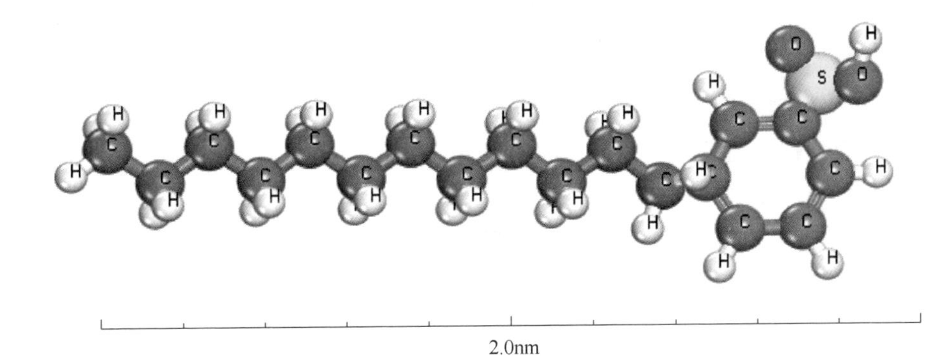

图 3-37　十二烷基苯磺酸盐的分子结构示意图

表 3-9　磺酸盐的溶解度和 CMC 值

烃基磺酸盐	溶解度/g·$(100gH_2O)^{-1}$	CMC 值（25℃）/mol·L^{-1}
$C_8H_{17}SO_3Na$	74.4（25℃）	0.15
$C_{10}H_{21}SO_3Na$	4.55（25℃）	0.012
$C_{12}H_{25}SO_3Na$	0.253（25℃）、48（60℃）	0.011
$C_{14}H_{29}SO_3Na$	0.041（25℃）、38.8（60℃）	0.0032
$C_{16}H_{33}SO_3Na$	0.0073（25℃）、6.49（60℃）	0.0012
$C_{18}H_{37}SO_3Na$	0.001（25℃）、0.131（60℃）	—

烃基磺酸钠作为洗衣粉的碳原子数是 C_{11}~C_{17}；做浮选药剂的碳原子数在 C_8~C_{20}。如果碳原子数太少，则捕收力减弱；如果碳原子增多时，烃基磺酸钠捕收力增强。日用洗衣粉的烃基磺酸钠起泡力强但捕收力差，可用作起泡剂。作氧化矿捕收剂时以分子量较大的为好，如烷基或者芳香基磺酸钠分子量在 400~600。

3.3.1.2　烃基磺酸盐的制备

烃基磺酸盐主要来源于石油精制的副产品石油磺酸（例如生产润滑油的副产物）或者石油加工产品烃油（如直链煤油、蜡油等）经过氯磺化制得的产物。

从浮选工业使用的角度来说，烃基磺酸盐可以分为以下两大类：

（1）水溶性磺酸盐。这是烃基相对分子质量中等大小、含支链较多或含有烷基芳基混合烃链（这时分子中多半含有多个磺基）的产品。这类磺酸盐由于相对分子质量较小或由于极性基数量多，因而是水溶性的，其捕收性能不太强，但起泡性能较好，可以作为浮选起泡剂（例如十二烷基苯磺酸钠）使用，也可用于浮选易浮性氧化矿。

（2）油溶性磺酸盐。这是烃基相对分子质量较大的产品。当烃基为烷基时，

碳链在 C_{20}以上，也可以是有支链的烷基或烷基芳基，但一般是分子中只有一个磺基的产物。这类磺酸盐基本上不溶于水，可溶于非极性油中，它的捕收性较强，主要用作氧化矿捕收剂，可用于氧化铁矿的浮选、非金属矿的浮选（例如萤石、绿柱石、磷灰石的浮选等）。油溶性磺酸盐有固体粉末及膏状产物，可制成乳状液或用非极性油稀释使用。

石油磺酸是一种成分复杂、含义内容很广泛的复杂混合物。任何一种石油馏分经过强磺化剂进行精制手续时所得的磺化产物或副产物，都可以叫做石油磺酸，它不但含有磺酸的成分，也含有磺酸酯的基团。在精制石油的各种产品的时候，硫酸的用量是相当大的。石油磺酸一般又分为两类：一类是水溶性的石油磺酸，即所谓的“绿酸”（green acids）；另一类更重要的是油溶性石油磺酸，也叫做“红酸”（mahogany acids）。

从烷烃制造烃基磺酸钠的反应机理如下：首先烷烃经过氯磺化，得到 RSO_2Cl，如式（3-33）所示。然后 RSO_2Cl 经过皂化，如式（3-34）所示得到产物烃基磺酸钠。

$$RH + Cl_2 + SO_2 \xrightarrow{\text{紫外线}} RSO_2Cl + HCl \tag{3-33}$$

$$RSO_2Cl + 2NaON \longrightarrow RSO_3Na + NaCl + H_2O \tag{3-34}$$

从烷烃制造烃基磺酸钠的原料为：（1）煤油，合成石油的煤油馏分，其中的不饱和烃已经加氢成为饱和烃，馏程为 220~320℃、密度为 0.76~0.78g/cm^3 的无色透明液体、平均碳原子数为 C_{15}的饱和烃。如果含有不饱和烃，应用浓 H_2SO_4 洗去。（2）液态 SO_2，纯度为 SO_2的质量分数在 99.5%以上。反应前应经过干燥。（3）液态 Cl_2，纯度为 Cl_2 的质量分数在 99.5%以上。反应前应经过干燥。（4）工业用 NaOH，纯度为 NaOH 的质量分数在 95%~98%。

将煤油进行氯磺化反应时，反应器安装有混合气通入管，此管通过反应器底部，并弯成环状，在环状部分有许多气体逸出孔。当混合气体从小孔逸出时，与煤油接触面很大，并同时起搅拌作用。反应器同时装有 HCl 气体逸出管、温度计、冷却水管和紫外光灯等。Cl_2 和 SO_2 由储备筒中流出，分别经流量计到混合器中混合成混合气体，在流量计前后均安装有安全瓶和浓 H_2SO_4 干燥瓶，以干燥 Cl_2 和 SO_2 气体。混合气体从混合器中流出，经环形管道逸出与煤油接触，在紫外光催化下起氯磺化反应。这个反应是放热过程，应用冷水冷却，保持反应温度在 30~35℃。氯磺化程度以测定煤油密度增加数量来决定。例如，表 3-10 所列是这种煤油密度变化与氯磺化程度的关系[5]。

表 3-10　煤油的密度与氯磺化程度的关系

密度/g · cm^{-3}	0.76~0.78	0.84	0.88	1.03~1.05
磺化程度	未氯磺化	氯磺化 30%	氯磺化 50%	氯磺化 80%

煤油氯磺化反应有副反应发生，副反应方程式如式（3-35）和式（3-36）所示。

$$RH + Cl_2 \longrightarrow RCl + HCl \tag{3-35}$$

$$RH + SO_2 + Cl_2 \longrightarrow R(SO_2Cl)_2 \tag{3-36}$$

氯磺化反应产物中，含未反应Cl_2、SO_2及未逸出的HCl等，可通入压缩空气除去这些气体，直到无这些气体的显著气味为止，这个过程称为脱气过程。

脱气后的氯磺化产物，用质量分数为20%的NaOH溶液皂化，就可得到烃基磺酸钠。皂化的过程是将质量分数为20%的NaOH溶液盛于皂化槽中，预热到80~90℃，在强烈的搅拌下滴入氯磺化油，皂化完毕时的pH值在9~10之间。

在氯磺化过程中，有些未反应的煤油，因此产品中除含烃基磺酸钠外，还含有部分煤油及煤油氯化物以及NaCl等，加水于皂化产物中搅拌，使这些物质与烃基磺酸钠分离，并在100℃下加热几小时后析出三层液体，上层为煤油及煤油氯化物，中层为乳液，下层则为烃基磺酸钠及大部分水。因为烃基磺酸钠是乳化剂，与煤油和水混合时，在搅拌下发生乳化作用形成乳液。除去煤油层的乳液层，即得烃基磺酸钠产品，其中其有效成分为28%~30%。乳液也可以经破乳化处理、减压蒸馏等手续后而获得其中的烃基磺酸钠。产品经喷雾干燥，使水分及残余煤油随热空气一起逸出。最后产物可脱水制成为棕色液状、胶状或者粉状等形式，易溶于水，无毒无嗅[5]。

3.3.1.3 烃基磺酸盐的捕收特性

烃基磺酸盐是重要的表面活性剂，也是常用的浮选药剂。烃基磺酸盐可以用于浮选铬铁矿、磁铁矿、钛铁矿、钴铁矿、白钨矿、金红石、石榴石、蓝晶石、锂辉石、黑钨矿、方解石、矾土、石膏、萤石、滑石和菱镁矿等非硫化矿，也可以浮选辉铜矿、铜蓝、黄铜矿、斑铜矿和方铅矿等。

使用石油磺酸盐浮选铁矿的实例很多，不少已获得工业应用。将磺化石油与脂肪酸或者塔尔油共用，比单独使用效果更好。美国的格罗夫兰选矿厂、安尼克斯选矿厂和笛尔盘选矿厂等在用阴离子正浮选方法浮选赤铁矿时，都是采用石油磺酸和塔尔油、燃料油混用；俄罗斯的新克里沃罗克选矿厂常利用磺化石油和塔尔油混用，也曾获得好结果[5]。

Slaczka等[28]使用十二烷基磺酸钠作为重晶石捕收剂，发现使用频率为22kHz、场强为0.5W/m^{2}的超声场对给矿进行预处理，所获得的重晶石精矿品位为99%，回收率为80.1%，而未处理的品位仅为96.40%，回收率为76.20%，结果表明十二烷基磺酸钠对重晶石的选择性较好。

马鞍山矿山研究院曾从事油溶性石油磺酸及其钠盐的研发工作，单独使用或与其他药剂混合使用作为捕收剂浮选赤铁矿、褐铁矿、菱锰矿等。试验所用的油溶性石油磺酸是制取凡士林的副产物、蜡膏、机油等混合物作为原料，在60℃下搅拌，加入质量分数为98%的浓硫酸。原料中的不饱烃和芳香烃等被磺化生成磺酸和胶质；然后静置分层，水溶性石油磺酸则沉于底部。上部油层反复用硫酸洗涤3~4次。最后剩下的油层用体积比1：1的酒精水溶液萃取，将萃取液蒸馏去掉酒精，残余物即为石油磺酸，产率为原料的10%~15%。石油磺酸加NaOH中和后，即得石油磺酸钠棕黑色膏状物。石油磺酸钠易溶于水中呈棕色稳定乳浊液，从工厂副产物中制得的石油磺酸钠含石油磺酸钠25%~26%、油及亲油物质40%、水分33%~35%以及少量的无机盐等。

浮选试验表明，油溶性石油磺酸钠不但是赤铁矿的选择性捕收剂，而且对磁铁矿、褐铁矿、镜铁矿和菱铁矿等有较好的选择性捕收作用。在此基础上马鞍山矿山研究院又研究了石油磺酸钙和SH-A捕收剂（一种磺酸的金属盐和助剂的调和物）。试验结果表明SH-A选别普通赤铁矿、高亚铁难选矿分别获得了铁精矿品位65.8%和62.33%、回收率78.06%和80.48%的浮选指标。

用环烷基磺酸由粗精矿中分离钨酸钙矿时，水玻璃的浓度起着重要的作用，用环烃基磺酸盐可以使钨酸钙矿与重晶石分离，粗精矿先加热至300℃（或用盐酸处理），然后用环烃基磺酸盐400~700g/t、氯化钡100~300g/t在矿浆浓度为1：（5~7）时浮去重晶石[5]。

用石油磺酸盐浮选萤石，水溶性的较油溶性的效果好，用量在90~226g/t之间。使用水溶性石油磺酸时，可以加少量的油溶性石油磺酸以提高精矿品位，同时用单宁、糊精或磷酸钠（或焦磷酸钠）作为脉石抑制剂。浮选萤石时，也可以先用石油磺酸浮选除去含铁脉石（pH＝2.5~5.0），槽内产物再用阳离子捕收剂季铵盐（226~453g/t）浮选，但在捕收前矿浆先用氢氟酸（226~1814g/t）加以处理。采用烃基磺酸盐、十烷基、十二烷基及十六烷基磺酸盐对萤石及重晶石进行分选，结果表明在有萤石抑制剂存在下，通过调整矿浆pH值，可以实现萤石与重晶石分离。

碱土金属盐类矿物，包括重晶石、方解石、硫酸锶矿、白云石、磷酸盐矿、石膏、磷镁矿、钨酸钙矿及滑石都曾用水溶性石油磺酸成功地达到浮选目的，用量约220g/t，同时也加入一种油类作为辅助捕收剂（约450g/t）。

对方解石的浮选，烃基磺酸钠的浮选捕收特性，即用各种烃基磺酸钠浮选方解石的回收率与pH值的关系曲线见图3-38。从图3-38中可以看出，用C_8~C_{10}的烃基磺酸钠捕收剂对方解石浮选时，在碱性介质中受到抑制，C_{11}~C_{12}的烃基磺酸钠则在pH＝6~13的范围内能对方解石全浮选[5]。

烃基磺酸钠对方解石的捕收性能随着烃基的增长而加大。从图3-39可以看

出，烃基磺酸钠的烃基越长，达到全浮选所需的浓度越小，即捕收能力越强。

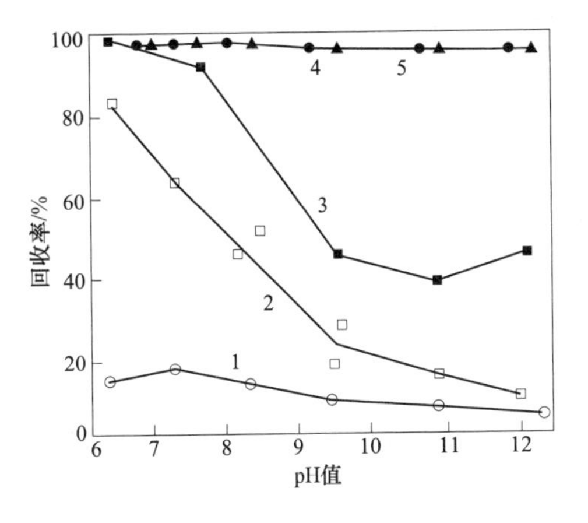

图 3-38 方解石回收率与 pH 值的关系

1—C_8；2—C_9；3—C_{10}；4—C_{11}；5—C_{12}

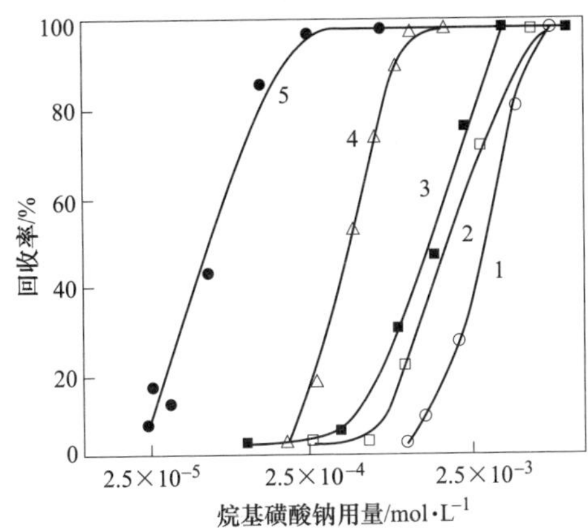

图 3-39 方解石回收率与烷基磺酸钠用量关系

1—C_8；2—C_9；3—C_{10}；4—C_{11}；5—C_{12}

此外，与金属离子的溶度积常数大小对烃基磺酸盐的捕收能力也有影响，经验规律是：溶度积常数越大，捕收能力越弱。相同碳原子数的烃基磺酸钙溶度积常数比脂肪酸钙的溶度积常数大，因而捕收能力比脂肪酸弱，脂肪酸和烃基磺酸盐捕收剂的钙盐溶度积常数如表 3-11 所示[5]。

表 3-11 烃基磺酸钙和脂肪酸钙的溶度积常数（23℃）

碳原子数	烃基磺酸钙的溶度积常数		脂肪酸钙的溶度积常数	
	实验值	文献值	实验值	文献值
8	6.2×10^{-9}	—	2.7×10^{-7}	1.4×10^{-6}
9	7.5×10^{-9}	—	8.0×10^{-9}	1.2×10^{-6}
10	8.5×10^{-9}	1.1×10^{-7}	3.8×10^{-10}	—
12	4.7×10^{-11}	3.4×10^{-11}	8.0×10^{-13}	—
14	2.9×10^{-14}	6.1×10^{-14}	1.0×10^{-15}	—
16	1.6×10^{-16}	2.4×10^{-15}	—	1.6×10^{-16}
18	—	3.6×10^{-15}	—	1.4×10^{-18}

从表 3-11 可以看出，脂肪酸的溶度积除 C_8 和 C_9 的脂肪酸钙的溶度积比相同碳原子数的烃基磺酸钙大外，表 3-11 中所列其余的脂肪酸钙的溶度积都比相同碳原子数的烃基磺酸钙的溶度积小。因此，脂肪酸在含钙矿物表面生成脂肪酸钙比烃基磺酸在含钙矿物表面生成烃基磺酸钙要牢固些。因而脂肪酸对方解石的捕收能力比烃基磺酸钠强。烃基磺酸钠做捕收剂时，以相对分子质量较大者为好。

水溶性石油磺酸盐在矿浆 pH 值小于 6 时，可用以浮选云母矿。1t 天青石矿（$SrSO_4$）含 SiO_2 1.2%、Fe_2O_3 0.49%、CaO 0.98%，磨矿粒度小于 0.075mm，

在浮选槽中加入石油磺酸钠 0.445kg、水玻璃 0.990kg、石蜡油 0.445kg、松油 0.845kg，粗选泡沫产物再经过两次加药精选，可以获得品位 93%的天青石精矿。

水溶性石油磺酸盐也可以用于浮选水铝土矿，浮选矿浆浓度为 10%～30%，石油磺酸用量为 1.8～2.7kg/t、燃料油 2.7kg/t、硫酸 0.45kg/t。如果预先用水玻璃（1.8～2.7kg/t）进行脱泥，效果更好。浮选结果二氧化硅含量降低了 55%～80%，而氧化铝的含量增加 7%～14%，精矿回收率为 60%～77%，然后再用摇床除铁，铁含量可大大降低。用烃基磺酸盐浮选石英、三水铝石及氧化铝页岩，效果比油酸或白樟油好。其最适宜的条件为：粒度 0.074mm（200g）、室温、pH＝4～5、浮选时间 10min，矿浆浓度 10%～20%、烃基磺酸盐用量为 500g/t。

石油磺酸钠还可以用于由云母及石英中分选锂辉石，云母再用脂肪胺分选。环烷基磺酸盐可以分选钾石盐矿，同时具有捕收与起泡的作用。为了同样目的也可以使用烃基磺酸钠。钾镁盐矿（$MgSO_4 \cdot KCl \cdot 3H_2O$）可以用烃基磺酸盐（碳链含碳 6～18）精选，硫酸钾镁矿（$K_2SO_4 \cdot MgSO_4 \cdot 6H_2O$）也可以用另一种磺酸盐浮选，例如含有 82.5%的硫酸钾镁矿与 17.5% 氯化钠的混合物，用 388g/t 羟基磺酸硬脂酸钠，同时用 120g/t 焦锑酸钾或锑酸钾或 175g/t 腐殖酸作活化剂，三次精选之后，精矿含硫酸钾镁矿 99%，回收率 88.6%。

石油磺酸盐在酸性矿浆中也是由伟晶岩中浮选铍矿物的有效捕收剂。在浮选时加燃料油作辅助捕收剂，效果反而不好。在浮选流程中加入氢氟酸、氟化钠或氟硅酸钠可以部分地抑制铍矿物。浮选时可以先用月桂铵盐酸盐分选云母，然后再用石油磺酸盐浮选铍矿；如此所得的铍精矿，含氧化铍（BeO）11.9%，回收率达 80.2%；如果直接先用石油磺酸盐浮选铍矿物，然后采用月桂铵盐酸盐从铍精矿中浮去云母，则得到铍精矿含氧化铍 7.8%、回收率 63.5%浮选指标。

采用亚磺酸盐（包括烷基亚磺酸、烷基芳基亚磺酸、芳基亚磺酸的碱金属盐或铵盐）作为捕收剂可浮选赤铁矿、磁铁矿及钍矿，其特点是选择性强、起泡性强。浮选铁矿石时，实验室小型试验采用−0.147mm（−100 目）的给矿，在浮选槽中加入上述捕收剂，矿浆 pH 值调整至 5～6，搅拌 3min，浮选 4min，粗选精矿经水洗后即可，浮选试验结果如表 3-12 所示。

表 3-12　几种烷基或芳香基亚磺酸铵盐作捕收剂的浮选试验结果

矿石	捕收剂种类	捕收剂用量 /$g \cdot t^{-1}$	硫酸用量 /$g \cdot t^{-1}$	给矿品位 /%	精矿品位 /%	回收率 /%
磁赤铁矿	辛基亚磺酸铵	272	136	33.6	64.9	92.8
镜铁矿	水杨酸基-亚磺酸铵	136	90	31.2	64.0	91.1
磁铁矿	萘基双亚磺酸铵	90	90	28.2	66.3	92.6

表 3-12 中既有烷基亚磺酸铵盐，也有芳香基亚磺酸铵盐，其分子结构式如图 3-40 所示。

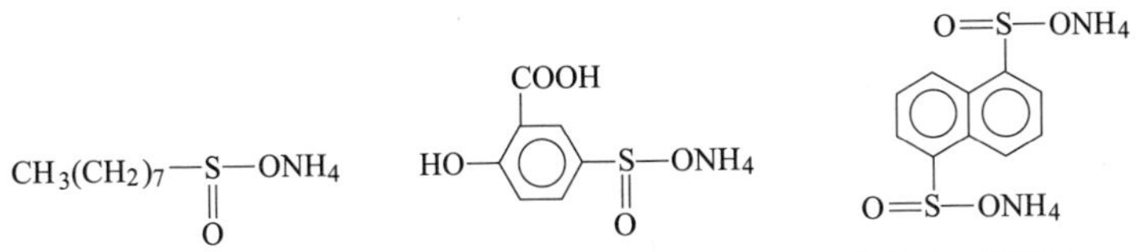

$CH_3(CH_2)_7—S(=O)—ONH_4$

辛基亚磺酸铵

水杨酸基-亚磺酸铵

萘基双亚磺酸铵

图 3-40 几种烷基或芳香基亚磺酸铵盐结构式

烃基磺酸及其衍生物品种类型多，有些还是重要的捕收剂，例如，磺化脂肪酸及其皂类、磺化琥珀酸等磺化羧酸类，以及油胺基磺酸钠等，都是高效的铁、钨、锡等矿物的捕收剂，详见表 3-13。

表 3-13 几种带有羧基、酯基、羰基的磺酸酯类浮选药剂

药剂名称	α-磺化脂肪酸钠	209 洗涤剂（即伊基明 T）	磺化丁二酰胺酸四钠盐	磺化丁二酸-2-乙基己酯
在浮选中的应用	非硫化矿捕收剂	赤铁矿捕收剂	钨锡矿捕收剂（Aerosol-22）	铬铁矿捕收剂 赤铁矿活化剂

表 3-13 中带有羧基、酯基、羰基的磺酸酯类浮选药剂的分子结构简式如图 3-41 所示。

$CH_3(CH_2)_n—CH(SO_3Na)(COOH)$

α-磺化脂肪酸钠

$C_{17}H_{33}CON(CH_3)—CH_2CH_2—SO_3Na$

209洗涤剂(即伊基明T)

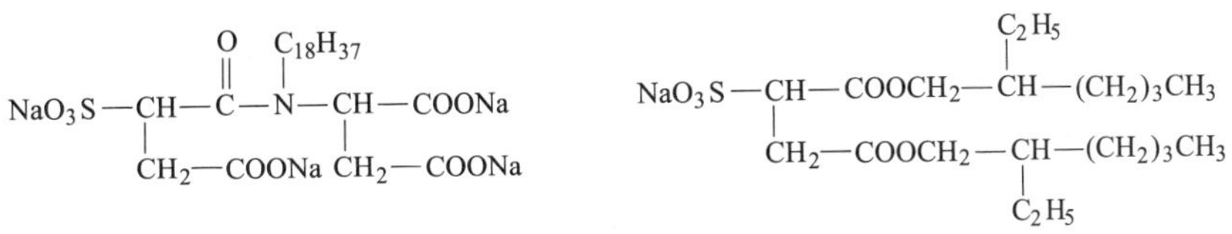

磺化丁二酰胺酸四钠盐

磺化丁二酸-2-乙基己酯

图 3-41 几种带有羧基、酯基、羰基的磺酸酯类浮选药剂的分子结构式

将羧酸类产品进行磺化改性，即用脂肪酸、环烷酸和氧化石蜡为原料引入磺酸基官能团，有很多研究报道。如昆明理工大学合成了 α-磺化氧化石蜡皂，用于包钢选矿厂弱磁铁精矿反浮选除去萤石和稀土等杂质，与氧化石蜡皂相比，在 37~38℃时，选矿效率提高 2.97%，药剂用量减少 45%；在 22℃时，选矿效率提高了 35%，药剂用量降低 54%。

3.3.2 硫酸酯类捕收剂

3.3.2.1 硫酸酯的分子结构

硫酸酯即为烃基硫酸，其与烃基磺酸从性质和结构上都有所不同。烃基硫酸酯的分子式为 R—O—SO_3H，其中 R 与氧相连，可以为烷烃也可以为芳香烃。如常见的烃基硫酸有十六烷基硫酸钠。十六烷基硫酸钠分子结构如图 3-42 所示。

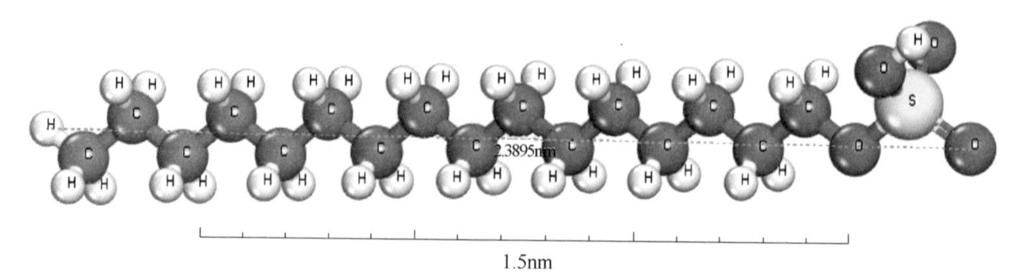

图 3-42 十六烷基硫酸钠分子结构示意图

烷基硫酸盐（钠）在性质上与脂肪酸钠皂很相似，而且抗硬水性能比脂肪酸钠皂强。在常温条件下，碳原子数为 8 的烷基硫酸盐表面活性最强，润湿、洗涤作用最强。随碳原子数的增加其表面活性会逐步下降，而提高温度又有利于表面活性的增强。烷基硫酸钠为白色或棕色粉末，易溶于水，有起泡及捕收性能。例如各种烷基硫酸盐的临界胶团浓度及溶解度对于十二烷基硫酸钠与二甲苯界面张力的影响见表 3-14。表 3-14 列出了某些烷基硫酸盐的临界胶团浓度（CMC）、表面张力、界面张力及溶解度等，这些表面活性与浮选性能均有直接关联。

表 3-14 主要烷基硫酸钠的物理性质

化合物名称	分子结构式	CMC 物质量浓度 /mmol · L^{-1}	质量分数为 0.1% 的水溶液（25℃）		溶解度 /g · L^{-1}
			表面张力/Pa	界面张力/Pa	
十二烷基硫酸钠	$C_{12}H_{25}OSO_3Na$	6.8	4.90	2.03	>280（25℃）
十四烷基硫酸钠	$C_{14}H_{29}OSO_3Na$	1.5	—	—	160（35℃）
十六烷基硫酸钠	$C_{16}H_{33}OSO_3Na$	0.42	3.50	0.75	525（55℃）
十六烷基硫酸钠三乙醇铵盐	$C_{16}H_{33}OSO_3NH(C_2H_4OH)_3$	0.34	4.10	1.00	—

续表 3-14

化合物名称	分子结构式	CMC 物质量浓度 /mmol·L⁻¹	质量分数为 0.1% 的水溶液（25℃）		溶解度 /g·L⁻¹
			表面张力/Pa	界面张力/Pa	
十六烷基乙二醇基硫酸钠	$C_{16}H_{33}OC_2H_4SO_3Na$	0.24	3.62	0.72	—
十六烷基二聚乙二醇基硫酸钠	$C_{16}H_{33}(OC_2H_4)_2OSO_3Na$	0.14	3.94	0.37	—
十六烷基二聚乙二醇基硫酸钠	$C_{16}H_{33}(OC_2H_4)_3OSO_3Na$	0.12	4.16	1.02	—
油醇基硫酸钠（顺式）	$C_8H_{17}CH{=}CH{-}(CH_2)_8OSO_3Na$	0.29	4.35	1.17	—
异油醇基硫酸钠（反式）	$C_8H_{17}CH{=}CH{-}(CH_2)_8OSO_3Na$	0.18	3.58	0.74	—
二氯油醇基硫酸钠	$C_8H_{17}CH(Cl){-}CH(Cl)(CH_2)_8OSO_3Na$	0.26	3.61	0.65	—
十八烷基硫酸钠	$C_{18}H_{37}OSO_3Na$	0.11	3.58	0.58	50（60℃）
十八烷基硫酸三乙醇铵盐	$C_{18}H_{37}OSO_3NH(C_2H_4OH)_3$	0.07	4.06	1.421	—
十八烷基乙二醇基硫酸钠	$C_{18}H_{37}OC_2H_4OSO_3Na$	0.09	4.09	0.90	—

3.3.2.2 烃基硫酸盐的制备

烃基硫酸盐的制备方法主要是用浓硫酸、发烟硫酸或氯磺酸在较低的温度下与醇作用，然后再用碱中和而制得；反应方程如式（3-37）和式（3-40）所示。

$$ROH + H_2SO_4 \longrightarrow ROSO_3H + H_2O \tag{3-37}$$

$$ROH + SO_3 \longrightarrow ROSO_3H \tag{3-38}$$

$$ROH + ClSO_3H \longrightarrow ROSO_3H + HCl\uparrow \tag{3-39}$$

$$ROSO_3H + NaOH \longrightarrow ROSO_3Na + H_2O \tag{3-40}$$

例如实验室制备十六烷基硫酸钠的步骤如下：称取定量的正十六醇于圆底烧瓶中，加入等摩尔量的氯磺酸-四氯化碳溶液（体积比 1∶6），反应一定时间后，用无水乙醇-氢氧化钠溶液中和至微碱性，所得土黄色沉淀用大量无水乙醇加至溶液中，滤去杂质，冷冻析出结晶，再用石油醚抽提，最后用无水乙醇重结晶一次，所得无色鳞片状正十六烷基硫酸钠结晶产物，测得其凝固点为176~192℃。

在工业上制备十二烷基硫酸钠常采用硫酸直接酯化，碱中和后的产物直接干燥，因而产物中有含硫酸钠。若使用氯磺酸，则反应副产物氯化氢气体可以放出，因而碱中和后的产物含无机盐较少。由油酸酯经还原制得的不饱和醇进行硫酸化时，为了保护双键不起反应，则必须使用三氧化硫和二氧六环溶液或三氧化硫的吡啶溶液等特殊试剂进行硫酸化。醇与氯磺酸或三氧化硫的反应也可以用连续式操作，而且用此法生产酯化率较高，反应较易控制，尤其是对于高级脂肪醇的反应很适合。高级醇与氯磺酸作用，首先是在搅拌下将氯磺酸缓慢地滴入吡啶中，加完后加热到60℃左右，加入高级醇，反应在65~70℃时进行，反应完毕后，用200g/L的NaOH溶液中和至pH=8为止，再经搅拌，然后静置分层，上层为吡啶的十二碳烷基硫酸钠的溶液，下层为Na_2SO_4水溶液，将上层进行蒸馏，在40℃蒸出吡啶，剩下的黄棕色固体物即为产物十二烷基硫酸钠。

3.3.2.3 硫酸酯的捕收特性

烷基硫酸盐的浮选特性，与烃基碳链长度相同的脂肪酸相比，其特点是抗硬水能力比较好、水溶性好、耐低温性能好、起泡性强、选择性较强，但是其捕收能力比同等链长的脂肪酸弱，可适度增加链长提高其捕收性能。

烷基硫酸盐既是捕收剂，也是起泡剂，可广泛用于浮选硝酸钠、硫酸钠、氯化钾、硫酸钾、萤石、重晶石、磷酸盐矿、烧绿石、针铁矿、黑钨矿和锡石等非硫化矿。

在化工上由硝酸铵与氯化钠作用生成硝酸钠化学肥料时，氯化钠可以通过浮选方法用烷基硫酸盐作捕收剂使之与氯化铵分离。不同长度碳链的烷基硫酸盐，此时如果它的金属阳离子不变，其浮选效果随碳链增长而降低，即：$C_8 > C_{10} > C_{12} > C_{14}$。不同的碱金属盐，如果碳链长度不变，则它的铵盐浮选效果大于它的钠盐，钠盐大于它的钾盐，即：铵盐>钠盐>钾盐。因此可以看出，最有效的药剂是辛烷基硫酸铵盐，用它浮选硝酸钠时回收率为95%、品位94%[28]。

辛烷基硫酸钠同样也可以由氯化钠中分选硫酸钠。先将两者的混合物研磨至0.089~0.5mm，在30℃时辛烷基硫酸钠用量相当于22.5~450g/t硫酸钠，搅拌5min，稀释至质量液固比为（20∶100）~（30∶100），然后充气浮选硫酸钠，氯化钠则残留于槽内。

用烷基硫酸盐由钾钠镁混合物中浮选钾盐时，如果同时使用硝酸铅，则浮出的钾盐精矿品位高，含氯化钾84.3%，氯化钠4.1%；如果不加硝酸铅，则精矿品位低，回收率也下降，含氯化钾47.7%，氯化钠上升至14.6%。用烷基磺酸盐或烷基硫酸盐皆可，它们的碳链长度范围为$C_6 \sim C_{18}$，上述钾盐的来源是钾镁盐矿（$MgSO_4 \cdot KCl \cdot 3H_2O$），浮选前需先将钾镁盐矿转变为软钾镁矾与氯化钠的混合物。用直链烷基硫酸盐浮选可溶性盐时，其作用随碳链的增长而增强，但烷基硫酸盐的溶解度则相应地逐步下降。可溶性钾盐的阴离子半径等于或大于烷基硫酸盐的极性基团时，钾盐对捕收剂的吸附增强。烃基硫酸盐随碳链增长，捕收作用也增强（对赤铁矿或重晶石），到十四烷基硫酸盐达到最大点，碳链长度再增长，捕收作用反而下降。

用十六烷基硫酸钠代替油酸浮选含有方解石及石英的萤石矿，它的突出优点是可以在较低温度下进行浮选。采用红外光谱研究十二烷基硫酸盐在萤石上的吸附作用，比较了十二烷基硫酸和它的钠盐、钙盐及十二烷醇的光谱研究，表明十二烷基硫酸离子与萤石的作用属于化学吸附。

烷基硫酸盐是浮选重晶石（$BaSO_4$）的有效捕收剂，精矿品位超过95%。烷基硫酸盐用于浮选重晶石可以提高浮选速度并改善效果；与工业油酸、动物脂肪酸、葡萄子油酸与磺化脂肪酸的混合物 C_{10} ~ C_{13}烷基苯基磺酸盐，纯 C_{12} ~ C_{18}烷基硫酸盐比较，重晶石的最好捕收剂是 C_{10} ~ C_{16}直链烷基硫酸盐，如果用它与柴油混合使用（每吨重晶石添加 1.3kg 的上述捕收剂及 0.7kg 柴油），效果还要好。所得重晶石精矿品位为96%~97%、回收率为90%。

连云港化工矿山设计研究院曾试用十二烷基硫酸钠（25%的乳剂）作为磷矿中白云石的捕收剂。对含有白云石约50%、P_2O_5 19.25%的磷矿石，在不加其他任何药剂条件下，经过粗选、精选和扫选作业，可以获得精矿（槽内产品）品位为30.7%、回收率为82.85%的磷精矿。十二烷基硫酸钠的泡沫有些发黏，浮选时充气量要小，搅拌要较慢。

当 $pH<2.0$ 时，浮选烧绿石及锆英石，烷基硫酸钠是一种有效的选择性捕收剂。在这种条件下，一般盐类离子如铁、铝、铜、钙及钡，当浓度小于500mg/L时，对浮选几乎无影响。

在铁矿浮选中，对比了具有相同原子数（C_{12}）的月桂酸（$C_{11}C_{23}OONa$）、十二烷基磺酸钠（$C_{12}H_{25}SO_3Na$）、十二烷基硫酸钠（$C_{12}H_{25}OSO_3Na$）作捕收剂，在不同 pH 值条件下浮选褐铁矿的试验结果，从图 3-43 所示看出，在捕收剂浓度为 1×10^{-4}mol/L 时，脂肪酸的捕收性能稍强，但大体上来说是差不多的，表明烷基硫酸盐可以用作铁矿捕收剂。将烷基硫酸盐皂与煤油共用，浮选褐铁矿的结果和塔尔油与煤油混合的浮选结果也很相似。

使用烷基硫酸钠作捕收剂，钨锰铁矿的最大回收率条件是 pH 值等于 2；钨酸钙矿与钨酸铁矿是 pH 值为 8~8.5；萤石在各种 pH 值都可以。水玻璃有抑制钨矿物的作用，抑制的程度随 pH 值不同而不同；但水玻璃抑制萤石的作用不受 pH 值的影响。硫酸铜及硫酸亚铁在质量浓度为 10mg/L 及 pH 值为 7~8 时显著地抑制萤石的浮选，但不影响钨酸铁矿的浮选。试验证明用烷基硫酸盐由钨酸铁矿

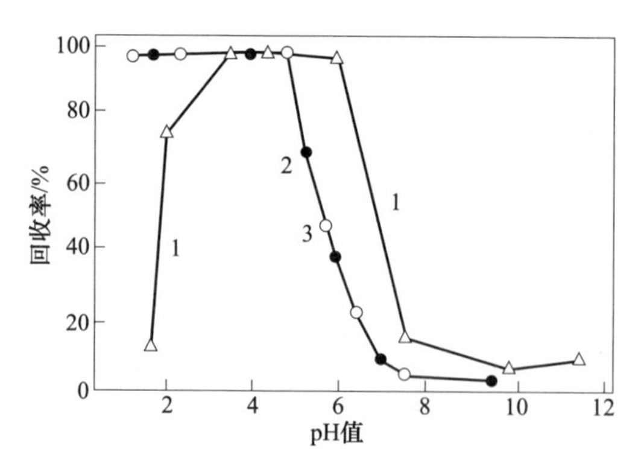

图 3-43　十二烷基硫酸钠、十二烷基磺酸钠、月桂酸钠作捕收剂浮选褐铁矿的可浮性曲线

1—月桂酸钠；2—十二烷基磺酸钠；3—十二烷基硫酸钠（捕收剂浓度为 1.0×10^{-4}mol/L）

及钨锰铁矿中分离萤石是可能的。此外，用烷基硫酸盐可以在酸性矿浆中由重晶石-钨酸钙精矿中分出重晶石，并且已经投入生产实践。

此外，从重选矿浆及尾矿中，用十六烷基硫酸盐还可以浮选黑钨矿，当原矿含 WO_3 0.07%、SiO_2 78.35%、TiO_2 0.18%、矿浆 pH 值为 3 时，用十六烷基硫酸盐作捕收剂（100～150g/t）浮选黑钨矿，得到 WO_3 品位为 21.6%、回收率达 73.4%的钨精矿。

烷基硫酸盐也可以用于浮选锡石。当锡石矿粉小于 0.29mm、矿浆 pH 值为 7～8 时，先用黄药浮去硫化矿，然后再用十六烷基硫酸盐在酸性介质中（pH 值为 2～3）浮选锡石 20min，粗精矿用 1%盐酸盐处理，使石英失去活性，再用十六烷基硫酸钠于 pH 值为 1.8～2.2 时精选 18min。利用烷基硫酸盐作锡石捕收剂，不少人进行过研究。但一般说来，烷基硫酸盐与其他捕收剂比较，只能得到中等的产率和中等的富集比。例如，以含石英、电气石及赤铁矿为脉石的锡石浮选，十六烷基硫酸钠的用量为 135g/t，并添加 Na_2SiF_6 的条件下，得到含 SnO_2 36.5%的粗精矿，以及含 SnO_2 46%的最终精矿、锡回收率为 86%。

烷基硫酸盐捕收锡石的机理，一般认为是交换吸附，烷基硫酸根通过交换吸附固着在锡石表面上，烃基使锡石疏水而起捕收作用。例如，在酸性介质中，pH 值为 2.9～4.2 时，在质量分数为 1×10^{-3}mol/L 的 NaCl 溶液中，十二烷基硫酸钠在合成的 SnO_2 上是通过氯离子的交换而大量吸附在 SnO_2 表面上。溶液中如有 $CaWO_4$ 存在，能增加十二烷基硫酸盐的吸附能力，起到活化剂的作用，增加十二烷基硫酸钠对 SnO_2 的捕收效果。

3.3.3　磷酸酯类捕收剂

3.3.3.1　磷酸酯与膦酸酯的结构

磷酸酯类可以看做是由无机磷酸（或盐）衍生而成的。磷酸的分子简式为

H_3PO_4，分子结构式为（HO）$_3$P＝O，P为+5价。在磷酸中—OH基的H被烷烃基或芳烃基等所取代，即可得到磷酸酯。根据烃基取代的个数，分为磷酸单酯（一烃基磷酸单酯）、磷酸双酯（二烃基磷酸酯）和磷酸三酯（三烃基磷酸酯），如图3-44所示。

```
      OH                      OH                      O—R2                    O—R2
      |                       |                       |                       |
HO—P＝O            R1—O—P＝O            R1—O—P＝O            R1—O—P＝O
      |                       |                       |                       |
      OH                      OH                      OH                      O—R3
    磷酸                羟基磷酸单酯            羟基磷酸二酯              磷酸三酯
```

图3-44　磷酸酯类的分子结构简式

图3-44中R_1、R_2、R_3为烷基或者芳香基。常见的烃基磷酸酯为十二烷基磷酸酯、十四烷基磷酸酯等，都用于非硫化矿的浮选捕收剂。图3-45为十二烷基磷酸酯的分子结构示意图。

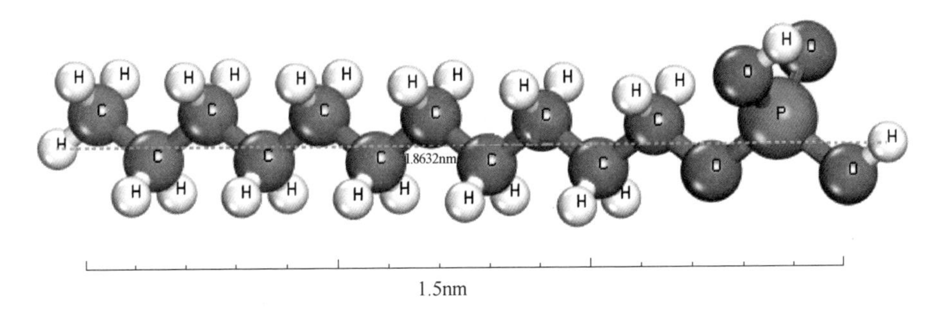

图3-45　十二烷基磷酸酯的分子结构示意图

亚磷酸酯则可以看作是由亚磷酸衍生而成。亚磷酸的分子简式为H_3PO_3，分子结构式为（HO）$_2$HP＝O，其同分异构体为P(OH)$_3$，其中有一个P—H键，P为+3价，如图3-46所示。在亚磷酸中—OH基的H被烷基或芳香烃基等所取代，即可得到亚磷酸酯；根据烃基取代的个数，分为亚磷酸单酯（一烃基亚磷酸单酯）、亚磷酸双酯（二烃基亚磷酸酯）。

烷基膦酸则为亚磷酸酯的同分异构体，其中烷基C与P直接相连（烷基亚磷酸酯中烷基C与O相连）。亚磷酸单酯、亚磷酸多酯的同分异构体为膦酸单酯、膦酸多酯，其分子结构如图3-46所示。

对比图3-43和图3-44可以看出，磷酸酯中P的氧化数为+5，亚磷酸酯中P的氧化数为+3。亚磷酸酯中有H—P键，膦酸酯中有C—P键。亚磷酸酯存在两个同分异构体，一个含P—H键，一个不含P—H键，后者更稳定。

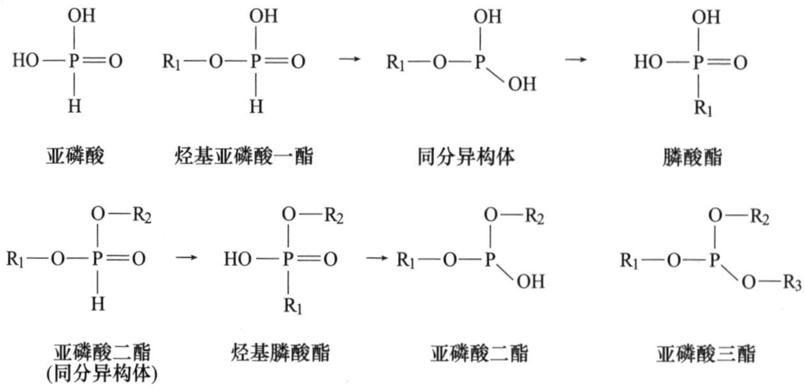

$HO-P(=O)(OH)-H$　亚磷酸

$R_1-O-P(=O)(OH)-H \rightarrow R_1-O-P(OH)_2 \rightarrow HO-P(=O)(OH)-R_1$

烃基亚磷酸一酯　同分异构体　膦酸酯

$R_1-O-P(=O)(O-R_2)-H \rightarrow HO-P(=O)(O-R_2)-R_1 \rightarrow R_1-O-P(O-R_2)(OH)$　　$R_1-O-P(O-R_2)(O-R_3)$

亚磷酸二酯(同分异构体)　烃基膦酸酯　亚磷酸二酯　亚磷酸三酯

图 3-46　几种亚磷酸酯、膦酸酯的分子结构式

3.3.3.2　磷酸酯与膦酸酯的制备

A　磷酸酯的制备方法

在选矿中作为浮选药剂使用的主要是磷酸单酯和磷酸双酯，其制备方法多种多样，主要是以醇为原料。可以用醇与五氧化二磷、三氯氧磷和焦磷酸等作用制得，三种制备方法的反应式如式（3-41）~式（3-43）所示。

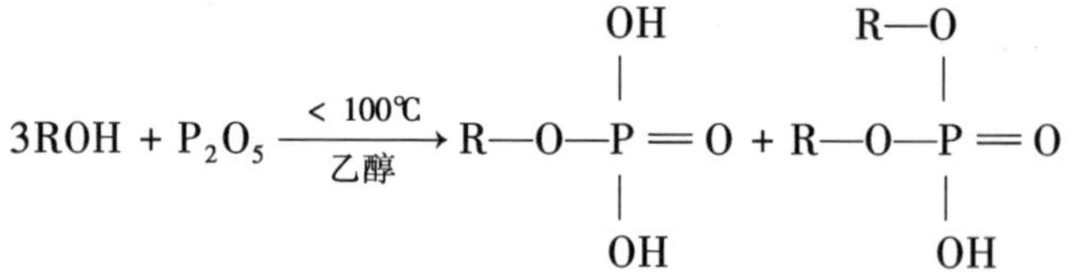

$$3ROH + P_2O_5 \xrightarrow[\text{乙醇}]{<100℃} R-O-P(=O)(OH)-OH + R-O-P(=O)(O-R)-OH \tag{3-41}$$

$$ROH + POCl_3 \xrightarrow{-HCl} R-O-P(=O)(Cl)-Cl \xrightarrow{+2H_2O} R-O-P(=O)(OH)-OH + 2HCl$$

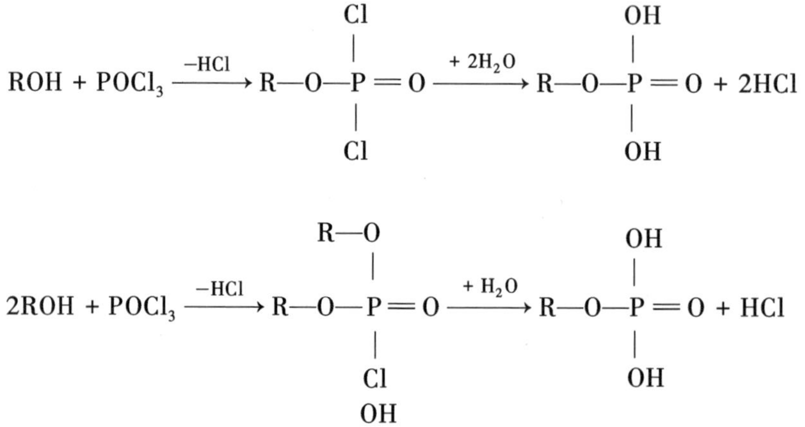

$$\tag{3-42}$$

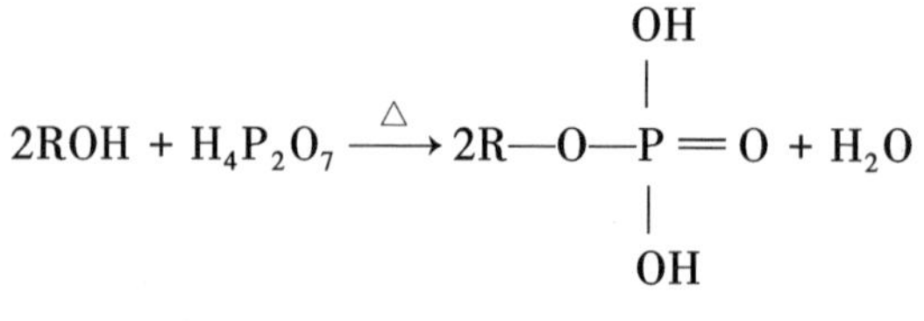

$$2ROH + POCl_3 \xrightarrow{-HCl} R-O-P(=O)(O-R)-Cl \xrightarrow{+H_2O} R-O-P(=O)(OH)-OH + HCl$$

$$2ROH + H_4P_2O_7 \xrightarrow{\triangle} 2R-O-P(=O)(OH)-OH + H_2O \tag{3-43}$$

采用式（3-42）的第三种方法制备磷酸酯的产率较高，均大于 90%。例如制备庚基磷酸酯产率可达 90%，制备 2-乙基己基磷酸酯、正癸基磷酸酯、正十二烷基磷酸酯和正十四烷基磷酸酯的产率分别为 93%、94%、99%和 92%。

B 亚磷酸酯的制备方法

烷基亚磷酸酯的制备方法有多种，其制备反应方程式如式（3-44）~式(3-46)所示。

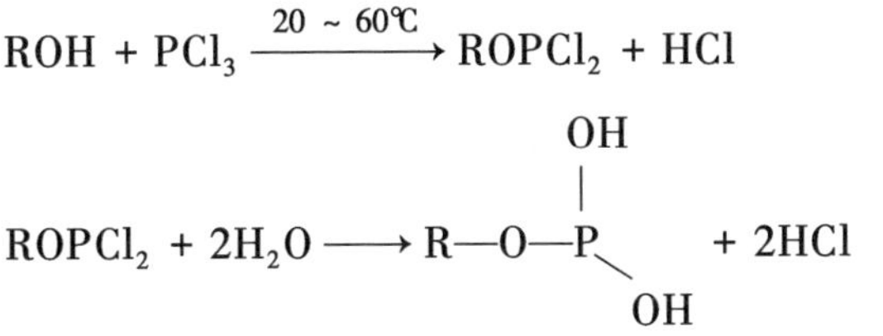

$$
\begin{aligned}
&ROH + PCl_3 \xrightarrow{20 \sim 60℃} ROPCl_2 + HCl \\
&ROPCl_2 + 2H_2O \longrightarrow R{-}O{-}P(OH)_2 + 2HCl
\end{aligned}
\tag{3-44}
$$

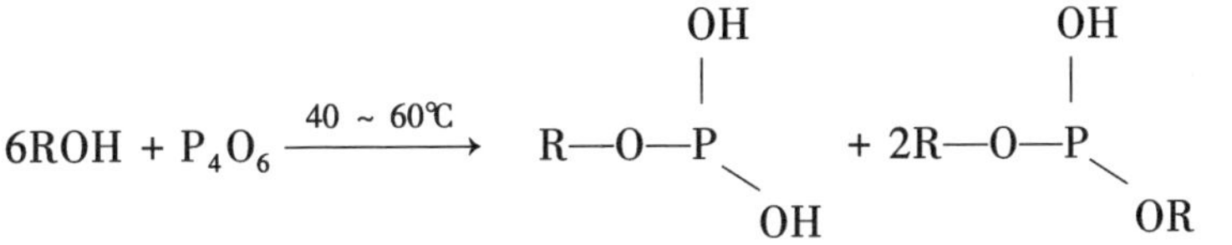

$$
6ROH + P_4O_6 \xrightarrow{40 \sim 60℃} R{-}O{-}P(OH)_2 + 2R{-}O{-}P(OH)(OR)
\tag{3-45}
$$

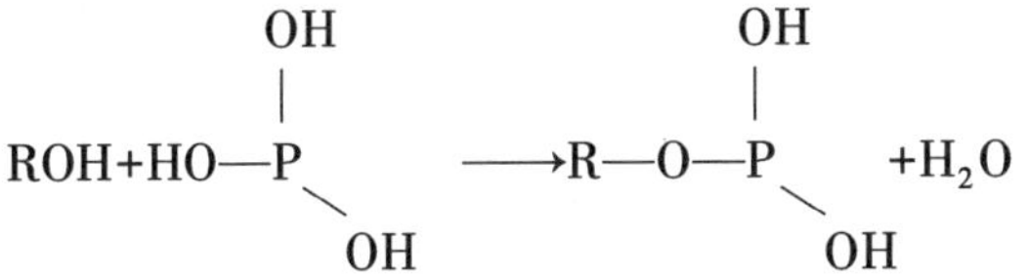

$$
ROH + HO{-}P(OH)_2 \longrightarrow R{-}O{-}P(OH)_2 + H_2O
\tag{3-46}
$$

亚磷酸酯是酸性化合物，分子中的两羟基可解离出 H^+，能与碱发生中和反应生成盐。亚磷酸酯易水解生成亚磷酸，使用时宜现配现用。

C 膦酸酯的制备方法

a 烃基膦酸的制备方法

膦酸酯即为烃基膦酸，其制备方法有多种。这里介绍的是亚磷酸酯法。亚磷酸酯与卤代烷在加热下，发生分子重排生成烷基膦酸酯，这是制备有机膦化合物的一个比较重要的反应，如式（3-47）所示。

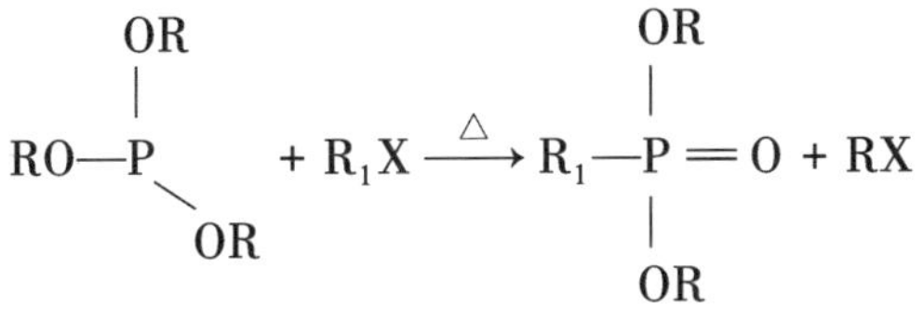

$$
RO{-}P(OR)_2 + R_1X \xrightarrow{\triangle} R_1{-}P(OR)_2{=}O + RX
\tag{3-47}
$$

式（3-47）中 R_1X 的 R_1 必须是烷基或芳烷基（如 $C_6H_5CH_2^-$），若 R_1 是芳香基则不发生反应。得到烷基膦酸酯后，再用浓盐酸将其水解，得到烷基膦酸，如式（3-48）所示。

$$R_1-\underset{OR}{\overset{OR}{\underset{|}{\overset{|}{P}}}}=O+2H_2O\xrightarrow{HCl}R_1-\underset{OH}{\overset{OH}{\underset{|}{\overset{|}{P}}}}=O+2ROH \tag{3-48}$$

b　苯乙烯膦酸的制备方法

通氯到三氯化磷的四氯化碳溶液中，得到五氯化磷，后者与苯乙烯发生加成反应，然后水解得到苯乙烯膦酸，制备反应方程式如式（3-49）~式(3-51）所示。

$$PCl_3+Cl_2\xrightarrow{CCl_4}PCl_5 \tag{3-49}$$

$$C_6H_5-CH=CH_2+PCl_5\xrightarrow{CCl_4}C_6H_5-\underset{Cl}{\underset{|}{CH}}-CH_2-PCl_4 \tag{3-50}$$

$$C_6H_5-\underset{Cl}{\underset{|}{CH}}-CH_2-PCl_4\xrightarrow{水解}C_6H_5-CH=CH-\overset{OH}{\overset{|}{P}}(OH)_3\longrightarrow C_6H_5-CH=CH-\underset{OH}{\overset{OH}{\underset{|}{\overset{|}{P}}}}=O \tag{3-51}$$

在式（3-50）中加成产物 $C_6H_5-\underset{Cl}{\underset{|}{CH}}-CH_2-PCl_4$ 中，与碳原子相连的氯原子是不稳定的，很容易脱去 HCl，故水解产物为苯乙烯膦酸。

3.3.3.3　磷酸酯与膦酸酯的捕收特性

A　磷酸酯捕收剂的捕收特性

烷基磷酸单酯和烷基磷酸二酯常用作非硫化矿的捕收剂，可浮选多种非硫化矿，如锡石、铀矿石、磷灰石、赤铁矿、磁铁矿等。

图 3-47 为十二烷基磷酸钠盐浮选多种金属氧化物和非金属矿的试验结果。

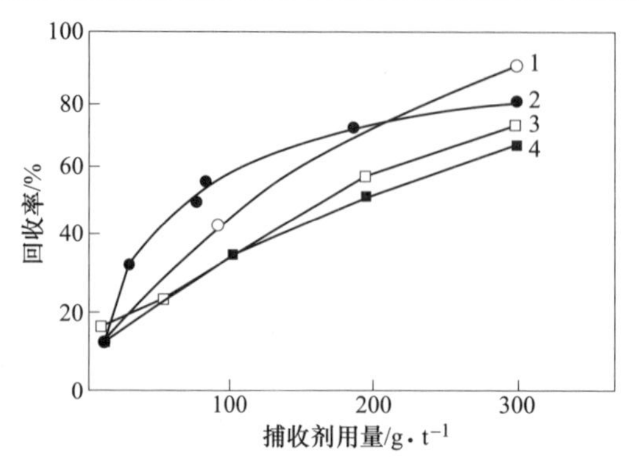

图 3-47　十二烷基磷酸盐的捕收性能

1—重晶石；2—方解石；3—磷灰石；4—孔雀石

采用庚基磷酸单酯可以浮选锡石，在富集比为 3 或 4 的情况下，回收率可达 70%~80%。虽然芳香基磷酸单酯也有捕收能力，但比烷基磷酸一酯的捕收能力弱得多。相应的烷基磷酸二酯的捕收能力也比烷基磷酸一酯弱，只有在捕收剂用量较大、富集比较低的情况下，才能得到满意的回收率。

磷酸酯类捕收剂还可以浮选铀矿。矿石中含 U_3O_8 0.11%，主要是钛铀矿及大约 9%的黄铁矿。用常规方法浮出黄铁矿后，从黄铁矿的尾矿浮选钛铀矿，该尾矿矿浆浓度为 17%，调节 pH 值至 1.7，用酸性异辛基磷酸酯为捕收剂进行浮选铀矿，得到铀回收率大于 90%、富集比为 8.95 的浮选指标。

磷酸单酯或磷酸二酯可单独使用或混合使用进行磷灰石或赤铁矿的浮选。浮选前加水玻璃作分散剂，在 pH 值为 7~8 条件下浮选磷灰石，在酸性介质中浮选赤铁矿，捕收剂用量为 900g/t，水玻璃用量为 1000g/t，起泡剂用量为 125g/t。

用庚基磷酸单酯浮选锡石，其富集比为 3 或 4 的情况下，回收率可达 70%~80%。虽然芳基磷酸单酯也有捕收能力，但比一烷基磷酸酯的捕收能力小得多，相应的二烷基磷酸酯的捕收能力也比一烷基磷酸酯弱，只有在捕收剂用量较大、富集比较低的情况下，才能得到满意的回收率。磷酸三酯作为锡石的捕收剂是无效的，但可用作萃取剂。用异辛基磷酸酯浮选含 U_3O_8 大约 9%的黄铁矿，黄铁矿用一般的方法浮出后，钛铀矿从浮黄铁矿后的尾矿浮选，该尾矿固体含量为 17%，pH 值调到 1.7，用异辛基磷酸酯为捕收剂进行浮选，铀回收率大于 90%，富集比为 8.95。

浮选非硫化矿时，尤其是磷灰石、氧化铁矿如赤铁矿、磁铁矿，磷酸单酯或磷酸二酯都可以用，可以单独使用或混合使用。在浮选前先加水玻璃（作分散剂）和起泡剂，可以用来浮选-100μm+10μm 粒级的矿粒。在弱碱性介质（pH=7~8）中，用烷基磷酸酯的钠盐浮出磷灰石，在酸性矿浆中，用同样的捕收剂浮选氧化铁矿，捕收剂用量为 900g/t，水玻璃用量为 1000g/t，起泡剂用量为 125g/t。

在浮选萤石和重晶石时，将含萤石和重晶石为有用矿物的矿石磨碎至完全解离后，用烷基磷酸酯钠盐，在中性矿浆中浮出萤石，再在碱性矿浆中加入水玻璃和同样的捕收剂浮出重晶石。

作为离子浮选捕收剂，在同一酸性溶液中含有 Pb(Ⅱ)、Cd(Ⅱ)、Zn(Ⅱ)三种离子，十八烷基磷酸酯能将 Pb(Ⅱ) 离子浮出。十八烷基磷酸酯与 Pb(Ⅱ)生成配合物，将这种配合物用无机酸酸化，可以将药剂回收，得到 95%的十八烷基磷酸酯。

烷基氨基磷酰类化合物作为浮选药剂，可从硅酸盐脉石矿物中回收硫化矿物或非硅酸盐矿物。例如，回收磷酸盐、铁矿物、重晶石、方解石、长石、萤石、钾盐矿和石英砂等，其结构式如图 3-48 所示。

图 3-48 中，R 为烷基，其可以是辛基、十二烷基、十四烷基、十八烷基、十八烯基、7-乙基-2-甲基-十一烷基、松香烃或环烷基、氢或一种酰胺基—$CONH_2$；X 可以是 OR、NRR、OM（M 为金属离子），但是两个 X 中必须有一个 X 是 OR 基。如烷基磷酸单酯或双酯的三乙醇胺盐也可以作捕收剂浮选异性正长石，可获得精矿含 ZrO_2 9.5%~10%、回收率为 75%~80%的精矿产品，尾矿含长石为 70%。二（2-乙基己基）磷酸结构式如图 3-49 所示，可作为赤铁矿等氧化矿捕收剂。有这种捕收剂存在时，赤铁矿的 PZC 偏移和铁溶解性降低，表明它可有效地吸附在赤铁矿表面上，使赤铁矿疏水而上浮，用它作捕收剂能在赤铁矿和石英混合物中浮出赤铁矿。该药剂其实就是湿法冶金萃取剂 P204，用于 Co、U、Ni 等的溶剂萃取。

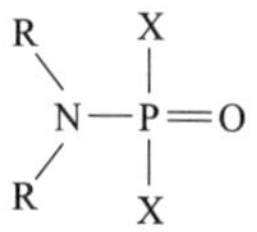

$$(R)(R)N-P(=O)(X)(X)$$

图 3-48　烷基氨基磷酰类化合物结构式

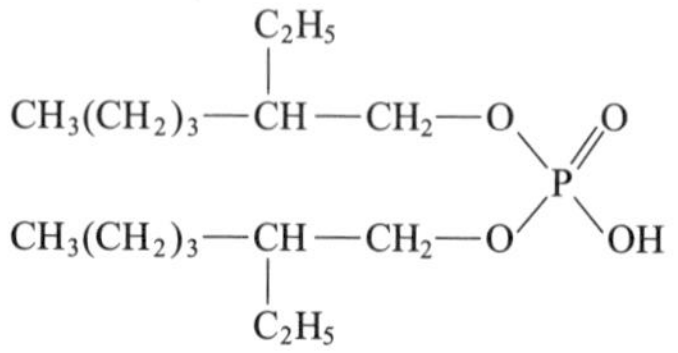

$$[CH_3(CH_2)_3-CH(C_2H_5)-CH_2-O]_2P(=O)OH$$

图 3-49　二（2-乙基己基）磷酸结构式

用环烷酸与丁醇为原料合成环烷基磷酸酯，可用于磷矿浮选。例如原矿含 P_2O_5 13.76%，可得到含 P_2O_5 30.02%~31.38%、回收率为 81.47%~83.88%的精矿，环烷基磷酸酯用量为 60g/t，比脂肪酸类捕收剂耗量低许多。

美国佛罗里达州的磷灰石浮选厂的矿泥曾用一种代号为 168 的捕收剂浮选，重点研究浮选粒度为 60~200μm 的矿泥。该药剂是一种烷基磷酸酯的钠盐及二钠盐的工业混合物，属于阴离子表面活性物质，烷基的链长也没有公布，系德国产品。浮选时可以用水玻璃为调整剂以达到抑制脉石的最适宜 pH 值。捕收剂的最大用量为 1~2kg/t。其一般浮选试验条件为：矿浆浓度为 100g/L，pH=8，水玻璃用量 1kg/t，处理 5min，磷酸酯用量 1kg/t，处理 3min；起泡剂（Flotanol F）125g/t，处理 3min，随粒度减小则捕收剂选择性下降，捕收剂的消耗量增加[5]。

B　亚磷酸酯的捕收特性

烷基亚磷酸酯在进行了锡石和石英的单矿物浮选试验的基础上，用烷基亚磷酸酯系列药剂作锡石捕收剂进行了锡石-石英人工混合矿的浮选分离。试验采用 60mL 挂槽浮选机，转速为 1580r/min。对小于 40μm 锡石的锡石-石英混合矿（含锡约 7.5%），搅拌时间为 3min，刮泡 4min；对小于 10μm 锡石的锡石-石英混合矿（含锡约 7.1%），搅拌时间为 5min，刮泡时间为 6min。

图 3-50 所示为用辛基亚磷酸酯、癸基亚磷酸酯、十二烷基亚磷酸酯作捕收剂，pH 值对锡石-石英混合矿（小于 40μm）浮选分离的影响[5]。图 3-51 为这三

种烷基亚磷酸酯浮选分离锡石-石英混合矿的用量试验。在图 3-50、图 3-51 中，1 为辛基亚磷酸酯锡石回收率；2 为癸基亚磷酸酯锡石回收率；3 为十二烷基亚磷酸酯锡石回收率；4 为辛基亚磷酸酯锡精矿品位；5 为癸基亚磷酸酯锡精矿品位；6 为十二烷基亚磷酸酯锡精矿品位。

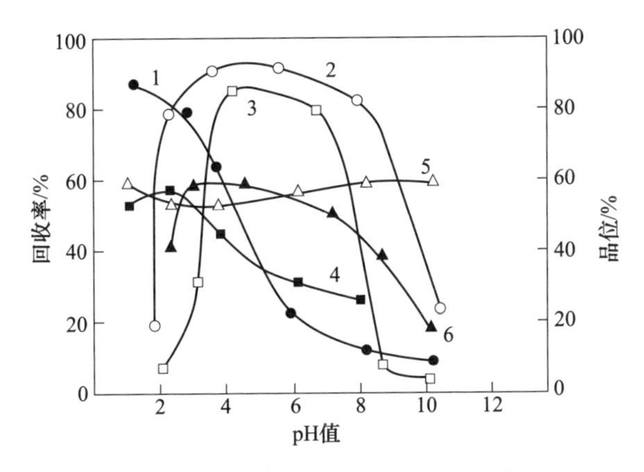

图 3-50　烷基亚磷酸酯的捕收性能

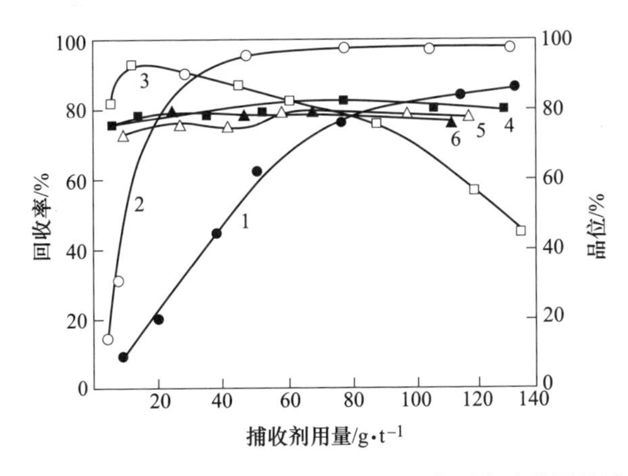

图 3-51　烷基亚磷酸酯浮选分离锡石-石英混合矿的用量试验

由图 3-50 可知，癸基亚磷酸酯浮选分离锡石-石英混合矿的 pH 值范围最宽，锡石回收率在 80%以上的 pH 值区间为 3~8，锡石回收率最高；十二烷基亚磷酸酯次之，有效浮选区间为 pH=4~7，锡石回收率在相同的 pH 值条件下比癸基亚磷酸酯低。辛基亚磷酸酯的有效浮选锡石的 pH 值范围最小，仅在酸性介质中（pH >2.0）锡石回收率超过 80%。随着 pH 值的增大，锡石的回收率逐渐下降。从锡精矿品位来看，癸基亚磷酸酯和十二烷基亚磷酸酯比较接近，且品位较高。辛基亚磷酸酯浮选的精矿品位在酸性条件下，与前者较相近，随着 pH 值的增大，锡精矿品位逐渐下降。

当浮选 pH 值一定时（癸基亚磷酸酯 pH = 4，十二烷基亚磷酸酯 pH = 4. 3，辛基亚磷酸酯 pH = 2. 2），考察了捕收剂用量对锡石-石英混合矿物浮选分离的影响。图 3-51 所示试验结果表明，癸基亚磷酸酯和十二烷基亚磷酸酯对锡石的捕收能力较强。对于癸基亚磷酸酯，随着用量增大，锡石的回收率逐渐增高。而品位基本不变，当癸基亚磷酸酯用量为 40mg/L 时，锡石回收率达 90%，品位为 74%。当十二烷基亚磷酸酯用量很少时，锡石的回收率较高，随着用量增大，锡石的回收率降低。原因可能是药剂用量大时，药剂分子之间易于缔合，形成胶团，从而使捕收能力降低。此外，和癸基亚磷酸酯相比，十二烷基亚磷酸酯的碳链长，因此，后者在水介质中的溶解分散能力较差。与癸基亚磷酸酯和十二烷基亚磷酸酯相比，辛基亚磷酸酯的捕收能力较弱。

图 3-52 为烷基亚磷酸酯浮选小于 10μm 锡石-石英混合矿 pH 值条件试验结果。图 3-53 为烷基亚磷酸酯浮选小于 10μm 锡石-石英混合矿的用量试验结果。图中，1 为癸基亚磷酸酯锡石回收率；2 为十二烷基亚磷酸酯锡石回收率；3 为癸基亚磷酸酯锡精矿品位（质量浓度 36. 5mg/L）；4 为十二烷基亚磷酸酯锡精矿品位（质量浓度 41. 0mg/L）。

图 3-52 所示试验结果表明，癸基亚磷酸酯、十二烷基亚磷酸酯对小于 10μm 细粒锡石有较强的捕收能力。其中癸基亚磷酸酯浮选锡石的回收率较高，十二烷基亚磷酸酯的锡精矿品位较高。与小于 40μm 锡石-石英混合矿浮选分离的结果相比，小于 10μm 锡石-石英有效浮选分离的 pH 值范围向低 pH 值方向移动。

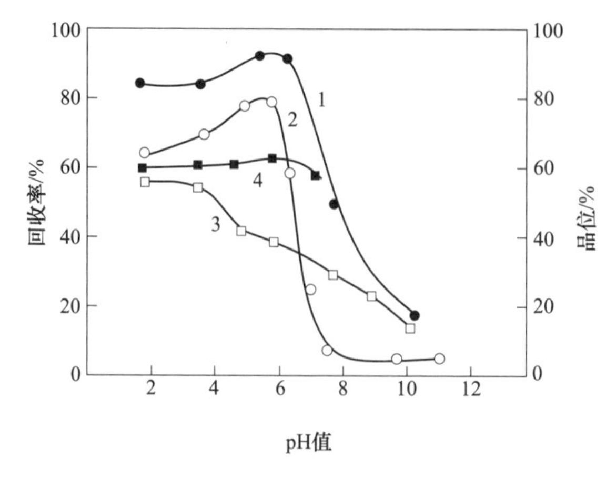

图 3-52　烷基亚磷酸酯浮选小于 10μm 锡石-石英混合矿 pH 值条件试验结果

固定癸基亚磷酸酯的浮选 pH = 4. 0，十二烷基亚磷酸酯的浮选 pH = 5. 0。进行了捕收剂用量试验，图 3-53 所示结果表明，癸基亚磷酸酯对小于 10μm 锡

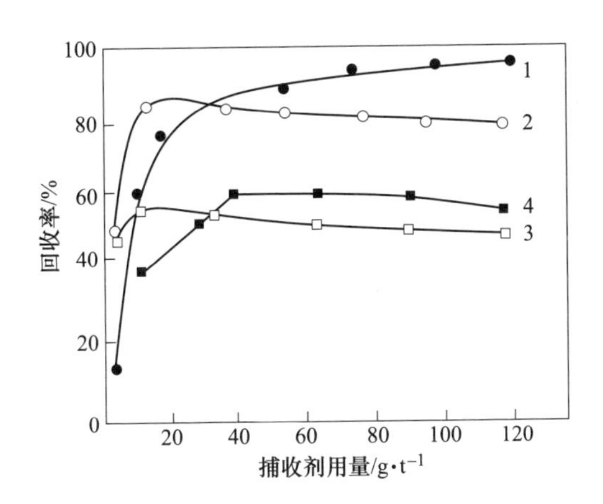

图 3-53 烷基亚磷酸酯浮选小于 10μm 锡石-石英混合矿的用量试验结果

石有较强的捕收作用。当药剂用量为 73mg/L 时，对于含锡（Sn）7.1%的原矿，可得 Sn 品位 48%、回收率 90%的锡精矿。十二烷基亚磷酸酯对小于 10μm 锡石的捕收能力稍强，但其选择性比癸基亚磷酸酯要好些，表现在其锡精矿品位较高。

3.3.4 胂酸酯类捕收剂

胂酸酯即为烃基胂酸，根据烃基的不同，又分为烷基胂酸和芳香基胂酸，其分子简式为 R—O—AsO(OH)$_2$。曾用作捕收剂的胂酸酯包括戊基胂酸、苯胂酸、对-甲苯胂酸、对-氨基苯胂酸、对-硝基苯胂酸、邻-硝基苯胂酸、邻-硝基-对-甲苯胂酸及 2，6-二硝基-对-甲苯胂酸，其分子结构简式如图 3-54 所示。

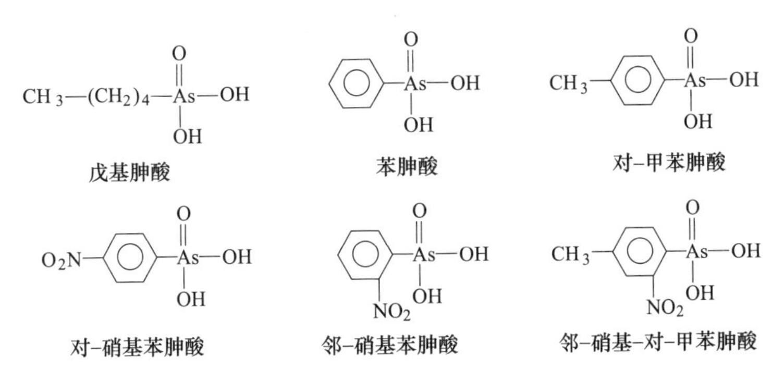

图 3-54 几种胂酸捕收剂分子结构简式

有机胂化合物作为浮选药剂开始使用于 1940 年。根据分析化学上的作用机理，曾试用了图 3-54 所示的几种胂酸类衍生物做锡石的捕收剂，其中证明最有效的捕收剂是对-甲苯胂酸。胂酸盐类药剂和膦酸盐类药剂一样主要用作锡石和黑钨矿的捕收剂。由于胂酸对锡石具有选择性，从而促使胂酸在锡石浮选中广泛应用。胂酸酯捕收剂的工业应用是在 20 世纪 50 年代末民主德国的阿尔滕贝格（AHenberg）。到了 20 世纪 70 年代初，这种表面活性剂就作为捕收剂用于南非的鲁伊贝格（Rooi-berg）和龙尼恩（Union）以及澳大利亚的雷尼森（Renison）和克里夫兰（Cleveland）锡选厂[5]。

英国 Hoechst 公司、日本三菱金属矿业公司和我国的株洲选矿药剂厂等都是胂酸（甲苯胂酸、混合甲苯胂酸）的生产企业。后因胂酸的毒性问题，到 20 世纪 70~80 年代均已先后停产。此后，国内又生产了苄基胂酸[5]。

国内的研究工作者对胂酸和磷酸衍生物在浮选锡、钨、铌、钍等矿物方面做了大量工作，取得了重大成果，研究药剂的同分异构原理，开发新药苄基胂酸、羟苄基胂酸等，研究药剂与矿物相互作用机理，阐述胂酸酯的捕收性、选择性。大厂车河选矿厂锡石浮选使用混合甲苯胂酸，所得锡石浮选精矿品位 28%，作业回收率为 90%[5]。

3.4　既含═O 和—OH 又含═N 和—N 的氨基羧酸或者肟酸类捕收剂

非硫化矿捕收剂极性基中既含═O、—OH 又含═N、—N 的捕收剂包括常见的氨基酸类捕收剂、肟酸类捕收剂，以及其他喹啉、萘酚等衍生物。下面分别详细介绍其结构和捕收特性。

需要指出的是，当强调单个—NH_2 基团时，我们称之为“氨基”；氨基与烃链以 C—N 键相连后得到的有机化合物 R—NH_2 被称为“胺类化合物”，而 R—NH—则被称为“胺基”，因此“氨基”与“胺基”是不同的。

3.4.1　氨基羧酸类捕收剂

氨基羧酸类捕收剂指的是那些既含有—NH_2 又含有—COOH 的捕收剂。根据制备方法的不同，常见的氨基羧酸捕收剂分为两大类：一类是羧酸的 α 碳位的氨基取代产物及其衍生物；另一类是脂肪胺或者芳香胺与氯代烷基羧酸的反应产物。链端取代氨基羧酸及其衍生物。其他的还有酰胺类捕收剂。

3.4.1.1　α-取代氨基羧酸类捕收剂

α-取代氨基羧酸类捕收剂分子简式为 R—CH(NH_2)COOH，其中 α-氨基取代月桂酸分子结构如图 3-55 所示。

α-取代氨基羧酸类捕收剂的制备方法如式（3-52）和式（3-53）所示。

（1）制备卤代脂肪烃中间体。

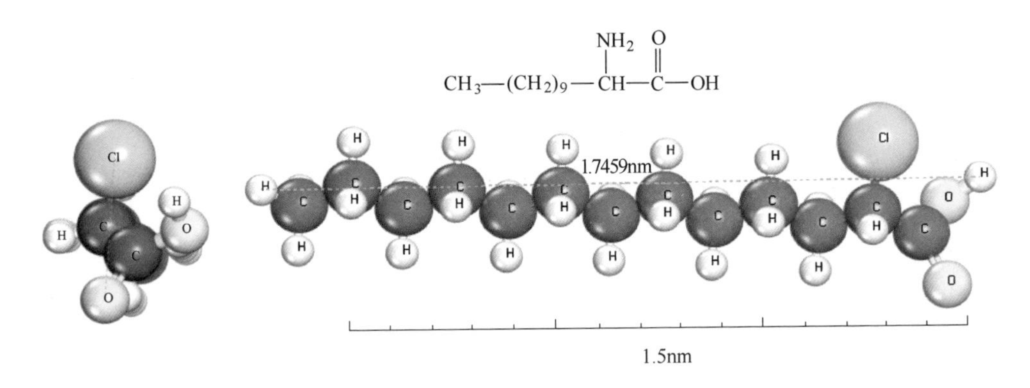

图 3-55　α-取代月桂酸分子结构示意图
（药剂分子总长度为 1.7459nm）

$$RCH_2COOH + Br_2 \xrightarrow{PCl_3} R—\underset{\displaystyle Br}{\underset{|}{CH}}—COOH + HBr \quad (3\text{-}52)$$

（2）氨基取代脂肪酸的制备。

$$R—\underset{\displaystyle Br}{\underset{|}{CH}}—COOH + NH_3 \cdot H_2O \xrightarrow{\triangle} R—\underset{\displaystyle NH_2}{\underset{|}{CH}}—COOH + HBr + H_2O \quad (3\text{-}53)$$

α-氨基月桂酸捕收剂是一种白色粉末，略带香味，常温下稳定，可以溶解于60℃的水中。α-氨基酸同时具有阳离子基团（NH_3^+）和阴离子基团（COO^-），因此在碱性溶液中，—COOH 电离为 COO^-；在酸性介质中，—NH_2 中 N 的孤电子对填入裸核氢离子的空轨道中形成 NH_3^+；在等电点时，分子呈电中性，此时溶解度最小，如式（3-54）所示。

$$R—\underset{\displaystyle NH_3^+}{\underset{|}{CH}}—COOH \underset{H^+}{\overset{OH^-}{\rightleftharpoons}} R—\underset{\displaystyle NH_2}{\underset{|}{CH}}—COOH \underset{H^+}{\overset{OH^-}{\rightleftharpoons}} R—\underset{\displaystyle NH_2}{\underset{|}{CH}}—COO^- \quad (3\text{-}54)$$

酸性溶液中带正电荷　　　　等电点处不带电　　　　碱性熔液中带负电荷

α-氨基脂肪酸的捕收特性与脂肪酸类型捕收剂相类似，可以作为赤铁矿、磁铁矿、磷灰石、菱镁矿、金红石等非硫化矿的捕收剂。例如以α-氨基月桂酸为捕收剂对石英纯矿物进行浮选试验，结果如图 3-56 和图 3-57 所示。

图 3-58 和图 3-59 为α-氨基月桂酸捕收剂对赤铁矿纯矿物进行浮选试验结果。

采用α-氨基月桂酸为捕收剂针对齐大山铁矿选矿厂浮选给矿（即混合磁选精矿）进行一次粗选、一次精选的浮选闭路试验。试验所用的矿样中铁矿物主要为赤铁矿和磁铁矿，TFe 含量为 42.45%，脉石矿物主要为石英，SiO_2 含量为 37.8816%，可获得浮选铁精矿铁品位 65.84%、回收率 89.58%、尾矿铁品位

10.42%的浮选指标[30]。

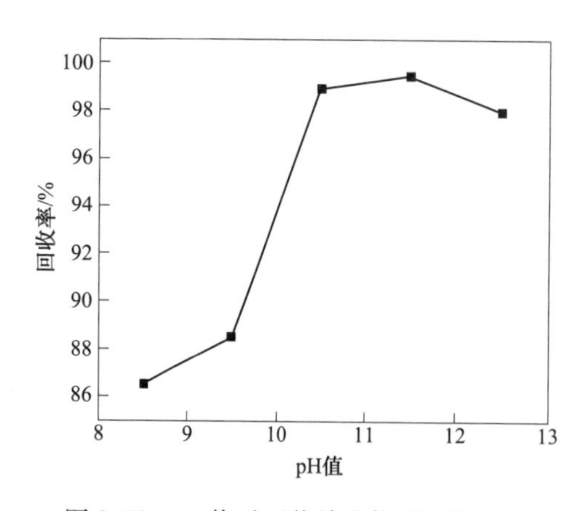

图 3-56 pH 值对石英单矿物浮选的影响
(捕收剂用量为 667mg/L)

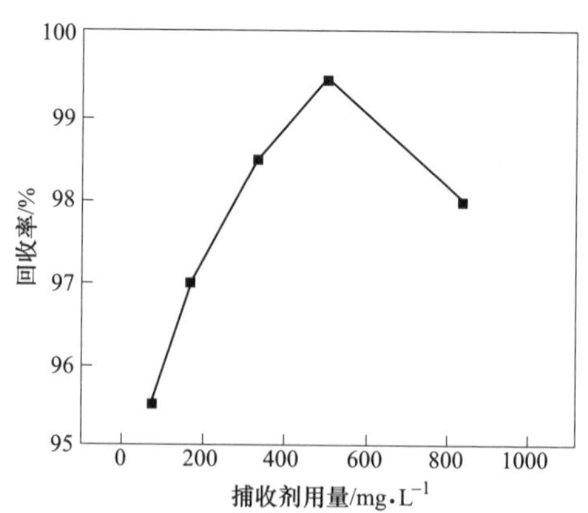

图 3-57 捕收剂用量对石英浮选的影响
(pH=11.5)

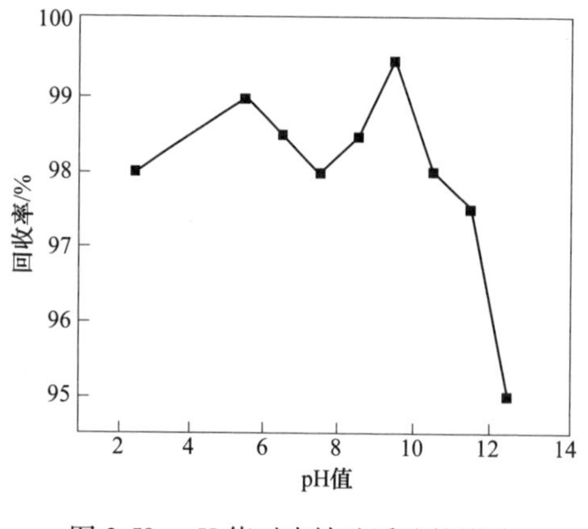

图 3-58 pH 值对赤铁矿浮选的影响
(捕收剂用量为 1.3g/L)

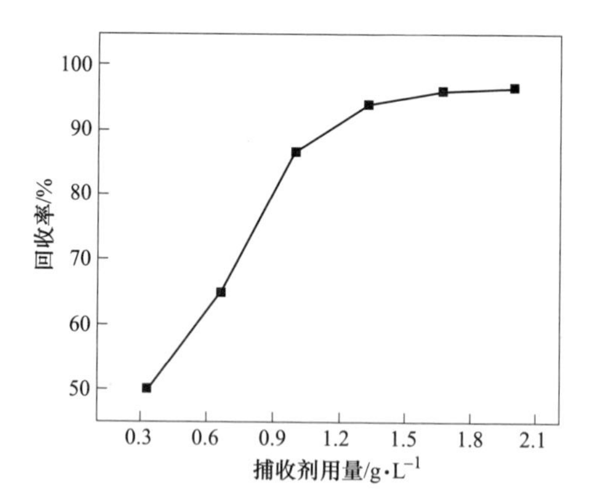

图 3-59 捕收剂用量对赤铁矿浮选的影响
(pH=8.5)

α-乙二胺基月桂酸是α-氨基羧酸类捕收剂的另一种高效非硫化矿捕收剂。其分子结构简式为 $RCH(NHCH_2CH_2NH_2)COOH$。α-乙二胺基月桂酸的分子结构如图 3-60 所示。

α-乙二胺基羧酸类捕收剂的制备方法如式（3-55）和式（3-56）所示。

（1）制备卤代脂肪烃中间体。

$$RCH_2COOH + Br_2 \xrightarrow{PCl_3} R-\underset{\underset{Br}{|}}{CH}-COOH + HBr \tag{3-55}$$

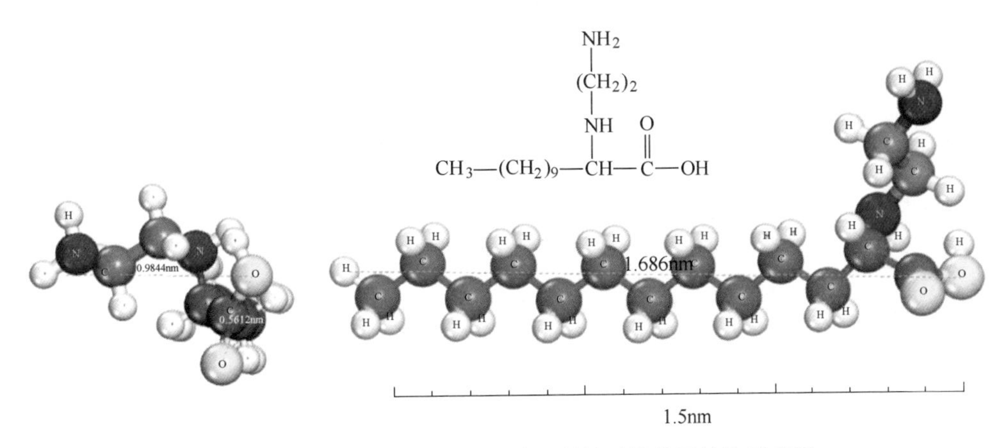

图 3-60 不同角度下的 α-乙二胺基月桂酸的分子结构示意图

（2）乙二胺基取代脂肪酸的制备。

$$\underset{\mathrm{Br}}{\mathrm{RCHCOOH}} + NH_2(CH_2)_2NH_2 \xrightarrow{\triangle} CH_3(CH_2)_9-\underset{\mathrm{NH(CH_2)_2NH_2}}{\mathrm{CH}}-\overset{\mathrm{O}}{\overset{\|}{\mathrm{C}}}OH + HBr + H_2O \tag{3-56}$$

α-乙二胺基脂肪酸可以作为磷灰石、萤石、赤铁矿、磁铁矿、磷灰石、菱镁矿等非硫化矿的捕收剂。在以 α-乙二胺基月桂酸为捕收剂的浮选体系下，石英、菱铁矿、赤铁矿和磁铁矿的可浮性如图 3-61 和图 3-62 所示。

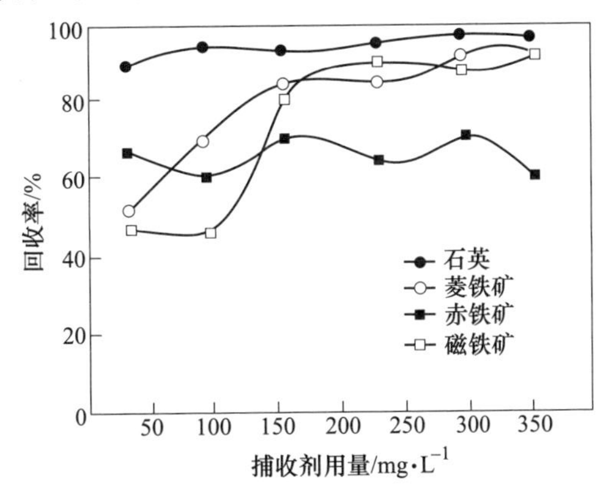

图 3-61 捕收剂用量对矿物浮选的影响

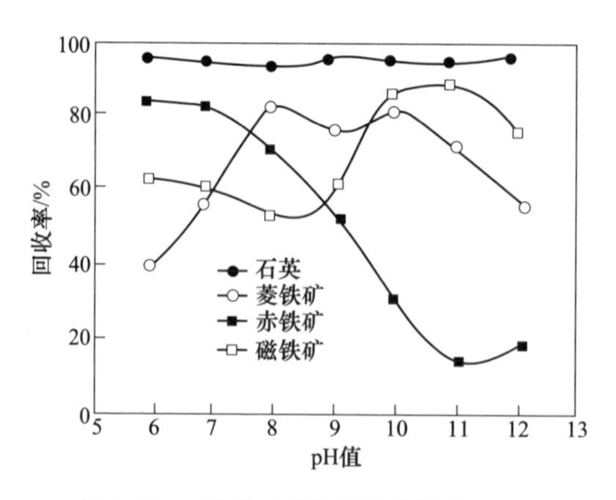

图 3-62　pH 值对矿物浮选的影响

从图 3-61 和图 3-62 中可以看出，α-乙二胺基月桂酸在一定用量范围内，菱铁矿和磁铁矿的回收率均随着捕收剂用量的增加而增加，当捕收剂浓度增大到 200mg/L 时，菱铁矿和磁铁矿的回收率曲线均接近饱和值，再增加捕收剂用量，已无明显变化。对于石英和赤铁矿，二者的浮游能力随捕收剂用量的增加均未产生明显的差别，但同等捕收剂用量下，石英的回收率明显高于赤铁矿。该捕收剂对以上四种纯矿物的捕收能力，按如下次序递减：石英>菱铁矿≥磁铁矿>赤铁矿。

采用α-乙二胺基月桂酸为捕收剂，针对东鞍山烧结厂生产工艺流程中的实际混合磁选精矿进行浮选试验。该混磁精矿铁品位 45.17%，主要回收铁矿物为磁铁矿和赤（褐）铁矿，两者占有率总和为 89.89%；碳酸铁的占有率为 7.37%。浮选给矿中-0.074mm 粒级占 97.77%，-0.038mm 粒级占 72.39%，铁元素主要分布在细粒级中，93.91%的铁分布在-0.045mm 粒级产品中，85.85%的 $FeCO_3$ 分布在-0.038mm 粒级产品中。该药剂体系下进行了一次粗选、一次精选、两次扫选浮选闭路工艺，得到精矿铁品位 65.87%、铁回收率 67.92%、尾矿铁品位 20.13%的浮选指标[31]。

3.4.1.2　链端取代胺基的羧酸及其衍生物

链端取代胺基的羧酸（简称胺基羧酸）的分子简式为 $R_1NH—R_2—COOH$，其中癸胺基乙酸分子结构如图 3-63 所示。

胺基羧酸的制备反应为典型的 N-取代烷基化反应，即脂肪胺类与卤代烷或卤代羧酸在 NaOH、Na_2CO_3、KOH 等无机碱性化合物的催化下，加热一步合成 N-烷基胺类化合物，这是一类研究最早的有机合成方法。

胺类与卤代烷的 N-烷基化反应实质为亲核取代反应。当胺与卤代烷在 NaOH

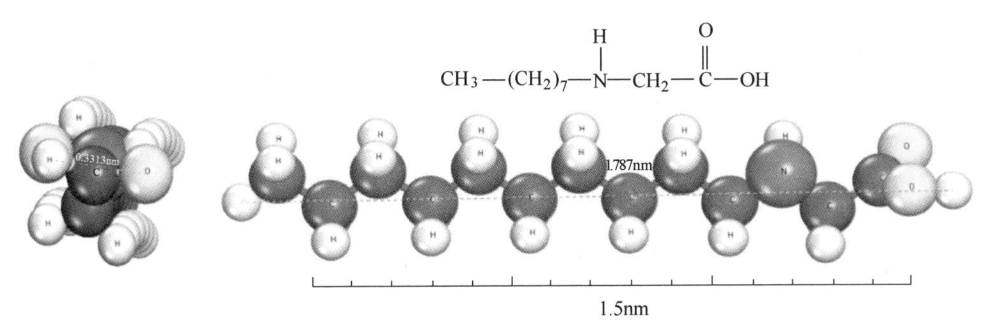

图3-63 癸胺基乙酸分子结构示意图

强碱条件下反应时，碱会首先从胺中脱去质子，形成胺负离子（R—NH⁻），再由胺负离子与正电荷中心邻接于卤素的碳原子结合，形成相应的N-烷基氨基羧酸类化合物，其反应方程式如式（3-57）所示。

$$CH_3(CH_2)_9NH_2 + ClCH_2COOH \xrightarrow[\triangle]{NaOH\ 乙醇} CH_3(CH_2)_9NHCH_2COONa + NaCl + H_2O$$

$$R_1—NH_2 \xrightarrow{NaOH} R_1—NH^- \xrightarrow{R_2—X} R_1—NH—R_2 \tag{3-57}$$

式（3-57）的反应温度为82℃，副产物包括酰胺、多胺类等。该反应工业应用较广，具有操作简便、技术要求不高、成本较低等优点，但也存在着催化剂回收困难、设备腐蚀、产率不高等缺点。

胺基脂肪酸可以作为许多非硫化矿的捕收剂。以癸胺基乙酸为捕收剂对石英纯矿物进行浮选试验，结果如图3-64和图3-65所示。[32]

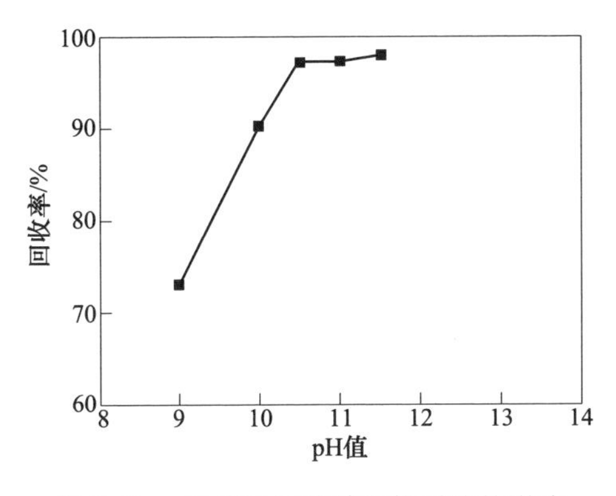

图3-64 pH值对石英单矿物浮选的影响

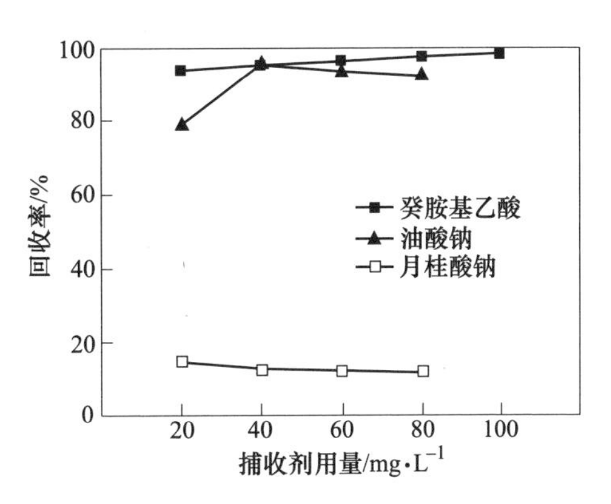

图3-65 捕收剂用量对石英浮选的影响

当浮选温度为26℃、pH值均为11.5、活化剂用量均为80mg/L时，捕收能力强弱依次为癸胺基乙酸钠 > 油酸钠 > 月桂酸钠。油酸钠虽然含有双键但由于碳链较长，低温下溶解性较差，对浮选温度要求较高，因此浮选效果稍差一些。

月桂酸钠在相同的条件下捕收性能较弱，可能是极性基极性较弱，因此在石英表面附着能力也较弱。而与月桂酸分子结构相似均为直链，且疏水端烃链中亚甲基个数相同，而癸胺基乙酸捕收剂对石英的捕收性能要好于油酸钠和月桂酸钠的捕收性能，随癸胺基乙酸用量的增加，石英的回收率在升高，回收率均在 90%以上。在鞍山调军台选矿厂的混合磁选精矿的粗选试验研究中，当 pH 值为 11.5、玉米淀粉用量为 800g/t、活化剂 $CaCl_2$ 用量为 1200g/t、癸胺基乙酸捕收剂用量为 600g/t 时，捕收效果最佳，此时精矿品位为 65.48%，回收率为 74.90%。进行的该混合磁选精矿的开路浮选试验结果表明，癸胺基乙酸一次精选的精矿铁品位可达 66.47%，回收率为 82.8%。在相同试验条件下，癸胺基乙酸与油酸钠的开路试验结果对比表明，癸胺基乙酸在中低温浮选体系下浮选效果要优于油酸钠，但选择性稍差。

如果在制备胺基羧酸时，原料 R_1NH_2 与 X—R_2COOH 的摩尔比为 1∶2 时，就得到 N，N-二羧酸基胺，其中 N，N-二乙酸基癸胺的分子结构如图 3-66 所示。

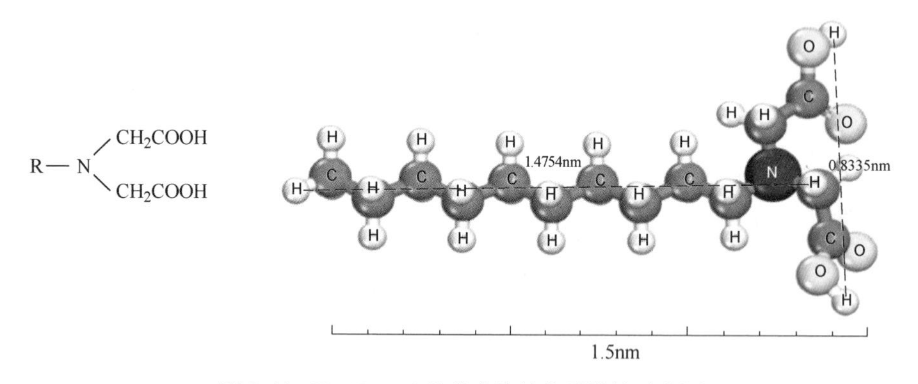

图 3-66　N，N-二乙酸基癸胺的分子结构示意图

N，N-二乙酸基癸胺的制备方法如下：定量称取一氯乙酸置于三口容量瓶内，加入定量的乙醇和水（10∶1）混合溶液，待完全溶解后滴入 4 滴 0.1%酚酞指示剂，然后用 40%的氢氧化钠溶液中和至酚酞变红。称取定量癸胺，使得摩尔比为 $m_{氯乙酸}$ ∶ $m_{癸胺}$ = 2∶1，加入上述溶液中混合，缓慢滴加入 40%的 NaOH 溶液。启动磁力搅拌器，温度控制在 82℃，起初反应进行使酚酞红色褪去，需不断滴加 NaOH 溶液，直至酚酞红色不再褪去，即达反应终点，反应时间约为 2h。停止加热，稍冷，取下三口烧瓶，将定量无水乙醇倒入反应混合物，此时有大量白色物质从最终溶液中析出。待冷却至室温，真空抽滤、干燥，得白色蜡状固体，即为 N-癸胺基乙酸钠粗产品。用相同的方法制得 C_{12}、C_{14}、C_{16} 的胺基二乙酸，产率一般在 40%~88%，都是白色晶体，熔点与文献数据一致。多种烷基胺基二乙酸的熔点列于表 3-15 中。

表 3-15 多种烷基胺二乙酸的熔点

名 称	结构式	熔点/℃	产品形态
正癸胺二乙酸	$C_{10}H_{21}N(CH_2COOH)_2$	134 ~ 136	白色针状晶体
正十二胺二乙酸	$C_{12}H_{25}N(CH_2COOH)_2$	134 ~ 135	白色小片状晶体
正十四胺二乙酸	$C_{14}H_{29}N(CH_2COOH)_2$	130 ~ 131	白色小片状晶体
正十六氨基乙酸	$C_{16}H_{33}N(CH_2COOH)_2$	174 ~ 176	白色小片状晶体
正十六胺二乙酸	$C_{16}H_{33}N(CH_2COOH)_2$	128 ~ 130	白色小片状晶体

烷基胺乙酸类药剂在不同的矿浆 pH 值条件下可以浮选捕收不同的矿物，适应性强，应用范围相对宽广，比如它在酸性介质中的作用类似于阴离子捕收剂，在碱性介质中的作用类似于阳离子捕收剂。

十二烷基胺乙酸钠可作为铬铁矿、赤铁矿及石英的捕收剂。对黑钨纯矿物捕收性能试验研究结果表明：烷基胺乙酸中的烷基碳链长度对捕收性能有显著影响，碳原子数在 10 个以下，捕收能力很弱，从 C_{10}到 C_{16}碳链越长捕收能力越强。

在烷基胺乙酸分子中，含一个羧基甲基的（$—CH_2COOH$）比含两个羧基甲基的捕收性能好，浮选效果好。在烷基胺乙酸分子中，含一个羧基甲基的，在 pH=4~8 范围内，都可以得到最好的浮选效果，含两个羧基甲基的，只有在 pH=4.2~4.5 时，才能得到最好的浮选效果。所以含一个羧基甲基的，比较容易控制矿浆的 pH 值。它们对黑钨矿的捕收性能成下列顺序：十六胺乙酸>十六胺二乙酸>十四胺二乙酸>十二胺二乙酸>癸胺二乙酸。

在链端取代胺基羧酸类型捕收剂中，烷基胺丙酸也是一个重要的非硫化矿捕收剂。其分子简式为 $RNH—CH_2CH_2COOH$，其中癸胺基丙酸的分子结构如图3-67所示。

$$CH_3(CH_2)_9N(H)—CH_2CH_2C(=O)—OH$$

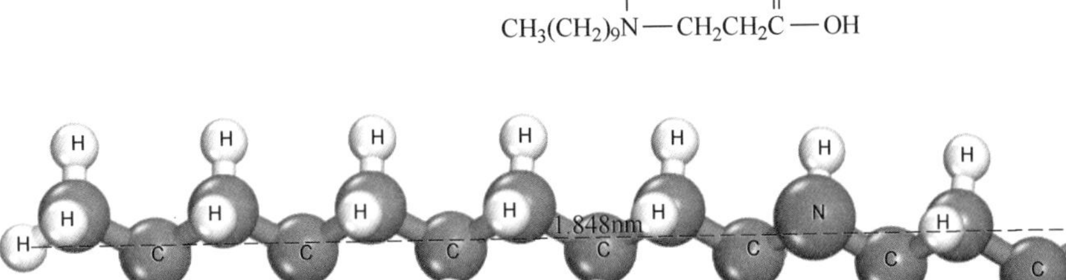

1.5nm

图 3-67 癸胺基丙酸的分子结构示意图

烷基胺丙酸的制备方法是：利用相应的烷基一胺、二胺或多胺与丙烯酸甲酯作用，生成相应的烷基胺丙酸甲酯，再经碱皂化水解，即得相应的烷基胺丙酸钠盐。伯胺与丙烯酸甲酯作用的反应式如式（3-58）和式（3-59）所示。

$$RNH_2 + CH_2{=}CHC(=O){-}OCH_3 \longrightarrow RNHCH_2CH_2C(=O){-}OCH_3 \tag{3-58}$$

$$R{-}N(H){-}CH_2CH_2C(=O){-}OCH_3 \xrightarrow[\triangle]{NaOH} R{-}N(H){-}CH_2CH_2C(=O){-}ONa \tag{3-59}$$

二胺与丙烯酸甲酯作用的反应式如式（3-60）和式（3-61）所示。三胺与丙烯酸甲酯的作用其反应式如式（3-62）所示。

$$\begin{aligned}&RNH(CH_2)_3NH_2 + CH_2{=}CHCOOCH_3 \longrightarrow\\&RNH(CH_2)_3NHCH_2CH_2COOCH_3 \xrightarrow[\triangle]{NaOH} RNH(CH_2)_3NHCH_2CH_2COONa\end{aligned} \tag{3-60}$$

$$\begin{aligned}&R[NH(CH_2)_3]_2NH_2 + CH_2{=}CHCOOCH_3 \longrightarrow\\&R[NH(CH_2)_3]_2NHCH_2CH_2COOCH_3 \xrightarrow[\triangle]{NaOH} R[NH(CH_2)_3]_2NHCH_2CH_2COONa\end{aligned} \tag{3-61}$$

$$\begin{aligned}&RNH(CH_2)_3NH(CH_2)_3NH_2 + 2CH_2{=}CHC(=O)OCH_3 \longrightarrow\\&RNH(CH_2)_3N(CH_2CH_2COOCH_3){-}(CH_2)_3{-}NHCH_2CH_2COOCH_3 \xrightarrow[\triangle]{NaOH}\\&RNH(CH_2)_3N(CH_2CH_2COONa){-}(CH_2)_3{-}NHCH_2CH_2COONa\end{aligned} \tag{3-62}$$

将这类烷基胺丙酸钠盐溶液用 HCl 中和到它们的等电点，即结晶析出，例如制备十二烷基胺丙酸时，将十二烷基胺丙酸钠盐的水溶液中和到 pH = 3. 7，十二烷基胺丙酸大量析出。这类两性捕收剂的等电点都在 pH = 3 ~ 4 附近，用 HCl 中和到其等电点很容易控制，当加酸时发现产生大量沉淀，取出清液再加少量 HCl 不再发生沉淀即可。盐酸稍微过量也不溶解。烷基胺丙酸钠盐可用于浮选磷酸盐矿物，取得了较好的浮选指标。表 3-16 为几种烷基胺丙酸盐商品名及结构式。

表 3-16 几种烷基胺丙酸盐商品名及结构式

名称	商品牌号	结 构 式
烷基胺丙酸	CATAFLOT Cp_1	$RNHCH_2CH_2COOH$
烷基丙烯二胺丙酸	CATAFLOT $DiCp_1$	$RNH(CH_2)_3NHCH_2CH_2COOH$
烷基二丙烯三胺丙酸	CATAFLOT $T_{ri}Cp_1$	$R[NH(CH_2)_3]_2NHCH_2CH_2COOH_2NHCH_2CH_2COOH$
烷基二丙烯三胺二丙酸	CATAFLOT $T_{ri}C_2p_1$	$RNH(CH_2)_3N(CH_2)_3NHCH_2CH_2$（N 上连 $HOOCCH_2CH_2$，末端 CH_2 上连 COOH）

在式（3-58）~式（3-62）中，R 为 C_{10} ~ C_{18}的烷基。使用这种烷基胺丙酸盐捕收剂浮选磷灰石时，一般采用的原则流程为磨矿和脱泥后加入烷基胺丙酸盐捕收剂和煤油，在自然 pH 值下进行调浆，浮出碳酸盐矿物再加 H_2SO_4，使矿浆呈弱酸性（pH=5），再加烷基胺丙酸盐捕收剂调浆，然后浮出硅酸盐矿物，槽内产品为磷酸盐精矿，能得到比使用脂肪酸类捕收剂为高的浮选指标。磷矿物给矿含 P_2O_5 25.8%、CaO 49.7%、SiO_2 6.5%，经磨矿后脱去小于 37μm 的矿泥，然后进入浮选。浮选时用烷基胺丙酸与柴油混合使用（利于控制浮选泡沫），先在 pH=11 浮选碳酸盐，然后在 pH=4 介质中浮选硅酸盐泡沫，槽内产品即为磷酸盐精矿，与此同时用塔尔油为捕收剂进行对比试验。结果表明，使用烷基胺丙酸为捕收剂，不论是精矿品位还是回收率都比塔尔油脂肪酸的结果好得多。用胺基丙酸和塔尔油酸浮选磷酸盐精矿的产率、品位（P_2O_5）、回收率分别为 56.9%、32.1%、66.7%和 49.3%、30.5%、56.4%。

3.4.1.3 酰胺类捕收剂

酰胺类捕收剂，也称为 N-烷酰胺基羧酸，其分子简式为 $RCONH(CH_2)_nCOOH$，它既具有酰胺基，又有羧基，属于两性化合物。其中 N-辛酰胺基乙酸的分子结构，如图 3-68 所示。

N-烷酰基胺羧酸是常见的一种两性捕收剂，经常用于非硫化矿的浮选工艺中。其中 N-烷酰基胺乙酸是比较经典的一类捕收剂。N-烷酰基胺乙酸的制备过程如式（3-63）和式（3-64）所示。

$$R\overset{\overset{\displaystyle O}{\|}}{C}—OH+Cl—\overset{\overset{\displaystyle O}{\|}}{S}—Cl \xrightarrow{\triangle} R\overset{\overset{\displaystyle O}{\|}}{C}—Cl+SO_2+HCl \tag{3-63}$$

$$R\overset{\overset{\displaystyle O}{\|}}{C}—Cl+NH_2CH_2COOH \xrightarrow{NaOH} R—\overset{\overset{\displaystyle O}{\|}}{C}—NHCH_2COONa+NaCl+H_2O \tag{3-64}$$

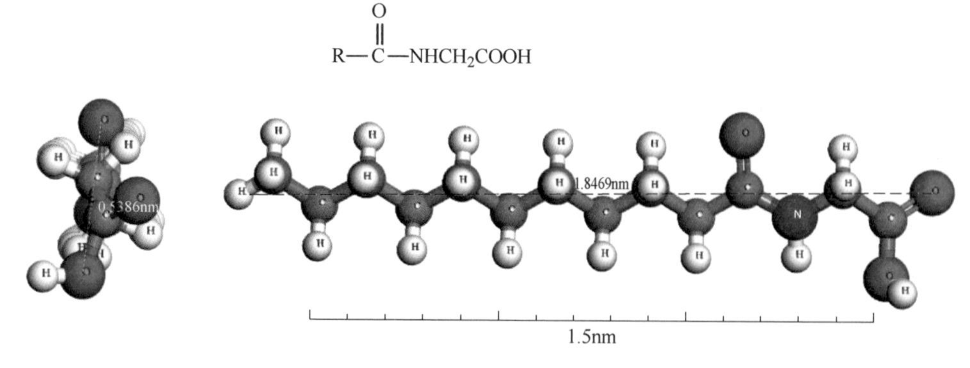

图 3-68　不同角度下的 N-辛酰胺乙酸的分子结构示意图

例如 N-辛酰基胺乙酸的制备过程为：称取定量辛酸置于三口烧瓶中，安装上温度计、冷凝管和滴液漏斗。滴液漏斗中盛入定量的亚硫酰氯，整个装置安装在通风橱中。启动磁力加热搅拌器，控制温度在 75~80℃，滴入亚硫酰氯，回流 60min 后冷却。将回流装置改为蒸馏装置，升温至 120℃并搅拌，然后将过量的亚硫酰氯蒸出，产物辛酰氯为微黄色液体，冷却后将其溶于 100mL 乙醚中。再称取定量甘氨酸溶于定量氢氧化钠的水-乙醇混合液中，与辛酰氯混合。滴加 40%氢氧化钠溶液维持 pH 值为 9~11，室温（25℃）下搅拌 2~3h 后，用浓盐酸酸化至 pH 值为 3~4，抽滤，最后产物为 N-辛酰基胺乙酸粗产品。粗产品用冰醋酸重结晶，得白色鳞片状产品，即为 N-辛酰基胺乙酸纯品。产率可达 92%，用显微熔点测定仪测得其熔点为 110~115℃。用同样方法制得 N-癸酰基胺乙酸、N-月桂酰基胺乙酸、N-十四酰基胺乙酸、N-十六酰基胺乙酸和 N-十八酰基胺乙酸，工业上它们的商品代号和结构式如表 3-17 所示。

表 3-17　几种 N-烷酰基胺基羧酸的商品代号和结构式

捕收剂名称	商品代号	分子结构式
N-辛酰基胺乙酸	RO-8	$C_8H_{17}CONHCH_2COOH$
N-癸酰基胺乙酸	RO-10	$C_{10}H_{21}CONHCH_2COOH$
N-月桂酰基胺乙酸	RO-12	$C_{12}H_{25}CONHCH_2COOH$
N-十四酰基胺乙酸	RO-14	$C_{14}H_{29}CONHCH_2COOH$
N-十六酰基胺乙酸	RO-16	$C_{16}H_{33}CONHCH_2COOH$
N-十八酰基胺乙酸	RO-18	$C_{18}H_{37}CONHCH_2COOH$

烷酰胺类捕收剂可以用于菱锌矿、硫酸铅、石英、方解石等矿物的浮选，采用 N-月桂酰基胺乙酸等同系物为捕收剂，进行了菱锌矿、硫酸铅等纯矿物的微浮选试验，试验结果如图 3-69~图 3-72 所示。

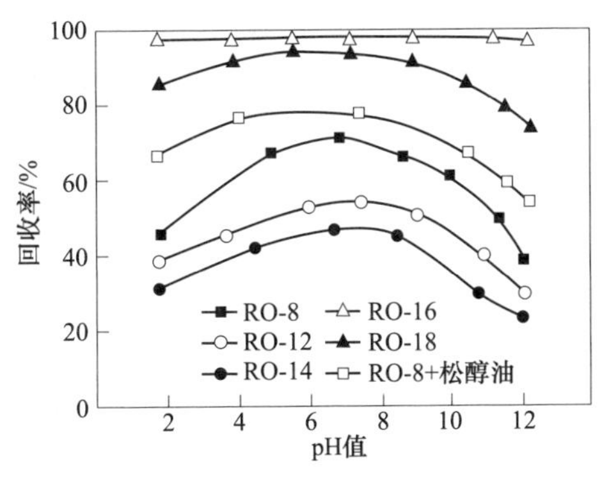

图 3-69 pH 值对硫酸铅浮选的影响

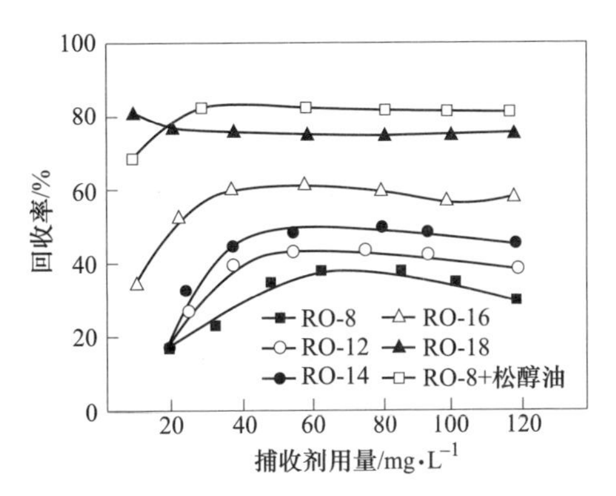

图 3-70 捕收剂用量对硫酸铅浮选的影响

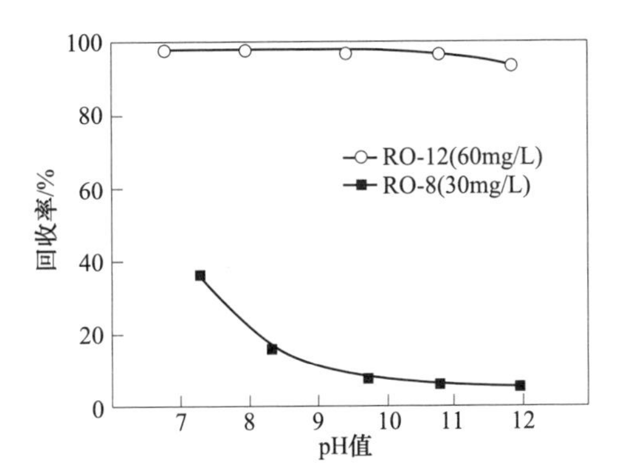

图 3-71 pH 值对菱锌矿浮选的影响

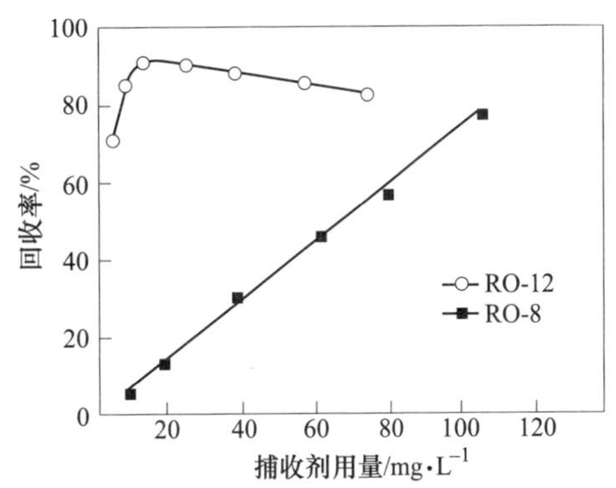

图 3-72 捕收剂用量对菱锌矿浮选的影响

采用 N-月桂酰基胺乙酸等同系物为捕收剂，进行了菱锌矿-石英、菱锌矿-方解石、硫酸铅-方解石、硫酸铅-石英等人工混合矿物的微浮选试验，试验结果如表 3-18~表 3-21 所示。

表 3-18 RO-12 分离菱锌矿-石英的人工混合矿浮选试验结果

编号	RO-12 浓度 /mg · L^{-1}	精矿品位 (Zn)/%	回收率/%	尾矿品位 (Zn)/%	尾矿损失率 /%
1	3.0	48.51	79.56	10.41	20.44
2	6.0	39.05	82.05	11.02	17.95
3	9.0	37.74	79.14	12.34	20.86
4	12.0	35.62	93.85	10.34	6.15

表 3-19　RO-12 分离菱锌矿-方解石的人工混合矿浮选试验结果

编号	RO-12 浓度 /mg · L^{-1}	精矿品位 (Zn)/%	回收率/%	尾矿品位 (Zn) /%	尾矿损失率 /%
1	1. 5	41. 22	50. 00	19. 45	50. 00
2	3. 0	46. 26	82. 98	16. 33	17. 02
3	6. 0	28. 41	89. 06	18. 79	10. 94
4	9. 0	27. 44	96. 34	12. 31	3. 66

从表 3-18 看出，RO-12 分离菱锌矿-石英效果较好，其中以 RO-12 浓度为 3~6mg/L 时最好，锌品位达 39. 05%~48. 51%，回收率为 82. 05%~79. 56%。当 RO-12 浓度增加至 9~12mg/L 时，精矿品位下降，回收率升高。从表 3-20 可以看出，当 RO-12 浓度为 3. 0mg/L 时，锌精矿品位较高，可得到 46. 26%Zn、回收率 82. 98%的浮选指标。随着 RO-12 浓度增大，锌精矿品位下降，回收率上升，即捕收剂浓度大时，方解石同时上浮，故控制捕收剂浓度是很重要的。

RO-12 浮选硫酸铅-石英（1 ∶ 1）、硫酸铅-方解石（1 ∶ 1）混合矿流程是：取 4g 矿样，在 40mL 挂槽式浮选机中调浆，维持 pH 值为 7. 0~7. 5，加 RO-12 搅拌 5min，加松醇油 11mg，搅拌 1min，浮选 3min，粗选精矿进行一次精选，精选尾矿和粗选尾矿合并。

表 3-20　RO-12 分离硫酸铅-方解石的人工混合矿浮选试验结果

编号	RO-12 浓度 /mg · L^{-1}	精矿品位 (Pb)/%	回收率/%	尾矿品位 (Pb)/%	尾矿损失率 /%
1	3. 0	65. 28	23. 65	27. 70	76. 35
2	4. 0	55. 18	82. 45	9. 73	17. 55
3	6. 0	53. 73	90. 77	6. 33	9. 23

表 3-21　RO-12 分离硫酸铅-石英的人工混合矿浮选试验结果

编号	RO-12 浓度 /mg · L^{-1}	精矿品位 (Pb)/%	回收率/%	尾矿品位 (Pb)/%	尾矿损失率 /%
1	1. 5	60. 16	88. 50	9. 37	11. 50
2	3. 0	59. 13	92. 50	5. 93	7. 50
3	4. 0	51. 75	87. 50	11. 49	12. 50
4	6. 0	61. 78	95. 35	3. 70	4. 65

从表 3-20 和表 3-21 看出，当 RO-12 浓度为 4~6mg/L 时，从方解石中分离出的铅精矿品位为 55. 18%~53. 73%Pb，回收率为 82. 45%~90. 77%。当 RO-12 浓度为 1. 5~6. 0mg/L 时，从石英中分离出的铅精矿品位为 51. 75%~61. 78%Pb，回收率为 87. 50%~95. 35%。

3.4.2 肟酸类捕收剂

肟酸类捕收剂是指分子简式为 R—CO—NH—OH 或者 R—C(OH)═N—OH 的一类有机化合物，其中 R 可以为直（支）链烃基，也可以为芳香烃基。R—C(OH)═N—OH 被称为羟肟酸，其同分异构体 R—CO—NH—OH 称为氧肟酸或者异羟肟酸。例如十二烷基羟肟酸、苯甲羟肟酸、水杨羟肟酸及其同分异构体的分子结构简式如图 3-73 所示。其中苯甲羟肟酸的分子结构如图 3-74 所示。

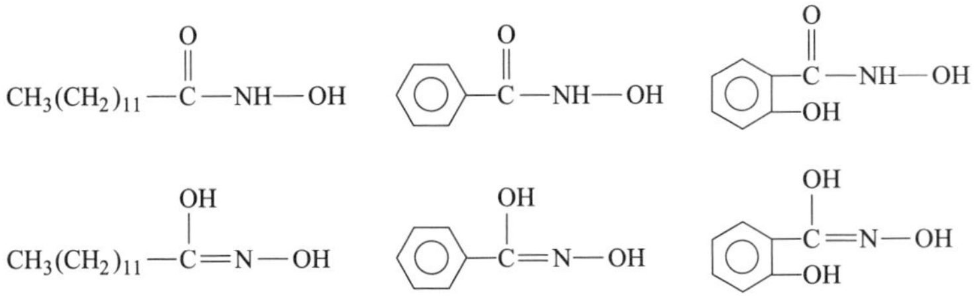

$$CH_3(CH_2)_{11}—\overset{\overset{\Large O}{\|}}{C}—NH—OH \qquad C_6H_5—\overset{\overset{\Large O}{\|}}{C}—NH—OH \qquad o\text{-}HO—C_6H_4—\overset{\overset{\Large O}{\|}}{C}—NH—OH$$

$$CH_3(CH_2)_{11}—\overset{\overset{\large OH}{|}}{C}=N—OH \qquad C_6H_5—\overset{\overset{\large OH}{|}}{C}=N—OH \qquad o\text{-}HO—C_6H_4—\overset{\overset{\large OH}{|}}{C}=N—OH$$

(a) (b) (c)

图 3-73 几种（异）羟肟酸的分子结构简式

（a）十二烷基（异）羟肟酸；（b）苯甲（异）羟肟酸；（c）水杨（异）羟肟酸

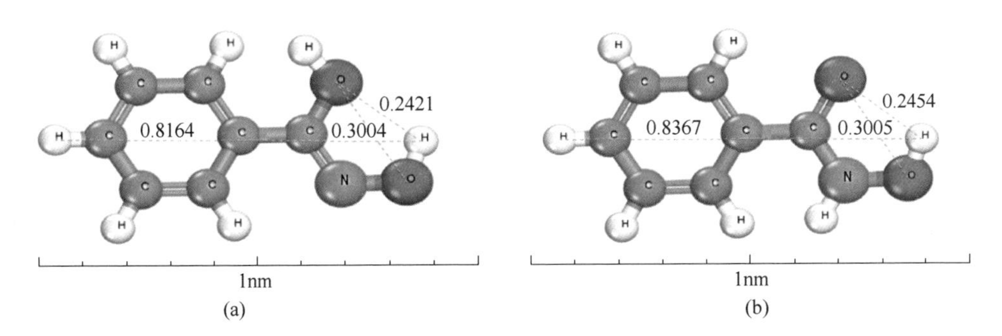

图 3-74 苯甲羟肟酸（a）和苯甲氧肟酸（b）的分子结构示意图

羟肟酸的互变异构现象如式（3-65）所示，羟肟酸能转变为异羟肟酸，即氧肟酸。通过量子化学从头计算法的计算及 MS 软件 DMOl3 模块的分子总能量模拟计算分析可知，这两种结构都是稳定存在的结构，但 RCO—NHOH 也就是氧肟酸（异羟肟酸）的分子总能量更低，结构更稳定，存在的概率更高；RC(OH)═N—OH 羟肟酸的结构稳定性次之，因此以下均称之为氧肟酸。

$$CH_3(CH_2)_{11}—\overset{\overset{\large OH}{|}}{C}=N—ON \rightleftharpoons CH_3(CH_2)_{11}—\overset{\overset{\Large O}{\|}}{C}—NH—OH \tag{3-65}$$

在无机酸存在下，氧肟酸容易水解成羟氨和羧酸，如式（3-66）所示。

$$\mathrm{R{-}\overset{\overset{\displaystyle O}{\|}}{C}{-}NH{-}OH + H_2O \rightleftharpoons RCOOH + NH_2OH} \tag{3-66}$$

氧肟酸（异羟肟酸）或者羟肟酸与许多金属阳离子作用形成螯合物，四配位的螯合示意图如图 3-75 所示，无论是氧肟酸还是羟肟酸，与金属螯合的活性位点均为—O^-，而不是 N 原子上的孤电子对，这也是（异）羟肟酸捕收矿物的原因。

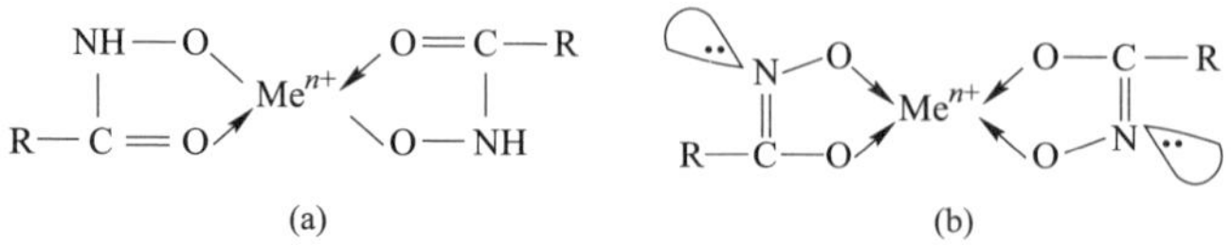

(a)　　(b)

图 3-75　羟肟酸（a）或者氧肟酸（b）与金属阳离子形成四配位螯合示意图

工业烷基氧肟酸 $C_7 \sim C_9$ 产品为红棕色油状液体，含烷基氧肟酸 60%～65%，含脂肪酸 15%～20%，含水分 15%～20%。毒性不大，对小白鼠的半致死剂量 LD50＝4900mg/kg。

辛基氧肟酸钾、$C_5 \sim C_9$ 烷基氧肟酸、$C_7 \sim C_8$ 烷基氧肟酸可用于浮选蔷薇辉石、硅孔雀石、萤石、黑钨矿、重晶石、方解石、氟碳铈矿、氧化铅锌矿等矿物，许多试验结果表明烷基氧肟酸是选择性良好的捕收剂。

例如烷基氧肟酸和丁基黄药混用代替单一的丁基黄药浮氧化铜，铜精矿品位在回收率基本相近的情况下有明显提高，同时浮选速度加快，泡沫性质得到改善，药剂用量大幅度下降，浮选试验结果详见表 3-22。

表 3-22　烷基氧肟酸浮选氧化铜矿工业试验结果

捕收剂	药剂用量/$g \cdot t^{-1}$				原矿品位/%	精矿品位/%	回收率/%
	硫化钠	丁基黄药	氧肟酸钠	松醇油			
烷基氧肟酸+丁基黄药	3000	300	300	100	4.44	14.36	89.90
丁基黄药	6000	800	—	650	4.42	10.38	90.07

3.4.3　其他既含═O、—OH 又含═N、—N 的捕收剂

其他既含═O、—OH 又含═N、—N 的捕收剂有烃基胺基磺酸类、烃基胺基膦酸类捕收剂，其分子结构简式为 $R_1NH{-}R_2{-}SO_3H$、$R_1NH{-}R_2{-}PO_3H_2$。其中 R_1 碳链较长；R_2 碳链较短，不超过三个碳。

烃基胺基磺酸类化合物中，十八烷胺基磺酸捕收剂曾作为非硫化矿捕收剂使用。十八烷胺基磺酸包括十八烷胺基甲基磺酸、十八烷胺基乙基磺酸、十八烷胺基丙基磺酸，其中十八烷胺基乙基磺酸分子结构如图 3-76 所示。

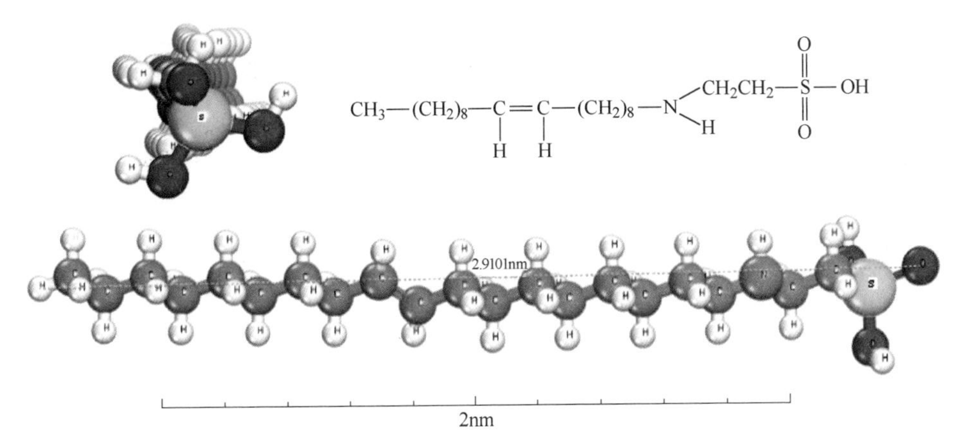

图 3-76 不同角度下十八烷胺基乙基磺酸分子结构示意图

十八烷胺基乙基磺酸捕收剂溶于水，其水溶液为澄清液体；其化学性质稳定，适合与酸、碱等电解质共用。它们的等电点在 pH = 6.3 ~ 6.6 附近，等电区 pH 值为 6.0 ~8.0。

采用十八烷基胺基磺酸盐为捕收剂用于萤石、重晶石、菱锌矿及锡石等纯矿物的可浮性试验，结果表明这种捕收剂对于萤石、重晶石及菱锌矿无论是酸性介质还是碱性介质可浮性差别不大，而且捕收性能都比较弱，但是对于锡石却显出十分引人注意的浮选性能。如图 3-77 所示，在酸性 pH 值范围内，锡石的可浮性弱；在中性及弱碱性介质中，可浮性更差；在强碱性介质中 pH 值大于 9.0 时，锡石可浮率就大为增强。

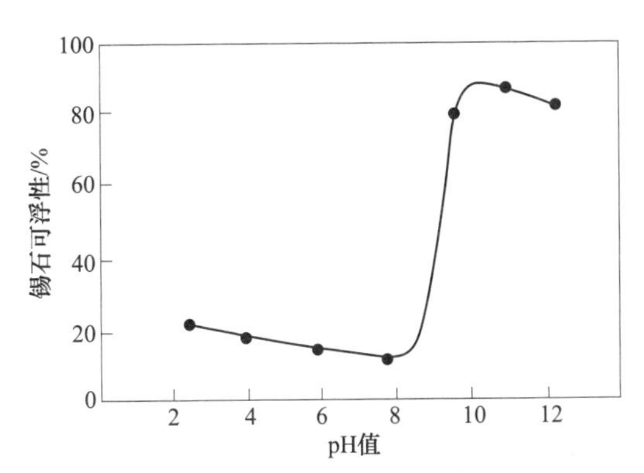

图 3-77 pH 值对锡石可浮性的影响（十八烷胺基磺酸盐质量浓度 75mg/L）

浮选试验的最好结果如表 3-23 所示。锡石粒度小于 0.074mm 粒级占 95%，小于 43μm 占 65%。矿浆浓度 30%，矿浆温度 18℃，分两次加药，两性捕收剂十八烷胺基乙基磺酸盐总量为 200g/t，另加起泡剂 150g/t，pH = 11.0，调浆时间

5min。粗选一次，精选两次。用 NaOH 调节矿浆 pH 值，结果表明，当 pH 值从 9.0 逐步调至 12 时，锡精矿品位由 8.2%开始上升，至 pH=11 时锡精矿品位最好，至最高值 11.39%，此后逐步下降，pH 值为 12 时锡精矿品位为 10.2%。在使用不同碱性物质调整矿浆 pH 值至 11.0 时，效果由小到大（括号内为精矿锡含量/%）排序为：$NH_3 \cdot H_2O$(5.9) < Na_2S（6.5）<（$(NH_4)_2CO_3$(9.6) < Na_2CO_3(13.7) < NaOH(13.9)，表明用 NaOH 调浆最好[5]。

表 3-23　十八烷胺基磺酸盐对锡石浮选试验结果

产品名称	产率/%	Sn 品位/%	Sn 回收率/%
精矿	4.4	13.9	69.8
第二次精选尾矿	1.9	2.9	6.3
第一次精选尾矿	2.0	0.9	2.0
尾矿	97.7	0.2	21.9
原矿	100.0	0.88	100.0

此外，烃基胺基膦酸类化合物还可作为非硫化矿浮选捕收剂，例如苯基亚氨基双甲基膦酸和乙二氨基四甲基膦酸捕收剂，其结构式如图 3-78 所示。

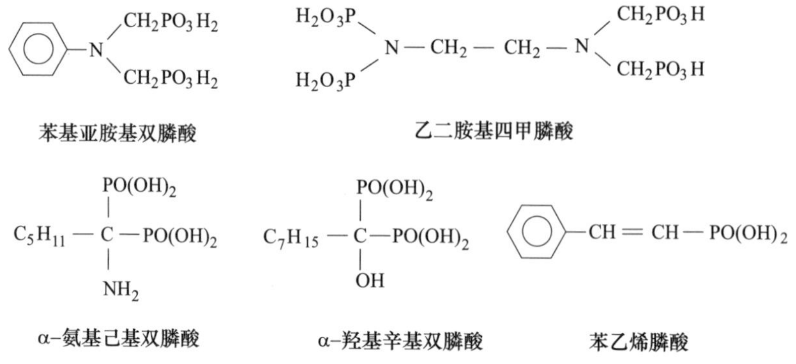

苯基亚胺基双膦酸　　乙二胺基四甲膦酸

α-氨基己基双膦酸　　α-羟基辛基双膦酸　　苯乙烯膦酸

图 3-78　几种烃基胺基膦酸类捕收剂分子结构简式

比较 α-氨基己基双膦酸、α-氨基辛基双膦酸和苯乙烯膦酸三种药剂对铁矿、锡石及铈铌钙钛矿浮选中的选择性和捕收性，结果表明单膦酸的捕收性较双膦酸强，而选择性则双膦酸强于单磷酸。三种药剂中 α-氨基己基双膦酸的选择性最强，α-羟基辛基双膦酸次之，苯乙烯膦酸再次之。在处理小于 44μm 的锡石时，用苯乙烯膦酸进行粗选、用 α-氨基己基双膦酸进行精选的流程，可以获得良好的选别效果。

东北大学宫贵臣[33]在锡石捕收剂亲固基和疏水基的结构-性质关系分析的基

础上，设计出了四种烷烃基膦酸捕收剂：己基膦酸（HPA）、辛基膦酸（OPA）、癸基膦酸（DPA）、十二烷基膦酸（DDPA）；以及三种芳香基（次）膦酸捕收剂：苯基次膦酸（PPIA）、苯基膦酸（PPOA）、2-羧乙基苯基次膦酸（CEPPA）。通过 DFT 模拟与试验检测分析七种捕收剂的结构性能关系发现，CEPPA 具有成为优良的锡石捕收剂的基本特性。

在 pH 值为 7.0 条件下，CEPPA 浮选锡石的回收率可达 95.5%；在 pH 值为 10.5 的条件下，NaOL 浮选锡石的回收率可达 98.8%；在 pH 值为 4.0 时，SPA 浮选锡石的回收率可达 88.6%。CEPPA、NaOL、SPA 三种捕收剂浮选萤石的最高回收率分别为 96.8%、98.8%、93.9%。CEPPA、NaOL、SPA 对未经活化的石英均没有捕收能力。三种捕收剂浮选锡石、萤石、石英过程中，CEPPA 抗金属离子干扰的能力最强，SPA 次之，NaOL 最易受金属离子干扰。CEPPA 体系中，Cu^{2+}可以强烈地抑制萤石，不会影响锡石的可浮性，且不会活化石英。CEPPA 和 SPA 体系中，硅酸钠对萤石表现出较好的选择性抑制作用；NaOL 体系中，柠檬酸对萤石表现出较好的选择性抑制作用；三种捕收剂体系中，六偏磷酸钠均同时对锡石和萤石表现出强烈的抑制作用。

采用 CEPPA 为捕收剂，在 pH 值为 7.0 时，分选锡石-石英二元人工混合矿，可以得到 Sn 品位为 71%、Sn 回收率为 94.5% 的锡精矿。以 CEPPA 为捕收剂、$CuCl_2$ 为调整剂，在 pH 值为 4.0 时，分选锡石-萤石二元人工混合矿，可以得到 Sn 品位为 71.2%、Sn 回收率为 91.9%的锡精矿；在 pH 值为 4.4 时，分选锡石-石英-萤石三元人工混合矿，可以获得 Sn 品位为 70.7%、Sn 回收率为 90.5%的锡精矿。以 CEPPA 为捕收剂，硅酸钠为萤石抑制剂，在 pH 值为 7.0 时，分选锡石-萤石二元人工混合矿，可以得到 Sn 品位为 71.2%、Sn 回收率为 92.3%的锡精矿；分选锡石-石英-萤石三元人工混合矿，可以获得 Sn 品位为 68.5%、Sn 回收率为 85.5%的锡精矿。

参 考 文 献

[1] 朱建光，朱玉霜．浮选药剂的化学原理［M］．长沙：中南工业大学出版社，1996.

[2] 孙传尧，印万忠．硅酸盐矿物浮选原理［M］．北京：科学出版社，2001：87.

[3] 王淀佐，林强，蒋玉仁．选矿与冶金药剂分子设计［M］．长沙：中南工业大学出版社，1996.

[4] 卢寿慈．矿物浮选原理［M］．北京：冶金工业出版社，1987：59~87.

[5] 张泾生，阙煊兰．矿用药剂［M］．北京：冶金工业出版社，2008.

[6] 陈念贻．键参数函数及其应用［M］．北京：科学出版社，1976.

[7] 赵宁宁．α-氯代脂肪酸浮选药剂性能研究［D］．沈阳：东北大学，2011.

[8] 夏夕雯. α-溴代脂肪酸浮选药剂性能研究 [D]. 沈阳: 东北大学, 2011.

[9] 王美刚. 长链脂肪酸 α-氯代反应的工艺优化研究 [D]. 无锡: 江南大学, 2009.

[10] 王运敏. 中国黑色金属矿选矿实践 [M]. 北京: 科学出版社, 2009.

[11] Usui Shinnousuke, Takeda Susumu. Effect of particle size on reverse flotation of quartz from hematite using dodelyla-mine in alkaline media [J]. Nippon Kogyo Kaishim, 1983, 99 (1149): 995.

[12] 甘怀俊. 使用伯胺、仲胺、叔胺从赤铁矿中脱硅浮选的研究 [J]. 国外金属矿选矿, 1985, 5: 26.

[13] 赖亚 J, 何柏泉, 陈祥涌. 泡沫浮选表面化学 [M]. 北京: 冶金工业出版社, 1987.

[14] Hicyilmaz C, Atalay U, Özbayoglu G. Selective flotation of scheelite using amines [J]. Minerals Engineering, 1993, 6 (3): 313~320.

[15] 李仕亮, 王毓华. 胺类捕收剂对含钙矿物浮选行为的研究 [J]. 矿冶工程, 2010, 30 (5): 56~61.

[16] 胡岳华, 王淀佐. 烷基胺对盐类矿物捕收性能的溶液化学研究 [J]. 中南矿冶学院学报, 1990 (1): 31~38.

[17] 赵晨. 含钙矿物可浮性的晶体化学机理研究 [D]. 沈阳: 东北大学, 2019.

[18] Rath Swagat S, Sahoo Hrushikesh, Das Bisweswar, et al. Density functional calculations of amines on the (101) face of quartz [J]. Minerals Engineering, 2014 (69): 57~64.

[19] Sahoo H, Rath S S, Jena S K, et al. Aliquat-336 as a novel collector for quartz flotation [J]. Minerals Engineering, 2015 (77): 64~71.

[20] Liu Wengang, Liu Wenbao, Wang Xinyang, et al. Utilization of novel surfactant N-dodecyl-isopropanolamine as collector for efficient separation of quartz from hematite [J]. Separation and Purification Technology, 2016 (162): 188~194.

[21] 曹学锋, 胡岳华, 蒋玉仁, 等. 新型捕收剂 N-十二烷基-1, 3-丙二胺浮选铝硅酸盐类矿物的机理 [J]. 中国有色金属学报, 2001 (4): 693~696.

[22] 钟宏. 甲基苯胺树脂浮选石英时金属离子的抑制作用及其消除 [J]. 中南矿冶学院学报, 1994 (3): 305~309.

[23] 乘舟越洋. 三种醚胺型捕收剂对铁矿石的捕收性能与作用机理 [D]. 沈阳: 东北大学, 2017.

[24] Peres A E C, Correa M I. Depression of iron oxides with iron starches [J]. Minerals Engineering, 1996, 9 (12): 1227~1234.

[25] 郭兵. 白云鄂博赤铁矿与钠辉石分离规律性研究 [J]. 矿山, 1996, 6 (1): 28~32.

[26] 葛英勇, 陈达, 张明. 耐低温阳离子捕收剂 GE-601 反浮选磁铁矿的研究 [J]. 金属矿山, 2004 (4): 32~34.

[27] 王春梅, 葛英勇, 王凯金. GE-609 捕收剂对齐大山铁矿反浮选的初探 [J]. 有色金属, 2006 (4): 41~43.

[28] Andrzej St. Slaczka, 贾宽贵. 超声场对重晶石-萤石-石英矿中重晶石浮选选择性的影响 [J]. 国外非金属矿, 1988, 3: 34~40.

[29] 樊绍良, 段其富. 铁矿提质降杂技术研究 [J]. 金属矿山, 2002 (4): 38~42.

[30] 仝丽娟 . α-氨基取代脂肪酸浮选药剂性能研究 [D]. 沈阳：东北大学，2012.
[31] 任建蕾 . 东鞍山含碳酸盐铁矿石常温捕收剂的捕收性能研究 [D]. 沈阳：东北大学，2013.
[32] 刘宗丰 . N-羧乙基脂肪胺浮选药剂性能研究 [D]. 沈阳：东北大学，2011.
[33] 宫贵臣 . 锡石膦酸捕收剂分子结构设计及作用机理研究 [D]. 沈阳：东北大学，2013.

4 非硫化矿浮选药剂在矿物表面作用的化学原理

复杂的浮选过程影响因素非常之多,但是这个过程的首要环节就是矿物颗粒表面原子（团）或离子与游离的浮选药剂分子（离子）之间的吸附作用。矿物与浮选药剂分子之间的吸附作用属于金属有机表面物理化学研究领域，根据“锁钥”规则，非硫化矿浮选药剂矿物表面作用的化学原理主要内容首先包括矿物（锁🔒）的表面晶体化学，其次为矿物（锁🔒）与药剂（钥🔑）间的吸附作用类型。不同的吸附类型，所包含的物理化学规律不同，如（1）静电吸附规律；（2）范德华力吸附的分子间作用的化学规律、氢键作用规律；（3）键合吸附中的1）离子键合吸附类型适用的是球体最紧密堆积原理、离子半径比定则，2）共价键合吸附类型中适用的是价键理论、价层电子对互斥理论、杂化轨道理论、分子轨道理论，3）配位键合吸附适用的是晶体场理论等。每种吸附类型适用的物理化学规律不同，其化学本质也不同，影响因素也不同。本章最后介绍了基于密度泛函理论的MS软件在浮选药剂与矿物表面作用原理分析中的应用。

4.1 矿物晶体表面的化学本质规律

在矿物破碎时，外界提供的能量使得矿物中原子（离子）间的价键（共价键、离子键）断裂；矿物晶格中键能最弱的价键，断裂概率最高。该价键两端的元素（原子或者离子）核外电子云密度又处于不平衡状态（极度多电子、极度缺电子），因而具有物理化学活性，宏观表现为矿物晶体表面离子或者原子所受的作用力处于不饱和状态，具有剩余力场及表面能，因此可以吸附浮选药剂分子或者离子。矿物破碎后，矿物晶体表面离子或者原子一般表现出以下化学本质规律。

4.1.1 矿物晶体表面离子（原子）间的化学键合固定及其弛豫现象

矿物晶体表面离子或者原子与主体晶胞以化学键相连，不能自由移动。矿物晶体表面不像液体那样易于缩小和变形，因此矿物晶体表面张力的直接测定比较困难。任何表面都有自发降低表面能的倾向，由于矿物晶体表面难于收缩，所以只能靠降低界面张力的办法来降低表面能，这也是矿物晶体表面能产生吸附作用的根本原因。但是从微观量子化学分析可以看出，在单体矿物破碎时，矿物晶体表面离子或者原子会有弛豫现象发生，弛豫位移在 0~0.1nm 的范围内，不同离子或者原子的弛豫大小不同。尽管矿物晶体表面离子或者原子具有弛豫现象，矿物晶体表面离子或者原子还是不能自由移动，除非发生置换反应、溶解反应等，才能从矿物晶体表面脱落进入溶液中或者与另外一种物质结合。

矿物表面原子（离子）的弛豫现象是指一个宏观平衡系统由于周围环境的变化或受到外界的作用而变为非平衡状态，这个系统再从非平衡状态过渡到新的平衡状态的现象就称为弛豫现象。弛豫现象实质上是系统中微观粒子由于相互作用而交换能量，最后达到稳定分布的过程。例如矿物在破碎之前是一个平衡状态，磨矿的外力作用将这个平衡状态改变，经过短暂的非平衡状态，然后非平衡状态自发地、快速地进入另一个新的平衡状态而稳定存在。这两个平衡状态的矿物晶格中每个原子（离子）在能量上有个变化 ΔE，在位置坐标上也有个变化 ΔX、ΔY、ΔZ，这些变化值越大，我们说弛豫现象越明显。弛豫现象明显与否，既与这个外力作用有关，也与矿物晶体本身性质和矿物晶格原子（离子）间价键类型有关。在外力作用相同时，不同的矿物晶格，弛豫现象大小不同，它们的 ΔE、ΔX、ΔY、ΔZ 数值大小也是这些不同矿物晶格本身性质的一个度量。

例如黑钨矿（Fe，Mn）WO_4 在矿物解理面（010）断裂时有不同的断裂方式，如图 4-1 和图 4-2 所示。黑钨矿在解理面（010）断裂时每个原子的弛豫位移如表 4-1 和表 4-2 所示[1,2]。

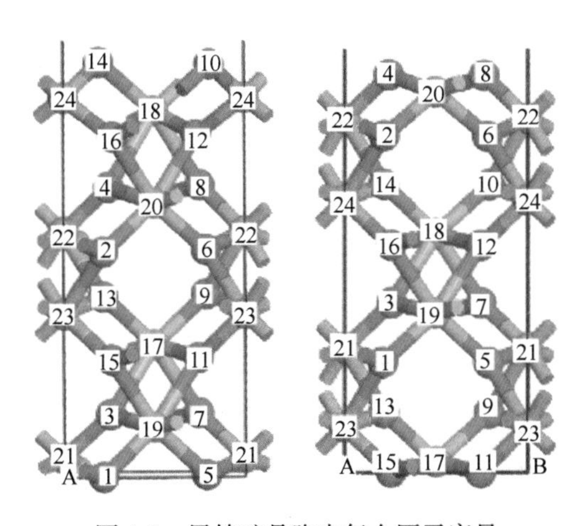

图 4-1 黑钨矿晶胞中每个原子序号

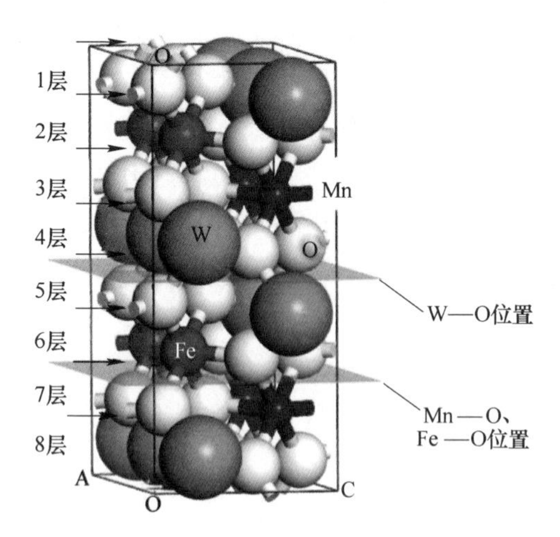

图 4-2 黑钨矿在（010）面不同断裂方式

表 4-1 钨锰矿解理面（010）W—O 键处断裂后的弛豫位移数值

原子层	原子号	配位数	原子位移/pm		
			ΔX	ΔY	ΔZ
1	O14	2	34.54	-9.02	26.55
2	O12	3	-13.89	-5.77	5.72
3	O4	3	5.30	-4.43	4.68
4	O2	3	1.90	0.67	-0.01
5	O9	3	-0.61	-0.31	2.37
6	O15	3	0	0.69	1.35
2	Mn18	6	0	0	23.84
3	Mn20	6	0	0	-3.51
6	Mn17	6	0	0	1.95
1	W24	4	0	0	-22.65
4	W22	6	0	0	3.43
5	W23	6	0	0	0.39

表 4-2 钨锰矿键解理（010）面 Mn—O 键断裂后的弛豫位移数值

原子层	原子号	配位数	原子位移/pm		
			ΔX	ΔY	ΔZ
1	O4	2	14.46	-7.44	3.61
2	O2	3	3.70	2.34	0.77
3	O14	3	1.22	-0.51	3.37

续表 4-2

原子层	原子号	配位数	原子位移/pm		
			ΔX	ΔY	ΔZ
4	O16	3	-0.10	-0.09	1.15
5	O3	3	-0.31	0.21	1.44
6	O1	3	-0.06	-0.78	2.06
1	Mn20	4	0	0	-11.91
4	Mn18	6	0	0	3.51
5	Mn19	6	0	0	0.91
2	W22	6	0	0	8.40
3	W24	6	0	0	0.62
6	W21	6	0	0	1.73

从表 4-1 和表 4-2 中数据可以看出，Mn—O 键解理（010）面的弛豫程度比 W—O 键解理（010）面的要略小，说明 Mn—O 键处断裂的（010）解理面更稳定。

4.1.2 矿物晶体表面的化学活性位点

矿物晶体破碎的本质是组成矿物的离子（原子）间化学键的断裂，如共价键断裂，即不再共用（最外层由成单电子配对的）电子对，而是又回到了成单电子状态；离子键断裂后，矿物表面又恢复到了缺电子的阳离子、多电子的阴离子的状态；配位键断裂后，孤电子对又回到了配体，金属阳离子的空轨道又回归到空位状态了，矿物晶体的体系能量处于较高的不稳定的状态。我们把矿物破碎后，矿物表面存在的这种暂时的具有较高化学活性的原子或者离子称为矿物晶体表面的化学活性位点。

从原子的层面上（nm 数量级）矿物颗粒表面化学活性位点的类型分为两种：(1) 多电子位点，如电子云密度比较高的阴离子；(2) 缺电子位点，如电子云密度比较低的阳离子，如图 4-3 所示。

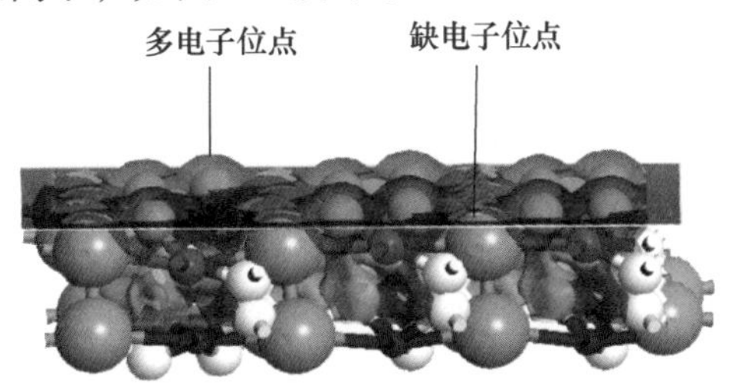

图 4-3 矿物表面电子密度空间分布图

从图 4-3 中可以看出，矿物表面的微观电子云密度的多与少就是宏观矿物发生静电吸附、分子间作用力吸附、氢键吸附、键合吸附的趋势大小的本质原因。这也是不同矿物晶体化学的本质特征，按照“锁钥原则”，矿物表面的微观原子的电子态密度就是矿物的“锁孔”特征。这个化学本质是由组成矿物的不同原子的核电荷数、原子核对核外电子的吸引能力、原子核外电子的数目、价层电子的数目、原子半径、元素的电负性等因素决定的。矿物表面的微观原子的电子态密度是指在不同能量状态下的原子核外电子云密度。图 4-4 所示为通过 MS 软件 Castep 模块计算的白钨矿中矿物表面氧原子的电子态密度图[2]，横坐标为原子核外的电子能量态 E，离核越远，能量态越高。我们知道原子的内层电子由于处于充满状态，而具有对称性、稳定性、惰性，化学上称之为原子实。能量态较高的价层电子则比较活跃，容易在反应中失去，或者吸引外来电子，从而赋予矿物晶体表面额外的电荷或者化学活性。因此 DOS 图上费米面附近的价层电子的电子密度是我们最为关注的数据。费米面是物理学上的概念，它是指最高占据能级的等能面，就是当绝对温度为零时电子占据态与非占据态的分界面，如图 4-4 中横坐标的原点，即为费米面。A 点为最高占据态分子轨道（highest occupied molecule orbit）能量 E_{HOMO}，B 点为最低未占据态分子轨道（lowest unoccupied molecule orbit）能量 E_{LUMO}。$\Delta E(=E_{LUMO}-E_{HOMO})$ 数值也是价层电子自身跃迁的最低能垒，它也反映了矿物晶体自身本征特征的一个侧面。

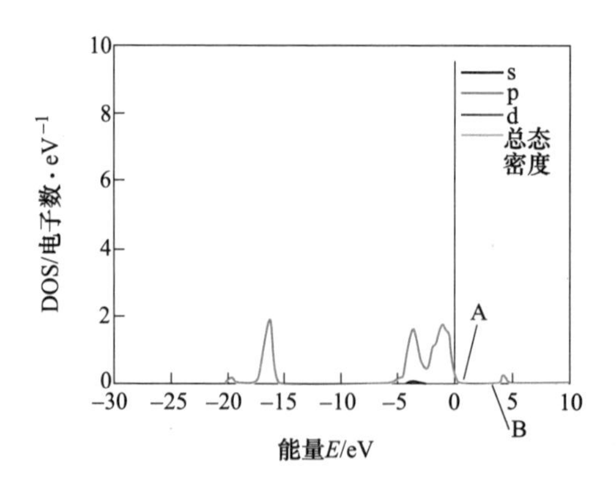

图 4-4　白钨矿表面 O 原子的电子态密度图

图 4-5 为黑钨矿表面差分电荷密度图（电荷密度“等电荷线”，类似于“等高线”）。右边为电荷密度坐标，颜色由红到蓝色差代表的数值依次降低。图 4-5 所示为表面原子和体相内部原子之间电子的转移情况。红色代表得到电子，蓝色代表失去电子。矿物晶体表面差分电荷密度颜色深浅不一且不对称，氧原子由于具有较强的电负性，吸引周围原子（离子）的核外价电子而成为多电子位点，因而氧原子周围出现很多红色的得电子区域。

从另一个角度看，矿物破碎后，表面原子（离子）有不同的状态，根据位置可分为（1）附加原子（adatom）；（2）台阶附加原子（step adatom）；（3）单原子台阶（monatomic step）；（4）平台（terrace）；（5）平台空位（terrace vacancy）；（6）扭结原子（kink atom）等。这些表面上原子的位置差异，主要表现在原子（离子）与周围原子（离子）的配位数的不同上。更重要的是，它赋予了矿物晶体表面不同的荷电情况，不同的表面能、吸附能，不同的化学活性，如图 4-6 所示[3]。

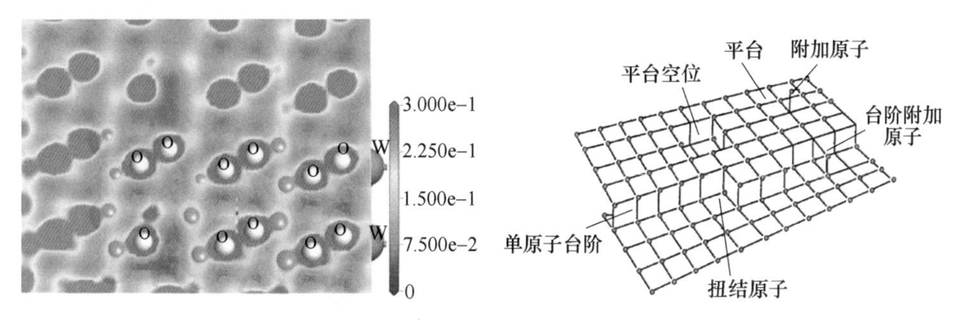

图 4-5 黑钨矿表面差分电荷密度图　　图 4-6 矿物晶体表面不同类型离子或原子

由图 4-6 可以看出，矿物晶体表面不仅具有化学活性位点而与体相有明显不同，而且矿物表面化学组成与体相也存在很大差别。由多种元素组成的矿物晶体，由于具有趋向于最小表面自由能的吸附质特性，使某一元素的原子从体相向表层迁移，从而使它在表面的含量高于在体相中的含量，这种现象称为表面偏析。它不仅与固体的种类及所暴露出的晶面有关，还受环境气氛的影响。

总之，矿物晶体表面的化学本质规律，将直接影响到矿物与浮选药剂之间的相互作用。研究非硫化矿浮选药剂矿物表面作用的化学原理，一定要重视矿物的表面晶体化学本质特征。

4.2 矿物与浮选药剂之间的吸附等温方程式

4.2.1 矿物吸附剂与浮选药剂吸附质

在矿物颗粒进入浮选矿浆里时，适合浮选的矿物颗粒一般为-74μm + 45μm 粒级，个别易泥化的矿物或者矿石堪布粒度很细必须细磨才能单体解离等特殊情况下，也会有细粒级-45μm + 25μm 的微细颗粒。对于-25μm + 10μm 粒级的矿物颗粒则属于微细粒浮选，例如锡石浮选过程中，由于锡石的脆性较高，在磨矿过程中就会产生微细粒的锡石，因此不得不进行锡石的微细粒浮选研究。相对于浮选药剂分子来说，无论是 pH 值调整剂、活化剂、捕收剂，分子量大小都在几十到几百分子量（分子大小为纳米数量级大小），只有抑制剂如玉米淀粉分子量为 3 万左右。因此，除了抑制剂以外，其他浮选药剂分子的大小都在 nm ~ pm 数量级，远远小于矿物颗粒，约为矿物颗粒的几千分之一，矿物颗粒与浮选药剂分子相对大小示意图，如图 4-7 所示。在矿物颗粒与浮选药剂吸附过程中，矿物颗粒具有较大的表面能，被称作为吸附剂（adsorbent）；被吸附的浮选药剂分子，则被称作吸附质（adsorbate），如图 4-8 所示。

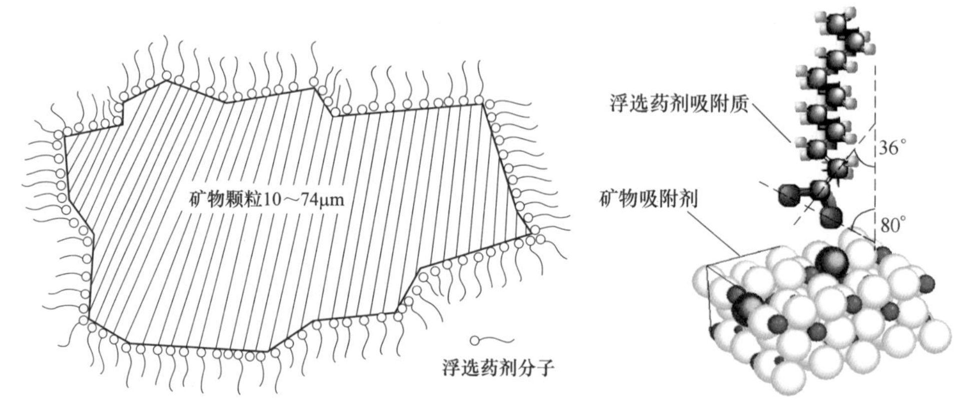

图 4-7　吸附剂矿物颗粒与吸附质浮选药剂分子相对大小示意图

图 4-8　浮选药剂吸附质与矿物颗粒吸附剂

4.2.2　吸附量与吸附等温方程式

吸附量 Q 是指单位质量的矿物吸附剂所吸附的浮选药剂吸附质的质量。吸附量计算公式如式（4-1）所示。

$$Q = \frac{W_{\text{吸附质}}}{W_{\text{吸附剂}}} \times 100\% = \frac{W_{\text{浮选药剂}}}{W_{\text{矿物}}} \times 100\% \tag{4-1}$$

对于一个给定的浮选体系，当达到吸附平衡时，吸附量是温度及溶液中各物质浓度的函数，用式（4-2）表示。

$$Q = f(T,\ C) \tag{4-2}$$

当保持温度不变时，T= 常数，则 $Q = f(C)$，称此为吸附等温方程式（adsorption isotherm）。不同矿物颗粒，其吸附不同浮选药剂的吸附等温方程式各不相同；吸附的本质，决定了吸附等温方程式和吸附的类型。

矿物颗粒在浮选药剂溶液中的吸附较为复杂，因为矿物颗粒吸附剂除了吸附难免离子、浮选活化剂、捕收剂、抑制剂之外还可以吸附溶剂水，此外水溶液中的 OH^- 和 H^+ 也会参与竞争吸附，这个混沌体系存在着若干个吸附平衡，多种分子（离子）竞争吸附过程中，强者胜，即多个吸附平衡之间是互相转化或者共生的。下面我们就一个吸附平衡单独论述其吸附规律。

将定量的矿物颗粒与一定量已知浓度的某浮选药剂溶液混合，在一定温度下进行搅拌使其达到吸附平衡。固液澄清后，分析上清液的成分。从上清液浓度的改变可以求出每克矿物颗粒所吸附的该浮选药剂的吸附量 Q，如式（4-3）所示。

$$Q = \frac{W_{\text{捕收剂溶液}}(X - X_0)}{W_{\text{矿物}}} \times 100\% \tag{4-3}$$

式中，Q 为吸附剂对吸附质的表观吸附量，%；$W_{\text{矿物}}$ 为矿物颗粒的质量，g；$W_{\text{捕收剂溶液}}$ 为捕收剂溶液的质量，g；X_0 为浮选药剂的初始质量分数；X 为浮选药剂吸附平衡后的质量分数。

这样算得的吸附量通常称为表观或相对吸附量（apparent or relative adsorption quantity），其数值低于溶质的实际吸附量，因为在计算中没有考虑到溶剂的吸附，而实际上由于有溶剂的被吸附，平衡时的质量分数无形中提高了（对于稀溶液由此所产生的偏差不大）。由于溶液中溶剂和溶质的同时被吸附，要测定吸附量的绝对值是很困难的。

矿物浮选体系不同，所得到的吸附等温方程式也有多种形式。浮选溶液体系可以参考使用某些气-固吸附的等温式，如 Freundlich 吸附等温方程式在溶液中吸附的应用通常比在气相中吸附的应用更为广泛。下面详细介绍 Freundlich 吸附等温方程式。

4.2.2.1 Freundlich 吸附等温方程式

Freimdlich 吸附等温方程式是一个经验公式。

$$Q = kX^{1/n} \tag{4-4}$$

式中，Q 为单位质量矿物颗粒吸附浮选药剂的量，mg/g；X 为浮选药剂的质量分数，无量纲；k，n 为在一定温度下对一定的浮选体系是常数。

将式（4-4）取对数，则可以把指数式变为对数式，如式（4-5）所示[4]。

$$\lg Q = \lg k + \frac{1}{n}\lg X \tag{4-5}$$

如以 $\lg Q$ 对 $\lg X$ 作图，则 $\lg k$ 是直线的截距，$1/n$ 是直线的斜率。图 4-9 所示为某吸附质在吸附剂上的吸附等温线。从图 4-9 中可以看到，在实验的温度和压力范围内，都是很好的直线。各线的斜率与温度有关，k 值也随温度的改变而不同。

Freundlich 等温式只是一个经验公式，它所适用范围，一般说来比 Langmuir 等温式更广一些，但它也只能代表一部分事实。Freundlich 公式的特点是没有饱和吸附值，它广泛地应用于物理吸附、化学吸附，也可用于溶液吸附。

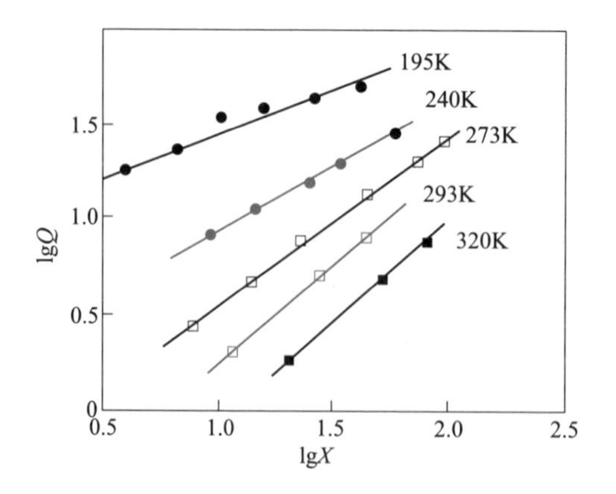

图 4-9　不同温度下的 Freundlich 吸附等温线

4.2.2.2　Langmuir 吸附等温方程式

Langmuir（朗格缪尔）吸附等温方程式，是一个理想的单分子层的吸附等温方程式。最初是研究低压下气体在金属上的吸附，根据试验数据发现了一些规律，然后又从动力学的观点提出了一个吸附等温式，并总结出 Langmuir 单分子层吸附理论。溶液中的纯化学吸附可以参考应用 Langmuir 吸附等温方程式[4]。

Langmuir 吸附理论的基本观点认为吸附质在吸附剂表面上的吸附，是吸附与解吸两种相反过程达到动态平衡的结果。Langmuir 吸附理论的基本假定是：

（1）吸附剂具有吸附能力是因为其表面的原子力场没有饱和，有剩余价键力。当吸附质碰撞到吸附剂表面上时，其中一部分就被吸附并放出吸附热。但是吸附质只有碰撞到尚未被吸附的空白表面上才能够发生吸附作用。当吸附剂表面上已铺满一层吸附质分子之后，这种价键力场就得到了饱和，因此 Langmuir 吸附是单分子层的。

（2）已吸附在吸附剂表面上的吸附质分子，当其热运动的动能足以克服吸附剂引力场的能垒时，又发生解吸现象，且不受邻近其他吸附质分子的影响，也不受吸附位置的影响。换言之，即认为被吸附的吸附质分子之间不互相影响，并且表面是均匀的。

（3）如以 θ 代表表面被覆盖的分数，即表面覆盖率（coverage rate），则（$1-\theta$）就表示表面尚未被覆盖的分数。吸附质的吸附速率与吸附质在溶液中的质量百分浓度成正比，由于只有当吸附质碰撞到吸附剂空白表面部分时才可能被吸附，即又与（$1-\theta$）成正比，所以，吸附速率 r_a 计算式如式（4-6）所示。

$$r_a = k_a C(1 - \theta) \tag{4-6}$$

式中，r_a为吸附速率；k_a为吸附速率常数；C为吸附质的质量百分浓度；θ为吸附剂表面被覆盖的分数。

（4）被吸附的吸附质分子脱离表面的解吸速率与θ成正比，即解吸速率r_d计算式如式（4-7）所示。

$$r_d = k_d\theta \tag{4-7}$$

在等温下，达到吸附平衡时，吸附速率等于解吸速率，所以有式（4-8）和式（4-9）成立。

$$k_aC(1-\theta) = k_d\theta \tag{4-8}$$

$$\theta = \frac{k_aC}{k_d + k_aC} \tag{4-9}$$

若令$k_a/k_d=k$，则有：

$$\theta = \frac{kC}{1+kC} \tag{4-10}$$

式中，k为吸附作用的平衡常数，k值的大小代表了吸附剂表面吸附吸附质的强弱程度。式（4-10）就称为Langmuir吸附等温式，它定量地指出表面覆盖率θ与吸附质浓度C之间的关系。

从式（4-10）可以看到：（1）当吸附质浓度足够低或吸附很弱时，$kC \ll 1$，则$\theta \approx kC$，即θ与C成线性关系。（2）当吸附质浓度足够高或吸附很强时，$kC \gg 1$，则$\theta \approx 1$，即θ与C无关。（3）当吸附质浓度适中时，θ用式（4-10）表示（或$\theta \propto C^m$，m介于0~1之间）。图4-10是Langmuir等温方程式的一个示意图，以上三种情况都已描绘在图中。

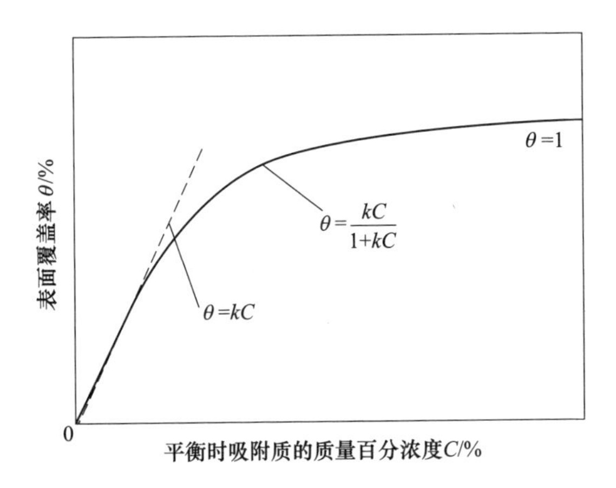

图4-10 Langmuir吸附等温式示意图

4.2.2.3　BET 多层吸附等温方程式

从试验测得的许多吸附等温线表明，大多数吸附剂对吸附质的吸附并不是单分子层的，尤其是静电吸附基本上都是多分子层吸附。所谓多分子层吸附，就是除了吸附剂表面接触的第一层外，还有相继各层的吸附。Brimauer、Emmett、Teller 三人提出了多分子层理论的公式，简称为 BET 公式[4]。这个理论是在 Langmuir 理论的基础上加以发展而得到的。他们接受了 Langmuir 理论中关于吸附作用是吸附和解吸两个相反过程达到平衡的概念，以及矿物表面是均匀的，吸附质分子的解吸不受四周其他分子的影响等看法。他们的改进之处是认为表面已经吸附了一层分子之后，由于被吸附的吸附质本身的分子间作用力吸引力，还可以继续发生多分子层的吸附。当然第一层的吸附与以后各层的吸附有本质的不同。前者是吸附质与吸附剂表面直接发生联系，而第二层以后各层则是相同分子之间的相互作用。第一层的吸附热也与以后各层不尽相同，而第二层以后各层的吸附热都相同。当吸附达到平衡以后，吸附质的吸附量 Q 等于各层吸附量的总和。可以证明在等温下有如式（4-11）所示的关系。

$$Q = Q_m \frac{KC}{(C_s - C)\left[1 + (K - 1)\dfrac{C}{C_s}\right]} \tag{4-11}$$

式中，Q 为吸附量；Q_m，K 为常数；C 为吸附质的浓度百分数；C_s 为吸附质的饱和浓度百分数。

式（4-11）就称为 BET 吸附公式，由于其中包含两个常数 K 和 Q_m，所以又叫做 BET 的二常数公式[4]。

4.3　浮选药剂在矿物表面的吸附类型

浮选药剂在矿物表面的吸附类型有很多分类方法，如基于吸附作用力本质，可分为：物理吸附和化学吸附；还有基于吸附位点，可分为：定位吸附和非定位吸附；根据矿物与浮选药剂之间的吸附化学本质与作用距离来分类，还可以分为：静电吸附、分子间作用力吸附（氢键吸附）、化学键合吸附（共价键合吸附、离子键合吸附、配位键合吸附）。

下面将从（1）远程的（微米 μm 数量级）静电吸附作用；（2）中程的（亚微米至纳米 μm～nm 数量级）分子间作用力吸附作用（包括氢键，个别学者还称之为分子键吸附）；（3）近程的（纳米至皮米 nm～pm 数量级）化学键合吸附作用（共价键合吸附、离子键合吸附、配位键合吸附），宏观体现为酸碱反应、沉淀反应、离子交换反应、氧化还原反应等三个方面介绍浮选药剂在矿物表面吸附的化学规律。

4.3.1 静电吸附规律

4.3.1.1 矿物表面的荷电现象

当矿物颗粒投入到水溶液中时，可以是矿物颗粒从溶液中选择性吸附某种离子，也可以是由于矿物颗粒表面离子的溶解作用使离子进入溶液，以致固液两相分别带有不同符号的电荷，在界面上形成了双电层的结构。Helmholtz 于 1879 年提出平板型模型，认为带电质点的表面电荷（即矿物颗粒的表面电荷）与溶液中带相反电荷的离子（也称为反离子）构成平行的两层，称为双电层（electric double layer），其距离约等于离子半径，很像一个平板电容器。矿物表面与溶液内部的电势差称为质点的表面电势 φ_0（即热力学电势），在双电层内 φ_0 呈直线下降。在电场作用下，带电质点和溶液中的反离子分别向相反的方向运动，如图 4-11 和图 4-12 所示[4]。

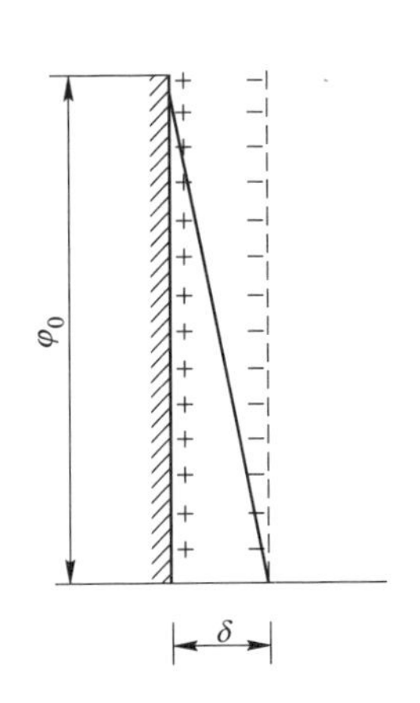

图 4-11 Helmholtz 平板双电层模型

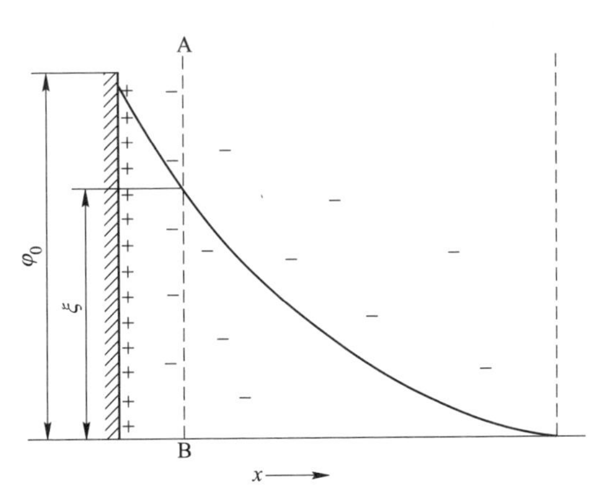

图 4-12 Gouy 扩散双电层模型

这种模型虽然对电动现象给予了说明，比较简单形象，但其关键问题是忽略了离子的热运动。离子在溶液中的分布，不仅决定于固体表面上定位离子的静电吸引，同时也决定于自发存在的、使离子均匀分布的无规则热运动，这两种相反的作用力，使离子在固液界面附近建立一定的分布平衡，因而它不可能形成完整的平板式的电容器。此外矿物晶体表面缺电子活性位点和多电子活性位点交替排列，阴阳离子间隔排列，贯穿整个矿物晶体，因此双电层理论只是作为理论参考。

Gouy（古埃，于 1910 年）和 Chapman（查普曼，于 1913 年）修正了上述模型，提出了扩散双电层的模型。他们认为由于静电吸引作用和热运动两种效应的结果，在溶液中与矿物颗粒表面离子电荷相反的离子只有一部分紧密地排列在固体表面上（距离为 1~2 个离子的厚度），另一部分离子与矿物表面的距离则可以从紧密层一直分散到本体溶液之中。因此双电层实际上包括了紧密层和扩散层两部分。在扩散层中离子的分布可用 Boltzmann 分布公式表示。当在电场作用下，固液之间发生电动现象时，移动的滑动面为 AB 面，如图 4-12 所示，相对运动边界处与溶液本体之间的电势差则称为电动电势（electro-kinetic potential）或称为 ξ 电势（zeta-potential）。显然，表面电势 φ_0 与 ξ 电势是不同的。随着电解质浓度的增加，或电解质价态增加，双电层厚度减小，ξ 电势也减小。

Gouy 和 Chapman 的模型虽然克服了 Helmholtz 模型的缺陷，但也有许多不能解释的实验事实。例如，虽然他们提出了扩散层的概念，提出了 φ_0 与 ξ 电势的不同，但对 ξ 电势并未赋予更明确的物理意义。根据 Gouy-Chapman 模型，ξ 电势随离子浓度的增加而减小，但永远与表面电势同号，其极限值为零。但实验中发现有时 ξ 电势会随离子浓度的增加而增加，甚至有时可与 φ_0 反号。Gouy-Chapman 模型对此都无法给出解释。Stern（斯特恩）作了进一步修正。他认为：紧密层（后来又称为 Stern 层）有 1~2 个分子层厚，紧密吸附在表面上，这种吸附称为特性吸附（specific adsorption），它相当于 Langmuir 的单分子吸附层。吸附在表面上的这层离子称为特性离子。在紧密层中，反离子的电性中心构成了所谓的 Stern 平面，在 Stern 层内电势的变化情形与 Helmholtz 的平板模型一样，φ_0 直线下降到 Stern 平面的 φ_δ。由于离子的溶剂化作用，紧密层结合了一定数量的溶剂分子，在电场作用下，它和矿物质点作为一个整体一起移动。因此切动面的位置略比 Stern 层靠右，ξ 电势也相应略低于 φ_δ（如果离子浓度不太高，则可以认为两者是相等的，一般不会引起很大的误差），如图 4-13 所示[4]。

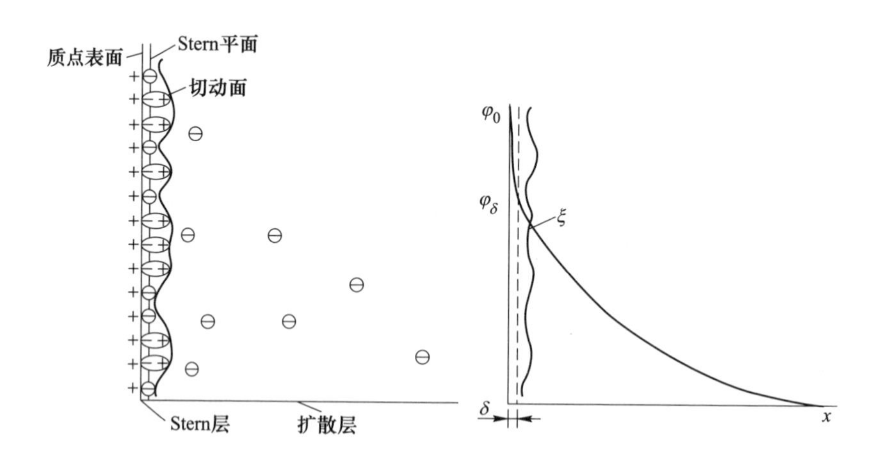

图 4-13　双电层的 Stern 模型

当某些高价反离子或大的反离子（如表面活性离子）由于具有较高的吸附能而大量进入紧密层时，则可能使 φ_δ 反号。若同号大离子因强烈的分子间引力可能克服静电排斥而进入紧密层时，可使 φ_δ 电势高于 φ_0。

由此可见，任何模型总是在不断修正过程中得以逐步完善。Stern 模型显然能解释更多的事实。但是由于定量计算上的困难，所以通常其理论处理仍然可以采用 Gouy-Chapman 的处理方法，只是将 φ_0 换为 φ_δ 而已。

ξ 电势与热力学电势 φ_0 不同，φ_0 的数值主要取决于总体上溶液中与矿物成平衡的离子浓度。而 ξ 电势则随着溶剂化层中离子的浓度而改变，少量外加电解质对 ξ 电势的数值会有显著的影响。随着电解质浓度的增加 ξ 电势的数值降低，甚至可以改变符号。图 4-14 绘出了 ξ 电势随外加电解质浓度的增加而变化的情形。在图 4-14（a）中，δ 为矿物表面所束缚的溶剂化层的厚度；d 为没有外加电解质时扩散双电层的厚度，其大小与电解质的浓度、价数及温度均有关系。随着外加电解质浓度的增加，有更多与矿物表面离子符号相反的离子进入溶剂化层，同时双电层的厚度变薄（从 d 变成 d'，…），ξ 电势下降（从 ξ 变成 ξ'，…）。当双电层被压缩到与溶剂化层兹合时，ξ 电势可降到以零为极限。如果外加电解质中异电性离子的价数很高，或者其吸附能力特别强，则在溶剂化层内可能吸附了过多的异电性离子，这样就使 ξ 电势改变符号。图 4-14（b）表示 ξ 电势变号前后双电层中电势分布的情况。可是，少量外加电解质对热力学电势 φ 却并不产生显著的影响。

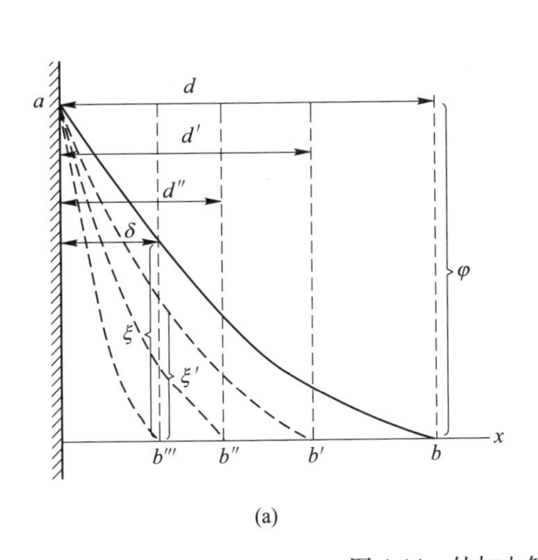

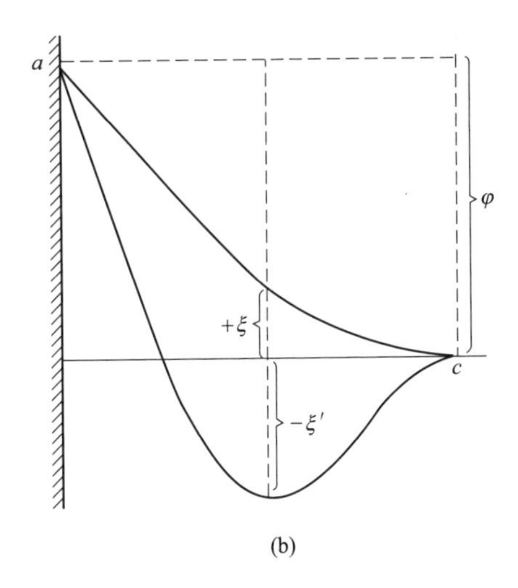

图 4-14 外加电解质对 ξ 电势的影响

利用双电层和 ξ 电势的概念，可以说明电动现象。以电渗作用为例，研究电渗作用时，所用的多孔塞实际上是许多半径极细的毛细管的集合。对于其中每一根毛细管而言，固液界面上都有如上所述的双电层结构存在，在外加电场下固体及其表面溶剂化层不动，而扩散层中其他与固体表面带相反电荷的离子则可以发生移动。这些离子都是溶剂化的，因此就观察到分散介质的移动，如图 4-15 所示。同样，利用双电层和 ξ 电势的概念也可以说明电泳作用。以上所讨论的双电层结构在胶体粒子表面上也完全适用，溶胶中的独立运动单位是胶粒，它实际上就是固相连同其溶剂化层所构成的，胶粒与其余的处于扩散层中的导电性离子之间的电位降即为 ξ 电势。因此在外加电场之下胶粒与扩散层中的其余异电性离子彼此向相反方向移动，而发生电泳作用。在电泳时胶粒移动的速度 u 显然与胶粒本身的大小、形状及所带的电荷有关，也与外加电场的电场强度 E、ξ 电势、介质的介电常数 ε 和黏度 η 等因素有关，可见关系比较复杂，很难用统一的公式来计算 u 值。

Stern 模型虽能解释一些事实，但在理论处理上遇到了一些困难，于是又有人对 Stern 模型中所提出的 Stern 层的结构作了更为详尽的描述。有代表性的理论是由 Bockers、Devana 和 Muller 提出的被称为 BDM 理论。主要是对 Stern 模型的紧密层作了补充，如图 4-16 所示。

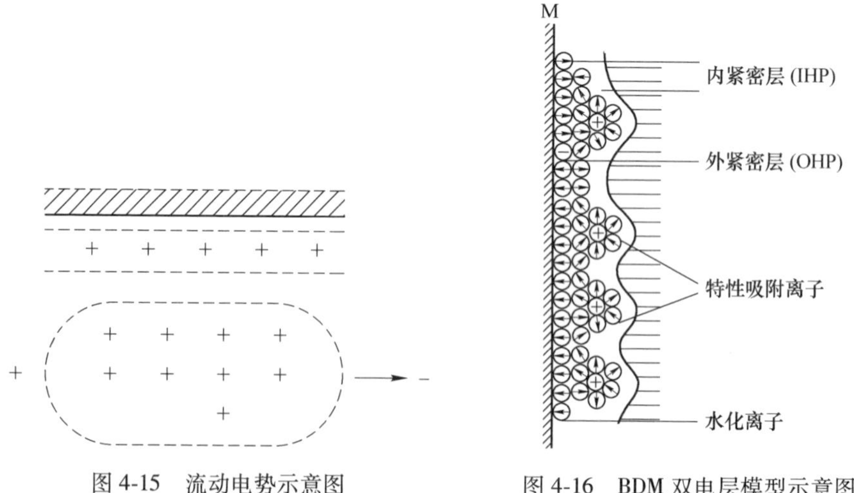

图 4-15　流动电势示意图　　　图 4-16　BDM 双电层模型示意图

BDM 理论仍将双电层分为紧密层和扩散层，但将紧密层又细分为内紧密层和外紧密层（如图 4-16 所示）。在内紧密层被固体表面所吸附的反离子由于紧粘在矿物表面，所以是非溶剂化的（至少在与矿物表面接触的那一侧无溶剂分子）。由这一侧反离子所构成的面称为内 Helmholtz 层（缩写为 IHP）。在 Stern 层内，在 IHP 外的反离子则是溶剂化的反离子，以这些为中心构成外 Helmholtz 层（缩写为 OHP），分布在外紧密层中的反离子是不均匀且是断续的，因而存在电荷不连续效应。这种效应的存在可以解释一些 Gouy-Chapmann-Stern（GCS）理论无法说明的问题。尽管如此，目前的各种关于双电层的理论尚未达到尽善尽美的程度，仍需要不断的充实和补充[4]。

4.3.1.2 带电颗粒的电动现象

在浮选溶液的固液界面处，矿物表面上与其附近的液体内通常会分别带有电性相反、电荷量相同的两层离子，从而形成双电层。在矿物表面的带电离子称为定位离子（localized ion），在矿物表面附着的液体中，存在与定位离子电荷相反的离子称为反离子。矿物表面上产生定位离子的原因，可归纳为如下几点：（1）吸附。试验表明，凡是与微细粒矿物（微米数量级）中某个组成相同的离子则优先被吸附。在没有与微细粒矿物组成相同的离子存在时，则吸附剂一般先吸附水化能力较弱的阴离子，而使水化能力较强的阳离子留在溶液中，所以通常带负电荷的矿物颗粒居多。（2）电离。对于可能发生电离的大分子的矿物颗粒而言，则矿物颗粒带电主要是其本身发生电离引起的。如石英颗粒（微米数量级）在水溶液中表面存在电离平衡 $SiOH \rightleftharpoons SiO^- + H^+$，当矿浆的 pH 值较低时，石英颗粒一般带正电，当 pH 值较高时，则带负电荷；当石英颗粒所带的净电荷为零时，这时溶液的 pH 值称为石英的等电点（isoelectric point）。在等电点时石英颗粒的移动已不受电场影响。（3）同晶置换。黏土矿物中如高岭土，主要由铝氧四面体和硅氧四面体组成，而 Al^{3+} 与周围 4 个氧的电荷不平衡，要由 H^+ 或 Na^+ 等正离子来平衡电荷。这些阳离子在矿浆中会电离并扩散，所以使黏土微粒带负电。如果 Al^{3+} 被 Mg^{2+} 或 Ca^{2+} 同晶置换，则黏土微粒带的负电更多。（4）溶解量的不均衡。离子型矿物物质如 CaF_2，在水中会有微弱的溶解，所以水中会有少量的 Ca^{2+} 和 F^-。由于一般阳离子半径较小，阴离子半径较大，所以半径较小的 Ca^{2+} 离子扩散比 F^- 快，因而易于脱离矿物表面而进入溶液，所以 CaF_2 颗粒带负电。

矿浆体系中矿物颗粒由于上述种种原因而带有某种电荷，在外电场作用下带电矿物颗粒（微米数量级）将发生运动，这就是微细粒矿物颗粒的电动现象（electrokinetic phenomenon）。电泳、电渗、流动电势和沉降电势均属于电动现象。

A 电泳现象

在外电场的作用下带有电荷的矿物微细粒（微米数量级）作定向的迁移，称为电泳现象（electro phoresis）。这和电解质溶液中带电荷的离子，在外电场作用下的定向迁移本质上是一样的。

图 4-17 所示为测定电泳最简单的装置。在 U 形管的两个支管上标有刻度（长度刻度），底部有口径与支管粗细相同的活塞，活塞的另一端则连接一

个玻管和一个漏斗，分散系统就是通过这个管道注入U形管的底部，仔细控制注入量，使液面恰与两活塞的上口持平时关闭活塞。在U形管的两活塞以上的部分注入水或其他辅助溶液，两管中液面的高度应彼此持平。将电极插入辅助液中，接通电源，然后打开U形管上的两个活塞，开始观测分散系统与辅助液间界面的移动方向和相对速度，以确定分散系统中质点所带电荷的符号和电动电势。

显微电泳（又称为颗粒电泳）所研究的颗粒必须能在显微镜下观测到，所以粗颗粒的悬浮体用此法测定较为合适。图4-18是显微电泳的示意图，把溶胶放入该图上部的底部水平毛细玻璃管（工作管）内，两端装上适当电极，然后在黑暗背景下，可以用超显微镜观测溶胶粒子的电泳（图4-18中下面的图是其侧面图）。

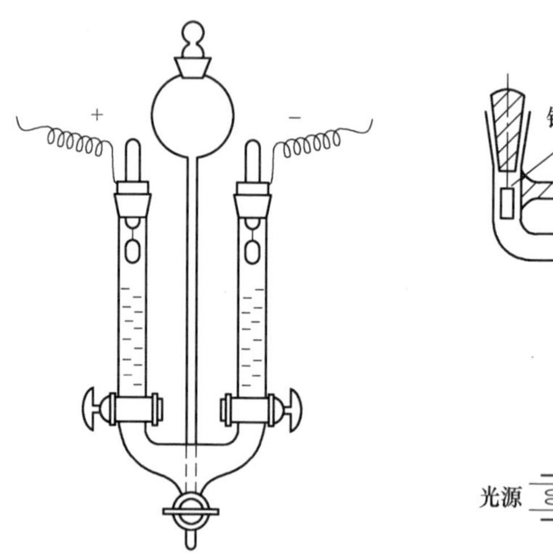

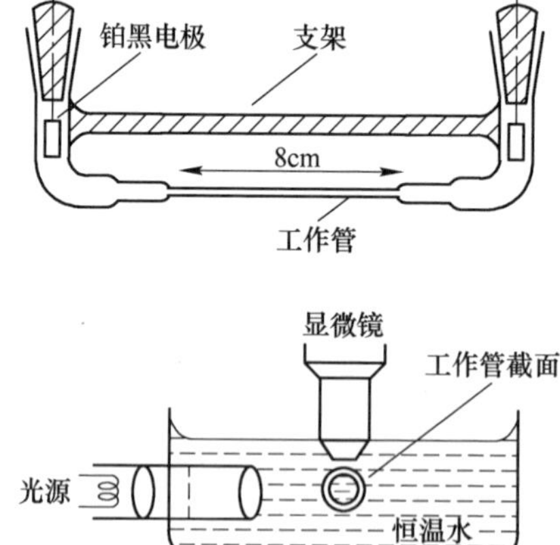

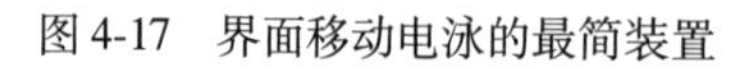

图4-17　界面移动电泳的最简装置

图4-18　显微电泳装置示意图

影响微细粒矿物颗粒电泳的因素有：带电粒子的大小、形状，粒子表面的电荷数目，溶剂中电解质的种类、离子强度，以及pH值、温度和所加的电压等。

B　电渗现象

在外加电场下，可以观察到微细粒矿物颗粒（10μm左右）会通过多孔性物质（如素瓷片或固体粉末压制成的多孔塞）而移动，即固相不动而液相移动，这种现象称为电渗（electro osmosis）。用图4-19所示的仪器可以直接观察到电渗现象。图4-19中3为多孔塞（其作用相当于多孔膜），盛液管1、2中盛液体，当在电极5、6上施以适当的外加电压时，从刻度毛细管4中液体弯月面的移动可以观察到液体的移动。实验表明，液体移动的方向因多孔塞的性质而异。例如当用滤纸、玻璃或棉花等构成多孔塞时，则水向阴极移动，这表示此时液相带正电荷；而当用氧化铝、碳酸钡等物质构成多孔塞时，则水向阳极移动，显然此时

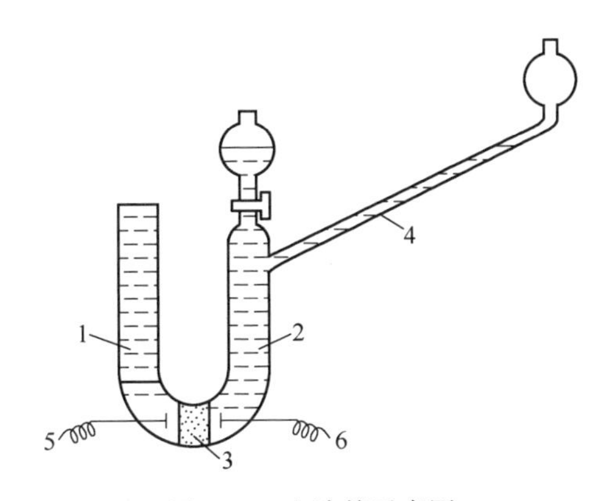

图 4-19　电渗管示意图

1，2—盛液管；3—多孔塞；4—毛细管；5，6—电极

液相带负电荷。和电泳一样，外加电解质对电渗速度的影响很显著，随电解质浓度的增加电渗速度降低，甚至会改变液体流动的方向。

液体运动的原因是在多孔性矿物颗粒和液体的界面上有双电层存在。在外电场的作用下，与表面结合不牢固的扩散层离子向带反号电荷的电极方向移动，而与表面结合得紧的 Stern 层则是不动的，扩散层中的离子移动时带动矿物颗粒一起运动[4]。

C　沉降电势和流动电势

在外力作用下（主要是重力）矿物颗粒在水溶液中迅速沉降，则在矿物颗粒的表面层与其内层之间会产生电势差，称之为沉降电势（sedimentation potential），它是电泳作用的伴随现象，电泳是带电矿粒在电场作用下作定向移动，是因电而动，而沉降电势是在矿粒沉降时产生的电动势，是因矿粒移动而产生电。

在外力作用下（例如加压）使液体在毛细管中经毛细管或多孔塞时（后者是由多种形式的毛细管所构成的管束），液体介质相对于静止带电表面流动而产生的电势差，称之为流动电势（streaming potential），它是电渗作用的伴随现象。毛细管的表面是带电的，如果外力迫使液体流动，由于扩散层的移动，即液体将双电层的扩散层中的离子带走，因而与固体表面产生电势差，从而产生了流动电势。

4.3.1.3　矿物颗粒 Zeta 电位

电泳方法已被广泛用于矿物/水溶液体系的浮选研究。为了测量矿物表面的带电情况，待测矿物必须磨得非常细（约 10μm），并且矿浆悬浮液中矿物含量必须很低。1903 年斯莫卢霍夫斯基（Smoluchowski）通过电泳现象测出了颗粒的电泳淌度 u，然后给出公式计算出颗粒的 ξ 电位，也称作 Zeta 电位或动电电位。

$$\xi = \frac{6\pi\eta u}{\varepsilon} \times 9 \times 10^{12} \tag{4-12}$$

式中，ξ 为矿物颗粒的 Zeta 电位，mV；η 为电解质溶液的黏度，Pa · s；ε 为电解质溶液的介电常数，无量纲；u 为矿物颗粒的电泳淌度，$m^2/(s \cdot V)$。

目前采用 Zeta 电位分析仪可以测定矿物颗粒的 ξ 电位。矿物的 Zeta 电位测量方法为将纯矿物在玛瑙研钵中研细至-10μm，称取 20mg 纯矿物置于 50mL 烧杯中，加入一定浓度的电解质 NaCl 或者 KCl 溶液（1.0×10^{-3} mol/L）10mL，将该烧杯放置在磁力搅拌器上搅拌 5min 后停止搅拌，静置 10min，取上清液进行 ξ 电位测量，测定不同 pH 值下的矿物颗粒的动电位 ξ-potential 值。重晶石的 Zeta 电位-pH 值曲线如图 4-20 所示。

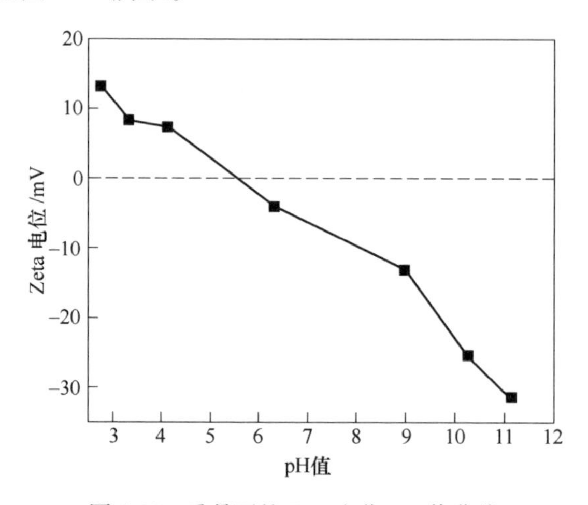

图 4-20　重晶石的 Zeta 电位-pH 值曲线

从图 4-20 中可以看出，该重晶石纯矿物颗粒的零电点为 $pH_0 = 5.56$。当矿浆 $pH < pH_0$ 时，矿物颗粒荷正电（宏观净剩电荷为正电荷）；当矿浆 $pH > pH_0$ 时，矿物颗粒荷负电（宏观净剩电荷为负电荷）；当矿浆 $pH = pH_0$ 时，矿物颗粒不带电（宏观净剩电荷为零）。

不同矿物颗粒的零电点不同，石英颗粒的零电点 $pH_0 = 2.14$，如图 4-21 所示。矿物的零电点数据如表 4-3 所示。

表 4-3　不同矿物的零电点 pH_0 数据

矿物	石英	赤铁矿	磁铁矿	锡石	萤石	磷灰石	重晶石	菱镁矿
pH_0	2.14	5.34	4.78	5.62	5.03	3.11	5.56	3.83

注：本数据来源于东北大学硕士论文中的检测数据[8~18]。由于不同矿脉来源的纯矿物含有微量杂质的不同，零电点数值会有微小变化。

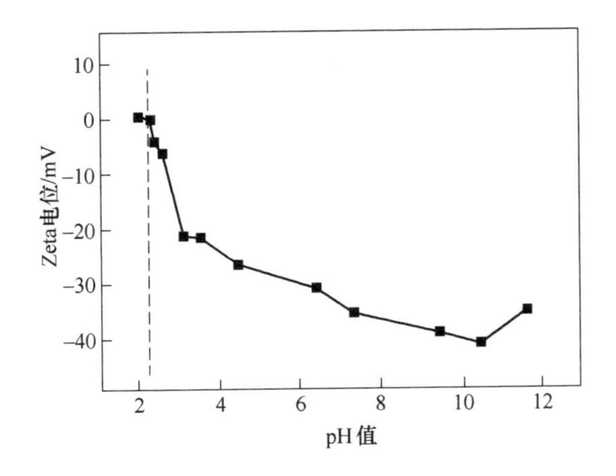

图 4-21 石英的 Zeta 电位-pH 值曲线

零电点的物理化学含义：零电点是用 pH 值表示的一个描写矿物颗粒荷电状态的物理量，如赤铁矿的零电点为 $pH_0=5.34$、锡石的零电点为 $pH_0=5.62$，但是矿物颗粒的零电点大小却是一个与 pH 值无关的数值。pH_0 是由矿物表面化学组成及矿物晶格结构决定的；pH_0 反映的是矿物微观表面阳离子（缺电子位点）与阴离子（多电子位点）多少的宏观度量。若两种矿物颗粒的零电点不同，且有 $pH_{01}<pH_{02}$，则说明矿物颗粒 1 表面的阳离子数目较少，矿物颗粒 2 表面的阳离子数目较多，需要更多的 OH^- 离子去中和，使得矿物表面荷电为零，因此 pH_{02} 值较大。

4.3.1.4 静电吸附规律

由前面可知，矿浆中矿物颗粒在不同 pH 值之下的宏观带电荷量不同，且矿物微观表面也有局部缺电子位点和多电子位点；浮选药剂在不同 pH 值下，存在形式也不同，例如油酸在酸性溶液中为分子形态，不带电，但是在碱性溶液中则以油酸根阴离子形式存在。这种带不同电荷的微观粒子，处于一个混沌体系中，由于搅拌及分子无规则热运动的作用，这种带电矿物颗粒（吸附剂）与药剂分子、离子（吸附质）之间就会发生异性电荷的静电引力作用，遵循静电引力理论，即相反电性的带电体存在着相互作用，作用力大小正比于它们带电量的乘积，反比于它们之间距离的平方。这种由带电矿物颗粒（吸附剂）与药剂分子、离子（吸附质）之间发生的异性电荷的静电引力作用引起的吸附，称为静电吸附。

静电吸附的特点是能量小（有人提出在 0.01~0.1eV/mol），或者说吸附热小（几 kJ/mol 或更小），吸附分子与矿物表面距离为微米数量级或者更近的距离，在矿物表面上具有流动性（吸附与解吸同时发生），呈现多分子层的吸附规律，吸附等温线遵循 BET 吸附等温方程式。静电吸附一般没有选择性或选择性较差，并且易于解吸，通常吸附量随温度上升而下降。

如 pH = 9.00 时，十二胺存在形态是 RNH_3^+，此时石英颗粒表面荷负点，因此在 pH = 9.00 时石英与 RNH_3^+之间不可避免地存在静电吸附作用，这种静电吸附只是石英与 RNH_3^+之间的一种吸附作用，还要考虑氢键吸附和分子间作用力吸附。

4.3.2　分子间作用力（分子键）及氢键吸附

分子间作用力（简称分子间力）吸附有人把它归结为物理吸附。由于分子间作用力、氢键吸附涉及的物理化学规律不同，与静电吸附规律更是不一样，影响因素也各不相同，因此，把分子间作用力（分子键）及氢键吸附单独分类。本节详细介绍分子间力（分子键）及其氢键吸附所涉及的化学本质规律。

4.3.2.1　分子间力（分子键）

A　分子间力产生的原因

广义上说分子间力产生的原因有三个方面。第一，起源于电性引力；第二，起源于一定温度下（T>0K）具有玻耳兹曼分布的分子的纯熵效应；第三，起源于量子力，它是化学键的起源（包括共价键、离子键、电子转移相互作用等）[5]。

即使对于不带电的中性分子，每个分子也都有带正电荷的原子核和带负电荷的电子，由于正、负电荷数量相等，整个分子是电中性的。但是对每一种电荷（正电荷或负电荷）电量来说，都可以抽象为某几何点上，就像任何物体的质量可被认为集中在其“质心”（质量的几何中心）上一样。我们把电荷的这种集中点叫做“正电中心”和“负电中心”。在分子中如果正电中心、负电中心不重合在同一点上，那么这两个中心又可称为分子的两个极（正极和负极），这样的分子就具有极性。这种正、负电荷中心不重合的分子中就有正、负两极。

分子具有极性，叫做极性分子。由此可见，对双原子分子来说，分子是否具有极性，决定于所形成的键是否具有极性。但对于多原子分子来说，有极性键的分子不一定是极性分子，还要看分子的几何构型，如 CS_2 分子为直线型，C—S 键为极性共价键，但是分子对称性决定了 CS_2 分子为非极性分子。极性分子内一定含有极性键。共价键是否有极性，决定于相邻两原子间共用电子对是否偏移；而分子是否有极性，决定于整个分子正、负电荷中心是否重合。

正因为分子具有极性，因此分子也被称为“偶极”。偶极指的是正、负两极，即分子就像一个小磁针一样，正负电荷中心不重合造成的电荷向两极分化，如图 4-22 和图 4-23 所示。分子间作用力的起源是分子偶极之间的电磁力。

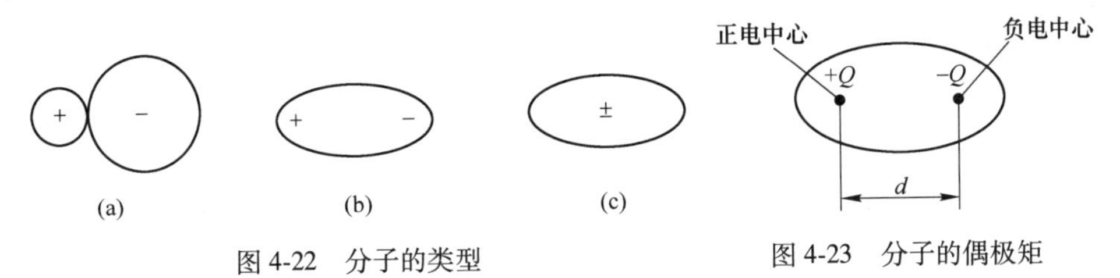

图 4-22 分子的类型

（a）离子型分子；（b）极性分子；（c）非极性分子

图 4-23 分子的偶极矩

偶极矩 μ 定义为分子中电荷中心（正电荷中心或负电荷中心）上的电荷量 Q 与正、负电荷中心之间距离 d 的乘积，即 $\mu=Qd$(单位为 C · m)。

图 4-23 中 d 也称为偶极长度。分子偶极矩的具体数值可以通过实验测出，偶极矩越大，分子的极性越强。

分子除了具有极性外还具有变形性。如果把分子置于外加电场中，则其中电荷分布还可能发生某些变化。为了便于讨论，先从非极性分子在电场作用下分子内电荷分布的变化情况谈起。如果把一非极性分子置于电容器的两个极板之间，分子中带正电荷的原子核被吸引向负电极，而电子云被吸引向正电极，因此原子核与核外电子云发生相对位移，造成分子的形变，此过程称为分子变形极化。这使原来重合的正、负电荷中心彼此分离，分子出现了偶极，这种偶极称为诱导偶极。电场越强，分子的变形越显著，诱导偶极越大。当外电场撤除后，诱导偶极自行消失，分子重新复原为非极性分子。

由此可知 $\mu_{诱导}$ 与电场强度成正比，比例常数为 α，则 $\mu_{诱导}=\alpha E$，显然 α 可作为衡量分子在电场作用下变形性大小的标度，叫做分子的诱导极化率，简称极化率。在一定强度的电场作用下，α 越大，分子的 $\mu_{诱导}$ 越大，分子的变形性也就越大。

对于极性分子来说，本身就存在着偶极，这种偶极叫做固有偶极或永久偶极。对于任何分子，如果没有外电场的作用，它们一般都做无规则的热运动，这种由分子无规则热运动引起的正负电荷中心发生瞬时的偏离而形成的偶极，称为瞬时偶极。

在外电场作用下，极性分子的正极一端将转向负电极，负极一端则转向正电极，亦即都顺着电场的方向整齐地排列，这一过程叫做分子定向极化。而且在电场的进一步作用下，产生诱导偶极。这时分子的偶极为固有偶极和诱导偶极之和，分子的极性有所增强。

由此可见，极性分子在电场中的极化（图 4-24）包括分子定向极化和变形极化两方面。另外，分子的极化不仅能在电容器的极板间发生，极性分子自身就存在着正、负两极，作为一个微电场，极性分子与极性分子之间、极性分子与非极性分子之间同样也会发生极化作用。这种极化作用对分子间力的产生有重要影响。

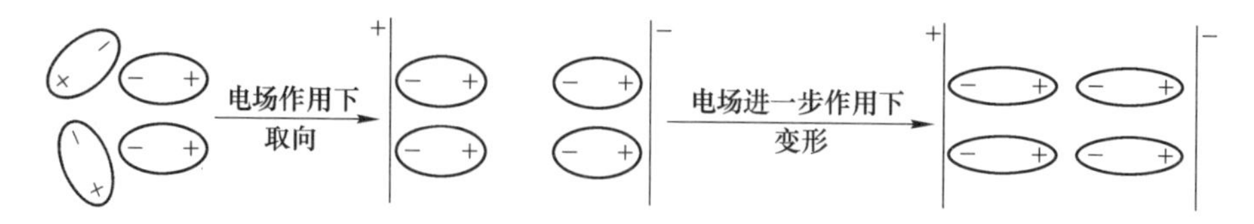

图 4-24　极性分子在电场中的极化

表 4-4 列举了两个分子、离子或者原子之间常见的相互作用及作用能[5]。

表 4-4　真空中两个分子、离子或者原子之间常见的相互作用类型

项目	相互作用类型	相互作用能 $w(r)$
电荷—电荷	长程库仑力 Q_1 Q_2 r	$+\frac{Q_1Q_2}{4\pi\varepsilon_0 r}$
电荷—偶极	固定偶极子 u θ Q_2 r	$-\frac{Q_u\cos\theta}{4\pi\varepsilon_0 r^2}$
	自由旋转 u Q_2 r	$-\frac{Q^2u^2}{6(4\pi\varepsilon_0)^2kTr^4}$
偶极—偶极	固定偶极子 u_1 θ_1 u_2 θ_2 r ϕ	$-\frac{u_1u_2(2\cos\theta_1\cos\theta_2-\sin\theta_1\sin\theta_2\cos\phi)}{4\pi\varepsilon_0 r^3}$
	自由旋转 u_1 u_2 r r	凯索姆能 $-\frac{u_1^2u_1^2}{3(4\pi\varepsilon_0)^2kTr^6}$
电荷—非偶极	Q α r	$-\frac{Q^2\alpha}{2(4\pi\varepsilon_0)^4r^4}$
偶极—非偶极	固定偶极子 θ α r	$-\frac{u^2\alpha(1+3\cos^2\theta)}{2(4\pi\varepsilon_0)^2r^6}$
	自由旋转 u α r	德拜能 $-\frac{u^2\alpha}{(4\pi\varepsilon_0)^2r^6}$
两个非偶极子	α α r	伦敦分散能 $-\frac{3}{4}\times\frac{h\upsilon\alpha^2}{(4\pi\varepsilon_0)^2r^6}$
氢键	短程力 H O H H O H H O H H O H r	正比于 $-1/r^2$ $-\frac{Q_{H^+}u\cos\theta}{4\pi\varepsilon_0 r^2}$

注：Q 为电荷，C；u 为电偶极矩，C·m；α 为电极化率，$C^2\cdot m^2/J$；r 为相互作用分子、离子或原子间中心距离，m；k 为玻耳兹曼常数 1.381×10^{-23} J/K；T 为热力学温度，K；h 为普朗克常数 6.626×10^{-34} J·s；ε_0 为自由空间的介电常数 $8.854\times10^{-12}C^2/(J\cdot m)$。

B　分子间力种类

假定分子间不发生化学反应的前提下进行如下讨论：

（1）非极性分子和非极性分子之间。非极性分子之间的这种作用力是怎样产生的？在非极性分子，如乙二胺分子 $NH_2CH_2CH_2NH_2$ 中，其分子是对称的，所以其正、负电荷中心是重合的，分子没有极性。但是，由于组成分子每个原子核外电子都在不断地运动，原子核都在不停地振动，使核外电子云与原子核之间经常发生瞬时的相对位移，分子的正、负电荷中心暂时不重合，产生瞬时偶极。每一个瞬时偶极存在的时间尽管是极为短暂的，但由于电子和原子核时刻都在运动，瞬时偶极不断地出现，异极相邻的状态不断地重现，使非极性分子之间只要接近到一定距离（0.1nm 左右数量级），就始终存在着一种持续不断的相互吸引作用。分子之间由于瞬时偶极而产生的作用力称为色散力，非极性物质分子之间正是由于色散力的作用才能凝聚为液体、凝固为固体的，所以色散力作用不可低估。

（2）非极性分子和极性分子之间。由于核外电子与原子核的相对运动，不仅非极性分子内部会出现瞬时偶极，而且极性分子内部也会出现瞬时偶极，因此非极性分子和极性分子之间也同样存在着色散力。除此之外，非极性分子在极性分子的固有偶极作用下会发生变形极化，产生诱导偶极，使非极性分子与极性分子之间还产生一种相互吸引作用，这种诱导偶极与固有偶极之间的作用力称为诱导力。

（3）极性分子与极性分子之间。极性分子由于有固有偶极，当极性分子相互靠近时，如前所述会发生定向极化，由于固有偶极的取向而产生的作用力称为取向力。另外，极性分子定向排列后还会进一步发生变形极化，产生诱导偶极。因此，极性分子之间还存在着诱导力。最后，应该特别提到的是极性分子之间也存在着色散力。

总之，在非极性分子之间只有色散力；在非极性分子和极性分子之间有色散力和诱导力；在极性分子之间有色散力、取向力和诱导力。由此可见，色散力存在于一切分子之间。

需要特别指出的是：1930 年 F. W. 伦敦从量子力学得出两个分子可以由于瞬时偶极（两个分子的瞬时偶极总是反向的）间的作用而产生引力，称为伦敦力。量子力学计算表明，除极性特别强的分子间力外，分子间的伦敦力都是范德华力。由于这种相互作用说明了光通过物质发生色散的现象，伦敦力（London force）也称为色散力。1912 年葛生（Keeson）首先提出来的极性分子固有偶极间存在作用力是取向力，因此取向力也称为葛生力（Keesen force）。1936 年荷兰物理学家德拜提出了分子偶极矩概念及其测定方法，偶极矩单位就是用德拜的名字命名的，发现了诱导偶极，因此诱导力也被称为德拜力（Debye force）。这三种分子间力，统称范德华力（Van Der Waals force）。

C　分子间力的度量手段——接触角

接触角（contact angle）是指在气、液、固三相交点处所作的气-液界面的切线，此切线在液体一方与固-液交界线之间的夹角 θ，是溶液对固体材料润湿程度的量度。

此外接触角还可以度量不同固体表面与同一种液体的分子间力大小，如图 4-25 所示。

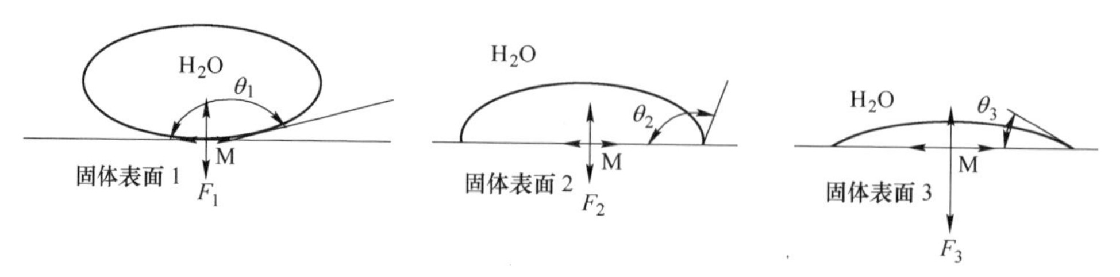

图 4-25　不同固体表面的接触角与分子间作用力的关系

三个不同的固体表面，分别滴上一滴水。由于不同固体表面有不同的疏水性，因而得到不同大小的接触角数据，由图 4-25 可知，$\theta_1>\theta_2>\theta_3$。固体表面 1 疏水性最强，接触角最大；固体表面 2 疏水性次之；固体表面 3 疏水性最差，轻亲水性最强，接触角最小。选取固液界面某一点 M 水分子，M 水分子为液体表面分子，该分子同时受左边和右边的水分子间作用力吸引，在水平方向达到平衡；在垂直方向，M 水分子同时受上面水分子的分子间作用力（不变为固定值）和下面固体材料分子的分子间作用力的吸引，三种固体对 M 水分子的分子间吸引力却不同，分别为 F_1、F_2、F_3，正因为是 $F_1>F_2>F_3$，因此垂直方向的合力大小数值不同，使得接触角大小不同，因此接触角数值的本质是固体材料表面分子对水分子的分子间力作用的结果。图 4-25 中，接触角越小，固体材料对参比水分子的分子间力越大。

D　分子间力吸附的特点

矿物颗粒与药剂分子的分子间力吸附在本质上虽然也是一种电性作用力，但是它与静电作用力的化学规律不同。它是中程作用力，作用范围仅为几百皮米（pm）。当分子间距离为分子本身直径的 4~5 倍时，作用力就减弱到几乎可以忽略不计。它的作用能一般是每摩尔几千焦到几十千焦。虽然比化学键键能小 1~2 个数量级，但这对由共价型分子所组成的物质的一些物理性质影响很大。它一般没有方向性和饱和性。在这三种分子间作用力（色散力、取向力、诱导力）中，相对大小一般为：色散力≫取向力>诱导力，因此为了便于计算，只考虑色散力为分子间主要作用力。

无论是取向力、诱导力或是色散力，都与分子间的距离有关。随着分子间距离的增大作用力迅速减弱。另外，取向力还与温度和分子的极性强弱（或偶极矩大小）有关。温度越高，分子取向越困难，取向力越弱；分子的偶极矩越大，取向力越强。诱导力与极性分子的极性强弱和非极性分子的变形性大小有关。极性分子的偶极矩越大，非极性分子的极化率越大，诱导力也越强。

色散力主要与分子的变形性有关。分子的极化率越大，色散力也就越强。分子间力对物质的影响是多方面的。液体物质分子间力越大，汽化热就越大，沸点就越高；固态物质分子间力越大，熔化热就越大，熔点就越高。一般来说，结构相似的同系列物质相对分子质量越大，分子变形性也越大，分子间力越强，物质的沸点、熔点也就越高。相对分子质量相等或近似而体积大的分子，电子位移可能性大，有较大的变形性，此类物质有较高的沸点、熔点。

分子间力对液体的溶解度也有一定影响。溶质或溶剂（指同系物）的极化率越大，分子变形性和分子间力越大，溶解度也越大。另外，分子间力对分子型物质的硬度也有一定的影响。分子极性越小，分子间力则较小，因而硬度不大；若分子间力较大，则具有一定的硬度。

以上这些溶解度、凝固点、分散性等性质，正是矿物浮选体系中，决定浮选效率的重要性质。因此分子间作用力不可小觑。

4.3.2.2 氢键吸附

近几年来，本书著者所在浮选药剂研发课题组开展了大量低温浮选捕收剂分子设计、合成及其捕收性能方面的研究工作。先后合成开发了羧酸改性捕收剂（α-氯代脂肪酸、α-溴代脂肪酸、α-氨基脂肪酸、α-羟基脂肪酸、二羧基脂肪酸等）、胺类系列捕收剂（伯氨、仲胺、叔胺、季胺、二胺等），同时还研究了含 N、O 原子的螯合捕收剂如羟肟酸（氧肟酸）、8-羟基喹啉、砷酸酯、磷酸酯等捕收药剂的制备、药剂分子结构分析、药剂与矿物作用机理。这些铁矿石浮选捕收剂的极性基上骨架原子尽管不同（RCOOH、氧肟酸、羟肟酸、8-羟基喹啉等极性基中骨架原子为 C，$ROSO_3H$ 极性基中骨架原子为 S，$ROAsO_3H$ 极性基中骨架原子为 As，$ROPO_3H$ 极性基中骨架原子为 P），但是它们在结构上的共同点是极性基中活性原子均为 N 和 O。此外，查阅文献可知，氟化物如氟硅酸钠、氟化钠、氟化氢等均为赤铁矿与含铁硅酸盐矿物分离的有效抑制剂（陈泉源、余永富，矿冶工程，1988）；F 原子也是药剂与矿物相互作用的“活性位点”，只是氟硅酸钠、氟化钠、氟化氢等药剂没有疏水碳氢长链，因而只能作为抑制剂使用。那么这三个“活性位点”原子 N、O、F 有什么共性呢？很显然，它们都是氢键形成的必要元素。因此作者认为在这些药剂与矿物吸附机理中氢键的作用不可忽视。

A 氢键的形成与检测

氢键形成的条件是：（1）必须要有一个与电负性很大的元素 X（如 F、O、N 等）直接相连的氢原子，以 X—H 表示；（2）必须还有一个具有孤对电子对而且电负性很大的元素的原子，以 Y 表示，从而形成 X—H…Y 氢键；(3) X 和 Y 的半径不能太大，否则 X、Y 之间斥力增大，使得氢键不能形成，如 H—S…S、H—Cl…Cl 就不能形成氢键。但是氢键会一定程度地存在于电负性原子（如 O、N、F、Cl）与已经成键的 H 原子之间。不同类型的氢键结构如图 4-26 所示[5]。

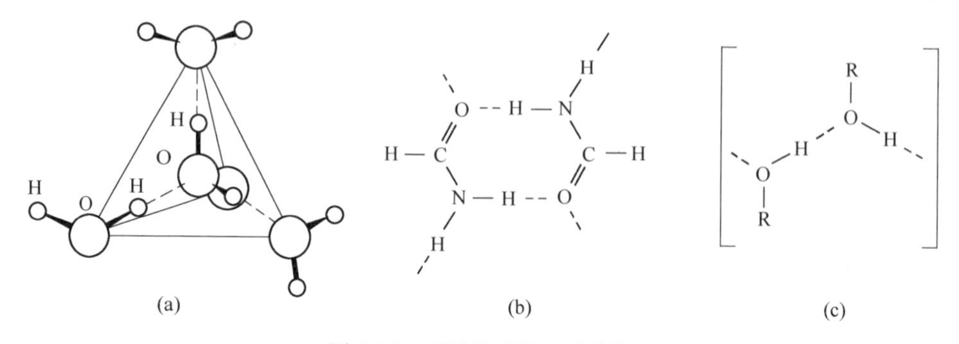

图 4-26　不同类型的氢键结构

(a) 三维结构（如冰）；(b) 二维层状结构（如酰胺类等）；
(c) 一维（链或者环）结构（如乙醇等）

氢键与其他分子间力不同，它具有选择性和方向性。与共价键和范德华力相比氢键的键角 θ 随键能 $w(\sigma)$ 的变化关系曲线如图 4-27 所示[5]。

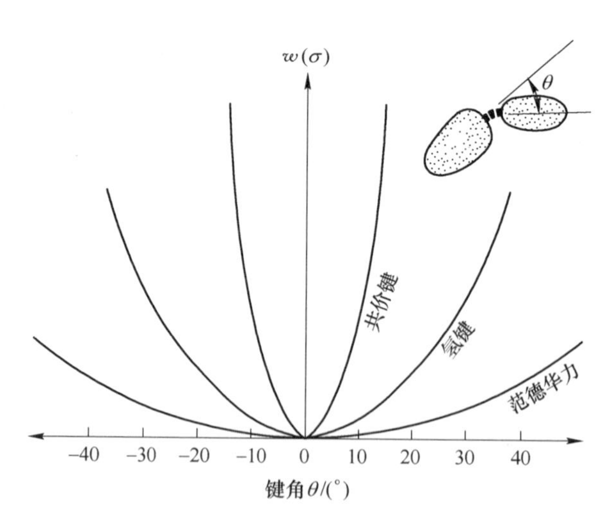

图 4-27　不同类型作用的键角 θ 随键能 $w(\sigma)$ 的变化关系曲线

图 4-27 中 $w(\sigma)$ 为室温下的键能，从图中可以看出，氢键的方向性比共价键的要弱一些，但是比范德华力作用的要强。氢键的强弱应与 A 及 B 的电负性和原子半径的大小有关；电负性越大则氢键越强。例如：F 的电负性大、半径小，所以 F—H…F 是较强的氢键，其键能为 28.1kJ/mol。水中的氢键 O—H…O 则为

18.8kJ/mol；在—COOH…O 中由于羰基的电子诱导效应，使得其氢键更强，其键能为 34.3kJ/mol[5]。Cl 的电负性虽然大，但它的原子半径也大，所以氢键 Cl—H…Cl 很弱。多数分子间的氢键强度在 10～40kJ/mol 之间（Joesten and Schaad，1974），比典型的范德华力作用更强，但比共价键作用更弱。

氢键的强弱可以通过 X 射线衍射、电子和中子衍射测定，通过测定晶体和分子结构，了解原子在空间的相对位置，可直接给出氢键存在的证据。在 X 射线的衍射中，虽然观察到氢原子，但很难给出其精确位置。中子衍射则弥补了这一不足，因为热能中子的散射对所有核大致相同，与原子序数无关。而 X 射线的散射则取决于电子密度，氢原子的电子密度又最小，即使氢原子不可能精确定位，但从 A—B 之间的距离仍能提供有用的信息。因为在 A—H…B 中，从 A 到 B 的距离若大大小于 A—H 键及 H 和 B 的范德华力半径之和，则认为有氢键形成。

氢键还可用许多方法测定，如量度偶极矩、溶解度、冰点下降、混合热、湿熔点法和色层分离法等。但最重要的方法是用氢键在红外和拉曼光谱、核磁共振谱仪方面的效应。当基团有氢结合时，如 O—H 或 N—H 这些基因的红外频率发生移动。氢键总是使峰移向更高的波长，对 A—H 和 B 两种基团来说，这种移动对前者更大。虽然氢键涉及质子由一个原子向另一个原子的迅速移动，核磁共振谱记录的是平均值，但因为氢键常使化学位移到更低的磁场，所以氢键能被检测。由于氢键随温度和浓度改变，比较不同条件下记录的谱，也能用来检测和量度氢键。例如 O—H 或者 C═O 的吸收频率因为氢键而产生位移，氢键总是能够使得 FTIR 吸收峰往低频率的方向移动，对于 A—H 和 B 基团两者来说，移动的大小前者更显著。比如一个自由的醇羟基基团或者酚中羟基基团的吸收频率应该是在 3590～3650cm^{-1}，当结合了氢键以后，其吸收频率移动到 50～100cm^{-1}。FTIR 还能够分辨出分子内的氢键以及分子间的氢键，因为分子间氢键会由于浓度增加而增强；而分子内氢键的吸收峰则不会有影响。Hilibert、Wulf、Hendricks 和 Liddel 等人还发现，—OH、—NH_2 基团与矿物表面活性位点原子之间形成的氢键越强，在 6500～7500cm^{-1}范围内的吸收峰尖锐度和强度越弱。

B　氢键吸附的特点

非硫化矿的矿物晶格中存在金属阳离子和氧阴离子，在不同 pH 值下，它们与 H^+和 OH^-结合，矿物表面存在大量的 O—H；同时非硫化矿浮选药剂都是含 O—H、N—H 的极性基团，因此在非硫化矿浮选过程中，氢键吸附一定存在。

氢键吸附具有选择性，没有 O—H、N—H 的体系氢键一定不存在。如硫化矿浮选就不研究氢键问题，非硫化矿物的浮选就一定要研究氢键。氢键具有饱和性和方向性，属于单分子层的吸附，吸附规律遵循 Langmuir 吸附等温方程式。

氢键的存在还影响到物质的某些性质，如熔点、沸点。分子间有氢键的物质熔化或汽化时，除了要克服纯粹的分子间力外，还必须提高温度，额外地供应一份能量来破坏分子间的氢键，所以这些物质的熔点、沸点较高。氢键还影响物质的溶解度，在极性溶剂中，如果溶质分子与溶剂分子之间可以形成氢键，则溶质的溶解度增大。氢键对物质的黏度也有影响，分子间有氢键的液体，一般黏度较大。液体分子间若形成氢键，有可能发生缔合现象。例如十二胺分子，在通常条件下除了正常简单的 RNH_2 分子外，还有通过氢键联系在一起的缔合分子 $(RNH_2)_2$ 及其解离后的离子 $RNH_2—RNH_3^+$、$RNH_3^+—RNH_3^+$。

氢键作为化学键的一部分，对于影响物质的化学性质有一定的作用，虽然它并非是分子组成的一种价键，但是却影响物质的物理化学性质。从检测铁矿石中的非硫化矿（如氧化矿与含氧酸盐矿等）与浮选药剂相互作用中氢键的强弱入手，查找矿物与药剂相互作用的机理，很可能就是问题的关键。因此系统地研究几种铁矿物（赤铁矿、磁铁矿、菱铁矿、硅酸铁）及其伴生的脉石矿物（石英、钙、镁的碳酸盐和硅酸盐矿物）晶体化学、矿物与捕收剂分子相互作用的内在规律、各类矿物与药剂分子极性基团之间的氢键作用强弱，揭示影响捕收剂捕收性能的关键因素，对于正确理解矿物与捕收剂分子固液界面效应及相互作用具有重要指导作用，这是开发新一代、高效浮选药剂的科学基础。

C　由氢键作用而产生的疏水效应和亲水效应

（1）疏水效应：水分子间互相形成氢键的强烈倾向，影响了它们与不能形成氢键的非极性分子（如烷烃、碳氢化合物、碳氟化合物等）之间的相互作用。当水分子与这样的烷烃分子接触时，水分子无论怎样排列，都不能与烷烃等分子形成氢键。在非极性分子如烷烃与水分子的界面，水分子之间形成了不同于水分子内部的更紧密的排列结构，如图 4-28 所示。

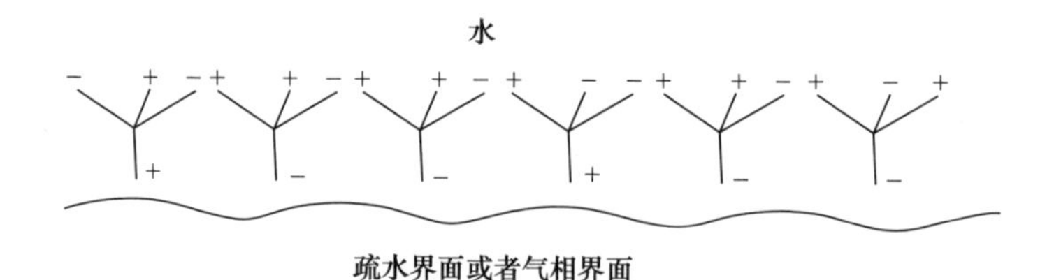

图 4-28　疏水-水界面的水结构

这种在非极性分子与水分子的界面发生的水分子之间的不同于水分子内部的紧密的排列现象，称为疏水溶剂化或者疏水水合。从熵的角度看，包围非极性物质的水分子重排或者结构重组是不利的，因为它扰乱了水分子原有的结构，给界面水分子强加了一个新的更有序的结构。惰性物质与水互不混溶，以及这种不相溶性的熵本质被称为疏水效应（Kauzmann，1959；Tanford，1980）。这些惰性物质（如烷烃和碳氟化合物等）被称为疏水性物质。与疏水效应密切相关的是疏水相互作用，它描述的是处于水中的疏水性分子与表面之间的超强吸引力，通常比相应分子在自由空间中的吸引力还强。

（2）亲水效应：极性分子或者基团之间在水中可以溶解并彼此间产生强烈分散排斥的倾向，这与疏水基团在水中显示的强吸引作用正好相反，这些分子或者基团被称为亲水基团。亲水分子或者基团（包括水分子自身）倾向与水接触，而不是互相之间接触。甚至一些亲水聚合物网络可以在水中膨胀到原始尺寸的1000倍，形成水凝胶。可以预料到，强水合离子和两性离子是亲水性的。但一些不带电荷的分子和非极性分子也可能是亲水性的，只要它们具有适当的几何构型，或者含有能形成氢键的原子，例如，O—H 中的 O 原子、N—H 中的 N 原子。图 4-29 显示了水分子在亲水物质表面的排列结构[5]。

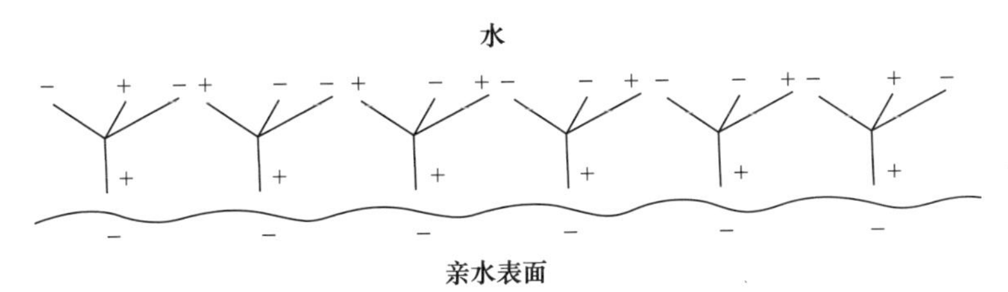

图 4-29 水分子在亲水物质表面的排列结构

与库仑力和色散力不同，亲水和疏水相互作用是独立的且不可叠加的，这源于接纳溶解基团水分子的氢键结构。需要注意的是，极性分子不一定完全亲水，非极性分子也不一定完全疏水。当与长链烷烃相连时，一些亲水基团的亲水性可能会被完全抵消，当亲水的端基连接在烷烃末端时，链中每个 CH_2 基团的疏水能力都大幅度降低。

4.3.2.3 范德华力和双电层力同时作用：DLVO 理论

矿物颗粒表面与浮选药剂之间的作用力都包括范德华吸引力。与双电层相互作用不同，范德华力相互作用对电解质溶液的浓度和 pH 值不太敏感，因此在一级近似处理时可以认为是不变的。更进一步说，在较小的距离内范德华吸引力比双电层排斥力大，这是因为范德华力随距离按幂函数形式变化（如 $W\propto -1/D^n$），而当 $D\rightarrow 0$ 时，双电层作用力随着距离减小而增大的速率要缓慢得多。图 4-30 给出了范德华力和双电层力联合作用下，1∶1 型电解质溶液中两个类似表面或胶粒之间相互作用能的变化形式。根据电解质浓度和表面电荷密度或表面电势的不同，会出现以下几种情况[5]：

（1）对于稀电解液中的高电荷表面（即具有较大的德拜长度），存在一种强长程排斥作用，这种作用通常在 1~5nm 之间的某个距离上达到峰值，这个值处于力或能垒上，通常较高（若干 kT）。

（2）在较高浓度的电解质溶液中，通常在 3nm 左右能垒出现之前存在一个明显的次级极小值，胶粒接触时的势能最小值被称为初级极小值。在胶体体系中，虽然粒子相互接触达到初级极小值时存在热力学平衡，但是粒子的能垒可能太高使其无法在一段相当长的时间内翻越。此时粒子会停留在次级最小值的位置或全部分散在溶液中，后者被称为胶体处于动力学稳定（与热力学稳定相对）。

（3）对于电荷密度或电势较低的表面，能垒通常比较低。这样会导致粒子缓慢聚集，即凝结或絮凝。在某个电荷密度或电势下或当电解质的浓度达到某一值即临界凝结浓度时，能垒会降到 $W=0$ 以下（图 4-30 中间直线）。这时，粒子会快速凝聚，但这种胶体是不稳定的。

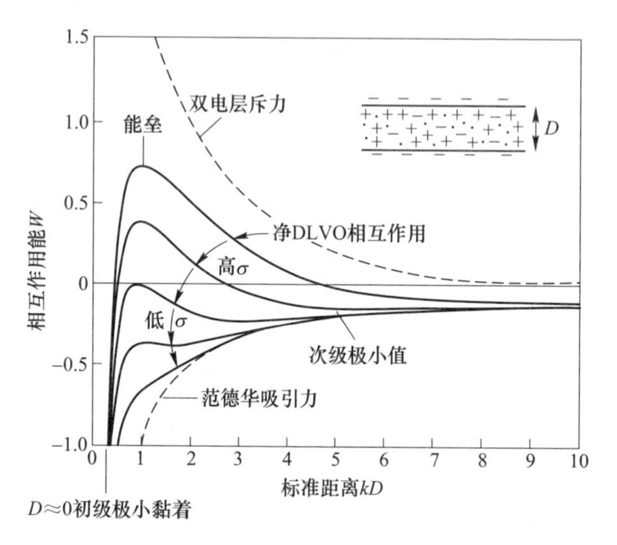

图 4-30　DLVO 相互作用的能量-距离曲线

（k 为德拜长度）

（4）当表面电荷或电势接近零时，相互作用能曲线接近于纯范德华力曲线（图 4-30 中较低位置的虚线），两个表面无论间隔多远都有强烈的相互吸引作用。

上面现象所描述的规律能够被定量地表征，是著名的 DLVO 理论的基础。该理论由 Derjaguin 和 Landau（1941）以及后来的 Verwey 和 Overbeek（1948）提出并用来描述胶体的稳定性。随后 Shaw（1970）、Hiemenz（1977）和 Hunter（1989）对此也进行了研究。

导致两个表面（带负电）在初级极小值处黏性接触的主要动力是表面电势或电荷的降低。这种降低是由于盐浓度的增加所致，进而导致 pH 值降低、阳离子结合和（或）双电层斥力屏蔽增强。然而，如果在提高盐浓度的同时，双电层斥力仍然很大，那么这两个表面依然能相互黏附，但位置已变为具有较弱黏合力且较强可逆性的次级极小值处。另外，当盐浓度或 pH 值增加时，会出现粒子先聚集再分散的情形。

4.3.3 键合吸附

矿物表面破碎后化学键发生断裂，使得矿物表面存在许多具有化学活性的缺电子位点和多电子位点。浮选药剂极性基原子也是具有化学活性的氧负离子O和有孤电子对的N—H、—OH基团，这些都为矿物表面活性位点原子与浮选药剂分子之间增加了再成键的可能性。浮选药剂与矿物表面原子或者离子之间能否形成化学键，还需要从成键的化学本质因素逐一分析。下面分别介绍共价键的形成条件所涉及的化学理论和离子键的形成条件所涉及的化学理论。

4.3.3.1 共价键吸附的形成条件

在2.1.2.3节中我们介绍了价键理论基本要点，当来自矿物表面的活性位点原子或者来自浮选药剂分子的极性基团原子，如果拥有自旋方向相反的未成对电子，那么成单电子（未成对电子）有可能相互配对而形成稳定的共价键。当形成共价键时，成键电子的轨道必须在对称性一致的前提下发生重叠，且原子轨道的重叠程度越大，两个原子核之间电子的概率密度就越大，对两个核的吸引就越牢固，形成的共价键就越稳定。因此共价键是有方向性的，那就是最大重叠原理，即沿着电子云密度越大的方向进行重叠，体系能量最低，形成的共价键最牢固，物质最稳定。在以共价键结合的物质中，每个原子成键的总数与其原子所具有的未成对电子数相等。当未成对电子都配对成键后，就不会再形成任何其他共价键，以共价键相连的原子数目是一定的，因此共价键是有饱和性的。

4.3.3.2 离子键吸附的形成条件

原则上说，任何阳离子和阴离子都可以形成离子键，结合成离子型化合物。如来自于矿物表面的Na^+，可以与矿浆体系中的Cl^-发生如下反应：$Na^+ + Cl^- \rightarrow NaCl$。但是由于NaCl为易电离的物质，在水溶液中形成水合离子，NaCl在水中又溶解了，Na—Cl离子键又断开了。

但是有相当一部分阴阳离子不与NaCl一样，而是都存在一个溶解与沉淀平衡，如式（4-13）~式（4-15）所示。

$$Ca^{2+} + O^{2-} \rightleftharpoons CaO \tag{4-13}$$

$$Ca^{2+} + RCOO^- \rightleftharpoons (RCOO)_2Ca \tag{4-14}$$

$$Ca^{2+} + OH^- \rightleftharpoons Ca(OH)_2 \tag{4-15}$$

这些溶解与沉淀反应的程度可以用标准溶度积常数$K_{sp}^{\ominus}$来表示，阳离子与OH^-的反应程度可以用$K_b^{\ominus}$表示。因此可以通过平衡常数$K^{\ominus}$（$K_a^{\ominus}$、$K_b^{\ominus}$、$K_{sp}^{\ominus}$、$K_{稳}^{\ominus}$）来参考判断矿物表面某种阳离子是否与溶液中某种阴离子发生离子键合反应，判断矿物表面某种阴离子是否与溶液中某种阳离子发生离子键合反应。

A　能与 OH^- 发生反应的阳离子

一般说来金属离子 Me 与 OH^- 之间发生的溶解与沉淀反应平衡式，都是写成解离方程式，如式（4-16）所示。

$$Me(OH) \rightleftharpoons Me^{2+} + OH^- \qquad K_{sp}^{\ominus} = 6.92 \times 10^{-22} \tag{4-16}$$

式中，$K_{sp}^{\ominus}$ 为标准状态下的溶度积常数。若 $K=K_{sp}^{\ominus}<1$，说明式（4-16）的溶解与沉淀平衡式从左到右的溶解反应很难发生，而从右到左的沉淀反应很容易发生，即 Me^{2+} 与 OH^- 很容易发生键合吸附；若 $K=K_{sp}^{\ominus}>1$，说明式（4-16）的溶解与沉淀平衡式从左到右的溶解反应很容易发生，而从右到左的沉淀反应很难发生，即 Me^{2+} 与 OH^- 不易发生键合吸附。

能与 OH^- 发生反应的阳离子如表 4-5 所示。表 4-5 中的 $K_{sp}^{\ominus}$ 都小于 1，都能与 OH^- 发生键合吸附。如 $K_{sp}^{\ominus}$ 越小，则金属离子 Me 与 OH^- 之间发生键合吸附程度越大。

表 4-5　能与 OH^- 发生键合吸附的阳离子及其 $K_{sp}^{\ominus}$

物质	$Be(OH)_2$	$Ca(OH)_2$	$Fe(OH)_2$	$Cu(OH)_2$	$Fe(OH)_3$	$Al(OH)_3$
$K_{sp}^{\ominus}$	6.92×10^{-22}	5.50×10^{-6}	4.87×10^{-17}	2.20×10^{-20}	2.79×10^{-39}	1.30×10^{-33}

B　能与溶液中的 CO_3^{2-} 阴离子发生键合吸附的阳离子

金属离子 Me 与 CO_3^{2-} 之间发生溶解与沉淀反应平衡式如式（4-17）所示。

$$BaCO_3 \rightleftharpoons Be^{2+} + CO_3^{2-} \qquad K_{sp}^{\ominus} = 2.58 \times 10^{-9} \tag{4-17}$$

若 $K=K_{sp}^{\ominus}< 1$，说明从左到右的溶解反应很难发生，而从右到左的沉淀反应很容易发生，即 Ba^{2+} 与 CO_3^{2-} 很容易发生键合吸附。若 $K_{sp}^{\ominus}$ 越小，则 Me 与 CO_3^{2-} 之间发生键合吸附程度越大。能与 CO_3^{2-} 发生反应的阳离子如表 4-6 所示。

表 4-6　能与 CO_3^{2-} 发生键合吸附的阳离子及其 $K_{sp}^{\ominus}$

物质	$BaCO_3$	$CaCO_3$	$MgCO_3$	$CuCO_3$	$FeCO_3$	$ZnCO_3$
$K_{sp}^{\ominus}$	2.58×10^{-9}	2.8×10^{-9}	6.82×10^{-6}	1.40×10^{-10}	1.31×10^{-11}	1.46×10^{-10}

4.3.4　浮选药剂在矿物表面的吸附原理

矿物表面活性原子（离子）与捕收剂分子（离子）之间的相互作用包括：(1) 远程的（微米 μm 数量级）静电吸附作用；(2) 中程的（纳米 nm 数量级）分子间作用力吸附作用（包括氢键，个别学者还称之为分子键吸附）；(3) 近程的（皮米 pm 数量级）化学键合吸附作用（包括酸碱反应、沉淀反应、离子交换反应、氧化还原反应；另一种分类方式就是共价键吸附作用、配位共价键吸附作用、离子键吸附作用等)。在特定的体系下，在不同 pH 值下，这三种作用有时只存在一种，如（1)、(2) 或（3)；有时存在两种，如（1)+(2)、(1)+(3) 或（2)+(3)；有时还可能存在三种吸附作用力（1)+(2)+(3)，最后一种一定是理想的浮选体系。

影响浮选捕收剂分子捕收性能的本质因素是相互作用双方（一方是捕收剂极性基活性原子，另一方是矿物表面活性位点）价层电子密度或者总（分）态密度，即：(1) 捕收剂极性基团中活性原子的价层电子密度或者总（分）态密度，也可用捕收剂分子的 HOMO（最高价电子占据态分子轨道）或者 LUMO（最低未占据态分子轨道）来表征；(2) 矿物破碎后表面活性原子（离子）的价层电子密度或者总（分）态密度，也可用 HOMO 或者 LUMO 来表征。

活性位点原子（无论是在捕收剂极性基上还是在矿物表面）的价电子密度或者态密度大小，决定了捕收剂分子或者矿物表面的宏观荷电情况（远程静电吸附程度)，决定了其分子键强度大小（近程分子间力及氢键吸附程度)，也决定了其化学键合强度大小（键合吸附作用程度)，即价键力和范德华力（氢键力）的本质都是电性引力，只不过是力的性质发生了变化。

基于这一点对吸附力本质的深刻认识，提出了“氢键耦合多基团协同”新的学术思想，即影响浮选捕收剂分子捕收性能的真正本质因素，是捕收剂极性基团中活性原子的价层电子密度或者总（分）态密度与矿物破碎后表面活性原子（离子）的价层电子密度或者总（分）态密度之间的匹配关系，其如同钥匙和锁之间的互补咬合关系，捕收剂就是那把“钥匙”，目的矿物表面就是“锁”，各自的价电子密度（态密度）就是各自的“齿”，只有捕收剂与矿物的价电子密度（态密度）相互间匹配，才能有效地促成远程的静电吸附作用发生、促成近程的分子间作用力（氢键）产生、促成超近程的化学键力产生，特别是氢键耦合多基团协同作用，这样的捕收剂才可能是捕收性能好、选择性高的好捕收剂，这也是“氢键耦合多基团协同”基本观点的主要内容。“氢键耦合多基团协同”学术观点的核心内容强调的是“主要极性原子化学键合为主，其他含 O、N 基团的氢键或者静电作用为辅的多重耦合作用叠加”分子结构设计理念，如图 4-31 所示。当然，捕收剂的水溶性、分散性、浮选动力学等其他因素也是决定有效浮选过程发生的其他影响因素。

本书作者所在的东北大学浮选药剂研发课题组就基于“氢键耦合多基团协同”新的学术观点，研发了多种新型低温浮选药剂。以能生成氢键的基团为主，在遵循有机化学合成规律的基础上，在羧酸的 α 位分别引入—OH、HN、—NH_2、═O、═N 等基团，制备出了不同类型的氨基羧酸、羟基羧酸、多氨羧酸等溶解性好、分散性好、无毒且环境友好的浮选药剂。该系列合成反应简单、副反应少、转化率高，是有机合成中最简单的类型反应。该技术首次在矿物浮选工业中

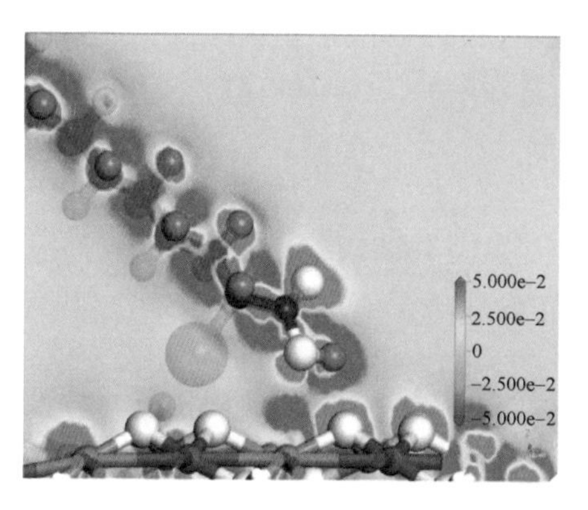

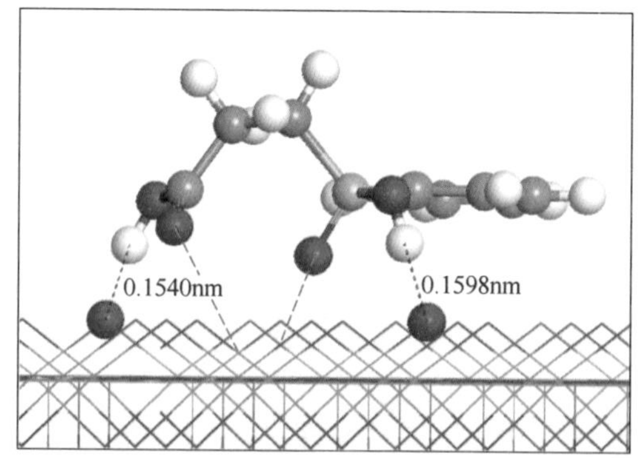

图 4-31　浮选药剂的多极性基团与矿物表面发生协同作用示意图

应用，并已申报 2 项国家发明专利（1. 专利授权号：ZL201010199975.3，授权日期：2013-02-17；2. 专利授权号：201510090687.7，授权时间：2016-11-23）。

4.4　MS 软件在浮选药剂与矿物表面作用机理研究中的应用

Materials Studio（简称 MS）是一款国际科学界公认的、基于量子化学、分子动力学等理论的模拟软件。采用 MS 软件，可以在原子尺度（nm～pm）上对矿物晶体表面化学特性、浮选药剂分子结构及化学活性、浮选药剂在矿物表面作用机理进行微观模拟。特别是采用 MS 微观模拟与宏观检测（如矿物颗粒与浮选药剂作用前后的 Zeta 电位、θ 接触角、FTIR 红外光谱、XPS 光电子能谱等）手段相结合的研究方法，为浮选药剂与矿物表面作用机理研究奠定了基础。

4.4.1　MS 软件应用时关键参数的正确选择

MS 软件有二十多个模块，本节只介绍其中三个 CASTEP、Dmol3 和 Forcite 模块。当进行 MS 模拟时，最重要的是要进行关键参数的正确选择；如果选择不当，就会计算不成功或计算结果与实际不符。因此 MS 模拟结果一定要结合化学基本规律、结合药剂与矿物的浮选试验结果、结合为机理而设计的宏观检测（Zeta Potential、FTIR、XPS 等）试验结果，互相佐证，才能正确地反映浮选药剂在矿物表面作用过程中的客观实际情况。

4.4.1.1　CASTEP 模块及其关键参数选择

CASTEP 为 cambridge sequential total energy package 的缩写，是一个基于密度泛函方法的从头算量子力学程序。CASTEP 可计算和模拟浮选体系中矿物晶体、浮选药剂及水体系中存在的任何化学物质的电荷密度、波函数和态密度的量化数据及 3D 形式。

使用CASTEP模块时，有四个参数必须要认真选择，如（1）交换相关泛函；（2）赝势；（3）*K*点取样密度；（4）截断能。如果初学者开始计算模拟时，可参考已有在该体系下（体系不同、物质种类不同，选择参数会有所不同）CASTEP模拟的相关文章，引证文章中的参数作为选择依据。如果没有找到参考文献作为引证依据，那么就要进行筛选试验计算，如截断能分别选择350eV、400eV、450eV、550eV…进行几次模拟计算，看计算结果的稳定性、可行性和合理性。这四种参数对计算时间、计算结果的准确性和精确度有重要影响。

A 交换相关泛函的选择

采用量子化学计算方法研究矿物晶体的物理化学性质，就是基于密度泛函理论（density functional theory，简称DFT）求解薛定谔方程及其改进的KS方程的一种方法。目前没有精确求解交换相关能的方法。因此，很多科学家提出了各种近似求解交换相关能的方法，最简单的就是局域密度近似（local density approximation，简称LDA）方法，其后在LDA的基础上又提出了合理性和精确性更高的广义梯度近似（general gradient approximation，简称GGA）方法。目前，LDA和GGA已经被广泛地应用在矿物晶体表面及浮选药剂的物理化学性质计算与表征中。LDA方法在计算金属氧化物方面存在固有的缺陷，因此在氧化矿的计算中一般采用GGA方法。对于不同矿物晶体的计算，适用的交换相关泛函一般也不同。因此，交换相关泛函的选择应根据测试结果合理性或参考文献报道选取。表4-7为不同交换相关泛函的选择对锡石晶格常数的影响。

表4-7 不同交换相关泛函对锡石晶格常数的影响

交换相关泛函	*a*/nm	*b*/nm	*c*/nm	绝对误差/nm	相对误差/%
检测值	4.737	4.737	3.186	—	—
GGA-WC	4.929	4.929	3.290	0.488	3.85
GGA-PBE	4.957	4.957	3.291	0.545	4.30
GGA-RPBE	5.006	5.006	3.281	0.633	5.00
GGA-PW91	4.952	4.952	3.285	0.529	4.18
GGA-PBESOL	4.927	4.927	3.294	0.489	3.86

从表4-7所列数据可以看出，在该案例中相关交换泛函选择GGA-WC时，锡石的XRD检测出的*a*、*b*、*c*晶胞参数值与CASTEP模拟优化的结构的*a*、*b*、*c*值误差最小。

B 赝势的选择

赝势是求解薛定谔方程及其改进的KS方程过程中的另一个近似方法，用于描述电子与原子核之间的相互作用。CASTEP将外层电子波函数通过平面波函数展开，将原子实近似为新的“内核”，采用赝势简化处理后，可以有效地减少平面波数目。其合理性在于，采用赝势前后，能量本征值不发生变化，价电子波函数的分布不变，电子波函数对数的倒数不变。由于这种近似处理只适用于周期性晶体结构，因此 CASTEP 模块仅可用于计算周期性矿物晶体体系。

C　*K* 点取样密度的选择

CASTEP 计算是在倒易空间中进行的，*K* 点是倒易空间的基本构成点，总能量的计算就是对布里渊区内均匀分布的部分特殊 *K* 点的积分后，加权重求和完成的。因此，*K* 点的取样密度越大，计算结果的精确性就越高，但所需的计算时间也就越长。*K* 点取样密度的大小需要进行收敛性测试加以确定，在保证计算精度足够的情况下越小越好。*K* 点取样密度对锡石晶胞总能量 *E* 和晶格常数 *a*、*b*、*c* 实测值与模拟值相对误差的影响如图 4-32 所示。

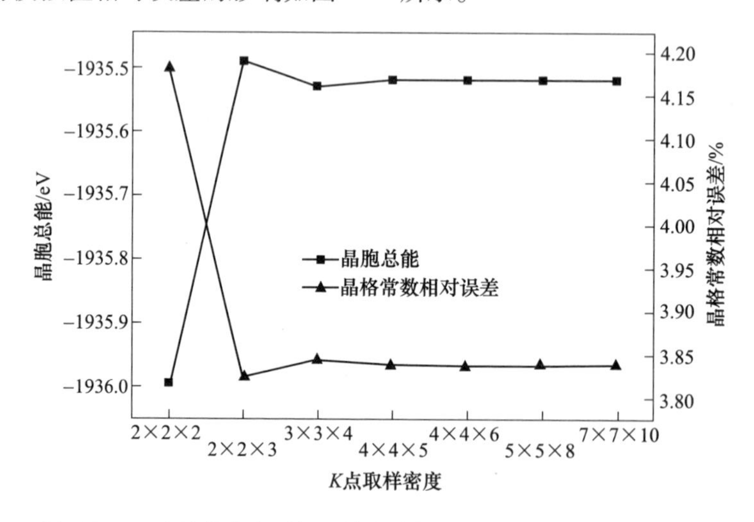

图 4-32　*K* 点取样密度对锡石晶胞总能和晶格常数相对误差的影响

从图 4-32 可以看出，该案例中在固定交换相关泛函选择 GGA-WC、截断能为 340eV 情况下，*K* 点取样密度由 2×2×2 上升到 2×2×3 时，锡石晶胞的总能和晶格常数误差均出现较大幅度波动，说明过于稀疏的 *K* 点取样会造成锡石晶胞的模拟失真。当 *K* 点取样密度超过 3×3×4 之后，锡石晶胞总能和晶格常数不再出现明显变化。因此，确定锡石晶胞模拟计算中最佳的 *K* 点取样密度为 3×3×4。

D　截断能

CASTEP 中分子的轨道都是通过平面波基来展开的，截断能的高低可以控制平面波的数目。截断能越大，计算过程中所采用的平面波越多，计算结果的精确性越高。截断能太低会影响计算结果的精度甚至正确性，截断能过高会增大计算量，降低计算效率。应用过程中须通过收敛性测试确定最佳的截断能数值。例如

图4-33为截断能对锡石晶胞总能量E和晶格常数a、b、c实测值与模拟值相对误差的影响。

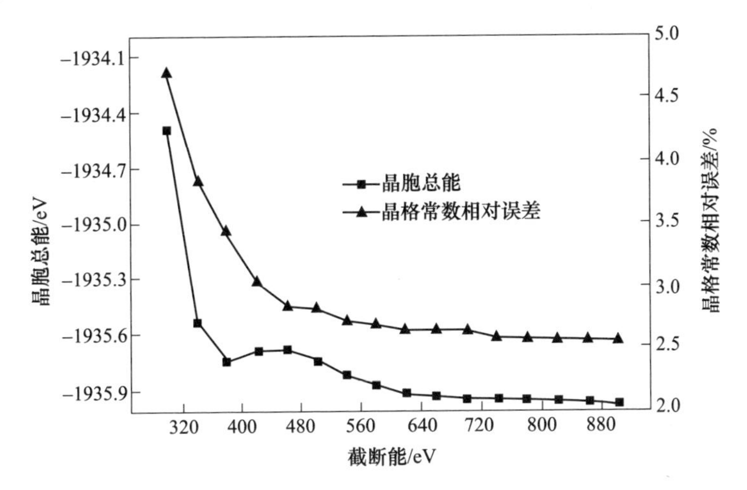

图4-33 截断能对锡石晶胞总能和晶格常数相对误差的影响

从图4-33可以看出，在该案例中固定交换相关泛函选择GGA-WC、K点取样密度为3×3×4的情况下，平面波截断能在300~580eV范围内时，锡石晶胞总能和晶格常数误差随着截断能的升高而明显降低，说明此过程中锡石晶胞结构不断趋向最优化。当截断能大于580eV后，锡石晶胞总能的降低幅度在0.05eV以内，晶格常数误差降低幅度不超过0.003%。综合考虑可知，选取截断能为580eV可以获得足够精确的锡石晶胞结构。

4.4.1.2 DMol3模块及其关键参数选择

DMol3模块为David Molecule the 3 Version的缩写，DMol3模块可以进行限制和非限制DFT计算，预测浮选药剂分子结构和能量、搜索和优化过渡态、图形显示反应路径、内坐标几何优化、计算频率、简正振动的动画、量子分子动力学与退火模拟、扫描势能曲面。

DMol3模块的泛函选择有：LDA下的泛函（PWC、VWN、JMW、KS），GGA下的泛函（PW91、BLYP、BP、BOP、PBE等），用于快速计算的Harris泛函等。

基组选择有：数值AO基组（最小基组、DN、DND、DNP），相对论有效核势和标量相对论全电子基组，有效核赝势，全电子相对论与DFT半核赝势等。

重新开始任务选项：用矢量或密度重新开始SCF，重新开始几何优化和频率计算、选择CPU数量、指定服务器、监视几何优化的能量和梯度等。

DMol3模块可计算模拟浮选药剂分子许多物理化学特性，如紫外/可见光谱、红外光谱、Mulliken/Hirshfeld/ESP 电荷、偶极矩、Fukui 指数、核电场梯度、键级分析、生成热、自由能、焓、熵、热容、ZPVE、COSMO 溶剂计算、分子的轨道、电荷、自旋以及形变密度、Fukui 函数、费米能级的态密度、3D 轮廓图和 2D 截面图、COSMO-RS 化工特性（溶解度、蒸气压、溶解热）等。

其他参数选择有：固体的多个 K 点、实空间截点、使用对称性；SCF 选项：DIIS、密度混合、轨道模糊（smearing）等。DMol3 模块可以很容易地设置自旋态，用于模拟非对称体系、磁性体系。DMol3 模块的参数选择也应根据测试结果合理性或参考文献报道选取。

4.4.1.3　Forcite 模块及其力场的选择

Forcite 模块是基于分子动力学模拟的计算模块，它不同于 CASTEP 和 DMol3 模块（基于量子力学、量子化学的模块）。

力场是经典力学计算的核心，它定义了在结构中每种类型的原子与它们周围的原子之间的相互作用。对于矿物晶体体系的每个原子而言，指派力场类型来描绘原子所处的环境。一个力场包含了多种描述性质的信息，如两个不同力场类型原子对之间的键长和静电相互作用。力场分为覆盖了许多体系的普适力场，或者为解决某一特殊问题而定义的特殊性力场。Forcite 模块就是通过编辑 Dreiding 力场的力场参数来提高矿物晶体结构计算值与试验数据的匹配性，使用模块包括 Materials Visualizer、Conformers、Forcite Plus、DMol3。由于力场中存在许多明确和隐含的耦合相互作用，因此编辑力场是一个复杂的工作。例如，能量与自旋扭矩关系曲线不仅仅依赖于扭曲量也依赖于非键相互作用能。因此，获得正确的参数需要相当长的时间并包含许多不同的计算。最佳的方法是做一些有规律的小的变化来查看其对体系的影响。正如所有参数化形式，在获得的结果与拟合之间也存在一个均衡。

使用 MS 软件中的 Forcite 及 Dmol3 模块对浮选药剂分子进行几何结构优化，并对其优化构型进行单点能量子化学计算，以获得稳定的几何结构。具体步骤及参数设置如下：

（1）利用 Visualizer 模块建立浮选药剂分子的模型结构。在 Forcite 模块下，通过 Geometry Optimization 对药剂分子结构进行初步优化。参数设置：精度 Ultra-fine，力场 COMPASSⅡ，电荷 Forcefield assigned。体系非键作用计算时，采用 Atom based 方法计算 Van der Waals，截断半径为 1.85nm；库仑相互作用同样采用 Atom based 算法。

（2）对经 Forcite 模块初步优化的浮选药剂分子，在 Dmol3 模块下，基于密度泛函理论对其分子结构进行进一步优化，并对优化后的结构进行分子声子谱计算及分析，如果药剂分子有虚频的出现，则继续对药剂分子结构进行优化，直到找到无虚频的最优稳定结构。至此，即可获得药剂分子准确的几何构型参数，如键长、键角等。例如计算过程中主要参数设置为：交换相关泛函选用 GGA-PBE，Basis set 选用 DNP，相应的 Basis file 设置为 3.5，Core treatment 是指哪些原子轨道上的电子需要进行处理，由于单个药剂分子中的电子数目有限，因此计算过程中选用对所有的电子进行处理，针对每个原子的自恰迭代计算过程中收敛精度是 1.0×10^{-6} eV，原子间作用力的收敛精度为 0.02Ha/nm，原子最大位移是 0.0005nm，整体能量变化收敛精度是 1.0×10^{-5}Ha。

4.4.2 MS软件表征矿物晶体结构及其表面物理化学特性

4.4.2.1 矿物晶格结构的导入方法

在 MS 软件的 Visualizer 视窗中导入矿物晶格结构，导入方式有三种：(1) ICSP 数据库，查找晶体，下载 cif 文件直接导入；(2) 从 MS 自带矿物晶格结构库中导入，如 α-石英：file/import/structures/minerals/4-Oxides/quartz_alpha；(3) 根据空间群参数在 Visualizer 视窗中自己画：建晶格 build/crystals/build crystal 在 space group 填入空间群，在 lattice parameters 中填入 a、b、c、α、β、γ，然后加入原子：build/add atoms 选择元素种类，填入原子占位坐标 x、y、z。矿物晶格结构表现形式有多种，如点线模型、球体堆积模型等，如图 4-34、图 4-35 所示；球棍模型、多面体模型等，如图 4-36 和图 4-37 所示。图 4-38~图 4-43 均为采用 MS 软件建立的矿物晶体结构模型。

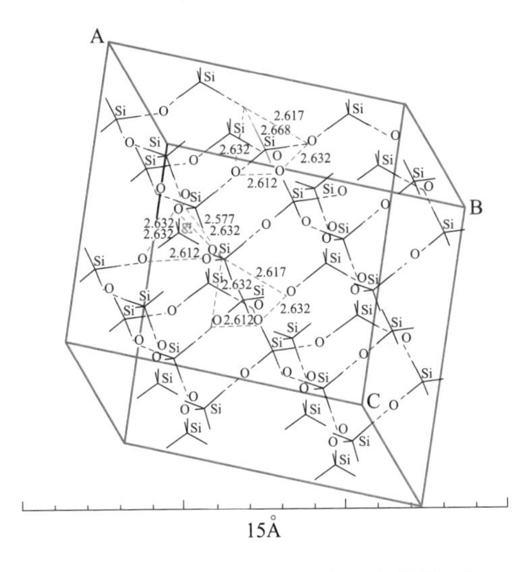

图 4-34 α-石英的晶格结构（点线模型）
(1Å=0.1nm)

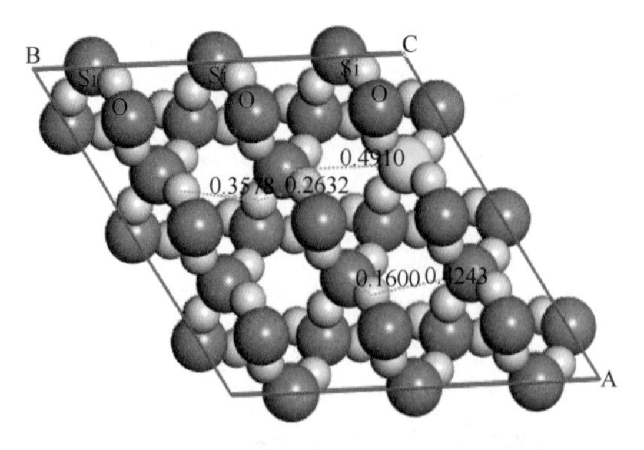

图 4-35　α-石英的晶格结构（球体堆积模型）

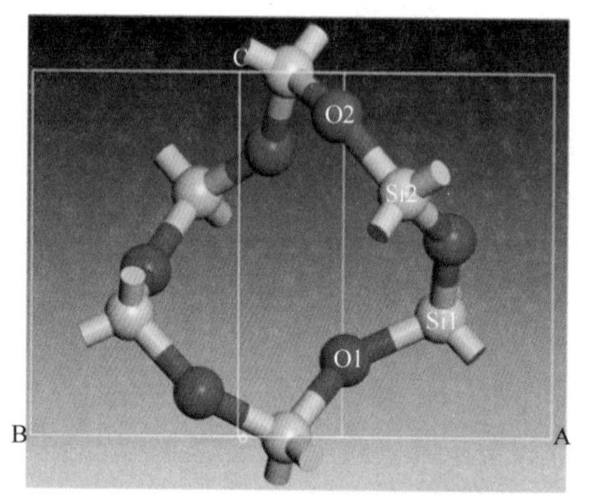

图 4-36　石英晶体优化结构球棍模型
（红色为 O，黄色为 Si）

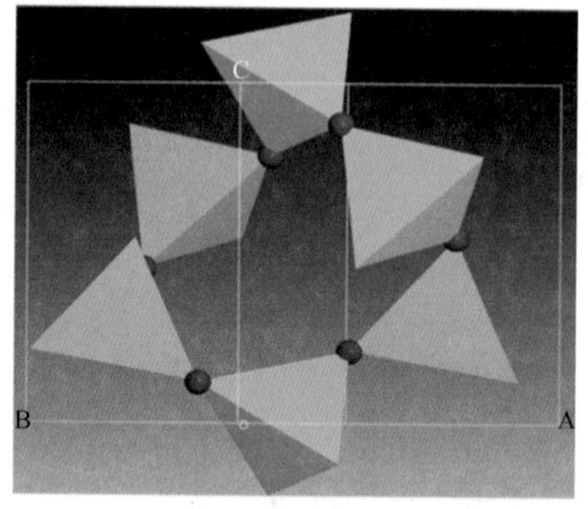

图 4-37　石英晶体优化结构多面体模型
（红色为桥氧，四面体为 SiO_4）

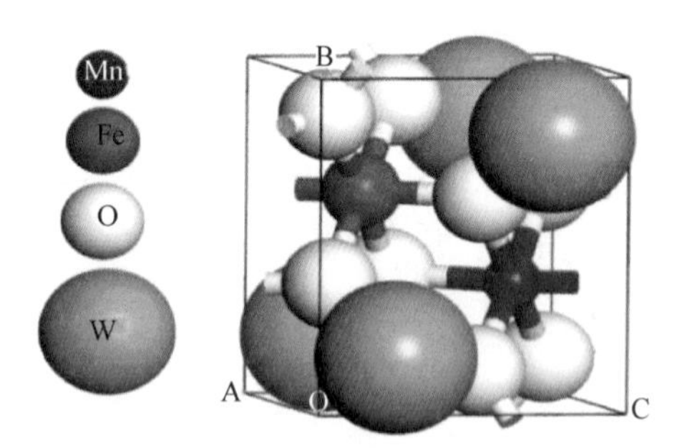

图 4-38　黑钨矿晶胞结构（棍棒模型）

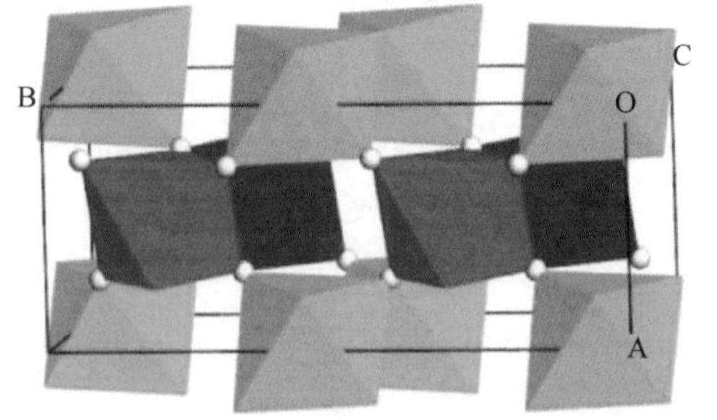

图 4-39　黑钨矿晶格结构（多面体模型）

4.4.2.2　矿物晶格结构的优化

矿物晶胞结构的优化，以锡石晶胞的结构优化为例。采用 CASTEP 模块中的

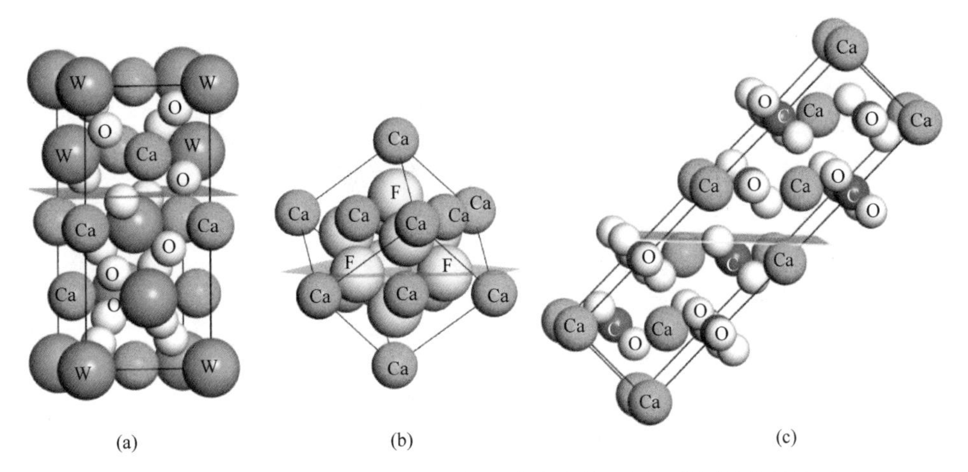

图4-40　白钨矿晶胞结构（a）、方解石晶胞结构（b）、萤石晶胞结构（c）

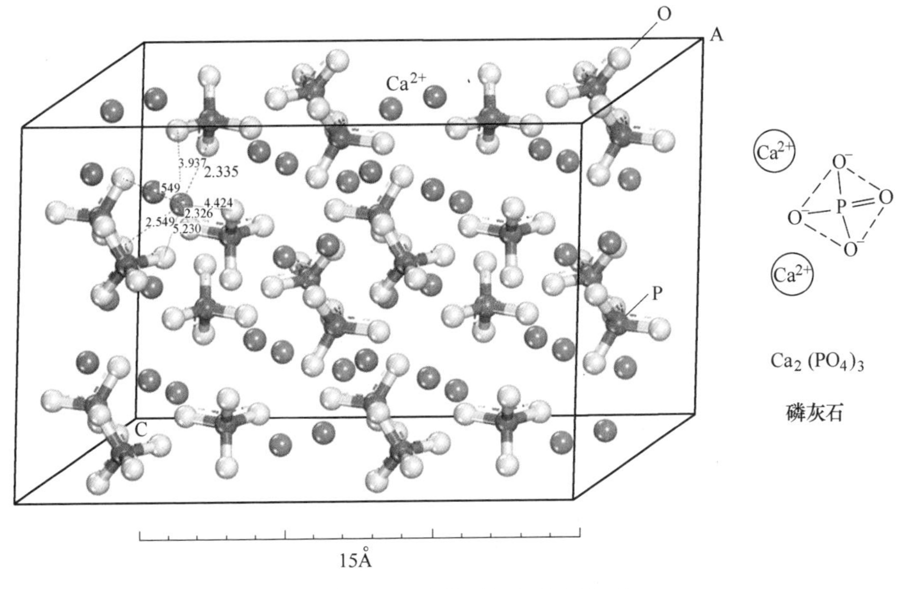

图4-41　磷灰石的矿物晶格结构及化学组成
（1Å=0.1nm）

Geometry Optimization功能进行结构优化计算，参数设置为：交换相关泛函，选取GGA-WC；K点取样密度，选择3×3×4；截断能，选择580eV。模拟计算得到的锡石晶胞参数与试验检测值（购买锡石纯矿物，制样后送检测中心化验XRD）进行对比，结果如表4-8所示。表4-8中结果显示，经过优化的锡石晶胞参数为$a=b=0.4680$nm，$c=0.3277$nm，Sn—O键的键长为0.2107~0.2110nm，Sn—O—Sn键角是129.070°，与相应的试验值之间的相对误差分别是2.59%、2.83%、2.53%~2.88%、0.15%；三组棱间交角与试验值完全一致。

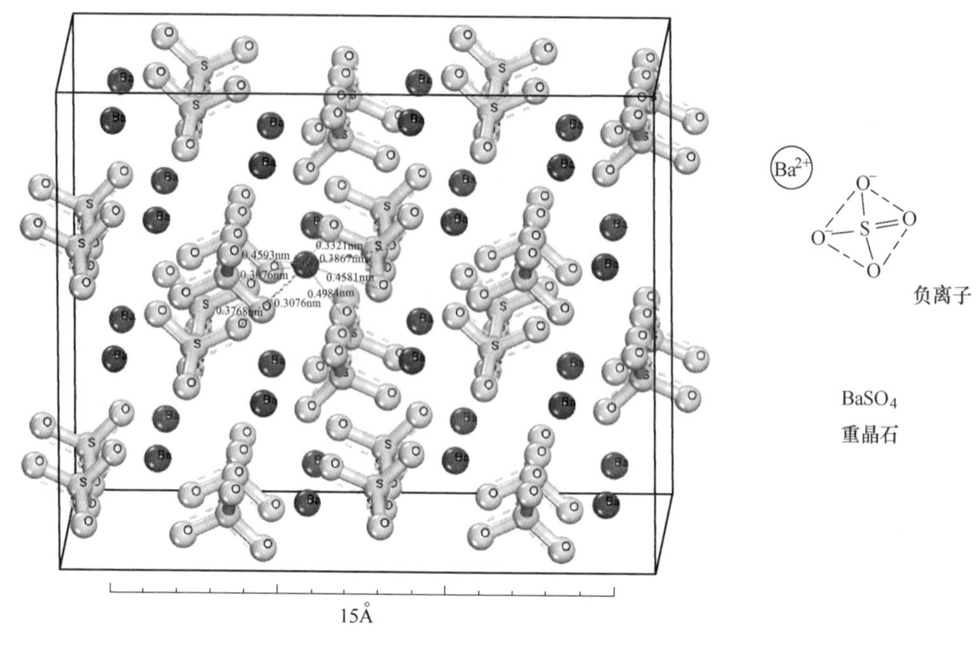

图 4-42　重晶石的矿物晶格结构及化学组成

（1Å＝0. 1nm）

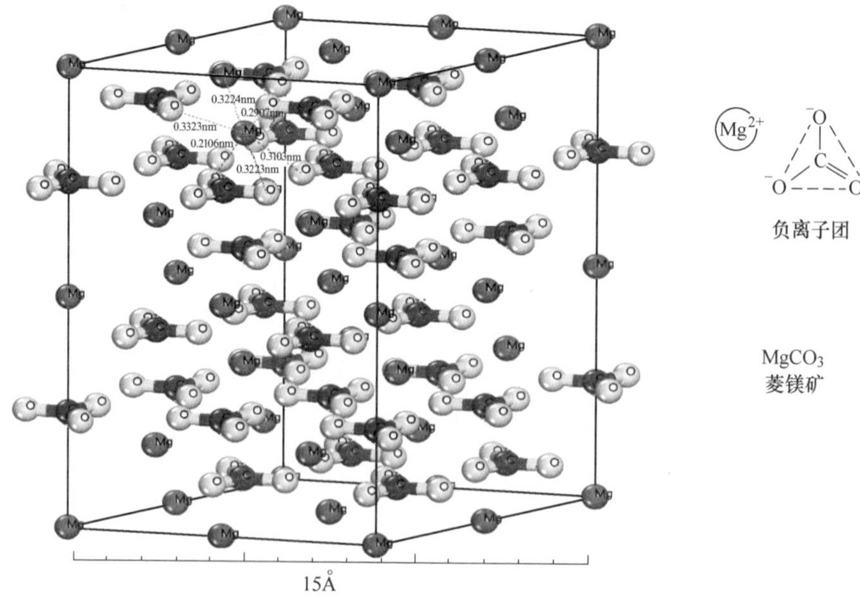

图 4-43　菱镁矿的矿物晶格结构及化学组成

（1Å＝0. 1nm）

表 4-8 锡石晶胞的模拟值与试验值对比

晶胞参数	*a*/nm	*b*/nm	*c*/nm	Sn—O 键长 /nm	Sn—O—Sn 键角/(°)	*α*/(°)	*β*/(°)	*γ*/(°)
试验值	0.4737	0.4737	0.3186	0.2048~0.2058	129.263	90	90	90
计算值	0.4860	0.4860	0.3277	0.2107~0.2110	129.070	90	90	90
相对误差/%	2.59	2.59	2.83	2.53~2.88	0.15	0	0	0

采用 MS 软件中的 Reflex 模块，计算优化后的锡石晶胞模型（如图 4-44 所示）的 Powder Diffraction，并与检测的锡石 XRD 进行对比，结果如图 4-45 所示。由图 4-45 可见，计算图谱中的锡石特征峰与实验图谱中的基本吻合。表 4-8 和图 4-45 中的结果对比表明，通过 CASTEP 模块建立的优化后的锡石晶胞，其晶胞参数与晶格中原子位置分布与实际情况吻合，模拟建立的锡石晶胞模型具有充足的合理性。

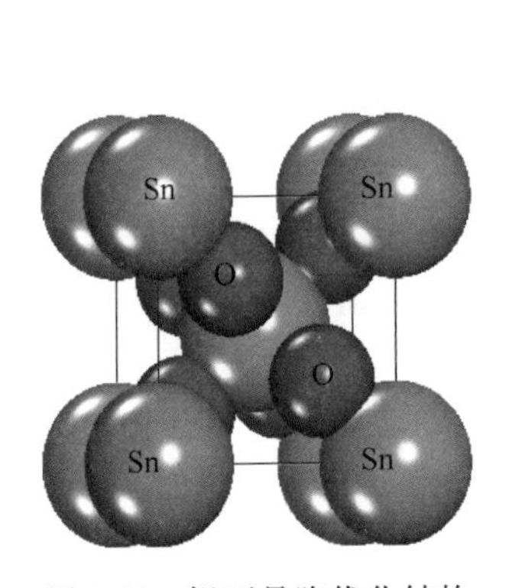

图 4-44 锡石晶胞优化结构

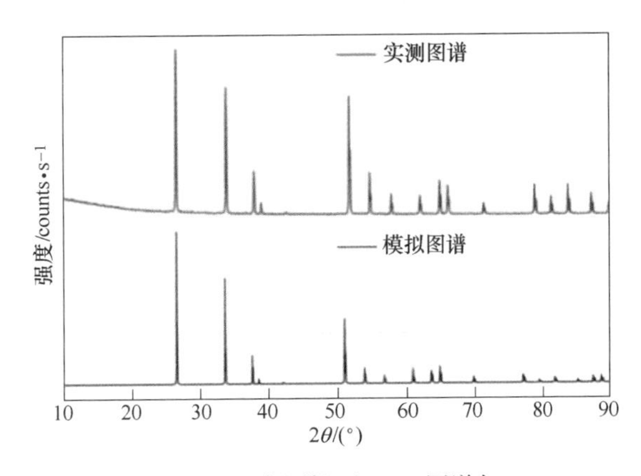

图 4-45 实测锡石 XRD 图谱与模拟计算 XRD 图谱对比图

4.4.2.3 矿物晶格结构的物理化学性能表征

矿物晶格结构的性能表征，以赤铁矿晶胞为例。采用 GGA-RPBE 为交换关联泛函，布里渊区积分 Monkhorst-Pack，*K* 点密度选用 6×6×2，截断能为 380eV，原子的赝势计算选取的价电子为 O $2s^2 2p^4$、Fe $3d^6 4s^2$，对赤铁矿原胞进行几何优化，其优化后晶格参数如表 4-9 所示，晶体结构如图 4-46 所示[6]。

表 4-9 赤铁矿模拟晶胞参数及其与实验值对比

晶胞参数	试验值	CASTEP 计算值	相对误差/%
a/nm	0.5038	0.5044	0.11
b/nm	0.5038	0.5044	0.11
c/nm	1.3772	1.3769	-0.02

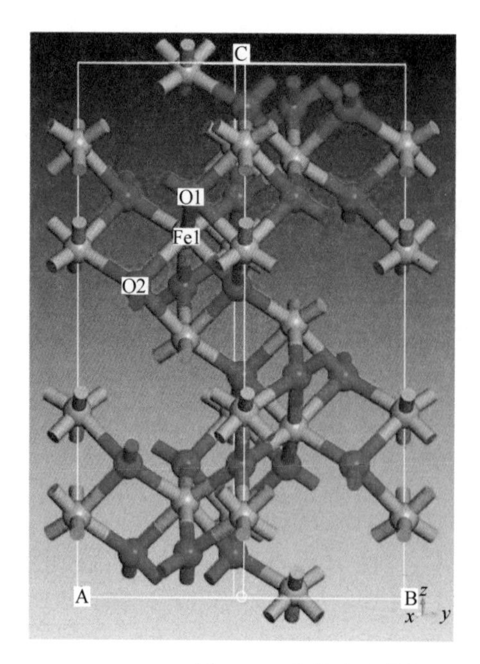

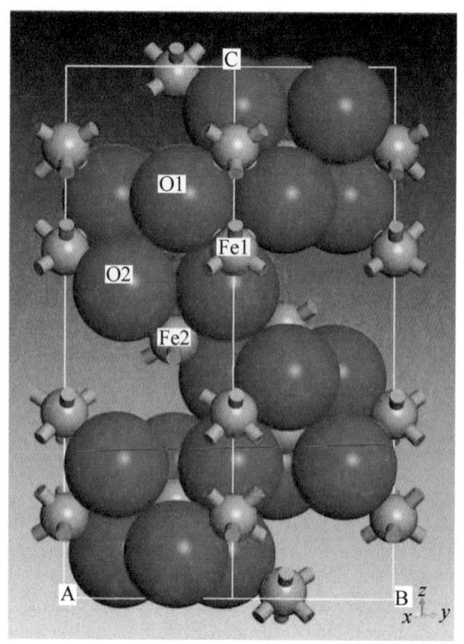

图 4-46　赤铁矿晶体优化结构（红色为 O，蓝色为 Fe）

由表 4-9 可知，赤铁矿的晶格参数计算值 $a=b=0.5044$nm，$c=1.3769$nm，相应误差分别为 0.11%和-0.02%。该计算结果与检测值一致，说明几何优化参数选择合理正确。

对优化后赤铁矿晶体内的各原子 Mulliken 电荷布居值（charge population）及 Mulliken 键布居值（bond population）进行计算，结果如表 4-10 和表 4-11 所示。

表 4-10　赤铁矿晶胞中原子的 Mulliken 电子密度布居值与电荷

原子	s 电子	p 电子	d 电子	总电子密度布居值	电荷布居值/e①
Fe	0.34	0.45	6.20	7.00	1.00
O	1.88	4.79	0	6.67	-0.67

①$1e=1.602189\times10^{-19}$C。

表 4-11　赤铁矿晶胞内原子化合键的 Mulliken 键布居值

键	键长/nm	Mulliken 键布居值
Fe1—O1	0.1989	0.28
Fe2—O2	0.2056	0.23

需要说明的是，Mulliken 布居值分析（Mulliken population analysis），是由

Mulliken提出的布居值分析法，即将电子或电荷分配给分子中各原子、原子轨道和化学键的一种简化分析方法。Mulliken电荷是一种计算原子partial charge（局部电荷）的方法。本质上说，分子的成键两个或多个原子核外的电子是在两个或多个原子核之间分布的一团空间电子云，如何用简洁的方法来描述这种混沌不清的分布呢？电负性大的原子吸引的核外电子就多些，电负性小的原子核外电子云就少些。布居分析可以通过复杂算式的数值简化描述。Mulliken布居值分析采用空间均匀分配的简单处理方法，估算出Mulliken布居值。另外一种Hershifiled布居值分析方法对分子中各原子的空间划分是模糊的，原子空间是彼此交叠的，估算的Hershifiled布居值也被广泛使用。

轨道的布居值是以电子云密度为自变量的一组复杂算式的计算结果，它没有量纲、没有具体的物理化学含义，但是它与元素的电子云密度有关。轨道布居值越大，表明该类型轨道分布的核外价电子密度越大。表4-10中结果表明，Fe的外层价电子主要来自d电子；O的外层价电子主要来自s和p电子。电荷布居值（charge population）是以电荷为自变量的一组复杂算式的计算结果，它没有具体的物理化学含义，但是它与元素的电荷密度有关，单位为e（$1e=1.602189\times10^{-19}C$）。若电荷布居值越大，则电荷量越大；若电荷布居值为负值，表明带负电荷；若电荷布居值为正值，表明带正电荷。任何一根键如M—O其键布居值（bond population），也称作重叠布居值，它的绝对值没有物理化学含义，它是一组复杂算式的计算结果，也没有量纲。但是其相对大小可以反映化学键的电子云重叠特性。若键布居值为0，表明该M—O键为纯粹的离子键；若该键布居值越大，表明该M—O键重叠程度越高、共价型越强；若该键布居值为1，表明该M—O键为纯粹的共价键；若该键布居值小于0，表明该M—O键为反键，即能量较高，是不能稳定存在的价键。

从表4-11可知，Fe1—O1键和Fe2—O2键键长不一样，$L_1=0.1989nm$，$L=0.2056nm$；这两个键的布居值分别为0.28、0.23，表明其都是离子键，且第一个键的共价性更强，第二个键的离子性更强。

赤铁矿晶体结构分态密度（partial density of states简称PDOS）结果如图4-47所示。

从图4-47的赤铁矿PDOS图中可以看出，参与能带组成的价态电子主要包括O $2s^2 2p^4$中的s、p轨道和Fe $3d^6 4s^2$中的s、d轨道。费米能级附近主要由铁原子的3d轨道占据，说明在赤铁矿的表面铁Fe活性最高，当浮选药剂与赤铁矿表面发生吸附作用时，优先会与铁Fe发生作用。

矿物晶格的电子密度等值面的计算。打开矿物晶胞结构优化后的结构，点击CASTEP的analysis/electron density/save/import，在结构上选择要分析的三个原子（三点成面），点击工具条中creat slices，并调出color maps调整图片显示，即

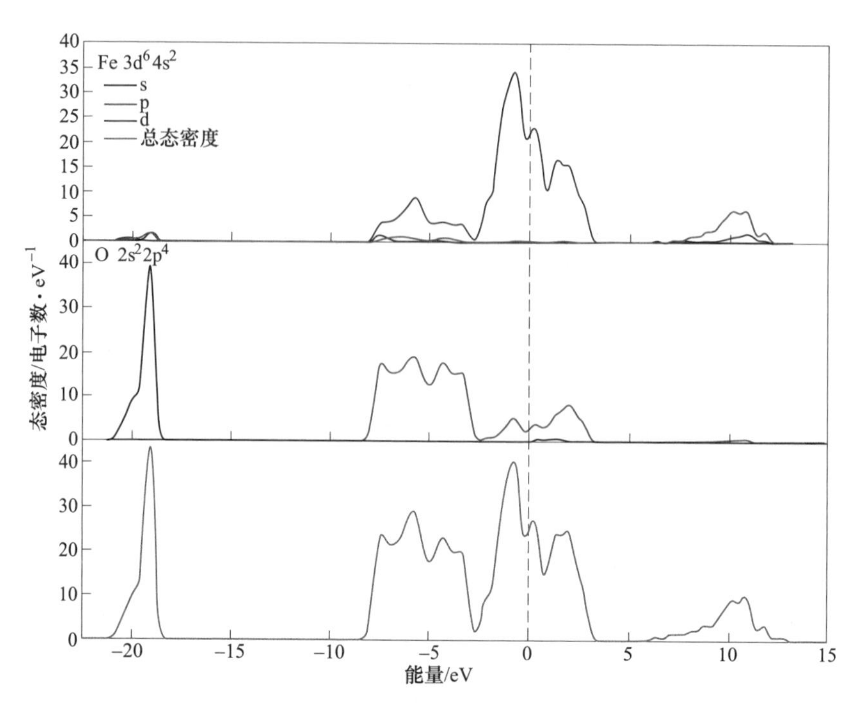

图 4-47　赤铁矿的分态密度 PDOS 图

可得到任何一个面的电子密度等值面。图 4-48 所示为石英晶体的电子密度等值面。

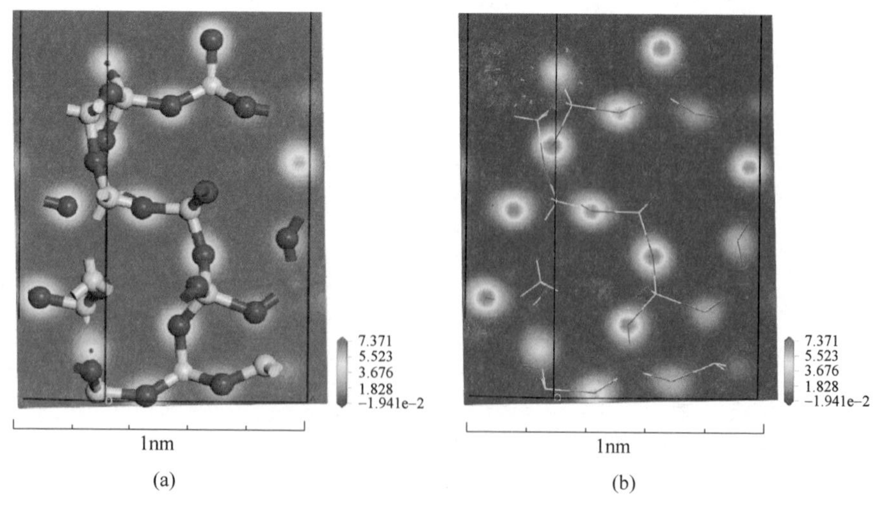

图 4-48　石英晶体电子密度等值面

（蓝色为缺电子位点，红色为多电子位点，右下角的由红到蓝色差坐标代表电子密度的由强到弱）

（a）球棍模型；（b）点线模型

4.4.2.4 矿物晶体表面模型的建立与表面能的计算

A 矿物表面模型结构的建立

针对结构优化后的矿物晶胞进行切表面：build/surface/cleave surface，切表面过程中要根据计算的目的与需求，恰当选择不同的晶面（通常为解理面）、表面厚度、top 位（表面起始原子的位置）等三个参数。如果不知如何进行选择，可参考文献中的选择，或者尝试着选择不同的晶面、不同的厚度、不同的 top 位置，建立不同的表面，最后按照能量最低原理，相同厚度下选择能量最低的表面为自然界中存在概率较高的表面。例如，top 位的选取案例：针对石英（101）面选择不同的 top 原子，在表面厚度不变的情况下，一共构造了 10 个不同表面，针对这 10 个表面分别计算总能量，如表 4-12 所示。

表 4-12 各 top 位下切的不同表面的表面能数值

不同表面的代号	总能量/kcal · mol^{-1}	不同表面的代号	总能量/kcal · mol^{-1}
1	-93. 356679	6	-21. 731696
2	-93. 356679	7	-93. 356679
3	-21. 731696	8	-144. 325227
4	-18. 132307	9	-150. 760929
5	-18. 132307	10	-144. 325227

注：1kcal=4. 1868kJ。

比较 10 种不同切表面的总能量，选取能量最低的表面 top 原子位进行切表面，得到的该表面用于下一步的计算与模拟。图 4-49 为白钨矿（001）、方解石（104）、萤石（111）晶体表面结构示意图。

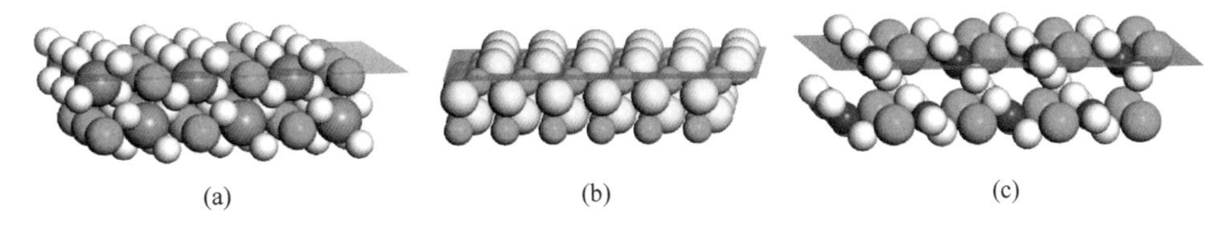

(a) (b) (c)

图 4-49 白钨矿（001）晶面（a）、方解石（104）晶面（b）、萤石（111）晶面（c）

构造完表面结构后进行结构优化，加真空层 build/crystal/build vacuum slab，输入真空层厚度（vacuum thickness），一般为 1～1. 5nm。建立超晶胞：build/symmetry/supercell，输入想要建立的超晶胞大小如 3×3×4，输入 $A=3$、$B=3$、$C=4$。表 4-13 为石英（101）面与真空层厚度、表面层厚度与表面能的关系。

表 4-13　石英（101）面与真空层厚度及表面层厚度与表面能的关系

表面层厚度/nm	1.254	1.589	1.923	2.257	2.591	2.925
表面能/J·m^{-2}	0.877	0.509	1.849	1.866	1.867	1.867
真空层厚度/nm	1.0	1.2	1.4	1.6	1.8	2.0
表面能/J·m^{-2}	1.866	1.869	1.895	1.910	1.855	1.917

在进行矿物晶体体相性质的研究时，调节切完表面的厚度，使其成为周期性重复的单元，记下此时的切表面厚度，加真空层，使真空层厚度与切表面厚度相等；然后在 display style/lattice 中改变 c 值看是否周期性重复。当进行矿物晶体表面性质的研究时，可以不考虑周期性。

B　表面能的计算

矿物块体破碎过程的化学本质就是破坏原子（离子）与相邻原子（离子）之间的化学键，这个过程中外力所做功大小的一半（产生了双倍表面）被称为表面能。由于新产生的表面上的原子（离子）失去了原来的朝外的配位原子（离子），所以表面层上的原子（离子）获得了不稳定额外的化学反应活性，使得表面质点具有比体相质点更高的能量，即表面能。这些表面原子失去了原来的配位原子，拥有较高的活性，会吸附其周围的其他原子（离子），以降低其活性。根据以上定义，如果生成单位面积某一表面所需的做功越少，该表面上的表层原子的活性就越低，所以该表面就越稳定。因此，表面能是衡量一个表面稳定性的定量参数。表面能的计算方法如式（4-18）所示。

$$E_{表面能} = [E_{表面} - (N_{表面}/N_{体相})E_{体相}]/(2A) \tag{4-18}$$

式中，$E_{表面}$，$E_{体相}$分别为表面模型和原胞模型的总能量，kJ/mol；$N_{表面}$，$N_{体相}$分别为表面模型与原胞模型的总原子数；A 为表面模型沿轴方向的面积，m^2；数值 2 表示表面模型沿轴方向有上下两个表面。

4.4.3　MS 软件表征浮选药剂分子结构参数及其物理化学活性

一般在 Visualizer 模块下进行浮选药剂分子结构的搭建，然后可以采用 DMol3 模块和 CASTEP 模块进行结构优化。由于 CASTEP 为具有对称结构物质的计算与模拟，因此需要在 CASTEP 模块下建立一个 1nm ×1nm ×1nm 的空格，将浮选药剂分子结构置于中间，进行计算与模拟。图 4-50～图 4-53 所示为四种常见浮选捕收剂的分子结构。优化后的浮选药剂分子结构，可以表征其基团组成、原子（离子）相对位置、键长、键角、几何尺寸、电荷布居、键布居、HOMO、LUMO 能量、电子密度等值面等表征浮选药剂分子化学活性的参数数值。

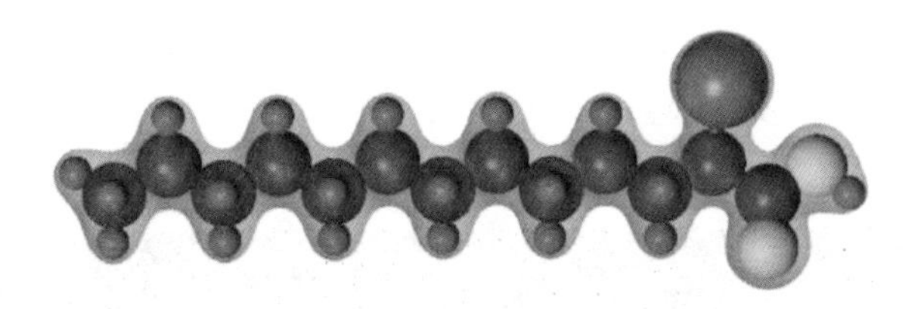

图 4-50　α-溴代月桂酸的分子结构及电子密度分布图

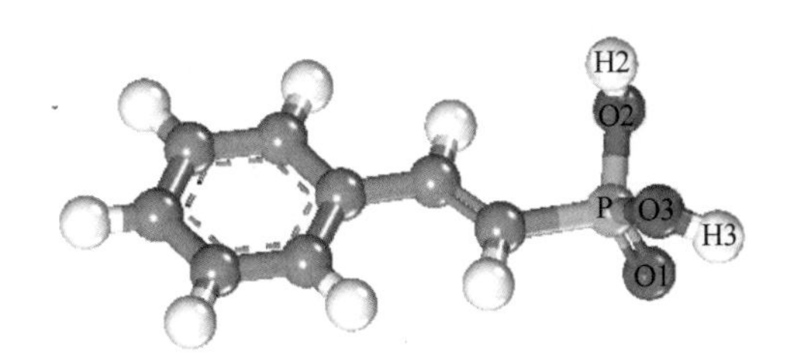

图 4-51　苯乙烯膦酸分子结构及原子编号

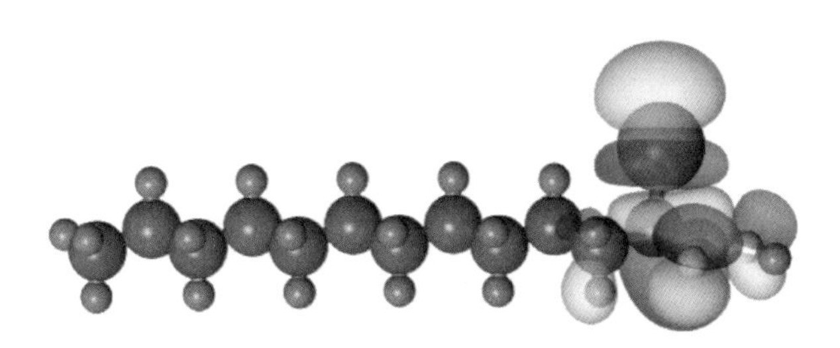

图 4-52　α-溴代月桂酸分子的前线轨道（HOMO 轨道和 LUMO 轨道）

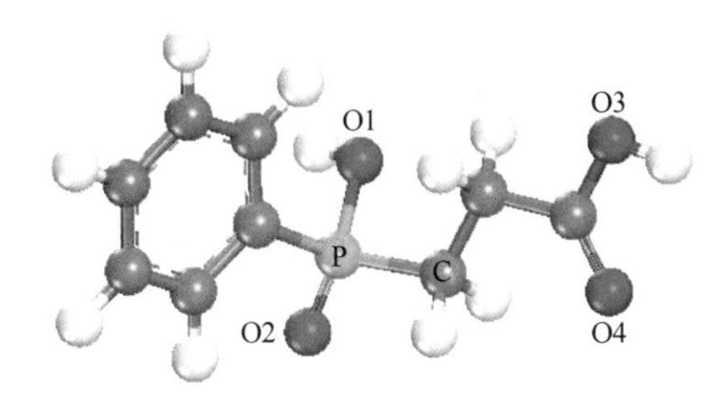

图 4-53　2-羧乙基苯基次膦酸分子结构及原子编号

4.4.3.1　新型铁矿石反浮选捕收剂 α-醚胺基脂肪酸的分子结构及其表征

新型铁矿石反浮选捕收剂 α-醚胺基脂肪酸的分子结构及其分子代号、键长、Mulliken 键布居等性质表征如图 4-54、表 4-14 和表 4-15 所示。

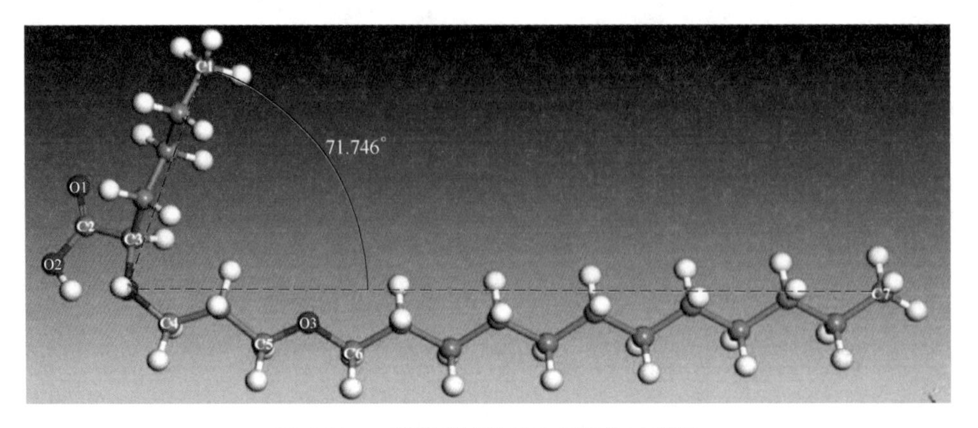

图 4-54　α-醚胺基脂肪酸分子结构示意图

表 4-14　α-醚胺基脂肪酸捕收剂分子式及其缩写形式

序号	名称	缩写	分　子　式
1	α-己烷醚胺基-己酸	HHEA	$CH_3(CH_2)_3CH(NH(CH_2)_3-O-(CH_2)_5CH_3)COOH$
2	α-辛烷醚胺基-己酸	HOEA	$CH_3(CH_2)_3CH(NH(CH_2)_3-O-(CH_2)_7CH_3)COOH$
3	α-癸烷醚胺基-己酸	HDEA	$CH_3(CH_2)_3CH(NH(CH_2)_3-O-(CH_2)_9CH_3)COOH$
4	α-十二醚胺基-己酸	HLEA	$CH_3(CH_2)_3CH(NH(CH_2)_3-O-(CH_2)_{11}CH_3)COOH$
5	α-己烷醚胺基-十二酸	LHEA	$CH_3(CH_2)_9CH(NH(CH_2)_3-O-(CH_2)_5CH_3)COOH$
6	α-辛烷醚胺基-十二酸	LOEA	$CH_3(CH_2)_9CH(NH(CH_2)_3-O-(CH_2)_7CH_3)COOH$
7	α-癸烷醚胺基-十二酸	LDEA	$CH_3(CH_2)_9CH(NH(CH_2)_3-O-(CH_2)_9CH_3)COOH$
8	α-十二醚胺基-十二酸	LLEA	$CH_3(CH_2)_9CH(NH(CH_2)_3-O-(CH_2)_{11}CH_3)COOH$

表 4-15　α-醚胺基脂肪酸捕收剂分子优化后几何参数

药剂	原子 1	原子 2	键长/nm	Mulliken 键布居
HHEA	C3	N	0.1483	0.5454
	N	C4	0.1473	0.6156
	C2	O1	0.1216	1.2702
	O2	C2	0.1345	0.7141
	C5	O3	0.1421	0.5639
	O3	C6	0.1427	0.5475
	C1-N-C7 角度 76.417°			

续表 4-15

药剂	原子 1	原子 2	键长/nm	Mulliken 键布居
HDEA	C3	N	0.1482	0.5468
	N	C4	0.1474	0.6207
	C2	O1	0.1215	1.2751
	O2	C2	0.1349	0.7139
	C5	O3	0.1421	0.5626
	O3	C6	0.1427	0.5469
	C1-N-C7 角度 66.871°			
HOEA	C3	N	0.1482	0.5480
	N	C4	0.1474	0.6069
	C2	O1	0.1216	1.2644
	O2	C2	0.1349	0.7127
	C5	O3	0.1421	0.5621
	O3	C6	0.1427	0.5481
	C1-N-C7 角度 85.534°			
HLEA	C3	N	0.1482	0.5451
	N	C4	0.1474	0.6147
	C2	O1	0.1216	1.2712
	O2	C2	0.1349	0.7143
	C5	O3	0.1421	0.5645
	O3	C6	0.1427	0.5478
	C1-N-C7 角度 71.746°			
LHEA	C3	N	0.1476	0.5771
	N	C4	0.1473	0.6032
	C2	O1	0.1215	1.2665
	O2	C2	0.135	0.6927
	C5	O3	0.1421	0.5612
	O3	C6	0.1427	0.5496
	C1-N-C7 角度 106.496°			
LOEA	C3	N	0.1475	0.5775
	N	C4	0.1472	0.6039
	C2	O1	0.1215	1.2646
	O2	C2	0.135	0.6915
	C5	O3	0.1421	0.5641
	O3	C6	0.1427	0.5501
	C1-N-C7 角度 111.633°			

续表 4-15

药剂	原子 1	原子 2	键长/nm	Mulliken 键布居
LDEA	C3	N	0. 1477	0. 5775
	N	C4	0. 1473	0. 6019
	C2	O1	0. 1215	1. 2644
	O2	C2	0. 1349	0. 6945
	C5	O3	0. 1421	0. 5626
	O3	C6	0. 1427	0. 5484
	C1-N-C7 角度 103. 525°			
LLEA	C3	N	0. 1476	0. 5758
	N	C4	0. 1473	0. 6023
	C2	O1	0. 1215	1. 2642
	O2	C2	0. 1349	0. 6933
	C5	O3	0. 1421	0. 5628
	O3	C6	0. 1427	0. 5487
	C1-N-C7 角度 100. 837°			

4. 4. 3. 2　锡石捕收剂的极性基结构及其前线分子轨道能量差和吸附能

捕收剂的极性基决定了捕收剂对目的矿物的捕收能力和选择性，也影响捕收剂在矿浆中的溶解度和分散能力，是捕收剂分子结构中最重要的组成部分。已知有效的锡石捕收剂按其亲固基团的不同可分为：脂肪酸类，亲固基为—COOH；胂酸类，亲固基为—AsO_3H_2；膦酸和次膦酸类，亲固基为—PO_3H_2 和—PO_2H_2；羟肟酸类，亲固基为—CONHOH；硫酸类，亲固基为—O—SO_3H，如图 4-55 所示。

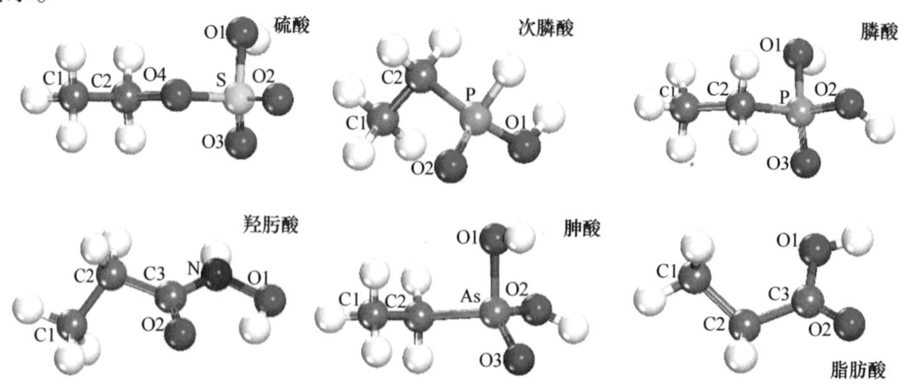

图 4-55　锡石阴离子捕收剂亲固基结构

不同亲固基团的前线分子轨道能量差 $\Delta E=E_{\text{LUMO}}-E_{\text{HOMO}}$ 以及一价阴离子在锡石（110）表面的化学吸附能列于表4-16中。

表4-16 锡石阴离子捕收剂亲固基的前线分子轨道能量差和吸附能

亲固基		—COOH	—AsO_3H_2	—PO_3H_2	—PO_2H_2	—CONHOH	—O—SO_3H
$E_{\text{LUMO}}-E_{\text{HOMO}}$ /eV	分子	4.663	6.860	5.157	5.299	4.817	6.786
	离子	3.114	5.559	4.811	4.893	3.675	5.769
化学吸附能/kJ·mol^{-1}		-193.85	-105.48	-154.61	-152.75	-187.77	-82.36

表4-16中结果显示，六种捕收剂亲固基离子所具有的 $\Delta E=E_{\text{LUMO}}-E_{\text{HOMO}}$ 数值均小于其分子所具有的 $E_{\text{LUMO}}-E_{\text{HOMO}}$ 数值，这说明在电离后，捕收剂阴离子具有更高的化学反应活性，在吸附过程中与锡石表面Sn(Ⅳ）位点发生作用的能力更强。脂肪酸、胂酸、膦酸、次膦酸、羟肟酸和硫酸离子的 $\Delta E=E_{\text{LUMO}}-E_{\text{HOMO}}$ 分别是3.114eV、5.559eV、4.811eV、4.893eV、3.675eV和5.769eV，数值大小排序为：脂肪酸<羟肟酸<膦酸<次膦酸<胂酸<硫酸，这说明六种亲固基团的化学反应活性大小排序为：脂肪酸>羟肟酸>膦酸>次膦酸>胂酸>硫酸。此外，六种亲固基团离子在锡石（110）表面上的吸附能数值大小排序为：脂肪酸<羟肟酸<膦酸<次膦酸<胂酸<硫酸，这说明六种亲固基团离子的吸附强度排序为：脂肪酸>羟肟酸>膦酸>次膦酸>胂酸>硫酸。表4-16中的结果反映了根据 ΔE 数值预测捕收剂的化学反应活性，进而预测捕收剂在锡石表面的化学吸附强度有很高的可靠性。

4.4.4 浮选药剂在矿物晶体表面吸附过程的MS模拟分析

4.4.4.1 浮选药剂在矿物表面吸附位点的MS模拟分析

浮选药剂分子或其他吸附质在矿物表面作用的模拟计算同样在CASTEP模块中进行，首先将吸附质独立放置在一个大小为2nm×2nm×4nm的晶格内进行优化计算，再将优化后的吸附质放置在矿物表面可能的作用位置进行优化计算。针对每种吸附构型都会搭建出各种各样可能的初始状态进行优化计算，例如吸附质的不同摆放位置、不同摆放角度、不同原子间的作用等情况都应被考虑到，最终根据吸附能的大小筛选出最优的吸附结构。计算过程的参数设置与晶体结构优化计算的参数设置保持一致。

例如2-羧乙基苯基次膦酸（简写为CEPPA）分子在锡石（110）表面上吸附形态分析，CEPPA分子的吸附是通过次膦酸基和羧基中的两个质子与锡石（110）表面上的两个O原子之间形成氢键作用，两个氢键的长度分别是0.1540nm、0.1598nm，吸附能为-145.26kJ/mol。CEPPA的疏水基苯环所在的平面与锡石（110）表面所在的平面基本平行，这种形态使得 CEPPA 可以最大限度地发挥其疏水能力。CEPPA 的一价阴离子在锡石表面的单点吸附形态如图 4-56 和 图 4-57 所示[8]。

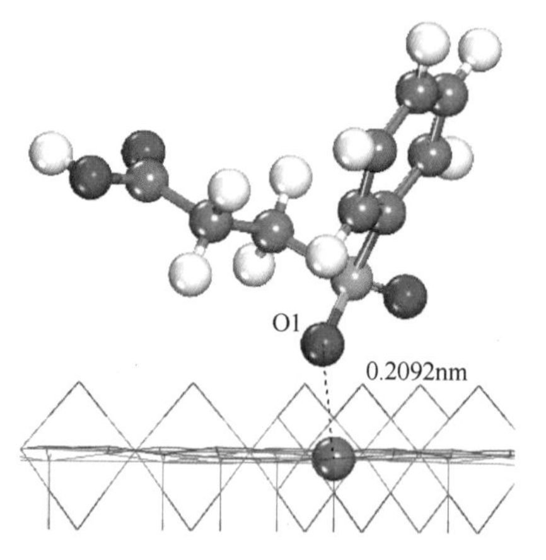

图 4-56　CEPPA 一价阴离子在锡石（110）表面的单点吸附

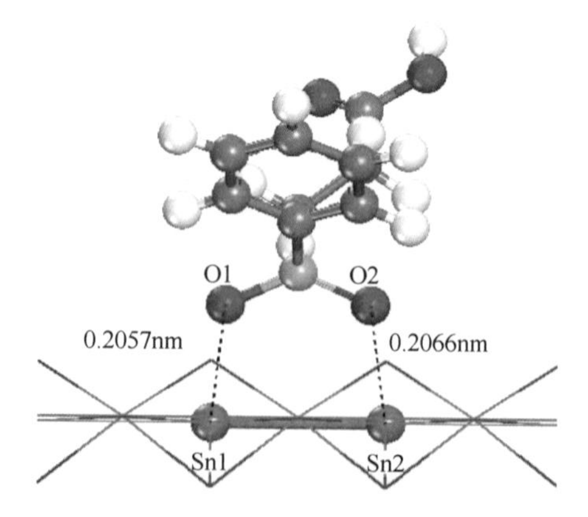

图 4-57　CEPPA 一价阴离子在锡石（110）表面的双氧-双锡配位吸附

CEPPA 一价阴离子中的多电子位点—$O1^-$与锡石（110）表面的缺电子位点 Sn^{n+}（锡石破碎时 Sn—O 断裂，Sn 核外电子被电负性较大的 O 夺走，使得 O 为多电子位点、Sn 为缺电子位点，SnO_2 为具有离子性的强极性共价键，n 不为整数）形成离子键，键长为 0.2092nm，化学吸附能为-245.75kJ/mol。同时也可以观察到单点吸附完成后次膦酸基中的另一个 O2 原子与锡石表面的另一个 Sn 原子的间距较小，可再次成键自发形成双氧双锡的双配位吸附，如图 4-57 所示。双氧双锡的双配位吸附形态中的两个吸附键长分别是 0.2057nm、0.2066nm，吸附能为-344.21kJ/mol，说明双氧双锡的双配位吸附比单点吸附更稳定。

为探讨 Sn1—O1 键、Sn2—O2 键的成键机理，计算分析了吸附前后 Sn1、O1、Sn2、O2 等原子的态密度和 Mulliken 电荷分布。吸附前后 Sn1、O1 原子的态密度分布如图 4-58 所示，Sn2、O2 原子的态密度分布如图 4-59 所示。

图 4-58 和图 4-59 所示结果表明，吸附前 O1、O2 原子费米面附近的态密度由其 2p 轨道组成，说明 O1、O2 原子的 2p 轨道中的电子活性较高。吸附后 O1、O2 原子的态密度峰向低能方向移动，并且非局域性增强，说明在吸附之后 O1、O2 原子的价电子活性降低，稳定性增强。吸附之前，Sn1、Sn2 原子费米面附近的态密度峰由其 5s 和 5p 轨道占据，并且 5s 和 5p 轨道构成了 Sn3 原子的导带。吸附之后，Sn1、Sn2 原子的态密度峰的局域性减弱，并且其导带的态密度峰增强。说明吸附之后 Sn1、Sn2 原子的导带底电子数增多，可能是由于在吸附过程中 Sn1、Sn2 原子的导带底接受了来自 O1、O2 原子的电子。在-10~0eV 的范围内，吸附后 Sn1 原子与 O1 原子的态密度分布、Sn2 原子与 O2 原子的态密度分布

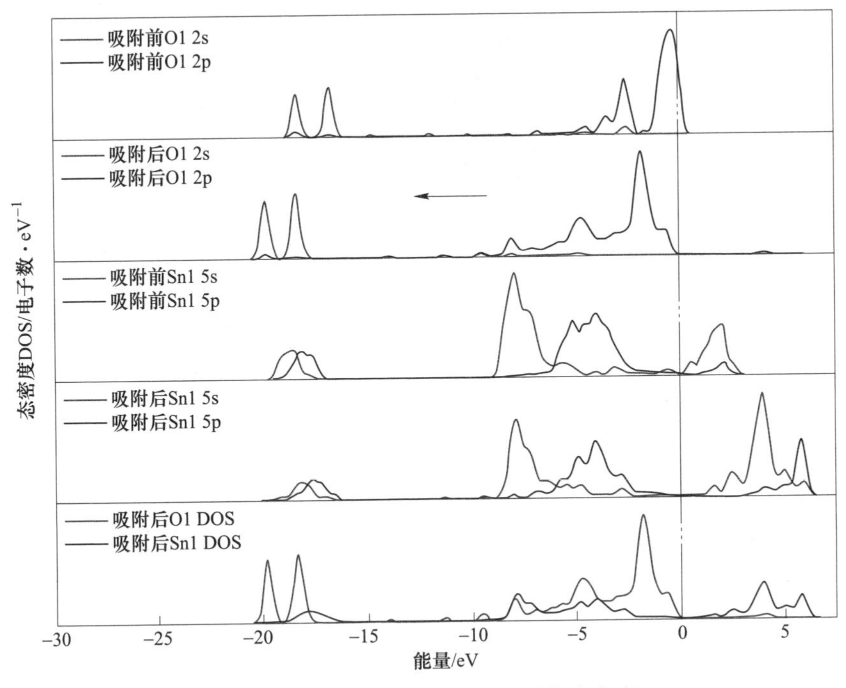

图 4-58 吸附前后 Sn1、O1 原子的态密度

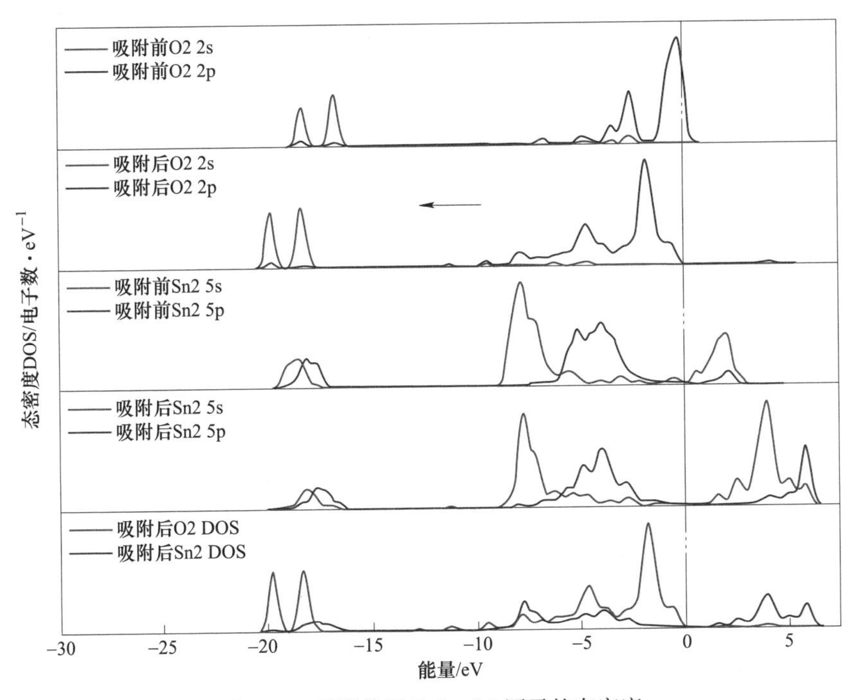

图 4-59 吸附前后 Sn2、O2 原子的态密度

均出现了明显的“共振”现象，这说明 Sn1 原子与 O1 原子之间、Sn2 原子与 O2 原子之间存在电子共用，Sn1—O1 键、Sn2—O2 键具有共价属性。

吸附前后，Sn1、O1、Sn2、O2 等原子的 Mulliken 电荷分布如表 4-17 所示。表中数据显示 Sn1—O1 键、Sn2—O2 键的布居值分别是 0.31、0.30，但均小于锡石表面 Sn—O 键的布居值 0.47。这说明 CEPPA 一价阴离子在锡石（110）表面吸附生成的 Sn1—O1 键、Sn2—O2 键的离子键属性更强。相比于吸附前，吸附后 Sn1、Sn2 原子的 5s 轨道的电子有所减少，5p 轨道的电子有所增加；O1、O2 原子的 2s 轨道的电子减少，2p 轨道电子增加。这说明在吸附过程中，Sn1 与 O1 原子之间、Sn2 与 O2 原子之间发生了电子得失，形成了 Sn1—O1 键、Sn2—O2 键。

表 4-17　吸附前后 Sn1—O1、Sn2—O2 原子的 Mulliken 键布居值及电荷布居值

化学键	键布居值	成键原子 Mulliken 电子密度布居值与电荷布居值					
		原子	状态	s	p	总电子数	电荷布居值/e
Sn1—O1	0.31	Sn1	吸附前	1.00	1.20	2.20	1.80
			吸附后	0.81	1.22	2.03	1.97
		O1	吸附前	1.90	5.11	7.01	-1.01
			吸附后	1.86	5.23	7.09	-1.09
Sn2—O2	0.30	Sn2	吸附前	1.00	1.21	2.21	1.79
			吸附后	0.86	1.22	2.08	1.92
		O2	吸附前	1.90	5.10	7.00	-1.00
			吸附后	1.86	5.22	7.08	-1.08

CEPPA 二价阴离子在锡石（110）表面上吸附位点的 MS 模拟分析过程如图 4-60~图 4-62 所示。

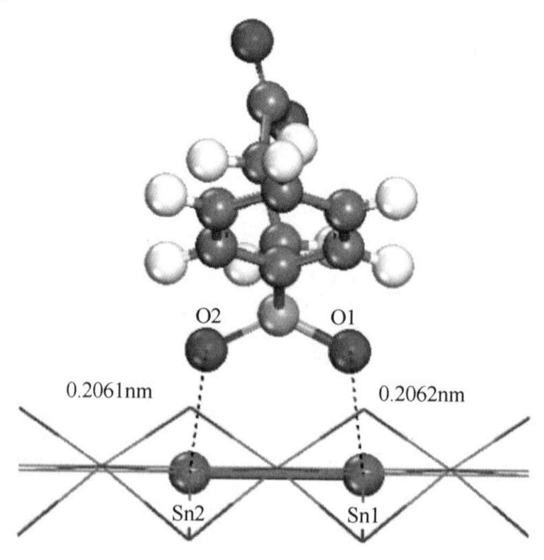

图 4-60　CEPPA 二价阴离子通过次膦酸基在锡石（110）表面的吸附形态

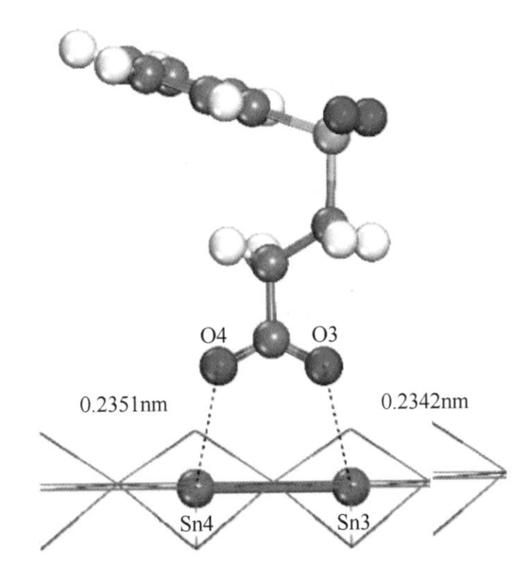

图 4-61 CEPPA 二价阴离子通过羧基在锡石（110）表面的吸附形态

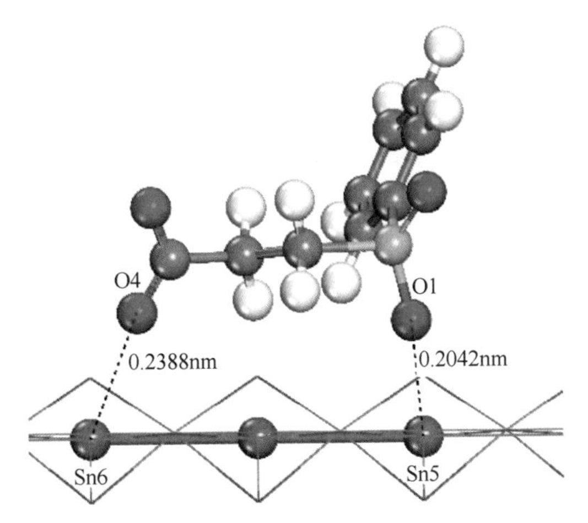

图 4-62 CEPPA 二价阴离子通过双亲固基在锡石（110）表面的吸附形态

观察 CEPPA 的分子结构可见，在解离成二价阴离子之后，O1 原子与 O2 原子处于完全相同的化学环境中，O3 与 O4 原子处于完全相同的化学环境中。CEPPA 二价阴离子结构中 O1、O2、O3、O4 原子的 Mulliken 电荷分布如表 4-18 所示。

表 4-18 CEPPA 二价阴离子结构中 O1、O2、O3、O4 原子的 Mulliken 布居值

原子	2s	2p	总电子密度布居值	电荷布居值/e
O1	1.90	5.24	7.14	-1.14
O2	1.90	5.24	7.14	-1.14

续表 4-18

原子	2s	2p	总电子密度布居值	电荷布居值/e
O3	1.83	4.91	6.74	-0.74
O4	1.83	4.91	6.74	-0.74

表 4-18 中数据显示，在解离成二价阴离子后，CEPPA 的次膦酸基中的 O1、O2 原子具有完全相同的 Mulliken 电荷分布，同样 CEPPA 的羧基中的 O3、O4 原子也具有完全相同的 Mulliken 电荷分布。这可能是因为在解离后，O1—P—O2 三原子之间的电子会重新排布，形成共轭键；O3—C—O4 三原子之间的电子也会重新排布，同样形成共轭键。这就说明在与锡石表面的作用过程中，O1 与 O2 原子会表现出相同的化学反应活性，O3 与 O4 原子也会具有相同的化学反应活性。

CEPPA 二价阴离子在锡石（110）表面的吸附形态如图 4-62 所示。由图可知，CEPPA 分子结构中的次膦酸基和羧基可以分别或者共同作用在锡石表面，相同之处就是都形成了双氧双锡双配位的吸附形态。图 4-60 表明次膦酸基在锡石（110）表面上形成的两个吸附键 Sn1—O1 键、Sn2—O2 键，其键长分别是 0.2061nm、0.2062nm，该吸附形态的吸附能是-395.86kJ/mol。图 4-61 表明羧基作用在锡石（110）表面上形成的两个吸附键 Sn3—O3 键、Sn4—O4 键的键长分别是 0.2351nm、0.2342nm，该吸附形态的吸附能是-308.42kJ/mol。当 CEPPA 通过双亲固基共同作用在锡石（110）表面时，次膦酸基和羧基中各有一个亲固 O 原子与锡石（110）表面的 Sn 原子结合成键，这种双亲固基共同作用可能有 4 种形式，图 4-62 显示了其中的一种。图 4-62 中次膦酸基中的 O1 原子与 Sn5 原子所成的 Sn5—O1 键的键长为 0.2042nm，羧基中 O4 原子与 Sn6 原子所成的 Sn6—O4 键的键长为 0.2388nm，该吸附形态的吸附能是-363.64kJ/mol。对比图 4-60~图 4-62 中的三种吸附形态可见，次膦酸基与锡石（110）表面结合的吸附能更负，形成的化学键键长更短，这说明次膦酸基与锡石（110）表面的结合强度更大。结果表明，含有双亲固基的 CEPPA 与锡石表面的作用形式多种多样，这也是 CEPPA 对锡石捕收性能优异的原因之一。

为分析图 4-60~图 4-62 中 Sn1—O1 键、Sn2—O2 键、Sn3—O3 键、Sn4—O4 键、Sn5—O1 键、Sn6—O4 键的成因，计算分析了 Sn1、O1、Sn2、O2、Sn3、O3、Sn4、O4、Sn5、Sn6 等原子在吸附前后的态密度和 Mulliken 电荷布居。吸附前后各个原子的态密度如图 4-63 所示。

图 4-63 中结果表明，在吸附之前，CEPPA 二价阴离子中的亲固 O 原子的费米面附近的态密度主要由其 2p 轨道贡献，锡石（110）表面上的 Sn 原子的费米面附近的态密度由其 5s、5p 轨道组成。在吸附之后，CEPPA 二价阴离子中的亲固 O 原子的态密度峰向低能方向移动，非局域性增强，锡石（110）表面上的 Sn 原子的态密度峰的非局域性增强。在-10~0eV 的范围内，吸附后的 O 原子与相

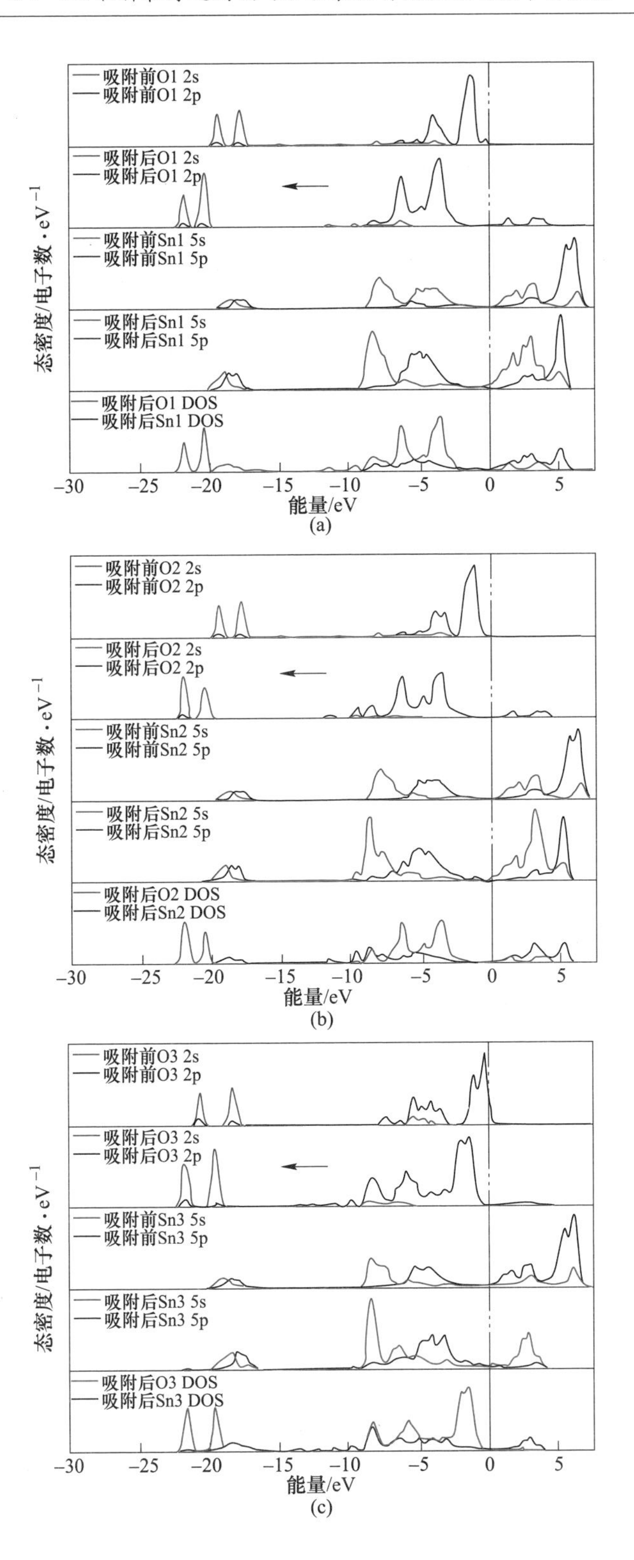
吸附前O1 2s
吸附前O1 2p
吸附后O1 2s
吸附后O1 2p
吸附前Sn1 5s
吸附前Sn1 5p
吸附后Sn1 5s
吸附后Sn1 5p
吸附后O1 DOS
吸附后Sn1 DOS
态密度/电子数 · eV⁻¹
−30 −25 −20 −15 −10 −5 0 5
能量/eV
(a)
吸附前O2 2s
吸附前O2 2p
吸附后O2 2s
吸附后O2 2p
吸附前Sn2 5s
吸附前Sn2 5p
吸附后Sn2 5s
吸附后Sn2 5p
吸附后O2 DOS
吸附后Sn2 DOS
态密度/电子数 · eV⁻¹
−30 −25 −20 −15 −10 −5 0 5
能量/eV
(b)
吸附前O3 2s
吸附前O3 2p
吸附后O3 2s
吸附后O3 2p
吸附前Sn3 5s
吸附前Sn3 5p
吸附后Sn3 5s
吸附后Sn3 5p
吸附后O3 DOS
吸附后Sn3 DOS
态密度/电子数 · eV⁻¹
−30 −25 −20 −15 −10 −5 0 5
能量/eV
(c)

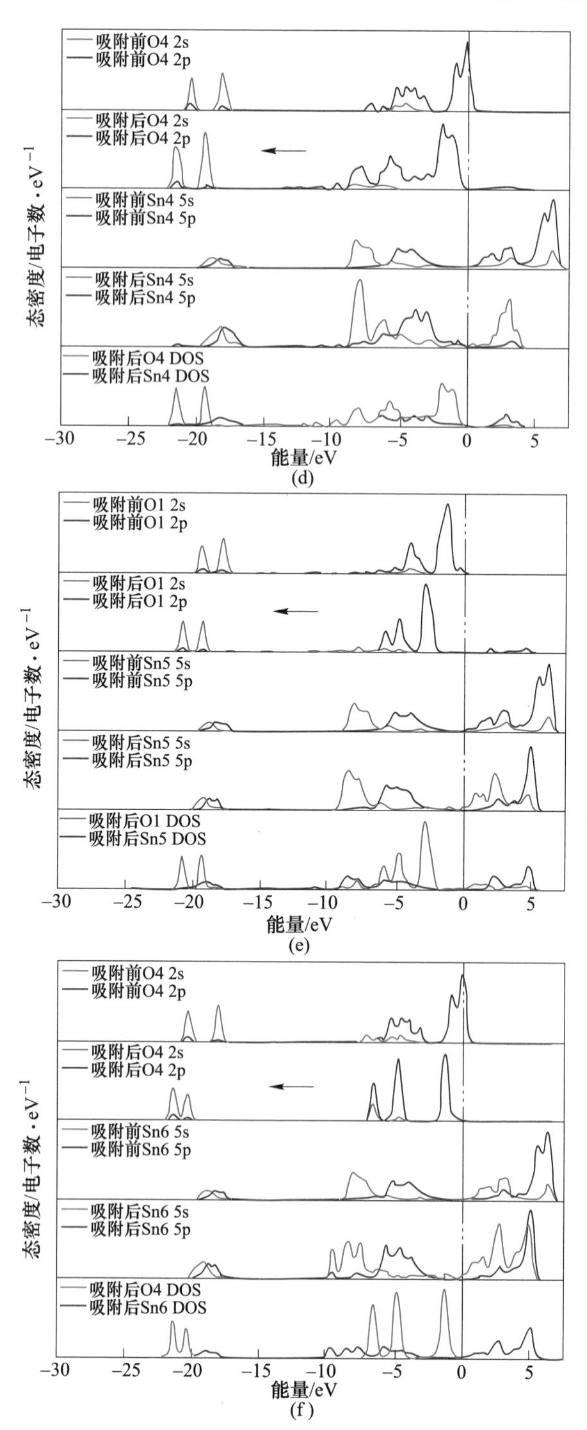

图 4-63　吸附前后 Sn 和 O 原子的态密度

(a) Sn1—O1; (b) Sn2—O2; (c) Sn3—O3; (d) Sn4—O4; (e) Sn5—O1; (f) Sn6—O4

应的Sn原子的态密度峰之间表现出明显的“共振”状态。以上结果说明，Sn1和O1原子之间、Sn2和O2原子之间、Sn3和O3原子之间、Sn4和O4原子之间、Sn5和O1原子之间、Sn6和O4原子之间存在电子云重叠。

吸附前后Sn1—O1、Sn2—O2、Sn3—O3、Sn4—O4、Sn5—O1、Sn6—O4等Mulliken键布居和电荷布居值如表4-19所示。表4-19中数据表明，吸附后锡石（110）表面上的Sn原子的5s轨道的电子有所减少，5p轨道的电子有所增加；CEPPA二价阴离子中的亲固O原子的2s轨道的电子减少，2p轨道电子增加。这说明在吸附过程中，锡石（110）表面上的Sn原子与CEPPA二价阴离子中的亲固O原子之间发生了电子得失，形成了Sn1—O1键、Sn2—O2键、Sn3—O3键、Sn4—O4键、Sn5—O1键、Sn6—O4键。

表4-19 吸附前后Sn1—O1、Sn2—O2、Sn3—O3、Sn4—O4、Sn5—O1、Sn6—O4的Mulliken键布居及电荷布居值

化学键	键布居值	成键原子Mulliken电子密度布居值与电荷布居值					
		原子	状态	s	p	总电子数	电荷布居值/e
Sn1—O1	0.37	Sn1	吸附前	1.00	1.20	2.22	1.80
			吸附后	0.78	1.23	2.01	1.99
		O1	吸附前	1.90	5.24	7.14	-1.14
			吸附后	1.86	5.37	7.23	-1.23
Sn2—O2	0.35	Sn2	吸附前	1.00	1.20	2.20	1.80
			吸附后	0.80	1.22	2.02	1.98
		O2	吸附前	1.90	5.24	7.14	-1.14
			吸附后	1.86	5.35	7.21	-1.21
Sn3—O3	0.27	Sn3	吸附前	1.00	1.20	2.20	1.80
			吸附后	0.92	1.22	2.14	1.86
		O3	吸附前	1.83	4.91	6.74	-0.74
			吸附后	1.81	5.01	6.82	-0.82
Sn4—O4	0.26	Sn4	吸附前	1.00	1.20	2.20	1.80
			吸附后	0.95	1.21	2.16	1.84
		O4	吸附前	1.83	4.91	6.74	-0.74
			吸附后	1.81	5.00	6.81	-0.81
Sn5—O1	0.33	Sn5	吸附前	1.00	1.20	2.20	1.80
			吸附后	0.78	1.23	2.01	1.99
		O1	吸附前	1.90	5.24	7.14	-1.14
			吸附后	1.85	5.39	7.24	-1.24

续表 4-19

化学键	键布居值	成键原子 Mulliken 电子密度布居值与电荷布居值					
		原子	状态	s	p	总电子数	电荷布居值/e
Sn6—O4	0.19	Sn6	吸附前	1.00	1.20	2.20	1.80
			吸附后	0.96	1.21	2.17	1.83
		O4	吸附前	1.83	4.91	6.74	-0.74
			吸附后	1.82	4.98	6.80	-0.80

值得注意的是，CEPPA 二价阴离子在锡石（110）表面上吸附形成的 Sn1—O1 键、Sn2—O2 键、Sn3—O3 键、Sn4—O4 键、Sn5—O1 键、Sn6—O4 键的布居值分别是 0.37、0.35、0.27、0.26、0.33、0.19。布居值较大说明化学键共价键属性更强，键强更高。由此可见，CEPPA 二价阴离子通过其次膦酸基中的 O1、O2 原子在锡石（110）表面上的吸附比通过羧基中的 O3、O4 原子的吸附更为牢固。

4.4.4.2　浮选药剂在矿物表面的吸附能计算

吸附能是指吸附后总体系的能量与吸附前吸附质和吸附剂的总能量的差值。对于一个吸附过程，一方面如果吸附后总体系的能量低于吸附质和吸附剂的总能量，即吸附能是负值，说明在吸附过程中体系向外释放了能量，这样的吸附过程是能够自发进行的，并且吸附过程中释放出的能量越多，说明吸附态越稳定，这个吸附过程越容易进行；另一方面如果一个吸附过程的吸附能是正值，说明吸附过程中需要输入外部能量促使吸附发生，这个吸附过程不能自发进行。因此，吸附能的大小可以用于衡量浮选过程中浮选药剂与矿物表面吸附过程发生的可能性。吸附能的计算方法如公式（4-19）所示。

$$E_{吸附能} = [E_{矿物与药剂吸附后总体系} - (E_{药剂} + E_{矿物表面})]N_A \tag{4-19}$$

式中，$E_{吸附能}$为浮选药剂与矿物表面的吸附能，kJ/mol；$E_{矿物与药剂吸附后总体系}$为矿物与浮选药剂吸附后总体系的能量，kJ；$E_{药剂}$为吸附前浮选药剂分子的体系总能量，kJ；$E_{矿物表面}$为吸附前矿物表面体系总能量，kJ；N_A为阿伏伽德罗常数，$6.02\times10^{23}mol^{-1}$。

需要指出的是，在浮选药剂与矿物之间的吸附过程所产生的体系能量变化，有人还称之为作用能或反应能。作用能的概念比较宽泛，任何两种物质 A 和 B 之间不管发生什么过程（吸附、吸收、絮凝、化学反应等）都称之为相互作用，这个过程的能量变化都可以称为作用能。反应能的概念比较具体，反应物 A 和反应物 B 之间发生了价键的重组过程，产生了新的物质 C 的过程，这个过程的能量变化称之为反应能。在浮选过程中，浮选药剂与矿物之间是一种特殊的相互作用，即吸附作用。吸附剂为具有活性位点的矿物表面，吸附质为矿物千分之几或者更小的药剂分子，药剂分子在矿物表面吸附已成为公认的事实。因此吸附能最能准确地描述浮选药剂与矿物之间的吸附过程所产生的体系能量变化。

4.4.4.3 水环境中浮选药剂在矿物表面的分子动力学模拟

药剂与矿物作用的分子动力学模拟过程能够预测矿物实际浮选行为，研究者通常模拟的是真空条件下药剂与矿物的相互作用，也得到了许多有意义的结论。但是实际矿物浮选是在矿浆中进行的，溶剂化效应必然导致矿物表面荷电，药剂的赋存状态也与矿浆的 pH 值相关，所以模拟水相环境中浮选捕收剂与矿物的吸附过程更接近于真实的吸附过程。

采用分子动力学模拟方法，研究周期性水环境下浮选药剂在矿物最稳定暴露面上的吸附过程。与在真空环境中的模拟类似，在水相中分子动力学模拟过程同样采用周期性边界条件，计算模型选用两层结构模型，构建过程如下：

（1）构建矿物表面，与真空条件下构建方法相同。

（2）利用 Amorphous Cell 模块构建浮选药剂与矿物最稳定暴露面作用界面（包含多个水分子、一个或多个浮选药剂分子和矿物最稳定暴露面），用于研究药剂分子在矿物最稳定暴露面的吸附行为。与在真空环境中的模拟类似，首先，通过 Forcite 模块下的 Geometry Optimization 对体系进行优化。其次，采用 Quench 方法，在 400ps 时间的分子动力学模拟过程中，每隔 5000 steps 选择一个构型，选取特定构型数（不同体系选取构型个数不同）进行能量计算，选取能量最低的一个构型即为矿物表面吸附药剂的最优构型。最后，采用正则系统（NVT），模拟温度为 298K，在 Dynamics 下进行分子动力学模拟获得药剂与矿物表面吸附最终稳定构型，并计算药剂与矿物表面之间的作用能。模拟参数设置与真空条件下一致。

A 锡石表面的水化和羟基化作用

新生成矿物表面上部分化学键断裂，表层原子失去了部分配位原子，处于不饱和的活跃状态，具有比体相原子更高的能量。能量越高就越不稳定，因而新生成矿物表面上的原子就对临近物质具有一定的吸附能力，通过吸附作用降低表面能，从而趋于稳定。在矿物粉碎过程中，新生成矿物表面最先接触的吸附质一般是水成分，矿物润湿的实质也就是表面原子对水成分的吸附。H_2O 和 OH^- 在锡石（110）表面的吸附模拟计算结果见表 4-20，吸附形态如图 4-64 所示。

表 4-20 H_2O 和 OH^- 在锡石表面的吸附能

吸附质	H_2O	OH^-
吸附能/$kJ \cdot mol^{-1}$	-76.74	-115.22

由表 4-20 中结果可以看到，H_2O 和 OH^- 都可以自发地吸附在锡石（110）表

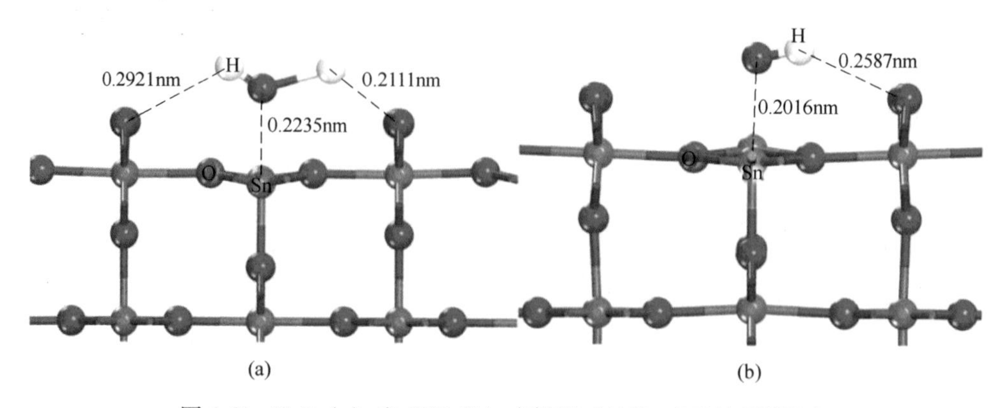

图 4-64 H_2O（a）和 OH^-（b）在锡石（110）表面的吸附形态

面上。由图 4-64 可见，H_2O 在锡石（110）表面的最稳定吸附形态是解离吸附，吸附过程中 H_2O 中的 H 原子受到临近表面 O 原子的强力吸引，导致一个 H—O 键被拉伸断裂，解离成 OH^- 和 H^+，两者分别和 Sn 和 O 原子结合，形成羟基化表面终端。锡石表面对 H_2O 和 OH^- 的吸附使锡石表面亲水性较强，并且在广泛的 pH 值范围内都带有负电。

B 水相环境中药剂在矿物表面吸附的分子动力学模拟

水相环境中药剂在矿物表面吸附的分子动力学模拟案例为新型捕收剂 α-醚胺基脂肪酸 LDEA 在水环境下与石英矿物的吸附研究。

考虑 α-醚胺基脂肪酸捕收剂 LDEA 分子的水解电离平衡以及矿物表面荷电性质，建立了弱酸、中性、弱碱以及强碱性 4 种条件下 α-醚胺基脂肪酸捕收剂 LDEA 与石英（101）面作用界面，其各组分原子数如表 4-21 所示。采用几何优化、能量优化和分子动力学模拟得到不同水相环境下捕收剂 LDEA 在石英（101）面的平衡吸附构型，如图 4-65 所示。而不同水相环境中，LDEA 捕收剂分子中仲胺基上的 H 原子与石英（101）面 O 原子之间距离，羧基上 H 原子、O 原子分别与石英（101）面 O 原子、H 原子之间距离，药剂在石英（101）表面的吸附作用能与石英浮选回收率之间的关系如表 4-22 所示。

表 4-21 LDEA 在石英（101）面吸附模拟过程中各组分的原子数

组 分	原子数			
	pH = 4	pH = 6	pH = 10	pH = 12
* $LDEA^+$	1	1	0	0
* $LDEA^0$	0	0	1	0
* $LDEA^-$	0	0	0	1

续表 4-21

组　分	原子数			
	pH=4	pH=6	pH=10	pH=12
Chloride	1	1	0	0
Hydrogen	0	0	0	1
Surface oxygen	58	60	60	60
Surface hydroxy1	2	0	0	0
$SiOH_2^+$	0	0	0	0
Bridging oxygen	480	480	480	480
Silicon	270	270	270	270
H_2O	342	342	342	342

注：* $LDEA^+$、* $LDEA^0$ 和 * $LDEA^-$ 分别指药剂的 $C_{10}H_{21}-CH(NH_2^+-(CH_2)_3-O-C_{10}H_{21})-COOH$、$C_{10}H_{21}-CH(NH_2^+-(CH_2)_3-O-C_{10}H_{21})-COO^-$ 和 $C_{10}H_{21}-CH(NH-(CH_2)_3-O-C_{10}H_{21})-COO^-$ 形式。

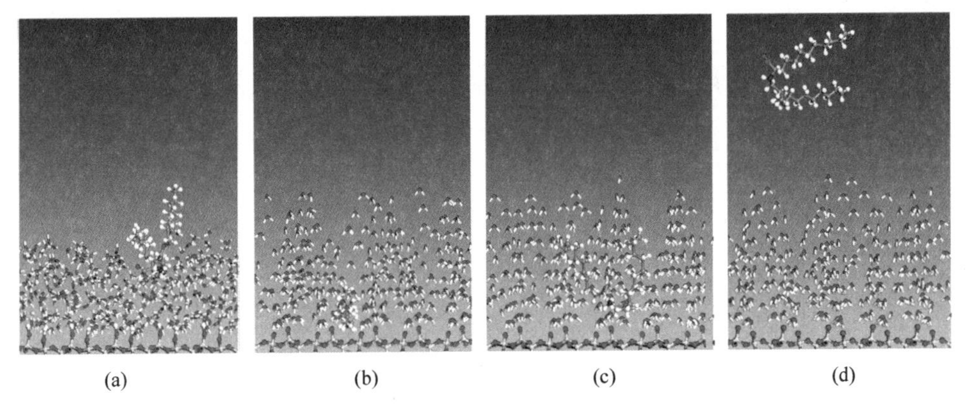

图 4-65　不同水相环境中捕收剂 LDEA 在石英（101）面的平衡吸附构型

（红色为 O，黄色为 Si，蓝色为 N，灰色为 C，白色为 H，绿色为 Cl）

（a）pH=4；（b）pH=6；（c）pH=8；（d）pH=12

表 4-22　水相环境中 LDEA 在石英（101）表面吸附作用能与石英单矿物浮选回收率的关系

pH 值	$E_{药剂}$ /kJ · mol^{-1}	$E_{矿物}$ /kJ · mol^{-1}	$E_{总能量}$ /kJ · mol^{-1}	ΔE /kJ · mol^{-1}	回收率 /%
4	36.43	92869.71	92940.93	34.79	76.56
6	241.75	167445.71	161959.99	5727.46	94.15
10	356.30	167445.71	165908.69	1893.31	94.55
12	205.95	167445.71	167884.82	233.16	2.97

由图 4-65 可知，捕收剂分子的极性头部由于较强的化学活性比烷基烃链优先吸附于石英（101）表面，而烃基烃链在溶剂水的作用下发生扭转并偏离矿物表面以一定倾角指向溶剂。矿物的疏水化是通过吸附捕收剂以减少矿物与水分子的相互作用而达到的，捕收剂的扭转程度越大，阻隔水分子与矿物作用的能力就越强。由此可知，对于石英而言，当矿浆 pH 值为 4 和 12 时，捕收剂对水分子阻隔作用较弱，此时药剂在石英表面的吸附作用能分别为 34.79kJ/mol 和 233.16kJ/mol，这说明在弱酸性和强碱性条件下不利于药剂 LDEA 在石英（101）表面的吸附，此时石英浮选回收率分别为 76.56%和 2.97%。而在矿浆 pH 值为 6 和 10 时，捕收剂出现了不同程度的扭转，对水分子具有一定的阻隔作用，此时药剂 LDEA 在石英（101）表面的吸附作用能分别为 -5727.46kJ/mol 和 -1893.31kJ/mol，由此可知捕收剂在偏中性 pH 值和弱碱性 pH 值范围内在石英（101）表面有较强的吸附作用，此时石英浮选回收率分别为 94.15% 和 94.55%。

综上所述，MS 软件的量子化学计算模块 CASTEP、Dmol3 和分子动力学模块 Forcite，在矿物晶体化学表征、浮选药剂分子结构及性能表征、药剂与矿物吸附机理研究等方面得到了充分的应用，使我们在微观分子水平上，充分了解和认识了浮选药剂极性基上的活性位点原子（离子）与矿物表面活性位点原子（离子）之间发生的化学本质规律，从而与宏观的检测结果如 XRD、XRF、FTIR、XPS、接触角、AFM 等相结合，互相佐证，微观模拟数据、宏观检测结果、浮选试验结果、化学理论分析等几方面观点互相支撑，才能真正了解和掌握浮选药剂与矿物之间发生的本质规律，从而快速判定各种捕收剂分子在不同矿物表面的作用位置、作用形态、作用强度，为评估新型捕收剂对目的矿物的选择性和捕收能力提供了科学合理的依据。此外，采用计算机辅助设计，可以极大缩短新型捕收剂的研发周期，避免传统试差法研发新型捕收剂中的严重资源消耗，因此，MS 在矿物与药剂浮选作用机理研究中的作用及其理论与实际意义重大。

参考文献

[1] 谭鑫，何发钰，谢宇．钨锰矿（010）表面电子结构及性质第一性原理计算［J］．金属矿山，2015（6）：53~58.

[2] 孙海涛．新型钨矿捕收剂的捕收性能及作用机理研究［D］．沈阳：东北大学，2015.

[3] 魏德州．固体物料分选学［M］．北京：冶金工业出版社，2015.

[4] 傅献彩，沈文霞，姚天扬，等．物理化学［M］．北京：高等教育出版社，2006.

[5] 伊斯雷尔奇维利 J N．分子间力和表面力［M］．3 版．王晓琳，唐元晖，卢滇楠译．北京：科学出版社，2019.

[6] 王庆文．有机化学中的氢键问题［M］. 天津：天津大学出版社，1993.
[7] 陈宗淇，王光信，徐桂英．胶体与界面化学［M］. 北京：高等教育出版社，2001.
[8] 赖亚J. 泡沫浮选表面化学［M］. 北京：冶金工业出版社，1987.
[9] 宫贵臣．锡石膦酸捕收剂分子结构设计及作用机理研究［D］. 沈阳：东北大学，2016.
[10] 骆斌斌．α-醚胺基脂肪酸分子结构设计及其捕收机理研究［D］. 沈阳：东北大学，2016.
[11] 贾静雯．几种不同类型捕收剂对石英的捕收性能研究［D］. 沈阳：东北大学，2014.
[12] 杨艳萍．新型阳离子捕收剂对东鞍山铁矿石浮选研究［D］. 沈阳：东北大学，2014.
[13] 任建蕾．东鞍山含碳酸盐铁矿石常温捕收剂的捕收性能研究［D］. 沈阳：东北大学，2013.
[14] 苗美云．新型捕收剂对细粒锡石的捕收性能及机理研究［D］. 沈阳：东北大学，2015.
[15] 闫啸．从磁选尾矿中浮选回收磷灰石的常温浮选药剂机理研究［D］. 沈阳：东北大学，2015.
[16] 陈金鑫．磷灰石常温捕收剂研制及其与矿物表面作用机理研究［D］. 沈阳：东北大学，2015.
[17] 陈星．萤石常温捕收剂的浮选性能及作用机理研究［D］. 沈阳：东北大学，2016.
[18] 代雷孟．重晶石捕收剂的捕收性能及作用机理研究［D］. 沈阳：东北大学，2017.
[19] 陶楠．新型浮选药剂在大石桥菱镁矿浮选中的应用［D］. 沈阳：东北大学，2016.

5　浮选过程中的其他浮选药剂

在分选极复杂的多相混合矿物时,可能要添加各种辅助的浮选药剂，以扩大目的矿物与脉石矿物的浮游差。浮选过程中除捕收剂外其他的浮选药剂，按照其在浮选中的功能性一般可分为以下几类：（1）调整矿浆酸碱度的 pH 值调整剂，主要包含各种盐酸、硫酸、硝酸、磷酸、醋酸等酸性化合物，调节溶液的酸性；氢氧化钠、氢氧化钾、氢氧化钙、碳酸钠、石灰等碱性化合物，调节溶液的碱性；（2）用来提高某些矿物表面亲水性、抑制其可浮性的抑制剂，如无机抑制剂水玻璃、六偏磷酸钠，有机抑制剂玉米淀粉、聚丙烯羧酸等；（3）用来促进矿物与捕收剂相互作用的活化剂，如 $CaCl_2$ 或者 CaO；（4）用来调节矿化泡沫量及其适宜的稳定性的泡沫调整剂，如己醇、癸醇、煤油、二甲基硅油等。本章分别描述在浮选过程中这些辅助浮选药剂与非硫化矿的矿物作用时的物理化学本质规律。

5.1　pH 值调整剂

5.1.1　pH 值对非硫化矿及其浮选药剂化学本质状态的影响

5.1.1.1　pH 值影响矿物的固液界面物质形态

A　pH 值影响矿物表/界面的物质存在形态

矿石中各类矿物被破碎、磨矿后，投入水中制成一定颗粒粒度、一定质量浓度的矿浆。在矿浆体系中，第一个需要考虑的能发生相互作用的物质就是溶剂水分子。水溶液中存在一个电离平衡 $H_2O \rightleftharpoons H^+ + OH^-$。当矿浆中存在难免离子、活化剂或者 pH 值调整剂，有能使 H^+产生弱酸的酸根离子 A^-、有使得 OH^-生成弱碱的阳离子 B^+、有使得 OH^-生成沉淀或者配合物的金属离子 M^{n+}时，这个水电离平衡都会被打破，而建立新的平衡，如式（5-1）~式（5-4）所示。式（5-1）为弱酸 HA_n的水解平衡，式（5-2）为弱碱 $B(OH)_n$的水解平衡，式（5-3）为金属离子在水中的沉淀与溶解平衡，式（5-4）为金属离子在水中的配合离子生成的平衡反应方程式。

$$A^{n-} + nH_2O \rightleftharpoons HA_n + nOH^- \tag{5-1}$$

$$B^{n+} + nH_2O \rightleftharpoons B(OH)_n + nH^+ \tag{5-2}$$

$$M^{n+} + nH_2O \rightleftharpoons M(OH)_n \downarrow + nH^+ \tag{5-3}$$

$$M^{n+} + nH_2O \rightleftharpoons M(OH)_m^{n-m} + nH^+ \tag{5-4}$$

至于哪一个反应会发生，取决于矿浆中哪一种离子存在，更取决于哪一个反应趋势更大或反应程度更大，而且这些平衡之间还会发生转化或者共存，具体问题要具体分析。这种离子有可能是游离的难免离子，或添加的调整剂中含有的离子，也有可能是固定在矿物表面的活性位点离子。而且，随着溶液 pH 值的不同，这些平衡还会移动。这些反应发生趋势与程度，用 $K^{\ominus}_{5-1}$、$K^{\ominus}_{5-2}$、$K^{\ominus}_{5-3}$、$K^{\ominus}_{5-4}$ 来度量，如式（5-5）~式（5-8）所示。

$$K^{\ominus}_{5-1} = \frac{K_w^{\ominus n}}{K^{\ominus}_{HA}} \tag{5-5}$$

$$K^{\ominus}_{5-2} = \frac{K_w^{\ominus n}}{K^{\ominus}_{BOH}} \tag{5-6}$$

$$K^{\ominus}_{5-3} = \frac{K_w^{\ominus n}}{K^{\ominus}_{sp}} \tag{5-7}$$

$$K^{\ominus}_{5-4} = \frac{K_w^{\ominus n}}{\beta^{\ominus}_{稳}} \tag{5-8}$$

式（5-5）~式（5-8）中，$K_w^{\ominus}$ 为水的电离常数，在 298.15K 标准状态下，$K_w^{\ominus} = 1.0 \times 10^{-14}$ mol/L；$K^{\ominus}_{HA}$ 为弱酸的电离平衡常数；$K^{\ominus}_{BOH}$ 为弱碱的电离平衡常数；$K^{\ominus}_{sp}$ 为 $M(OH)_n$ 金属氢氧化物的沉淀与溶解平衡溶度积常数；$\beta^{\ominus}_{稳}$ 为金属离子与 OH^- 生成羟基配合物的累计稳定常数，$\beta^{\ominus}_{稳} = K_1^{\ominus} K_2^{\ominus} \cdots K_n^{\ominus}$；$K_1^{\ominus}$、$K_2^{\ominus}$、…、$K_n^{\ominus}$ 为金属羟基配合物的逐级稳定常数。

若平衡常数值 $K>1$，表示反应能够发生；$K=1$，表示处于平衡状态；$K<1$，表示不可能发生。该平衡常数越大，反应趋势越大，反应程度越大。该平衡常数是与温度有关的数值，一般数据手册中查到的是标准平衡常数 $K^{\ominus}_{HA}$、$K^{\ominus}_{BOH}$、$K^{\ominus}_{sp}$、$\beta^{\ominus}_{稳}$，其中上角标⊖代表的是标准状态下，即 297K、液态物质浓度均为平衡浓度除以 1mol/L、气态物质浓度除以 100kPa，因此，$K^{\ominus}_{HA}$、$K^{\ominus}_{BOH}$、$K^{\ominus}_{sp}$、$\beta^{\ominus}_{稳}$ 是一个无量纲的数值。在不同温度下，平衡常数的关系式如式（5-9）所示。

$$\ln K_2 - \ln K_1 = \frac{\Delta H_m^{\ominus}}{R} \frac{T_2 - T_1}{T_1 T_2} \tag{5-9}$$

式中，$\Delta H_m^{\ominus}$ 为标准摩尔反应焓变；K_1 为温度 T_1 下的平衡常数；K_2 为温度 T_2 下的平衡常数。

例如，在白钨矿 $CaWO_4$ 矿浆中存在的电离平衡、沉淀与溶解平衡、水解平衡等，各平衡方程式如式（5-10）~式（5-16）所示[1,2]。

$$CaWO_4(s) \rightleftharpoons Ca^{2+} + WO_4^{2-} \qquad K_{sp}^{\ominus} = 5.01 \times 10^{-10} \tag{5-10}$$

$$Ca^{2+} + OH^- \rightleftharpoons Ca(OH)^+ \qquad K_1^{\ominus} = 25.11 \tag{5-11}$$

$$Ca^{2+} + 2OH^- \rightleftharpoons Ca(OH)_2(aq) \qquad K_2^{\ominus} = 5.89 \times 10^2 \tag{5-12}$$

$$Ca(OH)_2(s) \rightleftharpoons Ca^{2+} + 2OH^- \qquad K_{sp}^{\ominus} = 6.03 \times 10^{-7} \tag{5-13}$$

$$H_2WO_4 \rightleftharpoons H^+ + HWO_4^- \qquad K_{a1}^{\ominus} = 1.99 \times 10^{-5} \tag{5-14}$$

$$HWO_4^- \rightleftharpoons H^+ + WO_4^{2-} \qquad K_{a2}^{\ominus} = 3.16 \times 10^{-11} \tag{5-15}$$

$$WO_3(s) + H_2O \rightleftharpoons 2H^+ + WO_4^{2-} \qquad K_h^{\ominus} = 1.41 \times 10^{-15} \tag{5-16}$$

根据式（5-10）~式（5-16）的电离平衡式及其平衡常数式，得出白钨矿溶解组分的 lg*C*-pH 值图，如图 5-1 所示。

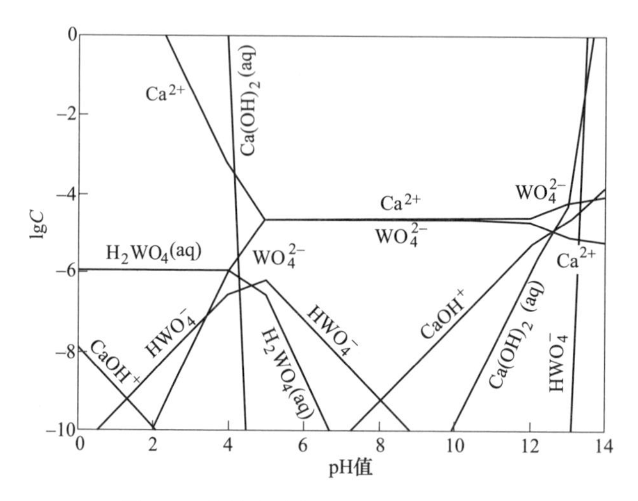

图 5-1　白钨矿溶解组分的 lg*C*-pH 值图

在萤石 CaF_2 矿浆中存在的电离平衡、沉淀与溶解平衡、水解平衡等，各平衡方程式如式（5-17）~式（5-21）所示。

$$CaF_2(s) \rightleftharpoons Ca^{2+} + 2F^- \qquad K_{sp}^{\ominus} = 3.89 \times 10^{-11} \tag{5-17}$$

$$Ca^{2+} + OH^- \rightleftharpoons Ca(OH)^+ \qquad K_1^{\ominus} = 25.11 \tag{5-18}$$

$$Ca^{2+} + 2OH^- \rightleftharpoons Ca(OH)_2(aq) \qquad K_2^{\ominus} = 5.89 \times 10^{-2} \tag{5-19}$$

$$Ca(OH)_2(s) \rightleftharpoons Ca^{2+} + 2OH^- \qquad K_{sp}^{\ominus} = 6.03 \times 10^{-7} \tag{5-20}$$

$$F^- + H_2O \rightleftharpoons HF + OH^- \qquad K_h^{\ominus} = 1.51 \times 10^{-11} \tag{5-21}$$

根据式（5-17）~式（5-21）的沉淀与溶解平衡、水解平衡等及其平衡常数关系式，得出萤石矿物的溶解组分的 lg*C*-pH 值图，如图 5-2 所示。从图 5-2 中可以看出，随着 pH 值不同，矿物表面在水媒介体系中与存在各类物质发生电离、溶解与沉淀、配合等作用，从而改变了矿物表面存在形态。

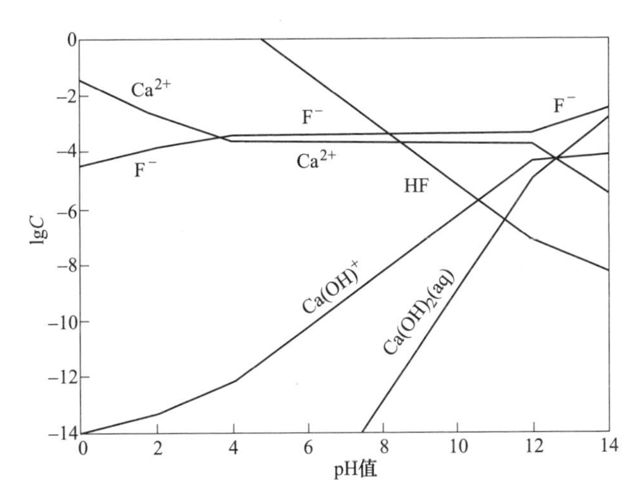

图 5-2　萤石溶解组分的 lgC-pH 值图

B　pH 值影响矿物表面的荷电状态

矿物表面的荷电状况，无论是宏观的净剩电荷还是微观局部的缺电子位点和多电子位点的电荷密度，都与溶液的 pH 值密切相关，且随着溶液的 pH 值变化而发生变化。当加入 pH 值调整剂时，若加入酸性 pH 值调整剂，则 pH 值变小，溶液中 H^+数目大量增多，H^+就会与矿物表面的多电子位点发生作用，从而带来宏观的 Zeta 电位的正向增加；若加入碱性 pH 值调整剂，则 pH 值增大，溶液中 OH^-数目大量增多，OH^-就会与矿物表面的缺电子位点发生作用，从而带来宏观的 Zeta 电位的负向增加。例如石英破碎后的荷电过程，如图 5-3 所示[3]。

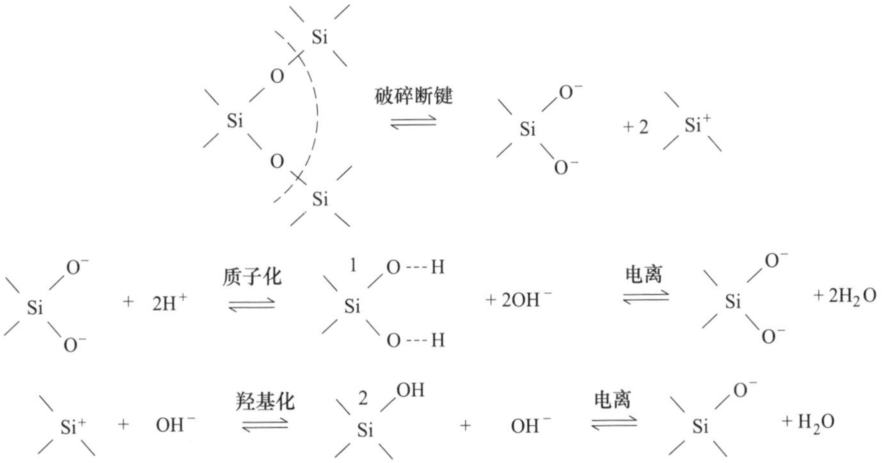

Si—O—Si—O—Si 破碎断键 ⇌ $Si(O^-)_2$ + 2 Si^+

$Si(O^-)_2$ + $2H^+$ 质子化 ⇌ 1 Si(O---H)₂ + $2OH^-$ 电离 ⇌ $Si(O^-)_2$ + $2H_2O$

Si^+ + OH^- 羟基化 ⇌ 2 Si—OH + OH^- 电离 ⇌ $Si—O^-$ + H_2O

图 5-3　石英表面荷电机理

图 5-3 表明，石英矿物在破碎、磨碎过程中，因晶体内无脆弱交界面层，无解理面，所以必须沿着 Si—O 键断裂，从而在石英表面形成—Si—O^-（A 位）和—Si^+（B 位）的活性位点，这说明破磨后石英表面既带有负电荷，又带有正电荷。由于磨碎后制备成矿浆是在水溶液中进行的，石英表面带负电荷的—Si—O^-活性位点将吸引水中的 H^+，带正电荷的—Si^+活性位点则吸引水中的 OH^-，则石英颗粒表面在酸性溶液中发生了质子化反应，在碱性溶液中发生了羟基化反应。石英浮选是在碱性溶液中进行的，这种碱性溶液中的羟基化，及此羟基随后的电离过程，是石英动电行为的起源。所以，硅酸盐表面荷电机理如式（5-22）~式（5-24）所示。

$$SiOH_2^+(surf) \rightleftharpoons SiO^-(surf) + 2H^+(aq) \tag{5-22}$$

$$SiOH(surf) \rightleftharpoons SiO^-(surf) + H^+(aq) \tag{5-23}$$

式（5-22）+ 式（5-23），则得到式（5-24）。

$$SiOH_2^+(surf) \rightleftharpoons SiOH(surf) + H^+(aq) \tag{5-24}$$

式（5-22）~式（5-24）中，$SiOH_2^+$(surf) 为表面荷正电区；—SiO^-(surf) 为表面荷负电区；—SiOH(surf) 为表面中性区。如图 5-3 中 1 位置和 2 位置所示，二者并不相同。在水溶液中石英表面有两种 Si—O 键，1 位置处 Si—O 键为石英内部晶格的天然完美化学键，结合牢固，不容易断裂；2 位置 Si—O 键为水溶液体系后形成的不完美价键，结合得比较不牢固，较 1 位置的完美共价键更容易断裂。石英表面所形成类似硅酸化合物是一种弱电解质，会随着溶液 pH 值的变化发生不同程度的电离，使得石英颗粒表面荷负电，若溶液 pH 值越高，电离将越完全，石英表面负电荷的密度越大。石英颗粒的 Zeta 电位随 pH 值的变化曲线如图 5-4 所示。赤铁矿颗粒的 Zeta 电位随 pH 值的变化曲线如图 5-5 所示[3]。

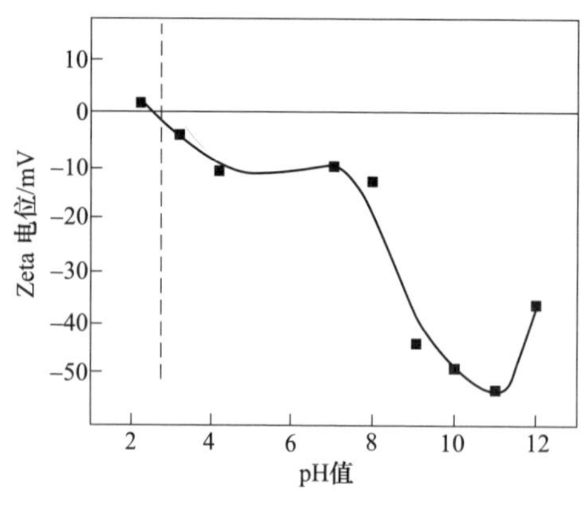

图 5-4　pH 值对石英 Zeta 电位的影响

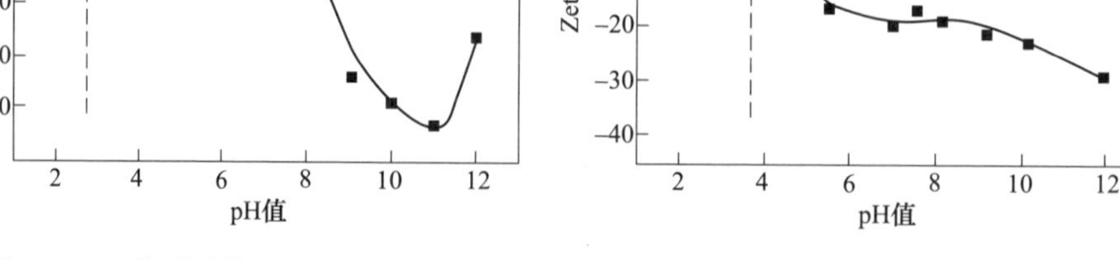

图 5-5　pH 值对赤铁矿 Zeta 电位的影响

从图 5-4 和图 5-5 可以看出，pH 值对石英矿物和赤铁矿的矿物颗粒 Zeta 电位影响很大。与石英在水中的荷电过程一样，赤铁矿在碱性水中也会形成羟基化表面，这种表面同样能解离或吸附定位离子 H^+（OH^-），从而使其表面带有电荷。赤铁矿表面荷电机理可用式（5-25）~式（5-27）表示。

$$Fe(OH)_2^+(surf) + 2H_2O(aq) \rightleftharpoons Fe(OH)_3(surf) + H_3O^+(aq) \quad (5-25)$$

$$Fe(OH)_2^+(surf) \rightleftharpoons FeO_2^-(surf) + 2H^+(aq) \quad (5-26)$$

式（5-25）+式（5-26），则得到式（5-27）。

$$Fe(OH)_3(surf) \rightleftharpoons FeO_2^-(surf) + H_3O^+(aq) \quad (5-27)$$

式（5-25）~式（5-27）中，$Fe(OH)_2^+(surf)$ 为表面荷正电区；$FeO_2^-(surf)$ 为表面荷负电区；$Fe(OH)_3(surf)$ 为表面中性区。赤铁矿中的 Fe—O 键离子键程度较高，键能要比石英的 Si—O 键键能低，因此磨矿功指数相比会较低，对磨矿有利。同时由于 Fe 为 d 区元素，Fe^{3+} 价电子构型为 $3d^54s^04p^0$，具有空轨道，可以与具有孤电子对的配体 H_2O：或者—HO：形成配位共价键，因此赤铁矿能够与水分子或者 OH^- 形成比较牢固的水化膜或者羟基膜。

图 5-6 为 pH 值对磷灰石颗粒 Zeta 电位的影响[4]，图 5-7 为 pH 值对萤石颗粒 Zeta 电位的影响[5]。

从图 5-6 和图 5-7 可以看出，在 pH>2.78 时磷灰石矿物颗粒（宏观净剩电荷）带负电荷，且随着 pH 值的升高，其 Zeta 电位值越负，绝对值越大。在 pH<5.16 时萤石矿物颗粒带正电荷；在 pH>5.16 时萤石矿物颗粒带负电荷，且随着 pH 值的升高，其 Zeta 电位值越负，绝对值越大。

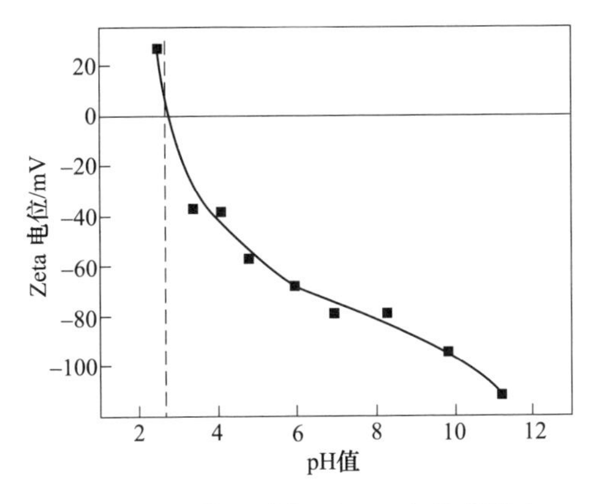

图 5-6 pH 值对磷灰石 Zeta 电位的影响

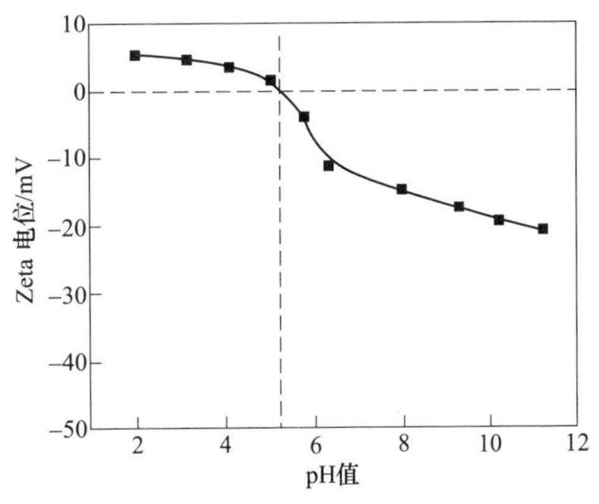

图 5-7 pH 值对萤石 Zeta 电位的影响

5.1.1.2 pH 值影响浮选药剂的存在形态

在不同的 pH 值矿浆中，浮选药剂（无论是捕收剂、抑制剂还是活化剂）的存在形态都是各不相同的，因此要掌握每一种浮选药剂中各种存在形态的相对浓度随 pH 值变化曲线。例如 2-羧乙基苯基次膦酸（CEPPA）各种存在形态的相对浓度随 pH 值变化曲线如图 5-8 所示。活化剂 $CaCl_2$ 的 lg$C$-pH 值曲线如图 5-9 所示[6]。

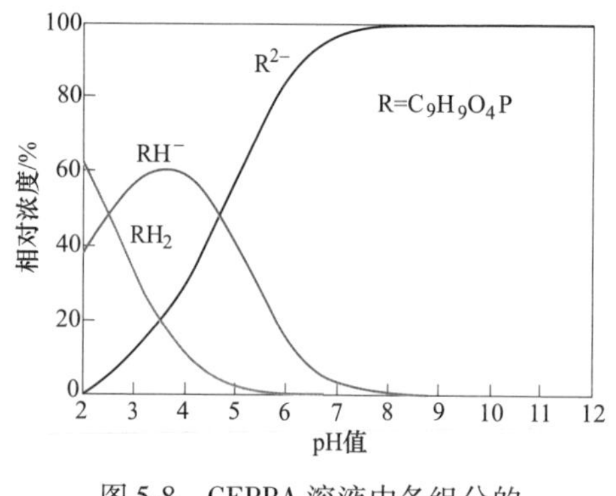

图 5-8　CEPPA 溶液中各组分的相对浓度随 pH 值变化曲线

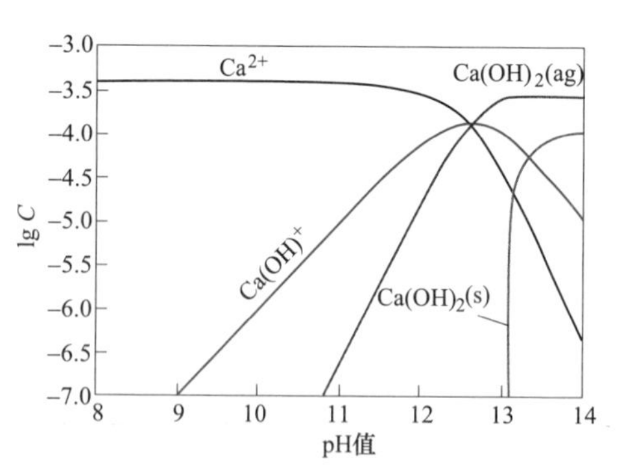

图 5-9　$CaCl_2$ 溶液中各组分浓度对数随 pH 值变化曲线

从图 5-8 中可以看出，2-羧乙基苯基次膦酸（CEPPA）在 2.65<pH<4.76 范围内，以 RH^- 酸根为主要存在形式；在 pH>4.76 以后，都以 R^{2-} 酸根为主要存在形式。从图 5-9 中可以看出，$CaCl_2$ 在 pH<12 范围内，以 Ca^{2+} 为主要存在形式；在 13>pH>12 范围内，几种存在形态 Ca^{2+}、$Ca(OH)^+$ 及 $Ca(OH)_2(ag)$ 共存。因此进行药剂与矿物作用吸附机理分析时，一定要关注浮选 pH 值，同时关注该 pH 值下所有浮选药剂各组分的存在形态，因为不同 pH 值下，浮选药剂的形态不同。

5.1.1.3　pH 值影响矿物与浮选药剂作用机理

在矿浆不同 pH 值下，矿物表面的 Zeta 电位不同，浮选药剂的存在形态不同，因此，在矿浆不同 pH 值下，矿物与浮选药剂作用机理也不同。

我们通常把浮选回收率 ε-pH 值曲线、矿物表面的 Zeta 电位-pH 值曲线、浮选药剂各组分浓度对数值-pH 值曲线放在一起，对比分析不同 pH 值下静电吸附机理的地位与作用大小。例如苯乙烯膦酸（SPA）捕收锡石的浮选体系中，锡石的 Zeta 电位-pH 值曲线、苯乙烯膦酸（SPA）各组分相对浓度 C-pH 值曲线、浮选回收率 ε-pH 值曲线如图 5-10 和图 5-11 所示[6]。

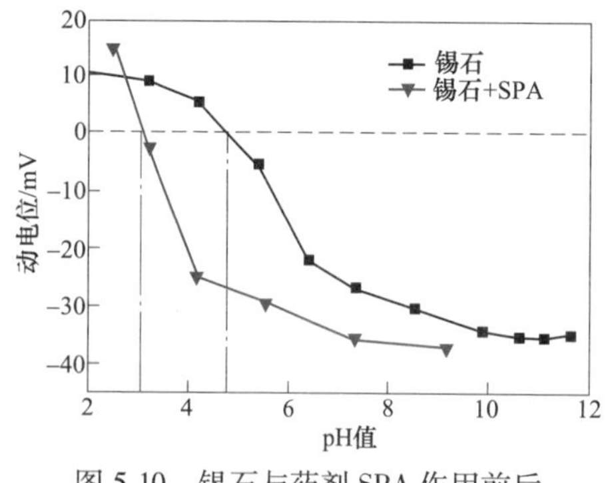

图 5-10　锡石与药剂 SPA 作用前后 Zeta 电位随 pH 值变化曲线

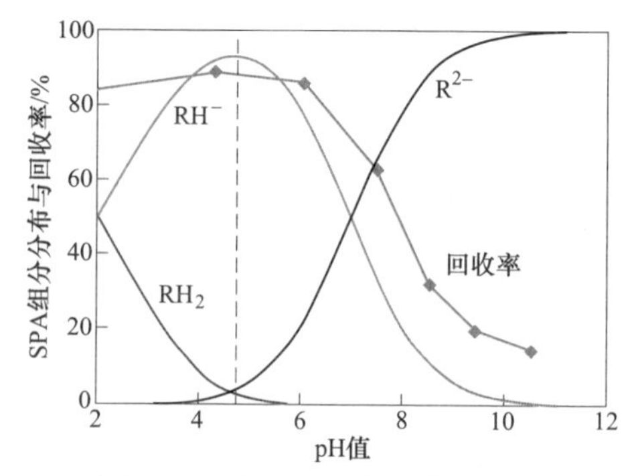

图 5-11　药剂 SPA 各组分浓度及捕收锡石回收率随 pH 值变化曲线

从图 5-10 和图 5-11 可以看出，锡石颗粒的零电点为 pH=4.82，此时锡石没有电泳现象，矿物颗粒宏观净剩电荷为零，此时 SPA 存在形式为 RH^- 且浮选回收率大于 80%，说明在 pH=4.82 时的浮选是没有静电吸附的。下一步应该分析此 pH 值下的 RH^- 与不带宏观净剩电荷的锡石颗粒之间的键合吸附、氢键吸附及其分子间作用力吸附，还需要测量 pH=4.82 下的锡石与 RH^- 作用前后的 FTIR、XPS 及接触角数据，再加上 MS 关于有 H^+（$C_{H^+}=10^{-4.82}$ mol/L $=1.51\times10^{-5}$ mol/L）存在下的 RH^- 在锡石表面的键布居分析及其价键理论分析等综合检测结果及理论分析后再下结论。这个机理分析过程离不开 pH 值的影响。

5.1.2 常见的 pH 值调整剂及其使用时的注意事项

常见的 pH 值调整剂主要包含各种酸性化合物如盐酸、硫酸、磷酸、醋酸等，及各种碱性化合物如氢氧化钠、氢氧化钾、氢氧化钙、碳酸钠、石灰等。

5.1.2.1 酸性调整剂

浮选中常用的酸性调整剂主要是盐酸、硫酸、硝酸、磷酸、醋酸等。

（1）盐酸（HCl）是无色液体，质量分数超过 20%的盐酸称为浓盐酸，市售浓盐酸的浓度为 36%~38%，物质浓度为 12mol/L，密度为 1.179g/cm³。浓盐酸在空气中极易挥发，且对皮肤和衣物有强烈的腐蚀性。由于浓盐酸具有挥发性，挥发出的氯化氢气体与空气中的水蒸气作用形成盐酸小液滴，所以会看到白雾。盐酸与水、乙醇任意混溶，浓盐酸稀释有热量放出。一般浮选实验室作为酸性调整剂使用的盐酸为 0.1mol/L、pH=1.00。使用 HCl 作为酸性调整剂时，Cl^- 作为难免离子被引入浮选矿浆体系中，在后续浮选中应予以考虑，应分析一下是否干扰浮选过程。

（2）硫酸（H_2SO_4），市售无水硫酸为无色油状液体，不易挥发，10.36℃时结晶，质量分数为 98.3%的浓硫酸沸点为 338℃，密度为 1.84g/cm³。浓硫酸具有强氧化性、吸水性、脱水性，溶于水时放出大量热，因此配置稀硫酸时应格外小心，应在大量的水中慢慢加入少量的浓硫酸；不能在大量的浓硫酸中慢慢加入少量的水来稀释（会发生迸溅现象）。通常使用稀硫酸是指溶质质量分数小于或等于 70%的硫酸的水溶液，由于稀硫酸中的硫酸分子已经被完全电离，所以稀硫酸不具有浓硫酸的强氧化性，但有很强的脱水性和腐蚀性。稀硫酸的化学性质活泼，能与金属氧化物反应生成盐和水，能与碱反应生成盐和水，也能与某些盐反应生成新盐和新酸。浮选实验室里将硫酸配置为 0.1mol/L、pH=0.95。使用 H_2SO_4 作为酸性调整剂时，同样 SO_4^{2-} 作为难免离子被引入浮选矿浆体系中，在后续浮选中应予以考虑，应分析一下 SO_4^{2-} 是否干扰浮选过程。

（3）硝酸（HNO_3）是无色油状液体，开盖时有烟雾，为挥发性酸。市售浓硝酸质量分数约为 68%，密度约为 1.4g/cm³，沸点为 83℃，可以任意比例溶于水，混溶时与硫酸相似会释放出大量的热，所以需要不断搅拌，并且只能是把浓 HNO_3 加入水中而不能反过来。配置时要注意戴聚乙烯塑料手套以及特别的口罩。浮选实验室里将市售硝酸配置为 0.1mol/L、pH=1.00。使用 HNO_3 作为酸性调整剂时，同样 NO_3^- 作为难免离子被引入浮选矿浆体系中，在后续浮选中应予以考虑，应分析一下 NO_3^- 是否干扰浮选过程。

（4）磷酸（H_3PO_4）为中强酸，不易挥发，不易分解，市售磷酸是含 85% H_3PO_4 的黏稠状浓溶液，可与水以任意比互溶，密度为 1.874g/cm³。磷酸为三元酸，存在三个电离平衡，电离平衡常数分别为 $pK_{a1}^{\ominus}=2.12$、$pK_{a2}^{\ominus}=7.21$、$pK_{a3}^{\ominus}=12.67$。在不同 pH 值下磷酸的存在形态不同，磷酸溶液中各组分质量分数随 pH 值变化曲线如图 5-12 所示。由于磷酸溶液中各组分成分复杂，不同 pH 值下有不同的存在形态，如 H_3PO_4、$H_2PO_4^-$、HPO_4^{2-}、PO_4^{3-} 等，因此磷酸作为酸性调节剂应该谨慎使用，并根据不同 pH 值下的磷酸存在形态进行作用机理分析。

（5）醋酸（CH_3COOH）也叫乙酸（36%~38%）。市售冰醋酸（98%）是无色的吸湿性固体，凝固点为 16.6℃，凝固后为无色晶体。冰醋酸易溶于水，其水溶液中呈弱酸性，其弱酸电离常数 $pK_a^{\ominus}=4.74$。醋酸蒸气对眼和鼻有刺激性作用。一般浮选实验室作为酸性调整剂使用的醋酸为 0.1mol/L、pH=3.00。不同 pH 值下醋酸有不同的存在形态，醋酸中各组分浓度 C-pH 值曲线如图 5-13 所示。醋酸做 pH 值调整剂时，CH_3COO^- 作为难免离子被引入浮选矿浆体系中，在后续浮选中应予以考虑，应分析一下 CH_3COO^- 是否干扰浮选过程。

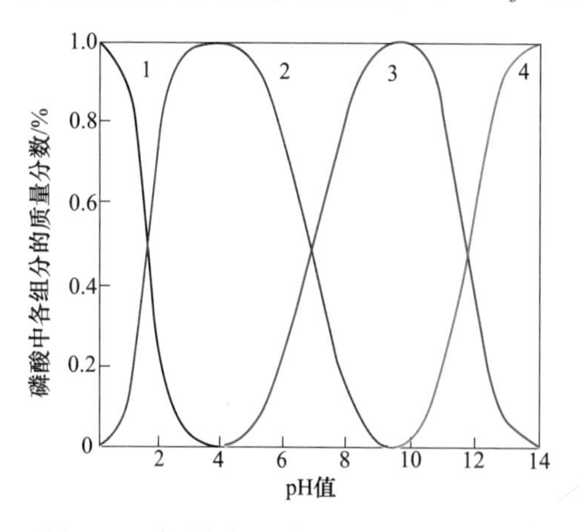

图 5-12 磷酸中各组分浓度-pH 值变化曲线

1—H_3PO_4；2—$H_2PO_4^-$；3—HPO_4^{2-}；4—PO_4^{3-}

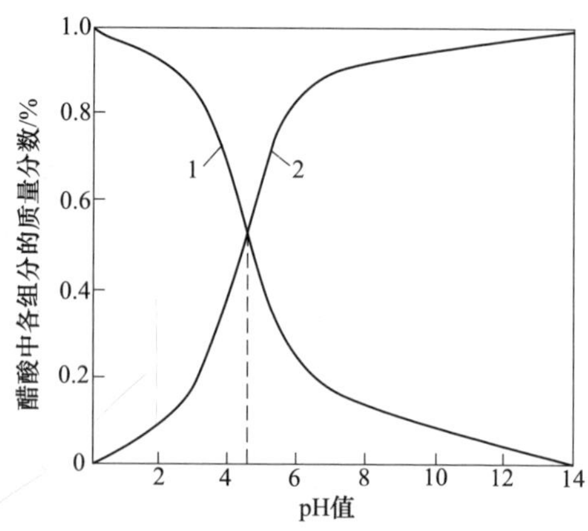

图 5-13 醋酸中各组分浓度-pH 值曲线

1—HAC；2—Ac^-

5.1.2.2 碱性调整剂

浮选中常见的碱性调整剂有氢氧化钠、碳酸钠、碳酸氢钠、石灰等。

（1）氢氧化钠（NaOH），俗名苛性钠、火碱、烧碱。纯净的氢氧化钠为白色固体，极易溶于水，溶解时放出大量的热，易潮解，水溶液有滑腻感和强腐蚀性。在配置氢氧化钠溶液时，必须十分小心，防止触碰到皮肤和衣服上以免被腐蚀。氢氧化钠是浮选中常用的 pH 值调整剂。从铁矿石中反浮选石英时，常用氢氧化钠做 pH 值调整剂。

（2）碳酸钠（Na_2CO_3），也称为大苏打。碳酸钠是强碱弱酸盐，在矿浆中水解后得到 OH^-、HCO_3^-和 CO_3^{2-} 离子，因此又称之为纯碱，但分类属于盐，不属于碱，也有人称之为碱灰，碳酸钠还对矿浆 pH 值有缓冲作用。用脂肪酸类捕收剂浮选非硫化矿时，常用碳酸钠调节矿浆 pH 值，因为碳酸钠能消除矿浆中难免离子 Ca^{2+}、Mg^{2+}等的有害作用，同时还可以减轻矿泥对浮选的不良影响。

（3）碳酸氢钠（$NaHCO_3$），又称为小苏打，为白色粉末，无臭，味咸。碳酸氢钠是强碱弱酸盐，易溶于水，在 18℃时，在水中溶解度为 7.8g/100mL，水溶液呈弱碱性。受热易分解，在 65℃以上迅速分解，在 270℃时，完全失去二氧化碳。碳酸氢钠在潮湿空气中缓慢分解。碳酸氢钠常用作非硫化矿浮选的 pH 值调整剂，它的作用与碳酸钠（大苏打）相似。

（4）石灰（CaO），为白色固体，有强烈的吸水性，与水作用生成石灰乳。石灰乳主要成分为 $Ca(OH)_2$，是一种强碱，难溶于水，其水溶液俗称澄清石灰水，在水中溶解度随温度的升高而下降。在 20～30℃，每 100mL 水中溶解 0.153～0.165g $Ca(OH)_2$。石灰乳除了可以调节矿浆的 pH 值，此外铁矿石阴离子反浮选工艺中常使用石灰做硅酸盐类矿物的活化剂。石灰本身还是一种凝结剂，能使矿浆中微细颗粒凝结。此外石灰还能使浮选泡沫保持一定的黏度，但是当石灰用量过大时，将促使微细矿粒凝结，而使泡沫黏结膨胀，影响浮选过程的正常进行。在实际应用中，石灰常配制成石灰乳，由于其溶解度较小，因此应搅拌均匀才能使用；此外其碱性较大，使用时应注意防止眼睛和皮肤与之接触。

5.2 浮选抑制剂

抑制剂是指在浮选中能够阻止或削弱某些矿物对捕收剂的吸附作用，增强这些矿物表面亲水性的一类药剂。抑制剂按其化学组成可以分为：无机抑制剂和有机抑制剂。无论是无机抑制剂还是有机抑制剂，其作用机理都是：（1）抑制剂在与活化剂竞争吸附过程中，成功地破除了覆盖在某些矿物表面已有的水化膜层、活化剂覆盖层，到达矿物表面；（2）成功地在这些矿物表面发生牢固的吸附作用，形成亲水性薄膜；（3）在后续与捕收剂竞争吸附过程中，成功地阻止了捕收剂与这些矿物的相互作用，从而阻止了这些矿物进入泡沫层。这种在某些矿物表面形成的亲水薄膜、使之疏水性降低的抑制剂的加入，扩大了该类矿物与目的矿物浮游差，增强了捕收剂对目的矿物的捕收性和选择性。

国内外学者作了大量的有关抑制剂的研制及结构与性能关系研究，提出了非硫化矿浮选抑制剂必须具备的结构特征为：（1）分子结构中应该带有多个亲矿物极性基；（2）带有与矿物表面作用比捕收剂更强的极性基；（3）吸附必须有选择性；（4）必须带有使矿物表面亲水的基团。抑制剂在与矿物表面作用使药剂固着在矿物表面上以后，另一些亲水基朝向矿物表面之外使矿物呈较强的亲水性，降低了矿物可浮性。比如淀粉能够抑制铁矿物是因为淀粉分子很大，既含有较多能和矿物表面作用的极性基团，又含有能跟水分子作用的强亲水基团，其中包括每个葡萄糖单元上的三个羟基和两个葡萄糖之间连接的氧原子，它们能够依靠氢键（缔合）吸附在晶格中含有高负电性元素的矿物表面，而分子中的其他羟基朝外伸向介质（水），使矿物表面覆盖了一层淀粉分子，于是使矿物亲水引起抑制作用。

5.2.1　无机抑制剂

5.2.1.1　水玻璃

水玻璃为聚合多硅酸盐，其分子式为 $Na_2O \cdot nSiO_2$ 或者 $K_2O \cdot nSiO_2$；其中 n 为水玻璃模数，是水玻璃中的氧化硅和碱金属氧化物的摩尔比。根据碱金属的种类，水玻璃分为钠水玻璃和钾水玻璃。水玻璃的模数是水玻璃的重要参数，它代表了聚合多硅酸盐的聚合度，一般说来，n 取值在 1.5~3.5 之间。水玻璃的聚合度越大，模数越大，越难溶于水。$n=1$ 时常温水即能溶解，$n>1$ 时需热水才能溶解，$n>3$ 时需 4 个大气压（约 0.4MPa）以上的蒸汽才能溶解。水玻璃的模数越大，氧化硅含量越多，水玻璃黏度增大，易于硬化。不同聚合度的水玻璃分子结构如图 5-14 所示[2]。

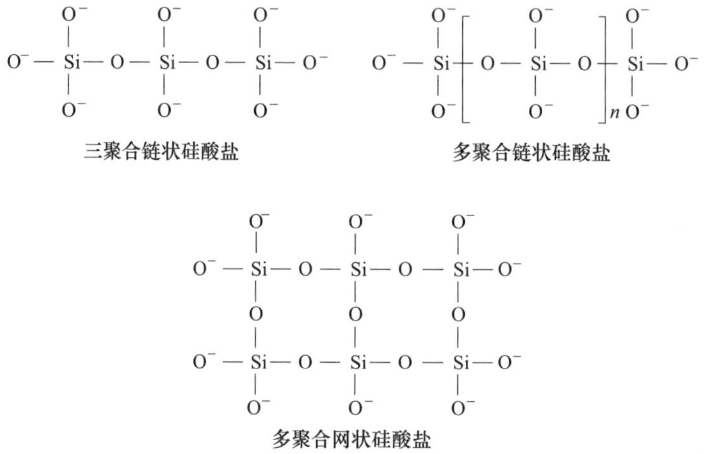

三聚合链状硅酸盐

多聚合链状硅酸盐

多聚合网状硅酸盐

图 5-14　不同聚合度的水玻璃分子结构示意图

浮选非硫化矿时，水玻璃对石英、硅酸盐等脉石矿物有良好的抑制作用。当用脂肪酸作为捕收剂，浮选萤石和方解石、白钨矿时，常用水玻璃作为选择性抑制剂。水玻璃也是良好的分散剂。一般来说，水玻璃的模数越小，越易溶于水，但抑制能力差；模数越大，溶解度越低，但抑制能力越高。一般浮选工艺中使用的水玻璃模数为2.4左右。

水玻璃含有大量的$—O^-$，其抑制作用就是由$—O^-$引起的，因为：(1) 由于$—O^-$有孤电子对，是很好的配体，含Si原子数目相同情况下，链状硅酸盐比网状硅酸盐的$—O^-$数目更多，因此链状硅酸盐比网状硅酸盐配合能力更强，可以与矿物表面的金属离子（d区元素）以配位共价键结合发生配合反应；(2) $—O^-$为多电子位点，可以与矿物表面的金属离子（d区元素）（缺电子位点）发生离子键合作用；(3) $—O^-$与矿物表面的$—O^-$都有成单电子，可以配对形成共价键；(4) 不同pH值下水玻璃中的$—O^-$与矿物表面的O—H形成氢键。这几种情况与不同的矿物相互作用时情况不同，分别详细分析，正是这些相互作用使得水玻璃能选择性地吸附在某些矿物表面，同时水玻璃又有大量的亲水基团，使得吸附了水玻璃的矿物亲水性增加，而起到抑制作用。

含Al^{3+}、Cr^{3+}、Zn^{2+}、Cu^{2+}等高价弱碱性金属离子的化合物$Al_2(SO_4)_3$、$Cr_2(SO_4)_3$、$ZnSO_4$、$CuSO_4$等能与水玻璃组合共用，其抑制机理是水玻璃是强碱弱酸盐，在矿浆中可水解生成OH^-，其与这些高价金属离子Al^{3+}、Cr^{3+}、Zn^{2+}、Cu^{2+}作用，生成弱碱性的氢氧化物，促进了水玻璃的水解，生成更多的硅酸胶体缔合物，这些金属氢氧化物本身也是一种缔合胶体状态，其和水玻璃胶体还可以缔合在一起形成超分子化合物，从而增加抑制作用的选择性；另外这些高价离子与水玻璃还可以生成复合硅酸盐，这种复合硅酸盐的选择吸附比较好，故可增加水玻璃的选择性。此外，水玻璃对矿泥有分散作用，添加水玻璃可以减弱矿泥对浮选的有害影响，但用量不宜过大。

5.2.1.2　磷酸盐

稳定的五价态的磷酸盐包括正磷酸盐H_3PO_4、三聚磷酸盐$H_5P_3O_{10}$、焦磷酸盐$H_4P_2O_7$和偏磷酸盐HPO_3。不稳定三价态的磷酸盐为亚磷酸盐H_3PO_3。稳定的五价态的磷酸盐在浮选过程中常可以用做抑制剂、分散剂、活化剂、矿物悬浮液（矿浆）的稳定剂以及某些金属离子的沉淀剂等。如偏磷酸钠的六聚体，六偏磷酸钠（$(NaPO_3)_6$）是方解石、石灰石的有效抑制剂；磷酸盐的二聚体（焦磷酸钠）是抑制方解石、磷灰石、重晶石的抑制剂。

稳定的五价态的磷酸盐容易生成聚合物，称为聚合磷酸盐。聚磷酸盐又分为链状聚磷酸盐、环状聚磷酸盐及笼状、层状等三维结构的复杂聚合磷酸盐。

A　链状聚合磷酸盐

链状聚合磷酸盐主要是碱金属和碱土金属盐，其主要构造单元是正磷酸盐离子（磷酸根，PO_4^{3-}），由正磷酸根离子间连接起来即成链状聚合磷酸盐，如图5-15所示。

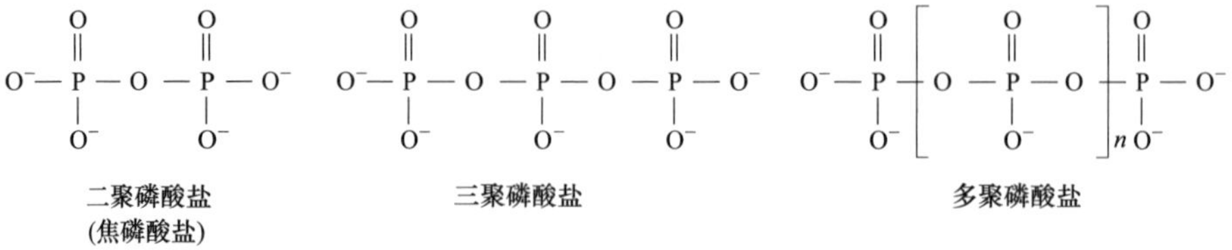

图 5-15 链状聚合磷酸盐分子结构示意图

B 环状聚合磷酸盐

环状聚合磷酸盐，传统俗称环状偏磷酸，或简称偏磷酸盐。国际纯化学和应用化学联合会的命名为环状聚合磷酸盐。环状聚合磷酸盐的分子结构如图 5-16 所示。

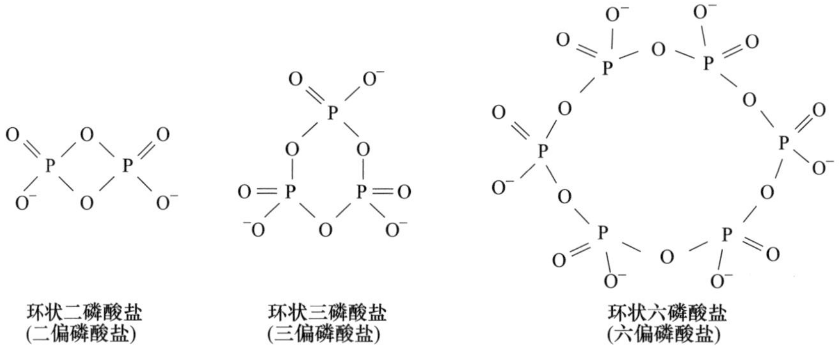

图 5-16 环状聚合磷酸盐的分子结构示意图

磷酸盐 P—O 键的键长为 0. 162nm，P—O—P 原子的键角为 130°，O—P—O 原子的键角为 102°。在聚合磷酸盐中，链状聚合磷酸盐的链易弯曲，其聚合度可高达 2000。由于═ O 和—O^-有孤电子对，其是很好的配体，在含相同 P 原子数目情况下，链状聚合磷酸盐比环状聚合磷酸盐的═ O 和—O^-数目更多，因此链状聚合磷酸盐比环状聚合磷酸盐配合能力更强。相同类型的聚合磷酸盐，聚合度越高，配合能力越强，越易与 d 区元素金属离子以配位共价键结合发生配合反应。

环状聚合磷酸盐在碱中水解时环断裂，先形成相应的链状聚合磷酸盐，然后进一步水解，最后以正磷酸离子存在于溶液中，如式（5-28）所示。

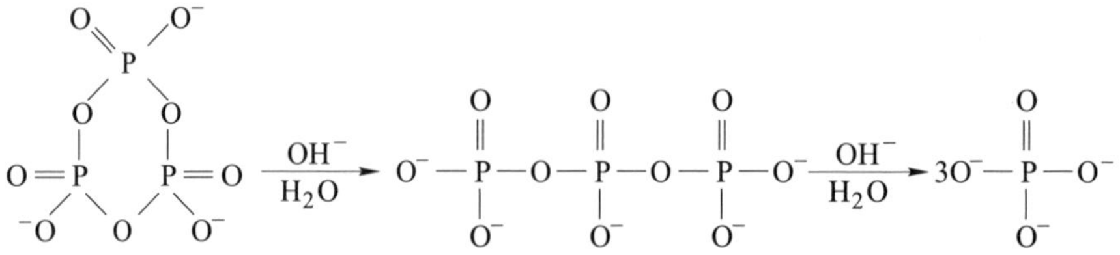

$$\text{环状三磷酸盐} \xrightarrow[H_2O]{OH^-} {}^-O-\underset{O^-}{\overset{O}{P}}-O-\underset{O^-}{\overset{O}{P}}-O-\underset{O^-}{\overset{O}{P}}-O^- \xrightarrow[H_2O]{OH^-} 3\,{}^-O-\underset{O^-}{\overset{O}{P}}-O^- \tag{5-28}$$

例如在油酸钠分选白钨矿和磷灰石时（油酸钠用量 1.5 ×10^{-4}mol/L），几乎没有浮游差，如图 5-17 所示。当选用二聚磷酸钠（焦磷酸钠）、三聚磷酸钠、环状六磷酸钠（六偏磷酸钠）三种磷酸盐作为抑制剂时，对白钨矿和磷灰石浮选抑制作用试验结果如图 5-18~图 5-20 所示[7]。

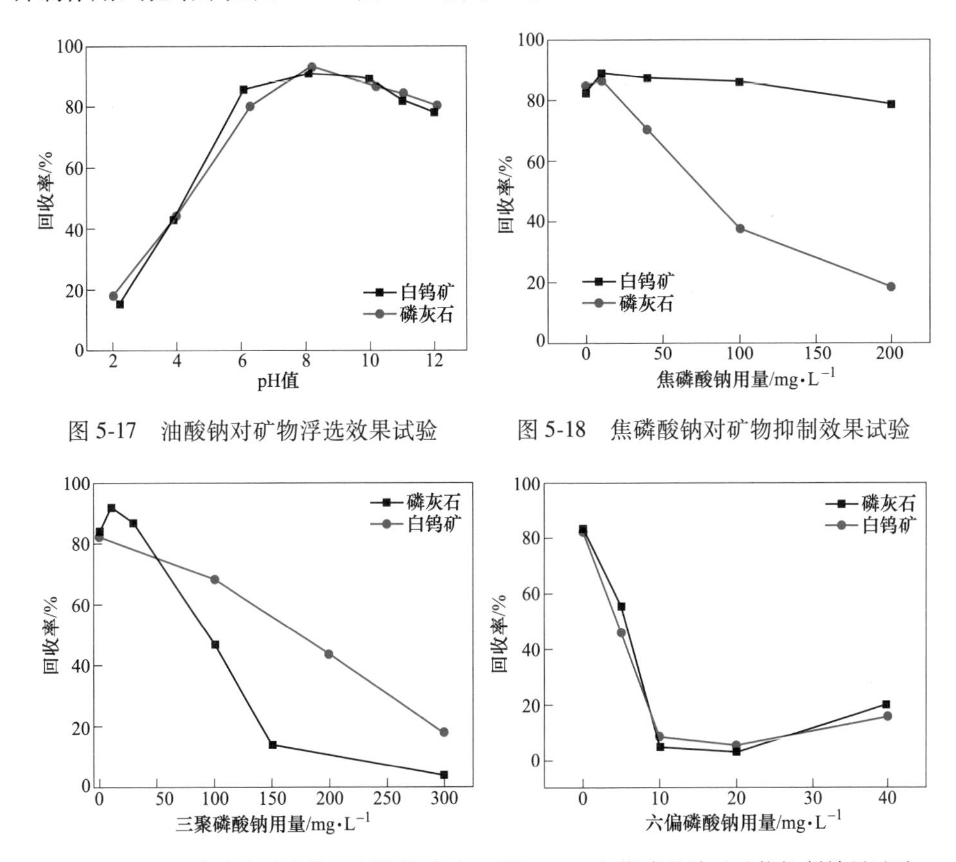

图 5-17 油酸钠对矿物浮选效果试验

图 5-18 焦磷酸钠对矿物抑制效果试验

图 5-19 三聚磷酸钠对矿物抑制效果试验

图 5-20 六偏磷酸钠对矿物抑制效果试验

从图 5-18~图 5-20 所示试验结果可以看出，焦磷酸钠对白钨矿基本没有抑制作用，对磷灰石有较强的选择性抑制作用；三聚磷酸钠对磷灰石有选择性抑制作用，但弱于焦磷酸；六偏磷酸钠对白钨矿和磷灰石都有较强的抑制作用，但无选择性。

此外采用新型阴离子改性捕收剂 DLM-1 进行重晶石、赤铁矿、石英、白云石四种纯矿物的浮选试验，矿浆 pH 值为 8.4，捕收剂 DLM-1 用量为 50mg/L 的条件下，不加六偏磷酸钠时的浮选试验结果如图 5-21 所示，添加六偏磷酸钠作为抑制剂时的浮选试验结果如图 5-22 所示[8]。

从图 5-22 可以看出，随着六偏磷酸钠用量增加，重晶石、赤铁矿、白云石回收率均逐渐下降。当六偏磷酸钠用量为 10mg/L 时，重晶石的回收率从 96.0%下降到 68.0%，白云石的回收率从 74.5%下降到 59.5%，赤铁矿的回收率从

90.5%下降到2.5%，可见六偏磷酸钠对赤铁矿的抑制效果最好。随着抑制剂用量的继续增加，重晶石、白云石和赤铁矿的回收率都继续下降。当六偏磷酸钠用量为10~20mg/L时，白云石受到较强的抑制，白云石矿物与重晶石矿物之间有最大的浮游差。因此推测用六偏磷酸钠作为抑制剂能使重晶石与脉石矿物分离。

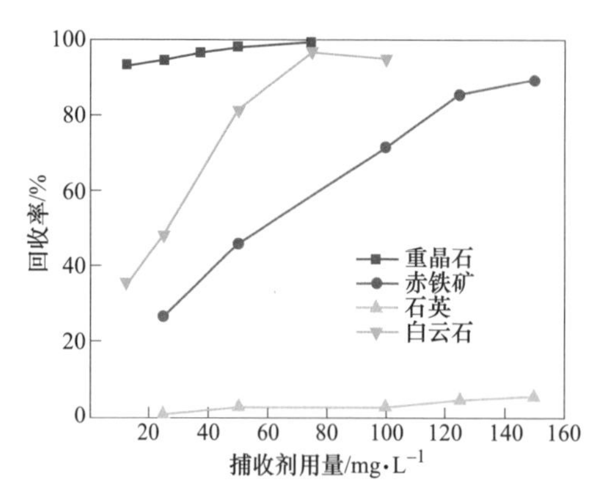

图5-21　DLM-1对矿物的浮选效果试验

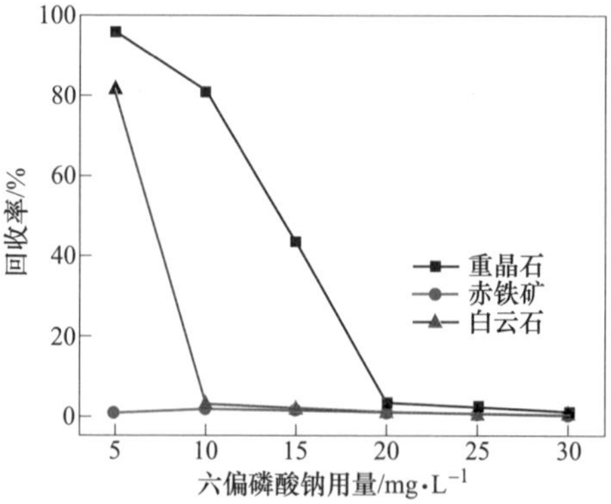

图5-22　六偏磷酸钠对矿物抑制效果试验

5.2.1.3　氟化物抑制剂

浮选中使用的氟化物有氢氟酸HF、氟化钠NaF、氟化铵NH_4F及氟硅酸钠Na_2SiF_6等，主要用作抑制剂或者活化剂。其中氟硅酸钠（或铵）是常用的抑制剂[2]。

萤石（CaF）与浓硫酸作用放出HF气体，将HF气体通入水中就可获得氢氟酸，将HF气体通入NaOH溶液中生成氟化钠（NaF）。氢氟酸（HF）是吸湿性很强的无色液体，在空气中能发烟，其蒸气具有强烈的腐蚀性和毒性，应谨慎使用。氢氟酸HF为中等强度的酸，氢氟酸的稀溶液会发生电离反应，生成H^+和F^-离子，电离平衡常数$K_a^{\ominus}=6.8\times10^{-4}$mol/L。在较浓的HF溶液中，氢氟酸发生氢键聚合作用，而生成H_2F_2分子。氢氟酸HF腐蚀性极强，能侵蚀玻璃和硅酸盐而生成气态的四氟化硅。氢氟酸HF极易挥发。与金属盐类、氧化物、氢氧化物作用生成氟化物。但是氢氟酸HF不腐蚀聚乙烯和铂Pt（白金）。氢氟酸既不能进行氧化反应，也不能进行还原反应。一般用塑料或铅制容器盛装，有时也可以用内壁涂有石蜡的玻璃瓶子暂时盛装。

氟化钠是氢氟酸的钠盐，为无色发亮晶体或白色粉末，溶于水，水溶液呈碱性，能腐蚀玻璃。氟化钠溶于氢氟酸中，形成氟化氢钠。在水溶液中氟化钠完全电离，生成Na^+和F^-。氢氟酸和氟化钠等氟化物都是腐蚀性强的剧毒物，误食少量就可以立即严重灼伤致死，使用时要特别小心。

氢氟酸是硅酸盐类矿物的抑制剂，是含铬、铌矿物的活化剂。用阳离子捕收剂浮选长石时，氟化钠是长石的活化剂，也是石英和硅酸盐类矿物的抑制剂。用阳离子捕收剂浮选长石时，长石表面的 Al^{3+} 在矿浆中吸附 OH^-，并在固液分界面上呈平衡状态，如长石表面的 Al 在碱性溶液中矿物表面存在 Al—OH 基团，其与氢氟酸反应，在表面生成 $AlF_2^-H^+$。当调节矿浆 pH 值至酸性条件下，矿浆中 H^+ 增多，加入 H_3^+NR，长石表面 $AlF_2^-H^+$ 与 H_3^+NR 反应表面生成 $AlF_2^-H_3R$，RNH_3^+ 与长石表面上的 H^+ 发生交换吸附而固着在矿粒表面，烃基朝外，促使矿物疏水上浮。

氟硅酸钠是无色结晶状物质，微溶于水时，饱和溶液中含 Na_2SiF_6 0.39%，100℃时含 2.4%。在 HF 溶液中，氟硅酸钠的溶解度比在水中的溶解度更大。氟硅酸钠与强碱作用分解为硅酸和氟化钠，若碱过量，则生成硅酸盐。

氟硅酸钠是目前较为广泛使用的抑制剂，常用于抑制石英、长石及其他硅酸盐矿物。氟硅酸钠还可作为磷灰石的抑制剂，常在铬铁矿、菱铁矿、铁矿、黑钨矿、钨锰矿等浮选时用来抑制蛇纹石、石英、长石、电气石和脉石。

一种观点认为在用脂肪酸做捕收剂浮选矿物时，氟硅酸钠的有效作用在于优先从脉石矿物（主要是石英、长石、萤石）的表面上解析脂肪酸，而有用矿物表面不被解吸或解吸得少，因此这些矿物是选择性浮选。另一种观点认为氟硅酸钠没有直接从霞石和长石表面除去捕收剂，而是其中的 $[SiF_6]^{2-}$ 离子水解生成 HF，HF 溶解霞石，由于霞石的溶解而生成游离的 H_2SiO_3。H_2SiO_3 吸附在霞石表面而形成胶束，这种胶束延伸到水相，进一步延伸到吸附在霞石表面的捕收剂的烃基，妨碍霞石和长石一类矿物浮游，使其受到抑制。又一种观点认为油酸类捕收剂在被捕收矿物表面有两种吸附形式，一种成油酸分子的吸附；另一种是油酸根的吸附，即在矿物表面生成多价金属离子的油酸盐，而 Al、Ca、Mg 等的油酸盐被 Na_2SiF_6 分解而放出油酸。还有人认为 Na_2SiF_6 的抑制作用，是由于 Na_2SiF_6 在水中先电离生成 $[SiF_6]^{2-}$ 离子，$[SiF_6]^{2-}$ 离子再水解生成 SiO_2 胶体，悬浮在矿浆中，这种胶体吸附在表面而引起矿物亲水，受到抑制。

5.2.2 有机抑制剂

有机抑制剂是浮选抑制剂中比较重要的一大类型。有机抑制剂具有选择性强、抑制效果好的特点，其既能增强被抑制矿物的亲水性，又不干扰上浮矿物的捕收性，从而达到目的矿物与脉石矿物分离的目的。

按照来源分类，有机抑制剂可分为天然抑制剂和人工合成抑制剂两大类。若按照相对分子质量分类，有机抑制剂可为小分子有机抑制剂和高分子抑制剂。天然抑制剂又可简单分为两类：多糖类和多酚类。表 5-1 列出了一些多糖抑制剂的结构特性。多酚类主要有单宁、栲胶、木质素衍生物（木质素磺酸钠等）和荆树皮及白雀树皮浸膏等[2]。

表 5-1　一些多糖抑制剂的结构特征

分子	相对分子质量	配糖连接	羟基位置	链的结构	氢　键
古尔胶	2.5 万	β	顺式	带有半乳糖分支的链状甘露糖	顺式羟基增强氢键
直链淀粉	4 万~65 万	α	反式	无支链的易弯曲的螺旋结构	多个羟基向里对着螺旋没有氢键
支链淀粉	1 万~10 万	α	反式	高的分支结构	分支结构空间屏蔽氢键列阵
纤维素	25 万~100 万	β	反式	刚性直链	由于羟基在反式位置上没有氢键

小分子有机抑制剂主要有：草酸 HOOC—COOH、丁二酸 HOOC—CH_2CH_2—COOH、天冬氨酸 HOOC—$CH_2CH(NH_2)$—COOH、柠檬酸（或钠盐）$C_6H_8O_7$（羟基丙三酸）、水杨酸钠 $C_7H_6O_3$（邻羟基羧基苯）、酒石酸 $C_4H_6O_6$（2，3-二羟基丁二酸）等，它们主要是硅酸盐类脉石、石英、白云石和长石等的抑制剂。

高分子有机抑制剂除具有较好的抑制性能外，通过改变相对分子质量的大小或对其进行改性，还可使其具有分散性和絮凝作用。常见的天然和人工合成高分子有机抑制剂类型如表 5-2 所示[2]。

表 5-2　常见的天然和人工合成高分子有机抑制剂类型

类型	品　种	结构特点		应　用
		极性基	非极性基	
淀粉类	淀粉	—O—，—OH	α-甙单元	抑制赤铁矿，抑制脉石矿物，抑制硅酸盐矿物，类似天然淀粉
	改性阳离子淀粉	—O—，—$N^+(CH_3)_2$	α-甙单元	
	改性阴离子淀粉	—O—，—COOH	α-甙单元	
	糊精（水解淀粉）	—O—，—OH	α-甙单元	
纤维素类	羧甲基纤维素	—O—，—COOH(Na)	α-甙单元	抑制含 Ca、Mg 矿物及矿泥
	羧乙基纤维素	—O—，—OH	β-甙环单元	
	磺酸基纤维素	—O—，—SO_3H(Na)	β-甙环单元	
聚糖类	天然植物胶	—O—，—OH	各种甙环（多为甘露半乳聚糖）	抑制含 Ca、Mg 矿物及矿泥
	改性植物胶	—O—及其他基团		
木质素类	天然木质素	—OH	—C_6H_4—，—C_3H_4—	抑制脉石矿物
	磺化木质素	—SO_3H(Na，Ca)，—OH	—C_6H_4—，—C_3H_4—	
	氯化木质素	—OH，—Cl	—C_6H_4—，—C_3H_4—	
单宁类	栲胶	—OH，—COOH	—C_6H_4—等	抑制脉石矿物
	氧化栲胶	—OH，—COOH 及其他基团	—C_6H_4—等	

续表 5-2

类型	品　种	结构特点		应　用
		极性基	非极性基	
单宁类	硫化栲胶	—OH，—COOH 及其他基团	$—C_6H_4—$等	抑制脉石矿物
合成高分子抑制剂	聚乙烯吡咯啉酮	氮杂环	$—CH_2—CH—$等	抑制石英，抑制含 Ca 矿物及矿泥，抑制赤铁矿，抑制脉石矿物
	氨甲基化聚丙烯酰胺	$—N^+(CH_3)_2$，—CONH—	$—CH_2—CH—$等	
	聚丙烯酰胺	—CONH—	$—CH_2—CH—$等	
	聚乙烯醇	—OH	$—CH_2—CH—$等	
	聚丙烯酸	—COOH	$—CH_2—CH—$等	
	水解聚丙烯酰胺	—COOH(Na)	$—CH_2—CH—$等	

高分子有机抑制剂在分子中具有很多能生成氢键、促进水合作用的极性基团，如—OH、—COOH、C═O、$—NH_2$、$—SO_3H$ 等，因此高分子有机抑制剂都是易溶于水的。高分子有机抑制剂含有的极性基团不同，抑制剂的性能也有不同，根据高分子抑制剂在矿物表面吸附的作用机理及影响，大致可以将高分子抑制剂分成四类：（1）具有促进水合作用的分子极性基团的化合物，例如含有羟基、羰基及醚基等的物质，包括羟乙基纤维素、甲基纤维素、聚乙烯醇等；（2）具有促进水合作用的阴离子极性基团的化合物，例如含有羧基、磺酸基（$—SO_3H$）、硫酸酯基（$—OSO_3H$）等的物质，包括羧甲基纤维素、海藻酸、硫酸化纤维、木素磺酸盐、各种无机酸化淀粉、聚丙烯酸等；（3）具有促进水合作用的阳离子极性基团的化合物，例如含有伯胺基、仲胺基等的物质，如蟹壳蛋白、水溶性脲醛树脂、氨乙基淀粉等；（4）同时含有阴离子及阳离子极性基团的化合物，例如蛋白质类氨基酸化合物等。

5.2.2.1 淀粉及其衍生物

A 淀粉的结构

淀粉是葡萄糖分子聚合而成的，其结构通式为（$C_6H_{10}O_5$）$_n$。淀粉结构单体的变旋现象及聚合体示意图如图 5-23 所示。淀粉有直链淀粉和支链淀粉两类。直链淀粉含几百个葡萄糖单元，支链淀粉含几千个葡萄糖单元。在天然淀粉中直链淀粉占 20%～26%，它是可溶性的，其余的则为支链淀粉。

用热水处理淀粉后可以使淀粉颗粒溶胀，使直链淀粉和支链淀粉分开。直链淀粉和支链淀粉都可溶于热水，但直链淀粉在冷水中的溶解度较低，且可以悬浮在水中。普通淀粉颗粒内大约含有80%的支链淀粉和20%的直链淀粉。直链淀粉每个分子大约含有几百个葡萄糖单元（相对分子质量为15万~60万）。淀粉的相对分子质量大约为5万，250~300个葡萄糖单元。

与直链淀粉不同的是，支链淀粉是分支的，在每20~25个葡萄糖单元链节中，其中一个葡萄糖的C6位连接了另一条聚葡萄糖链。支链淀粉大约由6000个葡萄糖单元组成，最高的相对分子质量可达600万以上。支链淀粉中D-葡萄糖单元也通过α-1,4-苷键连接成一直链，此直链上又可通过α-1,6-苷键形成侧链，在侧链上又会出现另一个分支侧链，因此结构很复杂，呈树枝形分支结构，如图5-23所示。

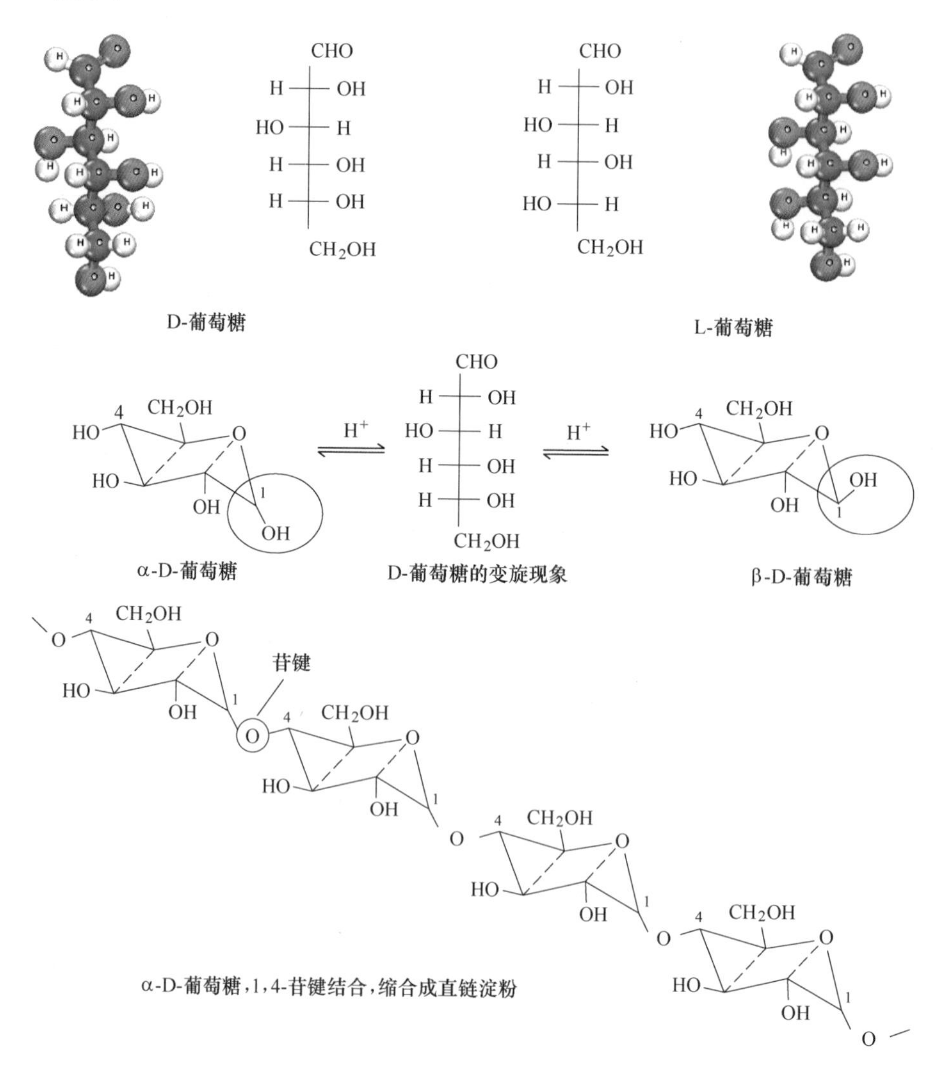

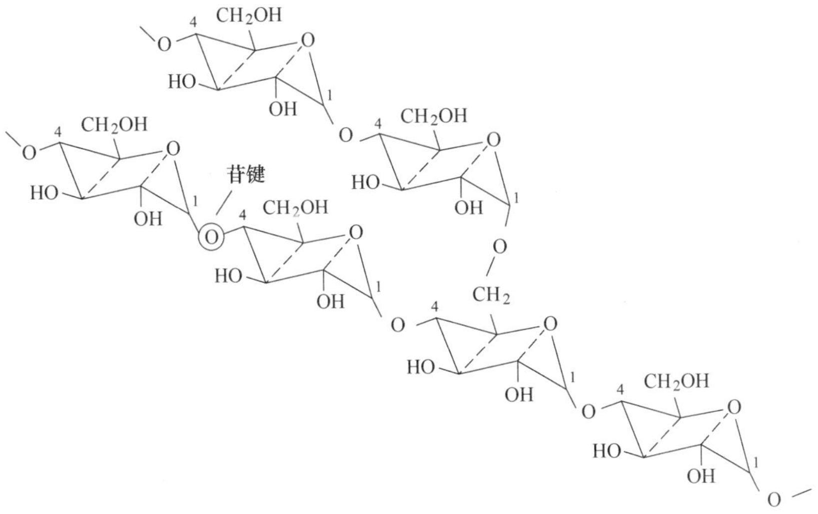

支链淀粉结构

图 5-23　淀粉结构单体的变旋现象及直链淀粉结构示意图

直链淀粉不是一根直的长链，而是盘旋成一个螺旋，每转一圈，约含六个葡萄糖单元。每一分子中的一个基团就和另一基团保持着一定的关系和距离，因此一个生物大分子的结构不仅取决于分子中各原子之间共价键的取向，还要看立体构象。

最常用的鉴定淀粉的简便方法，就是遇单质碘后变为蓝色。这是由于直链淀粉形成一个螺旋后，中间的隧道恰好可以装入单质碘的分子而形成一个蓝色的包合物。

B　改性淀粉及其衍生物

（1）可溶性淀粉：可溶于温水或者热水的淀粉称为可溶性淀粉。可溶性淀粉的制备方法有三种：一是在淀粉乳液中加入淀粉质量分数的 0.1%~0.3%的硝酸、盐酸、硫酸、甲酸、乙酸或者酒石酸等。在搅拌作用下，通入氯气（每吨淀粉加入量是 310g），将产物用离心机分离烘干，干燥温度不超过 70℃。二是用淀粉与 12%（质量分数）的盐酸反应 24h，然后水洗去除无机酸，产物即为可溶性淀粉。三是用质量浓度为 1%的甲酸或乙酸与淀粉在 115℃时加热 5~6h 生成可溶性淀粉。甲酸或乙酸可以用蒸馏水除去，无需中和。

（2）苛性淀粉：用氢氧化钠处理后得到的淀粉俗称苛性淀粉。苛性淀粉的制备方法是将淀粉乳液中加入 20%（质量分数）的 NaOH，加热到 80℃，淀粉乳液则变为糊状物。

（3）阳离子改性淀粉：将淀粉与环氧丙基三甲基季铵盐（盐酸盐）作用，

可醚化生成氯化三甲基-羟基丙基铵淀粉，它是一种阳离子改性淀粉，其反应方程式如式（5-29）所示：

$$-O-[C_6H_9O_4(CH_2OH)]_n-O- + nCH_2\overset{O}{-}CHCH_2N^+(CH_3)_3Cl^- \longrightarrow -O-[C_6H_9O_4(CH_2OCH_2-CH(OH)CH_2N^+(CH_3)_3Cl^-)]_n-O- \quad (5\text{-}29)$$

（4）阴离子改性淀粉：将 NaOH、氯乙酸与淀粉作用，则生成含乙酸基的阴离子改性淀粉，如式（5-30）所示。

$$-O-[\cdots CH_2OH \cdots]_n-O- \xrightleftharpoons{NaOH} -O-[\cdots CH_2ONa \cdots]_n-O- \xrightleftharpoons{ClCH_2COOH} -O-[\cdots CH_2O\,CH_2COOH \cdots]_n-O- \quad (5\text{-}30)$$

（5）中性改性淀粉：将淀粉与环氧乙烷作用，可得含乙醇基的中性改性淀粉，如式（5-31）所示。

$$-O-[\cdots CH_2OH \cdots]_n-O- + nCH_2\overset{O}{-}CH_2 \longrightarrow -O-[\cdots CH_2O\,CH_2CH_2OH \cdots]_n-O- \quad (5\text{-}31)$$

（6）其他改性淀粉：在淀粉分子中还可以引入其他基团，如磷酸基、磺酸基、氨基等，改性淀粉的抑制性能会有较大的变化。淀粉氧化、磷酸化改性淀粉反应如式（5-32）和式（5-33）所示。

$$-O-[\cdots CH_2OH \cdots]_n-O- \xrightarrow{\text{氧化剂}} -O-[\cdots COOH \cdots]_n-O- \quad (5\text{-}32)$$

氧化淀粉

$$-O-[\cdots CH_2OH \cdots]_n-O- \xrightleftharpoons[HO-P(=O)(ONa)_2]{\text{磷酸化试剂}} -O-[\cdots CH_2OPO_2H_2 \cdots]_n-O- \quad (5\text{-}33)$$

将淀粉与环氮乙烷反应，就可以生成氨乙基改性淀粉。氨乙基改性淀粉分子中每 10 个葡萄糖单体含有一个氨乙基，如式（5-34）所示。

$$-O\left[(C_6H_{10}O_5\text{ 单元，C}_6\text{ 上为 }CH_2OH)\right]_n + NH\begin{matrix}CH_2\\|\\CH_2\end{matrix} \rightleftharpoons -O\left[(C_6\text{ 上为 }CH_2OCH_2CH_2NH_2)\right]_n \quad (5\text{-}34)$$

将淀粉与硫酸反应，就可以生成磺化改性淀粉。磺化改性淀粉中每 25 个葡萄糖单体中含有一个磺酸基，如式（5-35）所示。

$$-O\left[(C_6\text{ 上为 }CH_2OH)\right]_n + H_2SO_4 \longrightarrow -O\left[(C_6\text{ 上为 }CH_2OSO_3H)\right]_n \quad (5\text{-}35)$$

氯乙基改性淀粉

（7）糊精：糊精也是一种改性淀粉，它是淀粉水解的中间产品。将淀粉水解到中间阶段终止即可得到糊精。糊精再进一步水解，则生成麦芽糖，水解的最终产品为α-D-葡萄糖，如式（5-36）所示[2]。

$$\underset{\text{淀粉}}{(C_6H_{10}O_5)_n} \xrightarrow{\text{水解}} \underset{\text{糊精}}{y(C_6H_{10}O_5)_m} \xrightarrow{\text{水解}} \underset{\text{麦芽糖}}{pC_{12}H_{22}O_{11}} \xrightarrow{\text{水解}} \underset{\alpha\text{-D-淀粉}}{qC_6H_{12}O_6} \quad (5\text{-}36)$$

淀粉水解程度不同，得到的碳链长短也不同。糊精碳链较长的，遇碘呈红色；有的糊精碳链比较短，遇碘呈黄色或者无色。糊精是一种胶状物质，可以溶于冷水中。水溶液如果再加入酒精，糊精即成无定形的粉末沉淀而析出。不加酒精但加入氢氧化钙或氢氧化钡的溶液，也可以使它沉淀。糊精的水溶液具有旋光性，$[\alpha]_D^{20} = 195°$。在浮选工业上也用作抑制剂或絮凝剂。糊精的工业产品可以是上述各种糊精的混合物，也可以是糊精与部分未起反应的淀粉的混合物。糊精的制备方法为将干燥的淀粉（含水量在 7% ~15%）在一定温度下烘炒一次就可以了。一般有两种方法，一种是在 199 ~ 249℃温度下烘炒，该糊精产品颜色较深。另一种方法是加入少量的酸作催化剂，烘炒就可以在较低温度下进行，该糊精产品颜色较浅。例如用红薯淀粉 1kg 加硝酸 0.15mL，在 200℃时加热 30min，糊精的产率可达 80%。终点检查可用碘试验及水溶度试验（1 份糊精应溶于 5 份冷水内）。用这种方法也可以生产可溶性淀粉，只是终点的要求不同。1 份可溶性淀粉与 5 份冷水混合时呈蛋白色不透明状。另一个例子是用马铃薯淀粉 1kg 与 0.225mL 浓硝酸（密度 1.40g/cm³）及氯化镁（每 100g 淀粉相当于 0.02g 镁）混合后，在 32℃以下干燥过筛，-40 目（0.425mm）占 100%，然后再加热至 170℃，反应 45min，产率为 83%。用玉米淀粉加 0.15mL 硝酸，温度 210℃，反应 50min，产率为 85.6%。用稻米淀粉加 0.625mL 硝酸，温度 215℃，反应 55min，产率为 80%。

C　改性淀粉的取代度 *DS*

这些改性淀粉，一般是在淀粉中的葡萄糖单元 2、6 两个羟基上发生取代，特别是取代 6 位上羟基的氢为多。淀粉中每个葡萄糖单元上只有三个羟基，因此取代基团的摩尔数最多是三个，即取代度 Degree of Substitution（简称 *DS*）的最大值是 3。一般改性淀粉中 *DS* 都小于 1。例如阴离子改性淀粉羧甲基淀粉的 *DS* 检测方法如下：准确称取羧甲基淀粉试样 0.62g，置于 200mL 烧杯中。加入 1mL 乙醇、50mL 去离子水，然后加入 20mL 的 NH_4Cl 溶液，再加 0.1mol/L 的 HCl（量取盐酸 9mL 加到 1000mL 水中即可）或 0.1mol/L NaOH。将溶液的 pH 值调到 6.0~7.0，准确加入 50.0mL 0.05mol/L 的 $CuSO_4$ 标准溶液，摇匀。转移至 250mL 容量瓶中，放置 15min，稀释至刻度，摇匀。用离心分离机使羧甲基铜沉淀物和清液分离。取滤液 100mL，调节 pH 值到 7.5~8.0，用 PAN 作指示剂，以 EDTA 标准溶液滴定至溶液呈绿色，即为终点。取代度按式（5-37）和式（5-38）计算[9]。

$$B = \frac{C_{\text{EDTA}} \times (V_{\text{空白}} - V_{\text{试样}}) \times 2 \times \frac{250}{100} \times 0.081}{m} \tag{5-37}$$

$$DS = \frac{162B}{8100 - 80B} \tag{5-38}$$

式中，B 为改性淀粉中乙酸钠基的含量，mg/g；m 为称样量，g；C_{EDTA} 为 EDTA 标准溶液浓度，mol/dm^3；$V_{\text{空白}}$ 为作空白时消耗 EDTA 的体积，mL；$V_{\text{试样}}$ 为作试样时消耗 EDTA 的体积，mL。改性淀粉中 *DS* 值的大小对其溶解度和浮选性能都有很大影响。

D　改性淀粉作抑制剂的浮选应用实例

改性淀粉在浮选中的应用实例有很多，主要是作为某些矿物的抑制剂、絮凝剂及分散剂。最早使用淀粉的应用案例是 1931 年在磷矿石浮选过程中使用淀粉作脉石矿物抑制剂的专利[2]。从那以后，淀粉及其衍生物被广泛地用作矿物浮选抑制剂。在不同矿浆 pH 值条件下，S. R. Balajee 和 Iwasaki 对阳离子淀粉、糊精、普通淀粉、阴离子淀粉这四种淀粉在石英和赤铁矿上的吸附现象进行了研究[10]。结果发现：(1) 四种不同的淀粉在石英和赤铁矿上的吸附量随着 pH 值由小变大按下列顺序递减：阳离子淀粉>普通淀粉>阴离子淀粉。(2) 随着 pH 值的升高，阳离子淀粉在石英和赤铁矿上的吸附量升高，而阴离子淀粉、普通淀粉和糊精的吸附量则随 pH 值的升高而降低。(3) 阳离子淀粉在石英表面的吸附量（pH =

7~11）总是高于在赤铁矿上的吸附量，而阴离子淀粉则恰恰相反。（4）糊精和普通淀粉的吸附非常相似，只是糊精的吸附量低于普通淀粉的吸附量。

P. K. Weissenborn 等[11]研究了直链淀粉和支链淀粉对超细混合铁矿石（53.2%赤铁矿，14.8%针铁矿）和超细纯赤铁矿选择性絮凝作用，发现支链淀粉对超细混合铁矿石和赤铁矿均有很强的絮凝作用，而直链淀粉对两种矿石都没有絮凝作用；对直链和支链的混合淀粉，直链淀粉降低了支链淀粉絮凝混合铁矿石的能力，但赤铁矿絮凝的选择性略有增强。吸附试验表明，支链淀粉比直链淀粉对赤铁矿具有更强的吸附能，因而在赤铁矿表面支链淀粉比直链淀粉的吸附密度高，其原因是支链淀粉具有更高的分子量和支链结构。淀粉的絮凝作用主要是支链淀粉，支链淀粉能同时提高赤铁矿、针铁矿和高岭石的回收率，即支链淀粉为混合絮凝剂而非选择性絮凝剂，混合淀粉对赤铁矿和针铁矿絮凝有选择性。

Reis 等[12]研究了未改性淀粉溶液的流变性，观察到经物理改性（搅拌）后，流变性由假塑性体转变为牛顿体，并提出了淀粉溶液的黏度与分子量之间的关系。未改性淀粉中支链与直链的比例约为 3∶1，还含有 1%~2%的脂肪、蛋白质、纤维素和矿物质。试验表明对于赤铁矿的抑制来说支链是其有效成分，支链和直链分子对赤铁矿的吸附性比石英好。

国内外对淀粉及其衍生物在选矿中的应用作了大量的研究，如木薯淀粉、支链淀粉和直链淀粉这三种普通淀粉对赤铁矿和石英的抑制效果的研究结果表明，支链淀粉比直链淀粉具有更强的抑制效果。在铁矿反浮选试验中发现了不同种类的淀粉对铁矿均具有一定的抑制能力，但抑制效果具有一定的差异，而且这种差异是由不同淀粉的分子量、支链部分和直链部分的含量所引起的。除淀粉中支链淀粉和直链淀粉含量外，淀粉的旋光性和油含量也会影响铁矿浮选的指标，经研究表明以左旋淀粉为抑制剂的浮选指标明显优于以右旋淀粉为抑制剂的浮选指标且高油含量淀粉抑制效果较差。当把淀粉作为选择性絮凝剂处理微细粒铁矿和细泥时，可以取得较好的效果。研究发现支链淀粉可以絮凝大部分的铁矿，而直链淀粉则絮凝能力较差，当两种淀粉联合使用时，直链淀粉对支链淀粉对铁矿的絮凝有一定的抑制作用，但是加强了支链淀粉对铁矿絮凝的选择性。

用甲基淀粉代替普通淀粉作为铁矿抑制剂，在选矿指标相同情况下，羧甲基淀粉的用量为普通淀粉的一半，且羧甲基淀粉配制温度比普通淀粉低近 30℃，大大提高了淀粉的性能。用苛化淀粉代替普通淀粉进行小型试验，用苛化淀粉作为抑制剂的铁矿品位和回收率均高于普通淀粉，另外，磷酸酯淀粉、糊精、氧化淀粉等改性淀粉也常常作为铁矿反浮选抑制剂，并取得了较好的效果。

陶洪等[13]探讨了 5 种调整剂对于油酸钠浮选体系下微细粒赤铁矿的影响，发现在油酸钠浮选体系中有机调整剂的抑制效果优于无机调整剂，5 种调整剂的抑制效果顺序为：淀粉>腐植酸钠>焦磷酸钠>六偏磷酸钠>硅酸钠；在羟肟酸钠浮选体系中无机调整剂的抑制效果好于有机调整剂，5 种调整剂的抑制效果顺序为：焦磷酸钠>硅酸钠>六偏磷酸钠>淀粉>腐植酸钠。

马松勃等[14]在铁矿反浮选实验中发现不同种类的淀粉对铁矿均具有一定的抑制能力，但抑制效果具有一定的差异，且这种差异是由不同淀粉的分子量、支链部分和直链部分的含量所引起的。除淀粉中支链淀粉和直链淀粉含量外，淀粉的旋光性和油含量也会影响铁矿浮选的指标，经研究表明以左旋淀粉为抑制剂的浮选指标明显优于以右旋淀粉为抑制剂的浮选指标且 Press 认为高油含量淀粉抑制效果较差[15]。当把淀粉作为选择性絮凝剂处理微细粒铁矿和细泥时，可以取得较好的效果。研究发现支链淀粉可以絮凝大部分的铁矿，而直链淀粉则絮凝能力较差，当两种淀粉联合使用时，直链淀粉对支链淀粉对铁矿的絮凝有一定的抑制作用，但是加强了支链淀粉对铁矿絮凝的选择性[16]。

欧阳广遵等[17]详细探讨了普通玉米淀粉、腐植酸钠和糊精随 pH 值变化对天然磁铁矿、焙烧磁铁矿、石英三种单矿物浮选性能的影响。当油酸钠用量为 120mg/L 时，在油酸钠浮选体系中玉米淀粉和糊精对两种磁铁矿具有强烈的抑制作用，同样的用量情况下，糊精的抑制效果比淀粉效果好；相对于天然磁铁矿，淀粉和糊精对焙烧磁铁矿的抑制能力弱；腐植酸钠对两种磁铁矿的抑制性极强，在 pH 值为 6~10 的范围以外，两种磁铁矿基本完全被抑制。

在寻找石英和镜铁矿浮选分离的抑制剂时，任建伟等[18]先后考察了有机抑制剂糊精、羧甲基纤维素、CTP 和落叶松拷胶等对石英、磁铁矿和镜铁矿三种矿物可浮性的影响。在用 CS_3 和 CS_2（$CS_3:CS_2=2$）混合使用作捕收剂，糊精、羧甲基纤维素、CTP 和落叶松拷胶作抑制剂时，选用落叶松拷胶作为铁矿物的抑制剂是较为理想的。

东北大学浮选药剂研发课题组[9]合成了羧甲基改性淀粉，采用水媒法合成的羧甲基淀粉（代号 CMS-1）的取代度 $DS=0.12$；采用溶媒法合成的第二组羧甲基淀粉（代号 CMS-2）的取代度 $DS=0.4$。采用这两种羧甲基改性淀粉作为抑制剂，进行了鞍山某选矿厂实际矿石的混合磁选精矿反浮选开路试验。对比玉米淀粉、CMS-1 和 CMS-2 的抑制试验结果。首先确定玉米淀粉开路流程为一段粗选一段精选和两段扫选，捕收剂 LKY 用量为 400g/t，活化剂 $CaCl_2$ 用量为 200g/t，玉米淀粉用量为 600g/t；CMS-1 开路流程为一段粗选一段扫选，捕收剂 LKY 用量为 400g/t，活化剂 $CaCl_2$ 用量为 200g/t，CMS-1 用量共为 350g/t。CMS-2 开路流程为一段粗选一段精选，捕收剂 LKY 用量为 600g/t，活化剂 $CaCl_2$ 用量为 200g/t，CMS-2 用量共为 400g/t；其他试验条件均为：pH 值调节为 11.5，浮选温度为 34℃，粗选刮泡 5min，精选刮泡 3min，试验结果如表 5-3 所示。

表 5-3　浮选开路试验结果

淀粉种类	产品	产率/%	品位/%	回收率/%
玉米淀粉	精矿	36.08	67.99	57.10
	中矿 1	17.11	51.07	20.33
	中矿 2	3.94	39.15	3.59
	中矿 3	5.33	43.50	5.44
	尾矿	37.20	15.51	13.54
CMS-1	精矿	40.32	67.29	62.45
	中矿	36.07	37.48	31.11
	尾矿	23.61	11.85	6.44
CMS-2	精矿	55.97	65.07	82.30
	中矿	8.91	42.42	8.54
	尾矿	35.12	11.54	9.16

由表 5-3 可知，通过对三种淀粉的开路试验，玉米淀粉得到精矿品位为 67.99%、尾矿品位为 15.51%、回收率为 57.10%的浮选指标；CMS-1 的精矿品位为 67.29%，尾矿品位为 11.85%，回收率为 62.45%；CMS-2 得到精矿品位为 65.07%，尾矿品位为 11.54%，回收率为 82.30%。由此可得随着取代度的增加精矿品位有所降低，而回收率明显升高。玉米淀粉能得到较好的精矿品位，但是其尾矿品位过高，且淀粉用量大，工艺较为复杂，高取代度 CMS-2 虽然得到较好的回收率，但不能保证较好的精矿品位。

此外，还进行了不同取代度羧甲基改性淀粉的溶解温度对比试验。试验条件为 100g 矿样，pH 值为 11.5，捕收剂用量为 600g/t，各种淀粉用量均为 400g/t，活化剂 $CaCl_2$ 用量为 200g/t。取 CMS-1 和 CMS-2 各 1g 放在烧杯中加入蒸馏水，放在水浴锅中加温搅拌，直到淀粉颗粒全部溶解的温度，关闭水浴锅记下此时的温度。在此温度下配置的两种羧甲基淀粉和 80℃ 以上配置的玉米淀粉进行浮选试验，结果如表 5-4 所示。

表 5-4　不同取代度淀粉溶解温度对比试验

淀粉种类	溶解温度/℃	精矿品位/%	尾矿品位/%	回收率/%
玉米淀粉	80	65.99	20.23	77.99
CMS-1	40	65.01	13.23	87.82
CMS-2	25	63.83	11.67	90.49

还进行了不同取代度淀粉用量对比试验。试验条件为 100g 矿样，pH 值为 11.5，捕收剂用量为 600g/t，玉米淀粉用量为 600g/t，各种改性淀粉用量均为

400g/t，活化剂 $CaCl_2$ 用量为 200g/t，其浮选试验结果如表 5-5 所示。

表 5-5　不同取代度淀粉用量对比试验结果

淀粉种类	淀粉用量/$g \cdot t^{-1}$	产品	产率/%	品位/%	回收率/%
玉米淀粉	600	精矿	50.49	65.99	77.99
		尾矿	48.10	20.23	22.01
		给矿	98.59	43.76	100.00
CMS-1	400	精矿	58.91	65.01	87.82
		尾矿	40.15	13.23	10.37
		给矿	99.06	44.02	100.00
CMS-2	400	精矿	63.83	62.06	90.49
		尾矿	35.67	11.67	9.51
		给矿	99.50	44.00	100.00

表 5-5 试验结果表明，低取代度 CMS-1 在用量为 400g/t 时选别指标即品位与玉米淀粉在 600g/t 时相差不大分别为 65.99%和 65.01%，但其有较好的抑制效果，使尾矿品位一次粗选可达到 13.23%，回收率达到 87.82%。另外经一次粗选高取代度 CMS-2 的精矿品位为 62.06%，尾矿品位可达到 11.67%，回收率为 90.49%。该结果说明，随着取代度的增大，抑制效果增强；同时淀粉的用量大幅减少，改性后的淀粉抑制作用要强于普通淀粉。

对三种不同淀粉根据粗选条件试验确定出的最佳浮选指标进行开路试验，确定了三种不同淀粉要取得最佳精矿品位和回收率时采用的浮选工艺条件并进行了比较，结果如表 5-6 所示[9]。

表 5-6　不同取代度淀粉开路浮选工艺对比试验结果

淀粉种类	开路试验流程	药剂用量/$g \cdot t^{-1}$	产品	产率/%	品位/%	回收率/%
玉米淀粉	一次粗选一次精选 两次扫选	淀粉：600 $CaCl_2$：200 LKY：400	精矿	36.08	67.99	57.10
			尾矿	37.20	15.51	13.54
CMS-1	一次粗选一次扫选	CMS-1：350 $CaCl_2$：200 LKY：400	精矿	40.32	67.29	62.45
			尾矿	23.61	11.85	6.44
CMS-2	一次粗选一次精矿	CMS-1：400 $CaCl_2$：200 LKY：600	精矿	55.97	65.07	82.30
			尾矿	35.12	11.54	9.16

根据对三种不同取代度淀粉的溶解温度、淀粉用量和开路浮选工艺取得的各种试验结果对比发现，低取代度羧甲基淀粉 CMS-1 需要的配置温度不高，药剂用量少，选用的工艺流程简单，能取得的精矿品位和回收率较好。

5.2.2.2 含有酰胺基的聚丙烯羧酸抑制剂

A 含有酰胺基聚丙烯羧酸的制备

含有酰胺基的聚丙烯羧酸结构式如图 5-24 所示，它是以聚丙烯酰胺为原料部分水解制备而得，制备反应方程式如式（5-39）所示。

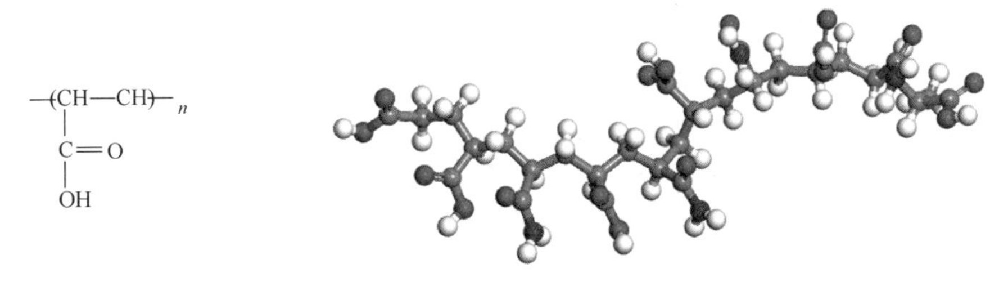

图 5-24 含有酰胺基聚丙烯羧酸结构式

$$\underset{\substack{|\\ C=O\\ |\\ NH_2}}{-\!\!\left(CH-CH\right)_m} + nNaOH \xrightarrow{\triangle} \cdots-CH-\underset{\substack{|\\ C=O\\ |\\ NH_2\\ m-n\text{个单元}}}{CH}-\cdots-CH-\underset{\substack{|\\ C=O\\ |\\ ONa\\ n\text{个单元}}}{CH}-\cdots+nNH_3 \quad m>n \tag{5-39}$$

含有酰胺基聚丙烯羧酸的制备方法为：分别称取 2.0g 的聚丙烯酰胺和 1.8g NaOH 待用，用量筒量取 200mL 去离子水，然后将去离子水倒入 250mL 烧杯中，将水浴锅和蒸馏水都升温到 90℃。然后将 NaOH 和聚丙烯酰胺分别倒入三角瓶中。恒温水浴 90℃，搅拌转速为 320r/min，恒温水浴 3h 后配成 0.4%的溶液，然后用 2%的草酸滴定至 pH=6.3，再定容至 0.2%的浓度备以后的浮选试验用。

B 水解度的测定方法

由于制备含有酰胺基聚丙烯羧酸过程中，原料聚丙烯酰胺是部分水解，则需要对水解产物进行水解度的测定，其测定方法如下。

准确称取定量的水解产品 m，用蒸馏水溶解后，配制成质量浓度 w 为 0.2% 的待测溶液，用移液管取该溶液 12.5mL，转移到 100mL 烧杯中，在搅拌下用浓度 C 为 0.02mol/L 的 HCl 标准液滴定，记下 pH 值由 8.5 降低到 4.1 之间所消耗的盐酸标准溶液体积 V。若待测溶液起始 pH 值小于 8.5，应先用 0.10mol/L 的 NaOH 溶液将 pH 值调节到 8.5 以上，然后标定。水解度 H 如式（5-40）所示。

$$H = \frac{71CV}{1000mw} \tag{5-40}$$

式中，C 为盐酸标准滴定液实际浓度，mol/L；V 为滴定中消耗的盐酸体积，mL；m 为试样质量，g；w 为试样质量浓度，%。

在实验室里，按以上试验方法制备的含有酰胺基聚丙烯羧酸的水解度测定结果如表 5-7 所示[20]。

表 5-7　实验室合成的该产品水解度的测定结果

消耗盐酸的量/mL	10.1	10.5	10.2	均值水解度
水解度 H/%	57.368	59.640	57.936	58.315

C　含有酰胺基聚丙烯羧酸的结构模拟

由表 5-7 可知，部分水解的聚丙烯酰胺的水解度为 58.315%，为了便于计算机的模拟，取聚丙烯酰胺的水解度为 60%。部分水解的聚丙烯羧酸中酰胺基和羧基并不是规则排列。现假定部分水解的聚丙烯羧酸是由 10 个重复单元组成的无规聚合链，所含羧基与酰胺基的摩尔比为 6∶4，构成部分水解度的聚丙烯羧酸的水解度为 60%。采用 Materials studio 7.0 中的 Visualizer 模块对部分水解的聚丙烯羧酸可能出现的典型结构进行绘制，如图 5-25（a）~（e）所示[19]。

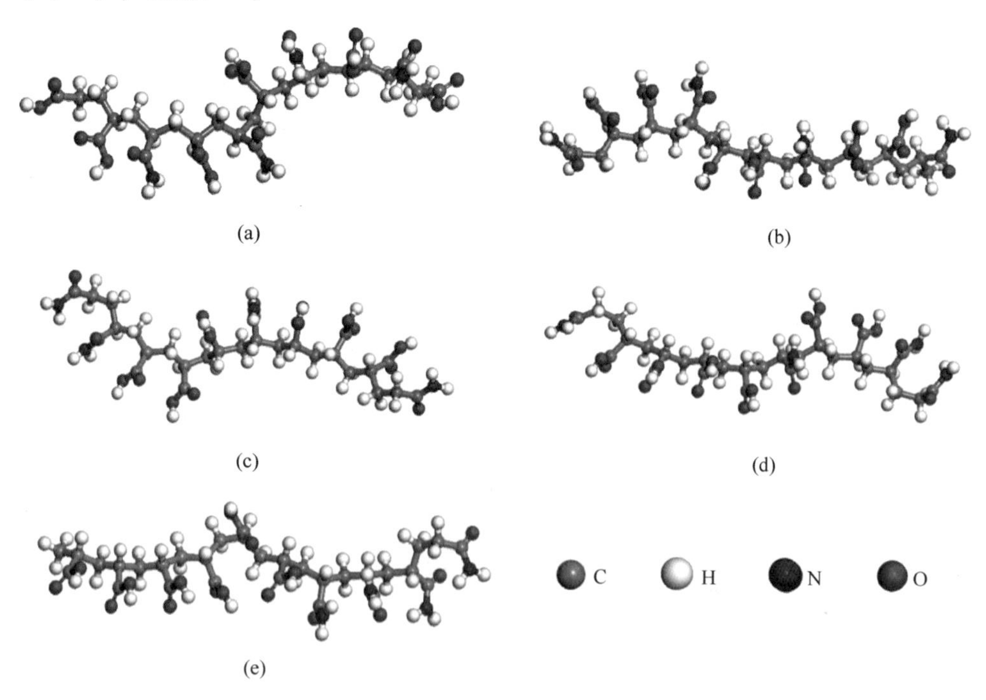

图 5-25　聚丙烯羧酸可能出现的结构图

（a）结构式-1；（b）结构式-2；（c）结构式-3；（d）结构式-4；（e）结构式-5

由表 5-8 可知，5 种结构的聚丙烯羧酸的体系能量由小到大为：结构式-1<结构式-2<结构式-5<结构式-4<结构式-3；药剂活性大小为：结构式-1>结构式

-2>结构式-3>结构式-4>结构式-5。因为结构式-1结构的体系能量最低，该结构最稳定，因而形成的概率最大。

表 5-8 5种结构的前线轨道能量和体系能量

药剂结构	E_{HOMO}/eV	E_{LUMO}/eV	$\Delta E_{HOMO-LUMO}$/eV	$E_{Final\ energy}$/eV
结构式-1	-5.650	-1.569	-4.081	-13411.163
结构式-2	-5.639	-1.562	-4.077	-13411.054
结构式-3	-5.487	-1.563	-3.924	-13224.586
结构式-4	-5.541	-1.804	-3.737	-13224.592
结构式-5	-5.486	-1.792	-3.694	-13411.001

为了验证模拟的结构式-1是否与实际所配制的药剂相符，利用 Materials studio 软件模拟了结构式-1的红外光谱如图5-26所示，与合成含酰胺基的聚丙烯羧酸产品的红外光谱进行了对比。

由图5-26的结果对比可知，模拟结构式-1的红外光谱的各吸收振动峰的位置能够与实际检测的红外光谱对应，这说明模拟的结构式-1能够具有代表性。

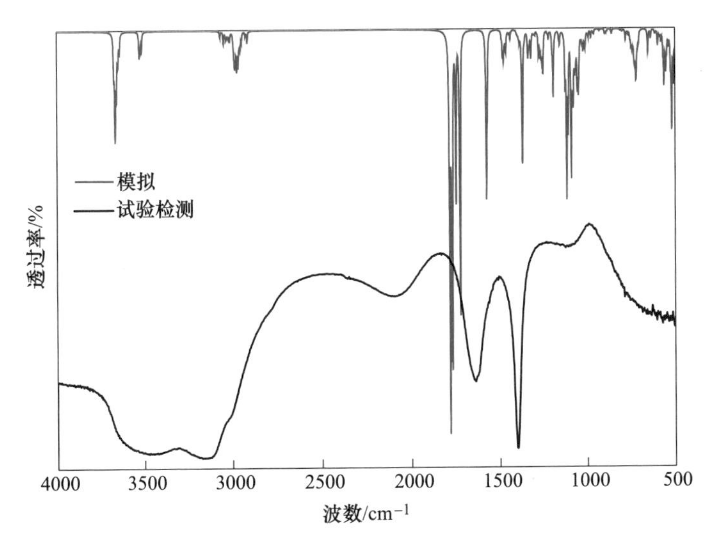

图5-26 含有酰胺基聚丙烯羧酸的模拟红外光谱与实验红外光谱对比图

D 含有酰胺基聚丙烯羧酸的应用实例

含有酰胺基聚丙烯羧酸可以用于铁矿石反浮选石英工艺中抑制铁矿物。例如针对鞍山某铁矿石的浮选给矿，总铁含量 TFe 为 48.22%，该矿样中含铁矿物组成如表5-9所示。在该矿样中，主要含铁矿物为磁铁矿，其次为赤（褐）铁矿，碳酸铁、硫化铁和硅酸铁含量很少，其中主要待回收铁矿物为磁铁矿、赤（褐）铁矿，两者含量共97.22%。

表 5-9　混合磁选精矿矿铁物相组成分析测定

产品名称	铁元素存在的相	磁性铁中的铁	碳酸铁中的铁	赤（褐）铁矿中的铁	硫化铁中的铁	硅酸铁中的铁	TFe
混合磁选精矿	含量/%	40. 10	0. 78	6. 50	0. 18	0. 52	47. 93
	占有率/%	83. 66	1. 63	13. 56	0. 37	1. 08	100

对该矿样进行粒度分布及各粒级铁含量测定，试验结果如表 5-10 所示。

表 5-10　矿样粒度分布及各粒级铁含量测定结果

粒级/mm	产率/%	品位/%	铁含量/%
+0. 074	4. 66	9. 28	0. 88
-0. 074+0. 044	17. 18	18. 33	6. 42
-0. 044+0. 037	8. 25	37. 75	6. 35
-0. 037+0. 023	12. 00	57. 13	13. 99
-0. 023	57. 91	61. 23	72. 36
合　计	100. 00	49. 00	100. 00

从表 5-10 可以看出，该浮选给矿的矿样粒度极细，-0. 023mm 产率占 57. 91%，-0. 037mm 产率占 69. 91%，-0. 074mm 产率占 95. 34%；而金属元素铁主要分布在-0. 023mm 细粒级中（占 72. 36%）。

对该浮选给矿的矿样进行一次粗选、一次精选和三次扫选的浮选开路试验。试验条件为浮选温度 40℃，搅拌转速 1992r/min，矿浆 pH 值 11. 50，$CaCl_2$ 用量 600g/t，采用新型聚丙烯羧酸抑制剂，用量仅 342g/t，捕收剂 RA715 粗选用量 480g/t，精选用量 270g/t，扫选不加药剂。粗选刮泡时间 4min，精选刮泡 3min，扫选每次刮泡时间 3min，开路流程浮选试验结果如表 5-11 所示。

表 5-11　新型抑制剂的浮选开路试验结果

产品名称	产率/%	品位/%	回收率/%
精矿	34. 05	70. 07	50. 35
中矿 1	20. 73	60. 27	26. 36
中矿 2	6. 03	64. 34	8. 19
中矿 3	1. 04	53. 86	1. 18
中矿 4	0. 32	40. 04	0. 28
尾矿	37. 83	17. 09	13. 64
合计	100. 00	47. 39	100. 00

根据该浮选给矿的浮选条件、试验最佳条件及开路试验确定的各浮选阶段产品中全铁的品位和回收率指标，进行实验室闭路流程浮选试验。该新型抑制剂与淀粉闭路试验指标对比见表 5-12[20]。

表 5-12 新型聚丙烯羧酸抑制剂与淀粉闭路试验指标对比

试验指标	每吨浮选给矿抑制剂用量/g	每吨浮选给矿活化剂用量/g	每吨浮选给矿捕收剂用量/g	精矿品位/%	尾矿品位/%	精矿产率/%	回收率/%
新型抑制剂	342	600	750	68.08	14.77	61.85	88.20
玉米淀粉	1100	600	665	68.01	15.98	61.30	87.11
比较	-758	0	+85	+0.07	-1.21	+0.85	+1.08

5.3 浮选过程中的活化剂

5.3.1 活化剂的定义

活化剂的定义：活化剂是指在非硫化矿浮选过程中通过化学相互作用改变矿物表面性质，从而达到增强矿物对捕收剂吸附能力的一类化学药剂。

例如在铁矿石反浮选石英的工艺中，通过添加 Ca^{2+}（CaO 或者 $CaCl_2$），使得石英表面发生活化，从而增强与脂肪酸类捕收剂的吸附作用，达到捕收的目的，CaO 或者 $CaCl_2$ 就是石英矿物的活化剂。

5.3.2 活化剂的选择原则与活化机理

在捕收剂体系下，要想寻找某种目的矿物的活化剂，一般有以下几个原则。原则一：从该矿物的表面化学元素入手选择那些能与矿物表面活性位点原子发生化学反应或者发生选择性吸附的物质，这是该物质对该矿物能发生活化的必要条件。对于非硫化矿物而言，矿物表面活性位点为金属阳离子 M^{n+}、氧阴离子—O^-、—F 或者含氧酸根离子 XO_m^{n-}；选择的活化剂一定是与金属阳离子 M^{n+}、氧阴离子—O^-、—F 或者含氧酸根离子 XO_m^{n-} 能发生化学反应或者选择性吸附的物质。原则二：活化剂在目的矿物与脉石矿物表面有不同程度的化学反应性质差异，如只与目的矿物发生反应，不与脉石矿物发生反应，或者反应程度有差异，这样活化剂才能真正只活化目的矿物，起到选择性地活化目的矿物的作用。原则三：活化剂不仅可以与矿物表面发生键合吸附，还可以与捕收剂发生相互作用，活化剂在捕收剂与被活化矿物之间起到了“手拉手”的键合作用。

与矿物表面活性位点金属阳离子 M^{n+}、氧阴离子—O^-、—F 或者含氧酸根离子 XO_m^{n-} 能发生化学反应或者选择性吸附的可以考虑以下几种可能：（1）能否产生弱电解质，考察弱酸或弱碱电离平衡常数 $K_a^\ominus$、$K_b^\ominus$、$K_h^\ominus$ 的大小；（2）是否为沉淀剂，能否产生沉淀，考察溶度积常数 $K_{sp}^\ominus$ 的大小；（3）是否为配体，能否有配合物生成，考察逐级稳定常数 $K_{稳}^\ominus$、累计稳定常数 $\beta_{稳}^\ominus$ 的大小；（4）能否有氧化还原反应发生，比较两个电极电对的标准电极电位大小，判断能否发生氧化还原反应。只有与矿物表面活性位点原子或者离子能发生化学反应或者选择性的键合吸附，才有可能改变矿物的表面物理化学性质。

例如，用阴离子捕收剂浮选矿物时，铅、铁、铜、钙、镁等多价离子，在浓度为50~100g/t时，对石英、硅酸盐及许多氧化矿具有活化作用，这是由于这些多价金属阳离子在碱性条件下一方面与矿物表面—O^-以离子键结合，另一方面又与捕收剂脂肪酸根反应生成羧酸-金属难溶盐，从而增加了捕收剂在这些矿物上键合吸附程度，使得这些矿物被活化。当采用脂肪酸做捕收剂浮选氧化矿时，多价金属阳离子对石英、硅酸盐等脉石矿物的活化，也会破坏脂肪酸的选择性，从而使精矿品位降低。因此从多价金属阳离子在水溶液中可以与分子量较大的脂肪酸生成难溶盐，可以推断这些脂肪酸对于这些金属离子组成的矿物表面有较强的键合作用，表5-13为常见的脂肪酸与常见的金属离子溶度积常数的$pK_{sp}^{\ominus}$值[21]。

表5-13 常见的脂肪酸与金属离子的溶度积常数的$pK_{sp}^{\ominus}$值

金属离子	十六烷酸（软脂酸）	Z-9-十八烯酸（油酸）	十八烷基酸（硬脂酸）
Ca^{2+}	18.0	15.4	19.6
Ba^{2+}	17.6	14.9	19.1
Mg^{2+}	16.5	13.8	17.7
Ag^{+}	12.2	10.9	13.1
Pb^{2+}	22.9	19.8	24.4
Cu^{2+}	21.6	19.4	23.0
Zn^{2+}	20.7	18.1	22.0
Cd^{2+}	20.2	17.3	—
Fe^{2+}	17.8	15.4	19.6
Ni^{2+}	18.3	15.7	19.4
Mn^{2+}	18.4	15.3	19.7
Al^{3+}	31.2	30.0	33.6
Fe^{3+}	34.3	34.3	—

从表5-13看出，很多金属阳离子与硬脂酸、油酸、软脂酸都可以形成难溶盐。所以在脂肪酸捕收剂体系中，多价金属阳离子都可以活化非金属矿物（如石英、硅酸盐）。

例如，萤石矿物表面活性位点原子为Ca^{2+}和F^-。首先，能与Ca^{2+}发生化学相互作用的有：(1) OH^-，与Ca^{2+}能生成弱碱$Ca(OH)_2$；(2) CO_3^{2-}、PO_4^{3-}、$C_2O_4^{2-}$、$C_rO_4^{2-}$等，能与钙离子生成难溶盐，钙盐的溶度积常数如表5-14所示。Ca^{2+}不能发生氧化还原反应，Ca^{2+}不能与任何配体生成配位化合物。其次，能与F^-发生化学相互作用的有：(1) 与氢离子形成弱酸HF，$K_a^{\ominus}=6.3\times10^{-4}$；(2) 易与 HX 生成氢键，发生分子缔合；（3）易与 Ca^{2+} 发生反应，生成难溶盐。F^- 还原性很差，一般的氧化剂不能将其氧化；当大量 F^- 存在时，可以生成配合物，但是 F^- 是弱场配体，与 d 区元素离子生成的配合物不太稳定。因此能活化萤石的物质可从 OH^-、F^-、CO_3^{2-}、SO_3^{2-}、PO_4^{3-}、$C_2O_4^{2-}$、H^+、Ca^{2+} 中选择。最后，再考虑矿石中的脉石矿物与这些物质是否有竞争键合吸附作用；考虑捕收剂与吸附了这些物质的矿物是否有相互作用，通过浮选试验结果最终确定活化剂的种类。

表 5-14 常见钙盐的溶度积常数 $K_{sp}^{\ominus}$ 值[22]

难溶盐	CaF_2	$CaSO_3$	$CaSO_4$	$CaCO_3$	CaC_2O_4	$Ca_3(PO_4)_2$
$K_{sp}^{\ominus}$	5.20×10^{-9}	3.10×10^{-7}	4.93×10^{-5}	2.80×10^{-9}	2.32×10^{-9}	2.07×10^{-29}

5.3.3 活化剂的应用实例

非硫化矿浮选活化剂主要可以分为两类：无机活化剂和有机活化剂。无机活化剂主要包括：CaO、$CaCl_2$、Na_2SO_4、HF、Na_2CO_3 等，主要用于石英、长石、金红石等矿物的活化；有机活化剂主要包括柠檬酸、乙炔、四氯化碳、聚乙二醇等，主要用于白云母、锡石、石墨等矿物的活化。活化剂的应用实例详见表 5-15[2]。

表 5-15 常见活化剂的应用实例

活 化 剂	活化的矿物	资料来源
硫酸或者硫酸盐、磷酸或者磷酸盐	在阳离子型捕收剂体系中在酸性介质中优先浮选锆英石、斜锆石、金红石等	日本专利 22768
HF	活化浮选铬铁矿	CA111，236973
氧化钙、氯化钙	活化石英	《选矿手册》第三卷第二分册
氯化镁	活化石英	
氯化钡	活化石英、蛇纹石	
硫酸锰	活化二氧化锰矿	
硝酸铝	活化石英、白云石	
铁盐	活化石英、锆石	
盐酸	活化绿柱石、锂辉石	
铬盐	活化萤石矿	
$K_4Fe(CN)_6$	脂肪酸浮选钾盐的活化剂	
氟化钠	活化硅酸盐脉石、长石、黑云母、绿泥石等	
胶状二氧化硅	活化氧化铁矿	
聚乙烯吡啶的多卤代烷基化合物	阴离子型捕收剂体系中活化石英	

续表 5-15

活 化 剂	活化的矿物	资料来源
天然和合成单宁分散剂	活化白铅矿、菱锌矿、石英、方解石等	《选矿手册》第三卷第二分册
淀粉	活化氧化铅、水方硼石等	
柠檬酸	活化白云母	
四氯化碳	活化石墨	
糊精	酸性介质中活化白云母	
乙炔	活化氧化铜、锡石	
聚乙二醇	活化硅酸盐、碳酸盐脉石矿物	

5.4　泡沫调整剂

浮选过程中泡沫是不可或缺的部分。捕收剂的极性基吸附在矿物颗粒表面，非极性基赋予了矿物颗粒一定的疏水性；这些疏水性矿物颗粒又被吸附在了泡沫相中，在泡沫浮力的作用下，提高了分选效率，“带矿泡沫”快速上浮至水相表面，从而与水相内部的亲水颗粒得以分离。非硫化矿浮选过程中，泡沫同样重要。但是，在非硫化矿浮选案例中，没有单独添加起泡剂的。这是因为非硫化矿浮选捕收剂，本身都具有起泡性能。例如油酸、十二胺不仅捕收性能好，而且起泡性能也好。特别是十二胺，起泡性能过强，在工业化浮选过程中用量大时还会发生溢出浮选槽外的“跑槽”现象。然而，有些非硫化矿捕收剂，如 $RN(CH_2COOH)_2$，捕收性能很好，但是起泡性能较弱。因此，针对起泡性过强的捕收剂（如十二胺）削弱它的起泡能力或者针对起泡性不足的捕收剂（如 $RN(CH_2COOH)_2$）增加它的起泡能力而添加的泡沫调整剂种类、添加多少、起泡与消泡机理则是非硫化矿浮选过程中需要研究的有关泡沫性能的关键性问题。

5.4.1　起泡与消泡机理

为什么油酸和十二胺等捕收剂具有起泡性能呢？何种物质具有起泡性能呢？换句话说，何种物质又具有消泡性能呢？本节将从起泡与消泡机理来探讨物质结构与泡沫性能之间的关系。

在浮选体系中，对矿浆的搅拌使得空气进入固液体系，如果没有表面活性物质，空气将在矿浆中弥散、兼并、上浮、溢出，停留时间很短，不携带任何矿物颗粒，说明水分子间的范德华力和氢键强度不足以形成缔合分子膜去存留这些空气而形成泡沫空间。但是，一旦在浮选矿浆中加入表面活性物质如油酸、十二胺、十二烷基磺酸钠等任何常用的非硫化矿捕收剂，搅拌进来的空气就被这些表面活性物质缔合而形成的分子膜封存在类球形的泡沫空间中，形成一个动态平衡，即膜不断缔合，将空气封存；膜又不断被打破，空气不断溢出。

单个气泡形成化学本质-表面活性物质的分子缔合示意图如图 5-27 所示。单个气泡形成的化学本质-缔合与破裂的动态平衡示意图如图 5-28 所示。

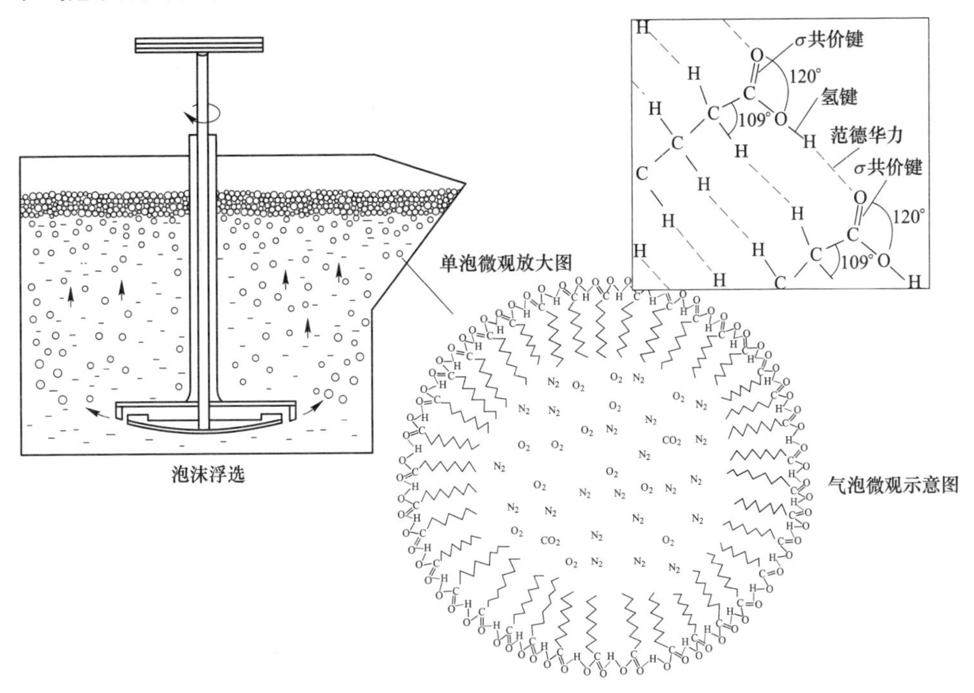

图 5-27 单个气泡形成化学本质-表面活性物质的分子缔合示意图

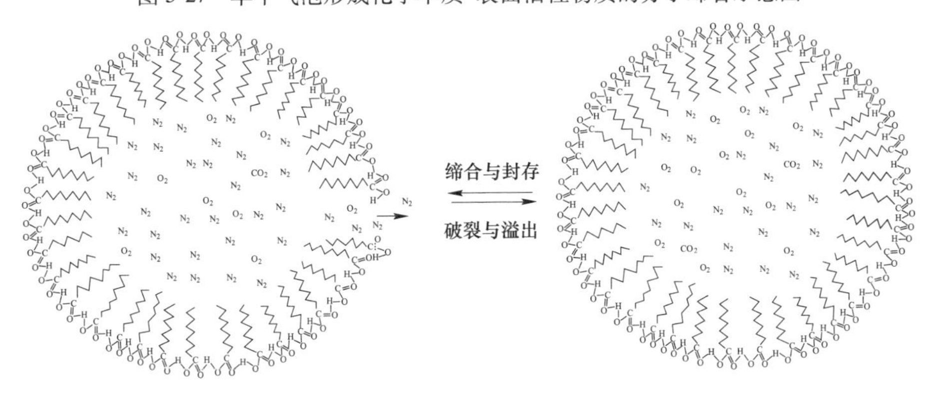

图 5-28 单个气泡微观的化学本质-缔合与破裂的动态平衡示意图

当溶液中形成多个气泡且聚集形成泡沫时，球形的泡沫（如图 5-29 所示）则变为具有稳定的类球形的蜂窝状气室结构（如图 5-30 所示）；气室的壁由两侧基本平行的含水液膜组成，如图 5-31（上图和下图）所示。搅拌使得含水液膜变薄，继而破裂，气泡还会发生兼并变大；而起泡剂分子间的缔合又使得气泡稳定，这个过程也是一个动态平衡过程。

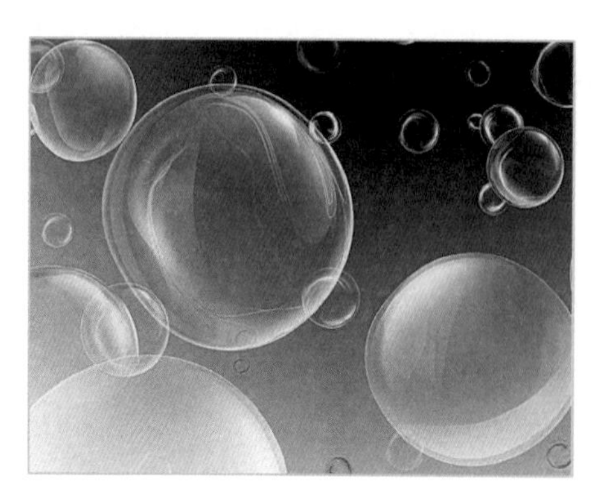

图 5-29　单个气泡的宏观形态

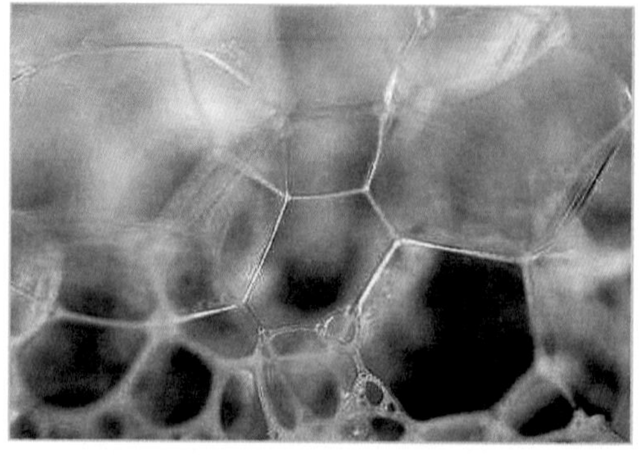

图 5-30　水相里的聚集态气泡的宏观形态

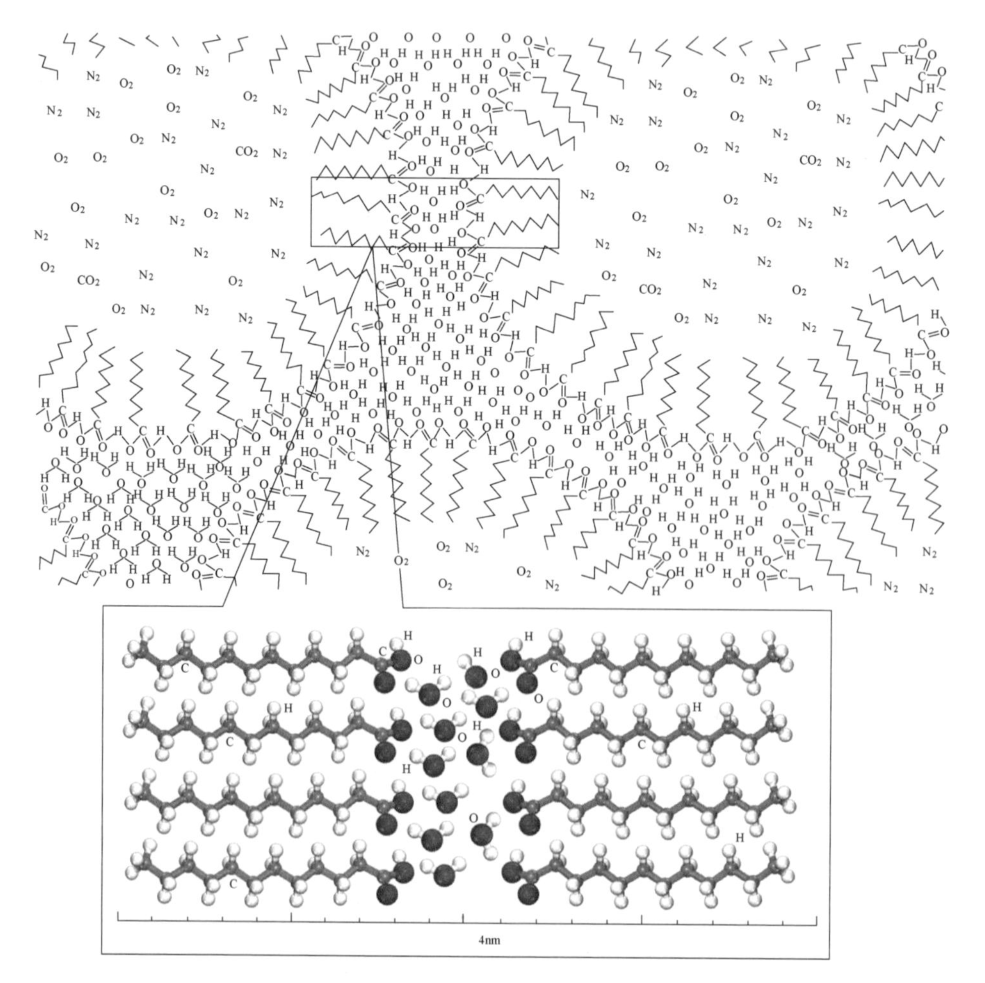

图 5-31　气泡聚集而形成的泡沫层示意图（上图）及其微观形态（下图）

Ramakrishman 等研究者[23]提出了单个气泡生成的两阶段模型：膨胀阶段和脱离阶段。在膨胀阶段，气体进入表面活性物质缔合形成的封闭空间，体积逐渐增加；在脱离阶段，气泡拉伸出一个长颈，并逐渐与气孔远离。气泡的最终体积实际上是膨胀阶段和脱离阶段两个阶段的体积和。

泡沫是由不溶性或微溶性气体分散在表面活性物质液体中形成的分散物系。该物系通常是由气液两相或气液固三相组成的一种热力学不稳定体系，因此气泡在纯净液体中生成后为了减少总表面积，降低体系自由能总量，而立即趋向于兼并，因此纯液体不能起泡。

当纯液体中间加入表面活性物质后，气泡的兼并会受到强烈阻碍甚至完全停止，此时形成的为含水泡沫。通常将没有很好地排水的液体-气泡系统称为湿泡沫或液态泡沫，而较持久的、排水良好的气泡系统称为泡沫。在平衡条件下，液体中的单个气泡以使体系自由能气-液界面表面积最小的球面呈现。单个气泡根据其直径，可以分为粗泡（直径大于 0.1mm）、微泡（直径 1～100μm）和亚微泡（直径小于 1μm）。从发生器中析出的直径小于 0.2mm 的小泡在纯水中的行为基本上与坚实的固体球一样，直径大于 0.2mm 的气泡上升时首先发生振动，由原先的圆球形状变为椭球，随着气液或液液界面临近层次的滑动然后变成各种回旋状及扭曲的杯状体。加德纳等人在 1954 年发现直径大于 0.3mm 的上升气泡中有一系列强烈的环状循环。

往含表面活性物质的溶液中通入气体后，表面活性剂分子由于其两亲性吸附于气-液界面，亲水基朝向液相，疏水基朝向气相，按规律排列成界面膜使气泡稳定化，气泡逐渐上浮，在溢出界面时，气泡界面膜与溶液表面由表面活性剂分子定向吸附形成的吸附膜之间的液体会有序排开，表面活性剂分子再次定向，形成双层泡沫液膜结构，然后充分排列形成稳定的泡沫。

湿泡沫和泡沫破灭起决定作用的两个过程：一是指气体的扩散过程，气体从气泡缓慢地扩散到周围液体或从小气泡进入大气泡，即气泡的分裂和兼并过程。二是指气泡由于排水而变薄，并最终导致分隔气泡的液层破裂。气泡由于排水变薄又和 Plateau 边界有关，液膜排液又受溶液的表面张力、表面黏度、溶液黏度、Gibbs 弹性等因素影响。

液膜是存在于相邻气泡之间的薄溶液膜，而 Plateau 边界一般形成于三个或更多气泡的交界处，如图 5-32 所示[24]。

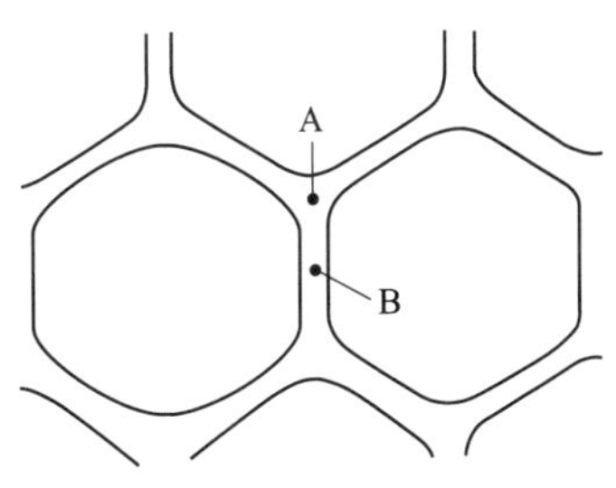

图 5-32 Plateau 边界示意图

由于表面张力或者界面张力的存在而引起的弯曲界面两侧的压力差可以用 Laplace 方程即式（5-41）表示。

$$P_B - P_A = \sigma/R \tag{5-41}$$

式中，P_A为 A 处的液体压力；P_B为 B 处的液体压力；R 为三个气泡的曲率半径；σ 为表面张力。

由图 5-32 可以看出，在 Plateau 边界 A 处的曲率大于 B 处，因此 A 处所受压力低于 B 处所受压力，使得液膜中的液体在压力差的驱动下由 B 处流向 A 处，导致液膜逐渐变薄。当液体从薄层的两个表面排出时，液膜变得越来越薄，当膜厚度降至某临界值时（5~10nm），液膜发生破裂。液膜排液程度和速率是影响泡沫稳定性的重要因素。

液膜排液可以分为重力排液和压力差排液两种。在泡沫刚形成的时候，薄层较厚，在重力作用的驱动下导致液膜发生排液，此时起泡溶液的体相黏度是影响重力排液速率的主要因素。气泡重力排液如图 5-33 所示。

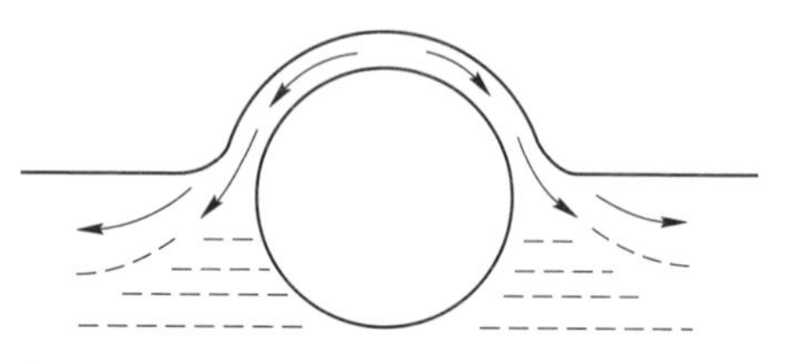
图 5-33　气泡重力排液示意图

当液膜变薄时，液膜在薄层表面曲率差作用的驱动下发生排液，排液的压力差与曲率差及表面张力成正比，A、B 两处的曲率半径相差越大，以及薄层中溶液的表面张力越大，引起排液的压力差也就越大，使得泡沫越容易破灭。此时溶液的体相黏度及表面张力是影响泡沫稳定性的重要因素。

当液膜排液至一定程度的时候，泡沫是否稳定还要取决于气体透过液膜的扩散。气体在两个气泡中的扩散速率由式（5-42）所示。

$$q = -JA\Delta p \tag{5-42}$$

式中，J 为扩散路径的渗透率；A 为气泡间发生扩散的界面位置的有效投影面积；Δp 为两气泡中气体的压力差。

由于发泡产生的泡沫气泡大小不均，大气泡所受气压低于小气泡，在压力差驱动、气泡间的相互碰撞条件下，气体会从小气泡中透过液膜扩散到大气泡中，使得大气泡直径不断增大直至破灭。当气泡直径大小差异变大时 Plateau 边界曲率的增加，使得该处液膜排液的驱动力也同时增加。当泡沫黏度较大时，气泡与气泡、气泡与液体间的相互作用也比较强，气体不易通过液膜进行扩散，从而有利于泡沫的稳定性。

在浮选过程中，气泡在高速运动的矿浆作用下，发生相互碰撞、液膜伸张或压缩，此时气泡局部表面积由圆形变成不规则形，使得气泡表面积增大，吸附的药剂分子密度减小，表面张力大于其他区域，此时在气泡表面产生了一个表面张力梯度，在形成的表面压的作用下，周围的表面活性剂分子带动一定量的液体沿表面迁移，恢复局部变薄的液膜厚度和表面张力。这一过程称为气泡的 Gibbs 弹性，其作用机理如图5-34 所示[25]。

Gibbs 效应可以进行定量估计，定义一个表面弹性系数 E，如式（5-43）所示，液膜变薄时抵抗冲击的能力随着 E 值的增加而变强。

$$E=\frac{4\Gamma^2RT}{h_bC} \tag{5-43}$$

式中，Γ 为表面浓度；h_b 为薄层中体相溶液的厚度；C 为体相浓度。

由此可知液膜的表面弹性随薄层厚度或薄层中表面活性剂的体相浓度增加而下降。

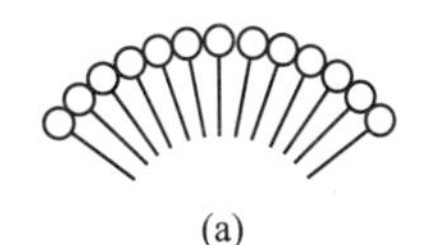
(a)

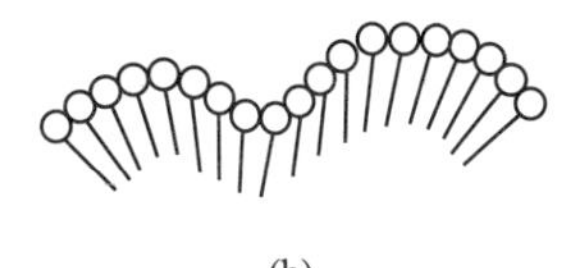
(b)

图 5-34 Gibbs 效应示意图
（a）圆形；（b）不规则形

氢键的形成对表面张力有十分重要的影响，具有起泡剂性质的药剂分子一般是一端亲水、另一端疏水的异极性分子，药剂分子在界面膜上整齐排列。在气-液界面上，水分子受上层气相分子的引力要小于内部液相分子的引力，使得分子受力不均衡，其合力方向垂直指向液相内部，导致液体表面自动收缩，产生沿表面作用于任一界线上的张力，这就是表面张力，因此表面张力的产生与界面分子所受液相内部分子的作用力有关。这种作用力主要是分子与分子、分子与水分子之间形成氢键作用力，例如醇类捕收剂与水分子形成的氢键如图 5-35 所示。

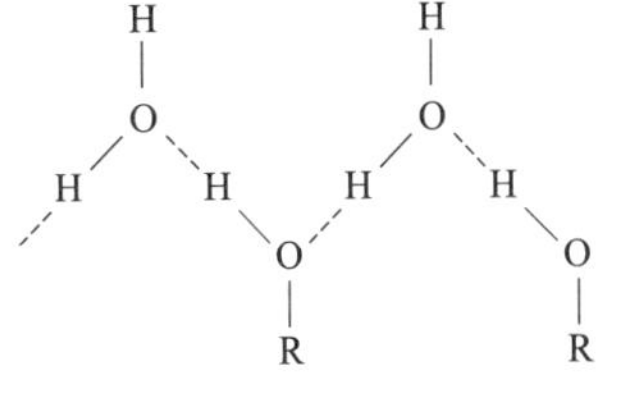

图 5-35 醇类捕收剂与水分子形成的氢键示意图

5.4.2 泡沫性能的表征方法

若起泡剂分子结构不同，则微观的分子间作用力不同，在相同气泡装置、相同气流量条件下产生的泡沫性能则不同。起泡剂的泡沫性能可由两相（水相、气相）体系下的泡沫量、泡沫半衰期、泡沫大小分布、气泡上升速率来表征，以及三相（水相、气相、固相）体系下的泡沫量、泡沫水回收率、单位体积泡沫带矿量、浮选回收率来表征[26~30]。

5.4.2.1 两相体系下的泡沫性能

A 泡沫量和泡沫半衰期的表征方法

泡沫量采用一定浓度的起泡剂在水溶液中产生的泡沫体积来衡量；泡沫的半衰期是指泡沫体积衰减至泡沫层高度一半时所需要的时间；采用气流法进行气-液两相体系泡沫量和泡沫半衰期的检测。

测试装置主要由充氧泵、气体流量计和泡沫测试器三个部分组成，使用乳胶管将这三部分依次连接。泡沫测试器是一个高 630mm、内径 40mm、底部带有 30μm 微孔玻璃砂芯的圆筒，圆筒侧壁标有刻度以便读取泡沫高度值，该试验装置如图 5-36 所示[26]。

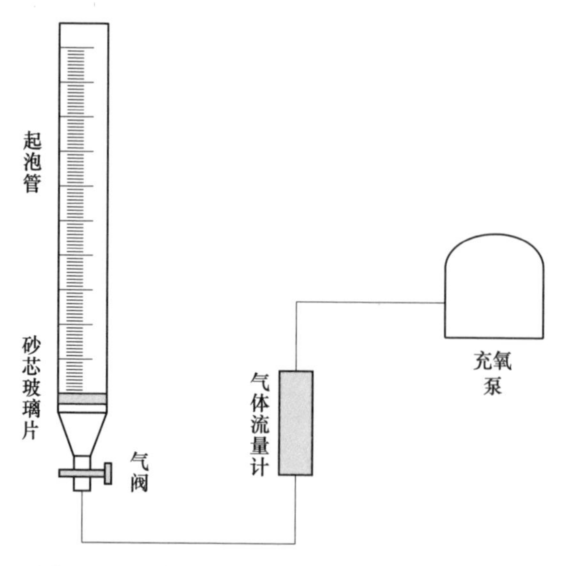

图 5-36　泡沫量和泡沫半衰期的测量装置示意图

该装置工作原理是在泡沫测试器中倒入一定体积的待测试剂，将一定流速的气体通过微孔玻璃砂芯滤板通入试剂中，气体被分割成若干股细流鼓动滤板上层的药剂溶液，玻璃管中生成一定体积的泡沫层。将浮选药剂待测液按照浓度或pH 值由低到高，依次加入泡沫测试器中。当测试不同种类的药剂溶液时，需用盐酸溶液仔细清洗玻璃管，待完全晾干后再进行下一组试验。调节充气泵流速为300mL/min，气体通过 30μm 的石英砂芯孔使体系发泡，充气 30s 后记录泡沫层高度；记录泡沫体积衰减至泡沫层高度一半时所需要的时间。根据试验所测得的结果，获得以下参数来表征气-液两相体系的泡沫性能。

泡沫体积 V 的计算方法如式（5-44）所示，表示在固定充氧泵流速下充气 30s 后，生成泡沫层的体积。

$$V = \frac{\pi}{4}(H_2 - H_1)d^2 \tag{5-44}$$

式中，V 为泡沫体积，mL；d 为泡沫管内径，mm；H_1 为充气前泡沫管中液面高度，mm；H_2 为达到最大泡沫高度时的泡沫液面高度，mm。

泡沫半衰期（$t_{1/2}$）的计算方法为：在固定充氧泵流速情况下充气 30s，停止充气后计算泡沫层高度衰减至一半时所需要的时间。

B　两相体系下的气泡大小表征方法

气泡大小决定了气泡与矿物颗粒接触的表面积，这一参数在浮选过程中起着关键作用。本试验采用 HUT 气泡尺寸测量系统，气泡大小测量试验装置如图 5-37 所示[31~35]。

试验前将取样装置取样管插在一块带有孔的木板上，将木板放在浮选槽上时，取样管下端处于浮选机中。量取好待测试剂后将其加入到浮选槽蒸馏水中，调浆 2min 后调节溶液 pH 值，关闭浮选机电源并将浮选槽中的溶液吸入到观察室，待溶液充满观察室后关闭通气阀，然后开始搅拌溶液并打开气泵，充气 20s 后开始拍摄。

由图 5-37 可知，观察室的结构为长 140mm、宽 120mm、厚 5mm 的立方体，取样管长度为 300mm，内径为 10mm。利用高速摄像机对观察室中的气泡进行拍摄，再使用 i-SPEED control 软件将所拍摄视频转化成一系列图片，每隔 0.2s 保存一张气泡图片，将这些图片（如图 5-38 所示）导入到图像处理软件 Image-Pro Plus 6.0 进行测量分析，每次试验气泡总量不少于 1000 个。

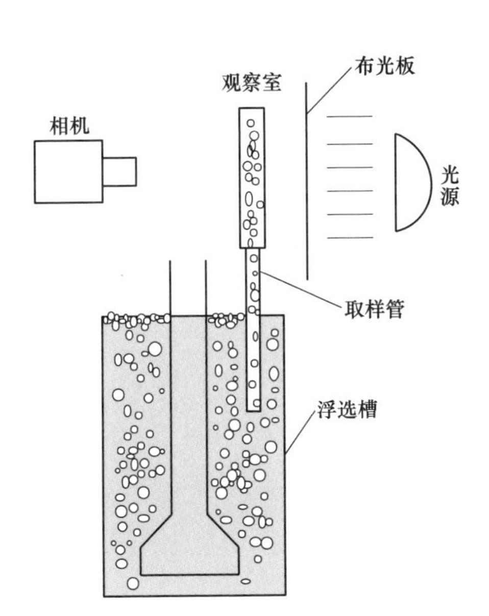

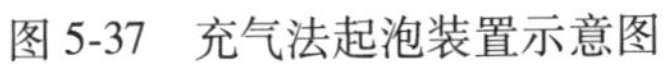
图 5-37　充气法起泡装置示意图

图 5-38　三相体系下的带矿泡沫

i-SPEED control 是高速动态摄像机自带软件，主要用于对视频图像的格式转换。Image-Pro Plus 6.0 是集参数测量、计算和图像处理于一体的高级图像分析软件，在生物、流体和化学等多个领域得到应用。在 Image-Pro Plus 6.0 内导入气泡图片进行预处理，首先采用 Image 工具中的 Flatten Background 将图片亮度均匀化，再采用 Enhance 工具栏的 Contrast Enhancement 对图片灰度、对比度和强度进行调节，然后基于 Histogram Based 颜色工具进行测量对象的筛选。设置好标尺后选定测量参数，点击测量后可将所得气泡数据以 Excel 文件形式导出保存，预处理过程如图 5-39 所示。

采用 Sauter 直径（d_{32}）作为某一条件下的气泡平均直径，它表示与实际气泡具有相同表面积的球体直径，使用式（5-45）进行计算[36~38]。

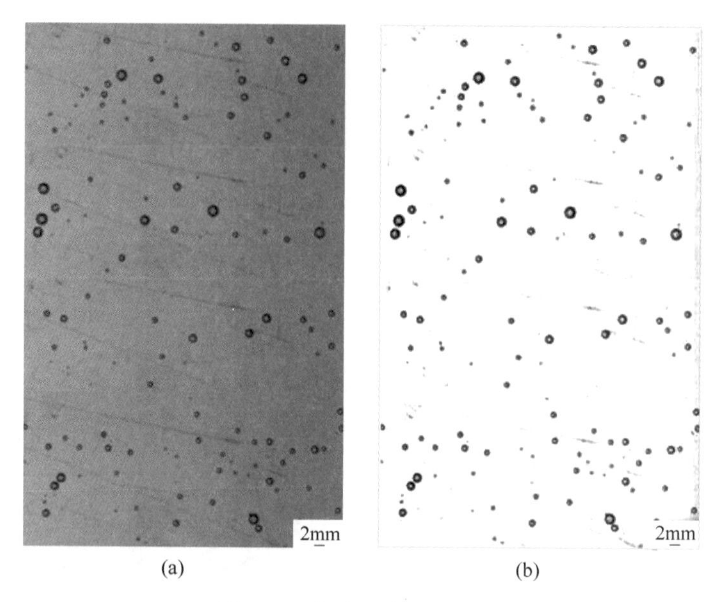

(a)　(b)

图 5-39　气泡图像处理过程
（a）原图；（b）切割、降噪和灰度调节

$$d_{32}=\frac{\sum_{i=1}^{n}d_i^3}{\sum_{i=1}^{n}d_i^2} \tag{5-45}$$

式中，n 为气泡个数；d_i 为第 i 个气泡的等积圆直径，使用式（5-46）进行计算。

$$d_i=\sqrt[3]{d_{max}^2 d_{min}} \tag{5-46}$$

式中，d_{min}和 d_{max}分别为通过软件 Image-Pro Plus 6.0 测得的气泡短轴直径和长轴直径。

C　两相体系下的气泡上升速率测量方法

浮选中一种性能良好的起泡剂会产生微小气泡并拥有合适上升速率从而产生稳定的泡沫层。若气泡上升速率太快，则吸附在气泡表面的矿物颗粒容易脱落；若气泡上升速率太慢，由于气泡的寿命有限，气泡还没来得及到达表面泡沫层就在矿浆内部破裂，导致矿物颗粒回落到矿浆中。因此起泡剂在两相体系下的气泡上升速率也是表征其泡沫性能的一个指标。

采用高速摄像机可以测定两相体系下的气泡上升速率。搭建如图 5-37 所示的起泡管系统，用高速摄像机对准起泡管进行连续拍摄，由于连续拍摄的频率固定，因此在获得一段拍摄视频后，测量视频中同一气泡在不同时间的坐标，就可求得气泡的上升速率。

在气泡上升的过程中，并不是完全沿竖直方向，而是在竖直方向上一直上升，而在水平方向上有一定幅度的摆动，因此，建立以 y 方向为竖直方向的坐标系，显然，气泡在 x 及 y 方向上均有位移，通过 Image-Pro Plus 7.0 软件最终获得气泡在 y 轴上的坐标，通过式（5-47）获得并统计气泡在 y 方向上的上升速率。

$$v = \frac{y_i - y_{i-1}}{\Delta t} \tag{5-47}$$

式中，y_i及 y_{i-1}分别为连续两张图片前后的 y 轴上的坐标，如图 5-40 所示，其中 1、2、3、4 分别表示同一个气泡在一组连拍的不同次序图片当中的位置；Δt 为连续两张图片间的时间差。

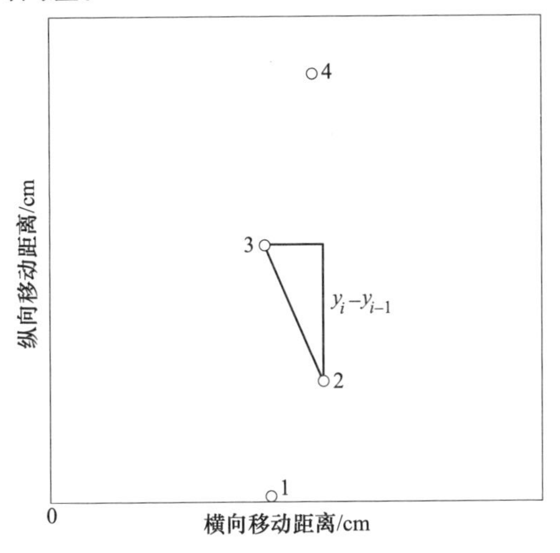

图 5-40 高速摄像机拍摄的气泡运动示意图

5.4.2.2 气-液-固三相体系下的泡沫性能检测方法

浮选分离是一种基于气-液-固三相界面的润湿和吸附的界面化学现象。通过向浮选体系中通入气体形成气泡，得到药剂溶液、气泡以及目标矿物颗粒的三相体系，在界面张力、水压力差和气泡上升浮力等多种力的共同作用下，使附着在气泡上的目标颗粒上浮以达到分离效果。将石英矿物加入气-液两相体系中，借助单矿物浮选试验进行气-液-固三相体系泡沫性能检测，单矿物浮选试验流程如图 5-41 所示。浮选试验前先称量装有去离子水的洗瓶质量 m_1，在挂槽浮选机上进行单矿物浮选试验，浮选机主轴转速为 1992r/min。量取 25.0mL 去离子水加入浮选槽中，然后加入用电子天平称取的 2.00g 矿样，进行浮选，调浆 2min，用 HCl 和 NaOH 调节 pH 值，加入活化剂，搅拌 2min，最

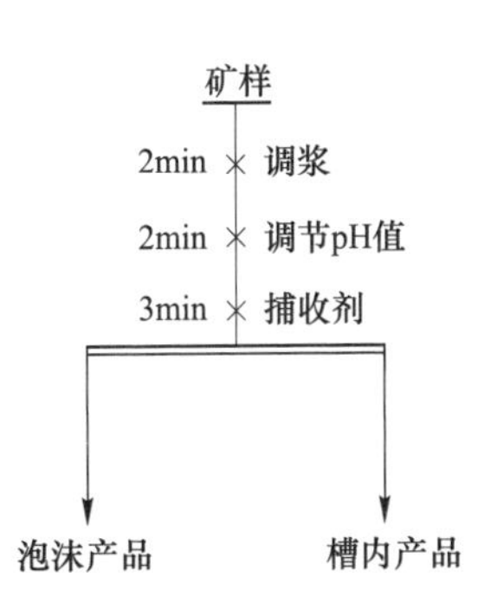

图 5-41 单矿物浮选试验流程图

后加入待测浮选药剂溶液，搅拌 2min，浮选刮泡 3min。使用自制带刻度的浮选槽将带矿泡沫刮置于玻璃皿中，记录每次刮出泡沫的体积，计算泡沫总体积为 V。浮选试验后称量洗瓶质量 m_2，玻璃皿质量为 m_3，称量盛有泡沫产品的玻璃皿质量 m_4，最后将试验所得的泡沫产品进行烘干，称量盛有精矿的玻璃皿质量 m_5。根据试验所测得的结果，获得以下参数来表征气-液-固三相体系的泡沫性能[26]：

（1）泡沫体积 V 为捕收剂溶液与石英矿物颗粒形成的气-液-固三相泡沫层体积。

（2）泡沫水回收率 R_w 计算方法如式（5-48）所示，表示随矿化泡沫进入浮选精矿中水的回收率。

$$R_w = \frac{m_4 - m_3}{m_6 + (m_2 - m_1)} \times 100\% \tag{5-48}$$

式中，m_1 为浮选前装有去离子水的洗瓶总质量，g；m_2 为浮选后装有去离子水的洗瓶总质量，g；m_3 为所用玻璃皿质量，g；m_4 为盛有泡沫产品的玻璃皿质量，g；m_6 为浮选槽内水的质量，g。

（3）单位体积泡沫带矿量 R 计算方法如式（5-49）所示，表示精矿质量与生成泡沫体积的比值。

$$R = \frac{m_5 - m_3}{V} \tag{5-49}$$

式中，V 为生成泡沫体积，mL；m_3 为所用玻璃皿质量，g；m_5 为盛有精矿的玻璃皿质量，g。

（4）浮选回收率 R_s 如式（5-50）所示，表示精矿质量与所用石英矿物质量的比值。

$$R_s = \frac{m_5 - m_3}{2} \times 100\% \tag{5-50}$$

式中，m_3 为所用玻璃皿质量，g；m_5 为盛有精矿的玻璃皿质量，g。

5.4.3　影响泡沫性能的本质因素

5.4.3.1　物质的分子结构

影响物质泡沫性能的化学本质因素是该物质的分子结构。非硫化矿的捕收剂与普通起泡剂一样，其本身就具有起泡性能；在浮选过程中很少外加起泡剂。非硫化矿捕收剂既担负着捕收剂的作用，又扮演着起泡剂的角色。但是浮选药剂的捕收性能好了，其起泡性能不一定合适，有的泡沫太脆、泡沫量少，或者泡沫太黏、泡沫量太多；因此，非硫化浮选过程中，浮选药剂的泡沫调节也非常重要。

多数具有起泡性能的物质都是由非极性基 R 和极性官能团 X 组成的异极性

分子表面活性物质 R—X。有些起泡剂，不具有捕收性能，如 ROH；有些起泡剂，具有捕收性能，如 $R—NH_2$、R—COOH、$R—SO_3H$ 等。这些物质在气-水界面吸附能力强，能使水的表面张力大为降低，增加空气在矿浆中的弥散，改变气泡在矿浆中的大小，当被浮矿粒越大和矿物密度越大时，要求气泡也应随之增大，气泡相对稳定，能够防止气泡的兼并，并在矿浆表面形成浮选需要的矿化泡沫层。

依据起泡剂的结构与官能团特点，将常用的起泡剂分类列于表 5-16[2]。

表 5-16　具有起泡性能的浮选药剂种类与实例

药剂种类	极性基官能团	实　例	特　点
醇类	—OH	甲基异丁基甲醇 $CH_3CH(CH_3)CH_2(CH_3)—OH$	缩写 MIBC 只具有起泡性能
		萜烯醇 $CH_3—C\langle{=}CH—CH_2\rangle\langle CH_2—CH_2\rangle CH—C(OH)(CH_3)_2$	代号 2 号油 只具有起泡性能
胺类	$—NH_2$	十二胺 $CH_3(CH_2)_{11}—NH_2$	具有捕收性能、泡性能强、泡沫较黏
羧酸类	—COOH	油酸钠 $CH_3(CH_2)_8CH=CH(CH_2)_7—COONa$	具有捕收性能、起泡性能强、泡沫脆
磺酸酯类	$—OSO_2H$	十二烷基苯磺酸钠 $CH_3(CH_2)_{11}C_6H_4—SO_3Na$	具有捕收性能、起泡性能强、泡沫脆
磷酸酯类	$—OPO_3H$	十二烷基磷酸钠 $CH_3(CH_2)_{11}—OPO_3Na_2$	具有捕收性能、起泡性能强、泡沫脆
醇醚 烷氧类	—O—、—OH	三乙氧基丁烷 $CH_3—CH(OC_2H_5)—CH_2—CH(OC_2H_5)_2$	缩写 TEB 只具有起泡性能 易水解产生醇
酯类	$—COOR_1$	癸酸乙酯 $(CH_2)_9—COOCH_2CH_3$	只具有起泡性能 易水解产生酸和醇
酚类	—OH	甲酚 $CH_3—C_6H_4—OH$	杂酚油（邻间对位） 只具有起泡性能
吡啶类	≡N	六甲基三吡啶乙醇 （2-CH_3，5-CH_2CH_2OH 取代吡啶环）	只具有起泡性能 易氢解产生胺

从表 5-16 可以看出，以上各类具有起泡性能的物质中极性基官能团各不相

同，对其结构式详细分析对比可以看出，这些药剂都是本身就含有—OH 或者—NH 基团或者水解后生成含有—OH 或者—NH 基团的物质，如图 5-42 所示，醇类、胺类、羧酸类、磺酸酯类、磷酸酯类、酚类等为自身结构就含有 O—H、N—H 的物质。式（5-51）和式（5-52）为醚类、酯类的水解方程式，式（5-53）为吡啶类在酸性介质中的 N—H 缔合；醚类、酯类和吡啶类水解或者氢离子缔合后的产物都含有 O—H 和 N—H 基团。因此能形成比分子间作用力更强的氢键作用力是起泡剂分子形成起泡的化学本质，也是形成起泡的必然条件。

醚类：
$$R_1—\ddot{O}—R_2 + H_2O \xlongequal{水解} R_1—\ddot{O}—H + R_2OH \tag{5-51}$$

酯类： 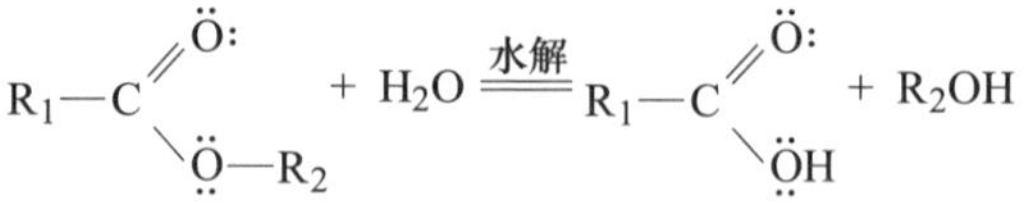
$$R_1—C(=\ddot{O}:)—\ddot{O}—R_2 + H_2O \xlongequal{水解} R_1—C(=\ddot{O}:)—\ddot{O}H + R_2OH \tag{5-52}$$

吡啶类：
$$(CH_3,\ N,\ CH_2CH_2OH) + H^+ \;=\!=\; (CH_3,\ NH^+,\ CH_2CH_2OH) \tag{5-53}$$

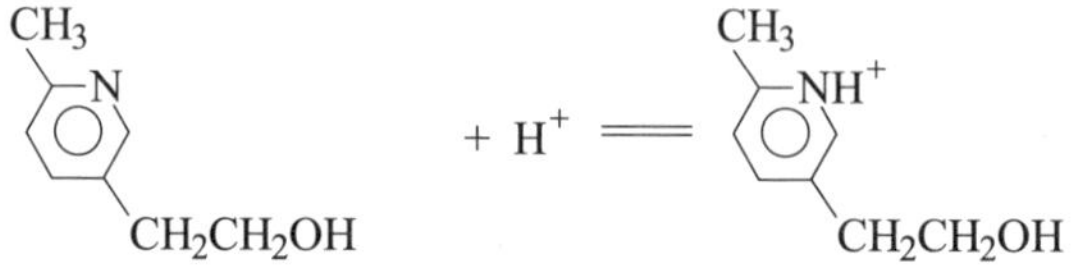

$—\ddot{O}—H$　　$—\ddot{N}(H)H$　　$—C(=\ddot{O}:)—\ddot{O}—H$　　$—\ddot{O}—S(=:O:)—\ddot{O}—H$　　$—\ddot{O}—P(=:O:)(:O—H)—\ddot{O}—H$　　$—\ddot{O}—H$

醇类　　胺类　　羧酸类　　磺酸酯类　　磷酸酯类　　酚类

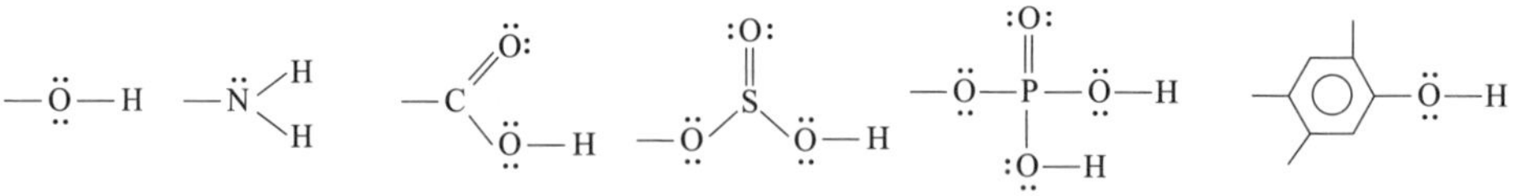

图 5-42　自身结构就含有 O—H、N—H 的物质

5.4.3.2　物质的表面张力

表面张力是指被测液体与空气间的界面张力，即由于液体表面层分子间作用力不均衡而产生的、沿表面作用于任一界线上的张力。由于环境不同使得处于界面上的分子与相本体内的分子受力情况不同，溶液内部的水分子所受合力为零，但在表面的水分子因上层空间气相分子对它的引力小于内部液相分子对其的吸引力，其合力方向垂直指向液体内部，导致液体表面具有自动缩小的趋势，这种收缩力称为表面张力。由此可以看出，物质表面张力的化学本质是分子间作用力。

低黏度的纯净液体和亲水溶质的溶液都不起泡。醇或羧酸等短链表面活性剂能使它们水溶液的表面张力适度下降，生成不稳定的、短暂的湿泡沫。离子型表面活性剂和在高度稀释的溶液中也能强烈降低表面张力的表面活化剂才能产生持久的两性泡沫。在泡沫形成的过程中，气-液界面的面积急剧增加，体系的能量随之增加。当表面张力较低时，形成泡沫所需要的能量也越低，则泡沫越容易生成。

表面张力可通过张力仪来测定，例如最大气泡压力法、毛细上升法、吊环法等。白金吊环法是一种使用广泛的测量精度较高的方法。对浸在液面中的白金环施加向上的拉力，使其缓慢脱离液面，但在吊环拉离液面时要避免液面发生扰动。这一过程所需的最大拉力等于吊环自身重量加上表面张力与被脱离液面周长的乘积。由于上拉环会带起有一定厚度的液膜和若干液体，并且环的半径和被拉起的液膜的半径稍有不同，所以给测量带来一定的误差[39~45]。

邓丽君等[46]通过图像法测试了 DF250、OP-10、MIBC 和仲辛醇 4 种表面活性剂在不同浓度下的表面张力及气泡大小。试验结果表明，4 种起泡剂的表面张力和气泡大小随着起泡剂浓度的增大均逐渐减小，最终趋于不变。同时得出起泡剂溶液的表面活性随着分子量的增大而增强，因此这 4 种起泡剂的表面活性由大到小依次是 OP-10、F250、仲辛醇、MIBC，而临界兼并浓度值随表面活性的增强而减小，最终得到 MIBC、仲辛醇、DF250 三种醇类起泡剂和醚类起泡剂 OP-10 的 CMC 分别为 22. 6mg/L、18. 2mg/L、11. 6mg/L 和 5. 3mg/L。

倪涛等[47]以十二胺、十四胺、十六胺、十八胺等为原料合成了不同碳链长度的烷基二甲基羟基丙磺基甜菜碱，探究非极性碳链长度对烷基二甲基羟基丙磺基甜菜碱表面张力、临界胶束浓度和泡沫性能的影响。试验结果表明，羟磺基甜菜碱溶液表面张力随着疏水碳链长度的增加逐渐减小，临界胶束浓度由 3. 36mmol/L 减至 1. 60mmol/L，临界表面张力也由 29. 6mN/m 降至 25. 8mN/m，起泡及稳泡能力也随着疏水碳链增长而增强。同时得出：表面活性剂的表面张力越低越易形成气泡，相对分子质量增加有利于提高气泡液膜黏度，从而提高气泡的稳定性。

王琳等[48]研究不同结构烷基苯磺酸盐的结构与表面张力之间的关系。试验结果表明，不同结构烷基苯磺酸盐在纯水和 1. 0%NaCl 溶液这两种体系中，临界胶束浓度都随磺酸基间位的烷基碳链增长而降低，且 NaCl 的加入使表面活性剂的临界胶束浓度降低。疏水链碳原子数都为 12 的支链烷基苯磺酸盐和 SDBS，带支链的烷基苯磺酸盐的临界胶束浓度比 SDBS 大很多，说明疏水链的分支结构使其临界胶束浓度大幅增加。

5. 4. 3. 3 物质的黏度

物质的黏度表面与湿泡沫稳定性之间存在着密切联系[49]，引入气泡的液体越黏，液体从气泡间的夹层中排出时间越长。当系统保持适当温度时，使液体的黏度相同，所有系统湿泡沫的破裂速度是相等的。同一液体在不同温度下的黏度差别很大，所以在测量过程中必须精确控制液体温度。根据国家标准 GB/T 15357—94，规定了用旋转黏度计测定表面活性剂和洗涤剂液体产品的黏度或表观黏度的通用方法。传统的黏度测量方法主要有毛细管法、转筒法、拉丝法、落球法及振动阻滞法等。

旋转法测量液体黏度是目前广泛应用的一种方法，其基本原理是：当流体与浸于其中的物体二者之一或者二者都作旋转运动时，物体将受到流体黏性力矩的作用而改变原来的转速或转矩，通过测量流体作用于物体的黏性力矩或物体的转速来确定流体的黏度。

旋转式黏度计对于性质随时间变化材料的连续测量来说，可以在不同的剪切速率下对同种材料进行测量，因而可以广泛测量非牛顿型液体的表观黏度[50,51]。其测量原理为：在流体中，当两层流层之间有相对运动时，运动速度不同的这两个流层间会产生内摩擦力，也称黏滞力，其值如式（5-54）所示。

$$F = \eta S \frac{\mathrm{d}v}{\mathrm{d}n} \tag{5-54}$$

式中，S 为流层之间的接触面积；$\frac{\mathrm{d}v}{\mathrm{d}n}$ 为流体沿法线方向的速度梯度；η 为黏滞系数。

将流体置于圆筒容器内后固定在与圆筒共轴的圆柱形转子外，假定与流体接触的内外圆柱体半径分别为 a 和 b，外筒以恒定的角速度 ω 旋转，在内外筒的速度差下，介于两圆筒间的流体将会分层转动，在垂直于旋转轴的平面上的流线都是一些同心圆，如图 5-43 所示，r 层流体的流速 $v=\omega r$，r 层流体上所受的黏滞力 F 和黏滞力矩 M 分别如式（5-55）和式（5-56）所示[50,51]。

$$F = \eta S r \frac{\mathrm{d}\omega}{\mathrm{d}t} \tag{5-55}$$

$$M = Fr = \eta S r^2 \mathrm{e}^x \frac{\mathrm{d}\omega}{\mathrm{d}t} \tag{5-56}$$

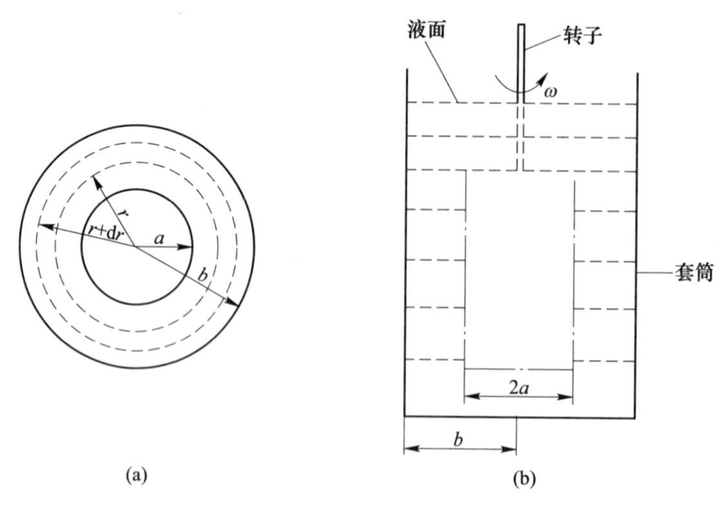

图 5-43　旋转黏度计层流示意图（a）及原理图（b）

将面积 $S=2\pi rl$ 代入式（5-57），得：

$$M = 2\pi\eta l r^3 \frac{d\omega}{dt} \tag{5-57}$$

因此，根据在试验前设定好的参数 M 和 ω，便可由式（5-57）计算出待测液体的黏度。

曲彦平等[52]根据前人经验建立物理模型来定性表述了表面黏度对泡沫稳定性的影响，并通过试验记录泡沫破灭时间和液膜排液速度验证了这两个参数与表面黏度的关系式，验证了泡沫稳定性随溶液表面黏度的增加而增加。

王其伟等[53]使用 Ross-Miles 发泡法对比了加入各类稳泡剂前后表面活性剂 AEO、ABS 的起泡体积和半衰期变化，分析了不同稳泡剂对泡沫半衰期的影响。试验研究表明：增黏型稳定剂 CMC 的浓度大于 2.0g/L 时才能体现出较好的稳泡性能，可以增加半衰期 80%以上；浓度为 0.5%的 NaCl 对 ABS 起泡能力无影响，但可以改变泡沫的稳定性；醇类物质通过减少活性剂分子之间的排斥达到增溶作用，从而增加泡沫的稳定性。1.0%乙醇可延长泡沫半衰期 20%，3000mg/L 丙三醇可延长泡沫半衰期 20%，十二醇对活性剂有很好的稳定作用，可增加半衰期 1~2 倍。

5.4.3.4 物质的溶解度

起泡剂的溶解度对其泡沫性能影响很大。如果起泡剂在水中溶解度过大，则水溶性过大，没有全部用于形成起泡，为此必须增大用量才能形成一定数量的泡沫；起泡剂的溶解度过大还表现在起泡速度快、迅速产生了气泡，但形成的泡沫结构疏松、气泡发脆、寿命过短、不能持久，为此必须多次增加用量才能维持一定数量的泡沫；因此起泡剂在水中溶解度过大对形成带矿泡沫不利。反之，如果起泡剂在水中溶解度过小，则水溶性差、起泡剂在矿浆中溶解分散性能不好，起泡效率也不高，所以过于难溶的起泡剂也不能有效地充分发挥起泡作用；起泡剂的溶解度过低还表现在起泡速度缓慢，形成的泡沫结构致密、起泡韧性大、寿命长以及发泡延续时间持久，使浮选过程泡沫过多、溢出浮选槽外难以控制等。表 5-17 所列为某些具有起泡性能的浮选药剂的溶解度[2]。

表 5-17 一些具有起泡性能的浮选药剂的溶解性

药剂名称	溶 解 性	水中溶解度/$g \cdot L^{-1}$
正戊醇	溶于乙醇等有机溶剂、微溶于水	21.9
正庚醇	溶于乙醇等有机溶剂、微溶于水	1.81
正壬醇	溶于乙醇等有机溶剂、微溶于水	0.586
α-萜烯醇	溶于乙醇等有机溶剂、微溶于水	1.98
甲酚酸	溶于乙醇等有机溶剂、微溶于水	1.66
异戊醇	溶于乙醇等有机溶剂、微溶于水	26.9
甲基戊醇	溶于乙醇等有机溶剂、微溶于水	17.0

续表 5-17

药剂名称	溶　解　性	水中溶解度/g · L^{-1}
MIBC	溶于乙醇等有机溶剂、微溶于水	—
松油	溶于乙醇等有机溶剂、微溶于水	2.50
樟脑醇	溶于乙醇等有机溶剂、微溶于水	0.74
十二胺	溶于乙醇等有机溶剂、不溶于水	—
十二胺醋酸盐	易溶于水	—
油酸	溶于乙醇等有机溶剂、不溶于水	—
油酸钠	易溶于水	—
十二烷基苯磺酸钠	易溶于水	—

甲醇、乙醇等小分子量的醇类可以与水任意混合，完全溶于水中，分子间作用力很小，不能形成封住气体的界面液膜，因而不具起泡性能；随着碳链的增加，分子量增加，分子间作用力也增加，到正戊醇以后的大分子醇类，其溶解度降低，微溶于水，醇类分子在水中分散性很好，分子间作用力足够大，且可以形成分子定向排列的界面液膜，形成稳定的泡沫，因而具有较强的起泡性能。十二碳以上的脂肪醇在常温下则是固体，在水中溶解分散性不好，不宜用作起泡剂。十二胺虽然不溶于水，在水中分散性并不好，但是，将其配制成十二胺醋酸盐或者十二胺盐酸盐，其在水中就具有很好的溶解性与分散性，因而具有很好的起泡性能。油酸也和十二胺一样，易溶于乙醇、乙醚、氯仿等有机溶剂中，不溶于水，但是将油酸配制成油酸钠，其在水中的溶解度增加，分散性好，因而也具有很好的起泡性能。此外溶解度适中的十六烷基硫酸钠（$C_{16}H_{33} \cdot SO_4Na$）也有着较强的起泡能力，而十六烷基醇（$C_{16}H_{33} \cdot OH$）却由于溶解度很低而基本无起泡作用。

5.4.4　非硫化矿常用浮选药剂的泡沫性能

泡沫调整剂对浮选过程中泡沫调节能力的强弱，一定要依据三相体系矿浆中的泡沫性能及选矿效果来度量。泡沫既是各种矿物颗粒选择性分选的界面，又是疏水性矿物颗粒的载体和运输工具，因此矿浆中主要矿物、脉石矿物种类、粒度分布等因素都对浮选过程的泡沫性能产生影响。两相体系下泡沫调整剂的泡沫性能仅供参考，在三相体系下的矿化泡沫性能和选矿效果才是泡沫调整剂添加是否合适的最终判断依据。非硫化矿浮选捕收剂在浮选过程中“矿化泡沫”的形成过程如图 5-44 所示。

泡沫浮选的实质是借助泡沫的浮力与疏水性，将被捕收剂吸附了的、具有“疏水性的矿物”，聚集成“矿化泡沫层”，从而使得这些“疏水性矿物”与亲水性的矿物得以分离。非硫化矿浮选过程中，由于常见捕收剂都具有起泡性能，我们首先应该对捕收剂在三相体系下泡沫的体积（泡沫量）和泡沫的强度（半衰期）等指标进行测量，评价该捕收剂的泡沫性能。如果该捕收剂的起泡性能过弱

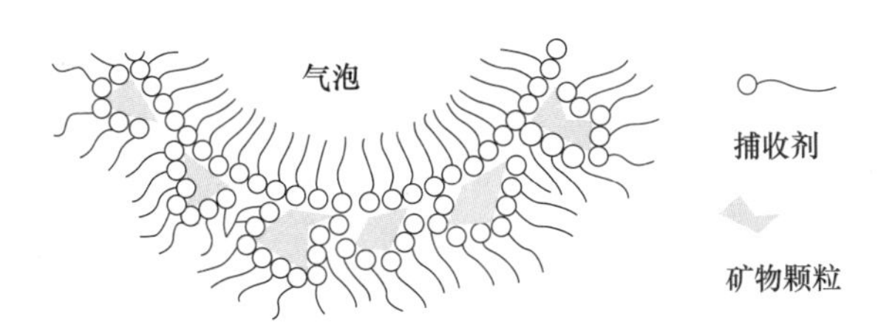

图 5-44　非硫化矿浮选捕收剂在浮选过程中“矿化泡沫”的形成过程示意图

或者过强，再考虑添加泡沫调整剂来改善泡沫性能。本节首先介绍一些常见捕收剂在三相（泡沫-矿物颗粒-矿浆）体系下的泡沫性能，然后介绍常见泡沫调整剂在矿物浮选中的应用案例。

5.4.4.1　几种浮选药剂的泡沫性能

在矿浆温度为20℃时，将十二烷基羧酸钠、α-溴代十二烷基羧酸钠、十二烷基磺酸钠溶液、油酸钠的 pH 值调节为 11.50，十二胺溶液的 pH 值调节为 7.20。进行石英单矿物浮选试验，将刮出的矿化泡沫收集到量筒中，测量泡沫的体积、泡沫半衰期、回水率、单位体积带矿量等泡沫性能，从而来评价这几种药剂的泡沫性能。该试验的目的旨在考察有着相同非极性基的不同极性基—NH_2、—COOH、—SO_3H 三种物质的泡沫性能[26]。

A　几种药剂起泡性能研究

图 5-45 和图 5-46 为药剂用量对泡沫体积的影响规律，图 5-47 和图 5-48 为不同 pH 值对几种药剂泡沫体积的影响规律。

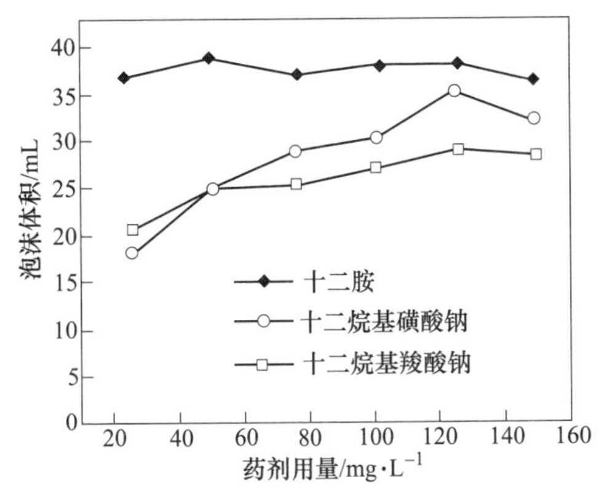

图 5-45　药剂用量对不同极性基浮选药剂的泡沫体积影响规律

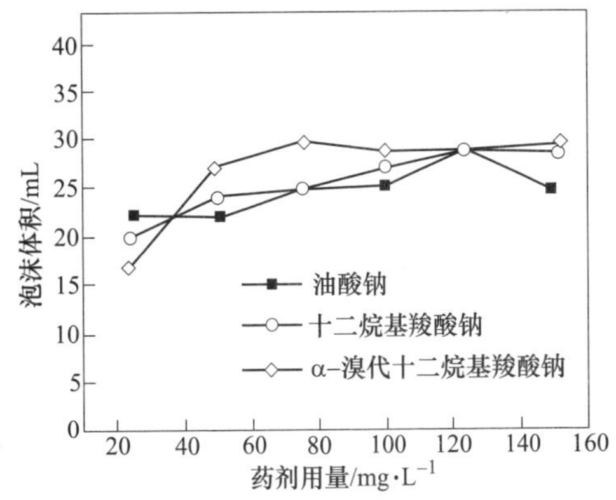

图 5-46　药剂用量对不同非极性基浮选药剂的泡沫体积影响规律

从图 5-45 和图 5-46 试验结果可以看出，在测试的这几种药剂中，当药剂用量低于 50mg/L 时，药剂起泡能力由强到弱依次是：十二胺、十二烷基羧酸钠、十二烷基磺酸钠；当药剂用量高于 50mg/L 时，药剂起泡能力由强到弱依次是：十二胺、十二烷基磺酸钠、十二烷基羧酸钠。

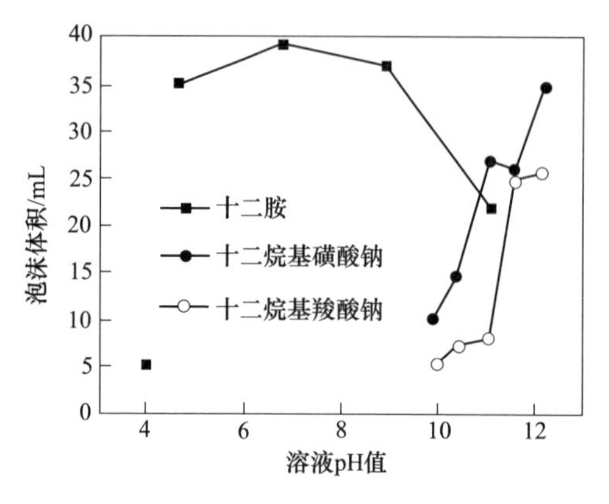

图 5-47　pH 值对不同极性基浮选药剂的泡沫体积影响规律

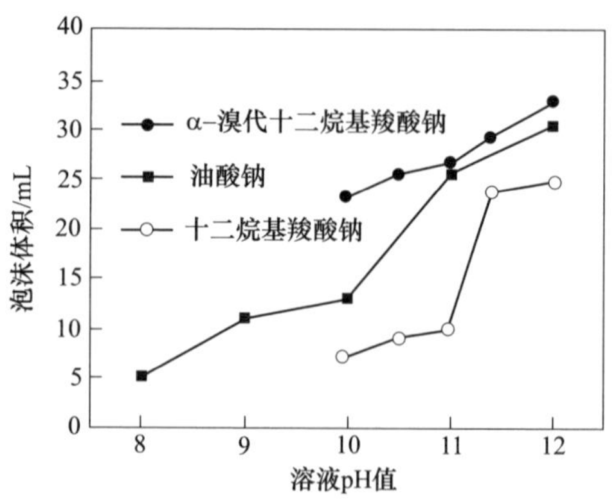

图 5-48　pH 值对不同非极性基浮选药剂的泡沫体积影响规律

由图 5-47 和图 5-48 试验结果可以看出，在气-液-固三相体系中，随着溶液 pH 值的增加，十二烷基磺酸钠、油酸钠、十二烷基羧酸钠、十二胺、α-溴代十二烷基羧酸钠产生的泡沫体积有所增大，起泡能力有所增强。在测试的这五种药剂中，起泡能力由强到弱依次是：十二胺、十二烷基磺酸钠、α-溴代十二烷基羧酸钠、油酸钠、十二烷基羧酸钠。

B　几种药剂的消泡性能研究

在 25℃条件下，配制 50mL 不同浓度的药剂，将十二烷基磺酸钠、油酸钠、十二烷基羧酸钠、α-溴代十二烷基羧酸钠溶液的 pH 值调节为 9.0，十二胺溶液的 pH 值调节为 5.5，按照浓度从小到大依次加入泡沫测试管中，以充气停止后泡沫的高度衰减至一半时所需要的时间（半衰期）作为泡沫寿命来表征药剂的稳泡性能，以此可比较不同药剂在相同条件下的泡沫半衰期，从而评价泡沫稳定性能的强弱。

十二烷基磺酸钠、十二烷基羧酸钠、十二胺药剂用量对消泡能力的影响如图 5-49 所示。由图 5-49 可以看出，随着药剂用量增大，半衰期增大，但不同药剂泡沫半衰期随药剂用量的变化情况各不相同。十二烷基羧酸钠泡沫半衰期最高可达 75.66min，明显高于另外两种药剂，即其泡沫黏度更高，更不易消泡；十二胺消泡时间适中，随着药剂用量增加，十二胺的半衰期时间由 0 逐渐增加至 13.37min；十二烷基磺酸钠半衰期短，极易消泡。在测试的这三种药剂中，泡沫稳定性能由强到弱依次是：十二烷基羧酸钠、十二胺、十二烷基磺酸钠。

不同非极性基药剂油酸钠、十二烷基羧酸钠、α-溴代十二烷基羧酸钠的药剂用量对消泡能力的影响如图 5-50 所示。

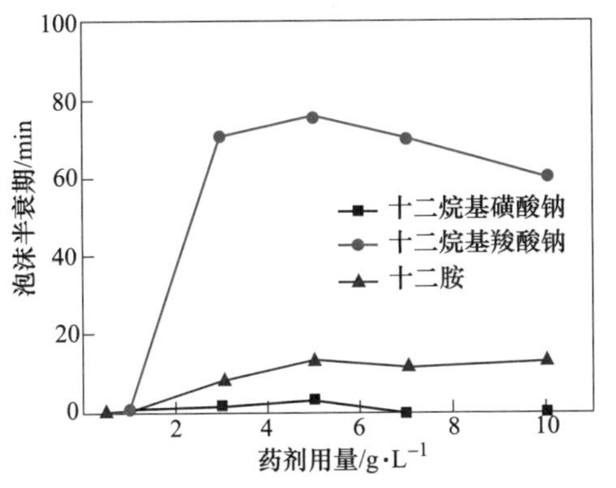

图 5-49 药剂用量对不同极性基浮选药剂的消泡能力的影响

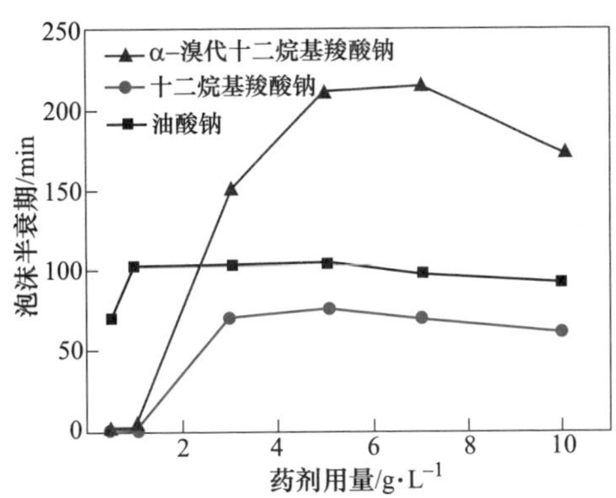

图 5-50 药剂用量对不同非极性基浮选药剂的消泡能力的影响

由图 5-50 可以看出，不同药剂泡沫半衰期随药剂用量的增大而提高，变化程度各不相同。α-溴代十二烷基羧酸钠的泡沫半衰期明显高于另外两种药剂，半衰期最大可达 214. 23min，即其泡沫黏度更高，更不易消泡。当药剂用量由 0. 05g/L 增大至 0. 1g/L 时，油酸钠的半衰期由 71. 22min 增大到 103. 58min，而后随着药剂用量增大而缓慢降至 93. 77min。十二烷基羧酸钠半衰期在药剂用量为 3g/L 时最大可达 75. 66min，而后随着药剂用量增大而缓慢下降。在测试的这三种药剂中，泡沫稳定性能由强到弱依次是：α-溴代十二烷基羧酸钠、油酸钠、十二烷基羧酸钠。

根据试验结果分析可知，在一定浓度范围内，泡沫体积与泡沫半衰期随着药剂用量增大而增大，且泡沫体积大的，其半衰期也长，可以理解为泡沫体积越大，泡沫衰减至一半高度所需要的时间也越长，因此这里的半衰期不仅体现了泡沫的稳定性，还体现了药剂的起泡能力。药剂用量的变化还会影响其在气-液界面的定向排列情况，随着药剂用量增大，药剂分子极性基与水偶极子之间发生的水化作用增强，形成的水化层强度更高，药剂分子在气-液界面的排列更加紧密，泡沫稳定性提高。同时由于药剂分子结构不同，在气泡表面的排列情况也各不相同，因此消泡半衰期有所差异，泡沫稳定性也不同。

C 几种药剂的单位体积泡沫带矿量

将石英单矿物浮选过程中刮出的精矿泡沫收集到适宜的量筒中，测定生成的泡沫量，最后将泡沫产品烘干、称重，得到精矿的质量。计算单位体积泡沫带矿量，单位体积泡沫带矿量等于精矿的质量与生成泡沫体积的比值。

十二烷基磺酸钠的浮选条件为：矿浆温度为 30℃，原始加水量为 25mL，将 pH 值调至 11. 5，添加 0. 2mL 0. 5%的 $CaCl_2$ 溶液作为活化剂。油酸钠的浮选条件为：矿浆温度为 30℃，原始加水量为 25mL，将 pH 值调至 11.0，添加 0.2mL 0.5%的 $CaCl_2$ 溶液作为活化剂。

十二烷基羧酸钠的浮选条件为：矿浆温度为 30℃，原始加水量为 25mL，将 pH 值调至 11.5，添加 0.2mL 0.5%的 $CaCl_2$ 溶液作为活化剂。十二胺的浮选条件为：矿浆温度为 30℃，原始加水量为 25mL，将 pH 值调至 7.18。

α-溴代十二烷基羧酸钠的浮选条件为：矿浆温度为 30℃，原始加水量为 25mL，将 pH 值调至 11.5，添加 0.2mL 0.5%的 $CaCl_2$ 溶液作为活化剂。十二烷基磺酸钠、十二烷基羧酸钠（月桂酸钠）、十二胺药剂用量对单位体积泡沫带矿量的影响如图 5-51 所示。

由图 5-51 可以看出，随着药剂用量的增加，十二烷基磺酸钠、十二烷基羧酸钠、十二胺的单位体积泡沫带矿量随之增大。当药剂用量由 25mg/L 提高到 150mg/L 时，药剂用量的增大对十二烷基羧酸钠的影响显著，单位体积泡沫带矿量由 0.035mg/L 提高到 0.08mg/L；对十二烷基磺酸钠的影响次之，单位体积泡沫带矿量由 0.028mg/L 提高到 0.059mg/L；对十二胺的单位体积泡沫带矿量的影响较小，单位体积泡沫带矿量为 0.05mg/L。在测试的这三种药剂中，单位体积泡沫带矿量由大到小依次是：十二烷基羧酸钠、十二胺、十二烷基磺酸钠。

油酸钠、十二烷基羧酸钠、α-溴代十二烷基羧酸钠药剂用量对单位体积泡沫带矿量的影响如图 5-52 所示。由图 5-52 可以看出，随着药剂用量的增加，油酸钠、十二烷基羧酸钠、α-溴代十二烷基羧酸钠的单位体积泡沫带矿量随之增大。当药剂用量由 25mg/L 提高到 150mg/L 时，药剂用量的增大对十二烷基羧酸钠的影响显著，单位体积泡沫带矿量由 0.035mg/L 提高到 0.08mg/L；油酸钠的单位体积泡沫带矿量由 0.047mg/L 增大到 0.079mg/L；而当药剂用量超过 50mg/L 后，药剂用量的变化对 α-溴代十二烷基羧酸钠单位体积泡沫带矿量的影响较小，

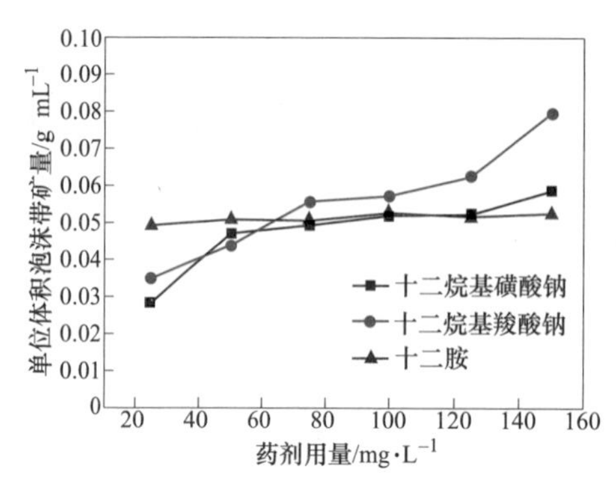

图 5-51　药剂用量对不同极性基浮选药剂的单位体积泡沫带矿量的影响

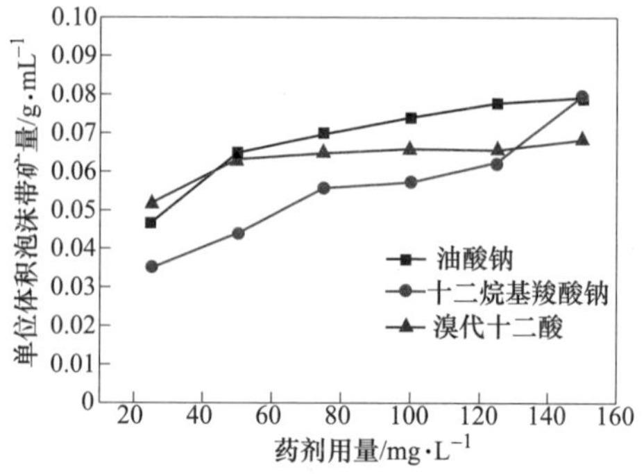

图 5-52　药剂用量对不同非极性基浮选药剂的单位体积泡沫带矿量的影响

由 0.063mg/L 增加到 0.068mg/L。在测试的这三种药剂中，单位体积泡沫带矿量由大到小依次是：油酸钠、α-溴代十二烷基羧酸钠、十二烷基羧酸钠。

D 几种药剂的泡沫水回收率

随矿化泡沫进入浮选精矿中的水的回收率通常被称为泡沫水回收率，其值等于泡沫带水量与总水量的比值。这是因为水偶极子能与药剂分子的极性基之间发生水化作用，吸引水分子到气泡表面形成水膜，所以水分子能随泡沫回收。由于不同药剂的分子结构及化学性质的不同，所以其将不同数量的水分子结合到气泡中，导致泡沫的水回收率也有所不同。在浮选试验中，泡沫水回收率主要取决于吸附在气-液界面的药剂分子数量，分子数越多则被结合到液膜的水分子数也就越多，泡沫水回收率则越大。

在石英单矿物浮选试验前，称量装满去离子水的洗瓶，用该洗瓶中的水作为试验补加水。每次浮选试验结束后，再次称量该洗瓶以确定试验所用的总水量。将泡沫产品烘干、称量，计算该药剂的泡沫水回收率。

十二烷基磺酸钠浮选条件为：矿浆温度为 30℃，原始加水量为 25mL，将 pH 值调至 11.5，添加 0.2mL 0.5%的 $CaCl_2$ 溶液作为活化剂。油酸钠浮选条件为：矿浆温度为 30℃，原始加水量为 25mL，将 pH 值调至 11.0，添加 0.2mL 0.5%的 $CaCl_2$ 溶液作为活化剂。十二烷基羧酸钠浮选条件为：矿浆温度为 30℃，原始加水量为 25mL，将 pH 值调至 11.5，添加 0.2mL 0.5%的 $CaCl_2$ 溶液作为活化剂。十二胺浮选条件为：矿浆温度为 30℃，原始加水量为 25mL，将 pH 值调至 7.18。α-溴代十二烷基羧酸钠的浮选条件为：矿浆温度为 30℃，原始加水量为 25mL，将 pH 值调至 11.5，添加 0.2mL 0.5%的 $CaCl_2$ 溶液作为活化剂。

十二烷基磺酸钠、十二烷基羧酸钠、十二胺药剂用量对泡沫水回收率的影响如图 5-53 所示。

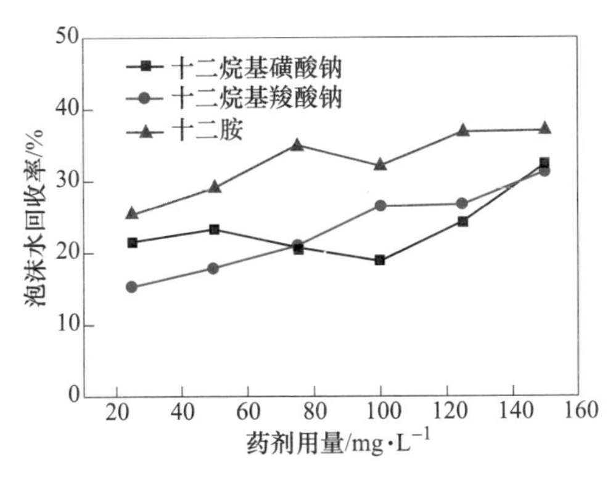

图 5-53 药剂用量对不同极性基浮选药剂的泡沫水回收率的影响

由图 5-53 可以看出，泡沫水回收率随药剂用量的增大而增大，但不同药剂在相同药剂用量下的泡沫水回收率各不相同。随着药剂用量增大，吸附在气-液表面的药剂分子数量增多，结合到气泡液膜的水分子数量也相应增加，则泡沫的水回收率增大。随着药剂用量由 25mg/L 增加到 150mg/L，十二烷基磺酸钠的泡沫水回收率先由 21. 55%降低到 18. 85%，而后增加，最大可达到 32. 42%；十二烷基羧酸钠药剂的泡沫水回收率由 15. 29%逐渐增加到 31. 33%；十二胺的泡沫水回收率由 25. 34%逐渐提高到 37. 05%，当药剂用量达到一定值时，药剂用量变化对十二胺的泡沫水回收率影响不显著。

油酸钠、十二烷基羧酸钠、α-溴代十二烷基羧酸钠药剂用量对泡沫水回收率的影响如图 5-54 所示。由图 5-54 可以看出，泡沫水回收率随药剂用量的增大而增大，当药剂用量由 25mg/L 增加到 150mg/L 时，油酸钠的泡沫水回收率由 32. 32%逐渐增加至 43. 3%；十二烷基羧酸钠的泡沫水回收率由 17. 92%逐渐增加到 31. 33%；α-溴代十二烷基羧酸钠的泡沫水回收率由 29. 84%逐渐增加到 46. 50%。其中油酸钠、α-溴代十二烷基羧酸钠要显著大于十二烷基羧酸钠的泡沫水回收率。在所测的三种药剂中，泡沫水回收率由大到小依次是：油酸钠、α-溴代十二烷基羧酸钠、十二烷基羧酸钠。

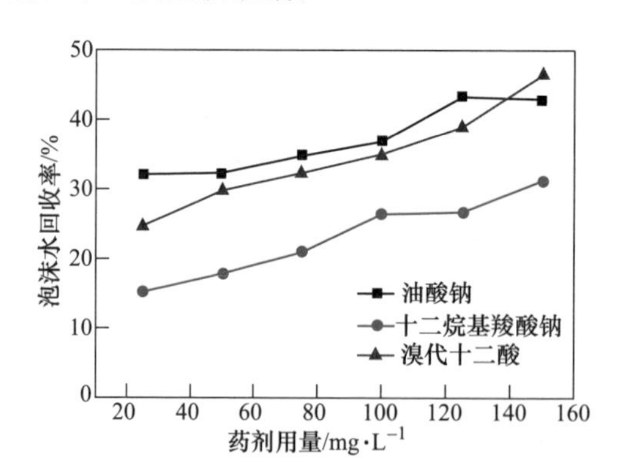

图 5-54　药剂用量对不同非极性基浮选药剂的泡沫水回收率的影响

E　几种浮选药剂的浮选回收率

在矿物浮选过程中，通常用浮选回收率来衡量所用药剂性能的好坏。石英是选矿过程中常见的硅质脉石矿物，因此以石英作为研究对象，考察药剂的种类、用量及 pH 值、温度条件等对浮选行为的影响。

十二烷基磺酸钠的浮选条件为：矿浆温度为 30℃，原始加水量为 25mL，将 pH 值调至 11. 5，添加 0. 2mL 0. 5%的 $CaCl_2$ 溶液作为活化剂。油酸钠的浮选条件为：矿浆温度为 30℃，原始加水量为 25mL，将 pH 值调至 11. 0，添加

0.2mL 0.5%的 $CaCl_2$ 溶液作为活化剂。十二烷基羧酸钠的浮选条件为：矿浆温度为30℃，原始加水量为25mL，将 pH 值调至 11.5，添加 0.2mL 0.5%的 $CaCl_2$ 溶液作为活化剂。十二胺的浮选条件为：矿浆温度为30℃，原始加水量为25mL，将 pH 值调至 7.18。α-溴代十二烷基羧酸钠的浮选条件为：矿浆温度为30℃，原始加水量为25mL，将 pH 值调至 11.5，添加 0.2mL 0.5%的 $CaCl_2$ 溶液作为活化剂。

十二烷基磺酸钠、十二烷基羧酸钠、十二胺药剂用量对浮选回收率的影响如图 5-55 所示。由图 5-55 可以看出，随着浮选药剂用量增大，石英回收率也随之增大。当十二烷基磺酸钠药剂用量从 25mg/L 增加到 150mg/L 时，石英的浮选回收率由 42.5%提高到 93.5%；随着十二烷基羧酸钠药剂用量增大时，石英的浮选回收率由 69.5%提高到 80.5%；当十二胺药剂用量从 25mg/L 增加至 150mg/L 时，石英的浮选回收率较高，由 94.5%增加到 96%，浮选回收率变化较小。在测试的这三种药剂中，浮选回收率由大到小依次是：十二胺、十二烷基磺酸钠、十二烷基羧酸钠。

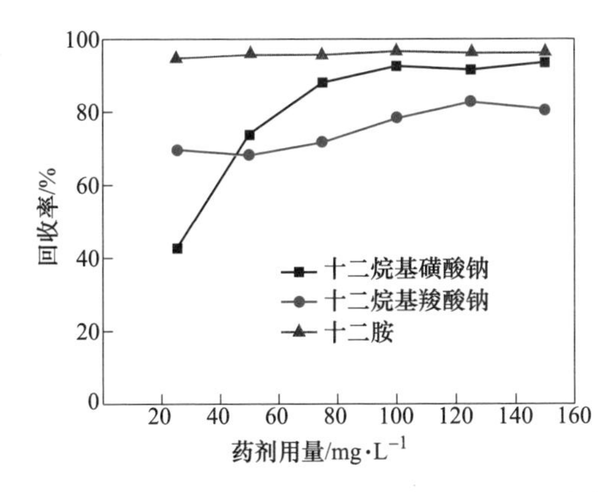

图 5-55　药剂用量对不同极性基浮选药剂的浮选回收率的影响

油酸钠、十二烷基羧酸钠、α-溴代十二烷基羧酸钠药剂用量对浮选回收率的影响如图 5-56 所示。由图 5-56 的试验结果可以看出，随着药剂用量的增加，石英的浮选回收率都随之增加。当油酸钠药剂用量从 25mg/L 增加到 150mg/L 时，石英的浮选回收率由 51.5%增加到 94%；当十二烷基羧酸钠药剂用量从 25mg/L 增加到 150mg/L 时，石英的浮选回收率由 69.5%提高到 80.5%；当 α-溴代十二烷基羧酸钠药剂用量从 25mg/L 增加到 150mg/L 时，石英的浮选回收率由 44%增加到 97%。在测试的这三种药剂中，浮选回收率由大到小依次是：α-溴代十二烷基羧酸钠、油酸钠、十二烷基羧酸钠。

不同极性基及不同非极性基浮选药剂的泡沫性能比较汇总在表 5-18[26]。

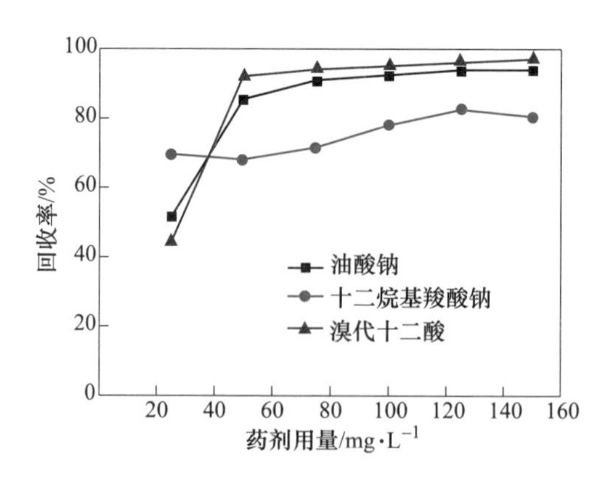

图 5-56　药剂用量对不同非极性基浮选药剂的浮选回收率的影响

表 5-18　几种不同药剂泡沫性能比较

泡沫性能	几种不同极性基浮选药剂	几种不同非极性基浮选药剂
起泡能力	十二烷基羧酸钠>十二烷基磺酸钠>十二胺	油酸钠>α-溴代十二烷基羧酸钠>十二烷基羧酸钠
泡沫稳定性	十二烷基羧酸钠>十二胺>十二烷基磺酸钠	α-溴代十二烷基羧酸钠>油酸钠>十二烷基羧酸钠
泡沫水回收率	十二胺>十二烷基磺酸钠>十二烷基羧酸钠	α-溴代十二烷基羧酸钠>油酸钠>十二烷基羧酸钠
单位体积泡沫带矿量	十二烷基羧酸钠>十二胺>十二烷基磺酸钠	油酸钠>α-溴代十二烷基羧酸钠>十二烷基羧酸钠
浮选回收率	十二胺>十二烷基磺酸钠>十二烷基羧酸钠	α-溴代十二烷基羧酸钠>油酸钠>十二烷基羧酸钠

由表 5-18 可知，药剂的起泡能力和泡沫稳定性共同影响其在浮选过程中的泡沫水回收率，单位体积泡沫带矿量受泡沫水回收率和三相体系中药剂的起泡能力共同影响，浮选回收率受药剂自身捕收性能和泡沫性能的共同影响，一般来说泡沫水回收率高的药剂浮选回收率也相对较高。

5.4.4.2　几种常用泡沫调整剂对十二胺泡沫性能的影响

在铁矿石阳离子反浮选工艺中，十二胺作为浮选捕收剂既具有捕收性能又具有起泡性能。在工业化浮选过程中十二胺由于泡沫过于丰富且泡沫半衰期较长、消泡慢，用量大时还会发生溢出浮选槽外的“跑槽”现象，且对后续的尾矿处理产生不利影响，因此研究不同泡沫调整剂对十二胺的起泡能力和泡沫稳定性的影响，具有理论和实际意义。

东北大学赵文坡[54]首先考察了药剂用量和 pH 值对十二胺的泡沫性能的影响规律，如图 5-57 和图 5-58 所示；然后在十二胺体系下添加四种类型泡沫调整剂：煤油、二甲基硅油、几种醇类、磷酸酯类，考察了其用量和 pH 值对十二胺泡沫性能的影响。

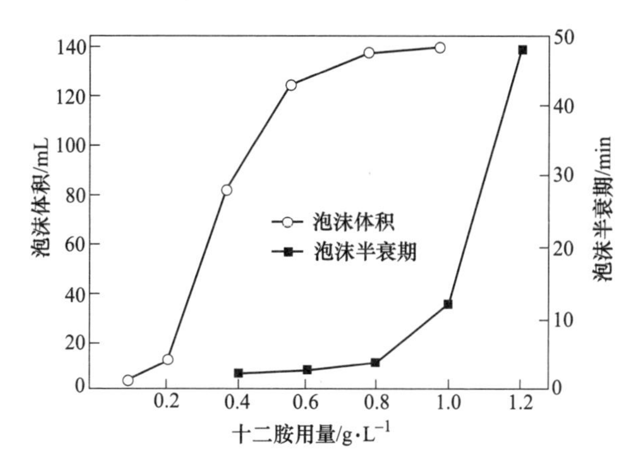

图 5-57 十二胺用量对泡沫体积和泡沫半衰期的影响

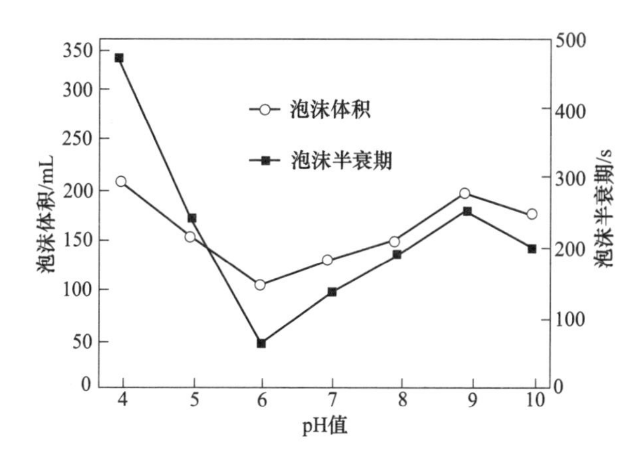

图 5-58 pH 值对十二胺的泡沫体积和泡沫半衰期的影响

A 煤油对十二胺泡沫性能的影响

在中性 pH 值、十二胺用量为 0.6g/L 的条件下，考察了煤油用量对十二胺泡沫性能的影响，结果如图 5-59 所示。

由图 5-59 可知，随着煤油用量的增加，十二胺的泡沫体积与泡沫半衰期逐渐降低。并且可以看出，在煤油用量由无增加到 0.6g/L 时，泡沫体积降低幅度较大，当煤油用量增至 0.6g/L 时，最大泡沫体积降为 21.2mL。继续增大煤油用量，十二胺的泡沫体积趋于稳定，当用量为 0.8g/L 时，泡沫体积降至 19.2mL。对比泡沫半衰期可以发现，当煤油用量增加到 0.8g/L 时，泡沫半衰期由不加煤油时的 74s 降至 9s，降低幅度达 87%，表明煤油对十二胺溶液形成的泡沫具有很强的破坏作用。

B 二甲基硅油对十二胺泡沫性能的影响

在中性 pH 值、十二胺用量为 0.6g/L 的条件下，考察了二甲基硅油用量对十二胺泡沫性能的影响，结果如图 5-60 所示。

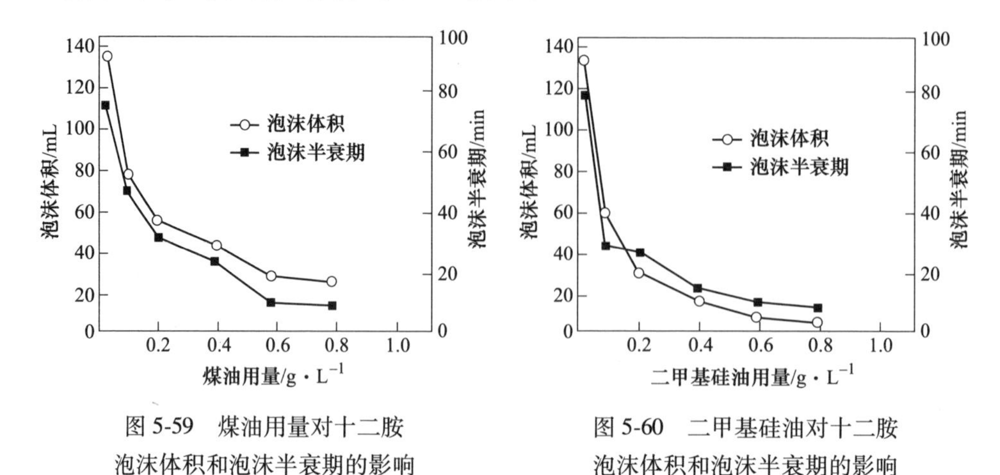

图 5-59 煤油用量对十二胺泡沫体积和泡沫半衰期的影响

图 5-60 二甲基硅油对十二胺泡沫体积和泡沫半衰期的影响

由图 5-60 可知，随着二甲基硅油用量的增加，十二胺的泡沫体积与泡沫半衰期逐渐降低。当二甲基硅油的用量增加到 0.6g/L 时，最大泡沫体积与泡沫半衰期下降趋势变缓并趋于稳定，泡沫体积由 130.8mL 降为 4.8mL，泡沫半衰期由 74s 降为 8s，表明在此用量条件下，二甲基硅油对十二胺的起泡能力具有很强的抑制作用，十二胺溶液已基本无法起泡。

C 几种醇类泡沫调整剂对十二胺泡沫性能的影响

在中性 pH 值、十二胺用量为 0.6g/L 的条件下，考察了正丁醇、正己醇、正辛醇与正癸醇用量对十二胺泡沫性能的影响，试验结果如图 5-61、图 5-62 所示。

由图 5-61 和图 5-62 可知，在十二胺体系下，四种醇对十二胺泡沫性能影响很大。其中正辛醇能够显著降低十二胺的泡沫体积与泡沫半衰期，并且随着正辛醇用量的增加，其对十二胺起泡能力的降低作用增强。当正辛醇用量为 0.8g/L 时，十二胺的泡沫体积由 130.8mL 降至 60.6mL，泡沫半衰期由 74s 降至 17s。此外，正丁醇对十二胺起泡能力也具有一定的降低作用，但作用效果明显弱于正辛醇，在正丁醇用量由无增加到 0.2g/L 时，十二胺的泡沫体积降为 111.6mL，在用量由 0.2g/L 增加到 0.8g/L 时，泡沫体积又有所升高，当正丁醇用量为 0.8g/L 时，泡沫体积为 124.1mL。但正丁醇一定程度上降低了十二胺的泡沫半衰期，在正丁醇用量为 0.4g/L 时，泡沫半衰期由不加正丁醇时的 74s 降为 48s，降低幅度最大。同时还可以看出，正己醇和正癸醇对十二胺起泡能力具有一定的促进作用，当正己醇用量为 0.8g/L 时，泡沫体积增大到 161.6mL，泡沫半衰期为 121s，与正己醇相比，正癸醇更能增强十二胺的起泡能力和泡沫稳定性，当正癸醇用量仅为 50mg/L 时，十二胺的泡沫体积就达到了 167.4mL，泡沫半衰期增大至 399s。总体来看，四种醇对十二胺起泡能力的促进作用由大至小的顺序为：正癸醇>正己醇>正丁醇>正辛醇，降低十二胺泡沫稳定性的作用由大至小的顺序为：正辛醇>正丁醇>正己醇>正癸醇。

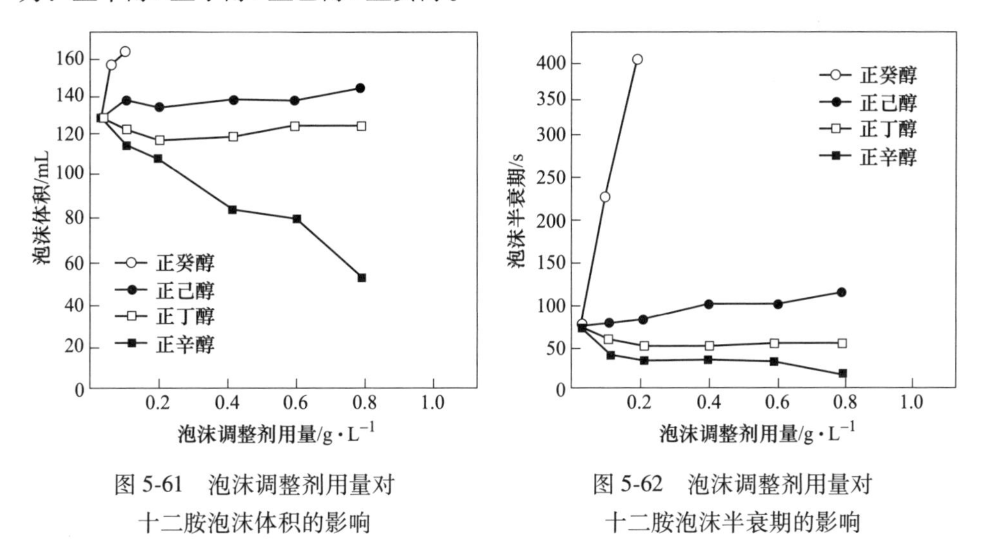

图 5-61 泡沫调整剂用量对十二胺泡沫体积的影响

图 5-62 泡沫调整剂用量对十二胺泡沫半衰期的影响

D 磷酸酯类泡沫调整剂对十二胺泡沫性能的影响

在中性 pH 值、十二胺用量为 0.6g/L 的条件下，考察了磷酸三乙酯与磷酸三丁酯用量对十二胺泡沫性能的影响。试验结果如图 5-63 和图 5-64 所示。

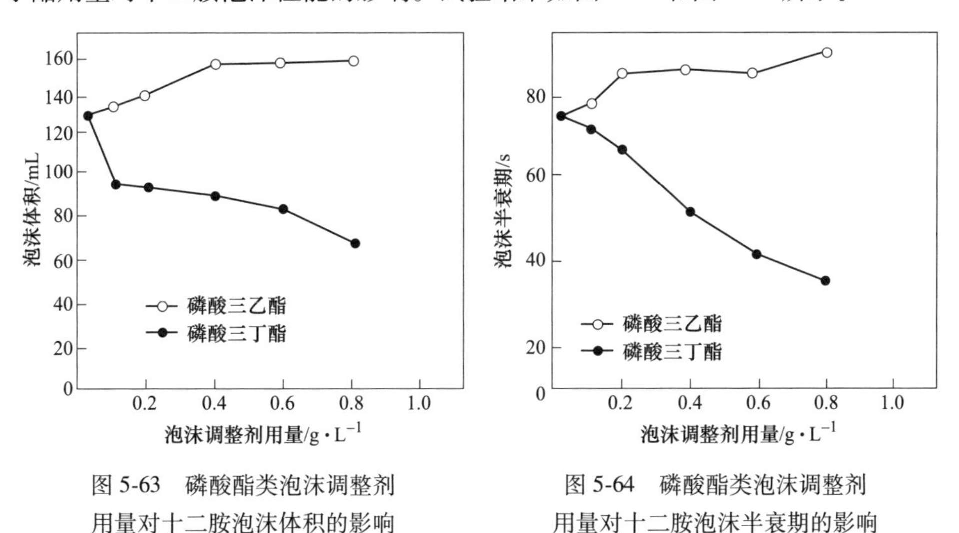

图 5-63 磷酸酯类泡沫调整剂用量对十二胺泡沫体积的影响

图 5-64 磷酸酯类泡沫调整剂用量对十二胺泡沫半衰期的影响

由图 5-63 和图 5-64 可知，两种磷酸酯类泡沫调整剂对十二胺的泡沫性能影响差异较大。磷酸三乙酯的加入增强了十二胺的起泡能力，当磷酸三乙酯的用量为 0. 8g/L 时，其最大泡沫体积可达 153. 9mL，泡沫半衰期为 91s。而对于磷酸三丁酯而言，在 0~0. 8g/L 的用量范围内，随着磷酸三丁酯用量的增加，十二胺的最大泡沫体积和泡沫半衰期均呈现下降趋势。当磷酸三丁酯的用量为 0. 8g/L 时，其最大泡沫体积由初始时的 130. 8mL 降至 65. 4mL，泡沫半衰期由 74s 降为 34s，表明磷酸三丁酯对十二胺的起泡能力和泡沫稳定性具有明显的降低作用。

总而言之，磷酸三丁酯、煤油、正丁醇、正辛醇和二甲基硅油在一定程度上能够有效降低十二胺的起泡能力和泡沫稳定性，其中煤油和二甲基硅油作用效果最好，磷酸三丁酯和正辛醇次之，正丁醇效果最差；而磷酸三乙酯、正己醇、正癸醇作用效果不佳。

参考文献

[1] 王淀佐，胡岳华．浮选溶液化学［M］．湖南：湖南科学技术出版社，1987.

[2] 张泾生，阙煊兰．矿用药剂［M］．北京：冶金工业出版社，2008.

[3] 骆斌斌．α-醚胺基脂肪酸分子结构设计及其捕收机理研究［D］．沈阳：东北大学，2016.

[4] 陈金鑫．磷灰石常温捕收剂研制及其捕收机理研究［D］．沈阳：东北大学，2015.

[5] 陈星．萤石常温捕收剂的浮选性能及作用机理研究［D］．沈阳：东北大学，2016.

[6] 宫贵臣．锡石膦酸捕收剂分子结构设计及作用机理研究［D］．沈阳：东北大学，2016.

[7] 许豪杰．白钨矿和磷灰石的浮选分离及其机理研究［D］．沈阳：东北大学，2015.

[8] 代雷孟．重晶石捕收剂的捕收性能及作用机理研究［D］．沈阳：东北大学，2018.

[9] 任佳．不同取代度羧甲基淀粉对铁矿抑制效果的研究［D］．沈阳：东北大学，2012.

[10] Balajee S R，Iwasaki I. Interaction of British gum and dodecylammonjum chloride at quartz and hematite surface［J］. Trans. AIME，1969（244）：407~411.

[11] Weissenborn P K. Behavior of amyl pectin and amylase components of starch in the selective flotation of ultra fine iron ore［J］. Int. J. Miner. Process，1996（47）：197~211.

[12] Reis R L R，Peres A E C，Araujo A C. Corngrits：a new depressant agent for the flotation of iron and pH ate rocks［C］//International Mineral Processing Symposium，Izmir，1989：73~89.

[13] 陶洪．微细粒赤铁矿浮选行为及机理研究［D］．武汉：武汉科技大学，2013.

[14] 马松勃，韩跃新，杨小生，等．不同种类淀粉对赤铁矿抑制效果的研究［J］．有色矿冶，2006（5）：23~25.

[15] Uwadiale. Reverse anionic flotation of quartz from Muro iron ore［J］. Minerals & Metallurgical Processing，1995（4）：173~177.

[16] Peres A E C，Correa M I. Depression of iron oxides with irons starch［J］. Minerals Engineering，1996（12）：1227~1234.

[17] 欧阳广遵．宣龙鲕状赤铁矿磁化焙烧-磁选铁精矿反浮选抑制剂研究［D］．沈阳：东北

大学，2013.
[18] 任建伟. 铁矿石高效反浮选药剂理论和应用 [D]. 长沙：中南大学，2004.
[19] 王鹏. 新型羧甲基酰胺抑制剂对铁矿的抑制性能和机理研究 [D]. 沈阳：东北大学，2013.
[20] 李伟. 新型抑制剂对铁矿物的抑制性能研究 [D]. 沈阳：东北大学，2013.
[21] 朱玉霜，朱建光. 浮选药剂的化学原理 [M]. 长沙：中南大学出版社，1996.
[22] 天津大学无机化学教研室. 无机化学 [M]. 北京：高等教育出版社，2001.
[23] Ramakrishman，Kumar. Studies in bubble formation-Ⅰ (bubble formation under constant flow conditions) [J]. Chem. Eng. Sci，1969 (24)：731~747.
[24] Milton J Rosen，Joy T Kunjappu. Surfactants and Interfacial Phenomena [M]. 北京：化学工业出版社，2015.
[25] 高子蕙. 几种胺类捕收剂的起泡与消泡性能及机理研究 [D]. 沈阳：东北大学，2019.
[26] 毛毛. 不同极性基及不同非极性基药剂的泡沫性能与分子结构的构效关系研究 [D]. 沈阳：东北大学，2018.
[27] 王军志. 泡沫剂性能评价研究 [J]. 精细石油化工进展，2006 (3)：17~20.
[28] 张柯，桂夏辉，丁起鹏，等. 充气法测试起泡剂的起泡性能试验研究 [J]. 中国矿业，2009，18 (7)：94~99.
[29] Hashen M M，Schter R S. Foaming agent [P]. US：4524002，1985-07-18.
[30] 李豪浩. 起泡剂的筛选与性能评价 [J]. 石油地质与工程，2009，23 (2)：128~130.
[31] 陈永，赵辉. 多羧酸基多亲水基团表面活性剂的制备及性能 [J]. 精细石油化工，2014，31 (4)：44~46.
[32] 杨燕，刘永兵，徐立清，等. 新型起泡剂 PAS 的合成与性能测试 [J]. 特种油气藏，2005，12 (1)：88~90.
[33] Lukenheimer K，Malysa K，Winsel K，et al. Novel method and parameters for testing and characterization of foam stability [J]. Langmuir，2010，26 (6)：3883~3888.
[34] 燕永利，张宁生，等. 胶质液体泡沫 (CLA) 的形成及其稳定性研究 [J]. 化学学报，2006 (1)：54~60.
[35] Dluzewskim，Dluzewskae，Kwasedl. Comparison of foaming properties by the volumetric and conductometric methods [J]. Polish Journal of Food and Nutrition Science，1994，3 (4)：155~164.
[36] 孙传尧. 选矿工程师手册 [M]. 北京：冶金工业出版社，2015：567~572.
[37] 黄齐茂，向平，罗惠华，等. 新型复合捕收剂常温浮选某胶磷矿试验研究 [J]. 化工矿物与加工，2010 (4)：1~4.
[38] 杨晶晶. 浮选分离中气泡-曲面碰撞和附着过程的可视化研究 [D]. 西安：长安大学，2014.
[39] Beneventi D，Carre B，Gandini A. A role of surfactant structure on surface and foaming properties [J]. Colloids and Surfaces A：Physicochemical and Engineering Aspects，2001，189 (1)：65~73.
[40] Baeza R，Sanchez C C，Pilosof A M R，et al. Interfacial and foaming properties of

prolyenglycol alginates [J]. Colloids and Surfaces B: Biointerfaces, 2004, 36 (3): 139~145.

[41] 麦罗 F. 浮选起泡剂的基本性质及其对浮选的影响 [J]. 国外金属选矿, 2007 (4): 31~35.

[42] 孙成才. 水溶性发泡剂的测试与泡沫稳定性 [D]. 绵阳: 西南科技大学, 2008.

[43] 陈宗淇, 王光信, 徐桂英. 胶体与界面化学 [M]. 北京: 高等教育出版社, 2001: 223~322.

[44] 中华人民共和国质量监督检验检疫总局. GB/T 7462—94 表面活性剂-发泡力的测定-改进 Rose-Miles 法 [S]. 北京: 中国标准出版社, 1994.

[45] 奚新国, Pu Chen. 表面张力测定方法的现状与进展 [J]. 盐城工学院学报, 2008, 21 (3): 1~4.

[46] 邓丽君, 曹亦俊, 王利军. 起泡剂溶液的表面张力对气泡尺寸的影响 [J]. 中国科技论文, 2014, 9 (12): 1340~1343.

[47] 倪涛, 夏亮亮, 刘昭洋, 等. 不同碳链长度的羟基丙磺基甜菜碱合成及性能研究 [J]. 油田化学, 2017, 34 (3): 487~490.

[48] 王琳, 张路, 赵濉, 等. 表面活性剂结构与界面张力关系研究-分子代表性面积对表面张力的影响 [C]//第十届全国胶体与界面化学会议论文案,2006.

[49] 冯其明, 穆枭, 张国范. 浮选生产过程中的泡沫及消泡技术 [J]. 矿产保护与利用, 2005, 4: 31~35.

[50] Wang J, Nguyen A V, Farrokhpay S. A critical review of the growth, drainage and collapse of foams [J]. Advances in Colloid and Interface Science, 2015, 228: 55~70.

[51] 刘艳玲, 李奴英. 泡沫浮选分离法的应用进展 [J]. 吕梁高等专科学校学报, 2004, 20 (2): 71~73.

[52] 曲彦平, 杜鹤桂, 葛利俊. 表面黏度对泡沫稳定性的影响 [J]. 沈阳工业大学学报, 2002, 24 (4): 283~286.

[53] 王其伟, 周国华, 李向良, 等. 泡沫稳定性改进剂研究 [J]. 大庆石油地质与开发, 2003, 22 (3): 80~84.

[54] 赵文坡. 十二胺体系中铁矿石反浮选泡沫调整剂研究 [D]. 沈阳: 东北大学, 2018.

6 非硫化矿浮选药剂作用原理及应用实例

本书定义非硫化矿为氧化物矿物、含氧酸盐矿物以及卤化物矿物等具有选矿价值的矿物集合体，例如氧化物矿物有石英 SiO_2、锡石 SnO_2、赤铁矿 Fe_2O_3、磁铁矿 Fe_3O_4 等；含氧酸盐矿物有磷灰石 $Ca_5(PO_4)_3$（F，Cl，OH）、重晶石 $BaSO_4$、菱镁矿 $MgCO_3$、菱铁矿 $FeCO_3$、方解石 $CaCO_3$、白云石 $CaMg(CO_3)_2$、白钨矿 $CaWO_4$、黑钨矿（Fe、Mn）WO_4 等；卤化物矿物有萤石 CaF_2 等。由于这些矿物晶格具有化学结构共性，所以在浮选这些矿物时所用的浮选药剂分子结构中的极性基也具有相似性。本章将从矿物晶体表面化学特征入手，分别介绍各类非硫化矿物浮选药剂的种类和浮选效果，最后分析矿物与浮选药剂作用的化学原理。

6.1 铁矿石中常见矿物与浮选药剂的作用原理

铁矿石中主要目的矿物有磁铁矿、赤铁矿、菱铁矿等，其主要脉石矿物有石英和硅酸盐矿物等。根据 2.1.1 节非硫化矿捕收剂极性基结构与设计第一原则，铁矿石中主要矿物晶体的表面化学特征是药剂分子结构设计的基础，是铁矿石中主要矿物与浮选药剂作用机理研究过程中必须首先考虑的内容。因此本节首先介绍磁铁矿、赤铁矿、石英等矿物晶体表面化学特征，然后详细介绍这些矿物的浮选药剂作用原理。

6.1.1 铁矿石中常见主要矿物晶体及其表面化学特征

6.1.1.1 石英晶体及其表面化学特征

石英晶体的化学成分为 SiO_2，为三方晶系结构，其晶格参数为 $a=b=0.4984$nm，$c=0.5471$nm，Si—O 键键长为 0.1608~0.1610nm，Si—O—Si 键角为 144.4°。石英为原子晶体，其晶格结点上的粒子为氧原子和硅原子，粒子间的作用力为共价键，即每个 Si 原子发生 sp^3 杂化，以 4 根等同的 σ_{sp3-P} 键分别与 4 个 O 原子相连，构成硅氧四面体，如图 6-1 所示。石英晶胞中每个 O 原子又被两个硅氧四面体所共用，形成角顶相连的空间晶体结构，如图 6-2 所示。硅氧四面体中 Si 原子与周围的 4 个 O 原子以共价键结合时，各方向键力相等，故无解理面形成。当石英受到外力作用时（如磨矿等），Si—O 键断裂，表面则形成交替出现

的缺电子 Si^+ 和多电子 O^- 区域，在水溶液中随着 pH 值变化，由于溶液中 OH^- 和 H^+ 含量不同，与之形成了荷电不同的表面。

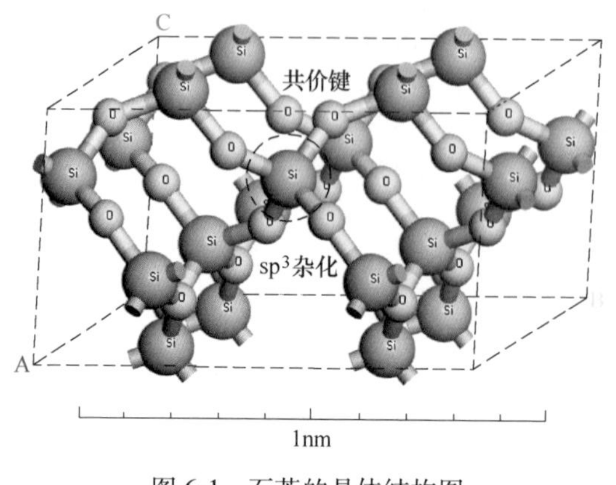

图 6-1　石英的晶体结构图

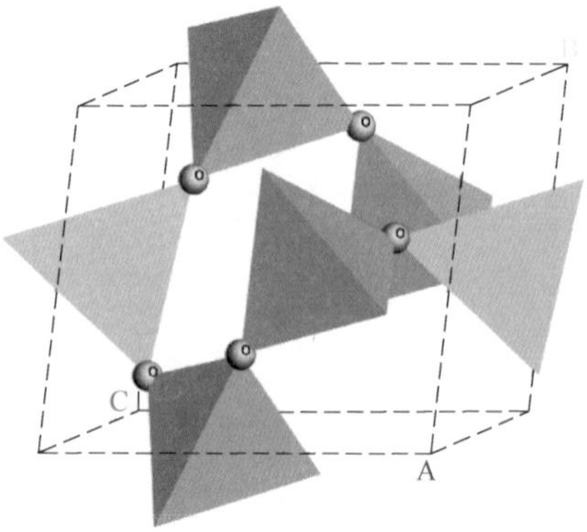

图 6-2　石英的多面体结构

石英晶体中氧原子和硅原子电荷布居值及键布居值（无量纲）如表 6-1 和表 6-2 所示。

表 6-1　石英晶体中各元素的 Mulliken 电荷布居值

元素	s	p	d	总电子	电荷/e
O	1.83	5.34	0	7.17	-1.17
Si	0.57	1.09	0	1.66	2.34

表 6-2　石英晶体中价键的 Mulliken 键布居值

价　键	键长/nm	键布居值
Si1—O1	0.1618	0.53
Si2—O2	0.1623	0.54

Mulliken 布居值是一种用来描述原子间电荷分布以及原子间成键情况的方法。通过 Mulliken 布居值大小可以判断原子间电荷转移、分布及原子间成键强弱的情况。在相同条件下，当 Mulliken 电荷布居值为正值时，表示原子失去电子，反之，表示原子得到电子。当 Mulliken 键布居值在 0～1 之间变化时，若键布居值趋近于 1，表示该化学键呈现较强共价性；若 Mulliken 键布居值趋近于 0，表示该化学的成键原子间电子云重叠较少，化合键表现出较强的离子性。当 Mulliken 布居值为负值时，表示原子间不成键[1~3]。

表 6-1 所示结果表明，石英晶体中硅原子荷正电，为缺电子活性位点，与水溶液中的 OH^- 可产生作用，导致石英表面荷负电。而氧原子荷负电，为多电子活性位点，可与阳离子捕收剂发生相互作用。

从表 6-2 所示结果可以看出，石英晶体内 Si—O 键布居值为 0.53～0.54，这说明 Si—O 键为极性共价键；石英晶体内各类型 Si—O 键布居值数值都比较接近，表明各种键类型相同，键强度相近，因此无解理面形成。

石英晶体的总（分）态密度（partial density of states）及能带（band structure）结果如图 6-3 所示。

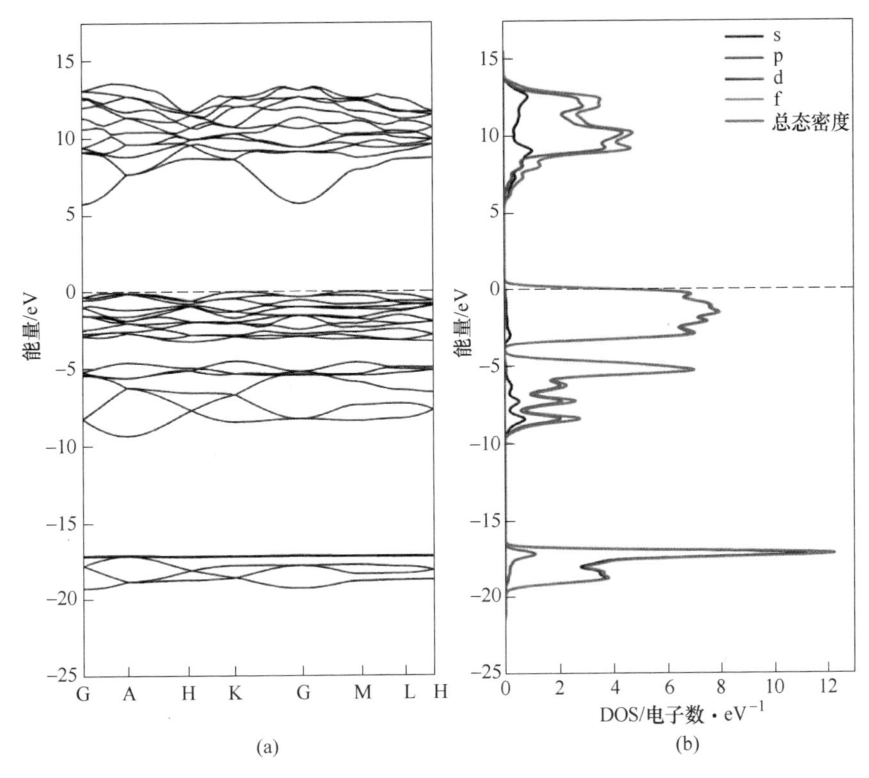

图 6-3 石英原胞的能带图（a）与总（分）态密度 DOS 图（b）

从图 6-3 所示结果可以看出，石英的价带和导带的禁带宽度为 5.703eV，说明其为绝缘体，无导电性。其中，从总态密度图 6-3（b）中可以看出，参与能带组成的价态电子为 O $2s^2 2p^4$ 和 Si $3s^2 3p^2$ 中的 s、p 轨道。在能量态为 -15 ~ -20eV 范围内，能带主要是由氧原子的 2s 轨道和硅原子的 3p 轨道电子贡献的；在 -10 ~ 0eV 范围内，能带主要是氧原子的 2p 轨道和硅原子的 3p 轨道电子贡献的；在 5 ~ 15eV 范围内，能带主要是由硅原子的 3p 轨道的电子贡献的。总态密度图 6-3（b）中费米能级附近主要是 O 的 2p 轨道电子提供的，说明当药剂在石英表面发生吸附时，会优先和主要暴露面上的 O 氧原子多电子位点发生相互作用。

6.1.1.2 赤铁矿晶体的表面化学特征

赤铁矿化学成分为 Fe_2O_3，晶体结构与刚玉相似，为三方晶系结构；其晶格

常数为 $a = b = 0.5038\text{nm}$，$c = 1.3772\text{nm}$，$\alpha = \beta = 90°$，$\gamma = 120°$，空间群 R-3c（167），$Z=6$。赤铁矿晶格内常含有 Ti、Al、Mn、Fe、Ca、Mg 等类质同相混入元素，有时也可能含有 SiO_2、Al_2O_3。晶格结点上阴离子 O^{2-}（晶体半径 0.14nm，离子体积 $1.15\times10^{-2}\text{nm}^3$）作六方或立方最紧密堆积，晶体半径较小的 Fe^{3+}（晶体半径 0.064nm，离子体积 $1.09\times10^{-3}\text{nm}^3$）填充到三分之二的四面体或八面体空隙里[4]。赤铁矿晶体为离子晶体，晶格结点上的粒子为缺电子的铁离子和多电子的氧负离子，粒子间作用力为 Fe—O 离子键。在离子键的作用下，阴阳离子进行非等径球体的最紧密堆积，如图 6-4 所示。

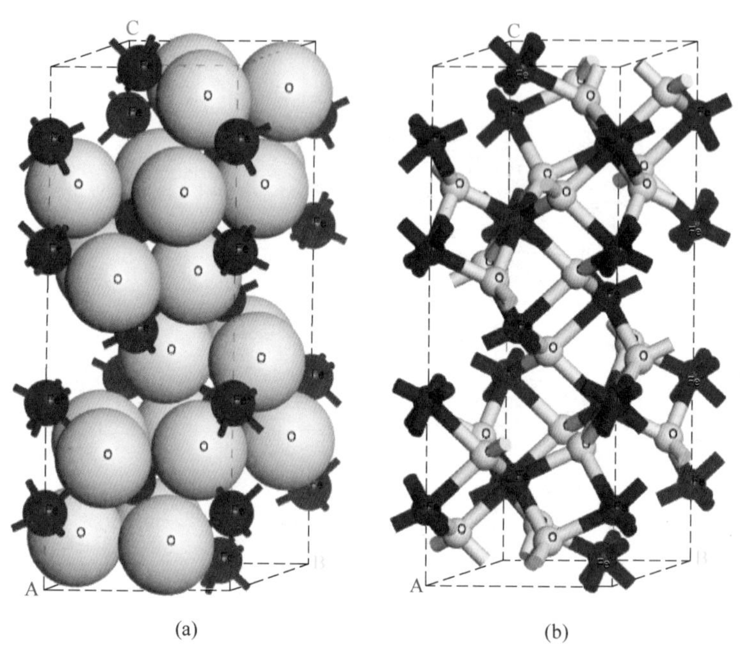

图 6-4　赤铁矿晶体结构示意图
（a）离子球体堆积图；（b）价键棒图

赤铁矿晶体内各元素 Mulliken 电荷布居值及键布居值如表 6-3 和表 6-4 所示。

表 6-3　赤铁矿晶胞中各元素的 Mulliken 电荷布居值

元素	s	p	d	总电子	电荷/e
Fe	0.34	0.45	6.20	7.00	1.00
O	1.88	4.79	0	6.67	-0.67

由表 6-3 可知，赤铁矿中氧的 2p 轨道电荷布居值为 4.79，氧电子密度主要分布在 2p 轨道上。铁的 3d 轨道电荷布居值为 6.20，说明铁电子密度主要分布在 3d 轨道上。在赤铁矿晶体中铁为缺电子位点，其带正电 1.00e；氧为多电子位点，其

带负电-0.67e。赤铁矿晶体，沿着表面能最低的（001）面进行解理，得到表面为缺电子铁活性位点和多电子氧活性位点交替的具有化学活性的表面，在矿浆体系中与 OH^-、H^+、H_2O 或者浮选药剂分子（离子）进行相互作用。

表 6-4 赤铁矿晶胞内价键的 Mulliken 键布居值

价　键	键长/nm	键布居值
Fe1—O1	0.1989	0.28
Fe2—O2	0.2056	0.23

从表 6-4 可知，赤铁矿晶格内 Fe—O 键键长及布居值基本一致，键长为 0.1989nm 或者 0.2056nm，Fe—O 键布居值为 0.28 或者 0.23，说明 Fe—O 键长较 Si—O 键长更长，布居值更小，表现出较强的离子性。

赤铁矿晶体结构能带（band structure）及总（分）态密度（density of states，简称 DOS）结果如图 6-5 所示。

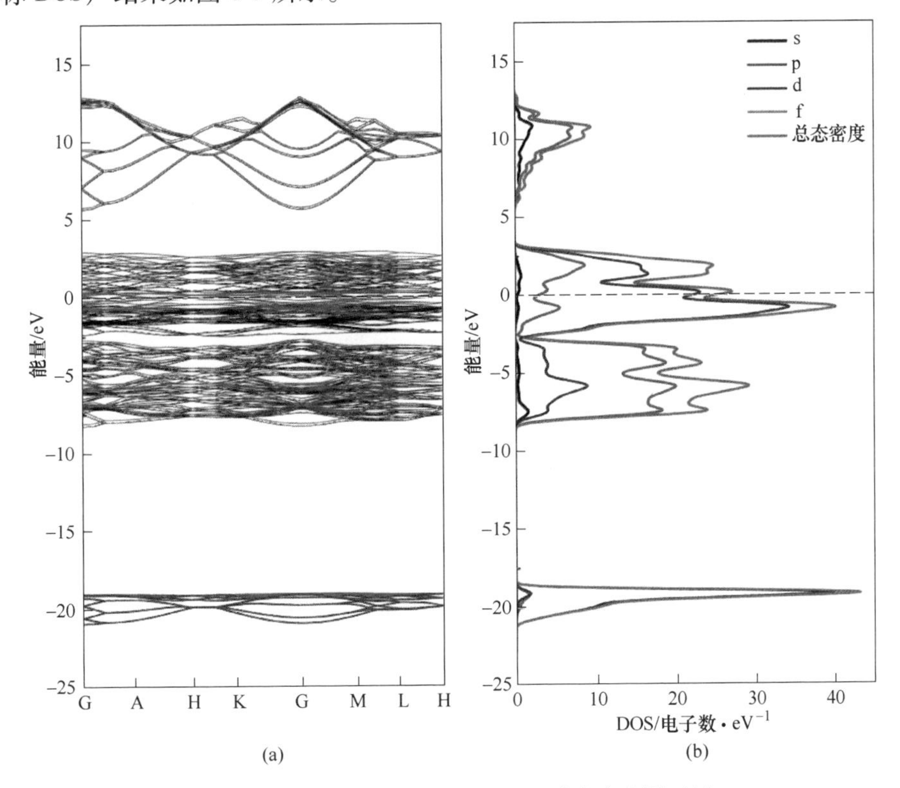

图 6-5 赤铁矿能带结构图（a）及总态密度图（b）

从图 6-5 中可以看出，以费米能级（E_f）作为能量零点，赤铁矿价带和导带的带隙基本接近于 0。

6.1.1.3　磁铁矿晶体的表面化学特征

磁铁矿的化学成分是 Fe_3O_4，是等轴晶系氧化矿物，实测其晶格参数为 $a=b=c=0.840$nm，$\alpha=\beta=\gamma=90°$，空间群 Dh7-Fd3m（227），$Z=8$。磁铁矿属于倒置尖晶石型，尖晶石在结构上属于 AB_2O_4 型多元离子晶体，其中 A 为二价 Fe^{2+}离子，B 是三价 Fe^{3+}离子，阴离子 O^{2-}为立方最紧密堆积，与正常尖晶石结构有一点差别，磁铁矿晶体结构中 Fe^{2+}充填 1/2 八面体空隙，Fe^{3+}充填剩下的半数八面体空隙和全部四面体空隙，形成倒置尖晶石结构。磁铁矿晶体结构如图 6-6 所示。

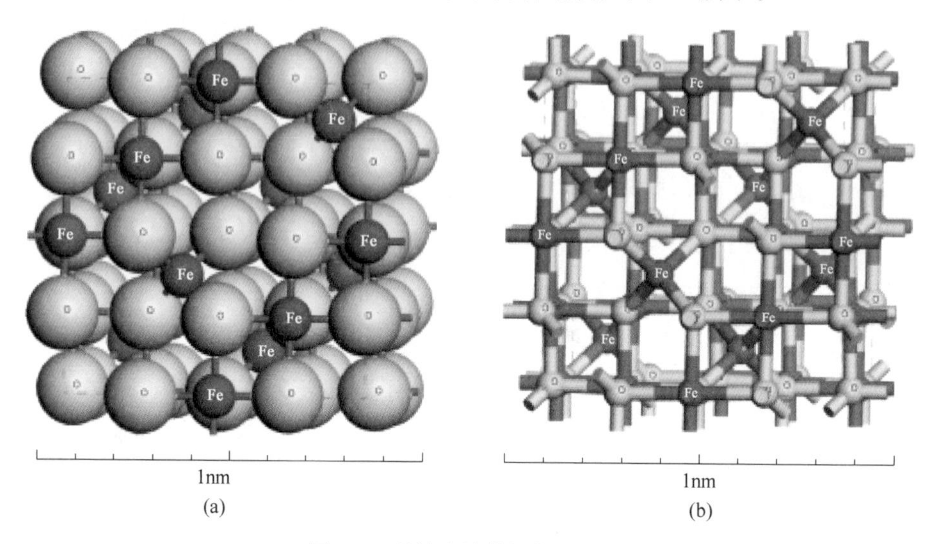

图 6-6　磁铁矿晶体结构示意图

（a）离子球体堆积图；（b）价键棒图

磁铁矿晶体内各元素的 Mulliken 电荷布居值及键布居值如表 6-5 和表 6-6 所示。

表 6-5　磁铁矿晶胞中各元素的 Mulliken 电荷布居

元素	s	p	d	f	总电子	电荷/e
O	1.86	4.92	0	0	6.78	-0.78
Fe1（四面体）	0.36	0.49	6.06	0	6.90	1.10
Fe2（八面体）	0.38	0.56	6.07	0	7.00	1.00

表 6-6　磁铁矿晶胞内价键的 Mulliken 键布居值

价　键	键长/nm	键布居值
Fe1—O2（四面体）	0.1949	0.42
Fe2—O2（八面体）	0.2086	0.26

从表 6-5 所示磁铁矿的 Mulliken 电荷布居结果可知，填充于四面体、八面体内铁元素的 3d 轨道 Mulliken 电荷布居值分别为 6.90、7.00，所带电荷分别为 +1.10e、+1.00e；氧元素的 2p 轨道 Mulliken 电荷布居值为 4.92，所带电荷为 −0.78e。对于磁铁矿晶体而言，由于其（111）面表面能最低，使得在破碎过程中（111）解理面最容易暴露和稳定存在[5]。磁铁矿在破碎和磨碎过程中，其表面有缺电子的、带有正电荷的铁离子和多电子的、带有负电荷的氧离子。磁铁矿表面的缺电子活性位点铁离子易于与阴离子药剂极性基发生电子交换吸附，而不易与阳离子捕收剂的极性基发生吸附作用。由表 6-6 可知，磁铁矿中填充在四面体内 Fe 与 O 键布居值为 0.42，共价性更强。而八面体的 Fe 原子和 O 原子的键布居值为 0.26，其离子性更强，破碎中更容易发生断裂。

磁铁矿晶体结构能带（band structure）及分态密度（density of states）结果如图 6-7 所示。

从能带结构图 6-7 中可以看出以费米能级（E_f）作为能量零点，磁铁矿价带和导带的带隙基本接近于 0。

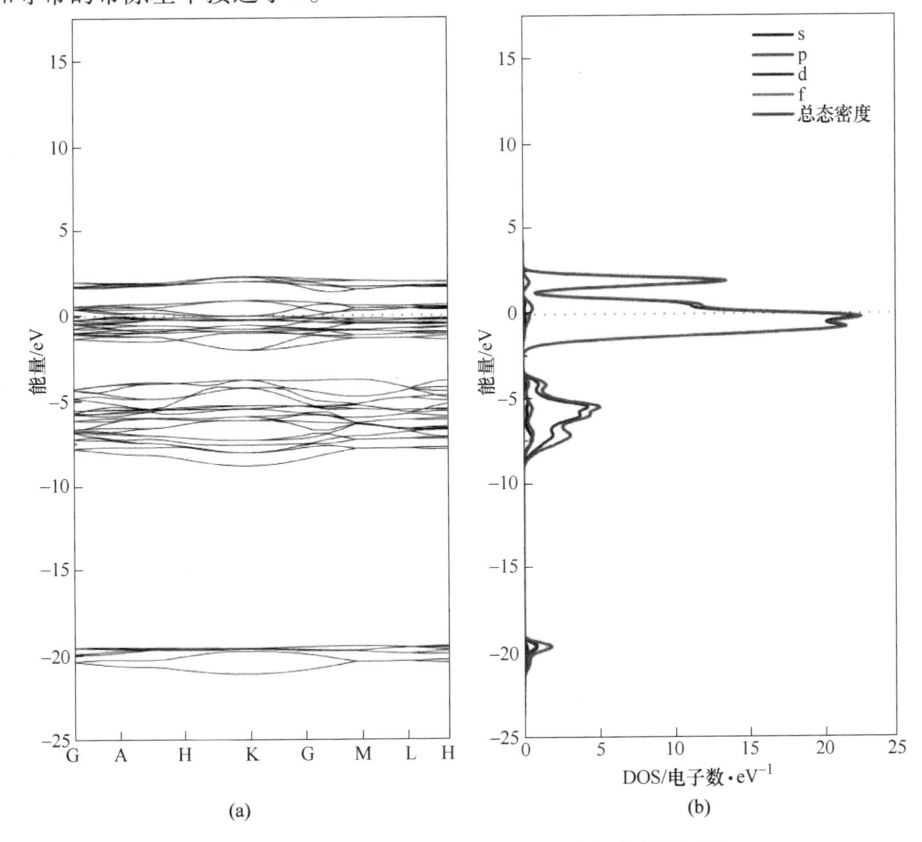

图 6-7 磁铁矿能带结构图（a）及总态密度图（b）

6.1.1.4　菱铁矿晶体的表面化学特征

菱铁矿的化学成分为 $FeCO_3$，其化学组成为 FeO 62.01%、CO_2 37.99%。菱铁矿属于方解石族的矿物，晶体结构为三方晶系，实测菱铁矿晶胞参数为 $a=b=0.467\text{nm}$，$c=1.532\text{nm}$，$\alpha=\beta=90°$，$\gamma=120°$，空间群 $D_{3d}^6-R\bar{3}c(167)$，$Z=6$。菱铁矿晶体为离子晶体，其阴离子为碳酸根原子团 CO_3^{2-}，阳离子为二价的铁离子 Fe^{2+}，阴阳离子进行非等径球体紧密堆积，粒子间作用力为离子键。菱铁矿晶体结构如图 6-8 所示。

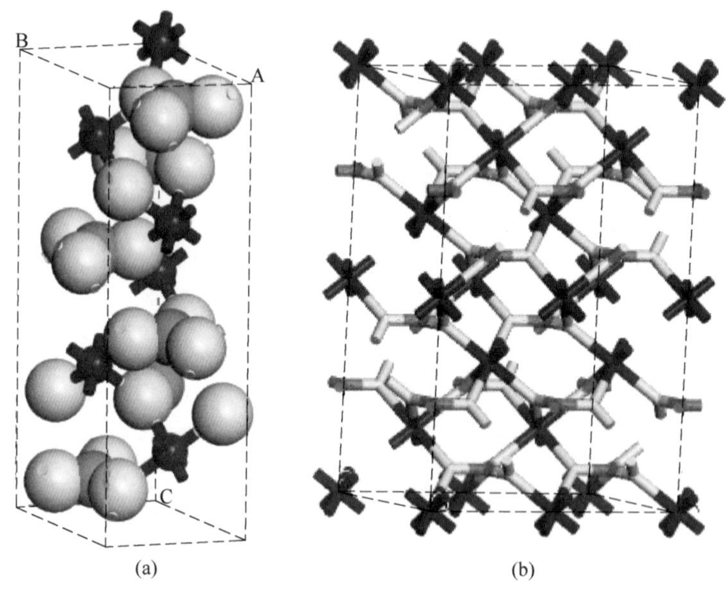

(a)　　　　(b)

图 6-8　菱铁矿晶体结构示意图

(a) 离子球体堆积图；(b) 价键棒图

菱铁矿晶体内各元素的 Mulliken 电荷布居值及键布居值如表 6-7 和表 6-8 所示。

表 6-7　菱铁矿晶胞中原子的 Mulliken 电荷布居值

元素	s	p	d	f	总电子	电荷/e
C	0.85	2.42	—	—	3.27	0.73
O	1.79	4.78	—	—	6.56	-0.56
Fe	0.24	0.17	6.62	—	7.04	0.96

表 6-7 所示菱铁矿的 Mulliken 电荷布居表明，菱铁矿晶格中铁元素的总布居值为 7.04，其中 3d 轨道 Mulliken 电荷布居值分别为 6.62，是主要电子密度贡献者；铁元素所带电荷为 +0.96e；氧元素的总布居值为 6.56，其中 2p 轨道

Mulliken 电荷布居值为 4.78，为主要贡献者，其所带电荷为-0.56e。菱铁矿在破碎和磨碎过程中，其表面主要为缺电子荷正电的铁离子和多电子荷负电荷的氧离子，碳原子裸露在表面的概率很低。由表 6-8 可知，菱铁矿中 Fe—O 键布居值为 0.20，属于离子键；C—O 键布居值为 0.89，属于共价键。O—O 键和 C—Fe 键布居值分别为-0.20 和-0.46，表明 O—O 键和 C—Fe 键为反键，不成键。

表 6-8 菱铁矿晶胞内价键的 Mulliken 键布居值

价键	键长/nm	键布居值
C—O	0.129	0.89
O—Fe	0.214	0.20
O—O	0.223	-0.20
C—Fe	0.299	-0.46

菱铁矿晶体结构能带（band structure）及分态密度（density of states）结果如图 6-9 所示。

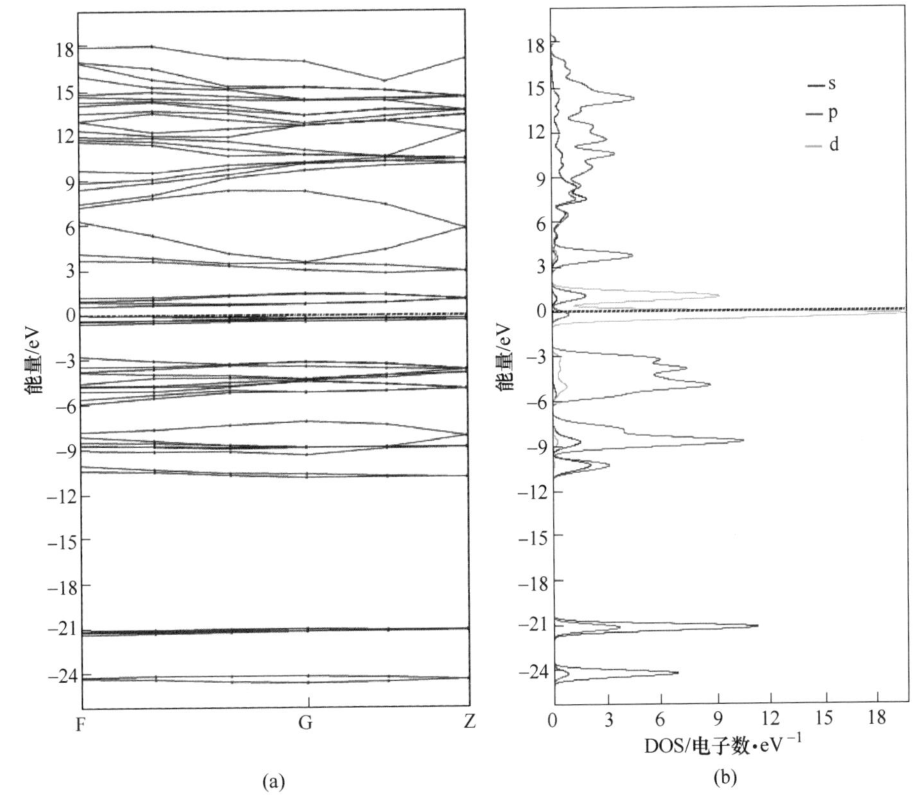

图 6-9 菱铁矿能带结构图（a）及总态密度图（b）

从图 6-9（a）中可以看出，在费米能级（E_f）能量零点，菱铁矿价带和导带的带隙基本为 0.692eV。从图 6-9（b）中可以看出，费米能级（E_f）附近电子态密度主要来源于菱铁矿中 Fe 的 3d 轨道电子贡献。

铁矿石中常见矿物晶体表面活性位点如表 6-9 所示。

表 6-9　几种铁矿石中常见矿物的表面活性位点原子或者离子

铁矿石	化学简式	晶格类型	矿物表面的化学活性位点	
			缺电子位点	多电子位点
石英	SiO_2	原子晶体	≡Si^+（非离子形式）	—O^-
赤铁矿	Fe_2O_3	离子晶体	Fe^{3+}	O^{2-}
磁铁矿	Fe_3O_4	离子晶体	Fe^{3+}、Fe^{2+}	O^{2-}
菱铁矿	$FeCO_3$	离子晶体为主的混合型晶体	Fe^{2+}	CO_3^{2-} 上的—O^-

6.1.2　铁矿石浮选捕收剂种类及捕收效果

浮选工艺之所以能被广泛地应用于选矿工艺中，最重要的原因在于它能通过浮选药剂灵活有效地控制浮选过程，成功地将矿物按人们的要求加以分选，使资源得到综合利用。近些年来，随着人类对环境的重视，针对难选铁矿石研究捕收性能好、耐低温性的浮选药剂已迫在眉睫。在确保合格铁精矿生产的前提下，应尽可能降低浮选过程中矿浆温度，减少温室气体及粉尘的排放，降低浮选成本，提高选矿厂的经济效益。铁矿石浮选药剂发展的主要方向包括：极性基部分多官能团化；异极性基化或两极性化；引入弱离子或非离子化；混合、复配、协同化。针对铁矿石“提铁降硅”药剂存在的选择性不高、药剂成本高等现状，应加强加快高效新型捕收剂的研制与开发，使得铁矿石脱硅浮选药剂体系得到不断完善。

6.1.2.1　铁矿石浮选捕收剂种类

目前工业上经常采用的赤铁矿石浮选流程有：（1）反浮选工艺。采用阳离子捕收剂反浮选石英等硅酸盐矿物，阴离子捕收剂反浮选 Ca 活化后的石英等硅酸盐矿物。（2）正浮选工艺。采用阴离子捕收剂或螯合捕收剂正浮选铁矿物[4,6,7]。（3）分步浮选工艺。对含碳酸盐铁矿石，则采用分步浮选流程，即第一步在中性条件下采用正浮选捕收菱铁矿；第二步在高 pH 值下采用反浮选工艺捕收活化后的石英[8~10]。无论是正浮选流程、反浮选流程，还是分步浮选流程，所用的浮选药剂都要根据矿物晶体化学特征进行浮选药剂分子结构设计。根据捕收剂极性基的结构与设计第一原则，首先了解矿物表面活性位点原子（离子）的电子密度、态密度、电荷布居值等晶体化学特征，针对其存在的化学活性位点进行浮选药剂极性基的结构设计。铁矿浮选捕收剂按极性基具有的化学活性位点的种类可划分为：(1) 含有 C═O、C—OH 基团的脂肪酸及其改性类捕收剂；(2) 含有—NH—、—NH_2 基团的胺类及其醚胺类捕收剂；(3) 含有多个═O、—OH 基团的含氧酸酯类捕收剂；(4) 含有═O、═N、—O^-、—N、—OH 基团的氨基酸或者肟酸类捕收剂。

表 6-10 介绍了常见铁矿石浮选捕收剂种类、名称代号、结构特征及应用特点。

表 6-10 常见铁矿浮选捕收剂的种类、名称代号、结构特征及应用特点

分类	名称或代号	极性基团	应用特点	参考文献
第一类：脂肪酸及其改性类	油酸	C═O、C—OH 碳链上含一个双键	(1) 碱性条件反浮选活化的石英； (2) 中性偏碱条件下正浮选含铁矿物； (3) 水溶性差，药剂配置温度高 (60℃)； (4) 浮选温度高 (30~50℃)； (5) 捕收能力强、选择性差	[11, 12]
	氧化石蜡皂	C═O、C—OH 混合脂肪酸		
	塔尔油	C═O、C—OH 脂肪酸和松香酸		
	RA-315	C═O、C—OH、—Cl 混合脂肪酸	(1) 碱性条件反浮选活化后的石英； (2) 中性偏碱条件正浮选含铁矿物； (3) 水溶性差，药剂配置温度高； (4) 浮选温度 (30~40℃)； (5) 捕收能力强、选择性差	[13, 14]
	RA-515			
	RA-715			
	RA-915	C═O、C—OH、—OH		
	LKY	C═O、C—OH		[15]
	MZ-21	C═O、C—OH		[16]
	KS-Ⅲ	C═O、C—OH		
第二类：伯胺类、仲胺类、叔胺类	十二胺	—NH_2	(1) 弱碱性条件下反浮选石英； (2) 药剂制度简单； (3) 泡沫黏、不易消泡	[11, 12]
	醚胺	$RO(CH_2)_3—NH_2$	(1) 弱碱性条件下反浮选石英； (2) 药剂制度简单； (3) 泡沫脆、易消泡； (4) 属于常温浮选药剂	[11, 12]
	GE601、 GE609	醚胺类		[17]
	DCZ-4 DCZ-5 DCZ-6	单醚胺或多醚胺		[18]
	DEN	$C_{12}H_{25}N(CH_3CH_2)_2$		[19]
第三类：磺酸酯、磷酸酯	M_2O_3	石油磺酸酯	(1) 弱酸性条件下正浮选铁矿物； (2) 泡沫脆、易消泡	[11, 12, 20]
	烷基硫酸钠	$ROSO_3Na$		

续表 6-10

分类	名称或代号	极性基团	应用特点	参考文献
第四类：肟酸类、氨基酸	十二烷基羟肟酸	RCONHOH	(1) 正浮选含铁矿物；(2) 价格偏高	[12]
	DWD-3	C═O、C—OH、—NH、$—NH_2$	(1) 反浮选石英；(2) 正浮选含铁矿物；(3) 浮选温度低；(4) 适宜浮选 pH 值范围较宽；(5) 属于螯合捕收剂；(6) 选择性强	[21]
	DKZ-1	C═O、C—OH、—NH		[22]
	HEA 系列	—O—、C═O、C—OH、$—NH_2$		[23]
	LEA 系列	—O—、C═O、C—OH、$—NH_2$		[23]
	DLJ	C═O、C—OH、—NH、$—NH_2$		[24]
	DTX	C═O、C—OH、—NH、$—NH_2$		[24]
	RN-665	C═O、C—OH、—NH、$—NH_2$		[25]

从表 6-10 可以看出，无论是正浮选铁矿物还是反浮选石英或者其他硅酸盐矿物，铁矿浮选捕收剂的极性基都具有以下基团：C═O、C—OH、—NH—、$—NH_2$、多个 X═O、X—OH 的含氧酸酯类捕收剂，或者含有═O、═N、$—O^-$、—N、—OH 的氨基酸或者肟酸类捕收剂。

6.1.2.2 几种铁矿石浮选捕收剂的捕收效果实例

A 改性脂肪酸类捕收剂体系下铁矿物及石英浮选行为

以 α-氯代脂肪酸和 α-溴代脂肪酸为例，介绍改性脂肪酸类捕收剂对铁矿物及石英的浮选效果。

a α-氯代月桂酸对铁矿物及石英的浮选效果

以 α-氯代月桂酸为捕收剂，单矿物浮选条件下试验结果如图 6-10 和图 6-11 所示。

针对鞍山某实际矿石的浮选开路试验和闭路试验结果如表 6-11 和表 6-12 所示。浮选开路试验条件为粗选 pH = 11.5、抑制剂羧甲基淀粉用量 600g/t、活化剂 $CaCl_2$ 用量 200g/t、捕收剂 α-氯代月桂酸用量 800g/t，浮选温度为室温 25℃。

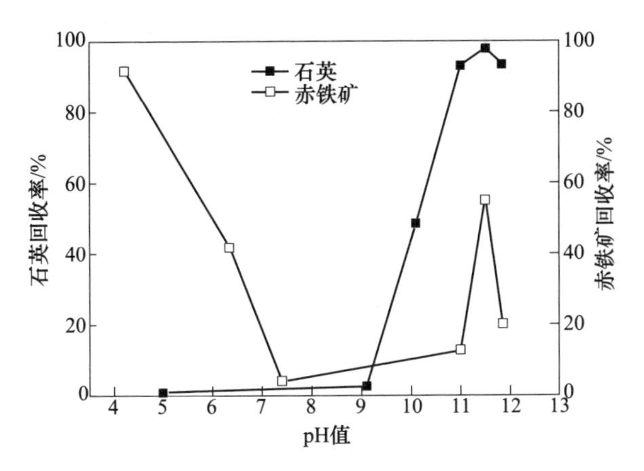

图 6-10 pH 值对石英和赤铁矿浮选回收率的影响（浮选温度 13℃）

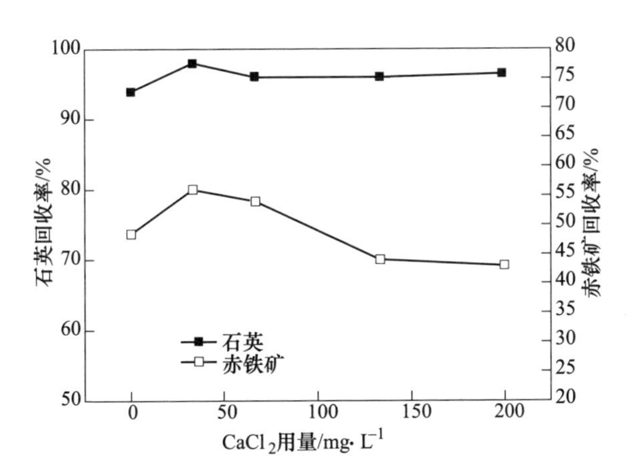

图 6-11 $CaCl_2$ 用量对石英和赤铁矿浮选回收率的影响（浮选 pH=11.5，温度 13℃）

表 6-11 α-氯代月桂酸药剂体系下某实际矿浮选开路试验结果

产品名称	产率/%	品位/%	回收率/%
精矿	55.09	65.77	77.47
中矿 1	21.08	35.52	16.00
中矿 2	7.74	21.95	3.63
尾矿	16.09	8.43	2.90
合计	100.00	46.77	100.00

结果表明，原矿经一次粗选、两次扫选的反浮选开路试验流程后，得到精矿

铁品位 65.77%、铁回收率 77.47%、尾矿铁品位 8.43%的试验结果。闭路试验条件同开路试验一致，结果如表 6-12 所示。通过一次粗选、一次扫选小型闭路试验，最终获得精矿铁品位 65.38%、铁回收率 89.00%、尾矿铁品位 13.78%的试验结果。说明捕收剂 α-氯代月桂酸在低温下具有较好的捕收性能。

表 6-12　α-氯代月桂酸药剂体系下某实际矿浮选闭路试验结果

产品名称	产率/%	品位/%	回收率/%
精矿	63.04	65.38	89.00
尾矿	36.96	13.78	11.00
合计	100.00	46.31	100.00

b　α-溴代月桂酸对铁矿物及石英的浮选效果

以 α-溴代月桂酸为捕收剂，单矿物浮选条件下试验结果如图 6-12～图 6-17 所示。

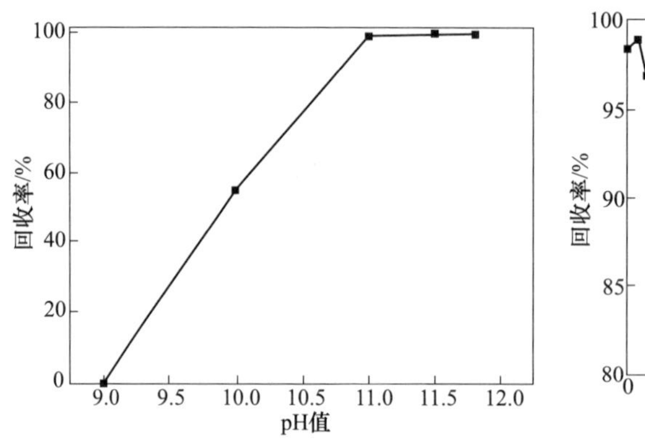

图 6-12　pH 值对石英浮选效果的影响

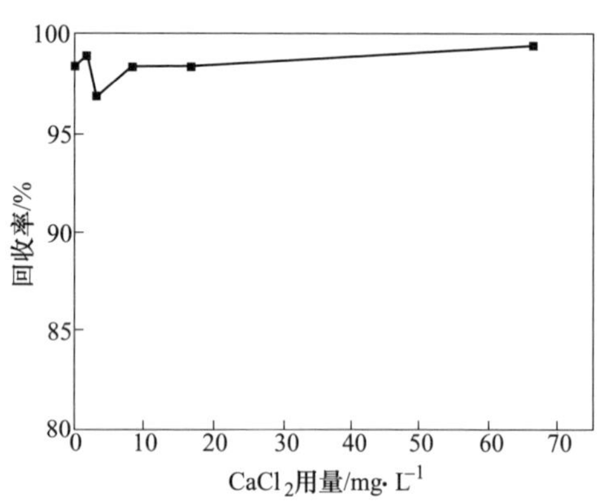

图 6-13　$CaCl_2$ 用量对石英浮选效果的影响

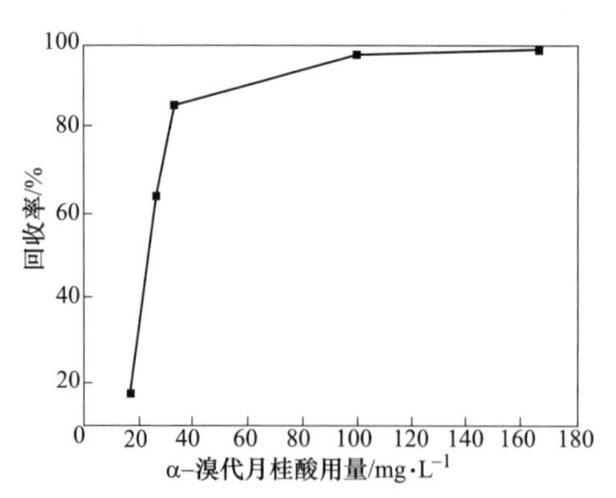

图 6-14　捕收剂用量对石英浮选效果的影响

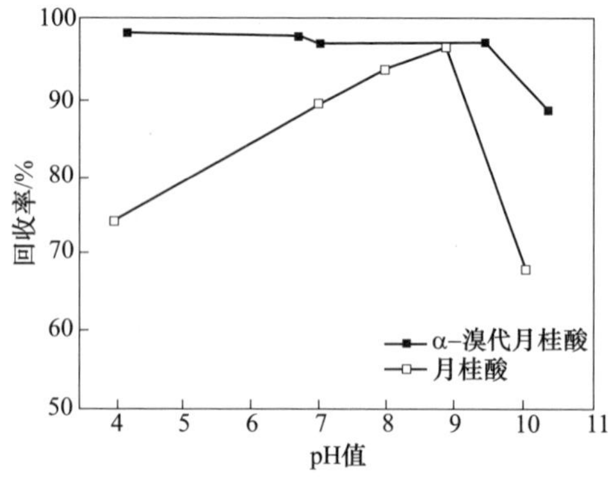

图 6-15　pH 值对赤铁矿浮选效果的影响

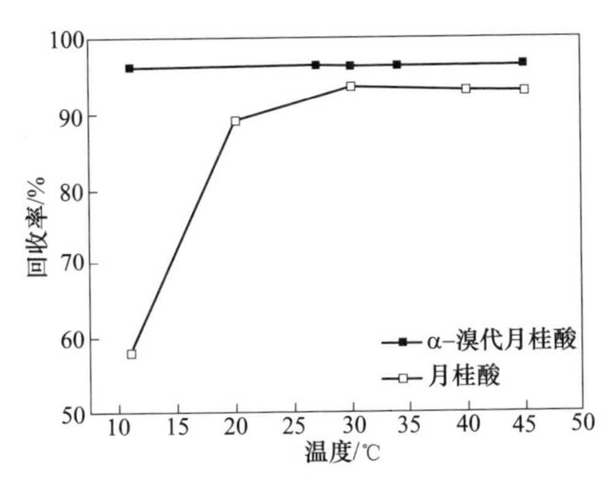

图 6-16 温度对赤铁矿浮选效果的影响

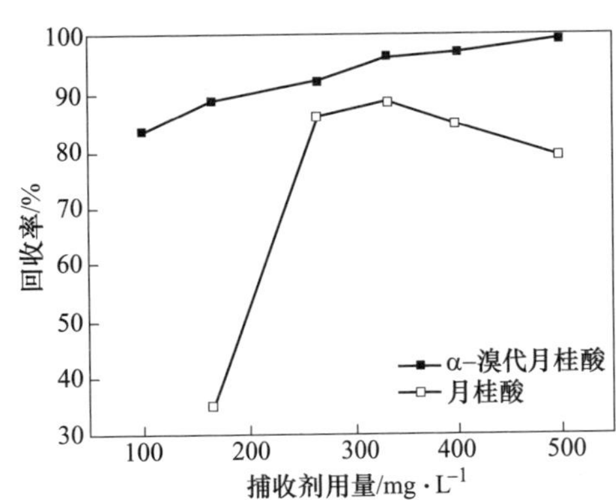

图 6-17 捕收剂用量对赤铁矿浮选的影响

针对司家营某实际矿石的混合磁选精矿进行了浮选开路试验，一次粗选试验条件：温度 25℃、pH=11.5、抑制剂淀粉用量 800g/t、活化剂 CaO 用量 200g/t、捕收剂用量 600g/t；精选捕收剂用量 300g/t，扫选不加药剂。浮选开路试验结果如表 6-13 所示。

表 6-13 α-溴代月桂酸药剂体系下某实际矿石浮选开路试验结果

产品名称	产率/%	品位/%	回收率/%
精矿	35.94	66.01	59.07
中矿 1	8.64	38.11	10.98
中矿 2	7.58	54.26	13.71
中矿 3	5.16	45.81	4.72
中矿 4	2.17	37.61	1.08
尾矿	40.49	11.56	11.46
合计	100.00	39.37	100.00

由表 6-13 可知，采用反浮选工艺，进行一次粗选、一次精选和三次扫选开路试验，最终获得精矿铁品位 66.01%、铁回收率 59.07%的指标。

根据该混合磁选精矿条件试验确定的最佳条件及开路试验结果进行浮选闭路试验，获得了精矿铁品位 65.61%、回收率 78.19%、尾矿铁品位 14.88%的试验指标。

B 改性胺类捕收剂体系下铁矿物及石英浮选行为

以改性胺类 DCZ-5 为捕收剂，纯矿物浮选条件下试验结果如图 6-18～图 6-21 所示。

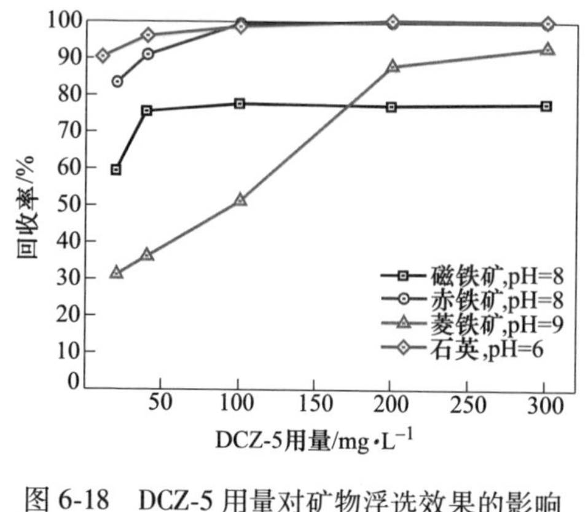

图 6-18　DCZ-5 用量对矿物浮选效果的影响

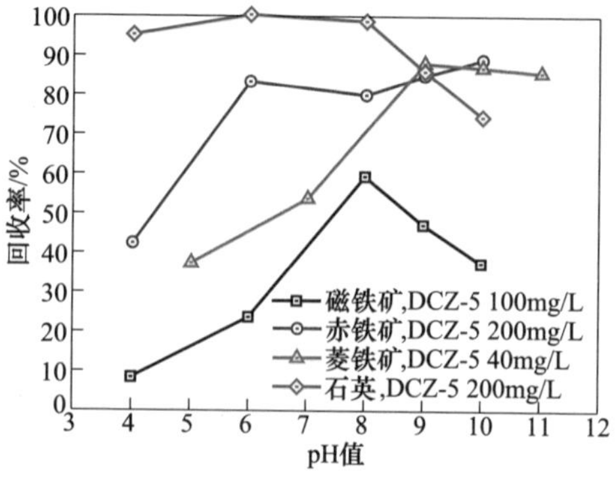

图 6-19　pH 值对矿物浮选效果的影响

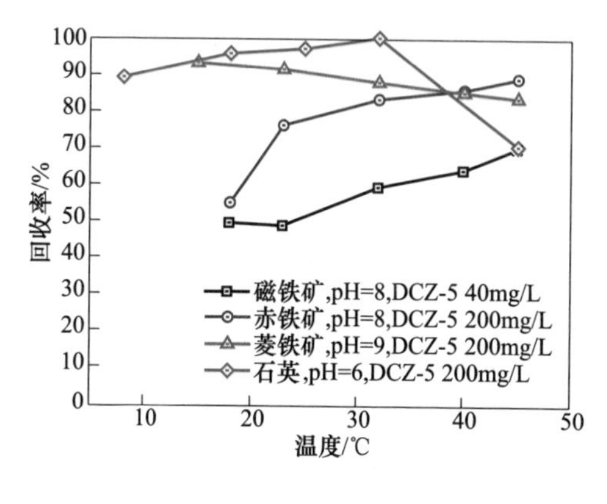

图 6-20　温度对矿物浮选效果的影响

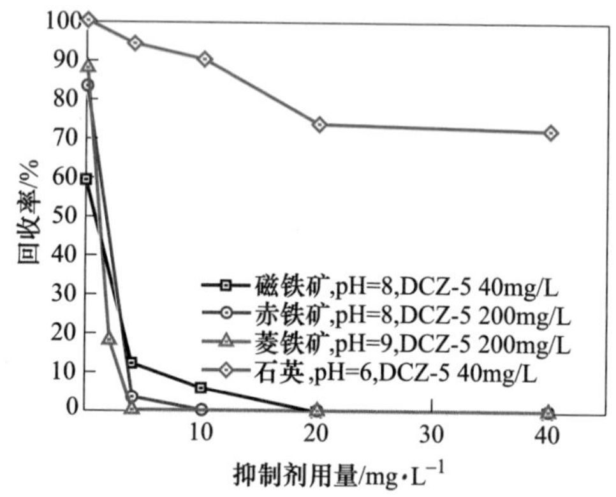

图 6-21　抑制剂用量对矿物浮选效果的影响

针对鞍山某铁矿石混合磁选精矿，根据反浮选条件试验确定的最佳条件进行一次粗选、一次精选和一次扫选的浮选开路试验流程，在温度 28℃、改性胺类捕收剂 DCZ-5 用量 130g/t、抑制剂用量 80g/t、pH 值为 9.0 的试验条件下，获得浮选开路试验结果如表 6-14 所示。

表 6-14　改性胺类捕收剂体系下浮选开路试验结果

产品名称	产率/%	品位/%	回收率/%
精矿	41.26	69.48	65.38
中矿 1	8.03	38.85	7.12
中矿 2	9.43	63.17	13.59
尾矿	41.28	14.78	13.92
合计	100.00	43.85	100.00

根据表 6-14 所示的结果可知，在温度常温 28℃、改性胺类捕收剂 DCZ-5 用量 130g/t、抑制剂用量 80g/t、pH=9.0 的条件下，浮选开路试验获得精矿铁品位 69.48%，铁回收率 65.38%的浮选指标。

根据该混合磁选精矿条件试验确定的最佳条件及开路试验确定的各浮选阶段的产品中全铁的品位和回收率指标进行浮选闭路试验，获得了精矿铁品位 67.69%、铁回收率 90.46%的浮选闭路试验指标。

C 氨基羧酸类捕收剂体系下铁矿物及石英浮选行为

以 DTX 为例介绍在氨基羧酸类捕收剂体系下的石英、菱铁矿、赤铁矿和磁铁矿的可浮性，浮选温度为 18℃，试验结果如图 6-22～图 6-25 所示。

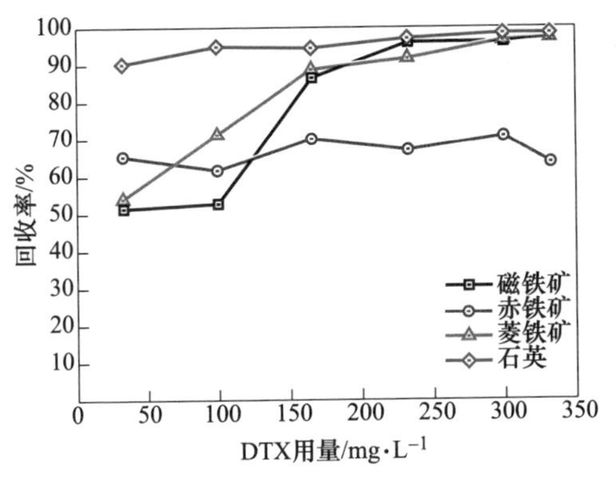

图 6-22 DTX 用量对矿物浮选效果的影响

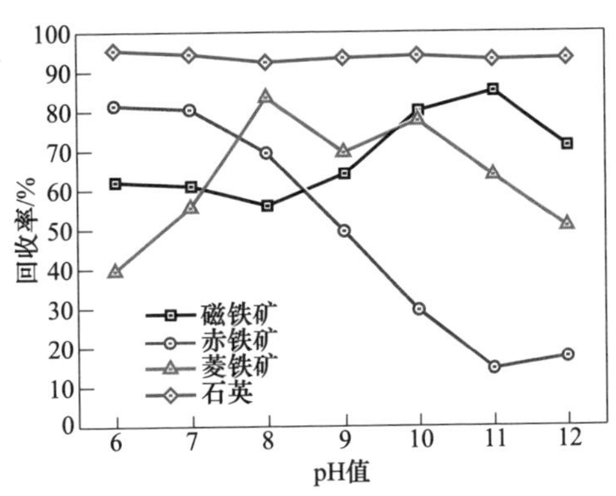

图 6-23 pH 值对矿物浮选效果的影响（DTX 用量=200mg/L）

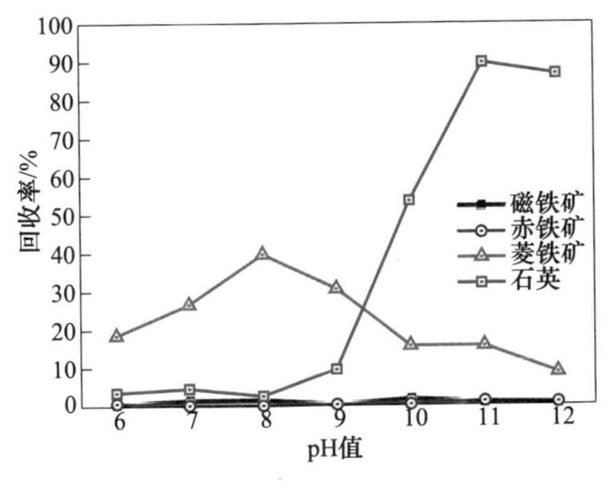

图 6-24 淀粉抑制时 pH 值对矿物浮选效果的影响（淀粉用量=40mg/L）

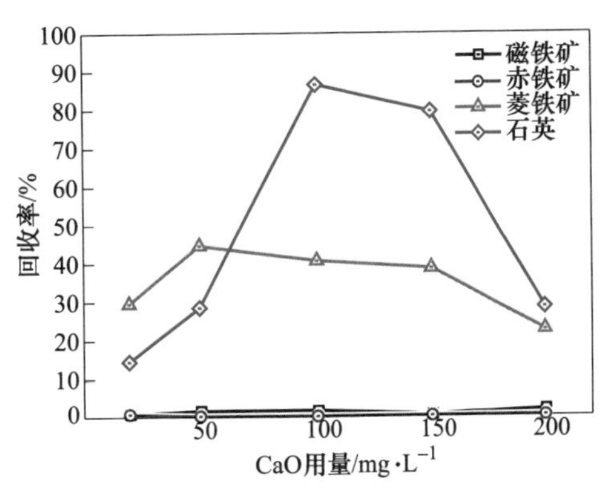

图 6-25 活化剂用量对矿物浮选效果的影响（pH=11.5）

针对东鞍山地区某含碳酸盐铁矿石混合磁选精矿进行浮选开路试验，首先进行正浮选试验，试验条件为 pH 值为 8.5、淀粉用量 800g/t、捕收剂 DTX 用量 50g/t，正浮选获得菱铁矿含量较高的铁精矿。正浮选尾矿进行反浮选试验，试验条件为粗选 pH 值为 11.5、淀粉用量 600g/t、CaO 用量 600g/t、捕收剂 DTX 用量 600g/t，一次精选 pH 值为 11.5、CaO 用量 300g/t、捕收剂 DTX 用量 300g/t。试验结果如表 6-15 所示。

表 6-15　在 DTX 药剂体系下的浮选开路试验结果

产品名称	产率/%	铁品位/%	回收率/%
菱精矿	11.27	41.61	10.28
精矿	39.06	66.11	56.59
中 1	12.66	37.23	10.33
中 2	12.38	53.66	14.55
中 3	4.48	25.82	2.53
尾矿	20.15	12.95	5.72
原矿	100.00	45.64	100.00

对浮选开路试验所得菱铁矿精矿和最终精矿进行铁物相分析，结果见表 6-16。

表 6-16　菱精矿和精矿的铁物相分析结果

矿物	铁物相	磁性铁 (mFe)	碳酸铁 (cFe)	赤（褐）铁 (oFe)	硫化铁 (sfFe)	硅酸铁 (siFe)	全铁 (TFe)
菱精矿	铁含量/%	6.46	5.28	29.75	0.07	0.13	41.69
	占有率/%	15.50	12.66	71.36	0.17	0.31	100.00
精矿	铁含量/%	24.42	2.34	38.74	0.33	0.34	66.17
	占有率/%	36.91	3.53	58.55	0.50	0.51	100.00

浮选开路试验获得菱铁矿精矿铁品位 41.61%、$FeCO_3$ 含量 12.66%，最终得到精矿铁品位 66.11%、铁回收率 56.59%、尾矿铁品位 12.95%的浮选指标。

在浮选开路试验的基础上，进行了混合磁选精矿的浮选闭路试验，最终获得精矿铁品位 65.87%、铁回收率 67.92%、尾矿铁品位 20.13%的试验指标。

6.1.3　铁矿石浮选捕收剂与矿物作用原理

前面介绍了铁矿石常见组成矿物如磁铁矿、赤铁矿、菱铁矿、石英等矿物晶体表面化学特征，了解了矿物表面化学活性位点分布、电子态密度、荷电或者成键趋势。根据矿物晶体化学特征设计药剂分子结构，并将具有结构共性的浮选捕收剂归类介绍，通过浮选试验验证了这些浮选捕收剂的捕收效果。

在浮选矿浆体系中，加入浮选捕收剂时，药剂分子的极性基活性位点原子或者离子将与矿物颗粒表面化学活性位点原子或者离子发生吸附作用；因此，浮选捕收剂与矿物作用原理的首要任务就是分析浮选矿浆体系中，药剂分子与矿物表面吸附作用是否发生，发生了什么类型的吸附作用。这种浮选捕收剂与矿物作用原理分析可以通过矿物表面润湿性、矿物表面荷电分析、矿物与药剂作用前后的 Zeta 电位分析、红外光谱分析、XPS 光电子能谱分析、接触角检测、MS 软件计算等手段来量化分析静电吸附、分子间作用力吸附（氢键吸附）或者键合吸附存在与否。

6.1.3.1 矿物表面润湿性分析

矿物碎磨过程中矿物晶体中部分化学键断裂，新生成矿物表面的表层原子失去了部分配位原子，处于不饱和的活跃状态，相比体相原子具有更高的能量。粉碎矿物进入矿浆后，通过吸附矿物表面附近水成分形成表层水化膜以降低其表面能，从而趋于稳定。因此，矿物润湿的实质也就是表面原子对水成分的吸附。矿物表面润湿性是衡量水在矿物表面的铺展能力或趋向，可用接触角（θ）衡量润湿性的大小。接触角 θ 越大，润湿性指标 $\cos\theta$ 越小，可浮性指标 $1-\cos\theta$ 越大，矿物可浮性越好。矿物的接触角及与水作用的黏附功计算结果如表 6-17 所示。石英、赤铁矿、磁铁矿和菱铁矿的黏附功均较大，为亲水性矿物。石英的表面能大于赤铁矿、磁铁矿和菱铁矿，故相较于 3 种铁矿物，在石英表面更易形成水化膜。

表 6-17 矿物接触角检测以及与水作用的黏附功计算结果

矿物	与水间接触角 /(°)	与丙三醇间接触角 /(°)	与水作用黏附功 /$mJ\cdot m^{-2}$	表面能 /$mJ\cdot m^{-2}$
石英	23.88	42.83	139.37	80.39
赤铁矿	17.38	32.79	142.28	68.33
磁铁矿	33.67	34.62	133.38	62.99
菱铁矿	32.98	33.54	133.87	62.95

6.1.3.2 矿物表面荷电机理分析

破碎后石英、赤铁矿、磁铁矿和菱铁矿表面主要暴露面的表面原子排布如图 6-26 所示。石英、赤铁矿、磁铁矿和菱铁矿的常见暴露面分别为（101）、（101）、（011）和（100）面。石英晶格内化学键断裂后，其表面暴露出氧原子和硅原子，且氧原子位置较硅原子外凸。XPS 分析也表明石英表面氧原子与硅原子比为（1.5~2）∶1。破碎后新生成赤铁矿、磁铁矿和菱铁矿表面主要为铁原子和氧原子，且主要以氧原子为主。XPS 分析证明赤铁矿和磁铁矿表面氧原子与铁原子比大致为 5 : 1，而菱铁矿表面氧原子和铁原子比大致为 8 : 1。故以上 4 种矿物表面暴露的原子可与水中 H^+或 OH^-离子作用后形成羟基化表面，进而使得矿物表面呈现不同电性。

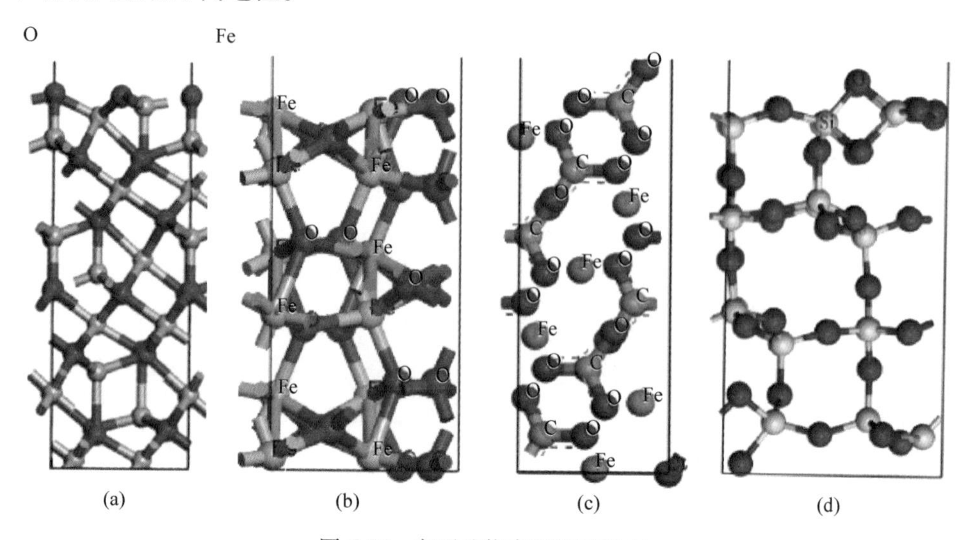

图 6-26　主要矿物表面原子排布

（a）磁铁矿（011）面；（b）赤铁矿（101）面；（c）菱铁矿（100）面；（d）石英（101）面

赤铁矿、磁铁矿等铁矿物在水中都会形成羟基化表面，其可解离或吸附 H^+或 OH^-定位离子，进而使赤铁矿和磁铁矿表面荷电。

在浮选矿浆中，矿物表面会发生不等量溶解、不等量吸附、晶格取代或者解离等作用，导致矿物表面带有电荷，在固液界面形成双电层。赤铁矿和磁铁矿中 Fe 为 d 区元素，Fe^{3+}价电子构型为 $3d^5$，具有空轨道，可以与具有孤电子对的配体形成配位共价键，因此其极易与水中的 OH^-形成羟基膜。又因为赤铁矿和磁铁矿均为难溶性氧化矿物，故在赤铁矿和磁铁矿与水的固液界面所形成的双电层中这两种矿物的定位离子均为 OH^-和 H^+。粉碎过程中生成新的铁矿物表面在矿浆中与水接触吸附溶液中的 H_2O、OH^-或 H^+；H_2O 在铁矿物表面吸附后会解离生成 OH^-和 H^+，无论是从矿浆中吸附或解离生成的 OH^-和 H^+都会分别与铁矿物表面的 Fe 位点或 O 位点结合形成羟基化表面。在矿浆中，铁矿物表面的电性就是由矿物表面对 OH^-或者 H^+的吸附以及表面羟基的电离所引起的。

在碎磨过程中，石英沿着 Si—O 键断裂，在石英表面形成—Si—O^-和—Si^+的活性位点。在溶液中，石英表面荷负的—Si—O^-活性位点将吸附水中的 H^+，带正电荷的—Si^+活性位点则吸附水中的 OH^-，进而形成石英的羟基化表面。石英表面对 OH^-或者 H^+的吸附以及表面羟基的电离是石英表面荷电行为的起源，因为硅的价电子构型为 $2s^22p^6$，价电子层上没有空轨道，在水溶液中与 OH^- 不能形成配位键。石英羟基化表面与硅酸化合物类似，是一种弱电解质，会随着溶液 pH 值的变化，发生不同程度的电离，使得石英颗粒表面荷负电，溶液 pH 值越高，电离将越完全，石英表面负电荷的密度越大。

6.1.3.3 浮选药剂作用前后矿物颗粒的 Zeta 电位分析

通过分析浮选药剂作用前后矿物颗粒的 Zeta 电位数据，我们可以得到以下信息：

（1）矿物的零电点 pH_0 数据。由此可以判断特定 pH 值下某种矿物颗粒宏观净剩电荷是带正电还是带负电，这是判定是否发生静电吸附的重要依据。还可以横向比较不同矿物的零电点 pH_0 数据大小，以判定矿物表面阴阳离子的比率分布。

（2）浮选药剂作用前后矿物颗粒的 Zeta 电位是否发生变化。如果 Zeta 电位数据发生变化，说明浮选药剂与矿物发生了吸附。

（3）结合浮选药剂的 $\lg C$-pH 值曲线，可以判定在某 pH 值下矿物颗粒与浮选药剂分子是否荷同性电荷，从而判定静电吸附是否发生。

下面以氨基酸酸类型捕收剂 DTX 与赤铁矿作用前后的 Zeta 电位分析为例，结果如图 6-27 所示。赤铁矿零电点 $pH_0=8.6$。与药剂 DTX 作用后，赤铁矿颗粒的 Zeta 电位曲线和等电点均向右移动。浮选回收率 $\varepsilon(\%)$-pH 值曲线结果表明，在 pH 值为 4.0~7.0 时，捕收剂 DTX 对赤铁矿的捕收性能较好，在此 pH 值区间，吸附 DTX 的赤铁矿 Zeta 电位较原赤铁矿表面 Zeta 电位下降幅度较大，且由正值变为负值，故可初步分析捕收剂 DTX 与赤铁矿表面之间除存在静电吸附外，还存在特性吸附。捕收剂 DTX 吸附在赤铁矿表面形成新的吸附偶极子层，导致其 Zeta 电位大幅负移。

与药剂作用前后菱铁矿的 Zeta 电位如图 6-28 所示，菱铁矿零电点为 6.43。

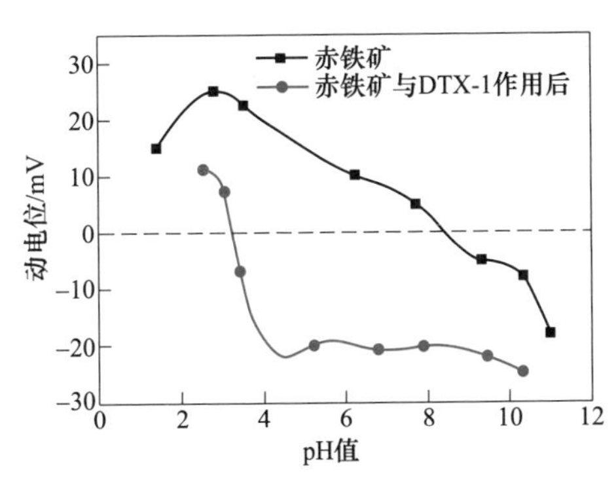

图 6-27 DTX 作用前后赤铁矿 Zeta 电位

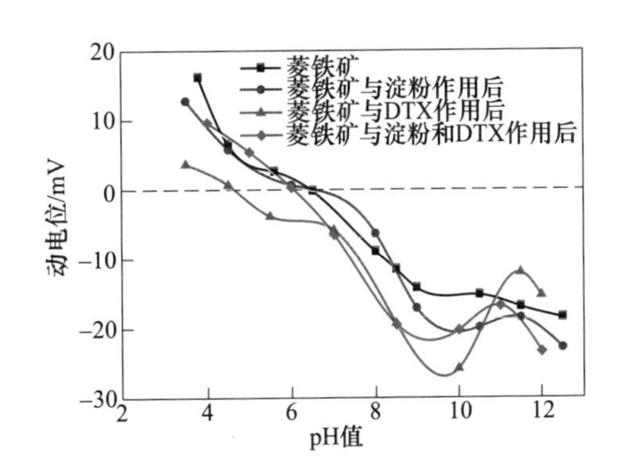

图 6-28 菱铁矿表面 Zeta 电位与 pH 值关系

菱铁矿与捕收剂 DTX 作用之后，Zeta 电位和等电点均向负值方向移动，故捕收剂 DTX 与菱铁矿之间存在特性吸附。pH 值在 9~10 范围内，Zeta 电位差值最大，此时荷负电的阴离子型捕收剂 DTX 在菱铁矿表面吸附量最多，捕收剂 DTX 可能与菱铁矿之间存在氢键吸附（详见红外光谱分析），在 DTX 的影响下，菱铁矿 Zeta 电位曲线负移。淀粉作用前后菱铁矿 Zeta 电位曲线变化趋势一致，且等电点相同，故淀粉主要以静电吸附的方式吸附在菱铁矿表面，经淀粉和 DTX 共同作用后菱铁矿等电点负移量较 DXT 单独作用后降低，故淀粉弱化了捕收剂在菱铁矿表面的吸附作用，但当 pH 值大于等电点后，菱铁矿 Zeta 电位负移，且 pH 值为 8~9 时，菱铁矿表面 Zeta 电位变化幅度最大，这也正是菱铁矿浮选时 DTX 捕收菱铁矿的最佳 pH 值范围，故在此 pH 值范围内淀粉对 DTX 捕收菱铁矿的影响较小。

与 DTX 作用前后石英的 Zeta 电位变化曲线如图 6-29 所示，石英的零电点为 2.95。在整个测试 pH 值区间内，与 DTX 作用后石英的 Zeta 电位和等电点均负向移动，说明 DTX 在石英矿物表面发生了特性吸附。当 pH 值大于 2.95 时石英表面荷带负电，阴离子捕收剂 DTX 也荷负电，在 DTX 作用下石英 Zeta 电位向负值方向移动，这说明 DTX 与石英表面作用力大于同性电荷间的斥力。与淀粉作用后石英的 Zeta 电位与原石英的 Zeta 电位近似，淀粉对石英表面电性影响较小，这也证明了淀粉在石英表面主要以静电吸附为主。与淀粉和 DTX 共同作用后石英的 Zeta 电位与 DTX 作用后石英的 Zeta 电位曲线的变化趋势和程度接近，这也进一步证明了淀粉在石英表面的吸附不强，且淀粉对 DTX 在石英表面的吸附影响较小。pH 值为 11 左右时，Zeta 电位绝对值差最大，而此 pH 值也正是浮选石英的回收率最高点。

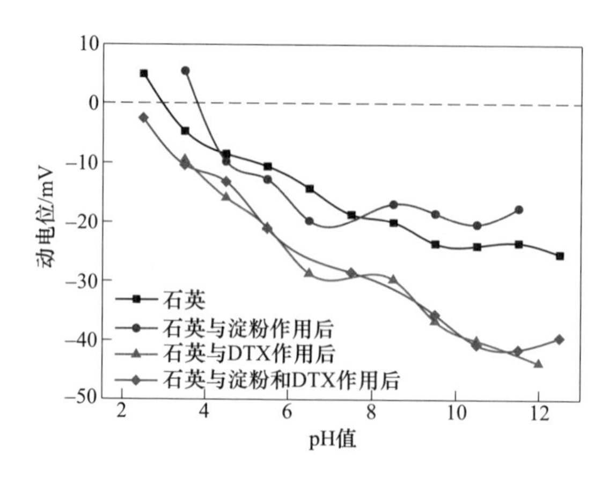

图 6-29　DTX 作用前后石英 Zeta 电位

6.1.3.4 与矿物颗粒作用前后浮选药剂的红外光谱分析

有机化合物对红外光具有特征吸收峰，因此通过红外光谱峰的波数（频率）位置可以探究有机化合物分子结构信息。通常检测浮选药剂、矿物及其与矿物作用后的药剂-矿物复合样本的红外光谱，观察极性基团的红外光谱峰的位置漂移程度，辅助判定药剂与矿物的作用机理。本节以酰胺基羧酸类捕收剂 DWD-3 为例，介绍 DWD-3 的红外光谱及其与赤铁矿、磁铁矿、石英等矿物作用的红外光谱特征峰的变化情况，从而进行药剂与矿物作用机理分析。

在捕收剂 DWD-3 浓度为 4.8×10^{-3}mol/L 条件下，与捕收剂 DWD-3 作用前后赤铁矿和磁铁矿的红外光谱图如图 6-30 和图 6-31 所示。

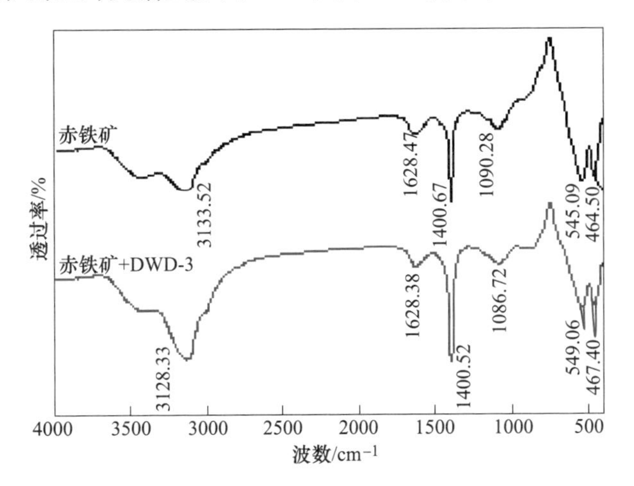

图 6-30 DWD-3 作用前后赤铁矿红外光谱

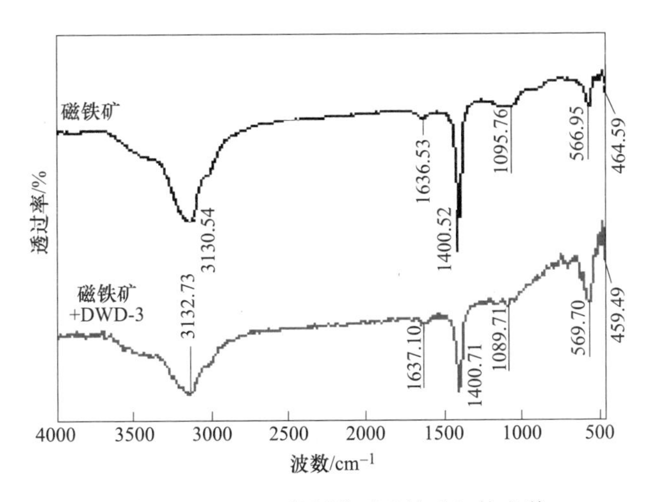

图 6-31 DWD-3 作用前后磁铁矿红外光谱

在赤铁矿的红外光谱中，3133.52cm^{-1}是吸附水 O—H 键特征吸收峰，1628.47cm^{-1}是吸附水中—OH 弯曲振动吸收峰，1400.67cm^{-1}是吸附水中—OH 伸缩振动吸收峰；1090.28cm^{-1}和 464.50cm^{-1}是 Fe—O 键的弯曲振动吸收峰，而545.09cm^{-1}是 Fe—O 键的伸缩振动吸收峰。在与 DWD-3 作用后赤铁矿的红外光谱中 3133.52cm^{-1} O—H 键特征吸收峰向低波数方向偏移至 3128.33cm^{-1}处，1090.28cm^{-1}和 467.40cm^{-1}处 Fe—O 键的弯曲振动吸收峰及 549.06cm^{-1}处 Fe—O 键的伸缩振动吸收峰相比赤铁矿分别向低波数偏移了 3.56cm^{-1}，高波数偏移了2.9cm^{-1}和 3.97cm^{-1}，这均说明捕收剂 DWD 与赤铁矿表面存在氢键吸附作用，氢键效应使得 O—H 键振动减弱，化学键力降低，O—H 键峰位向低波数偏移。在磁铁矿的红外光谱中，3130.54cm^{-1}处是吸附水 O—H 键特征吸收峰，1636.53cm^{-1}是吸附水中 O—H 弯曲振动吸收峰，1400.52cm^{-1}处为吸附水中 O—H 伸缩振动吸收峰；1095.76cm^{-1}和 464.59cm^{-1}是 Fe—O 键的弯曲振动吸收峰，而566.95cm^{-1}是 Fe—O 键的伸缩振动吸收峰。与捕收剂 DWD-3 作用后磁铁矿的红外光谱中，3130.54cm^{-1} O—H 键特征吸收峰向低波数方向偏移至 3122.73cm^{-1}处，1089.71cm^{-1}和 459.49cm^{-1}处 Fe—O 键的弯曲振动吸收峰相比磁铁矿向低波数方向偏移了 6.05cm^{-1}和 5.1cm^{-1}，这也说明捕收剂 DWD 与磁铁矿表面存在氢键吸附作用。

以 3.3×10^{-3} mol/L 浓度的 Ca^{2+} 活化石英，被 Ca^{2+} 活化的石英再与 2.9×10^{-3}mol/L 的捕收剂 DWD-3 作用，与捕收剂 DWD-3 作用前后 Ca^{2+} 活化石英的红外光谱分析结果如图 6-32 所示。在被 Ca^{2+} 活化的石英红外光谱中，3128.46cm^{-1}处较强吸收峰是吸附水间的 O—H 键振动吸收峰，1616.55cm^{-1}处的弱峰为吸附水中 O—H 弯曲振动吸收峰，1400.12cm^{-1}处为吸附水中 O—H 伸缩振动吸收峰。1082.23cm^{-1}处为石英 Si—O 非对称伸缩振动吸收峰，此处为石英第一特征吸收峰带；795.25cm^{-1} 和 692.66cm^{-1} 为石英 Si—O—Si 对称伸缩振动吸收峰，461.12cm^{-1}为石英 Si—O 弯曲振动吸收峰，此处为石英第二特征吸收峰带。Ca—O 特征吸收峰在 1400cm^{-1}左右，在图谱中被水分子中 O—H 伸缩振动峰覆盖。与捕收剂 DWD-3 作用后 Ca^{2+} 活化石英的红外光谱中，出现了波数2975.67cm^{-1}处—CH_3 中 C—H（或—CH_2 中 C—H 反对称）伸缩振动吸收峰，2929.00cm^{-1}处—CH_2 中 C—H 对称伸缩振动吸收峰，这说明 DWD-3 可吸附于Ca^{2+}活化石英的表面。在 DWD-3 中 1717.56cm^{-1}处羧基、酰胺基中 C═O 伸缩振动吸收峰和 865.21cm^{-1}处 N—H 弯曲振动吸收峰出现在与 DWD-3 作用后 Ca^{2+} 活化石英的红外光谱中，且分别向高波数方向偏移至 1785.90cm^{-1}和 881.98cm^{-1}处，说明捕收剂 DWD-3 与 Ca^{2+}活化石英作用后，石英表面 Ca^{2+}活性位点可与捕收剂中羧基活性位点之间发生键合吸附，生成羧酸钙，在钙离子的诱导作用下，C═O 键和 N—H 键振动增强，化学键力增加，其吸收峰向高波数方向偏移；与

捕收剂作用后 Ca^{2+}活化石英红外光谱中 1089.79cm^{-1}处 Si—O 非对称伸缩振动吸收峰相比与捕收剂 DWD-3 作用前此峰位置向高波数偏移了 7.56cm^{-1}，说明加入捕收剂 DWD-3 后，Si—O 键能量增加，化学键力增加，Si—O 键振动增强。因此，捕收剂 DWD-3 在 Ca^{2+}活化石英表面发生键合吸附。

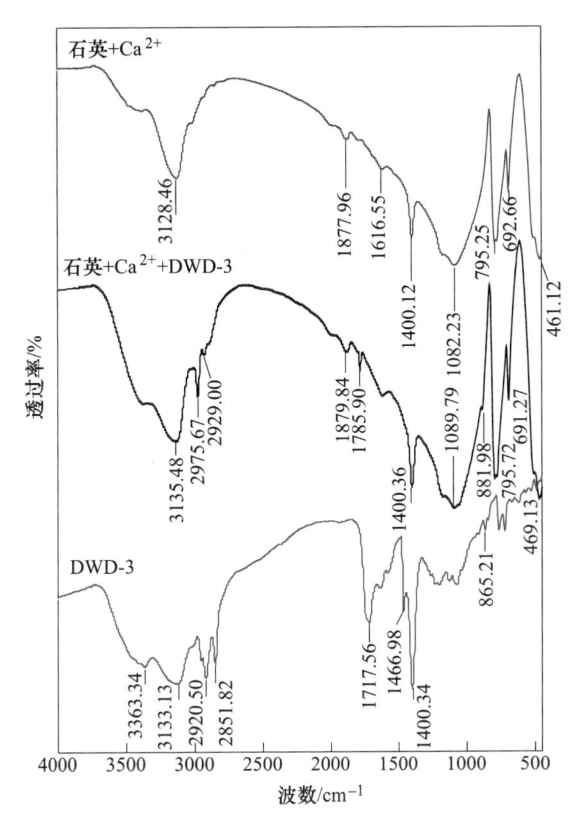

图 6-32 石英与药剂作用前后动红外光谱

6.1.3.5 矿物与药剂作用前后表面的 X 射线光电子能谱分析

X 射线光电子（XPS）能谱可对原子轨道电子的结合能作精确的测量，并根据结合能值来确定元素所处的不同化学环境。通过光电子能谱中元素结合能的位移及各原子相对浓度的变化，可分析浮选药剂在矿物表面吸附情况。本节以醚胺基羧酸类捕收剂 LDEA 为例介绍 XPS 在药剂与矿物作用机理中的作用。

在对扫描数据 C1s（284.6eV）内标校正的基础上，采用 XPSPEAK 4.1 软件在设定的参数下进行分峰拟合。在矿浆 pH 值 10.0、温度 15.0℃、捕收剂 LDEA 20.0mg/L、抑制剂淀粉 8.0mg/L 的条件下，与药剂作用前后石英表的 XPS 全谱扫描结果如图 6-33 和表 6-18 所示。

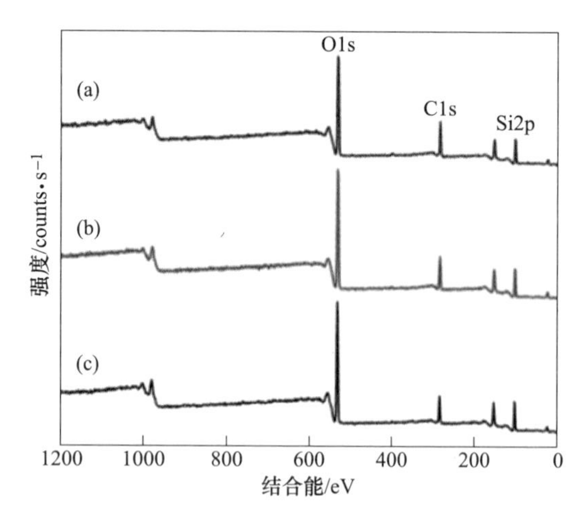

图 6-33　与药剂作用前后石英的 XPS 能谱

（a）石英；（b）石英与 LDEA 作用；（c）石英与淀粉和 LDEA 作用

表 6-18　石英与药剂作用前后 XPS 全谱分析结果

元素	石英		石英+LDEA		石英+淀粉+LDEA	
	结合能/eV	相对浓度/%	结合能/eV	相对浓度/%	结合能/eV	相对浓度/%
C1s	284.60	25.48	284.60	29.16	284.60	31.11
O1s	532.95	45.99	532.53	43.40	532.57	41.81
Si2p	102.64	28.53	102.35	26.33	102.28	25.93
N1s			400.78	1.12	400.41	1.15

结合谱图 6-33 和表 6-18 可知，石英表面主要元素为 Si、O、C，其中 C1s 是真空系统中最常见的有机碳污染。在矿浆 pH 值为 10.0 的条件下，与药剂 LDEA 作用前后石英表面元素 Si、O、C 的中心结合能相近，相对原子浓度差别不太大。与药剂 LDEA 作用后石英表面 C 元素含量增加了 3.68%，Si、O 元素含量相应减小 2.20%、2.59%，同时有新的 N 元素峰的出现，这说明药剂 LDEA 在石英表面发生了吸附作用。而当石英与淀粉和药剂 LDEA 共同作用后，其表面 C 元素含量仍然上升，同时伴随 Si、O 元素含量的降低，同时出现了 N 元素，这进一步说明淀粉对 LDEA 在石英表面的吸附影响较小，这与药剂作用后石英表面动电位和红外光谱分析结果相一致。

为了进一步分析石英经药剂处理前后其表面性质的变化，对与药剂作用前后石英表面 Si、O、C 元素进行了窄程扫描分析，并针对相关 XPS 图谱进行了分峰拟合。在 LDEA 20.0mg/L 和淀粉 8.0mg/L 的条件下，与药剂作用前后石英表面 Si、O、C 元素的拟合结果如图 6-34～图 6-36 所示。

由图6-34（a）可知，石英表面Si2p元素可以以Si—O⁻、Si—OH和晶格Si—O—Si的形式存在，其分别对应于图中结合能约103.3eV、约102.6eV及102.0eV处峰的位置。对比图6-34（a）和（b）可知，在矿浆pH值为10.0的条件下，与药剂LDEA作用后石英表面Si—O⁻中Si2p结合能向低能方向位移0.5eV，Si—OH中Si2p结合能向低能方向位移0.38eV，这说明药剂LDEA在石英表面发生了吸附并引起其表面化学环境的变化。石英与药剂LDEA作用后，其表面Si—O⁻中的Si元素含量由9.79%下降至8.87%，Si—OH中的Si元素含量由12.65%下降至11.65%，这说明药剂LDEA在石英表面发生了吸附，并对石英表面的Si元素起到了屏蔽作用。对比图6-34（b）和（c）可知，淀粉在石英表面作用后，其表面Si—O⁻中Si元素的含量由8.87%上升至9.09%，这直接说明了药剂LDEA在石英表面吸附量减弱，同时也间接说明淀粉也可吸附在石英表面，在一定程度上影响了药剂LDEA在其表面的吸附作用。

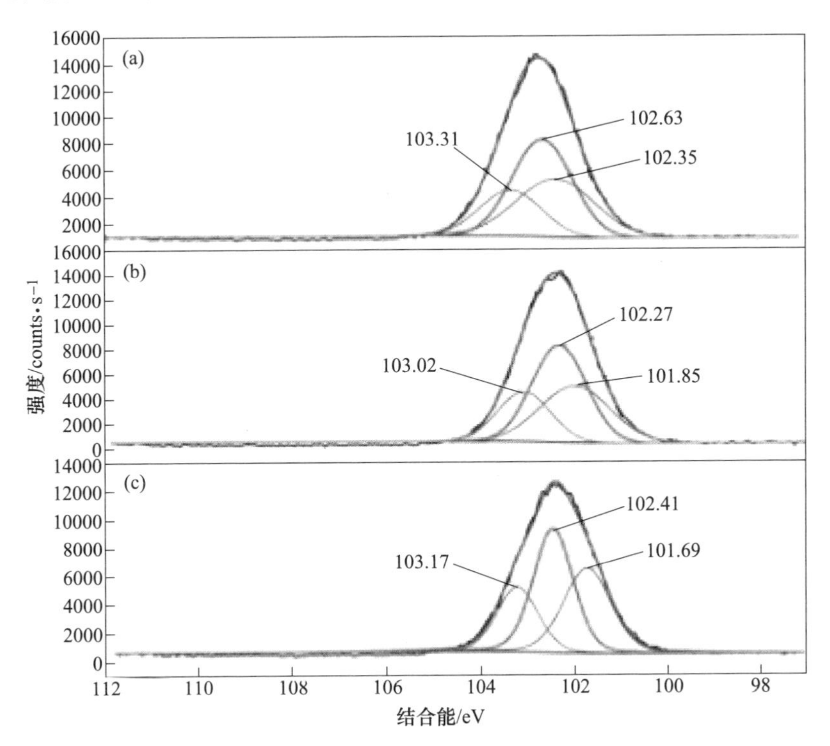

图6-34　与药剂作用前后石英表面Si2p元素的XPS能谱

（a）石英；（b）石英+LDEA20.0mg/L；（c）石英+淀粉8.0mg/L+LDEA20.0mg/L

图6-35中石英表面约531.0eV、约532.0eV、约532.73eV及约533.70eV处的峰分别归属于—Si—O—、Si—OH、晶格Si—O—Si及吸附水中的O原子。对比图6-35（a）和（b）可知，与药剂LDEA作用后石英表面—Si—O—中O1s结

合能向高能方向位移 0.34eV，相对浓度由 7.21%下降至 6.80%，其原因可能是由于药剂 LDEA 中阳离子基团—NH_2^+与—Si—O—发生作用，使得石英表面—Si—O—活性位点受到屏蔽。结合能约 533.70eV 处 O1s 在表面的相对浓度变化最大，由 17.68%下降到 5.49%，这说明石英表面的水分子膜受到了药剂的排挤而减小，同时暴露出来的 Si—O—基团会吸附水中的 H^+离子，使得石英表面的 Si—OH 含量由 15.30%上升至 22.45%。同时，发现有新的峰约 530.00eV 出现，这对应于药剂分子结构中的羧基基团，也说明了药剂在石英表面的吸附作用。对比图 6-35（b）和（c）可知，淀粉也可吸附于石英表面，这将使得药剂 LDEA 在—Si—O—处的吸附减少，—Si—O—处 O1s 相对浓度上升。在淀粉和 LDEA 吸附后，结合能约 532.7eV 处 Si—OH 中 O1s 相对浓度由 22.45%下降至 8.37%，这说明淀粉在石英表面的吸附屏蔽了石英表面的 Si—OH 活性位点。同时，532.00eV 处羧基基团中 O1s 的相对浓度维持在 8.36%，这说明淀粉的加入对 LDEA 在石英表面的吸附影响较小。

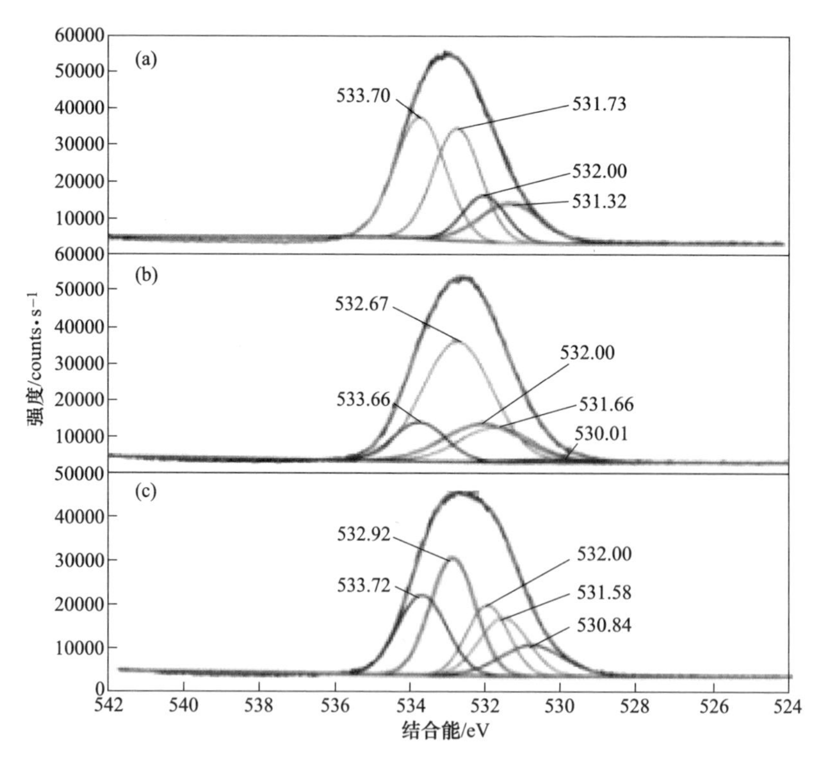

图 6-35 与药剂作用前后石英表面 O1s 元素的 XPS 能谱

（a）石英；（b）石英+LDEA20.0mg/L；（c）石英+淀粉 8.0mg/L+LDEA20.0mg/L

由图 6-36（a）可知，在石英表面 C1s 结合能为 284.60eV，对应于有机碳。对比图 6-36（a）和（b）可知，与 LDEA 作用后，石英表面出现了结合能为

286.28eV 的新 C1s 峰，归属于甲基—CH_3 中碳的 XPS 特征峰，这说明了药剂 LDEA 在石英表面发生了吸附。石英与淀粉和 LDEA 共同作用后，这一数值由 4.28%略有下降至 3.46%，这说明淀粉对药剂 LDEA 在石英表面的吸附存在一定影响，结合动电位和红外光谱分析以及浮选试验结果可知，淀粉对 LDEA 在石英表面吸附虽存在影响但影响幅度相对较小。捕收剂 LDEA 在石英表面的氢键吸附作用占药剂与石英表面吸附的主导地位。

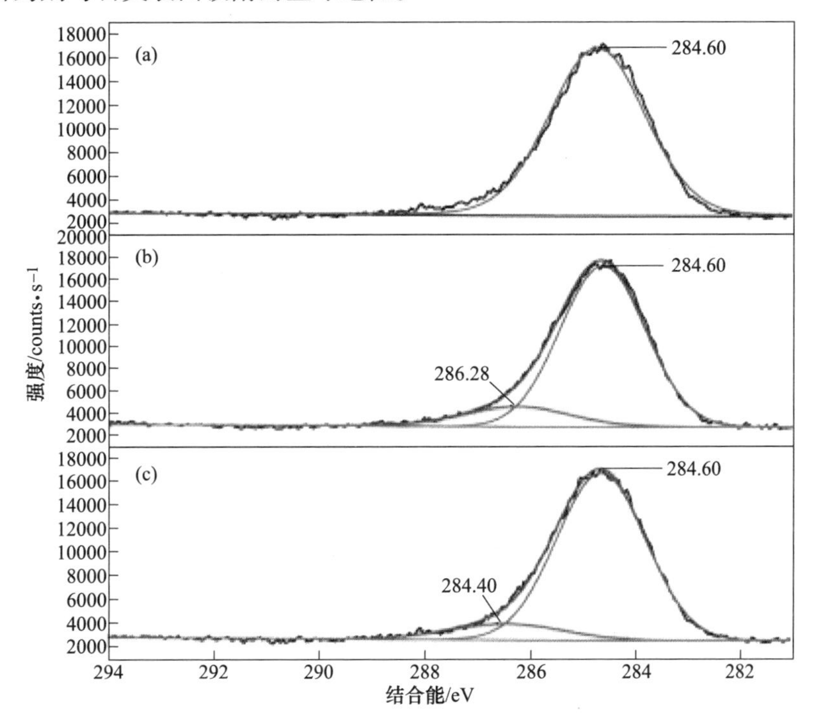

图 6-36 与药剂作用前后石英表面 C1s 元素的 XPS 能谱

（a）石英；（b）石英+LDEA 20.0mg/L；（c）石英+淀粉 8.0mg/L+LDEA 20.0mg/L

6.1.3.6 基于密度泛函理论的量子化学模拟对石英浮选体系的分析

计算药剂或离子、分子在矿物表面的吸附能，可以判别各吸附物质与矿物作用的难易程度。当吸附能为负值时，表示容易吸附，当吸附能为正值时，表示不容易或不可能吸附。本节以酰胺基羧酸类捕收剂 DWD-3 为例介绍量子化学模拟对矿物与药剂作用机理分析。利用 MS 软件，模拟矿浆里主要吸附质 H_2O、OH^-、Ca^{2+}、$Ca(OH)^+$及 DWD-3 等药剂在矿物表面的吸附模型，如图 6-37 所示，并用 CASTEP 模块进行吸附模型的结构优化和能量性质计算。吸附质在石英表面的吸附能如表 6-19 所示。由吸附能的计算可知，捕收剂 DWD-3 在石英表面的吸附，需由 Ca^{2+}离子“桥接”；Ca^{2+}首先在石英表面上的 O 原子处发生吸附，形成被

Ca^{2+}活化的表面，捕收剂DWD-3的单键O与两个双键O与活化表面的Ca^{2+}发生吸附。单键O与Ca^{2+}发生吸附如图6-37（g）所示，两个双键O在Ca^{2+}上发生吸附如图6-37（h）所示。

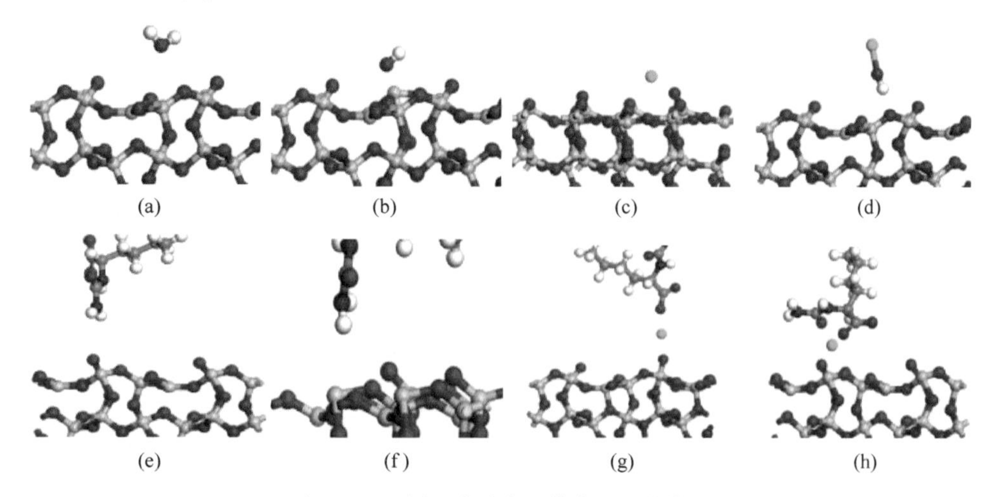

图6-37　不同吸附质在石英表面吸附模型

（a）H_2O在石英表面；（b）OH^-在石英表面；（c）Ca^{2+}石英表面；（d）$Ca(OH)^+$在石英表面；（e）DWD-3中的N在石英表面O处；（f）DWD-3的N在石英表面Si处；（g）DWD-3单键O在Ca^{2+}处；（h）DWD-3双键O在Ca^{2+}处

表6-19　不同吸附质在石英表面的吸附能

吸附质种类	$E_{complex}$/eV	$E_{adsorbate}$/eV	$E_{mineral}$/eV	吸附能 ΔE_{ads}/eV
H_2O	-34909.5565	-466.9097	-34442.6026	-0.0442
OH^-	-34895.1800	-453.5022	-34442.6026	0.9248
Ca^{2+}	-35440.8674	-982.6789	-34442.6026	-17.5859
$Ca(OH)^+$	-35892.6478	-1445.7719	-34442.6026	-4.2733
DWD-3（以N原子靠近石英O）	-37575.7497	-3137.4146	-34442.6026	4.2675
DWD-3（以N原子靠近石英Si）	-37575.8540	-3137.4146	-34442.6026	4.1632
Ca^{2+}+DWD-3（以羧基单键—O—靠近Ca^{2+}）	-38578.6510	-4120.0935	-34442.6026	-15.9549
Ca^{2+}+DWD-3（以羧基羰基氧C═O靠近Ca^{2+}）	-38578.9430	-4120.0935	-34442.6026	-16.2469

在差分电荷密度图6-38中红色代表电荷的积累，蓝色代表电荷的消耗。从图6-38（a）单键O在石英表面Ca^{2+}上吸附的差分电荷密度图可知，捕收剂

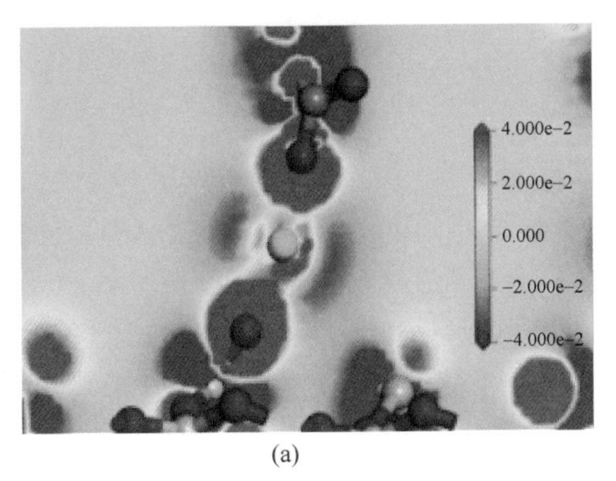

(a)

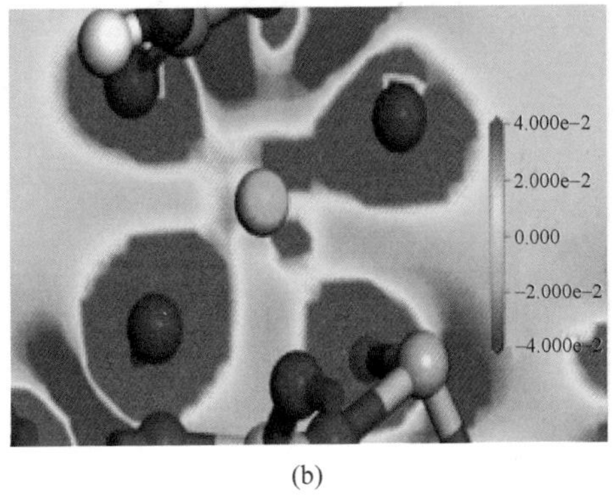

(b)

图 6-38　捕收剂 DWD-3 的 O 在石英表面 Ca^{2+} 上的吸附差分电荷密度

（a）单键 O 在 Ca^{2+} 上吸附；（b）双键 O 在 Ca^{2+} 上吸附

DWD-3 的单键 O 原子远离 Ca^{2+} 端出现了电荷的消耗（蓝色），且石英表面的 O 和捕收剂 DWD-3 的单键 O 的电子偏向 Ca^{2+} 端累积（红色），Ca^{2+} 周围出现了明显的电荷累积趋势；这说明 Ca^{2+} 与石英表面 O 及捕收剂 DWD-3 单键 O 之间有明显的电子得失，形成了 Ca—O 化学键。

由图 6-38（b）中两个双键 O 在石英表面 Ca^{2+} 上吸附的差分电荷密度图可知，捕收剂 DWD-3 的两个双键 O 原子远离 Ca^{2+} 端均出现了电荷的消耗（蓝色）。石英表面的 O 和捕收剂 DWD-3 的两个双键 O 均在靠近 Ca^{2+} 侧出现大量电荷的累积，说明 O 原子的电子均偏向 Ca^{2+}；Ca^{2+} 周围出现了多方向的电荷累积，因此，Ca^{2+} 与石英表面 O 及捕收剂 DWD-3 的两个双键 O 之间有明显的电子得失，形成了 Ca—O 化学键。故捕收剂 DWD-3 的三个 O 原子均能与 Ca^{2+} 活化石英表面的 Ca 原子反应，使 DWD-3 键合吸附于 Ca^{2+} 活化石英表面。

6.1.4　铁矿石浮选抑制剂对矿物的抑制原理

目前，国内外很多研究者已经开展了铁矿石浮选抑制剂的研制及其理论研究工作，制备出了各类铁矿石浮选抑制剂，提出了各种浮选抑制剂与矿物相互作用的理论。常用的铁矿石浮选抑制剂主要为有机抑制剂。有机高分子抑制剂主要有淀粉、纤维素、树胶、糊精等多糖以及腐殖酸、单宁、木质素等天然和人工加工产品。淀粉、纤维素、树胶都是由糖单元聚合而成的多糖，虽然它们的具体结构不同，但它们及加工产品均可用作抑制剂，都是带—COOH、—OH 和醚基的高分子化合物，正是这些基团的存在，使多糖类可以与矿物表面发生作用。下面详细介绍三种新型铁矿石抑制剂羧甲基淀粉、聚丙烯羧酸及新型羧甲基酰胺复合抑制剂并分析其抑制原理。

6.1.4.1　羧甲基淀粉抑制剂及其对铁矿物的抑制原理

A　羧甲基淀粉抑制剂制备原理

淀粉羧甲基化是指一氯乙酸或其盐在强碱存在下对淀粉葡萄糖单元中 C_2、C_3 和 C_6 上的羟基醚化的过程。反应主要分两步进行。第一步是 NaOH 与淀粉（St—OH）羟基间的反应，这是反应速率的控制步骤，如式（6-1）所示：

$$Starch—OH + NaOH \longrightarrow Starch—ONa + H_2O \quad (6-1)$$

第二步是通过 St-ONa 的取代引入羧甲基基团，该步骤为 SN2 亲电子取代反应，如式（6-2）所示：

$$Starch—ONa + ClCH_2COOH + NaOH \longrightarrow Starch—O—CH_2COONa + NaCl + H_2O \quad (6-2)$$

此过程伴随 NaOH 与 $ClCH_2COONa$ 反应生成 $HOCH_2COONa$ 的副反应发生，如式（6-3）所示：

$$NaOH + ClCHCOONa \longrightarrow HOCH_2COONa + NaCl \quad (6-3)$$

通过对淀粉分子葡萄糖单元的空间构象分析推断，C_3 上的羟基易形成氢键而缔合，不易发生醚化反应，而 C_2 和 C_6 上的羟基相对容易起醚化反应。姚杰等[37]通过使用 HPLC 及 1HNMR 对羧甲基木薯淀粉的取代方式研究，证明了无水葡萄糖单元中 C_2、C_3 和 C_6 上羟基醚化反应的活性顺序为：$C_6>C_2>C_3$。

B　羧甲基淀粉的抑制性能

通过以上方法东北大学选矿药剂研发课题组合成了两种不同取代度的羧甲基淀粉 CMS-1（DS = 0.12）和 CMS-2（DS = 0.4），并研究了羧甲基淀粉抑制剂 CMS-1 和 CMS-2 对石英和赤铁矿、磁铁矿纯矿物的浮选影响规律。采用改性脂肪酸 LKY 为捕收剂，在 LKY 用量为 240mg/L、活化剂 $CaCl_2$ 用量为 100mg/L、pH 值为 11.5 试验条件下，改变玉米淀粉、DSJ-1 和 DSJ-2 用量，进行浮选抑制剂用量对比试验，结果如图 6-39～图 6-41 所示。

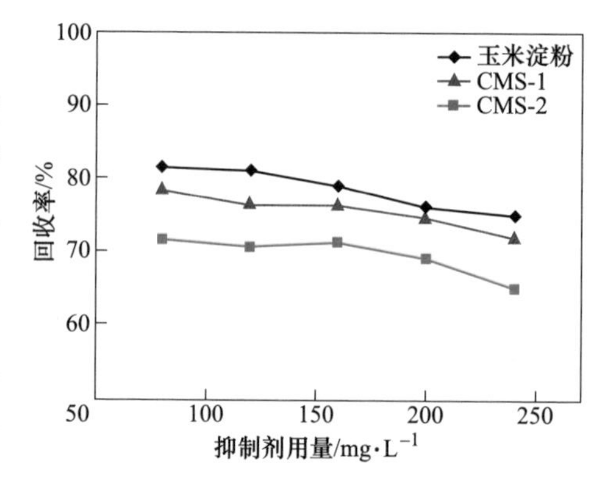

图 6-39　抑制剂用量对石英浮选效果的影响

由图 6-39 可以看出，随着三种淀粉用量的增大，石英的回收率均逐渐减小。其中玉米淀粉对石英没有明显的抑制效果，而随着羧基取代度的增大，对石英的抑制效果也逐渐增大。

由图 6-40 可以看出，随着三种淀粉用量的增大，赤铁矿的回收率迅速减小。而随着羧基取代度的增大，对赤铁矿的抑制效果也逐渐增大。从试验数据分析得改性淀粉对赤铁矿的抑制效果很强。

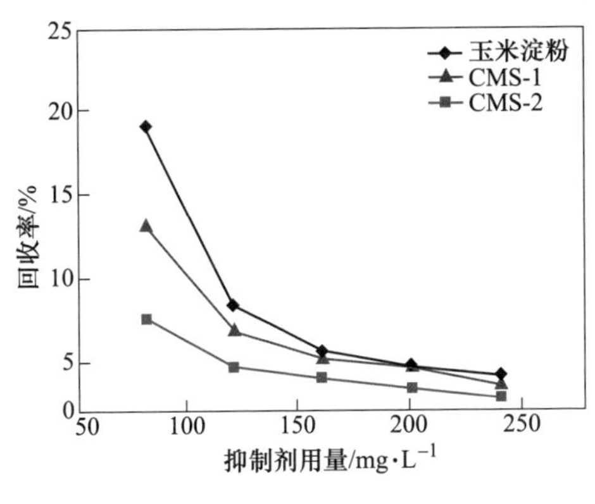

图 6-40 抑制剂用量对赤铁矿浮选效果的影响

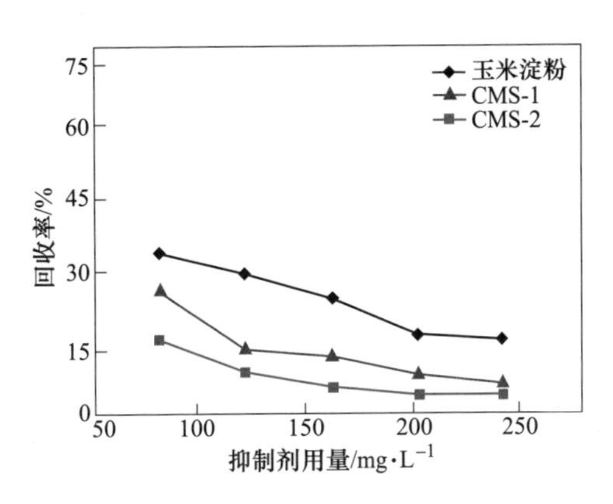

图 6-41 抑制剂用量对磁铁矿浮选效果的影响

由图 6-41 可以看出，随着三种淀粉用量的增大，磁铁矿的回收率均迅速减小。而随着羧基取代度的增大，三种淀粉对磁铁矿的抑制效果也逐渐增大。其中高取代度 CMS-2 抑制磁铁矿作用最强，且用量相对较少。数据显示，各种淀粉对磁铁矿的抑制效果较对赤铁矿的抑制效果差一些。

根据鞍山某铁矿石混合磁选精矿进行羧甲基淀粉抑制剂体系下浮选试验。根据浮选条件试验确定的浮选最佳条件，对玉米淀粉、CMS-1 和 CMS-2 进行开路试验。首先确定（1）抑制剂玉米淀粉的开路流程为“一粗一精两扫”工艺流程，试验条件为：捕收剂 LKY 用量 400g/t、活化剂 $CaCl_2$ 用量 200g/t、玉米淀粉用量 600g/t；（2）羧甲基淀粉抑制剂 CMS-1 的浮选开路流程为“一粗一扫”工艺流程，试验条件为：捕收剂 LKY 用量 400g/t、活化剂 $CaCl_2$ 用量 200g/t、CMS-1 用量 350g/t；（3）CMS-2 浮选开路流程为“一粗一精”工艺流程，试验条件为：捕收剂 LKY 用量 600g/t、活化剂 $CaCl_2$ 用量 200g/t、CMS-2 用量 400g/t；其他试验条件均为：pH 值 11.5、浮选温度为 34℃、粗选刮泡 5min、精选刮泡 3min，试验结果如表 6-20 所示。

表 6-20 三种抑制剂体系下浮选开路试验结果

淀粉种类	产品	产率/%	铁品位/%	铁回收率/%
玉米淀粉	精矿	36.08	67.99	57.11
	中矿 1	17.11	51.07	20.34
	中矿 2	3.94	39.15	3.59
	中矿 3	5.33	43.50	5.40
	尾矿	37.54	15.51	13.56
	合计	100.00	42.95	100.00

续表 6-20

淀粉种类	产品	产率/%	铁品位/%	铁回收率/%
CMS-1	精矿	40.32	67.29	62.45
	中矿	36.07	37.48	31.11
	尾矿	23.61	11.85	6.44
	合计	100.00	43.45	100.00
CMS-2	精矿	55.97	65.07	82.30
	中矿	8.91	42.42	8.54
	尾矿	35.12	11.54	9.16
	合计	100.00	44.25	100.00

由表 6-21 可知，通过对比三种抑制剂体系下的浮选开路试验结果：玉米淀粉体系得到精矿铁品位 67.99%、尾矿铁品位 15.51%、铁回收率 57.10%的浮选指标，CMS-1 体系得到精矿铁品位 67.29%、尾矿铁品位 11.85%、铁回收率 62.45%的浮选指标；CMS-2 体系得到精矿铁品位 65.07%、尾矿铁品位 11.54%、铁回收率 82.30%的浮选指标。由此可知，随着取代度的增加精矿品位有所降低，而回收率明显升高。玉米淀粉能得到较好的精矿品位，但是其尾矿品位过高，且淀粉用量大，工艺较为复杂，高取代度 CMS-2 虽然得到较好的回收率，但不能保证较好的精矿品位。

表 6-21　不同取代度淀粉开路浮选工艺对比试验结果

淀粉种类	开路试验流程	药剂用量/$g \cdot t^{-1}$	产品	产率/%	品位/%	回收率/%
玉米淀粉	一次粗选 一次精选 两次扫选	淀粉：600 $CaCl_2$：200 LKY：400	精矿	36.08	67.99	57.10
			尾矿	37.20	15.51	13.54
CMS-1	一次粗选 一次扫选	CMS-1：350 $CaCl_2$：200 LKY：400	精矿	40.32	67.29	62.45
			尾矿	23.61	11.85	6.44
CMS-2	一次粗选 一次精矿	CMS-1：400 $CaCl_2$：200 LKY：600	精矿	55.97	65.07	82.30
			尾矿	35.12	11.54	9.16

根据对三种抑制剂的溶解温度、淀粉用量和开路浮选工艺取得的各种试验结果进行对比后发现，低取代度羧甲基淀粉 CMS-1 需要的配制温度不高，药剂用量少，选用的工艺流程简单，能取得的精矿品位和回收率较好，故选用 CMS-1 进行浮选闭路试验。

根据各项指标比较后选择 CMS-1 为最佳抑制剂，再根据条件试验确定的药剂制度的种类和用量、各个作业的浮选时间，以及开路试验确定的各浮选阶段的精矿品位和回收率进行闭路流程试验。捕收剂粗选用量 400g/t；抑制剂 CMS-1 粗选用量 300g/t，扫选用量 50g/t，活化剂粗选用量 200g/t，调节矿浆 pH 值为 11.5，浮选温度为 34℃，最终得到浮选闭路试验结果为精矿铁品位 67.33%、铁回收率 86.33%、尾矿铁品位 12.64%的浮选指标。

C 羧甲基淀粉的抑制机理分析

大多数有机抑制剂分子都是由极性基和非极性基两部分组成的，且往往都是极性基与矿物表面发生以上三种形式的吸附作用，故极性基的电性和电荷分布对抑制剂分子在矿物表面及吸附影响较大。抑制剂分子的极性基的基团电负性正好反映了抑制剂分子中有关原子的电荷情况和电荷分布。本书通过对未被取代的普通淀粉和两种不同取代度羧甲基淀粉基团电负性的计算，解释不同取代度对铁矿石抑制效果不同的原因。电负性的计算方法采用的是以 Pauling 原子电负性为标准，在电负性均衡原理的基础上，用逐级加合均分法得到了一个新的基团电负性的计算公式。两种基团电负性如表 6-22 所示。

表 6-22 羧甲基淀粉中极性基团的电负性

淀粉种类	羧甲基淀粉	玉米淀粉
基团	—OCH_2COOH	—OH
电负性	4.16	3.9

从表 6-22 可以看出，羧酸基团电负性大于 4，电负性大于羟基基团，成键能力强，更易于矿物表面的离子相互作用，作为氧化矿抑制剂分子中的亲固基比羟基更好，所以用羧甲基取代淀粉中的羟基后对矿物的抑制效果会变强，且随着取代度的增大，抑制效果增强。这与相应药剂和对赤铁矿及磁铁矿的抑制作用强弱基本一致。

大分子有机抑制剂在矿物表面吸附的方式主要有以下几种：

(1) 在矿物表面双电层中靠静电力发生吸附。许多有机抑制剂是有机酸、碱或盐类，它们的离子可以借静电力在矿物表面双电层中发生吸附。一些抑制剂与矿物表面离子作用后其产物的电性与捕收剂的电性相斥时，就会阻碍捕收剂在矿物表面的吸附，从而使矿物得到抑制。

在几种淀粉产品中，普通淀粉中的羟基基本不电离荷电，羧甲基淀粉通过将羧甲基引入葡萄糖单元中，而羧甲基在适当碱度下易电离荷负电。羧甲基淀粉进入溶液中，分子结构中会电离生成—CH_2COO^-，起初当—COO^-浓度较小时，会有一部分—COO^-和赤铁矿表面的 Fe^{3+} 离子产生异种电荷的静电吸附作用。而浮选在碱性条件中，OH^- 浓度会逐渐增大，会与溶液中的—COO^-发生竞争吸附，而同时赤铁矿带负电表面有较强的排斥力，因此静电吸附的作用是比较微弱的。

（2）通过氢键及范德华力吸附于矿物表面。金属氧化矿物、含氧酸盐矿物及卤化物矿物等含有高电负性元素的矿物以及在水中发生水化作用的矿物，其表面都有可能与药剂之间形成氢键。而许多含羟基、羧基等基团的有机抑制剂常常通过氢键的方式吸附于矿物表面。大分子有机抑制剂是目前最为常见的浮选抑制剂，它们在矿物表面的吸附作用主要是疏水作用和氢键，对于可发生解离的大分子有机抑制剂，除以上两种还有静电吸附和化学作用力。

除了药剂基团电负性不同，氢键作用是普通淀粉和羧甲基淀粉与赤铁矿固着的重要因素。氢键键能大多在 25～40kJ/mol 之间，一般认为键能小于 25kJ/mol 的氢键属于弱氢键，键能在 25～40kJ/mol 之间属于中等强度氢键，键能大于 40kJ/mol 则是较强氢键。因此比较了玉米淀粉中的羟基基团与不同取代度羧甲基淀粉的羧基基团的键能大小，结果如表 6-23 所示。

表 6-23　亲固基形成氢键键能[51]

淀粉种类	羧甲基淀粉	玉米淀粉
基团氢键	$-C(=O)-O-H\cdots O(H)-C(=O)-$	$O-H\cdots O-H$
键能/$kJ \cdot mol^{-1}$	34. 3	18. 8

从表 6-23 可以看出，羧甲基基团形成氢键的键能大于淀粉分子中羟基基团形成氢键的键能。在碱性条件下，溶液中赤铁矿颗粒表面带负电，与在溶液中带负电的玉米淀粉和阴离子羧甲基淀粉相斥，会抵消掉一部分氢键作用而减少在矿物表面的吸附量，而由表中数据可知羧甲基淀粉中羧基形成的氢键键能远远大于羟基中的键能，因此会比玉米淀粉更多的吸附在矿物表面，且吸附量会随着取代度的增大而增加，从而使矿物亲水受到强烈的抑制。另外几种抑制剂也能通过氢键作用吸附在石英表面，而石英表面因荷有较高负电荷，对抑制剂中的亲固基团起到排斥作用，使得几种淀粉在石英表面的吸附量按照氢键强弱顺序依次减弱，相应地表现出很微弱的抑制作用。

（3）表面键合吸附。在一定的药剂制度下，对于某些可浮性很差的矿物而言，由于矿物表面吸附某种金属离子而使矿物被活化或者部分被活化，大大提高了矿物的浮游性；许多抑制剂带有能与矿物表面元素发生键合反应的极性基，它们在矿物表面发生键合吸附及某些情况下在矿物表面发生键合反应，是它们在矿物上发生吸附的主要途径。一些有机螯合抑制剂可与矿物表面上的活化金属离子作用，形成可溶性的稳定螯合物进入矿浆，从而使矿物去活化，达到被抑制的效果。

普通淀粉对赤铁矿的抑制机理主要是氢键作用，羧甲基淀粉中羧甲基钠取代淀粉分子中的羟基后，结构中含有羟基、羧基官能团。一方面，分子结构中的 COO^- 可与矿物表面的 Fe^{3+} 离子发生化学键合形成化学沉淀；另一方面，结构中的羟基、羧基之间又可与矿物表面的 Fe^{3+} 离子形成稳定的螯合物，从而吸附在矿物表面起到抑制作用，结构如图 6-42 所示。

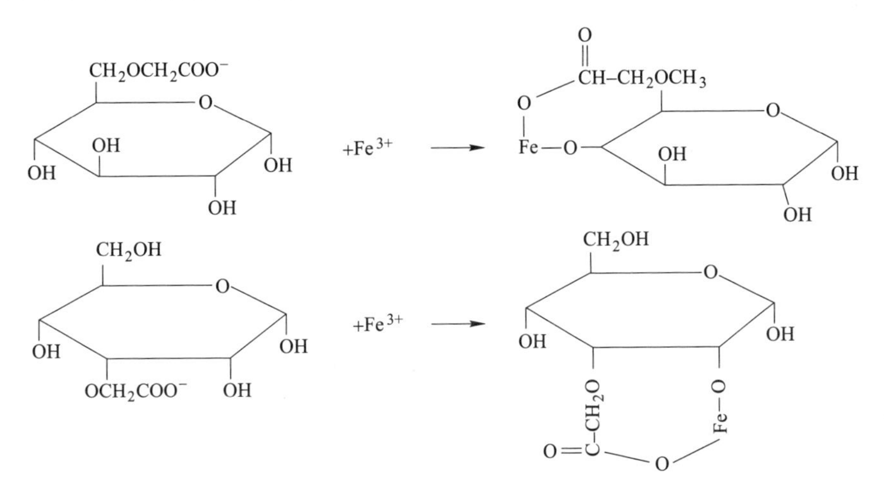

图 6-42 抑制剂与三价铁离子之间作用机理示意图

矿物颗粒表面电位与矿物的可浮性存在一定的关系，当矿物与水接触时，相界面将发生荷电粒子的转移，引起矿物表面荷电，表面电位会随之改变。一般情况下，可以通过矿物表面动电位的测定，来分析矿物颗粒表面荷电情况的变化及发生变化的原因。当固、液两相在外力作用下发生相对运动时，紧密层的配衡离子因吸附牢固随固体表面一起移动，而扩散层将沿位于紧密面稍外的一点“滑移面”移动，滑动界面与溶液内部的电位差称为“动电位”。在没有特性吸附发生的体系中，可用测定动电位的方法来测定矿物的零电点。在无浮选药剂的作用下，矿物荷电的主要原因：第一，矿物表面组分的优先解离或溶解；第二，矿物解离后吸引 H^+ 和 OH^-，石英等一些硅酸盐矿物会在水中先形成羟基表面，使表面荷负电。

为了确定矿物与药剂的作用机理，测定了赤铁矿和石英在加入几种抑制剂后矿物动电位随 pH 值的变化，研究药剂对三种矿物 Zeta 电位的影响，结果如图 6-43和图 6-44 所示。

（1）对赤铁矿 Zeta 电位的影响。由图 6-43 可知，试验测出赤铁矿纯矿物的零电点为 4.8，在试验 pH 值范围内赤铁矿的 Zeta 电位呈负增大趋势。

从图中可知这几种淀粉使得赤铁矿的动电位绝对值都有所降低，在试验 pH

值范围内矿物表面均荷负电，说明几种淀粉在赤铁矿表面都发生了吸附。且在pH值范围在相对碱性的环境中Zeta电位绝对值都增大，相对于普通淀粉，两种取代度的羧甲基淀粉使赤铁矿表面Zeta电位负移的程度更大，即赤铁矿动电位绝对值降低程度由强到弱依次为：CMS-2>CMS-1>玉米淀粉。并且羧甲基淀粉在溶液中荷负电会与荷同种电荷的捕收剂LKY发生静电斥力而更大程度地阻止了捕收剂在矿物表面的吸附，抑制了赤铁矿的上浮。

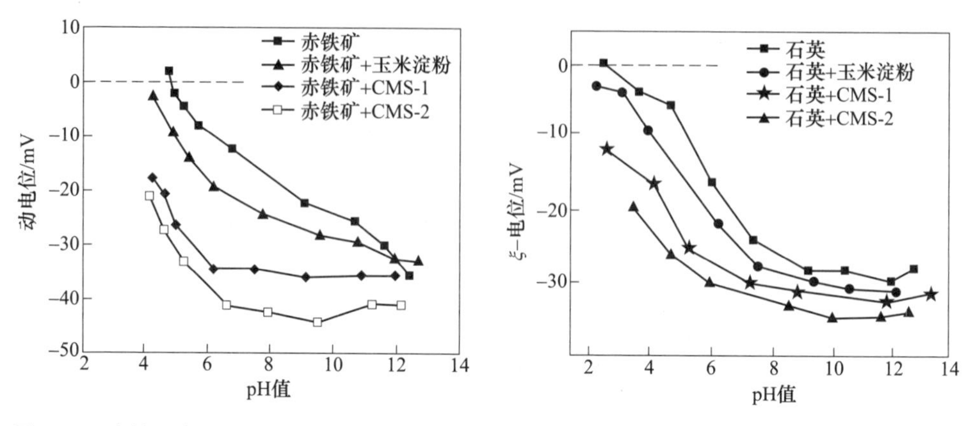

图6-43　赤铁矿表面的动电位与pH值的关系　　图6-44　石英表面的动电位与pH值的关系

（2）对石英Zeta电位的影响。由图6-44可知，pH值在3~12范围内，石英的Zeta电位均为负值，这是因为，随着pH值的升高，溶液中OH^-浓度的不断增加，石英表面带正电的Si^+—O键结合OH^-后变为O—Si—OH，表面裸露的带正电荷的Si^+不断减少使得整体负电性越来越强；试验测出石英纯矿物的零电点为2.6。

从图6-44中可知，加入几种抑制剂后石英动电位的绝对值都增大，说明石英表面均不同程度地吸附了药剂。而其中玉米淀粉对石英Zeta电位影响较小，两种不同取代度羧甲基淀粉在整个试验pH值范围内矿物表面均荷负电。随着pH值的增加，三种淀粉对石英Zeta电位的影响都逐渐减小，说明药剂在矿物表面的吸附量也逐渐减小，这点和在碱性环境下捕收石英相一致。石英属于氧化矿，与几种淀粉之间均存在氢键，而因石英表面荷负电，所以两种阴离子羧甲基淀粉与普通淀粉相比除了氢键还存在静电力的作用，从而在石英的表面吸附量要多于淀粉，这点与纯矿物试验淀粉用量与石英回收率的关系曲线保持一致。随着取代度的增大，CMS-2中羧基个数增多，在石英表面的吸附量也增大，表面荷负电与阴离子捕收剂相排斥而阻止了捕收剂在石英矿物表面的吸附，这点与CMS-2在试验中的精矿品位较低相一致。

为了进一步论证不同取代度各种淀粉吸附在矿物表面上的机理，对赤铁矿、磁铁矿和羧甲基淀粉与赤铁矿及磁铁矿作用后进行了红外光谱检测，检测结果如图6-45所示。

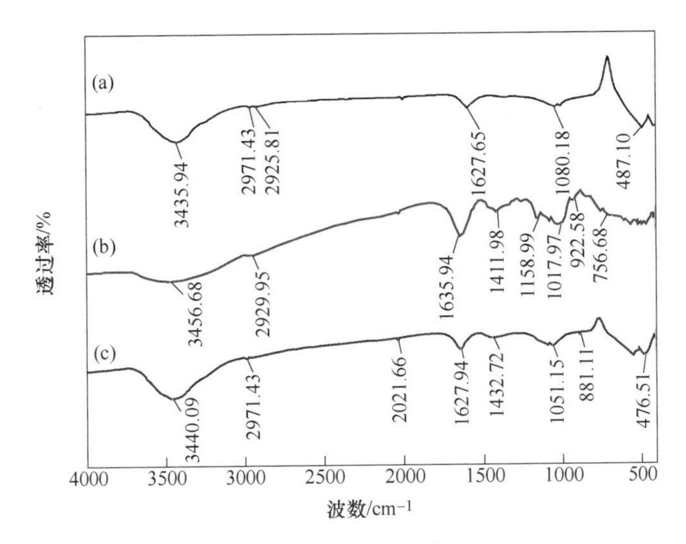

图 6-45 红外光谱

(a) 赤铁矿；(b) CMS-1；(c) 赤铁矿+CMS-1

图 6-45（a）是赤铁矿红外光谱，1080.18cm^{-1}是 Fe—O 键的弯曲振动吸收峰，487.10cm^{-1}为赤铁矿中 Fe—O 键的弯曲振动吸收峰。图 6-45（b）是低取代度羧甲基淀粉 CMS-1 红外光谱，其中 3456.68cm^{-1}是氢键缔合的—OH 的吸收峰；1635.94cm^{-1}是—CO—CH_2—CO—基团的 C═O 伸缩振动峰；图 6-45（b）中出现了 1411.98cm^{-1}这点表明了有 O—CH_3 的存在；1158.99cm^{-1}是 C—O—C 的伸缩振动吸收峰；1080.18cm^{-1}是仲醇相连的 C—O 的伸缩振动吸收峰；1017.97cm^{-1}是伯醇相连的 C—O 的伸缩振动吸收峰；图 6-45（c）为 CMS-1 与赤铁矿作用后的红外谱图，与图 6-45（a）比较可知，羟基的吸收峰羟基的吸收峰从 3456.68cm^{-1}处移至 3440.09cm^{-1}，发生了红移，证明药剂与矿物之间有氢键作用存在；在 1635.94cm^{-1}出现的 C═O 的吸收振动峰向低波数段发生偏移，说明羧甲基淀粉分子中的羧基和铁矿物表面的铁发生了化学键合；Fe—O 弯曲振动的吸收峰从 1080.18cm^{-1}减弱到 1051.15cm^{-1}，Fe—O 振动吸收峰由 487.10cm^{-1}变为 476.51cm^{-1}也证明了羧甲基淀粉 CMS-1 在赤铁矿表面发生了化学键合。

图 6-46（a）是高取代度羧甲基淀粉 CMS-2 红外光谱，3444.24cm^{-1}处出现了氢键缔合的—OH 伸缩振动峰，1635.894cm^{-1}是—CO—CH_2—CO—基团的 C═O 伸缩振动峰；2967.28cm^{-1}和 2925.81cm^{-1}分别为甲基和亚甲基的不对称伸缩振动峰，证明有羧甲基取代；1453.46cm^{-1}处峰的出现也证实了甲基的存在；1158.99cm^{-1}是 C—O—C 的伸缩振动吸收峰；1084.33cm^{-1}是仲醇相连的 C—O 的伸缩振动吸收峰；图 6-46（b）为 CMS-2 与赤铁矿作用后的红外谱图，与图（a）比较可知，羟基的吸收峰从 3444.24cm^{-1}处移至 3431.80cm^{-1}处，即发生了红移，

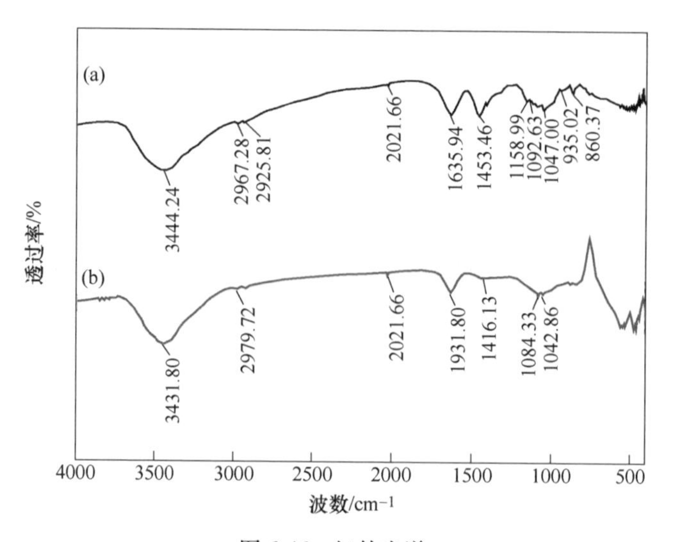

图 6-46　红外光谱

（a）CMS-2；（b）赤铁矿+CMS-2

证明药剂与矿物之间有氢键作用存在；在 1635.94cm^{-1}处出现的 C═O 的吸收振动峰向低波数段发生偏移，说明羧甲基淀粉分子中的羧基和铁矿物表面的铁发生了化学键合；Fe—O 弯曲振动的吸收峰从 1092.63cm^{-1}减弱到 1084.33cm^{-1}，证明了羧甲基淀粉 CMS-2 在赤铁矿表面发生了化学键合。

此外，浮选药剂的亲水-疏水性或称之为表面作用因素。常用的浮选药剂的疏水-亲水因素有亲水-疏水指数 i 和水油平衡度 HLB、平衡常数 P 判据。亲水-疏水指数 i 可以用来表征浮选药剂的亲水-疏水特性。若以 ΔX^2 反映键合原子与氢原子间键能，以非极性基的总表面能 $n\phi$ 表示疏水能力（n 为—CH_2—数），则可由式（6-4）确定药剂的亲水-疏水指数。

$$i = \frac{\sum \Delta X^2}{\sum n\phi} \tag{6-4}$$

水油平衡度 HLB 就是另一种表征表面活性剂亲水-疏水的关系的判据[55]，它代表表面活性剂分子中亲水基和疏水基（非极性基）的比例，可用 Davies 式计算，如式（6-5）所示。

$$\text{HLB} = \sum(\text{亲水基值}) - \sum(\text{疏水基值}) + 7 \tag{6-5}$$

也有用比值法计算的，如式（6-6）所示。

$$\text{HLB} = \sum(\text{亲水基值})/\sum(\text{疏水基值}) \times k \tag{6-6}$$

式中，k 为常数，通常取 $k=10$。

HLB 只能比较粗略地反映浮选药剂的疏水-亲水因素，适用范围有限。还有一种化合物的分配常数 P，物理意义是标准态时化合物在有机相（通常用正辛醇）和水相中平衡浓度之比。通常用 $\lg P$ 作判据。根据上述方法计算药剂中极性基的各种参数如表 6-24 所示。

表 6-24 玉米淀粉和 CMS 的各项亲水-疏水判据

药剂种类	极性基	HLB	$\lg P$	i
玉米淀粉	—O—，—OH	11.3	-2.96	2.7
羧甲基淀粉	—O—，—OH，—COOH	28.7	-6.07	2.8

对于抑制剂，i 值和 HLB 值越大抑制能力越强，$\lg P$ 值相反，值越大代表抑制能力越弱。从表 6-24 可知，羧甲基淀粉的 HLB 和 i 值都比淀粉的大，$\lg P$ 值则正好相反，玉米淀粉大于羧甲基淀粉，这可以很好地说明作为抑制剂羧甲基淀粉的亲水性比玉米淀粉的强。这与三种淀粉对赤铁矿的抑制强弱顺序基本一致。

6.1.4.2 聚丙烯羧酸抑制剂及其对铁矿物的抑制原理

A 聚丙烯羧酸抑制剂的制备原理

聚丙烯酰胺在碱性溶液中水解即可生成部分水解的聚丙烯羧酸，如式（6-7）所示：

$$\underset{\displaystyle CONH_2}{\left(CH-CH\right)_n} + xNaOH \xrightleftharpoons{\triangle} \underset{\displaystyle CONH_2}{\left(CH-CH\right)_x}\underset{\displaystyle CH_2COONa}{\left(CH-CH\right)_y} + yNH_3 \qquad (6\text{-}7)$$

该反应随着水解反应的进行，有氨气放出并产生带负电的链节。由于带负电的链节相互排斥，使部分水解聚丙烯羧酸有较伸直的构象，因而对水的稠化能力加强。聚丙烯羧酸的制备方法如下：分别称取一定量的聚丙烯酰胺和定量 NaOH 及去离子水于三颈瓶中，搅拌并加热至 90℃，反应 3h 后将水解产物配成 0.4% 的溶液，然后用 2%的草酸滴定至 pH=6.3，再定容至 0.2%浓度的溶液备用。

B 聚丙烯羧酸的抑制性能

采用改性脂肪酸 LKY 为捕收剂，在 LKY 用量为 250mg/L、活化剂 $CaCl_2$ 用量为 100mg/L 试验条件下，对比三种抑制剂聚丙烯羧酸、羧甲基淀粉、玉米淀粉，进行浮选试验。试验条件为：聚丙烯羧酸用量 50mg/L、羧甲基淀粉用量为 150mg/L、玉米淀粉用量为 100mg/L，改变 pH 值，进行 pH 值对石英浮选效果的影响试验，结果如图 6-47 和图 6-48 所示。

由图 6-47 可知，矿浆 pH 值对三种抑制剂的抑制作用影响较大，酸性条件下，三种抑制剂均对石英有一定的抑制作用；pH 值为 7.5~11.5 时，随着 pH 值增大，适应回收率均呈先升高后下降的趋势。三种抑制剂的最佳抑制 pH 值均为自然 pH 值 7.5。

在矿浆 pH 值为 11.5、活化剂 $CaCl_2$ 用量为 100mg/L、捕收剂 RA-715 用量为 250mg/L 试验条件下，进行抑制剂用量试验，试验结果如图 6-48 所示。

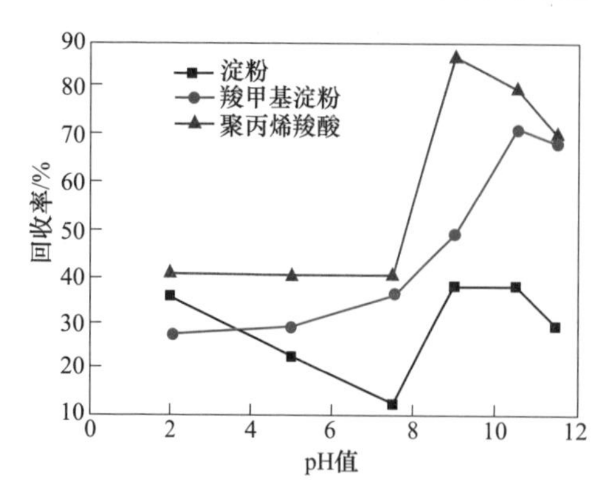

图 6-47　pH 值对石英的浮选效果影响

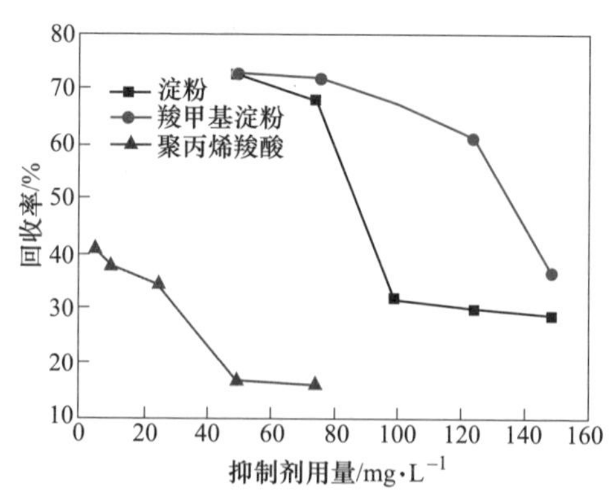

图 6-48　抑制剂用量对石英浮选效果的影响

由图 6-48 可以看出，随着三种抑制剂用量的增大，石英的回收率均逐渐减小。其中羧甲基淀粉对石英没有明显的抑制效果，三种抑制剂对石英的抑制作用为：聚丙烯羧酸>玉米淀粉>羧甲基淀粉。

在聚丙烯羧酸用量为 50mg/L、羧甲基淀粉用量为 100mg/L、玉米淀粉用量为 50mg/L、捕收剂 RA-715 用量为 50mg/L 的试验条件下，进行 pH 值对赤铁矿浮选效果的影响试验，试验结果如图 6-49 所示。

由图 6-49 可知，矿浆 pH 值对三种抑制剂的抑制作用影响较大，酸性条件下，三种抑制剂对赤铁矿均有一定的抑制作用；pH 值大于 8.0 时，随着 pH 值的增大，赤铁矿回收率先增大又减小。在自然 pH 值为 8.0 时，三种抑制剂对赤铁矿均有最佳抑制效果。

在矿浆 pH 值为 8.0、捕收剂 RA-715 用量为 50mg/L 试验条件下进行抑制剂用量试验，试验结果如图 6-50 所示。

由图 6-50 可知，随着抑制剂用量的增加，赤铁矿回收率均呈下降的趋势。三种抑制剂对赤铁矿的抑制作用为：聚丙烯羧酸>玉米淀粉>羧甲基淀粉。

在聚丙烯羧酸用量为 50mg/L、羧甲基淀粉用量为 125mg/L、玉米淀粉用量为 50mg/L、捕收剂 RA-715 用量为 75mg/L 的试验条件下，进行 pH 值对磁铁矿浮选效果的影响试验，试验结果如图 6-51 所示。

由图 6-51 可知，矿浆 pH 值对三种抑制剂的抑制作用影响较大，pH 值为 2.0~8.0 时，随着 pH 值的增大，磁铁矿回收率减小；在 pH 值为 8.0~11.5 时，随着 pH 值增大，磁铁矿回收率先增大又趋于平缓。在 pH 值为自然 pH 值 8.7 时，三种抑制剂对磁铁矿均有最佳抑制效果。

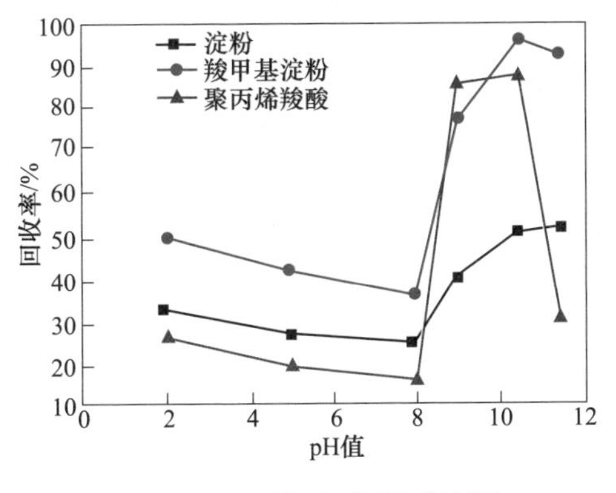

图 6-49 pH 值对不同抑制剂的抑制作用影响

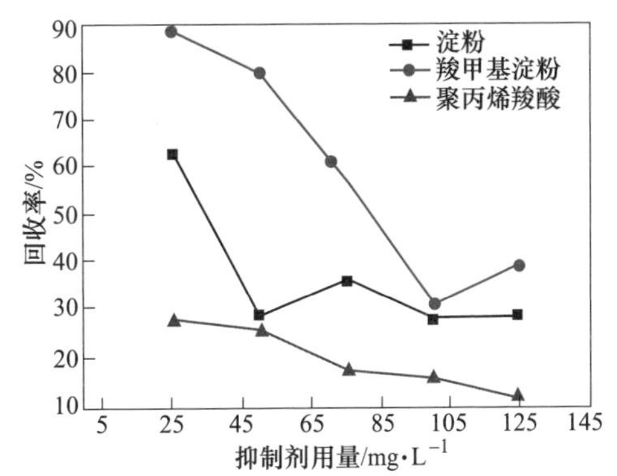

图 6-50 抑制剂用量对赤铁矿浮选效果的影响

在矿浆 pH 值为 8.7、捕收剂 RA-715 用量为 75mg/L 的试验条件下，进行抑制剂用量浮选试验，试验结果如图 6-52 所示。

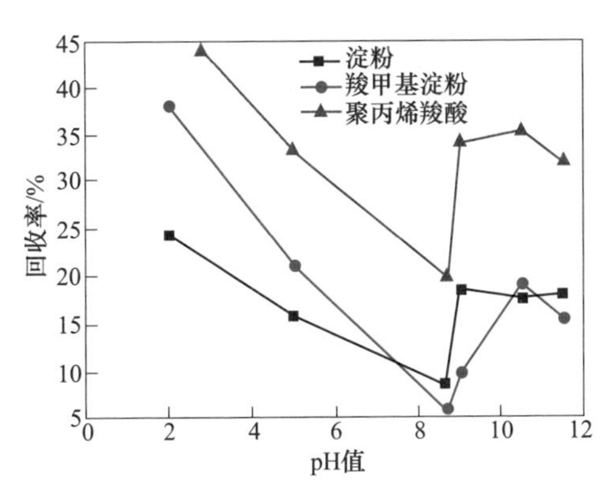

图 6-51 pH 值对不同抑制剂的抑制作用影响

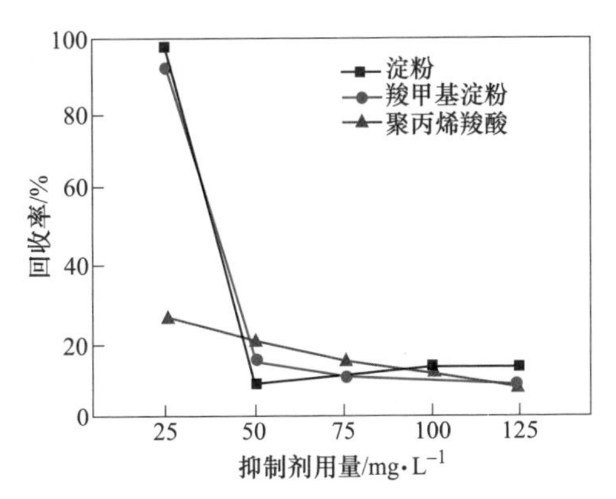

图 6-52 抑制剂用量对浮选效果的影响

由图 6-52 可知，随着抑制剂用量的增加磁铁矿回收率呈先减小后趋于平缓的趋势，三种抑制剂均对磁铁矿有较强的抑制作用。三种抑制剂对磁铁矿的抑制作用为：聚丙烯羧酸>羧甲基淀粉>玉米淀粉。

针对鞍山某铁矿石混合磁选精矿，在新型抑制剂体系下进行了浮选开路试验。试验流程为一次粗选、一次精选和三次扫选。浮选试验条件为：矿浆 pH 值 11.5、$CaCl_2$ 用量 600g/t、聚丙烯羧酸抑制剂用量 342g/t、捕收剂 RA-715 粗选用量 480g/t、精选用量 270g/t。粗选刮泡时间 4min，精选刮泡 3min，扫选每次刮泡时间 3min，开路流程浮选试验结果如表 6-25 所示。

从表 6-25 中可知，采用反浮选工艺，进行一次粗选、一次精选和三次扫选开路试验，最终获得精矿铁品位 70.07%、回收率 50.35%的指标。

表 6-25 DLW-4 开路试验结果

产品名称	产率/%	品位/%	回收率/%
精矿	34.05	70.07	50.35
中矿 1	20.73	60.27	26.36
中矿 2	6.03	64.34	8.19
中矿 3	1.04	53.86	1.18
中矿 4	0.32	40.04	0.28
尾矿	37.83	17.09	13.64
合计	100.00	47.39	100.00

根据混合磁选精矿条件试验最佳条件及开路试验确定的各浮选阶段产品中全铁的品位和回收率指标，进行试验室闭路流程浮选试验，可获得精矿铁品位 68.08%、铁回收率 88.20%、尾矿铁品位 14.77%的浮选指标。

聚丙烯羧酸抑制剂与玉米淀粉闭路试验指标对比见表 6-26。

表 6-26 聚丙烯羧酸抑制剂与淀粉闭路试验指标对比

抑制剂	氢氧化钠 $/g \cdot t^{-1}$	抑制剂 $/g \cdot t^{-1}$	活化剂 $/g \cdot t^{-1}$	RA-715 $/g \cdot t^{-1}$	产品	产率 /%	TFe 品位 /%	回收率 /%
聚丙烯羧酸	800	342	600	750	精矿	61.85	68.08	88.20
					尾矿	38.15	14.77	11.80
					原矿	100.00	47.74	100.00
玉米淀粉	800	1200	600	800	精矿	61.30	68.01	87.08
					尾矿	38.70	15.98	12.92
					原矿	100.00	47.87	100.00

由表 6-26 所示聚丙烯羧酸和玉米淀粉的浮选闭路试验结果对比可知，二者铁精矿品位指标接近（玉米淀粉体系 68.01%、聚丙烯羧酸体系 68.08%），但铁回收率提高了 1 个百分点（玉米淀粉体系 87.11%、聚丙烯羧酸体系 88.20%），铁尾矿品位降低了 1 个百分点（玉米淀粉体系 15.98%、聚丙烯羧酸体系 14.77%）。

综合对比浮选闭路试验结果，聚丙烯羧酸比玉米淀粉可获得更好的浮选闭路试验结果。

C 聚丙烯羧酸抑制剂与矿物的作用原理

a 石英与不同抑制剂作用前后表面动电位分析

未经 Ca^{2+} 活化时，石英在蒸馏水和不同抑制剂溶液中，Zeta 电位与矿浆 pH 值的关系曲线如图 6-53 所示。

由图 6-53 可知，该石英的零电点在 pH 值为 2.3 左右，pH<2.3 时，石英表面荷正电，这是由于石英表面存在带正电的 Si^{+}—O 键；pH>2.3 时，随着 pH 值的升高，溶液中 OH^- 浓度不断增加，石英表面带正电的 Si^+—O 键结合 OH^- 后变为 OSi—OH，表面裸露的带正电荷的 Si^+ 不断减少使得整体负电性越来越强。

石英与玉米淀粉作用后，pH<7.5 时，石英表面的动电位基本没有变化，pH>7.5 时，石英表面动电位向负方向移动，但变化不大，说明此范围内石英表面与玉米淀粉发生一定的吸附。

石英与羧甲基淀粉作用后，pH<7.5 时，石英表面的动电位基本没有变化，pH>7.5 时，石英表面动电位向负方向移动，但变化不大，说明此范围内石英表面与羧甲基淀粉发生一定的吸附。

石英与聚丙烯羧酸作用后，pH<2.3 时，石英表面动电位向负方向移动，说明石英表面与聚丙烯羧酸可能发生静电吸附；pH>2.3 时，石英表面动电位向正方向移动，石英表面与聚丙烯羧酸可能发生氢键作用，暴露出 Si^+，使石英表面动电位向正方向移动，也可能发生静电吸附。

b 赤铁矿与不同抑制剂作用前后表面动电位分析

赤铁矿在蒸馏水和不同抑制剂溶液中，表面动电位与矿浆 pH 值的关系曲线如图 6-54 所示。由图 6-54 可知，赤铁矿单矿物的零电点在 pH 值为 4.5 左右，当 pH<4.5 时，赤铁矿表面荷正电，pH>4.5 时，赤铁矿表面荷负电。赤铁矿与 3 种抑制剂作用后，赤铁矿表面动电位均向负方向移动，说明 3 种抑制剂赤铁矿表面发生吸附；赤铁矿表面与玉米淀粉可能发生氢键作用，与羧甲基淀粉可能发生键合吸附及氢键作用；赤铁矿表面与聚丙烯羧酸作用后，可能发生键合吸附及氢键作用，并且电位向负方向移动最大，说明赤铁矿表面与聚丙烯羧酸吸附作用最强，这与浮选试验结果相符。

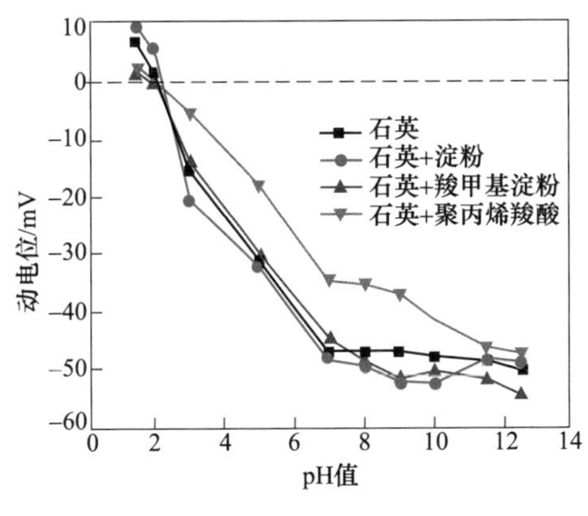

图 6-53 石英的 Zeta 电位与 pH 值关系

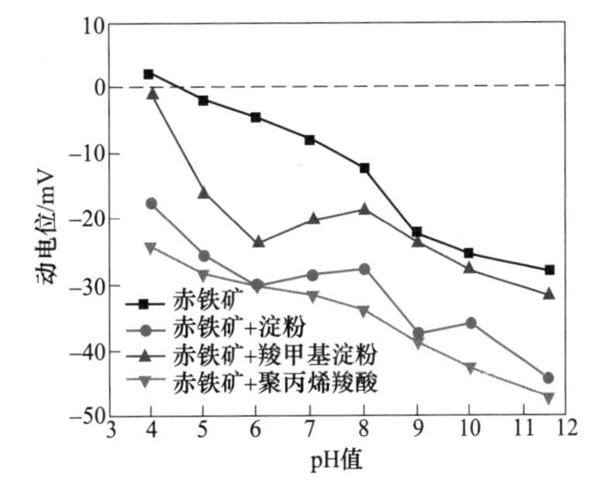

图 6-54 赤铁矿的 Zeta 电位与 pH 值关系

c 磁铁矿与不同抑制剂作用前后表面动电位分析

磁铁矿在蒸馏水和不同抑制剂溶液中，表面动电位与矿浆 pH 值的关系曲线如图 6-55 所示。由图 6-55 可知，该磁铁矿单矿物的零电点在 pH 值为 5.0 左右，

pH<5. 0 时，磁铁矿表面荷正电，pH>5. 0 时，磁铁矿表面荷负电。pH<5. 0 时，磁铁矿与三种抑制剂作用后，磁铁矿表面动电位均向负方向移动，说明三种抑制剂以负电在磁铁矿表面发生静电吸附；pH>5. 0 时，磁铁矿表面与玉米淀粉作用后，磁铁矿表面动电位变化不大，说明磁铁矿表面与玉米淀粉吸附作用较小，主要可能是氢键作用；pH>5. 0 时，磁铁矿表面与羧甲基淀粉、聚丙烯羧酸作用后，磁铁矿表面动电位均向正方向移动，说明磁铁矿表面与羧甲基淀粉、聚丙烯羧酸可能发生氢键作用或键合吸附。

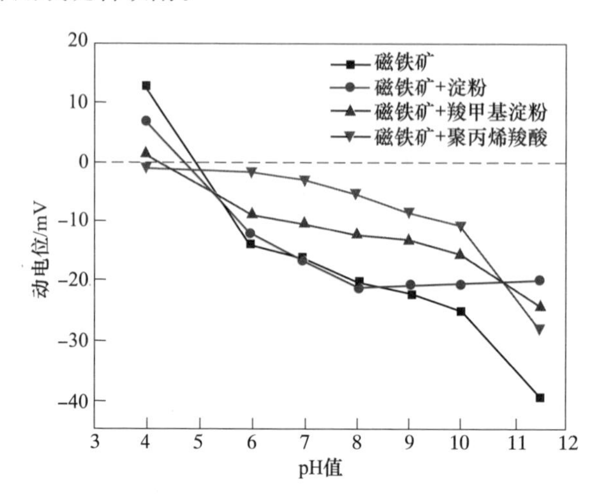

图 6-55　磁铁矿表面的动电位与 pH 值的关系

d　聚丙烯羧酸抑制剂与矿物作用前后表面红外光谱测定

矿物的红外光谱是由矿物分子振动产生的吸收光谱，可以提供有关矿物的成分和结构的信息。通过红外光谱测试，进一步判断药剂对矿物的作用，研究药剂在矿物表面的吸附行为和方式。图 6-56（a）为聚丙烯羧酸的红外光谱。

由图 6-56（a）可知，聚丙烯羧酸红外光谱中 3441. 87cm^{-1}是—CO—NH—中 N—H 的伸缩振动峰；2972. 89cm^{-1}和 2928. 79cm^{-1}分别为甲基和亚甲基的不对称伸缩振动峰；1735. 87cm^{-1}是羧酸基团中 C═O 的伸缩振动峰，1631. 73cm^{-1}是—CO—NH—基团的 C═O 伸缩振动峰；1400cm^{-1}是甲基的对称弯曲伸缩振动峰；1085. 24cm^{-1}是 C—OH 的面外弯曲变形振动峰。

矿浆 pH 值为 8. 0 时，赤铁矿与聚丙烯羧酸抑制剂作用前后表面红外光谱测定结果如图 6-56（b）（c）所示。

由图 6-56（b）可知，赤铁矿的红外光谱中 3432. 68cm^{-1}是吸附水中羟基的伸缩振动吸收峰，1632. 40cm^{-1}是羟基的弯曲振动吸收峰；1087. 58cm^{-1}和 467. 46cm^{-1}是 Fe—O 键的弯曲振动吸收峰，539. 85cm^{-1}是 Fe—O 键的伸缩振动吸收峰。

由图 6-56（c）可知，赤铁矿与聚丙烯羧酸作用后的红外光谱中 3432. 68cm^{-1}处

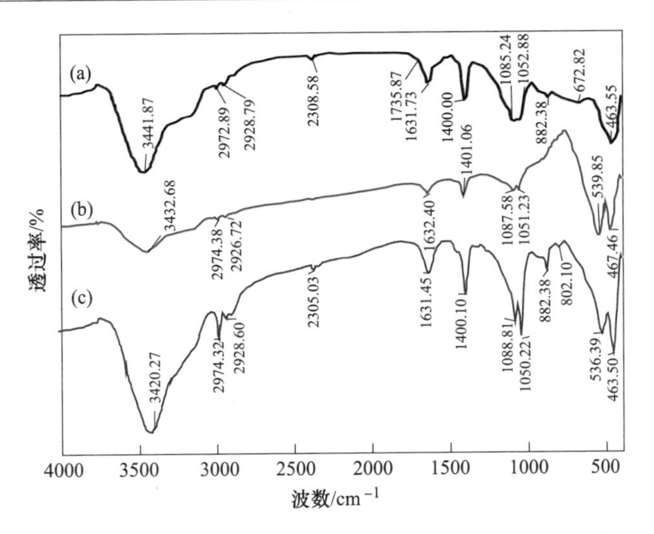

图 6-56 聚丙烯羧酸与赤铁矿与其作用前后的红外光谱

（a）抑制剂；（b）赤铁矿；（c）赤铁矿+抑制剂

吸收峰偏移至 3420.27cm^{-1}，1632.40cm^{-1}处吸收峰偏移至 1631.45cm^{-1}，539.85cm^{-1}处 Fe—O 键的伸缩振动吸收峰偏移至 536.39cm^{-1}，均发生红移，说明赤铁矿表面与羧甲基淀粉可能存在氢键作用；此外，在 882.38cm^{-1}处出现新的明显特征峰，说明赤铁矿表面与聚丙烯羧酸存在键合吸附。

矿浆 pH 值为 8.7 时，石英与不同抑制剂作用前后表面红外光谱测定结果如图 6-57（b）（c）所示。

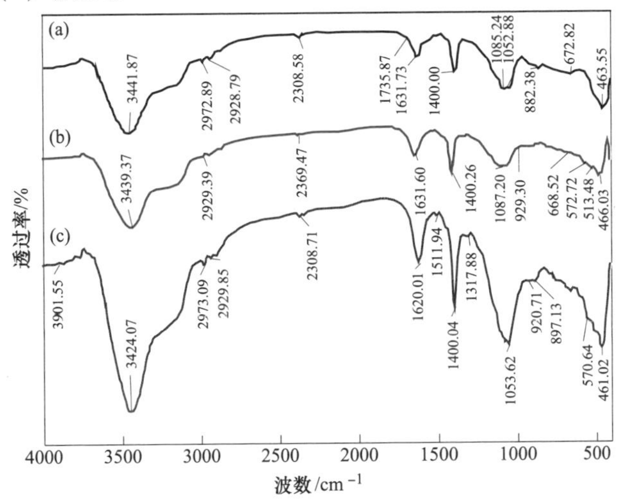

图 6-57 聚丙烯羧酸与磁铁矿与其作用前后的红外光谱

（a）抑制剂；（b）磁铁矿；（c）磁铁矿+抑制剂

由图 6-57（b）可知，3439. 37cm^{-1}是吸附水中羟基的伸缩振动吸收峰，1631. 60cm^{-1}是羟基的弯曲振动吸收峰；1087. 20cm^{-1}和 466. 03cm^{-1}是 Fe—O 键的弯曲振动吸收峰，572. 72cm^{-1}是 Fe—O 键的伸缩振动吸收峰。

由图 6-57（c）可知，磁铁矿与聚丙烯羧酸作用后的红外光谱中 572. 72cm^{-1}和 466. 03cm^{-1}Fe—O 键的吸收峰分别偏移至 570. 64cm^{-1}、461. 02cm^{-1}，均发生红移，说明磁铁矿表面与聚丙烯羧酸存在氢键作用；此外，在 920. 71cm^{-1}出现新的特征峰，说明磁铁矿表面与聚丙烯羧酸存在键合吸附。

6. 2　锡矿石中常见矿物与浮选药剂的作用原理

锡石常与黄铁矿、黄铜矿、磁黄铁矿、氧化铁矿物、石英、方解石、萤石、黑钨矿、白钨矿等矿物共伴生。常采用浮选法提高微细粒锡石品位，达到提质降杂的目的。本节在锡矿石中主要矿物晶体的表面化学特征研究基础上，着重介绍锡石浮选过程中的主要浮选药剂及其在锡石等矿物表面的作用机理。

6. 2. 1　锡矿石中常见主要矿物晶体的表面化学特征

锡石浮选中，主要研究锡石与其他非硫化矿之间的浮选分离。锡石浮选中常采用阴离子捕收剂，但捕收剂对以萤石为代表的含钙脉石矿物均具有较好的捕收能力。因此本节选择锡石及石英、萤石等常见脉石矿物为研究对象，分析锡石与石英和萤石的晶体化学和表面性质差异，其中，石英晶体结构详见第 6. 1 节，本节不再介绍。

6. 2. 1. 1　矿物晶体结构及晶胞参数

锡石是金红石型四方晶系矿物，其晶体结构的对称型是 $L^4 4L^2 5PC$[26]。锡石的晶体产出形式呈现四方双锥｛111｝、｛101｝和四方柱｛110｝、｛100｝所组成的双锥柱状或双锥状聚形，以｛101｝为双晶面的膝状双晶较为常见。锡石的晶格参数是：$a=b=0.4737$nm，$c=0.3186$nm，$\alpha=\beta=\gamma=90°$，$Z=2$。根据实验数据建立的锡石晶胞结构如图 6-58 所示。锡石晶体属于离子晶体，晶格结点上粒子为锡离子和氧负离子，离子间作用力为 Sn—O 离子键。锡离子和氧负离子以不等径离子球体进行最紧密六方堆积，6 个氧离子堆积形成的八面体空隙中填充着锡离子，这样形成了 Sn—O_6 的八面体配位形式，每个氧离子与 3 个锡离子配位相连，每个锡离子与 6 个氧离子配位相连。

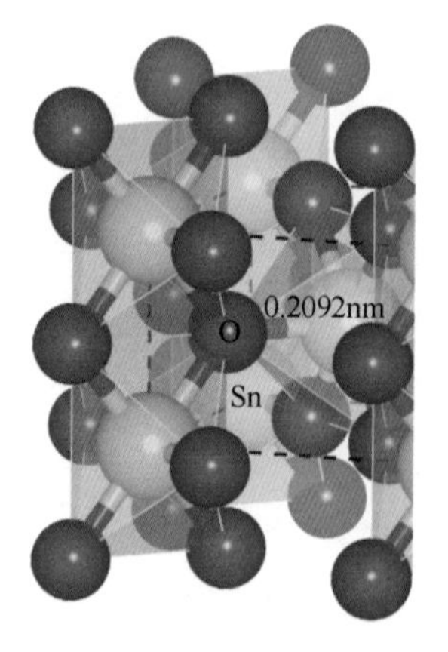

图 6-58　锡石的晶胞结构

锡石晶胞参数 MS 计算值与检测值的对比如表 6-27 所示。

表 6-27　模拟锡石晶胞参数与检测值对比

晶胞参数	a/nm	b/nm	c/nm	Sn—O 键长/nm	Sn—O—Sn 键角/(°)	α/(°)	β/(°)	γ/(°)
检测值	0.4737	0.4737	0.3186	0.2048~0.2058	129.263	90	90	90
计算值	0.4860	0.4860	0.3277	0.2107~0.2110	129.070	90	90	90
相对误差/%	2.59	2.59	2.83	2.53~2.88	0.15	0	0	0

萤石是立方晶系矿物，其对称型为$3L^4 4L^3 6L^2 9PC$[26]。萤石晶体为离子晶体，晶格结点上粒子为Ca^{2+}和F^-，每个氟离子与4个钙离子相连，每个钙离子与8个氟离子相连。Ca^{2+}按立方紧密堆积的方式排列，F^-充填在所有的四面体空隙中，形成F—Ca_4配位四面体；萤石的晶体结构也可以认为是呈简单立方形式排列，Ca^{2+}填充在其所形成的简单立方空隙中，形成Ca—F_8的配位立方体。由于沿{111}面网方向具有相邻的同号离子层，因此萤石可沿此方向完全解理。萤石单矿物的XRD检测结果：萤石的晶格参数是$a=b=c=0.5463$nm，$\alpha=\beta=\gamma=90°$，$Z=4$。萤石晶胞结构如图6-59所示。

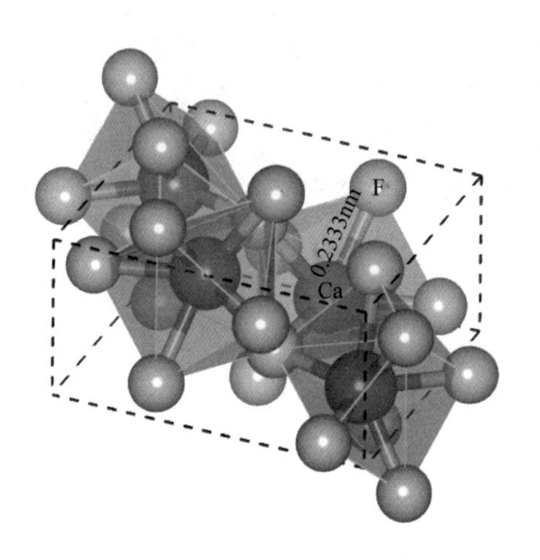

图 6-59　萤石的晶胞结构

萤石晶胞模型优化计算的参数设置根据参考文献[27]选取。优化后的萤石晶胞参数见表6-28。优化后的萤石晶胞常数与检测值完全一致。

表 6-28　萤石晶胞参数模拟计算值与检测值对比

晶胞参数	a/nm	b/nm	c/nm	Ca—F 键长/nm	Ca—F—Ca 键角/(°)	α/(°)	β/(°)	γ/(°)
检测值	0.5463	0.5463	0.5463	0.2366	109.47	90	90	90
计算值	0.5458	0.5458	0.5458	0.2363	109.47	90	90	90
相对误差/%	0.09	0.09	0.09	0.13	0	0	0	0

6.2.1.2　矿物晶体的表面结构

研究证明矿物表面的反应活性，包括润湿性、溶解性、催化作用以及浮选中的吸附行为，都是由矿物的最稳定暴露晶面所主导的[28~30]。因此，确定锡石、石英和萤石三种矿物的最稳定暴露晶面是进行下一步表面性质研究的基础。

锡石（110）表面和（100）表面结构模型如图 6-60 所示，锡石（110）表面生成后，表面的 Sn—O 键断裂，表面 Sn 原子失去顶端的配位 O 原子之后直接暴露在真空中，有利于与捕收剂亲固基直接作用。锡石（100）表面的 Sn 原子受到上方 O 原子的部分遮蔽，锡石捕收剂的亲固原子均为 O 原子，捕收剂亲固原子与 Sn 原子接近，反应过程中受到顶端 O 原子的排斥，存在更大的空间阻力。

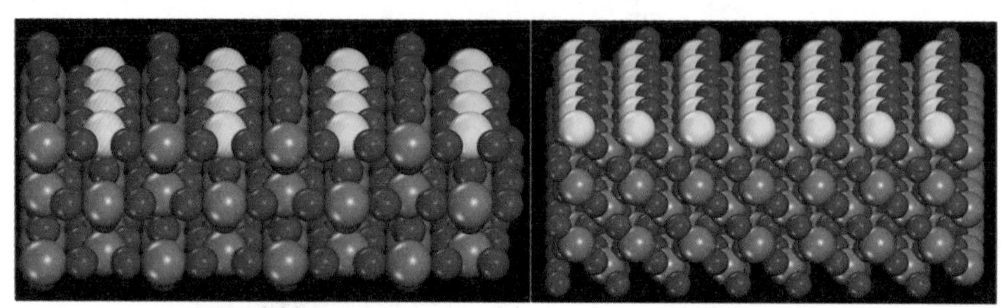

图 6-60　锡石（110）表面和（100）表面结构（红色 O，深灰色 Sn，黄色表面 Sn）

据文献报道，石英（101）面是其出现概率最高的稳定晶面，也是最利于与捕收剂作用的表面[31,32]。优化后的石英（101）表面结构如图 6-61 所示。石英（101）表面形成后，部分 Si—O 键断裂，最顶层分布的是单键 O 原子，失去一个配位 O 原子的表层 Si 原子被三个 O 原子包围。

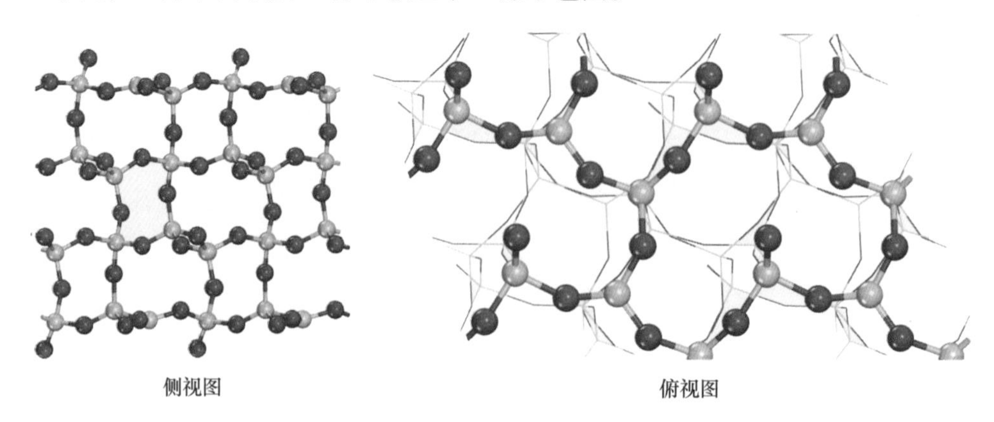

图 6-61　石英（101）表面结构（红色 O，黄色 Si）

萤石的最稳定晶面是（111）面，优化后的萤石（111）表面结构如图 6-62 所示。萤石（111）表面结构的最顶层是 3 配位的 F 原子，其次是 7 配位的 Ca 原子，Ca 原子的上下两层均被 F 原子环绕。

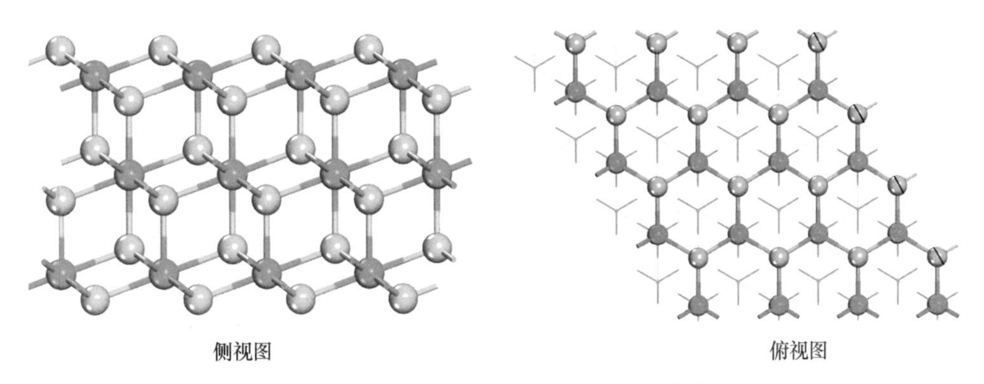

图 6-62　萤石（111）表面结构（绿色 Ca，浅蓝色 F）

6.2.1.3　矿物晶体的表面化学活性

矿物表面的电子结构是矿物的基因，决定矿物性质及其与药剂的相互作用。锡石（110）表面上最顶层的 Sn、O 原子，石英（101）表面上最顶层的 Si、O 原子和萤石（111）表面上最顶层的 Ca、F 原子的 Mulliken 电荷布居值分析见表 6-29。

表 6-29　三种矿物表面原子的 Mulliken 电荷布居值分析

矿物表面	原子	s	p	d	总电子数	电荷/e
锡石（110）面	Sn	1.00	1.20	0.00	2.20	1.80
	O	1.92	4.93	0.00	6.85	-0.85
石英（101）面	Si	0.55	1.07	0.00	1.62	2.37
	O	1.92	5.21	0.00	7.13	-1.13
萤石（111）面	Ca	2.13	6.00	0.46	8.59	1.41
	F	1.97	5.74	0.00	7.71	-0.71

锡石表面上的 Sn 原子、石英表面上的 Si 原子和萤石表面上的 Ca 原子带正电，处于失电子状态，锡石和石英表面上的 O 原子、萤石表面上的 F 原子带负电，处于得电子状态。锡石（110）表面结构中最顶层的 Sn—O 键、石英（101）表面结构中最顶层的 Si—O 键和萤石（111）表面结构中最顶层的 Ca—F 键的 Mulliken 电荷布居值分析见表 6-30。

表 6-30　三种矿物表面化学键的 Mulliken 布居值分析

矿物表面	化学键	键长/nm	布居值
锡石（110）面	Sn—O	0.205	0.47
石英（101）面	Si—O	0.157	0.60
萤石（111）面	Ca—F	0.239	0.10

SnO_2 和 SiO_2 都是共价性较强的化合物，与 Sn—O 键相比，Si—O 键的键长更小，布居值更大，共价性更强；CaF_2 是离子化合物，Ca—F 键的共价性较弱，萤石表面上的 Ca—F 键的布居值较小。

锡石（110）表面、石英（101）表面和萤石（111）表面的态密度（density of states，DOS）分布如图 6-63～图 6-65 所示。锡石（110）表面态密度的费米面附近的价带顶主要由表面 O 原子的 2p 轨道组成，费米面以上的导带底主要由表面 Sn 原子的 5s 和 5p 轨道组成。结合表中 Mulliken 电荷分布，锡石（110）表面上 Sn 原子的 5s 和 5p 轨道处于缺电子状态，O 原子的 2p 轨道处于多电子状态。

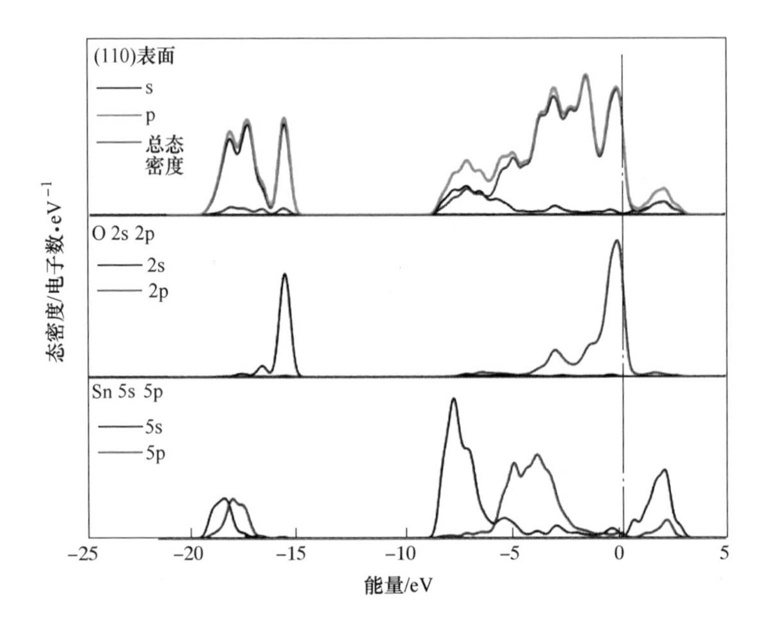

图 6-63　锡石（110）表面总态密度及表面 Sn 原子、O 原子分态密度

石英（101）表面态密度的费米面附近的价带顶主要由表面 O 原子的 2p 轨道组成，且与锡石表面态密度的费米面附近的 O 原子的 2p 轨道相比，石英表面 O 原子 2p 轨道态密度峰所处能量位置更高，说明石英表面 O 原子的活性比锡石表面 O 原子的活性更高。石英（101）表面态密度的费米面以上的导带底由 Si 原子的 3s 和 3p 轨道峰组成。石英（101）面的几何构型中最顶层分布为 O 原子，Si 原子处于次顶层且被 O 原子环绕，与阴离子捕收剂发生反应会存在较大的空间位阻和静电斥力。

萤石（111）表面的态密度分布表明，萤石的态密度峰局域性很强，Ca 原子的态密度峰与 F 原子的态密度峰在位置上几乎没有重叠，这说明 CaF_2 中 Ca—F

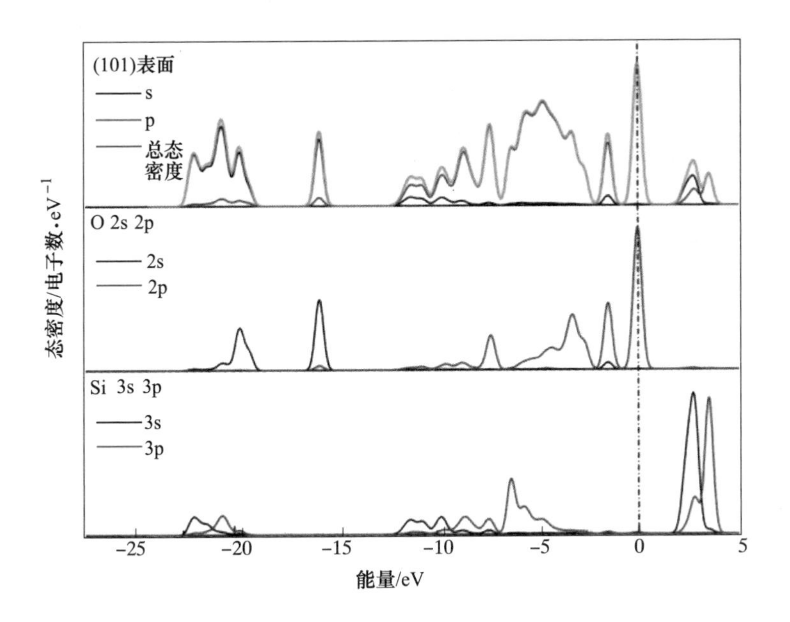

图 6-64 石英（101）表面总态密度及表面 Si 原子、O 原子分态密度

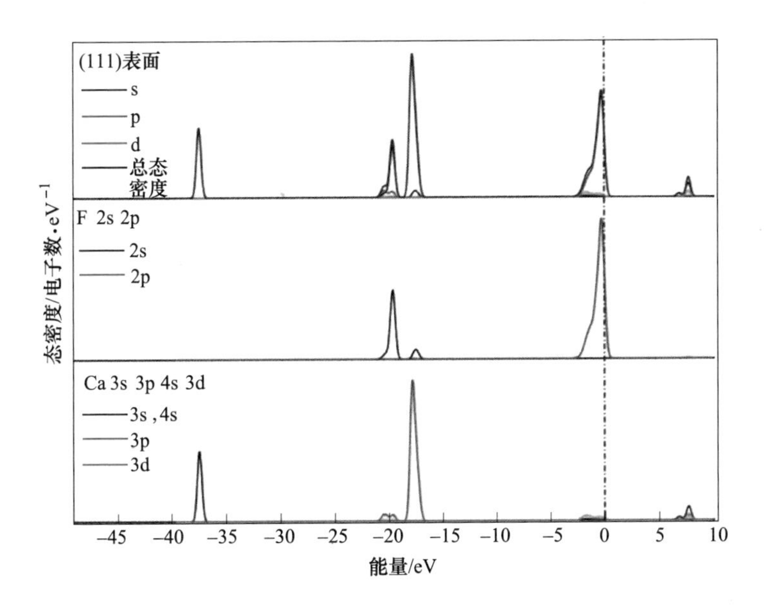

图 6-65 萤石（111）表面总态密度及表面 Ca 原子、F 原子分态密度

键的共价性很弱。萤石（111）表面态密度的费米面附近的价带顶由表面 F 原子的 2p 轨道占据。

6.2.2　锡石浮选捕收剂种类及捕收效果

锡石浮选的发展过程与锡石捕收剂的研究密切相关。关于锡石浮选的报道最早出现在20世纪30年代，当时使用的捕收剂是脂肪酸捕收剂[33]。锡石浮选得到了广泛的研究和应用，锡石捕收剂的种类也得到了极大的拓展。表6-31介绍了常见锡石浮选捕收剂种类、名称代号、结构特征及应用特点。

表6-31　常见锡石浮选捕收剂的种类、名称代号及应用特点

<table>
<tr><th>分类</th><th>名称或代号</th><th>极性基团</th><th>应用特点</th><th>参考文献</th></tr>
<tr><td rowspan="6">第一类：脂肪酸及其改性类</td><td>油酸</td><td>$C=O$、$C—OH$
碳链上含一个双键</td><td rowspan="6">(1) 在中性和碱性条件下浮选锡石-石英型矿泥；
(2) 捕收能力强，价格低，无毒，选择性较差；
(3) 对碱土金属和重金属离子敏感；
(4) 浮选温度在25℃以上</td><td rowspan="4">[34~37]</td></tr>
<tr><td>烷基二羧酸</td><td>$C=O$、$C—OH$</td></tr>
<tr><td>氧化石蜡皂</td><td>$C=O$、$C—OH$
混合脂肪酸</td></tr>
<tr><td>塔尔油</td><td>$C=O$、$C—OH$
脂肪酸和松香酸</td></tr>
<tr><td>DMY-1</td><td>$C=O$、$C—OH$、
$C—X$</td><td rowspan="2">[38]</td></tr>
<tr><td>DMY-3</td><td>$C=O$、$C—OH$、
$C—X$、$C=C$</td></tr>
<tr><td rowspan="5">第二类：胺类</td><td>伯胺</td><td>$—NH_2$</td><td rowspan="5">(1) 药剂制度简单；
(2) 泡沫黏，不易消泡；
(3) 伯铵盐应用较为广泛；
(4) 属于常温浮选药剂</td><td rowspan="5">[35，36，39]</td></tr>
<tr><td>仲胺</td><td>$R_1—NH—R_2$</td></tr>
<tr><td>叔胺</td><td>$R_1—N(R_3)—R_2$</td></tr>
<tr><td>季胺</td><td>$R_1—N^+(R_2)(R_3)—R_4$</td></tr>
<tr><td>烷基吡啶盐</td><td>$R—NC_6H_5Cl$</td></tr>
<tr><td rowspan="4">第三类：胂酸类</td><td>烷基胂酸</td><td>$R—AsO_3H_2$</td><td rowspan="4">(1) 弱酸性条件下浮选锡石；
(2) 捕收能力强，选择性好；
(3) 毒性较大，易造成环境污染</td><td rowspan="4">[40~44]</td></tr>
<tr><td>甲苯胂酸</td><td>$C_7H_7AsO_3H_2$</td></tr>
<tr><td>苄基胂酸</td><td>$C_7H_7AsO_3H_2$</td></tr>
<tr><td>甲苄胂酸</td><td>$C_8H_9AsO_3H_2$</td></tr>
<tr><td>第四类：硫酸类</td><td>烷基硫酸钠</td><td>$ROSO_3Na$</td><td>(1) 有较强的起泡性；
(2) 捕收能力随碳链增长而变强；
(3) 捕收剂对金属离子较敏感，在强酸性条件下可浮选锡石</td><td>[35，36，39，45]</td></tr>
</table>

续表 6-31

分类	名称或代号	极性基团	应用特点	参考文献
第五类：膦酸类	烷烃基膦酸	R—PO_3H_2	（1）弱酸性和中性条件下浮选锡石； （2）用量少，捕收能力和选择性强； （3）有毒性，存在污染问题	[46]
	苯乙烯膦酸（SPA）	$C_8H_7PO_3H_2$		[46~50]
	双膦酸	$RX(PO_3H_2)_2$		[50]
第六类：肟酸类、氨基酸类	烷基羟肟酸	RCONHOH	（1）浮选温度低； （2）属于螯合捕收剂； （3）选择性强，捕收性能弱； （4）与辅助捕收剂或者活化剂复配使用； （5）药剂用量大，浮选成本较高	[45, 50]
	水杨羟肟酸	HO, O, HN, OH（结构式）		[46, 50]
	苯甲基羟肟酸	HO, NH, O（结构式）		[38, 50]
	2-羟基-3-萘基羟肟酸（H_{205}）	OH—$C_{10}H_6$—CONHOH		[39, 50]
	DMY-2	C=O、C—OH、—NH—		[38]
	DMY-4	C=O、C—OH、—NH—、—NH_2		
第七类：螯合类	烷基磺化琥珀酰胺酸	C=O、C—OH、S=O、S—OH	（1）捕收能力较强，捕收速度快； （2）用量少，价格低廉，无毒； （3）选择性差	[39, 46]
	CEPPA	P=O、P—OH、C=O、C—OH 含苯环	（1）捕收能力和选择性强； （2）适用 pH 值范围宽； （3）抗金属干扰能力强	[46]
	亚硝基苯胺铵（铜铁灵）	$NH_4^+O^-$, N, O=N（结构式）	（1）选择性好； （2）生产过程存在毒性治理问题	[39, 50, 51]

脂肪酸及其改性类捕收剂选择性差，因而在浮选过程中就需要添加选择性较强的抑制剂对脉石矿物进行抑制，或与另一种捕收剂组合使用以增强选择性。Jose 等研究了油酸和烷基磺化琥珀酰胺酸盐用于锡石-萤石的浮选分离，结果发现在较低的捕收剂浓度下，当 pH 值为中性时可以选择性地浮选分离锡石和萤

石。东北大学[38]设计了两种脂肪酸改性类捕收剂 DMY-1 和 DMY-2 以及氨基酸类捕收剂 DMY-3 和 DMY-4，并将其应用于锡石浮选，结果表明对锡石具有较好的浮选性能。四种 DMY 捕收剂对-0. 074+0. 044mm、-0. 044+0. 038mm、-0. 038+0. 023mm 和-0. 023mm 四个粒级锡石单矿物的浮选回收率分别如图 6-66~图 6-69 所示。

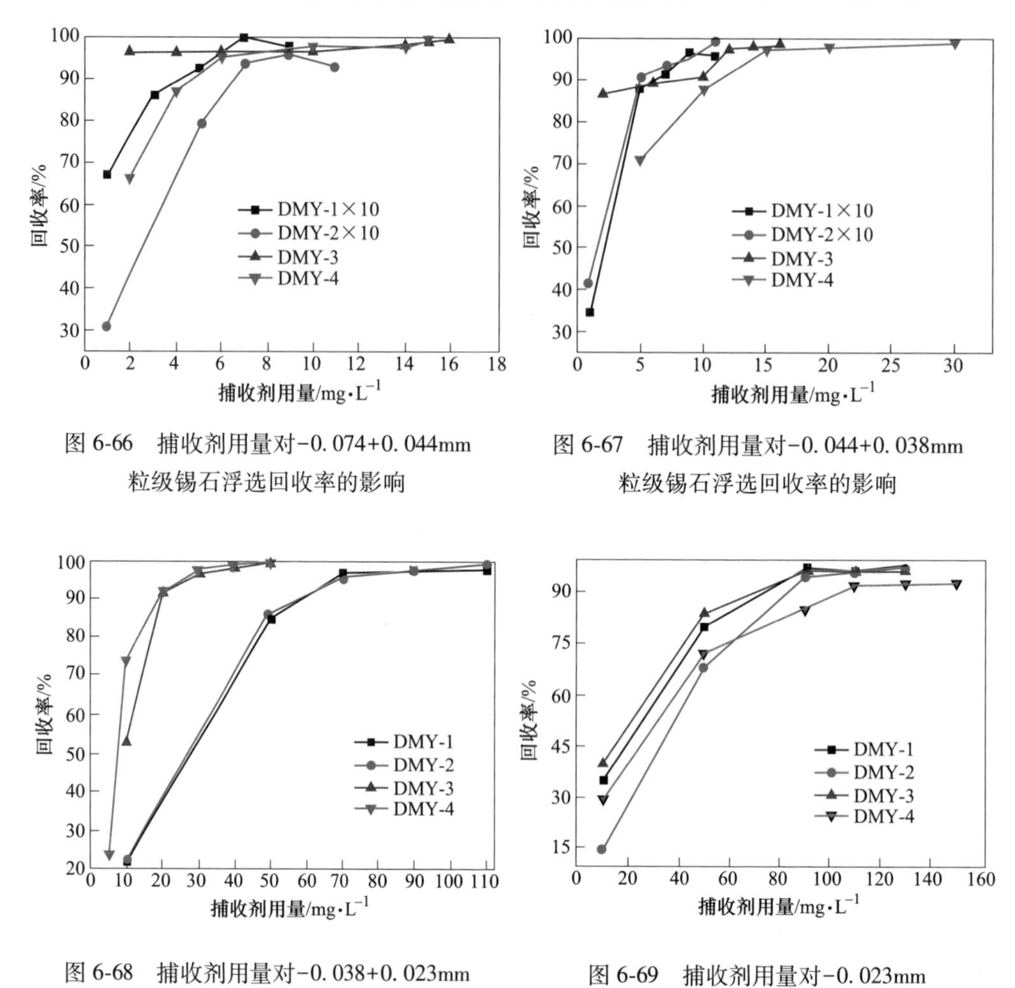

图 6-66　捕收剂用量对-0. 074+0. 044mm 粒级锡石浮选回收率的影响

图 6-67　捕收剂用量对-0. 044+0. 038mm 粒级锡石浮选回收率的影响

图 6-68　捕收剂用量对-0. 038+0. 023mm 粒级锡石浮选回收率的影响

图 6-69　捕收剂用量对-0. 023mm 粒级锡石浮选回收率的影响

在相同粒级下，DMY-1 与 DMY-3 对锡石的浮选要获得相同的回收率，DMY-1 所需的药剂用量远大于 DMY-3 的用量。这是因为捕收剂 DMY-3 的分子结构中有较长的碳链，因此，DMY-3 与 DMY-1 相比对锡石具有较强的捕收能力。

在相同粒级下，DMY-1 与 DMY-2 对锡石的浮选要获得相同的回收率，DMY-2 用量一般大于 DMY-1 用量。这是因为 DMY-2 属两性捕收剂，DMY-2 极性基体积较大，与锡石结合的空间阻力较大。

目前，锡石捕收剂主要以螯合型捕收剂为主，螯合捕收剂是能够提供两个或两个以上孤电子对数的多齿配体所形成的螯合物，即其分子中必须至少有两个原子同时与同一个金属原子配位，这些配位原子通常是电负性较大，且具有孤电子对的 O、N 和 S 等。烷基磺化琥珀酰胺酸盐药剂的组成和结构比较复杂，分子中除含有磺酸基外，通常还包含有一个以上的羧基。烷基磺化琥珀酰胺酸盐以 A-22 为代表，其适合于在弱酸性介质中应用，捕收能力强，用量低，作用快，无毒性，pH 值在 6 左右时效果最佳，能获得较好的浮选指标，其在玻利维亚、英国、苏联和秘鲁等国家的锡石浮选厂有广泛应用，主要缺点是选择性差。胂酸类捕收剂分为芳香族胂酸和脂肪族胂酸。对于脂肪族胂酸的研究报道并不多见，原因在于它的产率较低，因此未得到推广应用[52]。芳香族胂酸中主要有混合甲苯胂酸、对甲苯胂酸、苄基胂酸及邻甲苯胂酸等。对微细粒锡石捕收能力的强弱顺序为：混合甲苯胂酸>对甲苯胂酸>苄基胂酸>邻甲苯胂酸。巴里选厂处理的矿石为锡石多金属硫化矿，浮选锡石的药剂为硫酸、苄基胂酸、P86、羧甲基纤维素钠和 2 号油，可使精矿品位比药剂制度改进之前提高 4.68%[52]。在我国生产实践中使用过混合甲苯胂酸，目前正使用的仍是苄基胂酸。这类捕收剂的特点是对镁矿物不敏感，对含大量方解石的锡矿石，使用甲苯胂酸或苄基胂酸，配用 CMC 可获得较理想指标。但胂酸类捕收剂本身具有毒性，对人体有害[41]。烷基羟肟酸是脂肪酸的羧基中氢根为氢氨所取代的产物，最常用的烷基羟肟酸是水杨氧肟酸，在弱碱性介质中，以 TBP 作辅助捕收剂时对锡石有较强的捕收作用。在香花岭选厂的工业试验中取得了与苄基胂酸相近的指标，在车河选厂浮锡生产使用取得良好的指标，且较之苄基胂酸毒性小，对设备腐蚀小[53,54]。水杨氧肟酸捕收作用主要是由于矿物表面的金属离子与它生成不溶或难溶表面螯合物，但水杨氧肟酸的捕收能力相对较弱、用量大、价格高，在能够取得相同效果的前提下，一般用于取代胂酸类捕收剂。朱建光[55]对车河选厂的矿样进行试验，证明了 1-羟基-2-萘甲羟肟酸（H203）及其同分异构体 2-羟基-3-萘甲羟肟酸（H205）都是锡石的良好捕收剂，其中 H203 可从粒度−11μm 占 76%、锡品位 1.16%的给矿的闭路试验中，得到品位 18.29%、回收率 92.68%的锡精矿。但由于水杨氧肟酸价格昂贵且用量较大，限制了其在工业上更大规模的推广应用。铜铁灵是锡石浮选研究较早使用的捕收剂。A. C. Vivian[56]进行了铜铁灵捕收锡石的研究，刘德全等[57]将铜铁灵与苯异羟肟酸组合使用浮选锡石，得到满意浮选指标。采用铜铁灵对大厂车河选厂的锡细泥进行浮选，小型试验闭路指标可达到精矿含 Sn27.89%、回收率为 91.86%，但工业应用尚未成功[58]。膦酸类捕收剂分为芳香族膦酸和脂肪族膦酸。芳香族膦酸的捕收性能随烃链的增加而增强，而选择性下降，因此高级芳香族磷酸不适于用作锡石捕收剂。真正用于锡石浮选的仅为苯乙烯磷酸（SPA），其捕收剂捕收能力强，选择性较好，无毒，但与其配合使用的调整剂氟硅酸钠有毒，且此捕收剂对微细粒效果差，不适于含大量方解石的锡矿石的浮选[59,60]。当 SPA 用量为 100mg/L 时，pH 值对锡石、萤石和石英可浮性的影响如图 6-70 所示[46]。在 pH 值小于 6 的酸性环境中，SPA 才具有良好的浮选锡石的效果。在 pH 值为 4~10 范围内时，萤石具有比锡石更好的可浮性。在整个测试 pH 值范围内，SPA 对石英不具有捕收能力。

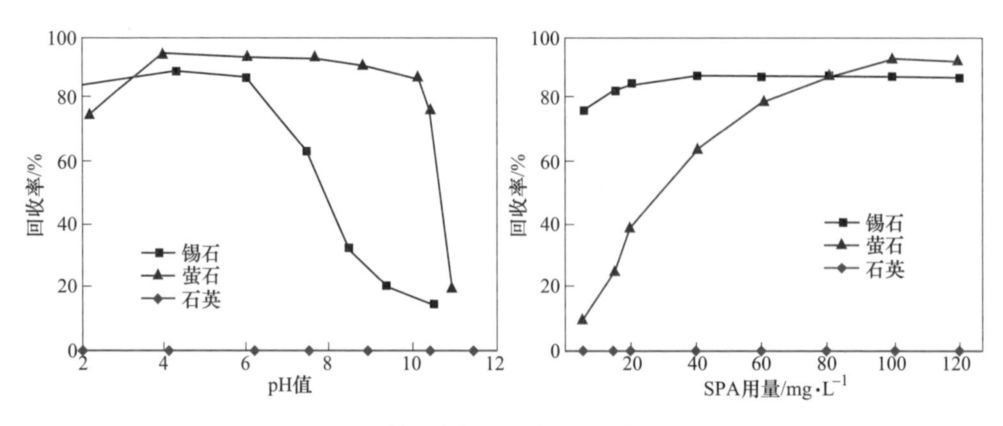

图 6-70　SPA 体系中锡石、萤石和石英的浮选行为

东北大学[46]设计了一系列（次）膦酸型锡石捕收剂，通过密度泛函理论（DFT）计算和试验检测分析了捕收剂结构与性质之间的关系，筛选出了新型锡石捕收剂 2-羧乙基苯基次膦酸（CEPPA），其具有更强的化学反应活性，更优良的溶解、分散能力，试验证明 CEPPA 具有良好的捕收能力和分选性能，优异的矿浆 pH 值适应性，较强的抗金属离子干扰能力。在 CEPPA 用量为 100mg/L 条件下，pH 值对锡石、萤石、石英可浮性的影响如图 6-71 所示。在 pH 值为 4~9 范围内时，锡石和萤石可浮性较好；在试验 pH 值范围内，CEPPA 几乎不能浮选石英。

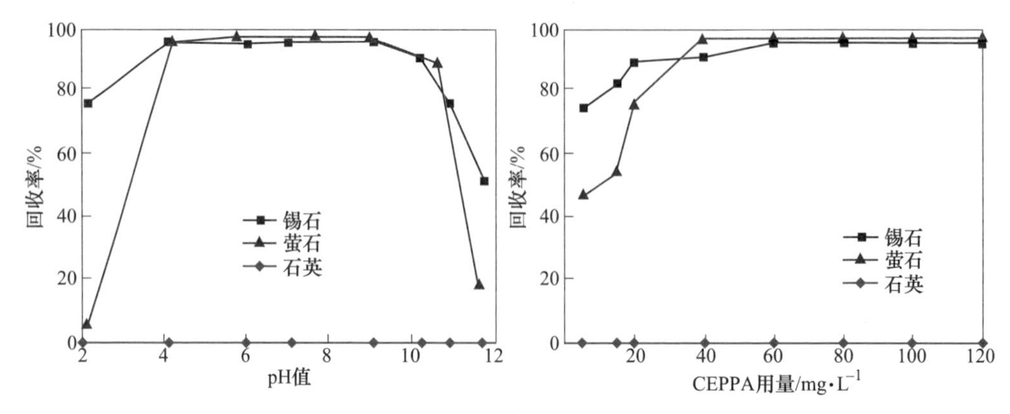

图 6-71　CEPPA 体系中锡石、萤石和石英的浮选行为

6.2.3 浮选捕收剂在矿物表面的作用机理研究

针对锡石浮选机理所进行的研究主要集中于浮选药剂在锡石表面吸附机理，研究结果普遍认为药剂与锡石表面的主要吸附形式为化学吸附。张钦发等[40]研究了混合甲苯胂酸在锡石表面上的吸附机理，认为混合甲苯胂酸在锡石表面上是以化学吸附为主，并存在静电吸附和分子吸附的多层不均匀吸附。程建国[63]对锡石表面电位和癸基亚磷酸脂吸附量的研究结果表明，癸基亚磷酸脂在锡石表面产生了化学吸附。林强[64]研究了二烷基次磷酸对锡石浮选的捕收能力，结果表明二烷基次磷酸是一类兼有起泡性能和强捕收能力的锡石捕收剂，其强捕收性由其极性基团的化学结构所决定，而非极性基的两种结构效应（电子效应和空间效应）以空间效应对药剂性能的影响占主导地位。通过红外光谱和光电子能谱分析表明，A-22 与锡石作用机理为药剂在锡石表面通过羧基和磺酸基中的氧原子与锡石表面的活性质点 Sn^{4+} 键合，形成了 O—O 型多元环螯合物。丁可鉴等[65]研究了水杨氧肟酸对锡石的捕收性能及其作用机理，指出水杨氧肟酸在锡石表面的吸附形式以化学吸附为主，同时有多层的不均匀的物理吸附。T. Sreenivas 等[66]研究了辛基羟肟酸对锡石的浮选。通过吸附等温线、动电位以及红外光谱分析测定，发现辛基羟肟酸在锡石表面的吸附既有物理吸附又存在特性吸附。近年来，MS、Gaussian 等模拟软件在选矿领域的推广与应用，使得药剂与矿物的作用规律探索已经深入到微观量子尺度，深入地揭露了药剂分子极性基团的键合原子与矿物表面活性位点之间的作用规律。如徐晓春[67]主要研究了水杨氧肟酸及其辅助捕收剂浮选锡石的作用机理，并应用量子化学理论对药剂吸附机理加以解释。水杨氧肟酸单独使用时，在锡石矿物表面形成多层吸附；药剂组合使用浮选锡石时，在锡石矿物表面同时存在药剂的穿插型和层叠型共吸附，结合量子化学的研究，组合药剂正协同效应的产生归因于水杨氧肟酸与辅助捕收剂之间的氢键作用，组合药剂浮选锡石的作用机理模型为组合药剂间形成的基于氢键的超分子体系[68~72]。覃文庆等[73~77]系统研究了烷基羟肟酸对细粒锡石浮选的溶液化学性质，确定捕收剂以分子离子共吸附模式作用于矿物表面；同时分析了其与辅助捕收剂磷酸三丁酯在锡石表面的协同作用规律，其可与磷酸三丁酯发生氢键缔合，形成超分子体系，共同作用于锡石表面，进而强化了烷基羟肟酸对锡石捕收能力。本书采用吸附量检测、接触角测量、动电位测试、浮选溶液化学计算、红外光谱分析、XPS 测试和量子化学计算等定性和定量的方法，在宏观和微观层面研究相关浮选药剂在矿物表面的作用过程、作用效果、作用形式，研究药剂在矿物表面作用机理。

6.2.3.1 捕收剂在锡石表面的吸附量测定

捕收剂在锡石表面上的吸附改善了其可浮性，捕收剂在锡石表面的吸附量变化与锡石单矿物可浮性的变化基本吻合，以新型锡石捕收剂 2-羧乙基苯基次膦酸（CEPPA）为例说明该捕收剂在锡石表面吸附量分析。不同 pH 值条件下捕收剂 CEPPA 在锡石表面的吸附量如图 6-72 所示。在 pH 值为 7. 1~8. 0 的范围内时，CEPPA 在锡石表面的吸附量最高，在中性至弱碱性的 pH 值条件下最有利于 CEPPA 在锡石表面的吸附。

在 pH 值为 7. 0 条件下，不同初始用量 CEPPA 在锡石表面吸附量的测试结果如图 6-73 所示。当 CEPPA 初始用量高于 60mg/L 后，CEPPA 在锡石表面的吸附量接近饱和，相应的锡石的浮选回收率也保持稳定。

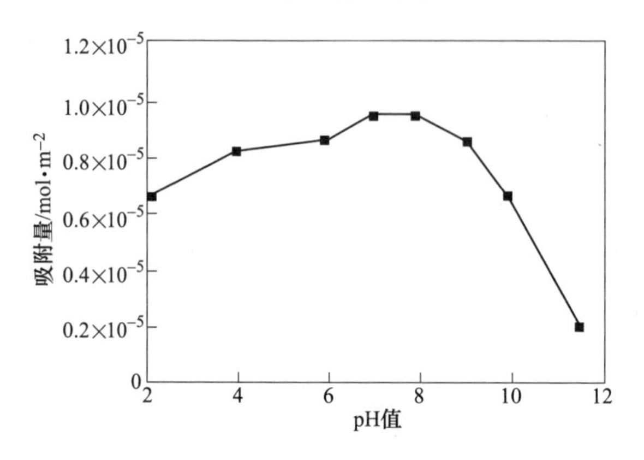

图 6-72　pH 值对 CEPPA 吸附量影响

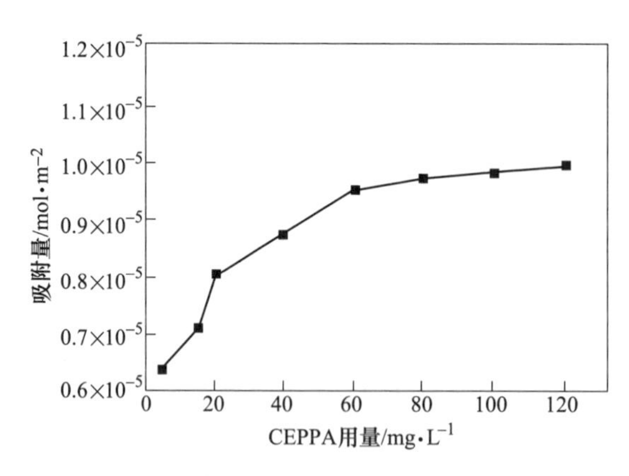

图 6-73　药剂用量对 CEPPA 吸附量影响

6. 2. 3. 2　捕收剂对锡石表面润湿性的影响

锡石表面的润湿性对其浮选行为有着重要的影响，锡石表面吸附捕收剂后接触角变大，锡石表面润湿性变差，锡石可浮性变好。以 2-羧乙基苯基次膦酸（CEPPA）为例研究这两种捕收剂对锡石表面润湿性影响。图 6-74 为不同 pH 值条件下捕收剂 CEPPA 作用前后锡石表面与去离子水的接触角，测试中 CEPPA 的用量为 60mg/L。由图中结果可见，在不同 pH 值条件下，CEPPA 作用后锡石表面的接触角均有所升高，这说明 CEPPA 的吸附引起锡石表面疏水性的增强。

在 pH 值为 7.0 条件下，CEPPA 用量对锡石表面与去离子水接触角的影响如图 6-75 所示。当 CEPPA 用量大于 20mg/L 后，锡石表面的接触角缓慢增加。CEPPA 在矿物表面的吸附使矿物表面疏水，随着吸附量的增加表面的疏水性增强，在浮选试验中表现为矿物浮选回收率升高。

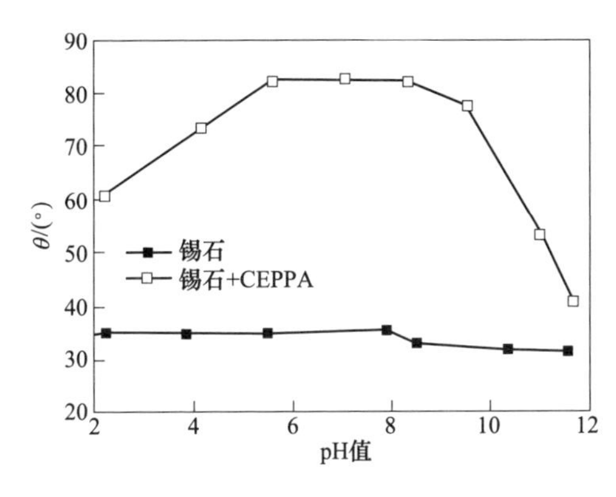

图 6-74 溶液 pH 值对接触角的影响

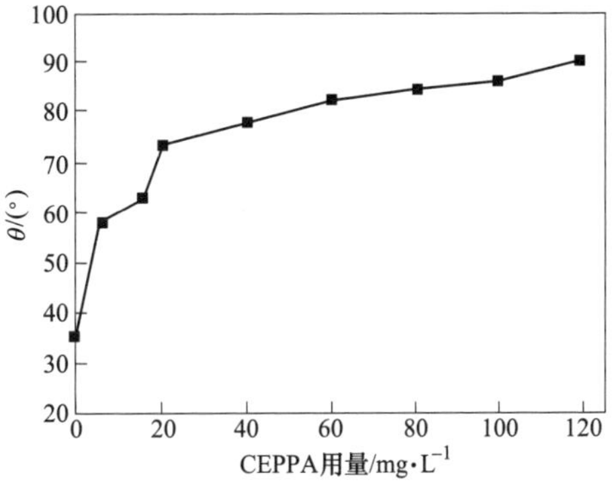

图 6-75 CEPPA 用量对接触角的影响

6.2.3.3 捕收剂对锡石表面电性的影响

锡石表面的电性对其浮选行为有极其重要的作用，本书主要以捕收剂 SPA 和 CEPPA 为例，研究 pH 值在 2~12 范围内，以上两种捕收剂对锡石表面电性影响。SPA 作用前后锡石表面的动电位分布如图 6-76 所示。在 SPA 作用下，pH 值在 2.5~9.3 范围内锡石表面电位向负值方向移动，等电点下降到 3.1 左右。不同 pH 值条件下水溶液中 SPA 各组分的相对浓度分布与 SPA 体系中锡石的浮选回收率如图 6-77 所示。

pH 值在 2.5~9.3 范围内 SPA 主要呈阴离子形式存在，因此 SPA 与锡石表面的作用必须克服两者之间的静电斥力。锡石浮选回收率变化趋势与 SPA 一价阴离子的浓度变化趋势高度吻合，SPA 浮选锡石过程中其一价阴离子是有效成分。

CEPPA 是一种二元酸，其水溶液中不同组分在不同 pH 值条件下的相对浓度分布如图 6-78 所示。CEPPA 作用前后锡石表面的 Zeta 电位见图 6-79。与 CEPPA 作用后，在测试 pH 值范围内锡石表面的动电位向负值方向移动，并且锡石的等电点向酸性 pH 值方向移动了约 1 个单位，这说明 CEPPA 吸附于锡石表面。当 pH<4.8 时，锡石表面荷正电，溶液中的 CEPPA 主要以分子、一价阴离子形式存

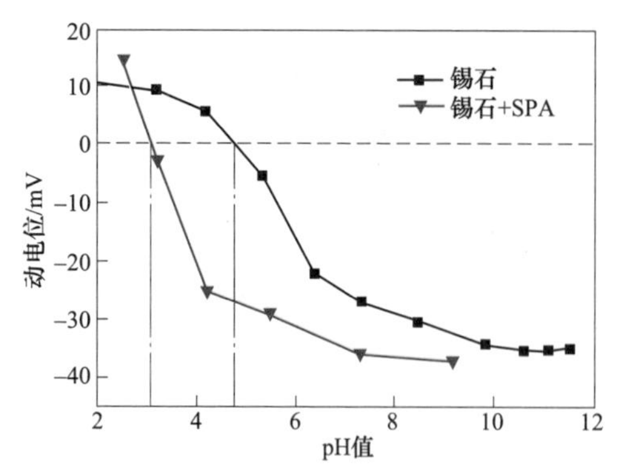

图 6-76　SPA 作用前后锡石表面动电位

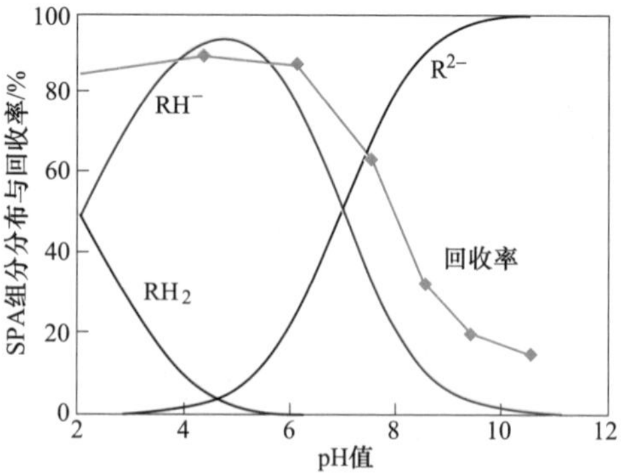

图 6-77　不同 pH 值下 SPA 溶液组分的相对浓度分布与锡石浮选回收率之间的关系

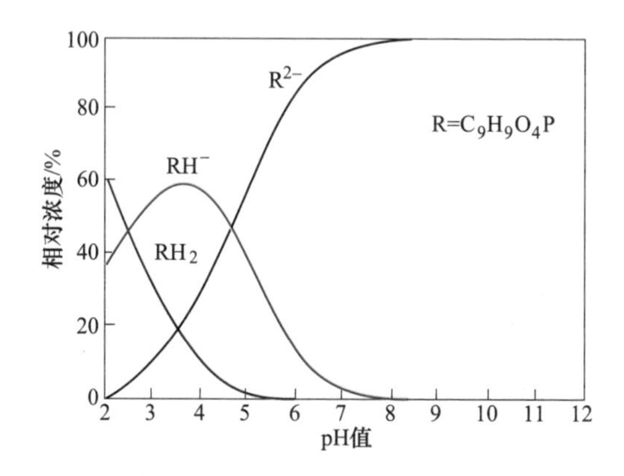

图 6-78　CEPPA 溶液组分的相对浓度分布

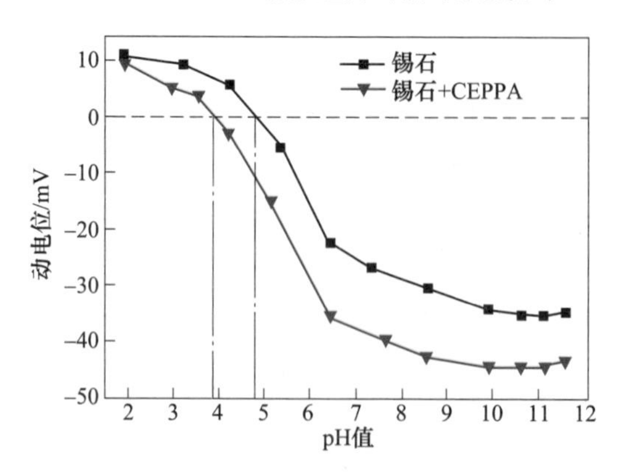

图 6-79　CEPPA 作用锡石表面的动电位

在。分子形式的 CEPPA 可以通过静电引力、氢键作用吸附在锡石表面[78]。pH

值在 4.8~9.1 的区间内，锡石表面带负电，溶液中的 CEPPA 主要以二价阴离子形式存在，但是仍然有 CEPPA 作用在锡石表面，且锡石的浮选回收率较高，这说明 CEPPA 阴离子与锡石表面作用过程中存在特殊作用，可以克服两者之间的静电斥力，CEPPA 阴离子与锡石表面的 Sn^{4+} 位点结合后导致锡石表面的正电微区减少，锡石表面阴离子的增加与正电微区的减少共同使锡石表面的动电电位下降。当 pH>9.1 时，溶液中 OH^- 的浓度呈指数级增加，锡石表面会吸附大量 OH^- 形成羟基化表面，阴离子捕收剂与锡石表面的作用必须首先置换下锡石表面的羟基终端[79~82]。阴离子捕收剂与 OH^- 之间存在竞争关系，在强碱性环境中大量的 OH^- 存在会降低 CEPPA 的吸附，在浮选中表现为锡石的浮选回收率降低。

6.2.3.4　捕收剂在锡石表面作用前后红外光谱分析

分析捕收剂及其与锡石作用前后红外光谱图中不同基团特征峰的位置，佐证捕收剂极性基团是否吸附在锡石表面；对比捕收剂在锡石表面作用前后出现新特征峰、特征峰飘移等变化分析捕收剂在锡石表面的主要吸附方式。以 CEPPA 为例，采用红外光谱分析这三种捕收剂在锡石表面的吸附方式。

图 6-80 为捕收剂 CEPPA、锡石和与 CEPPA 作用后的锡石的红外光谱图。捕收剂 CEPPA 的谱图中，位于 $3444cm^{-1}$ 处的吸收峰是分子中—OH 的伸缩振动峰，位于 $2917cm^{-1}$ 处的吸收峰是—CH_2—基团中 C—H 键的振动峰，C═O 和 P═O 键的振动吸收峰分别出现在 $1729cm^{-1}$、$1350cm^{-1}$ 处[83]，$1589cm^{-1}$ 和 $1430cm^{-1}$ 处的振动吸收峰对应 Ph—P 键[84]（Ph 为苯基 phenyl 的缩写）。

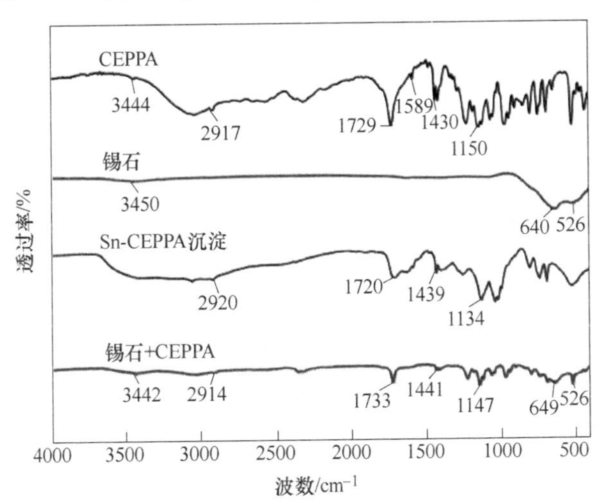

图 6-80　CEPPA 作用前后锡石红外光谱

在锡石的红外谱图中，位于 $640cm^{-1}$ 和 $526cm^{-1}$ 处的吸收峰是对应于锡石中

Sn—O 键的反对称振动特征峰[62,85]，3450cm^{-1}处的吸收峰对应锡石表面的羟基终端—Sn(OH) 中的羟基伸缩振动峰[86,87]。在与 CEPPA 作用后锡石的红外谱图中，位于 2914cm^{-1}处的吸收峰是—CH_2—基团中 C—H 键的振动吸收峰，这说明 CEPPA 已经作用在了锡石表面。对应—OH 基团的吸收峰由 3450cm^{-1}处漂移至 3422cm^{-1}处，这可能是由于—OH 基团在矿物表面氢键作用引起的。C═O 和 P═O 键的振动吸收峰分别移动到了 1733cm^{-1}和 1147cm^{-1}处，并且吸收强度有所降低，640cm^{-1}处的 Sn—O 键的振动吸收峰移动到了 649cm^{-1}处，这可能是由于 C═O和 P═O 键中的 O 原子与锡石表面的 Sn 原子发生键合吸附所导致的。CEPPA 在锡石表面的吸附主要以化学吸附、氢键作用，在锡石表面生成了类似于 Sn—CEPPA 沉淀的配合物。

6.2.3.5　捕收剂在锡石表面作用的 XPS 分析

XPS 分析是通过对原子轨道电子的结合能检测，确定元素所处的化学环境变化。通过光电子能谱中元素结合能的位移及各原子相对浓度的变化，分析捕收剂在锡石表面吸附方式。以捕收剂 CEPPA 为例，采用 XPS 分析方法进一步研究该捕收剂在锡石表面的作用形式。

锡石单矿物与 60mg/L 的 CEPPA 作用前后的表面元素全分析图谱如图 6-81 所示，作用前后锡石表面相关元素的浓度分布如表 6-32 所示。C 1s 轨道的谱峰出现在结合能为 284.80eV 位置处，纯净锡石表面 C 元素来源于检测过程中光电能谱仪泵油挥发扩散对锡石的污染[88]。锡石表面的 Sn、O 元素浓度比约为 1 : 2。

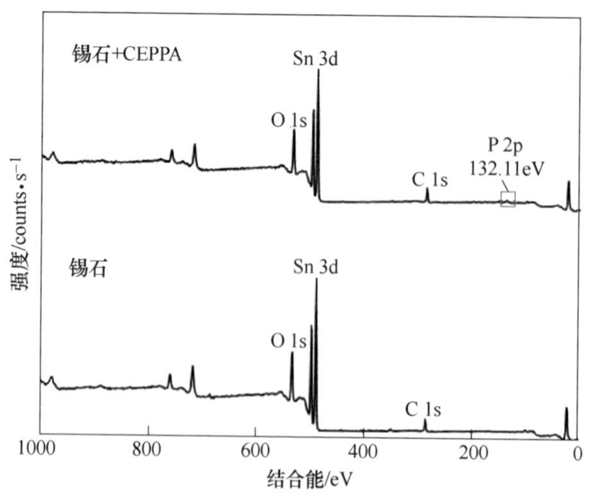

图 6-81　CEPPA 作用前后锡石 XPS 图谱

表 6-32 CEPPA 作用前后锡石表面相关元素浓度

检测试样	元素浓度（原子分数）/%				
	C	O	Sn	P	合计
锡石	28.21	48.51	23.28	—	100.00
锡石+CEPPA	33.49	44.40	21.12	0.99	100.00
差值	5.28	-4.11	-2.16	0.99	—

与 CEPPA 作用后，锡石表面在结合能为 132.11eV 位置处出现微弱的 P 2p 轨道的谱峰，P 元素是 CEPPA 分子中的特征元素，这表明 CEPPA 吸附在了锡石表面。锡石表面元素浓度分布表明与 CEPPA 作用后锡石表面的 C、P 元素浓度升高，而 Sn、O 元素浓度降低，这可能是吸附后锡石表面部分 Sn、O 元素被 CEPPA 分子遮蔽所致。

为进一步研究 CEPPA 在锡石表面的作用机理，分析了 CEPPA 作用前后锡石表面 Sn 3d 轨道、P 2p 轨道的高分辨率 XPS 谱图，结果如图 6-82 和图 6-83 所示。拟合谱线与检测谱线吻合良好，说明以下的 XPS 分析具有充分的合理性。

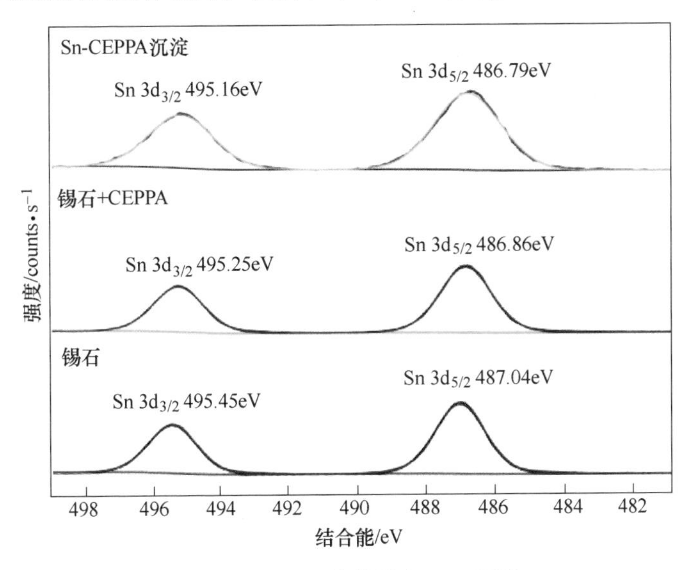

图 6-82 Sn 3d 高分辨率 XPS 图谱

锡石表面的 Sn 3d 轨道的谱峰由 Sn $3d_{5/2}$轨道和 Sn $3d_{3/2}$轨道组成的双峰构成，分别位于结合能 487.04eV、495.45eV 处，这两个谱峰对应锡石晶体中 Sn 原子与 O 原子形成的 Sn—O 键[89,90]。在与 CEPPA 作用后，锡石表面的 Sn $3d_{5/2}$ 轨道、Sn $3d_{3/2}$轨道的谱峰分别漂移至 486.86eV、495.25eV，仍然对应 Sn—O 键[91]。CEPPA 通过 CEPPA 中的 O 原子与锡石表面 Sn 原子结合。

在 CEPPA 与锡石表面结合过程中 P 2p 轨道的谱峰向低结合能方向移动，这

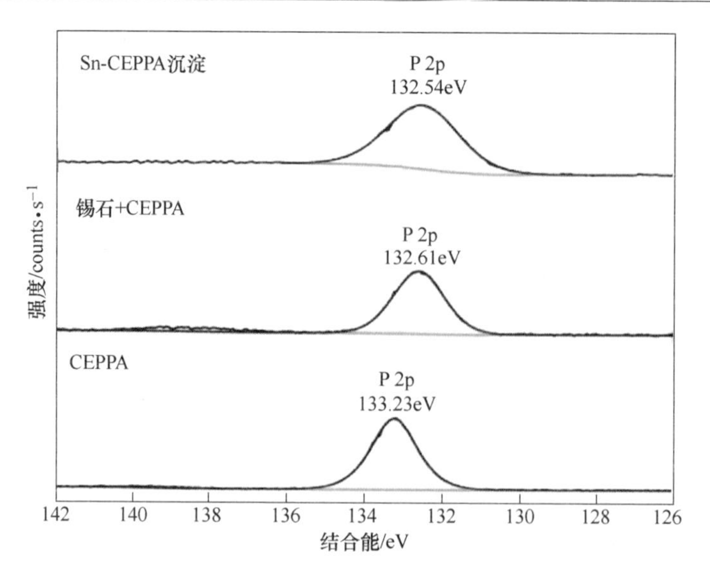

图 6-83　P 2p 高分辨率 XPS 图谱

是由于在反应过程中生成了 P—O—M 键[92]。据研究报道，膦酸和羧酸捕收剂在与矿物表面结合的过程中，所有—P═O、—P—O、—C═O、—C—O 基团中的 O 原子都会与矿物表面的金属原子结合成键[1,93,94]。综合以上的报道与分析结果，可以确定 CEPPA 在锡石表面的吸附是通过分子内的 4 个 O 原子与锡石表面的 Sn 原子结合的结果。

6.2.3.6　捕收剂在锡石表面吸附的量子化学计算

利用密度泛函理论，以捕收剂 SPA 为例，从量子化学角度来研究此捕收剂分子在锡石表面的吸附行为及其对锡石浮选的影响。

A　SPA 分子几何、电子结构分析

SPA 的分子结构以及原子编号如图 6-84 所示，相关的几何结构参数和 Mulliken 电荷分布如表 6-33 所示。

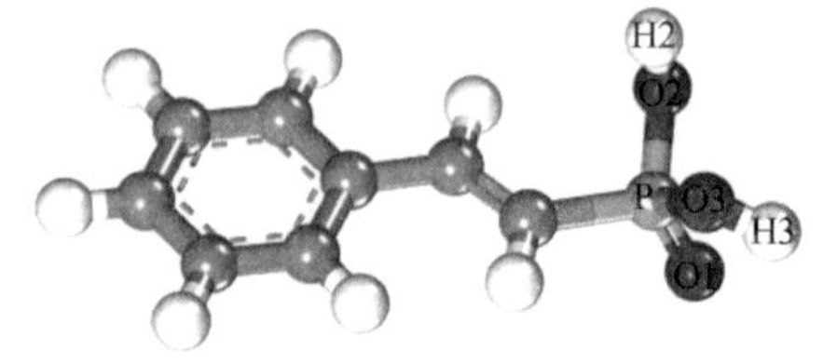

图 6-84　SPA 分子结构及原子编号

表 6-33　SPA 成分几何结构参数及 Mulliken 电荷分布

成分	键长/nm			键角/(°)			Mulliken 电荷			
	P═O1	P—O2	P—O3	O1—P—O2	O2—P—O3	O1—P—O3	P	O1	O2	O3
分子	0.1456	0.1590	0.1595	111.614	104.880	114.671	2.23	-1.04	-1.02	-1.03
一价阴离子	0.1493	0.1600	0.1487	110.643	109.927	117.591	2.32	-0.90	-1.03	-0.96
二价阴离子	0.1510	0.1503	0.1507	111.747	113.658	110.868	2.41	-0.81	-0.87	-0.86

在 SPA 分子形式中，在形成 SPA 一价阴离子过程中首先选择断开 O3—H3 键。在 SPA 二价阴离子中，P 与三个 O 原子之间的键长几乎相同。这可能是因为，在解离之后三个 O 原子的 p 轨道电子形成一个共轭大 π 键，因此各个 P 原子与 O 原子之间的键长趋于一致[82]。在 SPA 的各种成分中，O 原子是负电荷的中心，处于电子富裕状态。因此 O 原子具有给电子能力，是 SPA 与锡石表面结合过程中的亲固原子，可以与锡石表面的 Sn 原子结合成键。

B 吸附质的量子化学性质

SPA 成分、H_2O 和 OH^- 的前线轨道能量差如表 6-34 所示。不同成分的前线轨道能量差大小排序为：$RPO_3H^- < RPO_3^{2-} < RPO_3H_2 < OH^- < H_2O$。SPA 阴离子具有更小的前线轨道能量差，这意味着在解离之后 SPA 具有更高的化学反应活性。SPA 成分中，其一价阴离子具有最小的前线轨道能量差，说明它具有最高的化学反应活性。在 SPA 浮选锡石过程中，当 SPA 一价阴离子含量最高时，锡石回收率最高。RPO_3^{2-} 具有与 RPO_3H^- 非常相近的前线轨道能量差，但是在相应的浮选 pH 值条件下锡石的回收率很低，这可能是由于 SPA 二价阴离子在碱性环境下面临与 OH^- 更强烈的竞争，并且与锡石表面之间存在更强的静电斥力。OH^- 的前线轨道能量差明显高于 RPO_3H^- 的前线轨道能量差，这说明 RPO_3H^- 的化学反应活性远远强于 OH^-，具有在锡石表面取代 OH^- 的能力。

表 6-34 SPA 浮选锡石体系中吸附质的前线分子轨道能量差

吸附质	RPO_3H_2	RPO_3H^-	RPO_3^{2-}	H_2O	OH^-
$E_{LUMO}-E_{HOMO}$/eV	3.389	0.448	0.624	7.808	5.025

C 捕收剂在锡石（110）面的吸附形态及作用强度

SPA 一价阴离子与 OH^- 之间的离子交换的单点吸附作用是其在锡石表面吸附的控制性步骤，随后的成环作用是形成双氧单锡配位四元螯合环还是双氧双锡配位五元螯合环需要进一步的确定。本书研究中创建了 SPA 在锡石（110）面的单点吸附、双氧单锡配位四元螯合环、双氧双锡配位五元螯合环的初始模型，进行结构优化后的最终吸附模型如图 6-85 所示，各种吸附形态的吸附能如表 6-35 所示。在图中的单点吸附中，优化后 O2—H2 键的键长由 0.0981nm 增大到了 0.1026nm，这表明在吸附后 SPA 一价阴离子中剩余的粒子 H2 的酸性增强而更容易解离，这与报道结果相符[81]，这一变化支持了单点吸附之后的 SPA 在锡石表面的成环作用的发生。在初始的双氧单锡配位四元螯合环构型中，SPA 膦酸基的两个失氢 O 原子被置于一个锡石表面 Sn 原子上方。在优化过程中，两个 O 原子不断向 Sn 原子靠近，形成一个四元环。当距离足够近后，四元环内的内部张力越来越大，最终平衡状态被打破，SPA 中一个失氢 O 原子继续向 Sn 原子靠近，另一个失氢 O 原子被迫改变方向，与锡石表面上另一个相邻的 Sn 原子键合。很重要的一个发现就是，初始建立的双氧单锡配位四元螯合环和双氧双锡配位五元螯合环模型经过优化后所形成吸附形态几乎一致，均形成了五元螯合环。这个计算结果直观地证明了双氧单锡配位四元螯合环不能稳定存在，它可能是 SPA 在锡石表面吸附过程中的一个过渡形态，但最终最稳定的吸附形态是双氧双锡配位五元螯合环。

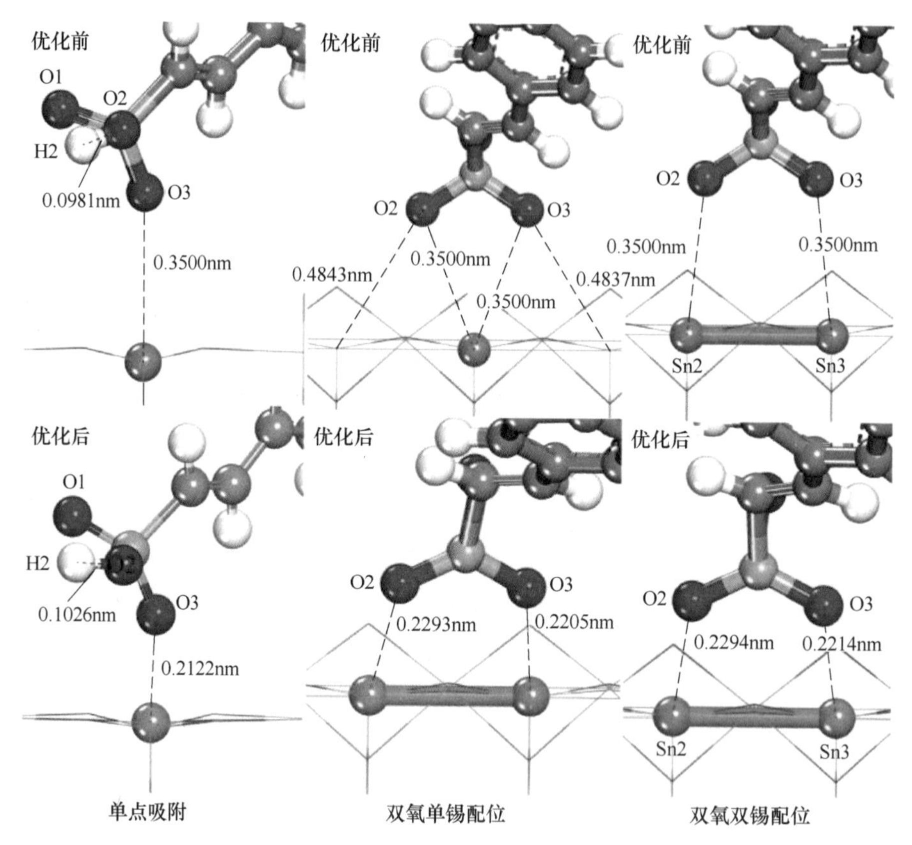

图 6-85　优化前后 SPA 在锡石（110）面的吸附形态

表 6-35　锡石（110）面上各吸附形态的吸附能

吸附形态	H_2O	OH^-	单点吸附	双氧单锡配位	双氧双锡配位
吸附能/$kJ \cdot mol^{-1}$	-76.74	-115.22	-201.06	-363.24	-369.52

表 6-35 中计算结果显示 H_2O 和 OH^- 在锡石（110）面上的吸附能证明 H_2O 和 OH^- 可以自发地吸附在锡石（110）面。故锡石表面亲水性极强，天然可浮性很差，并且在广泛的 pH 值范围内带负电。SPA 在锡石（110）面上的单点吸附能低于 OH^- 的吸附能，这证明 SPA 一价阴离子与锡石（110）面的亲和力更强，具有取代锡石表面吸附的 OH^- 的能力。双氧单锡配位和双氧双锡配位的吸附能的

数值非常接近。双氧单锡配位和双氧双锡配位的吸附模型最终都是形成了一个五元螯合环，并且两者的吸附能数值几乎一致。双氧双锡配位构型是 SPA 在锡石（110）表面最终最稳定的吸附形态，而双氧单锡配位的吸附形态可能是一个中间的过渡形态。

D 捕收剂在锡石（110）面上的键合机理研究

本节通过 Mulliken 电荷分布和态密度分析探讨了 SPA 在锡石（110）表面上的成键机理。相关原子的编号情况如图 6-84 所示，在吸附前后 Sn3 原子、O3 原子的 Mulliken 电荷分布如表 6-36 所示。

表 6-36 吸附前后 Sn3、O3 原子的 Mulliken 电荷分布

原子	状态	s	p	总电子数	电荷/e
Sn3	吸附前	1.00	1.20	2.20	1.80
	吸附后	0.93	1.22	2.15	1.85
O3	吸附前	1.92	4.94	6.86	-0.86
	吸附后	1.88	5.07	6.95	-0.95

Sn3 原子与 O3 原子结合过程中，Sn3 原子可以向 O3 原子提供电子形成正配键，O3 原子也可以向 Sn3 原子输出电子形成反馈键。在吸附后 Sn3 原子和 O3 原子的 s 轨道电子减少，而 p 轨道电子增加。这可能是由于在 Sn3 原子和 O3 原子成键过程中，双方互有电子得失。

图 6-86 表明吸附前后 Sn3 原子、O3 原子的态密度变化。在吸附前，O3 原子

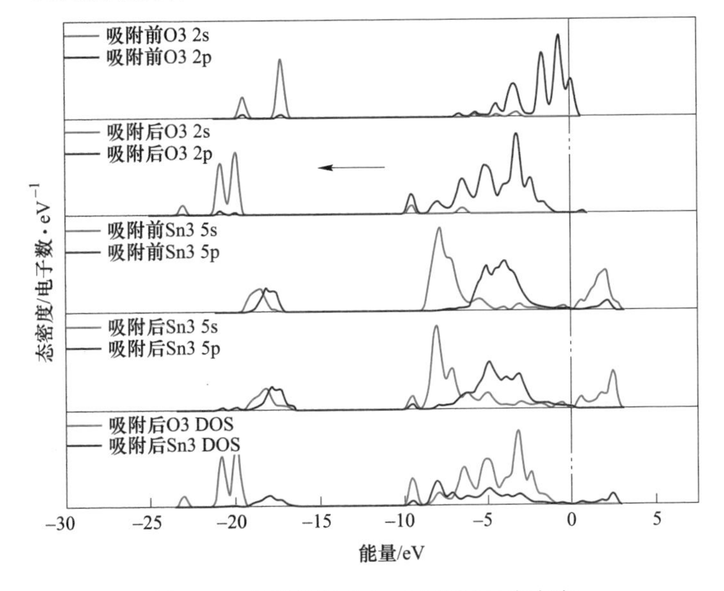

图 6-86 吸附前后 Sn3、O3 原子的态密度

态密度的费米面由其2p轨道占据，并且部分的2p轨道电子越过了费米面，这说明O3原子的2p轨道使其具有较高的化学反应活性。在吸附前，Sn3原子费米面由其5s和5p轨道占据，并且5s和5p轨道构成了Sn3原子的导带。在吸附之后，O3原子的费米面处的态密度峰消失，并且所有的态密度峰的强度变弱，向低能量方向移动，非局域性增强。吸附之后，Sn3原子的态密度峰的局域性减弱，非局域性增强。以上Sn3原子、O3原子的态密度的变化说明，在Sn3—O3键形成之后Sn3原子和O3原子的稳定性增强，化学反应活性减弱。吸附之后在-10~0eV的能量范围内Sn3原子和O3原子的态密度峰显现出强烈的“共振”状态，这种共振是由于两个原子所成Sn3—O3键具有共价属性，两个原子之间存在电子云重叠。主要是Sn3原子的5s、5p轨道和O3原子的2p轨道中的电子在Sn3—O3键的形成过程中作出了贡献。

6.2.4　锡石浮选抑制剂种类及抑制机理研究

6.2.4.1　锡石浮选抑制剂种类

捕收剂在锡石浮选中极为重要，但是当锡石与可浮性近似的矿物共生时，调整剂的作用则尤为关键。锡石的可浮性与石英、黑钨矿、氧化铁矿相似，最常用的抑制剂为硅酸钠、氟化钠和氟硅酸钠。前者主要用来抑制硅酸盐矿物，也有利于提高锡石品位。后者则有利于控制萤石浮选。在锡泥浮选过程中，脉石矿物抑制剂的作用与锡石捕收剂具有同等重要的意义。

浮选锡石较好的有机抑制剂有羧甲基纤维素钠、磷酸三丁酯、氨萘酚磺酸、高分子鞣料、草酸、稻草纤维素、连苯三酚、木质素磺酸钙（GF）、柠檬酸、乳酸、丹宁、淀粉、糊精、酒石酸、EDTA等。羧甲基纤维是含钙矿物如方解石、萤石等的抑制剂，也是高镁硅酸盐矿物如滑石、辉石、闪石的有效抑制剂，还能抑制铅矾、白铅矿、方铅矿等矿物。可与油酸、混合甲苯胂酸、A-22配合使用，对方解石等脉石矿物有明显的抑制作用。朱玉霜等[95]用F20作主要捕收剂，加少量TBP作辅助捕收剂，羧甲基纤维素钠作抑制剂，浮选车河选厂锡石细泥，可从含锡1.39%的给矿得到品位42.23%、回收率91.85%的锡精矿。稻草纤维素对锡石、方解石、石英等有较强的抑制作用。对于难选锡石，采用A-22与连苯三酚分离锡石与赤铁矿，效果较好。单宁可抑制方解石等脉石矿物，也是含钙、镁矿物的有效抑制剂，可提高精矿品位。朱玉霜等[95]用F_{203}-TBP混合物作捕收剂，单宁作抑制剂，浮选车河选厂锡石细泥，可从含锡1.38%的给矿得到品位38.55%、回收率91.13%的锡精矿。磷酸三丁酯价格昂贵，常与羧甲基纤维素钠一起使用。萘酚磺酸是黄玉的有效抑制剂，常与烷基二元羧酸配合使用。氨鞣料是电气石的良好抑制剂。草酸和亚硫酸盐是含铁矿物的有效抑制剂，常用草酸抑制脉石中的铁锰矿物。GF是一种有机抑制剂，对方解石、石英等脉石矿物有较强的抑制作用，用量一般为 100～200g/t。此外，GF、SR、P86 是巴里锡细泥的最佳组合药剂。

浮选锡石常用的无机抑制剂有水玻璃、氟硅酸钠、硫化钠、六偏酸磷钠等。锡石浮选时，水玻璃常用于抑制硅酸盐矿物，它对锡石、方解石、萤石、重晶石、锆英石等均有不同程度的抑制作用，只是起抑制作用的临界用量不同。当在矿浆中适当添加金属离子（如 Al^{3+}、Cu^{2+}、Pb^{2+} 等）时，可强化水玻璃的作用。另外，水玻璃和碳酸钠、氢氧化钠都可作为锡石浮选的 pH 值调整剂。林培基[96]采用水玻璃与有机抑制剂木薯淀粉配合使用，有效地实现了白钨矿与锡石分离。氟硅酸钠是锡石细泥浮选时广泛使用的抑制剂，氟硅酸钠能扩大浮选区域，有利于锡石浮选[97]。硫化钠和六偏酸磷钠也是锡石浮选时较好的抑制剂。当其吸附在矿物表面时，会加剧颗粒之间的空间位阻效应。它能够和 Ca^{2+}、Mg^{2+} 及其他多价金属离子生成配合物，从而使得含这些离子的矿物得到抑制[98~100]。在碱性条件下，用油酸浮选锡石时，硫化钠可抑制被 Pb^{2+}、Cu^{2+} 活化的石英，但不抑制锡石。同样，当六偏酸磷钠和油酸配合使用时，可抑制脉石中的方解石和褐铁矿。采用烷基硫酸钠、A-22、苯乙烯磷酸浮选锡石细泥时，矿浆中的 Ca^{2+}、Cu^{2+}、Fe^{3+} 等离子对锡石有抑制作用。Cu^{2+} 可在对锡石浮选影响较小的前提下，有效抑制萤石，且不活化石英，这在与黄铜矿共伴生锡石浮选中意义重大。在 pH 值为 4.0、SPA 用量为 100mg/L 条件下，Cu^{2+} 用量对三种矿物可浮性的影响如图 6-87 和图 6-88 所示。在此条件下，Cu^{2+} 对锡石和萤石产生了抑制作用，对石英具有活化作用；并且萤石和石英对 Cu^{2+} 更为敏感，二者浮选过程中用量更小。

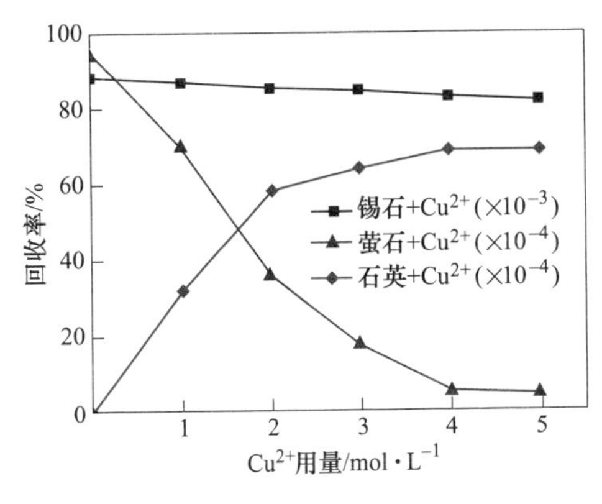

图 6-87　Cu^{2+} 用量对矿物可浮性的影响

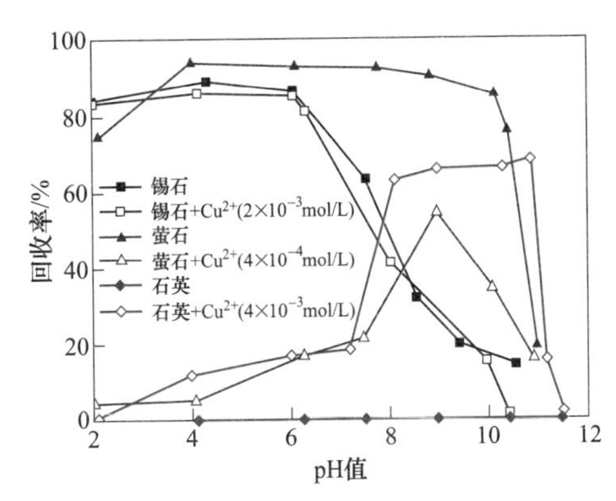

图 6-88　pH 值对矿物可浮性的影响

固定 SPA 用量为 100mg/L，不同 pH 值条件下 Cu^{2+} 对三种矿物可浮性的影响如图 6-89 所示。Cu^{2+} 对 SPA 体系中锡石可浮性的影响较小。在 2.1～10.9 的 pH 值范围内，Cu^{2+} 对萤石具有强烈的抑制作用。Cu^{2+} 对 SPA 体系中的石英产生了活化作用。CEPPA 体系中 Cu^{2+} 用量对锡石可浮性浮选影响不大，Cu^{2+} 对萤石具有

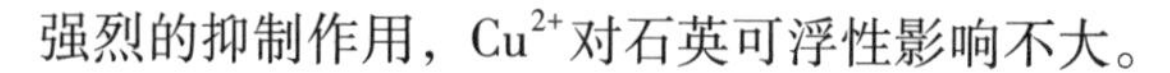
强烈的抑制作用，Cu^{2+}对石英可浮性影响不大。

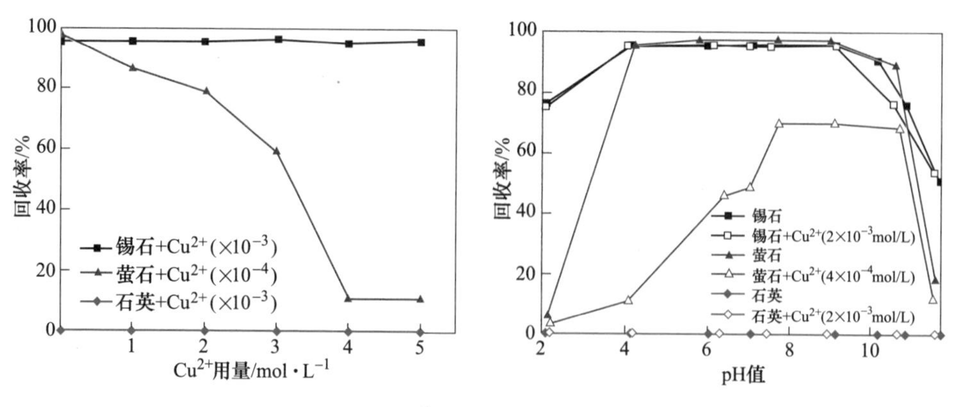

图 6-89　Cu^{2+}对矿物可浮性的影响

6.2.4.2　抑制剂对捕收剂体系中萤石的抑制作用机理研究

鉴于不同捕收剂体系下，不同种类抑制剂在矿物表面作用机理不尽相同，本节以Cu^{2+}为例分析其在 CEPPA 捕收剂体系中对锡石矿常见脉石矿物萤石的抑制机理。

在 pH 值为 4.0 条件下，Cu^{2+}用量对 CEPPA 在矿物表面吸附量的影响如图 6-90 所示。随着Cu^{2+}用量的增加，CEPPA 在锡石表面的吸附量基本保持稳定，Cu^{2+}对 CEPPA 在锡石表面的作用基本没有产生影响。在Cu^{2+}作用下，CEPPA 在萤石表面的吸附量迅速降低；在 CEPPA 体系中Cu^{2+}对萤石的抑制作用是由于Cu^{2+}的存在降低了 CEPPA 在萤石表面的吸附量。

在 pH 值为 4.0 条件下，不同Cu^{2+}用量下 CEPPA 对矿物表面润湿性的影响如图 6-91 所示。Cu^{2+}对 CEPPA 引起的锡石表面疏水性基本没有影响。当Cu^{2+}加入

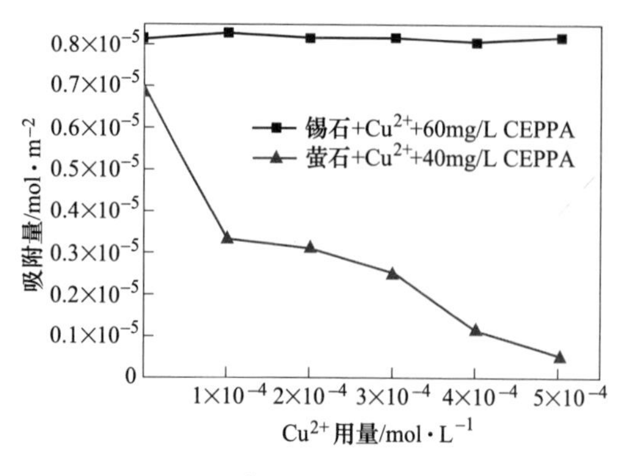

图 6-90　Cu^{2+}用量对吸附量的影响

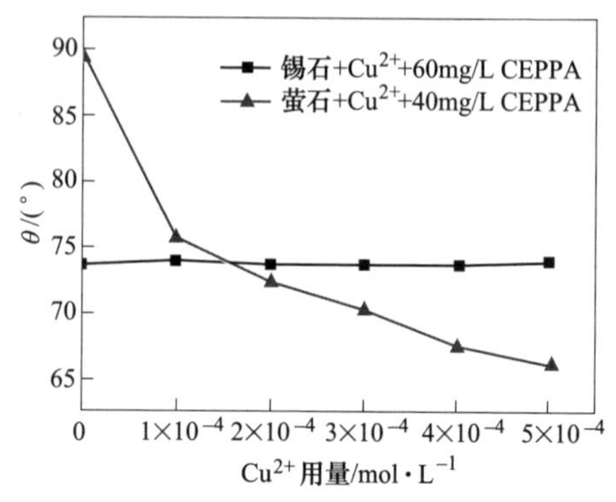

图 6-91　Cu^{2+}用量对接触角的影响

后，由 CEPPA 在萤石表面引起的疏水性被显著削弱，CEPPA 作用后的萤石表面的接触角基本与作用前萤石矿物表面的接触角相等。因此，Cu^{2+}的加入可降低甚至消除 CEPPA 对萤石表面疏水性的改善作用。

药剂作用前后锡石和萤石表面动电位的分布如图 6-92 和图 6-93 所示，其中 CEPPA 用量为 60mg/L，Cu^{2+}用量为 5×10^{-4}mol/L。在 pH<7 的范围内，Cu^{2+}溶液中的主要成分是 Cu^{2+}[101]。在 Cu^{2+}作用下，在 pH<8.4 范围内锡石表面动电位更高，且锡石的等电点增加，这说明 Cu^{2+}作用在了锡石表面。当 pH<4.8 时，锡石表面和 Cu^{2+}均荷正电，Cu^{2+}在锡石表面的作用需存在特殊的作用力克服两者之间的静电斥力。锡石与 CEPPA 作用后表面电位向负值增大；锡石与 Cu^{2+}和 CEPPA 共同作用后，锡石动电位向负值方向增大；且与 CEPPA 单独存在条件下相比，锡石动电位更负，故 Cu^{2+}不会削弱 CEPPA 在锡石表面的作用。与 Cu^{2+}作用后，当 pH<9 时萤石动电位基本没有变化；在 pH>9 条件下，Cu^{2+}作用后的萤石动电位小幅下降，可能是由于荷负电的 $Cu(OH)_2(s)$ 沉淀在了萤石表面[101]。与 CEPPA 作用后，萤石动电位显著地向负值方向移动，表明 CEPPA 阴离子作用在了萤石表面。与 Cu^{2+}和 CEPPA 作用后，萤石表面的动电位几乎与 Cu^{2+}单独作用下萤石动电位相同，这说明 Cu^{2+}阻断了萤石与 CEPPA 之间的反应。

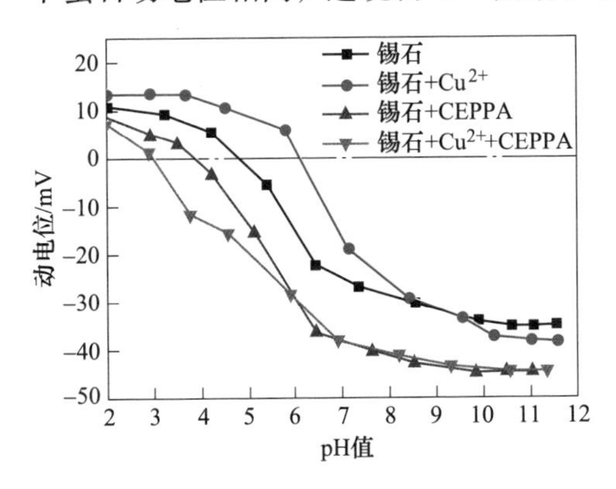

图 6-92 pH 值与锡石表面动电位的关系

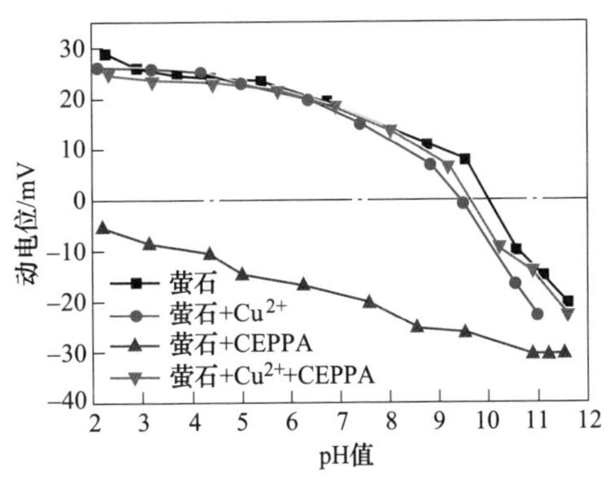

图 6-93 pH 值与萤石表面动电位的关系

在 pH 值为 4.0 条件下，经 Cu^{2+}或 CEPPA 处理前后的锡石、萤石表面的元素浓度分布如表 6-37 所示，其中 CEPPA 用量为 50mg/L，Cu^{2+}用量为 4×10^{-4}mol/L。

表 6-37 不同条件下锡石、萤石表面元素浓度分布 (%)

样 品	C	O	Sn	Ca	F	Cu	P
锡 石	28.21	48.51	23.28	—	—	—	—
锡石+Cu^{2+}	34.14	40.84	19.82	—	—	5.20	—
锡石+CEPPA	33.49	44.40	21.12	—	—	—	0.99

续表 6-37

样　品	C	O	Sn	Ca	F	Cu	P
锡石+Cu^{2+}+CEPPA	40.35	45.30	12.78	—	—	0.60	0.97
萤　石	27.03	4.52	—	24.79	43.66	—	—
萤石+Cu^{2+}	27.48	4.20	—	24.96	43.26	0.10	—
萤石+CEPPA	32.66	6.64	—	21.38	38.02	—	1.30
萤石+Cu^{2+}+CEPPA	26.85	4.52	—	24.91	43.36	0.03	0.03

与 Cu^{2+}作用后，锡石表面出现了 Cu 元素，这进一步说明了 Cu^{2+}可以作用在锡石表面而难以作用在萤石表面。研究证明 CuF_2 在水中的溶解度为 47.5g/L，相比之下 CaF_2 的溶解度仅有 0.015g/L[102]；且 CuF_2 在水环境中的稳定性很差[103]。因此，Cu^{2+}很难稳定作用在萤石表面。在与 CEPPA 作用后，锡石和萤石表面分别出现 P 元素，这表明 CEPPA 吸附在了锡石、萤石表面。同时，由于 CEPPA 的吸附覆盖，锡石、萤石表面金属原子的浓度出现了明显的下降。当锡石与 Cu^{2+}、CEPPA 共同作用后，锡石表面的 Cu 元素浓度显著降低，可能是由于锡石表面的 Cu 与 CEPPA 发生了作用或者被 CEPPA 所遮盖；P 元素的浓度微降，说明 Cu^{2+} 对 CEPPA 在锡石表面的吸附量几乎没有影响。然而，当与 Cu^{2+} 和 CEPPA 共同作用后，萤石表面的 P 元素浓度显著降低，这说明 Cu^{2+}基本隔绝了 CEPPA 在萤石表面的作用。

与 Cu^{2+}和 CEPPA 作用后锡石表面 Cu 元素的高分辨率 XPS 图谱如图 6-94 所示。与 Cu^{2+}作用后，锡石表面的 Cu $2p_{3/2}$轨道的谱峰出现在结合能为 933.8eV 的位置，该谱线的趋势与文献中报道的 CuO 的 XPS 图谱十分吻合[104]。在 940～965eV 的结合能范围内出现了三个卫星峰，这三个卫星峰是二价铜化合物的“指

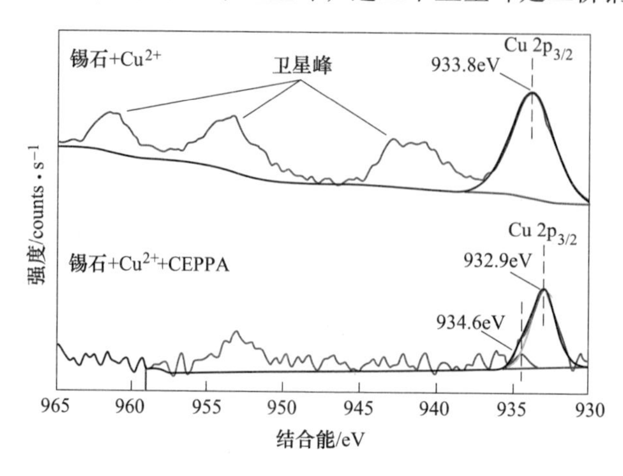

图 6-94　CEPPA 处理前后锡石表面 Cu 2p 高分辨率 XPS 图谱

纹”特征峰[105~107]。Cu $2p_{3/2}$轨道的谱峰与一个化学状态的拟合峰完美契合，933.8eV 的结合能位置对应的是 Cu 与 O 成键的化学状态[108]。以上结果说明 Cu 以二价离子的形式作用在了锡石表面，并与 O 原子结合形成了 Cu—O 键。

与 Cu^{2+}和 CEPPA 共同作用后，锡石表面的 Cu $2p_{3/2}$轨道的谱峰由两种化学状态拟合而成，这说明锡石表面 Cu 元素所处的化学环境发生了变化，CEPPA 在锡石表面引起了化学反应。位于结合能 934.6eV 处的 Cu $2p_{3/2}$轨道的谱峰对应于二价铜的羟基配合物[109,110]，位于结合能 932.9eV 处的 Cu $2p_{3/2}$轨道的谱峰仍旧对应于 Cu—O 键[111]，这两种化学状态可能是锡石表面的 Cu 与 CEPPA 中的—P═O、—P—OH、—C═O、—C—OH 基团发生了反应。尽管 Cu^{2+}可以与矿浆中 CEPPA 结合，但 Cu^{2+}也可以作用在锡石表面，因而不会影响 CEPPA 在锡石表面的吸附。对于萤石，矿浆中的捕收剂 CEPPA 被 Cu^{2+}消耗，而且 Cu^{2+}不能作用在萤石表面，最终导致萤石的浮选受到抑制。

XPS 分析证明 Cu^{2+}可以作用在锡石表面形成 Cu—O 键，具体的是吸附作用或者取代作用缺少直接的证据，Cu^{2+}在锡石表面作用后 CEPPA 的吸附也值得探索。本节采用 DFT 计算在原子尺寸级别提供了直接的和定量的 Cu^{2+}在锡石表面作用的研究。在理想锡石（110）面创建了 Cu^{2+}的吸附模型和取代模型并进行了结构优化，计算结果见图 6-95。

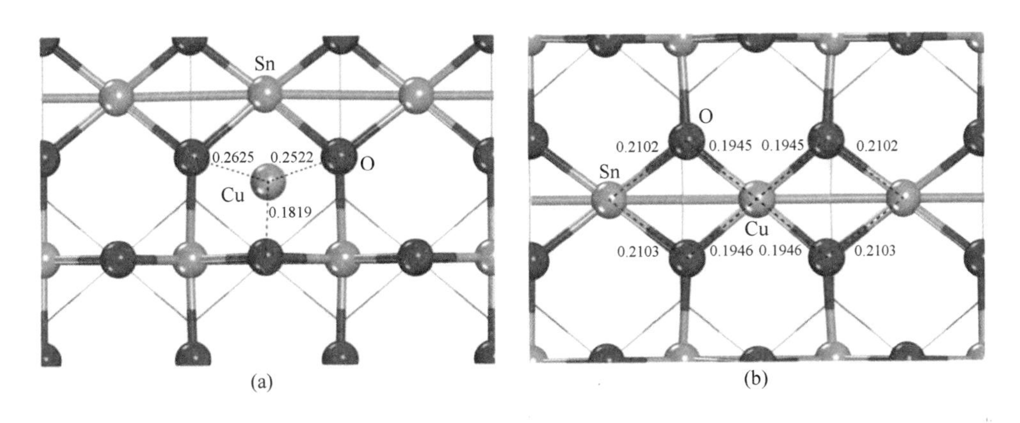

图 6-95 Cu^{2+}在锡石（110）面的吸附模型（a）和取代模型（b）

Cu^{2+}在锡石（110）面上的吸附能和取代能分别是 -723.58kJ/mol、-664.67kJ/mol，这表明 Cu^{2+}在锡石表面的吸附作用和取代作用均可以自发进行。Cu^{2+}在锡石（110）面最稳定的吸附位置是三个 O 原子之间的穴位，Cu^{2+}与相邻的三个 O 原子之间发生作用。Cu 原子与 O 原子之间最短的距离为 0.1819nm，这个距离小于 Cu 原子、O 原子的共价半径之和（即 0.190nm）。这表明 Cu^{2+}在锡石表面发生了强烈的化学吸附，生成了 Cu—O 共价键[112]。Cu 原子与相邻的另外两个 O 原子之间的距离分别是 0.2522nm、0.2625nm，这两个距离大于 Cu、O 原子共价半径之和，但又属于化学键长度范围内（小于 0.3nm）[39]，可能是两个离子键。Cu^{2+}在锡石（110）面上最稳定的取代位置取代了一个五配位的 Sn 原子，取代后生成的 Cu—O 键键长小于锡石晶体中的 Sn—O 键长，故可能 Cu—O 键的强度更大，所以取代反应可以自发进行。Cu^{2+}在锡石（110）面上的吸附反应生成的最短的 Cu—O 键键长小于取代反应生成的 Cu—O 键键长，而且吸附能的绝对值大于取代能的绝对值，这说明 Cu^{2+}在锡石（110）面上的作用应该是以吸附为主。

当 pH 值在 4.0 左右时，CEPPA 在溶液中的存在形式主要为一价阴离子。图 6-96 表明 CEPPA 一价阴离子与理想锡石（110）面（a）、Cu^{2+}吸附后的锡石（110）面（b）、Cu^{2+}取代后的锡石（110）面（c）、理想萤石（111）面（d）和 Cu^{2+}(e）之间的作用形态，相关的作用能如表 6-38 所示。Cu^{2+}作用在锡石（110）面上增强了 CEPPA 的吸附强度。CEPPA 一价阴离子在理想锡石（110）面、Cu^{2+}吸附后锡石（110）面、Cu^{2+}取代后锡石（110）面上形成的 O—metal 键的键长中 Cu^{2+}吸附后锡石（110）面上形成的 O—Cu 键键长最短，这表明 CEPPA 在 Cu^{2+}吸附后锡石（110）面上的吸附最稳定。这可能是由于吸附的 Cu^{2+}减弱了 CEPPA 膦酸基中的 O 原子与锡石（110）面上的 O 原子之间的排斥力。吸附能的大小反映出 CEPPA 与 Cu^{2+}的作用强度远远大于 CEPPA 与萤石（111）面的作用强度，因此溶液中的 CEPPA 一价阴离子会优先与 Cu^{2+}结合，最终造成萤石受到抑制。

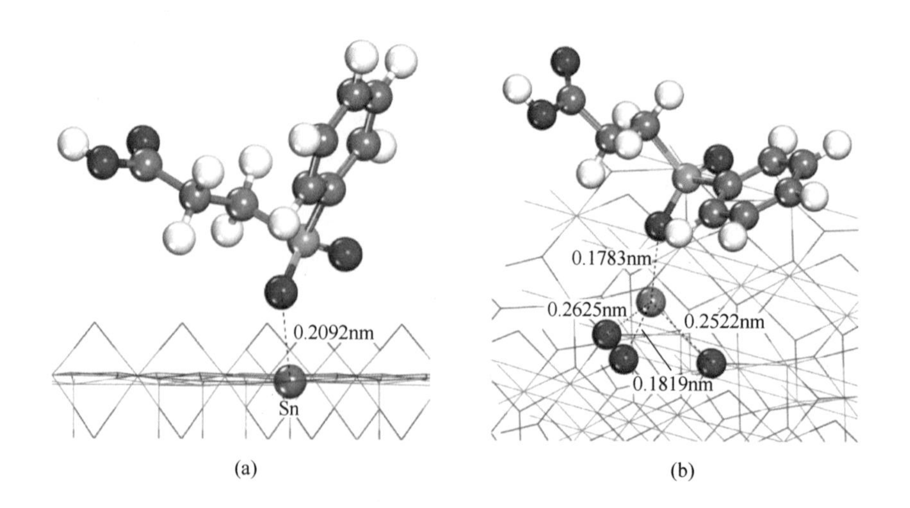

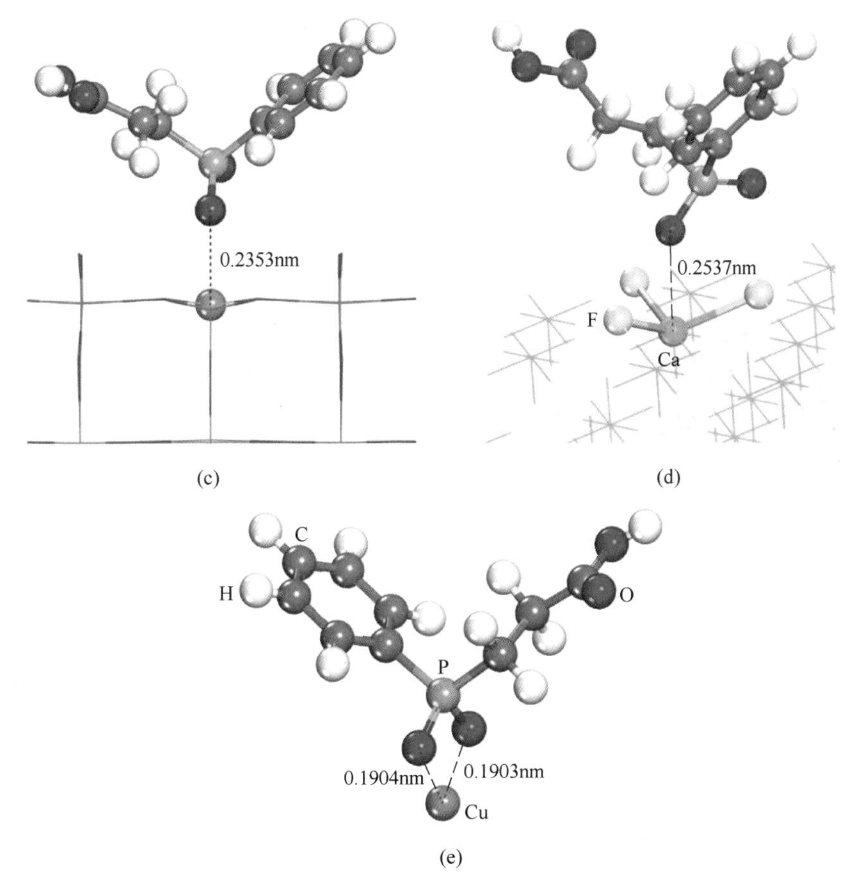

图 6-96 CEPPA 一价阴离子与不同基底之间的作用形态
(a) 理想锡石(110)面;(b) Cu^{2+}吸附后的锡石(110)面;
(c) Cu^{2+}取代后的锡石(110)面;(d) 理想萤石(111)面;(e) Cu^{2+}

表 6-38 CEPPA 一价阴离子与不同基底之间的作用能

作用基底	理想锡石(110)面	Cu^{2+}吸附锡石(110)面	Cu^{2+}取代锡石(110)面	理想萤石(111)面	Cu^{2+}
作用能/$kJ \cdot mol^{-1}$	-245.75	-400.11	-372.34	-473.15	-694.62

6.3 铝土矿中常见矿物与浮选药剂的作用原理

我国的铝土矿主要以难处理的一水硬铝石为主,且矿石中含有较高的石英、高岭石、叶蜡石、伊利石等硅质脉石矿物。可以采用浮选法降低矿石中硅含量,提高铝土矿的品位。铝土矿反浮选脱硅研究主要集中在强化铝硅酸盐矿物捕收的阳离子捕收剂和一水硬铝石的高效抑制剂研发方面;反浮选捕收剂主要有脂肪胺、季铵盐、多胺类、醚胺类、酞胺类、甲萘胺等。铝土矿正浮选捕收剂有油酸、十二烷基苯磺酸盐、苯乙烯磷酸、氧化石蜡皂等。铝土矿浮选过程中使用的调整剂主要有阳离子聚丙烯酰胺、氟化钠、改性淀粉、苯二氧基二乙酸、草酸、柠檬酸等。本节选取一水硬铝石、高岭石为主要研究对象，进行铝土矿中常见矿物与浮选药剂的作用机理研究。

6.3.1　一水硬铝石和高岭石晶体表面化学特征

6.3.1.1　一水硬铝石和高岭石的晶体结构特征

一水硬铝石的化学式为 α-AlO(OH) 或 $Al_2O_3 \cdot H_2O$，含 Al_2O_3 84.98%、H_2O 15.02%[113]。Fe^{3+}可少量以类质同象的形式取代 Al^{3+}而进入一水硬铝石晶体结构中[114,115]。一水硬铝石矿物的晶体结构为斜方晶系、斜方双锥晶类，O^{2-}和 OH 共同呈六方最紧密堆积（堆积层垂直 a 轴），Al^{3+}位于八面体空隙中，与氧原子相连，组成了最简单的八面体单元［$Al^{3+}(O, OH)_6$］，其中铝和氧的配位数分别为 6 和 3，这两种八面体单元组成的双链沿 c 轴延伸，双链的铝氧八面体之间通过角顶相连，链内的铝氧八面体通过共用共棱来连接，在垂直于 c 轴的平面上氧原子间具有氢键，由于质子 H 的不均匀分布，O…H—O 成折线状。晶格参数为：$a=0.440$nm，$b=0.942$nm，$c=0.284$nm，$\alpha=90°$，$\beta=90°$，$\gamma=90°$[116]，晶体空间点群呈 C_3 对称。

高岭石的化学式为 $Al_4[Si_4O_{10}](OH)_8$，呈 TO 结构，晶体属三斜晶系的层状结构硅酸盐矿物，其晶体结构是由 SiO_4 四面体层和 $AlO_2(OH)_4$ 八面体层组成的基本单元层，在 c 轴方向上堆叠形成的 1∶1 型层状结构黏土矿物，层与层之间通过氢键链接[113]。高岭石结构中 Si—O 键强于 Al—O 键的键强，但由于其结构中硅氧四面体层与铝氧八面体层之间通过氢键相联结，故矿物解离时层与层之间首先发生断裂，其次才有 Al—O 键和 Al—OH 键的断裂，Si—O 键较难发生断裂。断裂后高岭石产生两个性质不同的表面，即底面（或称层面）和端面（或称棱面）。高岭石底面的荷电来源于类质同象取代，即 Si^{4+}被 Al^{3+}、Fe^{3+}取代，Al^{3+}被 Mg^{2+}、Fe^{2+}置换，导致晶格中正电荷不足，故使底面荷负电。这种荷电性质仅与晶格中异价阳离子取代置换程度有关，与介质 pH 值无关，故底面带有恒定负电荷，另外底面的晶格缺陷（如脱位、局部键断裂）也有可能使底面荷电。高岭石端面可与水介质间界面上形成双电层，其荷电由端面上破裂的 Si—O 和 Al—O 键所控制，即高岭石中 SiO_2、Al_2O_3 组成的表面行为受控于 H^+和 OH^-，当 pH 值低时端面荷正电；中性、弱酸性介质中端面不荷电，碱性介质中端面荷负电。高岭石属三斜晶系，晶格参数为：$a=0.51490$nm，$b=0.89335$nm，$c=0.73844$nm，$\alpha=91.930°$，$\beta=105.042°$，$\gamma=89.791°$，空间点群呈 C_1 对称。一水硬铝石和高岭石的晶体结构如图 6-97 所示。

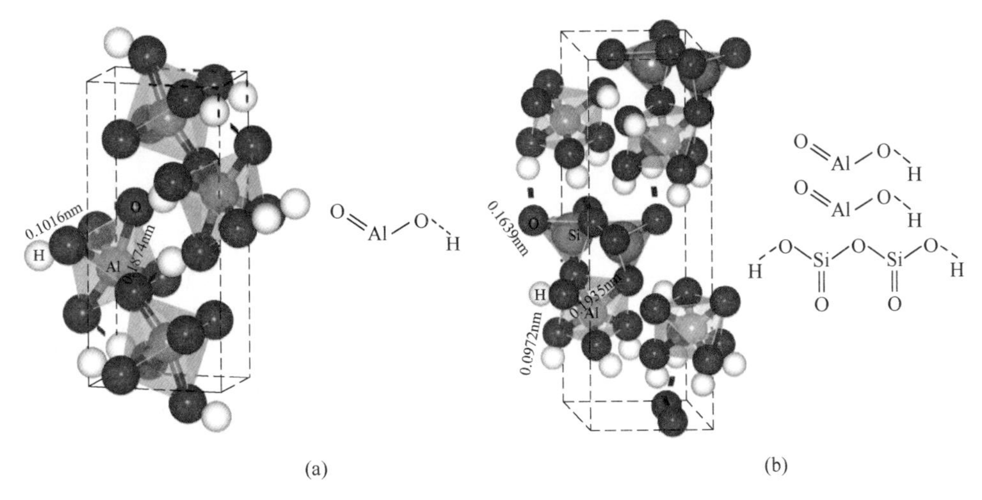

(a) (b)

图 6-97 一水硬铝石和高岭石晶体结构图
(a) 一水硬铝石；(b) 高岭石

6.3.1.2 一水硬铝石表面荷电特性分析

一水硬铝石（010）面解理完全[117]，当一水硬铝石沿（010）面解离，此解离面断裂的化学键是 Al—O 或 Al—OH，具有共价键和离子键双重性，因此一水硬铝石矿物表面具有不饱和的离子性。一水硬铝石表面 Al—O 键断裂，导致 Al^{3+} 在矿物表面大量暴露，使其表面正电性强，零电点高。为了进一步表征一水硬铝石的表面基因属性，针对一水硬铝石的（010）面进行电子结构研究，优化后一水硬铝石（010）面中各原子的电荷布居结果见表 6-39，各原子的分态密度如图 6-98 所示。

表 6-39 一水硬铝石晶体和（010）表面原子净电荷

原子	Mulliken 电荷/e	
	体相	（010）面
O_1	-0.970	-1.030
O_2	-1.110	-1.130
H	0.380	0.440
Al	1.680	1.760

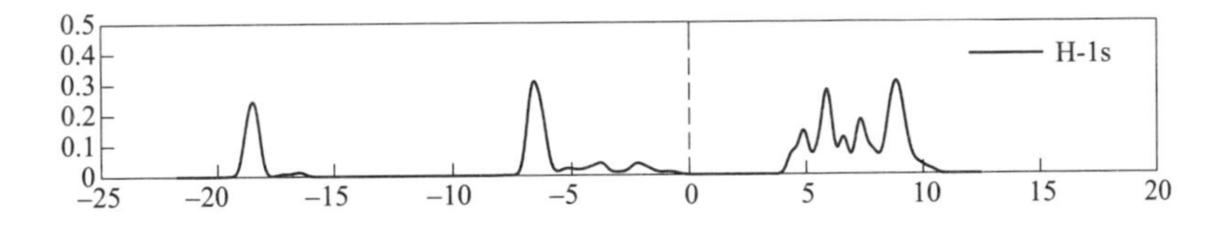

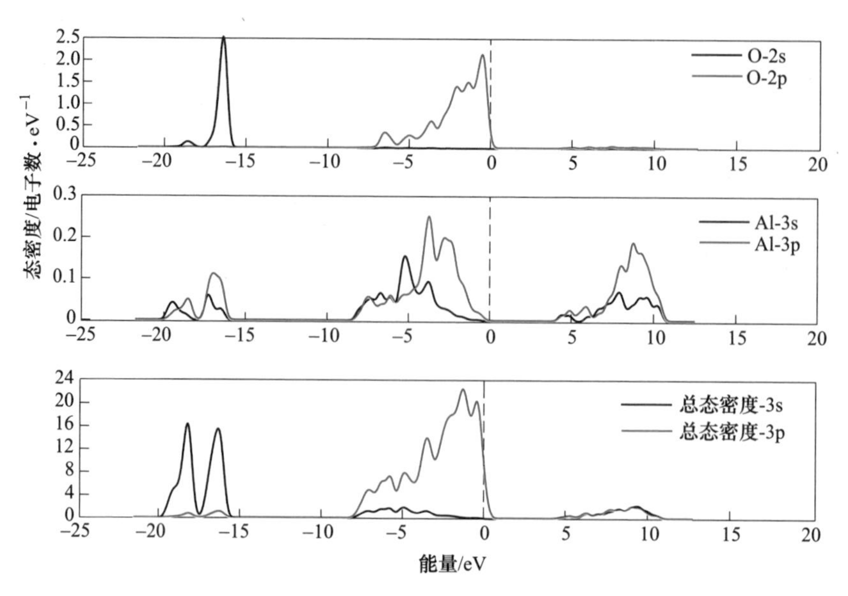

图 6-98　一水硬铝石（011）晶面各原子分态密度图

一水硬铝石（010）晶面的费米能级是-2.00eV，一水硬铝石价带与导带的带隙为4.195eV，属于绝缘体，无导电性。一水硬铝石价带顶主要由表面O原子的2p轨道组成；而导带底则由Al原子的3p轨道和3s轨道组成，同时H原子的1s轨道也有部分贡献。在费米能级附近，主要是O原子的2p轨道和Al原子的3s和3p轨道组成，说明一水硬铝石（010）晶面上的铝原子和氧原子均具有较高的活性。由一水硬铝石晶面Mulliken电荷分布分析可知，一水硬铝石体相及表面的Al、O、H原子的净电荷数值均小于其形式电荷，且一水硬铝石（010）表面上Al原子的3s和3p轨道处于缺电子状态，可以与阴离子捕收剂极性基中的多电子位点作用；其表面上O原子的2p轨道处于多电子状态，可结合矿物表面上或溶液中处于缺电子状态的阳离子。

依据一水硬铝石晶体表面模型计算表面电子密度，可定性说明矿物表面多电子区域的位置，通过计算对比分析表面和体相内部差分电子密度，如图6-99所示。差分电子密度图中红色代表多电子区域，蓝色代表缺电子区域。图6-99（b）表明，一水硬铝石表面氧原子周围的电子密度相对较高，图6-99（c）表明矿物表面氢和铝的电子密度较低，且铝的电子密度低于氢，一水硬铝石表面的铝原子和氢原子的外层电子受到电负性较大的氧原子吸引，形成缺电子区域。

6.3.1.3　高岭石表面荷电特性分析

高岭石晶体主要沿（001）面解离，解离时主要是层与层之间的氢键断裂，

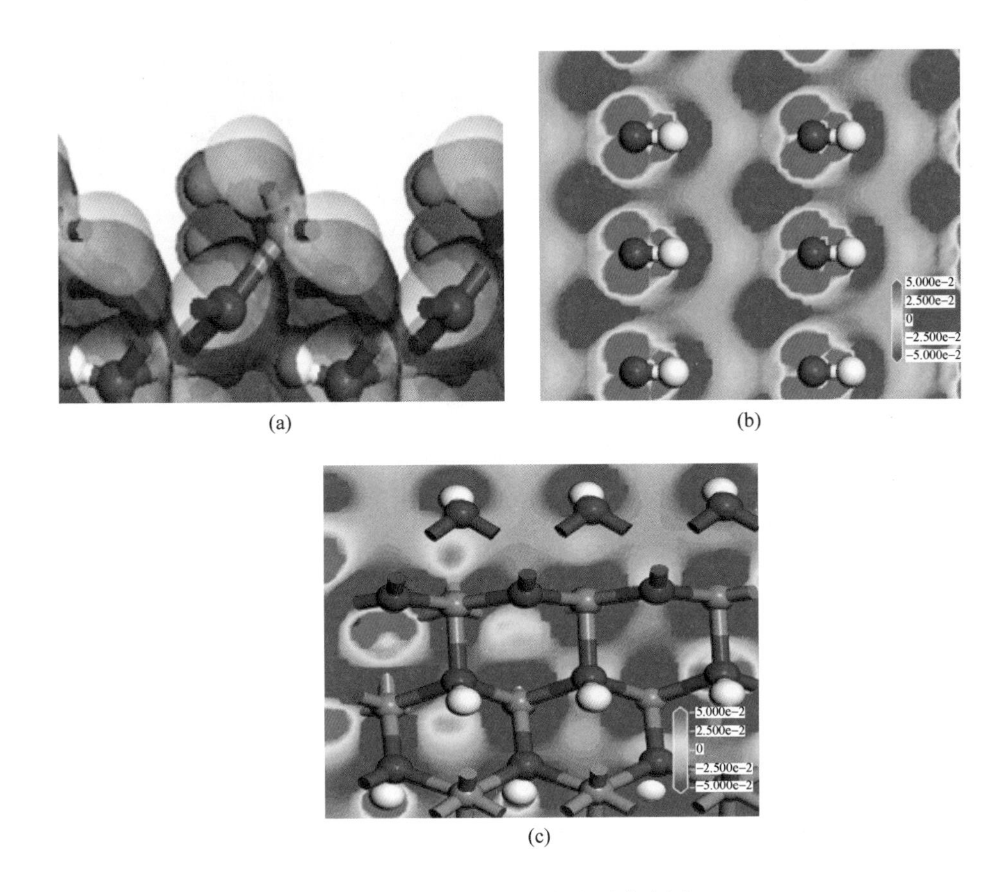

(a) (b) (c)

图 6-99 一水硬铝石的电子密度图

(a)(010)面电子密度；(b)(010)面差分电子密度；(c)体相差分电子密度

暴露出大量的 Al—O 键或 Si—O 键。同时，在高岭石晶体的其他断裂面上，也会暴露或断裂许多的 Al—O 键或 Si—O 键，使得高岭石矿物表面具有不饱和的离子性。针对高岭石的（001）面进行表征其基因属性的电子结构研究，各原子的分态密度如图 6-100 所示，优化后一水硬铝石晶胞表面中各原子的电荷布居结果见表 6-40。

高岭石价带与导带的带隙为 4.471eV，属于绝缘体，无导电性。费米能级附近的价带顶主要由氧原子的 2p 轨道组成，说明高岭石（001）面的氧原子是其主要的活性位点。导带底主要由硅原子和铝原子的 3s 和 3p 轨道组成，H 原子的 1s 轨道也有部分贡献。高岭石晶体中硅原子多于铝原子，高岭石（001）晶面硅原子与铝原子所带净电荷均为正电荷，但硅原子的净电荷远高于铝原子的净电荷，这与一水硬铝石的（010）晶面性质存在本质不同。

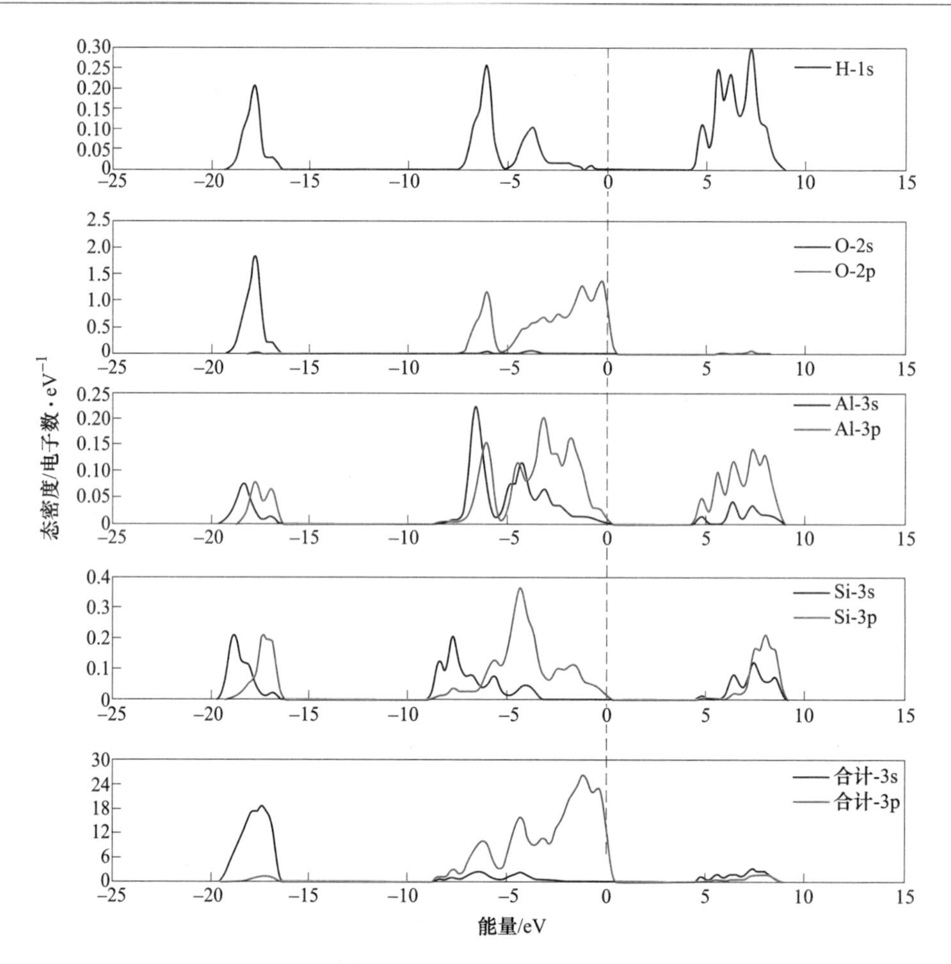

图 6-100　高岭石（001）晶面原子分态密度分析

表 6-40　高岭石晶体和（001）表面原子净电荷

原子种类	Mulliken 电荷/e	
	体相	（001）面
O_1	-1.050	-1.080
O_2	-1.110	-1.150
H_1	0.410	0.460
H_2	0.360	0.430
Al	1.800	1.820
Si	2.190	2.290

通过分析图 6-101 所示表面和体相内部原子电子密度分布变化，得出表面和体相内部原子之间电子的转移规律。由图 6-101（b）和（c）可知，高岭石表面

O 原子周围的电子密度相对较高，而 H 原子、Si 原子和 Al 原子周围的电子密度较低。这是因为 O 原子具有较强的电负性，吸引了周围阳离子和中心 Al 原子外层的活跃电子处于多电子状态，且 O 原子分布在靠近表层的位置，形成表面多电子区域。高岭石（001）面的电子密度明显高于一水硬铝石（010）面，故高岭石零电点更低，这与理论零电点的计算结果相符合。

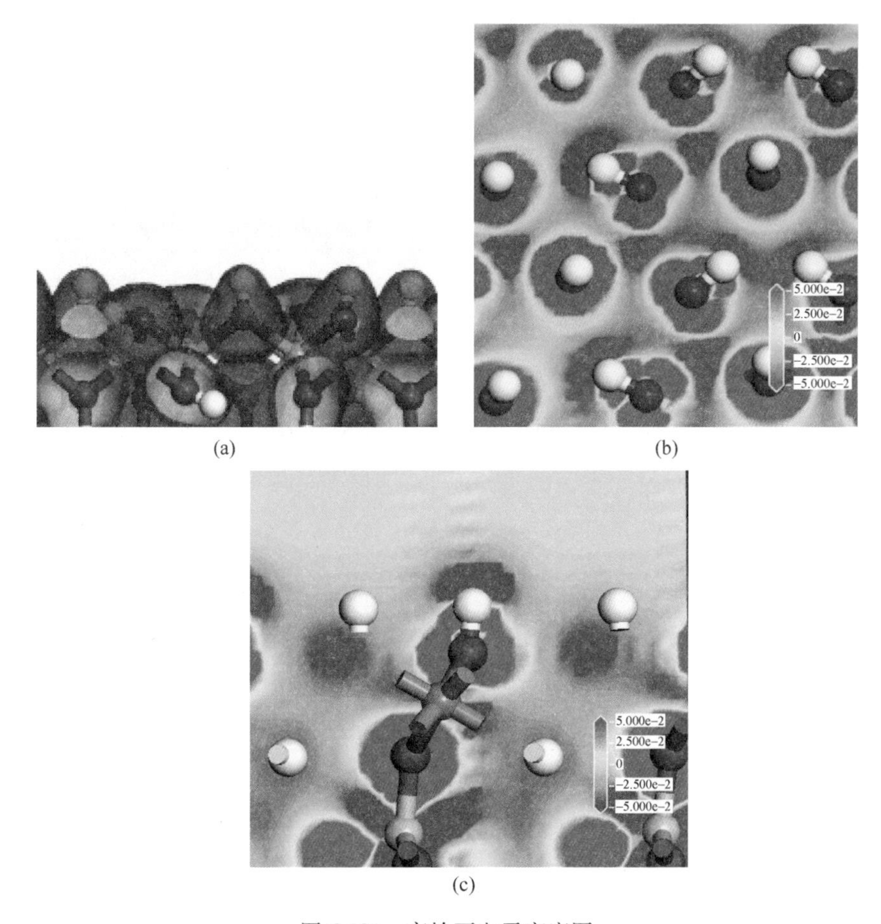

图 6-101 高岭石电子密度图

（a）（001）面电子密度；（b）（001）面差分电子密度；（c）体相差分电子密度

6.3.2 一水硬铝石浮选捕收剂种类及捕收效果

铝土矿浮选中既可采用正浮选工艺浮选一水硬铝石，又可采用反浮选脱硅工艺浮选高岭土。表 6-41 介绍了常见一水硬铝石浮选捕收剂种类、名称代号、结构特征及应用特点。

表 6-41　常见铝土矿（一水硬铝石）浮选捕收剂的种类、名称代号及应用特点

分类	名称或代号	分子式或极性基团	捕收特性及应用特点	参考文献
第一类：脂肪酸及其改性类	油酸钠	C═O、C—OH 碳链上含一个双键	单独使用时捕收能力差，选择性差，常复配使用	[118~123]
	氧化石蜡皂	C═O、C—OH 混合脂肪酸		
	塔尔油	C═O、C—OH 脂肪酸和松香酸		
	亚油酸	C═O、C—OH	与油酸相比，更易与一水硬铝石作用，且作用后更加稳定，选择性更好	[119]
	DJL-1	C═O、 C—OH、—Br	具有良好的选择性，能较好地分离一水硬铝石和高岭石	[124]
	3,4,5-三羟基苯甲酸丙酯（PG）	═O、—O—、 C—OH、含苯环	具有较好的选择性，通过其邻位氧形成五元环与一水硬铝石表面的 Al 离子螯合	[125]
第二类：伯胺类、仲胺类、叔胺类、季铵盐、酰胺	TAS101	—NH—、—NH_2	有机硅阳离子表面活性剂，在碱性条件下，配合淀粉作为抑制剂，可用于反浮选一水硬铝石	[126]
	N,N-二乙基十二烷基胺（DEN）	$C_{12}H_{25}N(C_2H_5)_2$	对一水硬铝石具有较好的浮选性能	[127]
	四丁基氯化铵	$C_{16}H_{36}NCl$	用于反浮选，可在更低的药剂浓度和更宽的 pH 值范围内有效地分离高岭石和一水硬铝石	[128]
	二甲基十二烷基溴化铵（BDDA）	$C_{12}H_{25}N(CH_3)_2$ $C_3H_6N(CH_3)_2C_{12}H_{25}$	用于反浮选，对伊利石、叶蜡石和高岭石具有明显的选择性	[129]
	QAS222	$\left[C_2H_5O-\underset{OC_2H_5}{\overset{OC_2H_5}{Si}}-(CH_2)_3-\underset{CH_3}{\overset{CH_3}{N}}-C_{12}H_{25}\right]^+Cl^-$	具有良好的选择性，是反浮选脱硅的有效捕收剂，可与高岭石、叶蜡石、伊利石表面发生静电吸附和氢键作用，在广泛的 pH 值范围内可保持良好的可浮性	[130]
	DJL-5、DJL-6	—O—、—NH—、—NH_2	选择性好的反浮选脱硅药剂	[124]
	N-(3-氨丙基)-月桂酰胺	C═O、—NH—、—NH_2	适用于反浮选，对高岭石、叶蜡石、伊利石有较好的捕收能力，酸性条件下通过静电吸附，碱性条件下通过氢键作用吸附，捕收能力受 pH 值影响较小	[131]

续表 6-41

分类	名称或代号	分子式或极性基团	捕收特性及应用特点	参考文献
第三类：磺酸类	十二烷基磺酸钠	$C_{12}H_{25}SO_3Na$	能良好地浮选一水硬铝石，与一水硬铝石发生静电作用，并能在一水硬铝石表面发生半胶束吸附，最佳浮选范围为 pH<6	[132]
第四类：肟酸类	苯甲羟肟酸	$C_6H_5CONHOH$ 含有苯环	与油酸钠按摩尔比 1∶9 作为组合捕收剂时具有良好的选择性	[133]
	NHOD	$C_9H_{19}CONHC_5H_{10}CONHOH$	在中性条件下具有优异的选择性，能与一水硬铝石表面的 Al 位点发生螯合作用，分子间还能形成氢键	[134]
	HCMT	C═O、C—OH、—NH—	新型螯合捕收剂，在低用量和广泛的 pH 值下，具有良好的选择性	[135]
	DBCA	R—(环)—COOH、—CONHOH	可以高效地从铝硅酸盐矿物中分离出一水硬铝石，其极性基团中的 4 个 O 原子将电子提供给一水硬铝石表面上的 Al 原子以形成 3 个螯合环	[136]
	BHUA	O、HN、OH、R、O、OH、O、HN、OH $R=C_8H_{17}$	对一水硬铝石具有高度选择性，适用于铝土矿直接浮选脱硅	[137]
	COBA	C═O、C—OH、 —NH—、—NH_2	具有良好的选择性，其分子中的 3 个 O 原子通过化学成键与一水硬铝石表面 Al 原子形成两环螯合物	[138]
第五类：两性捕收剂	DJL-2、DJL-3、DJL-4	C═O、—O—、 —NH—、—NH_2	可在宽 pH 值范围内获得良好的浮选效果，对温度适应性较强	[119]

铝土矿正浮选捕收剂可以分为阴离子捕收剂、中性捕收剂、螯合类捕收剂和复合捕收剂几大类。目前，已成功应用于工业生产中的铝土矿正浮选捕收剂为脂肪酸及其皂类、磺酸类、磷酸类及其他改性类药剂。油酸、塔尔油、氧化石蜡皂

等脂肪酸类捕收剂的捕收效果相对较好。东北大学[124]针对一水硬铝石和高岭石正浮选合成了脂肪酸改性捕收剂 DJL-1，并就其进行单矿物试验，获得较好的分选效果。极性基含 C═O、—OH 基团的 DJL-1 捕收剂在不同 pH 值条件下对一水硬铝石和高岭石浮选行为影响如图 6-102 所示，在 pH 值为 6～10 区间内，DJL-1 对一水硬铝石捕收性能较好，且对一水硬铝石和高岭石分选具有良好的选择性。当 pH 值为 10.5 时，DJL-1 对一水硬铝石和高岭石浮选具有最大浮游差。随着 DJL-1 用量增加，DJL-1 对一水硬铝石的捕收性能及选择性能变化不大。

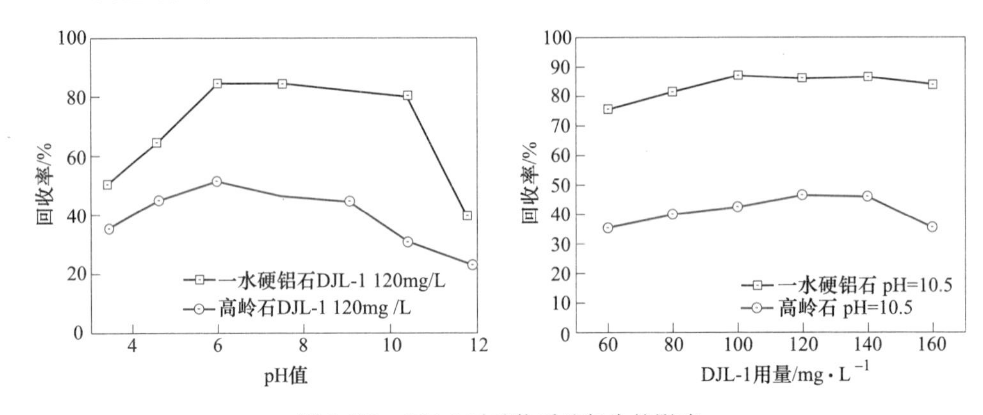

图 6-102　DJL-1 对矿物浮选行为的影响

在 DJL-1 体系下抑制剂六偏磷酸钠和柠檬酸对一水硬铝石和高岭石浮选行为影响见图 6-103，结果表明两种抑制剂对一水硬铝石和高岭石均有抑制作用，而且在 DJL-1 体系下六偏磷酸钠和柠檬酸对一水硬铝石和高岭石浮选回收率影响趋势一致，抑制剂并未能进一步加大两种目的矿物的浮游差。

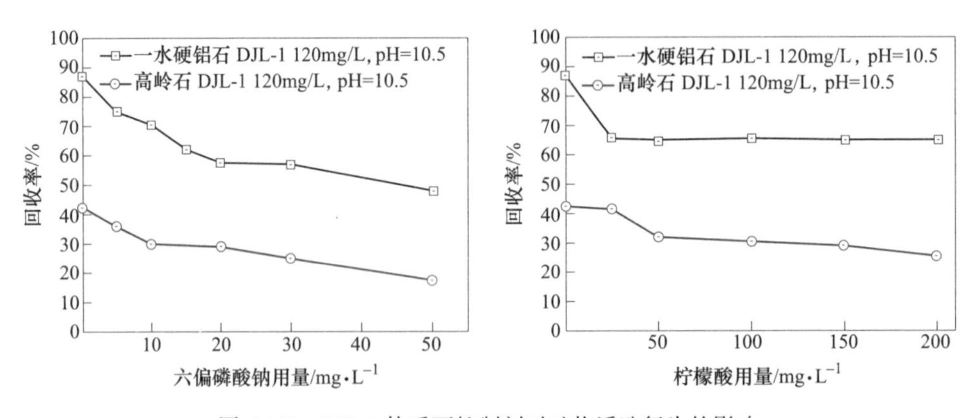

图 6-103　DJL-1 体系下抑制剂对矿物浮选行为的影响

由于氧化铝生产厂对精矿粒度要求偏粗，使浮选过程存在粗粒沉槽、药剂用量大等实际难题，故油酸等脂肪酸类捕收剂的性能需进一步改善和强化。又因为一水硬铝石和高岭石表面均存在 Al^{3+} 离子，使其性质差异极微，选择新型的浮选药剂或者组合捕收剂是铝土矿正浮选的一个必然趋势。我国对山东、山西、河南、广西等地的高岭石一水硬铝石型铝土矿进行过浮选研究和半工业性试验，采用碳酸钠或氢氧化钠作调整剂，六磷酸钠或水玻璃作分散剂，用氧化石蜡皂和塔尔油（或癸二酸下脚料脂肪酸）为捕收剂浮选，可使铝土矿的铝硅比由 5 左右提高到 8 以上。陈湘清等[139]把脂肪酸、羟肟酸、环烷酸复配用来浮选铝土矿；北京矿冶研究总院以油酸、亚麻酸、亚油酸等合成捕收剂 HZB，浮选铝土矿较有成效。

螯合剂在铝土矿浮选中，中南大学[140]采用 RL 型捕收剂，碳酸钠和六偏磷酸钠作为调整剂，获得了较好的分选效果。北京矿冶研究总院研究出药剂 BJ-422，这些都可很好地应用于工业试验中；卢毅屏等[141]应用 8-羟基喹啉浮选分离铝硅矿物，也取得了很好的效果；蒋玉仁[142]合成新型螯合捕收剂 COBA，可以很好地分离铝硅矿物，选择性比水杨酸羟肟酸更好，因为 COBA 分子中的 3 个氧原子与一水硬铝石表面铝原子通过化学成键形成了两环整合物。朱一民[124]针对一水硬铝石-高岭石型铝土矿研发了极性基含 COOH 基团和 NH 基团的 DJL-2、DJL-3 和 DJL-4 螯合捕收剂，并优选出 DJL-3 作为一水硬铝石捕收剂。捕收剂 DJL-2、DJL-3 和 DJL-4 对一水硬铝石和高岭石影响如图 6-104 所示。在 pH 值为 2~12 范围内，DJL-4 捕收剂对一水硬铝石和高岭石的捕收能力均较强，DJL-4 对一水硬铝石和高岭石的浮选选择性较差。DJL-2 和 DJL-3 对一水硬铝石的捕收能力略低于 DJL-4。在 pH 值为 6.5~9 的范围内 DJL-3 对一水硬铝石和高岭石的选择性相对较好。

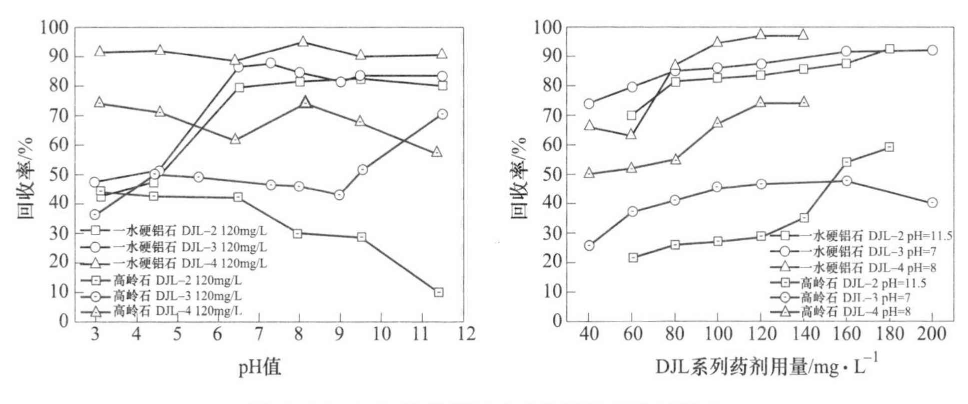

图 6-104　DJL 系列药剂对矿物浮选行为的影响

在 DJL-2、DJL-3、DJL-4 体系下抑制剂六偏磷酸钠和柠檬酸对一水硬铝石和高岭石浮选行为影响见图 6-105，三种捕收剂体系下，在六偏磷酸钠和柠檬酸作用下，一水硬铝石的浮选回收率均略有降低，且这两种抑制剂对一水硬铝石抑制能力排序为 DJL-3>DJL-2>DJL-4。随着六偏磷酸钠用量增加，在 DJL-2 和 DJL-3 体系中，六偏磷酸钠对高岭石的抑制作用更为强烈，故在 DJL-2 和 DJL-3 体系中六偏磷酸钠可作为一水硬铝石与高岭石分离浮选的抑制剂。在 DJL-2 和 DJL-4 体系中柠檬酸对高岭石抑制效果不显著，但在 DJL-3 体系中，在柠檬酸较低用量条件下，其对高岭石就具有较好的抑制作用，故柠檬酸可作为 DJL-3 浮选分离一水硬铝石和高岭石的抑制剂。

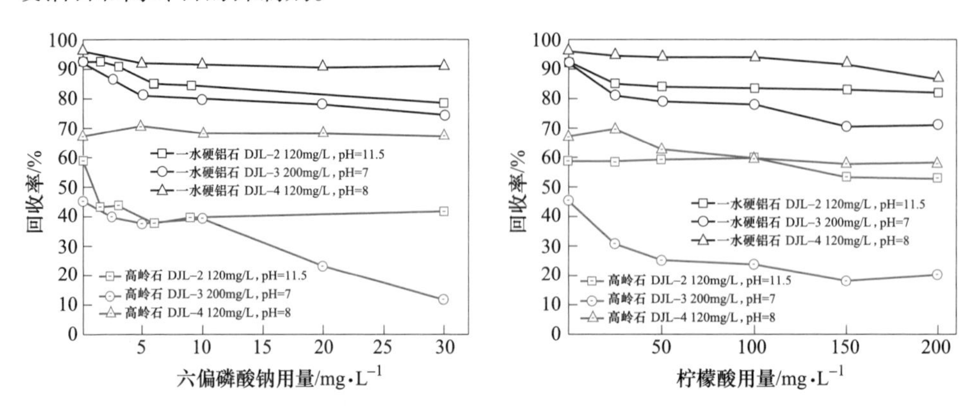

图 6-105 DJL 系列捕收剂体系下抑制剂对矿物浮选行为的影响

近年来，反浮选脱硅研究主要集中在阳离子捕收剂方面。铝硅酸盐矿物的强化捕收和一水硬铝石的高效抑制成为了研究重点。采用的捕收剂主要有脂肪胺、季铵盐、多胺类、醚胺类、叔胺类、酰胺类、甲萘胺等。刘水红[143]研究了胺类捕收剂对铝土矿中一水硬铝石及主要脉石矿物的单矿物浮选行为的影响，在不同 pH 值条件下，捕收剂捕收能力强弱顺序为：1228>1227>十二胺，采用 1228 作捕收剂时，对脉石矿物中的叶蜡石浮选效果最好。陈佳丽[124]系统研究了极性基含 NH 基团的捕收剂 DJL-5 和 DJL-6 作用下矿物的浮选行为。DJL-5 和 DJL-6 对一水硬铝石和高岭石两种单矿物浮选性能影响如图 6-106 所示。

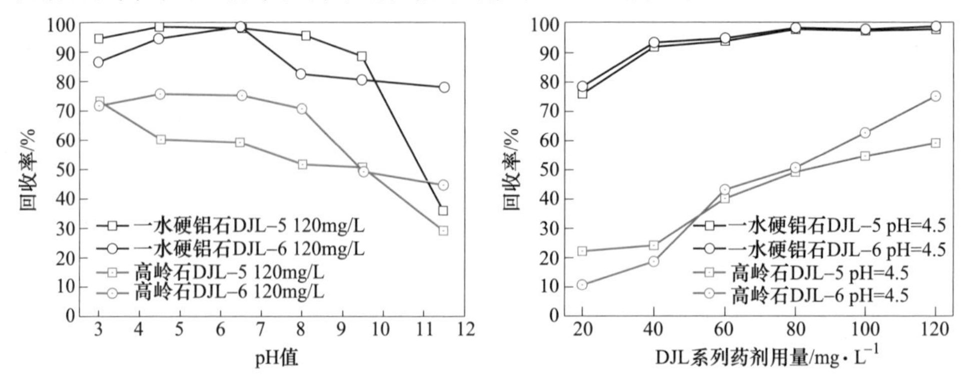

图 6-106 DJL 系列捕收剂对矿物浮选行为影响

在 pH 值为 3~9.5 范围内，DJL-5 和 DJL-6 对一水硬铝石和高岭石均具有较好的捕收性能。在 DJL-5 和 DJL-6 两种捕收剂用量为 40mg/L 条件下，其对一水硬铝石和高岭石分选具有良好的选择性。在 DJL-5 和 DJL-6 体系中，温度对一水硬铝石和高岭石的回收率影响相对较小。

6.3.3 浮选捕收剂在矿物表面的作用原理

金属阳离子活化后的铝硅酸盐容易与阴离子捕收剂发生作用。油酸浮选铝土矿的机理研究表明油酸与矿物表面的活性位点铝原子发生化学吸附作用；当 pH 值为 4~7 时，化学反应起主要作用；当 pH 值为 7~10 时，油酸根离子和油酸分子与矿物表面铝原子作用形成分子离子缔合物。因此，矿物表面活性位点铝离子含量是影响油酸浮选分离铝硅矿物的重要因素之一。国内铝土矿反浮选脱硅捕收剂的研究主要是集中在阳离子捕收剂方面。阳离子捕收剂反浮选是利用铝矿物和铝硅酸盐矿物表面 Zeta 电位的差异：一水硬铝石的零电点 pH 值为 6 左右，高岭石等铝硅酸盐矿物的零电点 pH 值为 4 左右。因此在 pH 值为 4~6 之间时，利用一水硬铝石和脉石矿物表面的荷电性质差异，实现一水硬铝石和脉石矿物的分离，达到脱硅反浮选的目的。本书主要采用接触角测量、动电位测试、浮选溶液化学计算、红外光谱分析和量子化学计算等定性和定量的方法，研究药剂在一水硬铝石和高岭石表面的作用机理。

6.3.3.1 一水硬铝石和高岭石的表面润湿性分析

高岭石的表面润湿性较一水硬铝石大，一水硬铝石接触角为 20°，高岭石的接触角为 12.75°。在最佳浮选条件下，以具有代表性的 DJL-1、DJL-2 和 DJL-3、DJL-6 四种捕收剂为例，进行药剂作用前后一水硬铝石和高岭石表面润湿性研究，结果见图 6-107。四种药剂对一水硬铝石表面润湿性的影响强于其对高岭石表面

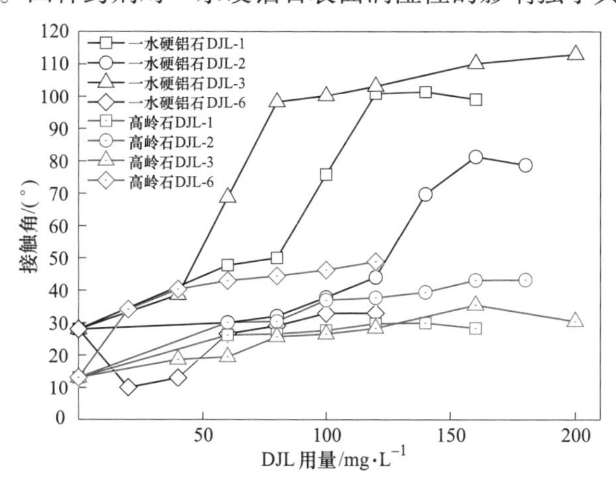

图 6-107 DJL 捕收剂作用后矿物表面接触角

润湿性的影响。四种药剂对一水硬铝石表面接触角大小影响的顺序为 DJL-3>DJL-1>DJL-2>DJL-6；对高岭石接触角大小影响顺序为 DJL-6>DJL-2>DJL-3≈DJL-1。值得注意的是在极性基既包含 C═O、—OH，又包含—NH 官能团的两性捕收剂 DJL-2 和 DJL-3 以及极性基含 C═O、—OH 基团的 DJL-1 捕收剂溶液中，一水硬铝石的接触角大于高岭石的接触角，一水硬铝石疏水性强，有利于铝土矿的正浮选；极性基包含—NH 的 DJL-6 捕收剂溶液中，高岭石的接触角大于一水硬铝石的接触角，高岭石疏水性高，将有利于铝土矿反浮选。药剂用量增加使得接触角明显变大，从而矿物表面可浮性增强，这与药剂用量的浮选条件实验结果一致。

6.3.3.2　一水硬铝石和高岭石的表面电性分析

根据浮选药剂与一水硬铝石和高岭石在浮选矿浆中的溶液化学平衡可计算出各组分的浓度，了解一水硬铝石和高岭石浮选体系中的浮选溶液化学性质。结合浮选药剂作用前后一水硬铝石和高岭石表面动电位变化规律可初步分析浮选体系中浮选药剂在矿物表面的吸附作用机理。

阴离子改性捕收剂 DJL-1 是一种有机弱酸，DJL-1 水溶液中电离平衡常数 $pK_a=2.90$。以 DJL-1 浓度 $C_B=3.80\times10^{-4}$mol/L 计算 DJL-1 溶液组分分布，DJL-1 溶液组分随 pH 值变化的分布规律见图 6-108。在弱碱性环境中存在较多的 DJL-1 分子及酸根离子（B^-），在强酸性环境下，DJL-1 主要呈分子状态，发生捕收作用的活性不强。在强碱性环境中，由于 OH^-浓度大，易与脂肪酸阴离子发生竞争吸附，优先占据矿物表面，从而降低脂肪酸的捕收作用。

在酸性条件下一水硬铝石在水溶液中的主要组分是 Al^{3+}、$Al(OH)^{2+}$ 和 $Al(OH)_2^+$，而在碱性条件下，其主要组分则是 $Al(OH)_4^-$。通过溶解浓度对数图

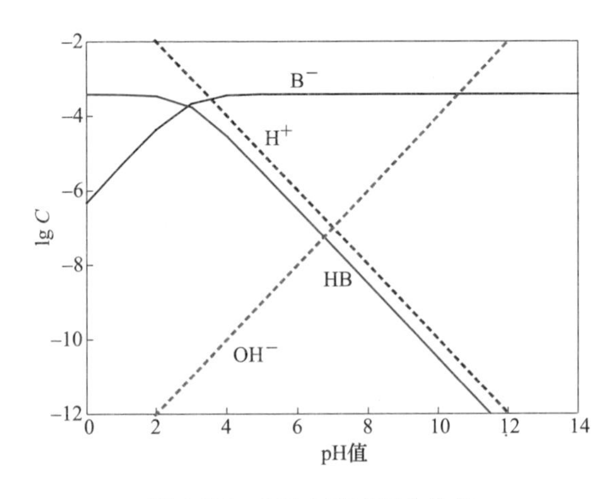

图 6-108　DJL-1 溶液组分分布

6-109（a），采用等当点法分析确定理论零电点，一水硬铝石中［$Al(OH)_2^+$］=［$Al(OH)_4^-$］时的等当点（EP值）为6.85，因此一水硬铝石的理论零电点pH值为6.85。在酸性条件下高岭石在水溶液中的主要组分是Al^{3+}、$Al(OH)^{2+}$和$Al(OH)_2^+$，而在碱性条件下，其主要组分则是$H_3SiO_4^-$、$H_2SiO_4^{2-}$、$H_2(H_2SiO_4)_2^{2-}$、$Al(OH)_4^-$。通过溶解浓度对数图6-109（c），根据溶液化学理论，大多数盐类矿物阴离子的负一价组分与阳离子的正一价组分浓度相等时的pH值，即为对应于盐类矿物的零电点（PZC）。高岭石属于半溶解性盐类矿物，高岭石负一价组分为$H_3SiO_4^-$，正一价组分为$Al(OH)_2^+$，二者相等时取得的理论零电点pH值为4.44。通过Zeta电位检测（图6-109（b）（d））可知，一水硬铝石和高岭石的零电点pH值分别为5.91和2.32。一水硬铝石和高岭石实际测得零电点与理论计算零点相比偏低，结合两种矿物XRD分析可知试验用一水硬铝石所含杂质主要是零电点pH值为5.8左右的锐钛矿及硅酸盐矿物，试验用高岭石所含杂质主要是零电点在pH值为2~3.7之间的石英，由于两种矿物所含脉石矿物零电点分别低

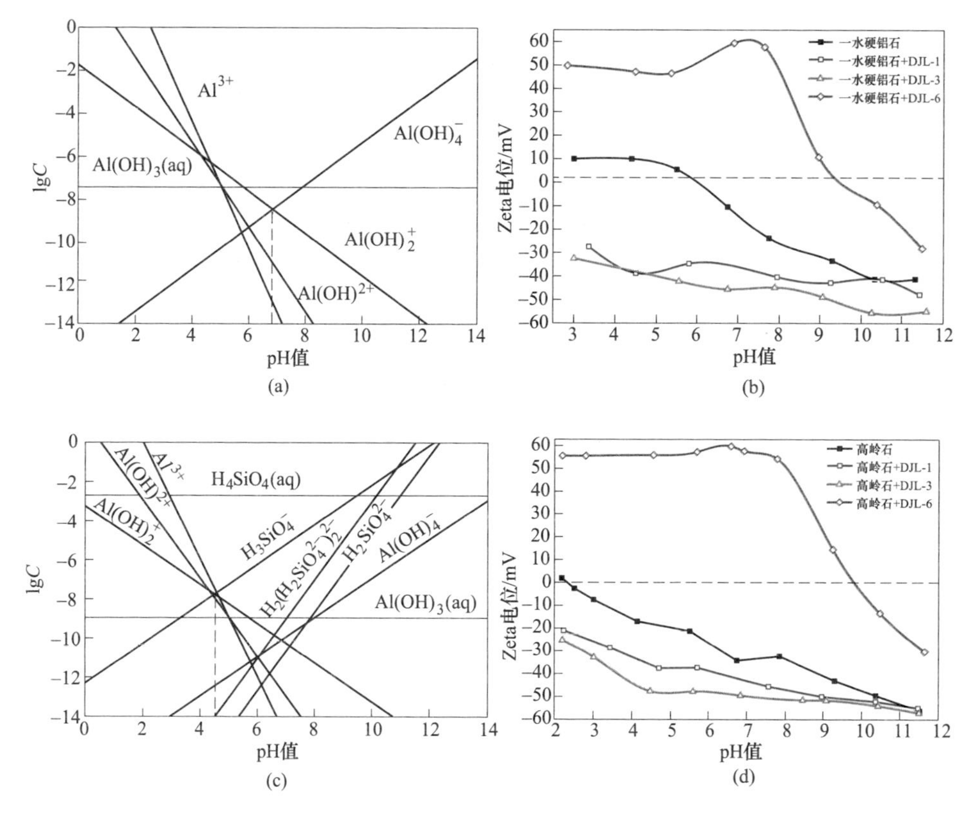

图6-109 与捕收剂作用前后铝土矿和高岭石表面动电电位分析
（a）一水硬铝石溶解浓度对数图；（b）一水硬铝石动电位；
（c）高岭石溶解浓度对数图；（d）高岭石动电位

于目的矿物的零电点，导致试验测得矿物表面零电点低于理论零电点。DJL-1 和 DJL-3、DJL-6 药剂作用前后一水硬铝石和高岭石表面动电位随 pH 值的变化趋势如图 6-109（b）（d）所示。

一水硬铝石和高岭石分别与极性基含—COOH 基团的 DJL-1 阴离子捕收剂和极性基含—COOH 和—NH 基团的 DJL-3 两性捕收剂作用后其等电点均向负向移动。这说明在 DJL-1 和 DJL-3 溶液体系中，两种药剂在一水硬铝石和高岭石表面的吸附是以强于静电吸附的特性吸附为主。这可能是 DJL-1 和 DJL-3 可分别吸附于一水硬铝石和高岭石表面导致两种表面的正电微区减少，进而使得矿物动电位下降。对于一水硬铝石而言，在 pH 值小于 6 条件下一水硬铝石表面主要以 $Al(OH)_2^+$ 为主，而后随着 pH 值的上升，表面逐渐以 $Al(OH)_4^-$ 为主，一水硬铝石表面负电性增加。在 pH 值大于 6 后，DJL-1 和 DJL-3 在溶液中以阴离子形式存在，且此时可获得最大浮选回收率，这可能是由于 DJL-1 和 DJL-3 与一水硬铝石表面 Al^{3+} 活性位点的键合吸附所引起的（见红外光谱分析）；当 pH 值大于 10 后，DJL-1 浮选回收率降低，这是因为在此 pH 值下一水硬铝石表面会吸附大量的 OH^- 而形成羟基化表面，阴离子捕收剂 DJL-1 需与 OH^- 发生竞争吸附，故在强碱性环境中大量的 OH^- 存在会降低 DJL-1 的吸附，在浮选中表现为一水硬铝石的浮选回收率降低；当 pH 值大于 10 后，DJL-3 对一水硬铝石浮选回收率基本保持稳定，这是因为极性基中酰胺基团强化了 DJL-3 的羧酸基团在一水硬铝石表面与 OH^- 的竞争吸附。两种矿物在 DJL-3 捕收剂体系中动电位比在 DJL-1 捕收剂体系中动电位的负值更大，说明 DJL-3 药剂对矿物表面动电位影响强于 DJL-1，且 DJL-3 对一水硬铝石表面动电位影响大于其对高岭石表面动电位的影响。与 DJL-6 作用后一水硬铝石和高岭石的动电位曲线和等电点均正向移动，这说明极性基为—NH 基团的 DJL-6 不仅是以静电吸附形式吸附于一水硬铝石和高岭石表面，DJL-6 与一水硬铝石和高岭石之间还存在作用更强的特性吸附。

6.3.3.3　红外光谱分析

通过研究一水硬铝石和高岭石两种矿物与捕收剂作用前后红外光谱的变化，可进一步研究捕收剂极性基团与一水硬铝石和高岭石两种矿物表面活性位点 Al、Si、O 原子之间的相互作用机理。本书以 DJL-1 和 DJL-3、DJL-6 为例，采用红外光谱分析这三种捕收剂在一水硬铝石和高岭石表面的吸附方式。

一水硬铝石和高岭石的红外光谱见图 6-110。一水硬铝石是两性氧化矿物，$3003.47cm^{-1}$ 处吸收振动峰证明一水硬铝石晶体结构中存有大量的—OH 基团，羟基解离以及其与质子间的氢键作用而使其红外光谱中表现为宽峰；$2117.67cm^{-1}$ 为 O—H 键伸缩振动峰；$1637.28cm^{-1}$ 是水分子中 O—H 键的伸缩振动吸收峰；$1027.44cm^{-1}$ 附近的吸收峰是由晶体结构 Al—OH 中 O—H 键的变形振动引起

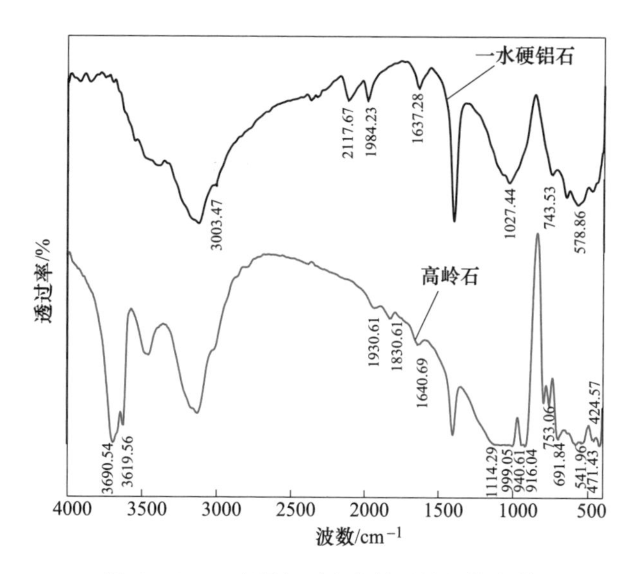

图 6-110 一水硬铝石和高岭石的红外光谱

的；578.86cm^{-1}附近的吸收峰由 O—Al—O 键弯曲振动所引起；743.53cm^{-1}是 Al—O 键伸缩振动峰。故一水硬铝石的晶体结构中存在 OH 基，且以氢键的方式相互缔合，此外晶体中还存在少量游离态的水分子。高岭石的红外图谱中 3690.54cm^{-1}和 3619.56cm^{-1}两处比较尖锐的吸收带分别属于外羟基和内羟基的吸收峰；1640.69cm^{-1}处为 H—O—H 键的特征弯曲振动吸收峰；940.61cm^{-1}和 916.04cm^{-1}两处分别为内羟基和外羟基中 O—H 键的弯曲振动特征吸收峰；1930.61cm^{-1}和 1830.61cm^{-1}两处的吸收峰是由硅氧四面体中 Si—O 键的伸展振动引起的；1114～999cm^{-1}处宽吸收峰为 Si—O 键的特征伸缩振动吸收峰；753.06cm^{-1}、691.84cm^{-1}处的吸收峰由 Si—O—Si 键或 Si—O—Al 键振动引起；541.96cm^{-1}为 Si—O—Al 键的伸缩振动峰，471.43cm^{-1}、424.57cm^{-1}分别为 Si—O 弯曲振动、Al—O 键伸缩振动与 O—H 键平动耦合作用引起。

捕收剂 DJL-3 和 DJL-6 的红外光谱如图 6-111 所示。DJL-3 红外光谱图表明 1717.56cm^{-1}是羧酸基中 C═O 的伸缩振动吸收峰，1231.86cm^{-1}是单体 O—H 弯曲振动与 C—O 的伸缩振动的耦合峰，488.01cm^{-1}处出现的吸收峰证明 C—C═O 的存在；2954.58cm^{-1}是饱和烃基的 C—H 伸缩振动吸收峰，2920.50cm^{-1}是—CH_3 的不对称伸缩振动吸收峰，2851.82cm^{-1}是—CH_2—的不对称伸缩振动吸收峰，1466.98cm^{-1}是甲基的弯曲振动吸收峰；酰胺基中的 N—H 伸缩振动吸收峰分别出现在 3366.34cm^{-1}和 3133.33cm^{-1}，该峰与酰胺基 C═O 伸缩振动峰叠加在一起，1581.15cm^{-1}处是缔合态 N—H 键的弯曲振动吸收峰，670.83cm^{-1}是—NH_2 的面外弯曲振动吸收峰，721.14cm^{-1}是亚甲基的平面摇摆振动吸收峰或 N—H 弯曲振动吸收峰。DJL-6 红外光谱图中 3381.16cm^{-1}是 N—H 对称伸缩振动吸收峰，1590.08cm^{-1}是 N—H 键的弯曲振动峰，这一较弱的吸收峰由 NH_2 的变形振动引起，864.13cm^{-1}是 N—H 面外弯曲振动吸收峰；2918.30cm^{-1}和 2848.59cm^{-1}处为饱和烃基—CH_3 和—CH_2 中 C—H 伸缩振动吸收峰，1410.96cm^{-1}和 1453.22cm^{-1}处是甲基与亚甲基的弯曲振动吸收峰；药剂的 C—N 伸缩振动吸收峰出现在 1334.07cm^{-1}处；1041.97cm^{-1}处的 C—O—C 伸缩振动吸收峰是醚键特征吸收峰；724.30cm^{-1}是—$(CH_2)_4$ 骨架中 C—H 振动吸收峰；这说明该化合物是有着胺基、烷基、醚键这几类基团的胺类化合物。

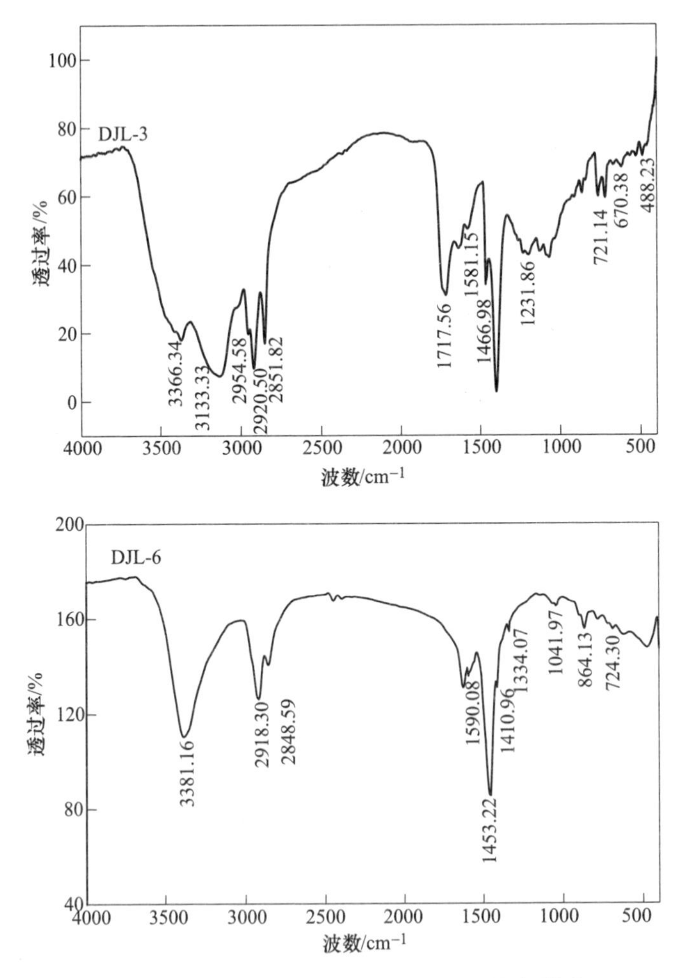

图 6-111　捕收剂 DJL-3 和 DJL-6 的红外光谱图

矿浆 pH 值为 7.3 条件下 DJL-3 与一水硬铝石和高岭石作用前后红外光谱及 DJL-3 红外光谱图如图 6-112 所示。一水硬铝石和 DJL-3 作用后，2923.97cm^{-1}和

2852.64cm^{-1}处出现了—CH_3 和—CH_2 的不对称伸缩振动吸收峰，说明 DJL-3 可吸附于矿物表面；DJL-3 图谱中 1717.56cm^{-1}中羧酸基的—C═O 伸缩振动吸收峰在与一水硬铝石作用后图谱中红移至 1722.24cm^{-1}；与 DJL-3 作用前一水硬铝石图谱中 743.53cm^{-1}处的 Al—O 伸缩振动吸收峰在作用后图谱中红移至 757.73cm^{-1}，而 1027.44cm^{-1} 处 Al—OH 的 O—H 键（Al—OH）变形振动吸收峰红移至 1033.12cm^{-1}，这均说明 DJL-3 与一水硬铝石表面发生了键合吸附，故 DJL-3 在一水硬铝石表面主要发生键合吸附。高岭石与 DJL-3 作用后，2925.95cm^{-1} 和 2851.57cm^{-1}两处出现了新的—C—H 键的伸缩振动吸收峰，药剂中 1717.56cm^{-1}处的羧基中 C═O 的特征吸收峰在药剂与高岭石作用后出现在红外光谱的 1716.33cm^{-1}处，说明捕收剂在矿物表面发生了吸附作用；而 1640.69cm^{-1}处的吸收峰红移至 1626.534cm^{-1}处，这可能是 DJL-3 在高岭石表面形成氢键吸附所引起的，但 424.57cm^{-1}处的 Al—O 伸缩振动峰并未发生明显的强度变化和频率位移，其他振动峰也没有发生明显的变化，因此 DJL-3 在高岭石表面的吸附主要以氢键吸附为主。

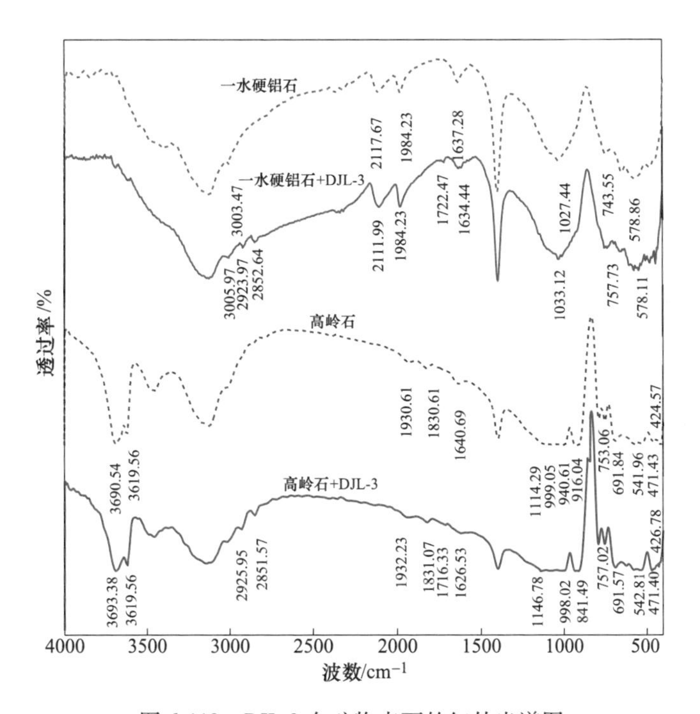

图 6-112 DJL-3 在矿物表面的红外光谱图

矿浆 pH 值为 4.5 条件下 DJL-6 与一水硬铝石和高岭石作用前后红外光谱及 DJL-6 的红外光谱如图 6-113 所示。DJL-6 与一水硬铝石作用后的红外光谱中，在

2916. 67cm^{-1}与 2851. 21cm^{-1}处出现了甲基和亚甲基峰吸收峰，说明 DJL-6 在一水硬铝石表面发生了吸附；DJL-6 图谱中 1590. 08cm^{-1}处 N—H 键的弯曲振动峰在与一水硬铝石作用后向低波数方向移动至 1560. 92cm^{-1}处，与 DJL-6 作用前一水硬铝石图谱中 743. 53cm^{-1}处的 Al—O 伸缩振动吸收峰在作用后图谱中红移至 757. 37cm^{-1}，而 1027. 44cm^{-1}处 Al—OH 的 O—H 键（Al—OH）变形振动吸收峰蓝移至 1024. 11cm^{-1}，这均说明 DJL-6 与一水硬铝石表面发生了氢键作用；DJL-6 与高岭石作用后的红外光谱中，2919. 65cm^{-1}和 2851. 21cm^{-1}两处出现了新的 C—H 键的伸缩振动吸收峰，1333. 59cm^{-1}处出现了 C—N 伸缩振动吸收峰，这说明 DJL-6 吸附于高岭石表面；DJL-6 的醚键 C—O—C 伸缩振动吸收峰在与药剂作用后的高岭石红外图谱中蓝移至 1047. 92cm^{-1}处，这可能是 DJL-6 药剂中的醚氧参与氢键的吸附作用。高岭石的红外图谱中 1640. 69cm^{-1}处 H—O—H 键的特征弯曲振动吸收峰在与药剂作用后向低波数方向移动至 1628. 19cm^{-1}，这可能是 DJL-6 与高岭石表面羟基形成氢键，氢键效应使得高岭石表面 O—H 键振动减弱，峰位红移。故 DJL-6 在一水硬铝石和高岭石表面存在氢键吸附作用。

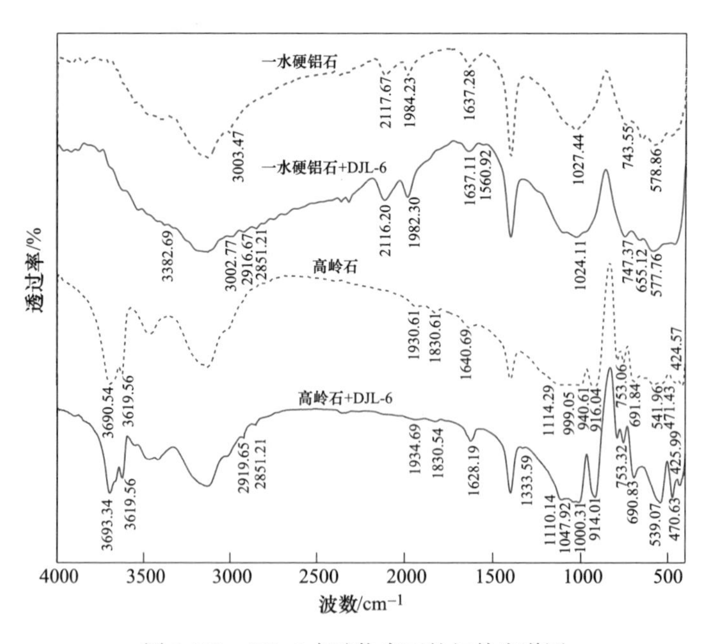

图 6-113　DJL-6 在矿物表面的红外光谱图

6.3.3.4　浮选药剂与矿物相互作用模拟计算分析

原子电荷的分布情况，可以反映出分子发生静电作用或化学反应的活性部位和作用强弱，原子带电荷越多，与金属原子相互作用越强。电荷分布分析着重考察药剂中心原子和亲固基团的 Mulliken 电荷情况，借助 MS8.0 中的 DMol3 模块，根据密度泛函理论，以新型一水硬铝石捕收剂 DJL-1、DJL-2、DJL-3、DJL-5、DJL-6 为例进行捕收剂极性基团原子静电荷计算，结果见表 6-42。捕收剂 DJL-2 的阴离子极性基 O 原子的净电荷大于 DJL-1，故 DJL-2 负电荷较高的 O 给出电子与矿物表面 Al^{3+} 空轨道发生的吸附作用较强。而 DJL-3 负电荷较高的 O 原子数量多于 DJL-2，因此 DJL-3 的吸附作用强于 DJL-2。结合亲固基团 Mullike 电荷，发现 DJL-2 阴离子极性基负电荷较高，其静电作用较强。而通过铝硅矿物表面性质的模拟可知，一水硬铝石解理面 Al^{3+} 的密度高于高岭石解离面 Al^{3+} 的密度。DJL-1、DJL-2 和 DJL-3 均能较好地浮选一水硬铝石，且浮选回收率依次提高。捕收剂 DJL-5 和 DJL-6 作为阳离子捕收剂，两者的阳离子极性基荷正电，由于高岭石有较低的零电点，在矿浆体系中常带负电，因此 DJL-5 和 DJL-6 更容易吸附在高岭石表面。

表 6-42 捕收剂离子所带电荷

药剂	Mulliken 电荷/e			
	原子		亲固基	
DJL-1	O_1	-0.710	$—COO^-$	-0.78
	O_2	-0.720		
DJL-2	O_1	-0.720	$—COO^-$	-0.81
	O_2	-0.720		
DJL-3	O_1	-0.720	$—COO^-$	-0.77
	O_2	-0.710		
	O_3	-0.700		
DJL-5	N	-0.920	$—N^+H_3$	0.64
DJL-6	N	-0.920	$—N^+H_3$	0.64

浮选药剂分子的 HOMO 和 LUMO 轨道能量差 $\Delta E_{(HOMO\text{-}LUMO)}$ 计算结果如表 6-43 所示。结果表明 DJL-3 的 $\Delta E_{(HOMO\text{-}LUMO)}$ 最小，其化学活性最强，DJL-1 的 $\Delta E_{(HOMO\text{-}LUMO)}$ 最大，其化学活性最弱。采用 MS 软件中的 DMol3 模块对一水硬铝石和高岭石两种表面进行性质计算和药剂的前线轨道能量计算。通过计算矿物表

表 6-43 药剂分子 HOMO 与 LUMO 轨道能量差 (eV)

药剂	DJL-1	DJL-2	DJL-3	DJL-5	DJL-6
HOMO	0.396	0.389	0.039	-8.214	-7.911
LUMO	3.956	3.669	2.395	-4.883	-4.872
$\Delta E_{(HOMO\text{-}LUMO)}$	3.560	3.280	2.356	3.331	3.039

面和药剂间前线轨道能量差，分析药剂与矿物间的相互作用，结果如表 6-44 所示。DJL-1 和 DJL-3 这两种捕收剂的 HOMO 与矿物表面 LUMO 轨道之间的能量差 ΔE_1 均小于 6eV，说明两种捕收剂和矿物之间具备发生键合吸附的可能性。DJL-1 和 DJL-3 捕收剂与一水硬铝石表面的能量差 ΔE_1 均小于和高岭石表面的能量差 ΔE_2，说明 DJL-1 和 DJL-3 捕收剂更容易与一水硬铝石发生反应。而 DJL-1 和 DJL-3 的 HOMO 与一水硬铝石的 LUMO 的能量差 ΔE_1 的大小关系为 DJL-3 < DJL-1，故 DJL-3 与一水硬铝石发生键合作用的可能性更大。而 DJL-6 的 $\Delta E_2 < \Delta E_1$，且二者均大于 6eV，说明 DJL-6 与一水硬铝石和高岭石发生键合作用的可能性较小，且更容易与高岭石表面作用。

表 6-44　两种单矿物与四种药剂分子的前线轨道能量差　　(eV)

矿物	前线轨道能量差	DJL-1	DJL-2	DJL-3	DJL-6
一水硬铝石	ΔE_1	1.78	1.773	1.423	6.552
高岭石	ΔE_2	5.861	5.574	4.300	6.031

注：$\Delta E_1 = |LUMO_{dia} - HOMO_{reagent}|$，$\Delta E_2 = |LUMO_{kao} - HOMO_{reagent}|$。

采用 MS 软件中的分子力学模块 Forcite，计算分析 DJL 系列捕收剂在一水硬铝石（010）面和高岭石（001）面的吸附行为。从图 6-114 中可以看出 DJL-1 和 DJL-3 中的两个氧原子均朝向矿物表面，这是因为氧原子所带电荷较多，可以与一水硬铝石表面活性位点铝原子反应生成螯合物，从而稳定地吸附在一水硬铝石表面。而从三种药剂的吸附形态可知，DJL-1 在一水硬铝石表面的吸附呈 L 形，有助于药剂在矿物表面的附着；DJL-3 和 DJL-6 在矿物表面的吸附则均呈卧式吸附，这种吸附形式使药剂对矿物表面形成覆盖，增加矿物表面的疏水性。

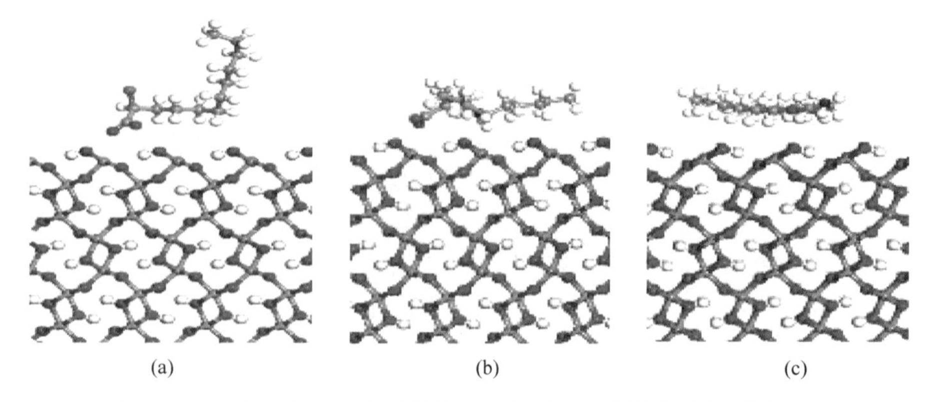

图 6-114　浮选药剂在一水硬铝石（010）表面作用平衡后的吸附终态

(a) DJL-1；(b) DJL-3；(c) DJL-6

图 6-115 所示 DJL-1 和 DJL-3 中氧原子及 DJL-6 中氮原子与高岭石晶面氢原子相接近，这可能是通过氢键或静电作用吸附在高岭石表面的。

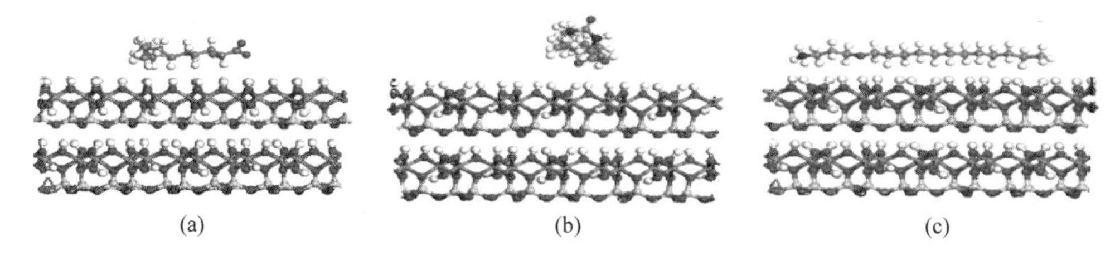

图 6-115 浮选药剂在高岭石（001）表面作用平衡后的吸附终态
（a）DJL-1；（b）DJL-3；（c）DJL-6

由此可知 DJL-1 和 DJL-3 对一水硬铝石的捕收能力强于对高岭石的捕收能力，而 DJL-6 恰好相反。结合能越大，说明药剂与矿物表面越容易结合，对矿物的捕收能力越强。DJL-3 与一水硬铝石的结合能绝对值最大，吸附最牢固，说明前两种捕收剂中 DJL-3 捕收一水硬铝石的能力最强。

浮选药剂在一水硬铝石（010）面和高岭石（001）面的结合吸附能见表 6-45。

表 6-45 浮选药剂在一水硬铝石（010）面和高岭石（001）面的结合吸附能

（kcal/mol）

矿物	作用能	DJL-1	DJL-3	DJL-6
一水硬铝石	$E_{reagent}$	70	55	62
	$E_{surface}$	40583	40583	40583
	$E_{complex}$	40346	40146	40350
	ΔE	-307	-492	-295
高岭石	$E_{reagent}$	101	53	69
	$E_{surface}$	18360	18360	18360
	$E_{complex}$	18216	18122	18037
	ΔE	-245	-291	-392

注：1kcal = 4. 1868kJ。

6.4 钨矿石中常见矿物与浮选药剂的作用原理

我国的白钨矿及黑白钨混合矿床多数呈现出矿石嵌布粒度细的特征。原矿中除含黑钨矿、白钨矿之外，一般还含有较多的萤石、方解石等含钙矿物，这些矿物化学组成、溶解特性以及一些表面物理化学性质相似，导致其可浮性也近似，给浮选分离造成了很大困难。应用最广泛的白钨矿和黑钨矿捕收剂为阴离子捕收剂，如脂肪酸类、烃基膦酸类、烃基胂酸类、螯合药剂以及以螯合类捕收剂为核心的组合用药；非极性捕收剂主要作为其他捕收剂的辅助药剂，起到强化泡沫结构、改善疏水效果的作用。本节选取黑钨矿、白钨矿、萤石、方解石为钨矿石中常见矿物，以含 C═O、C—O 基团捕收剂和含 N—H、—NH_2、C═O、C—O 基团的捕收剂为例，阐述钨矿石中常见矿物与浮选药剂的作用原理。

6.4.1　钨矿石中常见主要矿物晶体表面化学特性

白钨矿主要与方解石和萤石共伴生，本书主要介绍白钨矿、方解石和萤石的晶体化学特性，其中，萤石晶体表面化学特征详见 6.2 节。白钨矿属四方晶系结构，为近八面体的四方双锥状，其晶格参数为 $a=b=0.52429$nm，$c=1.13737$nm，$\alpha=\beta=\gamma=90°$，$Z=4$，空间群 4/m。白钨矿为离子晶体，晶胞中 W 原子为中心原子，与周围 4 个氧原子配位形成 WO_4^{2-} 四面体，WO_4^{2-} 四面体中相邻 2 个 O 之间的距离为 0.3079nm[1]。Ca^{2+}作为金属阳离子以离子紧密堆积的方式填补在阴离子团（WO_4^{2-}）的空隙中，与周围 8 个 WO_4^{2-} 四面体中的 8 个 O 结合成八配位，构成 Ca—O_8 立方体[2,3]。白钨矿晶体内部有 Ca—O 和 W—O 两种价键连接形式，Ca 与 O 以离子键键合，由于 Ca 与 O 的距离在 c 轴和水平方向存在差异，故 Ca—O 键的键长分别为 0.246nm 或 0.2481nm，而 W—O 键是以很强的共价键结合，W—O 键长为 0.1778nm。正是由于这两种成键差异，白钨矿在形成解理面和断裂面时，主要沿 Ca—O 键断裂，在矿物表面产生带正电荷的 Ca^{2+} 和负电荷的 O^{2-} 离子[4]。方解石（$CaCO_3$）属岛状碳酸盐矿物，三方晶系，空间群为 $R\bar{3}c$，六方晶胞：$a_h=0.4988$nm，$c_h=1.7061$nm，$\alpha=\beta=90°$，$\gamma=120°$，$Z=6$。Ca^{2+} 与周围 6 个 CO_3^{2-} 离子中的 O 结合成 6 配位，形成不规则八面体，Ca—O 键的键长为 0.234nm。C 与 O 结合成 3 配位，C—O 键长为 0.128nm[3]。在方解石晶体结构中，[CO_3^{2-}] 作为络阴离子，C 作为中心阳离子，彼此呈现三角形配位形式，碳原子位于三角形的中心，3 个氧原子围绕它分布在三角形的 3 个角顶上，并与阳离子作用。方解石破碎时主要沿 Ca—O 键断裂，C—O 键不易断裂[5]。

白钨矿与主要的脉石矿物萤石、方解石由阴离子 F^- 或荷负电的阴离子基团 CO_3^{2-} 或 WO_3^{2-} 与 Ca^{2+}通过离子紧密堆积构成晶体，在受到外力作用后，白钨矿、萤石、方解石分别沿着｛001｝、｛111｝、｛104｝晶面族方向发生解理，所暴露出来的表面晶体化学性质近似。采用 Castep 模块建立矿物晶体及其表面模型如图 6-116 所示。3 种矿物晶体表面原子排布特征存在差异：白钨矿晶体表面的钙离子更靠近晶体内部；结合表 6-46 可知，白钨矿中 Ca—O 电子云重叠布居值最大，使白钨矿表面的钙离子在表面体系中受到阴离子团的束缚最大，表面以阴离子包裹着中心钨原子的负电性阴离子基团为主。

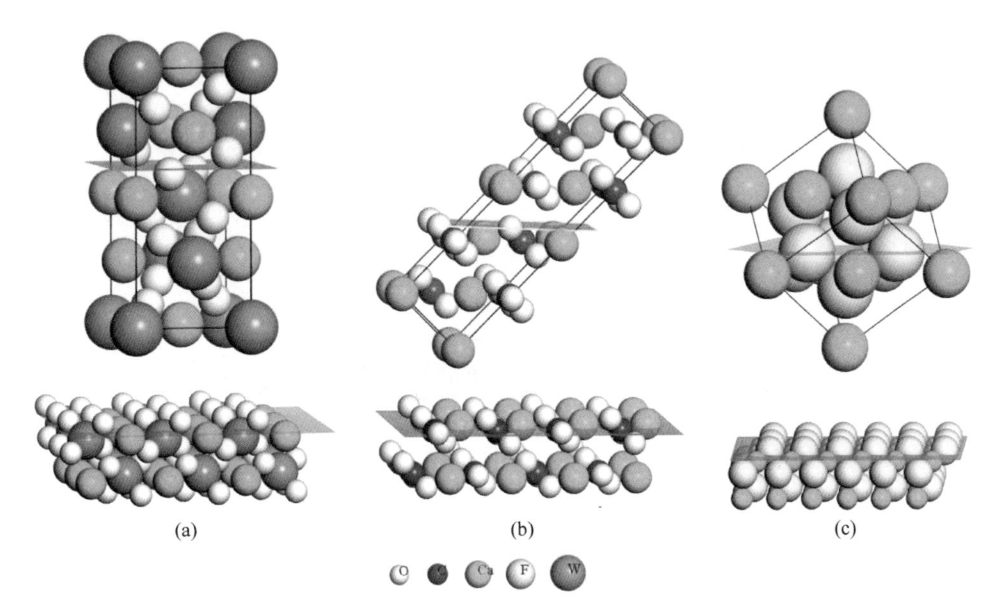

图 6-116 白钨矿、方解石和萤石晶体结构及主要暴露晶面
（a）白钨矿（001）晶面；（b）方解石（104）晶面；（c）萤石（111）晶面

表 6-46 钙离子在矿物晶体表面键布居值

矿物	键	布居值
方解石	O—Ca	0.11
萤石	F—Ca	0.06
白钨矿	O—Ca	0.16

萤石中钙离子和氟离子之间的布居值接近于 0，因此钙离子与氟离子之间是近乎以离子紧密堆积方式排布。萤石中钙离子较方解石中钙离子所受到的束缚小，但萤石表面分布较多的氟离子，在数量上多于方解石表面的氧原子，且氟具有较大的电负性，使得萤石表面钙离子含量远低于方解石。与之相比较，方解石表面氧原子对钙离子的束缚也较小，且钙离子距表面的距离最小，因此方解石表面带正电荷的钙离子出现概率更大。

黑钨矿又称钨锰铁矿，晶体化学式为 $Fe_xMn_{1-x}WO_4(0<x<1)$，是由不同比例的钨铁矿 $FeWO_4$ 和钨锰矿 $MnWO_4$ 组成的完全类质同象矿物。自然界中的黑钨矿都是这两种矿物类质同象的中间成员，含 $FeWO_4$ 或 $MnWO_4$ 分子在 80%以上的分别称为钨铁矿和钨锰矿[144]。黑钨矿属单斜晶系的氧化物矿物，晶胞参数为：钨锰矿类的 $a=0.480\sim0.484$nm，$b=0.573\sim0.575$nm，$c=0.495\sim0.501$nm，$\alpha=\gamma=90°$，$\beta=90.1°\sim91.6°$，空间群为 P2/c；钨铁矿类的 $a=0.471$nm，$b=0.570$nm，$c=0.493$nm，$\alpha=\gamma=90°$，$\beta=90°$，空间群为 P2/m[145]。黑钨矿的晶体结构中，6

个 O^{2-} 离子围绕 Mn^{2+}(Fe^{2+}) 离子形成了［Mn(Fe)O_6］的八面体，以共棱方式沿 c 轴构成折线型锯齿状。W^{6+} 离子也与周围的 6 个 O^{2-} 相连接，形成［WO_6］畸变八面体的链，并通过氧原子与［Mn(Fe)O_6］的八面体以共角顶的方式连接[145,146]。因此，黑钨矿的晶体结构可以看作是平行于 c 轴的复杂氧化物的链状结构，如图 6-117 所示。

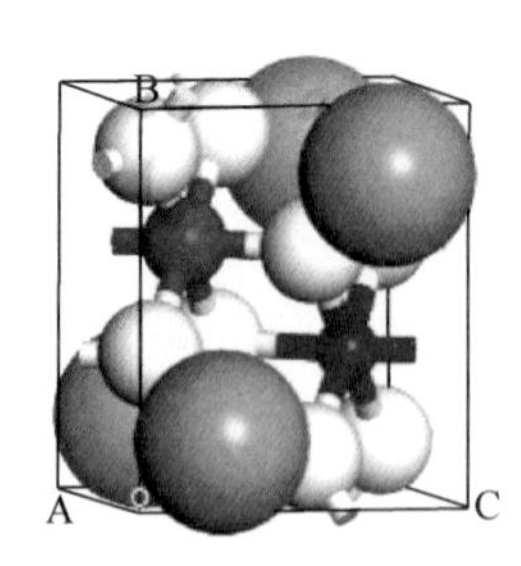

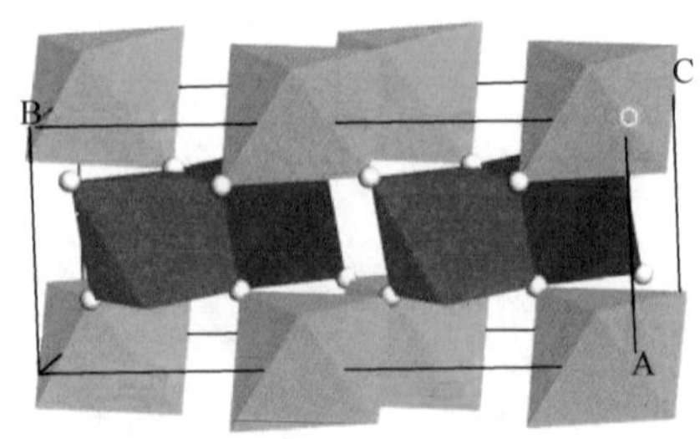

图 6-117　黑钨矿晶体结构

黑钨矿有一组平行（010）晶面的完全解离[6]，在外界磨碎作用下，黑钨矿沿着（010）晶面族方向的不同位置处解理，所暴露出的表面形态主要有两种情况：一种是位置沿着 Mn(Fe)—O 键断裂解理暴露的表面；另一种是沿着 W—O 键断裂解理暴露的表面[144,146]。

黑钨矿晶体的键布居（见表 6-47）分析结果表明 W—O 键的强度要大于 Fe(Mn)—O 键的强度，因此在黑钨矿晶体受到外力作用沿｛010｝晶面族方向发生解理时，沿着 Fe(Mn)—O 键的位置处发生断裂形成晶体表面的概率要大于沿着 W—O 键的位置处发生断裂形成晶体表面的概率，在黑钨矿晶体受到外力作用下主要沿着 Mn(Fe)—O 键的位置处发生断裂形成晶体表面，其为最容易暴露的常见暴露面。对黑钨矿表面结构进行基于密度泛函理论的结构优化，寻找最低能量的稳定构型，所呈现出的黑钨矿晶体表面结构如图 6-118 所示。矿物晶体表面的 Mn^{2+}、Fe^{2+} 离子相对较易溶解，WO_4^{2-} 为表面定位离子，因此在中性的纯水中矿物表面 Mn^{2+}、Fe^{2+} 离子溶解，表面带负电。因而在实际浮选中，黑钨矿常在酸性条件下进行浮选，此时矿物表面动电位受溶液 pH 值影响发生正移，有利于促进与阴离子捕收剂作用[144]。

表 6-47　黑钨矿晶体中键布居

化学键	O—W	O—Fe	O—Mn	O—O	Fe—Mn
布居值	0.63	0.29	0.28	-0.07	-0.15

6.4.2　白钨矿和黑钨矿浮选捕收剂种类及捕收效果

白钨矿和黑钨矿在破碎磨矿过程中产生的解离面上均暴露出晶格内 Ca^{2+}、

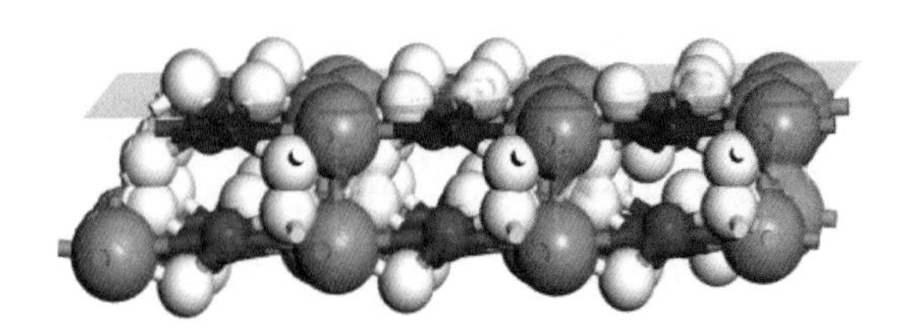

图 6-118　黑钨矿晶体表面结构

Mn^{2+}/Fe^{2+}金属离子和氧原子，这些表面暴露的金属阳离子可以和捕收剂中的亲固原子发生反应而吸附捕收剂分子，从而使矿物表面疏水上浮。用于白钨矿和黑钨矿的浮选捕收剂为含有 C═O、C—OH 基团的脂肪酸及其改性类捕收剂，含有—NH—、—NH_2 基团的胺类及其醚胺类捕收剂，含有多个═O、—OH 基团的含氧酸酯类捕收剂，以及含有═O、═N、—O—、—N、—OH 基团的氨基酸或者肟酸类螯合捕收剂和组合捕收剂。表 6-48 和表 6-49 分别介绍了常见白钨矿和黑钨矿浮选捕收剂种类、名称代号、结构特征及应用特点。

表 6-48　常见白钨矿浮选捕收剂的种类、名称代号及应用特点

分类	名称或代号	分子式或极性基团	捕收特性及应用特点	参考文献
第一类：脂肪酸及其改性类	油酸	$CH_3(CH_2)CH═CH(CH_2)_7COOH$ C═O、C—OH 碳链上含一个双键	起泡能力强，但其选择性差，不耐硬水；水溶性差且不耐低温，一般用量较大	[147,148]
	氧化石蜡皂	C═O、C—OH 混合脂肪酸		[149]
	塔尔油	C═O、C—OH 脂肪酸和松香酸		[148]
	DHT-1	$C_{13}H_{25}O_2Br$	捕收特性：在碱性条件下，DHT-1、DHT-3 在白钨矿表面通过氢键与化学键协同作用	[150]
	DHT-3	$C_{18}H_{33}O_2Br_3$		
	ZL	长碳链的羧酸皂化物混合物	捕收特性：化学吸附于白钨矿和方解石表面，而物理吸附于萤石表面； 应用特点：对含方解石和萤石等含钙脉石较高的白钨矿具有较强的选择捕收能力，兼有起泡性、毒性低、无刺激性气味及性能稳定等特点	[144]

续表 6-48

分类	名称或代号	分子式或极性基团	捕收特性及应用特点	参考文献
第二类：膦酸和磺酸类	十二烷基磺酸钠	$CH_3(CH_2)_{11}SO_3Na$，$—SO_3$	应用特点：与脂肪酸相比，有更强的抗硬水能力，更弱的捕收能力和更好的选择性、起泡性。一般作为组合药剂与脂肪酸配合使用	[151]
	LP 系列（异丙基烷基磷酸）	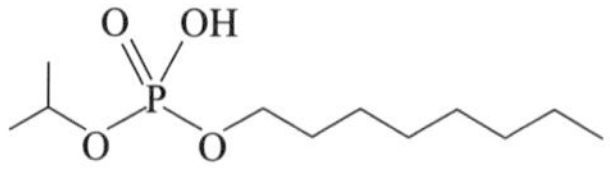 LP-6: 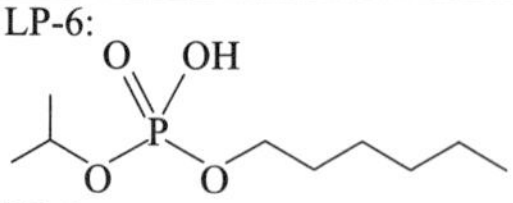 O OH P O O（结构式） LP-8: O OH P O O（结构式） LP-10: O OH P O O（结构式） 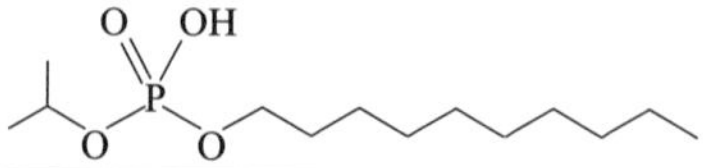	应用特点：当用 LP-8 浮选萤石-白钨矿混合矿时，萤石表面吸附 LP-8 大于白钨矿，导致萤石易浮，故在浮选分离白钨矿与萤石中具有良好的选择性	[147]
	膦酸类捕收剂	$R—P(=O)(OH)—OH$	捕收特性：膦酸类捕收剂可以通过自身磷酸基团与金属离子形成比较稳定的配合物； 应用特性：选择性优于脂肪酸，在锡石和黑钨矿中应用较多	[152]
	脂肪酸甲酯磺酸钠（MES）	$RCH(SO_3Na)COOCH_3$ $C═O$，$C—OCH_3$	捕收特性：MES 捕收性能优于油酸钠和氧化石蜡皂； 应用特点：MES 与氧化石蜡皂组合使用可以提高捕收剂浮选效率，改善氧化石蜡皂的起泡性能	[153]
第三类：肟酸类	苯甲羟肟酸（BHA）	$C_6H_5CONHOH$（含苯环） $—OH$，$═NOH$	捕收特性：能与白钨矿表面 Ca^{2+} 作用形成比较稳定的五元环螯合物，其分子的非极性部分又会以氢键的形式吸附在其单分子层上，因此发生离子、分子共吸附； 应用特点：广泛应用于氧化铜矿、稀土矿物、钽铌矿、钛铁矿、赤铁矿、锡石、黑钨矿等多金属氧化矿及稀土矿的回收，高效、低毒、选择性强	[150，154]

续表 6-48

分类	名称或代号	分子式或极性基团	捕收特性及应用特点	参考文献
第三类：肟酸类	环己甲基羟肟酸（CHA）	$C_7H_{13}NO_2$	捕收特性：与 BHA 相比，CHA 与 Ca^{2+} 的结合能更负，更容易在白钨矿表面发生吸附，在白钨矿表面的吸附量更多，更容易捕收白钨矿	［155，156］
	GY 系列	苯甲羟肟酸与妥尔皂类组合；苯甲羟肟酸与氧化石蜡皂组合；苯甲羟肟酸与改性的脂肪酸组合	捕收特性：它的极性基团可与黑白钨矿物表面产生螯合作用或化学吸附作用； 应用特点：对白钨矿有良好的捕收性能	［157～159］
	CF	—N—O，—N═O 亚硝酸苯胲铵盐	捕收特性：主成分分子式中的—O、═O 原子与矿物表面的金属离子形成稳定的五元环螯合化合物； 应用特点：选择性好，捕收剂用量大，对萤石的选择性差	［160］
第四类：阳离子捕收剂及其改性	十二烷胺（DDA）	$C_{12}H_{28}N_2$	捕收特性：在 $IEP_{(\text{白钨矿})} < pH < IEP_{(\text{萤石、方解石})}$ 范围内，白钨矿表面荷负电，阳离子捕收剂静电吸附于白钨矿表面，从而实现浮选分离	［161］
	二辛基二甲基溴化铵（DDAB）	$C_{18}H_{40}BrN$ $CH_3-(CH_2)_{17}-N(CH_3)(CH_3)-(CH_2)_{17}-CH_3$	捕收特性：DDAB 的亲固原子是 N 原子，其在白钨矿表面的吸附为物理吸附； 应用特点：对白钨矿的捕收能力和选择性上均显著优于油酸，最佳浮选 pH 值范围为 8～10，是一种高效的白钨矿常温精选捕收剂	［162］

续表 6-48

分类	名称或代号	分子式或极性基团	捕收特性及应用特点	参考文献
第五类：两性捕收剂类	β-胺基烷基膦酸（LN10-2）	$(RNHC_2H_4P(O)O_2)^{2-}$	捕收特性：在白钨矿表面的吸附是通过—P—O—与矿物表面的 Ca^{2+} 发生化学键合作用，故以化学吸附为主，在碱性 pH 值范围内，可使白钨矿表面 ζ-电位向负值增大； 应用特点：相对于其他捕收剂来说对其矿浆 pH 值适应性强	[163，164]

表 6-49　常见黑钨矿浮选捕收剂的种类、名称代号及应用特点

分类	名称或代号	分子式或极性基团	捕收特性及应用特点	参考文献
第一类：脂肪酸及其改性类	油酸	$CH_3(CH_2)_7CH=CH(CH_2)_7COOH$	传统脂肪酸捕收剂，选择性差、用量大、不耐低温； 捕收性强、溶解度高、低温及耐硬水性	[39，145，165，166]
	氧化石蜡皂	RCOOH 混合脂肪酸		
	塔尔油	RCOOH+R'COH 脂肪酸和松香酸		
	DHT-1	—Br、—COOH α-溴代脂肪酸		
	DCK	—Cl、—COOH α-氯代脂肪酸		[167]
	ME-2	$—SO_3$（脂肪酸磺化）		[39，165]
第二类：胂酸类	甲苯胂酸	—COOH、苯环	毒性大、选择性及捕收性好、不耐低温	[39，166]
	苄基胂酸	$R—AsO_3H_3$、苯环		[168]
第三类：膦酸酸	苯乙烯膦酸	$O=P(OH)_2$、—C=C—、苯环	成本高、毒性小、耐低温且捕收性和选择性高，但没有起泡性或弱起泡性	[166，169]
	不饱和膦酸	$RO=P(OH)_2$、—C=C— R 为含 7~9 个碳的碳链		[39，170]
	HEPA	$O=P(OH)_2$、—C=C—、—OH （α-羟基不饱和膦酸）		[39]
	FXL	$O=P(OH)_2$、—NH 烷基亚氨基二次甲基膦酸（浮锡灵）		[171]

续表 6-49

分类	名称或代号	分子式或极性基团	捕收特性及应用特点	参考文献
第四类：烷基羟肟酸	苯甲羟肟酸	$C_6H_5CONHOH$ 含有苯环	有多个活性原子和吸附活性位点，可与矿物表面发生螯合作用，捕收性强，选择性强于脂肪酸，毒性也比胂酸小	[39，166，172]
	烷基羟肟酸	RCONHOH		[75，173]
	水杨羟肟酸	—OH、—CONHOH、有苯环		[39，174]
	GYB	主要成分苯甲羟肟酸		[175]
	TW-705	主要成分苯甲羟肟酸		[176]
第五类：螯合型捕收剂	苯二酰亚胺羟肟酸	—CONHOH、—NH、苯环	多官能团，一般捕收能力很强	[177]
	NHHA	—CONHOH、—NH 萘二酰亚胺基羟肟酸		[39]
	HHHA	—CONHOH、—NH 环己烷二酰亚胺基羟肟酸		[39]
	CF	O═NH—N—OH、$—NH_3$、苯环 （亚硝基苯胲铵）		[155]
	BPHA	$C_6H_5CH_2N(OH)(CH_3)_3$ （N-苯甲酰-N-苯基羟胺）		[178]
	COBA	—CONHOH、—COOH		[179]
第六类：两性捕收剂	Hostpon T	—NH、—COOH	良好的 pH 值适应性，独特的选择性、捕收性，成本高，基团与环境作用复杂，未见工业应用	[180]
	DHT-4	$—NH_2$、—COOH、—Br		[181]
	Flotble AM20	—NH、—COOH N-烷基-β-氨基丙酸钠		[182]
	AM21	—C═C—、$—NH_2$、$—SO_3$ 油酸氨基磺酸钠		[183]

脂肪酸类捕收剂是最早也是最广泛应用在钨矿浮选中的捕收剂，常见的有油酸、油酸钠、塔尔油和环烷酸等。这类药剂含有羧基官能团，几乎能捕收所有矿物，且其价格低廉，浮选效果好而得到广泛应用，但选择性差，因而在浮选过程中就需要添加选择性较强的抑制剂对脉石矿物进行抑制，或者与另一种捕收剂组合使用以增强选择性。张庆鹏等[184]研究了脂肪酸类白钨矿捕收剂的结构性能关系，结果发现不同结构的脂肪酸类捕收剂对白钨矿的捕收能力存在差别。沈慧庭等[185]用油酸钠作为捕收剂、水玻璃为抑制剂对白钨矿-萤石进行了选别，得到较

好效果。近年来也有不少针对改性脂肪酸类捕收剂的研究，脂肪酸类捕收剂的改性一般是在 α 位置引入另一个极性基团，使得其溶解性发生变化。广州有色金属研究院[186] GY 系列白钨矿浮选药剂属于脂肪酸改性类捕收剂，具有捕收能力强、选择性高、低温使用、活性高等特点，尤其对某些难选矿石的适应性较好。东北大学将 α-溴代脂肪酸 DHT-1 和 DHT-3 捕收剂应用于浮选白钨矿和黑钨矿，取得较好浮选指标。DHT-1 作用下白钨矿、黑钨矿、萤石和方解石的浮选行为如图 6-119 所示。在 pH 值为 4~10 的范围内，DHT-1 对白钨矿和萤石均具有较好的浮选性能；在 pH 值为 6 的条件下 DHT-1 可浮选黑钨矿；该药剂对方解石的浮选只能发生在 pH 值大于 7 的碱性条件下，在 pH 值为 7~9.5 的范围内方解石的浮选回收率在 93%以上。pH 值为 4~11 范围内，白钨矿、萤石和方解石的浮选效果优于黑钨矿。随着药剂用量的增加，四种单矿物的浮选回收率都有明显增大，当达到某一药剂用量时，继续增加药剂用量，浮选回收率趋于稳定。

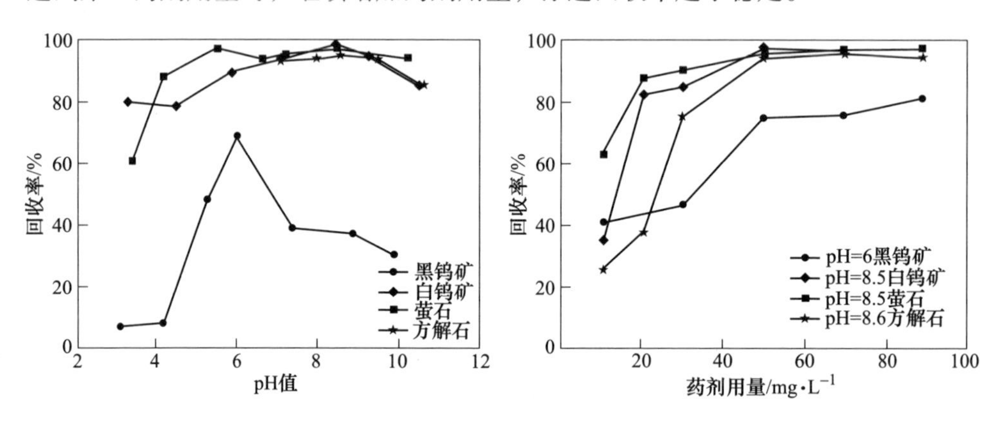

图 6-119　DHT-1 作用下白钨矿、黑钨矿、萤石和方解石的浮选行为

膦酸类捕收剂的极性基结构通式为—$PO(OH)_2$，膦酸的溶解性与溶液的 pH 值相关，膦酸的捕收性能随烃链的增加而增强，但选择性和水溶性下降，因此高级膦酸不适于用作矿物捕收剂。膦酸类捕收剂虽然选择性好，在实验室条件下也已取得了较好指标，但药剂价格太贵，其单独应用面临困难，目前大规模用于工业浮选的仅为苯乙烯膦酸。胂酸类捕收剂结构通式为 $RAsO(OH)_2$，用于浮选中的胂酸类捕收剂主要为芳基胂酸。胂酸可以与矿物表面暴露出来的金属原子质点发生反应而产生吸附，可广泛应用于黑钨矿的浮选中。胂酸对方解石的捕收能力比膦酸弱，因此在以方解石为主要脉石的黑钨矿浮选中胂酸的选择性比膦酸的选择性更好。王雅静等[187]对比研究了苄基胂酸、羟肟酸、苯乙烯膦酸和水杨氧肟酸用于浮选金红石的精矿品位和回收率差异，结果发现对某金红石矿的捕收能力：羟肟酸>苯乙烯膦酸>苄基胂酸>水杨氧肟酸，对矿物的选择性：苄基胂酸≈苯乙烯膦酸>羟肟酸>水杨氧肟酸。朱玉霜等[188]以甲苄胂酸作为捕收剂对浒坑黑

钨细泥进行了浮选试验，在给矿 WO_3 品位为 0.33%时，闭路试验获得了含 WO_3 39.52%、回收率为 84.72%的黑钨精矿。胂酸的生产成本高昂，并且具有严重的毒性，对环境的破坏作用不容忽视，因此从 1975 年以来胂酸在国外的生产和使用已经被禁止，目前只有国内的某些锡石选矿厂仍在使用。

羟肟酸类捕收剂是一种对金属离子具有较高选择性的螯合剂，其结构通式为 RCONHOH，其中 R 可以是烷基也可以是芳香基。常用羟肟酸类捕收剂有苯甲羟肟酸、水杨羟肟酸、C7～C9 羟肟酸以及萘羟肟酸等。羟肟酸类捕收剂可以与矿物表面的金属离子形成稳定的五元环螯合物，烃基作为疏水基团使钨矿物上浮，从而可以作为金属矿的捕收剂使用。邱显扬等[189]通过红外光谱及浮选溶液化学研究，探究了苯甲羟肟酸在白钨矿表面的作用机理，发现苯甲羟肟酸与白钨矿表面的 Ca^{2+} 发生螯合，形成五元环螯合物，并同时发生离子-分子共吸附作用。黄建平[190]通过单矿物浮选试验，探究了羟肟酸类捕收剂对白钨矿、黑钨矿的作用机理和捕收效果，发现在 pH 值为 9.0 左右时浮选效果最佳。戴子林、高玉德[191]的研究表明，苯甲羟肟酸是细粒黑钨矿浮选的有效捕收剂，与组合抑制剂 AD 共同作用时，可使细粒黑钨矿与萤石、方解石等脉石矿物有效分离。中南大学胡岳华等[192]在螯合类捕收剂的基础上，开发出 Pb—BHA 配位捕收剂应用于黑白钨和锡石的浮选，取得了良好的浮选结果。赵晨采用螯合物 Fe—BHA 用于白钨矿浮选，取得了较好的浮选结果。在 240mg/L 苯甲羟肟酸与 1×10^{-4} mol/L $FeCl_3$ 混合后加药，人工混合矿方解石-白钨矿及白钨矿-萤石浮选结果见图 6-120 和图 6-121。

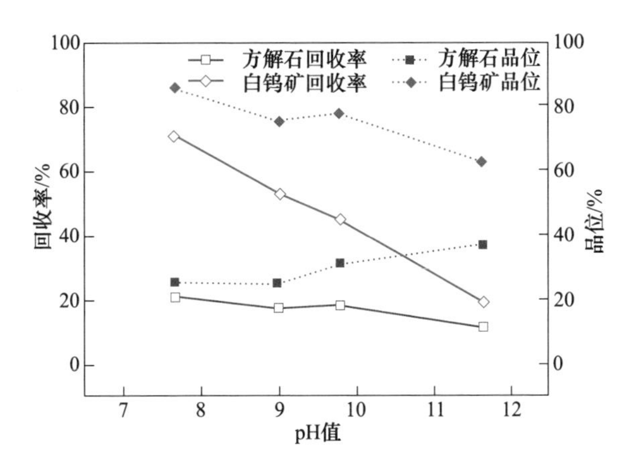

图 6-120　方解石-白钨矿分选指标与 pH 值的关系

Fe—BHA 分选方解石和白钨矿的结果表明，Fe—BHA 对方解石和白钨矿具有较好的选择性，且白钨矿的回收率较高。Fe—BHA 分选白钨矿和萤石的结果表明，Fe—BHA 对白钨矿和萤石具有较好的选择性，且萤石的回收率较高。

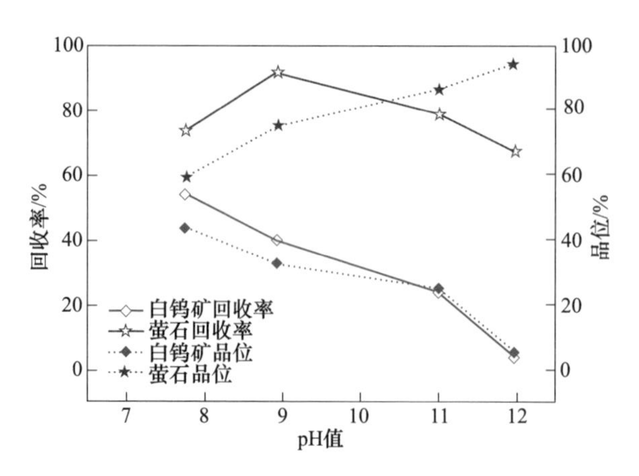

图 6-121　白钨矿-萤石分选指标与 pH 值的关系

阳离子捕收剂主要应用于白钨矿浮选，在矿浆中由于晶格中钨酸根与钙离子的溶解不平衡以及溶液中的阴离子与钨酸根离子发生离子交换反应，使白钨矿表面带负电。因此与萤石、方解石等脉石矿物相比，白钨矿表面电位更负，这为阳离子捕收剂捕收白钨矿提供了理论依据。C. Hicyimaz 等研究了胺类捕收剂分离白钨矿与含钙脉石矿物的可能性，发现十二胺醋酸盐作为捕收剂浮选效果最好。杨帆利用双十烷基二甲基氯化铵（DDAC）作为捕收剂对柿竹园某白钨矿进行选别，得到的钨精矿品位为 51.02%，回收率为 54.65%。目前阳离子捕收剂用于白钨矿浮选在实验室取得了一定的成果，但是尚未用于工业实践，因此实现阳离子捕收剂的实际应用是一个具有研究价值的方向。

两性捕收剂即氨基酸类捕收剂，常见的阴离子官能团有羧基、巯基、磺酸基、硫酸基、磷酸基等，常见的阳离子官能团有胺基、季铵盐基、膦基等。朱建光、赵景云[194]研究了烷基酰胺基羧酸（*n*RO—X）对白钨矿的浮选性能，发现 RO-12、RO-14、4RO-12 和 4RO-14 均对白钨矿有较强的捕收能力。孙海涛[144]针对白钨矿和黑钨矿浮选研发的 DHT-2 和 DHT-4 捕收剂，实验室试验表明其对白钨矿和黑钨矿就有较好的浮选性能。DHT-4 对白钨矿、黑钨矿、萤石和方解石的浮选性能如图 6-122 所示。在 pH 值为 4~10 范围内，DHT-4 药剂对白钨矿和萤石浮选效果较好，且浮选效果略优于黑钨矿的浮选效果。在药剂用量为 30mg/L 以下时，DHT-4 对黑钨矿浮选效果要强于白钨矿、萤石和方解石，但随着药剂用量的增加，DHT-4 对白钨矿、萤石和方解石的浮选效果优于对黑钨矿的浮选效果。关于两性捕收剂目前应用较少，但由于其在试验中表现出良好的浮选特性，目前受到国内外专家的广泛关注。

组合捕收剂是在浮选作业中采用两种或者两种以上的捕收剂混合使用，其作用效果往往比单一药剂效果好，目前认为主要是多种药剂之间产生了协同作用，

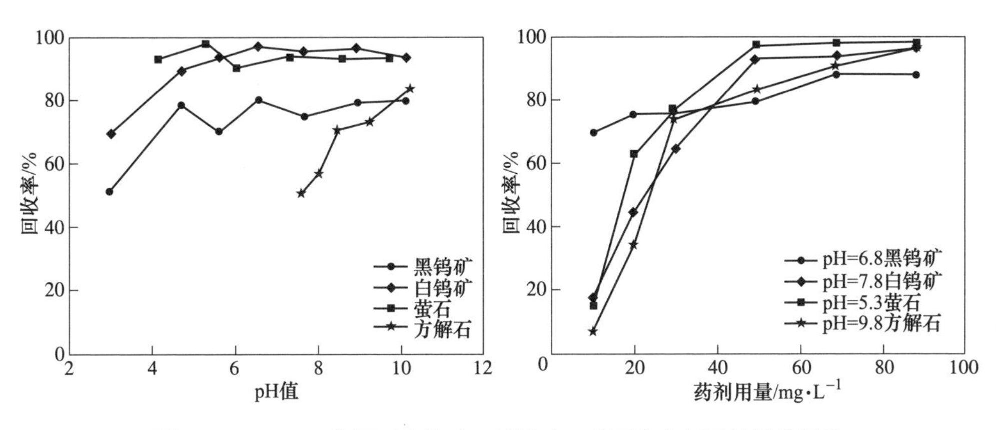

图 6-122 DHT-4 作用下白钨矿、黑钨矿、萤石和方解石的浮选行为

协同作用可认为是药剂间的共吸附作用、不同电性捕收剂之间电荷补偿作用或者功能互补作用。李振飞等[195]以组合捕收剂（731+油酸）处理原矿含钨 1.86%的某矽卡岩型白钨矿，可获得含钨 74.18%、钨回收率 79.15%的钨精矿。韩兆元[196]分别考察了 GYB、731、NaOL 和 HPC 这 4 种捕收剂单独使用以及螯合型捕收剂 GYB 分别与另外 3 种脂肪酸类捕收剂组合使用对黑钨矿单矿物的捕收性能规律，结果发现 GYB 与脂肪酸类捕收剂组合使用均能比单一使用获得更好的试验指标。河南洛钼集团[144]针对栾川矿区研发的组合捕收剂 Fx-6 经投产证明具备性能良好、使用方便、用量少等优点，尤其适合栾川地区低品位、难选白钨矿的浮选。北京矿冶研究总院采用 CF 螯合捕收剂和 OS-2 改性脂肪酸作为捕收剂分选河南洛钼集团低品位白钨矿的选钼尾矿取得良好的效果。广州有色金属研究院和北京矿冶研究总院对湖南柿竹园多金属矿分别采用 GYB、GYR 组合药剂和 CF、OS-2 组合药剂进行黑白钨矿混合浮选，在原矿 WO_3 品位为 0.45%的条件下，获得黑白钨混合浮选精矿 WO_3 品位为 10%～20%、作业回收率为 80%～90%的浮选指标。

6.4.3 浮选药剂在白钨矿表面作用机理

为了提高白钨矿、黑钨矿与含钙矿物分离的选择性，学者们围绕着浮选表面化学、表面荷电特性、溶液化学、矿物与药剂吸附作用和密度泛函理论热力学计算等相关机理展开了大量的研究工作，表明捕收剂主要通过静电作用、离子交换、氢键作用、键合吸附等一种或几种作用吸附于钨矿表面。这些研究极大地促进了人们对白钨矿浮选过程的理解及表面物理化学发展。阴离子捕收剂在白钨矿表面作用以化学吸附为主，与白钨矿表面的活性位点 Ca^{2+}离子作用，生成相应的阴离子配合物来对矿物进行浮选。邱显扬等[189]对苯甲羟肟酸与白钨矿的作用机理研究表明，苯甲羟肟酸的最佳浮选区域为 pH＝7～10，在此区域内苯甲羟肟酸

与白钨矿表面的 Ca^{2+} 发生 O—O 螯合形成五元环螯合物，同时发生离子-分子共吸附作用，增加了苯甲羟肟酸的活性，达到了最佳浮选效果。白钨矿的低等电点，使得其在 pH>1.5 的很大范围内表面带负电，而此时其他含钙脉石矿物带正电，因而采用阳离子捕收剂可以实现白钨矿与脉石矿物的分离。白钨矿所使用的阳离子主要以胺类为主，杨帆等[147]通过表面动电位、红外光谱分析以及分子轨道理论分析了季铵捕收剂在白钨矿和方解石表面的作用机理；通过吸附量测试结合表面动电位分析，研究了季铵捕收剂在两种矿物表面的吸附过程，并建立了吸附模型。杨耀辉[197]将支链引入了脂肪酸捕收剂并用于含钙矿物浮选中，研究发现支链可影响烃链分子间的缔合，并通过增大的断面积来影响药剂的选择性。朱一民[181]通过动电位检测、红外光谱和分子模拟技术证明 DHT-1 和 DHT-4 分子可通过键合吸附和氢键吸附作用吸附于白钨矿和黑钨矿表面。赵晨[198]通过 Zeta 电位测试、红外吸收光谱测试等证明 Fe—BHA 与白钨矿表面存在化学吸附，其吸附形式符合 Freundlich 吸附模型。本节以 DHT 系列捕收剂的两种典型阴离子药剂油酸、DHT-1、Fe—BHA 和两性药剂 DHT-4 药剂为例，研究浮选药剂在白钨矿、黑钨矿表面作用机理。

6.4.3.1　药剂分子结构及性质表征

以 DHT 系列捕收剂的两种典型药剂 DHT-1 和 DHT-4 药剂分子结构进行建模、计算和分析，如图 6-123 所示。药剂分子模型计算所得到的红外光谱与红外检测仪所检测得到的红外光谱比对可知，其拟合程度较高，故验证了分子模型与实际药剂分子结构接近。

捕收剂 DHT-1 和 DHT-4 的红外光谱分析结果见图 6-124。捕收剂 DHT-1 的红外光谱图中，3428.70cm^{-1}处的为羟基振动峰；位于 2800～3000cm^{-1}的是甲基以及亚甲基的伸缩转动、扭曲振动峰，1723.95cm^{-1}处为羧基 C═O 键的特征峰，DHT-1 中羧基 α-碳上引入一个电负性较大的溴原子，由于诱导效应，羧基 C═O 键 O 原子外侧电子云向 C═O 键上偏移，使得 C═O 键振动频率增加，该峰的频率向高波数方向漂移至 1723.95cm^{-1}，DHT-1 的红外光谱图验证了药剂分子中溴原子的成功引入。

对药剂 DHT-4 的红外光谱中，3400～3600cm^{-1}处出现双峰，分别为羟基特征峰和伯胺的 N—H 键特征峰；位于 2800～3000cm^{-1}为甲基和亚甲基的伸缩振动峰。由于该药剂分子羧基 α-碳处引入具有给电子共轭效应的乙二胺基团，由于共轭效应，羧基 C═O 键上的电子云向 O 原子外侧偏移，C═O 键振动频率下降，原本位于 1700cm^{-1}左右的 C═O 键的特征峰向低波数方向漂移至 1635.58cm^{-1}。1575cm^{-1}附近有两个峰，其中透过率较高的为仲胺 N—H 键特征峰，较低的为伯胺 N—H 特征峰。

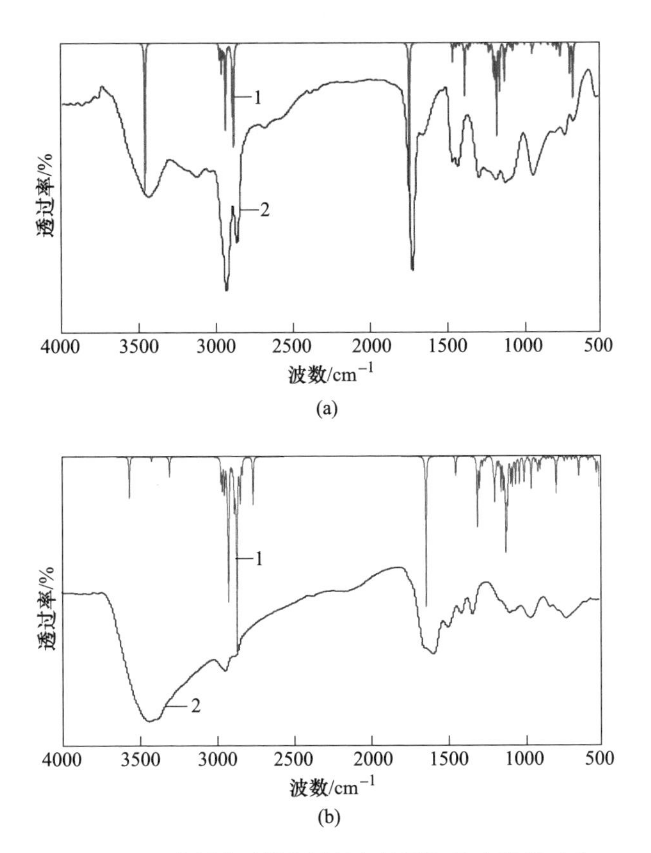

图 6-123　药剂分子模拟计算与检测红外光谱拟对比

（a）DHT-1；（b）DHT-4

1—计算曲线；2—实验曲线

基于结构优化后的分子模型，运用 MS 软件中量子力学模块 Castep 计算了药外层包裹的电子空间分布，如图 6-125 所示。溴代脂肪酸捕收剂分子的整体电负性明显加强，进而强化了药剂分子极性基之间排斥力以及药剂分子在矿浆中的分散，同时，高电负性基团溴原子与主要捕收基团羧基协同作用，可促进药剂分子在矿物表面的吸附作用，提高药剂分子的捕收作用。

溴代脂肪酸类捕收剂 DHT-1 与两性类捕收剂 DHT-4 的前线分子轨道 LUMO 见图 6-125。DHT-1 药剂分子极性基团外侧所分布的 LUMO 轨道更多的是多电子的负电性轨道，如溴原子，因此 DHT-1 药剂分子更倾向于与矿物表面的缺电子位（即金属阳离子）作用。这是 DHT-1 药剂针对矿物浮选仅在某一特定的 pH 值范围内可获得较好的浮选回收率的主要原因。两性捕收剂 DHT-4 极性基团外侧的 LUMO 轨道既有多电子的负电性轨道也有缺电子的正电性轨道，因此 DHT-4 药剂分子既可以与矿物表面多电子活性位点作用，也易于与矿物表面缺电子活性

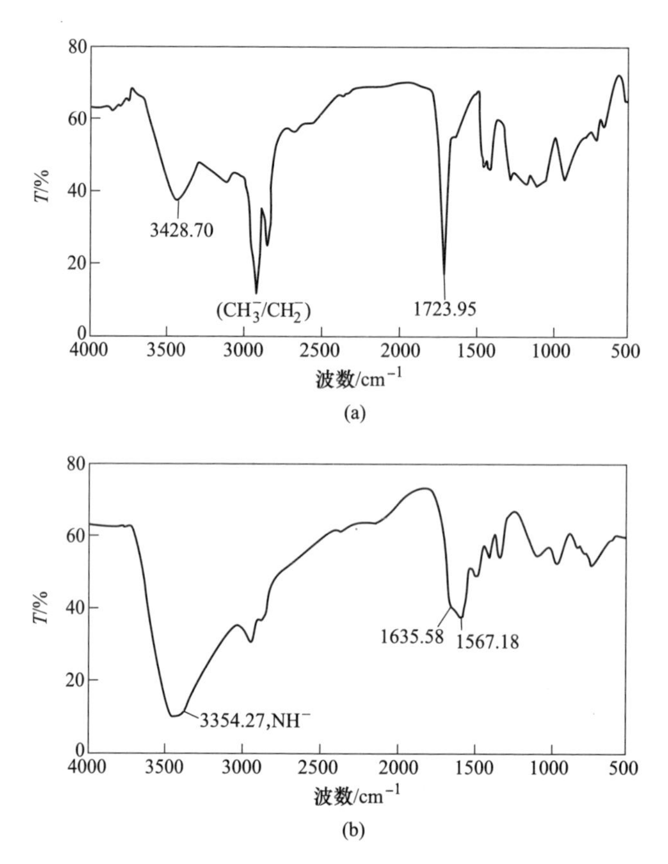

图 6-124 DHT-1 和 DHT-4 红外光谱
(a) DHT-1;(b) DHT-4

位点作用，因此该类捕收剂在酸性和碱性 pH 值范围内对矿物均具有良好的捕收性能。

通过计算 DHT 系列四种药剂分子极性基活性原子的前线分子轨道 HOMO 和 LUMO 轨道能量差，预测药剂分子活性差别，并进一步考察药剂分子活性，如表 6-50 所示。通过计算分析，四种药剂分子活性大小顺序为：DHT-3>DHT-4>DHT-1>DHT-2。

表 6-50 四种药剂分子 HOMO 与 LUMO 轨道能量差

药剂	E_{HOMO}/eV	E_{LUMO}/eV	ΔE/eV
DHT-1	−0. 2449	−0. 0912	−0. 1537
DHT-2	0. 1821	0. 403	−0. 2209
DHT-3	−0. 2307	−0. 096	−0. 1347
DHT-4	−0. 207	−0. 0551	−0. 1519

DHT-1 与 DHT-3 药剂分子 HOMO 与 LUMO 能量差明显小于 DHT-2 与 DHT-4，

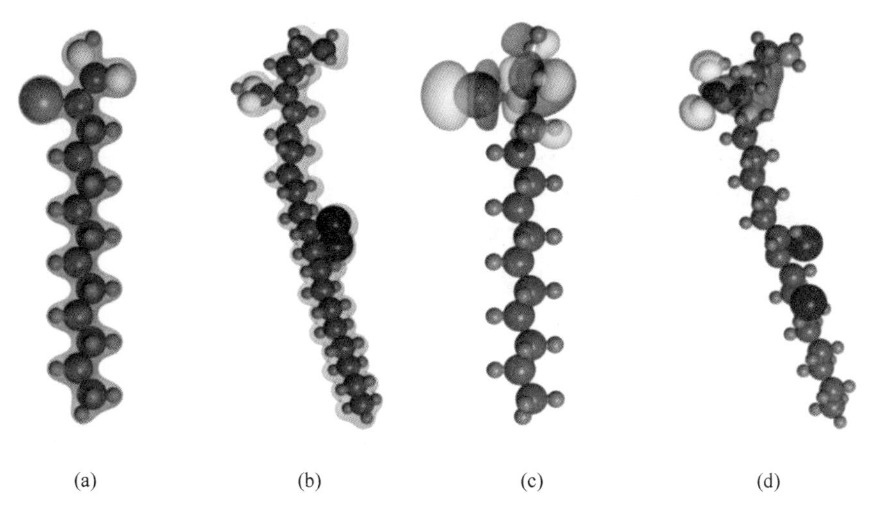

图 6-125 捕收剂分子电子空间分布及 LUMO 轨道分析
（蓝色为负电性轨道；黄色为正电性轨道）
（a）DHT-1 电子空间分布；（b）DHT-2 电子空间分布；
（c）DHT-1 LUMO 轨道；（d）DHT-2 LUMO 轨道

说明极性基团是引起药剂分子活性差异的主要原因，溴原子对药剂分子活性增加的影响大于乙二胺基团。进一步采用 Castep 模块，计算药剂分子中 Br 原子与 N 原子的分态密度，如图 6-126 所示。在 Br 原子与 N 原子的 PDOS 图中，在高于费米能级的高能部分，Br 原子为 s 轨道与 p 轨道占据；在费米能级处，N 原子由 p 轨道占据，而 Br 原子则在低于费米能级区域由 p 轨道占据。这说明 N 原子的价层轨道存在孤电子对，但孤电子对的定域性较强、活性较小，Br 原子核外无孤

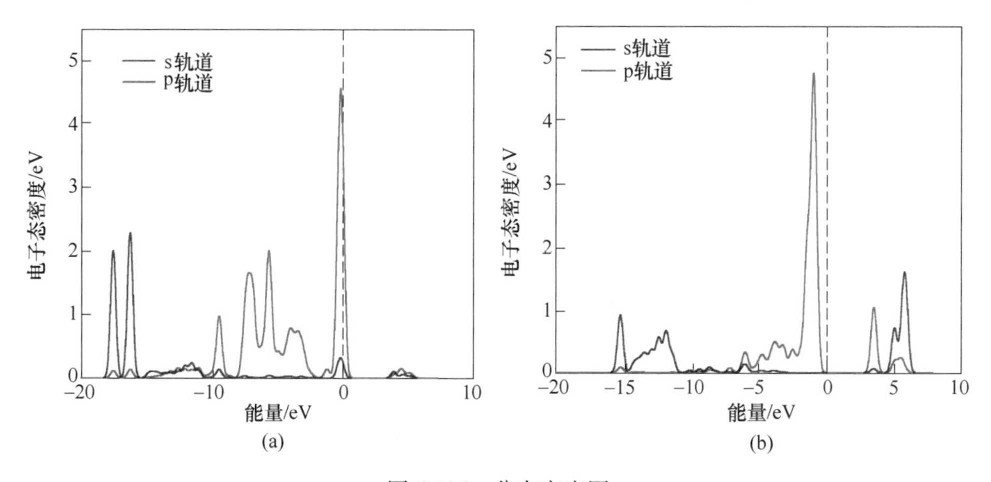

图 6-126 分态密度图
（a）N 原子分态密度图；（b）Br 原子分态密度图

电子对，但核外电子的活性较强，很容易发生跃迁，因此引起溴代脂肪酸类捕收剂活性增加得更大。DHT-3 与 DHT-4 药剂分子 HOMO 与 LUMO 能量差小于 DHT-1 与 DHT-2，说明 DHT-3 与 DHT-4 的活性要大于 DHT-1 与 DHT-2。烃链长度也是影响药剂分子活性的原因之一，烃链越长活性越大，但 DHT-4 与 DHT-1 的能量差较为接近，且 DHT-4 的碳氢链长度大于 DHT-1，说明碳氢链长度不是影响药剂分子活性的主要因素。这四种药剂分子活性差异与其对黑钨矿的浮选指标结果一致。

6.4.3.2　表面润湿性分析

黑钨矿、白钨矿、萤石和方解石四种单矿物的天然接触角依次为 28.5°、46.5°、44.3°、51.5°。白钨矿、萤石、方解石具有相似的表面润湿性，且其表面润湿性明显大于黑钨矿。当捕收剂吸附于以上矿物表面时，其表面接触角增加、润湿性明显变差，其变化规律与回收率曲线变化趋势近似。当 DHT-1、DHT-2、DHT-3 和 DHT-4 这四种药剂用量均为 70mg/L 时，在最佳 pH 值条件下测定其接触角试验结果如表 6-51 所示。在最佳 pH 值条件下，DHT 系列药剂作用后黑钨矿的接触角依次为 DHT-3≈DHT-4>DHT-1≈DHT-2，对比四种捕收剂对黑钨矿捕收效果，在最佳 pH 值下，DHT 系列药剂的浮选捕收效果也与接触角结果一致。DHT-4 是黑钨矿浮选的优异捕收剂，在其作用下浮选精矿的接触角最大，这与四种药剂在不同 pH 值条件下对黑钨矿的分子动力学模拟结果基本一致。

如表 6-51 所示，在最佳 pH 值条件下，四种捕收剂对白钨矿的接触角近似，捕收效果近似。在 pH 值小于 7 范围内，DHT-1、DHT-2 和 DHT-4 较 DHT-3 捕收效果好，当 pH 值大于 7 时，DHT-1、DHT-3 和 DHT-4 的捕收效果近似，均优于 DHT-2 的捕收效果。故对于白钨矿的浮选，极性基的选择是很关键的因素之一。这与两类捕收剂与白钨矿作用前后分子动力学计算结果一致。

表 6-51　在最佳 pH 值条件下与 DHT 系列药剂作用后矿物表面接触角分析

矿物	药剂	DHT-1	DHT-2	DHT-3	DHT-4
黑钨矿	pH 值	7	9	5.5	7
	接触角/(°)	 67.5	63	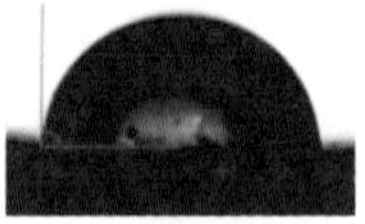 89.6	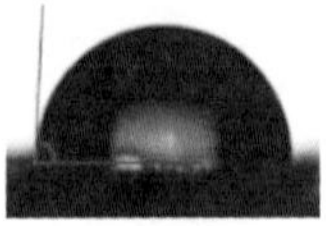 88
白钨矿	pH 值	8.5	6.5	9	6.5
	接触角/(°)	 102	 94.5	 93.5	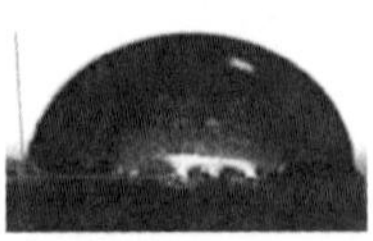 92

续表 6-51

矿物	药剂	DHT-1	DHT-2	DHT-3	DHT-4
萤石	pH 值	8.5	10	10	10
	接触角/(°)	113	91	96	110
方解石	pH 值	8.5	10	10	10
	接触角/(°)	94	85	97	76

接触角检测结果（表 6-51）和捕收剂对矿物可浮性影响结果（图 6-127）表明四种矿物中 DHT 系列捕收剂对萤石的浮选效果最好。在最佳 pH 值条件下，DHT 系列药剂作用后萤石的接触角大小依次为 DHT-1≈DHT-4>DHT-3>DHT-2。DHT 系列捕收剂对萤石的捕收效果较好，DHT-1 与 DHT-4 对萤石的最佳捕收效果相近，最大回收率均在 97%左右；捕收剂 DHT-3 较 DHT-2 对萤石的捕收效果略好。这与 DHT 系列捕收剂在萤石表面吸附能的计算结果一致（见表 6-52）。

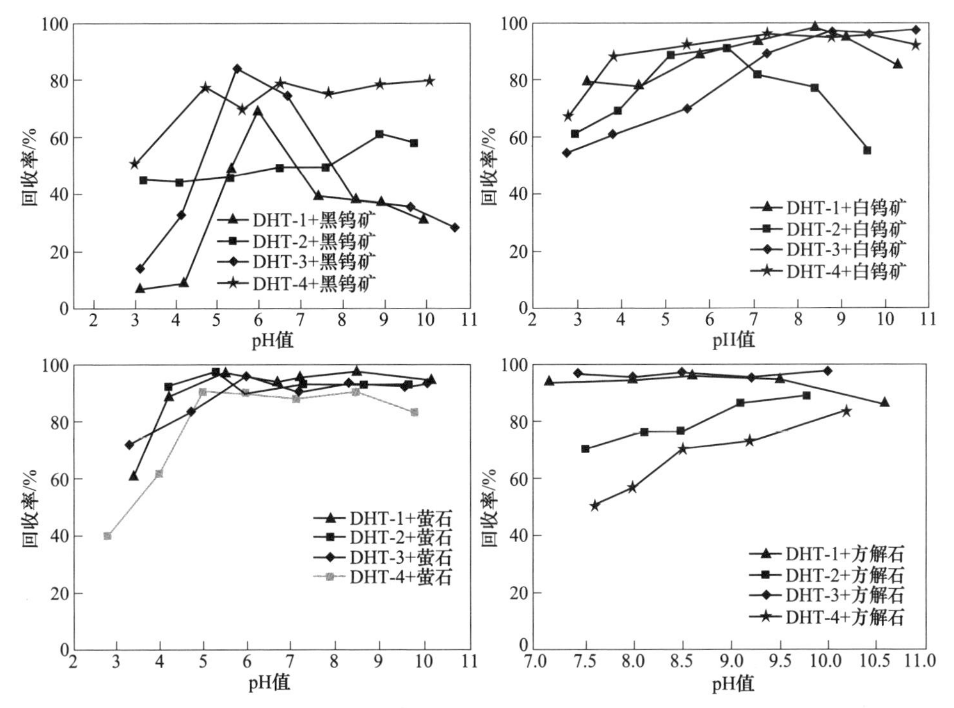

图 6-127 捕收剂对矿物可浮性影响

在最佳 pH 值下，与 DHT 系列捕收剂作用后方解石表面接触角大小依次为 DHT-3≈DHT-1>DHT-2>DHT-4。四种捕收剂对方解石捕收效果与接触角排序近似。极性基选择是决定 DHT 系列药剂对方解石浮选效果的关键因素之一。具有较强电负性的溴代脂肪酸类捕收剂 DHT-1 与 DHT-3 对方解石的捕收效果较好，以上结果与不同药剂分子在方解石表面的分子动力学模拟计算结果一致（见表 6-52）。

表 6-52　DHT 系列捕收剂在矿物晶体表面吸附能计算结果

矿物	黑钨矿	$E_{总能}$ /kcal · mol^{-1}	$E_{矿物}$ /kcal · mol^{-1}	$E_{药剂}$ /kcal · mol^{-1}	E_{H^+} /kcal · mol^{-1}	E_{OH^-} /kcal · mol^{-1}	$\Delta E_{药剂作用}$ /kcal · mol^{-1}	pH 值
黑钨矿	DHT-1	1065925.84	1065911.81	25.73			−11.69	7
		1065908.78	1065889.47	30.80		0.03	−11.53	9
		1066737.16	1066697.28	51.98	0.00		−12.09	5
	DHT-2	1065896.26	1065870.30	38.97			−13.01	7
		1065961.44	1065936.13	40.95		0.11	−15.76	9
		1065924.28	1065891.75	44.37	0.00		−11.83	5
	DHT-3	1065945.74	1065914.06	45.35			−13.67	7
		1065957.99	1065925.37	49.81		0.04	−17.23	9
		1065950.02	1065918.64	44.48	0.00		−13.09	5
	DHT-4	1065971.84	1065934.92	55.71			−18.79	7
		1065983.71	1065942.48	56.97		0.00	−15.73	9
		1065962.02	1065925.50	54.61	0.00		−18.08	5
白钨矿	DHT-1	215222.04	215199.21	28.02			−5.20	7
		215225.56	215199.21	34.39		0.05	−8.09	9
		215219.80	215199.21	29.30	0.00		−8.70	5
	DHT-2	215239.12	215199.21	43.51			−3.60	7
		215234.53	215199.21	43.42		0.38	−8.48	9
		215232.78	215199.21	44.14	0.00		−10.58	5
	DHT-3	215237.74	215199.21	48.85			−10.33	7
		215232.26	215199.21	43.41		0.00	−10.36	9
		215232.93	215199.21	43.58	0.00		−9.87	5
	DHT-4	215250.93	215199.21	62.47			−10.76	7
		215250.09	215199.21	62.58		0.06	−11.77	9
		215254.52	215199.21	67.19	0.00		−11.89	5
萤石	DHT-1	80520.18	80495.91	31.10			−6.82	7
		80527.24	80498.57	34.90		0.00	−6.24	9
		80525.39	80498.57	31.12	0.00		−4.30	5
	DHT-2	80536.09	80498.57	45.66			−8.14	7
		80535.79	80498.57	45.06		0.15	−8.00	9
		80537.05	80498.57	44.66	0.00		−6.19	5
	DHT-3	80536.23	80498.57	44.92			−7.26	7
		80539.88	80498.57	54.51		0.00	−13.21	9
		80531.54	80498.50	40.62	0.00		−7.58	5
	DHT-4	80550.99	80498.57	63.08			−10.66	7
		80544.80	80498.57	56.62		0.03	−10.42	9
		80546.84	80498.57	58.48	0.00		−10.22	5

续表 6-52

矿物	黑钨矿	$E_{总能}$ /kcal·mol^{-1}	$E_{矿物}$ /kcal·mol^{-1}	$E_{药剂}$ /kcal·mol^{-1}	E_{H^+} /kcal·mol^{-1}	E_{OH^-} /kcal·mol^{-1}	$\Delta E_{药剂作用}$ /kcal·mol^{-1}	pH 值
方解石	DHT-1	-548031.03	-548039.39	30.04			-21.68	7
		-548052.01	-548045.10	28.87		0.92	-36.69	9
		-548033.10	-548041.01	28.12	0.00		-20.21	5
	DHT-2	-548033.19	-548049.06	40.97			-25.11	7
		-548057.27	-548078.58	47.05		0.18	-25.92	9
		-548041.09	-548055.90	38.66	0.00		-23.85	5
	DHT-3	-548034.71	-548044.98	42.56			-32.30	7
		-548033.63	-548046.10	42.56		0.04	-30.13	9
		-548017.43	-548032.30	44.80	0.00		-29.93	5
	DHT-4	-548009.70	-548030.26	51.88			-31.32	7
		-548041.85	-548060.93	51.37		0.07	-32.36	9
		-548058.30	-548083.68	55.70	0.00		-30.33	5

注：1kcal＝4.1868kJ。

6.4.3.3　表面荷电性质分析

本节分析药剂分子不同官能团在矿物表面的作用方式，并结合 MS 软件计算模拟药剂分子官能团中活性原子与矿物表面活性位点原子的电子得失情况和成键状况。

黑钨矿表面电子密度如图 6-128 所示，由氧原子包裹着中心钨原子的阴离子基团位于表层，铁、锰等阳离子以离子堆积的方式填充在阴离子团构成的框架内，相对氧原子更靠近晶体内部。通过计算表面电子密度空间分布和表面电子密度，定性说明矿物表面多电子区域和缺电子区域的位置，如图 6-129 所示。

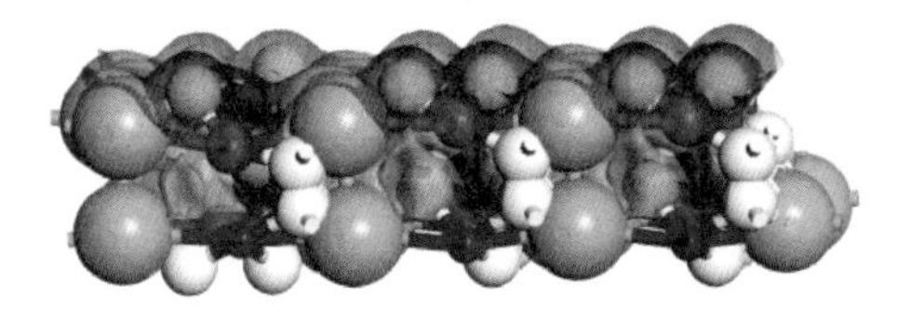

图 6-128　黑钨矿表面电子密度

电子密度图中电子密度由红到蓝逐次下降。黑钨矿表面电子密度在包裹着中心钨原子且位于表面的氧原子周围相对较高，金属阳离子周围的电子密度相对较低。图 6-129 所示差分电子密度图中，趋近红色代表得电子能力较强，趋近蓝色代表失去电子能力较强。体相内部的差分电子密度图 6-129（a）中红色区域和蓝色区域呈对称分布，电子得失均衡，这说明体相内部结构相对稳定。表面差分电子密度分布图 6-129（b）中，红色和蓝色区域颜色深浅不一且呈不对称分布，氧原子周围呈红色表明氧原子周围是主要得电子区域。氧原子具有较强的电负

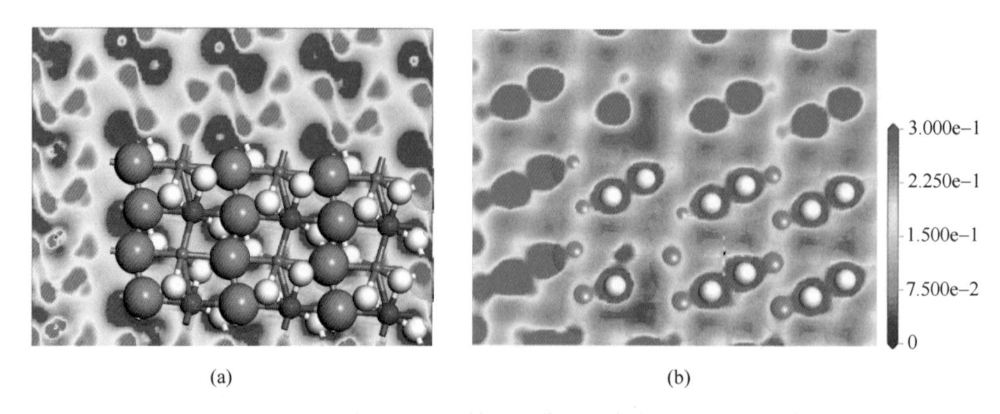

图 6-129　黑钨矿差分电子密度图

（a）体相差分电子密度；（b）表面差分电子密度

性，吸引周围阳离子和中心钨原子外层的活跃电子成为多电子体，且氧原子分布在靠近表层的位置，形成表面多电子区域，因此黑钨矿表面负电性较强。

与捕收剂 DHT-1 及 DHT-4 作用前后黑钨矿表面动电位以及药剂在黑钨矿表面吸附后差分电子密度如图 6-130 所示。

黑钨矿零电点在 pH = 2.3 左右，在 pH = 2.4 ~ 11 的范围内黑钨矿表面荷负电。溴代脂肪酸类捕收剂 DHT-1 与黑钨矿表面作用之后，黑钨矿表面动电位曲线负向移动，在 pH = 5 ~ 10 范围内，与 DHT-1 作用后黑钨矿表面动电位趋于平缓。当 pH = 6 时，DHT-1 对黑钨矿的浮选回收率达到最大。与 DHT-1 作用后黑钨矿的动电位负向移动，说明 DHT-1 可吸附于黑钨矿表面使矿物表面净剩电荷负向偏移。与两性捕收剂 DHT-4 作用后黑钨矿动电位在 pH = 3 ~ 4.5 范围内呈现上升趋势，浮选回收率在该 pH 值范围内也呈上升趋势，并在 pH = 4.5 时达到局部极大值。这说明在 pH = 3 ~ 4.5 的酸性条件下，捕收剂 DHT-4 中乙二胺基团可与矿物表面氧原子通过 N—H…O 发生氢键吸附作用，这种吸附作用占据了矿物表面的多电子位点，使得矿物表面净剩电荷正向偏移，动电位曲线在此 pH 值范围内正向移动。DHT-1 和 DHT-4 与矿物表面原子之间的差分电子密度分析结果见图 6-130（b）~（d）。图 6-130（c）中 DHT-1 中羧酸基团与矿物表面金属阳离子之间发生电子得失，故在弱酸条件下捕收剂 DHT-1 可通过溴原子和羟基吸附于黑钨矿表面。中性条件下 DHT-1 中羧酸基团可吸附于黑钨矿表面，图 6-130（d）表明在中性条件下，DHT-4 中乙二胺的伯胺基团可与矿物表面的氧原子发生电子偏移，DHT-4 中羧酸基团可与矿物表面缺电子的金属阳离子发生电子得失，两种基团的协同作用使得药剂分子吸附在黑钨矿表面，但捕收效果相对弱酸条件下有所下降；在碱性条件下，DHT-1 与溶液中大量存在的 OH^- 在黑钨矿表面发生竞争吸附，说明碱性条件下，黑钨矿的浮选回收率降低。

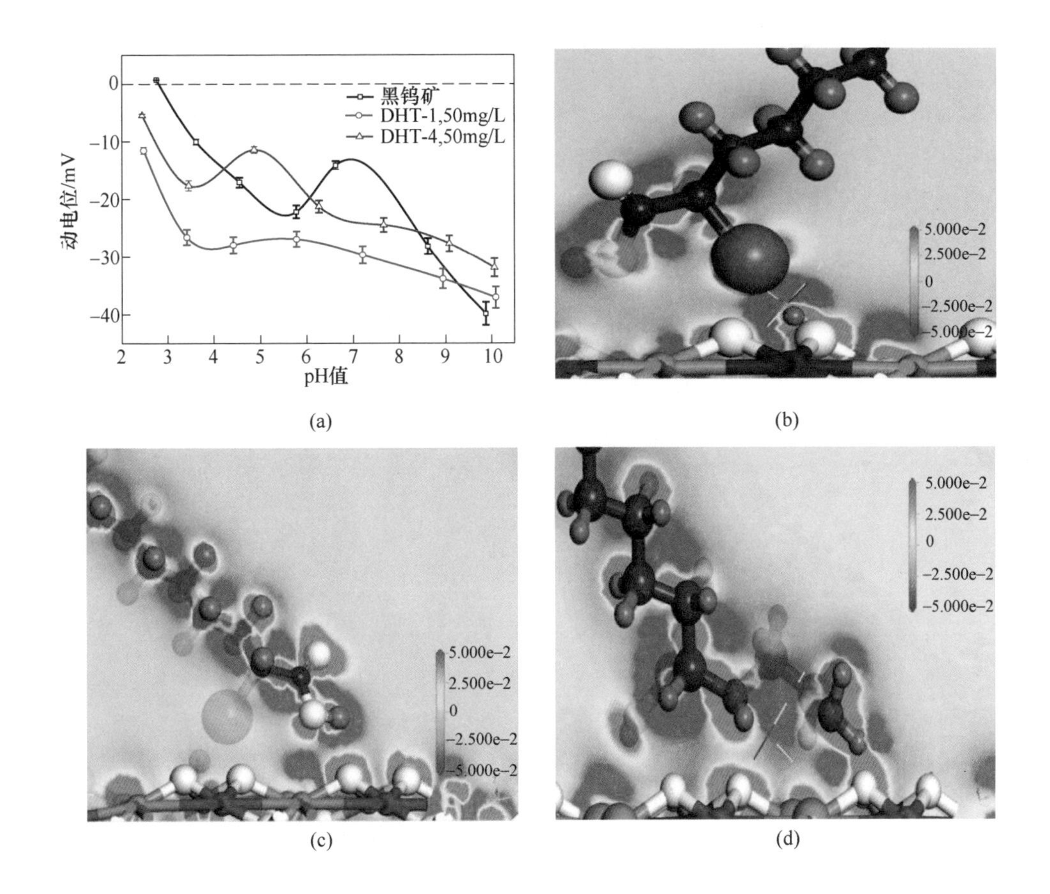

(a) (b)

(c) (d)

图 6-130 药剂作用前后表面动电位及药剂在矿物表面作用图

(a) 黑钨矿动电位；(b) DHT-1 中溴原子在黑钨矿表面作用；(c) DHT-1 中羧基在黑钨矿表面作用；(d) DHT-4 在黑钨矿表面作用

如图 6-131 所示，在 pH<5.5 条件下，与 DHT-1 作用后白钨矿动电位较作用前向正向移动；而当 pH>5.5 时，与 DHT-1 作用后白钨矿表面动电位较作用前向正向移动。在 pH<5.5 时，DHT-1 中极性基团由溶液中大量的 H^+ 饱和，主要以 DHT-1 分子形式存在，少量的 DHT-1 可通过白钨矿表面的钙原子活性位点吸附于白钨矿表面，使矿物表面净剩电荷向负值偏移。在 pH>5.5 时，随着矿浆中的氢氧根离子不断增加，在白钨矿表面，部分 Ca^{2+} 活性位点逐渐形成 $Ca(OH)^+$，白钨矿动电位向负值移动；加入 DHT-1 后，通过羧基以 O—H…O 氢键吸附的方式作用在矿物表面氧原子周围，矿物表面净剩负电荷下降，故在此 pH 值范围内白钨矿表面动电位向正方向移动，由于 DHT-1 中溴原子与羧基的协同作用，羧基的捕收性能增强，故白钨矿的浮选回收率提高；在 pH = 7 ~ 10 的碱性范围下，白钨矿表面逐渐形成 $Ca(OH)_2$，随着 pH 值的不断增加，氢氧根离子覆盖在钙离子表面，使矿物表面净剩负电荷增加，白钨矿表面动电位也随之下降；在此碱性条件下，捕收剂 DHT-1 的碳酸根离子—COO⁻与溶液中 OH⁻在白钨矿表面钙离子发生竞争吸附，DHT-1 键合吸附于白钨矿表面而使白钨矿表面动电位正向偏移，在 pH=8.5 的碱性条件下，DHT-1 对白钨矿的回收率达到最大；而后随着溶液中 OH⁻浓度增加，OH⁻在白钨矿表面钙离子活性位点的吸附逐渐占主导作用。随 pH 值增大，在 DHT-1 作用下白钨矿表面动电位仍负向移动，但与 DHT-1 作用前相比动电位负移幅度减小。如图 6-131（c）所示，通过 DHT-1 在碱性条件下与矿物表面作用时的差分电子密度佐证了该推断。

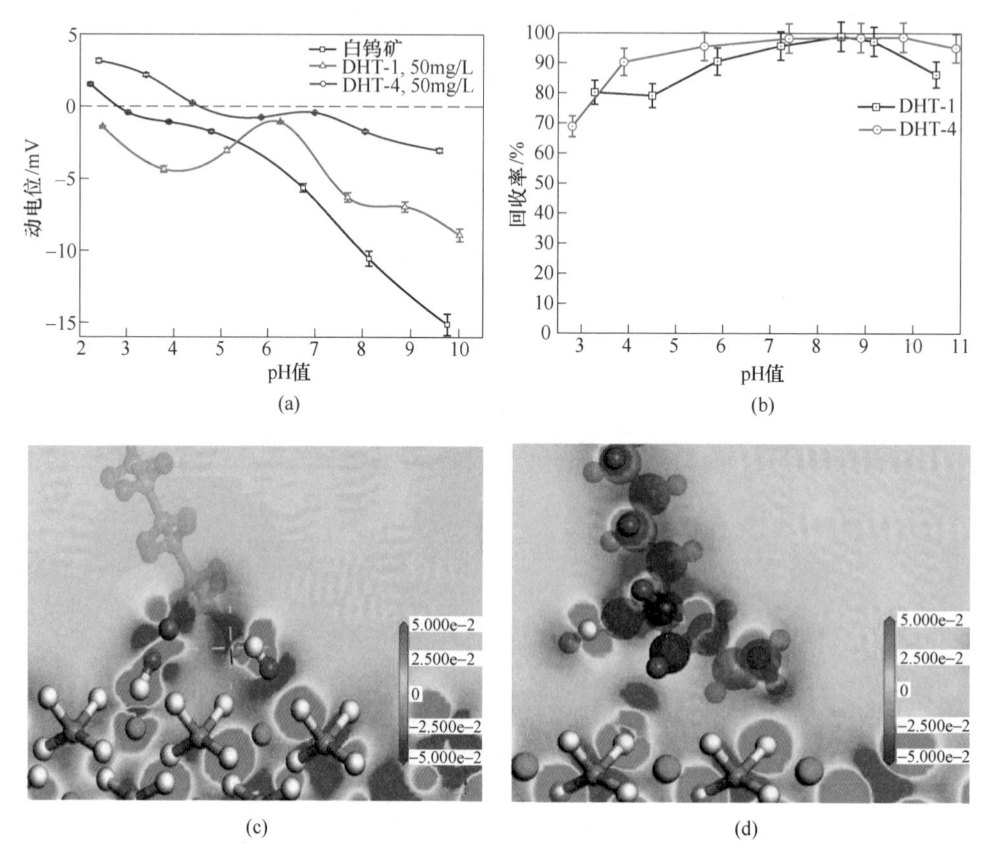

图 6-131　药剂作用前后表面动电位及药剂在白钨矿表面作用图

（a）白钨矿动电位；（b）白钨矿回收率随 pH 值变化规律；（c）DHT-1 在白钨矿表面差分电子密度；（d）DHT-4 在白钨矿表面差分电子密度

捕收剂 DHT-4 与白钨矿表面作用后，白钨矿表面动电位正向移动，通过分析推断其原因可能是 DHT-4 药剂分子可通过乙二胺基团与矿物表面氧原子作用形成 N—H …O 键，进而使 DHT-4 吸附在白钨矿表面，使得白钨矿表面净剩负电荷与未加药剂时相比有所降低，因此白钨矿表面动电位向正方向移动。随着 pH 值的不断升高，矿浆中 OH^-离子浓度增加，矿物表面钙离子活性位点与 OH^-作用的概率增加，一方面使矿物表面净剩正电荷下降，导致白钨矿表面动电位也随之下降；另一方面乙二胺基团与白钨矿表面的氢键吸附作用，使得白钨矿随着 pH 值的升高浮选回收率不断增加，中性条件下 DHT-4 在矿物表面的差分电子密度图可验证以上推断。

6.4.3.4 红外光谱分析

结合 MS 模拟计算，采用红外光谱检测，分析浮选药剂在白钨矿、黑钨矿等不同矿物表面吸附方式和作用特性。由捕收剂 DHT-1 与黑钨矿、白钨矿、萤石、方解石四种矿物作用前后的红外光谱图 6-132 分析可知，矿物与 DHT-1 作用后羧基中 C═O 键的特征峰均向低波数方向漂移；捕收剂 DHT-1 在与黑钨矿作用后 C═O 键的特征峰由 1643.42cm^{-1}向着低波数方向移动至 1635.35cm^{-1}，与白钨矿作用后向低波数方向偏移至 1627.48cm^{-1}，与萤石作用后向低波数方向偏移至 1630.21cm^{-1}，与方解石作用后向低波数方向偏移至 1610.18cm^{-1}。这说明捕收剂 DHT-1 分子在强电负性溴原子的协同作用下羧基均可与矿物表面活性位点原子作用，羧基上氧原子的电子云具有由药剂分子向矿物表面转移的倾向，使羧基 C═O 键的电子云密度降低，C═O 键的力常数下降。这说明捕收剂 DHT-1 与黑钨矿、白钨矿、萤石、方解石表面均发生了键合吸附。

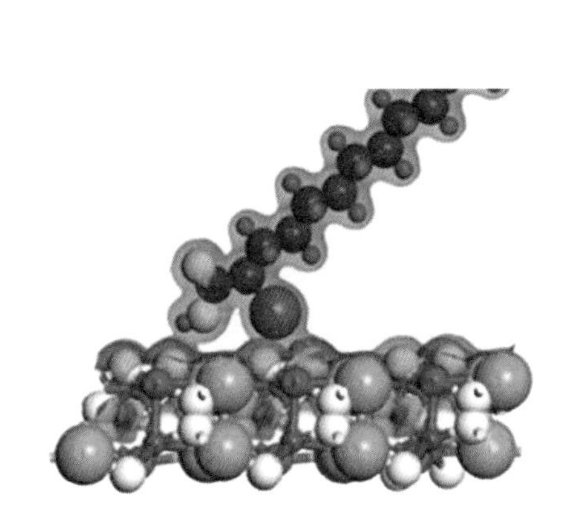

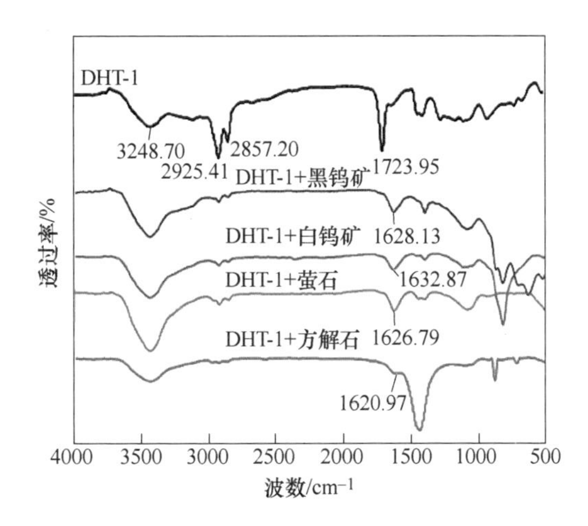

图 6-132 DHT-1 与矿物作用前后红外光谱及 DHT-1 在黑钨矿表面作用的电子空间分布

如图 6-133 所示，DHT-4 与四种单矿物作用前后的红外光谱图中位于 3400cm^{-1}左右的 N—H 键特征峰消失，推测其向高波数方向发生移动，由于其强度较弱，与羧基中 O—H 特征峰重叠显示。其次是四种矿物与 DHT-4 作用后，DHT-4 中位于 1643.42cm^{-1}处的 C═O 键特征峰均向低波数方向偏移，而位于 1575cm^{-1}处的伯胺和仲胺特征峰向高波数方向移动，致使两峰叠加形成不对称的一个峰。这是因为当羧基与矿物表面金属原子发生作用时，电子云具有由药剂分子向矿物表面转移的趋势，使得羧基中 C═O 键的力常数下降，其特征峰向低波数方向移动；伯胺和仲胺特征峰向高波数方向移动是因为乙二胺基团中—NH 可与矿物表面多电子的氧原子形成 N—H…O 键的氢键作用，使得矿物表面氧原子周围电子云具有向伯胺、仲胺基团上转移的趋势，增强了—NH 键的力常数，因此 N—H 特征峰向高波数方向移动，这也进一步说明 DHT-4 在黑钨矿、白钨矿、萤石和方解石表面主要以键合吸附和氢键吸附作用为主。

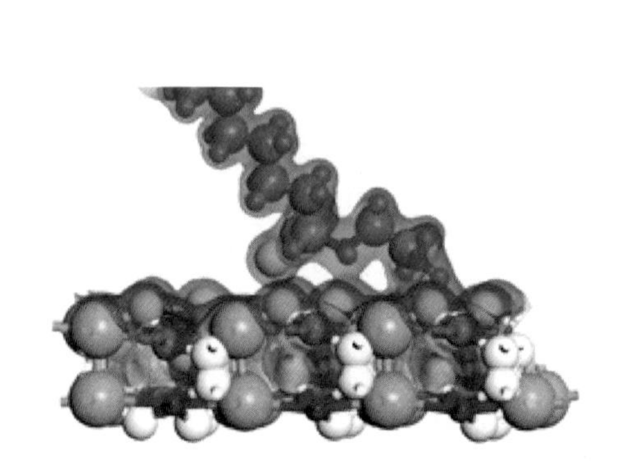

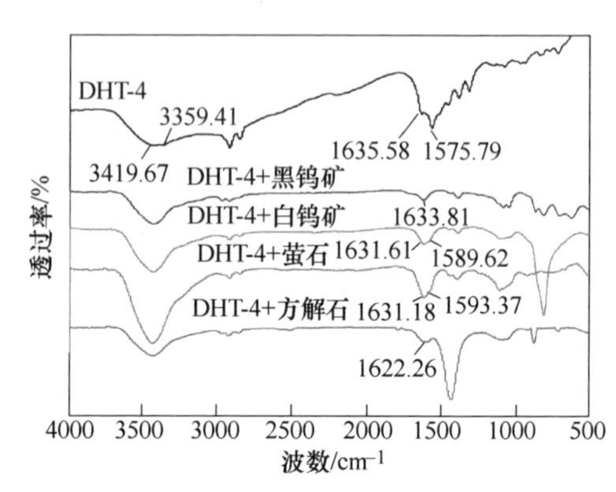

图 6-133　DHT-4 与矿物作用前后红外光谱及 DHT-4
在黑钨矿表面作用的电子空间分布

6.4.3.5　态密度分析

应用 Materials Studio 8.0 中的 DMol3 模块，对油酸钠分子进行结构优化和能量优化，并在 Castep 模块中，模拟和计算油酸钠在白钨矿和方解石主要解离面上的吸附参数。两种矿物与油酸钠吸附前后矿物晶体内部各原子的态密度（DOS）和分态密度（PDOS）如图 6-134 所示。

由图 6-134（a）可见，油酸吸附前方解石的总态密度中位于-40eV 附近的价带由 Ca 的 3s 轨道贡献；位于-20eV 附近的价带主要由 Ca 的 3p、O 的 2s 和 C 的 2s 轨道贡献；-10eV 到费米能级之间的价带主要由 O 的 2p 轨道贡献。Ca 的 3s 轨道能量越过了费米能级，具有较强的金属活性。图 6-134（a）所示油酸吸附前白钨矿的总态密度中位于-40eV 附近的价带主要由 Ca 的 3s 和 W 的 5p 轨道贡献；-20eV 附近的价带主要由 Ca 的 3p 和 O 的 2s 轨道贡献；费米能级附近的态密度

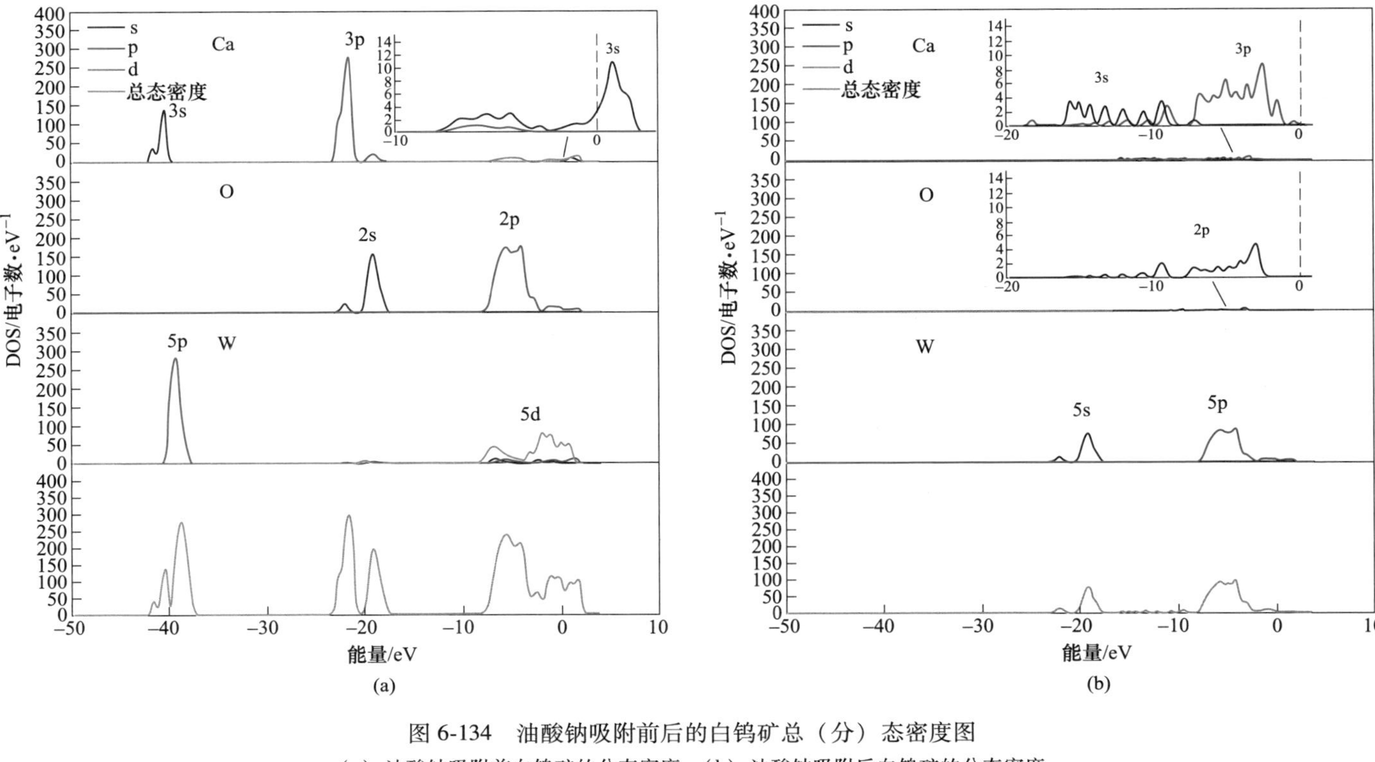

图 6-134 油酸钠吸附前后的白钨矿总（分）态密度图

（a）油酸钠吸附前白钨矿的分态密度；（b）油酸钠吸附后白钨矿的分态密度

主要由 Ca 的 3s 轨道构成。比较两种矿物与药剂作用前 Ca 原子的分态密度可以发现，方解石中的 Ca 原子具有更高的反应活性，白钨矿中的 Ca 原子反应活性较差。三种含钙矿物晶体中 Ca、O 原子的态密度组成比较相似，两种矿物在-6eV 附近的态密度主要由 Ca 原子 3s 轨道组成，而-6～-4eV 附近的态密度则主要由 O 原子 2p 轨道贡献。这使得方解石和白钨矿表面 Ca、O 的物理化学性质相似，而在发生解离和浮选时表现出相似的化学性质，难以分离。对比图 6-134（a）和（b）所示两组态密度可知，与油酸作用后，方解石和白钨矿态密度中各原子轨道的分布离开了费米能级附近，整个矿物-药剂体系趋于稳定，说明了吸附发生的合理性。

6.4.4　白钨矿和黑钨矿浮选脉石抑制剂

白钨矿浮选抑制剂的作用举足轻重，主要用于抑制萤石、方解石、含钙辉石等含钙脉石矿物，通常分为无机抑制剂和有机抑制剂两种[144]。无机抑制剂主要为水玻璃、氟硅酸钠、六偏磷酸钠、焦磷酸盐、亚磷酸、多苯环磺酸盐等。有机抑制剂包括小分子有机抑制剂和大分子有机抑制剂两类，其分子中含有多个极性基团，可通过极性基选择性作用在含钙脉石矿物表面并抑制其浮选。小分子有机抑制剂主要有草酸、柠檬酸、酒石酸、乳酸、琥珀酸等；大分子有机抑制剂主要为淀粉类、纤维素类、聚糖类、树胶等多糖和木质素类、单宁、腐殖酸等天然和人工产品，以及聚丙烯酸、聚丙酰胺等人工合成类抑制剂。

在白钨矿浮选中，目前使用最多的脉石抑制剂为水玻璃，水玻璃对硅酸盐矿物抑制效果较好，但对含钙矿物的抑制效果不明显，研究发现采用酸、金属离子、铵盐等改性水玻璃或使水玻璃与其他的抑制剂组合使用效果显著。刘旭等[199]将硅酸钠和草酸以 3∶1 配成的酸化水玻璃应用于白钨矿和方解石人工混合浮选中，对方解石有选择性抑制效果，白钨回收率在 80%以上。张忠汉等[161]在柿竹园白钨矿加温浮选阶段加入水玻璃混合剂，扩大了白钨矿与脉石矿物之间的可浮性差异，改善了分选效果。洛钼集团针对栾川地区选钼尾矿中低品位白钨粗精矿加温精选段加入水玻璃和 QY 混合剂，加温浮选效率显著提高。胡岳华等[200]研究表明柠檬酸对白钨矿表面影响较小，但可在萤石表面吸附使其表面亲水以降低其可浮性。胡岳华、孙伟等合成了合成磷酸酯类化合物，它可作为方解石等含钙矿物抑制剂，对方解石具有选择性抑制作用，适用于白钨等矿物的浮选，具有抑制效果好、用量小等特点，可有效提高白钨精矿质量。郭蔚等[201]研究表明，在白钨矿浮选中羧化壳聚糖、壳聚糖、黄原胶、黄薯树胶、木质素磺酸钙、海藻酸钠等高分子抑制剂可有效抑制方解石浮选，并采用红外光谱、X 射线光电子能谱等方法考察高分子有机抑制剂在白钨矿和方解石表面的吸附机理。邬海滨[202]研究表明白钨矿浮选中羧甲基纤维素可有效抑制含钙脉石矿物，通过接触角测试、紫外吸附量测试、原子力显微镜以及红外光谱等方法证明羧甲基纤维素在白钨矿表面几乎不产生吸附，在方解石和萤石表面则有强烈的吸附行为。研究者还就栲胶、阿拉伯胶、瓜尔胶、黄原胶等大分子抑制剂进行含钙矿物抑制作用研究，结果表明天然胶可作为含钙矿物的有效抑制剂。

6.4.5 抑制剂在含钙脉石矿物表面作用机理

研究者们分别从不同角度去研究抑制剂在白钨浮选中的作用机理。孙伟经计算研究发现，石灰法实现白钨高选择性的主要原因为钙离子在脉石表面的吸附程度远大于白钨矿。田学达等研究表明高碱矿浆中矿物的可浮性顺序为白钨矿>方解石>萤石，白钨矿与萤石表面均荷负电，两者呈分散状态，但萤石表面与捕收剂作用强度较弱，容易实现两者的浮选分离。杨耀辉等[203]研究了抑制剂 D1 抑制方解石和萤石等含钙脉石矿物的作用机理，经 D1 作用后白钨表面动电位基本无变化，而萤石和方解石表面动电位负值增加明显；经计算药剂在矿物表面的吸附量发现，D1 在萤石、方解石表面的吸附远大于在白钨矿表面的吸附，从而揭示了其高选择性的本质。

6.4.5.1 表面荷电性质分析

柠檬酸是一种羟基羧酸，分子中含有三个羧基和一个羟基，因而柠檬酸的酸性比一般羧酸强，其亲固能力也较强。在 pH 值小于 3 的条件下，柠檬酸分子 $C_6H_8O_7$ 是溶液中的主要成分，当 pH 值大于 3 之后，溶液中的主要成分是柠檬酸阴离子，包括一价阴离子 $C_6H_7O_7^-$、二价阴离子 $C_6H_6O_7^{2-}$、三价阴离子 $C_6H_5O_7^{3-}$（见图 6-135）。喻福涛[204]研究了柠檬酸对萤石和方解石的作用机理，在试验确定的最佳抑制剂浓度条件下，分别研究柠檬酸对萤石和方解石动电位的影响。在柠檬酸浓度为 1×10^{-4}mol/L 时，其对三种矿物动电位的影响随 pH 值的变化曲线分别见图 6-136 和图 6-137。萤石零电点为 6.4，与柠檬酸作用后，萤石动电位明显降低，萤石在 pH 值大于 2 的范围内荷负电，这表明柠檬酸在萤石表面发生了吸附。方解石的零电点为 5.3，与柠檬酸作用后，方解石表面电位明显降低，方解石在 pH 值为 2~10 的范围内荷负电，故柠檬酸在方解石表面发生了吸附。

有研究证明柠檬酸容易与 Ca^{2+} 等金属离子形成螯合物而附着在萤石和方解石表面，一方面柠檬酸占据萤石和方解石表面的活性位点 Ca^{2+} 生成化合物而与油酸离子形成竞争，减少油酸离子的吸附几率；另一方面柠檬酸分子中剩余的亲水性极性基降低了萤石和方解石的动电位，并在萤石和方解石表面形成亲水薄膜，增强萤石和方解石表面亲水性的同时阻碍油酸分子及离子在锡石表面的吸附。柠檬酸的两方面作用共同降低了萤石和方解石在油酸钠体系中的可浮性。

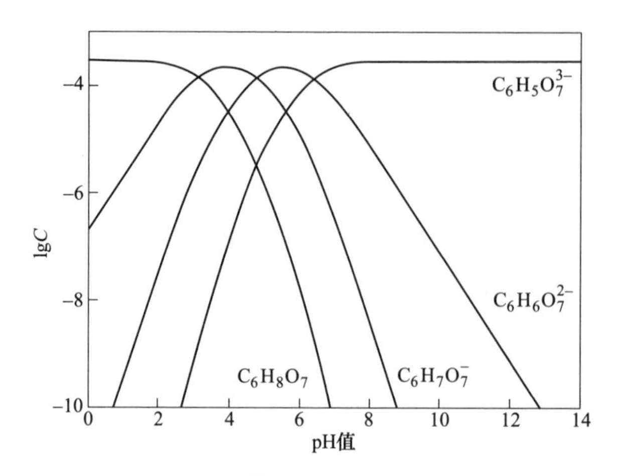

图 6-135　柠檬酸在溶液中组分分布图

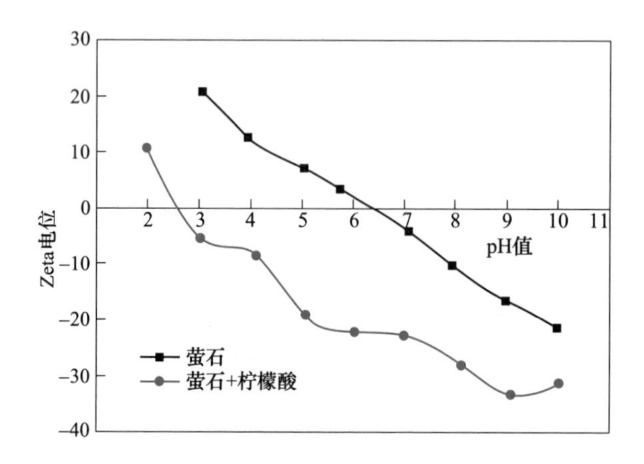

图 6-136　柠檬酸作用前后萤石 Zeta 电位随 pH 值的变化曲线

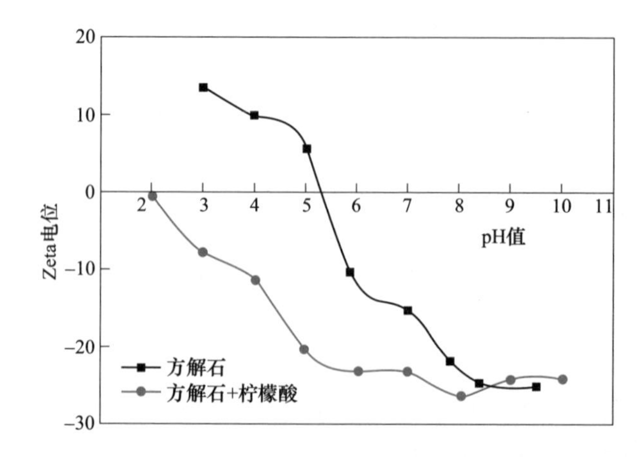

图 6-137　柠檬酸作用前后方解石 Zeta 电位随 pH 值的变化曲线

6.4.5.2 红外光谱分析

草酸，即乙二酸，是最简单的二元酸，结构简式为 HOOCCOOH。刘旭[199]针对白钨矿浮选体系中草酸的抑制机理进行了系统研究，本书将以刘旭研究为例说明草酸对白钨矿浮选体系中脉石矿物的抑制机理。草酸在水溶液中易发生解离，各组分的分布系数与 pH 值的关系如图 6-138 所示。草酸溶液中，当 pH 值小于 1.26 时，$H_2C_2O_4$ 分子为优势组分；当 pH 值大于 4.26 时，$C_2O_4^{2-}$ 占优势。草酸对萤石起主要抑制作用的有效组分为 $C_2O_4^{2-}$。同时发现，草酸抑制萤石发生明显作用时的用量较大，这主要是因为草酸是二元羧酸，第一个羧基上 H^+解离之后，羧酸根带负电，对第二个羧基上未解离的 H^+有吸引作用，使 H^+不容易脱离羧酸分子，在有效浮选过程中，要使草酸分子完全电离生成 $C_2O_4^{2-}$ 是较困难的。只有增大草酸的总浓度，$C_2O_4^{2-}$ 的浓度才会增大，从而强化抑制效果。

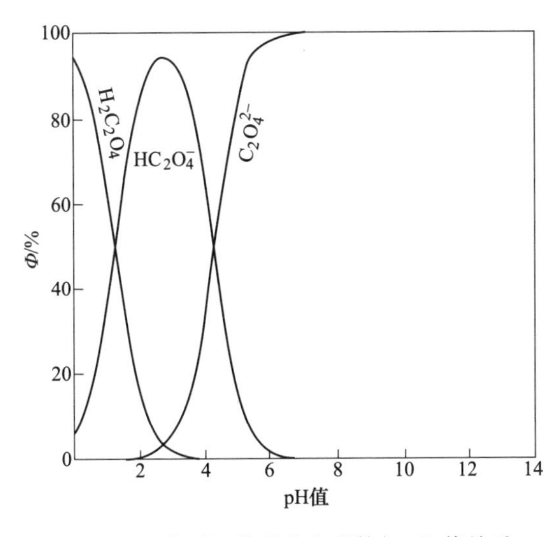

图 6-138 草酸组分的分布系数与 pH 值关系

刘旭[199]研究表明，抑制剂草酸的红外光谱如图 6-139 所示，3508.2cm^{-1}处为配位水的伸缩振动吸收峰。固态草酸通过羟基氢键而形成单齿二聚体或双齿二聚体，且以双齿为常见。1687.9cm^{-1} 处为 C═O 不对称伸缩振动吸收峰，1443.3cm^{-1}和 1240.7cm^{-1}是二聚体 O—H 键面内弯曲振动和 C—O 伸缩振动的耦合峰。在草酸水溶液中，二聚体被破坏，其主要以草酸和草酸氢根离子形式存在，并与水形成氢键，使各基团的吸收频率发生位移。

图 6-140 为白钨矿与草酸作用前后的红外光谱对比图，与草酸作用后白钨矿表面在 3456.7cm^{-1}处出现吸附水的特征吸收峰，在 1470.6cm^{-1}处出现了草酸中 O—H 键面内弯曲振动吸收峰（1443.3cm^{-1}），这是由草酸溶解后与水作用引起

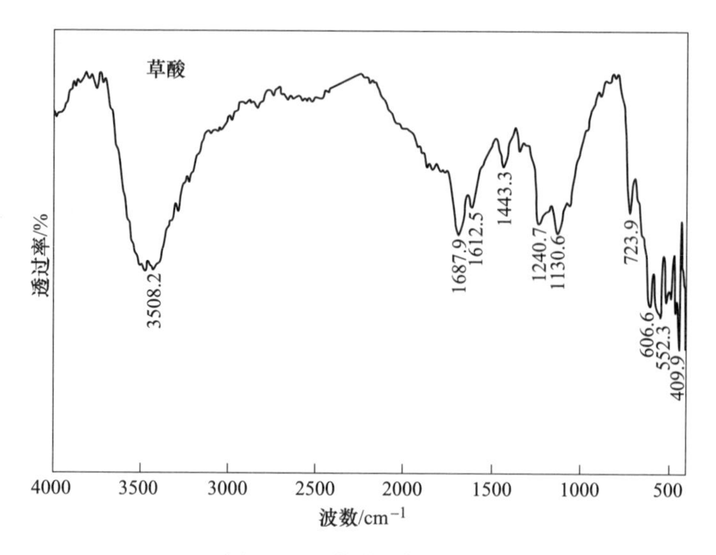

图 6-139　草酸红外光谱图

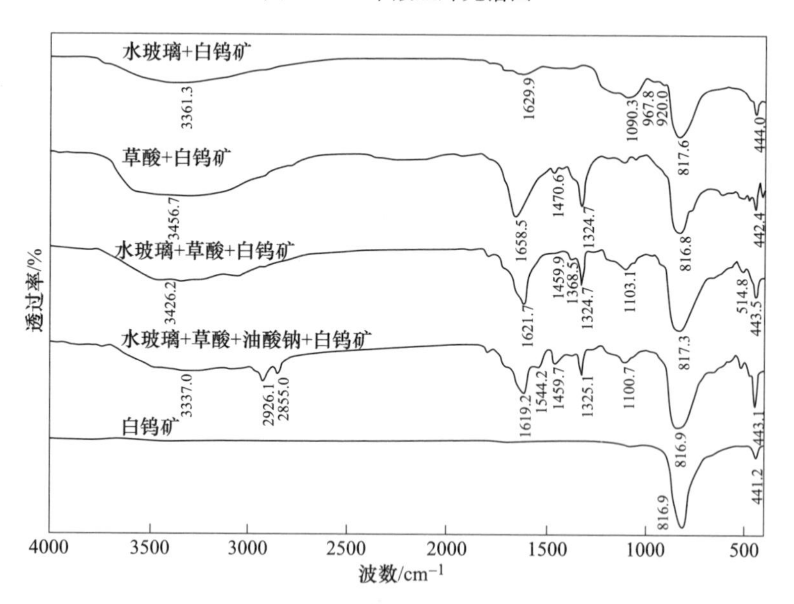

图 6-140　白钨矿与抑制剂作用前后红外光谱图

的。在 1658.5cm^{-1}和 1324.7cm^{-1}处分别出现了二水草酸钙中 COO^{-}羰基的不对称伸缩振动吸收峰和对称伸缩振动吸收峰，这说明与草酸作用后白钨矿表面生成了二水草酸钙，故草酸在白钨矿表面可发生化学吸附（见图 6-140）。萤石与水玻璃和草酸作用前后的红外光谱对比见图 6-141。草酸与萤石作用后，草酸羧基不对称伸缩振动吸收峰由 1612.5cm^{-1}位移至 1605.9cm^{-1}，说明草酸可吸附在萤石表面。草酸中羟基振动吸收峰也由 1443.3cm^{-1}位移至 1369.1cm^{-1}，说明存在氢键作用。根据一水草酸钙的红外谱图，1318.7cm^{-1}处的吸收峰为一水草酸钙中 COO^- 羰基的对称伸缩振动吸收峰，这表明在萤石表面有草酸钙生成，草酸在萤石表面也可发生化学吸附。草酸与方解石作用后在其表面 1623.7cm^{-1}处和 1323.2cm^{-1}处分别出现了一水草酸钙中 COO^- 羰基的不对称伸缩振动吸收峰和二水草酸钙中 COO^- 羰基的对称伸缩振动吸收峰，这也证明草酸在方解石表面发生了化学吸附（见图 6-142）。

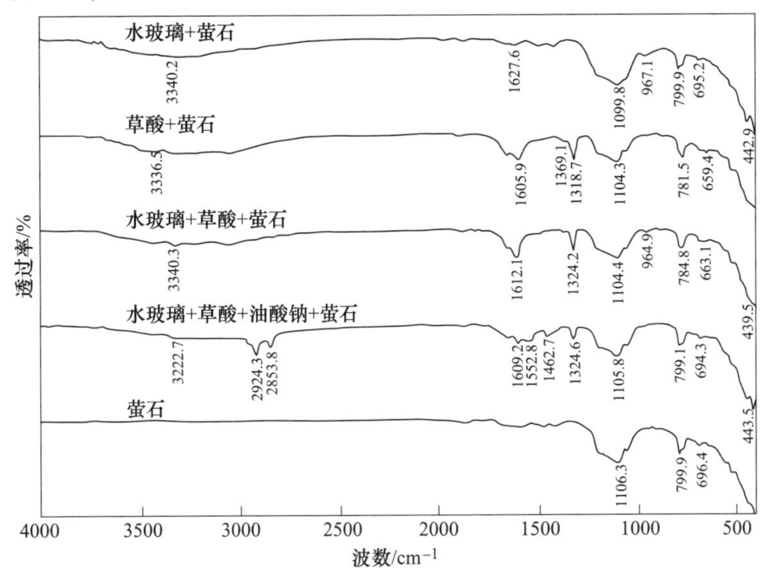

图 6-141 萤石与抑制剂作用前后红外光谱图

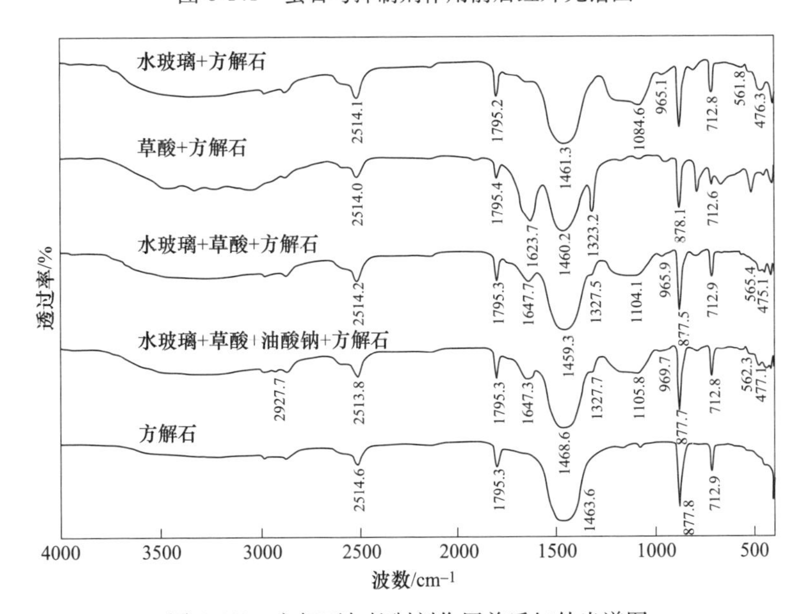

图 6-142 方解石与抑制剂作用前后红外光谱图

6.5　磷矿石中常见矿物与浮选药剂的作用原理

我国磷矿资源“丰而不富”，P_2O_5 平均含量仅为17%，且磷矿物嵌布粒度细、脉石种类繁多导致我国磷矿资源难选和难利用。浮选一直被认为是磷灰石选别最有效、最灵活的方法之一，浮选药剂是提高浮选指标的关键。主要磷灰石浮选药剂为脂肪酸及脂肪酸改性类、氨类、醚氨类、酰胺类及两性捕收剂等。本书以磷灰石、长石和石英为主要矿物，进行磷灰石中常见矿物与浮选药剂的作用机理研究。

6.5.1　磷灰石中常见主要矿物晶体的表面化学特征

本书主要研究磷灰石与钠长石和石英的浮选分离，系统对比和分析了磷灰石与钠长石和石英晶体化学和表面性质差异，其中石英的晶体结构特性详见第6.1节。

6.5.1.1　矿物晶体化学特性

磷灰石是属六方晶系含钙磷酸盐矿物的总称，其化学成分为 $Ca_5(PO_4)_3(F, Cl, OH)$，最常见的矿物种是氟磷灰石 $Ca_5(PO_4)_3F$，其次有氯磷灰石 $Ca_5(PO_4)_3Cl$、羟磷灰石 $Ca_5(PO_4)_3(OH)$、氧硅磷灰石 $Ca_5[(Si, P, S)O_4]_3(O, OH, F)$、锶磷灰石 $Sr_5(PO_4)_3F$ 等。磷灰石晶体一般为带锥面的六方柱；以氟磷灰石为例，其化学式为 $Ca_5(PO_4)_3F$，其晶体结构可被描述为六方晶系，$a_0=0.943\sim0.938$nm，$c_0=0.688\sim0.686$nm，$Z=2$。氟磷灰石晶体结构的基本特点为Ca—O多面体呈三方柱状，以棱和角顶相连呈不规则的链沿 c 轴延伸，链间以［PO_4］连接，形成平行 c 轴的孔道，附加 F^- 阴离子充填于此孔道中亦排列成链。Ca—F配位八面体角顶的Ca，与其邻近4个［PO_4］$^-$ 中6个角顶上的 O^{2-} 相连，如图6-143所示。

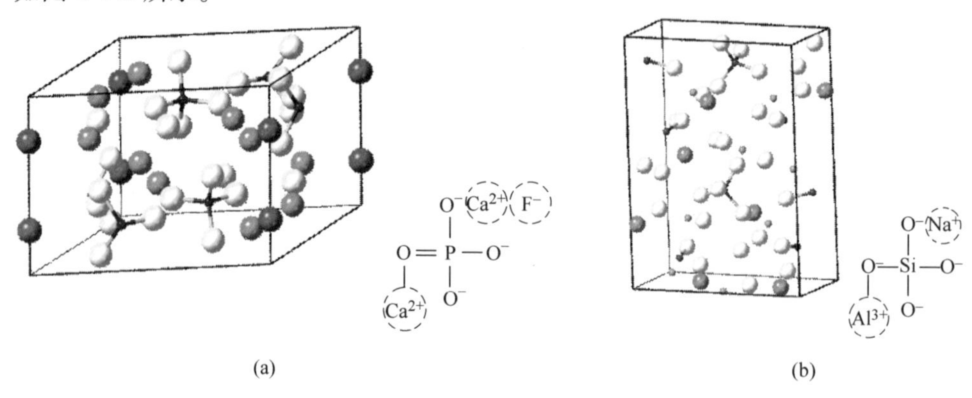

图6-143　矿物的晶体结构
（a）磷灰石；（b）钠长石

钠长石的基本结构单位是四面体，它由 4 个氧原子围绕一个硅原子或铝原子构成。每一个四面体都和另一个四面体共用一个氧原子，形成一种三维架状结构。低电价、大半径的碱或碱土金属阳离子充填于骨架内空隙中，配位数为 8（在单斜晶系长石中）或 9（在三斜晶系长石中）。长石的化学通式为 $Na_{1-x}Ca_x[(Al_{1+x}Si_{3-x})O_8]$，其中 x 为 0~1，斜长石以钠长石 $Na[AlSi_3O_8]$ 为主。晶体结构为三斜晶系的钠长石，$a_0=0.8135$nm，$b_0=1.2788$nm，$c_0=0.7154$nm，$\alpha=94°13'$，$\beta=116°31'$，$\gamma=87°42'$，$Z=4$。

6.5.1.2　磷灰石晶体表面化学特征

磷灰石（001）解理面为最常见的暴露面，对于磷灰石（001）面，$E_{surf}=0.3188J/m^2$。磷灰石晶体和（001）面的原子 Mulliken 电荷布居值如表 6-53 所示，磷灰石晶体的 Mulliken 键布居如表 6-54 所示。

表 6-53　磷灰石晶体和（001）面的原子 Mulliken 电荷布居值

位置	元素	s	p	d	总电子数	电荷/e
体相	Ca	2.12	6.00	0.52	8.64	1.36
	O	1.86	5.22	0.00	7.08	-1.08
	P	0.87	1.87	0.00	2.74	2.26
	F	1.96	5.72	0.00	7.69	-0.69
表面	Ca	2.10	5.99	0.54	8.63	1.37
	O	1.89	5.20	0.00	7.09	-1.09
	P	0.89	1.87	0.00	2.76	2.26
	F	1.96	5.72	0.00	7.68	-0.68

表 6-54　磷灰石晶体的 Mulliken 键布居值

化学键	布居值	键长/nm
Ca—O	0.09	0.252
Ca—F	0.10	0.232
O—P	0.60	0.154
O—O	-0.08	0.253

磷灰石晶体中包含 Ca、C、O、F 四种原子，在优化前的价电子构型分别为 Ca $3s^2 3p^6 4d^2$、O $2s^2 2p^4$、F $2s^2 2p^5$、P $3s^2 3p^3$。优化后晶体中，供电子体为 Ca 原子和 O 原子，其中 Ca 原子由 4d 轨道贡献电子，P 原子由 3s 轨道和 3p 轨道提供电子。受电子体为 O 原子和 F 原子，且均由 2p 轨道接受电子。与晶胞中各原子的 Mulliken 电荷布居值相比，（001）面各原子的电荷布居值变化较小。晶体表面上，Ca 原子的正电荷和 O 原子的负电荷均略有增加，P 和 F 原子的电荷变化较小。磷灰石的 Ca—O 键和 Ca—F 键的布居值均较小，键长较长，表现出明显的离子性。O—P 键布居值较大，键长较短，说明 O—P 之间以共价键形式结合。

磷灰石晶体及（001）表面态密度如图 6-144 所示。磷灰石的能带在-40～10eV 范围内分为四部分，在-40～-36eV 之间的价带由 Ca 的 3s 轨道贡献；-23～-16eV 范围内的价带由 Ca 的 3p 轨道，O 的 2s 轨道，P 的 3s、3p 轨道和 F 的 2s

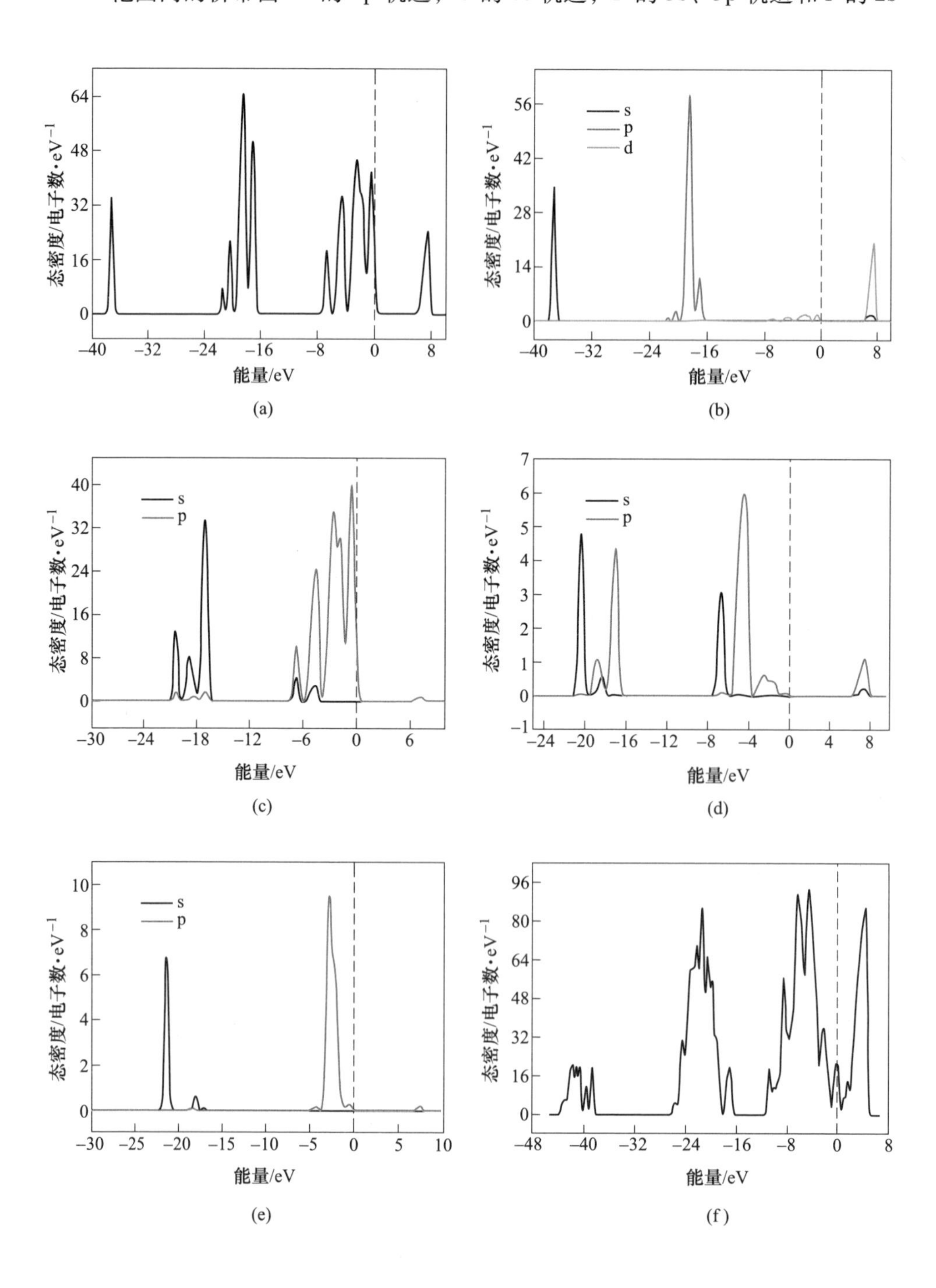

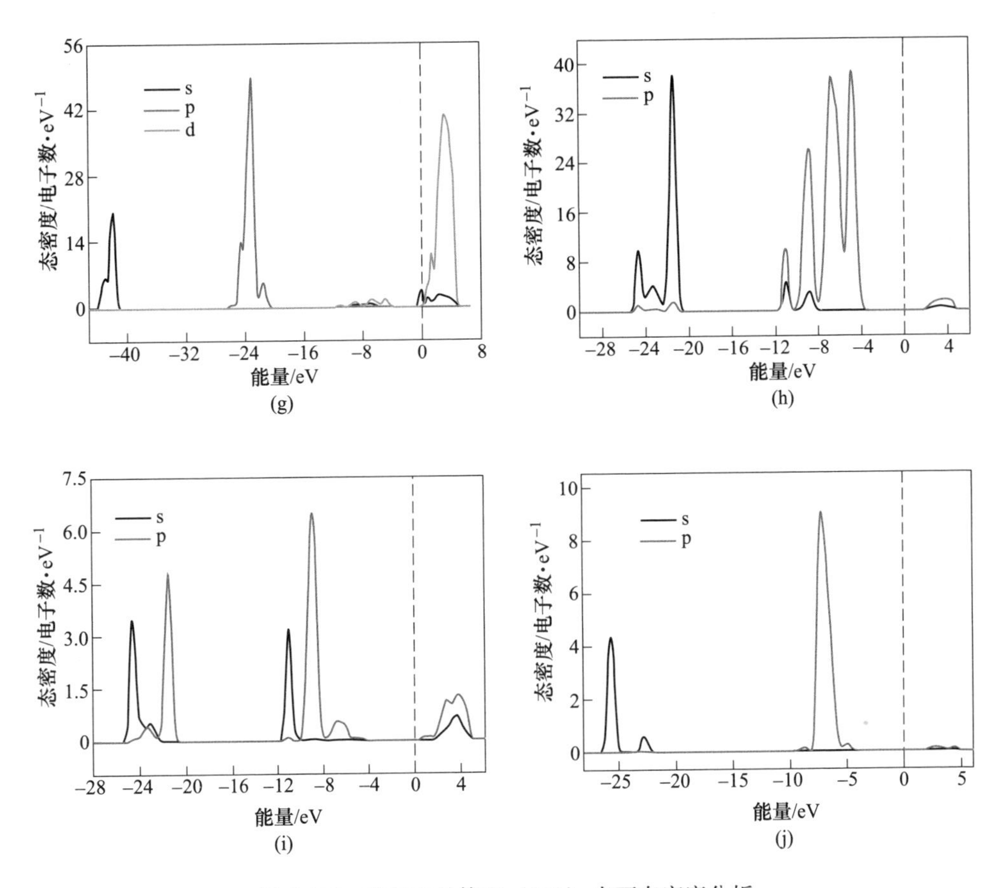

图 6-144 磷灰石晶体和（001）表面态密度分析

（a）晶体总态密度；（b）晶体 Ca 原子；（c）晶体 O 原子；（d）晶体 P 原子；（e）晶体 F 原子；（f）（001）表面的总态密度；（g）（001）表面 Ca 原子；（h）（001）表面 O 原子；（i）（001）表面 P 原子；（j）（001）表面 F 原子

轨道共同组成，其中贡献最大的是 Ca 和 O 原子的轨道；价带顶主要由 Ca 的 4d 轨道，O 的 2p 轨道，P 的 3s、3p 轨道和 F 的 2p 轨道组成，其中 O 原子的贡献最大。导带主要由 Ca 的 4d 轨道组成，另外三种原子的贡献很小。费米能级附近的态密度主要由氧的 2p 轨道构成。磷灰石（001）面与晶胞的态密度图有明显差异。（001）面的 Ca 原子的 4d 轨道能级整体向负值方向移动，并且导带部分的 d 轨道态密度明显增强，这说明（001）面上的 Ca 原子的活性显著增强。O 原子的 2p 轨道能级也整体负向移动，费米面附近无 2p 轨道电子出现。P 和 F 原子的态密度变化情况相近，P 原子的 3s 和 3p 轨道整体负移，F 原子的 2s 和 2p 轨道负移。

6.5.2　磷灰石浮选捕收剂种类及捕收效果

浮选一直被认为是磷矿选矿中最有效的方法。世界上超过90%的磷精矿来自浮选作业。磷矿浮选研究重点主要集中在浮选工艺和浮选药剂的研发，其中高效磷灰石捕收剂的选择是浮选的关键因素之一。表6-55介绍了常见锡石浮选捕收剂种类、名称代号、结构特征及应用特点。

表6-55　常见磷矿浮选捕收剂的种类、名称代号、结构特征及应用特点

分类	名称或代号	分子式或极性基团	捕收特性及应用特点	参考文献
第一类：脂肪酸及其改性类	油酸	—COOH 碳链上含一个双键	传统磷矿捕收剂，选择性不强，低温下分散性较差，耐硬水性差	[11，12，205]
	氧化石蜡皂	—COOH 混合脂肪酸		
	氧化煤油	—COOH、—CO—、—CHO		
	塔尔油	—COOH 脂肪酸和松香酸		
	AW-02	—COOH 脂肪酸烃链引入表面活性分子	溶解性好，抗硬水能力好，选择性强	[206]
	AW-05			
	α-磺酸基油酸皂	—COOH、C═C、—HSO_3		[207]
	WHM-P1	—COOH、—NH_3		[208]
	PS-P-Z	—COOH、—COOR、C═C		[209]
	MES	—COOH、—COOR、—HSO_3		[210]
	脂肪酸单酯	—COOH、—COOR、C—OH		[211]
	DNY-1 DNY-2 DNY-3 DNY-4	—COOH、Cl、Br、C═C		[212]
	DJX-6	—COOH、Br、C═C	矿浆无需加温，精矿回收率显著提高	[213]
	DCH-1 DCH-2 DCH-3 DCH-4	—COOH	选择性较好，对未活化的脉石矿物石英和长石无捕收能力	[214]

续表 6-55

分类	名称或代号	分子式或极性基团	捕收特性及应用特点	参考文献
第二类：伯胺类、仲胺类、叔胺类、醚胺类	脂肪胺醋酸盐	—NH_2、—COONa	阳离子胺类捕收剂常用于磷矿反浮选工艺，对于硅质、钙质、硅钙质三类磷矿都具有分选的可能	[215~217]
	环烷胺	—NH_2		
	塔尔油胺	—NH_2		
	叔胺氧化物	叔胺		
	聚氧乙烯基胺	C═C、—O—、—NH_2		
	烷氧基二胺	—O—、—NH_2		
	烷酰胺基二羟	—$CONH_2$、—OH		
	乙基乙胺	—NH_2		
	烷酰胺基聚胺	—$CONH_2$、—NH—		
	异癸氧基丙胺醋酸盐	$RO(CH_2)_3$—NH_2	醚胺类捕收剂反浮选石英的效果通常优于脂肪族胺	[218]
	烷基苯醚胺	$RO(CH_2)_3$—NH_2、Ph—		[219]
第三类：磷酸及磷酸酯类	APE	R—OP(O)OH、—O—	起泡能力较好，对 pH 值和温度变化不甚敏感	[220~222]
	LN11-2	R—OP(O)OH、—NH、—AR		
	C_{112}	—NH—、$R_2P(O)OH$		
	DNP-1	R—OP(O)OH		[223]
第四类：肟酸类、酰胺羧酸类	羟肟酸	RCONHOH	羟肟酸与矿物表面形成稳定的螯合物，有利于浮选的进行	[224]
	三烷基乙酰胺	—$CONH_2$		[217]
	烷基酰胺羧酸	—$CONH_2$、—COOH		
	烷基乙醇酰胺	—OH、—$CONH_2$		
	N-甲基烷基酰胺羧酸	—$CONH_2$、—COOH		
	烷基琥珀酸-N-烷基单酰胺	—N—、—$CONH_2$、琥珀酸		
	磺化琥珀酸-N-烷基酰胺	—$CONH_2$、—N—、琥珀酸、—HSO_3		
	N-琥珀酸酯基磺化酰胺羧酸	—$CONH_2$、—COOH、—COOR、—HSO_3		
两性类	肌氨酸	—COOH、—NH—	可与矿物表面的金属离子发生螯合反应，生成较低溶度积的化合物	[225]
	CATAFLOT	—COOH、—NH—		[226]
	羧乙基咪唑啉	—COOH、—H—		[227]
	T-01	—COOH、—NH—		[228]
	DYX	—COOH、—N—		[229]
	DNL-1	—COOH、—NH_2		[230]
	DNL-2	—COOH、—NH_2、C═C		
	DNL-3	—COOH、—N—		

工业上，磷矿浮选多使用氧化石蜡皂、塔尔油皂等羧酸类捕收剂，其来源广、价格低且捕收效果较好，但具有选择性差、适应性差及低温条件溶解性差等缺点，在使用和推广过程中受到很大的限制。可通过脂肪酸改性来提高捕收剂的性能和效率，除脂肪酸皂化外，可通过引入不同的官能团进行脂肪酸改性，或者将脂肪酸作为一个功能团，与磷酸作用合成脂肪酸磷酸酯，或将脂肪酸硫酸化制得磺酸脂肪酸类，将亲水的羧基衍生化为亲水性更强、极性更大的磺酸基，改变其水溶性、增强浮选的选择性和适应性以及捕收剂的抗低温能力。罗廉明等[219]用合成的脂肪酸酞基简单酸酯作为捕收剂时发现其具有较好的捕收性和一定的选择性，且更耐低温，在较低温度（15℃）下所得浮选指标与加温浮选相近。周贤等[231,232]利用油酸为原料，经化学反应得到脂肪酸甲酯磺酸钠（MES）。将其用于磷矿捕收剂，发现比油酸钠选择性更好，抗硬水能力更强。改性脂肪酸类捕收剂大多为α卤代的产物，经过α取代后，不仅增强了脂肪酸的捕收性能，还有助于增强脂肪酸的溶解性，降低浮选温度。黄齐茂等[233]合成了多种含羧基的α-氯代脂肪酸酯浮选捕收剂和α-氨基脂肪酸类捕收剂，并将其用于云南某磷矿的浮选，得到不错的指标。东北大学使用改性脂肪酸类捕收剂 DMS 浮选原始品位为2.05%的辽宁建平磷矿，最终得到精矿品位36.46%的良好指标。陈金鑫[234]研究了新型脂肪酸改性捕收剂 DCH-1 和 DCH-4 对磷灰石的浮选行为，结果表明两种捕收剂对磷灰石具有较好的捕收性能。

在浮选温度为16℃、捕收剂 DCH-1 用量为200mg/L 的条件下，采用 Na_2CO_3 和 HCl 溶液调节 pH 值，研究 pH 值对磷灰石、石英和钠长石可浮性的影响，试验结果如图 6-145 所示。在捕收剂 DCH-1 体系下，pH 值为 5~7 范围内，矿物可浮性大小顺序为磷灰石>钠长石>石英，pH 值为 7~11 范围内，矿物可浮性大小顺序为磷灰石>石英>钠长石。在捕收剂 DCH-1 体系中，当浮选温度 16℃时，调整磷灰石和钠长石在自然 pH 值（pH=7.50）及石英在 pH 值为 10 的条件下进行捕收剂 DCH-1 用量条件试验，试验结果如图 6-146 所示，试验结果表明在自然 pH 值条件下，当 DCH-1 用量大于 180mg/L 后，矿物可浮性的大小顺序为磷灰石>石英>钠长石。在浮选温度为 16℃、pH 值为 7.50、捕收剂 DCH-1 用量为200mg/L 和 100mg/L 的条件下，分别考察水玻璃用量对磷灰石和钠长石浮选影响；在捕收剂 DCH-1 用量为 100mg/L 且采用 Na_2CO_3 调整 pH 值为 10 的条件下，考察水玻璃对石英浮选的影响，试验结果见图 6-147。水玻璃在中性条件下对磷灰石具有较强的抑制作用；在 pH 值为 10 条件下，水玻璃对石英的抑制作用较强，当水玻璃用量达到 150mg/L 后，石英基本被完全抑制。

在捕收剂 DCH-1 用量为 200mg/L、调整磷灰石和钠长石 pH 值为 7.50 及石英 pH 值为 10 的条件下，研究浮选温度对矿物浮选的影响，试验结果如图 6-148 所示。结果表明在捕收剂 DCH-1 体系中，浮选温度对石英浮选影响效果最显著。

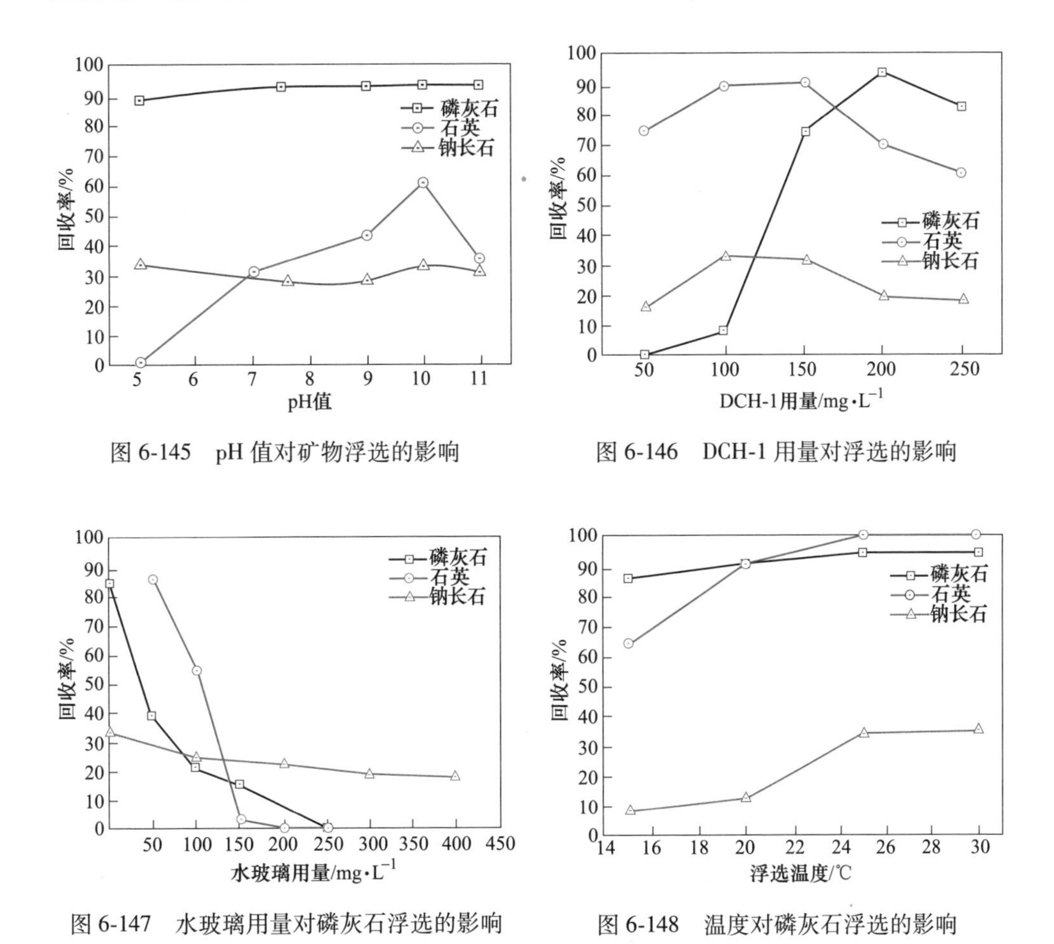

图 6-145　pH 值对矿物浮选的影响

图 6-146　DCH-1 用量对浮选的影响

图 6-147　水玻璃用量对磷灰石浮选的影响

图 6-148　温度对磷灰石浮选的影响

在浮选温度为 16℃、捕收剂 DCH-4 用量为 150mg/L 的条件下，研究 pH 值对磷灰石、石英和钠长石浮选的影响，试验结果如图 6-149 所示。结果表明在捕收剂 DCH-4 浮选体系下，随着 pH 值升高磷灰石回收率逐渐增加并稳定在 85%左右。捕收剂 DCH-4 对石英和钠长石在试验 pH 值范围内几乎无捕收能力，故仅在浮选温度为 16℃、pH 值为 10 的条件下，考察捕收剂 DCH-4 用量对磷灰石浮选的影响，试验结果如图 6-150 所示。随着 DCH-4 用量增加，磷灰石回收率逐渐升高并稳定在 90%左右。

工业应用证明，无论是使用烷基磷酸酯还是脂肪胺醋酸盐双反浮选、正-反浮选硅钙质磷矿石，最终都能得到精矿品位和回收率较高的磷精矿。采用聚氧乙烯基磷酸酯对硅钙质磷矿石进行正-反浮选试验，最终获得较好的精矿指标。烷基亚氨基二次甲基膦酸和烷基 α-羧基-1,1-二膦酸用于选别格陵兰含碳酸盐类氟磷灰石，最终获得较好的浮选指标。唐云等[235]进行了 α-磺酸基羧酸与塔尔油浮选磷灰石的对比试验，结果表明前者表现出更多的浮选活性和对硬水以及低温矿浆的较高适应性。东北大学[234]研发了磺酸类捕收剂 DCH-2，并将其应用于硅质磷灰石单矿物浮选获得较好的浮选指标。

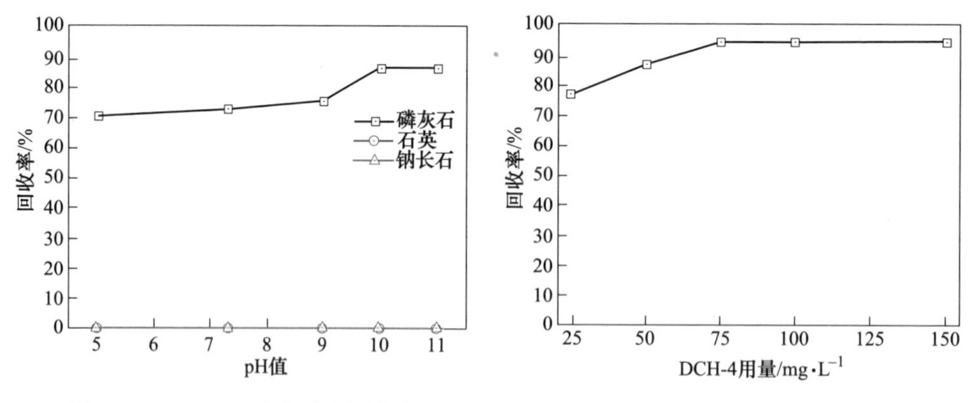

图 6-149　pH 值对矿物浮选的影响　　图 6-150　DCH-4 用量对磷灰石浮选的影响

在浮选温度为 16℃、捕收剂 DCH-2 用量为 150mg/L 条件下，研究 pH 值对磷灰石、石英、钠长石浮选影响，试验结果如图 6-151 所示。结果表明 DCH-2 对磷灰石捕收能力较强；在试验 pH 值范围内，石英和钠长石的浮选回收率均趋近于 0。在浮选温度为 16℃、pH 值为 9 的条件下，进行捕收剂 DCH-2 用量对磷灰石可浮性影响研究，试验结果如图 6-152 所示。结果表明随着 DCH-2 用量增加，磷灰石回收率升高并稳定在 90%以上。

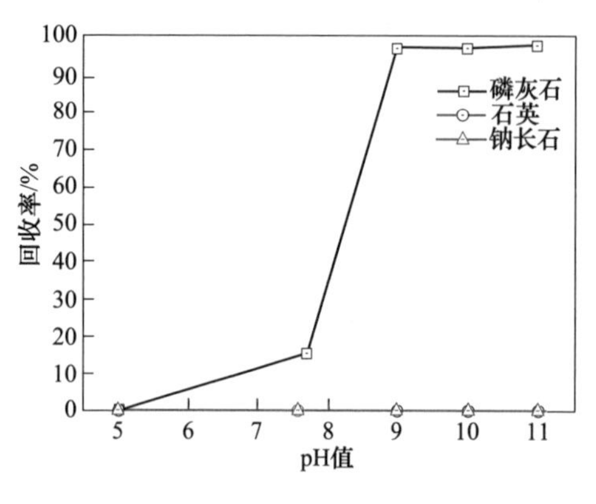

图 6-151　pH 值对矿物浮选的影响

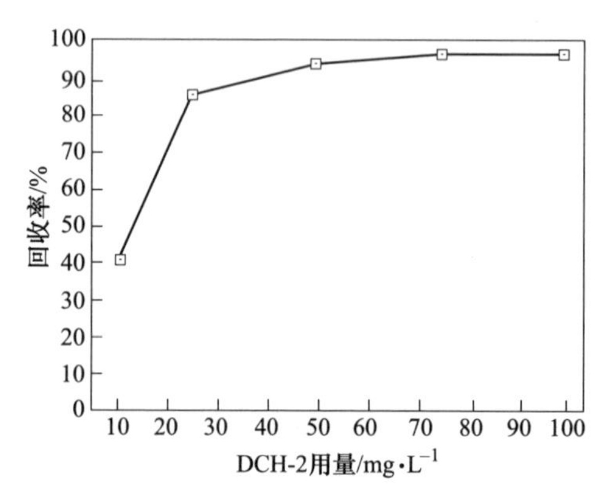

图 6-152　DCH-2 用量对磷灰石浮选的影响

阳离子胺捕收剂常用来反浮选石英、长石等硅质脉石矿物。当磷矿石中硅质、钙质或者硅钙质含量较高时，会考虑采用胺类捕收剂进行反浮选工艺。在磷矿石反浮选硅质脉石矿物中常用的捕收剂有脂肪伯胺、环烷胺、聚氧乙烯基胺、烷氧基二胺、烷酰基聚胺、烷基苯醚胺、叔胺氧化物、二甲基二烷基胺等。在美国西部磷矿反浮选工艺中，先用脂肪酸浮选碳酸盐，然后用不同的胺类捕收剂浮选硅质物，指标均是醚胺优于脂肪族胺。美国道化学公司使用烷基苯基醚胺反浮选硅质磷块岩，效果也优于一般捕收剂。

近年来，两性捕收剂在磷矿浮选中应用越来越广泛，芬兰成功地使用了烷基-N-甲基甘胺酸两性捕收剂，从方解石、白云石和云母中浮选磷灰石，获得含 P_2O_5 35%的磷精矿。苏联以 N-烷酰胺乙基、N-羧甲基、N-三羧甲基乙二胺盐作为高碳酸盐低品位磷矿的捕收剂，也有一定效果。黄齐茂等[236]合成一种新型氨基酸型浮选捕收剂，并用于云南某中低品位难选磷矿的浮选试验，获得较好指标。丁浩和崔林[237]研究了十二烷基亚氨基二次甲基膦酸（C_{112}）用于与磷灰石和方解石浮选分离，试验结果表明用水玻璃或硫酸铅做抑制剂时，能够有效地分离磷灰石和方解石。使用 N-酰化氨基酸（AAK）浮选磷矿的工业试验获得较高的浮选指标。闫啸[229]研究了两性捕收剂 DYX，并在浮选温度为 20℃、捕收剂用量为 25mg/L 条件下，将其应用于考察 pH 值对矿物浮选行为的影响，结果见图 6-153。

当 pH 值大于 7 后，在捕收剂 DYX 浮选体系中，矿物可浮性顺序为磷灰石>钠长石>石英，捕收剂 DYX 对石英捕收能力较弱，石英基本不浮。在浮选温度为 20℃和 pH 值为 10 的条件下，研究捕收剂 DYX 用量对矿物浮选的影响，试验结果如图 6-154 所示。随着捕收剂 DYX 用量增加，磷灰石回收率先增加而后稳定于 90%左右，捕收剂 DYX 对钠长石和石英捕收能力较弱。在 pH 值为 10 条件下，在捕收剂 DYX 作用下，矿物可浮性顺序为磷灰石>钠长石>石英。在 pH 值为 10、捕收剂 DYX 用量为 150mg/L 的条件下，研究浮选温度对矿物可浮性影响，见图 6-155，结果表明在试验浮选温度 8~25℃范围内，浮选温度对磷灰石、钠长石和石英的可浮性影响不大，磷灰石浮选回收率维持在 94%左右。鉴于捕收剂 DYX 对石英无捕收效果，故仅在浮选温度为 20℃、捕收剂用量为 150mg/L、pH 值为 10 的条件下，进行抑制剂水玻璃（模数 2.3）用量对磷灰石和钠长石可浮性影响

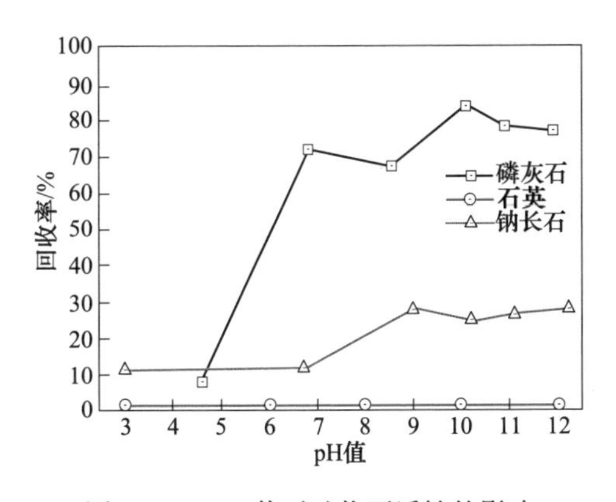

图 6-153 pH 值对矿物可浮性的影响

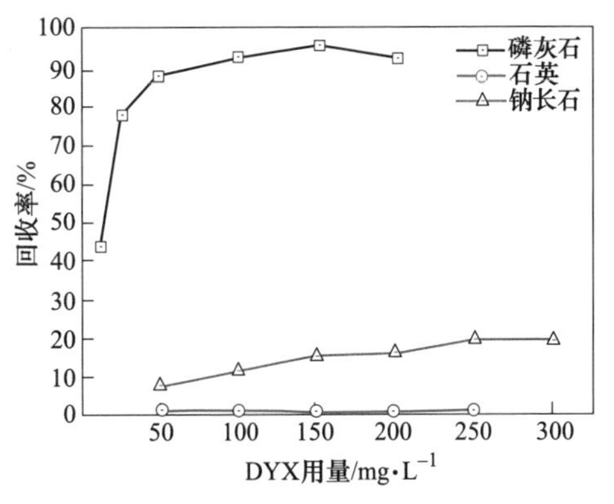

图 6-154 DYX 用量对矿物可浮性的影响

研究，试验结果如图 6-156 所示。结果表明随着水玻璃用量增加磷灰石和钠长石回收率均呈下降趋势，磷灰石和钠长石均受到抑制。

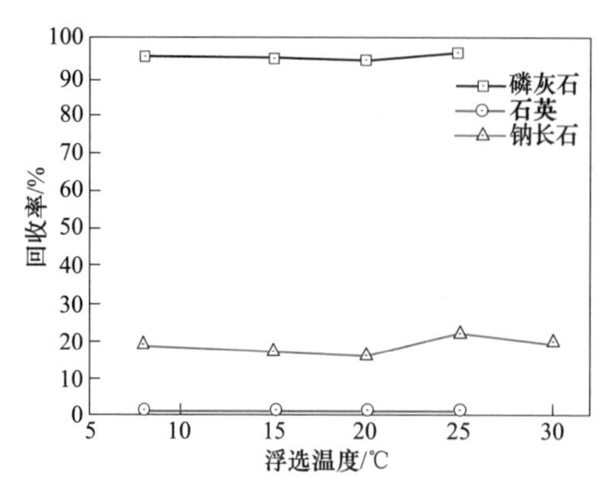

图 6-155　温度对矿物可浮性的影响

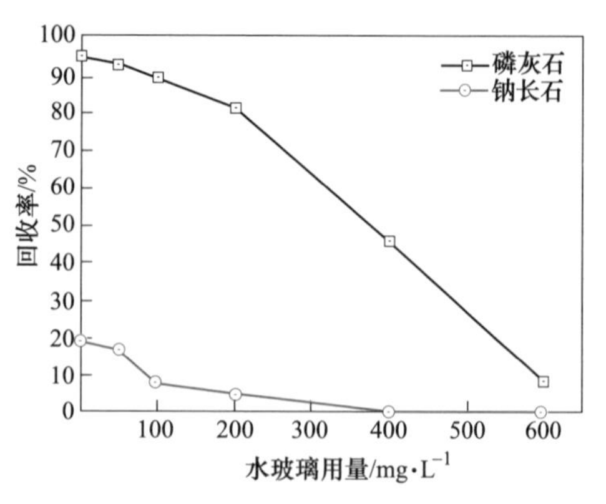

图 6-156　水玻璃用量对磷灰石和钠长石可浮性的影响

以河北某地含磷灰石铁尾矿为原矿，在浮选温度为 20℃、矿浆浓度为 20%、矿浆 pH 值为 10、水玻璃用量为 400g/t、粗选捕收剂 DYX 用量为 400g/t、精选捕收剂 DYX 用量为 30g/t 条件下进行一次粗选、三次精选和一次扫选闭路试验。试验结果如图 6-157 所示。

两种或多种脂肪酸药剂与其衍生物或其他药剂按一定比例组合而成的组合捕收剂有助于提高浮选效果，近年来混合用药也引起了人们广泛关注。刘升林等[238]将阴离子型表面活性剂 MAT 与脂肪酸类捕收剂氧化石蜡皂混合使用，在加温条件下（45℃）分选王集磷矿，回收率提高了 4.53 个百分点。辜国杰等[205]在 BOA 中加入少量的分散剂和表面活性剂，而制备复合捕收剂 Gd703，并将其应用于朝阳磷矿南段硅质碎块岩常温浮选，获得浮选精矿含 P_2O_5 29.21%、回收率 84.56%的指标。谢恒星等实验结果表明十二烷基苯磺酸钠与 WO_3 混合使用可使粗选精矿品位和回收率分别提高 1 个百分点和 1~4 个百分点。史继斌等[239]采用复合捕收剂 SYT-1 浮选磷灰石获得了较为理想的指标。东北大学[214]研究了脂肪酸和脂肪氨混合捕收剂 DCH-3 分选磷灰石获得较好的浮选指标。

在浮选温度为 16℃、捕收剂 DCH-3 用量为 150mg/L 的条件下，考察 pH 值对磷灰石、石英、钠长石浮选影响，试验结果如图 6-158 所示。结果表明捕收剂 DCH-3 对磷灰石浮选效果较好。在试验 pH 值范围内，捕收剂 DCH-3 对石英和钠长石均无捕收能力。鉴于捕收剂 DCH-3 基本不浮石英和钠长石，在浮选温度为 16℃、采用 Na_2CO_3 和 HCl 溶液调节 pH 值为 10 时，研究捕收剂 DCH-3 用量对磷灰石浮选的影响（见图 6-159）。结果表明随着 DCH-3 用量增加，磷灰石浮选回收率先增加后稳定在 90%左右。

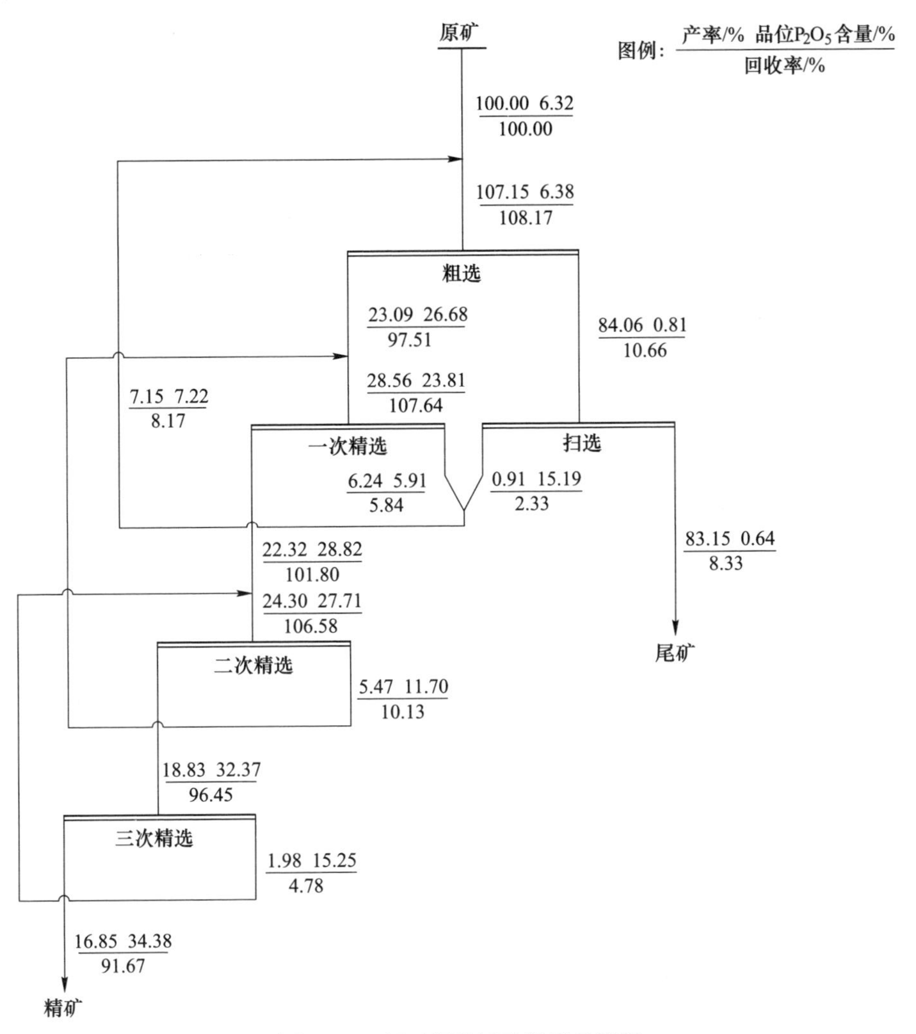

图 6-157 浮选闭路试验数质量流程

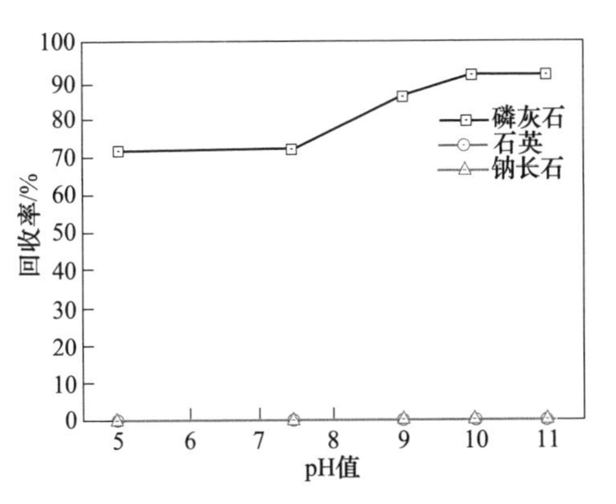

图 6-158 pH 值对矿物浮选的影响

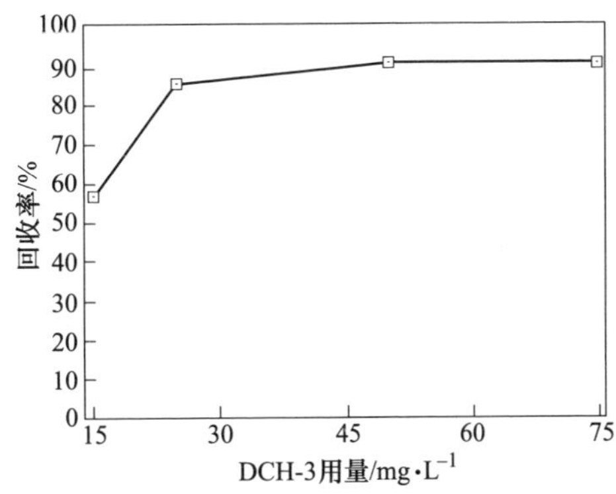

图 6-159 DCH-3 用量对磷灰石浮选的影响

6.5.3　磷矿石中主要矿物与浮选捕收剂作用机理研究

研究药剂在矿物表面的作用机理，是浮选分离基础理论的重要内容。本书采用吸附量检测、接触角测量、动电位测试、红外光谱分析等分析方法，研究相关浮选药剂在磷灰石、钠长石和石英表面的作用机理。

6.5.3.1　捕收剂体系中矿物表面润湿性分析

浮选实践表明，矿物可浮性能的优劣与其表面润湿性有着紧密联系，而矿物表面的润湿程度常通过接触角大小来判断：矿物表面接触角大，则矿物表面疏水性就好，矿物可浮性就强；反之，若接触角小，则亲水性就强，矿物可浮性就相对较弱。与捕收剂作用后磷灰石表面因捕收剂的疏水性，使磷灰石表面的亲水性降低，疏水性增强，使矿物表面的接触角增加。以捕收剂 DCH-1、DCH-2、DCH-3、DCH-4、DYX 为例，进行了捕收剂对磷灰石、钠长石、石英表面润湿性影响规律分析。磷灰石表面接触角随捕收剂用量变化规律如图 6-160 所示。结果表明磷灰石表面的接触角为 37.50°；随着捕收剂用量增加磷灰石接触角均呈现先显著增加后趋于稳定的趋势，这主要是因为随着捕收剂用量增加，捕收剂在磷灰石表面达到吸附饱和，而后继续增加捕收剂用量磷灰石接触角趋于稳定。接触角随捕收剂用量变化规律与其对磷灰石可浮性影响曲线变化规律近似，接触角的变化趋势在宏观上可反映出矿物可浮性的变化趋势。五种捕收剂对磷灰石表面润湿性影响大小顺序为 DYX>DCH-1>DCH-3≈DCH-4>DCH-2，这与不同种类捕收剂对磷灰石可浮性影响的大小顺序略有不同，在不同捕收剂作用下磷灰石可浮性大小顺序依次为 DCH-2>DYX>DCH-1>DCH-4>DCH-3。其中，与其他几种捕收剂相比，烷基磺酸盐类捕收剂 DCH-2 在磷灰石表面吸附后，其接触角增加幅度最小，但该捕收剂对磷灰石浮选能力相对最大，在其作用下磷灰石浮选回收率最佳，这可能是因为与羧酸基、酰胺相比，磺酸基的亲水性更强，故导致 DCH-2 在水溶液中的溶解性和分散性最好，故使其对磷灰石的浮选能力更强。

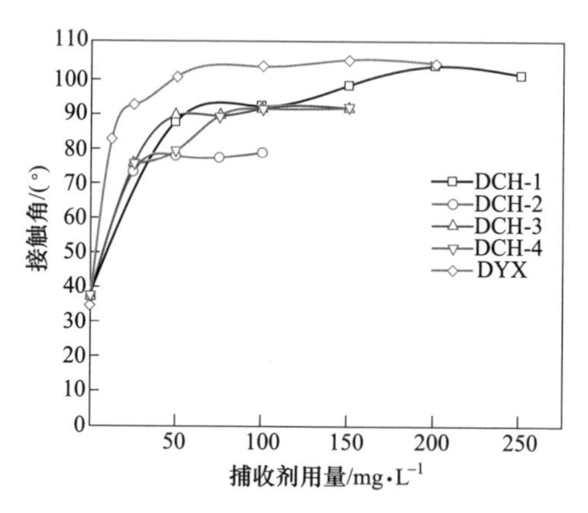

图 6-160　捕收剂体系下磷灰石表面润湿性

鉴于 DCH-1 对石英和钠长石具有一定的捕收能力，故考察了在碱性条件下，不同捕收剂 DCH-1 用量对磷灰石、石英和钠长石表面润湿性变化规律的影响，结果见图 6-161。结果表明石英和钠长石的接触角分别为 33°和 10°，随着 DCH-1 用量的增加，磷灰石、石英和钠长石的接触角均呈现先显著增加后趋于稳定的趋势。DCH-1 对磷灰石、石英、钠长石表面润湿性影响大小顺序为磷灰石>石英≈钠长石。接触角的变化趋势在宏观上反映出矿物可浮性的变化趋势，在 DCH-1 作用下磷灰石的浮选回收率大于石英和钠长石浮选回收率。

在碱性条件下，不同捕收剂 DYX 用量对磷灰石、石英和钠长石表面润湿性变化规律影响结果见图 6-162。结果表明 DYX 对磷灰石、石英、钠长石表面润湿性影响大小顺序为磷灰石>石英>钠长石。在 DYX 作用下接触角的变化规律与其对磷灰石可浮性影响曲线变化规律近似。DYX 作用下磷灰石的浮选回收率大于钠长石浮选回收率，石英在 DYX 作用下不浮。

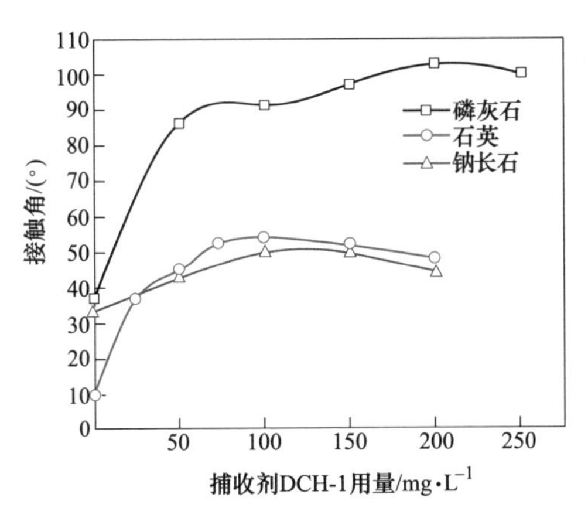

图 6-161 与 DCH-1 作用后矿物表面润湿性

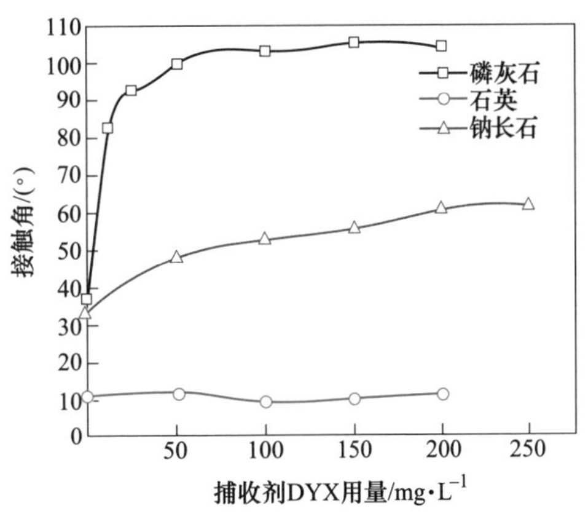

图 6-162 与 DYX 作用后矿物的表面润湿性

6.5.3.2 捕收剂与矿物作用前后红外光谱分析

红外光谱图中不同特征峰位置可表征相应基团，对比捕收剂在磷灰石等矿物表面作用前后出现新特征峰、特征峰飘移等变化可分析捕收剂分子在磷灰石等矿物表面的主要吸附方式。以 DCH-1 为例，采用红外光谱分析捕收剂在磷灰石和钠长石表面的吸附方式。

与 DCH-1 作用前后磷灰石的红外光谱如图 6-163 所示。捕收剂 DCH-1 的红外光谱中 2925.76cm^{-1} 是—CH_3 的不对称伸缩振动吸收峰，2854.56cm^{-1} 是—CH_2—的不对称伸缩振动吸收峰；1714.17cm^{-1}对应 C═O 基团的伸缩振动吸收峰；545.79cm^{-1}是 C—Br 的伸缩振动吸收峰，故 DCH-1 分子中包含卤素 Br 原子；472.05cm^{-1}处特征峰证明了 C—C═O 的存在；1463.60cm^{-1}和 1431.37cm^{-1}处是—OH 的振动吸收峰；938.18cm^{-1}处是羧酸分子间 O—H…O 氢键的平面外摇摆振动吸收峰。磷灰石的红外光谱中 1044.53cm^{-1}是 P—O 的非对称伸缩振动吸收峰，吸收带宽且强；1096.20cm^{-1}是 P—O 非对称伸缩振动吸收峰，吸收带宽而强；602.64cm^{-1}和 570.15cm^{-1}是 P—O 的弯曲振动吸收峰。对比与 DCH-1 作用前磷灰石的红外光谱可知，与 DCH-1 作用后磷灰石在 2921.07cm^{-1}和 2852.03cm^{-1}处出现了—CH_3 和—CH_2 的不对称伸缩振动吸收峰，且其峰位在检出限之内，说明 DCH-1 可吸附于磷灰石表面；磷灰石在 1714.17cm^{-1}处 C═O 伸缩振动吸收峰出在与 DCH-1 作用后磷灰石的红外光谱中且向低波数方向移动至 1634.62cm^{-1}处，这说明 DCH-1 分子 $RCBrCOO^-$与磷灰石表面的钙离子活性位点发生键合吸附在磷灰石表面生成羧酸钙，使得羧基中 C═O 键电子云转移，羧基中 C═O 键的力常数降低、振动频率减弱，故 C═O 键向低波数方向移动。与 DCH-1 作用后磷灰石 3449.62cm^{-1}处的羟基伸缩振动吸收峰向低波数漂移至 3441.44cm^{-1}处，这说明在 DCH-1 分子中羧基的—OH 可与磷灰石表明 O 原子活性位点发生氢键吸附作用，氢键效应使 O—H 键伸缩振动向低波数方向偏移。因此，DCH-1 与磷灰石之间可能存在键合吸附和氢键吸附作用。

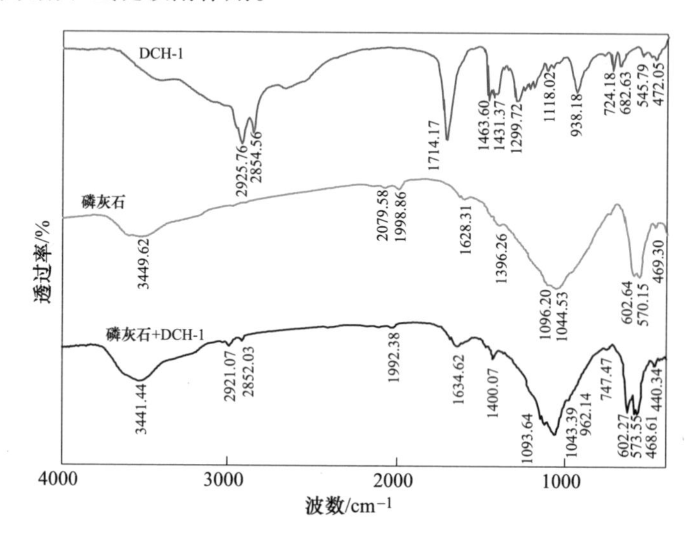

图 6-163　磷灰石与 DCH-1 作用前后的红外光谱

与 DCH-1 作用前后石英和钠长石的红外光谱如图 6-164 和图 6-165 所示。DCH-1 的红外光谱中 2925.76cm^{-1} 是—CH_3 的不对称伸缩振动吸收峰，2854.56cm^{-1}是—CH_2—的不对称伸缩振动吸收峰；1714.17cm^{-1}是—C═O 基团的伸缩振动吸收峰；682.63cm^{-1}是 C—Br 的伸缩振动吸收峰；472.05cm^{-1}处振动吸收峰证明 C—C═O 基团的存在；1431.37cm^{-1}处的中等强度峰是—OH 的面内弯曲变形振动峰。石英的红外光谱中 1083.96cm^{-1}是 Si—O 的不对称伸缩振动吸收峰；788.44cm^{-1}是 Si—O—Si 的对称伸缩振动吸收峰，这是石英的特征吸附峰；690.82cm^{-1}是 Si—O—Si 强度较弱的对称伸缩振动吸收峰；462.76cm^{-1}是 Si—O

的弯曲振动吸收峰。对比分析石英、DCH-1以及与DCH-1作用后石英的红外光谱可知，DCH-1在2925.76cm^{-1}和2854.56cm^{-1}处—CH_3和—CH_2—不对称伸缩振动吸收峰出现在与DCH-1作用后石英的红外光谱中，说明DCH-1可以吸附于石英表面。与DCH-1作用后，石英中—OH的伸缩振动吸收峰变宽且向低波数方向偏移，—OH弯曲振动吸收峰由1628.10cm^{-1}偏移至1619.22cm^{-1}，这说明DCH-1在石英表面可能发生了氢键吸附，氢键效应使得石英表面O—H键振动频率下降。因此，DCH-1与石英表面可能存在氢键吸附作用。

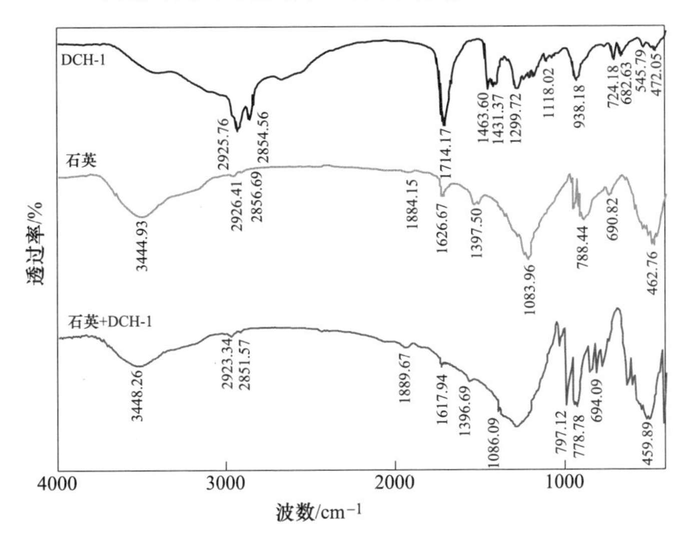

图6-164 与DCH-1作用前后石英的红外光谱

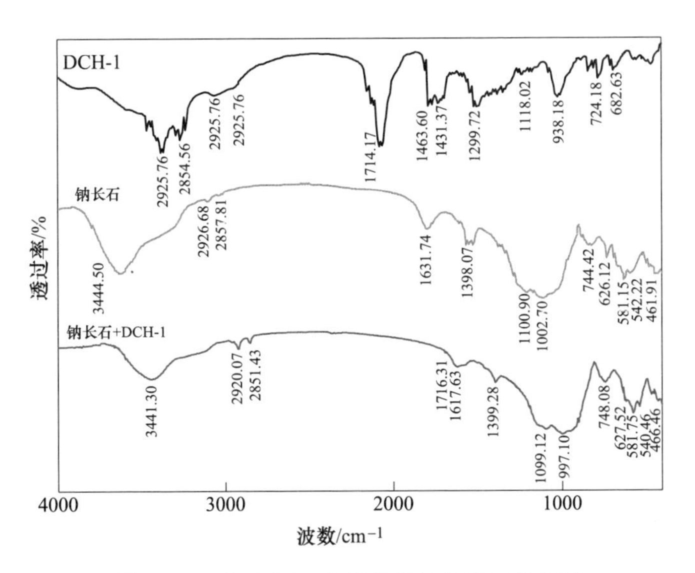

图6-165 与DCH-1作用前后钠长石红外光谱

钠长石的红外光谱中 1100. 90cm^{-1}和 1002. 70cm^{-1}是 Si—O 不对称伸缩振动吸收峰，吸收带宽且强；626. 12cm^{-1} 是 O—Si(Al)—O 的弯曲振动吸收峰，542. 22cm^{-1}是 O—Si(Al)—O 的弯曲振动和 Na—O 的伸缩振动的耦合，是钠长石的特征吸附峰；464. 91cm^{-1}是 Si—O 的弯曲振动吸收峰；1631. 74cm^{-1}为吸附水—OH 弯曲振动吸收峰。DCH-1 在 2925. 76cm^{-1} 和 2854. 56cm^{-1} 处—CH_3 和—CH_2—不对称伸缩振动吸收峰出现在与 DCH-1 作用后钠长石的红外光谱中，这说明 DCH-1 可以吸附于钠长石表面。在 DCH-1 作用后钠长石红外光谱图中，626. 12cm^{-1}处 O—Si(Al)—O 的弯曲振动吸收峰向低波数漂移至 623. 09cm^{-1}处；1631. 74cm^{-1}处吸附水—OH 弯曲振动吸收峰向低波数偏移至 1617. 63cm^{-1}处，3444. 50cm^{-1}处的羟基吸收峰向低波数方向漂移至 3441. 30cm^{-1}处，这说明 DCH-1 与钠长石表面可能发生了氢键吸附作用，使得钠长石表面 O—H 键振动频率下降。因此，捕收剂 DCH-1 与钠长石可能发生了氢键吸附作用。

6.5.3.3　捕收剂对矿物表面荷电性质影响

矿物表面荷电性质与矿物可浮性密切相关。结合不同 pH 值条件下矿物表面电性变化规律，以 DCH-1、DCH-2、DCH-3、DCH-4、DYX 为例，研究浮选捕收剂在矿物表面的吸附机理。

磷灰石的零电点为 pH=3. 03。磷灰石与 DCH-1、DCH-2、DCH-4 作用后，在检测 pH 值范围内，磷灰石矿物的等电点和不同 pH 值下动电位曲线均负向移动（见图 6-166），说明 DCH-1、DCH-2、DCH-4 在磷灰石矿物表面均发生了特性吸附，并使磷灰石表面电性改变。当 pH 值小于 3 时，磷灰石表面荷正电，阴离

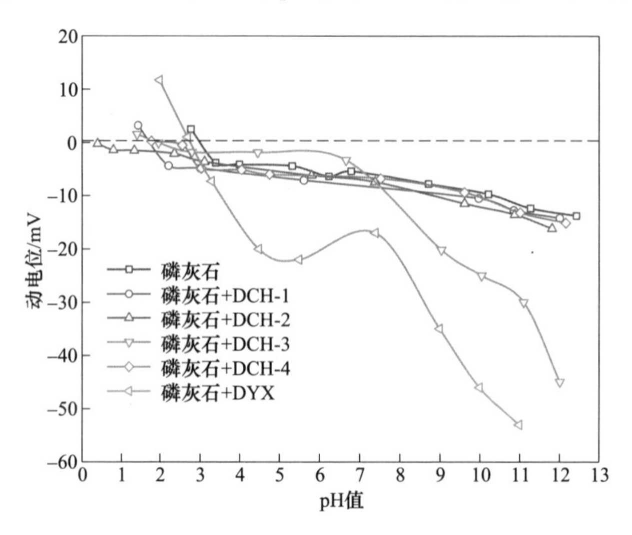

图 6-166　与捕收剂作用前后磷灰石动电位

子捕收剂 DCH-1 可与之发生静电吸附，使其表面动电位负移。在 pH 值偏酸性范围内，矿浆中 H^+浓度较高，捕收剂 DCH-1 的极性基团羧基主要以—COOH 存在为主，结合红外光谱分析可知捕收剂 DCH-1 在磷灰石表面可能主要以氢键吸附为主；当 pH 值中性及偏碱性范围内，捕收剂 DCH-1 的极性基团羧基主要以—COO^-存在，结合红外光谱分析可知捕收剂 DCH-1 中羧基与磷灰石表面钙活性位点作用生成羧酸钙，而使得 DCH-1 键合吸附于磷灰石表面；捕收剂 DCH-1 氢键和化学吸附在磷灰石表面，使得磷灰石表面动电位负向移动。

在溶液中捕收剂 DCH-2 的极性基团磺酸基团以—SO_3^- 的形式存在，在 pH 值小于 7 的酸性条件下，烷基磺酸钙的溶解度较大，其在溶液中不能稳定存在，故 DCH-2 难以吸附于磷灰石表面，进而导致酸性条件下 DCH-2 对磷灰石的回收率较低；随着 pH 值升高，烷基磺酸根可与磷灰石表面的钙活性位点发生键合吸附，生成在碱性条件下溶解度较低且可稳定存在的烷基磺酸钙沉淀，故 pH 值大于 9 的碱性条件下，磷灰石的回收率较高。结合红外光谱分析可知捕收剂 DCH-2 主要键合吸附于磷灰石表面。当 pH 值小于 9 时，捕收剂 DCH-4 的极性基团羧基以—COOH 或—COO^-的形式存在，可与磷灰石表面的钙活性位点发生键合吸附，在磷灰石表面形成稳定的羧酸钙。由捕收剂 DCH-4 浮选磷灰石回收率曲线可知，在试验 pH 值 5~11 范围内时磷灰石回收率呈上升趋势。在 pH 值偏酸性范围内，捕收剂 DCH-4 的极性基团羧基主要以—COOH 存在为主，结合红外光谱分析可知捕收剂 DCH-4 在磷灰石表面可能主要以氢键吸附为主；当 pH 值中性及偏碱性范围内，捕收剂 DCH-4 的极性基团羧基主要以—COO^-存在为主，结合红外光谱分析可知捕收剂 DCH-4 中羧基与磷灰石表面钙活性位点作用生成羧酸钙，故 DCH-4 可键合吸附于磷灰石表面。DCH-4 吸附于磷灰石表面导致与其作用后磷灰石动电位和等电点负移。

与 DCH-3 作用后，磷灰石表面的动电位发生了较大程度的改变，其动电位负向移动，这也说明 DCH-3 在磷灰石表面存在特性吸附作用。当 pH 值在 2~3.5 之间时，DCH-3 中酰胺基团与磷灰石表面均呈正电性，DCH-3 中的酰胺基团可克服静电斥力与局部磷灰石表面氧原子之间存在的氢键吸附作用，故 DCH-3 可吸附在磷灰石表面，并在磷灰石表面形成新的附加吸附偶极子层，使得与 DCH-3 作用后的动电位曲线负移；当 pH 值在 3.5~7.5 的范围内，磷灰石表面荷负电，DCH-3 中阳离子极性基团酰胺在荷负电磷灰石表面的静电吸附逐渐占主导地位，同时，也存在 DCH-3 与磷灰石之间的氢键吸附作用，在静电作用和氢键吸附的共同作用下，与 DCH-3 作用后的磷灰石动电位曲线较作用前正移；随着 pH 值升高到 7.5 后，DCH-3 与磷灰石之间的静电吸附作用进一步强化了这种氢键吸附作用，DCH-3 与磷灰石表面氢键作用逐渐增强，并成为其在磷灰石表面的主要吸附方式，故与 DCH-3 作用后磷灰石动电位曲线较作用前大幅度负移，DCH-3 对磷灰石的浮选回收率增加；这与红外光谱检测结果和 DCH-3 对磷灰石可浮性影响试验结果一致。

由捕收剂 DYX 浮选磷灰石回收率曲线可知，在试验 pH 值 5~12 范围内磷灰石回收率呈上升趋势。在 pH 值偏酸性范围内，捕收剂 DYX 的极性基团羧基主要以—COOH 存在为主，结合红外光谱分析可知捕收剂 DYX 在磷灰石表面可能主要以氢键吸附为主；当 pH 值中性及偏碱性范围内，捕收剂 DYX 的极性基团羧基主要以—COO^-存在为主，结合红外光谱分析可知捕收剂 DYX 中羧基与磷灰石表面钙活性位点作用生成羧酸钙，故 DYX 在磷灰石表面逐渐以键合吸附为主；捕收剂 DYX 吸附在磷灰石表面，在磷灰石表面形成新的吸附偶极子层，故使与 DYX 作用后磷灰石动电位负向移动。这与红外光谱和 DYX 对磷灰石可浮性影响结果一致。

鉴于在不同捕收剂体系下，DCH-1 对石英具有捕收作用，故进行了与捕收剂 DCH-1 作用前后石英的动电位检测，结果如图 6-167 所示。石英零电点为 pH=2，与 DCH-1 作用后石英的动电位和等电点均负移，故 DCH-1 与石英之间存在特性吸附；捕收剂 DCH-1 对石英可浮性影响表明在试验 pH 值 5~11 范围内，石英回收率呈上升趋势。结合红外光谱分析可知捕收剂 DCH-1 在石英表面可能主要以氢键吸附为主，使与 DCH-1 作用后石英动电位负向移动；在 pH 值大于 10 后，由于 DCH-1 及 OH^- 在石英表面达到吸附饱和，在溶液中大量的负电荷离子（OH^-）的屏蔽作用下，与 DCH-1 作用前后动电位曲线均向正向移动。

与捕收剂 DCH-1 和 DYX 作用前后钠长石的动电位见图 6-168，钠长石的零电点为 pH=2，与 DCH-1 作用后钠长石动电位和等电点均负向移动，这说明 DCH-1 在长石矿物表面发生了特性吸附。在 pH 值 5~11 范围内，钠长石的回收率均相对较低，结合红外光谱分析可知捕收剂 DCH-1 在钠长石表面可能主要以氢键吸附为主，使与 DCH-1 作用后钠长石动电位负向移动。在 pH 值大于 10 后，达到

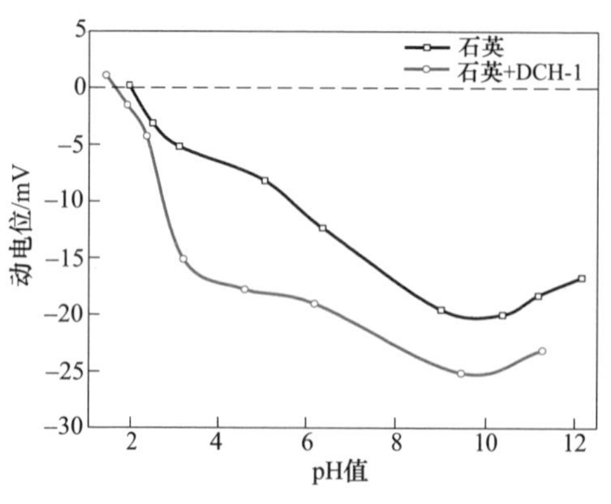

图 6-167　DCH-1 对石英表面动电位影响

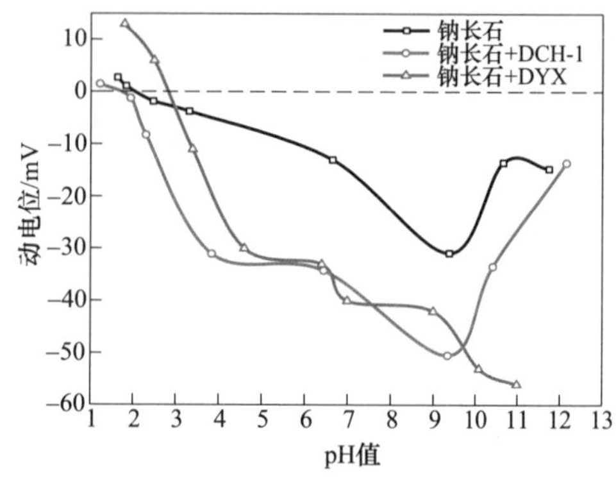

图 6-168　捕收剂对钠长石表面动电位影响

吸附饱和的钠长石表面在大量的负电荷离子（OH^-）的屏蔽作用下，与 DCH-1 作用后钠长石的动电位绝对值减小。与 DYX 作用后钠长石在 pH 值小于 3.5 时动电位曲线正向移动，而后负向移动，其等电点正向移动，这说明 DYX 和钠长石之间发生了特性吸附。当 pH 值小于 3.5 时，长石表面荷负电，捕收剂 DYX 主要以—COO^-和—COOH 形式存在，结合红外光谱可知，捕收剂 DYX 中羧基在钠长石表面可能存在氢键吸附，又因为捕收剂 DYX 分子中包含显正电性的氮原子，使得 DYX 在强酸性条件下显正电性，故在较低 pH 值条件下，与 DYX 作用后钠长石动电位曲线正向移动。随着 pH 值增加，溶液中 OH^-增多，DYX 中羧基与钠长石氢键吸附作用增强，故使与 DYX 作用后钠长石动电位负向移动。

6.5.4　磷灰石浮选抑制剂种类及抑制效果

磷矿浮选抑制剂按照抑制矿物的类型通常可以分为硅钙质矿物抑制剂和磷矿物抑制剂两种。磷酸、硫酸、硅氟酸、磷酸盐等无机酸及盐类抑制剂是典型的磷矿物抑制剂。苏联的卡拉套以磷酸盐为胶磷矿的抑制剂，煤油和塔尔油作捕收剂，可得到含 P_2O_5 28%、回收率 75%的磷精矿。以磷酸抑制磷灰石，用脂肪酸为捕收剂反浮选碳酸盐矿物，最终能取得较好的浮选指标。双磷酸 W-10 对胶磷矿有强烈的抑制作用，对白云石抑制作用很弱，表现出良好的选择性。以羟乙叉二磷酸为磷矿物抑制剂，硬脂酸作碳酸盐矿物的捕收剂，浮选开阳磷矿矿石获得品位达 35.2%、回收率 77.29%的磷精矿。法国地质与矿业研究局等用硫酸抑制磷酸盐矿物，并加入少量捕收剂浮选碳酸盐，获得较好的指标。

我国主要采用硝基腐殖酸钠、木素磺酸钙、磺化酚焦油甲醛缩合物等作为碳酸盐矿物和含硅酸盐矿物的有机抑制剂。我国已合成多种单宁的类似物作抑制剂应用在选矿工业中，如 S-808、S-711、S-214、S-217、S-804、S-721 等 S 系列抑制剂。YZS 主要成分是具有对称结构的六磷酸酯，在工业试验中选择氧化石蜡皂为捕收剂，YZS 做抑制剂浮选磷矿石，可获得较好的浮选指标。NDF 抑制剂为芳香烃磺酸与甲醛缩合物，可常用作胶磷矿浮选中碳酸盐矿物和硅酸盐矿物抑制剂。L399 已成功应用于硅钙质沉积变质磷灰岩矿石浮选中，取得较好的浮选指标。黑液和 BS-33 都是以造纸废液为主要原料制成的价格低廉的磷矿抑制剂。黑液代替木素磺酸盐，可获得与单独使用木素磺酸盐相近的指标。在金家河磷矿浮选中采用 BS-33 得到了 P_2O_5 含量为 29.51%、回收率为 85.41%的精矿。

硅酸盐脉石矿物最常见的无机抑制剂是水玻璃。水玻璃对硅酸盐的抑制作用在于带负电荷的硅酸胶粒以及 $SiO(OH)_3^-$ 在矿物表面吸附后，导致矿物亲水性增强。而且其水解产物同样有硅酸根，在同一个体系下，两者之间容易发生吸附，这也是水玻璃对硅酸盐矿物表现出良好的抑制作用的另一个原因。孙传尧[240]研究了油酸体系中水玻璃在不同 pH 值条件下对硅酸盐浮选的影响，在弱酸性和碱性条件下，水玻璃对硅酸盐具有抑制作用。研究还发现水玻璃能有效抑制被铝离子和钙离子活化过的硅酸盐矿物。在实际生产过程中，酸性水玻璃应用得也很广泛，甚至要好于水玻璃的作用。张泽强等[241]在对某地硅-钙（镁）质胶磷矿进行研究时发现，酸性水玻璃对被 Ca^{2+}、Mg^{2+} 活化的硅酸盐矿物有较强的选择性抑制作用，而且其抑制效果比水玻璃等抑制效果好。水玻璃与其他调整剂组合使用可以提高浮选分离的选择性。比如，采用碳酸钠与水玻璃组合使用，在浮选磷灰石时，可以显著改善水玻璃抑制作用的选择性，提高分离效果。这是因为碳酸钠在矿浆中解离出的 HCO_3^- 和 CO_3^{2-} 离子可优先吸附在磷灰石表面，而硅酸胶粒和 $HSiO_3^{2-}$ 离子则优先吸附在硅酸盐表面，使硅酸盐表面强烈亲水，提高了捕收剂的选择性，磷灰石便可以更容易地浮出。

以水玻璃为例，系统分析了无机抑制剂对脉石矿物的抑制机理。水玻璃的主要成分为硅酸钠（$Na_2O \cdot mSiO_2$），其中 m 是硅钠比，为水玻璃的模数。不同模数的水玻璃的组分不同。浮选中所用水玻璃模数为 2~3。计算模数 2.3 水玻璃各组分的分布系数与 pH 值的关系，见图 6-169。当 pH 值小于 9.4 时，溶液中 $Si(OH)_4$ 是优势组分，pH 值介于 9.4 和 12.6 之间时，$SiO(OH)^{3-}$ 占优势，pH 值大于 12.6 时，$SiO_2(OH)^{2-}$ 占优势。由此推断，在对磷灰石和钠长石浮选的 pH 值范围内，水玻璃在矿浆中的主要组分为 $SiO(OH)^{3-}$，故推测其为与磷灰石和钠长石作用的主要成分。

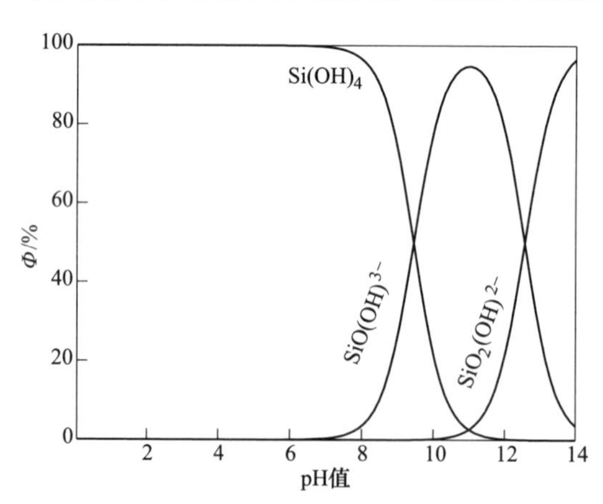

图 6-169　水玻璃的各组分的分布系数与 pH 值的关系

与水玻璃作用前后磷灰石的动电位随 pH 值的变化规律见图 6-170。与水玻璃作用后磷灰石的动电位和等电点均负向移动，这说明水玻璃和磷灰石之间存在特性吸附。当 pH 值小于 10 时，磷灰石表面荷负电，水玻璃的主要存在形式为 $Si(OH)_4$ 和 $SiO(OH)^{3-}$，硅酸中羟基与磷灰石表面氧原子活性位点之间可能存在氢键吸附作用，使得亲水性的水玻璃吸附于磷灰石表面，使得与水玻璃作用后磷灰石的动电位负移，其强亲水作用对磷灰石浮选起到抑制作用。与水玻璃作用前后钠长石的动电位随 pH 值的变化规律见图 6-171。与水玻璃作用后钠长石的动电位和等电点均负向移动，这说明水玻璃和钠长石之间也存在特性吸附。当 pH 值小于 10 时，钠长石和磷灰石表面均荷负电，水玻璃中 Si—OH 与钠长石中氧活性位点之间可能存在氢键吸附作用，使水玻璃吸附在钠长石表面，故水玻璃作用后钠长石的动电位负移。

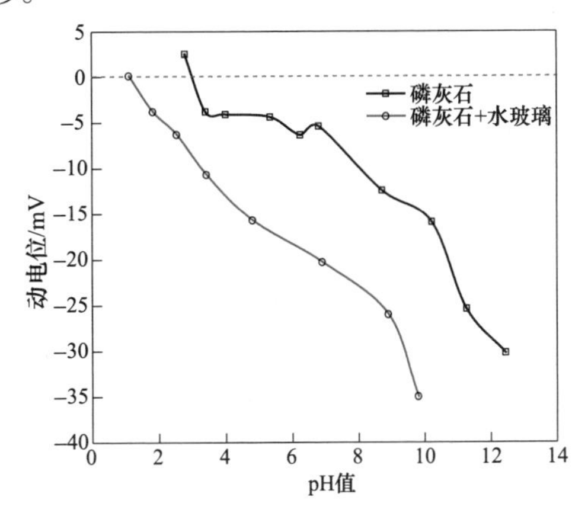

图 6-170 与水玻璃作用前后磷灰石的动电位

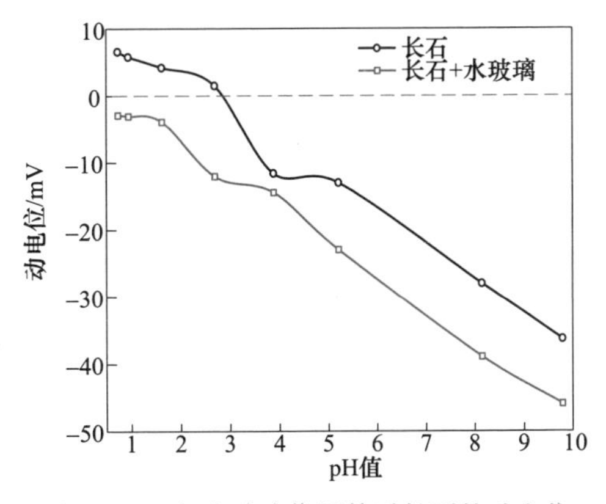

图 6-171 与水玻璃作用前后长石的动电位

为了进一步考察水玻璃在磷灰石和钠长石浮选过程中对钠长石的抑制机理，对于水玻璃作用前后磷灰石和钠长石进行了红外光谱分析。

图 6-172（a）为水玻璃的红外光谱，其中 3449. 98cm^{-1}为水玻璃分子间缔合羟基的伸缩振动峰，1637. 28cm^{-1}为水分子羟基弯曲振动吸收峰；1088. 17cm^{-1}为 Si—O—Si 特征峰，也是水玻璃的主要特征峰，459. 80cm^{-1}和 777. 18cm^{-1}为 SiO_4^{4-} 基团特征峰。图 6-172（b）为磷灰石的红外光谱图，图 6-172（c）为与水玻璃作用后磷灰石的红外光谱图，与图 6-172（a）和（b）对比可知，在图 6-172（c）中出现水玻璃在 1088. 17cm^{-1}附近的 Si—O—Si 振动吸收峰，且其可能

与磷灰石特征峰相重合，出现较强的吸收带；图 6-172（a）在 459.80cm^{-1}处的 SiO_4^{4-} 振动吸收峰出现在图 6-172（c）中且向高波数方向偏移至 472.12cm^{-1}，作用后的羟基振动峰由 3449.98cm^{-1}向低波数偏移到 3424.01cm^{-1}，且峰宽增加，这均说明水玻璃与磷灰石表面可能形成氢键吸附，氢键效应使羟基振动频率变小，O—H 键伸缩振动峰向低波数偏移。图 6-173（a）为水玻璃的红外光谱图，图 6-173（b）为钠长石的红外光谱图，图 6-173（c）为与水玻璃作用后钠长石的红外光谱图。与图 6-173（a）和（b）对比，图 6-173（a）中水玻璃在 1088.17cm^{-1}附近的 Si—O—Si 振动吸收峰出现在图 6-173（c）中，并向高波数偏移至 1101.49cm^{-1}

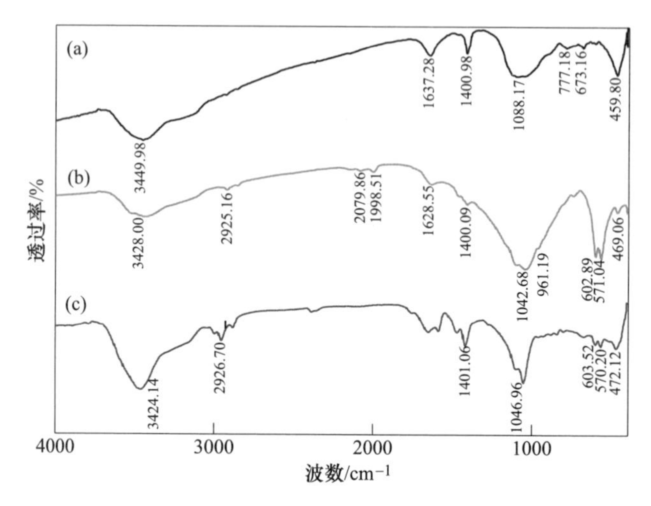

图 6-172　磷灰石与水玻璃作用前后红外光谱

（a）水玻璃；（b）磷灰石；（c）磷灰石与水玻璃作用

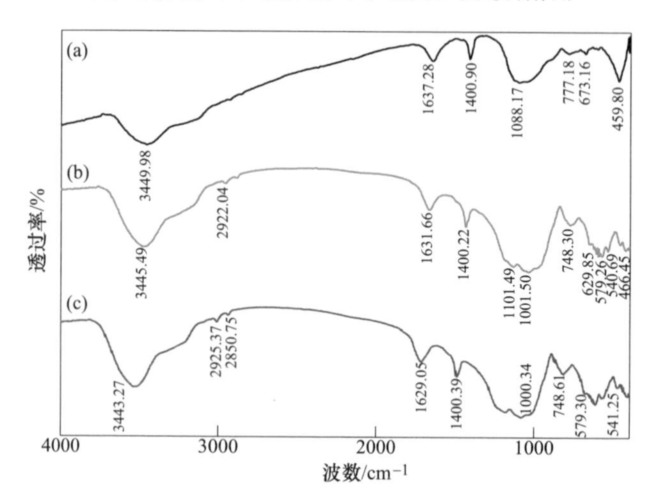

图 6-173　钠长石与水玻璃作用前后红外光谱

（a）水玻璃；（b）钠长石；（c）钠长石与水玻璃作用

处；图 6-173（a）在 459.80cm^{-1}处的 SiO_4^{4-} 振动吸收峰出现在图 6-173（c）中且向高波数方向偏移至 466.45cm^{-1}处，作用后的羟基振动峰由 3449.98cm^{-1}向低波数偏移到 3424.01cm^{-1}，且峰宽增加，这均说明水玻璃与钠长石表面可能形成氢键吸附，氢键效应使羟基振动频率变小，O—H 键伸缩振动峰向低波数偏移，Si—O 骨架振动频率增加，Si—O—Si 和 SiO_4^{4-} 振动吸收峰向高波数方向偏移。这说明水玻璃和钠长石之间可能也发生了氢键吸附作用。

在以上检测分析基础上，可推断水玻璃抑制钠长石主要有三方面原因：一是 $Si(OH)_4$ 和 $SiO(OH)_3^-$ 可吸附在钠长石表面，形成类似于羟基化钠长石表面结构，使矿物强烈亲水引起抑制作用；二是磷灰石与钠长石对胶态硅酸和 $SiO(OH)_3^-$ 离子的吸附能力不同，其对钠长石吸附能力强，吸附固着牢固且吸附量较多，于是钠长石更易被水玻璃抑制；三是硅酸胶粒及 $SiO(OH)_3^-$ 离子的抑制作用，除直接在石英和钠长石表面吸附造成强烈亲水性外，还可解吸石英和钠长石表面已经吸附的阴离子捕收剂。因此，水玻璃在磷灰石与钠长石浮选分离过程中可有效抑制硅酸盐脉石矿物钠长石。

6.6 菱镁矿矿石中常见矿物与浮选药剂的作用原理

我国菱镁矿资源丰富，且质量优良。菱镁矿矿床主要矿物为菱镁矿，同时伴生白云石、方解石等碳酸盐脉石，以及滑石、绿泥石和石英等硅酸盐脉石。目前，主要以浮选法提纯菱镁矿矿石，菱镁矿和硅酸盐矿物的浮选分离一般交替使用反浮选和正浮选，且一般采用正浮选工艺脱除钙质脉石矿物。浮选捕收剂可分为阴离子捕收剂和阳离子捕收剂。阴离子捕收剂主要包括高级脂肪酸及其钠盐，此外，烃基磺酸盐和硫酸盐等阴离子捕收剂在菱镁矿浮选中已经得到了一定应用。阳离子捕收剂主要应用于矿物反浮选脱除硅酸盐脉石。本章以菱镁矿、白云石和石英为主要矿物，进行菱镁矿中常见矿物与浮选药剂的作用机理研究。

6.6.1 菱镁矿矿石中常见主要矿物晶体的表面化学特征

6.6.1.1 菱镁矿晶体结构

菱镁矿化学分子式为 $MgCO_3$，理论含量为 MgO 47.81%（含镁 28.83%）、CO_2 52.19%。菱镁矿矿石除了主要成分 $MgCO_3$ 外，还常含有 $CaCO_3$、$FeCO_3$、Al_2O_3 和 SiO_2 等杂质。菱镁矿根据结晶状态的不同，可将其划分为晶质和非晶质两种。晶质菱镁矿常呈六面体状、板状、粒状等，解理完全，有玻璃光泽。非晶质菱镁矿为凝胶结构，无光泽，无解理，有贝壳状的断口。菱镁矿属三方晶系，菱面体晶胞：$a_{rh}=0.566$nm，$\alpha=48°10'$，$Z=2$；六方晶胞：$a_h=0.462$nm，$c_h=1.499$nm，$Z=6$。方解石型结构。主要单形为菱面体 r、f，六方柱 m、a，平行双面 c，复三方偏三角面体 v。常呈显晶粒状或隐晶质致密块体。在风化带常呈隐晶质瓷状。菱镁矿晶体结构如图 6-174 所示。MS 软件 CASTEP 模块计算所得菱镁矿 XRD 谱图与实际检测所得 XRD 谱图中各特征峰基本吻合，说明构建的菱镁矿晶胞可代表实际菱镁矿晶体结构。

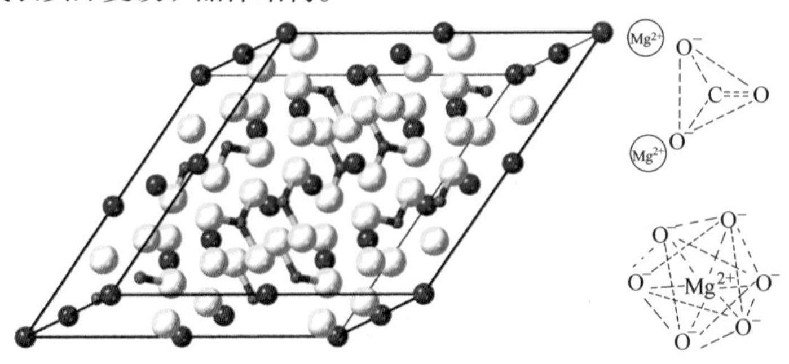

图 6-174　菱镁矿晶体结构

6.6.1.2　菱镁矿晶体表面分析

根据先前报道，菱镁矿有一组沿面（104）的完全解理，故对菱镁矿沿（104）面进行切割并进行扩建 2×3×1 超晶胞，如图 6-175 所示。

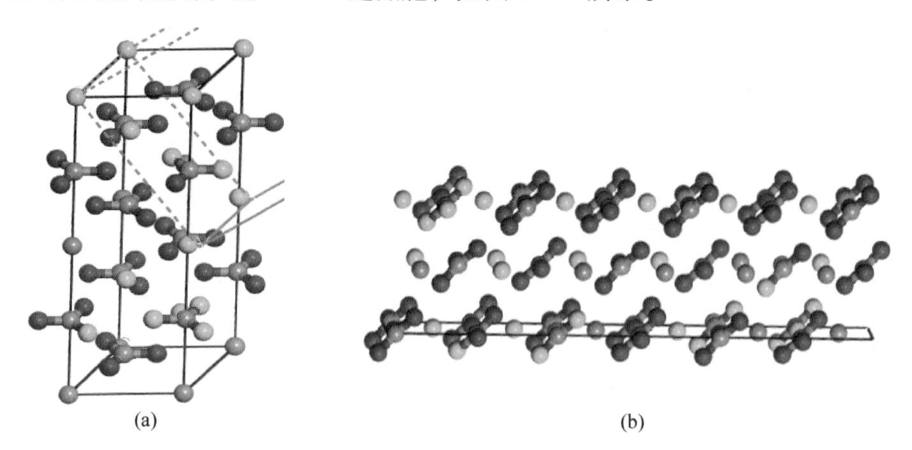

图 6-175　菱镁矿表面构型

（a）沿晶胞（104）面切；（b）沿（104）面切了三层

表面能是指在恒温恒压下，物质可逆地增大一定表面积所做的功。假设物质的表面张力为 δ，增大的表面积为 dA，则所做的功为 $\delta \times dA$，即该物质的表面能为 $\delta \times dA$。系统的表面积增大，导致系统自由能的增加，即为所做的功。表面能是一个表面稳定程度的度量，表面能越大，表面越不稳定。表面能的计算公式见式（6-8）。

$$E_{surf} = [E_{slab} - (N_{slab}/N_{bulk})E_{bulk}]/(2A) \tag{6-8}$$

式中，E_{slab}和E_{bulk}分别为晶面模型和体相模型的能量；N_{slab}和N_{bulk}分别为晶面模型和体相模型的原子数；A为晶面的面积。菱镁矿晶面模型的表面能计算结果如表6-56所示。

表6-56 菱镁矿晶面模型表面能的计算结果

晶面模型	E_{slab}/eV	E_{bulk}/eV	分子式	晶面面积A /nm^2	N_{slab}/N_{bulk}	表面能 /$J \cdot m^{-2}$
(104) 切胞	-14612.265	-14616.650	$C_6O_{18}Mg_6$	0.21483	1	0.102
(104) 超晶胞	-87673.842	-14616.650	$C_{36}O_{108}Mg_{36}$	2.04779	6	0.0636

6.6.2 菱镁矿浮选捕收剂种类及捕收效果

在实际工业中，常采用浮选提纯菱镁矿，去除硅酸盐类和含钙脉石矿物，尤其伴生含钙脉石矿物白云石、方解石晶体表面性质和溶解特性等非常相近，故高选择性浮选药剂选择是实现菱镁矿高效浮选关键因素之一。应用于菱镁矿浮选的捕收剂主要为含有C═O、C—OH的脂肪酸及其改性类捕收剂，含有—NH—、—NH_2的胺类及其醚胺类捕收剂，含有多个═O、—OH的含氧酸酯类捕收剂，以及含有═O、═N、—O—、—N、—OH的氨基酸或者肟酸类螯合捕收剂。表6-57介绍了常见菱镁矿浮选捕收剂种类、名称代号、结构特征及应用特点。

表6-57 常见菱镁矿浮选捕收剂的种类、名称代号及应用特点

分类	名称或代号	分子式或极性基团	捕收特性及应用特点	参考文献
阳离子捕收剂	十二胺	$C_{12}H_{25}NH_2$	十二胺能在矿物表面形成半胶束吸附、静电吸附和范德华力起作用	[242]
	Wely	一种阳离子捕收剂	在水玻璃和六偏磷酸钠为抑制剂的条件下，选用自制的阳离子捕收剂可以得到更高品位及回收率的镁精矿	[243]
	醚胺	R—O—$CH_2CH_2CH_2NH_2$	反浮选中，捕收剂醚胺分段添加，这样既可以提高药剂的选择性，也可以使脉石矿物大量浮出，提高了浮选的最终指标	[244]
	NCDA	$C_{12}H_{25}N(CH_2CHOHCH_2Cl)_2$	NCDA对石英的捕收能力比DDA强，对菱镁矿和白云石的捕收能力明显弱于DDA，从而表现出很强的选择性	[245]

续表 6-57

分类	名称或代号	分子式或极性基团	捕收特性及应用特点	参考文献
阴离子捕收剂	自制咪唑类季铵盐	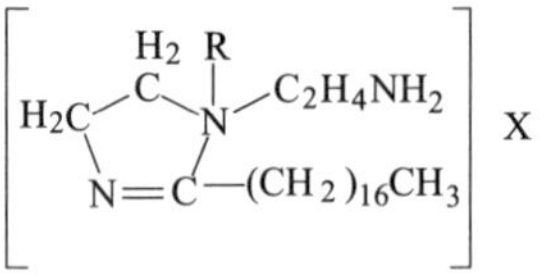 $\left[H_2C-C(H_2)-N(R)(C_2H_4NH_2)-C(=N)-(CH_2)_{16}CH_3 \right] X$	以自制咪唑类季铵盐作为捕收剂进行反浮选实验，捕收剂用量为 187.5g/t，水玻璃用量为 250g/t，松油用量为 4.8L/t，在控制原矿矿浆 pH 值不变的条件下，得到的最佳实验结果为：MgO 的品位为 53.65%，回收率为 88.21%，SiO_2 品位为 1.71%，CaO 品位为 2.16%	[246]
	DYM-1	R—COOH	DYM-1 与菱镁矿以氢键的形式吸附	[247]
	油酸钠	$C_{17}H_{33}CO_2Na$	使得菱镁矿浮游的主要药剂组分是矿浆中的油酸离子-分子缔合物。在中性和碱性矿浆中，油酸钠和菱镁矿之间发生了化学吸附	[248, 249]
	十二烷基磷酸酯	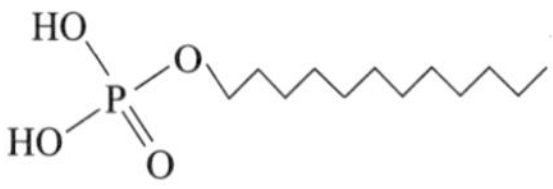 $(HO)_2P(=O)-O-$ (锯齿形烷基链)	十二烷基磷酸酯作为捕收剂时，菱镁矿和白云石的可浮性非常相近，二者浮游差很小，所以仅使用十二烷基磷酸酯进行浮选不能实现菱镁矿和白云石的有效分离	[250]
	米糠油	R—COOH	米糠油作为捕收剂时，其浮选指标与油酸基本相同	[251]
生物浮选捕收剂	*Rhodococcus opacus* 菌	—	在 pH 值为 5.0、*R. opacus* 菌浓度为 100×10^{-6} 的条件下菱镁矿的浮选回收率达到 93.00%	[252]

含 C═O、C—OH 的脂肪酸及其改性类、含多个═O、—OH 的含氧酸酯类的阴离子捕收剂主要包括高级脂肪酸及其钠盐，例如油酸、油酸钠，以及从动植物和石油加工副产品中提炼出来的含多种脂肪酸成分的产品，如塔尔油皂、动植物脂肪酸皂、环烷酸皂、氧化石蜡皂及其精制产品。此外还有具有磺酸基和硫酸基活性基团的阴离子捕收剂烃基磺酸盐和硫酸盐等含硫有机化合物。可采用含多个═O、—OH 基团的含氧酸酯类的阴离子捕收剂浮选菱镁矿。李晓安、陈公伦等[253]采用十二烷基磷酸醋作为捕收剂有可能实现菱镁矿和白云石分选。在菱镁矿工业浮选工艺中最常用的阴离子捕收剂是油酸、油酸钠、氧化石蜡皂、石油磺

酸钠等。周文波、张一敏[254]采用油酸钠作为捕收剂，六偏磷酸钠为调整剂，选择性浮选分离隐晶质菱镁矿和白云石，可实现钙镁分离。国外康加尔研究表明在CMC作为白云石的抑制剂时，捕收剂油酸钾对菱镁矿和白云石的浮选分离能力较强。东北大学[255]研究了含C═O和—OH基团的捕收剂DYM-1、DYM-2、DYM-3对菱镁矿、白云石和石英浮选性能的影响，结果表明DYM-1、DYM-2、DYM-3在常温下能有效回收菱镁矿。

在DYM-2体系中（见图6-176），三种矿物可浮性大小顺序为菱镁矿>白云石>石英。在捕收剂DYM-2体系下，六偏磷酸钠对菱镁矿的抑制作用强于对白云石的抑制作用。

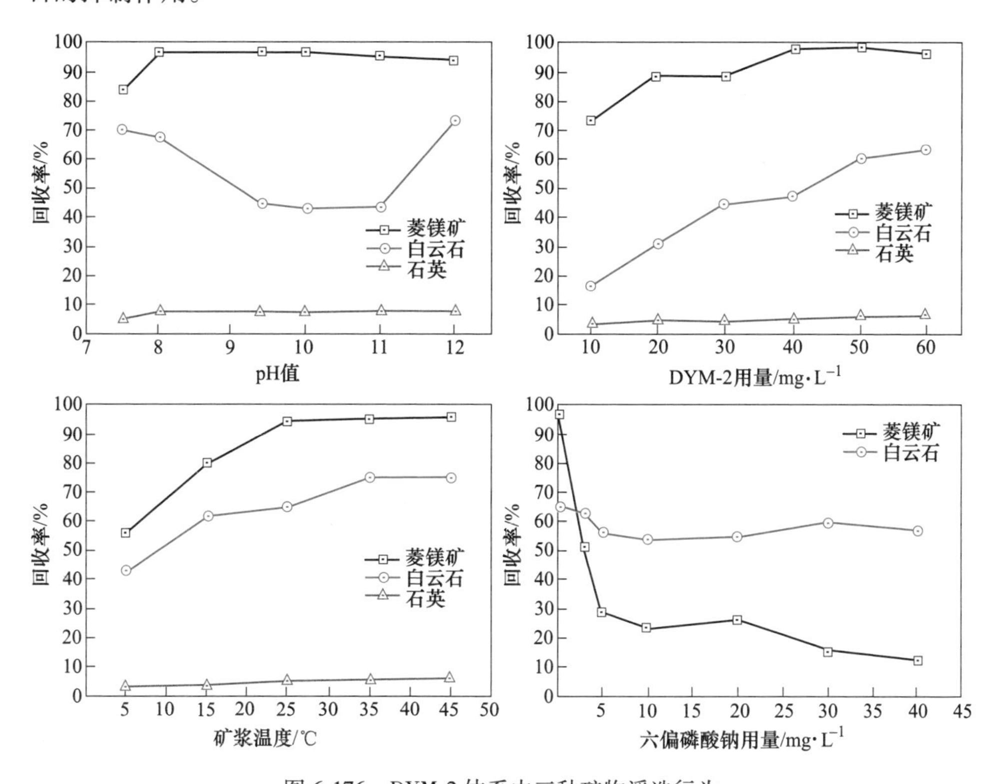

图6-176　DYM-2体系中三种矿物浮选行为

胺类捕收剂是菱镁矿反浮选脱硅的常用捕收剂，一般认为其与矿物表面的作用以静电力起主导作用。因为这种吸附形式不牢固，药剂易从矿物表面脱落，故应用时十二胺应具有足够高的浓度。在适宜浓度下十二胺能在矿物表面形成半胶束吸附，此时除了静电力吸附外，烃链间的范德华力亦起重要作用。卢惠民、薛问亚[256]根据海城低品级菱镁矿的性质和特点，采用以醚胺为捕收剂的菱镁矿反-正浮选工艺，获得较好的分选指标。黄玉梅研究了阳离子捕收剂DYM-7对菱镁矿、白云石和石英的浮选行为，结果表明DYM-7是菱镁矿反浮选的有效捕收剂。

在 DYM-7 浮选药剂体系中（见图 6-177），白云石和石英浮选回收率明显高于菱镁矿。在 pH 值为 7.5 的条件下，DYM-7 用量在 5~30mg/L 范围内，石英浮选回收率高于白云石和菱镁矿。

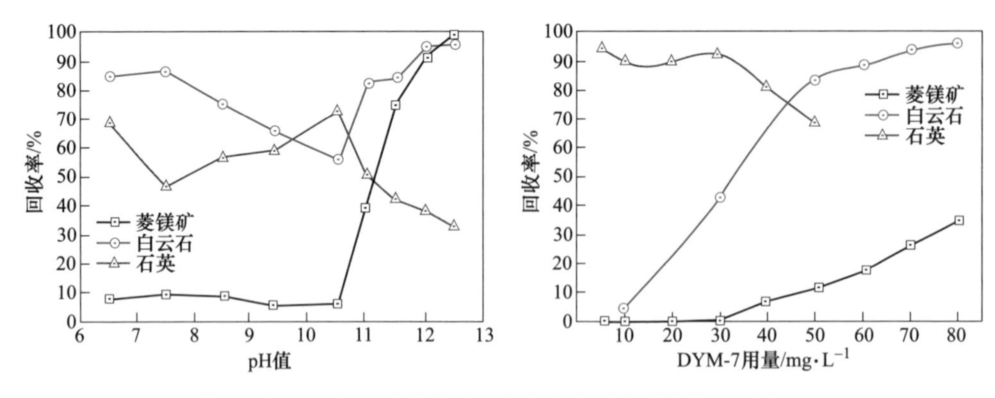

图 6-177　DYM-7 对菱镁矿、白云石和石英浮选行为的影响

近年来，两性捕收剂应用在菱镁矿浮选中，且主要以氨基羧酸为主。东北大学研发了含有═O、═N、—O—、—N、—OH 等基团的氨基酸类螯合捕收剂 DYM-4 和 DYM-5 并进行了菱镁矿、白云石和石英的单矿物浮选试验，取得较好的浮选效果。

在 DYM-4 浮选体系中（见图 6-178）三种矿物的可浮性顺序为菱镁矿>白云石>石英。在 pH 值为 7、DYM-4 用量为 70mg/L、浮选温度为 25℃的条件下，抑制剂对菱镁矿和白云石均有抑制作用，但其对菱镁矿的抑制作用要强于对白云石的抑制作用。

6.6.3　菱镁矿捕收剂与矿物表面作用机理分析

针对菱镁矿浮选机理所进行的研究主要集中于浮选药剂在矿物表面吸附机理。张志京、毛钜凡[257]研究以油酸钠作浮选捕收剂时，菱镁矿和白云石的可浮性以及油酸钠在矿物表面的吸附机理。结果表明油酸离子-分子缔合物是导致菱镁矿浮选的主要药剂组分。在中性和碱性矿浆中，油酸钠在菱镁矿表面主要是化学吸附。袁世泉、张洪恩[258]通过对菱镁矿及其主要伴生矿物白云石溶解行为的研究，研究了钙镁离子对矿物表面电动电位的影响。研究发现菱矿镁、白云石的溶液化学行为与表面电性之间存在着密切的联系。李晓安、陈公伦[259]的研究表明磷酸根对钙离子的亲和力大于它对镁离子的亲和力，故含磷酸根的磷酸酯在菱镁矿和白云石的表面吸附可能具有选择性。本书采用接触角测量、动电位测试、红外光谱分析和 MS 模拟计算的方法，研究浮选药剂在矿物表面的作用机理。

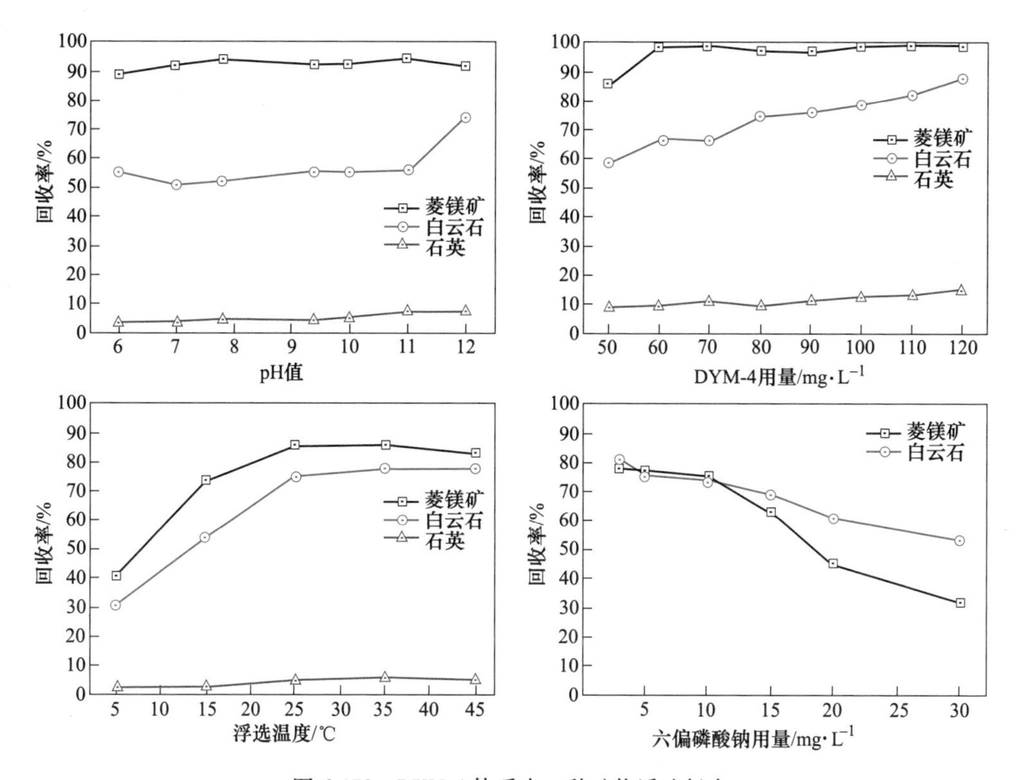

图 6-178 DYM-4 体系中三种矿物浮选行为

6.6.3.1 药剂分子结构及性质

以捕收剂 DYM-4 为例，进行药剂分子结构建模、计算和分析。通过对比 Dmol3 模拟计算所得红外光谱与实际检测红外光谱（见图 6-179），验证运用 MS 所建立药剂分子结构模型的准确性。药剂分子 DYM-4 模型计算所得到的红外光谱与红外检测仪所检测得到的红外光谱对比可知，拟合程度较高，故药剂分子模型可代表实际药剂分子。基于结构优化后的分子模型，运用 MS 软件中 CASTEP 计算了药剂分子外层电子空间分布。经过改性后的脂肪酸类捕收剂，其药剂分子整体电负性明显加强，因此药剂分子之间排斥力较改性之前明显增强，这将有助于 DYM-4 捕收剂分子在矿浆中充分分散，更好地发挥捕收剂 DYM-4 分子的捕收作用。高电负性基团作为捕收基团对捕收剂 DYM-7 分子在矿物表面的吸附起到一定的协助作用。

前线轨道理论主要是描述分子整体活性，其中 HOMO 的能量大小直接反映分子失电子的能力，即还原性，而 LUMO 的能量大小反映分子得电子的能力，即氧化性。HOMO 值越大，则越容易失电子，还原性越强；LUMO 值越大，则越容易得电子，氧化性更强。对于两性类捕收剂 DYM-4 而言，其极性基团外侧的 LU-

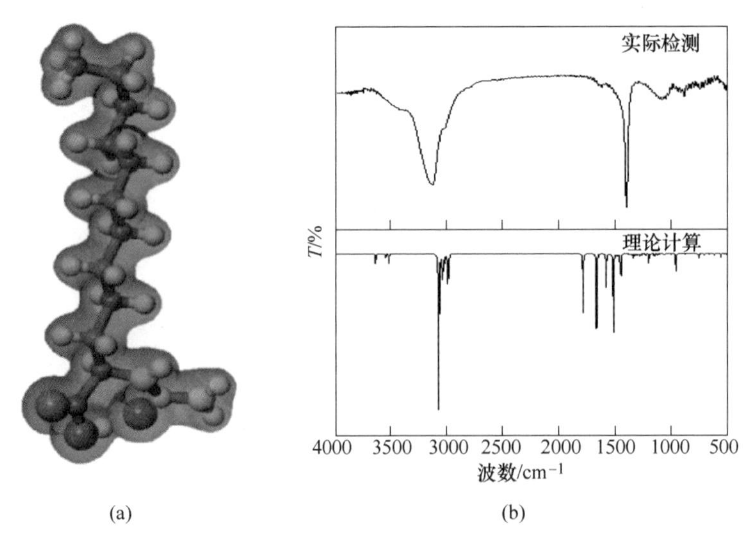

图 6-179　DYM-4 计算与检测红外光光谱对比以及其分子结构和电子空间分布图

(a) 分子结构和电子空间分布；(b) 计算与检测红外光光谱

MO 轨道既有多电子的负电性轨道，也有缺电子的正电性轨道，因此该捕收剂分子 DYM-4 既可以与矿物表面多电子活性位点发生作用，也易与矿物表面的缺电子活性位点发生作用。改性前的阴离子捕收剂月桂酸和改性后的阴离子捕收剂 DYM-2 及两性捕收剂 DYM-4 的前线轨道能量的计算对比分析见表 6-58，分析结果表明药剂分子 HOMO 与 LUMO 能量差所表现出药剂分子活性存在一定差别，引起药剂活性差别的原因主要是极性基团的不同。药剂活性大小为 DYM-4>DYM-2>月桂酸，这说明改性之后的捕收剂 DYM-4 活性明显提高。

表 6-58　药剂分子前线轨道能量

药　剂	E_{HOMO}/eV	E_{LUMO}/eV	ΔE/eV
月桂酸	0. 616	2. 866	-2. 250
DYM-2	-5. 514	-3. 206	-2. 308
DYM-4	-5. 819	-0. 888	-4. 931

捕收剂分子 DYM-4 的电子分态密度（PDOS）和其表面活性原子的电子分态密度（PDOS）如图 6-180 所示。在费米能级附近由 s 轨道和 p 轨道组成，其中 p 轨道电子态密度高于 s 轨道电子态密度，故捕收剂 DYM-4 的活性主要由 p 轨道贡献。分析 N、H、O 原子的电子分态密度，N 原子和 O 原子费米能级附近主要由 2p 轨道组成，H 原子费米能级附近则主要由 1s 轨道组成。故捕收剂 DYM-4 药剂活性原子为 N 原子和 O 原子。

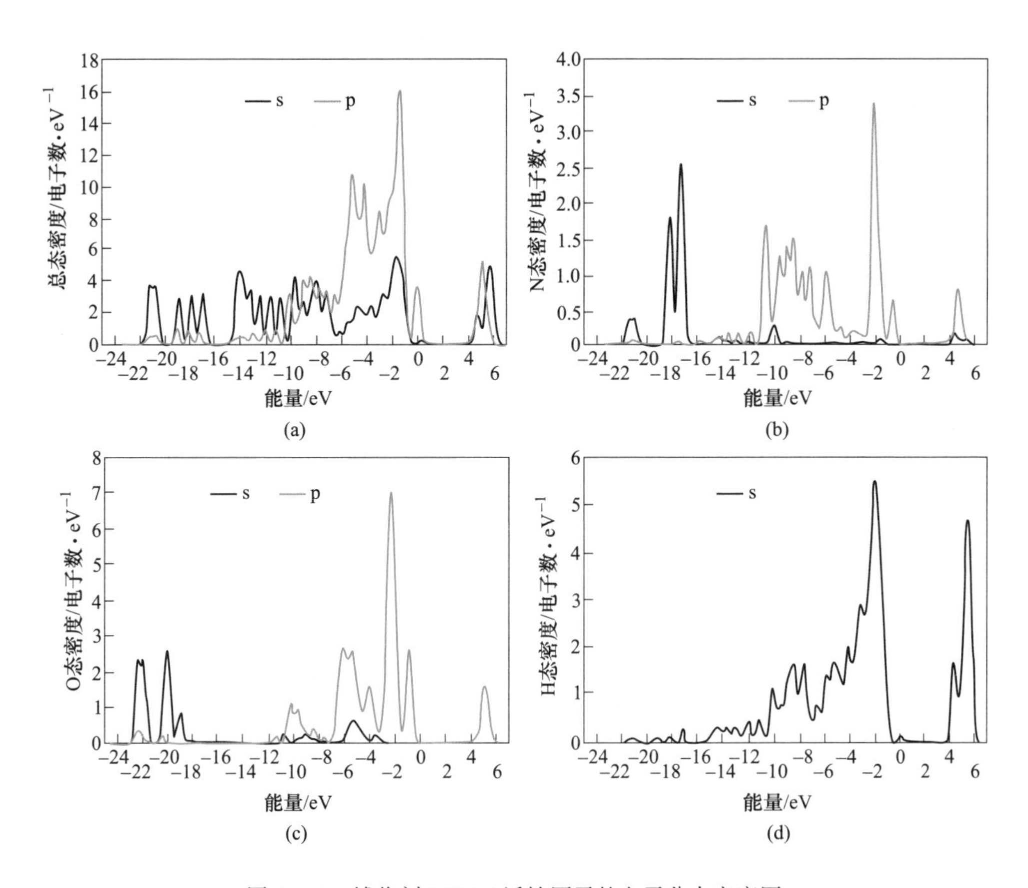

图 6-180 捕收剂 DYM-4 活性原子的电子分态密度图

6.6.3.2 表面润湿性分析

接触角可表征矿物表面润湿性和可浮性，接触角越大，矿物可浮性越好。矿物表面润湿性与矿物浮选的回收率有直接关系。以捕收剂 DYM 系列捕收剂为例，分析菱镁矿和白云石与捕收剂作用前后接触角大小的变化，研究浮选过程中浮选药剂对菱镁矿和白云石可浮性的影响，接触角分析结果见图 6-181。

相对于菱镁矿和白云石的接触角，随着 DYM 系列药剂用量增加，与六种捕收剂作用后，菱镁矿和白云石的接触角均逐渐增大；菱镁矿与六种捕收剂作用后接触角大小顺序为 DYM-2≈DYM-3>DYM-6>DYM-4>DYM-1≈DYM-5，白云石与六种捕收剂作用后接触角大小近似。在 DYM 系列药剂用量 160mg/L 范围内，菱镁矿接触角均大于白云石接触角，且菱镁矿接触角的增加幅度大于白云石接触角的增加，这说明六种捕收剂均可吸附在菱镁矿和白云石表面，且其对菱镁矿表面润湿性影响大于对白云石表面润湿性的影响。

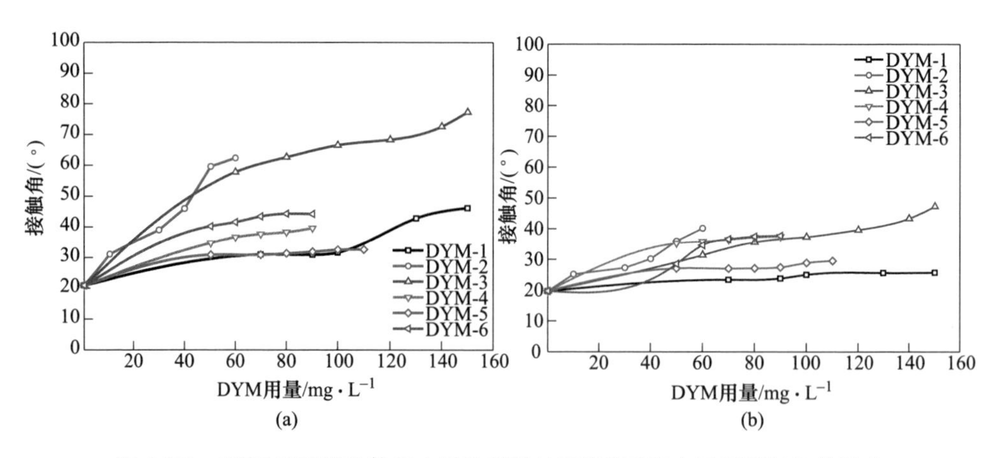

图 6-181 DYM 系列捕收体系中捕收剂用量对菱镁矿和白云石接触角的影响
（a）菱镁矿；（b）白云石

6.6.3.3 表面动电位检测分析

矿物表面电性对浮选药剂在矿物表面作用影响较大，本节以 DYM-1、DYM-2、DYM-3、DYM-4、DYM-5、DYM-6 和 DYM-7 这七种捕收剂为例，研究矿物表面电性对药剂在矿物表面的作用机理。与浮选药剂作用前后菱镁矿、白云石和石英表面动电位分析试验结果如图 6-182 和图 6-183 所示。

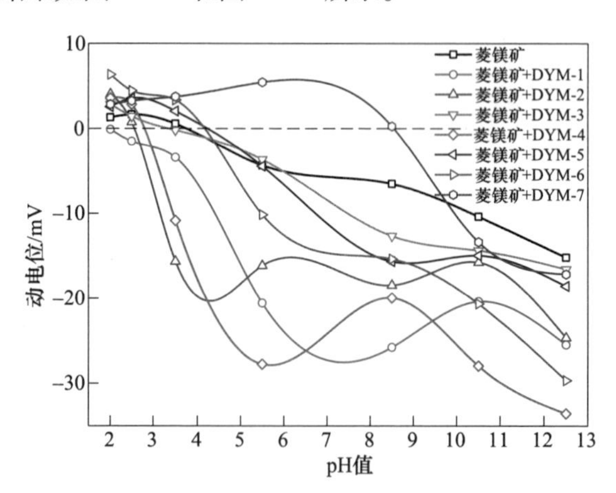

图 6-182 药剂作用前后菱镁矿的动电位

菱镁矿的零电点是 3.8 左右，pH 值在 4~12 范围内，菱镁矿表面荷负电。阴离子捕收剂 DYM-2 以及两性捕收剂 DYM-1 和 DYM-4 与菱镁矿作用后，菱镁矿表面的动电位曲线向负值方向偏移。与 DYM-2 作用后，菱镁矿等电点左移，且其动电位明显向负方向移动，这可能是因为捕收剂分子可特性吸附于菱镁矿表面，

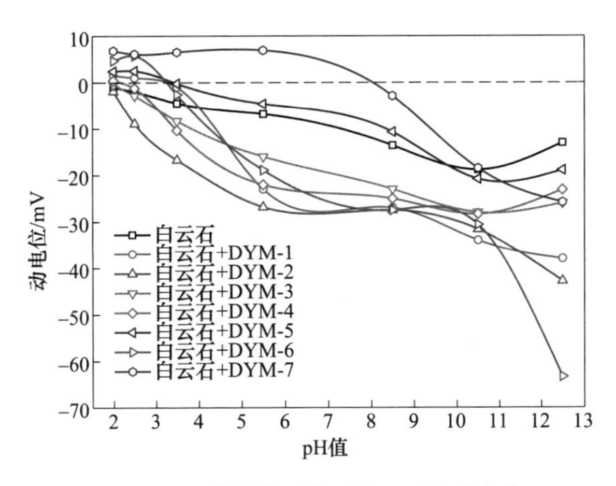

图 6-183 药剂作用前后白云石的动电位

减少矿物表面的正电微区；此时菱镁矿浮选回收率逐渐增加，并处于稳定状态。两性捕收剂 DYM-1 和 DYM-4 与菱镁矿作用后，菱镁矿表面动电位负向偏移较大，且等电点左移。推断其原因可能是由于捕收剂分子 DYM-1 和 DYM-4 中的羧基可与菱镁矿表面荷正电的 Mg^{2+} 活性位点发生键合吸附所引起的。随着 pH 值增加，溶液中 OH^- 离子浓度增大，即溶液的离子强度增大，导致菱镁矿表面双电层被压缩，因而使菱镁矿表面动电位的绝对值变小。同时，两性捕收剂中—NH 基团可与菱镁矿表面氧原子活性位点发生氢键吸附，使得矿物表面净剩负电荷下降。键合吸附与氢键的协同吸附作用有助于强化捕收剂 DYM-1 和 DYM-4 在菱镁矿表面的吸附（见红外光谱分析）。这与 DYM-1 和 DYM-4 体系中随 pH 值升高菱镁矿浮选回收率逐渐增加的结果一致。与两性捕收剂 DYM-3 作用后，菱镁矿表面等电点变化较小；随 pH 值变化，捕收剂 DYM-3 作用后的菱镁矿动电位与作用前的菱镁矿动电位变化趋势近似，推断捕收剂 DYM-3 主要静电吸附于菱镁矿表面。捕收剂 DYM-5 和 DYM-6 与菱镁矿作用后，菱镁矿等电点向右微移，在 pH 值大于 4.5 后，菱镁矿表面动电位整体负向漂移，这可能是因为当 pH 值低于 4 时，捕收剂分子 DYM-5 和 DYM-6 中的羧基与荷正电的菱镁矿表面发生静电吸附，故使与捕收剂 DYM-5 和 DYM-6 作用后菱镁矿表面动电位曲线正向移动。随着 pH 值增加，菱镁矿表面荷负电，DYM-5 和 DYM-6 捕收剂与菱镁矿表面必然存在作用能力强于静电吸附的特性吸附。阳离子捕收剂 DYM-7 与菱镁矿作用后，菱镁矿等电点正向偏移，达到 8.5 左右，说明捕收剂 DYM-7 可静电吸附于菱镁矿表面负电微区，并使其表面在 pH 值小于 8.5 时荷正电。但结合回收率曲线，pH 值在 6.5~10.5 范围内时菱镁矿回收率不大于 10%，说明在此 pH 值范围内，捕收剂 DYM-7 可静电吸附于菱镁矿表面但吸附强度相对较小，其对菱镁矿的捕收性能相对较差。当 pH 值在 10.5~12.5 范围内时，与药剂作用后的菱镁矿表面动电位向负方向偏移，这可能是因为随着溶液中 OH^-离子浓度逐渐增加，菱镁矿表面主要以 Mg—OH 为主，药剂分子 DYM-7 中的—NH_2 基团可以 N …H—O 氢键形式吸附于菱镁矿表面，此时菱镁矿回收率也急剧增加。

由于白云石和菱镁矿晶体性质相似，因此捕收剂 DYM-1、DYM-2、DYM-3、DYM-4、DYM-5、DYM-6、DYM-7 对白云石的作用也与其对菱镁矿作用相似，回收率变化趋势大致相同，捕收剂 DYM-7 对菱镁矿的捕收效果相对较差。白云石与捕收剂 DYM 系列捕收剂作用后表面动电位变化的趋势亦与菱镁矿表面动电位变化趋势大体相同。白云石与阴离子捕收剂 DYM-2 作用后，白云石等电点左移，表面动电位负向移动；而结合回收率曲线，pH 值在 8～11 范围内时白云石回收率逐渐下降；这可能是因为随着 pH 值增加，溶液中 OH^-离子浓度增加，OH^-离子与 DYM-2 药剂分子中羧基在白云石表面钙、镁活性位点发生竞争吸附，使得矿物表面的净剩负电荷相对增加。与两性捕收剂 DYM-4 作用后白云石表面动电位负移，这可能是因为 DYM-4 主要以分子中羧基与白云石表面 Ca^{2+}和 Mg^{2+}离子活性位点发生键合吸附，进而使得白云石表面动电位负移。两性捕收剂 DYM-3 与白云石作用后，白云石等电点变化较小；随 pH 值变化，捕收剂 DYM-3 作用后的白云石动电位较作用前白云石的动电位向负值变化，推断捕收剂 DYM-3 主要静电吸附于白云石表面，进而使其表面净剩负电荷增加，结合回收率曲线可知，捕收剂 DYM-3 对白云石捕收能力较弱。与阳离子捕收剂 DYM-7 作用后白云石动电位正向偏移，且其等电点正向移动，这可能是因为 DYM-7 可以通过其分子中的氨基与白云石表面的氧原子活性位点发生氢键吸附作用。与 DYM-2、DYM-3、DYM-4、DYM-5、DYM-7 作用后，石英的等电点接近其零电点，且其动电位曲线变化趋势近似，这说明捕收剂与石英之间以物理吸附作用为主。

6.6.3.4　红外光谱检测分析

红外光谱法实质上是一种根据分子内部原子间的相对振动和分子转动等信息来确定物质分子结构和鉴别化合物的分析方法。以 DYM-2、DYM-4 为例，采用红外光谱分析两种捕收剂在菱镁矿表面的吸附方式。

菱镁矿的红外光谱中 $3126cm^{-1}$处为 O—H 振动吸收峰，$1400cm^{-1}$和 $1090cm^{-1}$处为 C—O 键不对称和对称伸缩振动吸收峰，$748cm^{-1}$处为 CO_3^{2-} 中 C—O 面内弯曲振动吸收峰，$884cm^{-1}$处为 CO_3^{2-} 的 C—O 键面外弯曲振动吸收峰，$1627cm^{-1}$处为水分子中 O—H 键的振动吸收峰。白云石红外光谱中 $3127cm^{-1}$处为 O—H 振动吸收峰，$1400cm^{-1}$ 和 $1105cm^{-1}$ 处为 C—O 键不对称和对称伸缩振动吸收峰，$729cm^{-1}$处为 CO_3^{2-} 中 C—O 面内弯曲振动吸收峰，$882cm^{-1}$处为 CO_3^{2-} 的 C—O 键面外弯曲振动吸收峰，石英光谱中 $3125cm^{-1}$处为 O—H 振动吸收峰，$1088cm^{-1}$处为 Si—O 不对称伸缩振动吸收峰，$780cm^{-1}$处为 Si—O—Si 对称伸缩振动特征峰。

由图6-184所示捕收剂DYM-4与菱镁矿、白云石、石英三种矿物作用前后的红外光谱分析结果可知，捕收剂DYM-4红外光谱图中3455.27cm^{-1}处及3158.34cm^{-1}处的吸收峰较宽，可能有O—H与N—H伸缩振动；1636.26cm^{-1}处的吸收峰为羧基和酰胺基的C═O键特征吸收峰，其中还表征为N—H面内弯曲振动吸收峰；1102.59cm^{-1}处吸收峰为C—N伸缩振动峰。菱镁矿和白云石与DYM-4作用后，DYM-4捕收剂分子在3158.34cm^{-1}处的振动吸收峰出现在与该捕收剂作用后的菱镁矿和白云石红外图谱中，并均向低波数方向漂移，振动减弱，吸收强度增强，这可能是由DYM-4分子与菱镁矿和白云石的氢键吸附作用所引起的。与DYM-4作用后菱镁矿和白云石表面出现C═O特征吸收峰且与菱镁矿和白云石表面的O—H吸收峰重叠，该C═O特征吸收峰由1636.26cm^{-1}处分别向低波数漂移，这可能是由捕收剂DYM-4分子中羧基可与菱镁矿和白云石表面Mg^{2+}离子或Ca^{2+}离子等活性位点发生键合吸附所引起。捕收剂DYM-4中1102.59cm^{-1}处C—N伸缩振动峰与菱镁矿和白云石的C—O特征峰耦合，在与菱镁矿和白云石矿物作用后均发生红移，这可能是由捕收剂DYM-4与菱镁矿和白云石发生氢键吸附作用引起的。故捕收剂DYM-4在氢键吸附和键合吸附协同作用下吸附于菱镁矿和白云石表面。与捕收剂DYM-4作用后石英图谱与作用前相比未见明显变化，这说明捕收剂DYM-4在石英表面主要以物理吸附为主。

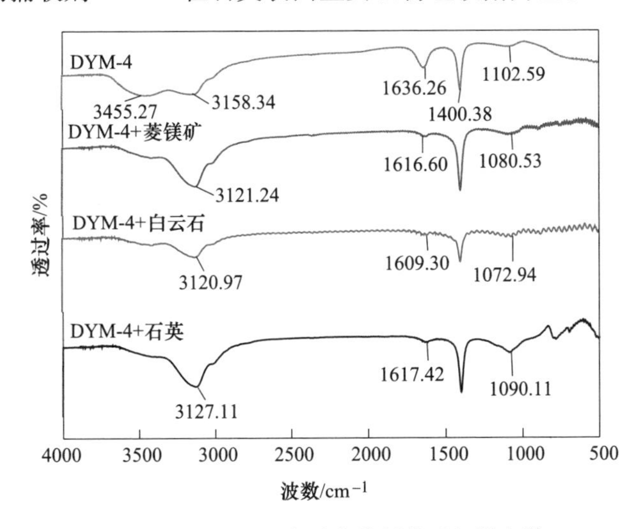

图6-184 DYM-4与矿物作用前后红外光谱

由图6-185所示捕收剂DYM-2与菱镁矿、白云石、石英三种矿物作用前后的红外光谱图可知，3415.38cm^{-1}和3138.39cm^{-1}处的吸收峰为药剂DYM-2分子中O—H键特征峰，与菱镁矿和白云石作用后，两处的吸收峰均向着低波数方向发生不同程度的漂移，即振动减弱，这可能是由于DYM-2与菱镁矿和白云石表面的氧原子发生了氢键吸附作用，氢键效应使其伸缩振动频率降低。捕收剂 DYM-2 红外光谱中 1635.73cm^{-1}处为 C═O 键吸收峰，与菱镁矿和白云石作用后，DYM-2 分子羧基中 C═O 键的特征峰均向着低波数方向漂移，这可能是由于电负性较强的溴原子强化了羧基与矿物表面不同活性位点金属原子之间的键合吸附作用，即使溴原子对羧基 C═O 键的诱导效应降低，故 C═O 键的电子云密度降低，键的力常数下降，DYM-2 分子中 C═O 键伸缩振动吸收峰向低波数漂移。与 DYM-2 作用后石英的红外光谱中特征峰较作用前石英的特征峰基本不变，故 DYM-2 与石英之间作用主要以物理吸附为主。结合动电位分析和 DYM-2 浮选菱镁矿、白云石、石英的试验结果，阴离子捕收剂 DYM-2 在菱镁矿和白云石表面的吸附以键合吸附和氢键吸附为主，在捕收剂 DYM-2 作用下，菱镁矿和白云石可获得较好的浮选指标；而捕收剂 DYM-2 与石英之间主要以作用力较弱的物理吸附为主，故 DYM-2 对石英的浮选效果较差。

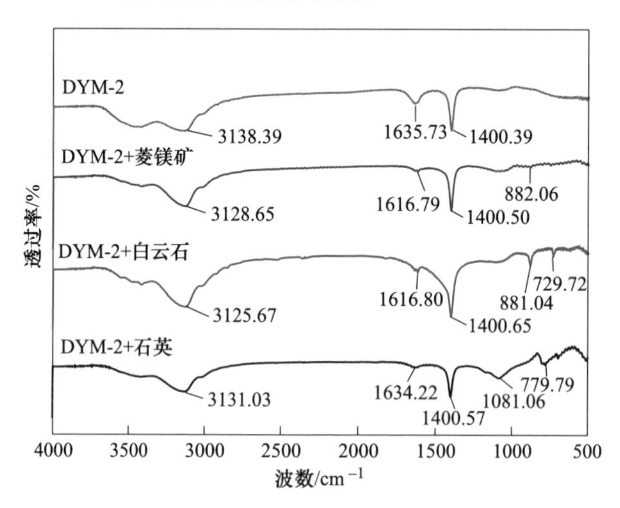

图 6-185　DYM-2 与矿物作用前后红外光谱

6.7　重晶石矿中常见矿物与浮选药剂的作用原理

我国重晶石主要与石英、萤石、方解石、白云石、菱铁矿等其他矿种共伴生。对于嵌布粒度细的矿石和重选尾矿的分选须采用浮选提质。浮选可分为正浮选与反浮选两种，反浮选通常用于去除金属硫化物，正浮选主要用于与石英及钙质脉石矿物分离。重晶石作为一种常见的盐类矿物，其浮选中常用捕收剂类型有两种，一种是脂肪酸烷基硫酸盐、烷基磺酸盐、油酸及其皂类捕收剂等阴离子捕收剂；另一种是以各种脂肪胺、醚胺为主的阳离子捕收剂。本章以重晶石、石英、白云石和赤铁矿为主要矿物，进行重晶石中常见矿物与浮选药剂的作用机理研究。

6.7.1　重晶石中常见主要矿物晶体化学特征

矿物的晶体结构及表面特征是影响矿物浮选的重要因素，直接影响着矿物解离后表面的极性、不饱和键的性质，影响矿物表面的润湿性，进而影响矿物的可浮性及药剂与矿物的选择性作用能力。本节重点分析重晶石和白云石的晶体结构以及表面特性分析，赤铁矿和石英的晶体结构分析详见第6章第6.1节。

6.7.1.1　矿物的基本晶体化学特征

重晶石和白云石的晶体结构如图6-186所示。重晶石晶体的化学式为$BaSO_4$，晶格内也可能存在有锶、铅、钙等类质同象替代。重晶石晶体属立方晶系结构，其晶格参数为$a=0.889nm$、$b=0.546nm$、$c=0.716nm$、$\alpha=\beta=\gamma=90°$、$Z=4$，空间群为-Pnma。重晶石晶体结构中，Ba^{2+}和S^{2-}分别位于b轴的1/4和3/4处。硫氧四面体通过阳离子Ba^{2+}共顶角连接，硫氧四面体方位为两个O^{2-}呈水平排列，另两个O^{2-}与其垂直。硫氧四面体在晶体中的结晶方位是四面体棱的法线(L2)方向指向c(001)，四面体的顶角指向a(100)和b(010)。Ba与O组成的$[Ba—O_{12}]^{22-}$立方八面体，Ba^{2+}与7个硫氧四面体连接，并与其中的12个O^{2-}相连，配位数为12。重晶石晶格内S—O键布居值变化范围为0.540~0.580，键长变化范围为0.1477~0.1503nm，为共价键。Ba—O键布居值变化范围为0.050~0.070，键长变化范围为0.2798~0.2910nm，为典型的离子键。重晶石晶体在（001）面解离完全，因晶格内S—O键共价性更强、键强更高，因此在重晶石晶体受到外力作用沿着（001）晶面族方向发生解理时，会沿着Ba—O键的位置处发生断裂，在矿物表面产生荷正电的钡离子和荷负电的氧负离子。

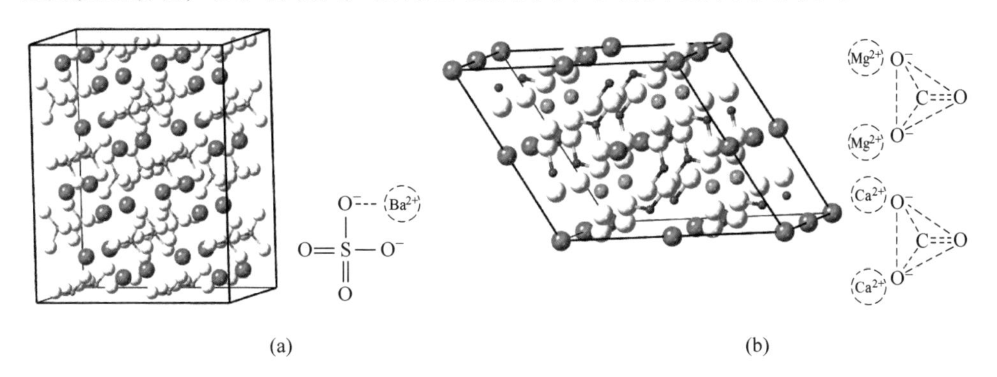

图6-186　矿物晶体结构图

（a）重晶石；（b）白云石

白云石的化学成分为$CaMg(CO_3)_2$，常见的类质同象有Fe、Mn、Co、Zn代替Mg，Pb代替Ca。其中Fe与Mg可形成$CaMg[CO_3]_2$-$CaFe[CO_3]_2$完全类质同

象系列；当 Fe 含量大于 Mg 含量时称铁白云石。Mn 与 Mg 的替代则有限，当 Mn 含量大于 Mg 含量时称锰白云石。其他变种有铅白云石、锌白云石、钴白云石等。白云石晶体属三方晶系的碳酸盐矿物，其空间群为 R-3(148)，具有菱面体晶胞和六方晶胞。由六方晶胞可转变为菱面体晶胞，其晶格常数为 $a=b=c=0.601\text{nm}$、$\alpha=\beta=\gamma=47.121°$和 $Z=1$。六方晶胞是二次体心的六方晶胞，其单位晶胞常数为 $a=b=0.48069\text{nm}$、$c=1.6002\text{nm}$，单位晶胞中化学式的数目 $Z=3$，如图 6-186 所示。Ca 与 6 个等效的 O 结合形成 CaO_6 八面体，与 6 个等效的 MgO_6 八面体共享角。角共享八面体的倾斜角为 61°。所有 Ca—O 键长均为 0.2381nm。Mg 与 6 个等效的 O 结合形成 MgO_6 八面体，该八面体与 6 个等效的 CaO_6 八面体共享角。角共享八面体倾斜角为 61°。Mg—O 的所有键长均为 0.2082nm。C 发生 sp2 杂化，与三个 O 以 $\sigma_{sp2\text{-}p}$共价键结合形成平面三角形阴离子团，每个 C—O 键长均为 0.1286nm。O 以变形的三角形平面几何形状结合到一个 Ca 离子、一个 Mg 离子和一个 C 原子。白云石晶体结构中 Ca 和 Mg 沿着三次轴交替排列，即 Ca 八面体和 Mg 八面体层作有规律的交替排列，其结构在形式上可以看成是在方解石结构中半数的 Ca^{2+}被 Mg^{2+}代替并完全有序化，由于这两种阳离子的大小不同而使氧原子有少许的位移。

6.7.1.2　重晶石晶体结构中价键性质分析

重晶石晶体中粒子间所包含的化学键有离子键和共价键。其中钡离子和硫酸根离子之间以离子键结合，硫酸根中硫原子与氧原子间则以共价键的方式结合。经计算 S^{6+} 和 O^{2-} 之间的库仑力为 3.277×10^{-8} N，Ba^{2+} 和 O^{2-} 之间的库仑力为 1.219×10^{-8}N。S^{6+}和 O^{2-}之间的库仑力大于 Ba^{2+}和 O^{2-}之间的库仑力，即 Ba—O 键更容易断裂，计算结果与 MS 计算的布居值相一致。

在硫氧四面体中，S 是Ⅳ价，每个 S 与 4 个 O 相连，因此，每个 S—O 键键价为 $S_{S-O}=6/4=1.5$。而在重晶石结构中，Ba 和 O 是 12 配位，Ba 是Ⅱ价，所以 Ba—O 键键价为 $S_{Ba-O}=2/12\approx0.167$。那么重晶石结构中，与硫相连氧的剩余电价为 $\zeta=-2+1.5+0.167=-0.333$。这表明，在重晶石结构中，每个与硫相连的氧的电负性较大，结合质子的能力较强，故重晶石表面电负性较强，零电点较小。

6.7.1.3　重晶石表面常见解理面的判定

矿物的解理和断裂特性与矿物的晶体结构有密切联系，矿物一般沿着矿物晶体结构中化学键力最弱的方向进行解理。据报道重晶石晶体在（001）面解离完全，沿着晶面（001）族 S—O 键和 Ba—O 键不同位置解理的暴露面性质不同。通过计算键布居值判断解理概率最大位置，见表 6-59。S—O 键的布居值大于 Ba—O 键的布居值，说明 S—O 键的强度要大于 Ba—O 键的强度，即 S—O 键的共价性更强，因此在重晶石晶体受到外力作用沿着晶面（001）族方向发生解理时，沿着 Ba—O 键发生断裂形成晶体表面的概率要大于沿着 S—O 键发生断裂形成晶体表面的概率。采用 MS 确定晶石晶体表面稳定构型如图 6-187 所示。

表 6-59　重晶石晶体中原子之间重叠布居

化学键	布居值
O—S	0.56
O—Ba	0.06
O—O	-0.02

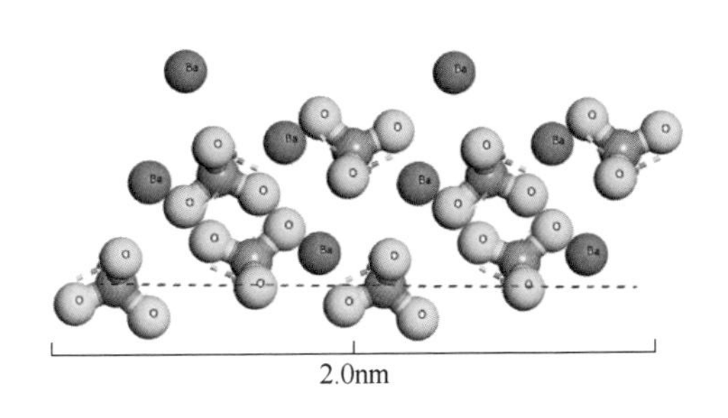

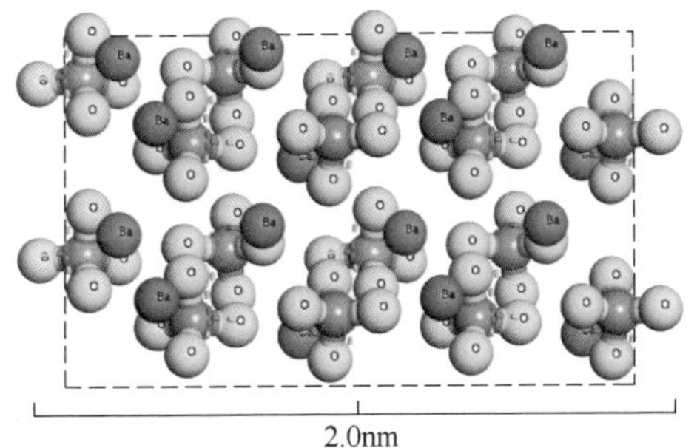

图 6-187　重晶石（001）面稳定构型

6.7.2　重晶石浮选捕收剂种类及捕收效果

沉积型重晶石矿石以及与硫化矿、萤石等伴生的热液型重晶石矿石常需采用浮选提高重晶石精矿的品位。应用于重晶石浮选的捕收剂主要为含有 C═O、C—OH 基团的脂肪酸及其改性类捕收剂，含有—NH—、—NH$_2$ 基团的胺类及其醚胺类捕收剂，含有多个═O、—OH 基团的含氧酸酯类捕收剂以及含有═O、═N、—O—、—N、—OH 基团的氨基酸或者肟酸类螯合捕收剂。表 6-60 介绍了常见锡石浮选捕收剂种类、名称代号、结构特征及应用特点。

表 6-60　重晶石常见浮选捕收剂及其特点

分类	名称或代号	分子式或极性基团	捕收特性及应用特点	参考文献
第一类：脂肪酸类捕收剂	油酸	$H_3(CH_2)_7CH═CH(CH_2)_7COOH$	在重晶石表面主要为化学吸附，捕收能力强、用量小、价格低廉，但价格较高选择性差，不耐低温	[260，261]
	油酸钠	$CH_3(CH_2)_7CH═CH(CH_2)_7COONa$		
	SO8	—COOH	SO8 作为捕收剂，碳酸钠作为调整剂，水玻璃作为分散剂，2 号油作为起泡剂，浮选回收酒钢选厂尾矿中的重晶石，最终获得品位 94.74%	[262]

续表 6-60

分类	名称或代号	分子式或极性基团	捕收特性及应用特点	参考文献
第一类：脂肪酸类捕收剂	DLM-1	—COOH	主要与重晶石发生化学吸附和氢键吸附作用，在矿浆为弱碱性环境下 Mg^{2+} 有利于重晶石与脉石矿物的分离	[263]
	氧化石蜡皂	C═O、C—OH、混合脂肪酸	捕收能力强，对介质有较好的适应能力，但选择性弱，易受温度影响	[261]
	环烷酸	$C_nH_{2n-1}COOH$	原料来源广泛，具有捕收能力强、选择性好、受温度影响小等优良特点	[260]
第二类：烷基硫酸盐类捕收剂	十二烷基硫酸钠	$C_{12}H_{25}SO_4Na$	有良好的选择捕收能力和起泡性，无毒且易溶于水	[261]
	十六烷基硫酸钠	$C_{16}H_{33}SO_4Na$		
第三类：膦酸盐类	烷基 α-羟基 1,1 双磷酸	$—HPO_4^-$	适宜 pH 值范围较广，耐低温	[260, 261]
第四类：胺类捕收剂	十二胺	$CH_3(CH_2)_{11}NH_2$	对白钨矿捕收能力最强，重晶石与磷灰石次之，萤石与方解石最差，并容易受到微细颗粒（如细泥）影响，捕收效率较低	[260, 264]
	十二烷基二甲基苄基氯化铵	$[CH_3(CH_2)_{11}N(CH_3)_3]^+Cl^-$		
	十二烷基三甲基氯化铵	$[CH_3(CH_2)_{11}N(CH_3)_2CH_2C_6H_5]^+Cl^-$		
	氮烷基丙撑二胺	$CH_3(CH_2)_{11}NH(CH_2)_3NH_2$	pH 值为 5~7 时矿物回收率出现峰值，但药剂选择性较差	[265]
第五类：螯合与两性捕收剂	α-胺基烷基膦酸	$(RNHC_2H_4P(O)O_2)^{2-}$	捕收能力比油酸要强且有较好的选择性，能在较广的 pH 值范围内使用，通常以化学方式吸附在重晶石表面上	[163, 261]

重晶石浮选常用的捕收剂主要以含有 C═O、C—OH 基团的脂肪酸及其改性类捕收剂和含有多个═O、—OH 基团的含氧酸酯类捕收剂为主，主要包括脂肪酸盐、石油磺酸盐或硫酸盐等，浮选药剂主要以化学吸附的形式作用于重晶石矿物表面。油酸钠和氧化石蜡皂等脂肪酸及其改性捕收剂是应用最广泛的重晶石捕收剂。氧化石蜡皂对重晶石具有较强的捕收能力，李扬源[266]对广西象州多金属-重晶石矿，以氧化石蜡皂为捕收剂、水玻璃为抑制剂，最终获得了重晶石品位

95.68%、回收率98.77%的浮选指标。高慧民等[267]针对海南某石英重晶石矿，以氧化石蜡皂为捕收剂、水玻璃为抑制剂，获得了较好的浮选指标。油酸是最常见的重晶石捕收剂，主要特点为捕收能力强、用量小、价格低廉，但其选择性差，对温度敏感。卢烁十等[268]研究表明，在采用油酸钠浮选重晶石的过程中，重晶石上浮率与油酸钠用量、矿浆 pH 值和 Fe^{3+} 数量有关。在浮选温度为28℃、油酸用量为50mg/L条件下，研究 pH 值对重晶石、白云石、赤铁矿和石英可浮性的影响，试验结果见图6-188。油酸对重晶石、白云石和赤铁矿的捕收能力均较强。pH 值在8~10范围内，赤铁矿回收率较高，石英几乎不上浮。

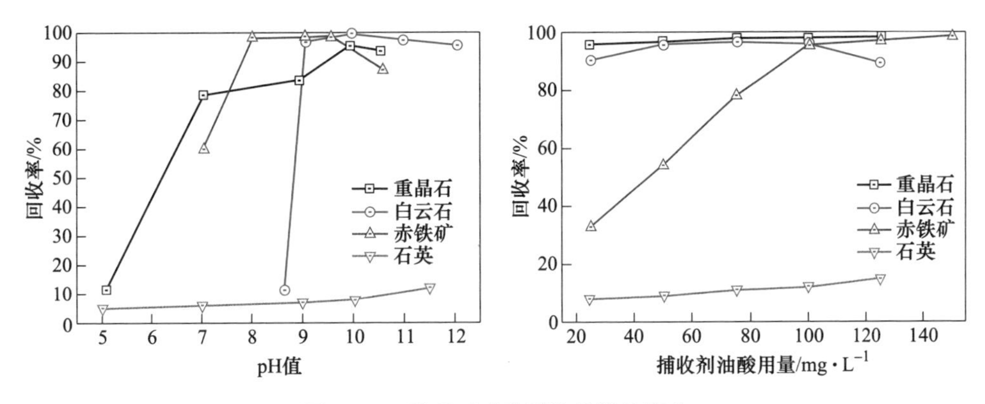

图6-188　油酸对矿物浮选性能的影响

在浮选温度为28℃、pH 值为10、捕收剂油酸用量为50mg/L的条件下，研究了抑制剂六偏磷酸钠对重晶石、赤铁矿、白云石可浮性的影响，试验结果见图6-189。在油酸浮选体系中，六偏磷酸钠对重晶石和赤铁矿浮选回收率影响较小；在油酸体系中，六偏磷酸钠对白云石具有一定的抑制作用。脂肪酸经改性后可提

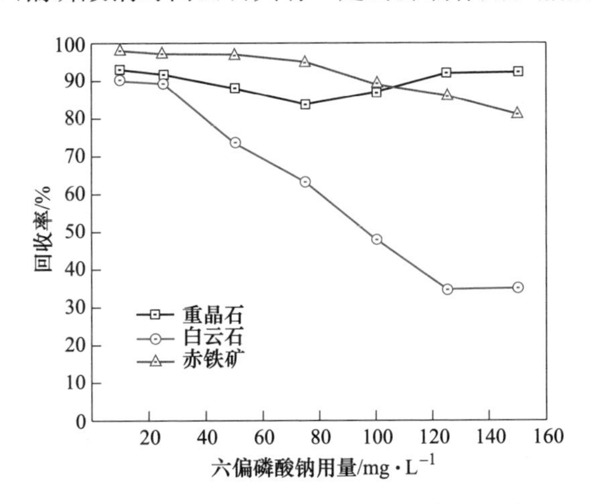

图6-189　六偏磷酸钠对浮选回收率的影响

高捕收剂在矿浆中的分散性和溶解性，改善其选择性和感温性。孙体昌等[262]采用改性脂肪酸 SO8 作为捕收剂，碳酸钠为调整剂，水玻璃为分散剂，2 号油为起泡剂，浮选回收酒钢选厂尾矿中的重晶石，最终获得品位 94.74%、回收率 71.84%的重晶石精矿。朱一民等[263]针对重晶石设计并合成了脂肪酸改性捕收剂 DLM-1 和 DLM-2，并将其应用于重晶石单矿物浮选试验，获得较好的浮选效果。在浮选温度为 28℃、捕收剂 DLM-1 用量为 50mg/L 的条件下，研究了不同 pH 值条件下极性基含 C═O、—OH 基团的改性阴离子 DLM-1 捕收剂对重晶石、白云石、赤铁矿和石英浮选行为的影响，试验结果如图 6-190 所示。

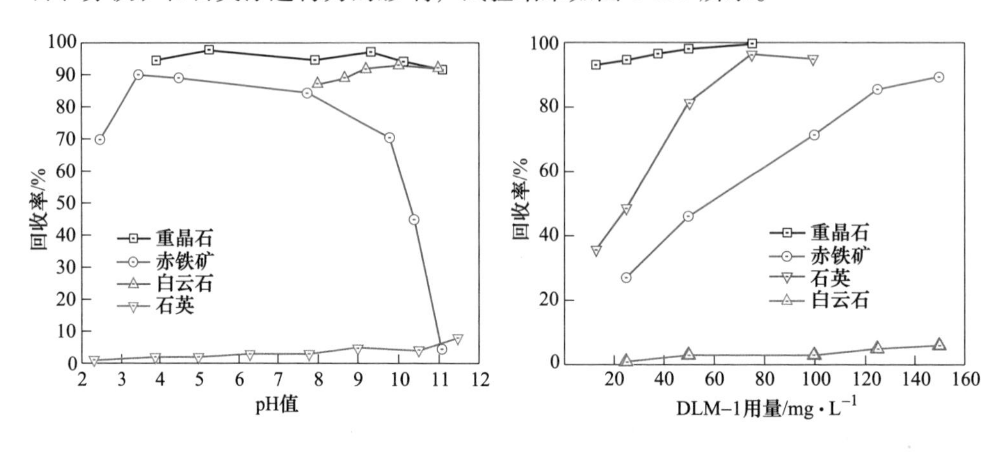

图 6-190　DLM-1 对矿物浮选性能的影响

捕收剂 DLM-1 浮选体系中，矿物可浮性排序为重晶石>白云石>赤铁矿>石英。增加捕收剂 DLM-1 的用量，会减少重晶石与白云石、赤铁矿的浮游差，但对重晶石与石英的浮游差影响较小。

在浮选温度为 28℃、矿浆 pH 值为 8.5、捕收剂 DLM-1 用量为 50mg/L 的条件下，考察不同抑制剂六偏磷酸钠用量对重晶石、赤铁矿、白云石可浮性的影响，试验结果如图 6-191 所示。六偏磷酸钠用量在 10~15mg/L 范围内，重晶石与赤铁矿和白云石可浮性差异较大，故适宜用量六偏磷酸钠可作为重晶石与脉石矿物分离脉石抑制剂。在浮选温度为 28℃、捕收剂 DLM-1 用量为 50mg/L、氯化镁用量为 60mg/L 的条件下，考察不同 pH 值条件下 Mg^{2+}离子对重晶石、赤铁矿、白云石可浮性的影响，见图 6-192，以 DLM-1 为捕收剂，重晶石和白云石受 Mg^{2+}离子影响不大。在 pH 值为 5~11 的范围内，受 Mg^{2+}离子影响，赤铁矿回收率逐渐下降至 10%左右。在 pH 值大于 10 的条件下，Mg^{2+}离子对 DLM-1 浮选石英具有活化作用，故在浮选重晶石时应避免 Mg^{2+}离子对石英的活化。

烷基硫酸盐类捕收剂是浮选回收重晶石的常用药剂，以十二烷基硫酸钠和十六烷基硫酸钠最为常见[269]，能够选择性捕收重晶石，且易溶于水，有利于药剂

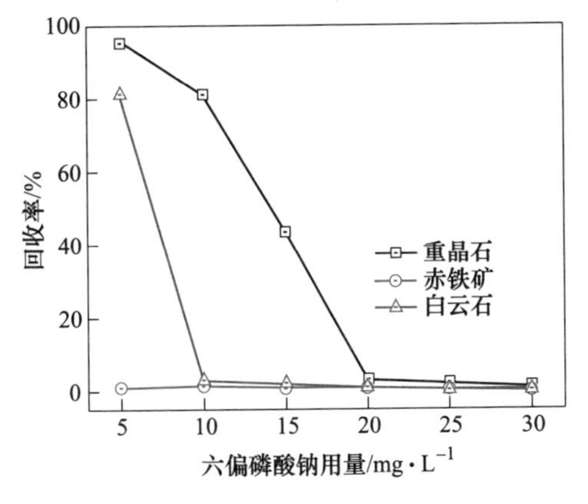

图 6-191　六偏磷酸钠对浮选回收率的影响

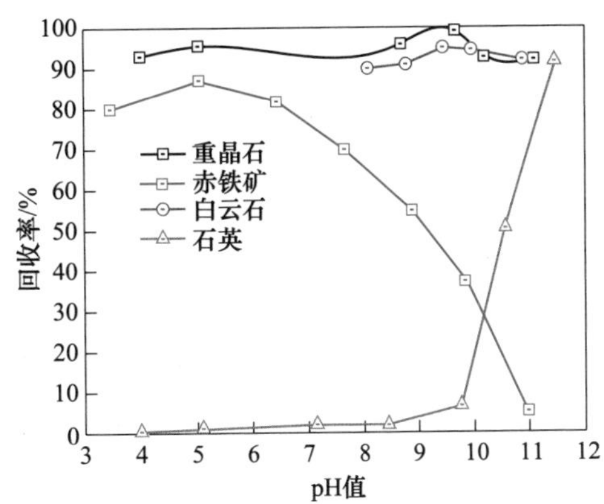

图 6-192　氯化镁对四种矿物可浮性的影响

的分散。Slaczka[270]采用超声预处理，以十二烷基磺酸钠为重晶石捕收剂浮选，获得重晶石精矿品位 99%、回收率 80%的浮选指标。含有═O、═N、—O—、—N、—OH 基团的氨基酸或氨基烷基磷酸型重晶石螯合类捕收剂具备用量少、浮选效率高、选择性好、适用 pH 值范围比较宽等诸多优点，但由于价格昂贵，限制了这类捕收剂的应用，故在实际生产中应用较少，目前主要以实验室试验研究为主。胡岳华[271]研究发现一种新型的氧化矿捕收剂胺基烷基膦酸对重晶石的捕收能力较强，采用 α-胺基烷基膦酸和 β-胺基烷基膦酸对重晶石进行浮选试验获得较好的浮选效果。朱一民[263]针对重晶石研发了氨基酸类捕收剂 DLM-5 和 DLM-6，并将其应用于重晶石浮选获得较好的浮选指标。在浮选温度为 28℃和捕收剂 DLM-5 用量为 50mg/L 的条件下，研究了不同 pH 值对重晶石、白云石、赤铁矿和石英可浮性的影响，试验结果见图 6-193。捕收剂 DLM-5 浮选体系中，在 pH 值为 5.5~11 的范围内，重晶石回收率变化不大，均在 90%以上；在 pH 值为

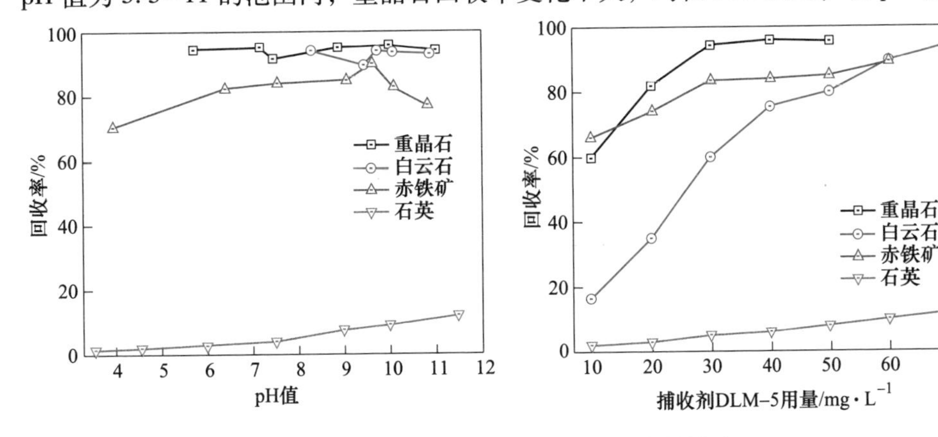

图 6-193　捕收剂 DLM-5 对矿物浮选性能影响

8~11 范围内，白云石的回收率也均在 90%以上。在 pH 值为 4~11.5 范围内，赤铁矿回收率在 70%~90%范围内波动；在 pH 值为 2~11.5 的范围内，石英回收率均在 12%以下。

在浮选温度为 28℃、pH 值为 9 和捕收剂 DLM-5 用量为 50mg/L 的条件下，研究了抑制剂六偏磷酸钠对重晶石、赤铁矿、白云石可浮性的影响，试验结果见图 6-194。在捕收剂 DLM-5 浮选体系下，六偏磷酸钠对赤铁矿抑制作用最强，其次是白云石和重晶石。

当浮选温度为 28℃、捕收剂 DLM-5 用量为 50mg/L 和氯化镁用量为 100mg/L 时，研究了不同 pH 值条件下 Mg^{2+} 对重晶石、赤铁矿、白云石和石英可浮性的影响，试验结果见图 6-195。在 DLM-5 浮选体系中，当 pH 值小于 7.5 时，Mg^{2+} 离子对重晶石浮选具有抑制作用；当 pH 值小于 10 时，Mg^{2+} 离子对白云石浮选具有抑制作用；在 pH 值为 8~11 范围内，Mg^{2+} 离子对石英浮选具有活化作用。

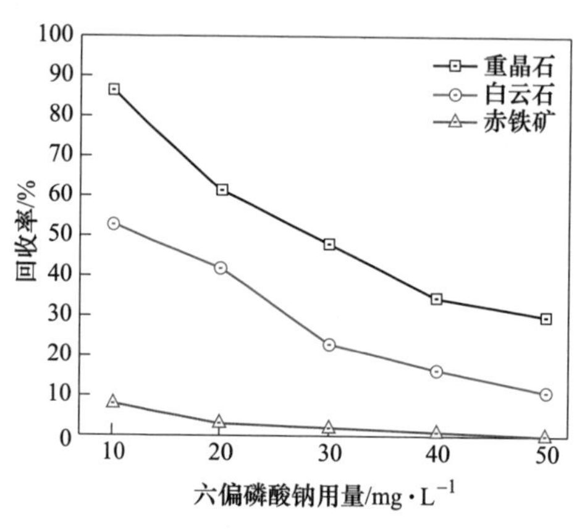

图 6-194　六偏磷酸钠对浮选回收率的影响

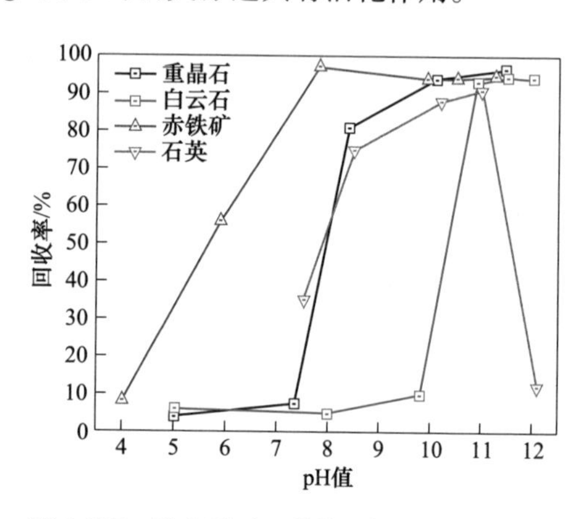

图 6-195　镁离子对四种单矿物可浮性的影响

重晶石阳离子捕收剂主要为含有—NH—、$—NH_2$ 基团的胺类及其醚胺类捕收剂。基于以上矿物表面电性不同，在静电作用下，阳离子捕收剂可实现重晶石与其他矿物分离。但矿泥极易对胺类捕收剂产生影响，且其捕收效率低[272]，故工业上很少选用阳离子捕收剂。胡岳华等[271]以烷基胺作为重晶石、萤石、方解石的捕收剂，捕收能力大小顺序为重晶石>萤石>方解石。G. B. Raju 等[273]针对 Mangampet 的低品位石英型重晶石矿，以胺类捕收剂反浮选石英，结果表明经过单级柱浮选可获品位 95%、回收率 70%的重晶石精矿，再采用浮选机进行一次扫选可达到 85%的回收率。

组合药剂通过协同作用提高药剂的捕收能力和选择性，减少药剂用量，获得更好的浮选效果。油酸钠、十二烷基硫酸钠和氧化石蜡皂是工业上常用的重晶石捕收剂，油酸钠捕收能力更强，氧化石蜡皂和十二烷基硫酸钠选择性更好。王玉婷等[274]采用油酸钠和十二烷基硫酸钠混合捕收剂以及硅酸钠和氟硅酸钠组合抑制剂浮选回收浙江平水铜矿尾矿中的重晶石，取得了比单独采用一种捕收剂更好的精矿指标。杨金林等[275]研究表明采用煤油浮选除碳后，以油酸与十二烷基硫酸钠组合药剂为捕收剂，水玻璃为抑制剂和矿泥分散剂，进行重晶石浮选，可以实现含碳含泥重晶石矿石资源的有效回收。毛钜凡等[265]浮选重晶石型萤石矿结果表明，单独使用油酸钠、氧化石蜡皂或十二胺作为捕收剂时，重晶石和萤石的分离效果不佳。但将十二胺与氧化石蜡皂按一定比例混合进行浮选，能够实现重晶石和萤石的有效分离。刘三军、王玉婷等[274]针对浙江平水铜矿尾矿中重晶石进行浮选试验研究，以硅酸钠为抑制剂、碳酸钠为调整剂，十二烷基硫酸钠和油酸为组合捕收剂，有效回收了尾矿中的重晶石。代雷孟[277]采用组合药剂 DLM-3 和 DLM-4 针对重晶石单矿物进行浮选试验研究，获得较好的浮现指标。

6.7.3 捕收剂与矿物表面作用机理分析

针对重晶石浮选机理所进行的研究主要集中于浮选药剂在重晶石表面吸附机理，研究结果普遍认为药剂与矿物表面的主要吸附形式为化学吸附。胡岳华等[271]研究了 α-胺基烷基膦酸和 β-胺基烷基膦酸对重晶石的捕收剂机理，结果表明该药剂在重晶石表面以化学吸附为主，其中 $(RNHC_2H_4P(O)O_2)^{2-}$ 是 β-胺基烷基磷酸浮选重晶石的有效组分，可与重晶石表面活性位点发生化学吸附。胡岳华等[163]研究表明以烷基胺与重晶石、萤石、方解石表面活性位点发生化学反应生成胺盐沉淀，从而实现胺类的吸附。本书采用捕收剂分子活性分析、接触角测量、动电位测试、红外光谱分析等分析方法，研究了浮选药剂在矿物表面的作用机理。

6.7.3.1 捕收剂体系矿物表面润湿性分析

可通过测量矿物与捕收剂作用前后接触角大小的变化，来研究浮选过程中各种捕收剂对矿石可浮性的影响。以捕收剂 DLM-1 和 DLM-5 为例，通过测量重晶石、白云石、赤铁矿和石英分别与捕收剂 DLM-1 和 DLM-5 作用前后接触角的变化规律，研究浮选过程中各种捕收剂对矿物可浮性的影响。检测结果见表 6-61。重晶石与 DLM-1 和 DLM-5 两种捕收剂分别作用后，接触角明显升高，这表明重晶石表面疏水性明显增强。添加抑制剂六偏磷酸钠后，重晶石表面接触角均略有减小。六偏磷酸钠对 DLM-1 浮选体系下的重晶石接触角影响更大，这与在六偏磷酸钠作用下 DLM-5 对重晶石的捕收效果比 DLM-1 捕收效果较好的试验结果一致。白云石和赤铁矿分别与 DLM-1 和 DLM-5 两种捕收剂作用后，接触角升高比较明显，使其表面疏水性增强。这也是在捕收剂 DLM-1 和 DLM-5 体系下，重晶石与白云石和赤铁矿这两种脉石矿物浮游差较小的原因。分别在 DLM-1 和 DLM-5

捕收剂体系下添加抑制剂六偏磷酸钠之后，白云石和赤铁矿表面接触角均减小，且赤铁矿的接触角下降更大。比较分析可知六偏磷酸钠对 DLM-1 浮选体系下的白云石接触角影响较大，由浮选结果也证明六偏磷酸钠对白云石的抑制作用更强，故在捕收剂 DLM-1 体系下采用六偏磷酸钠为抑制剂，重晶石与白云石和赤铁矿两种脉石矿物存在最大的浮游差。石英表面的亲水性比较强，而石英与捕收剂作用后，石英表面的接触角变化不大，说明 DLM-1 和 DLM-5 不易在石英表面吸附，这与石英浮选试验结果是一致的。

表 6-61　矿物接触角及其与水表面黏附功

矿物	矿物表面	接触角/(°)	矿物-水表面黏附功/mJ · m^{-2}
重晶石	重晶石	33.83	133.27
	重晶石+DLM-1	77.61	88.42
	重晶石+DLM-5	72.56	94.62
	重晶石+DLM-1+六偏磷酸钠	66.96	101.29
	重晶石+DLM-5+六偏磷酸钠	68.38	99.62
赤铁矿	赤铁矿	29	136.47
	赤铁矿+DLM-1	69.85	97.88
	赤铁矿+DLM-5	75	91.64
	赤铁矿+DLM-1+六偏磷酸钠	11.24	144.20
	赤铁矿+DLM-5+六偏磷酸钠	14.24	143.36
白云石	白云石	20.33	141.07
	白云石+DLM-1	61.2	107.87
	白云石+DLM-5	57.2	112.24
	白云石+DLM-1+六偏磷酸钠	25.83	138.32
	白云石+DLM-5+六偏磷酸钠	40.6	128.07
石英	石英	31.02	135.19
	石英+DLM-1	39.86	128.68
	石英+DLM-5	42.35	126.60
	石英+DLM-1+六偏磷酸钠	22.25	140.18
	石英+DLM-5+六偏磷酸钠	18.25	141.94

当捕收剂 DLM-1 和 DLM-5 作用于矿物后，矿物-水的黏附功都在一定程度上减小，矿物可浮性变好；而抑制剂六偏磷酸钠作用于矿物后，矿物-水的黏附功都在一定程度上增大，矿物可浮性变差，但重晶石-水的黏附功的增大程度远远小于赤铁矿-水、白云石-水、石英-水，使得重晶石与赤铁矿、白云石、石英存在一定的浮游差，这有利于重晶石和赤铁矿、白云石、石英的分选。

6.7.3.2 捕收剂的分子活性分析

A 捕收剂极性基团电负性分析

基团电负性（χ_g）是表征浮选药剂极性基的简便方式，可判断浮选药剂的极性大小，进而用于判断捕收剂对矿物的捕收能力大小以及研究药剂分子中非极性基对极性基的影响和浮选药剂的内部结构对其浮选性能的影响。DLM-1 捕收剂极性基团—C═O、—C—O 及—C—Br 电负性χ_g值及其与 H、O、Si 和 Fe 元素的电负性的差值（$\Delta\chi$）见表 6-62。DLM-1 极性基团平均电负性为 4.11，按照捕收剂专有属性分类可知其属于氧化矿捕收剂，对氧化矿具有较好的捕收能力。其键合原子的电负性大，共价半径小，药剂可通过其电负性较大的氧原子和电负性较小、离子半径较大的 Ba、Ca 以及 Fe 原子发生化学键合反应。DLM-1 极性基团电负性与 Ba、Ca 和 Fe 元素电负性差值大小顺序为 $\Delta\chi(\mathrm{Ba})>\Delta\chi(\mathrm{Ca})>\Delta\chi(\mathrm{Fe})$。

表 6-62 DLM-1 极性基团电负性与其他元素电负性差值

亲固基	χ_g	$\Delta\chi$				
		H	O	Ba	Ca	Fe
C═O	4.45	2.35	0.95	3.56	3.45	2.65
C—O	4.37	2.27	0.87	3.48	3.37	2.57
C—Br	3.52	1.42	0.02	2.63	2.52	1.72

可见 DLM-1 捕收剂与 Ba 元素作用最强；与 Ca 元素作用次之；与 Fe 元素作用稍弱。这与 DLM-1 体系下重晶石、白云石、赤铁矿的浮选回收率结果一致。

谭鑫[278]对常用捕收剂极性基团电负性进行了计算，其中十二胺为 3.75，饱和脂肪酸为 4.10，与之相比，DLM-1 捕收剂极性基基团电负性更大，溶解性更好，其对矿物的捕收性能更强。

B 捕收剂活性对比分析

采用 Materials Studio 软件的 Dmol 3 模块，构建捕收剂 DLM-1、DLM-5 和油酸的结构模型药剂优化后分子模型如图 6-196 所示。

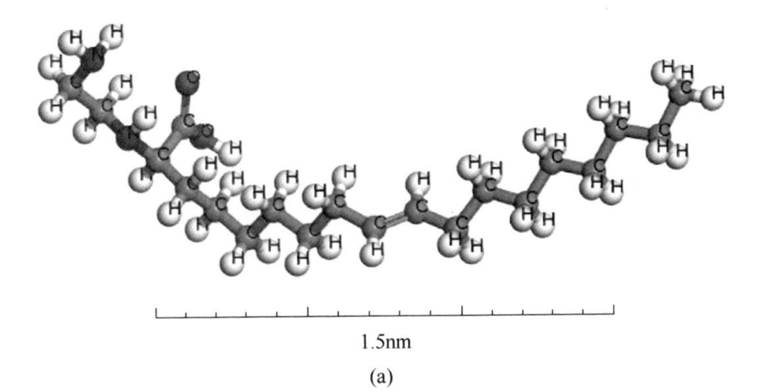

(a)

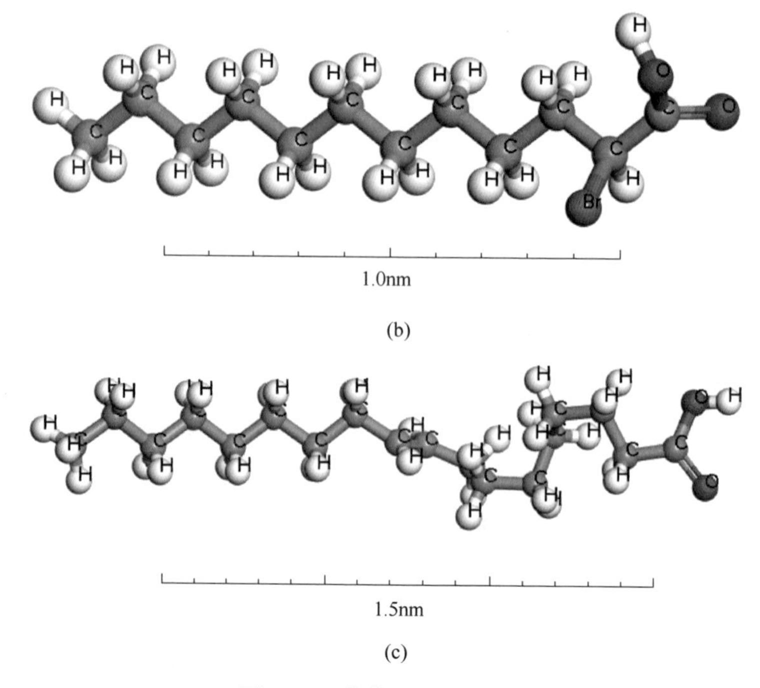

图 6-196　优化后的分子模型

(a) DLM-1；(b) DLM-5；(c) 油酸

红色—氧原子；蓝色—氮原子；灰色—碳原子；白色—氢原子

通过计算捕收剂 DLM-1、DLM-5 和油酸的前线分子轨道 HOMO 和 LUMO 轨道能量差来预测药剂分子活性，如表 6-63 所示。通过比较发现 DLM-1 前线分子轨道 HOMO 和 LUMO 轨道能量差最小，油酸的能量差最大。因此按照药剂分子活性由大到小依次为 DLM-1>DLM-5>油酸。

表 6-63　药剂分子 HOMO 与 LUMO 轨道能量差　　(eV)

药剂	E_{HOMO}	E_{LUMO}	$\Delta E_{LUMO\text{-}HOMO}$
DLM-1	−6. 357	−2. 172	4. 185
DLM-5	−5. 481	−0. 898	4. 583
油酸	−6. 124	−1. 029	5. 095

6. 7. 3. 3　红外光谱分析

分析药剂分子与矿物作用前后红外光谱图中特征峰的变化，可说明药剂分子在矿物表面的主要吸附形式，及其通过何种基团与矿物表面发生作用，进一步基于诱导效应和共轭效应等的强弱来分析药剂分子在矿物表面的作用强度。以捕收剂 DLM-1 和两性捕收剂 DLM-5 为例，进行药剂与矿物作用前后红外光谱分析。

图 6-197 中 DLM-1 的红外光谱中 3430. 99cm^{-1}处的吸收峰为羧基中 O—H 键

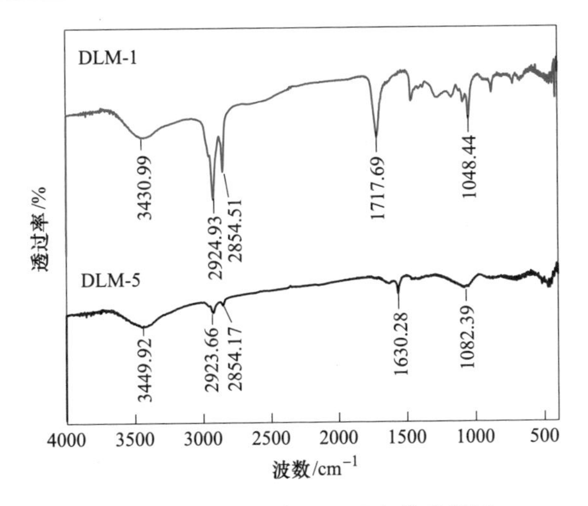

图 6-197 DLM-1 和 DLM-5 红外光谱图

的吸收特征峰，其中 2924.93cm^{-1}和 2854.21cm^{-1}处为亚甲基 CH_2 的反对称和对称伸缩振动吸收峰，1717.69cm^{-1}处的吸收峰为羧基中 C═O 键的特征峰。DLM-1 药剂分子在羧基 α 碳上引入一个电负性较大的溴原子，由于诱导效应，羧基中 C═O 键氧原子外侧电子云向 C═O 键上移动，使得 C═O 键力常数增加，该峰的频率由常规的 1700cm^{-1}向高波数方向飘移至 1717.69cm^{-1}。DLM-5 的红外光谱中 3449.92cm^{-1}处为胺基的伸缩振动吸收峰，其中 2923.66cm^{-1}和 2854.17cm^{-1}处是亚甲基反对称和对称伸缩振动吸收峰，1464.71cm^{-1}处是甲基和亚甲基弯曲振动吸收峰及剪切振动吸收峰，1630.28cm^{-1}处的吸收峰为羧基中 C═O 键的特征峰。捕收剂 DLM-5 分子在羧基 α 碳处引入具有供电子性的伯胺基和仲胺基，由于共轭效应，使羧基 C═O 键上的电子云向 O 原子外侧发生移动，C═O 键力常数下降，原本位于 1700cm^{-1}左右的 C═O 键的特征峰向低波数方向漂移至 1630.28cm^{-1}处。

在 pH 值为 8.5 条件下，重晶石与 30mg/L 的 DLM-1 和 DLM-5 作用前后的红外光谱如图 6-198 所示。与重晶石和 DLM 红外光谱对比可知，DLM-1 与重晶石作用后 3430.99cm^{-1} 处的羧基中 O—H 键特征峰漂移至 3450.59cm^{-1} 处；1717.69cm^{-1}处羰基中 C═O 的伸缩振动峰出现在与 DLM-1 作用后重晶石的红外光谱中，并向低波数移动至 1653.76cm^{-1}处，捕收剂 DLM-1 的羧基可与重晶石表面的 Ba^{2+}离子活性位点发生键合吸附，Ba^{2+}离子推电子作用，使得羧基中 C═O 键电子云向氧原子转移，羧基中 C═O 键的力常数降低，振动频率减弱，其向低波数方向偏移，故捕收剂 DLM-1 在重晶石表面发生了键合吸附。DLM-5 与重晶石作用后 DLM-5 药剂分子中 3449.92cm^{-1}处的胺基的伸缩振动吸收峰向低波数方向漂移至 3442.71cm^{-1}处，这说明捕收剂 DLM-5 与重晶石表面的氧活性位点可能发生氢键吸附，氢键效应使得 N—H 键的伸缩振动向低波数方向偏移，故 DLM-5 在重晶石表面发生了氢键吸附。

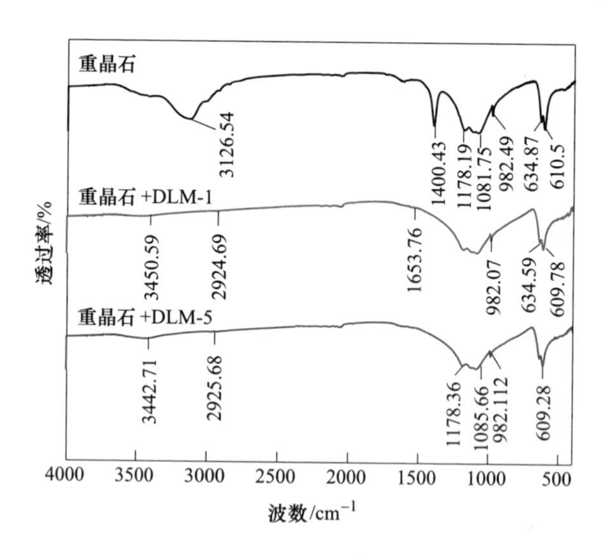

图 6-198　重晶石与 DLM-1 和 DLM-5 作用前后红外光谱图

在矿浆 pH 值为 8.5 条件下，白云石与 30mg/L 的 DLM-1 和 DLM-5 作用前后的红外光谱如图 6-199 所示。由与 DLM-1 作用前后白云石红外光谱可知，与 DLM-1 作用后的白云石红外光谱中在 2897.77cm^{-1}处出现了 DLM-1 分子中 C—H 的振动吸收峰，说明捕收剂 DLM-1 可吸附在白云石表面。捕收剂 DLM-1 与白云石作用后，捕收剂 DLM-1 红外光谱在 3430.99cm^{-1}处的 O—H 键的特征峰向高波数方向漂移至 3447.12cm^{-1}处，捕收剂 DLM-1 分子中羧基的 C═O 键在 1717.69cm^{-1}处伸缩振动特征峰出现在与捕收剂 DLM-1 作用后的白云石红外光谱中，且向低波数方向移动至 1682.94cm^{-1}处，这说明捕收剂 DLM-1 的羧基可能与白云石表面的 Ca^{2+}离子或 Mg^{2+}离子活性位点发生键合吸附，Ca^{2+}、Mg^{2+}离子对羧基的诱导效应使得羧基中 C═O 键电子云向氧原子偏移，羧基中 C═O 键的振动力常数降低、振动频率减弱，C═O 键向低波数方向偏移，故捕收剂 DLM-1 在白云石表面发生了键合吸附。图 6-199 所示白云石与捕收剂 DLM-5 作用后的红外光谱中在 2898.18cm^{-1}处出现甲基、亚甲基吸收峰，这说明捕收剂 DLM-5 可吸附在白云石矿物表面。白云石与捕收剂 DLM-5 作用后的红外光谱中出现捕收剂 DLM-5 分子在 3449.92cm^{-1}处氨基伸缩振动吸收峰，且向低波数方向漂移至 3447.19cm^{-1}处，吸收峰偏移位置在分辨率内，说明捕收剂 DLM-5 可吸附于白云石表面，但捕收剂 DLM-5 在白云石表面的吸附对胺基的伸缩振动的影响较小，故捕收剂 DLM-5 在白云石表面以物理吸附为主。

在矿浆 pH 值为 8.5 条件下，赤铁矿与 30mg/L 的 DLM-1 和 DLM-5 作用前后的红外光谱如图 6-200 所示。

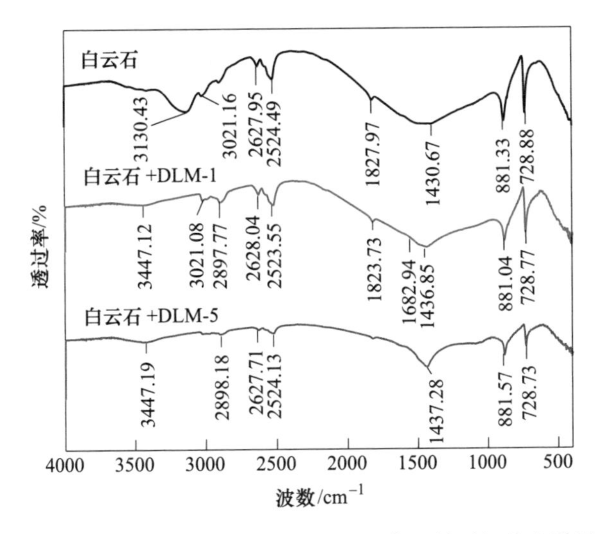

图 6-199 白云石与 DLM-1 和 DLM-5 作用前后红外光谱图

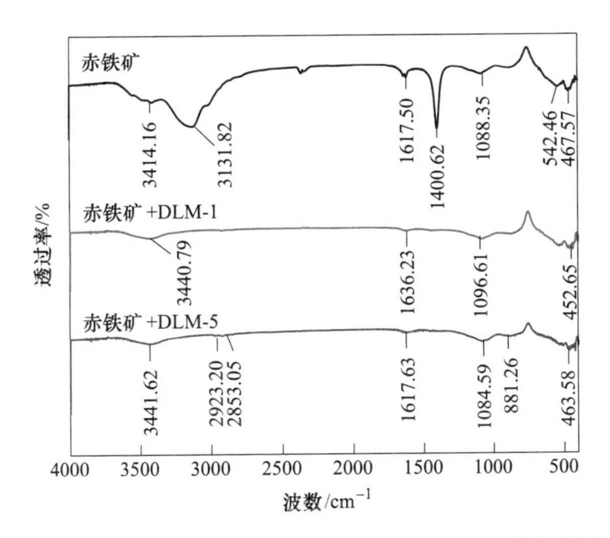

图 6-200 赤铁矿与 DLM-1 和 DLM-5 作用前后红外光谱图

图 6-200 所示赤铁矿的红外光谱中 3414.16cm^{-1}处是吸附水中—OH 的伸缩振动吸收峰，1617.50cm^{-1} 处是—OH 的弯曲振动吸收峰；1088.35cm^{-1} 处和 467.57cm^{-1}处是 Fe—O 键的弯曲振动吸收峰，542.46cm^{-1}处是 Fe—O 键的伸缩振动吸收峰。捕收剂 DLM-1 与赤铁矿作用后 3430.99cm^{-1}处的 O—H 键特征峰向高波数方向漂移至 3440.79cm^{-1}处，捕收剂 DLM-1 分子在 1717.69cm^{-1}处羰基中 C═O 键的伸缩振动峰出现在向低波数 1636.23cm^{-1}处移动，这说明捕收剂 DLM-1 的羧基可能与赤铁矿表面的铁离子活性位点发生键合吸附作用，铁离子对羧基的诱导

效应使得羧基中 C═O 键电子云向氧原子转移，羧基中 C═O 键的振动力常数降低、振动频率减弱，故捕收剂 DLM-1 可能在赤铁矿表面发生了键合吸附。与捕收剂 DLM-1 作用后，1088.35cm^{-1}处 Fe—O 键的弯曲振动吸收峰相比赤铁矿红外光谱分别向低波数方向红移了 8.26cm^{-1}，这可能是捕收剂 DLM-1 中羧基与赤铁矿表面铁原子活性位点发生键合吸附后，导致赤铁矿表面 Fe—O 键的振动力常数降低、振动频率减弱，Fe—O 键向低波数方向移动。图 6-200 所示赤铁矿与捕收剂 DLM-5 作用后的红外光谱中在 2924.93cm^{-1}处和 2854.21cm^{-1}处出现亚甲基 CH_2 的反对称和对称伸缩振动吸收峰，这说明捕收剂 DLM-5 吸附在赤铁矿表面。捕收剂 DLM-5 分子在 1630.28cm^{-1}处羧基中 C═O 键的伸缩振动吸收特征峰出现在与捕收剂 DLM-5 作用后的赤铁矿表面，并向低波数方向漂移至 1617.63cm^{-1}处，这说明捕收剂 DLM-5 的羧基可能与赤铁矿表面的铁离子活性位点发生键合吸附作用，铁离子对羧基得诱导效应使得羧基中 C═O 键电子云向氧原子转移，C═O 键的振动力常数降低、振动频率减弱，C═O 键向低波数方向移动，故捕收剂 DLM-5 在赤铁矿表面可能发生了键合吸附。捕收剂 DLM-5 与赤铁矿作用后药剂分子中 3449.92cm^{-1} 处的胺基的伸缩振动吸收峰向低波数方向漂移至 3441.62cm^{-1}处。这可能是由 DLM-5 中的胺基与赤铁矿表面的氧活性位点可发生氢键吸附所引起的，故捕收剂 DLM-5 在赤铁矿表面的吸附以键合吸附和氢键吸附为主。

在 pH 值为 8.5 条件下，石英与 30mg/L 的 DLM-1 和 DLM-5 作用前后的红外光谱如图 6-201 所示。石英的红外光谱中 3412.89cm^{-1}处是石英表面 Si 原子和 O 原子吸附水中 OH^- 和 H^+ 离子形成硅酸中 O—H 键的伸缩振动吸收峰，1616.61cm^{-1}处是吸附水分子中 O—H 键的弯曲振动吸收峰，1086.33cm^{-1}处是石

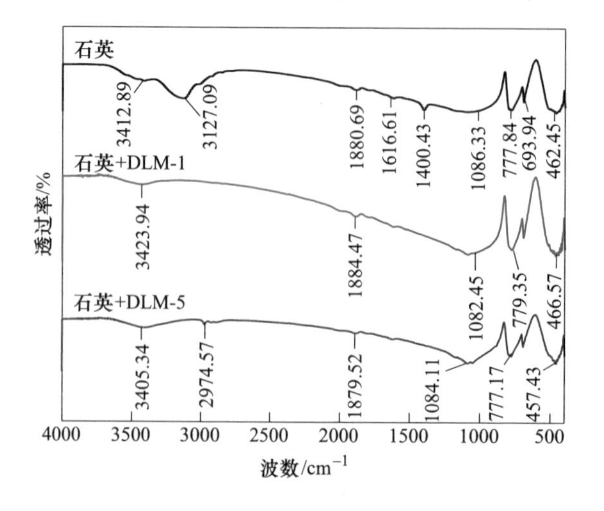

图 6-201　石英与 DLM-1 和 DLM-5 作用前后红外光谱图

英 Si—O—Si 非对称伸缩振动吸收峰，此处是石英的第一特征吸收峰；777.84cm^{-1}处和 693.94cm^{-1}处是 Si—O—Si 对称伸缩振动吸收峰，462.45cm^{-1}处是 Si—O 弯曲振动吸收峰，以上是石英第二特征吸收峰。石英与捕收剂 DLM-1 作用后的红外光谱中并未出现捕收剂 DLM-1 分子中的主要特征峰，说明在 pH 值为 8.5 时，捕收剂 DLM-1 在石英表面吸附作用较弱，捕收剂 DLM-1 在石英表面的吸附以物理吸附为主。这与 DLM-1 浮选体系下石英浮选结果一致，此时石英的回收率几乎为零。与捕收剂 DLM-5 作用后的红外光谱中在 2974.57cm^{-1}处出现甲基—CH_3—的反对称伸缩振动吸收峰，这说明捕收剂 DLM-5 可吸附在石英表面。除此之外，并未出现捕收剂 DLM-5 分子中其他主要特征峰，且与 DLM-5 作用前后石英特征峰也未见明显变化，故药剂 DLM-5 在石英表面也以物理吸附为主。

6.7.3.4 捕收剂对矿物表面荷电性质影响

通过分析药剂作用前后矿物动电位的变化情况，研究药剂分子不同官能团在矿物表面的作用形式。以阴离子捕收剂 DLM-1 和两性捕收剂 DLM-5 为例对药剂与重晶石、白云石、赤铁矿和石英作用前后动电位的变化曲线进行分析和研究。重晶石与捕收剂 DLM-1 和 DLM-5 作用前后表面动电位变化规律如图 6-202 所示。重晶石的零电点在 5.6 左右，溴代脂肪酸类阴离子捕收剂 DLM-1 和螯合类两性捕收剂 DLM-5 与重晶石表面作用之后，重晶石等电点明显负移，且不同 pH 值条件下重晶石的动电位显著减小，说明 DLM-1 和 DLM-5 均可特性吸附在重晶石表面并使其表面电性改变。当 pH 值小于 5.6 时，重晶石表面荷正电，可与阴离子捕收剂 DLM-1 发生静电吸附，使其表面动电位负移。当 pH 值大于 5.6 时，重晶石表面荷负电，捕收剂 DLM-1 的极性基团羧基以—COOH 或—COO^-的形式存在，可与重晶石表面的 Ba^{2+}离子活性位点发生键合吸附（见红外光谱分析）。由捕收剂 DLM-1 浮选重晶石回收率曲线可知浮选最佳 pH 值范围为 5.3~9.3。当 pH 值小于 5.3 时，矿浆中 H^+浓度较高，捕收剂的极性基团羧基主要以—COOH 形式存在，捕收剂 DLM-1 在重晶石表面主要以静电吸附为主，故浮选回收率相对较低；当 pH 值大于 9.3 时，矿浆中 OH^-离子浓度显著增加，OH^-离子与捕收剂 DLM-1 中羧基在重晶石表面形成竞争吸附，在 OH^-离子的干扰下，重晶石浮选回收率下降。而在最佳浮选 pH 值范围内，重晶石与捕收剂 DLM-1 作用后表面动电位下降最大，结合红外光谱分析可知捕收剂 DLM-1 主要键合吸附于重晶石表面，捕收剂 DLM-1 在重晶石表面吸附强度较大，使得与 DLM-1 作用后重晶石表面动电位负移幅度最大。捕收剂 DLM-5 吸附在重晶石表面，当 pH 值小于 5.6 时，重晶石表面荷正电，且捕收剂 DLM-5 在溶液中主要以 $R_1CH(NH—R_2—NH_3^+)COOH$、$R_1CH(NH—R_2—NH_2^+)COOH$ 和 $R_1CH(NH_2^+—R_2—NH)COOH$ 形式存在，在静电斥力作用下，重晶石不易与 $R_1CH(NH—R_2—NH_2^+)COOH$ 或 $R_1CH(NH_2^+—R_2—NH)COOH$ 发生静电吸附作用。在捕收剂 DLM-5 浮选体系中，在重晶石浮选最佳 pH 值范围 7~10 区间内，捕收剂 DLM-5 主要以 $R_1CH(NH—R_2—NH)COO^-$ 形式存在，故其可能与重晶石表面的 Ba^{2+} 离子活性位点发生键合吸附，同时乙二胺基团又可能与重晶石表面氧原子发生氢键吸附作用。故在捕收剂 DLM-5 键合吸附和氢键吸附的协同作用下，捕收剂 DLM-5 在重晶石表面吸附强度大，重晶石表面动电位下降幅度最大，这与红外光谱检测和浮选试验结果相一致。

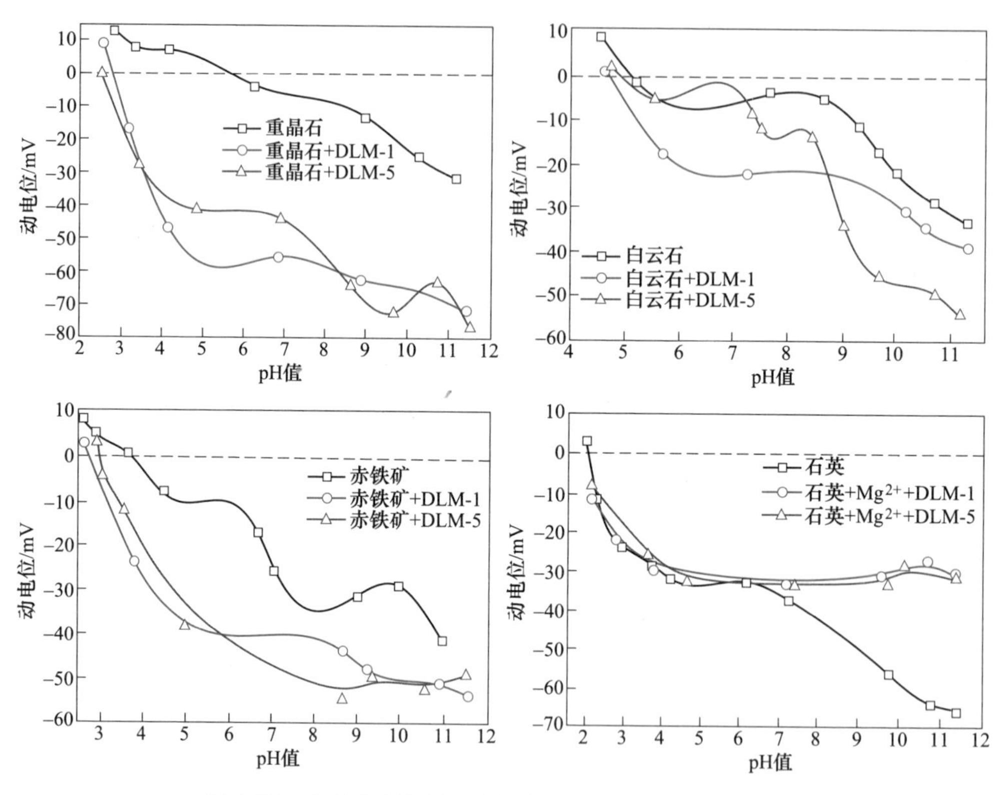

图 6-202　与捕收剂作用后矿物表面动电位与可浮性的关系

白云石矿物经过碎磨后，表面 Ca(Mg)—O 键发生断裂概率较大，在白云石表面主要形成 O^{2-} 和 Ca^{2+}、Mg^{2+} 活性位点。白云石与捕收剂 DLM-1 作用后，白云石等电点负向移动，且随着 pH 值升高，白云石表面动电位向负方向移动趋势增加。白云石的零电点为 5，在 9~11.5 的最佳浮选 pH 值范围内，白云石表面荷负电，捕收剂 DLM-1 的极性基团主要以—COO^- 和—COOH 的形式存在，所以此时白云石表面与捕收剂 DLM-1 之间不存在静电吸附，由红外光谱分析可知捕收剂 DLM-1 和白云石表面的 Ca^{2+}、Mg^{2+} 原子活性位点之间存在键合吸附作用，捕收剂 DLM-1 在白云石表面吸附强度较大，故使得白云石表面动电位负向移动趋势增加。白云石与捕收剂 DLM-5 作用后，其等电点基本不变，但其表面动电位均向负方向偏移。这也说明捕收剂 DLM-5 在白云石表面主要以物理吸附为主。当 pH 值小于 5 时，DLM-5 在溶液中主要以 $R_1CH(NH—R_2—NH_2^+)COOH$ 和 $R_1CH(NH_2^+—R_2—NH)COOH$ 形式存在，白云石表面荷正电，不利于捕收剂 DLM-5 在白云石表面的静电吸附作用，白云石表面动电位下降幅度也较小。在捕收剂 DLM-5 体系下，在白云石浮选最佳 pH 值 8~11 范围内，捕收剂 DLM-5 主要以 $R_1CH(NH—R_2—NH)COO^-$形式存在，且推测捕收剂 DLM-5 分子优先形成分子内氢键的趋势大于捕收剂分子与白云石表面活性位点键合的趋势及与白云石表面氧活性位点形成氢键吸附的趋势，故两性捕收剂 DLM-5 与白云石表面以物理吸附作用为主。

赤铁矿的零电点 PZC 是 3.7，当赤铁矿与捕收剂 DLM-1 和 DLM-5 作用后，赤铁矿的等电点负移，且其表面动电位较与 DLM-1 和 DLM-5 作用前显著减小，这说明捕收剂 DLM-1 和 DLM-5 在赤铁矿表面存在特性吸附。pH 值在 2.3~3.8 范围内时，随 pH 值增加，捕收剂 DLM-1 可不断由 $R_1—CHBr—COOH$ 组分解离为组分 $R_1—CHBr—COO^-$，其可与赤铁矿表面 $Fe(OH)^{2+}$ 及 $Fe(OH)_2^+$ 活性位点发生化学吸附及静电吸附。随 pH 值由 3.6 升高至 7.6 时，赤铁矿表面活性位点逐渐形成 $Fe(OH)_3$，且捕收剂 DLM-1 在溶液中 $R_1—CHBr—COO^-$ 含量的增加，捕收剂 DLM-1 中$—COO^-$与在赤铁矿表面的 Fe^{3+}离子活性位点发生键合吸附，捕收剂 DLM-1 在赤铁矿表面吸附强度增加，赤铁矿回收率不断升高。当矿浆 pH 值大于 7.6 后，由于溶液中大量存在的 OH^-离子会与捕收剂 DLM-1 阴离子在赤铁矿表面发生竞争吸附，干扰了捕收剂在赤铁矿表面的吸附，但由于捕收剂 DLM-1 的负电性进一步增强，故随着 pH 值增加赤铁矿动电位负向移动，但赤铁矿回收率则进一步下降。当赤铁矿与捕收剂 DLM-5 作用后，赤铁矿表面动电位向负方向偏移，捕收剂 DLM-5 在赤铁矿表面发生特性吸附。在 pH 值 3~7 范围内，随 pH 值的升高，药剂 DLM-5 可不断解离为 $R_1CH(NH—R_2—NH)COO^-$，其可与赤铁矿表面 $Fe(OH)^{2+}$ 及 $Fe(OH)_2^+$ 活性位点发生键合吸附和静电吸附。且随 $R_1CH(NH—R_2—NH)COO^-$ 含量的增加，赤铁矿回收率不断升高。继续升高矿浆 pH 值至 9.8 时，赤铁矿表面 $Fe(OH)_3$ 可吸附溶液中的 OH^-离子，形成 $Fe(OH)_4^-$ 活性位点，故捕收剂 DLM-5 可能在赤铁矿表面以 $R_1CH(NH—R_2—NH)COO^-$形式发生静电吸附，同时还可能以$—COO^-$与赤铁矿铁活性位点发生键合吸附及以乙二胺基团也可能与赤铁矿表面氧原子发生氢键吸附。当 pH 值大于 10 后，由于溶液中大量存在的 OH^-离子会与捕收剂 DLM-5 离子在赤铁矿表面发生竞争吸附，干扰捕收剂 DLM-5 在赤铁矿表面吸附，导致与药剂作用后赤铁矿动电位曲线略向正向移动，且赤铁矿回收率下降。

石英矿物经过碎磨后，表面 Si—O 键发生断裂，从而在石英表面形成—Si—O^-和—Si^+活性位点。随着矿浆 pH 值的升高，溶液中 OH^-离子含量不断增加，活性位点—Si—OH 和—Si···OH 不断解离形成—SiO^-，这使得石英表面的动电位不断下降。此规律和石英的动电位曲线相符。然而在 pH 值大于 11 后，石英表面动电位下降缓慢，可能是由于此时 OH^-离子在石英表面的吸附达到了饱和。石英的零电点是 2.1。石英与捕收剂 DLM-1 和 DLM-5 作用前后石英等电点不变，说明捕收剂 DLM-1 和 DLM-5 与石英主要以物理吸附为主。当捕收剂 DLM-1 和 Mg^{2+}离子共同作用在石英表面后，在 pH 值小于 6 时，石英表面动电位基本不变，此时捕收剂 DLM-1 中羧基主要以—COOH 的形式存在；此时捕收剂 DLM-1 和 Mg^{2+}离子均不易与石英表面发生吸附，石英回收率接近于零。当 pH 值大于 6 时，石英表面动电位较与捕收剂 DLM-1 作用前明显向正方向偏移，这可能是因为 Mg^{2+}离子活化石英表面且 DLM-1 其表面发生了键合吸附。随着 pH 值升高，Mg^{2+}离子与石英表面—OH 作用而主要以 $Mg(OH)^+$、$Mg(OH)_2$ 形式存在于石英表面，使石英表面形成正电微区，同时，捕收剂 DLM-1 在溶液中有效组分 R_1—CHBr—COO^-浓度越来越高，捕收剂 DLM-1 与石英表面 Mg^{2+}离子活性位点可能发生了键合吸附，从而使与捕收剂 DLM-1 作用后的石英表面动电位较与 DLM-1 作用前正向移动。石英与捕收剂 DLM-5 作用后，在 pH 值小于 6 时，石英表面动电位基本不变，此时 Mg^{2+}离子不易活化石英表面，捕收剂 DLM-5 难以吸附在石英表面，故石英回收率接近为零。当矿浆 pH 值大于 6 时，随着 pH 值的升高，捕收剂 DLM-5 在溶液中有效组分 $R_1CH(NH—R_2—NH)COO^-$浓度增加，石英表面动电位明显向正方向偏移，这说明捕收剂 DLM-5 在被 Mg^{2+}离子活化石英表面发生键合吸附，进而使石英表面动电位正向移动，与此同时石英回收率也逐渐升高。

6.8 萤石矿中常见矿物与浮选药剂的作用原理

随着我国单一型萤石资源及易选萤石矿的枯竭，开发利用难选高钙萤石矿已成为重要研究课题。由于萤石和方解石物理化学性质近似，浮游特性相近，导致浮选分离较为困难，因而高选择性浮选药剂的研发至关重要。萤石浮选常用的捕收剂为脂肪酸、烷基磺酸盐、烷基硫酸盐等；萤石浮选抑制剂通常使用水玻璃、六偏磷酸钠、单宁、栲胶等。本节以萤石、方解石和石英为主要研究矿物，分别考察以═O、—OH 为主要官能团的改性阴离子捕收剂，既含有═O、—OH 又含有—NH 官能团的两性捕收剂及含—NH_2 官能团的阳离子捕收剂，阐述萤石浮选中常见矿物与浮选药剂的作用机理。

6.8.1 萤石中常见主要矿物的晶体表面化学特征

萤石储量中绝大多数为伴生性的萤石矿，方解石、石英等矿物是萤石矿的主要伴生矿物。因此对比分析萤石与方解石、石英晶体化学和表面性质差异可为浮选药剂与矿物表面的作用机理研究奠定基础；石英的晶体化学特性详见6.1节。萤石和方解石的矿物晶格结构及其解理面如图6-203所示。

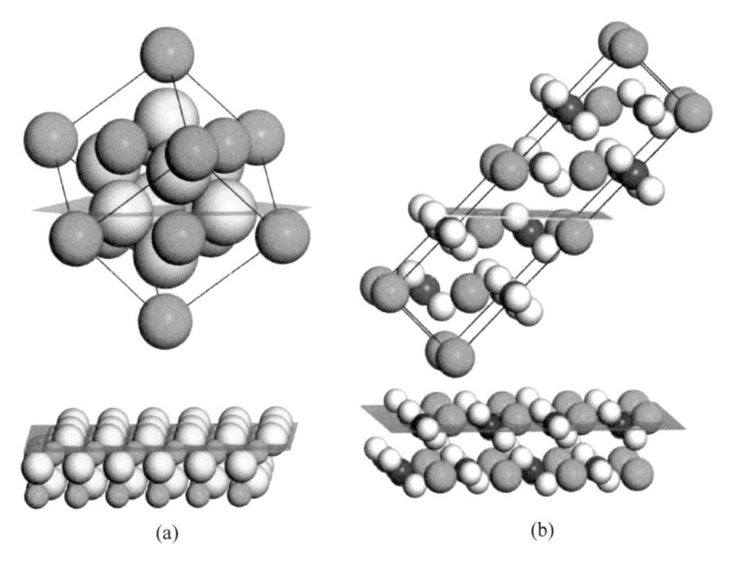

图6-203 矿物的晶体结构及其解理面
(a) 萤石（111）面；(b) 方解石（104）面

萤石（CaF_2）属立方晶系，其晶体化学和表面化学特征详见6.2节。萤石（111）面表面能最小、最稳定，是萤石最常见的解理面。当萤石沿这个面解理时Ca^{2+}和F^-均匀分布，每个Ca^{2+}周围存在3个F^-。F—Ca键长为0.241nm。萤石表面的$\sum Ca^{2+}/\sum F^-$为0.693。方解石（$CaCO_3$）属三方晶系，其晶胞常数为$a_h=0.4988$nm、$c_h=1.7061$nm、$\alpha=\beta=90°$、$\gamma=120°$、$Z=6$。方解石中碳酸根离子的碳原子sp2杂化与三个氧分别以σ_{sp2-p}共价键结合，键角120°，此外CO_3^{2-}还存在四中心六电子大π键：π_4^6，因此矿物解理时，C原子暴露在表面的概率很低。方解石中钙离子与CO_3^{2-}阴离子团以非等径球体进行最紧密堆积，堆积的动力是离子键。研究表明方解石（104）面表面能最小、最稳定，是方解石最常见的解理面。其中O—Ca键长为0.244nm，O—C键长为0.13nm，矿物破碎主要沿O—Ca断裂的概率较高。方解石表面$\sum Ca^{2+}/\sum F^-$为0.363。

萤石和方解石晶体内的各原子电荷Mulliken布居值如表6-64所示，萤石和方解石的态密度分析见图6-204和图6-205。

表 6-64　萤石和方解石晶胞中原子的 Mulliken 电荷布居

矿物	原子	轨道			总电荷/e	净电荷/e
		s	p	d		
萤石	F	1.95	5.72	0	7.67	-0.67
	Ca	2.11	6	0.49	8.6	1.4
方解石	C	0.82	2.4	0	3.22	0.78
	O	1.79	4.94	0	6.73	-0.73
	Ca	2.11	6	0.47	8.57	1.43

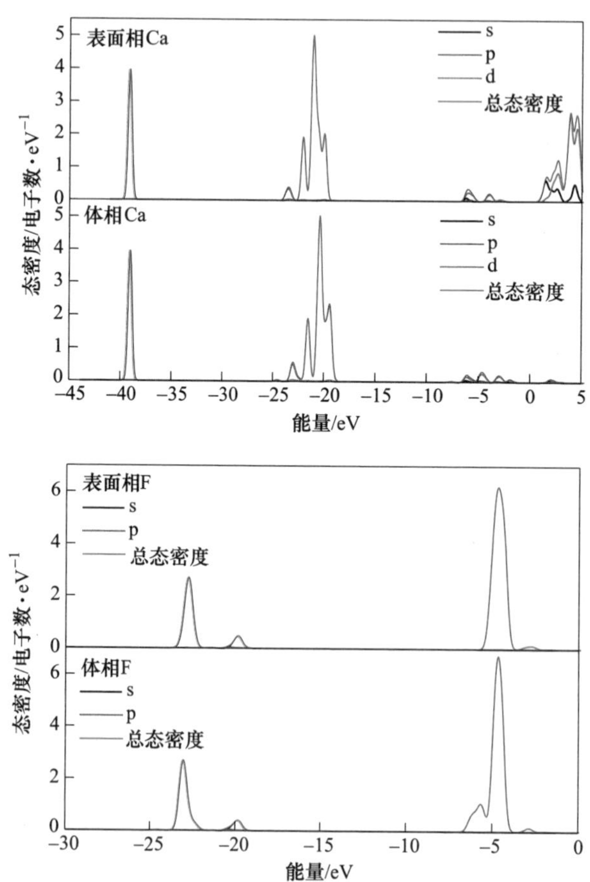

图 6-204　萤石（111）解理面 Ca 原子和 F 原子的分态密度图

萤石晶体中主要是氟原子的 2p 轨道得到电子，钙原子的 3d 轨道失去电子。方解石晶体中主要是氧原子的 2p 轨道得到电子，碳原子的 2s、2p 轨道和钙原子的 3d 轨道失去电子。

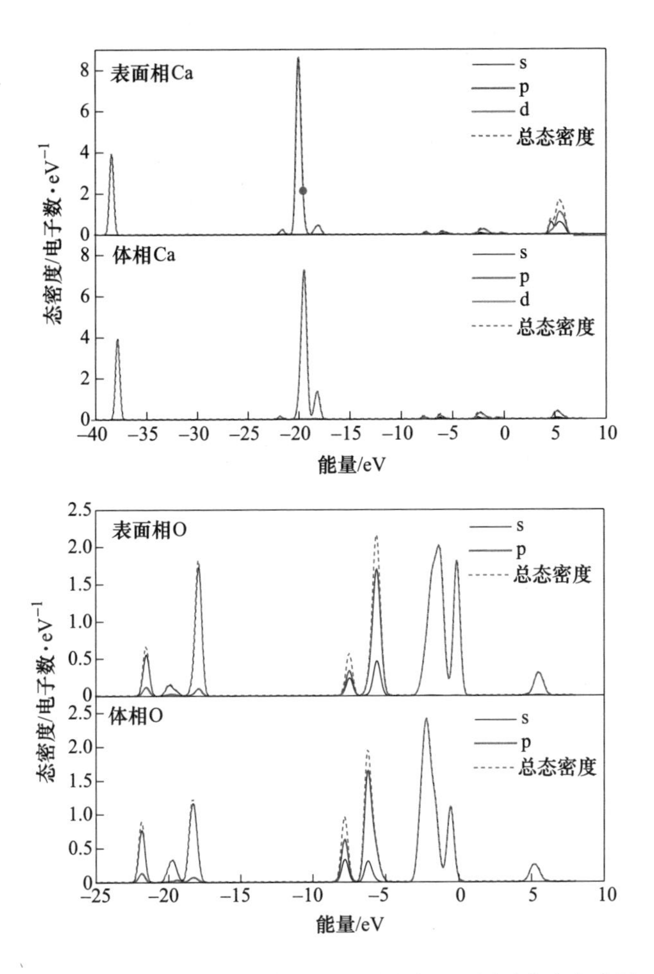

图 6-205 方解石（104）解理面 Ca 原子和 O 原子分态密度图

6.8.2 萤石浮选捕收剂种类及捕收效果

浮选药剂是萤石与脉石矿物浮选分离的关键因素，应用于萤石浮选的捕收剂主要为含有═O、—OH 官能团的脂肪酸及其改性类捕收剂，含有—NH—、—NH_2 官能团的胺类及醚胺类捕收剂；含有多个═O、—OH 官能团的含氧酸酯类捕收剂以及含有═O、═N、—O—、—N、—OH 官能团的氨基酸或者肟酸类螯合捕收剂。表 6-65 列举了常见萤石浮选捕收剂的种类、名称代号、结构特征及应用特点。

含 C═O、C—OH 的脂肪酸及其改性类和含多个═O、—OH 的含氧酸酯类捕收剂同属阴离子捕收剂，阴离子捕收剂种类繁多，主要依照极性基的不同而分为不同类型，常见的类型有脂肪酸类、磺酸类、磷酸类等捕收剂。脂肪酸及其改

表 6-65　常见萤石浮选捕收剂的种类、名称代号及应用特点

分类	名称或代号	分子式或极性基团	捕收特性及应用特点	参考文献
第一类：脂肪酸类捕收剂	油酸	$H_3(CH_2)_7CH=CH(CH_2)_7-COOH$	在萤石表面既有物理吸附又有化学吸附	[279~281]
	GY-2	—COOH	在 6~15℃温度范围内的浮选指标良好	[282]
	H06	—COOH	对萤石具有选择吸附力，还具有易溶、化学性质稳定等优点	[281]
	氧化石蜡皂	C=O、C—OH、混合脂肪酸	常温浮选，浮选速度快，兼具起泡剂的作用	[279，283]
	环烷酸	$C_nH_{2n-1}COOH$	在弱酸性介质中，既存在物理吸附又存在化学吸附	[279]
	HPTECHFA	—COOH、—OH	低温浮选，化学吸附于萤石表面	[284]
第二类：烷基硫酸盐类捕收剂	十六烷基硫酸钠	$C_{16}H_{33}NaO_4S$	易溶于水，在萤石表面同时存在物理与化学吸附，浮选温度低	[280]
第三类：膦酸盐类捕收剂	烷基 α-羧基双膦酸 C_{28}	$-HPO_4^-$	常温浮选，浮选尾矿水易于澄清，可循环利用	[279]
	苯氨基苄基磷酸	$-HPO_4^-$	选择性好，pH 值范围广，价格昂贵，生产成本高	[281]
	TF28	$-HPO_4^-$	磷酸氢根与矿物表面阳离子活性位点发生作用	[279]
第四类：胺类捕收剂	十二胺	$CH_3(CH_2)_{11}NH_2$	捕收能力顺序为十二胺>十二烷基二甲基苄基氯化铵>十二烷基三甲基氯化铵，而选择性较好的为十二胺和十二烷基二甲基苄基氯化铵	[264]
	十二烷基二甲基苄基氯化铵	$[CH_3(CH_2)_{11}N(CH_3)_3]^+Cl^-$		
	十二烷基三甲基氯化铵	$[CH_3(CH_2)_{11}N(CH_3)_2CH_2-C_6H_5]^+Cl^-$		
第五类：螯合与两性捕收剂	N-酰胺基羧酸	$-NH_3-COOH$	在合适的 pH 值条件下与抑制剂硅酸钠、六偏磷酸钠共用，获得较好的浮选性能	[271]
	β-胺基烷基膦酸	$(RNHC_2H_4P(O)O_2H)^-$	在很宽的 pH 值范围内对萤石有强的捕收能力	[163]
	6RO-12		选择性优于油酸，捕收能力稍差	[285]
	环己烷羟肟酸（CHA）	$C_7H_{13}NO_2$	对含钙矿物捕收能力强，在萤石表面呈双核双配位吸附	[286]

性类捕收剂应用广泛、效果好、价格低廉。脂肪酸类捕收剂主要为油酸、氧化石蜡皂、环烷酸等。鲁法增用氧化石蜡皂来浮选山东的品位为28.71%的低品位萤石矿，通过闭路浮选试验发现，可以得到品位为92.9%、回收率高达95.67%的浮选分离效果。碱渣是石油工业的副产品，其中起到捕收性能的是环烷酸钠皂。碱渣在低温下分散性好，可以使萤石获得很好的浮选性能；研究发现用PRV（碱渣）浮选含CaO 38%、P_2O_5 23%的磷灰石，可以取得很好的浮选性能。油酸是萤石浮选工业中应用最广泛的浮选捕收剂。在浮选温度20℃条件下，分别选取萤石自然pH值为7、方解石自然pH值为8.8、石英自然pH值为6.6，进行捕收剂油酸用量对萤石、方解石、石英浮选回收率影响规律研究，结果如图6-206所示。随着油酸用量增加，萤石和方解石浮选回收率稳定在60%左右，油酸对石英的捕收能力较差。在油酸用量为130mg/L、浮选温度为20℃条件下，研究pH值对萤石、方解石、石英浮选行为影响，试验结果见图6-207。在油酸浮选体系中，pH值在4~12范围内时，萤石和方解石浮选回收率最高维持在60%左右；油酸对石英的浮选回收率均低于10%。

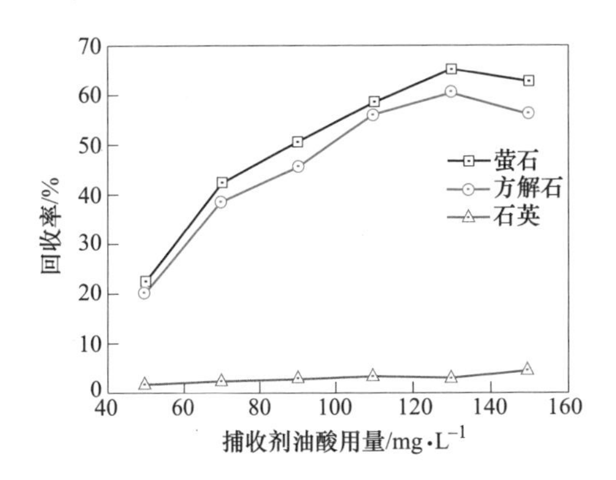

图6-206 捕收剂油酸对矿物浮选指标的影响

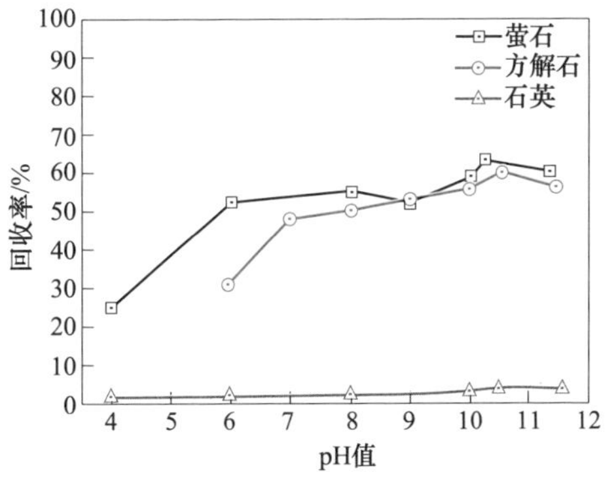

图6-207 pH值对矿物浮选指标的影响

在捕收剂油酸用量为130mg/L条件下，选取萤石自然pH值为7、方解石自然pH值为8.8、石英自然pH值为6.6进行温度对萤石、方解石、石英浮选回收率影响规律研究，试验结果见图6-208。矿浆温度对萤石和方解石浮选性能影响较大，油酸的耐低温性能很差，只有在很高的温度下，萤石才能取得较高的回收率。

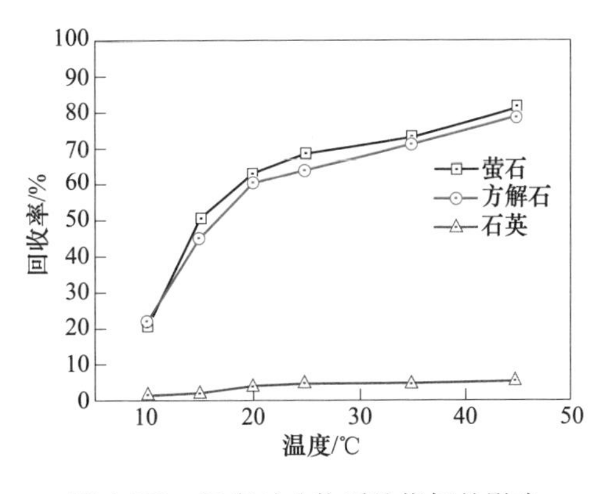

图6-208 温度对矿物浮选指标的影响

油酸由于具有水溶性差、选择性不好的缺点，因此其使用受到一定的限制。常对油酸进行皂化或配合乳化剂进行使用，以提高其溶解性；经过改性后可以使其分散性、选择性得到很好的改善，适合在低温下进行浮选。陈星[287]将阴离子改性捕收剂 DCX-1 应用于萤石浮选获得较好的浮选指标。在浮选温度为 20℃时分别考察了 DCX-1 用量和 pH 值对萤石、方解石和石英浮选回收率的影响规律，结果如图 6-209 和图 6-210 所示。在捕收 DCX-1 体系中，萤石和方解石在浮选温度为 10℃条件下即可获得较高的浮选回收率，捕收剂 DCX-1 对三种矿物的捕收能力为萤石>方解石>石英。

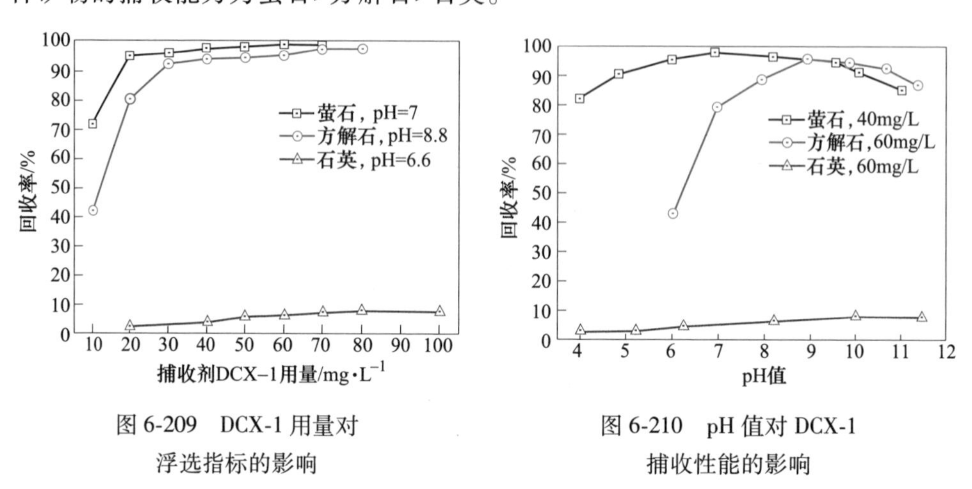

图 6-209　DCX-1 用量对浮选指标的影响

图 6-210　pH 值对 DCX-1 捕收性能的影响

捕收剂 DCX-1 对萤石和方解石的捕收能力均较强，选择方解石抑制剂，以实现萤石和方解石的有效分离。本书采用水玻璃为抑制剂，捕收剂 DCX-1 用量为 50mg/L 条件下，分别研究了 pH 值和水玻璃用量对萤石以及脉石矿物方解石和石英的浮选行为的影响。在水玻璃用量为 42mg/L 的条件下，研究不同 pH 值条件下水玻璃对萤石、方解石、石英的抑制作用，结果如图 6-211 所示。在捕收剂 DCX-1 体系中，pH 值在 6~7.5 范围内时，水玻璃可选择性地抑制方解石和石英，进而实现萤石与脉石矿物方解石和石英的有效分离。在 pH 值为 6 条件下，进行了抑制剂水玻璃用量对萤石、方解石、石英浮选行为的影响，结果见图 6-212。方解石受水玻璃的抑制作用影响较大，可实现萤石与脉石矿物方解石和石英的浮选分离。

在矿浆中萤石会溶解一定量的 Ca^{2+}，故 Ca^{2+} 是萤石矿浆中常见的难免离子。在捕收剂 DCX-1 体系中，研究 Ca^{2+} 对萤石的浮选行为的影响，试验结果见图 6-213。

pH 值在 4~12 范围内时，萤石受到 Ca^{2+} 离子的影响较小，Ca^{2+} 离子在一定 pH 值下对石英均具有较强的活化作用。

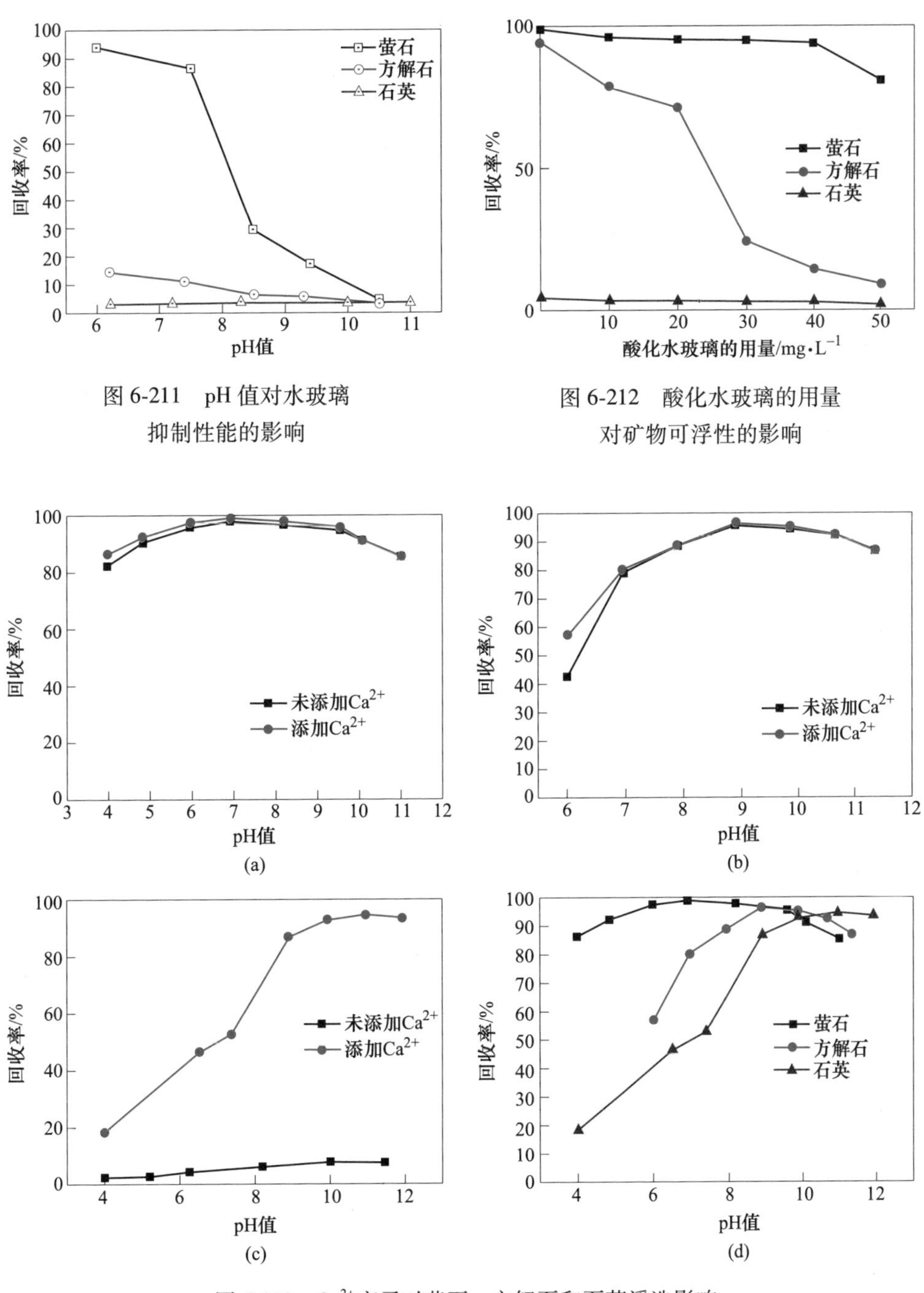

图 6-211 pH 值对水玻璃抑制性能的影响

图 6-212 酸化水玻璃的用量对矿物可浮性的影响

图 6-213 Ca^{2+}离子对萤石、方解石和石英浮选影响

（a）萤石；（b）方解石；（c）石英；（d）3 种矿物对比

烷基磺酸钠和烷基硫酸钠因具有水溶性好、可以在低温下浮选矿物以及毒性

小的优点受到广泛使用，其可与其他阴离子捕收剂一块使用，提高混合捕收剂在低温下的溶解性能。烃基磷酸盐的溶解度随着矿浆的酸碱性不同而不同，在偏酸性矿浆中的水溶性比较差，而在偏碱性矿浆中的水溶性比较好。胡岳华等[288]采用捕收剂苯氨基苄基磷酸浮选分离萤石和方解石，调节矿浆 pH 值即可使二者很好地浮选分离，但烃基磷酸盐由于价格比较贵，因此大范围使用受到一定的限制。林海[289]采用阴离子捕收剂 C28 实现萤石与脉石矿物方解石和石英的有效分离。

含有—NH—、—NH_2 的胺类及其醚胺类阳离子捕收剂的亲固基团是胺基，其优点是该类阳离子捕收剂容易与表面荷负电的萤石发生静电吸附，故浮选速度快，且药剂具有起泡作用而无须额外加入起泡剂。醚胺对于低温浮选萤石、降低药耗方面具有很好的特征，由于醚基的引入，可以使脂肪胺的水溶性大大增强，因此醚胺具有很好的耐低温性能。

含有═O、═N、—O—、—N、—OH 的氨基酸或者肟酸类两性捕收剂的极性基团既有阴离子又有阳离子，其最大特点就是适用 pH 值范围比较宽，水溶性好，耐低温性能好，且此类捕收剂对萤石的捕收性能较强。朱建光[290]采用捕收剂 RO-14 进行萤石单矿物浮选试验，pH 值在 4.6～12.1 范围内均能取得很高的萤石回收率。胡岳华等[291]针对方解石型萤石矿，采用两性捕收剂 N-酰胺基羧酸作为萤石捕收剂，以硅酸钠、六偏磷酸钠为方解石抑制剂，获得萤石精矿品位 97%、回收率 82%以上的浮选指标。陈星[287]针对方解石型萤石矿研发了 DCX-2 捕收，并进行了萤石单矿物浮选试验，获得较好的浮选指标。

捕收剂的协同作用通常是两种或两种上的捕收剂混合使用，通过药剂的协同作用使捕收剂对萤石的浮选性能达到最佳效果。毛钜凡[292]将十二胺与氧化石蜡皂按一定比例混合之后浮选时，可获得萤石品位 97%、回收率 84%的良好浮选指标。李洪潮等采用油酸和氧化石蜡皂复合捕收剂为萤石捕收剂、Na_2CO_3 为 pH 值调整剂、水玻璃为抑制剂，浮选河南某难选萤石矿，获得萤石品位 98.07%、回收率 75.84%的良好浮选指标。

6.8.3　浮选捕收剂在矿物表面的作用机理研究

6.8.3.1　捕收剂的结构特性研究

根据矿物的表面性质选择合适的亲固基，然后根据亲水-疏水关系确定一个与极性基相匹配的疏水烃基结构，从而获得一个适于矿物浮选的捕收剂分子结构。本书以 DCX-1 和 DCX-2 为例，研究捕收剂的亲固基和疏水基。

捕收剂 DCX-1 与萤石作用的极性基团为羧基，氧原子是键合原子，计算得 $X_O=3.03$；捕收剂 DCX-2 与萤石作用的极性基团为羧基和氨基以及亚氨基，计算得 $X_O=3.01$、$X_{-NH_2}=2.44$、$X_{-NH}=2.56$。油酸的羧基中氧原子电负性计算得

$X_0=3$。所求基团键合原子的电负性越大，就越容易和萤石表面的钙离子发生键合吸附作用。同类捕收剂中捕收剂的捕收性能与亲固基的电负性成正相关。通过计算可知极性基团电负性的大小顺序为 DCX-1>DCX-2>油酸。因此可以推断 DCX-1 和 DCX-2 的电负性较油酸好。

采用 DMol3 模块计算捕收剂分子极性基键长，结果如表 6-66 所示。分子极性基键长越大，捕收剂的选择性越强，浮选活性越强。捕收剂 DCX-1 和 DCX-2 极性基的键长大于油酸极性基的键长，因此 DCX-1 和 DCX-2 的极性基尺寸比较大，新型捕收剂 DCX-1 和 DCX-2 的选择性以及浮选活性较油酸强。两种新型捕收剂之间比较，理论上 DCX-1 的选择性和浮选活性略优于 DCX-2。

表 6-66 捕收剂极性基的几何尺寸

捕收剂	几何尺寸/nm				
	d_{C1-O1}	d_{C2-O1}	d_{O1-O2}	d_{C2-O2}	d_{C1-C2}
油酸	0.107	0.185	0.197	0.105	0.094
DCX-1	0.198	0.241	0.222	0.240	0.150
DCX-2	0.121	0.235	0.205	0.135	0.126

从萤石和方解石的晶体结构分析可知，萤石表面 $\sum Ca^{2+}/\sum F^{-}=0.693$，方解石表面 $\sum Ca^{2+}/\sum F^{-}=0.363$，萤石表面的钙离子浓度大于方解石表面钙离子浓度，萤石表面有更多的 Ca^{2+} 与捕收剂发生吸附作用，故捕收剂 DCX-1 对萤石的浮选性能好于方解石的浮选性能，实际浮选试验也很好地验证了以上结论。

捕收剂 DCX-1 和 DCX-2 的亲水-疏水性能可通过非极性基碳原子个数、特性指数（i）和分配系数（P）来进行表征。经计算捕收剂 DCX-1 和 DCX-2 浮选萤石体系烃基需要的足够数量分别为 12.01 和 17.28。实际使用捕收剂 DCX-1 和 DCX-2 烃基中分别含有 12 个碳原子和 15 个碳原子，这可能是 DCX-2 捕收性能略差的原因之一。捕收剂 DCX-1、DCX-2 和油酸的特性指数 i 分别为 0.073、0.070 和 0.045，新型捕收剂 DCX-1 和 DCX-2 的 i 值远大于油酸，因此捕收剂 DCX-1 和 DCX-2 对萤石的浮选效果优于油酸。

经计算油酸的分配系数 $\lg P=7.96$，捕收剂 DCX-1 的分配系数 $\lg P=5.91$，捕收剂 DCX-2 的分配系数 $\lg P=3.68$。与油酸相比，捕收剂 DCX-1 和 DCX-2 由于—Br 和—NH—、—NH_2 的引入，分配系数 $\lg P$ 值变小，其分子活性变高，可溶性增强，其捕收性能变好。

通过计算 DCX 系列捕收剂分子以及油酸的前线分子轨道 HOMO 和 LUMO 轨道能量差分析药剂分子活性差别，结果如表 6-67 所示。捕收剂 DCX-1 能隙（$\Delta E_{LUMO-HOMO}$）值最小，油酸能隙差最大，故按照前线轨道能隙计算结果药剂分子活性由大到小依次为 DCX-1>DCX-2>油酸。

表 6-67　药剂分子 HOMO 与 LUMO 轨道能量差　　(eV)

药剂	E_{HOMO}	E_{LUMO}	$\Delta E_{LUMO-HOMO}$
油酸	-6. 326	-1. 038	5. 288
DCX-1	-6. 587	-2. 382	4. 205
DCX-2	-5. 462	-0. 958	4. 504

6. 8. 3. 2　捕收剂体系矿物表面润湿性分析

用悬滴法测定 DCX-1 用量对萤石、方解石和石英接触角的影响，结果如图 6-214 所示。石英、萤石和方解石的天然接触角分别为 25°、44. 6°和 53°。研究指出黏着功与内聚功的比值 $W_a/W_c=(1+\cos\theta/2)$ 可表示矿物表面原子和水的作用能与水分子间缔合能的比值，其比值越小则矿物表面对气泡的黏着功越大，表明矿物越容易吸附在气泡上从而浮起。DCX-1 的用量增加之后，$\cos\theta$ 变小，从而萤石更容易与溶液中的气泡发生吸附作用，有利于萤石浮选。萤石和方解石的接触角大小与 DCX-1 的用量成正相关性。尽管萤石的亲水性强于方解石，但在相同 DCX-1用量的条件下，与 DCX-1 作用后的萤石的接触角大于作用后方解石的接触角，说明 DCX-1 在萤石表面的吸附量多于方解石，这与 DCX-1 对萤石的浮选回收率大于 DCX-1 对方解石的浮选回收率的浮选结果相一致。石英与 DCX-1 作用后，其表面的接触角变化不大，接近与石英的天然接触角，这间接说明 DCX-1 不易于吸附在石英表面。通过对黏着功和内聚功的比值计算可知，当石英与捕收剂作用后，表面不饱和键与水分子间的作用能与水分子间缔合能基本相等，而对气泡的黏着功明显减小，故石英颗粒不易与气泡发生吸附。对比分析可知与 DCX-1 作用后萤石和方解石的接触角远大于对石英的接触角。这也与 DCX-1 作用下萤石、方解石浮选回收率远大于石英的浮选回收率试验结果一致。DCX-2 用量对萤石、方解石和石英接触角的影响如图 6-215 所示。捕收剂 DCX-2 作用于萤石表面的最大接触角可达到 113. 6°，作用于方解石表面的最大接触角为 106. 5°，但 DCX-2 作用于石英前后接触角变化不大。DCX-2 作用于矿物表面接触角的变化情况与 DCX-1 作用于矿物表面接触角变化情况近似。

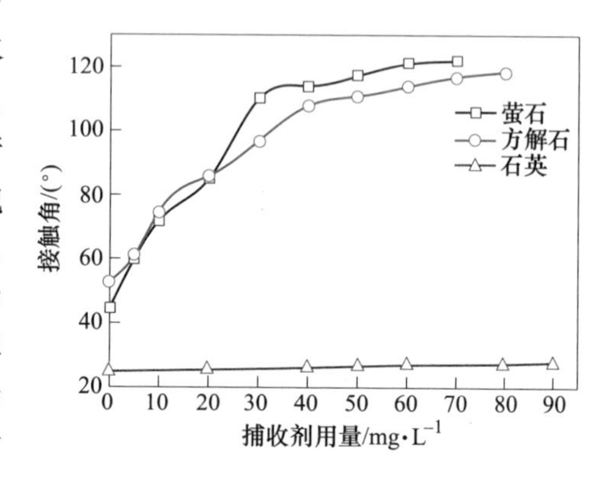

图 6-214　DCX-1 用量对矿物接触角的影响

6.8.3.3 捕收剂对矿物表面荷电性质影响

萤石在水溶液中发生水解反应，其定位离子是 Ca^{2+} 和 F^-，在碱性矿浆中，F^-离子增多，则萤石表面的负电性增强。方解石在水溶液中发生一系列反应，从而生成许多离子，从方解石饱和溶液溶解组分浓度对数图 6-216 可知，当 pH 值小于 8 时，Ca^{2+}、$CaHCO_3^+$和 $CaOH^+$的浓度占主导地位，此时方解石表面荷正电，阴离子捕收剂易于在其表面发生静电吸附作用；当 pH 值大于 8 时，饱和溶液中的 HCO_3^-、CO_3^{2-} 和 OH^-浓度占的比例比较大。

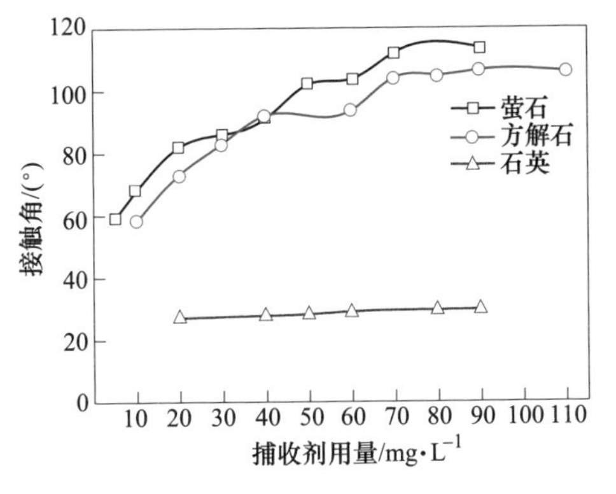

图 6-215 DCX-2 用量对矿物接触角的影响

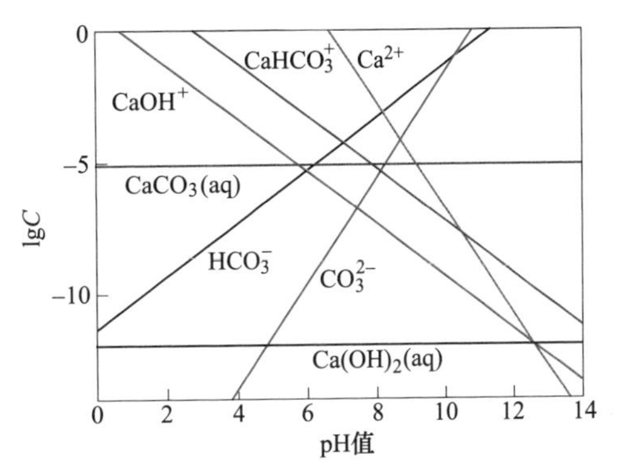

图 6-216 方解石饱和溶液中溶解组分浓度对数图

以 DCX-1 和 DCX-2 为例，研究与捕收剂作用后不同 pH 值条件下萤石、方解石和石英表面 Zeta 电位变化规律见图 6-217~图 6-219。

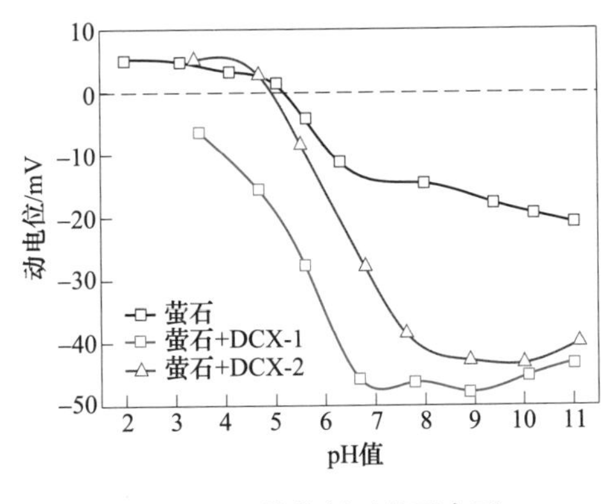

图 6-217 捕收剂对萤石表面 Zeta 电位的影响

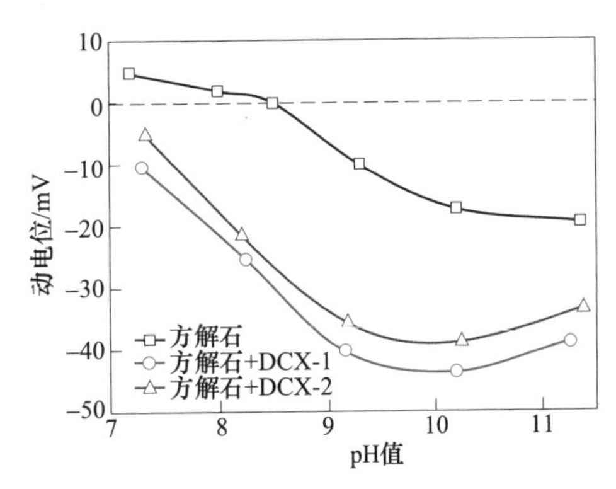

图 6-218 捕收剂对方解石表面 Zeta 电位的影响

萤石的零电点为 5.03。萤石与捕收剂 DCX-1 作用后，其表面动电位曲线和

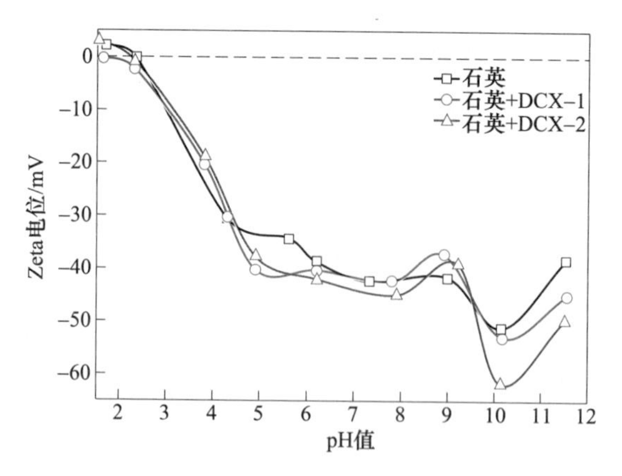

图 6-219　捕收剂对石英表面 Zeta 电位的影响

等电点负向移动趋势明显，这说明捕收剂 DCX-1 与萤石之间存在特性吸附。在 pH 值小于 5.03 条件下，萤石表面荷正电，捕收剂 DCX-1 与萤石表面可发生静电吸附作用。pH 值在 4~12 范围内，随着 pH 值升高，捕收剂 DCX-1 中 R—COO^- 浓度增加，捕收剂 DCX-1 在萤石表面吸附导致萤石动电位大幅度负移。在捕收剂 DCX-1 体系中，pH 值在 7 左右，萤石表面动电位达到极值，萤石浮选回收率最大，之后随着 pH 值的继续增大，动电位基本稳定并稍有回升，这主要是因为溶液中逐渐增多的 OH^- 离子在萤石表面与捕收剂 DCX-1 发生竞争吸附，萤石表面的部分活性位点可能被 OH^- 离子占据，相应的萤石浮选回收率也有稍微减小的趋势。

萤石与捕收剂 DCX-2 作用后，当 pH 值小于 5 时，其动电位曲线与原萤石动电位曲线基本重合，当 pH 值大于 5 时与 DCX-2 作用后萤石动电位负向移动显著，且其等电点略向负向移动。这是因为当 pH 值小于 5 时，萤石表面荷正电，DCX-2 在溶液中的主要存在形式为荷正电的 RCH(NH—CH_2—CH_2—NH_2^+)COOH 和 RCH(NH^+—CH_2—CH_2—NH_2)COOH 以及呈电中性的 RCH(NH—CH_2—CH_2—NH_2)COOH，故不利于捕收剂 DCX-2 在萤石发生静电吸附作用，但此时在捕收剂 DCX-2 作用下，萤石浮选回收率较高，说明捕收剂 DCX-2 可特性吸附在萤石表面，由于捕收剂 DCX-2 主要以阳离子形式存在，故与 DCX-2 作用后萤石表面动电位呈正电性。当 pH 值大于 5 时，因为捕收剂 DCX-2 溶液中 RCH(NH—CH_2—NH_2)COO^-浓度升高，萤石表面荷负电，故捕收剂 DCX-2 中 RCH(NH—CH_2—NH_2)COO^-克服与萤石表面的静电斥力作用，在萤石表面发生吸附作用，使得萤石表面负电性变大。随着 pH 值增大，溶液中 OH^- 离子浓度增加，与捕收剂 DCX-2 发生竞争吸附，使得与 DCX-2 作用后萤石表面动电位基本保持稳定。

方解石分别与捕收剂 DCX-1 和 DCX-2 作用后的动电位变化规律如图 6-218 所

示。方解石的零电点在8.4左右，与文献报道相符。与捕收剂DCX-1作用后，方解石表面动电位曲线和等电点负移趋势显著，这表明捕收剂DCX-1在方解石矿物表面发生了特性吸附。在pH值小于8.4的条件下，方解石表面主要以Ca^{2+}和$CaOH^{+}$离子为主，捕收剂DCX-1中R—COO^{-}浓度也相对较高，故捕收剂DCX-1可通过其阴离子极性基COO^{-}吸附于方解石表面，方解石的动电位下降；随着pH值升高，方解石表面的Ca^{2+}和$Ca(OH)^{+}$离子浓度降低，捕收剂DCX-1的极性基团COO^{-}浓度增加。在pH值为9左右时，与捕收剂DCX-1作用后，方解石表面动电位达到最大负移，这是因为虽然方解石表面呈现出负电性，但矿浆中捕收剂DCX-1阴离子在方解石表面的吸附量达到最大，方解石浮选回收率最大。而后随着pH值的继续增大，方解石的动电位基本不再发生变化，这是因为矿浆中逐渐增多的OH^{-}离子与DCX-1阴离子在方解石表面发生竞争吸附，阻碍了捕收剂DCX-1在方解石表面的吸附，相应的方解石浮选回收率也有略呈减小的趋势。

同样，方解石与DCX-2作用后，方解石表面动电位曲线和等电点负移趋势显著。随着pH值的升高，方解石表面的Ca^{2+}和$Ca(OH)^{+}$离子浓度降低，捕收剂DCX-2中$RCH(NH—CH_2—NH_2)COO^{-}$浓度增加，但与捕收剂DCX-2作用后方解石的动电位负移程度增加，这说明DCX-2可特性吸附于方解石表面。而后随着pH值的继续增大，方解石的动电位基本不再发生变化，这可能也是因为矿浆中逐渐增多的OH^{-}离子与DCX-2阴离子在方解石表面发生竞争吸附，阻碍了捕收剂DCX-2在方解石表面的吸附，相应的方解石浮选回收率也有略呈减小的趋势。

石英的零电点为2.33，与文献报道一致。石英分别与DCX-1和DCX-2作用后，石英表面动电位随pH值变化趋势与原石英表面动电位变化趋势基本一致，这说明捕收剂DCX-1和DCX-2对石英动电位变化影响不大，捕收剂DCX-1和DCX-2不易吸附于石英表面，这与捕收剂DCX-1和DCX-2浮选体系下石英浮选回收率较低的试验结果一致。

6.8.3.4 *矿物与药剂作用前后红外光谱分析*

分析药剂分子及其与矿物作用前后红外光谱图中不同基团特征峰的位置，佐证药剂分子通过哪些基团与矿物表面发生作用。以捕收剂DCX-1、DCX-2和苯乙烯磷酸为例进行药剂与萤石、方解石和石英作用前后红外光谱分析。

图6-220（a）为捕收剂DCX-1的红外光谱图，其中2926.41cm^{-1}处和2856.91cm^{-1}处为亚甲基CH_2的伸缩振动吸收峰。1718.58cm^{-1}处为羧基中羰基的伸缩振动峰，该基团特征峰应在1700cm^{-1}处左右，但对DCX-1来说，羧基α碳上引入一个电负性较大的溴原子，由于溴原子的吸电子作用，从而产生诱导效应，羧基C═O键O原子外侧电子云向C═O键上移动，使得C═O键力常数增加，该峰的频率向高波数方向飘移至1718.58cm^{-1}处，723.96cm^{-1}处为Br的特征

峰。1459.71cm^{-1}处和1408.60cm^{-1}处分别是羧基的不对称伸缩振动吸收峰和对称伸缩振动吸收峰。图6-220（b）为DCX-2的红外光谱图，胺基的伸缩振动吸收峰是在波数为3439.12cm^{-1}处，2926.41cm^{-1}处和2856.97cm^{-1}处是亚甲基伸缩振动吸收峰。1663cm^{-1}处是COO^-的伸缩振动吸收峰，DCX-2分子羧基α碳处引入具有供电子性的乙二胺基团，由于共轭效应，使羧基C═O键上的电子云向O原子外侧发生移动，C═O键力常数下降，原本位于1700cm^{-1}左右的C═O键的特征峰向低波数方向漂移，至1663cm^{-1}处。1465cm^{-1}处是CH_3、CH_2弯曲振动吸收峰及剪切振动吸收峰，1460.36cm^{-1}处是与NH_2相连的CH_2弯曲振动吸收峰，此峰出现说明化合物含有CH_2—NH_2基团，925.60cm^{-1}处为NH_2的面外弯曲振动吸收峰，3129.02cm^{-1}处是仲胺基（—NH—）的吸收峰。

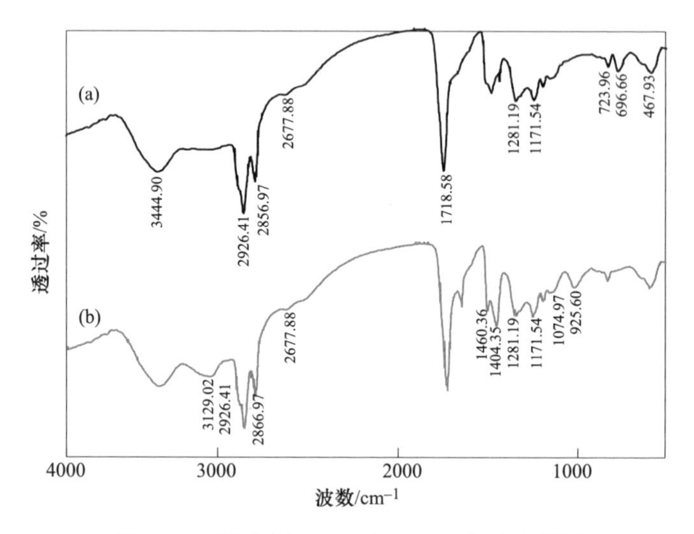

图6-220　捕收剂DCX-1和DCX-2红外光谱图

（a）DCX-1；（b）DCX-2

图6-221（a）为萤石的红外光谱图，其中1094cm^{-1}处是氟化物的特征峰，3431cm^{-1}处为萤石表面吸附水中—OH的特征峰。图6-221（b）是与DCX-1作用后萤石的红外光谱，捕收剂DCX-1分子在2914.05cm^{-1}处和2842.56cm^{-1}处的亚甲基吸收峰出现在与DCX-1作用后的萤石红外光谱中，说明捕收剂DCX-1可吸附在萤石表面。DCX-1分子中1718.58cm^{-1}处C═O的伸缩振动峰向低波数偏移至1645.26cm^{-1}处，这说明DCX-1分子$RCBrCOO^-$与萤石表面的钙离子活性位点可能发生键合吸附，在萤石表面形成羧酸钙。图6-221（c）为与DCX-2作用后萤石的红外光谱图，DCX-2分子在2918.02cm^{-1}处和2845cm^{-1}处的亚甲基吸收峰出现与DCX-2作用后的萤石红外光谱中，说明DCX-2可吸附在萤石表面。DCX-2在1663cm^{-1}处C═O伸缩振动吸收峰向低波数方向偏移至1625.79cm^{-1}处，说明

DCX-2 的羧基与萤石表面的钙离子可能发生键合吸附作用，使 DCX-2 键合吸附于萤石表面，与 DCX-2 作用后萤石红外光谱中出现胺基振动特征峰，峰位由原来的 3439.12cm^{-1}处向低波数方向偏移至 3428.76cm^{-1}处，这说明 DCX-2 与萤石表面的 F 原子活性位点可能发生氢键吸附作用。3128cm^{-1}处仲胺基（—NH—）的吸收峰出现在与 DCX-2 作用后萤石的红外光谱中，其强度减弱但峰位变化在分辨率之内，这说明 DCX-2 在萤石表面的吸附对仲胺基影响较小。DCX-2 在萤石表面主要以键合吸附和氢键吸附为主。

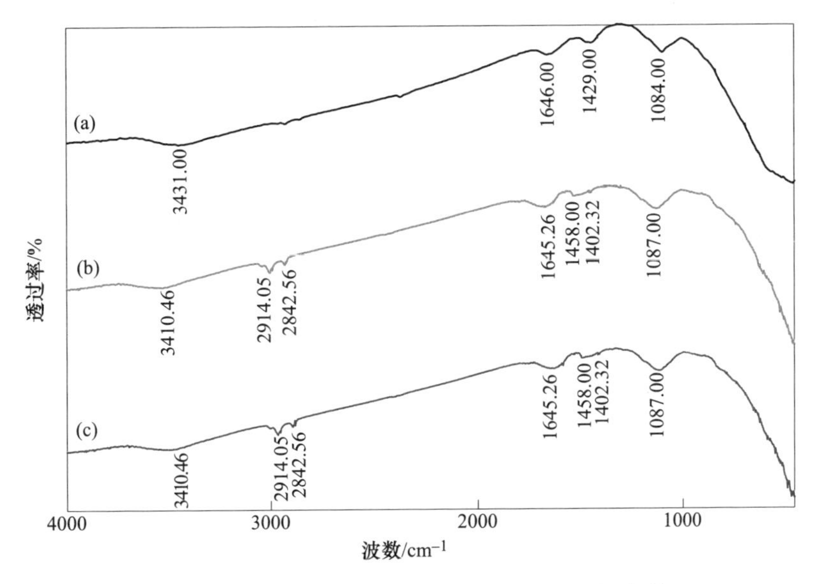

图 6-221 DCX-1 和 DCX-2 作用前后萤石红外光谱
（a）萤石；（b）萤石与 DCX-1 作用；（c）萤石与 DCX-2 作用

图 6-222（a）为方解石的红外光谱图，其中 1432.4cm^{-1}处为 CO_3^{2-} 的非对称伸缩振动吸收峰，876cm^{-1}处和 712.40cm^{-1}处是 CO_3^{2-} 的弯曲振动吸收峰。图 6-222（b)是与 DCX-1 作用后方解石的红外光谱图，捕收剂 DCX-1 分子在 2923.05cm^{-1}处和 2845.56cm^{-1}处的亚甲基吸收峰出现在与 DCX-1 作用后的方解石红外光谱中，这说明 DCX-2 可吸附在方解石表面。1718.58cm^{-1}处羰基的伸缩振动峰已经减弱并向低波数移动至 1640cm^{-1}处，这说明 DCX-1 分子 $RCOO^-$与方解石表面的钙离子活性位点发生键合吸附在方解石表面生成羧酸钙。图 6-222（c）为与 DCX-2 作用后方解石的红外光谱，DCX-2 分子在 2917.02cm^{-1}处和 2848cm^{-1}处的亚甲基吸收峰出现在与 DCX-2 作用后方解石的红外光谱中，说明 DCX-2 可吸附在方解石表面。DCX-2 在 1663cm^{-1}处 C═O 伸缩振动吸收峰向低波数方向偏移至 1640.79cm^{-1}处，说明 DCX-2 通过羧基可与方解石表面的钙离子发生键合吸附，进而使 DCX-2 键合吸附于方解石表面。CO_3^{2-} 的吸收峰由 876cm^{-1}处偏移至

872.46cm^{-1}处以及3439.12cm^{-1}处—NH_2的伸缩振动吸收峰偏移至3427.76cm^{-1}处，这也进一步说明DCX-2分子中的—NH_2与方解石表面的氧原子发生氢键吸附作用。3128cm^{-1}处仲胺基（—NH—）的吸收峰出现在与DCX-2作用后方解石的红外光谱中，且峰位变化在分辨率之内，说明DCX-2在方解石表面的吸附对仲胺基影响较小。DCX-2在方解石表面主要以键合吸附和氢键吸附为主。

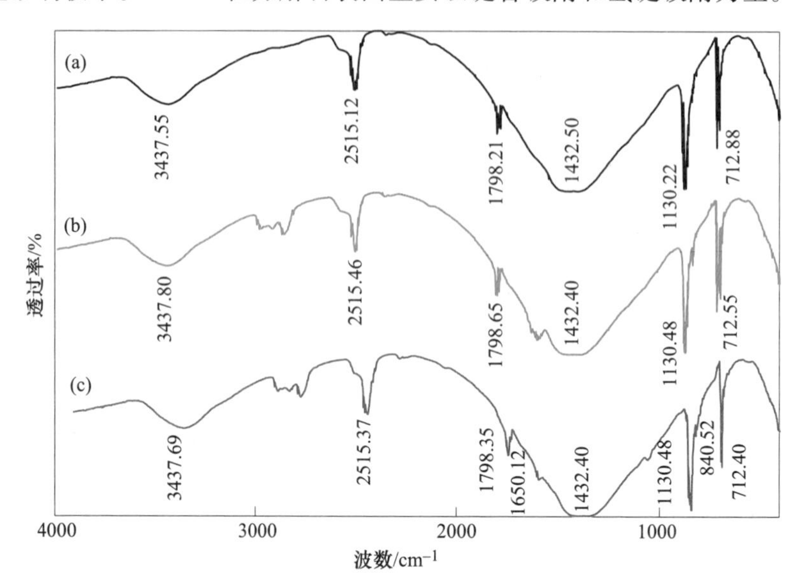

图6-222　DCX-1和DCX-2作用前后方解石红外光谱
（a）方解石；（b）方解石与DCX-1作用；（c）方解石与DCX-2作用

6.9　锂辉石中常见矿物与浮选药剂的作用原理

锂辉石是极为重要的锂资源也是绝大多数伟晶岩型锂矿床主要的赋矿矿物，其主要共伴生脉石矿物为石英和长石，以及一些含铁脉石如铁锂云母、电气石、闪石等。浮选法是最主要的提高锂辉石品位、达到提质降杂目的的方法。本书着重介绍锂辉石、石英、长石晶体化学特性，其中石英和长石晶体化学特性见本书第6.1节和6.5节，并在此研究基础上，着重介绍锂辉石浮选过程中的主要浮选药剂及其在锂辉石矿物表面的作用机理。

6.9.1　矿物晶体的表面化学特征

6.9.1.1　矿物晶体化学特性

锂辉石的化学成分为$LiAl(SiO_3)_2$，其化学组成为含Li_2O 8.07%、Al_2O_3 27.44%、SiO_2 64.49%。锂辉石晶体为单斜晶系结构，其晶格参数为$a=$

0.9449nm、b=0.8386nm、c=0.5215nm、$\alpha=\gamma$=90.00°、β=110.10°，空间群为C2/C。锂辉石晶格内常含有铁、铬、锰等类质同象混入元素，因此具有不同颜色。硅原子与氧原子形成［SiO_4］四面体，形成的四面体以共角顶氧的方式联结形成［SiO_4］四面体链；铝原子与氧原子形成［AlO_6］八面体，以共棱的方式联结形成无限延伸的“之”字形链；从晶体结构来看，两个四面体链与一个八面体链形成2∶1型的“I”形杆，并借助锂连接起来[293]。虽然锂辉石、长石和石英都属于硅酸盐矿物，但其晶体结构不同，锂辉石为链状结构，而长石和石英为架状结构。在锂辉石的结构中，铝原子与氧原子形成［AlO_6］八面体，而长石结构中，铝原子与氧原子形成［AlO_4］四面体。这些晶体结构差异导致的表面性质差异，是造成矿物浮选行为不同的重要原因。锂辉石中Si—O键具有较强的共价性，Li—O键具有较强的离子性，Al—O键介于其中，因此破碎磨矿时，Li—O键最易断裂，其次是Al—O键，最后是Si—O键。由于Li^+易溶于水，而表面暴露的铝位点可吸附水中的OH^-，因此锂辉石在较宽的pH值范围内荷负电，且随着水溶液中pH值变化而变化。锂辉石各方向键力不同，其中（110）面为其常见解理面。

利用CASTEP模块对锂辉石、钠长石和石英的晶胞结构进行优化（石英优化结构及计算结果见6.1节）。锂辉石晶胞优化时，设置交换相关泛函为GGA-PBE，K点取样密度为3×3×4，截断能为340eV。最终优化得到的锂辉石晶胞结构如图6-223所示，晶胞参数与试验检测值对比如表6-68所示。经过优化的锂辉石晶胞参数为a = 0.9449nm、b = 0.8386nm、c = 0.5215nm、α = 90.00°、β = 110.10°、γ=90.00°。钠长石晶胞优化时，设置交换相关泛函为GGA-PBESOL，K点取样密度为2×2×4，截断能为700eV。最终优化得到的钠长石晶胞结构如图6-224所示，晶胞参数与试验检测值对比如表6-68所示。经过优化的钠长石晶胞参数为a = 0.8200nm、b = 1.2851nm、c = 0.7207nm、α = 94.20°、β = 116.62°、γ=87.51°。

表6-68 模拟锂辉石和钠长石晶胞参数与检测值对比

项　目	a/nm	b/nm	c/nm	α/(°)	β/(°)	γ/(°)
锂辉石检测值	0.9466	0.8394	0.5221	90.00	110.10	90.00
锂辉石计算值	0.9449	0.8386	0.5215	90.00	110.10	90.00
相对误差/%	0.17	0.09	0.11	0	0	0
钠长石检测值	0.8146	1.2797	0.7158	94.20	116.60	87.80
钠长石计算值	0.8200	1.2851	0.7207	94.20	116.62	87.51
相对误差/%	0.66	0.42	0.68	0	0.02	0.33

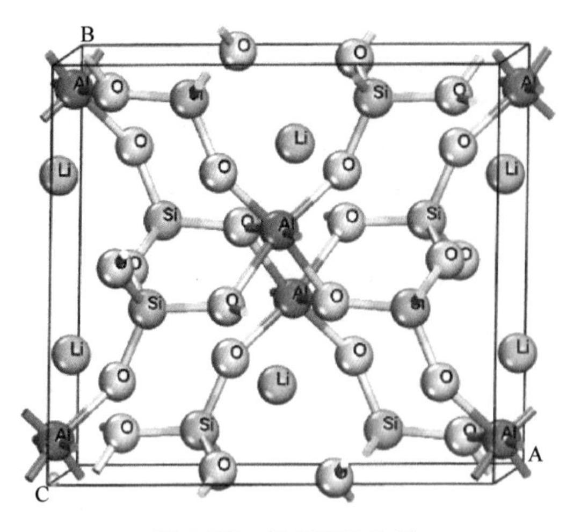

图 6-223　锂辉石晶胞图

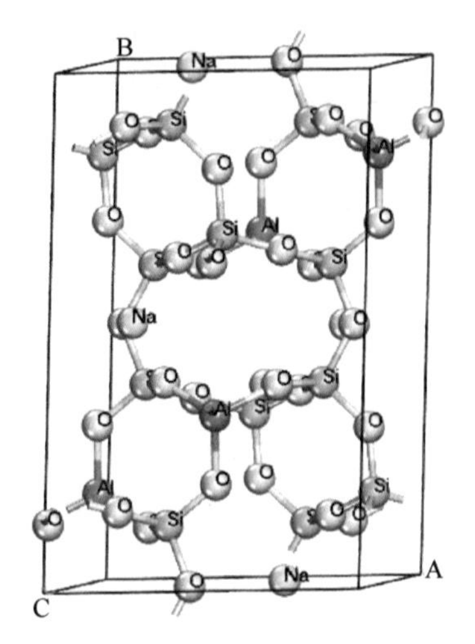

图 6-224　钠长石晶胞图

6.9.1.2　锂辉石晶面模型构建与电子结构

锂辉石（110）面为锂辉石最稳定表面[294]，因此本书在优化后晶胞上沿米勒指数（110）方向切割晶胞。优化后的锂辉石（110）表面如图 6-225 所示。

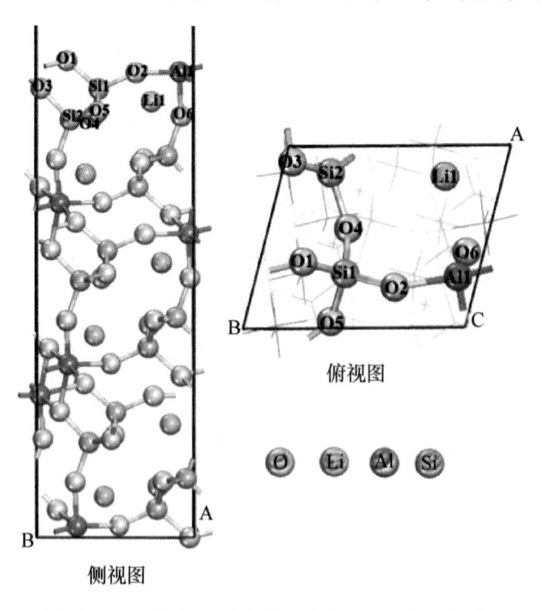

图 6-225　优化后的锂辉石（110）表面结构

锂辉石（110）表面最顶层的氧、硅、锂、铝原子的 Mulliken 电荷布居分析见表 6-69。原子的 Mulliken 电荷为正值时，表示原子相对于游离态而言失去了电子；反之，则表示原子相对于游离态而言得到了电子。

表 6-69 锂辉石表面原子的 Mulliken 电荷布居分析

原子	s 轨道	p 轨道	电子总数	电荷/e
Li1	1.88	0	1.88	1.12
Al1	0.44	0.68	1.12	1.88
Si1	0.65	1.22	1.87	2.13
Si2	0.63	1.26	1.90	2.10
O1	1.87	5.28	7.15	-1.15
O2	1.84	5.34	7.18	-1.18
O3	1.87	5.37	7.24	-1.24
O4	1.83	5.35	7.18	-1.18
O5	1.85	5.34	7.18	-1.18
O6	1.85	5.39	7.24	-1.24

游离态锂原子的价电子为 $1s^2 2s^1$，游离态氧原子的价电子为 $2s^2 2p^4$，游离态硅原子的价电子为 $3s^2 3p^2$，游离态铝原子的价电子为 $3s^2 3p^1$。从表中可以看出，铝、硅和锂原子在形成锂辉石的过程中表现出还原性，相比于各自的游离态失去了电子。氧原子在形成锂辉石的过程中表现出氧化性，表层 6 个氧的价电子构型均不同，分别为 O $2s^{1.87}2p^{5.28}$、O $2s^{1.84}2p^{5.34}$、O $2s^{1.87}2p^{5.37}$、O $2s^{1.83}2p^{5.35}$、O $2s^{1.85}2p^{5.34}$、O $2s^{1.85}2p^{5.39}$。锂辉石表面上的硅、铝、锂原子带正电，处于缺电子状态，锂辉石表面上的氧原子带负电，处于多电子状态。锂辉石表面的硅、铝原子的净电荷数值分别小于其形式电荷，锂辉石表面的锂原子的净电荷数值分别大于其形式电荷，这说明硅、铝、锂原子在锂辉石晶体中没有完全以离子形式存在，Li—O、Si—O 和 Al—O 三种化学键具有共价键属性。

锂辉石（110）表面结构中最顶层的 Li—O、Si—O 和 Al—O 键的 Mulliken 键布居分析见表 6-70。

表 6-70 锂辉石（110）面表层原子的 Mulliken 键布居值

键	Li1—O5	Si1—O1	Si1—O2	Si1—O4	Si1—O5	Si1—O3	Si2—O4	Al1—O2	Al1—O6
键布居值	0.03	0.65	0.65	0.47	0.46	0.60	0.55	0.49	0.36
键长/nm	0.201	0.164	0.163	0.165	0.169	0.162	0.162	0.181	0.177

由结果可以看出 Al—O 和 Si—O 键具有不同的布居值和键长，说明锂辉石晶体结构复杂。化学键的 Mulliken 布居值是一个无量纲的相对值，其值越接近 1，说明该化学键的共价成分所占比例越高；其值越接近于 0，说明该化学键的离子成分所占比例越高；其值为负数时，表示两个原子之间不能成键，或者成反

键[295]。结果表明锂辉石中 Li—O 键有较强的离子性，Si—O 键具有较强的共价性，Al—O 键介于其间。因此破碎磨矿时，Li—O 键最易断裂。由于锂辉石表面的锂易溶于水，因此，铝为锂辉石表面最可能的阳离子活性位点。

图 6-226 为锂辉石（110）面表层各原子的态密度图，由图可知，锂辉石（110）面的能带主要分为 4 部分，第一部分为-44～-41eV 之间，这部分基本完全由锂的 s 轨道组成；第二部分为-20～-15eV 之间，这部分主要由氧的 s 轨道、硅和铝的 s 轨道和 p 轨道组成；第三部分为-10～0eV 之间，该部分与-20～-15eV 之间的价带类似，主要由氧的 s 轨道、硅和铝的 s 轨道和 p 轨道组成，不同点为该部分还有少量锂的 s 轨道；最后，0～20eV 之间的导带能级所有原子都有轨道参与贡献。

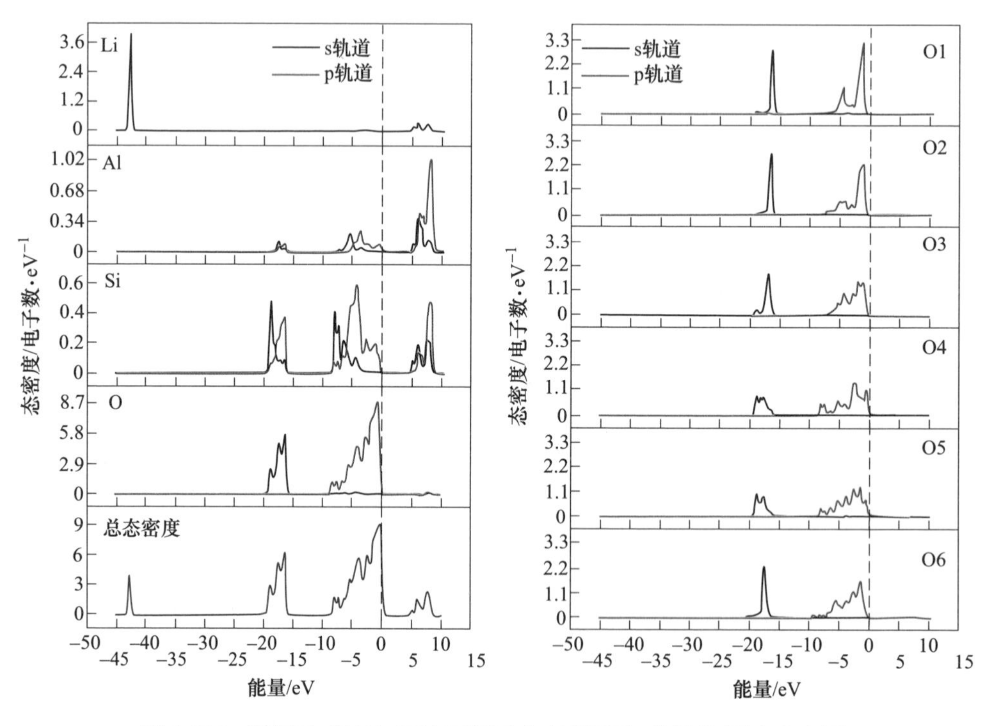

图 6-226　锂辉石（110）面表面原子态密度图及不同氧原子态密度图

价带顶和导带底之间的能隙是价电子发生跃迁时所需跨越的最小能级差，因而化学反应主要发生在费米面附近的价带顶和导带底，费米能级附近的电子活性最强[296,297]。氧的 p 轨道在费米能级附近的态密度贡献最大，因此氧是锂辉石中最活跃的原子，其次依次是硅和铝，但硅和铝的活性较小，因此使用阴离子捕收剂时，常需要活化剂。表层 6 个氧原子在费米能级附近的态密度贡献大小不同，因此其活性也不同。6 个氧原子在费米能级附近的态密度贡献大小为：O1>O2>O3≈O6>O5>O4。因此，O1 是锂辉石表面活性最高的原子，其次是 O2。

6.9.1.3 钠长石晶面模型构建与电子结构

钠长石（010）面为钠长石最稳定表面[2]，因此本书在优化后晶胞上沿米勒指数（010）方向切割晶胞。优化后的钠长石（010）表面如图 6-227 所示。

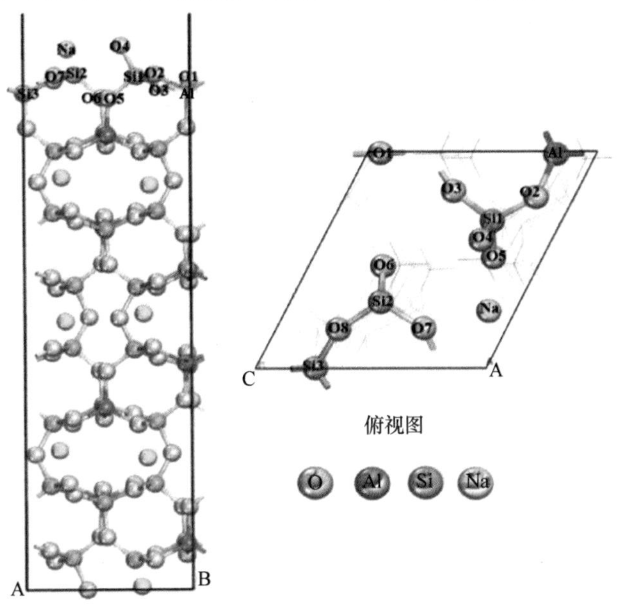

图 6-227 优化后的钠长石（010）表面结构

钠长石（010）表面最顶层的氧、硅、钠、铝原子的 Mulliken 电荷布居分析见表 6-71。原子的 Mulliken 电荷为正值时，表示原子相对于游离态而言失去了电子；反之，则表示原子相对于游离态而言得到了电子。

表 6-71 钠长石表面原子的 Mulliken 电荷布居分析

原子	s 轨道	p 轨道	电子总数	电荷/e
Na	2.03	5.93	7.96	1.04
Al	0.42	0.72	1.14	1.86
Si1	0.66	1.33	1.99	2.01
Si2	0.63	1.20	1.83	2.17
Si3	0.61	1.22	1.82	2.18
O1	1.85	5.36	7.21	-1.21
O2	1.86	5.34	7.19	-1.19
O3	1.83	5.53	7.15	-1.15
O4	1.90	5.23	7.14	-1.14
O5	1.86	5.33	7.07	-1.07
O6	1.86	5.22	7.07	-1.15
O7	1.88	5.28	7.15	-1.15
O8	1.85	5.27	7.12	-1.12

游离态钠原子的价电子为 $2s^22p^63s^1$，游离态氧原子的价电子为 $2s^22p^4$，游离态硅原子的价电子为 $3s^23p^2$，游离态铝原子的价电子为 $3s^23p^1$。从表中可以看出，铝、硅和钠原子在形成锂辉石的过程中表现出还原性，相比于各自的游离态失去了电子。氧原子在形成锂辉石的过程中表现出氧化性，表层 8 个氧的价电子构型均不同，分别为 O $2s^{1.85}2p^{5.36}$、O $2s^{1.86}2p^{5.34}$、O $2s^{1.83}2p^{5.53}$、O $2s^{1.90}2p^{5.23}$、O $2s^{1.86}2p^{5.33}$、O $2s^{1.86}2p^{5.22}$、O $2s^{1.88}2p^{5.28}$、O $2s^{1.85}2p^{5.27}$。钠长石表面上的硅、铝、锂原子带正电，处于缺电子状态，钠长石表面上的氧原子带负电，处于多电子状态。钠长石表面的硅、铝原子的净电荷数值分别小于其形式电荷，表面的钠原子的净电荷数值分别大于其形式电荷，这说明硅、铝、钠原子在钠长石晶体中没有完全以离子形式存在，Na—O、Si—O 和 Al—O 三种化学键具有共价键属性。这与锂辉石极为相似。

钠长石（010）表面结构中最顶层的 Na—O、Si—O 和 Al—O 键的 Mulliken 键布居分析见表 6-72。

表 6-72　钠长石（010）面表层原子的 Mulliken 键布居值

价　键	键布居值	键长/nm
Si2—O7	0.74	0.155025
Si1—O4	0.85	0.156379
Si3—O3	0.68	0.157258
Si2—O8	0.63	0.157745
Si2—O6	0.64	0.158139
Si3—O1	0.64	0.158995
Si1—O2	0.51	0.163082
Si1—O5	0.47	0.166622
Si1—O3	0.37	0.169488
Si3—O8	0.41	0.170666
Al—O2	0.55	0.169251
Al—O1	0.43	0.174518
Al—O7	0.31	0.182415
Na—O4	0.11	0.215143
Na—O5	0.04	0.260829

由结果可以看出钠长石中 Na—O 键有较强的离子性，Si—O 键具有较强的共价性，Al—O 键介于其间。因此破碎磨矿时，Na—O 键最易断裂。但与锂辉石类似，由于钠长石表面的钠易溶于水，因此，铝为钠长石表面最可能的阳离子活性位点。

图6-228为钠长石（010）面表层各原子的态密度图，由图可知，钠长石（010）面的能带主要分为4部分，第一部分为-55～-45eV之间，这部分基本完全由钠的s轨道组成；第二部分为-25～-15eV之间，这部分主要由氧的s轨道、钠的p轨道、硅和铝的s轨道和p轨道组成；第三部分为-13～0eV之间，该部分主要由氧的s轨道、硅和铝的s轨道和p轨道组成；第四部分为0～20eV之间，导带能级所有原子都有轨道参与贡献。

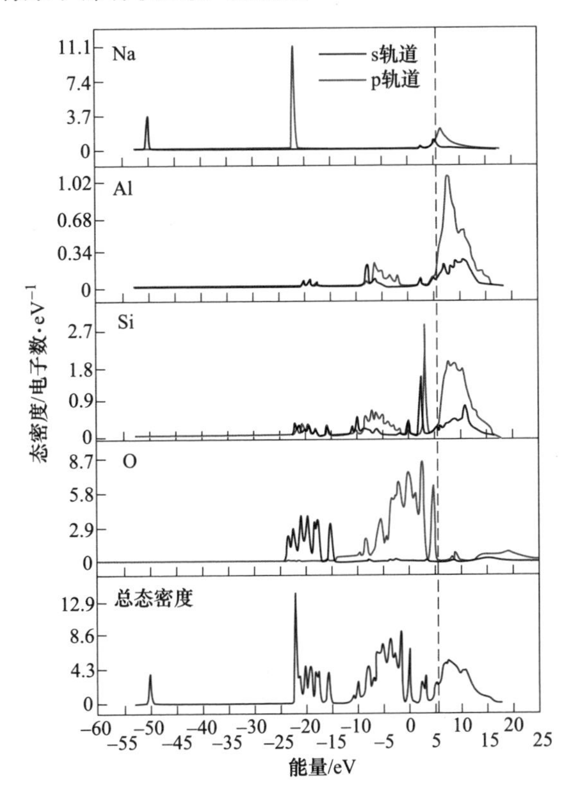

图6-228　钠长石（010）面表面原子态密度图

与锂辉石相似，钠长石中氧的p轨道在费米能级附近的态密度贡献最大，因此氧也是钠长石中最活跃的原子，其次依次是硅和铝，但硅和铝的活性较小，因此使用阴离子捕收剂时，钠长石的回收率也较低。

虽然钠长石和锂辉石的晶体结构极为相似，但是由态密度图可知，锂辉石（110）面上氧的p轨道在费米能级附近的态密度比钠长石（010）面上氧的p轨道在费米能级附近的态密度高，因此，锂辉石（110）面上氧的活性高于钠长石（010）面上氧的活性，以阴离子为捕收剂时，虽然金属离子对二者均有活化作用，但由于金属离子活化矿物时其主要作用位点为矿物表面的氧，所以由于氧活性不同，导致了矿物活化程度不同，从而产生浮游差。类似的，由石英的态密度（见6.1节）可知，石英中的氧也是最活跃的原子，但其活性与锂辉石表面的氧也有所差异。

6.9.2　锂辉石浮选捕收剂种类及捕收效果

脂肪酸类捕收剂是最常见也是最早使用的锂辉石捕收剂，但由于锂辉石中锂、铝、硅等阳离子的活性较低，因此该类捕收剂单独使用时捕收能力不佳，多复配使用，且常需要添加活化剂[298]。随着捕收剂的发展，锂辉石捕收剂的种类也在不断拓展，特别是各类新型组合捕收剂，对锂辉石表现出了优异的捕收性能。目前锂辉石捕收剂主要包含脂肪酸及其改性类捕收剂、胺类捕收剂、磺酸类捕收剂、肟酸类捕收剂，但除了实验室基础研究常单独使用油酸或十二胺作为捕收剂，以及少量新型锂辉石捕收剂单独使用时可以获得较好的捕收性能，绝大多数锂辉石捕收剂需要复配形成组合捕收剂使用时，才能对锂辉石表现出较好的捕收能力和选择性。因此，锂辉石捕收剂主要为组合捕收剂。表6-73总结了常见锂辉石浮选捕收剂的种类、名称代号及应用特点。

表6-73　常见锂辉石浮选捕收剂的种类、名称代号及应用特点

分类	名称或代号	分子式或极性基团	捕收特性及应用特点	参考文献
第一类：脂肪酸及其改性类	油酸	$CH_3(CH_2)_7CH=CH(CH_2)_7COOH$	可与锂辉石表面的Al位点产生化学吸附，但单独使用时回收率较低，常复配使用，且常添加金属离子作为活化剂。油酸单独使用时，常用于实验室基础研究	[294，299~301]
	氧化石蜡皂	C=O、C—OH 混合脂肪酸		[302~304]
	塔尔油	C=O、C—OH 脂肪酸和松香酸		[305]
	环烷酸皂	C=O、C—OH 含五碳环		[306，307]
	过氧脂肪酸皂	C=O、C—OONa 过氧混合脂肪酸	有良好的选择性，捕收能力和起泡性较原粗酸皂增强	[308]
	DRQ-3	C=O、C—OH、碳链含N原子	有良好的选择性和捕收能力	[309]
	DZM-1	C=O、C—OH		[310]
	DXQ-2	C=O、C—OH、碳链含N原子	碱性pH值条件下，在捕收剂用量较少的情况下，锂辉石即可获得较高的回收率	[311]
	DXQ-4	C=O、C—OH 混合脂肪酸	在中性pH值条件下，对锂辉石有很好的捕收能力	

续表 6-73

分类	名称或代号	分子式或极性基团	捕收特性及应用特点	参考文献
第二类：伯胺类、仲胺类、叔胺类、酰胺类	十二胺	$C_{12}H_{25}NH_2$	对锂辉石具有较好的捕收能力，但选择性不佳，常与其他药剂复配使用，十二胺单独使用时多用于实验室基础研究	[312~315]
	十二烷基三甲基氯化铵	$C_{12}H_{25}N(CH_3)_3^+Cl^-$	对锂辉石有较好的捕收能力，与油酸钠复配使用时，可提高其选择性	[316，317]
	HZ-1	R—$CONH_2$ 脂肪酸酰胺	单独使用时，具有较好的选择性，与环烷酸复配使用，效果更佳	[318]
	十二烷基琥珀酰胺	$C_{12}H_{25}NHCO(CH_2)_2COOH$	与油酸复配效果较好	[319]
	螯合捕收剂 A、螯合捕收剂 B	R—$CONH_2$	具有较强选择性，能与锂辉石表面金属离子发生螯合，与油酸复配，可增强捕收能力和选择性	[320]
第三类：磺酸类	脂肪酸甲酯磺酸钠	$ROSO_2Na$、C═O、C—OCH_3	与油酸钠复配使用时效果较好	[321]
	十二烷基磺酸钠	$C_{12}H_{25}SO_3Na$	在强酸性介质条件下对锂辉石具有一定的捕收能力	[322，323]
第四类：肟酸类	水杨羟肟酸	$C_6H_4OHCONHOH$ 含有苯酚结构	对锂辉石具有一定捕收能力，常与油酸、氧化石蜡皂等复配使用	[323，324]
	C7-9 羟肟酸	RCONHOH R 为含 7~9 个碳的碳链		[315，322]
	苯甲羟肟酸	$C_6H_5CONHOH$ 含有苯环		[87，323]
	YZB-17	—CONHOH、 —C—OH	新型螯合捕收剂，对锂辉石具有较好的捕收能力和选择性	[323]
第五类：其他药剂	三正丁基十四烷基氯化膦	$C_{14}H_{29}P^+(C_4H_9)_3Cl^-$	对锂辉石有较好的捕收能力，与油酸复配使用可明显提高药剂选择性和捕收能力	[325]

传统的脂肪酸类捕收剂单独使用时，捕收能力较弱，常复配形成组合捕收剂使用，且常添加 Ca^{2+} 作为活化剂。何桂春等[326]以 731 氧化石蜡皂、油酸和磺化皂为组合捕收剂（1300g/t），Ca^{2+} 作为活化剂，采用两精选一扫选的闭路浮选流程，对四川某 Li_2O 品位为 1.31%的低品位锂辉石进行浮选，获得了 Li_2O 品位为 5.87%、回收率为 84.64%的锂辉石精矿。东北大学韩旭倩[311]考察了某工业用混

合脂肪酸类捕收剂对锂辉石的捕收性能。在矿浆自然 pH 值为 8.5、浮选温度为 26℃、活化剂 $CaCl_2$ 用量为 20mg/L 的条件下，考察了捕收剂用量对锂辉石浮选回收率的影响，以及在活化剂 $CaCl_2$ 用量为 20mg/L、浮选矿浆温度为 26℃、捕收剂用量为 250mg/L 的条件下，矿浆 pH 值对锂辉石浮选回收率的影响，试验结果如图 6-229 和图 6-230 所示。捕收剂用量和 pH 值均对锂辉石浮选回收率影响显著。

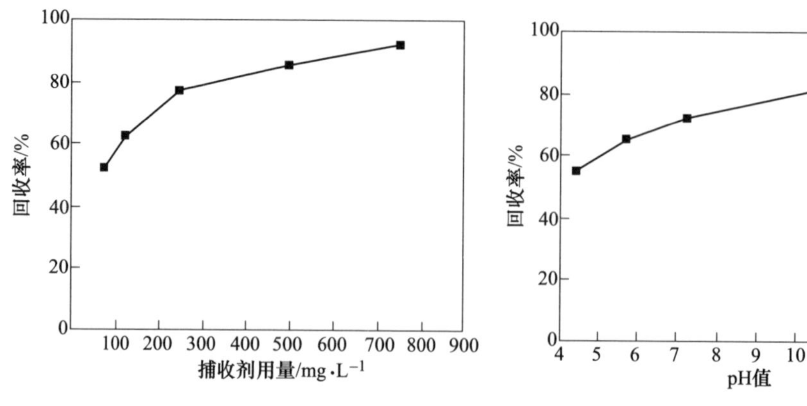

图 6-229　捕收剂用量对回收率的影响

图 6-230　矿浆 pH 值对回收率的影响

改性类脂肪酸捕收剂较传统脂肪酸类捕收剂表现出了更优异的捕收性能。东北大学韩旭倩[311]设计了改性脂肪酸类捕收剂 DXQ-2 和 DXQ-4，并通过单矿物浮选试验，验证了其捕收性能。图 6-231 为在矿浆 pH 值为 8.5、温度为 26℃ 的条件下，不加活化剂时 DRQ-2 药剂用量与浮选性能的关系，以及加 20mg/L $CaCl_2$ 作为活化剂时 DRQ-4 药剂用量与浮选性能的关系，DXQ-2 对锂辉石的捕收能力明显优于 DXQ-4。

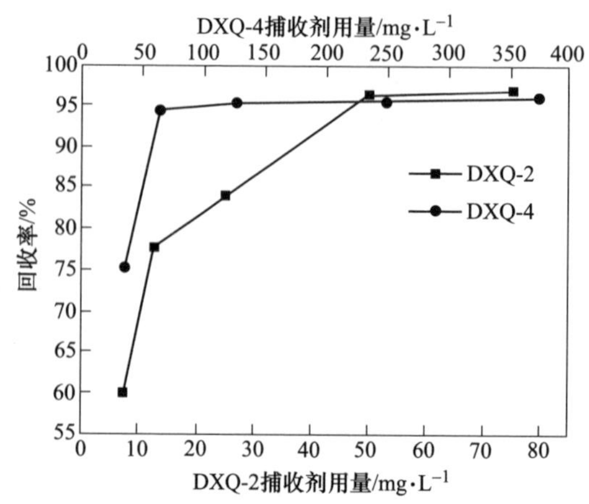

图 6-231　捕收剂药剂用量与锂辉石回收率的关系

东北大学张猛[310]采用改性脂肪酸类捕收剂 DZM-1，在活化剂 $CaCl_2$ 用量为250mg/L、浮选温度为23℃、pH 值为 11.19 的条件下，考察了药剂用量对锂辉石回收率的影响，结果如图 6-232 所示。当捕收剂用量为 750mg/L 时、回收率为91.35%，继续增加捕收剂用量回收率基本保持不变。在捕收剂 DZM-1 用量为750mg/L、活化剂 $CaCl_2$ 用量为250mg/L、浮选温度为23℃的条件下，考察了 pH 值对锂辉石回收率的影响，结果如图 6-233 所示，在 pH 值为 11.19 时，回收率达 91.35%。

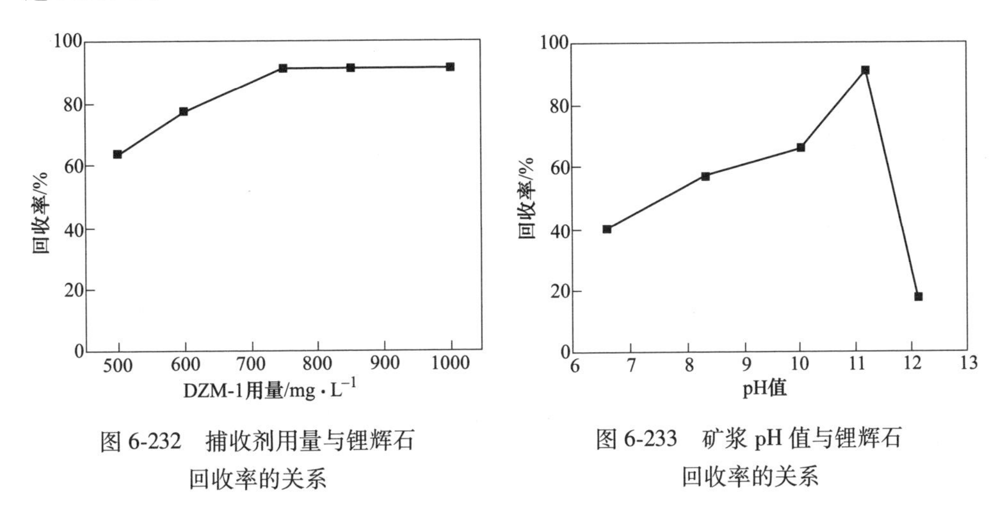

图 6-232 捕收剂用量与锂辉石回收率的关系

图 6-233 矿浆 pH 值与锂辉石回收率的关系

以 DZM-1 为捕收剂，对西澳某 Li_2O 品位为 1.51%的低品位锂辉石分别进行了浮选试验，浮选闭路试验得到锂精矿品位 4.14%、回收率 69.39%，尾矿品位0.55%、回收率 30.61%的产品指标。

磺酸类和羟肟酸类捕收剂对锂辉石也有一定的捕收能力，但与脂肪酸类捕收剂类似，单独使用时其捕收能力不强。这两类捕收剂较脂肪酸类捕收剂的应用较少，通常与脂肪酸类捕收剂复配可以明显提高药剂的捕收性能和选择性，得到较好的浮选指标。范新斌[327]将羟肟酸与氧化石蜡皂复配使用作为捕收剂，对可可托海尾矿进行锂辉石回收，还获得了 Li_2O 品位为 5.8%、回收率为 60%的锂辉石精矿。

由于锂辉石在较宽的 pH 值范围内荷负电，胺类捕收剂通常对锂辉石表现出了较好的捕收性能，印万忠等[328]用十二胺浮选锂辉石单矿物，在不添加任何调整剂的条件下，在 pH＝2～12 的范围内，锂辉石回收率均大于 90%。但胺类捕收剂的选择性通常不佳，当胺类捕收剂与脂肪酸类捕收剂复配使用时，可表现出优良的浮选性能。徐龙华等[329]以氧化石蜡皂和十二胺作为组合捕收剂，对川西某锂辉石进行了选择性磨矿-强化浮选，获得了 Li_2O 品位 5.81%、回收率 79.52%的锂辉石精矿。

6.9.3 浮选捕收剂在锂辉石表面的作用机理研究

针对锂辉石浮选机理所进行的研究主要集中于浮选药剂在锂辉石表面吸附机理，研究结果普遍认为阴离子捕收剂如脂肪酸类捕收剂与矿物表面的主要吸附形式为化学吸附，阳离子捕收剂如胺类捕收剂与矿物表面的主要吸附形式为静电吸附，组合捕收剂主要通过药剂的协同作用，共吸附于矿物表面。蒋巍[330]分别对十二胺、环烷酸、油酸在锂辉石表面的吸附进行了动力学模拟，结果表明药剂分子主要通过羧基或胺基与锂辉石（110）面的水分子层作用。K. S. 孟[300]以油酸钠为捕收剂，从表面化学的角度研究了从多种铝硅酸盐矿物中选择性浮选锂辉石，其认为油酸钠主要是与锂辉石表面的铝位点发生化学吸附。王毓华[320]研究了新型螯合捕收剂 A+油酸组合捕收剂和新型螯合剂捕收剂 B+油酸组合捕收剂对锂辉石的浮选性能，螯合捕收剂 A 和螯合捕收剂 B 的主要活性基团为——$CONH^-$，其主要通过与锂辉石表面的金属离子螯合而吸附于锂辉石表面。Guangli Zhu[331]研究发现油酸钠和十二胺形成的组合捕收剂共吸附于锂辉石表面，该组合捕收剂可以在锂辉石表面形成整齐的单分子层，但很难在钠长石表面形成整齐的单分子层。油酸钠和十二胺可以以多种形式联合，但最主要的形式是十二胺以离子形式与油酸盐结合。本书介绍吸附量检测、接触角测量、动电位测试、红外光谱分析、XPS 测试和量子化学计算等定性和定量的方法，在宏观和微观层面研究锂辉石浮选药剂在锂辉石表面的作用过程、作用效果、作用形式，研究药剂在锂辉石表面作用机理。

6.9.3.1 捕收剂在锂辉石表面的吸附量测定

捕收剂在锂辉石表面的吸附量变化与锂辉石单矿物可浮性的变化基本吻合。以组合捕收剂 NaOL/dodecyl trimethyl ammonium chloride（DTAC）为例说明该捕收剂在锂辉石表面吸附量分析。Jia Tian[317]测定了不同 pH 值条件下组合捕收剂 NaOL/DTAC 在锂辉石表面的吸附量，结果如图 6-234 所示，在 pH 值为 8～8.5 时，该捕收剂的吸附量最高，说明在该 pH 值条件下最有利于该捕收剂在锂辉石表面的吸附，强酸性或者强碱性环境均不利于该捕收剂在锂辉石表面的吸附。

6.9.3.2 捕收剂对锂辉石表面润湿性的影响

以捕收剂 DZM-1 为例研究捕收剂对锂辉石表面润湿性影响。不同 pH 值条件下锂辉石接触角与 DZM-1 药剂用量的关系如图 6-235 所示[310]。捕收剂浮选锂辉石最佳的捕收剂用量为 850mg/L，此时锂辉石接触角最大，石英的接触角介于锂辉石和钠长石之间，可浮性优于钠长石，在实际分选中与锂辉石分离存在较大难度，是影响锂辉石精矿品位的主要脉石矿物。

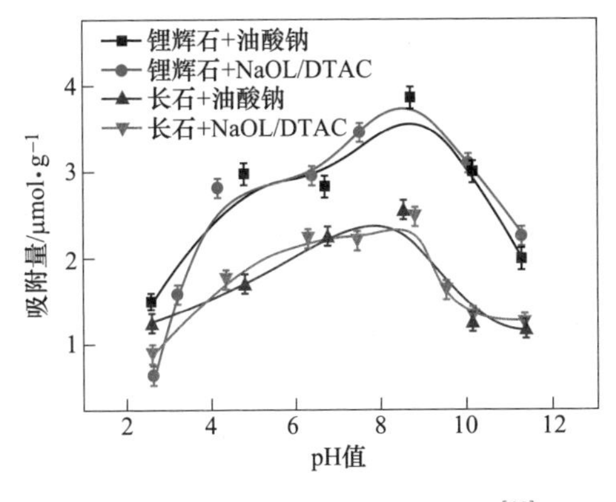

图 6-234 吸附量随 pH 值的变化[25]

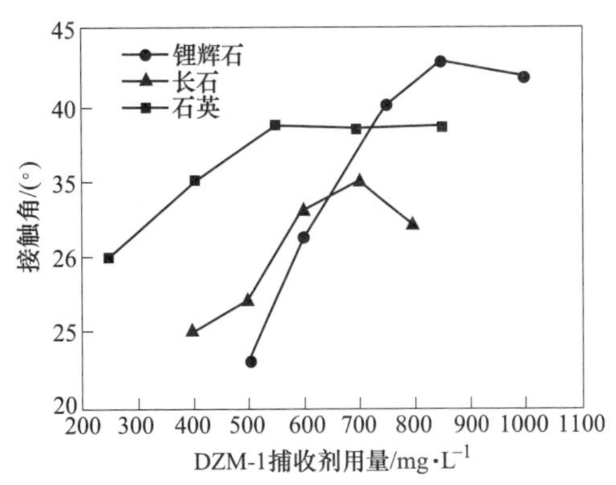

图 6-235 DZM-1 捕收剂用量对接触角的影响

6.9.3.3 捕收剂对锂辉石表面电性的影响

锂辉石表面的电性对其浮选行为有极其重要的作用，以捕收剂 DZM-1 为例，在不同 pH 值环境下，捕收剂 DZM-1 与锂辉石作用前后表面动电位变化关系如图 6-236 所示。锂辉石的零电点为 pH＝2.51。随着 pH 值的增大，表面动电位向负方向移动。当 pH>2.51 时，锂辉石单矿物能够键合水中大量的羟基，使锂辉石在广泛的 pH 值区间荷负电。在 Ca^{2+}存在的情况下的锂辉石的表面动电位相比于没有 Ca^{2+}存在的锂辉石的表面动电位向正方向增大，说明 Ca^{2+}可以吸附在锂辉石的表面。锂辉石与 DZM-1 捕收剂作用后的动电位曲线和锂辉石的表面动电位曲线相比，明显向负方向移动，说明锂辉石在不加入活化剂的情况下，也能与捕收剂发生吸附。pH＝8～11 时，DZM-1 捕收剂主要以 $RCOO^-$和 $(RCOO)_2^{2-}$ 的形式存在，锂辉石与 DZM-1 捕收剂表面动电位向负方向发生了明显位移，结合锂辉石单矿物浮选回收率低的试验结果，说明 DZM-1 捕收剂分子中 $RCOO^-$和 $(RCOO)_2^{2-}$ 与 Al 原子和 Si 原子之间产生的吸附作用弱。然而在该 pH 值范围内，经钙离子活化的锂辉石与药剂作用前后的表面动电位差值明显大于未经活化的锂辉石与药剂作用前后的表面动电位差值，说明在该 pH 值范围内，经钙离子活化的锂辉石对 DZM-1 的吸附强度或吸附量要明显高于未经活化的锂辉石。

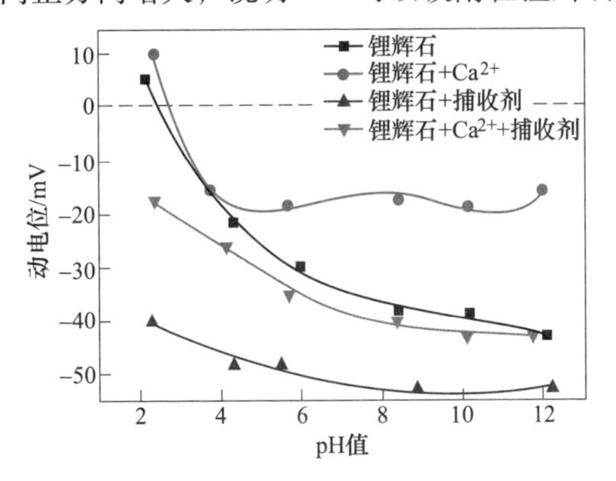

图 6-236 DZM-1 捕收剂对锂辉石表面动电位的影响

6.9.3.4　捕收剂在锂辉石表面作用前后红外光谱分析

通过对比捕收剂在锂辉石表面作用前后是否出现新的特征峰，可以佐证捕收剂是否在矿物表面发生吸附，根据特征峰漂移情况可以分析捕收剂分子在锂辉石表面的主要吸附方式。以 DZM-1 为例，采用红外光谱分析该捕收剂在锂辉石表面的吸附方式。

在锂辉石最佳浮选条件下，测定了经钙离子活化的锂辉石与 DZM-1 捕收剂作用前后的红外光谱，检测结果见图 6-237。锂辉石的红外光谱图中，位于 919.86cm^{-1}处和 861.34cm^{-1}处的峰是 Si—O 伸缩振动吸收峰，位于 592.40cm^{-1}处的峰是 Al—O 弯曲振动引起的吸收峰，位于 468.79cm^{-1}处的峰是 Li—O 振动吸收峰。当经钙离子活化的锂辉石与 DZM-1 捕收剂作用后，除了锂辉石所带有的特征吸收峰外，在 3431.78cm^{-1}处出现了—OH 伸缩振动吸收峰，相比 DZM-1 捕收剂中的吸收峰高波数偏移了 63.51cm^{-1}，说明经活化后的锂辉石可以与 DZM-1 捕收剂发生氢键吸附或化学吸附。另外在 2923.31cm^{-1}处、2852.23cm^{-1}处、1625.41cm^{-1}处以及 1541.90cm^{-1}处出现了新的吸收峰。这些吸收峰分别对应—CH_2 的反对称伸缩振动吸收峰、—CH_2 的对称伸缩振动吸收峰、C═O 的伸缩振动吸收峰、—COO^-的特征吸收峰。位于 1625.41cm^{-1}处的吸收峰较药剂 C═O 的伸缩振峰偏移了 17.08cm^{-1}，说明在 Ca^{2+}的活化作用下锂辉石与 DZM-1 捕收剂离子和离子二聚体 $RCOO^-$和 $(RCOO)_2^{2-}$ 以化学吸附的方式吸附在矿物表面。

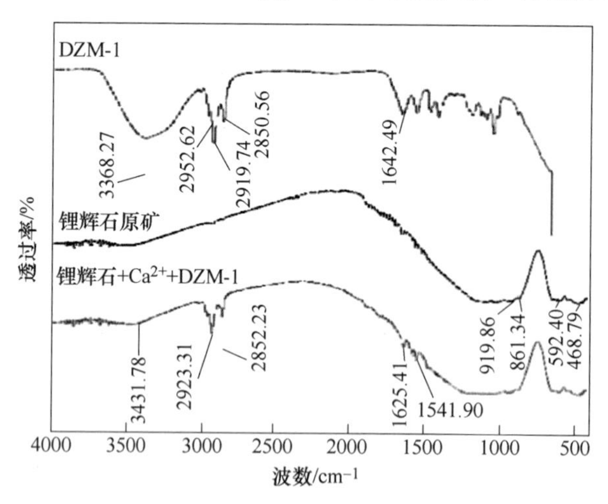

图 6-237　DZM-1 捕收剂与锂辉石作用后的红外光谱图

6.9.3.5　捕收剂在锂辉石表面作用的 XPS 分析

元素所处的化学环境变化会导致原子轨道电子结合能的变化，利用 XPS 分析可知道药剂与矿物作用前后元素的结合能的变化，从而可分析药剂在锂辉石表面的吸附方式。以苯甲羟肟酸为例，利用 XPS 方法可进一步说明添加或不添加铅离子作为活化剂时，其在锂辉石表面的吸附形式是不同的。

Mengjie Tian[332]利用 XPS 测定了添加或不添加铅离子作为活化剂时，与药剂反应前后的锂辉石的 XPS 谱图。结果表明无论是否添加铅离子作为活化剂，与药剂作用后的锂辉石中的氮原子的相对含量都约为 1%，说明铅离子活化剂对苯甲羟肟酸在锂辉石表面的吸附密度影响不大。但对经铅离子活化和不经铅离子活化的锂辉石与苯甲羟肟酸作用后的 O 1s 峰和 N 1s 峰进行分峰拟合，结果表明经铅离子活化和不经铅离子活化的锂辉石与苯甲羟肟酸作用后，其 O 1s 峰对应的—C(=O)—NHO 成分的结合能相差 0.3eV，N 1s 峰对应的—C(=O)—NHO 成分的结合能相差 0.35eV，说明了苯甲羟肟酸在经铅离子活化和不经铅离子活化的锂辉石表面的吸附形式不同。

6.9.3.6 捕收剂在锂辉石表面吸附的量子化学计算和分子动力学模拟

以油酸钠为例，项华妹[299]基于第一性原理，对锂辉石、油酸钠和十二胺的前线轨道能量进行计算和分析，结果如表 6-74 所示。锂辉石矿物 HOMO 轨道与油酸钠、十二胺的 LUMO 轨道作用的能量差值绝对值都大于药剂的 HOMO 轨道与锂辉石的 LUMO 轨道的能量差值绝对值，说明锂辉石与油酸钠、十二胺作用时，电子转移主要发生在药剂的 HOMO 轨道和锂辉石的 LUMO 轨道之间。由于十二胺与锂辉石的前线轨道能量差绝对值小于油酸钠与锂辉石的前线轨道能量差，因此十二胺更易与锂辉石作用，这与浮选试验结果一致。

表 6-74 矿物及药剂的前线轨道能量[7]

物 质	E_{HOMO}/eV	E_{LUMO}/eV	$\lvert\Delta E_1\rvert$/eV	$\lvert\Delta E_2\rvert$/eV
锂辉石	-8.092	-2.407	—	—
油酸钠	-5.708	-1.065	7.027	3.301
十二胺	-5.253	1.320	9.412	2.846

注：$\lvert\Delta E_1\rvert = E_{HOMO\,锂辉石} - E_{LUMO\,药剂}$；$\lvert\Delta E_2\rvert = E_{HOMO\,药剂} - E_{LUMO\,锂辉石}$。

Longhua Xu[294]利用分子动力学模拟，计算了捕收剂油酸钠与锂辉石（110）面、锂辉石（001）面、钠长石（010）面以及钠长石（001）面的反应能，油酸钠更易吸附与锂辉石（110）面，这与（110）面含有更多的铝位点有关。锂辉石（001）面与油酸钠的反应能较钠长石（001）面与油酸钠的反应能低是由于二者的铝位点的特性不同造成的。

6.10 氟碳铈矿中常见矿物与浮选药剂的作用原理

氟碳铈矿是具有重要工业价值的铈族稀土元素（轻稀土）矿物，属氟碳酸盐类型，主要产于碱性岩、碱性伟晶岩及有关的热液矿床中，是提取铈、镧的重要矿物原料。本节在氟碳铈矿晶体的表面化学特征研究基础上，着重介绍氟碳铈矿浮选过程中的主要浮选药剂及其在氟碳铈矿表面的作用机理。

6.10.1　氟碳铈矿晶体的表面化学特征

氟碳铈矿主要化学成分为 $Ce(CO_3)F$，属六方晶系，其晶胞参数为：$a=b=0.7144$nm、$c=0.9808$nm、$\gamma=120°$、$Z=6$，空间群为 P-62C，Ce—O(F) 平均键长为 0.2515nm，C—O 平均键长为 0.1327nm，依据键能分类为离子晶格结构[333]。氟碳铈矿是典型的由 Ce、F 和 CO_3^{2-} 组成的岛状结构，沿（0001）晶面方向，氟碳铈矿晶体呈 Ce—F 层和 CO_3 层交替结构，其中 Ce—F 层位于 $Z=0$ 和 $Z=1/2$ 处，CO_3 层位于 $Z=1/4$ 和 $Z=3/4$ 处。在 Ce—F 层内，Ce 与其周围的 3 个 F 配位，而在相邻的 Ce—F 层和 CO_3 层间通过 Ce 与 CO_3 基团中 6 个氧原子配位而相连。每个 CO_3 基团中有 2 个 O 沿 c 轴方向叠加排列，第 3 个 O 位于垂直于 c 轴的镜像平面上。沿 c 轴方向观察，Ce、F 原子组成六边形孔道，而平行 c 轴分布的 CO_3 基团则位于这些孔道内。氟碳铈矿中存在 Ce—O、Ce—F 和 C—O 三种化学键，其中 Ce—O 键和 Ce—F 键离子性较强，在外力作用下易于断裂；而 C—O 键是典型的共价键，键的强度较高难以断裂。在矿物解理过程中，氟碳铈矿最倾向于沿（110）面方向解理，其次为（100）面和（103）面，在细磨条件下表面能较高的（001）面也可大量暴露。

不同表面断键在水溶液中会形成不同的表面官能团，在氟碳铈矿表面，主要为$\equiv Ce^{3+}$、$\equiv CO_3^{2-}$ 和少量$\equiv F^-$未饱和键，在水溶液中，这些未饱和键分别转化为$\equiv CeOH^0$、$\equiv CO_3H^0$ 和$\equiv FH^0$ 表面官能团[334]。由于 Ce—O 键和 Ce—F 键离子性较强，因此氟碳铈矿表面与极性水分子作用强烈、易于水化，导致氟碳铈矿表面亲水性强[335]。氟碳铈矿稀土元素的配分多为 Ce>La>Nd。经研究[336]，四川牦牛坪氟碳铈矿中比值在纵、横剖面上几乎都是稳定的，介于 0.7~1.0 之间，平均为 0.84±0.08，La 和 Ce 变化基本同步，其相关系数为 0.9032。氟碳铈矿晶体结构见图 6-238。

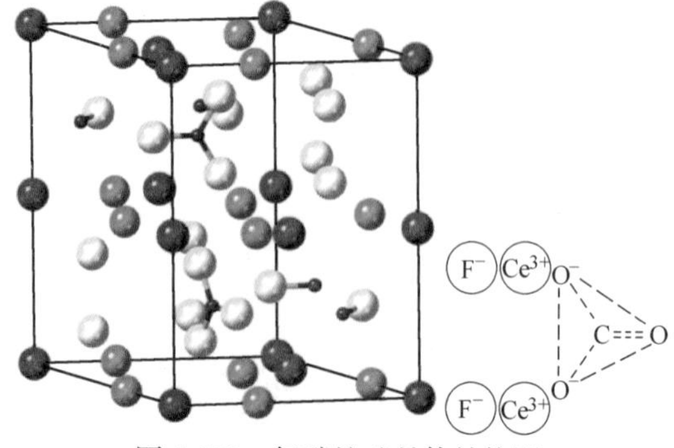

图 6-238　氟碳铈矿晶体结构图

6.10.2 氟碳铈矿浮选捕收剂种类及捕收效果

国内外选矿工作研究者针对氟碳铈矿捕收剂的捕收性以及选择性做了大量的基础研究工作，筛选和开发出各种不同类型的氟碳铈矿捕收剂，如含磷浮选剂、含氮浮选剂和脂肪酸类捕收剂等，其中某些捕收剂已应用到氟碳铈矿的实际生产中[337~340]。表6-75介绍了常见氟碳铈矿浮选捕收剂种类、名称代号、结构特征及应用特点。

表 6-75 常见氟碳铈矿浮选捕收剂的种类、名称代号及应用特点

分类	名称或代号	分子式或极性基团	捕收特性及应用特点	参考文献
第一类：脂肪酸及其改性类	邻苯二甲酸	两个—COOH 含苯环	起泡能力较弱，浮选时必须添加起泡剂；对氟碳铈矿具有选择性和捕收能力强、药剂性能稳定和化工产品易得等优点	[341~344]
	油酸钠	$C_{17}H_{33}COONa$	捕获氟碳铈矿的能力非常强，是化学与物理共吸附作用，但选择性差，只能应用于矿物成分简单的矿石	[345~348]
	DT-2	—COOH、C—Br	可实现氟碳铈矿与脉石矿物反浮选分离，与二者发生化学吸附	
	DT-4		可以作为正浮选药剂，但要找到合适的抑制剂抑制脉石矿物	
	Z-1	—COOH、C═C	通过化学吸附作用在氟碳铈矿表面	
	苯甲酸	C_6H_5COOH	在弱酸性介质中，浮选分离氟碳铈矿和独居石，获 REO 品位为 69.5%、回收率为 84.7%的氟碳铈精矿	[349]
	妥尔油	C═O、C—OH 脂肪酸和松香酸	国外最大的氟碳铈矿选矿厂 Mountain-Pass 使用羧酸类捕收剂改性妥尔油，可以实现氟碳铈矿与脉石矿物的浮选分离	[350]
第二类：伯胺类、仲胺类、叔胺类	F802 N-羟基邻苯二甲酰亚胺	O N–OH O	以化学吸附的形式与氟碳铈矿表面的稀土离子螯合作用形成稳定的螯合物，使氟碳铈矿表面疏水	[351, 352]

续表 6-75

分类	名称或代号	分子式或极性基团	捕收特性及应用特点	参考文献
第三类：磺酸酯、磷酸酯	十二烷基磺酸钠	$C_{12}H_{25}SO_3Na$	与氟碳铈矿发生物理吸附	[353]
	P538 单烷基磷酸酯	P═O、P—OH	单烷基磷酸酯的 PO_4 四面体结构以—OP(OH)O^-的形式吸附时可形成四元环螯合物，并且—OH 基可能通过氢键与另一个捕收剂分子的烷氧基中的氧原子相连接，从而使捕收剂牢固地吸附于稀土矿物表面；当它以—OPO_3^{3-} 基团与矿物表面发生配合时，则形成更稳定的二元环螯合物	[354，355]
	十二烷基磷酸盐		在较低的用量下即可显著提高氟碳铈矿的疏水性	[356]
第四类：肟酸类、氨基酸	烷基羟肟酸	RCONHOH	是一类不稳定的化合物，它会水解成脂肪酸和羟胺，羟胺又会自行水解成 N_2O、N_2、NH_3 等气体，使羟肟酸变质而失去有效捕收作用	[357]
	MAHA 改性烷基羟肟酸		化学吸附在氟碳铈矿表面形成一种五元环螯合物，矿物表面还存在大量疏水性 C—C/C—H 的吸附，所以与辛基羟肟酸和油酸钠相比捕收能力更强，但选择性差	[358]
	牦牛坪稀土捕收剂		主要成分为羟基萘羟肟酸，羟肟酸与氟碳铈矿表面阳离子形成以五元环为主的螯合物	[359]
	环烷基羟肟酸	$C_nH_{2n-1}CONHOH$	酸性较烷基异羟肟酸弱，在水中溶解度低，不易溶解	[360]
	BK415	—CONHOH	在相同条件下，浮选回收率高于 H205	[361]
	H894		是一种多极性基的捕收剂，对氟碳铈矿具有选择性好、捕收能力强的优点，配制简单、价廉	[362]
	H205 1-羟基-2-萘羟肟酸	OH　OH　OH —C═N	以羟肟基上的两个氧原子与氟碳铈矿表面的稀土元素离子螯合形成了—O—C═N—O—RE(Ⅲ)—O—五元环而化学吸附在矿物表面。此外，该药剂在矿物表面还兼有不均匀的多层物理吸附	[351，363]

续表 6-75

分类	名称或代号	分子式或极性基团	捕收特性及应用特点	参考文献
第四类：肟酸类、氨基酸	4,4-二羟基-3,3-联苯二甲羟肟酸	C═O、—OH、—NH、酚羟基	两种捕收剂的捕收性能顺序为：3-羟基-2-萘甲羟肟酸>4,4-二羟基-3,3-联苯二甲羟肟酸；选择性顺序为：4,4-二羟基-3,3-联苯二甲羟肟酸>3-羟基-2-萘甲羟肟酸	[364]
	3-羟基-2-萘甲羟肟酸			
	LF-8 苯羟肟酸	—CONHOH 含苯环	分子态羟肟酸 R—CO—NH—OH 与氟碳铈矿发生物理吸附，离子状态的 R—CO—NH—O—与其发生化学吸附，羟肟集团的氧原子作为键合原子提供电子与矿物表面的 RE 螯合成稳定的五元环螯合物	[365]
	BHA 苯甲羟肟酸		浮选回收率随着捕收剂用量的增加先增加后趋于稳定	[366，367]
	SHA 水杨羟肟酸	$C_6H_4OHCONHOH$ 含有苯酚结构	在氟碳铈矿的表面发生了化学吸附作用，并发生了化学键合，生成了稳定的五元环螯合物，从而改变氟碳铈矿的疏水性使之上浮	
	FHA 糠基羟肟酸	$C_4H_3O—CN—(OH)_2$	FHA、NHA 和 SAHA 都是有效捕收剂，且 SAHA 捕收能力最强。氟碳铈矿的定位离子有可能是 Ce^{3+}、$CeOH^{2+}$ 和 $Ce(OH)^{2+}$，羟肟酸捕收剂与定位离子发生配合反应，在氟碳铈矿表面形成化学吸附	
	NHA 烟基羟肟酸	$C_5H_4N—CN—(OH)_2$		
	SAHA 癸二羟肟酸	$HONHCO(CH_2)_8$ CONHOH		
	苯丙烯基羟肟酸	C═C、—CONHOH 含苯环	该捕收剂的烯基与苯环、羟肟基形成了一个大的共轭结构，增加了电子云密度，使其与金属阳离子的亲核性更强，捕收能力更强	[368]

脂肪酸类捕收剂较早被用于浮选稀土矿物。其中，邻苯二甲酸是氟碳铈矿脂肪酸类捕收剂的一种典型代表，它是具有一个苯环的二元羧酸。它与含氮捕收剂以及含磷捕收剂相比，对氟碳铈矿的选择性更好，而且价格便宜。由于邻苯二甲酸对氟碳铈矿有较强的捕收能力，同时又对独居石的捕收能力较弱，因此可以实现氟碳铈矿与独居石的分离，这一点已从包钢选矿厂重选稀土粗精矿和山东微山稀土矿中得到了验证[343]。东北大学[21]设计了 DT 系列脂肪酸类改性捕收剂，将其应用于氟碳铈矿的选别，其浮选结果如图 6-239~图 6-244 所示，筛选出了DT-2 与 DT-4 两种有效捕收剂。应用 DT-2 捕收剂时，脉石矿物的回收率均在 95%以

上，可以作为反浮选捕收剂。DT-4 可以作为正浮选药剂，但要选取抑制剂抑制脉石矿物。

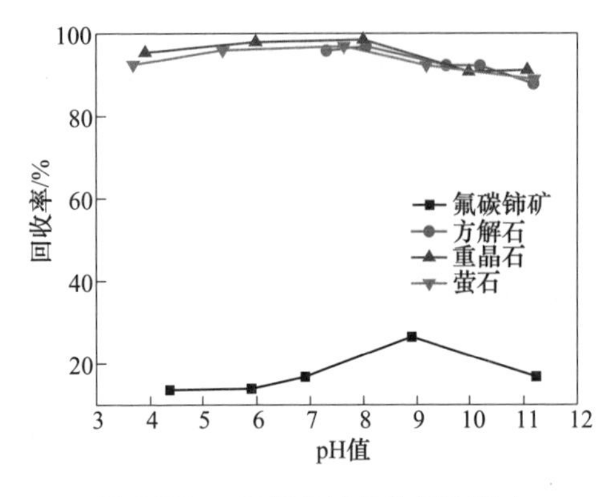

图 6-239　pH 值对捕收性能的影响

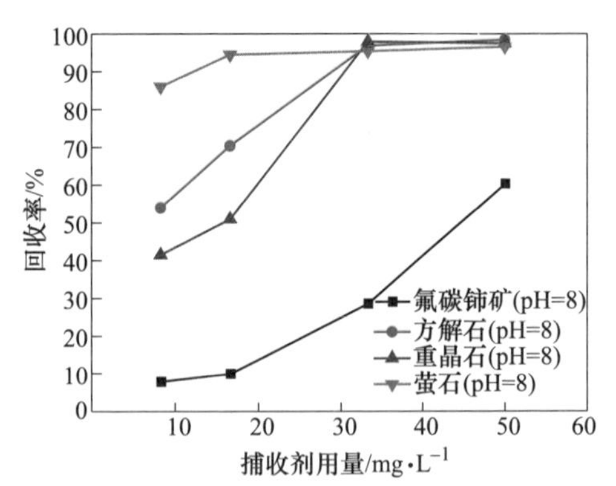

图 6-240　DT-2 用量对浮选指标的影响

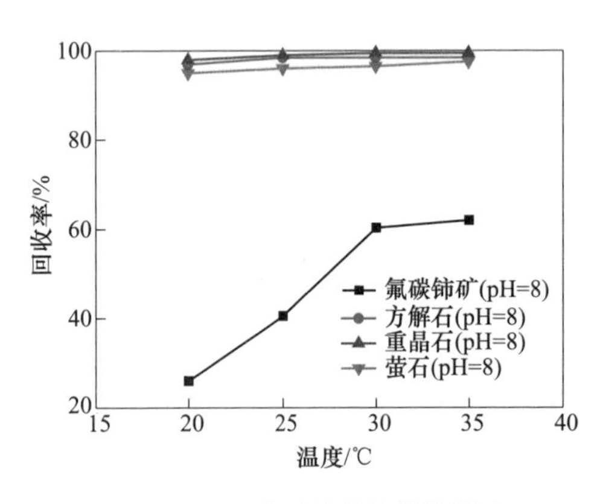

图 6-241　温度对捕收性能的影响

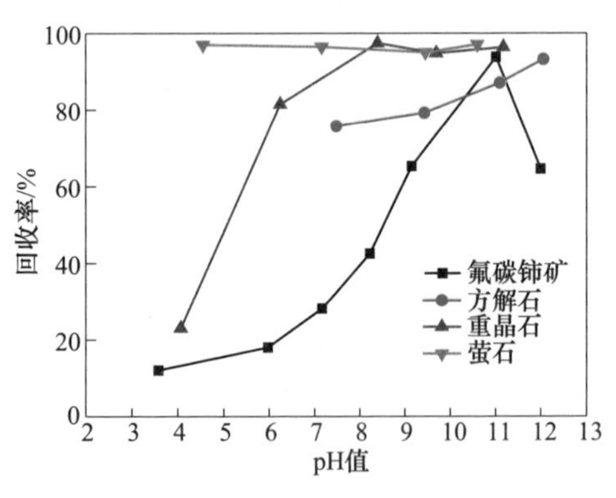

图 6-242　pH 值对捕收性能的影响

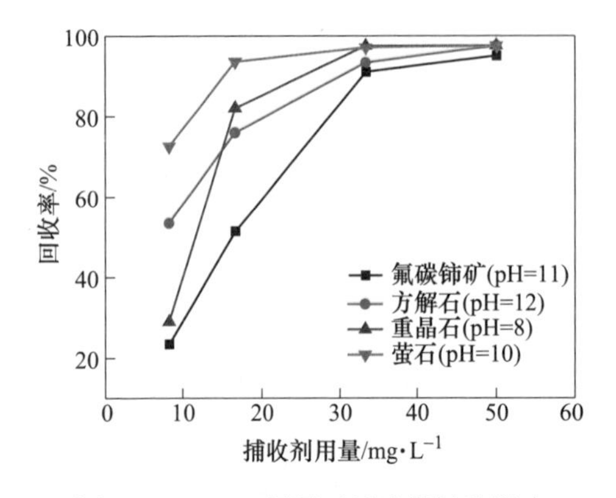

图 6-243　DT-4 用量对浮选指标的影响

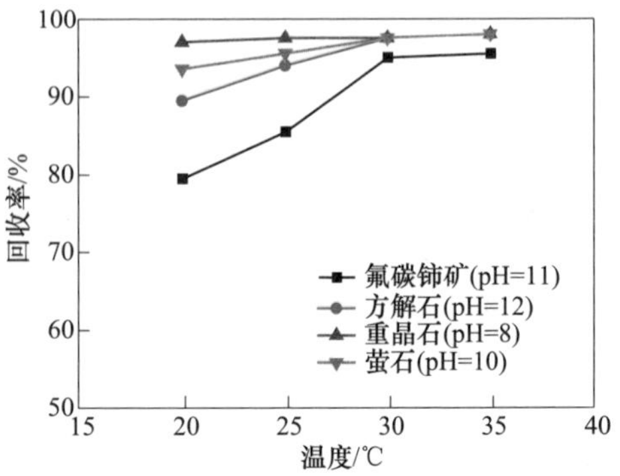

图 6-244　温度对捕收性能的影响

20世纪80年代，羟肟酸类捕收剂作为一种优良的氟碳铈矿捕收剂而发展起来，羟肟酸类捕收剂同时也是一种典型的螯合类捕收剂。我国先后研制成功并获得工业应用的羟肟酸类捕收剂主要有C5~9羟肟酸、水杨羟肟酸、环烷基羟肟酸、邻羟基苯甲羟肟酸（H205）等。工业上选别氟碳铈矿的羟肟酸捕收剂主要是H205。与其他氟碳铈矿捕收剂相关工艺比较，H205作为一种选择性强的氟碳铈矿捕收剂，其浮选工艺具有药剂种类少、精矿指标高、流程结构简单、不使用有毒药剂氟硅酸钠等优点[369]。四川牦牛坪稀土矿区的重选粗精矿采用H205作捕收剂，获得含REO 60%~65%的稀土精矿，稀土回收率65%~70%。但由于H205配制复杂，在使用时需要加入大量氨水以溶解捕收剂，而且H205固体颗粒不易溶解，致使药耗大，生产成本偏高。近3~5年，在H205药剂基础上先后研制出了H316以及LFP8系列药剂代替H205，药剂用量明显减少[370]。车丽萍等[371]综述了氟碳铈矿几种有效羟肟酸捕收剂的浮选性能及其在氟碳铈矿表面的作用机理。徐金球等[372]依据同分异构的原理合成了一种新型氟碳铈矿捕收剂1-羟基-2-萘甲羟肟酸，并应用于包钢选矿厂稀土浮选给矿（含REO 10.95%），试验结果表明，该捕收剂能有效地捕收氟碳铈矿，粗精矿品位为37.02% REO，氟碳铈矿回收率在80.10%左右。贾利攀等[359]研究了不同条件下水杨羟肟酸、油酸钠和羟基萘羟肟酸浮选氟碳铈矿的规律。肖江[369]研究表明，异羟肟酸类捕收剂可以实现稀土矿物与Ca^{2+}、Ba^{2+}矿物的分离。任俊等[341,351]用多种现代手段对H205与氟碳铈矿的捕收机理进行了研究，认为H205主要是经脂肪酸上羧基的两个氧原子与氟碳铈矿表面的RE(Ⅲ)形成了—C═N—RE(Ⅲ)—O五元环的螯合物，产生化学吸附，同时兼有多层不均匀的物理吸附。

近年来有机磷酸类捕收剂的发展特别引人注目。许多专家以及学者就有机磷酸对氟碳铈矿的浮选性能做出了深入的研究。周高云、罗家珂[354]等采用柠檬酸作调整剂，单烷基磷酸酯作捕收剂，MIBC为起泡剂，在pH=5.0的条件下，成功地实现了氟碳铈矿与独居石（2∶1）的分离。张泾生等[373]将有机磷酸类捕收剂应用于山东微山稀土矿的浮选，采用苯乙烯磷酸作稀土矿的捕收剂并辅以相应的分选工艺，从原矿REO品位为6.10%的矿石中获得品位为60.14%、回收率为48.40%的高品位稀土精矿和品位为20.03%、回收率为36.31%的稀土次精矿。

6.10.3 浮选捕收剂在矿物表面的作用机理研究

国内外诸多学者对氟碳铈矿的浮选机理做了大量的研究工作。Zakharov等[346]认为，使用捕收剂油酸钠浮选氟碳铈矿时，取决于捕收剂与稀土元素之间的反应，从而生成对应的油酸盐。羟肟酸与氟碳铈矿的吸附，主要取决于金属阳离子的吸附能力。D. W. Fuerstenau等[374]提出一种假设，认为羟肟酸分子与氟碳铈矿的作用机理是“吸附-表面反应联合机理”。梁国兴等[375]对氟碳铈矿捕收剂的性能进行了比较研究，应用基团电负性理论、“软硬-酸碱”原理、螯合效应和共轭体系作用等四种原理，分析得出羧酸类和羟肟酸类是捕收氟碳铈矿性能较好的捕收剂，其中羟肟酸类捕收剂因能形成稳定的五元环状螯合物，成为捕收氟碳铈矿较佳的捕收剂。羟肟酸类捕收剂通过化学吸附作用在氟碳铈矿的表面。本书采用吸附量检测、接触角测量、动电位测试、浮选溶液化学计算、红外光谱分析、XPS 测试和量子化学计算等定性和定量的方法，在宏观和微观层面研究相关浮选药剂在矿物表面的作用过程、作用效果、作用形式，研究药剂在矿物表面作用机理。

通常采用紫外分光光度计来测量药剂在矿物表面的吸附量，本书以江西理工大学研究的羟肟酸类捕收剂 FHA 为例来说明 FHA 与氟碳铈矿作用吸附量测定。通过测定可以得到 FHA 的标准曲线如图 6-245 所示，随着 FHA 捕收剂用量的加大，吸附量与吸附率都有明显的增加，之后增加幅度减小，增加速率减缓，吸附达到饱和。因此，FHA 不仅能够吸附在氟碳铈矿表面，而且其吸附率受 FHA 用量影响较大。

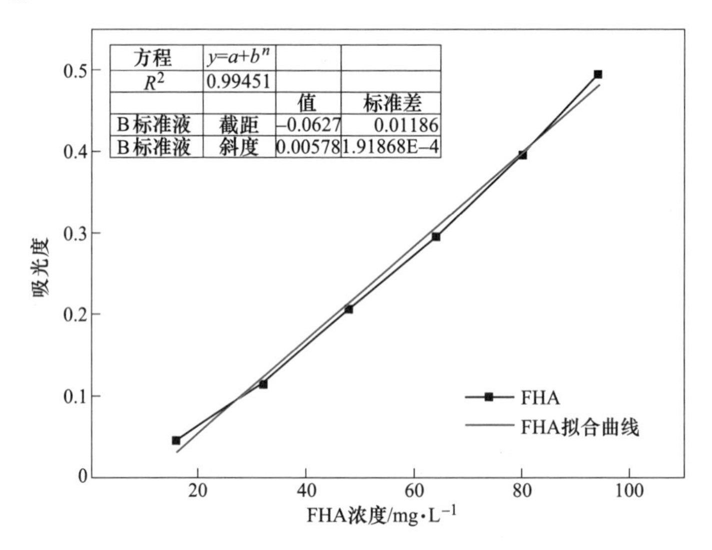

图 6-245　捕收剂 FHA 浓度与其吸光度关系图

氟碳铈矿表面的润湿性对其浮选行为有着重要的影响，氟碳铈矿表面吸附捕收剂后接触角变大，氟碳铈矿表面润湿性变差，氟碳铈矿可浮性变好。以油酸钠为捕收剂、苛化木薯淀粉为抑制剂分离萤石、白云石和氟碳铈矿为例研究这两种捕收剂对锡石表面润湿性影响。油酸钠用量为 80mg/L，苛化木薯淀粉用量为 250mg/L，pH 值对 3 种单矿物接触角的影响如图 6-246 所示。

由图 6-246 可知，整个 pH 值区间内，3 种矿物接触角大小顺序为：萤石>氟碳铈矿>白云石。在 pH 值为 8 时，萤石与白云石接触角差值为 57. 25°，萤石与氟碳铈矿的接触角差值为 29.75°。

氟碳铈矿的电性对其浮选行为有极其重要的作用，本节主要以羟肟酸类捕收剂 FHA、NHA 和 SAHA 为例，研究 pH 值在 2~12 范围内，以上三种捕收剂对锡石表面电性影响。

如图 6-247 所示，在去离子水中氟碳铈矿的零电点是 pH=8.19，与理论计算 pH=8.06 一致。而分别加入 FHA、NHA 和 SAHA 的氟碳铈矿的零电点向左偏移为 pH=6.77，在 pH<6 之前四个测试样品的 Zeta 电位相似且变化趋势一致，都随着 pH 值的增大 Zeta 电位减小，在 pH 值为 6~8.22 区间内四个测试样品的 Zeta 电位变化趋势都是减小，但 FHA、NHA 和 SAHA 与氟碳铈矿作用后的 Zeta 电位减小幅度明显更大，氟碳铈矿表面存在羟肟酸根负离子吸附，改变了氟碳铈矿与矿浆界面的双电层，随着 pH 值的增大，氟碳铈矿表面带更多的负电荷，氟碳铈矿与三种羟肟酸捕收剂的作用为化学吸附。

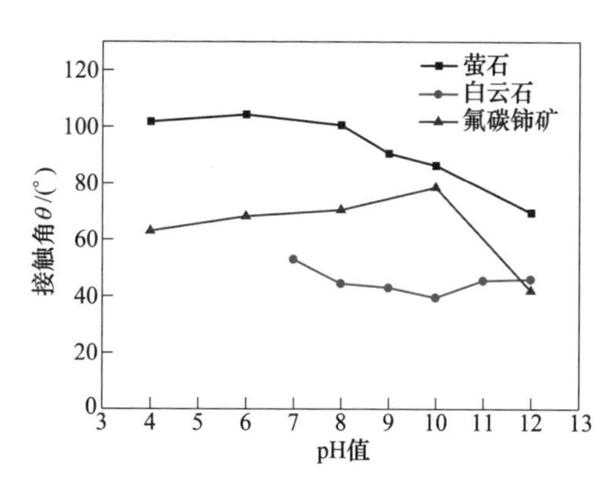

图 6-246　不同 pH 值对接触角的影响

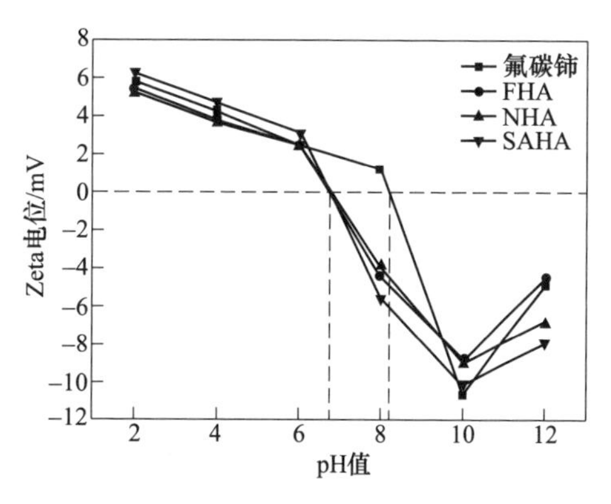

图 6-247　矿浆 pH 值对 Zeta 电位的影响

分析捕收剂分子及其与氟碳铈矿作用前后红外光谱图中不同基团特征峰的位置，佐证捕收剂分子极性基团是否吸附在氟碳铈矿表面；对比捕收剂在氟碳铈矿表面作用前后出现新特征峰、特征峰偏移等变化分析捕收剂分子在氟碳铈矿表面的主要吸附方式。以 DT-2、DT-4 为例，采用红外光谱分析这两种捕收剂在氟碳铈矿表面的吸附方式。

由图 6-248 为 DT-2 与四种纯矿物作用前后的红外光谱图，可以看出捕收剂 DT-2 活性基团特征吸收峰与四种纯矿物作用后均向着低波数方向发生不同程度的漂移，说明强电负性溴原子以及羧基都与矿物表面不同活性位点原子发生作用，使溴原子对活性基团的诱导效应降低，同时羧基上氧原子的电子云由药剂分子向矿物表面转移，因此活性基团的键力常数发生不同程度的下降。

通过 DT-2 与四种纯矿物作用前后活性基团特征吸收峰的偏移和吸收峰波数位置来判断 DT-2 在四种纯矿物表面的吸附类型。捕收剂 DT-2 的活性基团特征吸

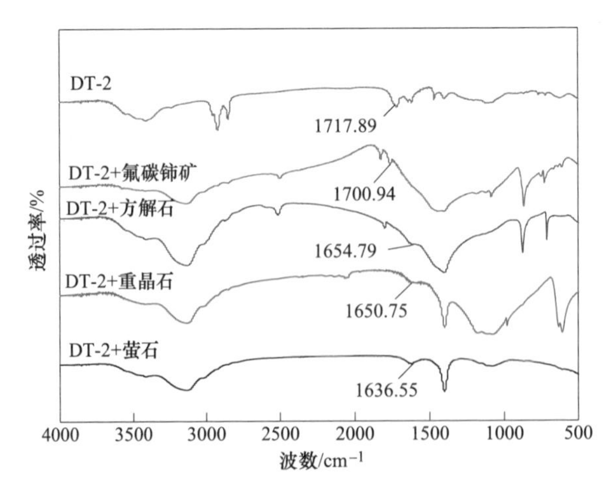

图 6-248　DT-2 与矿物作用前后红外光谱图

收峰位于 1717.89cm^{-1}附近，在捕收剂 DT-2 与氟碳铈矿作用后捕收剂 DT-2 的特征吸收峰向低波数偏移至 1700.94cm^{-1}附近，说明捕收剂 DT-2 在氟碳铈矿表面发生了键合吸附，使捕收剂 DT-2 的特征吸收峰向低波数方向发生了偏移。同样的，捕收剂 DT-2 与脉石矿物（方解石、重晶石及萤石）作用后特征吸收峰均向低波数不同程度的偏移，说明捕收剂 DT-2 与脉石矿物之间发生了键合吸附。

图 6-249 为捕收剂 DT-4 与四种纯矿物作用前后红外光谱图，从图中可知，捕收剂 DT-4 在羧基 α 碳上引入一个电负性较大的溴原子，由于诱导效应，羧基 C═O 键氧原子外侧电子云向 C═O 键上移动，使得 C═O 键力常数增加，该活性基团的特征吸收峰的频率向高波数方向偏移至 1734.58cm^{-1}处。捕收剂 DT-4 在与氟碳铈矿作用后其活性基团的特征吸收峰向低波数偏移至 1616.56cm^{-1}左右。说明捕收剂 DT-4 与氟碳铈矿表面的金属阳离子（La^{3+}、Ce^{3+} 等）发生键合作用，使捕收剂 DT-4 的特征吸收峰向低波数偏移。捕收剂 DT-4 与脉石矿物（方解石、重晶石及萤石）作用后捕收剂的活性基团特征吸收峰均向低波数不同程度的偏移，说明捕收剂 DT-4 通过化学键合作用吸附在了脉石矿物的表面，使脉石矿物的回收率达到最大值。

XPS 分析是通过对原子轨道电子的结合能检测，确定元素所处的化学环境变化。通过光电子能谱中元素的结合能的位移及各原子相对浓度的变化，可分析捕收剂在氟碳铈矿表面吸附方式。以捕收剂 LF-8 为例，采用 XPS 分析方法进一步研究该捕收剂在氟碳铈矿表面的作用形式。

LF-8 与氟碳铈矿作用前后的 X 射线光电子能谱分析结果如图 6-250 所示。与原矿 XPS 全谱相比，与 LF-8 作用的氟碳铈矿 XPS 全谱中 C1s 有显著加强，出现较弱的 N1s 峰，O1s 峰对称性下降。La3d5/2、Ce3d3/2、Ce3d5/2、F1s、O1s 和 Ca2p3/2 的光电子强度下降。

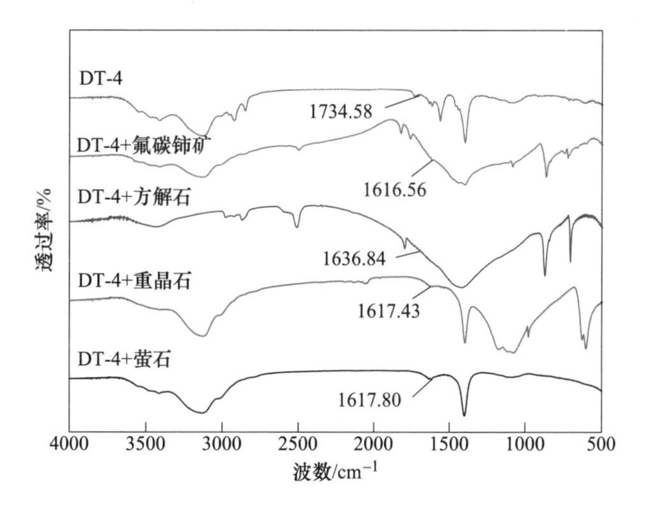

图 6-249 DT-4 与矿物作用前后红外光谱图

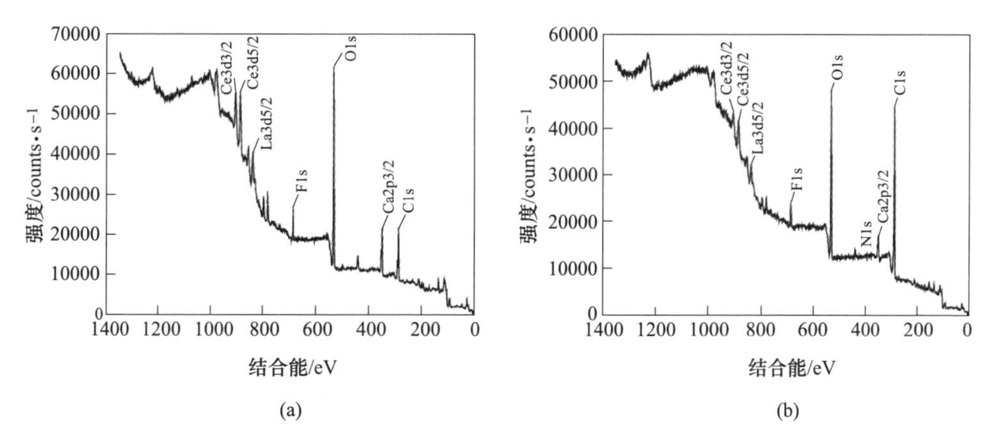

图 6-250 LF-8 作用前后的氟碳铈矿 XPS 全谱

（a）作用前；（b）作用后

从图 6-251 看出，氟碳铈矿 C1s 峰主要来源为碳酸盐和碳化物（污染碳），碳酸盐 C1s 峰位于 289.78eV 处，碳化物的 C1s 峰位于 285.09eV 处；与 LF-8 作用后，氟碳铈矿中碳酸盐的 C1s（289.05eV 处）光电子强度下降至 2937.66counts/s；由于 LF-8 所含的 C—O、C═N 键和 C═O 键，致使碳化物的 C1s（285.08eV 处）光电子强度增强。在 284.54eV 处出现 C—C/C—H 的 C1s 峰（表 6-76）。

与 LF-8 作用后的氟碳铈矿出现了 N1s 的新峰，其中 406.63eV 处是分子状态羟肟酸 R—CO—NH—OH 与氟碳铈矿物理吸附残留的峰；399.43eV 处是离子状态的 R—NH—O—与氟碳铈矿化学吸附作用产生的峰（见图 6-252）。

表 6-76　氟碳铈矿与 LF-8 作用前后的 XPS 光谱分析

试验样品	原子轨道	结合能/eV	位移/eV	归属
氟碳铈矿	C1s	289.78		碳酸盐
	C1s	285.09		碳化物
	O1s	531.68		
	C1s	289.05	-0.73	碳酸盐
	C1s	285.08	-0.01	碳化物
	C1s	284.54		C—C/C—H
氟碳铈矿+LF-8	O1s	532.01		金属碳酸盐
	O1s	531.01	-0.6	金属氧化物
	N1s	406.63		R—CO—NH—OH 化学键 R—CO
	N1s	399.43		—NH—O 和氟碳铈矿

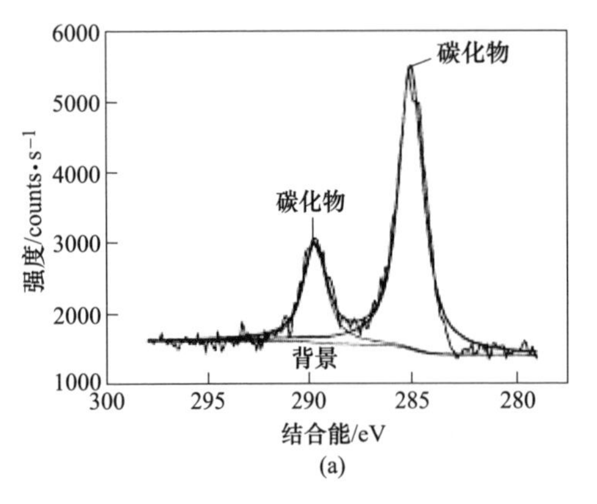

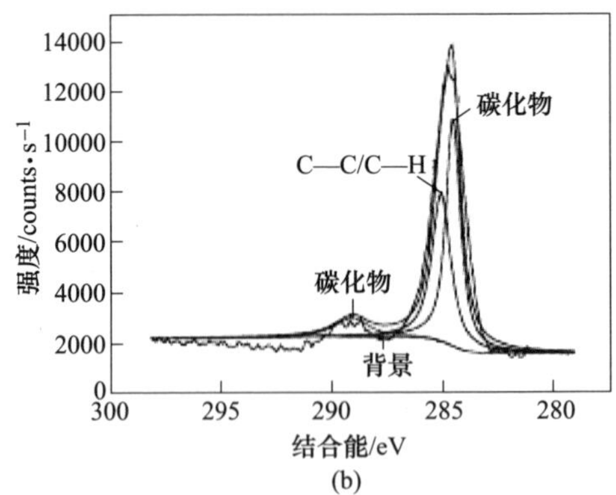

图 6-251　LF-8 作用前后的氟碳铈矿 C1s XPS

（a）作用前；（b）作用后

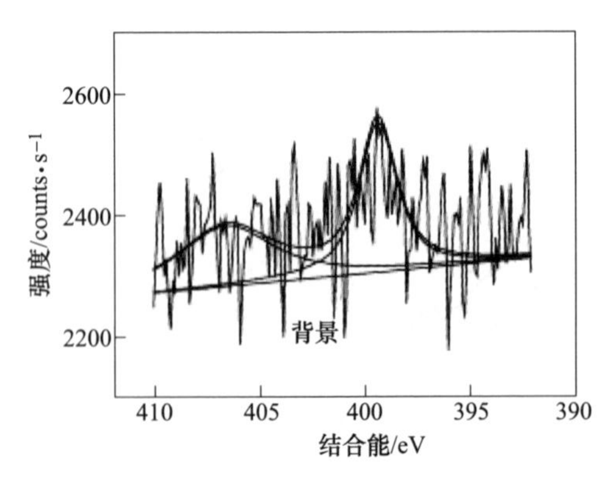

图 6-252　LF-8 作用前后氟碳铈矿 N1s XPS

6.10.4 氟碳铈矿浮选抑制剂种类及抑制机理研究

6.10.4.1 氟碳铈矿浮选抑制剂种类

在氟碳铈矿与其他矿石浮选分离过程中，抑制剂起着非常重要的作用，而抑制剂又分为无机抑制剂、有机抑制剂和组合抑制剂。无机抑制剂主要包括水玻璃及其改性产品和六偏磷酸钠等。有机抑制剂主要有淀粉及其改性产品、单宁酸、腐植酸钠、连苯三酚、草酸等。东北大学研究了硅酸钠、六偏磷酸钠、单宁酸、羧甲基淀粉（CMS）、改性玉米淀粉、改性木薯淀粉、苛化木薯淀粉共7种抑制剂对萤石、白云石和氟碳铈矿可浮性的影响，得到淀粉类抑制剂对白云石和氟碳铈矿单矿物抑制效果较好的结果。在油酸钠用量为80mg/L、抑制剂为最佳用量和pH值环境下，7种抑制剂对萤石、白云石、氟碳铈矿的抑制性能差异如图6-253所示。7种抑制剂对白云石的抑制能力强弱顺序为：苛化木薯淀粉>改性玉米淀粉>改性木薯淀粉>单宁酸>CMS>硅酸钠>六偏磷酸钠，7种抑制剂对氟碳铈矿的抑制能力强弱顺序为：CMS>改性木薯淀粉>苛化木薯淀粉>改性玉米淀粉>硅酸钠>六偏磷酸钠>单宁酸。

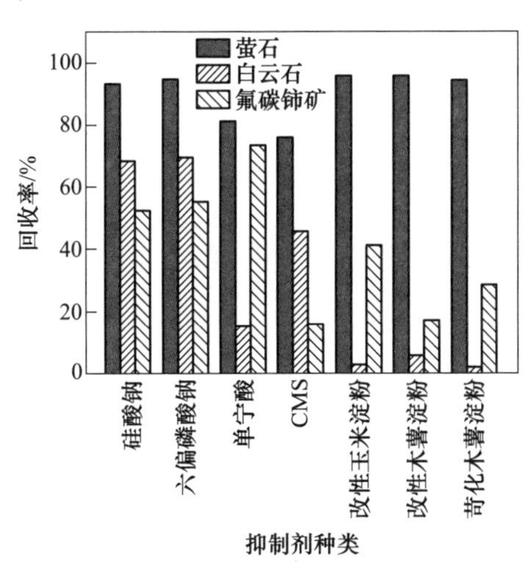

图6-253 7种抑制剂对矿物的抑制性能差异

6.10.4.2 抑制剂对氟碳铈矿的抑制作用机理研究

鉴于不同捕收剂体系下，不同种类抑制在矿物表面作用机理不尽相同，本书探究苛化木薯淀粉在油酸钠捕收体系下对氟碳铈矿的抑制机理研究。采用紫外分光光度计测量3种矿物（萤石、白云石、氟碳铈矿）不同苛化木薯淀粉浓度下的残存浓度，再根据初始药剂浓度计算吸附在矿物表面的药剂浓度，当 pH 值为 8 时，试验结果如图 6-254 所示。苛化木薯淀粉对 3 种矿物都存在吸附作用，不同初始浓度下矿物吸附量大小顺序为：氟碳铈矿>白云石>萤石。

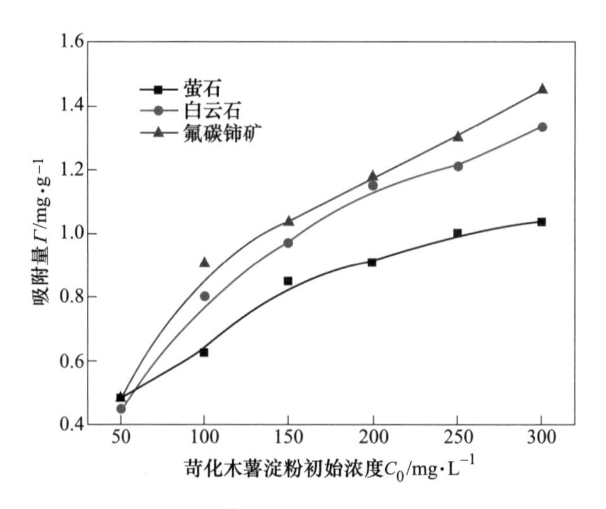

图 6-254　不同浓度淀粉在矿物表面的吸附量

采用量角法测定与苛化木薯淀粉作用后 3 种矿物（萤石、白云石、氟碳铈矿）表面的接触角。油酸钠用量为 80mg/L，pH 值为 8，不同用量苛化木薯淀粉对 3 种单矿物接触角的影响如图 6-255 所示。3 种矿物接触角随苛化木薯淀粉用量的变化趋势几乎相同，苛化木薯淀粉用量越高，接触角越低，矿物表面亲水性越强。在整个淀粉用量范围内，3 种矿物接触角大小顺序为：萤石>氟碳铈矿>白云石，且萤石与白云石接触角差值最大，与氟碳铈矿次之。

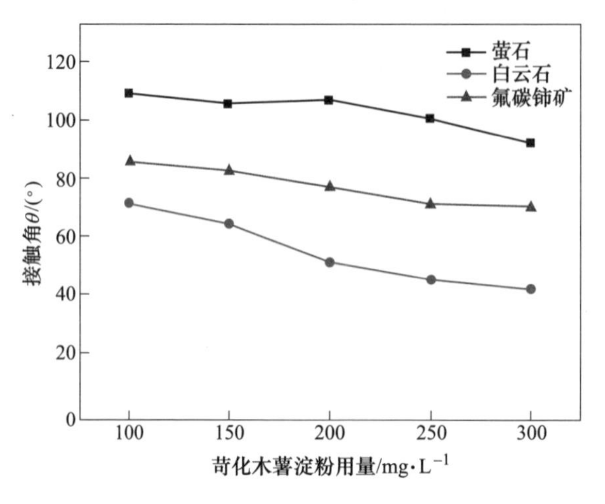

图 6-255　苛化木薯淀粉用量对接触角影响

氟碳铈矿与药剂作用前后表面 Zeta 电位结果如图 6-256 所示。苛化木薯淀粉用量为 250mg/L，油酸钠用量为 80mg/L。由图 6-256 可知，氟碳铈矿单矿物的 Zeta 电位随着 pH 值的增加逐渐降低，等电点为 pH = 6.3 左右。当氟碳铈矿与苛化木薯淀粉作用后，氟碳铈矿的等电点为 pH = 4 左右，矿物表面负电性增强，说明苛化木薯淀粉在氟碳铈矿表面发生了吸附。当氟碳铈矿与油酸钠作用后，氟碳铈矿等电点为 pH = 2.53 左右，矿物表面的负电性变强，且在不同 pH 值条件下与氟碳铈矿单矿物的电位值相差都较大，说明油酸钠作用在氟碳铈矿表面引起其表面电荷发生变化。当氟碳铈矿与苛化木薯淀粉和油酸钠作用后，与只添加苛化木薯淀粉后的氟碳铈矿电位值相近，并且远大于只添加油酸钠的电位值，说明苛化木薯淀粉作用在氟碳铈矿表面上后，阻碍捕收剂进一步在氟碳铈矿表面的作用。

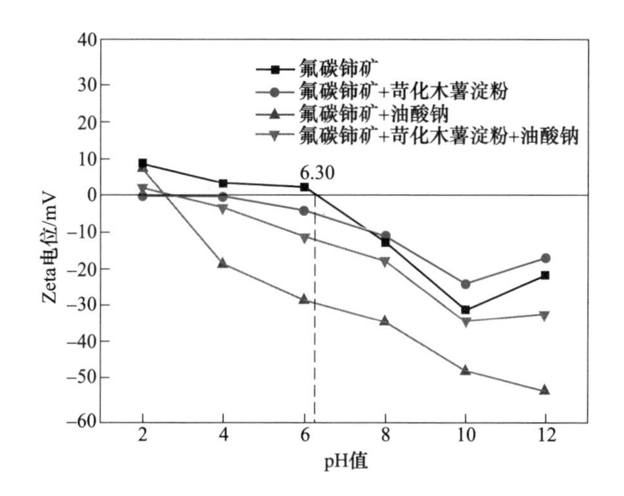

图 6-256 不同条件下氟碳铈矿表面 Zeta 电位

如图 6-257 和图 6-258 所示，1444.94cm^{-1}处为氟碳铈矿的 CO_3^{2-} 的 C═O 非对称伸缩振动吸收峰，1084.94cm^{-1} 处为 CO_3^{2-} 的 C═O 对称伸缩振动吸收峰，866.80cm^{-1}处为 CO_3^{2-} 的 C═O 面外弯曲振动吸收峰，723.79cm^{-1}处为 CO_3^{2} 的 C═O 面内弯曲振动吸收峰。氟碳铈矿与苛化木薯淀粉作用后，氟碳铈矿 1444.94cm^{-1}处吸收峰偏移至 1441.64cm^{-1}处，CO_3^{2-} 的 C═O 对称、面内、面外伸缩振动峰变化并不明显，苛化木薯淀粉氢键缔合的—OH 伸缩振动吸收峰从 3447.55cm^{-1}处偏移至 3416.08cm^{-1}处，说明苛化木薯淀粉在氟碳铈矿表面发生物理吸附和氢键吸附。当氟碳铈矿与油酸钠作用后，2923.23cm^{-1}处和 2853.31cm^{-1}处出现新的吸收峰，对应于油酸钠亚甲基反对称和对称伸缩振动峰，说明油酸钠在氟碳铈矿表面发生吸附。

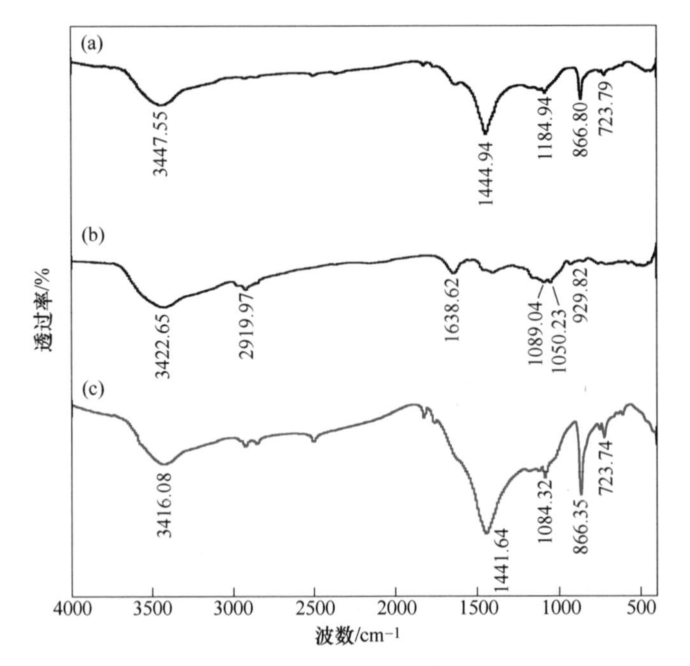

图 6-257　氟碳铈矿与苛化木薯淀粉作用前后的红外光谱图

（a）氟碳铈矿；（b）苛化木薯淀粉；（c）氟碳铈矿+苛化木薯淀粉

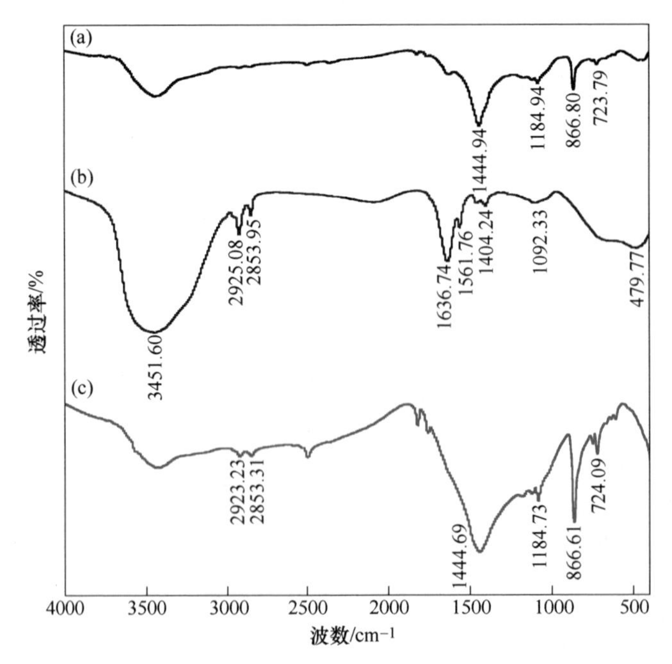

图 6-258　氟碳铈矿与油酸钠作用前后的红外光谱图

（a）氟碳铈矿；（b）油酸钠；（c）氟碳铈矿+油酸钠

氟碳铈矿与苛化木薯淀粉作用前后的 XPS 宽程扫描结果如图 6-259、表 6-77 所示。氟碳铈矿主要由 Ce、La、C、O、F 元素组成。从元素相对浓度看，与苛化木薯淀粉作用后，氟碳铈矿 Ce、La、F 三种元素相对浓度明显降低，C 元素的相对浓度增加。各元素浓度的变化是由于苛化木薯淀粉与氟碳铈矿发生吸附后，在氟碳铈矿表面有一定的遮蔽作用。

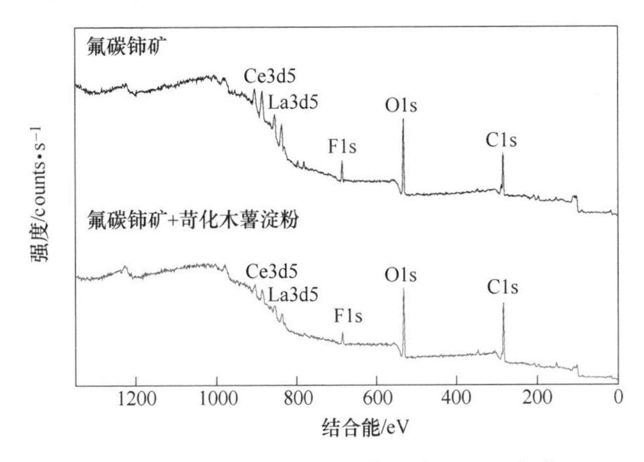

图 6-259　氟碳铈矿与药剂作用前后 XPS 能谱

表 6-77　氟碳铈矿与药剂作用前后 XPS 全谱分析结果

元素	氟碳铈矿		氟碳铈矿+苛化木薯淀粉		结合能相对位移/eV
	结合能/eV	相对浓度/%	结合能/eV	相对浓度/%	
O1s	531.42	35.33	531.80	30.86	0.38
La3d5	836.47	1.57	836.50	0.64	0.03
F1s	684.29	6.64	684.35	4.11	0.06
Ce3d5	884.31	2.89	884.70	1.48	0.39
C1s	284.78	53.58	284.43	62.91	-0.35

为进一步分析药剂与矿物的作用机理，对氟碳铈矿与抑制剂作用前后表面的 Ce、O、F 进行了窄程扫描分析，并进行了分峰拟合。氟碳铈矿与苛化木薯淀粉作用前后表面 Ce 元素的拟合结果如图 6-260 所示，O 元素的拟合结果如图 6-261 所示，F 元素的拟合结果如图 6-262 所示。

由图 6-260（a）可知，903.29eV 处、884.67eV 处是氟碳铈矿的 Ce3d5 特征峰。由图 6-260（b）可知，当氟碳铈矿与苛化木薯淀粉作用后，氟碳铈矿中 Ce3d5 特征峰结合能变为 903.39eV 和 884.64eV，结合能变化量为 0.10eV 和 0.03eV，结合能变化量小于仪器误差。由图 6-261（a）可知，531.55eV 处是氟碳铈矿的 O1s 单一对称特征峰，对称性良好。由图 6-261（b）可知，当氟碳铈

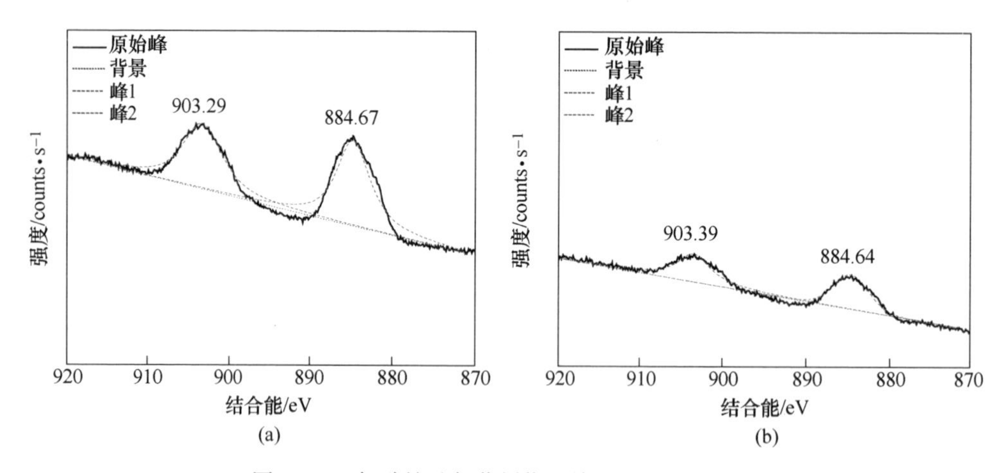

图 6-260　氟碳铈矿与药剂作用前后的 Ce3d5 能谱

（a）氟碳铈矿的 Ce3d5 能谱；（b）氟碳铈矿与苛化木薯淀粉作用后的 Ce3d5 能谱

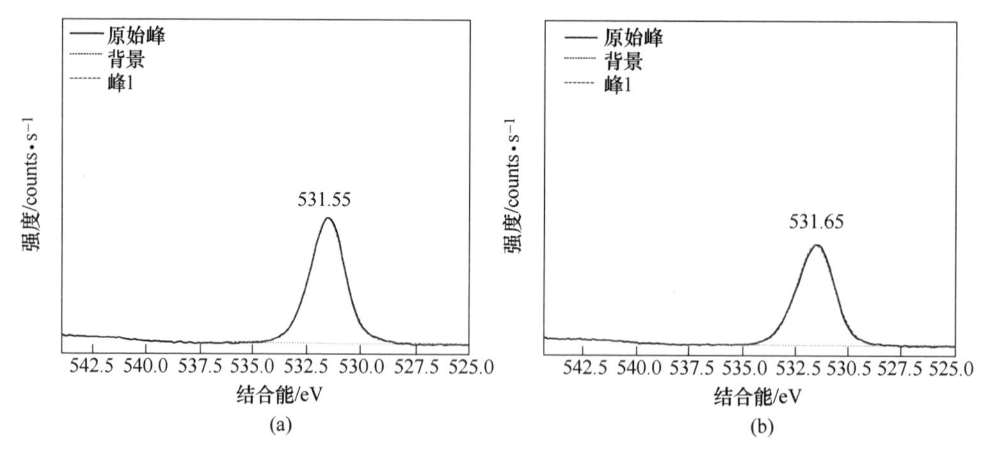

图 6-261　氟碳铈矿与药剂作用前后的 O1s 能谱

（a）氟碳铈矿的 O1s 能谱；（b）氟碳铈矿与苛化木薯淀粉作用后的 O1s 能谱

矿与苛化木薯淀粉作用后，氟碳铈矿中 O1s 特征峰结合能偏移至 531. 65eV，结合能变化量为 0. 10eV，小于仪器误差。由图 6-262 可知，684. 41eV 处是氟碳铈矿的 F1s 特征峰。当氟碳铈矿与苛化木薯淀粉作用后，氟碳铈矿的 F1s 特征峰结合能变为 684. 48eV，结合能变化量为 0. 07eV，小于测量误差。

综上所述，不论是从宽谱扫描结果还是元素分峰结果来看，苛化木薯淀粉都与三种矿物发生吸附，进一步分析各元素分峰结果发现，并没有发生化学吸附，萤石、白云石、氟碳铈矿与木薯淀粉的吸附作用最有可能为物理吸附或氢键作用。

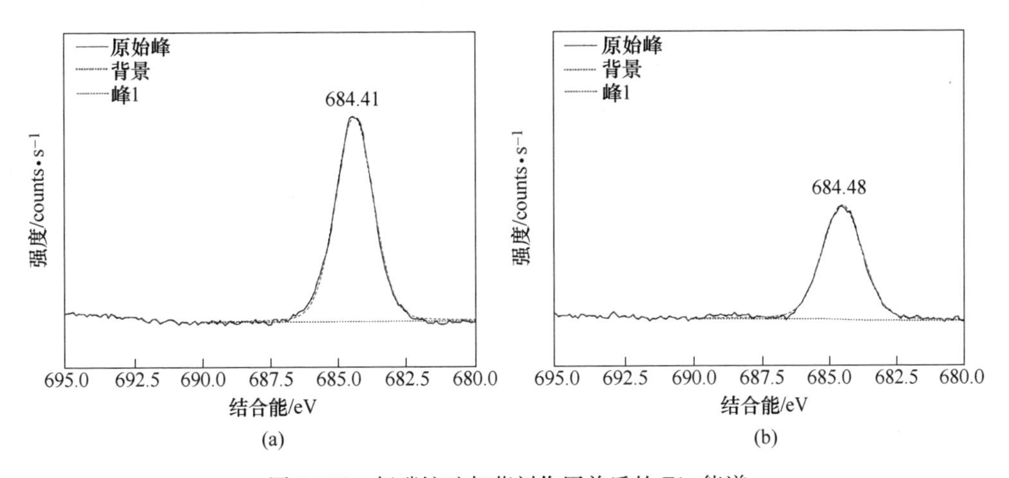

图 6-262 氟碳铈矿与药剂作用前后的 F1s 能谱

（a）氟碳铈矿的 F1s 能谱；（b）氟碳铈矿与苛化木薯淀粉作用后的 F1s 能谱

参 考 文 献

[1] Swagat S Rath, Nishant Sinha, Hrushikesh Sahoo, et al. Molecular modeling studies of oleate adsorption on iron oxides [J]. Applied Surface Science, 2014, 295.

[2] Segall M, Shah R, Pickard C. Population analysis in plane wave electronic structure calculations [J]. Molecular Physics, 1996, 89 (2): 571~577.

[3] Segall M, Shah R, Pickard C, et al. Population analysis of plane-wave electronic structure calculations of bulk materials [J]. Phys Rev B., 1996, 54 (23): 16317.

[4] 朱一民，周菁．2018 年浮选药剂的进展［J］. 矿产综合利用，2019（4）：1~10.

[5] 张明，刘明宝，印万忠，等．东鞍山含碳酸盐难选铁矿石分步浮选工艺研究［J］. 金属矿山，2007，37（9）：62~64.

[6] 葛英勇，余俊，朱鹏程．铁矿浮选药剂评述［J］. 现代矿业，2009，25（11）：6~10，80.

[7] 刘静，张建强，刘炯天．铁矿浮选药剂现状综述［J］. 中国矿业，2007（2）：106~108.

[8] 张明，刘明宝，印万忠，等．东鞍山含碳酸盐难选铁矿石分步浮选工艺研究［J］. 金属矿山，2007（9）：62~64.

[9] 印万忠，马英强，刘明宝，等．东鞍山高碳酸铁矿石磁选精矿分步浮选工业试验［J］. 金属矿山，2011（8）：64~67，80.

[10] 朱一民，陈金鑫，任建蕾，等．新型捕收剂 DTX-1 常温分步浮选东鞍山铁矿混磁精［J］. 金属矿山，2014（7）：61~64.

[11] 张泾生，阙煊兰．矿用药剂［M］. 北京：冶金工业出版社，2008：85 ~121.

[12] 朱玉霜，朱建光．浮选药剂的化学原理［M］. 长沙：中南工业大学出版社，1987：57~189.

[13] 林祥辉，林苑，黄俊．铁矿选矿与药剂新技术——RA 系列药剂的研制、生产及其选矿应用［C］//中国金属学会，中国冶金矿山企业协会．中国冶金矿山产业高峰论坛论文集．丹东：长沙矿冶研究院，2006：353~361.

[14] 林祥辉，路平，陈让怀，等．高效新品种捕收剂 RA-315 的制取及应用研究［J］．矿冶工程，1993（3）：31~35.

[15] 张兆元，刘桂云．阴离子捕收剂 LKY 试验室试验及工业试验研究［J］．中国矿业，2003（10）：44~45.

[16] 何晓明，崔玉环，张纪云．新型捕收剂 MZ-21 代替 RA315 的工业试验［J］．国外金属矿山，2002（5）：48~51.

[17] 葛英勇，陈达，余永富．耐低温阳离子捕收剂 GE-601 反浮选磁铁矿的研究［J］．金属矿山，2004（4）：32~34.

[18] 乘舟越洋．3 种醚胺型捕收剂对铁矿石的捕收性能与作用机理［D］．沈阳：东北大学，2017.

[19] 任佳．不同取代度羧甲基淀粉对铁矿抑制效果的研究［D］．沈阳：东北大学，2012.

[20] 李志彬，马洪显．M203 捕收剂浮选东鞍山高亚铁难选贫赤铁矿工业试验［J］．金属矿山，1994（1）：37~40.

[21] 郭文达．新型酰胺基羧酸捕收剂的研制及其浮选性能试验研究［D］．沈阳：东北大学，2016.

[22] 刘宗丰．赤铁矿反浮选 DKZ-1 捕收剂的合成及性能研究［D］．沈阳：东北大学，2011.

[23] 骆斌斌．α-醚胺基脂肪酸分子结构设计及其捕收机理研究［D］．沈阳：东北大学，2016.

[24] 任建蕾．东鞍山含碳酸盐铁矿石常温捕收剂的捕收性能研究［D］．沈阳：东北大学，2013.

[25] 葛英勇，肖国光，林祥辉．螯合捕收剂 RN-665 浮选东鞍山难选赤铁矿的研究［J］．矿冶工程，2001（2）：41~42.

[26] 李胜荣，许虹，申俊峰．结晶学与矿物学［M］．北京：地质出版社，2008：184，288.

[27] Jiang W，Gao Z，Sun W，et al. A density functional theory study on the effect of lattice impurities on the electronic structures and reactivity of fluorite［J］. Minerals，2017，7（9）：160.

[28] Zhiyong Gao，Wei Sun，Yuehua Hu. New insights into the dodecylamine adsorption on scheelite and calcite：An adsorption model［J］. Minerals Engineering，2015，79.

[29] Zhiyong Gao，Yuehua Hu，Wei Sun，et al. Surface-charge anisotropy of scheelite crystals［J］. Langmuir：The ACS Journal of Surfaces and Colloids，2016，32（25）：6282~6288.

[30] Zhiyong Gao，Li C，Wei Sun，et al. Anisotropic surface properties of calcite：A consideration of surface broken bonds［J］. Colloids and Surfaces，A. Physicochemical and Engineering Aspects，2017，520：53~61.

[31] Swagat，et al. Density functional calculations of amines on the（101）face of quartz［J］. Minerals Engineering，2014，69：57~64.

[32] Yimin，et al. Density functional theory study of α-Bromolauric acid adsorption on the α-quartz（101）surface［J］. Minerals Engineering，2016，92：72~77.

[33] 阙煊兰，见百熙．选矿药剂进展［J］．江西有色金属，1993，（2）：70~73.

[34] Baldauf H, Schoenherr J, Schubert H. Alkane dicarboxylic acids and aminonaphthol-sulfonic acids—A new reagent regime for cassiterite flotation [J]. International Journal of Mineral Processing, 1985, 15 (1~2): 117~133.

[35] 曾国旺, 庄故章, 张校熔, 等. 微细粒锡石浮选药剂研究现状 [J]. 金属矿山, 2019 (1): 115~119.

[36] 吕晋芳, 童雄, 周永诚. 微细粒锡石浮选药剂研究概况 [J]. 湿法冶金, 2010, 29 (2): 71~74.

[37] 姚杰, 尤宏, 包正, 等. 羧甲基木薯淀粉的取代方式研究 [J]. 分析化学, 2005 (2): 201~206.

[38] 苗美云. 新型捕收剂对锡石的捕收性能研究 [D]. 沈阳: 东北大学, 2015.

[39] 谭鑫. 钨锡矿物螯合捕收剂靶向性分子设计及其作用机理研究 [D]. 沈阳: 东北大学, 2017.

[40] 张钦发, 田忠诚. 混合甲苯胂酸对锡石的浮选作用机理 [J]. 矿冶工程, 1989 (1): 19~21.

[41] 张慧. 组合捕收剂浮选细粒锡石作用机理及应用研究 [D]. 长沙: 中南大学, 2010.

[42] 王文潜. 国外锡选矿动向 [J]. 有色金属, 1973 (3): 57~63.

[43] 朱建光, 孙巧根. 苄基胂酸对锡石的捕收性能 [J]. 有色金属, 1980 (3): 36~40.

[44] 朱建光, 朱玉霜. 水质对苄基胂酸浮选锡石细泥效果的影响 [J]. 中南矿冶学院学报, 1980 (4): 29~37.

[45] 黎全. 大厂100 (105) 号锡石多金属矿选矿关键技术研究及应用 [D]. 长沙: 中南大学, 2007.

[46] 宫贵臣. 锡石磷酸捕收剂分子结构设计及作用机理研究 [D]. 沈阳: 东北大学, 2019.

[47] Senior G D, Poling G W, Frost D C. Surface contaminants on cassiterite recovered from an industrial concentrator [J]. Elsevier, 1989, 27 (3~4): 221~242.

[48] Gruner H, Bilsing U. Cassiterite flotation using styrene phosphonic acid to produce high-grade concentrates at high recoveries from finely disseminated ores-comparison with other collectors and discussion of effective circuit configurations [J]. Pergamon, 1992, 5 (3~5).

[49] Ewers W E. Adsorption of phosphonic acids on cassiterite [J]. Transactions of the Institution of Mining and Metallurgy, 1969, 78: C91~C97.

[50] 张泾生, 阙煊兰. 矿用药剂 [M]. 北京: 冶金工业出版社, 2008: 385~388.

[51] 朱建光, 刘德全. 铜铁灵对锡石细泥的捕收性能 [J]. 矿冶工程, 1992 (3): 21~23.

[52] 伍喜庆. 锡石、菱锌矿捕收剂羟肟酸的研究 [D]. 长沙: 中南大学, 1988.

[53] 陈竞清, 赖景陀, 叶少岐, 等. 锡石捕收剂——水杨氧肟酸 [J]. 有色金属 (选矿部分), 1987 (3): 26~32.

[54]《锡的选矿》编写组. 锡的选矿 [M]. 北京: 冶金工业出版社, 1978: 87~97.

[55] 朱建光. 利用浮选药剂的同分异构原理发展新型锡石捕收剂 [J]. 有色矿山, 2003 (5): 27~30.

[56] Vivian A C. Flotation of tin ores [J]. Mining Magazine, 1927, 36: 348.

[57] 刘德全, 周春山, 王淀佐. 铜铁灵与苯异羟肟酸浮选锡石的交互作用及其机理 [J]. 中

国有色金属学报，1994（4）：46~49.
[58] 北京有色金属研究总院．大厂细泥锡石回收新技术研究工业试验报告［R］. 2000.
[59] 大厂锡石浮选实践［J］. 有色金属（选矿部分），1979（6）：34~40，33.
[60] 田忠诚．锡石浮选［M］. 北京：冶金工业出版社，1990.
[61] 伍喜庆，朱建光．苯甲异羟肟酸浮选菱锌矿及其机理［J］. 矿冶工程，1991（2）：28~31.
[62] Wu X Q，Zhu J G. Selective flotation of cassiterite with benzohydroxamic acid［J］. Minerals Engineering，2006，19（14）.
[63] 程建国．一种新型的细粒锡石捕收剂——亚磷酸盐［D］. 长沙：中南工业大学，1989.
[64] 林强．新型浮选药剂合成及结构与性能关系研究［D］. 长沙：中南工业大学，中南大学，1989.
[65] 丁可鉴，田忠诚．水杨氧肟酸对锡石的捕收性能及其作用机理［J］. 矿冶工程，1991（3）：20~22.
[66] Sreenivas T，Padmanabhan N P H. Surface chemistry and flotation of cassiterite with alkyl hydroxamates［J］. Elsevier B. V.，2002，205（1）.
[67] 徐晓春．组合用药浮选锡石机理的量子化学研究［D］. 北京：北京有色金属研究总院，2002.
[68] Bustamante H，Shergold H L. Surface chemistry and flotation of zinc oxide minerals：Ⅱ—Flotation with chela ting reagents［J］. Trans Inst M in Metall，1983：C92~C208.
[69] Kiersznicki T，赵援．5-烷基水杨醛肟作捕收剂单泡浮选闪锌矿、菱锌矿及白云石［J］. 国外金属矿选矿，1982（7）：28~32.
[70] Aliferova S，Titkov S，Sabirov R，et al. Application of nonionic surface-active substances in combination with acrylamide flocculants for silicate and carbonate mineral flotation［J］. Minerals Engineering，2005，18（10）.
[71] Gallios G P，Matis K A. Floatability of magnesium carbonates by sodium oleate in the presence of modifiers［J］. Separation Science and Technology，1989，24（1~2）.
[72] Gence N，Özdağ H. Surface properties of magnesite and surfactant adsorption mechanism［J］. International Journal of Mineral Processing，1995，43（1）.
[73] Wenqing Qin，Liuyi Ren，Peipei Wang，et al. Electro-flotation and collision-attachment mechanism of fine cassiterite［J］. Transactions of Nonferrous Metals Society of China，2012，22（4）.
[74] 覃文庆，任浏祎，徐阳宝，等．Adsorption mechanism of mixed salicylhydroxamic acid and tributyl phosphate collectors in fine cassiterite electro-flotation system［J］. Journal of Central South University，2012，19（6）：1711~1717.
[75] Wang P P，et al. Solution chemistry and utilization of alkyl hydroxamic acid in flotation of fine cassiterite［J］. Elsevier Ltd，2013，23（6）.
[76] 张周位．锡石浮选体系中金属离子作用机理及其应用［D］. 长沙：中南大学，2013.
[77] 王佩佩．羟肟酸类捕收剂与细粒锡石的作用机理及浮选研究［D］. 长沙：中南大学，2013.

[78] Bogdanova N F, Klebanov A V, Ermakova L E, et al. Adsorption of ions on the surface of tin dioxide and its electrokinetic characteristics in 1 : 1 electrolyte solutions [J]. Kluwer Academic Publishers-Plenum Publishers, 2004, 66 (4) .

[79] Gong G, Han Y, Liu J, et al. In situ investigation of the adsorption of styrene phosphonic acid on cassiterite (110) surface by molecular modeling [J]. Minerals, 2017, 7 (10): 181.

[80] Kuys K J, Roberts N K J C. In situ investigation of the adsorption of styrene phosphonic acid on cassiterite by FTIR-ATR spectroscopy [J]. Elsevier, 1987, 24 (1) .

[81] Farrow J B, Warren L J. Adsorption of short-chained organic acids on stannic oxide [J]. Elsevier, 1988, 34 (3) .

[82] Tan X, He F Y, Shang Y B, et al. Flotation behavior and adsorption mechanism of (1-hydroxy-2-methyl-2-octenyl) phosphonic acid to cassiterite [J]. Transactions of Nonferrous Metals Society of China, 2016, 26 (9) .

[83] Guo X Z, Wang L S, et al. Solubilities of phosphorus-containing compounds in selected solvents [J]. Journal of Chemical and Engineering Data: the ACS Journal for Data, 2010, 55 (11): 4709~4720.

[84] Wang Z W, Sun Q X, Wu J S, et al. Solubilities of 2-carboxyethylphenylphosphinic acid and 4-carboxyphenylphenylphosphinic acid in Water [J]. Journal of Chemical & Engineering Data, 2003, 48 (4): 1073~1075.

[85] Li F, Zhong H, Zhao G, et al. Flotation performances and adsorption mechanism of α-hydroxyoctyl phosphinic acid to cassiterite [J]. Applied Surface Science, 2015, 353.

[86] 刘琰，沈战武，邓军，等. 锡石振动光谱特征与矿物成因类型 [J]. 光谱学与光谱分析，2008 (7): 1506~1509.

[87] Tian M, et al. Activation mechanism of Fe(Ⅲ) ions in cassiterite flotation with benzohydroxamic acid collector [J]. Minerals Engineering, 2018, 119.

[88] Parker T, Shi F, Evans C, et al. The effects of electrical comminution on the mineral liberation and surface chemistry of a porphyry copper ore [J]. Minerals Engineering, 2015, 82.

[89] Tian M, Hu Y, Sun W, et al. Study on the mechanism and application of a novel collector-complexes in cassiterite flotation [J]. S. A. Physicochemical, and E. Aspects, 2017, 522: 635~641.

[90] Tian M, et al. Selective flotation of cassiterite from calcite with salicylhydroxamic acid collector and carboxymethyl cellulose depressant [J]. Minerals, 2018, 8 (8): 316.

[91] Sukunta, Wisitsoraat J, Tuantranont A, et al. Highly-sensitive H_2S sensors based on flame-made V-substituted SnO_2 sensing films [J]. Sensors and Actuators, B. Chemical, 2017, 242: 1095~1107.

[92] Gassa, Orrillo L M, Salvarezza P A, et al. Phosphonic acid functionalization of nanostructured Ni-W coatings on steel [J]. Applied Surface Science: A Journal Devoted to the Properties of Interfaces in Relation to the Synthesis and Behaviour of Materials, 2018, 433 (1): 292~299.

[93] Rai B, Rao T K J L, Krishnamurthy S, et al. Molecular modeling of interactions of diphosphonic acid based surfactants with calcium minerals [J]. Langmuir: The ACS Journal of Surfaces and Colloids, 2002, 18 (3): 932~940.

[94] Wang K, Liu Q. Adsorption of phosphorylated chitosan on mineral surfaces [J]. Colloids and Surfaces A: Physicochemical and Engineering Aspects, 2013, 436.

[95] 朱玉霜, 朱建光. F_{203}-TBP 混合捕收剂浮选锡石细泥 [J]. 中南矿冶学院学报, 1994 (1): 122~125.

[96] 林培基. 铁山垅钨矿白钨与锡石分离工艺改进及生产实践 [J]. 中国钨业, 2001 (2): 22~25.

[97] 朱建光, 朱玉霜. 黑钨与锡石细泥浮选药剂 [M]. 北京: 冶金工业出版社, 1983.

[98] Chen X Q, Hu Yuehua, Wang Y H, et al. Effects of sodium hexmetaphosphate on flotation separation of diaspore and kaolinite [J]. Journal of Central South University of Technology, 2005, 12 (4).

[99] Shi Q, Zhang G, Feng Q. Effect of solution chemistry on the flotation system of smithsonite and calcite [J]. International Journal of Mineral Processing, 2013, 119.

[100] Chen G, Daniel Tao. Effect of solution chemistry on flotability of magnesite and dolomite [J]. International Journal of Mineral Processing, 2004, 74 (1).

[101] Fornasiero D, Ralston J. Cu(Ⅱ) and Ni(Ⅱ) activation in the flotation of quartz, lizardite and chlorite [J]. International Journal of Mineral Processing, 2004, 76 (1).

[102] Dean J A. Lange's Handbook of Chemistry [J]. Materials and Manufacturing Processes, 1990, 5 (4).

[103] Badway B F, et al. Structureand electrochemistry of copper fluoride nanocomposites utilizing mixed conducting matrices [J]. Chemistry of Materials, 2007, 19: 4129~4141.

[104] Strohmeier Brian R, Levden Donald E, et al. Surface spectroscopic characterization of $CuAl_2O_3$ catalysts [J]. Academic Press, 1985, 94 (2).

[105] Frost D C, Ishitani A, McDowell C A. X-ray photoelectron spectroscopy of copper compounds [J]. Molecular Physics, 1972, 24 (4).

[106] Haber J, Machej T, Ungier L, et al. ESCA studies of copper oxides and copper molybdates [J]. Academic Press, 1978, 25 (3).

[107] Klein J C, Proctor A, Hercules D M, et al. X-ray excited Auger intensity ratios for differentiating copper compounds [J]. Analytical Chemistry, 1983, 55 (13): 2055~2059.

[108] McIntyre N S. Chemical information from XPS—applications to the analysis of electrode surfaces [J]. Journal of Vacuum Science and Technology. 1981, 18 (3): 714.

[109] Robert T, Bartel M, Offergeld G. Characterization of oxygen species adsorbed on copper and nickel oxides by X-ray photoelectron spectroscopy [J]. North-Holland, 1972, 33 (1).

[110] Buckley A N, et al. Examination of the proposition that Cu(Ⅱ) can be required for charge neutrality in a sulfide lattice—Cu in tetrahedrites and sphalerite [J]. Canadian Journal of Chemistry, 2007, 85 (10): 767~781.

[111] Hussain Z, Salim M A, Khan M A, et al. X-ray photoelectron and auger spectroscopy study

of copper-sodium-germanate glasses [J]. North-Holland, 1989, 110 (1) .

[112] Jian Liu, Shuming Wen, Xiumin Chen, et al. DFT computation of Cu adsorption on the S atoms of sphalerite (110) surface [J]. Minerals Engineering, 2013, 46~47.

[113] 王濮. 系统矿物学(上册)[M]. 北京:地质出版社, 1982.

[114] Hazemann J L, Manceau A, Sainctavit P, et al. Structure of the α-Fe_xAl_{1-x}OOH solid solution [J]. Physics and Chemistry of Minerals, 1992, 19 (1): 25~38.

[115] Kellen W D. Diaspore recrystallized at low temperature [J]. American Mineralogist, 1978, 63: 326~329.

[116] Winkler B, Milman V, Hennion B, et al. Ab initio total energy study of brucite, diaspore and hypothetical hydrous wadsleyite [J]. Physics and Chemistry of Minerals, 1995, 22 (7) .

[117] 印万忠, 韩跃新, 魏新超, 等. 一水硬铝石和高岭石可浮性的晶体化学分析 [J]. 金属矿山, 2001 (6): 29~33.

[118] 彭志兵, 刘三军, 肖巍, 等. 某铝土矿正浮选试验研究 [J]. 有色金属(选矿部分), 2013 (1): 40~44.

[119] 冯运伟, 王毓华, 张倩, 等. 利用亚油酸组分选择性浮选分离一水硬铝石与叶腊石 [J]. 中国矿业大学学报, 2016, 45 (2): 393~397.

[120] 张国范, 冯其明, 卢毅屏, 等. 油酸钠对一水硬铝石和高岭石的捕收机理 [J]. 中国有色金属学报, 2001 (2): 298~301.

[121] 徐龙华, 董发勤, 巫侯琴, 等. 阴离子捕收剂浮选分离一水硬铝石与高岭石的表面晶体化学 [J]. 矿物学报, 2016, 36 (2): 265~270.

[122] 黄开国, 胡为柏, 张国祥, 等. 一水硬铝石型堆积铝土矿的分支浮选 [J]. 轻金属, 1982 (2): 1~3.

[123] 关明久. 新药剂——癸脂肪酸在铝土矿浮选中的应用研究 [J]. 矿产综合利用, 1988 (1): 72~76.

[124] 朱一民, 张凛, 陈佳丽, 等. 铝土矿浮选新型捕收剂的捕收性能及机理研究 [J]. 中国矿业, 2018, 27 (3): 121~126, 137.

[125] Lyu F, et al. Utilisation of propyl gallate as a novel selective collector for diaspore flotation [J]. Minerals Engineering, 2019, 131.

[126] 余新阳, 王浩林, 王强强, 等. 有机硅阳离子捕收剂和淀粉抑制剂分选铝土矿(英文)[J]. Transactions of Nonferrous Metals Society of China, 2016, 26 (4): 1112~1117.

[127] 曹学锋, 刘长淼, 胡岳华. 十二叔胺系列捕收剂对一水硬铝石的浮选行为 [J]. 中南大学学报(自然科学版), 2010, 41 (2): 411~415.

[128] 岳彤, 孙伟, 陈攀. 季铵盐类捕收剂对铝土矿反浮选的作用机理 [J]. 中国有色金属学报, 2014, 24 (11): 2872~2878.

[129] Liuyin Xia, Hong Zhong, Guangyi Liu, et al. Flotation separation of the aluminosilicates from diaspore by a Gemini cationic collector [J]. International Journal of Mineral Processing, 2009, 92 (1) .

[130] 新阳, 钟宏, 刘广义, 等. 铝土矿反浮选新型阳离子有机硅类捕收剂 QAS222 [J]. 中

南大学学报（自然科学版），2011，42（7）：1865~1872.
[131] 赵世民，胡岳华，王淀佐，等．N-(3-氨丙基）-月桂酰胺对铝硅酸盐矿物的浮选［J]. 中国有色金属学报，2003（5）：1273~1277.
[132] 蒋昊，胡岳华，徐竞，等．阴离子捕收剂浮选一水硬铝石溶液化学机理［J]. 矿冶工程，2001（2）：27~29，33.
[133] 丁明辉，卢毅屏，陈宏伟，等．二元组合捕收剂浮选分离一水硬铝石与高岭石的机理研究［J]. 有色金属（选矿部分），2019（2）：103~107.
[134] Lanqing Deng，Shuai Wang，Hong Zhong，et al. N-(6-(hydroxyamino）-6-oxohexyl) decanamide collector：Flotation performance and adsorption mechanism to diaspore［J]. Applied Surface Science，2015，347.
[135] 殷志刚，易运来，蒋玉仁．新型螯合剂对一水硬铝石和铝硅酸盐矿物浮选行为的研究［J]. 有色金属（选矿部分），2011（1）：52~55，45.
[136] Yuren Jiang，Liyi Zhou，Xiao Hong，et al. Novel condensed ring carboxylic hydroxamic acid studied in the flotation behavior of diaspore and aluminosilicates［J]. Taylor & Francis Group，2010，45（16）.
[137] Yuren Jiang，Xinxin Li，Rui Feng，et al. Novel alkyl bis（hydroxycarbamoyl）propionic acids for flotation separation of diaspore against aluminosilicate minerals［J]. Separation and Purification Technology，2012，87.
[138] 蒋玉仁，胡岳华，曹学锋．新型螯合捕收剂COBA结构与捕收性能的关系［J]. 中国有色金属学报，2001，11（4）：702~706.
[139] 陈湘清，陈兴华，马俊伟，等．低品位铝土矿选矿脱硅试验研究［J]. 轻金属，2006（10）：13~16.
[140] 张国范，卢毅屏，欧乐明，等．捕收剂RL在铝土矿浮选中的应用［J]. 中国有色金属学报，2001（4）：712~715.
[141] 卢毅屏，谭燕葵，冯其明，等．8-羟基喹啉在微细粒铝硅矿物浮选分离中的作用［J]. 中国有色金属学报，2007（8）：1353~1359.
[142] 蒋玉仁，胡岳华，曹学锋．新型螯合捕收剂COBA结构与捕收性能的关系［J]. 中国有色金属学报，2001（4）：702~706.
[143] 刘水红，郑桂兵，任爱军，等．一水硬铝石和含铝硅酸盐在胺类捕收剂作用下的浮选行为［J]. 有色金属，2007（4）：127~130.
[144] 孙海涛．新型钨矿捕收剂的捕收性能及作用机理研究［D]. 沈阳：东北大学，2015.
[145] 高志勇．三种含钙矿物晶体各向异性与浮选行为关系的基础研究［D]. 长沙：中南大学，2013.
[146] Zhiyong Gao，Wei Sun，Yuehua Hu，et al. Surface energies and appearances of commonly exposed surfaces of scheelite crystal［J]. Elsevier Ltd，2013，23（7）.
[147] 杨帆，杨耀辉，刘红尾，等．新型季铵盐捕收剂对白钨矿和方解石的常温浮选分离［J]. 中国有色金属学报，2012，22（5）：1448~1454.
[148] 袁勤智．组合捕收剂在白钨矿浮选中的应用研究［D]. 赣州：江西理工大学，2019.
[149] 高玉德，邱显扬，韩兆元．羟肟酸浮选白钨矿的机理［J]. 中国有色金属学报，2015，

25 (5): 1339~1344.
[150] 吴桂叶, 刘龙利, 张杰, 等. 锡石捕收剂研究现状及展望 [J]. 现代矿业, 2014, 30 (8): 47~50.
[151] 白丁. MES 在白钨矿浮选中的应用及其作用机理研究 [D]. 长沙: 中南大学, 2014.
[152] 刘红尾. 难处理白钨矿常温浮选新工艺研究 [D]. 长沙: 中南大学, 2010.
[153] 杜飞飞, 吕宪俊, 孙丽君. 油酸低温浮选技术综述 [J]. 现代矿业, 2010, 26 (1): 31~34.
[154] 曾庆军, 林日孝, 张先华. ZL 捕收剂浮选白钨矿的研究和应用 [J]. 材料研究与应用, 2007 (3): 231~233.
[155] 谭欣, 李长根. CF 药剂浮选氧化铅锌矿的作用机理研究 Ⅰ. 吸附量、ζ 电位和红外光谱研究 [J]. 矿冶, 2004 (3): 23~29.
[156] 黄建平, 钟宏, 邱显杨, 等. 环己甲基羟肟酸对黑钨矿的浮选行为与吸附机理 [J]. 中国有色金属学报, 2013, 23 (7): 2033~2039.
[157] 陈远道, 卢毅屏, 王凤玲, 等. 改善羧酸类捕收剂浮选性能的方法 [J]. 国外金属矿选矿, 2003 (4): 4~8.
[158] 邱显扬, 程德明, 王淀佐. 苯甲羟肟酸与白钨矿作用机理的研究 [J]. 矿冶工程, 2001 (3): 39~42.
[159] 高玉德. 黑钨细泥浮选中高效浮选剂的联合使用 [J]. 有色金属 (选矿部分), 2000 (6): 41~43.
[160] 李文恒. 白钨矿浮选药剂研究进展 [J]. 世界有色金属, 2019 (14): 245~247.
[161] 张忠汉, 张先华, 叶志平, 等. 柿竹园多金属矿 GY 法浮钨新工艺研究 [J]. 矿冶工程, 1999 (4): 22~25.
[162] 陆英英, 林强, 王淀佐. 萤石白钨石榴石浮选分离的新型药剂——LP 系列捕收剂 [J]. 有色矿冶, 1993 (1): 20~25.
[163] 胡岳华, 王淀佐. 新型两性捕收剂浮选萤石、重晶石、白钨矿的研究 [J]. 有色金属 (选矿部分), 1989 (4): 10~13, 4.
[164] 杨思孝. 浮选白钨矿的捕收剂选择 [J]. 江西冶金, 1984 (2): 23~28.
[165] 何伟, 尹琨. 钨矿选矿药剂和工艺的研究现状及展望 [J]. 中国化工贸易, 2018, 10 (20): 74.
[166] 孙伟, 胡岳华, 覃文庆, 等. 钨矿浮选药剂研究进展 [J]. 矿产保护与利用, 2000 (3): 42~46.
[167] Glebotsky A V, 等. 苏联的硫化矿和非硫化矿新浮选药剂 [J]. 国外金属矿选矿, 1989 (5): 3~8.
[168] 朱玉霜, 朱建光, 江世荫. 甲苄胂酸对黑钨矿和锡石矿泥的捕收性能 [J]. 中南矿冶学院学报, 1981 (3): 23~31.
[169] 东乃良. 2-苯乙烯膦酸浮选黑钨矿和锡石的行为 [J]. 国外金属矿选矿, 1989 (7): 1~4.
[170] 刘龙利, 范志鸿, 何伟. 膦酸类药剂的研究 [J]. 有色金属 (选矿部分), 2012 (2): 67~70.

[171] 肖有明，朱玉霜．FXL-14 捕收黑钨矿的作用机理 [J]. 矿冶工程，1987 (2)：33~36.
[172] 韩兆元，管则皋，卢毅屏，等．组合捕收剂回收某钨矿的试验研究 [J]. 矿冶工程，2009，29 (1)：50~54.
[173] 朱一民，周菁．萘羟肟酸浮选黑钨细泥的试验研究 [J]. 矿冶工程，1998 (4)：35~37.
[174] 朱建光，朱一民．用浮选药剂的同分异构原理寻找浮选锡石和黑钨矿捕收剂 [J]. 矿产综合利用，2012 (2)：10~13，56.
[175] 周晓彤，杨应林，汤玉，等．某难选黑白钨共生矿试验研究 [J]. 中国钨业，2012，27 (1)：27~30.
[176] 谭鑫，范志鸿，陈定洲，等．钨矿螯合捕收剂的研究现状及展望 [J]. 现代矿业，2013，29 (9)：1~5，12.
[177] 蒋玉仁，薛玉兰．甲基苯甲偕胺肟合成及其捕收性能研究 [J]. 应用基础与工程科学学报，2000 (3)：230~235.
[178] 徐晓军，刘开忠，刘邦瑞．黑钨矿细泥浮选时有机螯合剂的活化作用 [J]. 中国矿业，1994 (2)：64~67.
[179] 王明细，蒋玉仁．新型螯合捕收剂 COBA 浮选黑钨矿的研究 [J]. 矿冶工程，2002 (1)：56~57，60.
[180] 许海峰，李文风，陈雯．钨矿浮选捕收剂研究现状及新药剂的制备与工业应用 [J]. 中国钨业，2019，34 (1)：37~44，57.
[181] 朱一民，代雷孟，孙海涛，等．新型阴离子改性捕收剂 DHT-4 对黑钨矿的捕收性能及作用机理 [J]. 金属矿山，2016 (8)：89~93.
[182] Langqing Deng，Hong Zhong，Shuai Wang，et al. A novel surfactant N-(6-(hydroxylamino)-6-oxohexyl) octanamide：Synthesis and flotation mechanisms to wolframite [J]. Separation and Purification Technology，2015，145：8~16.
[183] 翟芝明，阮世镳，袁交秋，等．新型高效捕收剂 EM-2 及其在包头矿石浮选中的应用 [J]. 矿冶工程，1992 (1)：55~57.
[184] 张庆鹏，刘润清，曹学锋，等．脂肪酸类白钨矿捕收剂的结构性能关系研究 [J]. 有色金属科学与工程，2013，4 (5)：85~90.
[185] 沈慧庭，宫中桂．白钨矿浮选中方解石的影响及消除影响的方法和机理研究 [J]. 湖南有色金属，1996 (2)：36~39.
[186] 张忠汉，张先华，叶志平，等．柿竹园多金属矿 GY 法浮钨新工艺研究 [J]. 矿冶工程，1999 (4)：22~25.
[187] 王雅静，张宗华．微细粒金红石浮选捕收剂的研究 [J]. 矿业快报，2008 (1)：31~33.
[188] 朱玉霜，朱建光，江世荫．甲苄胂酸对黑钨矿和锡石矿泥的捕收性能 [J]. 中南矿冶学院学报，1981 (3)：23~31.
[189] 邱显扬，程德明，王淀佐．苯甲羟肟酸与白钨矿作用机理的研究 [J]. 矿冶工程，2001 (3)：39~42.
[190] 黄建平．羟肟酸类捕收剂在白钨矿、黑钨矿浮选中的作用 [D]. 长沙：中南大学，2013.
[191] 戴子林，张秀玲，高玉德．苯甲羟肟酸浮选细粒黑钨矿的研究 [J]. 矿冶工程，

1995（2）：24~27.

[192] 胡岳华，韩海生，田孟杰，等. 苯甲羟肟酸铅金属有机配合物在氧化矿浮选中的作用机理及其应用［J］. 矿产保护与利用，2018（1）：42~47，53.

[193] 邱显扬，董天颂. 现代钨矿选矿［M］. 北京：冶金工业出版社，2012.

[194] 朱建光，赵景云. RO-X 系列捕收剂浮选含钙矿物［J］. 矿产综合利用，1991（3）：1~6.

[195] 李振飞. 某矽卡岩型白钨矿选矿试验研究［J］. 中国钨业，2010，25（5）：25~28.

[196] 韩兆元. 组合捕收剂在黑钨矿、白钨矿混合浮选中的应用研究［D］. 长沙：中南大学，2009.

[197] 杨耀辉. 白钨矿浮选过程中脂肪酸类捕收剂的混合效应［D］. 长沙：中南大学，2010.

[198] 赵晨. 含钙矿物可浮性的晶体化学机理研究［D］. 沈阳：东北大学，2019.

[199] 刘旭. 微细粒白钨矿浮选行为研究［D］. 长沙：中南大学，2010.

[200] 胡岳华，孙伟，蒋玉仁，等. 柠檬酸在白钨矿萤石浮选分离中的抑制作用及机理研究［J］. 国外金属矿选矿，1998（5）：27~29.

[201] 郭蔚，冯博，钟志刚，等. 白钨矿与含钙脉石浮选抑制剂研究进展［J］. 矿产保护与利用，2017（4）：113~118.

[202] 邬海滨. 纤维素类抑制剂在白钨矿浮选体系中的吸附行为与机理研究［D］. 赣州：江西理工大学，2018.

[203] 杨耀辉，孙伟，刘红尾. 高效组合抑制剂 D_1 对钨矿物和含钙矿物抑制性能研究［J］. 有色金属（选矿部分），2009（6）：50~54.

[204] 喻福涛. 武陵山区萤石、重晶石和方解石浮选行为研究［D］. 武汉：武汉理工大学，2015.

[205] 辜国杰，丁振华，鲍向东. 常温捕收剂 Gd_{703} 在朝阳磷矿南矿段的应用［J］. 化工矿山技术，1996（2）：31~32，39.

[206] 杨丽珍，王竹生. AW 系列新型捕收剂的性能与选矿实践［J］. 化工矿山技术，1995（2）：20~21.

[207] 黄齐茂，蔡坤，王巍，等. α-磺酸基油酸皂捕收剂的应用［J］. 武汉工程大学学报，2012，34（2）：1~5.

[208] 黄齐茂，马雄伟，肖碧鹏，等. α-氨基酸型磷矿低温浮选捕收剂的合成与应用［J］. 化工矿物与加工，2009，38（7）：1~4.

[209] 罗廉明，华萍，胡健. 酯基羧酸钠的研制及对浮选性能的研究［J］. 化工矿山技术，1995（3）：27~29.

[210] 周贤. 新型磷矿捕收剂的制备及浮选性能研究［D］. 武汉：武汉工程大学，2010.

[211] 骆兆军，钱鑫，王文潜. 磷矿捕收剂的发展动向［J］. 云南冶金，1999（2）：19~22.

[212] Nan N, Zhu Y, Han Y. Flotation performance and mechanism of α-Bromolauric acid on separation of hematite and fluorapatite［J］. Minerals Engineering, 2019, 132: 162~168.

[213] 南楠，朱一民，韩跃新，等. 采用磷灰石新型常温捕收剂 DJX-6 优化某铁尾矿中磷的回收工艺［J］. 金属矿山，2019（2）：121~124.

[214] 陈金鑫. 磷灰石常温捕收剂研制及其与矿物表面作用机理研究［D］. 沈阳：东北大

学，2015.

[215] Snow R E, Beneficiation of phosphate ore. US, CA19780300676 [P]. 1981.

[216] Al-Thyabat Salah, Yoon Roe-Hoan, Shin Dongcheol. A comparison of anionic and cationic flotation of a siliceous phosphate rock in a column flotation cell [J]. Mining Science and Technology, 2011, 21 (1): 147~151.

[217] 周杰强，陈建华，穆枭，等. 磷矿浮选药剂的进展（上）[J]. 矿产保护与利用，2008 (2): 47~51.

[218] Rim Zidi, Chiraz Babbou-Abdelmalek, Fredj Chaabani, et al. Enrichment of low-grade phosphate coarse particles by froth-flotation process, at the Kef-Eddur washing plant, Tunisia [J]. Springer Berlin Heidelberg, 2016, 9 (6).

[219] 罗廉明，乐华斌，刘鑫. 介绍一种抗硬水性磷矿常温浮选捕收剂 [J]. 国外金属矿选矿，2005 (12): 25~27.

[220] 胡岳华，王淀佐. α-胺基芳基膦酸浮选磷灰石与方解石的研究 [J]. 有色金属，1992 (1): 41~45, 27.

[221] 朱建光. 磷矿捕收剂的研究进展 [J]. 化工矿山技术，1988 (2): 19~22.

[222] 丁浩，崔林. C_{112}作捕收剂浮选磷灰石和方解石及其机理的研究 [J]. 化工矿山技术，1991 (4): 20~24.

[223] Li Z, Fu Y, Li Z, et al. Froth flotation giant surfactants [J]. Polymer, 2019, 162: 58~62.

[224] Assis S M, Montenegro L C M, Peres A E C. Utilisation of hydroxamates in minerals froth flotation [J]. Elsevier Ltd, 1996, 9 (1).

[225] Houot R, Joussemet R, Tracez J, et al. Selective flotation of phosphatic ores having a siliceous and/or a carbonated gangue [J]. Elsevier, 1985, 14 (4).

[226] Buckenham M. Reagents in the minerals industry [M]. City: Institution of Mining and Metallurgy, 1984.

[227] Shao X, Jiang C L, Parekh B K. Enhanced flotation separation of phosphate and dolomite using a new amphoteric collector [J]. Mining, Metallurgy & Exploration, 1998, 15 (2): 11~14.

[228] 周杰强，陈建华，穆枭，等. 磷矿浮选药剂的进展（下）[J]. 矿产保护与利用，2008 (3): 55~58.

[229] 闫啸. 从磁选尾矿中回收磷灰石的浮选药剂机理研究 [D]. 沈阳：东北大学，2015.

[230] Nan N, Zhu Y, Han Y, et al. Molecular Modeling of Interactions between N-(Carboxymethyl)-N-tetradecylglycine and Fluorapatite [J]. Minerals, 2019, 9 (5): 278~290.

[231] 周贤，张泽强，池汝安. 脂肪酸甲酯磺酸钠的合成及其磷矿浮选性能评价 [J]. 化工矿物与加工，2010, 39 (1): 1~3.

[232] 周贤，王华，彭光菊，等. MES 的合成及其磷矿浮选性能评价 [J]. 武汉工程大学学报，2009, 31 (12): 48~50, 54.

[233] 黄齐茂，邓成斌，向平，等. α-氯代脂肪酸柠檬酸单酯捕收剂合成及应用研究 [J]. 矿冶工程，2010, 30 (2): 31~34.

[234] 陈金鑫. 磷灰石常温捕收剂研制及其与矿物表面作用机理研究 [D]. 沈阳: 东北大学, 2015.

[235] 唐云, 杨典奇, 王雪, 等. 羟肟酸协同脂肪酸分离磷灰石和白云石 [J]. 金属矿山, 2016 (4): 86~90.

[236] 黄齐茂, 向平, 罗惠华, 等. 氯代脂肪酸季戊四醇单酯浮选剂的合成与应用 [J]. 现代化工, 2009, 29 (6): 49~51, 53.

[237] 丁浩, 崔林. C_{112}作捕收剂浮选磷灰石和方解石及其机理的研究 [J]. 化工矿山技术, 1991 (4): 20~24.

[238] 刘升林, 林浩宇. 磷块岩浮选多功能增效剂 MAT 的研究 [J]. 化工矿山技术, 1996 (1): 19~20, 25.

[239] 史继斌, 许瑞波, 王明艳, 等. 一种脂肪酸类复合捕收剂的合成及应用研究 [J]. 广东有色金属学报, 2005 (4): 1~3.

[240] 孙传尧, 印万忠. 硅酸盐矿物浮选原理 [M]. 北京: 科学出版社, 2001: 93~104.

[241] 张泽强. 酸性水玻璃在磷矿浮选中的作用 [J]. 中国非金属矿工业导刊, 2003 (2): 39~41.

[242] 付亚峰, 印万忠, 肖烈江, 等. 辽宁海城某低品级菱镁矿脱硅脱钙除铁试验 [J]. 现代矿业, 2013, 29 (7): 21~25.

[243] 王倩倩, 李晓安, 魏德洲, 等. 两种捕收剂反浮选菱镁矿的效果对比 [J]. 金属矿山, 2012 (2): 82~85, 120.

[244] 卢惠民, 薛问亚. 醚胺浮选菱镁矿新工艺的研究 [J]. 有色金属 (选矿部分), 1993 (1): 9~12, 32.

[245] 刘文宝, 刘文刚, 张乃旭, 等. N,N-二 (3-氯-2-羟丙基) 十二胺对菱镁矿浮选脱硅性能的影响 [J]. 东北大学学报 (自然科学版), 2018, 39 (8): 1192~1195, 1210.

[246] 马超. 新型低品位菱镁矿捕收剂的合成及应用研究 [D]. 沈阳: 沈阳化工大学, 2018.

[247] 朱一民, 孙升, 黄玉梅. 新型捕收剂 DYM-1 对菱镁矿浮选试验 [J]. 金属矿山, 2019 (2): 125~128.

[248] 张勇, 丁爽. 白云石的热分解对氧化镁活性的影响 [C] //中国无机盐工业协会. 2008年中国镁盐行业年会论文集. 河北邢台, 2008: 61~63.

[249] 姚金, 印万忠, 王余莲, 等. 油酸钠或十二胺体系中菱镁矿及其伴生矿物的浮选特性 [J]. 金属矿山, 2013 (6): 71~74.

[250] 陈公伦, 李晓安. 用十二烷基磷酸酯浮选分离菱镁矿与白云石研究 [J]. 矿产保护与利用, 1999 (6): 16~19.

[251] 董淑媛, 李晓安. 米糠油取代油酸浮选菱镁矿的试验研究 [J]. 矿山技术, 1992 (2): 36~39.

[252] Ana Elisa C Botero, Maurício Leonardo Torem, Luciana Maria S, et al. Surface chemistry fundamentals of biosorption of Rhodococcus opacus and its effect in calcite and magnesite flotation [J]. Minerals Engineering, 2007, 21 (1) .

[253] 李晓安, 陈公伦, 王绍艳, 等. 十二烷基磷酸酯作为捕收剂浮选分离菱镁矿与白云石的探索 [J]. 中国矿业, 1997 (3): 78~81.

[254] 周文波，张一敏．调整剂对隐晶质菱镁矿与白云石分离的影响［J］. 矿产综合利用，2002（5）：21~23.

[255] 孙升．新型药剂在含碳含硫难选金矿预处理-浸出中技术研究［D］. 沈阳：东北大学，2018.

[256] 卢惠民，薛问亚．醚胺浮选菱镁矿新工艺的研究［J］. 有色金属（选矿部分），1993（1）：9~12，32.

[257] 张志京，毛钜凡．油酸钠在菱镁矿浮选中作用的研究［J］. 武汉工业大学学报，1993（1）：64~69.

[258] 袁世泉，张洪恩．菱镁矿、白云石表面电性研究［J］. 矿冶工程，1990（4）：19~23，36.

[259] 陈公伦，李晓安．十二烷基磷酸酯浮选分离菱镁矿与白云石的作用机理研究［J］. 金属矿山，2000（5）：36~37.

[260] 毕克俊，方建军，蒋太国，等．重晶石浮选药剂研究现状［J］. 矿产保护与利用，2015（4）：57~61.

[261] 陈雄，顾帼华．重晶石浮选研究现状［J］. 矿产综合利用，2014（4）：5~8.

[262] 孙体昌，松全元．一种从酒钢尾矿中回收重晶石的新浮选工艺［C］//第四届全国青年选矿学术会议论文集. 昆明：中国有色金属学会，1996：228~230.

[263] 朱一民，陶楠，代雷孟，等．新型阴离子改性捕收剂 DLM-1 对重晶石的捕收性能［J］. 现代矿业，2018，34（5）：64~68.

[264] 李仕亮，王毓华．胺类捕收剂对含钙矿物浮选行为的研究［J］. 矿冶工程，2010，30（5）：55~58，61.

[265] 毛钜凡，郑晓倩，张志京．萤石与重晶石浮选分离中混合捕收剂的研究［J］. 矿冶工程，1995（2）：28~32.

[266] 李扬源．象州重晶石矿选矿研究［J］. 非金属矿，1988（3）：23~25，12.

[267] 高惠民，刘理根，张凌燕，等．海南重晶石浮选试验研究［J］. 非金属矿，1995（5）：27~29.

[268] 卢烁十．油酸钠浮选体系中重晶石的基本可浮性及 Fe^{3+} 对重晶石浮选的影响［C］// 中国有色金属学会. 有色金属工业科学发展——中国有色金属学会第八届学术年会论文集．北京：中南大学出版社，2010：26~30.

[269] 卢烁十．几种硫酸盐矿物浮选的晶体化学研究［D］. 沈阳：东北大学，2008.

[270] Andrzej St Slaczka，贾宽贵．超声场对重晶石-萤石-石英矿中重晶石浮选选择性的影响［J］. 国外非金属矿，1988，（3）．

[271] 胡岳华，王淀佐．α-胺基芳基膦酸对萤石、重晶石、白钨矿捕收性能的研究（英文）［J］. 中南矿冶学院学报，1990（4）：375~381.

[272] Yongsheng Zhou，Changrong He，Xiaosong Yang. Water contents and deformation mechanism in ductile shear zone of middle crust along the Red River fault in southwestern China［J］. SP Science in China Press，2008，51（10）．

[273] Raju G B，et al. Beneficiation of barite dumps by flotation column；lab-scale studies to commercial production［J］. Transactions of the Indian Institute of Metals，2016，69（1）：

75~81.

[274] 王玉婷，刘三军，阮伟．组合药剂在回收重晶石中的应用［J］．矿业工程，2008（5）：36~38.

[275] 杨金林．一种含碳含泥重晶石矿石的选矿方法．中国，CN201310674630. 2［P］. 2014.

[276] 刘三军，王玉婷，阮伟．从铜矿尾矿中回收重晶石的实验研究［J］．矿冶工程，2008，28（6）：44~47.

[277] 代雷孟．重晶石捕收剂的捕收性能及作用机理研究［D］．沈阳：东北大学，2017.

[278] 谭鑫．钨锡矿物螯合捕收剂靶向性分子设计及其作用机理研究［D］．沈阳：东北大学，2017.

[279] 罗溪梅，童雄，王云帆．萤石浮选药剂的研究状况［J］．湿法冶金，2009，28（3）：146~153.

[280] 林海．萤石浮选药剂研究进展［J］．矿产保护与利用，1993（1）：47~50.

[281] 周利华，陈志勇，冯博，等．萤石浮选药剂研究现状与展望［J］．有色金属科学与工程，2016，7（4）：91~97.

[282] 张一敏．萤石低温浮选捕收剂的研究［J］．矿冶工程，1995（1）：25~27.

[283] 鲁法增．用氧化石蜡皂为捕收剂浮选萤石的试验研究［J］．非金属矿，1995（2）：27~29，26.

[284] 许海峰，钟宏，王帅，等．一种新型环己烯羧酸的合成及其对萤石的浮选性能［J］．中国有色金属学报，2014，24（11）：2935~2942.

[285] 田学达，朱建光，张国平．6RO-12 浮选萤石与传统捕收剂的比较［J］．化工矿山技术，1994（3）：26.

[286] 谭鑫，张华，王劲孚，等．新型白钨矿分离羟肟酸捕收剂的分子设计［J］．中国有色金属学报，2019，29（6）：1331~1340.

[287] 陈星．萤石常温捕收剂的浮选性能及作用机理研究［D］．沈阳：东北大学，2017.

[288] 胡岳华，孙伟，韩海生，等．磷酸酯类化合物在含钙矿物浮选中的应用：中国．CN201510408224. 0［P］. 2015.

[289] 林海．萤石与硅钙质脉石矿物浮选分离的研究［J］．矿产保护与利用，1995（2）：25~27，56.

[290] 朱建光．浮选药剂［M］．北京：冶金工业出版社，1993：60~61.

[291] Hu Y H，Wang D Z. Investigation of collecting nature of α-amino aryl phosphonic acid on fluorite，barite and scheelite［J］. J. Cent. South Inst. Min. Metal，1990，21（4）：375.

[292] 毛钜凡，郑晓倩，张志京．萤石与重晶石浮选分离中混合捕收剂的研究［J］．矿冶工程，1995（2）：28~32.

[293] 徐龙华，巫侯琴，田佳，等．伟晶岩型铝硅酸盐矿物的晶体化学特征计算与分析［J］．有色金属（选矿部分），2017（6）：22~27.

[294] Longhua Xu，Tiefeng Peng，Jia Tian，et al. Anisotropic surface physicochemical properties of spodumene and albite crystals：Implications for flotation separation［J］. Applied Surface Science，2017，426.

[295] 严华山．稀土水合离子在高岭石表面吸附行为的第一性原理研究［D］．赣州：江西理工

大学，2019.
[296] Salmani E，Benyoussef A，Ez-Zahraouy H，et al. First-principles study and electronic structures of Mn-doped ultrathin ZnO nanofilms [J]. Chinese Physics B，2012，21 (10)：366~372.
[297] 任尚元. 有限晶体中的电子态 [M]. 北京：北京大学出版社，2006.
[298] Guichun He，Huamei Xiang，Wei Jiang，et al. First-principles theory on electronic structure and floatability of spodumene [J]. Rare Metals，2014，33 (6)：742~748.
[299] 项华妹，何芮，张海天. 基于锂辉石纯矿物的浮选研究 [J]. 中国科技信息，2015 (5)：64~66.
[300] 孟 K S，富尔斯特瑙 D W，于福顺，等. 从多种铝硅酸盐矿物中选择性浮选锂辉石的表面晶体化学研究 [J]. 国外金属矿选矿，2004 (4)：25~31，9.
[301] Longhua Xu，Yuehua Hu，Houqin Wu，et al. Surface crystal chemistry of spodumene with different size fractions and implications for flotation [J]. Elsevier B. V.，2016，169.
[302] 刘宁江. 可可托海稀有矿 V26、V38 矿体锂辉石浮选试验研究 [J]. 新疆有色金属，2008 (5)：48~49.
[303] 王文豪. 伟晶锂辉石浮选工艺试验研究 [J]. 城市建设理论研究（电子版），2016 (6)：565.
[304] Jia Tian，Longhua Xu，Houqin Wu，et al. A novel approach for flotation recovery of spodumene，mica and feldspar from a lithium pegmatite ore [J]. Journal of Cleaner Production，2018，174.
[305] 赵云. 对高品位锂辉石浮选回收率的探索 [J]. 新疆有色金属，2005 (S1)：37~38，41.
[306] 何阳阳，谢志远. 川西地区某锂辉石矿选矿试验探讨 [J]. 化工矿物与加工，2017，46 (5)：13~15，51.
[307] 张杰，王维清，董发勤，等. 锂辉石矿浮选试验研究 [J]. 矿物学报，2013，33 (3)：423~426.
[308] 焦益民. 过氧脂肪酸皂的制备及应用 [J]. 化学世界，1988 (8)：337~339.
[309] 谢瑞琦，朱一民，韩旭倩，等. 新型锂辉石捕收剂 DRQ-3 的浮选性能及作用机理研究 [J]. 金属矿山，2019 (2)：97~101.
[310] 张猛. 改性脂肪酸在锂辉石浮选工艺的应用与机理研究 [D]. 沈阳：东北大学，2019.
[311] 韩旭倩. 锂辉石新型浮选药剂捕收性能研究 [D]. 沈阳：东北大学，2018.
[312] Wang Y H，et al. Improving spodumene flotation using a mixed cationic and anionic collector [J]. Physicochemical Problems of Mineral Processing，2018，54 (2)：567~577.
[313] Hu Z，Sun C. Effects and mechanism of different grinding media on the flotation behaviors of beryl and spodumene [J]. Minerals，2019，9 (11).
[314] Yuhua Wang，Fushun Yu. Effects of metallic ions on the flotation of spodumene and beryl [J]. Elsevier B. V.，2007，17 (1).
[315] 田佳，徐龙华，邓伟，等. 混合捕收剂浮选分离锂辉石与长石及其机理 [J]. 中南大学学报（自然科学版），2018，49 (3)：511~517.

［316］ Xu L，et al. Selective flotation separation of spodumene from feldspar using new mixed anionic/cationic collectors ［J］. Minerals Engineering，2016，89：84~92.

［317］ Jia Tian，Longhua Xu，Wei Deng，et al. Adsorption mechanism of new mixed anionic/cationic collectors in a spodumene~feldspar flotation system ［J］. Chemical Engineering Science，2017，164.

［318］ 冯木，孙伟，刘若华，等. 组合捕收剂在锂辉石浮选中协同作用的研究 ［J］. 有色金属（选矿部分），2015（2）：96~100.

［319］ 刘若华，孙伟，冯木，等. 组合捕收剂浮选锂辉石的作用机理 ［J］. 中国有色金属学报，2018，28（3）：612~617.

［320］ 王毓华. 新型捕收剂浮选锂辉石矿的试验研究 ［J］. 矿产综合利用，2002（5）：11~13.

［321］ 冯木. 新型捕收剂在锂辉石浮选中的作用机理及表面化学分析 ［D］. 长沙：中南大学，2014.

［322］ 王毓华，于福顺. 新型捕收剂浮选锂辉石和绿柱石 ［J］. 中南大学学报（自然科学版），2005（5）：93~97.

［323］ 何建璋. 新型捕收剂在锂铍浮选中的应用 ［J］. 新疆有色金属，2009，32（2）：37~38.

［324］ 李新冬，黄万抚，文金磊，等. 锂辉石矿的工艺矿物学与选矿工艺研究 ［J］. 硅酸盐通报，2014，33（5）：1207~1213.

［325］ Houqin Wu，Jia Tian，Longhua Xu，et al. Flotation and adsorption of a new mixed anionic/cationic collector in the spodumene-feldspar system ［J］. Minerals Engineering，2018，127.

［326］ 何桂春，项华妹，蒋巍，等. 四川某低品位锂辉石矿选矿工艺试验研究 ［J］. 非金属矿，2014，37（1）：48~50.

［327］ 范新斌. 可可托海尾矿再回收锂辉石浮选药剂的改进 ［J］. 新疆有色金属，2012，35（6）：46~48.

［328］ 印万忠，孙传尧. 硅酸盐矿物可浮性研究及晶体化学分析 ［J］. 有色金属（选矿部分），1998（3）：1~6.

［329］ 徐龙华，田佳，巫侯琴，等. 川西伟晶岩型锂辉石矿选择性磨矿——强化浮选试验研究 ［J］. 有色金属（选矿部分），2017（4）：52~57.

［330］ 蒋巍. 锂辉石吸附药剂分子的动力学模拟 ［D］. 赣州：江西理工大学，2015.

［331］ Guangli Zhu，Yuhua Wang，Xuming Wang，et al. States of coadsorption for oleate and dodecylamine at selected spodumene surfaces ［J］. Colloids and Surfaces A：Physicochemical and Engineering Aspects，2018，558.

［332］ Mengjie Tian，Zhiyong Gao，Sultan Ahmed Khoso，et al. Understanding the activation mechanism of Pb^{2+} ion in benzohydroxamic acid flotation of spodumene：Experimental findings and DFT simulations ［J］. Minerals Engineering，2019，143.

［333］ 宓棉校，沈今川，潘宝明，等. 氟碳铈矿和氟铈矿晶体结构的精确测定 ［J］. 地球科学，1996（1）：66~70.

［334］ 曹世明. 氟碳铈矿浮选中金属离子在矿物表面的作用机理研究 ［D］. 徐州：中国矿业大学，2019.

［335］ 魏德洲. 固体物料分选学 ［M］. 2版. 北京：冶金工业出版社，2000：275~281.

[336] 王成行．碱性岩型稀土矿的浮选理论与应用研究 [D]．昆明：昆明理工大学，2013.
[337] 吴国振．选矿药剂污染及其防治措施 [J]．甘肃冶金，2009，31 (1)：82~84.
[338] 张新海，张覃，邱跃琴，等．贵州织金含稀土中低品位磷矿石捕收剂富磷试验研究 [J]．稀土，2010，31 (3)：71~74.
[339] 黄万抚，文金磊，陈园园．我国稀土矿选矿药剂和工艺的研究现状及展望 [J]．有色金属科学与工程，2012，3 (6)：75~80，89.
[340] 李勇，左继成，刘艳辉．羟肟酸类捕收剂在稀土选矿中的应用与研究进展 [J]．有色矿冶，2007 (3)：30~33.
[341] 罗家珂，任俊，唐芳琼，等．我国稀土浮选药剂研究进展 [J]．中国稀土学报，2002 (5)：385~391.
[342] Mei Li，Kai Gao，Dongliang Zhang，et al. The influence of temperature on rare earth flotation with naphthyl hydroxamic acid [J]. Journal of Rare Earths，2018，36 (1)：99~107.
[343] 兰玉成，徐雪芳，黄风兰，等．用邻苯二甲酸从山东微山矿浮选高纯氟碳酸盐稀土精矿的研究 [J]．稀土，1983 (4)：27~32.
[344] 宋常青．氟碳铈矿与独居石矿浮选分离的研究 [J]．有色金属（选矿部分)，1993 (4)：5~8.
[345] 邱显扬，何晓娟，饶金山，等．油酸钠浮选氟碳铈矿机制研究 [J]．稀有金属，2013，37 (3)：422~428.
[346] Zakharov Y V，Kurilko A S. The influence of freezing and thawing cycles upon the energy capacity of the destruction of the carbonate rocks [C] // Recent Development of Research on Permafrost Engineering and Cold Region Environment-Proceedings of the Eighth International Symposium on Permafrost Engineering. Xi'an，2009.
[347] 朱一民，吕小羽，陈通，等．新型饱和脂肪酸改性类药剂 DT-2 反浮选氟碳铈矿 [J]．矿产保护与利用，2018 (3)：145~150.
[348] 陈通．新型氟碳铈矿捕收剂的捕收性能及机理研究 [D]．沈阳：东北大学，2017.
[349] Ren J，Song S X，Lopez Valdivieso A，et al. Selective flotation of bastnaesite from monazite in rare earth concentrates using potassium alum as depressant [J]. International Journal of Mineral Processing，2000，59 (3)：237~245.
[350] Bulatovic S M. Handbook of Flotation Reagents [M]. Elsevier Publishing，2007.
[351] 任俊，卢寿慈．N-羟基邻苯二甲酰亚胺与萘羟肟酸对氟碳铈矿的浮选性能研究 [J]．矿冶，1997 (4)：38~41.
[352] 张新民，回淑芳，张伟，等．从包头稀土粗精矿中分选氟碳铈矿和独居石精矿的研究 [J]．矿产综合利用，1984 (1)：14~17.
[353] 何晓娟，饶金山，邱显扬，等．油酸钠和十二烷基磺酸钠浮选氟碳铈矿的机理研究 [J]．材料研究与应用，2013，7 (1)：42~45.
[354] 周高云，罗家珂．柠檬酸在独居石与氟碳铈矿浮选分离中的作用机理 [J]．有色金属，1989 (4)：33~40.
[355] 周高云，罗家珂．单烷基磷酸酯浮选稀土矿物及机理研究 [J]．中国稀土学报，1990 (3)：261~264.

[356] Weiping Liu, Xuming Wang, Hui Xu, et al. Lauryl phosphate adsorption in the flotation of Bastnaesite, (Ce,La)FCO_3 [J]. Journal of Colloid And Interface Science, 2017, 490.

[357] 黄林旋，吴祥林．异羟肟酸类型捕收剂的研制与浮选稀土矿物试验［J］. 稀土，1985（3）：1~7.

[358] 何晓娟，饶金山，罗传胜，等．改性烷基羟肟酸浮选氟碳铈矿机制研究［J］. 中国稀土学报，2016，34（2）：244~251.

[359] 贾利攀，车小奎，郑其，等．3 种捕收剂对氟碳铈矿的浮选性能研究［J］. 金属矿山，2011（7）：106~109.

[360] 任俊．稀土矿物含氮捕收剂及其应用［J］. 有色金属（选矿部分），1998（1）：23~25.

[361] 吴桂叶，张杰，李松清，等．一种氟碳铈矿捕收剂的设计筛选及浮选性能研究［J］. 中国矿业，2014，23（S2）：273~275.

[362] 汪中，车丽萍．捕收剂 H_（894）浮选氟碳铈矿的研究［J］. 有色金属（选矿部分），1992（1）：23~25，14.

[363] 王灿，龚文琪，梅光军，等．羟肟酸类捕收剂 2-羟基-3-萘甲羟肟酸的生物降解研究［J］. 环境污染与防治，2011，33（1）：8~11，16.

[364] 蒋恒．德昌尾矿稀土资源回收利用研究及新型羟肟酸类捕收剂的合成［D］. 成都：成都理工大学，2015.

[365] 李娜，马莹，王其伟，等．白云鄂博稀土矿物与羟肟酸捕收剂作用的光谱学研究［J］. 稀土，2019：1~10.

[366] 王浩林．新型羟肟酸捕收剂制备及其对氟碳铈矿浮选特性与机理研究［D］. 赣州：江西理工大学，2018.

[367] 王成行，邱显扬，胡真，等．水杨羟肟酸对氟碳铈矿的捕收机制研究［J］. 中国稀土学报，2014，32（6）：727~735.

[368] 余新阳．苯丙烯基羟肟酸在钛铁矿和氟碳铈矿浮选中的应用：中国，CN201810249255. X［P］. 2018.

[369] 肖江．稀土矿物捕收剂异羟肟酸的现状及发展方向［J］. 稀土，1995（6）：51~55.

[370] 寇文生．稀土与钙、钡矿物分离技术实践及工艺改进［J］. 金属矿山，1991（10）：44~47.

[371] 车丽萍，余永富，庞金兴，等．羟肟酸类捕收剂在稀土矿物浮选中的应用及发展［J］. 稀土，2004（3）：49~54.

[372] 徐金球，徐晓军，王景伟．1-羟基 2-萘甲羟肟酸的合成及对稀土矿物的捕收性能［J］. 有色金属，2002（3）：72~73.

[373] 张泾生，阙煊兰，见百熙．有机磷酸类药剂对微山稀土矿的捕收作用［J］. 有色金属，1982（2）：29~32.

[374] Fuerstenau D, Pradip P. Mineral flotation with hydroxamate collectors［J］. Reagents in the Minerals Industry, 1984：161~168.

[375] 梁国兴，池汝安，朱国才．风化型稀土矿的矿石性质研究［J］. 稀土，1997（5）：7~11.

书中术语、单位和符号的定义

本书采用国际单位制 SI（Système International），如千克（kg）为质量的基本单位，米（m）为长度的基本单位，秒（s）为时间的基本单位，开尔文（K）为温度的基本单位，摩尔（mol）为物质量的基本单位等。其中摄氏度（℃）虽然不属于SI制，但由于实践中经常为大家所用，因此本书中也经常使用，二者之间转换为 $t/℃ = T/\mathrm{K} - 273.15$。本书中单位在文字中是符号化的，如J、K、m、s、mol等，而变量则排成斜体，如质量 m、体积 V、时间 t、能量 E 等。本书中术语、单位和符号的定义和说明如下。

非硫化矿：非硫化矿是指氧化物矿物、含氧酸盐矿物以及卤化物矿物等矿物的统称。

目的矿物：是指在选矿过程中，矿石中存在的、具有工业用途的有用矿物。

脉石矿物：是指在选矿过程中，矿石中存在的、除目的矿物以外的其他矿物。

晶格：晶体内部的粒子（可以是原子、离子或者分子）是按一定的几何规律排列的。为了形象地表示晶体中粒子排列的规律，可以将粒子简化成一个点，称为结点。用假想的线将这些结点连接起来，构成有明显规律性的空间格架，称作晶格。

原子晶体：若晶格结点上的粒子为原子，称为原子晶体，例如石英晶体、SiC、金刚石、单质硅、BN、AlN等为原子晶体。

离子晶体：若晶格结点上的粒子为离子，称为离子晶体，例如赤铁矿、磁铁矿、锡石等大部分矿物晶体都为离子晶体。

分子晶体：若晶格结点上的粒子为分子，称为分子晶体，例如P区元素化合物、浮选药剂等有机化合物均为分子晶体。

晶胞：代表结构特征的最小单元，称为晶胞。

矿物表面化学活性位点：在矿物破碎时，矿物晶格中结点粒子间化学键断裂后，在矿物表面形成的、具有化学活性的晶格结点粒子（原子或者离子）称为化学活性位点。

多电子位点：特指矿物破碎时，矿物晶格中结点粒子间化学键断裂后，矿物表面阴离子位点（由于具有较高的核外电子密度）而被称为多电子化学活性位点，简称多电子位点。

缺电子位点：特指矿物破碎时，矿物晶格中结点粒子间化学键断裂后，矿物表面阳离子位点（由于具有较低的核外电子密度）而被称为缺电子化学活性位点，简称缺电子位点。

结构原子：这里特指在浮选药剂分子中极性基团的中心原子，其可与多个活性位点元素（原子或者离子）以共价键相连，不参与下一步的表面吸附，因而被称为结构原子，也被称为极性基中心原子。

极性基中的活性位点：这里特指在浮选药剂分子中，与极性基团的中心原子（或称为结构原子）相连的多个具有化学活性的原子或者离子，它们直接参与下一步的表面吸附，因而被称为化学活性位点元素（原子或者离子），简称活性位点元素，是化学活性位点的同义词。

多极性基：这里特指在一个浮选药剂分子中与结构原子相连的多个极性基团。

基因矿物加工：是以矿床成因、矿石性质、矿物物性等矿物加工的“基因”特性研究与测试为基础，建立和应用大数据库，并将现代信息技术与矿物加工技术深度融合，经过智能推荐、模拟仿真和有限的选矿验证试验，快捷、高效、精准地选择选矿工艺技术和装备，为新建选矿厂的设计或老厂的技术改造提供支撑。

一矿一药原则：某个特定矿脉的矿石必须进行相应矿物晶体化学分析，然后进行有针对性的浮选药剂分子结构设计，最后再进行矿石的浮选药剂验证试验的一体化研究的原则，称为一矿一药原则。

锁钥关系：特指把矿物比作“锁”，把浮选药剂比作“钥匙”，把矿物与药剂的分子结构活性位点原子或离子之间的电子密度匹配关系称作锁钥关系。

吸附：把具有较大表面积的吸附剂（如矿物颗粒）对质量和体积相对更小的吸附质（如浮选药剂）的表面黏附现象称为吸附。

键合吸附：吸附剂（矿物）表面与吸附质（浮选药剂）极性基之间以化学键力为主要吸附力的吸附类型称为键合吸附。

极性基：浮选药剂分子中除了碳链部分以外具有极性的基团称为极性基。

非极性基：浮选药剂分子中具有对称性、不具有极性的碳链部分称为非极性基。

静电吸附：吸附剂（矿物）表面与吸附质（浮选药剂）极性基之间以静电引力为主要吸附作用力的吸附类型称为静电吸附。

远程力：本书特指吸附剂（矿物颗粒）和吸附质（浮选药剂）之间在微米（μm）数量级的距离范围内发生且存在的静电引力称为远程吸附力，简称远程力。

中程力：本书特指吸附剂（矿物颗粒）和吸附质（浮选药剂）之间在亚微米和纳米数量级的距离范围内才能发生且存在范德华作用力称为中程吸附力，简称中程力。

近程力：本书特指吸附剂（矿物颗粒）和吸附质（浮选药剂）之间在埃（$1Å=1.0\times10^{-10}m$）到皮米（$1pm=1.0\times10^{-12}m$）数量级的距离范围内发生且存在化学键合力称为近程吸附力，简称近程力。

$K^{\ominus}$标准平衡常数：在一定温度下，可逆反应达到平衡时，产物浓度计量系数次方的乘积与反应物浓度计量系数次方的乘积之比为平衡常数。若各物质均以各自的标准态为参考态，所得的平衡常数为标准平衡常数，平衡常数是一个无量纲的常数。其中 $K_a^{\ominus}$为弱酸 HA 的标准平衡常数；$K_b^{\ominus}$为弱碱 BOH 的标准平衡常数；$K_h^{\ominus}$为弱酸弱碱盐 AB 的水解平衡常数；$K_{稳}^{\ominus}$为配合物的标准稳定常数；β_n为配合物的逐级累积稳定常数。反应平衡常数是描述反应进行程度的本质量化数据。

$\Delta E_m^{\ominus}$：为标准态下的摩尔热，单位为 kJ/mol。

平衡浓度：当反应物发生反应之后，达到了一个稳定的化学平衡之后的各物质浓度为平衡浓度。注意它与反应物的初始浓度是有所区别的。

σ 键：是指共价化合物成键双方原子的第一根共价键都是双方原子轨道（电子云）尽可能进行最大重叠（即头碰头的重叠）形成的共价键的类型为 σ 型共价键，简称 σ 键。

π 键：是指共价化合物成键双方原子的第二根键，成键双方原子轨道（电子云）不得不进行肩并肩的重叠，形成的共价键类型为 π 型共价键，简称 π 键。

配合作用：是指价电子层具有空轨道的 d 区元素（矿物表面 d 区金属离子）与具有孤电子对的配体（浮选药剂中：O、：N、：Cl、：Br 及其组成的基团：OH、C ═O：、C—O：、：NH 等）之间生成配位共价键，使得二者之间发生配位键合作用，简称配位作用。

分裂能：在配合物中，中心离子在周围配体非球形对称电场力的作用下，五个简并 d 轨道分裂成能级不同的两组轨道。d 轨道在不同构型的配合物中，分裂的方式和大小都不同。分裂后最高能量 d 轨道和最低能量 d 轨道之间的能量差称为分裂能（splitting energy），通常用 Δ 符号表示，$\Delta=|E_{eg}-E_{2g}|$。

络合作用：早在 1923～1935 年之间配位化学发展初期将 coordination 中文翻译为络合作用或者配合作用，将 complex 翻译成络合物或者配合物，二者无区别，目前配位化学教材中都统一为配合作用、配合物。

螯合作用：是指具有多对（大于或等于 2）孤电子对的配位体与中心原子（离子）之间产生多个配位键作用，称之为螯合作用。配位化学中，把与一个中心离子结合的配体个数，称为配位数；把配体中的孤电子对称作“齿”，具有一对孤电子对的配体称作单齿配体，把具有多个孤电子对的配体称作多齿配体。也可以说，中心原子与多齿配体发生的配位作用称为螯合作用。

耦合作用：这里特指一个浮选药剂分子中相邻的多个极性基活性位点元素核外电子密度恰好与矿物表面裸露的相邻化学活性位点元素的核外电子密度发生互补匹配（即缺电子的与多电子的结合、或多电子的与缺电子的结合）而形成的互相强化键合作用称为耦合作用。

协同作用：在浮选矿浆体系中，存在的两种或两种以上浮选药剂同时所产生的相同趋势（都捕收或者都抑制）作用称为协同作用。

碘值：是指 100g 物质中所能吸收（加成）碘的克数，是用来表示混合脂肪酸中不饱和程度的一种指标。

过氧化值：是指 1kg 样品中的活性氧含量，以过氧化物的毫摩尔数表示，用来度量油脂和脂肪酸等被氧化程度的一种指标。

不皂化物：是指油脂皂化时，与碱不起作用的、不溶于水但溶于醚的物质，如固醇、高分子醇、碳氢化合物、色素和脂溶性维生素等。

lg$C$-pH 曲线：是指浮选药剂在溶液中存在形态与溶液 pH 值有关，这种浮选药剂各种存在形态的摩尔浓度对数值和 pH 值之间关系曲线称为 lg$C$-pH 曲线。

ε-pH 曲线：是指某种矿物的浮选回收率与溶液 pH 值密切相关，这种浮选回收率和 pH 之间关系曲线称为 ε%-pH 曲线，简称 ε-pH 曲线。

CMC：泛指表面活性剂分子（如浮选药剂）在溶剂中缔合形成胶束的最低浓度即为临界胶束浓度（Critical Micelle Concentration）。

MPa：兆帕是压强的单位，全称为兆帕斯卡。1Pa 是指 1N 的力均匀地压在 $1m^2$ 面积上所产生的压强，1 兆帕 = 1.0×10^6帕，也可以写成 1MPa = 1.0×10^6Pa。

mL：是指 milliliter 的缩写，毫升，体积计量单位。

rpm：revolutions per minute 的缩写，即转每分，表示设备每分钟的旋转次数，应表示为 r/min。

g/t：浓度单位，指每吨固体原料中使用某种药剂的克数。同样 kg/t 则是指每吨矿物（或者矿石）中使用某种药剂的千克数。

mol/L：浓度单位，指每升液体原料中使用某种药剂的摩尔数。同样 μmol/L 则是指每升矿浆中使用某种药剂的微摩尔数，1μmol/L = 10^{-6}mol/L。

T（特斯拉）：特斯拉英文为 tesla，符号表示为 T，是磁通量密度或磁感应强度的电磁单位制导出单位。

A（安培）：安培（ampere）是国际单位制中表示电流的基本单位，简称安，符号 A。

min：是时间单位，“minute” 的缩写，指分钟。时间单位还有：h，小时 hour 的缩写；s，秒 second 的缩写。

g/cm^3：密度单位，是立方厘米体积内的质量的度量，用符号 ρ 表示。国际单位制中，密度的单位为 kg/m^3，$1kg/m^3 = 10^{-3}g/cm^3$。

目：网目，是指标准筛的筛孔尺寸的大小。在泰勒标准筛中，网目就是 1 英寸长度内的筛孔数目，简称为目。筛子内径(μm) ≈14832.4/筛子目数。200 目≈0.074μm。

-A+B：是指颗粒的粒级分布范围，如-200 目+325 目，表明 200 目筛下和 325 目筛上之间的产品；-0.074μm+0.025μm，表明小于 0.074μm 和大于 0.025μm 之间粒级的产品。

溶解度：符号为 S，单位 g/L(℃)。S 是指在一定温度下，某固态物质在 100g 溶剂中达到饱和状态时所溶解的溶质的质量被称作这种物质在这种溶剂中的溶解度。

表（界）面张力：在液体和气体的分界处，即液体表面及两种不能混合的液体之间的界面处，由于分子之间的作用力，产生了极其微小的拉力。假想在表面处存在一个薄膜层，它承受着此表面的拉伸力，液体的这一拉力称为表（界）面张力。由于表（界）面张力仅在液体自由表面或两种不能混合的液体之间的界面处存在，一般用表面张力系数 σ 来衡量其大小。σ 表示表面上单位长度所受拉力的数值，单位为 N/m。

高酸、正酸、亚酸、次酸：在正酸中中心原子的价态为常见稳定价态，如正氯酸中心原子 Cl 为+5 价的是正氯酸 $HClO_3$，Cl 价态为+7 价的是高氯酸 $HClO_4$，Cl 价态为+3 价的是亚氯酸 $HClO_2$，Cl 价态为+1 价的是次氯酸 HClO；此外，还有正硫酸 H_2SO_4、亚硫酸 H_2SO_3、正磷酸 H_3PO_4、亚磷酸 H_3PO_3。

正酸、偏酸、焦酸：正酸脱一个水分子得偏酸，如偏硅酸（H_2SiO_3）、偏磷酸（HPO_3）、偏硼酸（HBO_2）、偏铝酸（$HAlO_2$）、偏锌酸（H_2ZnO_2）等，亚酸脱水得偏亚酸，如偏亚磷酸（HPO_2）、偏亚砷酸（$HAsO_2$）等。偏酸常以聚合体形式存在，例如偏硅酸（H_2SiO_3）$_n$、偏磷酸（HPO_3）$_n$和偏硼酸（HBO_2）$_n$。两个正酸分子脱除一个水分子得焦酸，如两个正磷酸 H_3PO_4脱一个水分子得焦磷酸 $H_4P_2O_7$。

氨基、胺基、铵：当强调—NH_2独立基团时，特别是在无机化学领域一般都将 NH_3、—NH_2称为氨（基）；在有机化学领域，当—NH_2与 R 结合生成各种有机化合物时，我们称这个分子整体属于胺类，简称胺；当—NH_2或者 $NH_3 \cdot H_2O$ 与酸反应生成盐类时，我们称这种盐类为铵盐。

LD50：为半致死浓度。它是指在动物急性毒性试验中，表示在规定时间内，通过指定感染途径，使一定体重或年龄的某种动物半数死亡所需最小细菌数或毒素量，单位为 mg/kg。

弛豫：一个宏观平衡系统由于周围环境的变化或受到外界的作用而变为非平衡状态，这个系统再从非平衡状态过渡到新的平衡状态的过程就称为弛豫过程，简称弛豫。

费米面：是指最高占据能级的等能面，就是当绝对温度为零时电子占据态与非占据态的分界面。

HOMO：是指最高占据态分子轨道，Highest Occupied Molecule Orbit，简称HOMO。

LUMO：最低未占据态分子轨道，Lowest Unoccupied Molecule Orbit，简称LUMO。

Zeta电位（势）、ξ电位（势）、动电电位（势）：是指双电层中扩散层与固定层交界处滑移面的电位与自由溶液电位之差，亦即扩散层内外界之间的电位差。

表面电位（势）：由于电荷分离而造成的固液两相内部的电位差或在气-液界面上由于不溶膜的存在而引起水面电位的变化。

热力学电位（势）：是指满足系统处于热力学平衡状态时的电位。系统处于热力学平衡是指没有外部干扰，系统内的温度、压力、体积以及密度等热力学参数不变的状态，能够保持系统处于该状态的电位就是热力学平衡电位，简称热力学电位。

介电常数：是指物质相对于真空来说增加电容器电容能力的度量。介电常数随分子偶极矩和可极化性的增大而增大。在化学中，介电常数是溶剂的一个重要性质，它表征溶剂对溶质分子溶剂化以及隔开离子的能力。

黏度：又称黏滞系数，简称黏度。它是量度流体黏滞性大小的物理量。它是指流体对流动所表现的阻力。当流体（气体或液体）流动时，一部分在另一部分上面流动时，就受到阻力，这是流体的内摩擦力。黏度的物理意义是：在相距单位距离的两液层中，使单位面积液层维持单位速度差所需的切线力。其单位在厘米·克·秒（cm·g·s）制中为泊（g/(cm·s)），在SI制中为帕斯卡·秒(Pa·s或kg/(m·s))，1泊=0.1帕·秒。

电泳淌度：是指带电离子在单位场强下的平均电泳迁移速率，单位为米每伏特每秒，m/(s·V)。

零电点：是指表面电荷密度为零时溶液中定位离子活度的负对数值，经常用颗粒表面不带电荷时的pH值来表征。

等电点：是指在溶液体系中矿物界面双电层的滑移面电荷密度为零（动电电位为零）时溶液中定位离子活度的负对数值。

波数：在红外光谱图中横坐标单位为波数，即每单位长度下的一个周期波的个数，单位为cm^{-1}。

Å（埃）：描述原子半径常见的长度单位，$1Å=10^{-10}m=0.1nm=100pm$。

表面能：是指恒温、恒压、组成不变的情况下，可逆地增加物质表面积须对物质所做的非体积功。它是表面粒子相对于内部粒子所多出部分的能量，其本质是创造物质表面时对分子间化学键破坏的度量，单位为 kJ/mol，或者 kcal/mol。

作用能：是指一个带电粒子（矿物颗粒和药剂分子或离子）除独立电势能外颗粒之间相互作用能量。这个相互之间的库仑力将其中一个粒子从原来位置移到无穷远对粒子所做的功就是相互作用能，它等于作用前后体系能量的差值。

反应能：等于化学反应发生前后体系能量的差值。

吸附能：等于吸附现象发生前后体系能量的差值。

电子伏特：是能量的单位，electron volt 的缩写，符号为 eV，它代表一个电子（所带电量为 1.6×10^{-19}C 的负电荷）经过 1V 的电位差加速后所获得的动能。电子伏特与 SI 制的能量单位焦耳（J）的换算关系是 $1eV = 1.602\times10^{-19}J$。

aq：指的是水溶液相（aqueous）。

surf：指的是表面相（surface）。

XPS：是指 X 射线光电子能谱，是 X ray photoelectron spectroscopy 的缩写。它是用 X 射线去辐射样品，使原子或分子的内层电子或价电子受激发射出来。被光子激发出来的电子称为光电子，可以测量光电子的能量，以光电子的动能为横坐标，相对强度（脉冲/s）为纵坐标可做出光电子能谱图，从而获得待测物组成。

AFM：是指原子力显微镜，是 Atomic Force Microscope 的缩写。它可以在大气和液体环境下对各种材料和样品进行纳米区域的物理性质包括形貌进行探测，即通过检测待测样品表面和一个微型力敏感元件之间的极微弱的原子间相互作用力来研究物质的表面结构及性质。

FTIR：是指傅里叶变换红外光谱，是 Fourier Transform Infrared 的缩写。它是基于对干涉后的红外光进行傅里叶变换的原理而开发的红外光谱仪，主要由红外光源、光阑、干涉仪（分束器、动镜、定镜）、样品室、检测器以及各种红外反射镜、激光器、控制电路板和电源组成，可以对样品进行定性和半定量分析。

MS：本书特指基于量子力学和分子动力学的 Materials Studio 软件，可以建立材料的三维结构模型，并对各种矿物晶体、非晶体的浮选药剂等微观结构、宏观性质及相互关系进行深入的研究。

水玻璃模数：水玻璃是由碱金属氧化物和二氧化硅结合而成的可溶性碱金属硅酸盐材料。水玻璃可根据碱金属的种类分为钠水玻璃和钾水玻璃，其分子式分别为 $Na_2O\cdot nSiO_2$和 $K_2O\cdot nSiO_2$，式中的系数 n 称为水玻璃模数，是水玻璃中的氧化硅和碱金属氧化物的分子比（或摩尔比）。水玻璃模数一般在 1.5~3.5 之间。水玻璃模数越大，固体水玻璃越难溶于水，n 为 1 时常温水即能溶解，n 加大时需热水才能溶解，n 大于 3 时需 4atm（0.4MPa）以上的蒸汽才能溶解。

取代度：本书特指在淀粉的每个 D-葡萄糖单元上的活性羟基被取代的物质

的量，Degree of Substitution，简称为DS。通过标准取代度测定方法，可以得到改性淀粉的DS值，一般说来DS最大值为3，常见改性淀粉中DS都小于1。

旋光性：当普通光通过一个偏振的透镜或尼科尔棱镜时，一部分光就被挡住了，只有振动方向与棱镜晶轴平行的光才能通过。这种只在一个平面上振动的光称为平面偏振光，简称偏振光。偏振光的振动面在化学上习惯称为偏振面。当平面偏振光通过手性化合物溶液后，偏振面的方向就被旋转了一个角度。这种能使偏振面旋转的性能称为旋光性。通常用1dm长的旋光管、待测物质的浓度为1g/mL、波长为589nm的钠光（D线）条件下所测得的旋光度称为比旋光度，如$[\alpha]_D^t$。其中t为测定时的温度（℃）；D为钠光D线波长589nm；α为实验观察的旋光值（°）。

索　　引

L

M

N

O

P

Q

R

S

U

X

Y

Z